高维数学物理问题的分数步方法

袁益让　著

科 学 出 版 社

北　京

内 容 简 介

本书主要研究分数步方法在求解多变量数学物理问题中的应用及其数值分析. 前四章是基础理论部分, 包括: 对流-扩散问题分数步数值方法基础、双曲型方程的交替方向有限元法、抛物型问题的交替方向有限元方法和二阶椭圆问题的混合元交替方向法; 后三章是实际应用部分, 包括: 二相渗流驱动问题的分数步方法、多层渗流耦合问题的分数步方法和渗流力学数值模拟中的交替方向有限元方法.

本书可作为信息和计算科学、数学和应用数学、计算物理、物理化学、计算机软件、计算流体力学、石油勘探与开发、半导体器件、环保等专业的高年级本科生参考书与研究生教材, 也可供相关领域的教师、科研人员和工程技术人员参考.

图书在版编目(CIP)数据

高维数学物理问题的分数步方法/袁益让著. —北京：科学出版社, 2015.6
ISBN 978-7-03-044731-9

Ⅰ. ①高… Ⅱ. ①袁… Ⅲ. ①数学物理方程-数值方法 Ⅳ. ①O175.24

中国版本图书馆 CIP 数据核字(2015) 第 124360 号

责任编辑: 王丽平 / 责任校对: 钟 洋
责任印制: 肖 兴 / 封面设计: 陈 敬

科学出版社 出版
北京东黄城根北街 16 号
邮政编码: 100717
http://www.sciencep.com

北京彩虹伟业印刷有限公司印刷
科学出版社发行 各地新华书店经销
*
2015 年 6 月第 一 版 开本: 720 × 1000 1/16
2015 年 6 月第一次印刷 印张: 34 1/2
字数: 700 000

定价: 178.00 元
(如有印装质量问题, 我社负责调换)

前　言

在能源、环境、半导体器件数值模拟等科学和技术领域, 其数学模型是一类高维对流–扩散非线性偏微分方程组的初边值问题, 对这类大规模科学和工程计算来说, 其计算节点通常可达数万甚至数千万个. 数值模拟时间有的长达数年、数十年, 甚至数千万年, 需要分数步方法来解决这类实际计算问题. 这类方法的基础是 Peaceman, Rachford 和 Douglas 在 1955 年的工作, 随后美国和前苏联的数学家 (Douglas, Dupont, Fernandes, Fairweather, Hayes, Rachford, Baker, Oliphant, Bagrinovskii, Samarckii, Yanenko 等) 的工作拓广和改进了这一方法, 从传统的差分方法拓广到有限元方法等众多领域.

分数步方法——交替方向法最早应用于有限差分方法, 交替方向法最大的优点在于它将高维问题转化为一系列的一维问题来求解, 可以认为计算规模在剖分不变的情况下, 实际计算工作量从 $O(h^{-d})$ 降至 $O(dh^{-1})$, 极大地减少了工作量, 大大提高了计算效率, 因此很快在大规模科学和工程计算中得到应用和推广.

作者于 1985~1988 年在美国芝加哥大学数学系、明尼苏达大学美国国家应用数学研究所和怀俄明大学美国国家石油工程数学研究所访问和工作期间, 在导师 J.Douglas Jr 的指导下, 系统地学习和研究了能源数值模拟、分数步方法等领域的理论、应用和软件开发等方面的工作. 在分数步方法领域主要系统学习和研究了 Douglas, Dupont, Yanenko, Samarckii 等美国和前苏联学派的重要工作. 实际上分数步技术已成为能源数值模拟的重要组成部分. 国内外一些著名的能源数值模拟软件系统都采用了这项技术. 1988 年作者回国后带领课题组继续从事这一领域的理论研究、软件开发和生产实际应用等领域的科研工作, 先后承担了国家 "973" 计划、攀登计划 (A、B)、国家自然科学基金 (数学、力学)、国家教委博士点基金、国家攻关及中国石油天然气总公司和中国石油石化总公司的攻关课题, 本书共分 7 章, 前 4 章是基础理论部分, 后 3 章是实际应用部分, 是山东大学计算数学学科三十多年来在这一领域研究工作总结.

第 1 章对流–扩散问题分数步数值方法基础. 分数步方法是为满足数值计算中实际需要出现的, 即利用它构造简单的经济格式来求解数学物理中多变量的复杂问题, 这方面的基础是 Peaceman, Rachford 和 Douglas(1955 年) 的工作. 一些美国和前苏联的数学家的工作拓广和改进了这方面的工作. 分数步方法是构造解数学物理中多变量复杂的问题的主要方法之一, 它不仅可以作为构造最优算法的工具, 而且还可作为研究差分和微分方程理论的一种手段. 该章是本书最基础的部分, 它是能源数学的基础理论, 其次介绍美国 Douglas 学派和前苏联 Yanenko 学派关于求解抛物型方程的分数步简单格式及 Fourier 分析最基础的工作, 最后介绍 Lees 借助能量估计的办法对任意域中的非线性抛物型方程使用交替方向法的收敛性分析.

第 2 章双曲型方程的交替方向有限元方法. 在油气田勘探工作中, 人工地震是一种很重要的方法, 因为它不仅可以提供沉积覆盖地区有关地下地质、地层、岩性等方面的信息, 而且工作效率极高, 该问题的数学模型体现为对非线性双曲型方程的研究. 现代地震勘探正进一步向高信噪比、高分辨率、高保真度、高精度方向发展, 由于其复杂性, 需在理论、方法和应用问题上进行深入的探索. J.Douglas Jr 和 T.Dupont 于 1971 年针对非线性抛物方程和二阶双曲方程提出了交替方向有限元格式. 我们对一般线性和非线性双曲问题作了系列的深入研究. 该章将重点介绍线性和非线性双曲型方程和方程组有限元方法的收敛性和稳定性、非线性双曲型方程组的交替方向有限元方法、线性和非线性双曲问题一类新型交替方向有限元方程方法及其数值分析, 最后讨论了非矩形区域上非线性双曲型方程交替方向有限元方法.

第 3 章抛物型问题的交替方向有限元方法. 20 世纪 70 年代 Douglas 和 Dupont 将交替方向法和有限元法相结合, 率先提出交替方向有限元方法, 交替方向有限元方法同时具备了交替方向法化高维为低维, 大大缩减工作量和有限元高精度的特点, 具有重大的应用价值. 我们深入研究了与能源和环境科学息息相关的对流–扩散问题的交替方向有限元方法. 该章重点介绍对流–扩散问题的特征修正交替方向变网格有限元方法、对流占优抛物型积分–微分方程交替方向特征有限元方法、非矩形区域上非线性抛物型方程组的交替方向有限元方法和对流扩散方程的多步 Galerkin 交替方向预处理迭代解法.

第 4 章二阶椭圆问题的混合元交替方向法. 对于能源和半导体器件的数值模拟, 混合元方法具有明显的优点, 有着重要的实用价值, 近年来在工程实际计算中得到了广泛的应用. 但在混合元求解时, 得到的代数方程组较传统方法 (有限元方法、有限差分方法) 更加庞大, 解方程组也更为复杂, 因此, 人们试图在解方程组时引入交替方向迭代解法. J.Douglas Jr 和他的学生 D.C.Brourn 率先对二阶椭圆方程提出了两类交替方向格式, 即 Uzawa 格式和 Arrow-Hurwitz 格式, 随后对这两种格式作了进一步研究, 并做了大量的数值计算实验, 结果表明, 这一方法是可行的、有效的. 我们也作了一些研究. 目前正在开展关于二相渗流驱动问题和半导体器件瞬态问题交替方向混合元方法的理论和应用方面的研究. 该章重点介绍混合元 R-T 格式, R-T-N 格式和 B-D-M 格式, 二维 Uzawa、Arrow-Hurwitz 交替方向混合元迭代格式, 三维 Uzawa、Arrow-Hurwitz 交替方向混合元迭代格式, 以及 Arrow-Hurwitz 交替方向混合元迭代格式的稳定性和收敛性分析.

第 5 章二相渗流驱动问题的分数步方法. 地下石油渗流中油水二相渗流驱动

问题是能源数学的基础. J.Douglas Jr 等提出二维可压缩二相渗流问题的 “微小压缩” 数学模型、数值方法和分析, 开创现代数值模拟这一新领域. 在现代油田勘探和开发数值模拟计算中, 要计算的是大规模、大范围, 甚至是超长时间的, 需要分数步新技术才能完整解决问题. 我们对这一领域进行了系统深入的研究并成功应用到油田开发、油气盆地资源评估和勘探、海水入侵及防治工程、化学采油、半导体器件等众多领域的数值模拟. 该章将重点介绍二相渗流的分数步 (特征、迎风) 差分方法、多组分和动边值问题的分数步方法, 最后讨论半导体瞬态问题的分数步差分方法.

第 6 章多层渗流耦合问题的分数步方法. 三维油气资源盆地数值模拟问题的数学模型是一组具有活动边界的非线性偏微分方程组的初边值问题. 问题具有非线性、大区域、动边界、超长时间模拟的特点, 给构造数值方法和设计计算机软件达到工业化应用的要求, 带来极大的难度. 我们采用现代迎风、特征、分数步、残量和并行数值计算方法和技术, 并建立严谨的收敛性理论, 使数值模拟计算和工业应用软件建立在坚实的数学和力学基础上. 我们在国内外率先研制成三维油气资源评价和多层油资源运移聚集软件系统. 并已成功应用到胜利油田、辽河油田、冀东油田、大港油田和中原油田、得到了很好的实际效果, 成功地解决了这一著名问题. 该章重点讨论多层渗流耦合系统线性和非线性迎风分数步差分方法、特征分数步差分方法和动边值问题的分数步差分方法.

第 7 章渗流力学数值模拟中的交替方向有限元方法. 近年来石油科学在油气田勘探和开发的研究中取得重大进展. 在油田开发中重点对地下石油渗流中油水两相渗流驱动问题数值模拟的研究具有重要的理论和实用价值. 在油气资源的勘探和评估中, 发展迅速的油气资源盆地数值模拟, 成为地下石油渗流急需研究的另一重点课题. 我们在第 5 章和第 6 章重点研究和讨论该领域的分数步差分方法, 在第 7 章重点研究和讨论该领域的交替方向有限元方法. 在这里重点介绍油藏数值模拟的特征交替方向有限元方法、特征交替方向变网格有限元方法、盆地数值模拟中修正交替方向有限元法和半导体器件瞬态问题数值模拟中的变网格交替方向有限元方法.

高维数学物理问题的分数步方法作为能源数值模拟中的关键技术和方法, 在能源数值模拟的基础理论方面, 我们先后获得 1995 年国家光华科技基金三等奖, 2003 年教育部提名国家科学技术奖 (自然科学) 一等奖 —— 能源数值模拟的理论和应用, 1997 年国家教委科技进步奖 (甲类自然科学) 二等奖 —— 油水资源数值方法的理论和应用, 1993 年国家教委科技进步奖 (甲类自然科学) 二等奖 —— 能源数值模拟的理论方法和应用, 1989 年国家教委科技进步奖 (甲类自然科学) 二等奖 —— 有限元方法及其在工程技术中的应用, 1993 年由于培养研究生的突出成果 ——“面向经济建设主战场探索培养高层次数学人才的新途径” 获国家级优秀教学成果一等奖.

在应用技术方面, 2010 年获国家科技进步奖特等奖 (2010-J-210-0-1-007)——大庆油田高含水后期 4000 万吨以上持续稳产高效勘探开发技术, 1995 年获山东省科技进步奖一等奖 —— 三维盆地模拟系统, 2003 年获山东省科技进步奖三等奖 —— 油资源二次运移聚集并行处理区域化精细数值模拟技术研究, 1997 年获国家水利部科技进步奖三等奖 —— 防治海水入侵主要工程后效及调控模式研究. 同时多次获山东大学、胜利石油管理局科技进步一等奖.

本书主要内容作者曾先后在国家自然科学基金委主办的暑期数学学校 —— 山东大学 (威海)、云南大学 (昆明) 和中国工业与应用数学学会讲习班 (西安交通大学) 作过系统报告.

在能源数值模拟计算方法 (包含分数步法) 的理论和应用课题的研究中, 在数学、渗流力学方面我们始终得到 J.Douglas Jr、R.E.Ewing、姜礼尚教授、石钟慈院士、林群院士、符鸿源研究员的指导、帮助和支持; 在计算渗流力学和石油地质方面得到郭尚平院士、汪集旸院士、徐世浙院士、秦同洛教授和胜利油田总地质师潘元林、胜利油田地科院总地质师王捷的指导、帮助和支持, 并一直得到山东大学, 胜利、大庆、长庆等石油管理局和山东省农业委员会有关领导的大力支持, 特在此表示深深的谢意! 本书在出版过程中曾得到国家自然科学基金 (批准号: 11271231) 和国家科技重大专项课题 (批准号: 2011ZX05011-004, 2011ZX05052) 的部分资助.

在本课题长达三十多年的研究过程中, 山东大学先后参加此项攻关课题的有我的学生王文洽教授, 羊丹平、梁栋、芮洪兴、鲁统超、赵卫东、程爱杰、崔明荣、杜宁和李长峰等博士, 他们为此付出了辛勤的劳动!

袁益让

2013 年 10 月于山东大学 (济南)

目　录

第 1 章　对流–扩散问题分数步数值方法基础

在能源、环境、半导体器件数值模拟等科学和技术领域, 其数学模型是一类高维对流–扩散偏微分方程组的初边值问题, 对这类大规模科学与工程计算来说, 其计算节点通常可达数万甚至数千万个, 数值模拟时间有的需要长达数年、数十年, 甚至数千万年, 需用分数步方法来解决这类实际计算问题, 这类方法的基础是 Peaceman, Rachford 和 Douglas(1955 年) 的工作, 随后一些美国和前苏联的数学家的工作拓广和改进了这个方法, 他们是 Douglas, Rachford, Baker, Oliphant, Bagrinorvskii, Samarckii, Yanenko 等, 本章介绍这一领域的最基础部分.

本章共 4 节. 1.1 节为对流–扩散问题的特征差分方法和有限元方法. 1.2 节为求解抛物型方程的分数步简单格式及 Fourier 分析. 1.3 节为解多维抛物型方程的经济格式及能量模分析. 1.4 节为经济格式与因子化格式的等价性.

1.1　对流–扩散问题的特征差分方法和有限元方法

对流占优的扩散方程, 因其对流项系数远大于扩散项系数, 所以对流项为该方程中的主导项, 如果忽略扩散项, 则问题 “退化” 为一阶双曲型方程. 考虑到对流占优扩散问题的双曲特性, Douglas 与 Russell 于 1982 年首次将特征线方法应用于对流占优扩散方程 [1], 他们将特征线法与 Galerkin 有限元及有限差分相结合, 提出了求解对流占优扩散问题的特征有限元方法及特征差分方法, 阐明了它们的理论机理, 随后他们与其他学者又将特征有限元方法和特征差分方法应用于渗流力学中的多相渗流、半导体器件设计等科学计算问题, 取得一系列研究重要成果 [2~4].

1.1.1　模型问题及其特征有限元方法

考虑一维对流占优扩散方程的初值问题:

$$\begin{cases} c(x)\dfrac{\partial u}{\partial t}+b(x)\dfrac{\partial u}{\partial x}-\dfrac{\partial u}{\partial x}\left(a(x)\dfrac{\partial u}{\partial x}\right)=f(x,t), \quad (x,t)\in \mathbf{R}\times(0,T], & (1.1.1\text{a}) \\ u(x,0)=u_0(x), \quad x\in\mathbf{R}, & (1.1.1\text{b}) \end{cases}$$

此处 $a,\ b,\ c\in H^1(\mathbf{R})\cup W^{1,\infty}(\mathbf{R})$, $f\in L^2\left((0,T],L^2(\mathbf{R})\right)$, $u_0\in H^1(\mathbf{R})$, 而 $H^1(\mathbf{R})$, $W^{1,\infty}(\mathbf{R})$ 是区域 $\mathbf{R}=(-\infty,+\infty)$ 上的 Sobolev 空间. 还假定

$$c(x)\geqslant c_0>0, a(x)\geqslant a_0>0, |b(x)|\gg a(x), \quad \forall x\in\mathbf{R}, \tag{1.1.2a}$$

$$\left|\frac{b(x)}{c(x)}\right| + \left|\frac{\mathrm{d}}{\mathrm{d}x}\left(\frac{b(x)}{c(x)}\right)\right| \leqslant M, \quad \forall x \in \mathbf{R}. \tag{1.1.2b}$$

数值求解问题 (1.1.1) 的特征有限元方法的基本思想是, 将 (1.1.1a) 中的一阶双曲项 $c(x)\dfrac{\partial u}{\partial t} + b(x)\dfrac{\partial u}{\partial x}$ 改写为沿特征方向 τ 的方向导数, 从而将 (1.1.1a)改写为关于变元 τ, x 的不含一阶空间导数项的热传导方程, 然后再对该热传导方程作 Galerkin 有限元全离散, 即得特征有限元格式.

记 $\psi(x) = \left[c(x)^2 + b(x)^2\right]^{1/2}, \tau(x) = \left(b(x)\psi^{-1}(x), c(x)\psi^{-1}(x)\right)^{\mathrm{T}}$, 则有

$$\psi(x)\frac{\partial u}{\partial \tau(x)} = c(x)\frac{\partial}{\partial t} + b(x)\frac{\partial}{\partial x}, \tag{1.1.3}$$

从而方程 (1.1.1a) 可改写为

$$\psi(x)\frac{\partial u}{\partial \tau(x)} - \frac{\partial}{\partial x}\left(a(x)\frac{\partial u}{\partial t}\right) = f(x,t), \quad x \in \mathbf{R}, t \in (0, T]. \tag{1.1.4}$$

注意到, 当 $u \in H^1(\mathbf{R})$ 时, 有 $\lim\limits_{|x|\to\infty} u(x) = 0$, 从而问题的弱形式是: 求可微映射 $u(t) : (0, T] \to H^1(\mathbf{R})$, 使

$$\left(\psi\frac{\partial u}{\partial \tau}, v\right) + A(u, v) = (f, v), \quad \forall v \in H^1(\mathbf{R}), 0 < t \leqslant T, \tag{1.1.5}$$

此处 $(w_1, w_2) = \int\limits_{\mathbf{R}} w_1 \cdot w_2 \mathrm{d}x, A(w_1, w_2) = \int\limits_{\mathbf{R}} aw_1' \cdot w_2' \mathrm{d}x$.

对问题 (1.1.5) 作 Galerkin 有限元全离散, 设 Δt 为取定的时间步长, 记 $t^n = n\Delta t, n = 0, 1, \cdots, N = [T/\Delta t]$. 在 $t = t^n$ 上, 任取点 $A = (x, t^n)$, 先建立 $\left(\psi\dfrac{\partial u}{\partial \tau}\right)_A = \left(\psi\dfrac{\partial u}{\partial \tau}\right)^n (x)$的差商离散. 为此, 过点 A 沿 $\tau(A) = \tau(x, t^n) = \tau(x)$ 作直线 l_A(即过点 A 之特征线的线性近似) 与 $t = t^{n-1}$ 相较于点 $B = (\bar{x}, t^{n-1})$ 由图 1.1.1 易见

$$\bar{x} = x - \frac{b(x)}{c(x)}\Delta t. \tag{1.1.6}$$

在 A 点 Euler 向后差商近似

$$\begin{aligned}\left(\psi\frac{\partial u}{\partial \tau}\right)(A) &\approx \psi(x)\frac{u(A) - u(B)}{|AB|} = \psi(x)\frac{u(x, t^n) - u(\bar{x}, t^{n-1})}{\left[(x - \bar{x})^2 + (\Delta t)^2\right]^{1/2}} \\ &= c(x)\frac{u(x, t^n) - u(\bar{x}, t^{n-1})}{\Delta t}.\end{aligned} \tag{1.1.7}$$

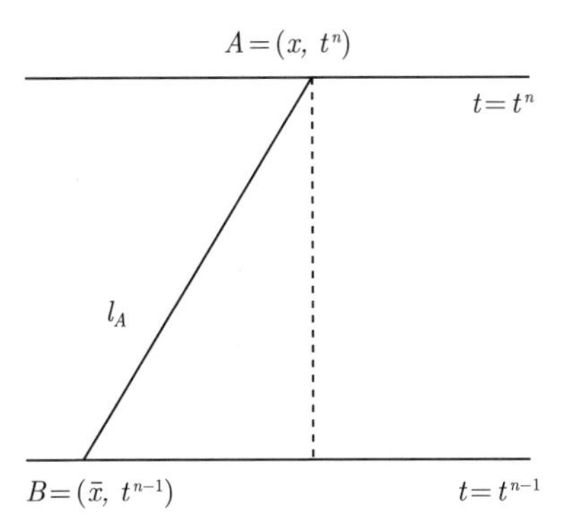

图 1.1.1　特征线示意图

因此在此时层 $t=t^n$ 上, (1.1.5) 可改写为

$$\begin{aligned}&\left(c(x)\frac{u(x,t^n)-u(\bar{x},t^{n-1})}{\Delta t},v\right)+A(u(t),v)\\=&(f^n,v)+\left(c(x)\frac{u(x,t^n)-u(\bar{x},t^{n-1})}{\Delta t}\right.\\&\left.-\psi\left(\frac{\partial u}{\partial \tau}\right)(x,t^n),v\right),\quad \forall v\in H^1(\mathbf{R}),\end{aligned}\tag{1.1.8}$$

此处 $f^n=f(x,t^n)$.

设 $V_h\subset H^1(\mathbf{R})\cap W^{1,\infty}(\mathbf{R})$ 为选定的有限元空间, $V_h\subset S_{1,q}(\mathbf{R})(q\geqslant 2)$, 即 V_h 为分段 $q-1$ 次多项式空间且具有如下的逼近性质, $\forall\varphi\in H^q(\mathbf{R}),1\leqslant s\leqslant q$, 有

$$\inf_{v\in V_h}\{\|\varphi-v\|+h\|\varphi-v\|_1\}\leqslant M_0\|\varphi\|_s h^s,\tag{1.1.9}$$

此处 $\|\cdot\|_s=\|\cdot\|_{H^s(\mathbf{R})}, M_0$ 为与 φ 无关之常数. $t=t^n$ 上, 记有限元解为 u_h^n, 在 (1.1.8) 中略去右端第二项, 即沿 τ 方向的局部逼近误差项. 将检验函数空间 $H^1(\mathbf{R})$ 换为 V_h, 问题 (1.1.1) 的 Euler 向后特征有限格式定义为: 求映射 $\{u_h^n\}:[t^0,t^1,\cdots,t^n]\to V_h$, 使得

$$\left(c(x)\frac{u_h^n-\bar{u}_h^{n-1}}{\Delta t},v\right)+A(u_h^n,v)=(f^n,v),\quad \forall v\in V_h,n=1,2,\cdots,N,\tag{1.1.10a}$$

$$A\left(u_h^0-u_0,v\right)+\left(u_h^0-u_0,v\right)=0,\quad \forall v\in V_h,\tag{1.1.10b}$$

此处 $\bar{u}_h^{n-1}=u_h^{n-1}(\bar{x})$. 在 (1.1.10b) 中将有限元的初值 u_h^0 定义为原初始值的椭圆投影, 仅仅是为了误差分析理论处理上的简便, 也可用其他方式定义 u_h^0, 如取 u_h^0 为 u_0 在 V_h 中的 L^2 投影或插值等.

因双线性泛函 $B(w,v)=A(w,v)+(w,v)$ 在 $H^1(\mathbf{R})\times H^1(\mathbf{R})$ 上对称、正定、有界, 线性泛函 $l(v)=A(u_0,v)+(u_0,v)$ 在 $H^1(\mathbf{R})$ 上有界, $V_h\subset H^1(\mathbf{R})$, 由 Lax-Milgram 定理知, 从 (1.1.10b) 可以唯一确定初值 u_h^0, 同理注意到 $c(x)\geqslant c_0>0$, 可以推出, 从 (1.1.10) 利用 u_h^0 可依次唯一确定 $u_h^1, u_h^2, \cdots, u_h^N$, 即格式 (1.1.10) 唯一可解.

从特征有限元格式 (1.1.10) 的构造过程可见, 其一个显著特点是, 用沿一阶双曲项特征方向 τ 的导数 $\psi\dfrac{\partial u}{\partial \tau}$ 取代传统 Galerkin 方法中按 (1.1.1) 沿时间方向 t 的导数 $c\dfrac{\partial u}{\partial t}$, 用沿 τ 方向演化的步进数值格式取代沿 t 方向演化的步进格式, 特征有限元格式在算法构造上就反映了原问题 (1.1.1)的解 u“沿特征线传播” 的对流占优性质, 且问题 (1.1.1) 的解 u 沿 τ 方向的导数$\dfrac{\partial^2 u}{\partial \tau^2}$远小于沿 t 方向的导数 $\dfrac{\partial^2 u}{\partial t^2}$, 从 $\psi\dfrac{\partial u}{\partial \tau}$作差商离散所产生的局部逼近误差远小于从 $c\dfrac{\partial u}{\partial t}$作同一离散所产生的逼近误差, 因而, 特征有限元格式比 Galerkin 格式有更好的精度和数值效果. 由于特征有限元格式具有解沿特征线方向演化的 “迎风” 性质, 所以它比 Galerkin 格式有着更好的稳定性. 且可采用比 Galerkin 格式更大的时间步长 Δt.

以后记号 M 和 ε 分别表示一般的正常数和小正数. 在不同之处有不同的含义.

1.1.2 特征有限元格式的误差估计

为对特征有限元格式建立 L^2 误差估计. 对问题 (1.1.1) 的解 $u(t)$ 引进椭圆投影 $w_h(t):(0,T]\to V_h$, 使得

$$A(u(t)-w_h(t),v)+(u(t)-w_h(t),v)=0,\quad \forall v\in V_h, 0\leqslant t\leqslant T, \tag{1.1.11}$$

显然 $w_h(t)$ 存在唯一. 记 $\eta=u-w_h, \xi=u_h-w_h(t), \zeta=u-u_h=\eta-\xi$.

从 (1.1.8)、(1.1.10) 和 (1.1.11) 可得误差方程:

$$\begin{aligned}&\left(c(x)\frac{\xi^n-\bar{\xi}^{n-1}}{\Delta t},v\right)+A\left(\xi^n,v\right)\\&=\left(\psi\left(\frac{\partial u}{\partial \tau}\right)^n-c(x)\frac{u^n-\bar{u}^{n-1}}{\Delta t},v\right)\\&\quad+\left(c(x)\frac{\eta^n-\bar{\eta}^{n-1}}{\Delta t},v\right)-(\eta^n,v),\quad \forall v\in V_h, n=1,2,\cdots,N.\end{aligned} \tag{1.1.12}$$

由 (1.1.10b), (1.1.11) 知 $u_h^0=w_h(0)=w_h^0$ 从而 $\xi^0=0$.

选定检验函数 $v=\xi^n$, 对于 (1.1.12) 右端第一项, 估计 $\left\|\psi\dfrac{\partial u^n}{\partial \tau}-c\dfrac{u^n-\bar{u}^{n-1}}{\Delta t}\right\|$.

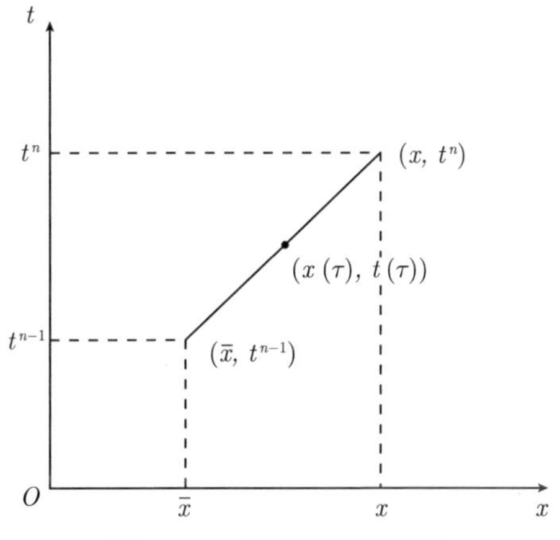

图 1.1.2 积分区间示意图

注意到标准的向后差商的误差方程是

$$\frac{\partial u^n}{\partial t}-\frac{u^n-u^{n-1}}{\Delta t}=\frac{1}{\Delta t}\int_{t^{n-1}}^{t^n}(t-t^{n-1})\frac{\partial^2 u}{\partial t^2}\mathrm{d}t.$$

类似地, 沿特征线有

$$\psi\frac{\partial u^n}{\partial \tau}-c\frac{u^n-\bar{u}^{n-1}}{\Delta t}=\frac{c}{\Delta t}\int_{(\bar{x},t^{n-1})}^{(x,t^n)}\sqrt{(x(\tau)-\bar{x})^2+(t(\tau)-t^{n-1})^2}\frac{\partial^2 u}{\partial \tau^2}\mathrm{d}\tau.$$

对此误差项, 取 $L^2(\mathbf{R})$ 模, 经计算可得

$$\begin{aligned}\left\|\psi\frac{\partial u^n}{\partial \tau}-c\frac{u^n-\bar{u}^{n-1}}{\Delta t}\right\|^2 &\leqslant\int_{\mathbf{R}}\left(\frac{c}{\Delta t}\right)^2\left(\frac{\psi}{c}\Delta t\right)^2\left|\int_{(\bar{x},t^{n-1})}^{(x,t^n)}\frac{\partial^2 u}{\partial \tau^2}\mathrm{d}\tau\right|^2\mathrm{d}x\\ &\leqslant\Delta t\left\|\frac{\psi^3}{c}\right\|_{0,\infty}\int_{\mathbf{R}}\int_{(\bar{x},t^{n-1})}^{(x,t^n)}\left|\frac{\partial^2 u}{\partial \tau^2}\right|^2\mathrm{d}\tau\mathrm{d}x\\ &\leqslant\Delta t\left\|\frac{\psi^4}{c^2}\right\|_{0,\infty}\int_{\mathbf{R}}\int_{t^{n-1}}^{t^n}\left|\frac{\partial^2 u}{\partial \tau^2}\left(\frac{t^n-t}{\Delta t}\bar{x}+\frac{t-t^{n-1}}{\Delta t}x,t\right)\right|^2\mathrm{d}t\mathrm{d}x.\end{aligned}$$

为了得到关于 $\dfrac{\partial^2 u}{\partial \tau^2}$ 的标准模, 考虑变换

$$S:(x,t)\mapsto(z,t)=\left(\frac{t^n-t}{\Delta t}\bar{x}+\frac{t-t^{n-1}}{\Delta t}x,t\right)=(\theta(t)\bar{x}+(1-\theta(t))x,t).$$

这个映射的 Jacobi 矩阵为

$$DS=\begin{pmatrix}1-\theta\Delta t\left(\dfrac{b}{c}\right)'(x) & \dfrac{b(x)}{c(x)}\\ 0 & 1\end{pmatrix}.$$

假定$\left(\dfrac{b}{c}\right), \left(\dfrac{b}{c}\right)' \in L^{\infty}(\mathbf{R})$, 若 Δt 足够小, S 是可逆的. 其行列式 $|DS| = 1 + O(\Delta t)$. 对于固定的 t, S 显然映射 $\mathbf{R} \times \{t\}$ 为自身. 因此对于 $\mathbf{R} \times \left[t^{n-1}, t^n\right]$ 同样是正确的. 因此推出

$$\left\|\psi \frac{\partial u^n}{\partial \tau} - c\frac{u^n - \bar{u}^{n-1}}{\Delta t}\right\|^2 \leqslant 2\left\|\frac{\psi^4}{c^2}\right\|_{0,\infty} \left\|\frac{\partial^n u}{\partial \tau^2}\right\|^2_{L^2(\mathbf{R}\times[t^{n-1},t^n])} \Delta t.$$

于是推出 (1.1.12) 右端第一项的估计

$$M\left\|\frac{\partial^2 u}{\partial \tau^2}\right\|^2_{L^2(\mathbf{R}\times[t^{n-1},t^n])} \Delta t + \|\xi^n\|^2. \tag{1.1.13}$$

现估计 (1.1.12) 右端第二项, 为此写 $\eta^n - \bar{\eta}^{n-1} = (\eta^n - \eta^{n-1}) + (\eta^{n-1} - \bar{\eta}^{n-1})$, 则有

$$\begin{aligned}\left(c\frac{\eta^n - \eta^{n-1}}{\Delta t}, \xi^n\right) &\leqslant \frac{M}{\Delta t}\int_{t^{n-1}}^{t^n} \left\|\frac{\partial \eta}{\partial t}\right\|_{-1} \mathrm{d}x \, \|\xi^n\|_1 \\ &\leqslant \varepsilon \|\xi^n\|_1^2 + \frac{M}{\Delta t}\left\|\frac{\partial \eta}{\partial t}\right\|^2_{L^2(t^{n-1},t^n;H^{-1}(\mathbf{R}))}.\end{aligned}$$

最后考虑

$$\left(c\frac{\eta^{n-1} - \bar{\eta}^{n-1}}{\Delta t}, \xi^n\right) \leqslant M\|\xi^n\|_1 \left\|\frac{\eta^{n-1} - \bar{\eta}^{n-1}}{\Delta t}\right\|_{-1}. \tag{1.1.14}$$

定理 1.1.1 设 $\eta \in L^2(\mathbf{R})$, $\bar{\eta} = \eta(x - g(x)\Delta t)$, 其中 g, g' 在 $\mathbf{R}$ 中均有界, 则当 Δt 充分小时, 必有

$$\|\eta - \bar{\eta}\|_{-1} \leqslant M\|\eta\|\Delta t. \tag{1.1.15}$$

证明 设 $z = F(x) = x - g(x)\Delta t$, 则对足够小的 $\Delta t, F$ 是可逆的, 和 $F', (F^{-1})'$ 是 $1 + O(\Delta t)$ 的形式. 因此

$$\begin{aligned}\|\eta - \bar{\eta}\|_{-1} &= \sup_{\varphi\in H^1}\left(\|\varphi\|_1^{-1}\int_{\mathbf{R}} [\eta(x) - \eta(x - g(x)\Delta t)]\,\varphi(x)\mathrm{d}x\right) \\ &= \sup_{\varphi\in H^1}\left(\|\varphi\|_1^{-1}\left[\int_{\mathbf{R}} \eta(x)\varphi(x)\mathrm{d}x - \int_{\mathbf{R}} \eta(z)\varphi(F^{-1}(z))(1 + O(\Delta t))\mathrm{d}z\right]\right) \\ &\leqslant \sup_{\varphi\in H^1}\left(\|\varphi\|_1^{-1}\int_{\mathbf{R}} \eta(x)[\varphi(x) - \varphi(F^{-1}(x))]\mathrm{d}x\right)\end{aligned}$$

$$+ M\Delta t \sup_{\varphi\in H^1}\left(\|\varphi\|^{-1}\int_{\mathbf{R}}\eta(x)\varphi(F^{-1}(x))\mathrm{d}x\right).$$

设 $G(x)=x-F^{-1}(x)$, 则 $|G(x)|\leqslant M\Delta t$ 和

$$\begin{aligned}\left\|\varphi(x)-\varphi(F^{-1}(x))\right\|^2 \leqslant& \int_{\mathbf{R}}\left(\int_{F^{-1}(x)}^{x}\left|\frac{\mathrm{d}\varphi}{\mathrm{d}x}\right|\right)^2\mathrm{d}x\\ \leqslant& M(\Delta t)^2\int_{\mathbf{R}}\int_0^1\left|\frac{\mathrm{d}\varphi}{\mathrm{d}x}(x-G(x)y)\right|^2\mathrm{d}y\mathrm{d}x\\ \leqslant& M(\Delta t)^2\|\varphi\|_1^2.\end{aligned} \tag{1.1.16}$$

此处最后一步用了变换 $\bar{x}=x-G(x)y$. 类似地变换有

$$\left\|\varphi(F^{-1})\right\|^2=\|\varphi\|^2(1+M\Delta t). \tag{1.1.17}$$

组合式 (1.1.16) 和 (1.1.17), 定理得证.

应用定理 1.1.1 到 (1.1.14) 可得

$$\left(c\frac{\eta^{n-1}-\bar{\eta}^{n-1}}{\Delta t},\xi^n\right)\leqslant\varepsilon\|\xi^n\|_1^2+M\left\|\eta^{n-1}\right\|^2.$$

现在完成了 (1.1.12) 右端的估计. 再讨论其左端.

$$\begin{aligned}&\left(c\frac{\xi^n-\bar{\xi}^{n-1}}{\Delta t},\xi^n\right)+A(\xi^n,\xi^n)\\ \geqslant&\frac{1}{2\Delta t}\left[(c\xi^n,\xi^n)-\left(c\bar{\xi}^{n-1},\bar{\xi}^{n-1}\right)\right]+A(\xi^n,\xi^n)\\ =&\frac{1}{2\Delta t}\left[(c\xi^n,\xi^n)-\left(c\xi^{n-1},\xi^{n-1}\right)(1+M\Delta t)\right]+A(\xi^n,\xi^n).\end{aligned} \tag{1.1.18}$$

对 (1.1.12), 综合估计式 (1.1.13)~(1.1.18), 经整理可得

$$\begin{aligned}&\frac{1}{2\Delta t}\left[(c\xi^n,\xi^n)-\left(c\xi^{n-1},\xi^{n-1}\right)\right]+\frac{a_0}{2}\|\xi^n\|_1^2\\ \leqslant& M\|\xi^n\|^2+M\Delta t\left\|\frac{\partial^2 u}{\partial\tau^2}\right\|_{L^2(t^{n-1},t^n;L^2)}^2+\frac{M}{\Delta t}\left\|\frac{\partial\eta}{\partial t}\right\|_{L^2(t^{n-1},t^n;H^{-1})}\\ &+M\left[\|\eta^n\|^2+\left\|\eta^{n-1}\right\|^2\right]+M\left\|\xi^{n-1}\right\|^2.\end{aligned} \tag{1.1.19}$$

对上式乘以 $2\Delta t$, 并关于时间 t 相加, 又 $\xi^0=0$, 可以推出

$$\max_{0\leqslant n\leqslant N}\|\xi^n\|+\left(\sum_{l=1}^{N}\left\|\xi^l\right\|_1^2\Delta t\right)^{1/2}$$

$$\leqslant M\left\{\max_{0\leqslant n\leqslant N}\|\eta^n\|+\left\|\frac{\partial\eta}{\partial t}\right\|_{L^2(0,T;H^{-1}(\mathbf{R}))}\right.$$
$$\left.+\left\|\frac{\partial^2 u}{\partial\tau^2}\right\|_{L^2(0,T;L^2(\mathbf{R}))}\Delta t\right\}. \tag{1.1.20}$$

利用三角不等式得 $u^n-u_h^n$ 的先验 L^2 误差估计

$$\max_{0\leqslant n\leqslant N}\|u^n-u_h^n\|$$
$$\leqslant M\left\{\max_{0\leqslant n\leqslant N}\|\eta^n\|+\left\|\frac{\partial\eta}{\partial t}\right\|_{L^2(0,T;H^{-1}(\mathbf{R}))}+\left\|\frac{\partial^2 u}{\partial\tau^2}\right\|_{L^2(0,T;L^2(\mathbf{R}))}\Delta t\right\}. \tag{1.1.21}$$

为了进一步估计 $u^n-u_h^n$ 关于 h 的收敛阶. 假定问题 (1.1.1)的解具有光滑性: $u\in L^\infty(0,T;H^q(\mathbf{R})),\dfrac{\partial\eta}{\partial t}\in L^2(0,T;H^{q-1+\theta}(\mathbf{R}))$, 其中整数 $q\geqslant 2,\theta=1$, 当 $q=2,\theta=0$, 当 $q>0$. 由 w_h 的定义 (1.1.11), 有

$$\max_{0\leqslant n\leqslant N}\|\eta^n\|\leqslant M\|u(t)\|_{L^\infty(0,T;H^q(\mathbf{R}))}h^q, \tag{1.1.22}$$

$$\left\|\frac{\partial\eta}{\partial t}\right\|_{L^2(0,T;H^{q-1}(\mathbf{R}))}\leqslant\begin{cases}M\left\|\dfrac{\partial u}{\partial t}\right\|_{L^2(0,T;H^{q-1}(\mathbf{R}))}h^q, & q>2,\\ M\left\|\dfrac{\partial u}{\partial t}\right\|_{L^2(0,T;H^2(\mathbf{R}))}h^2, & q=2.\end{cases} \tag{1.1.23}$$

综合 (1.1.20)~(1.1.23) 可得下述 L^2 收敛性定理.

定理 1.1.2 若问题 (1.1.1) 的解 u 满足正则性条件, 对于 $q\geqslant 2$ 和由 (1.1.10) 定义的特征有限元解 u_h, 则有

$$\max_{0\leqslant n\leqslant N}\|u^n-u_h^n\|\leqslant M\left\{\left(\|u(t)\|_{L^\infty(0,T;H^q(\mathbf{R}))}+\left\|\frac{\partial u}{\partial t}\right\|_{L^2(0,T;H^{q-1+\theta}(\mathbf{R}))}\right)h^q\right.$$
$$\left.+\left\|\frac{\partial^2 u}{\partial\tau^2}\right\|_{L^2(0,T;L^2(\mathbf{R}))}\cdot\Delta t\right\}. \tag{1.1.24}$$

M 为与 u 无关的常数, θ 如前所取值 0 或 1.

对具有逼近性质 (1.1.9) 的 V_h 而言, 估计式 (1.1.24) 关于 h 是丰满的, 又由于 (1.1.10) 为向后 Euler 格式, 因此关于 Δt, 估计式 (1.1.24) 也是丰满的.

在误差方程 (1.1.12) 中取检验函数 $v=\left(\xi^n-\xi^{n-1}\right)/\Delta t$, 可以导出 H^1 丰满的收敛阶估计, 此时方程 (1.1.12) 左端有估计式

$$\left(c\frac{\xi^n-\bar{\xi}^{n-1}}{\Delta t},\frac{\xi^n-\xi^{n-1}}{\Delta t}\right)+A\left(\xi^n,\frac{\xi^n-\xi^{n-1}}{\Delta t}\right)$$

$$\geqslant \left(c\frac{\xi^n-\xi^{n-1}}{\Delta t},\frac{\xi^n-\xi^{n-1}}{\Delta t}\right)+\frac{1}{2\Delta t}\left[A\left(\xi^n,\xi^n\right)-A\left(\xi^{n-1},\xi^{n-1}\right)\right]$$
$$-M\left\|\xi^{n-1}\right\|_1^2-\varepsilon\left\|\frac{\xi^n-\xi^{n-1}}{\Delta t}\right\|_1^2. \tag{1.1.25}$$

因为

$$\left|\left(c\frac{\xi^{n-1}-\bar{\xi}^{n-1}}{\Delta t},\frac{\xi^n-\xi^{n-1}}{\Delta t}\right)\right|\leqslant M\left\|\frac{\partial\xi^{n-1}}{\partial x}\right\|\left\|\frac{\xi^n-\xi^{n-1}}{\Delta t}\right\|. \tag{1.1.26}$$

对方程 (1.1.12) 右端估计. 首先注意到

$$\left(\psi\frac{\partial u^n}{\partial\tau}-c\frac{u^n-\bar{u}^{n-1}}{\Delta t},\frac{\xi^n-\xi^{n-1}}{\Delta t}\right)$$
$$\leqslant M\left\|\frac{\partial^2 u}{\partial\tau^2}\right\|_{L^2(t^{n-1},t^n;L^2(\mathbf{R}))}\Delta t+\varepsilon\left\|\frac{\xi^n-\xi^{n-1}}{\Delta t}\right\|^2. \tag{1.1.27}$$

其次

$$\left(c\frac{\eta^n-\bar{\eta}^{n-1}}{\Delta t},\frac{\xi^n-\xi^{n-1}}{\Delta t}\right)\leqslant\frac{M}{\Delta t}\left\|\frac{\partial\eta}{\partial\tau}\right\|^2_{L^2(t^{n-1},t^n;L^2(\mathbf{R}))}+M\left\|\eta^{n-1}\right\|_1^2+\varepsilon\left\|\frac{\xi^n-\xi^{n-1}}{\Delta t}\right\|^2.$$

由上述不等式导出估计

$$\max_{0\leqslant n\leqslant N}\|\xi^n\|_1$$
$$\leqslant M\left\|\frac{\partial^2 u}{\partial\tau^2}\right\|_{L^2(0,T;L^2(\mathbf{R}))}\Delta t+M\left[\|\eta\|_{L^\infty(0,T;H^1(\mathbf{R}))}+\left\|\frac{\partial\eta}{\partial t}\right\|_{L^2(0,T;L^2(\mathbf{R}))}\right]. \tag{1.1.28}$$

由此可以推得特征有限元格式 (1.1.10) 的 H^1 丰满收敛性估计.

$$\max_{0\leqslant n\leqslant N}\|u^n-u_h^n\|_1\leqslant M\left\{\left(\|u(t)\|_{L^\infty(0,T;H^q(\mathbf{R}))}+\left\|\frac{\partial u}{\partial t}\right\|_{L^2(0,T;H^{q-1}(\mathbf{R}))}\right)h^{q-1}\right.$$
$$\left.+\left\|\frac{\partial^2 u}{\partial\tau^2}\right\|_{L^2(0,T;L^2(\mathbf{R}))}\cdot\Delta t\right\}. \tag{1.1.29}$$

1.1.3 基于线性插值的特征差分方法

记 $x_i=ih$, $t^n=n\Delta t$ 和 $z(x_i,t^n)=z_i^n$, 若 $\bar{x}_i=x_i-b_i\dfrac{\Delta t}{c_i}$, 用中心加权关于网格函数的二阶差商代替二阶导数

$$\delta_{\bar{x}}(a\delta_x z)_i=h^{-2}\Big[a_{i+1/2}(z_{i+1}-z_i)-a_{i-1/2}(z_i-z_{i-1})\Big],$$

此处 $a_{i+1/2}=a\left(x_{i+1/2}\right)=a\left(\left(i+\dfrac{1}{2}\right)h\right)$. 若 W_i^n 表示逼近解在网格 (x_i,t^n) 处的值. $\overline{W}_i^{n-1}=W^{n-1}(\bar{x}_i)$, 此处 $W^{n-1}(x)$ 是由分段线性插值所确定的一次函数, 则基本差分方程由下述方程给出:

$$c_i\frac{W_i^n-\overline{W}_i^{n-1}}{\Delta t}-\delta_{\bar{x}}(a\delta_x W^n)_i=f_i^n,\quad -\infty<i<+\infty,n\geqslant 1,\tag{1.1.30a}$$

$$W_i^0=u_0(x_i),\quad -\infty<i<+\infty.\tag{1.1.30b}$$

显然问题 (1.1.30) 的解存在且唯一 (图 1.1.3).

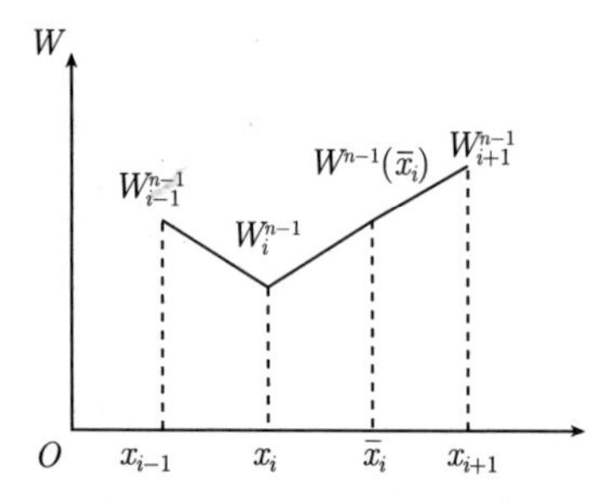

图 1.1.3　线性插值示意图

下面进行收敛性分析. 记 $\bar{u}_i^{n-1}=u(\bar{x}_i,t^{n-1}),u$ 是问题 (1.1.1) 的精确解.

$$c_i\frac{u_i-\bar{u}_i^{n-1}}{\Delta t}-\delta_{\bar{x}}(a\delta_x u^n)_i=f_i^n+e_i^n,\tag{1.1.31}$$

此处由计算指出

$$e_i^n=\frac{c_i^2+b_i^2}{2c_i}\frac{\partial^2u^2}{\partial\tau^2}\Delta t+O\left(\|u^n\|_{3,\infty}h\right)\text{或}O\left(\|u^n\|_{4,\infty}h^2\right),$$

此处 $\dfrac{\partial^2u^2}{\partial\tau^2}$ 在线段 (x_i,t^n)–$(\bar{x}_i,t^{n-1})$ 上某点取值, 且 $\left|\dfrac{\partial^2u^2}{\partial\tau^2}\right|\ll\max\left\{\left|\dfrac{\partial^2u}{\partial t^2}\right|,\left|\dfrac{\partial^2u}{\partial x^2}\right|\right\}$. 因此, 如果取 $\zeta=u-w$, 则有

$$c_i\frac{\zeta_i^n-\bar{\zeta}_i^{n-1}}{\Delta t}-\delta_{\bar{x}}(a\delta_x\zeta^n)_i=e_i^n,\quad -\infty<i<+\infty,n\geqslant 1,\tag{1.1.32a}$$

$$\zeta_i^0=0,\quad -\infty<i<+\infty.\tag{1.1.32b}$$

应用最大模原理推出

$$\max_i\|\zeta_i^n\|\leqslant M\max_i\left\|\bar{\zeta}_i^{n-1}\right\|+M\max_i\|e_i^n\|\Delta t.\tag{1.1.33}$$

对于 I_1—— 线性分段插值函数

$$\max_i\left\|\bar{\zeta}_i^{n-1}\right\|\leqslant\max_i\left\|\zeta_i^{n-1}\right\|+\max_i\left|u(\bar{x}_i,t^{n-1})-I_1u(x,t^{n-1})(\bar{x}_i)\right|.$$

应用 Peano 核定理可得

$$\left|u(\bar{x}_i,t^{n-1})-(I_1u(x,t^{n-1}))(\bar{x}_i)\right|\leqslant M\left\|u^{n-1}\right\|_{2,\infty}h_i^*h, \tag{1.1.34}$$

此处

$$h_i^*=\left|\bar{x}_i-x_{j(i)}\right|\leqslant\min\left(\frac{h}{2},M\Delta t\right), \tag{1.1.35a}$$

$$j(i)=\left\{j:\left|\bar{x}_i-x_j\right|=\min_k\left|\bar{x}_i-x_k\right|\right\}\text{——离}\bar{x}_i\text{最近一个节点编号}j. \tag{1.1.35b}$$

因此

$$\max_i\left\|\zeta_i^n\right\|\leqslant\max_i\left\|\zeta_i^{n-1}\right\|+M\left[\max_i\left|e_i^n\right|+\left\|u^{n-1}\right\|_{2,\infty}\min\left(h,\frac{h^2}{\Delta t}\right)\right]\Delta t. \tag{1.1.36}$$

如果 $w^0(x)$ 由 $I_1(W_i^0)=I_1\left\{u_0(x_i)\right\}$ 列出, 则

$$\left\|\bar{\zeta}_i^0\right\|\leqslant M\left\|u_0\right\|_{2,\infty}\min(h^2,h\Delta t). \tag{1.1.37}$$

因此从 (1.1.36) 和 (1.1.37) 推出

$$\begin{aligned}\max_i\left\|\zeta_i^n\right\|&\leqslant M\left[\max_{j,m}\left|e_j^m\right|+\|u\|_{L_\infty(0,T;W^{2,\infty})}\min\left(h,\frac{h^2}{\Delta t}\right)\right]\\&\leqslant M\left[\sup_{\mathbf{R}\times[0,T]}\left|\frac{\partial^2u}{\partial\tau(x)^2}\right|\Delta t+\|u\|_{L^\infty(0,T;W^{3,\infty})}h\right].\end{aligned} \tag{1.1.38}$$

由于

$$\|u\|_{L^\infty(0,T;W^{3,\infty})}h\geqslant\|u\|_{L^\infty(0,T;W^{2,\infty})}\min\left(h,\frac{h^2}{\Delta t}\right). \tag{1.1.39}$$

可得下述定理.

定理 1.1.3 若问题 (1.1.1) 的精确解$u\in W^{2,\infty}(\mathbf{R}\times[0,T])\cap L^\infty(0,T;W^{3,\infty}(\mathbf{R}))$, W_i^n 是差分方法 (1.1.30) 的逼近解, 此处$\overline{W}_i^{n-1}=W^{n-1}(\bar{x}_i)=W^{n-1}\left(x_i-b_i\dfrac{\Delta t}{c_i}\right)=\left(I_1\left\{w_i^{n-1}\right\}(\bar{x}_i)\right),\left\{w_i^{n-1}\right\}$ 是分段线性插值, 则误差函数 $\zeta=u-w$ 满足式 (1.1.38).

下面讨论变网格的情况, 网格剖分依赖空间和时间, 记 $t^n=n\Delta t$, 设

$$\delta^n=\left\{\cdots,x_{-2}^n,x_{-1}^n,x_0^n,x_1^n,x_2^n,\cdots\right\},\quad x_i^n-x_{i-1}^n=h_i^n>0,\quad x_j^n\to\pm\infty,\text{当}j\to\pm\infty. \tag{1.1.40}$$

记

$$\delta_{\bar{x}}\left(a\delta_xu\right)_i^n=\frac{2}{h_i^n+h_{i+1}^n}\left[a_{i+1/2}^n\frac{u_{i+1}^n-u_i^n}{h_{i+1}^n}-a_{i-1/2}^n\frac{u_i^n-u_{i-1}^n}{h_i^n}\right]$$

$$=(au_x)_x(x_i^n,t^n)+O\left(\|u^n\|_{w^{3,\infty}([x_{i-1}^n,x_{i+1}^n])}\left(h_i^n+h_{i+1}^n\right)\right). \tag{1.1.41}$$

w^{n-1} 是关于 $\{w_j^{n-1}\}$ 的分段线性插值函数在 δ^{n-1} 上. 设

$$\bar{x}_i^n=x_i^n-b(x_i^n)\frac{\Delta t}{c(x_i^n)}. \tag{1.1.42}$$

自然拓广的差分格式:

$$c(x_i^n)\frac{w_i^n-w^{n-1}(\bar{x}_i^n)}{\Delta t}-\delta_{\bar{x}}(a\delta_x w)_i^n=f(x_i^n,t^n),\quad n\geqslant 1,\forall i, \tag{1.1.43a}$$

$$w_i^0=u_0(x_i^n),\quad \forall i, \tag{1.1.43b}$$

则如果 $\bar{x}_i^n\in\left[x_{j-1}^{n-1},x_j^{n-1}\right]=J_i^n$, 则

$$\left|u(\bar{x}_i^n,t^{n-1})-(I_1u(x,t^{n-1}))(\bar{x}_i^n)\right|\leqslant M\left\|u^{n-1}\right\|_{w^{2,\infty}(J_i^n)}\min(|J_i^n|^2,|J_i^n|\Delta t),$$

此处 $|J_i^n|$ 是 J_i^n 的长度, 因为

$$\max_i|e_i^n|\leqslant M\left[\sup_{\mathbf{R}\times[t^{n-1},t^n]}\left|\frac{\partial^2 u}{\partial\tau(x)^2}\right|\Delta t+\sup_i\|u^n\|_{W^{3,\infty}([X_{i-1}^n,X_{i+1}^n])}\left(h_i^n+h_{i+1}^n\right)\right]. \tag{1.1.44}$$

类似地应用最大模原理可得

$$\begin{aligned}\max_i\|\zeta_i^n\|\leqslant\max_i\left\|\zeta_i^{n-1}\right\|+M\Bigg[&\left\|\frac{\partial^2 u}{\partial\tau^2}\right\|_{L^\infty(\mathbf{R}\times[t^{n-1},t^n])}\Delta t\\&+\sup_i\left\|u^{n-1}\right\|_{w^{2,\infty}(J_i^n)}\min\left(|J_i^n|,\frac{|J_i^n|^2}{\Delta t}\right)\\&+\sup_i\|u^n\|_{w^{3,\infty}([x_{i-1}^n,x_{i+1}^n])}\left(h_i^n+h_{i+1}^n\right)\Bigg]\Delta t.\end{aligned} \tag{1.1.45}$$

最后推出

$$\begin{aligned}\max_{0\leqslant t^n\leqslant T}\max_i\|\zeta_i^n\|\leqslant M\Bigg[&\left\|\frac{\partial^2 u}{\partial\tau^2}\right\|_{L^\infty(\mathbf{R}\times[0,T])}\Delta t\\&+\sum_{n=0}^{T/\Delta t-1}\sup_i\left\|u^{n-1}\right\|_{w^{2,\infty}(J_i^n)}\min\left(|J_i^n|,\frac{|J_i^n|^2}{\Delta t}\right)\Delta t\\&+\sum_{n=0}^{T/\Delta t-1}\sup_i\|u^n\|_{w^{3,\infty}([x_{i-1}^n,x_{i+1}^n])}(h_i^n+h_{i+1}^n)\Delta t\Bigg].\end{aligned} \tag{1.1.46}$$

对初边值问题在一个变量的情况这方法很容易处理, 考虑半轴线情况 $x>0$, 此时 u 在 $x=0$ 给定:

$$u(0,t)=g(t),\quad t\geqslant 0. \tag{1.1.47}$$

记 $x_0^n = 0$ 和取 $w_0^n = g(t^n), n \geqslant 0$. 如果 $\bar{x}_0^n \geqslant 0$ 对 $i \geqslant 1$, 则 (1.1.30a) 是满足的. 如果对某 $i \geqslant 1$, $\bar{x}_0^n < 0$, 则替代 ψu 必须修正这样的 i. 首先存在 k_i^n, $0 < k_i^n < \Delta t$, 使得

$$x_i^n - b(x_i^n)\frac{k_i^n}{c(x_i^n)} = 0, \tag{1.1.48}$$

则改写 (1.1.30a) 为

$$c(x_i^n)\frac{w_i^n - g(t^n - k_i^n)}{k_i^n} - \delta_{\bar{x}}(a\delta_x w)_i^n = f_i^n. \tag{1.1.49}$$

这个计算程序是被重新确定的, 可误差分析没有实质性改变, 完全类似地可以建立误差估计 (1.1.46).

处理 Neumann 边界条件稍微复杂些. 设

$$\frac{\partial u}{\partial x}(0,t) = g(t), \quad t \geqslant 0, \tag{1.1.50}$$

并假设 $b(x) > 0$ 在 $x = 0$ 的数域, 假设 h_1^n 和 h_2^n 使得 $\bar{x}_1^n < 0$ 和 $\bar{x}_2^n \geqslant 0$, 仅仅对 $i = 1$ 的方程必须进行特别处理, 应用 (1.1.50) 指定条件:

$$w_0^n = w_1^n - h_1^n g(t^n), \tag{1.1.51}$$

并指定逼近解在 $(0, t^n - k_1^n)$ 的值是线性插值

$$\tilde{w}_1^{n-1} = \left(1 - \frac{k_1^n}{\Delta t}\right)(w_1^n - h_1^n g(t^n)) + \frac{k_1^n}{\Delta t}w_0^{n-1}. \tag{1.1.52}$$

稍后在下述关系 $c(x_1^n)\dfrac{w_1^n - \tilde{w}_1^{n-1}}{k_1^n} - \delta_{\bar{x}}(a\delta_x w)_1^n = f_1^n$ 中, 应用 (1.1.52), 推得

$$c(x_1^n)\frac{w_1^n - w_0^{n-1}}{\Delta t} - \delta_{\bar{x}}(a\delta_x w)_1^n = f_1^n - b(x_1^n)\left(1 - \frac{k_1^n}{\Delta t}\right)g(t^n). \tag{1.1.53}$$

同样应用最大模原理, 能够得到类似的误差估计结果.

1.1.4 基于二次插值的特征差分方法

当问题是对流和扩散的作用大致相等时, 可考虑关于空间二阶精度的离散化. 让我们回到一致剖分, $h_i^n = h$, 并修正关于 $w^{n-1}(x)$ 的确定. 期望误差是 $O(h^2+\Delta t)$. 自然假定

$$\Delta t = O(h^2), \quad h \to 0. \tag{1.1.54}$$

因此点 $\bar{x}_i$ 落在 x_{i-1} 和 x_{i+1} 之间, 事实上当 $h \to 0$ 时 $\bar{x}_i \to x_i$. 由于 $\left|\dfrac{b(x)}{c(x)}\right| +$

$\left|\dfrac{\mathrm{d}}{\mathrm{d}x}\left(\dfrac{b(x)}{c(x)}\right)\right| \leqslant M$, 则值 w_{i-1}^{n-1}, w_i^{n-1} 和 w_{i+1}^{n-1} 能够用来确定 $w^{n-1}(\bar{x}_i)$:

$$\begin{aligned}w^{n-1}(\bar{x}_i) = \left(I_2\left\{w^{n-1}\right\}\right)(\bar{x}_i) =& \frac{1}{2}\alpha_i^2\left(w_{i+1}^{n-1} + w_{i-1}^{n-1}\right) + (1-\alpha_i^2)w_i^{n-1} \\ &+ \frac{1}{2}\alpha_i\left(w_{i+1}^{n-1} - w_{i-1}^{n-1}\right),\end{aligned} \tag{1.1.55}$$

此处 $\alpha_i = -b_i\Delta t/c_ih$, 则由 Peano 核定理可得

$$\left|\left((I-I_2)u^{n-1}\right)(\bar{x}_i)\right| \leqslant \left\|u^{n-1}\right\|_{W^{3,2}([x_{i-1},x_{i+1}])} h^{3/2}\Delta t. \tag{1.1.56}$$

运用 l^2 模, 此处

$$\langle\alpha,\beta\rangle = \sum_i \alpha_i\beta_i h, \quad \|\alpha\| = \|\alpha\|_{l^2} = \langle\alpha,\alpha\rangle^{1/2}. \tag{1.1.57}$$

还运用下述记号:

$$\|\alpha\|_{\tilde{l}^2}^2 = \sum_i \max\left\{|\alpha(x)|^2 : |x-x_i| \leqslant Mh\right\}\cdot h, \tag{1.1.58}$$

此处 M 是 (1.1.2b) 中指出的. 则 (1.1.31) 中的截断误差满足下述估计:

$$\|e^n\|^2 \leqslant M\left\{\|u^n\|_4^2 h^4 + \left\|\frac{\partial^2 u}{\partial\tau^2}\right\|_{L^2(t^{n-1},t^n;\tilde{l}^2)} \Delta t\right\}. \tag{1.1.59}$$

对误差关系式 (1.1.32a) 乘以检验函数 ζ_i^n 作内积, 可得

$$\begin{aligned}&\frac{1}{2\Delta t}\left\{\langle c\zeta^n,\zeta^n\rangle - \left\langle c\bar{\zeta}^{n-1},\bar{\zeta}^{n-1}\right\rangle\right\} + \langle a\delta_x\zeta^n,\delta_x\zeta_i^n\rangle \\ \leqslant& \|e^n\|\|\zeta^n\| \leqslant \frac{1}{2}\|e^n\|^2 + \frac{1}{2}\|\zeta^n\|^2.\end{aligned} \tag{1.1.60}$$

其次, 讨论从 $\left\langle c\bar{\zeta}^{n-1},\bar{\zeta}^{n-1}\right\rangle$ 到 $\left\langle c\zeta^{n-1},\zeta^{n-1}\right\rangle$ 的过程. 注意到

$$\bar{\zeta}_i^{n-1} = \left(I_2\left\{\zeta_i^{n1}\right\}\right)(\bar{x}_i) + ((I-I_2)u^{n-1})(\bar{x}_i),$$

因为 $(\Delta t)^2h^{-2} = O(\Delta t)$, 所以

$$\begin{aligned}\left\langle c\bar{\zeta}^{n-1},\bar{\zeta}^n\right\rangle =& \sum c_i\left((I_2\zeta^{n-1})(\bar{x}_i)\right)^2 h + O(\left\|\zeta^{n-1}\right\|\left\|u^{n-1}\right\|_3 h^2\Delta t + \left\|u^{n-1}\right\|_2^2 h^4(\Delta t)^2) \\ =& \sum c_i\left\{\left(\zeta_i^{n-1}\right)^2 + O(\Delta t)\left(\left(\zeta_{i-1}^{n-1}\right)^2 + \left(\zeta_i^{n-1}\right)^2 + \left(\zeta_{i+1}^{n+1}\right)^2\right)\right. \\ &\left.+ \frac{b_i\Delta t}{2c_ih}\left(\zeta_i^{n-1}\zeta_{i+1}^{n-1} - \zeta_i^{n-1}\zeta_{i-1}^{n-1}\right)\right\}h\end{aligned}$$

$$
\begin{aligned}
&+O\left(\left\|\zeta^{n-1}\right\|^2\Delta t+\left\|u^{n-1}\right\|_3^2h^4\Delta t\right)\\
=&\left\langle c\zeta^{n-1},\zeta^{n-1}\right\rangle+\frac{1}{2}\sum(b_{i-1}-b_i)\zeta_i^{n-1}\zeta_{i-1}^{n-1}\Delta t\\
&+O\left(\left\|\zeta^{n-1}\right\|^2\Delta t+\left\|u^{n-1}\right\|_3^2h^4\Delta t\right)\\
=&\left\langle c\zeta^{n-1},\zeta^{n-1}\right\rangle+O\left(\left\|\zeta^{n-1}\right\|^2\Delta t+\left\|u^{n-1}\right\|_3^2h^4\Delta t\right),
\end{aligned}
\tag{1.1.61}
$$

则由 (1.1.60) 和 (1.1.61) 可得

$$
\begin{aligned}
&\frac{1}{2\Delta t}\left[\langle c\zeta^n,\zeta^n\rangle-\left\langle c\zeta^{n-1},\zeta^{n-1}\right\rangle\right]+\langle a\delta_x,\zeta^n,\delta_x\zeta^n\rangle\\
\leqslant&M\left\{\|\zeta^n\|^2+\left\|\zeta^{n-1}\right\|^2\right\}\\
&+M\left\{\left(\|u^n\|_4^2+\left\|u^{n-1}\right\|_3^2\right)h^4+\left\|\frac{\partial^2u}{\partial\tau^2}\right\|_{L^2(t^{n-1},t^n;\tilde{l}^2)}^2\Delta t\right\},
\end{aligned}
\tag{1.1.62}
$$

从此推出下述误差估计式:

$$
\begin{aligned}
&\max_{0\leqslant t^n\leqslant T}\|\zeta^n\|_{l^2}+\|\zeta^n\|_{l^2(0,T;W^{1,2})}\\
\leqslant&M\left\{\|u^n\|_{L^\infty(0,T;W^{4,2})}h^2+\left\|\frac{\partial^2u}{\partial\tau^2}\right\|_{L^2(0,T;\tilde{l}^2)}\Delta t\right\}.
\end{aligned}
\tag{1.1.63}
$$

定理 1.1.4 如果问题 (1.1.1) 的精确解 $u\in L^\infty(0,T;W^{4,2}(\mathbf{R}))$, $\dfrac{\partial^2u}{\partial\tau^2}\in L^2(0,T;\tilde{l}^2)$. W_i^n 是差分方程 (1.1.30) 的解, 此处 $W^{n-1}(x)$ 是由 (1.1.55) 给出, 则误差函数 $\zeta=u-w$ 满足不等式 (1.1.63).

1.1.5 拓广和应用

这里的方程可以拓广到非线性问题, 作为例子, 考虑问题:

$$
c(x,u)\frac{\partial u}{\partial t}+b(x,u)\frac{\partial u}{\partial x}-\frac{\partial}{\partial x}\left(a(x,t)\frac{\partial u}{\partial t}\right)=f(x,t),\quad x\in\mathbf{R},t>0,
\tag{1.1.64a}
$$

$$
u(x,0)=u_0(x),\quad x\in\mathbf{R}.
\tag{1.1.64b}
$$

一个拓广的差分格式 (1.1.30) 同样可以提出. 如果应用如 1.1.3 小节的分段线性插值. 期望收敛性的误差是 $O(h+\Delta t)$. 同样用 W_i^{n-1} 代替 u, 记

$$
\bar{X}_i^n=x_i-b(x_i,w_i^{n-1})\frac{\Delta t}{c(x_i,w_i^{n-1})},
\tag{1.1.65}
$$

取有限差分程序是

$$c(x_i, w_i^{n-1})\frac{w_i^n - w^{n-1}(\bar{X}_i^n)}{\Delta t} - \delta_{\bar{x}}(a\delta_x w)_i^n = f_i^n, \quad n \geqslant 1, \forall i. \tag{1.1.66}$$

计算指出

$$\left(\psi\frac{\partial u}{\partial \tau}\right)_i^n = c(x_i, u_i^n)\frac{u_i^n - u(\bar{x}_i^n, t^{n-1})}{\Delta t} + O(\Delta t), \tag{1.1.67}$$

此处

$$\bar{x}_i^n = x_i - b(x_i, u_i^n)\frac{\Delta t}{c(x_i, u_i^n)}, \tag{1.1.68}$$

则推出误差函数 $\zeta = u - w$ 满足下述关系式:

$$\begin{aligned}
&c(w_i^{n-1})\frac{\zeta_i^n - \zeta^{n-1}(\bar{X}_i^n)}{\Delta t} - \delta_{\bar{x}}(a\delta_x\zeta)_i^n \\
=&e_i^n + \left[c(w_i^{n-1}) - c(u_i^n)\right]\frac{u_i^n - u^{n-1}(\bar{X}_i^n)}{\Delta t} \\
&+ c(u_i^n)\frac{u^{n-1}(\bar{x}_i^n) - u^{n-1}(\bar{X}_i^n)}{\Delta t},
\end{aligned} \tag{1.1.69}$$

此处 $e_i^n = O(h + \Delta t)$.

如果记 $r = b/c$, 则

$$\bar{x}_i^n - \bar{X}_i^n = \Delta t\left(\frac{\partial r}{\partial u}\frac{\partial u}{\partial t}\Delta t + \frac{\partial r}{\partial u}\zeta_i^{n-1}\right) = O\left((\Delta t)^2 + \max_i\left|\zeta_i^{n-1}\right|\Delta t\right). \tag{1.1.70}$$

如同线性情况, 经计算可得

$$\max_i|\zeta_i^n| = O(h + \Delta t). \tag{1.1.71}$$

类似地拓广有限元程序 (1.1.10) 如下. 记

$$\bar{x}^n = x - \frac{b(x, u_h^{n-1})}{c(x, u_h^{n-1})}\Delta t, \quad \bar{u}_h^{n-1}(x) = u_h^{n-1}(\bar{x}^n),$$

并定义 u_h^n 满足方程

$$\left(c(x, u_h^{n-1})\frac{u_h^n - \bar{u}_h^{n-1}}{\Delta t}, v\right) + A(u_h^n, v) = (f^n, v), \quad \forall v \in V_h. \tag{1.1.72}$$

为了误差分析, 如同前面取 W_h, 记

$$\frac{\partial}{\partial\tau(x,u)} = \frac{c(x,u)}{\psi(x,u)}\frac{\partial}{\partial t} + \frac{b(x,u)}{\psi(x,u)}\frac{\partial}{\partial x},$$

$$\tilde{x}(t) = x - \frac{b(x,u(x,t))}{c(x,u(x,t))}\Delta t, \quad \tilde{u}^{n-1}(x) = u^{n-1}(\tilde{x}(t^n)).$$

类似于 (1.1.12) 经计算给出

$$\begin{aligned}&\left(c(x,u_h^{n-1})\frac{\xi^n - \bar{\xi}^{n-1}}{\Delta t}, v\right) + A(\xi^n, v)\\ =&\left(\psi(u^n)\frac{\partial u^n}{\partial \tau} - c(u^n)\frac{u_h^n - \tilde{u}_h^{n-1}}{\Delta t}, v\right) + \left(c(u^n)\frac{\bar{u}^{n-1} - \tilde{u}^{n-1}}{\Delta t}, v\right)\\ &+ \left([c(u^n) - c(u_n^{n-1})]\frac{u^n - \bar{u}^{n-1}}{\Delta t}, v\right) + \left(c(u_n^{n-1})\frac{\eta^{n-1} - \tilde{\eta}^{n-1}}{\Delta t}, v\right). \end{aligned} \tag{1.1.73}$$

关系式 (1.1.73) 的右端第一项和最后一项 (还有左端) 能够如前面的处理. 对于第二项如同 (1.1.70) 的计算, 有

$$\left\|\frac{\bar{u}^{n-1} - \tilde{u}^{n-1}}{\Delta t}\right\| \leqslant M\left\{(\Delta t)^2 + \left\|\eta^{n-1}\right\|^2 + \left\|\xi^{n-1}\right\|^2\right\}. \tag{1.1.74}$$

这第 3 项, 在 L^∞ 模估计 $(u^n - \bar{u}^{n-1})/\Delta t$ 之后, 导出

$$\left\|\left[c(u^n) - c(u_n^{n-1})\right]\frac{u^n - \bar{u}^{n-1}}{\Delta t}\right\| \leqslant M\left\{(\Delta t)^2 + \left\|\eta^{n-1}\right\|^2 + \left\|\xi^{n-1}\right\|^2\right\}. \tag{1.1.75}$$

组合这三个估计式, 能够得到如同线性问题同样的结果.

这里的方法还可以拓广到高维问题, 和构造关于时间 t 的二阶特征线方法, 详细的讨论可参阅文献 [5~7].

Douglas 和 Russell 还率先将这里的方法应用到二相渗流驱动问题的实践中, 详细的工作可参阅文献 [8, 9].

1.2 求解抛物型方程的分数步简单格式及 Fourier 分析

1.2.1 纵横追赶格式

考虑二维热传导方程

$$\frac{\partial u}{\partial t} = a^2\left(\frac{\partial^2 u}{\partial x^2} + \frac{\partial^2 u}{\partial y^2}\right), \quad (x,y) \in \Omega = [0,1]\times[0,1], t \in J = (0,1], \tag{1.2.1}$$

此处 a^2 为正常数, 方程的第一边值问题为

$$u(x,y,0) = u_0(x,y), \quad (x,y) \in \Omega, \tag{1.2.2a}$$

$$u(x,y,t) = g(x,y,t), \quad (x,y) \in \Gamma, \tag{1.2.2b}$$

此处 Γ 是 G 的边界.

纵横追赶格式:

$$\frac{u^{n+1}-u^n}{\Delta t}=\Lambda_1 u^{n+1}+\Lambda_2 u^n, \tag{1.2.3a}$$

$$\frac{u^{n+2}-u^{n+1}}{\Delta t}\Lambda_1 u^{n+1}+\Lambda_2 u^{n+2}, \tag{1.2.3b}$$

此处 Δt 为时间步长, $\Lambda_1=a^2\delta_x\delta_{\bar{x}}$, $\Lambda_2=a^2\delta_y\delta_{\bar{y}}$. 此格式的第一步, 算子 $L_1=a^2\partial^2/\partial x^2$ 被隐式逼近, 算子 $L_2=a^2\partial^2/\partial y^2$ 被显式逼近; 在第二步, 与此相反, 算子 L_1 被显式逼近, 算子 L_2 被隐式逼近; 其后, 整个计算是重复以上步骤.

称格式 (1.2.3) 为纵横追赶格式, 或交替方向格式. 它是在 1955 年由 Peaceman, Rachford 和 Douglas[10~12] 同时提出来的, 下面将证明格式 (1.2.3) 是绝对稳定和绝对相容于热传导方程 (1.2.1).

因为在格式 (1.2.3) 中的计算仅从第 n 步到第 $(n+2)$ 步重复, 把第 $(n+1)$ 步看作中间步. 于是格式 (1.2.3) 被看作为从第 n 步到第 $(n+1)$ 步带有一辅助 $n+1/2$ 的过渡. 按照惯例, 格式 (1.2.3) 有这样形式:

$$\begin{aligned}\frac{u^{n+1/2}-u^n}{\Delta t}&=\frac{1}{2}(\Lambda_1 u^{n+1/2}+\Lambda_2 u^n),\\ \frac{u^{n+1}-u^{n+1/2}}{\Delta t}&=\frac{1}{2}(\Lambda_1 u^{n+1/2}+\Lambda_2 u^{n+1}).\end{aligned} \tag{1.2.4}$$

下面将证明格式 (1.2.4) 是等价于方程 (1.2.1) 的某个一致格式, 而后者是无条件稳定和无条件相容的. 方程 (1.2.4) 能写成下述形式:

$$A_1 u^{n+\frac{1}{2}}-B_1 u^n=0, \tag{1.2.5a}$$

$$A_2 u^{n+1}-B_2 u^{n+\frac{1}{2}}=0, \tag{1.2.5b}$$

$$A_1=E-\frac{1}{2}\Delta t\Lambda_1,\quad A_2=E-\frac{1}{2}\Delta t\Lambda_2, \tag{1.2.6a}$$

$$B_1=E+\frac{1}{2}\Delta t\Lambda_2,\quad B_2=E+\frac{1}{2}\Delta t\Lambda_1, \tag{1.2.6b}$$

将方程 (1.2.5a) 乘上算子 B_2, 方程 (1.2.5b) 乘上 A_1, 然后相加, 则有

$$A_1A_2u^{n+1}-B_2B_1u^n+(B_2A_1-A_1B_2)u^{n+\frac{1}{2}}=0.$$

假设算子 Λ_1, Λ_2 可交换, 可以得到格式

$$A_1A_2u^{n+1}-B_1B_2u^n=0. \tag{1.2.7}$$

将 (1.2.6) 代入方程 (1.2.7), 并经过某些简单变换后, 得到下列等价于 (1.2.4) 的一致格式:

$$\frac{u^{n+1}-u^n}{\Delta t}=\frac{\Lambda_1+\Lambda_2}{2}(u^n+u^{n+1})-\frac{1}{4}\Delta t\Lambda_1\Lambda_2(u^{n+1}-u^n). \tag{1.2.8}$$

从这里推出格式 (1.2.8) 和等价的格式 (1.2.4) 逼近于热传导方程, 且其精度与格式

$$\frac{u^{n+1}-u^n}{\Delta t}=\Lambda\frac{u^n+u^{n+1}}{2},\quad \Lambda=\Lambda_1+\Lambda_2$$

逼近热传导方程的精度相同, 现在要证明格式 (1.2.8) 或与之等价的格式 (1.2.4) 是无条件稳定的.

假设

$$u^n=\eta_n\mathrm{e}^{\mathrm{i}(k_1x_1+k_2x_2)},\quad u^{n+\frac{1}{2}}=\eta_{n+\frac{1}{2}}\mathrm{e}^{\mathrm{i}(k_1x_1+k_2x_2)}. \tag{1.2.9}$$

将方程 (1.2.9) 代入方程 (1.2.4), 得到

$$\rho_1=\frac{\eta_{n+\frac{1}{2}}}{\eta_n}=\frac{1-\dfrac{1}{2}a_2}{1+\dfrac{1}{2}a_1}, \tag{1.2.10a}$$

$$\rho_2=\frac{\eta_{n+1}}{\eta_{n+\frac{1}{2}}}=\frac{1-\dfrac{1}{2}a_1}{1+\dfrac{1}{2}a_2}, \tag{1.2.10b}$$

$$\rho=\frac{1-\dfrac{1}{2}a_1}{1+\dfrac{1}{2}a_2}\cdot\frac{1-\dfrac{1}{2}a_2}{1+\dfrac{1}{2}a_1}=\rho_1\rho_2, \tag{1.2.10c}$$

此处

$$a_s=4r_s\sin^2\frac{k_sh_s}{2},\quad r_s=\frac{a^2\Delta t}{h_s^2},\quad s=1,2. \tag{1.2.11}$$

由此推出对任何 Δt 有

$$\|\rho\|\leqslant 1, \tag{1.2.12}$$

这样证明了格式 (1.2.4) 的稳定性. 不难证明方程 (1.2.8) 对 ρ 有同一表示式. 由于引进了中间分数步, 用这方法可得到一个绝对稳定格式, 同时用两个普通追赶而不用一个矩阵追赶, 这大大减少了计算量.

下面分析公式 (1.2.10). (1.2.10) 说明在第一半步$\left(\text{从}n\text{到}n+\dfrac{1}{2}\right)$时在 x_1 方向的误差减少$\left(1+\dfrac{a_1}{2}\right)$倍, 而在 x_2 方向的误差增加$\left(1-\dfrac{a_2}{2}\right)$倍; 与其相反, 在第二

半步时 $\left(从 n+\frac{1}{2} 到 n+1\right)$, 在 x_1 方向的误差增加 $\left(1-\frac{a_1}{2}\right)$ 倍, 而在 x_2 方向的误差减少 $\left(1+\frac{a_2}{2}\right)$ 倍. 因而, 在某一方向在所给的半步上不管误差增长多少, 在下半步它不可避免地要减少. 这样, 它的模在两个半步后不增长, 这立即证明交替方向格式比下述格式

$$\frac{u^{n+1}-u^n}{\Delta t}=\Lambda_1 u^{n+1}+\Lambda_2 u^n$$

和类似的格式

$$\frac{u^{n+1}-u^n}{\Delta t}=\Lambda_1 u^n+\Lambda_2 u^{n+1}$$

具有更多的优点.

在上述第一个格式中, 在 x_1 方向上误差通常是减少 $(1+a_1)$ 倍, 但在 x_2 方向上误差通常是增加 $(1-a_2)$ 倍. 与其相反, 在第二个格式中, 每一步在 x_1 方向上误差增加 $(1-a_1)$ 倍, 在 x_2 方向上误差减少 $(1+a_2)$ 倍.

因此把 x_1 和 x_2 方向相互交换是必要的, 在交替方向格式中就是这样做的. 在交替隐式计算的方法中, 在每个方向上求解时, 先用显式再由隐式交替地实现. 其误差在显格式中的增长与在隐格式中的减少相平衡.

从这些考虑立即推出交替隐式计算方法不能用于三维情况, 现在考虑解三维热传导方程

$$\frac{\partial u}{\partial t}=a^2\sum_{i=1}^{3}\frac{\partial^2 u}{\partial x_i^2} \tag{1.2.13}$$

的类似于交替方向格式的一个格式. 在这种情形中, x_1, x_2 和 x_3 方向上的积分计算是一次隐式、二次显式地进行, 这意味着误差在显式中增长与在隐式的减少不平衡. 现在要对三维情形用下述交替方向格式的严格的稳定性分析来证明这个结论. 对于

$$\begin{cases}\dfrac{u^{n+\frac{1}{3}}-u^n}{\Delta t}=\dfrac{1}{3}\left(\Lambda_1 u^{n+\frac{1}{3}}+\Lambda_2 u^n+\Lambda_3 u^n\right),\\[2ex] \dfrac{u^{n+\frac{2}{3}}-u^{n+\frac{1}{3}}}{\Delta t}=\dfrac{1}{3}\left(\Lambda_1 u^{n+\frac{1}{3}}+\Lambda_2 u^{n+\frac{2}{3}}+\Lambda_3 u^{n+\frac{1}{3}}\right),\\[2ex] \dfrac{u^{n+1}-u^{n+\frac{2}{3}}}{\Delta t}=\dfrac{1}{3}(\Lambda_1 u^{n+\frac{2}{3}}+\Lambda_2 u^{n+\frac{2}{3}}+\Lambda_3 u^{n+1}),\end{cases} \tag{1.2.14}$$

得到增长因子

$$\rho_1=\frac{1-\dfrac{1}{3}(a_2+a_3)}{1+\dfrac{1}{3}a_1},\quad \rho_2=\frac{1-\dfrac{1}{3}(a_1+a_3)}{1+\dfrac{1}{3}a_2},\quad \rho_3=\frac{1-\dfrac{1}{3}(a_1+a_2)}{1+\dfrac{1}{3}a_3},$$

$$\rho=\rho_1\rho_2\rho_3=\frac{\left[1-\frac{1}{3}(a_2+a_3)\right]\left[1-\frac{1}{3}(a_1+a_3)\right]\left[1-\frac{1}{3}(a_1+a_2)\right]}{\left(1+\frac{1}{3}a_1\right)\left(1+\frac{1}{3}a_2\right)\left(1+\frac{1}{3}a_3\right)}. \tag{1.2.15}$$

由此可以立即推出格式绝对不稳定, 事实上对充分大的 $\frac{\Delta t}{h_i^2}$ 和 $i=1,2,3$, 有

$$\rho\approx -8. \tag{1.2.16}$$

必须注意到交替方向法不能应用于解方程

$$\frac{\partial u}{\partial t}=\sum_{i,j=1}^{m}a_{ij}\frac{\partial^2 u}{\partial x_i\partial x_j}, \tag{1.2.17}$$

即使当 $m=2$ 时也不行,

1.2.2 稳定化校正格式

Douglas 和 Rachford[12] 提出下列解三维热传导方程格式:

$$\begin{cases}\dfrac{u^{n+\frac{1}{3}}-u^n}{\Delta t}=\Lambda_1u^{n+\frac{1}{3}}+\Lambda_2u^n+\Lambda_3u^n,\\ \dfrac{u^{n+\frac{2}{3}}-u^{n+\frac{1}{3}}}{\Delta t}=\Lambda_2\left(u^{n+\frac{2}{3}}-u^n\right),\\ \dfrac{u^{n+1}-u^{n+\frac{2}{3}}}{\Delta t}=\Lambda_3(u^{n+1}-u^n).\end{cases} \tag{1.2.18}$$

格式 (1.2.18) 能写成

$$A_su^{n+\frac{s}{3}}-B_su^{n+\frac{s-1}{3}}=C_su^n, \tag{1.2.19}$$

此处

$$\begin{aligned}&A_s=E-\Delta t\Lambda_s, B_s=E,\quad s=1,2,3,\\&C_1=\Delta t(\Lambda_2+\Lambda_3),\quad C_2=-\Delta t\Lambda_2,\quad C_3=-\Delta t\Lambda_3.\end{aligned} \tag{1.2.20a}$$

从这些方程中逐个消去 $u^{n+\frac{1}{3}}, u^{n+\frac{2}{3}}$ 得到等价的一致格式

$$A_1A_2A_3u^{n+1}-B_1B_2B_3u^n=\left[C_1+A_1C_2+A_1A_2C_3\right]u^n. \tag{1.2.20b}$$

把方程 (1.2.20a) 代入方程 (1.2.20b) 后对 Δt 展开, 格式 (1.2.20b) 变为

$$\frac{u^{n+1}-u^n}{\Delta t}=\Lambda u^{n+1}-\Delta t(\Lambda_1\Lambda_2+\Lambda_1\Lambda_3+\Lambda_2\Lambda_3)(u^{n+1}-u^n)+(\Delta t)^2\Lambda_1\Lambda_2\Lambda_3(u^{n+1}-u^n), \tag{1.2.21}$$

此处 $\Lambda=\Lambda_1+\Lambda_2+\Lambda_3$.

增长因子为

$$\rho = \frac{1 + a_1 a_2 + a_1 a_3 + a_2 a_3 + a_1 a_3}{(1 + a_1)(1 + a_2)(1 + a_3)}. \tag{1.2.22}$$

从方程 (1.2.21) 推出相容性成立, 从方程 (1.2.22) 推出稳定性成立.

格式的结构为: 在第一分数步结果与热传导方程绝对相容, 而所有后继分数步的目的是利用校正来改善稳定性, 为此称这格式为稳定化校正格式, 后来 Douglas 在文献 [13] 中提出了一个有二阶精度的稳定化校正格式.

1.2.3　解无混合导数的热传导方程的分解格式

交替隐式格式稳定性分析证明了用显式算子的逼迫降低格式的稳定性. 这提供了在每一分数步只用隐式算子的思想, 为此在每一分数步对算子

$$L_s = a^2 \frac{\partial^2}{\partial x_s^2} \tag{1.2.23}$$

的右边进行部分逼近, 完整的逼近仅在整步的终结时才完成. 这种类型的格式由 Yanenko 在文献 [14] 中第一次提出, 我们称这样的格式为分解格式, 对三维热传导方程的最简单的分解格式是

$$\frac{u^{n+\frac{1}{3}} - u^n}{\Delta t} = \Lambda_1 u^{n+\frac{1}{3}}, \tag{1.2.24a}$$

$$\frac{u^{n+\frac{2}{3}} - u^{n+\frac{1}{3}}}{\Delta t} = \Lambda_2 u^{n+\frac{2}{3}}, \tag{1.2.24b}$$

$$\frac{u^{n+1} - u^{n+\frac{2}{3}}}{\Delta t} = \Lambda_3 u^{n+1}. \tag{1.2.24c}$$

方程 (1.2.24) 也能写为

$$A_s u^{n+\frac{s}{3}} - B_s u^{n+\frac{s-1}{3}} = 0, \quad A_s = E - \Delta t \Lambda_s, \quad B_s = E, \quad s = 1, 2, 3, \tag{1.2.25}$$

消去 $u^{n+\frac{1}{3}}, u^{n+\frac{2}{3}}$ 得到下列等价的格式:

$$A_1 A_2 A_3 u^{n+1} - B_1 B_2 B_3 u^n = A_1 A_2 A_3 u^{n+1} - E u^n = 0. \tag{1.2.26}$$

把方程 (1.2.26) 对 Δt 展开, 得到

$$\begin{aligned} \frac{u^{n+1} - u^n}{\Delta t} =& \Lambda u^{n+1} - \Delta t(\Lambda_1 \Lambda_2 + \Lambda_1 \Lambda_3 + \Lambda_2 \Lambda_3) u^{n+1} \\ &+ (\Delta t)^2 \Lambda_1 \Lambda_2 \Lambda_3 u^{n+1}, \end{aligned} \tag{1.2.27}$$

并且有

$$\rho_1 = \frac{1}{1+a_1}, \quad \rho_2 = \frac{1}{1+a_2}, \quad \rho_3 = \frac{1}{1+a_3},$$
$$\rho = \frac{1}{(1+a_1)(1+a_2)(1+a_3)}. \tag{1.2.28}$$

格式 (1.2.24) 的相容性从方程 (1.2.27) 推出, 稳定性从方程 (1.2.28) 推出, 容易看到格式 (1.2.24) 满足极值条件. 很显然三层格式 (1.2.24a), (1.2.24b) 和 (1.2.24c) 都满足极值性质. 举例说, 考虑格式 (1.2.24a), 为了简单起见, 仅用第一个附标来表示, 省略对应于 x_2 等 x_3 的附标, 即

$$\frac{u_i^{n+\frac{1}{3}} - u_i^n}{\Delta t} = a^2 \frac{u_{i-1}^{n+\frac{1}{3}} - 2u_i^{n+\frac{1}{3}} + u_{i+1}^{n+\frac{1}{3}}}{h^2}$$

求 $u_i^{n+\frac{1}{3}}$ 得

$$u_i^{n+\frac{1}{3}} = \frac{r}{1+2r} u_{i-1}^{n+\frac{1}{3}} + \frac{1}{1+2r} u_i^n + \frac{r}{1+2r} u_{i+1}^{n+\frac{1}{3}}.$$

从此推出极值性质

$$\min\left\{u_{i-1}^{n+\frac{1}{3}}, u_i^n, u_{i+1}^{n+\frac{1}{3}}\right\} \leqslant u_i^{n+\frac{1}{3}} \leqslant \max\left\{u_{i-1}^{n+\frac{1}{3}}, u_i^n, u_{i+1}^{n+\frac{1}{3}}\right\}.$$

由上式实际上证明了, 这个差分格式的解在**C**中收敛到微分方程解 (一致收敛). 为了改进格式 (1.2.24) 的精度还可用下列加权格式:

$$\begin{cases} \dfrac{u^{n+\frac{1}{3}} - u^n}{\Delta t} = \Lambda_1 \left[\alpha u^{n+\frac{1}{3}} + (1-\alpha) u^n\right] \\ \dfrac{u^{n+\frac{2}{3}} - u^{n+\frac{1}{3}}}{\Delta t} = \Lambda_2 \left[\alpha u^{n+\frac{2}{3}} + (1-\alpha) u^{n+\frac{1}{3}}\right], \\ \dfrac{u^{n+1} - u^{n+\frac{2}{3}}}{\Delta t} = \Lambda_3 \left[\alpha u^{n+1} + (1-\alpha) u^{n+\frac{2}{3}}\right]. \end{cases} \tag{1.2.29}$$

与之等价的一致格式是

$$A_1 A_2 A_3 u^{n+1} - B_1 B_2 B_3 u^n = 0,$$
$$A_s = E - \alpha \Delta t \Lambda_s, \quad B_s = E + (1-\alpha)\Delta t \Lambda_s, \quad s = 1, 2, 3. \tag{1.2.30}$$

方程 (1.2.30) 对 Δt 展开, 得到

$$\frac{u^{n+1} - u^n}{\Delta t} = \Lambda[\alpha u^{n+1} + (1-\alpha) u^n] + \Delta t[\phi_1 u^{n+1} + \phi_0 u^n], \tag{1.2.31}$$

此处

$$\begin{aligned}
&\phi_1 = -\alpha^2(\Lambda_1\Lambda_2 + \Lambda_1\Lambda_3 + \Lambda_2\Lambda_3) + \Delta t\alpha^3\Lambda_1\Lambda_2\Lambda_3, \\
&\phi_0 = (1-\alpha)^2(\Lambda_1\Lambda_2 + \Lambda_1\Lambda_3 + \Lambda_2\Lambda_3) + \Delta t(1-\alpha)^3\Lambda_1\Lambda_2\Lambda_3.
\end{aligned} \tag{1.2.32}$$

当 $\alpha = \dfrac{1}{2}$ 时, 得到格式

$$\begin{aligned}
\frac{u^{n+1}-u^n}{\Delta t} =& \Lambda\frac{u^{n+1}+u^n}{2} - \frac{(\Delta t)^2}{4}(\Lambda_1\Lambda_2 + \Lambda_1\Lambda_3 + \Lambda_2\Lambda_3)\frac{u^{n+1}-u^n}{\Delta t} \\
&+ \frac{(\Delta t)^2}{8}\Lambda_1\Lambda_2\Lambda_3(u^{n+1}+u^n).
\end{aligned} \tag{1.2.33}$$

格式 (1.2.33) 精度为 $O(\Delta t^2 + h^2)$ 阶.

1.2.4　解有混合导数的热传导方程的分解格式

考虑抛物型方程

$$\frac{\partial u}{\partial t} = Lu, \quad L = \sum_{i,j=1}^{2} a_{ij}\frac{\partial^2}{\partial x_i \partial x_j}, \quad a_{ij} = \text{常数}, \tag{1.2.34}$$

$$a_{11}a_{22} - a_{12}^2 > 0, \quad a_{11} > 0, \quad a_{22} > 0. \tag{1.2.35}$$

在这种情形中, 一致差分格式

$$\frac{u^{n+1}-u^n}{\tau} = \Lambda[\alpha u^{n+1} + (1-\alpha)u^n], \quad \Lambda \sim L \tag{1.2.36}$$

是九点型. 用矩阵迭代解这方程组是非常麻烦的. 利用交替隐式格式也不能得到一个简单三点式.

Yanenko 等在文献 [15] 中提出格式

$$\begin{aligned}
\frac{u^{n+\frac{1}{2}}-u^n}{\Delta t} &= \Lambda_{11}u^{n+\frac{1}{2}} + \Lambda_{12}u^n, \\
\frac{u^{n+1}-u^{n+\frac{1}{2}}}{\Delta t} &= \Lambda_{21}u^{n+\frac{1}{2}} + \Lambda_{22}u^{n+1},
\end{aligned} \tag{1.2.37}$$

此处

$$\begin{cases}
\Lambda_{11} = a_{11}\delta_x\delta_{\bar{x}} \sim L_{11} = a_{11}\dfrac{\partial^2}{\partial x_1^2}, \\
\Lambda_{12} = \Lambda_{21} = \dfrac{1}{4}a_{12}(\delta_{x_1} + \delta_{\bar{x}_1})(\delta_{x_2} + \delta_{\bar{x}_2}) \sim L_{12} = a_{12}\dfrac{\partial^2}{\partial x_1 \partial x_2}, \\
\Lambda_{22} = a_{22}\delta_y\delta_{\bar{y}} \sim L_{22} = a_{22}\dfrac{\partial^2}{\partial x_2^2}.
\end{cases} \tag{1.2.38}$$

容易知道, 格式 (1.2.37) 是基于分解方法. 事实上, 在第一个半步, 逼近算子 L 的"一半", 即逼近 $L_{11}+L_{12}$, 这时, 在上层 $\left(即n+\dfrac{1}{2}层\right)$逼近 L_{11}, 在下层 (即 n 层) 逼近 L_{12}. 在第二个半步, 逼近算子L 的另"一半", 即逼近 $L_{21}+L_{22}$, 这时, 在下层$\left(即n+\dfrac{1}{2}层\right)$ 逼近 $L_{21}=L_{12}$, 在上层 (即 $n+1$ 层) 逼近 L_{22}.

等价的一致格式形如

$$\begin{aligned}&A_{11}A_{22}u^{n+1}-A_{12}^2u^n=0,\\&A_{ij}=E+(-1)^{i+j+1}\Delta t\Lambda_{ij},\quad i,j=1,2.\end{aligned}\tag{1.2.39}$$

式 (1.2.39) 对 Δt 展开, 得到

$$\begin{aligned}\frac{u^{n+1}-u^n}{\Delta t}=&(\Lambda_{11}+\Lambda_{22})u^{n+1}+2\Lambda_{12}u^n\\&-\Delta t(\Lambda_{11}\Lambda_{22}u^{n+1}-\Lambda_{12}^2u^n).\end{aligned}\tag{1.2.40}$$

由此推出格式 (1.2.37) 与方程 (1.2.34) 相容, 容易证明这格式的稳定性, 事实上,

$$\rho_1=\frac{1-l_{12}}{1+l_{11}},\quad \rho_2=\frac{1-l_{12}}{1+l_{22}},\quad \rho=\rho_1\rho_2=\frac{(1-l_{12})^2}{(1+l_{11})(1+l_{22})},\tag{1.2.41}$$

此处

$$\begin{aligned}&l_{ii}=4\Delta t\frac{a_{ii}}{h_i^2}\sin^2\frac{k_ih_i}{2},\\&l_{12}=4\Delta t\frac{a_{12}}{h_1h_2}\cos\frac{k_1h_1}{2}\cos\frac{k_2h_2}{2}\sin\frac{k_1h_1}{2}\sin\frac{k_2h_2}{2}.\end{aligned}\tag{1.2.42}$$

利用方程 (1.2.35) 可得

$$|\rho|\leqslant 1,\tag{1.2.43}$$

这格式的稳定性与收敛性一起被证明了.

对于比椭圆条件 (1.2.35) 更苛刻的条件, 分解法也能应用到三维热传导方程

$$\frac{\partial u}{\partial t}=\sum_{i,j=1}^{3}a_{ij}\frac{\partial^2u}{\partial x_i\partial x_j},\tag{1.2.44}$$

在这种情形可以利用下述格式：

$$\begin{cases}\dfrac{u^{n+\frac{1}{6}}-u^n}{\Delta t}=\dfrac{1}{2}\Lambda_{11}u^{n+\frac{1}{6}}+\Lambda_{12}u^n,\\ \dfrac{u^{n+\frac{2}{6}}-u^{n+\frac{1}{6}}}{\Delta t}=\Lambda_{21}u^{n+\frac{1}{6}}+\dfrac{1}{2}\Lambda_{22}u^{n+\frac{2}{6}},\\ \dfrac{u^{n+\frac{3}{6}}-u^{n+\frac{2}{6}}}{\Delta t}=\dfrac{1}{2}\Lambda_{11}u^{n+\frac{3}{6}}+\Lambda_{13}u^{n+\frac{2}{6}},\\ \dfrac{u^{n+\frac{4}{6}}-u^{n+\frac{3}{6}}}{\Delta t}=\Lambda_{31}u^{n+\frac{3}{6}}+\dfrac{1}{2}\Lambda_{33}u^{n+\frac{4}{6}},\\ \dfrac{u^{n+\frac{5}{6}}-u^{n+\frac{4}{6}}}{\Delta t}=\dfrac{1}{2}\Lambda_{22}u^{n+\frac{5}{6}}+\Lambda_{23}u^{n+\frac{4}{6}},\\ \dfrac{u^{n+1}-u^{n+\frac{5}{6}}}{\Delta t}=\Lambda_{32}u^{n+\frac{5}{6}}+\dfrac{1}{2}\Lambda_{33}u^{n+1}.\end{cases} \tag{1.2.45}$$

格式 (1.2.45) 是与 (1.2.44) 相容的而且是稳定的, 只要矩阵 $\|b_{ij}\|$ 是正定的, 此处

$$b_{ij}=a_{ij}, i\neq j,\quad b_{ii}=\frac{a_{ii}}{2}. \tag{1.2.46}$$

Sofronov 在文献 [16, 17] 中对方程 (1.2.34) 提出几个积分格式, 这些格式是基于预估–校正原理 (参看 1.2.6 小节).

1.2.5 算子的近似因子分解格式

在 Yanenko 的文章 [18] 中，算子的近似因子分解方法是对热传导方程来叙述的, 设

$$\frac{u^{n+1}-u^n}{\Delta t}=\Lambda y^{n+1},\quad \Lambda=\sum_{i=1}^{m}\Lambda_i,\quad \Lambda_i=a^2\delta_{x_i}\delta_{\bar{x}_i} \tag{1.2.47}$$

是方程

$$\frac{\partial u}{\partial t}=a^2\sum_{i=1}^{m}\frac{\partial^2 u}{\partial x_i^2}$$

的简单隐式逼近, 方程 (1.2.47) 能写成

$$(E-\Delta t\Lambda)u^{n+1}=Eu^n. \tag{1.2.48}$$

现在对有 $(\Delta t)^2$ 阶精度的算子 $E-\Delta t\Lambda$ 进行因子分解, 为此用因子分解算子

$$\begin{aligned}&(E-\Delta t\Lambda_1)(E-\Delta t\Lambda_2)\cdots(E-\Delta t\Lambda_m)\\ =&E-\Delta t\Lambda+(\Delta t)^2\phi\end{aligned}$$

来代替算子 $(E-\Delta t\Lambda)$, 此处

$$\phi=\sum_{i<j}\Lambda_i\Lambda_j-\Delta t\sum_{i<j<k}\Lambda_i\Lambda_j\Lambda_k+\cdots+(-1)^m(\Delta t)^{m-2}\Lambda_1\cdots\Lambda_m.$$

用因子分解格式

$$\Omega u^{n+1}=(E-\Delta t\Lambda_1)(E-\Delta t\Lambda_2)\cdots(E-\Delta t\Lambda_m)u^{n+1}=Eu^n \tag{1.2.49}$$

代替差分格式 (1.2.48).

利用关系式

$$\begin{cases}(E-\Delta t\Lambda_1)u^{n+\frac{1}{m}}=Eu^n,\\(E-\Delta t\Lambda_2)u^{n+\frac{2}{m}}=Eu^{n+\frac{1}{m}},\\\cdots\cdots\\(E-\Delta t\Lambda_m)u^{n+1}=Eu^{n+\frac{(m-1)}{m}},\end{cases} \tag{1.2.50}$$

引进辅助量 $u^{n+\frac{1}{m}},\cdots,u^{n+\frac{m-1}{m}}$. 分解格式 (1.2.50) 等价于上面的算子 (1.2.49) 近似因子分解格式, 在 Baker 和 Oliphant 的格式中, 上层算子的因子分解可用类似的方法来实现.

设考虑二维热传导方程的三层逼近

$$\frac{1.5u^{n+1}-2u^n+0.5u^{n-1}}{\Delta t}=\Lambda u^{n+1}, \tag{1.2.51}$$

此处

$$\Lambda=\Lambda_1+\Lambda_2,\quad \Lambda_i\sim L_i=a^2\frac{\partial^2}{\partial x_i^2}. \tag{1.2.52}$$

格式 (1.2.51) 能写成

$$(1.5E-\Delta t\Lambda)u^{n+1}=f^n,\quad f^n=2u^n-0.5u^{n-1}. \tag{1.2.53}$$

用因子分解算子代替 $1.5E-\Delta t\Lambda$, 求得带有九点因子分解算子 Ω:

$$\Omega u^{n+1}=1.5\left(E-\frac{\Delta t}{1.5}\Lambda_1\right)\left(E-\frac{\Delta t}{1.5}\Lambda_2\right)u^{n+1}=f^n, \tag{1.2.54}$$

它与 Baker 和 Oliphant 格式是一致的.

对一类变系数方程, 带有因子分解的上层算子格式的设计方法是 D'yakonov 在文献 [19~22] 中提出的, 借助于先验估计, 他证明了这些方法的收敛性, 也给出了求解边界条件问题的算法.

1.2.6 预估–校正格式

像在 1.2.1 小节和 1.2.2 小节所提出的, 交替方向法不能用于三维情形, 因为即使它有二阶精度, 但它仅是条件稳定. 与其相反, 稳定化校正格式是绝对稳定, 但对 t 仅是一阶精度.

Brian 在文献 [23] 中提出一绝对稳定格式, 它用三点追赶来实现, 且对 t 和空间变量都是二阶精度. 这格式从稳定化校正格式导出, 称为 (再计算) 预估–校正过程.

下面说明在求解常微分方程

$$\frac{\mathrm{d}x}{\mathrm{d}t}=f(x,t) \tag{1.2.55}$$

的简单情形下的预估–校正法. 常用的梯形格式

$$\frac{x^{n+1}-x^n}{\Delta t}=\frac{f(x^n,t^n)+f(x^{n+1},t^{n+1})}{2} \tag{1.2.56a}$$

或

$$\frac{x^{n+1}-x^n}{\Delta t}=f\left(\frac{x^{n+1}+x^n}{2},t^{n+\frac{1}{2}}\right). \tag{1.2.56b}$$

由于右边非线性缘故, 它需要迭代, 预估–校正格式

$$\frac{x^{n+\frac{1}{2}}-x^n}{\Delta t/2}=f(x^n,t^n), \tag{1.2.57a}$$

$$\frac{x^{n+1}-x^n}{\Delta t}=f\left(x^{n+\frac{1}{2}},t^{n+\frac{1}{2}}\right) \tag{1.2.57b}$$

是二阶精度, 且不需要迭代.

同样这个过程也可应用于偏微分方程, 在文献 [24] 中提出求解方程 (1.2.13) 的格式, 它基于预估–校正格式, 这个格式为

$$\left\{\begin{aligned}
&\frac{u^{n+\frac{1}{6}}-u^n}{\Delta t/2}=\Lambda_1u^{n+\frac{1}{6}}+\Lambda_2u^n+\Lambda_3u^n, && (1.2.58\text{a})\\
&\frac{u^{n+\frac{2}{6}}-u^{n+\frac{1}{6}}}{\Delta t/2}=\Lambda_2\left(u^{n+\frac{2}{6}}-u^n\right), && (1.2.58\text{b})\\
&\frac{u^{n+\frac{3}{6}}-u^{n+\frac{2}{6}}}{\Delta t/2}=\Lambda_3\left(u^{n+\frac{3}{6}}-u^n\right), && (1.2.58\text{c})\\
&\frac{u^{n+1}-u^n}{\Delta t}=\Lambda_1u^{n+\frac{1}{6}}+\Lambda_2u^{n+\frac{2}{6}}+\Lambda_3u^{n+\frac{3}{6}}. && (1.2.58\text{d})
\end{aligned}\right.$$

方程 (1.2.58a∼c) 是预估 (稳定化校正格式), 它决定在 $t=\left(n+\dfrac{1}{2}\right)\Delta t$ 时的 u, (1.2.58d) 是决定误差.

下面证明格式 (1.2.58) 绝对稳定, 且对 t, x_1, x_2 和 x_3 都是二阶精度, 从方程 (1.2.58a~d) 消去分数步 $u^{n+\frac{1}{6}}$, $u^{n+\frac{2}{6}}$, $u^{n+\frac{3}{6}}$ 有

$$\begin{aligned}\frac{u^{n+1}-u^n}{\Delta t} =& \Lambda\frac{u^n+u^{n+1}}{2}-\frac{(\Delta t)^2}{4}(\Lambda_1\Lambda_2+\Lambda_1\Lambda_3+\Lambda_2\Lambda_3)\frac{u^{n+1}-u^n}{\Delta t}\\ &+\frac{(\Delta t)^3}{8}\Lambda_1\Lambda_2\Lambda_3\frac{u^{n+1}-u^n}{\Delta t}.\end{aligned} \tag{1.2.59}$$

从这个表达式推出格式 (1.2.58) 绝对稳定和有二阶精度.

Douglas 在文献 [13] 中提出分数步的格式:

$$\begin{cases}\frac{1}{2}\Lambda_1\left(u^{n+\frac{1}{3}}+u^n\right)+\Lambda_2u^n+\Lambda_3u^n=\frac{u^{n+\frac{1}{3}}-u^n}{\Delta t},\\ \frac{1}{2}\Lambda_1\left(u^{n+\frac{1}{3}}+u^n\right)+\frac{1}{2}\Lambda_2\left(u^{n+\frac{2}{3}}+u^n\right)+\Lambda_3u^n=\frac{u^{n+\frac{2}{3}}-u^n}{\Delta t},\\ \frac{1}{2}\Lambda_1\left(u^{n+\frac{1}{3}}+u^n\right)+\frac{1}{2}\Lambda_2\left(u^{n+\frac{2}{3}}+u^n\right)+\frac{1}{2}\Lambda_3\left(u^{n+1}+u^n\right)=\frac{u^{n+1}-u^n}{\Delta t},\end{cases} \tag{1.2.60}$$

它是绝对稳定且有二阶精度.

格式 (1.2.60) 可写为

$$\begin{cases}\frac{u^{n+\frac{1}{3}}-u^n}{\Delta t}=\frac{1}{2}\Lambda_1\left(u^{n+\frac{1}{3}}+u^n\right)+\Lambda_2u^n+\Lambda_3u^n,\\ \frac{u^{n+\frac{2}{3}}-u^{n+\frac{1}{3}}}{\Delta t}=\frac{1}{2}\Lambda_2\left(u^{n+\frac{2}{3}}-u^n\right),\\ \frac{u^{n+1}-u^{n+\frac{2}{3}}}{\Delta t}=\frac{1}{2}\Lambda_3\left(u^{n+1}-u^n\right).\end{cases} \tag{1.2.61}$$

从这里推出这个格式是稳定化校正型. 在消去中间步后, 格式化为格式 (1.2.59), 即格式 (1.2.58) 和 (1.2.60) 是等价的.

应该指出另外一个预估–校正格式:

$$\begin{cases}\frac{u^{n+\frac{1}{6}}-u^n}{\Delta t/2}=\Lambda_1u^{n+\frac{1}{6}}, & (1.2.62a)\\ \frac{u^{n+\frac{2}{6}}-u^{n+\frac{1}{6}}}{\Delta t/2}=\Lambda_2u^{n+\frac{2}{6}}, & (1.2.62b)\\ \frac{u^{n+\frac{1}{2}}-u^{n+\frac{2}{6}}}{\Delta t/2}=\Lambda_3u^{n+\frac{1}{2}}, & (1.2.62c)\\ \frac{u^{n+1}-u^n}{\Delta t/2}=\Lambda u^{n+\frac{1}{2}}. & (1.2.62d)\end{cases}$$

基于分解格式的公式 (1.2.62a~c) 为预估, 而公式 (1.2.62d) 为校正, 这个格式可用整个步长来表示:

$$\begin{aligned}\frac{u^{n+1}-u^n}{\Delta t} =& \Lambda\frac{u^n+u^{n+1}}{2} - \left(\frac{\Delta t}{2}\right)^2(\Lambda_1\Lambda_2+\Lambda_1\Lambda_3+\Lambda_2\Lambda_3)\frac{u^{n+1}-u^n}{\Delta t}\\ &+\left(\frac{\Delta t}{2}\right)^3\Lambda_1\Lambda_2\Lambda_3\frac{u^{n+1}-u^n}{\Delta t},\end{aligned} \tag{1.2.63}$$

即为 (1.2.59), 这说明格式 (1.2.62) 等价于上述格式.

基于预估–校正原则的格式称为近似校正格式.

1.2.7　非齐次边界条件情形下过渡层边值的取法

当微分方程问题 (1.2.1)、(1.2.2) 取齐次边界条件时, 显然, 过渡层边值也取为零, 当边界条件为非齐次时, 例如, 在空间区域的边界上有

$$u(x,y,t)=g(x,y,t)\quad(\text{或}u(x,y,z,t)=g(x,y,z,t)),$$

其中 g 为已知函数, 过渡层边值如何取? 一个简单取法为, 如 P-R 格式 (1.2.4), 过渡层边值取为

$$u^{n+\frac{1}{2}}=g^{n+\frac{1}{2}},\quad \text{当}x=0\text{或}1\text{时},$$

这里省略了空间变量的下标. 但一般来讲, 这会导致精度的降低, 一个不降低截断误差阶的取法是, 例如对 P-R 格式 (1.2.4), 可以导出过渡层的表示式

$$u^{n+\frac{1}{2}}=\frac{1}{2}(u^{n+1}+u^n)-\frac{\Delta t}{4}\Lambda_2(u^{n+1}-u^n), \tag{1.2.64}$$

因为在空间区域边界上, $u^n=g^n$, 于是过渡层边值为

$$\begin{aligned}u^{n+\frac{1}{2}}=\frac{1}{2}(g^{n+1}+g^n)-\frac{\Delta t}{4}\Lambda_2(g^{n+1}-g^n)=\frac{1}{2}\left(1-\frac{\Delta t}{2}\Lambda_2\right)g^{n+1}+\frac{1}{2}\left(1+\frac{\Delta t}{2}\Lambda_2\right)g^n,\\ \text{当}x=0\text{或}1\text{时}.\end{aligned} \tag{1.2.65}$$

对其他分数步格式可以进行类似的讨论. 例如, 三维的情形, 对 D-R 格式 (1.2.18), 当 $x=0$ 或 1 时,

$$u^{n+\frac{1}{3}}=g^n+(1-\Delta t\Lambda_2)(1-\Delta t\Lambda_3)(g^{n+1}-g^n). \tag{1.2.66}$$

当 $y=0$ 或 1 时,

$$u^{n+\frac{2}{3}}=g^{n+1}-\Delta t\Lambda_3(g^{n+1}-g^n). \tag{1.2.67}$$

这些式子分别从格式 (1.2.4)、(1.2.18) 消去过渡值过程中得到.

当边界条件与 t 无关时, 过渡层的表示式分别简化为: 二维情形都有 $u^{n+\frac{1}{2}}=g$, 当 $x=0$ 或 1 时三维情形, 都有 $u^{n+\frac{1}{3}}=g(\text{当}x=0\text{或}1\text{时})$, $u^{n+\frac{2}{3}}=g(\text{当}y=0\text{或}1\text{时})$.

1.3 解多维抛物型方程的经济格式及能量模分析

上节已经对分数步法 (交替方向法) 作了初步讨论, 关于交替方向法求解矩形域内常系数热传导方程的第一边值问题, Douglas 曾借助于 Fourier 方法求出增长因子来作稳定性分析, 得到了初步结果 [11,12]. 但这些结果仅限于模型问题. Birkhoff 和 Varga 在 1959 年指出, 建立在消去中间解的论述不能推广到带变系数的方程和带不规则区域的问题中去. 这是由于在这些情况下算子不具有交换性 [25]. 到 1961 年, Lees 借助能量估计的办法对任意域中非线性抛物型方程使用交替方向法的收敛性作出了证明 [26,27]. 本节主要讨论这方面的结果.

1.3.1 原始问题及差分格式

讨论抛物型方程第一边值问题:

$$\frac{\partial u}{\partial t}=\sum_{m=1}^{p}\frac{\partial^2 u}{\partial x_m^2},\quad x\in\Omega, 0<t\leqslant T, \tag{1.3.1a}$$

$$u(x,0)=u_0(x),\quad x\in\Omega, \tag{1.3.1b}$$

$$u(x,t)\mid_{\Gamma}=0, \tag{1.3.1c}$$

这里 Ω 表示 p 维立方体有界开集, Γ 为其边界, 点 $x=(x_1,x_2,\cdots,x_p)\in\Omega$. 设 $h=(h_1,h_2,\cdots,h_p)$, 定义 $\omega_h=\{(i_1h_1,\cdots,i_\alpha h_\alpha,\cdots,i_ph_p)\in\Omega\}$是步长为 h 的立方体网格, 其中 i_j 是整数, 或正, 或负或零. $x_i=\left(x_1^{(i_1)},\cdots,x_\alpha^{(i_\alpha)},\cdots,x_p^{(i_p)}\right), x_\alpha^{(i_\alpha)}=i_\alpha h_\alpha$. 对应 Γ 的网格集合用 γ_h 表示. 在时间方向上定义 $\omega_\tau=\{0\leqslant t\leqslant T|_{t=n\tau}, n=0,1,\cdots,N\}$. 将用定义在 $\omega_h\times\omega_\tau$ 上的离散函数 $y(x,t)$ 来逼近 (1.3.1) 的解. 设

$$y^{(\pm i_\alpha)}=y\left(x_1^{(i_1)},\cdots,x_\alpha^{(i_\alpha)}\pm h_\alpha,\cdots,x_p^{(i_p)}\right),$$

$$\delta_{x_\alpha}=\left(y^{(+i_\alpha)}-y\right)/h_\alpha,\quad \delta_{\overline{x}_\alpha}=\left(y-y^{(-i_\alpha)}\right)/h_\alpha,$$

$$\delta_{\hat{x}_\alpha}=\frac{1}{2}(\delta_{x_\alpha}+\delta_{\overline{x}_\alpha})=\frac{1}{2h_\alpha}\left(y^{(+i_\alpha)}-y^{(-i_\alpha)}\right),$$

$$d_ty=\frac{1}{\tau}(y(t+\tau)-y(t)),\quad d_{\bar{t}}y=\frac{1}{\tau}(y(t)-y(t-\tau)).$$

内积:

$$(y,\omega)=\sum_{x\in\omega_h}y(x)\omega(x)h^p,\quad h^p=h_1h_2\cdots h_p.$$

模:

$$\|y\| = (y,y)^{\frac{1}{2}}, \quad \|y\|_1 = \left(\sum_{\alpha=1}^{p} \|\delta_{\overline{x}_\alpha} y\|^2\right)^{\frac{1}{2}}.$$

假定 ω_h 是包含在矩形 R 中的, 其中 R 是 $a_i \leqslant x_i \leqslant b_i, b_i - a_i$ 是 h_i 的整数倍. 下面讨论问题 (1.3.1) 的差分格式.

1) 显式格式

$$\frac{y^{n+1}-y^n}{\tau} = \sum_{\alpha=1}^{p} \delta_{\overline{x}_\alpha}\delta_{x_\alpha} y^n. \tag{1.3.2}$$

它的稳定性条件是网格比 $r = r\sum\limits_{\alpha=1}^{p} h_\alpha^{-2} \leqslant \dfrac{1}{2}$.

2) Douglas-Rachford 交替计算格式

$$\begin{cases} \dfrac{1}{\tau}\left(y^{n+\frac{1}{p}} - y^n\right) = \varLambda_1 y^{n+\frac{1}{p}} + \displaystyle\sum_{\alpha=2}^{p} \varLambda_\alpha y^n, \\ \dfrac{1}{\tau}\left(y^{n+\frac{\alpha}{p}} - y^{n+\frac{\alpha-1}{p}}\right) = \varLambda_\alpha y^{n+\frac{\alpha}{p}} - \varLambda_\alpha y^n, \quad \alpha = 2,\cdots,p-1, \\ \dfrac{1}{\tau}\left(y^{n+1} - y^{n+\frac{p-1}{p}}\right) = \varLambda_p y^{n+1} - \varLambda_p y^n, \end{cases} \tag{1.3.3}$$

其中 $\varLambda_\alpha y = \delta_{\overline{x}_\alpha}\delta_{x_\alpha} y$. 将上述方程相加, 可得出

$$\frac{1}{\tau}\left(y^{n+1}-y^n\right) = \varLambda_p y^{n+1} + \sum_{\alpha=1}^{p-1} \varLambda_p y^{n+\frac{\alpha}{p}}. \tag{1.3.4}$$

从 (1.3.3) 最后一个方程可得

$$y^{n+\frac{p-1}{p}} = y^{n+1} - \tau^2 \varLambda_p d_t y^n, \tag{1.3.5}$$

此处 $d_t y^n = \left(y^{n+1}-y^n\right)/\tau$. 将其代入 $\alpha = p-1$ 的方程, 就有

$$y^{n+\frac{p-2}{p}} = y^{n+1} - \tau^2(\varLambda_p - \varLambda_{p-1} + \varLambda_p\varLambda_{p-1})d_t y^n.$$

依此求得 $y^{n+\frac{p-1}{p}}, y^{n+\frac{p-2}{p}}, \cdots, y^{n+\frac{1}{p}}$. 将它们代入 (1.3.4), 就得到

$$\frac{1}{\tau}(y^{n+1}-y^n) = \sum_{\alpha=1}^{p} \varLambda_\alpha y^{n+1} + \sum_{\beta=2}^{p} (-1)^{\beta+1}\tau^\beta D^\beta d_t y^n, \tag{1.3.6}$$

其中算符 $D^\beta \equiv \sum\limits_{\beta}^{p} \varLambda_{\alpha_1}\varLambda_{\alpha_2}\cdots\varLambda_{\alpha_\beta}$, 这里 $\sum\limits_{\beta}^{p}$ 是对 $1,2,\cdots,p$ 中取 β 个的不同组合 $(\alpha_1,\alpha_2,\cdots,\alpha_\beta)$ 求和, 同时还约定 $\alpha_1 > \alpha_2 > \cdots > \alpha_\beta$. 例如, $p=4$ 时有

$$\frac{1}{\tau}\left(y^{n+1}-y^n\right) = \sum_{\alpha=1}^{\beta} \varLambda_\alpha y^{n+1} - \tau^2(\varLambda_4\varLambda_3 + \varLambda_4\varLambda_2 + \varLambda_4\varLambda_1 + \varLambda_3\varLambda_2 + \varLambda_3\varLambda_1 + \varLambda_2\varLambda_1)d_t y^n$$

$$- \tau^3(\varLambda_4\varLambda_3\varLambda_2 + \varLambda_4\varLambda_3\varLambda_1 + \varLambda_4\varLambda_2\varLambda_1 + \varLambda_3\varLambda_2\varLambda_1)d_t y^n$$
$$- \tau^4(\varLambda_4\varLambda_3\varLambda_2\varLambda_1)d_t y^n.$$

3) Peaceman-Rachford 交替方向法

这里仅讨论 $p=2$ 的情况:

$$\begin{aligned} &\frac{1}{\tau}\left(y^{n+\frac{1}{2}} - y^n\right) = \frac{1}{2}\left(\varLambda_1 y^{n+\frac{1}{2}} + \varLambda_2 y^n\right), \\ &\frac{1}{\tau}\left(y^{n+1} - y^{n+\frac{1}{2}}\right) = \frac{1}{2}\left(\varLambda_1 y^{n+\frac{1}{2}} + \varLambda_2 y^{n+1}\right). \end{aligned} \tag{1.3.7}$$

将上述两式相减和相加, 分别得出

$$y^{n+\frac{1}{2}} = \frac{1}{2}\left(y^{n+1} + y^n\right) - \frac{1}{4}\tau^2\varLambda_2 d_t y^n, \tag{1.3.8a}$$

$$\frac{1}{\tau}\left(y^{n+1} - y^n\right) = \varLambda_1 y^{n+1} + \frac{1}{2}\varLambda_2\left(y^{n+1} + y^n\right). \tag{1.3.8b}$$

所以就有

$$\frac{1}{\tau}\left(y^{n+1} - y^n\right) = \frac{1}{2}\varLambda_1\left(y^{n+1} + y^n\right) + \frac{1}{2}\varLambda_2\left(y^{n+1} + y^n\right) - \frac{1}{4}\tau^2\varLambda_1\varLambda_2 d_t y^n,$$

即

$$\frac{1}{\tau}\left(y^{n+1} - y^n\right) = \sum_{\alpha=1}^{2}\varLambda_\alpha y^{n+1} - \frac{\tau}{2}\sum_{\alpha=1}^{2}\varLambda_\alpha d_t y^n - \frac{1}{4}\tau^2\varLambda_1\varLambda_2 d_t y^n. \tag{1.3.9}$$

1.3.2 Douglas-Rachford 交替方向法的稳定性

在证明一些主要定理之前, 将给出几个有关离散函数 y 的差分恒等式或不等式. 令 $\varPhi_h$ 和 $\varPhi_{h\tau}$ 分别表示定义在 ω_h 和 $\omega_h \times \omega_\tau$ 上并在边界点 γ_h 上等于零的离散函数 y 的集合.

引理 1.3.1 如果 $y, w \in \varPhi_h$, 则有差分分部积分公式

$$(y, \delta_{x_\alpha} w) = -(\delta_{\bar{x}_\alpha} y, w).$$

引理 1.3.2 如果 $y \in \varPhi_h$, 则有

$$(y, \varLambda y) = -\left\|y\right\|_1^2.$$

引理 1.3.3 如果 $y \in \varPhi_{h\tau}$, 则有

$$2(y, d_t y) = \frac{\left\|y(t+\tau)\right\|^2 - \left\|y(t)\right\|^2}{\tau} - \tau\left\|d_t y\right\|^2,$$

$$2(y, d_{\bar{t}}y) = \frac{\|y(t)\|^2 - \|y(t-\tau)\|^2}{\tau} + \tau \|d_{\bar{t}}y\|^2 .$$

引理 1.3.4 如果 $y \in \Phi_h$, 则有

$$2\left(y, \sum_{\alpha=1}^{p} h_\alpha^{-1} \delta_{\bar{x}_\alpha} y\right) = \|y\|_1^2 .$$

引理 1.3.5 如果 $y \in \Phi_{h\tau}$, 则有

$$2(d_t y, \Lambda y) = -\frac{\|y(t+\tau)\|_1^2 - \|y(t)\|_1^2}{\tau} + \tau \|d_t y\|_1^2 .$$

引理 1.3.6 设 $\mu = \left(\sum_{\alpha=1}^{p} h_\alpha^{-2}\right)^{\frac{1}{2}}$, 则对 $y \in \Phi_{h\tau}$ 有

$$2\left(y, \sum_{\alpha=1}^{p} h_\alpha^{-1} \delta_{\bar{x}_\alpha} d_t y\right) \leqslant \varepsilon\mu \|d_t y\|^2 + \frac{1}{\varepsilon}\mu \|y\|_1^2 .$$

对于 $y \in \Phi_h$, 令

$$\|y\|_\beta \equiv \left(\sum_{\beta}^{p} \left\|\delta_{\bar{x}_{\alpha_1}} \delta_{\bar{x}_{\alpha_2}} \cdots \delta_{\bar{x}_{\alpha_\beta}} y\right\|^2\right)^{\frac{1}{2}}, \quad \beta = 1, 2, \cdots, p,$$

则有下列引理

引理 1.3.7 如果 $y \in \Phi_h$, 则

$$(y, D^\beta(y)) = (-1)^\beta \|y\|_\beta^2, \quad \beta = 1, 2, \cdots, p.$$

证明 根据引理 1.3.1, 对 $1 \leqslant \gamma \leqslant \beta$, 有

$$(y, \delta_{x_{\alpha_1}} \delta_{\bar{x}_{\alpha_1}} \cdots \delta_{x_{\alpha_\gamma}}, \delta_{\bar{x}_{\alpha_\gamma}} \cdots \delta_{x_{\alpha_\beta}} \delta_{\bar{x}_{\alpha_\beta}} y) = -(\delta_{\bar{x}_{\alpha_\gamma}} y, \delta_{x_{\alpha_1}} \delta_{\bar{x}_{\alpha_1}} \cdots \delta_{\bar{x}_{\alpha_\gamma}} \cdots \delta_{x_{\alpha_\beta}} \delta_{\bar{x}_{\alpha_\beta}} y),$$

由此可得关系式

$$(y, \delta_{x_{\alpha_1}} \delta_{\bar{x}_{\alpha_1}} \cdots \delta_{x_{\alpha_\beta}} \delta_{\bar{x}_{\alpha_\beta}} y) = (-1)^\beta \left\|\delta_{\bar{x}_{\alpha_1}} \delta_{\bar{x}_{\alpha_2}} \cdots \delta_{\bar{x}_{\alpha_\beta}} y\right\|^2,$$

从而得出 $(y, D^\beta(y)) = (-1)^\beta \|y\|_\beta^2$.

引理 1.3.8 对于 $y \in \Phi_{h\tau}$, 有

$$2(y, D^\beta(d_{\bar{t}}y)) = (-1)^\beta \frac{\|y(t)\|_\beta^2 - \|y(t-\tau)\|_\beta^2}{\tau} + (-1)^\beta \tau \|d_i y\|_\beta^2 .$$

证明 根据引理 1.3.1 有

$$2(y,\delta_{\overline{x}_{\alpha_1}}\delta_{x_{\alpha_1}}\cdots\delta_{\overline{x}_{\alpha_\beta}}\delta_{x_{\alpha_\beta}}d_{\overline{t}}y)=(-1)^\beta 2\left(\delta_{\overline{x}_{\alpha_1}}\cdots\delta_{\overline{x}_{\alpha_\beta}}y,\delta_{\overline{x}_{\alpha_1}}\cdots\delta_{\overline{x}_{\alpha_\beta}}d_{\overline{t}}y\right),$$

又根据引理 1.3.2 有

$$\begin{aligned}&2(y,\delta_{\overline{x}_{\alpha_1}}\delta_{x_{\alpha_1}}\cdots\delta_{\overline{x}_{\alpha_\beta}}\delta_{x_{\alpha_\beta}}d_{\overline{t}}y)\\=&(-1)^\beta\left[\frac{\left\|\delta_{\overline{x}_{\alpha_1}}\cdots\delta_{\overline{x}_{\alpha_\beta}}y(t)\right\|^2-\left\|\delta_{\overline{x}_{\alpha_1}}\cdots\delta_{\overline{x}_{\alpha_\beta}}y(t-\tau)\right\|^2}{\tau}+\tau\left\|\delta_{\overline{x}_{\alpha_1}}\cdots\delta_{\overline{x}_{\alpha_\beta}}d_{\overline{t}}y\right\|^2\right],\end{aligned}$$

因而得出

$$2(y,D^\beta d_{\overline{t}}y)=(-1)^\beta\left[\frac{\|y(t)\|_\beta^2-\|y(t-\tau)\|_\beta^2}{\tau}+\tau\|d_{\overline{t}}y\|_\beta^2\right].$$

定理 1.3.1 如果 $y\in\varPhi_{h_\tau}$ 是 Douglas-Rachford 格式 (1.3.6) 的解, 则

$$\|y(t)\|^2+2\tau\sum_{\eta=\tau}^{t}\|y(\eta)\|_1^2\leqslant C\|y(0)\|^2,\tag{1.3.10}$$

此处 $C=(1+4r)^p-4r$. 因此 D-R 交替方向法是无条件稳定的.

证明 将方程 (1.3.6) 对 y 作内积.

$$2(y,d_{\overline{t}}y)=2\left(y,\sum_{\alpha=1}^{p}\varLambda_\alpha y\right)+2\left(y,\sum_{\beta=2}^{p}\varLambda_\alpha y\right)+2\left(y,\sum_{\beta=2}^{p}(-1)^{\beta+1}\tau^\beta D^\beta d_{\overline{t}}y\right).$$

应用引理 1.3.2, 引理 1.3.3, 引理 1.3.8 可得

$$\begin{aligned}&\frac{\|y(t)\|^2-\|y(t-\tau)\|^2}{\tau}+\tau\|d_{\overline{t}}y\|^2+2\|y\|_1^2\\&+\sum_{\beta=2}^{2}\tau^\beta\left(\frac{\|y(t)\|_\beta^2-\|y(t-\tau)\|_\beta^2}{\tau}\right)\\=&-\sum_{\beta=2}^{p}\tau^{\beta+1}\|d_{\overline{t}}y\|_\beta^2.\end{aligned}$$

去掉左端第二项和右端, 就有

$$\|y(t)\|^2+2\tau\sum_{\eta=\tau}^{t}\|y(\eta)\|_1^2\leqslant\|y(0)\|^2+\sum_{\beta=2}^{p}\tau^\beta\|y(0)\|_\beta^2.\tag{1.3.11}$$

再利用关系式

$$\|y\|_1^2 \leqslant 4\sum_{\alpha=1}^{p} h_\alpha^{-2}\|y\|^2.$$

可得

$$\begin{aligned}\tau^\beta\|y(0)\|_\beta^2 &= \tau^\beta\sum_{\beta}^{p}\left\|\delta_{\overline{x}_{\alpha_1}}\cdots\delta_{\overline{x}_{\alpha_\beta}}y(0)\right\|^2\\ &\leqslant 4^\beta\tau^\beta\|y(0)\|^2\left(\sum_{\beta}^{p}h_{\alpha_1}^{-2}\cdots h_{\alpha_p}^{-2}\right)\leqslant 4^\beta\|y(0)\|^2\Delta^\beta C_p^\beta,\end{aligned}$$

其中 $\Delta=\max\limits_{\beta}\tau h_\beta^{-2}$, 从而有

$$\begin{aligned}\sum_{\beta=2}^{p}\tau^\beta\|y(0)\|_\beta^2 &\leqslant \sum_{\beta=2}^{p}4^\beta\Delta^\beta C_p^\beta\|y(0)\|^2\\ &\leqslant[(1+4\Delta)^p-4p\Delta-1]\|y(0)\|^2\\ &\leqslant[(1+4r)^p-1-4r]\|y(0)\|^2.\end{aligned}$$

此不等式与式 (1.3.10) 合在一起就得出 (1.3.9).

定理 1.3.2 如果 $z=y-u$ 是 D-R 交替方向法 (1.3.6) 的解的误差函数, 则

$$\|z(t)\|^2+\tau\sum_{\eta=\tau}^{t}\|z(\eta)\|_1^2\leqslant\frac{1}{m}\tau\sum_{\eta=\tau}^{t}\|\psi(\eta)\|_1^2, \tag{1.3.12}$$

其中 $\psi(t)$ 是局部截断误差 $\psi=0(\tau^2+|h|^2)$.

证明 D-R 交替方向法解的误差函数 $z=y-u$ 满足方程

$$\frac{z(t)-z(t-\tau)}{\tau}=\varLambda z+\sum_{\beta=2}^{p}(-1)^{\beta+1}\tau^\beta D^\beta d_{\bar{t}}z+\psi.$$

对 z 作内积, 得出

$$(z,d_{\bar{t}}z)=(z,\varLambda z)+\left(z,\sum_{\beta=2}^{p}(-1)^{\beta+1}\tau^\beta D^\beta d_{\bar{t}}z\right)+(z,\psi).$$

利用引理 1.3.2, (1.3.3), (1.3.8), 类似于定理 1.3.1, 可得

$$\frac{\|z(t)\|^2-\|z(t-\tau)\|^2}{\tau}+\tau\|d_{\bar{t}}z\|^2+2\|z\|_1^2$$

$$+\sum_{\beta=2}^{p}\tau^{\beta}\left(\frac{\|z(t)\|_{\beta}^{2}-\|z(t-\tau)\|_{\beta}^{2}}{\tau}\right)$$
$$=-\sum_{\beta=2}^{p}\tau^{\beta+1}\|d_{\bar{t}}z\|_{\beta}^{2}+2(z,\psi). \tag{1.3.13}$$

鉴于 Schwarz 不等式和三角不等式, 则有

$$2(z,\psi)\leqslant\varepsilon'\|z\|^{2}+\frac{1}{\varepsilon'}\|\psi\|^{2}. \tag{1.3.14}$$

注意到估计式

$$m\|y\|^{2}\leqslant\|y\|_{1}^{2},$$

此处 m 是离散 Laplace 算子 $\Lambda=\sum\limits_{\alpha=1}^{p}\Lambda_{\alpha}$ 相对于网格域 ω_h 的最小特征值, 且

$$m\geqslant 4\sum_{\alpha=1}^{p}h_{\alpha}^{-z}\sin^{2}\left(\frac{\pi}{2(b_{\alpha}-a_{\alpha})}\right)\geqslant 8\sum_{\alpha=1}^{p}(b_{\alpha}-a_{\alpha})^{-2}.$$

在 (1.3.14) 中取 $\varepsilon'=m$, 则有

$$2(z,\psi)\leqslant\|z\|_{1}^{2}+\frac{1}{m}\|\psi\|^{2}.$$

于是得

$$\frac{\|z(t)\|^{2}-\|z(t-\tau)\|^{2}}{\tau}+\|z\|_{1}^{2}+\sum_{\beta=2}^{p}\tau^{\beta}\left(\frac{\|z(t)\|_{\beta}^{2}-\|z(t-\tau)\|^{2}}{\tau}\right)\leqslant\frac{1}{m}\|\psi\|^{2}. \tag{1.3.15}$$

两边乘以 τ 并对 t 求和, 就有

$$\|z(t)\|^{2}+\tau\sum_{\eta=\tau}^{t}\|z(\eta)\|_{1}^{2}\leqslant\frac{\tau}{m}\sum_{\eta=\tau}^{t}\|\psi(\eta)\|^{2}+\|z(0)\|^{2}+\sum_{\beta=2}^{p}\tau^{\beta}\|z(0)\|_{\beta}^{2}.$$

由于 $\|z(0)\|=\|z(0)\|_{\beta}=0$, 定理得证.

类似的结果对下述形式的抛物型方程:

$$\frac{\partial u}{\partial t}=\sum_{\alpha=1}^{\beta}\frac{\partial}{\partial x_{\alpha}}\left(a_{\alpha\alpha}(x,t)\frac{\partial u}{\partial x_{\alpha}}\right) \tag{1.3.16}$$

也成立.

1.3.3 Peaceman-Rachford 交替方向法的稳定性

引理 1.3.9　如果 $y \in \Phi_{h\tau}$, 则有

$$2(d_{\bar{t}}y, \Lambda y) = -\frac{\|y(t)\|_1^2 - \|y(t-z)\|_1^2}{\tau} - \tau \|d_{\bar{t}}y\|_1^2. \tag{1.3.17}$$

证明　利用引理 1.3.1 和引理 1.3.3 有

$$\begin{aligned}2(d_{\bar{t}}y, \delta_{x_\alpha}\delta_{\bar{x}_\alpha}y) =& -2(\delta_{\bar{x}_\alpha}d_{\bar{t}}y, \delta_{\bar{x}_\alpha}y)\\ =& -\frac{\|\delta_{\bar{x}_\alpha}y(t)\|^2 - \|\delta_{\bar{x}_\alpha}y(t-\tau)\|^2}{\tau} - \tau\|\delta_{\bar{x}_\alpha}d_{\bar{t}}y\|^2.\end{aligned}$$

对 α 求和, 就得出 (1.3.17).

同样可类似地推出

$$2(y, \Lambda d_{\bar{t}}y) = -\frac{\|y(t)\|_1^2 - \|y(t-\tau)\|_1^2}{\tau} - \tau \|d_{\bar{t}}y\|_1^2. \tag{1.3.18}$$

并有下述关系式成立:

$$(d_{\bar{t}}y, \Lambda y) = (y, \Lambda d_{\bar{t}}y). \tag{1.3.19}$$

定理 1.3.3　如果 $y \in \Phi_{h\tau}$ 是差分方程 (1.3.9) 的解, 则

$$\begin{aligned}&\|y(t)\|^2 + 2\tau\sum_{\eta=\tau}^{t}\|y(\eta)\|_1^2\\ \leqslant& \left[2\zeta\tau - br + (1+4r)^2\right]\|y(0)\|^2,\end{aligned} \tag{1.3.20}$$

此处

$$\zeta = \begin{cases}\dfrac{1}{2}, & 4r \leqslant 1,\\ 4r - \dfrac{1}{2}, & 4r > 1.\end{cases}$$

证明　首先对式 (1.3.9) 乘以 y 作内积,

$$(y, d_{\bar{t}}y) = (y, \Lambda t) - \frac{\tau}{2}(y, \Lambda d_{\bar{t}}y) - \frac{1}{4}r^2(y, \Lambda_1\Lambda_2 d_{\bar{t}}y).$$

利用引理 1.3.2, 引理 1.3.3, 引理 1.3.8 和引理 1.3.9, 上式可得

$$\begin{aligned}&\frac{\|y(t)\|^2 - \|y(t-\tau)\|^2}{\tau} + \tau\|d_{\bar{t}}y\|^2 + 2\|y\|_1^2\\ =&\frac{2}{\tau}\frac{\|y(t)\|^2 - \|y(t-\tau)\|^2}{\tau} + \frac{\tau^2}{2}\|d_{\bar{t}}y\|_1^2 - \frac{\tau^2}{4}\frac{\|y(t)\|_2^2 - \|y(t-\tau)\|_2^2}{\tau}\\ &-\frac{\tau^2}{4}\|d_{\bar{t}}y\|_2^2.\end{aligned} \tag{1.3.21}$$

再将式 (1.3.9) 与 $d_{\bar{t}}y$ 相乘作内积

$$(d_{\bar{t}}y, d_{\bar{t}}y) = (d_{\bar{t}}y, \Lambda y) - \frac{\tau}{2}(d_{\bar{t}}y, \Lambda d_{\bar{t}}y) - \frac{r^2}{4}(d_{\bar{t}}y, \Lambda_1\Lambda_2 d_{\bar{t}}y),$$

则有

$$\|d_{\bar{t}}y\|^2 = -\frac{1}{2}\frac{\|y(t)\|_1^2 - \|y(t-\tau)\|_1^1}{\tau} - \frac{\tau^2}{4}\|d_{\bar{t}}y\|_2^2. \tag{1.3.22}$$

将上式两端乘以 $2\zeta\tau$ 并与 (1.3.21) 相加, 可得

$$\begin{aligned}&\frac{\|y(t)\|^2 - \|y(t-\tau)\|^2}{\tau} + r(2\zeta+1)\|d_{\bar{t}}y\|^2 + 2\|y\|_1^2\\&+\left(\zeta-\frac{1}{2}\right)\tau\left(\frac{\|y(t)\|_1^2 - \|y(t-\tau)\|_1^2}{\tau}\right)\\\leqslant&\frac{1}{2}\tau^2\|d_{\bar{t}}y\|_1^2 - \frac{1}{4}\tau^2\left(\frac{\|y(t)\|_2^2 - \|y(t-\tau)\|_2^2}{\tau}\right).\end{aligned} \tag{1.3.23}$$

由于有 $\tau\|d_{\bar{t}}y\|_1^2 \leqslant 4r\|d_{\bar{t}}y\|^2$. 因此式 (1.3.23) 就变为

$$\begin{aligned}&\frac{\|y(t)\|^2 - \|y(t-\tau)\|^2}{\tau} + (2\zeta+1-4r)\tau\|d_{\bar{t}}y\|^2 + 2\|y\|_1^2\\&+\left(\zeta-\frac{1}{2}\right)\tau\left(\frac{\|y(t)\|_1^2 - \|y(t-\tau)\|_1^2}{\tau}\right) + \frac{\tau^2}{4}\left(\frac{\|y(t)\|_2^2 - \|y(t-\tau)\|_2^2}{\tau}\right) \leqslant 0,\end{aligned}$$

按照 ζ 的定义, 从上式可得出

$$\begin{aligned}&\|y(t)\|^2 + 2\tau\sum_{\eta=\tau}^{t}\|y(\eta)\|_1^2\\\leqslant&\|y(0)\|^2 + \left(\zeta-\frac{1}{2}\right)\tau\|y(0)\|_1^2 + \frac{\tau^2}{4}\|y(0)\|_2^2.\end{aligned}$$

由于在定理 1.3.1 中已推出

$$\tau^2\|y(0)\|_2^2 \leqslant \left[(1+4r)^2 - 1 - 4r\right]\|y(0)\|^2.$$

所以

$$\begin{aligned}\|y(t)\|^2 + 2\tau\sum_{\eta=\tau}^{t}\|y(\eta)\|_1^2 &\leqslant \left[1 + 4r\left(\zeta+\frac{1}{2}\right) + (1+4r)^2 - 1 - 4r\right]\|y(0)\|^2\\&\leqslant \left[4r\zeta - 6r + (1+4r)^2\right]\|y(0)\|^2.\end{aligned}$$

定理证毕.

定理 1.3.4　如果 $z=y-u$ 是 P-R 交替方向法解的误差函数, 则

$$\|z(t)\|^2+\tau\sum_{\eta=\tau}^{t}\|z(\eta)\|_1^2\leqslant\left(\frac{1}{m}+\zeta^2\right)\tau\sum_{\eta=\tau}^{t}\|\psi(\eta)\|^2, \tag{1.3.24}$$

其中, 当 $4r\leqslant 1$ 时 $\zeta=\dfrac{1}{2}$, 而当 $4r>1$ 时 $\zeta=4r-\dfrac{1}{2}$, $\psi=O(\tau^2+h^2)$ 是局部截断误差.

证明　因为 $z=y-u$ 是格式 (1.3.9) 解的误差函数, 它满足

$$d_{\bar{t}}z=\Lambda z-\frac{\tau}{z}\Lambda d_{\bar{t}}z-\frac{\tau^2}{4}\Lambda_1\Lambda_2 d_{\bar{t}}z+\psi. \tag{1.3.25}$$

将它对 z 作内积, 得出

$$(z,d_{\bar{t}}z)=(z,\Lambda z)-\left(z,\frac{\tau}{z}\Lambda d_{\bar{t}}z\right)-\frac{\tau^2}{4}(z,\Lambda_1\Lambda_2 d_{\bar{t}}z)+(z,\psi).$$

利用引理 1.3.2, 引理 1.3.3, 引理 1.3.8 和引理 1.3.9, 可得

$$\begin{aligned}
&\frac{\|z(t)\|^2-\|z(t-\tau)\|^2}{\tau}+\tau\|d_{\bar{t}}z\|^2+2\|z\|_1^2\\
=&\frac{\tau}{2}\frac{\|z(t)\|_1^2-\|z(t-\tau)\|_1^2}{\tau}\\
&+\frac{\tau^2}{2}\|d_{\bar{t}}z\|_1^2-\frac{\tau^2}{4}\frac{\|z(t)\|_2^2-\|z(t-\tau)\|_2^2}{\tau}-\frac{\tau^2}{4}\|d_{\bar{t}z}\|_2^2+2(z,\psi).
\end{aligned} \tag{1.3.26}$$

再将 (1.3.25) 对 $d_{\bar{t}}z$ 相乘作内积, 有

$$(d_{\bar{t}}z,d_{\bar{t}}z)=(d_{\bar{t}}z,\Lambda z)-\left(d_{\bar{t}}z,\frac{\tau}{2}\Lambda d_{\bar{t}}z\right)-\frac{\tau^2}{4}(d_{\bar{t}}z,\Lambda_1\Lambda_2 d_{\bar{t}}z)+(d_{\bar{t}}z,\psi).$$

利用引理 1.3.2, 引理 1.3.7 和引理 1.3.9, 可得

$$\|d_{\bar{t}}z\|^2=-\frac{1}{2}\frac{\|z(t)\|_1^2-\|z(t-\tau)\|^2}{\tau}-\frac{\tau^2}{4}\|d_{\bar{t}}z\|_2^2+(d_{\bar{t}}z,\psi). \tag{1.3.27}$$

将上式乘以 $2\zeta\tau$ 并与 (1.3.26) 相加, 可得

$$\begin{aligned}
&\frac{\|z(t)\|^2-\|z(t-\tau)\|^2}{\tau}+\tau(1+2\zeta)\|d_{\bar{t}}z\|^2+2\|z\|_1^2\\
&+\tau\left(\zeta-\frac{1}{2}\right)\frac{\|z(t)\|_1^2-\|z(t-\tau)\|_1^2}{\tau}\\
\leqslant&\frac{\tau^2}{2}\|d_{\bar{t}}z\|^2-\frac{\tau^2}{4}\frac{\|z(t)\|_2^2-\|z(t-\tau)\|_2^2}{\tau}\\
&+2(z,\psi)+2\zeta\tau(d_{\bar{t}}z,\psi).
\end{aligned} \tag{1.3.28}$$

前面已经推出

$$2(z,\psi) \leqslant \|z\|_1^2 + \frac{1}{m}\|\psi\|^2,$$

此外还有

$$2\zeta\tau(d_{\bar{t}}z,\psi) \leqslant \tau^2\|d_{\bar{t}}z\|^2 + \zeta^2\|\psi\|^2,$$
$$\tau\|d_{\bar{t}}z\|_1^2 \leqslant 4r\|d_{\bar{t}}z\|^2.$$

将这些不等式代入 (1.3.28) 就有

$$\begin{aligned}&\frac{\|z(t)\|^2 - \|z(t-\tau)\|^2}{\tau} + \tau(1+2\zeta-4r-\tau)\|d_{\bar{t}}z\|^2 + \|z\|_1^2\\&+\tau\left(\zeta-\frac{1}{2}\right)\frac{\|z(t)\|_1^2 - \|z(t-\tau)\|_1^2}{\tau}\\&+\frac{\tau^2}{4}\frac{\|z(t)\|_2^2 - \|z(t-\tau)\|_2^2}{\tau} \leqslant \left(\frac{1}{m}+\zeta^2\right)\|\psi\|^2.\end{aligned}$$

根据 ζ 的定义可得

$$\begin{aligned}\|z(t)\|^2 + \tau\sum_{\eta=\tau}^{t}\|z(\eta)\|^2 \leqslant{}& \|z(0)\|^2 + \tau\left(\zeta-\frac{1}{2}\right)\|z(0)\|_1^2 + \frac{\tau^2}{4}\|z(0)\|_2^2\\&+\tau\left(\frac{1}{m}+\zeta^2\right)\sum_{\eta=\tau}^{l}\|\psi(\eta)\|^2.\end{aligned}$$

因为 $\|z(0)\| = \|z(0)\|_1 = \|z(0)\|_2 = 0$, 故有

$$\|z(t)\|^2 + \tau\sum_{\eta=\tau}^{t}\|z(\eta)\|_1^2 \leqslant \left(\frac{1}{m}+\zeta^2\right)\tau\sum_{\eta=\tau}^{t}\|\psi(\eta)\|^2.$$

定理证毕.

1.4 经济格式与因子化格式的等价性

本节讨论在柱体 $\overline{\Omega}\times[0\leqslant t\leqslant T]$ 上的热传导方程

$$\frac{\partial u}{\partial t} = \sum_{\alpha=1}^{p}\frac{\partial^2 u}{\partial^2 x_\alpha}, \tag{1.4.1a}$$

$$u(x,0) = u_0(x), \quad p=2,3 \tag{1.4.1b}$$

的经济算法. 其中 $\overline{\Omega}$ 当 $p=2$ 时是矩形 $(0\leqslant x_\alpha\leqslant l_\alpha,\alpha=1,2)$. $p=3$ 时是平行六面体 $(0\leqslant x_\alpha\leqslant l_\alpha,\alpha=1,2,3)$.

在区域 Ω 的边界 Γ 上给出第一类边值条件

$$u|_\Gamma=\mu(x),\quad x=(x_1,x_2,\cdots,x_p). \tag{1.4.1c}$$

在区域 $\overline{\Omega}$ 上沿每个方向 x_α 作步长为 $h_\alpha(\alpha=1,2,\cdots,p)$ 的均匀网格 ω_h. 假设 $\gamma_{h,\alpha}$ 是 $x_\alpha=0,x_\alpha=l_\alpha$ 的边界点集合, 和通常一样, 表示 $\Lambda_\alpha y=\delta_{\overline{x}_\alpha}\delta_{x_\alpha}y$.

假设 Φ_h 是定义在 $\bar{\omega}_h$ 上并在边界 γ_h 取零值的网格函数空间.

$$(y,\nu)=\sum_{x\in\omega_h}y(x)v(x)h_1\cdots h_p, \tag{1.4.2}$$

这里求和是按网格内节点 $x\in\Omega$ 进行的, 在区间 $0\leqslant t\leqslant T$ 上时间步长为 τ 的均匀网格.

这里仅讨论与因子化格式等价的经济格式. 正如我们指出的, 等价性要求表示, 对中间值 $y^{j+\alpha/p}$ 而言, 在 $\gamma_{h,\alpha}$ 上的边界条件应以特殊方式给定. 应该指出的是, 研究稳定性时假定 $y|_{\gamma_h}=0$, 只有在这种情况下, 才可把 $y(x)$ 看作空间 Φ_h 中的元素.

如果给定了某种经济方法, 则应: ① 消去中间值并写成因子化格式. ② 对 $y^{j+\alpha/p}$ 建立边界条件, 在这些条件下该格式与相应的因子化格式等价. ③估计逼近的阶. ④ 研究因子化格式的稳定性和收敛性 (利用一般性理论). 在每个问题中这四点都要求满足.

研究因子化格式

$$By_t+Ay=y, \tag{1.4.3}$$

其中 $B=B_1\cdots B_p$, $B_\alpha=E+\tau R_\alpha$ 的稳定性. 利用如下的准则: 如果对于 $B=E+\tau\sum\limits_{\alpha=1}^{p}R_\alpha$ 时的格式稳定, 且 R_α 是正的、自共轭且两两可交换, 则对于 $B=B_1\cdots B_p$ 的格式也稳定.

1) Douglas-Rachford 格式 [12]

$$\frac{y^{j+\frac{1}{2}}-y^j}{\tau}=\Lambda_1y^{j+\frac{1}{2}}+\Lambda_2y^j, \tag{1.4.4a}$$

$$\frac{y^{j+1}-y^{j+\frac{1}{2}}}{\tau}=\Lambda_2(y^{j+1}-y^j). \tag{1.4.4b}$$

则 (1) 因子化格式: $(E-\tau\Lambda_1)(E-\tau\Lambda_2)y_t=\Lambda y,\Lambda=\Lambda_1+\Lambda_2$.

(2) 边界条件: 当 $x=0,l_1$ 时, $y^{j+\frac{1}{2}}=\mu^{j+1}-\tau\Lambda_2(\mu^{j+1}-\mu^j)$,

当 $x=0,l_2$ 时, $y^{j+1}=\mu^{j+1}$.

(3) 格式的逼近: $O(|h|^2+\tau)$.

(4) 格式稳定.

事实上, 只要将格式化为

$$(E-\tau\Lambda_1)\frac{y^{j+\frac{1}{2}}-y^j}{\tau}=\Lambda y^j,\quad \Lambda=\Lambda_1+\Lambda_2,$$
$$(E-\tau\Lambda_2)\frac{y^{j+1}-y^j}{\tau}=\frac{y^{j+\frac{1}{2}}-y^j}{\tau}.$$

由此二式消去 $y^{j+\frac{1}{2}}-y^j$ 就得到因子化格式. 关于 $y^{j+\frac{1}{2}}$ 的边界条件由第二个方程推出.

2) Douglas 格式 $(\sigma_1=\sigma_2=\sigma_3=0.5)$[13]

$$\begin{cases}\dfrac{y^{j+\frac{1}{3}}-y^j}{\tau}=\sigma_1\Lambda_1 y^{j+\frac{1}{3}}+(1-\sigma_1)\Lambda_1 y^j+(\Lambda_2+\Lambda_3)y^j, & (1.4.5a)\\ \dfrac{y^{j+\frac{2}{3}}-y^{j+\frac{1}{3}}}{\tau}=\sigma_2\Lambda_2\left(y^{j+\frac{2}{3}}-y^j\right), & (1.4.5b)\\ \dfrac{y^{j+1}-y^{j+\frac{2}{3}}}{\tau}=\sigma_3\Lambda_3(y^{j+1}-y^j), & (1.4.5c)\end{cases}$$

则 (1) 因子化格式: $(E-\sigma_1\tau\Lambda_1)(E-\sigma_2\tau\Lambda_2)(E-\sigma_3\tau\Lambda_3)y_t=\Lambda y, \Lambda=\sum_{\alpha=1}^{3}\Lambda_\alpha$.

(2) 边界条件: 当 $x=0,l_1$ 时, $y^{j+\frac{1}{3}}=\mu^j+\tau(E-\sigma_2\tau\Lambda_2)(E-\sigma_3\tau\Lambda_3)\mu_t^j$,

当 $x=0,l_2$ 时, $y^{j+\frac{2}{3}}=\mu^{j+1}-\tau^2\sigma_3\Lambda_3\mu_t^j$.

(3) 当$\sigma_1=\sigma_2=\sigma_3=0.5$ 时, 格式的逼近是 $O(|h|^2+\tau^2)$, $\sigma_2\neq 0.5$, $\alpha=1,2,3$ 时, 格式的逼近是 $O(h^2+\tau)$.

(4) 格式当 $\sigma_\alpha\geqslant 0.5, \alpha=1,2,3$ 时稳定.

事实上, 对于 (1) 只要记 $w_\alpha=\left(y^{j+\frac{2}{3}}-y^j\right)/\tau$, 则方程可写为

$$(E-\sigma_1\tau\Lambda_1)w_1=\Lambda y^j,$$
$$(E-\sigma_2\tau\Lambda_2)w_2=w_1,$$
$$(E-\sigma_3\tau\Lambda_3)w_3=w_2.$$

逐步地依次消去 w_2 与 w_1, 并代 $w_3=(y^{j+1}-y^j)/\tau$ 就得到所求的因子化格式.

3) Фрязинов格式 [28]

$$\frac{y^{j+\frac{1}{2}}-y^j}{\tau}=\sigma_1\Lambda_1 y^{j+\frac{1}{2}}+(1-\sigma_2)\Lambda_2 y^j, \tag{1.4.6a}$$

$$\frac{y^{j+1}-y^{j+\frac{1}{2}}}{\tau}=\sigma_2\Lambda_2 y^{j+1}+(1-\sigma_1)\Lambda_1 y^{j+\frac{1}{2}}. \tag{1.4.6b}$$

则 (1) 因子化格式: $(E-\sigma_1\tau\Lambda_1)(E-\sigma_2\tau\Lambda_2)y_t=\Lambda y+(1-\sigma_1-\sigma_2)\tau\Lambda_1\Lambda_2 y$.

(2) 边界条件: 当 $x_1=0,l_1$ 时, $y^{j+\frac{1}{2}}=\sigma_1\mu^{j+1}-\sigma_1\sigma_2\tau\Lambda_2\mu^{j+1}+(1-\sigma_1)\mu^j+(1-\sigma_1)(1-\sigma_2)\tau\Lambda_2\mu^j$. 当 $\sigma_1=\sigma_2=0.5$, $x_1=0,l_1$ 时,

$$y^{j+\frac{1}{2}}=0.5(\mu^j+\mu^{j+1})-\frac{\tau^2}{4}\Lambda_2\mu_t^j.$$

(3) 格式的精确度当 $\sigma_1=\sigma_2=0.5$ 时为 $O(|h|^2+\tau^2)$, 而当 $\sigma_\alpha=\dfrac{1}{2}-\dfrac{h_\alpha^2}{12\tau}$ 时精确度为 $O(|h|^4+\tau^2)$.

(4) 当 $\sigma_\alpha\geqslant 0.5$ 及 $\sigma_\alpha=\dfrac{1}{2}-\dfrac{h_\alpha^2}{12\tau}$ 时格式稳定.

事实上, (1) 将方程改写为

$$(E-\sigma_1\tau\Lambda_1)y^{j+\frac{1}{2}}=(E+(1-\sigma_2)\tau\Lambda_2)y^j,$$
$$(E+(1-\sigma_1)\tau\Lambda_1)y^{j+\frac{1}{2}}=(E-\sigma_2\tau\Lambda_2)y^{j+1}.$$

将第一个方程乘以 $(1-\sigma_1)$, 第二个乘以 σ_1 再相加即得

$$y^{j+\frac{1}{2}}=\sigma_1(E-\sigma_2\tau\Lambda_2)y^{j+1}+(1-\sigma_1)(E+(1-\sigma_2)\tau\Lambda_2)y^j.$$

再将它代入第一个方程, 再作些显而易见的变换就得到

$$(E-\sigma_1\tau\Lambda_1)(E-\sigma_2\tau\Lambda_2)y^{j+1}=(E+(1-\sigma_1)\tau\Lambda_1)(E+(1-\sigma_2)\tau\Lambda_2)y^j,$$

(这里没利用 Λ_1 与 Λ_2 的可交换性).

(2) 当 $x_1=0,l_1$ 时, 边界条件由上面所得关于 $y^{j+\frac{1}{2}}$ 的公式推出.

(3) 当 $\sigma_\alpha=\dfrac{1}{2}-\dfrac{h_\alpha^2}{12\tau}$ 时的逼近误差Фрязинов[28] 研究得出.

4) Yanenko 格式 [29]

$$\frac{y^{j+\frac{1}{3}}-y^j}{\tau}=\frac{1}{3}\left[\Lambda_1 y^{j+\frac{1}{3}}+(\Lambda_1+\Lambda_2)y^j\right], \tag{1.4.7a}$$

$$\frac{y^{j+\frac{2}{3}}-y^{j+\frac{1}{3}}}{\tau}=\frac{1}{3}\left[\Lambda_1 y^{j+\frac{1}{3}}+\Lambda_2 y^{j+\frac{2}{3}}+\Lambda_3 y^{j+\frac{1}{3}}\right], \tag{1.4.7b}$$

$$\frac{y^{j+1}-y^{j+\frac{2}{3}}}{\tau}=\frac{1}{3}\left[(\Lambda_1+\Lambda_2)y^{j+\frac{2}{3}}+\Lambda_3 y^{j+1}\right]. \tag{1.4.7c}$$

则格式不是无条件稳定的 (参看文献 [29]). 因子化格式具有如下形式:

$$\left(E-\frac{\tau}{3}\Lambda_1\right)\left(E-\frac{\tau}{3}\Lambda_2\right)\left(E-\frac{\tau}{3}\Lambda_3\right)y_t$$
$$=\left[E+\frac{\tau}{3}(\Lambda_1+\Lambda_2)\right]\left[E+\frac{\tau}{3}(\Lambda_1+\Lambda_3)\right]\left[E+\frac{\tau}{3}(\Lambda_2+\Lambda_3)\right]y^j.$$

我的学生们在这一领域也做了一些深入细致的工作 [30~32].

参 考 文 献

[1] Douglas J Jr, Russell T F. Numerical methods for convection-dominated diffusion problems based on combining the method of characteristics with finite element or finite difference procedures. SIAM J. Numer. Anal., 1982,5: 871–885.

[2] 孙澈. 对流占优扩散问题的有限元方法, 有限元理论与方法 (第二分册). 北京: 科学出版社, 2009.

[3] 袁益让. 渗流力学, 有限元理论与方法 (第三分册). 北京: 科学出版社, 2009.

[4] 袁益让. 计算石油地质等领域的一些新进展, 计算物理, 2003, 4: 283–290.

[5] Bermudey A, Nogueriras M R, Vayquey C. Numerical analysis of convection-diffusion-reaction problems with higher order characteristics/finite elements. Part Ⅰ: time diseretization. SIAM J. Numer. Anal., 2005, 5: 1829–1853.

[6] Bermudey A, Nogueriras M R, Vayquey C. Numerical analysis of convection-diffusion-reaction problems with higher order characteristics/finite elements. Part Ⅱ: fully diseretized scheme and quadratare formulas. SIAM J. Numer. Anal., 2006, 5: 1854–1876.

[7] Rui H, Tabata M. A second order characteristic finite element schemse for convection-diffusion problems. Numer. Math., 2002, 92: 161–177.

[8] 袁益让, 韩玉笈. 三维油气资源盆地数值模拟的理论和实际应用. 北京: 科学出版社, 2013.

[9] 袁益让. 能源数值模拟方法的理论和实际应用. 北京: 科学出版社, 2013.

[10] Peaceman D W, Rachford Jr H H. The numerical solution of parabolic and elliptic differential equations. J. Soc. Ind. Appl. Math., 1955, 3: 42–65.

[11] Douglas J Jr. On the numerical integration of $u_{xx} + u_{yy} = u_t$ by implicit methods. J. Soc. Ind. Appl. Math., 1955, 3: 42–65.

[12] Douglas J Jr, Rachford Jr H H. On the numerical solution of heat conduction problems in two and three space variables. Trans. Amer. Math. Soc., 1956, 82: 421–439.

[13] Douglas J Jr. Alternationg direction method for three space variables. Num. Math., 1962, 4: 41–63.

[14] Yanenko N N. On the difference method for the calculation of multidimensional heat conduction equations in curvilinear coordinates (Russian). Doki. Akad. Nauk SSSR, 1959, 125(6): 1207–1210.

[15] Yanenko N N, Suchknov V A, Pogodin Yu Ya. On the difference solution of heat conduction equations in curvilinear coordinates (Russian). Dokl. Akad. Nank SSSR, 1959, 128(5): 903–906.

[16] Sofronov I D. A difference scheme with diagonal drive directions for solving the heat conduction equation. USSR Computational Mathematics and Mathematical Physis, 1965, 5(2): 250–255.

[17] Sofronov I D. A difference solution of the equation of heat conduction in currilinear

coordinate (Russian). Zh. Vych. Math., 1963, 3(4): 786–788. English translation: U.S.S.R. Comp. Math., 1963, 3(4): 1069–1072.

[18] Yanenko N N. On the implicit difference computing methods for solving the multidimensional heat conduction equations (Russian). Jzv. Vyssh. Uchebn. Zaved. Matematika, 1961, 23(4): 148–157.

[19] D'yakonov E G. Difference schemes with split operators for unsteady equations (Russian). Dokl. Akad. Nauk SSSR, 1962, 144(1): 29–32.

[20] D'yakonov E G. Some difference schemes for solving the boundary problem (Russian). Zh. Vych. Mat., 1962, 2(1): 57–79. English translation:U.S.S.R. Comp. Math., 1963, 3(1): 55–77.

[21] D'yakonov E G. Difference scheme with split operators for multidimensional unsteady problems (Russian). Zh. Vych. Mat., 1962, 2(4): 549–568. Eiglish translation:U.S.S.R. Comp. Math., 1963, 3(4): 581–607.

[22] D'yakonov E G. Difference schemes with split operators for general parabolic equations of second order with variable coefficients (Russian). Zh. Vych. Mat., 1964, 4(2): 278–291. English translation:U.S.S.R.Comp. Math., 1964, 4(2): 92–110.

[23] Brian P L I. An infinite difference method of high order of accuracy for the solution of three-dimensional heat conduction problems. A. I. Ch. E. J., 1961, 367–370.

[24] Buleev N I. Numerical method for solving the two and three-dimensional equations of diffusion (Russian). Mat. Sbornik 1960, 51(2).

[25] Birkhoff G, Varga R S. Implicit alternating direction methods. Trand. Amer. Math. Soc., 1959, 92: 13–24.

[26] Lees M. Alternating direction and semi-explicit difference methods for parabolic partial differential equations. Num. Math., 1961, 3: 398–412.

[27] 李德元, 陈光南. 抛物型方程差分方法引论. 北京: 科学出版社, 1995.

[28] Фрязинов И В. Зконмичные схемы повыщенного порядка точности дл ярещення многомерного уравнения параболического типа. ЖВМиМФ 9, 1969, 6: 1316–1326.

[29] 雅宁柯 H H. 分数步法 —— 数学物理中多变量问题的解法. 周宝熙, 林鹏译. 北京: 科学出版社, 1992.

[30] Rui H X. An alternative direction iterative method with second-order upwind scheme for convection-diffusion equation. Intern. J. Computer Math., 2003, 4: 527–533.

[31] Rui H X. A kind of characteristie-splitting method for convection-dominated parabolic equation. In tern. J. Computer Math. 2009, 71: 359–367.

[32] 程爱杰, 赵卫东. 对流扩散方程的经济差分格式. 计算数学, 2000, 3: 308–318.

第2章 双曲型方程的交替方向有限元方法

随着科学技术的快速发展, 各种各样的微分方程数学模型相继涌出. 双曲型方程 (组) 模型就是其中重要的一类, 它在自然科学方面有着广泛的应用背景. 比较常见的是描述弦振动的一维波动方程, 类似地也可以由弹性薄膜或三维弹性体的振动导出二维或三维波动方程. 另外由声波或电磁波等波动的传播, 也可以导出三维波动方程. 例如对描述电磁场的 Maxwell 方程组进行旋度运算, 化简可得标准的向量形式的波动方程组. 在研究高频电磁波沿着传输线在时间空间 (t,x) 中传播时, 可引进电流强度和传输线同轴双线间的电压等概念, 且用它们作为表征此种电磁波传播过程的物理量, 用单位传输线的电阻、电感等概念表述介质特性, 根据定律建立电报方程组, 在无损耗的情况下可化简为标准的波动方程.

在油气田勘探工作中, 人工地震是一种很重要的方法、因为它不仅可以提供沉积覆盖地区有关地下地质、地层、岩性等方面的信息, 而且工作效率高、地震勘探方法是在地表某测线上, 在浅井中用炸药震源人工激发地震波, 从地震记录仪中可以提取与地质构造、地层岩性等相关的信息, 从而有利于更准确地寻找油气层. 该问题的数学模型体现为对非线性双曲型方程的研究. 现代地震勘探进一步向高信噪比、高分辨率、高保真度、高精度方向发展, 由于其复杂性, 极需在理论、方法和应用问题上进行深入的探索.

交替方向法最早应用于有限差分方法, 成功地解决了多变量抛物型和双曲型的初边值问题, 成为该领域非常有价值的技术. 交替方向法最大的优点在于它将高维问题转化为一系列的一维问题来求解, 可认为计算规模在剖分不变的情况下从 $O\left(\dfrac{1}{h^d}\right)$降到 $O\left(\dfrac{d}{h}\right)$, 极大地减少了工作量, 提高了计算效率. 最早的交替方向差分格式是 Peaceman、Rachford 和 Douglas 的工作[1~3] . 随后美国和苏联的数学家的工作拓广和改进了这个方法. 这些已在第 1 章作了详细的介绍. 在二阶双曲型有限元方面, Dupont[4] 和 Baker[5] 就不同的初始值和光滑性条件给出了二阶双曲型方程的有限元格式, 并得到最优阶 L^2 模先验误差估计; 我们研究了带一阶项的一般性二阶非线性双曲型方程组, 给出一般的有限元格式, 并得到相应的误差估计[6~10].

交替方向有限元方法则是结合以上两种方法得到的, 并集两种方法的优点于一身. Douglas 和 Dupont 于 1971 年针对非线性抛物型方程和二阶线性双曲型问题基于矩形区域上规则网格情况将交替方向离散技巧引入有限元方法中提出了两类方程的交替方向有限元格式, 并进行了严谨的理论分析, 得到最优阶 H_0^1 模误差估计[11]. 利用交替方向的有限元格式可成功地将大型高维问题化为一系列小型问题, 而描述它们的相应离散方程组系数矩阵不依赖于时间, 仅需一次分解. 相比而言, 直接用有限元方法求解则需在每个时间层构造独立的系数矩阵, 并针对该系数矩阵作相应的分解. 此外由于系数矩阵的大小和分解等方面的差异, 也使交替方向有限元方法在存储方面的开销相当低. 诸多优点使得交替方向有限元方法更加适合计算大型非线性的三维问题, Dendy 就 Douglas, Dupont 针对二阶线性双曲问题提出的交替方向模式推广至二阶非线性双曲问题, 并得到最优阶 L^2 模误差估计[12]. Fernandes 和 Fairweather 则将一类极特殊的双曲问题转化为一个耦合方程组的问题, 构造了另外一种交替方向格式, 并给出了它们的 L^2 模和 H_0^1 模的误差估计式[13]. 对一般线性和非线性双曲问题在这一领域我们也作了系列深入的研究[14~16].

针对实际问题中计算区域的复杂性, 后来又有众多学者对交替方向有限元方法作了计算区域上的推广. Dendy 和 Fairweather[17] 及 El-Zgrkany 和 Balasubramanian[18,19] 首先将计算区域推广到矩形多边形区域. Hayes[20~23] 通过等参元变换将曲边区域转化为矩形多边形区域, 而后又利用分片逼近的方法完成等参元变换行列式的分解, 从而实现了曲边区域上的交替方向有限元方法. 至此交替方向有限元方法能够满足大多实际问题中计算区域的要求. 对于一般非矩形域上非线性双曲型方程交替方向有限元方法我们也得到了深刻的结果[24].

本章共 9 节. 2.1 节为双曲型方程有限元方法的稳定性和收敛性. 2.2 节为非线性双曲型方程有限元方法及其理论分析. 2.3 节为非线性双曲型方程组的稳定性和收敛性. 2.4 节为非线性双曲型方程组的交替方向有限元方法. 2.5 节为线性双曲型方程的一类新型交替方向有限元方法. 2.6 节为二维拟线性双曲型方程交替方向有限元一类新方法. 2.7 节为三维拟线性双曲型方程交替方向有限元一类新方法. 2.8 节为一类三维非线性双曲型方程交替方向有限元方法. 2.9 节为非矩形域上非线性双曲型方程交替方向有限元方法.

在双曲型问题交替方向有限元方法领域, 我的学生也做了很多深入细致的工作, 部分内容, 已吸收入本章内容中, 现分列如下:

1. 来翔. 几类双曲型交替方向有限元分析. 山东大学博士学位论文, 2007 年 3 月.

2. 许兰图. 二阶双曲型交替方向有限元分析. 山东大学硕士学位论文, 2006 年 4 月.

3. 崔霞. 几类发展方程的交替方向有限元方法及其数值分析. 山东大学博士学位论文, 1999 年 3 月.

2.1 双曲型方程有限元方法的稳定性和收敛性

本节研究一类拟线性双曲型方程混合问题的有限元方法的稳定性和收敛性理论, 关于线性双曲型方程有限元方法的收敛性研究, 已有 Dupont[4], Oden 等[25] 的工作.

问题的提法 考虑下述混合问题:

$$\begin{cases} \dfrac{\partial^2 u}{\partial t^2} = \nabla\cdot[a(x)\nabla u] + \displaystyle\sum_{i=1}^{n} b_i(x,u)u_{xi} + f(x,u), \quad (x,t)\in\Omega\times[0,T], \\ \dfrac{\partial u(x,0)}{\partial t} = 0, \quad x\in\Omega, \\ u(x,0)=0, \quad x\in\Omega, \\ u(x,0)=0, \quad x\in\partial\Omega, t>0, \end{cases} \tag{2.1.1}$$

此处 Ω 是 $\mathbf{R}^n$ 中的有界区域, $\partial\Omega$ 是其边界为光滑的围道, 对此方程的系数, 分两种情况来研究.

条件 (A):

(1) $0< d_0 \leqslant a(x) \leqslant C_0$, $x\in\Omega$.

(2) 对 $(x,\ p)\in\Omega\times\mathbf{R}$, $|b_i(x,p)|\leqslant C_0$, $i=1,2,\cdots,n$, 且 b_i, f 对变量 u 满足 Lipschitz 条件, 设对应的 Lipschitz 常数为 K, $f(\cdot,0)\in L_2(\Omega)$.

条件 (B):

(1) $0< d_0 \leqslant a(x) \leqslant C_0$, $x\in\Omega$.

(2) 对 $(x,p)\in\Omega\times\mathbf{R}$, $b_i(x,p)$, $b'_{iu}(x,p)$, $b''_{iu^2}(x,p)$ 存在有界, 记其上界为 M. $f'_u(x,p)$, $f''_{u^2}(x,p)$ 存在有界, 记其上界为 L, 且 $f(x,0)\in L_2(\Omega)$.

显然条件 (B) 的要求远较条件 (A) 的要求为强, 在以后的讨论中均假定条件 (A) 成立. 最后指出, 当条件 (B) 满足时, 可得更精确的结果.

问题 (2.1.1) 对应于下述变分问题:

$$\begin{cases} \left\langle \dfrac{\partial^2 u}{\partial t^2}, v\right\rangle + B(u,v) = \displaystyle\sum_{i=1}^{n}\langle b_i(x,u)u_{xi}, v\rangle + \langle f(x,u), v\rangle, \quad t>0, \forall v\in H_0^1(\Omega), \\ \left\langle \dfrac{\partial u(0)}{\partial t}, v\right\rangle = 0, \quad \forall v\in H_0^1(\Omega), \\ \langle u(0), v\rangle = 0, \\ u(\cdot,t)\in H_0^1(\Omega), \end{cases} \tag{2.1.2}$$

此处 $B(u,v)=\displaystyle\int_\Omega a(x)\nabla u\cdot\nabla v\mathrm{d}x$, $\langle u,v\rangle = \displaystyle\int_\Omega a(x)v(x)\mathrm{d}x$.

首先讨论连续时间的有限元逼近, 即对空间变量应用有限元离散化, 以后将着重讨论离散时间的有限元逼近, 即对空间变量应用有限元时间变量应用差分离散化.

2.1.1 关于连续时间的有限元逼近

对于每一 $t \in [0,T]$ 和每一 $0 < h \leqslant 1$, (2.1.2) 的近似解 U 是在一个子空间 $S_h(\Omega) \in H_0^1(\Omega)$ 内, 而 $S_h(\Omega) \in S_h^{k,1}(\Omega)$.

设空间 $S_h(\Omega)$ 的基函数为 $v_1, v_2, \cdots, v_N$, 则 (2.1.2) 的近似解可表为

$$U(x,t) = \sum_{l=1}^{N} \xi_l(t) V_l(x). \tag{2.1.3}$$

于是问题 (2.1.2) 对空间变量离散化, 可得

$$\left\langle \frac{\partial^2 U}{\partial t^2}, V \right\rangle + B(U,V) = \sum_{i=1}^{n} \langle b_i(x,U)U_{xi}, V\rangle + \langle f(x,U), V\rangle, \quad \forall V \in S_h(\Omega). \tag{2.1.4}$$

将表达式 (2.1.3) 代入 (2.1.4), 则将其化为下述问题:

$$\begin{cases} G\xi''(t) + B\xi = F(\xi), \\ \xi(0) = \xi'(0) = 0, \end{cases} \tag{2.1.5}$$

此处 $G = \{G_{ij}\}$, $G_{ij} = \langle v_i, v_j\rangle$, $B = \{B_{ij}\}$, $B_{ij} = B(V_i, V_j)$, $F(\xi) = \{F_i\}$,

$$F_j = \left\langle \sum_{i=1}^{n} b_i \left(x, \sum_{l=1}^{N} \xi_l(t) V_l(x) \right) \sum_{l=1}^{N} \xi_l(t)(V_i)_{xi}, V_j \right\rangle + \left\langle f\left(x, \sum_{l=1}^{N} \xi_l(t) V_l(x) \right), V_j \right\rangle.$$

由于 G, B 均为对称正定矩阵, b_i, f 是 Hölder 连续的, 由常微分方程理论推出, 对 $t > 0$, 解是存在唯一的.

为了讨论半离散化的 L_2 估计, 我们引入一个稳态问题的辅助投影, 寻求 $\tilde{u}(x,t) \in S_h(\Omega)$, 使得

$$B(\tilde{u}, V) = B(u, V), \quad \forall V \in S_h(\Omega), t \geqslant 0. \tag{2.1.6}$$

令 $U - u = U - \tilde{u} + \tilde{u} - u = \zeta + \eta$, $\zeta = U - \tilde{u}$, $\eta = \tilde{u} - u$, 用方程 (2.1.4) 减 (2.1.2), 再利用辅助函数 $\tilde{u}$, 可得 ζ 满足下述方程:

$$\begin{aligned} \left\langle \frac{\partial^2 \zeta}{\partial t^2}, V \right\rangle + B(\zeta, V) = & \sum_{i=1}^{n} \langle b_i(x,U)U_{xi} - b_i(x,u)u_{xi}, V\rangle \\ & + \langle f(x,U) - f(x,u), V\rangle - \left\langle \frac{\partial^2 \eta}{\partial t^2}, V \right\rangle, \quad \forall V \in S_h(\Omega). \end{aligned} \tag{2.1.7}$$

取 $V=\dfrac{\partial\zeta}{\partial t}$, 则 (2.1.7) 的左端可写为

$$\left\langle\frac{\partial^2\zeta}{\partial t^2},\frac{\partial\zeta}{\partial t}\right\rangle+B\left(\zeta,\frac{\partial\zeta}{\partial t}\right)=\frac{1}{2}\frac{\mathrm{d}}{\mathrm{d}t}\left\{\left\|\frac{\partial\zeta}{\partial t}\right\|_{L_2}^2+B(\zeta,\zeta)\right\}. \tag{2.1.8}$$

方程 (2.1.7) 的右端可写为

$$\begin{aligned}\sum_{i=1}^n\langle b_i(x,U)U_{xi}-b_i(x,u)u_{xi},V\rangle=&\sum_{i=1}^n\langle b_i(x,U)(U_{xi}-\tilde{u}_{xi}),V\rangle\\&+\sum_{i=1}^n\langle[b_i(x,U)-b_i(x,u)]\,\tilde{u}_{xi},V\rangle\\&+\sum_{i=1}^n\langle b_i(x,u)(\tilde{u}_{xi}-u_{xi}),V\rangle.\end{aligned}$$

对上式逐项估计, 可得

$$\begin{aligned}\left|\sum_{i=1}^n\left\langle b_i(x,U)U_{xi}-b_i(x,u)u_{xi},\frac{\partial\zeta}{\partial t}\right\rangle\right|\leqslant&C_0\sqrt{n}\,\|U-\tilde{u}\|_{H_0^1}\left\|\frac{\partial\zeta}{\partial t}\right\|_{L_2}\\&+Kn\,\|\nabla\tilde{u}\|_\infty\,\|U-u\|_{L_2}\left\|\frac{\partial\zeta}{\partial t}\right\|_{L_2}\\&+C_0\sqrt{n}\,\|\tilde{u}-u\|_{H_0^1}\left\|\frac{\partial\zeta}{\partial t}\right\|_{L_2},\end{aligned}$$

此处 $\|\nabla\tilde{u}\|_\infty=\|\nabla\tilde{u}\|_{L^\infty(\Omega\times[0,T])}$, 由此可得

$$\left|\sum_{i=1}^n\left\langle b_i(x,U)U_{xi}-b_i(x,u)u_{xi},\frac{\partial\zeta}{\partial t}\right\rangle\right|\leqslant C_1\left\{\|\zeta\|_{H_0^1}^2+\left\|\frac{\partial\zeta}{\partial t}\right\|_{L_2}^2+\|\eta\|_{H_0^1}^2\right\}, \tag{2.1.9}$$

此处 C_1 是仅依赖于 C_0, n, K, $\|\nabla\tilde{u}\|_\infty$ 的常数. 类似有

$$\begin{aligned}\left|\left\langle f(x,U)-f(x,u),\frac{\partial\zeta}{\partial t}\right\rangle\right|\leqslant&K\,\|u-U\|_{L_2}\left\|\frac{\partial\zeta}{\partial t}\right\|_{L_2}\\\leqslant&C_1\left\{\left\|\frac{\partial\zeta}{\partial t}\right\|_{L_2}^2+\|\zeta\|_{L_2}^2+\|\eta\|_{L_2}^2\right\}.\end{aligned} \tag{2.1.10}$$

由 (2.1.7)~(2.1.10) 可得

$$\frac{1}{2}\frac{\mathrm{d}}{\mathrm{d}t}\left\{\left\|\frac{\partial\zeta}{\partial t}\right\|_{L_2}^2+B(\zeta,\zeta)\right\}\leqslant C_2\left\{\left\|\frac{\partial\zeta}{\partial t}\right\|_{L_2}^2+\|\zeta\|_{H_0^1}^2+\left\|\frac{\partial^2\eta}{\partial t^2}\right\|_{L_2}^2+\|\eta\|_{H_0^1}^2\right\}.$$

上式对 t 积分, 有

$$\begin{aligned}\frac{1}{2}\left\{\left\|\frac{\partial\zeta(t)}{\partial t}\right\|_{L_2}^2+B(\zeta(t),\zeta(t))\right\}\leqslant&\frac{1}{2}\left\{\left\|\frac{\partial\zeta(0)}{\partial t}\right\|_{L_2}^2+B(\zeta(0),\zeta(0))\right\}\\&+C_3\left\{\left\|\frac{\partial^2\eta}{\partial t^2}\right\|_{L_2(0,T;L_2(\Omega))}^2+\|\eta\|_{L_2(0,T;H_0^t(\Omega))}^2\right.\\&\left.+\int_0^t\left[\left\|\frac{\partial\zeta}{\partial t}\right\|_{L_2}^2+\|\zeta\|_{H_0^1}^2\right]\mathrm{d}\tau\right\}.\end{aligned}$$

由条件 (A) 的 (1), 有 $\bar{d}_0\|\zeta\|_{H_0^1}^2\leqslant B(\zeta,\zeta)\leqslant M\|\zeta\|_{H_0^1}^2$, $M,\bar{d}_0>0$. 记 $\bar{d}_0=\min(1,\bar{d}_0)$, 于是可得

$$\begin{aligned}\left\|\frac{\partial\zeta(t)}{\partial t}\right\|_{L_2}^2+\|\zeta(t)\|_{H_0^1}^2\leqslant&\frac{1}{\bar{d}_0}\left\{\left\|\frac{\partial\zeta(0)}{\partial t}\right\|_{L_2}^2+B(\zeta(0),\zeta(0))\right\}\\&+\frac{2C_3}{\bar{d}_0}\left\{\left\|\frac{\partial^2\eta}{\partial t^2}\right\|_{L_2(0,T;L_2(\Omega))}^2+\|\eta\|_{L_2(0,T;H_0^t(\Omega))}^2\right.\\&\left.+\int_0^t\left[\left\|\frac{\partial\zeta}{\partial t}\right\|_{L_2}^2+\|\zeta\|_{H_0^1}^2\right]\mathrm{d}\tau\right\}.\end{aligned}$$

利用 Gronwall 引理[26], 存在常数 C, 使估计式成立:

$$\begin{aligned}&\left\|\frac{\partial\zeta}{\partial t}\right\|_{L_\infty(0,T;L_2(\Omega))}^2+\|\zeta\|_{L_\infty(0,T;H_0^1(\Omega))}\\\leqslant&C\left\{\left\|\frac{\partial\zeta(0)}{\partial t}\right\|_{L_2(\Omega)}^2+\|\zeta(0)\|_{H_0^1(\Omega)}^2\right.\\&\left.+\left\|\frac{\partial^2\eta}{\partial t^2}\right\|_{L_2(0,T;L_2(\Omega))}^2+\|\eta\|_{L_2(0,T;H_0^t(\Omega))}^2\right\}.\end{aligned}\tag{2.1.11}$$

对于辅助函数 $\eta(x,t)$, 若 $u,\dfrac{\partial u}{\partial t}\in L_\infty(0,T;H^{k+1}(\Omega))$, $\dfrac{\partial^2u}{\partial t^2}\in L_2(0,T;H^{k+1}(\Omega))$, 则由文献 [27,28], 下述估计式成立:

$$\|\eta\|_{L_\infty(0,T;H_0^1(\Omega))}+\left\|\frac{\partial\eta}{\partial t}\right\|_{L_\infty(0,T;L_2(\Omega))}+\left\|\frac{\partial^2\eta}{\partial t^2}\right\|_{L_2(0,T;L_2(\Omega))}\leqslant Ch^k,\tag{2.1.12}$$

此处 C 为不依赖 h 的正常数.

注意到这里

$$u(x,0)=\frac{\partial u}{\partial t}(x,0)=0,\quad U(x,0)=\frac{\partial U}{\partial t}(x,0)=0,$$

于是有

$$\zeta(0) = -\eta(0), \quad \frac{\partial \zeta(0)}{\partial t} = -\frac{\partial \eta(0)}{\partial t}.$$

故得

定理 2.1.1 若问题 (2.1.1) 的精确解 u, $\frac{\partial u}{\partial t} \in L_\infty(0,T;H^{k+1}(\Omega))$, $\frac{\partial^2 u}{\partial t^2} \in L_2(0,T;H^{k+1}(\Omega))$, 则下述逼近估计式成立:

$$\left\| \frac{\partial}{\partial t}(U-u) \right\|_{L_\infty(0,T;L_2(\Omega))} + \|U-u\|_{L_\infty(0,T;H_0^1(\Omega))} \leqslant Ch^k, \tag{2.1.13}$$

此处 C 为不依赖 h 的正常数.

2.1.2 关于离散时间的有限元逼近

对时间变量应用差分离散化, 假定

(1) 区间 $[0,T]$ 分为 R_1 个相等的子区间 $0 = t_0 < t_1 < \cdots < t_{R_1} = T$, $t_{i+1} - t_j = \Delta t$.

(2) 为简便起见, 引入下列记号:

$$U^{j+\frac{1}{2}} = \frac{1}{2}(U^{j+1} + U^j), \quad U^{j-\frac{1}{2}} = \frac{1}{2}(U^j + U^{j-1}),$$

$$U_{j,\frac{1}{4}} = \frac{1}{4}(U^{j+1} + 2U^j + U^{j-1}) = \frac{1}{2}\left(U^{j+\frac{1}{2}} + U^{j-\frac{1}{2}}\right),$$

$$f_{j,\frac{1}{4}} = \frac{1}{4}(f^{j+1} + 2f^j + f^{j-1}),$$

$$\partial_i U^{i-\frac{1}{2}} = \frac{U^j - U^{j-1}}{\Delta t}, \quad \partial_t U^{j+\frac{1}{2}} = \frac{U^{j+1} - U^j}{\Delta t},$$

$$\partial_t U^j = \frac{U^{j+1} - U^{j-1}}{2\Delta t} = \frac{1}{\Delta t}\left(U^{j+\frac{1}{2}} - U^{i-\frac{1}{2}}\right) = \frac{1}{2}\left(\partial_t U^{j+\frac{1}{2}} + \partial_t U^{j-\frac{1}{2}}\right),$$

$$\partial_{t^2} U^j = \frac{U^{j+1} - 2U^j + U^{j-1}}{(\Delta t)^2} = \frac{1}{\Delta t}\left(\partial_t U^{j+\frac{1}{2}} - \partial_t U^{j-\frac{1}{2}}\right).$$

对问题 (2.1.2) 离散化, 可得

$$\begin{aligned}&\left\langle \frac{U^{j+1} - 2U^j + U^{j-1}}{(\Delta t)^2}, V \right\rangle + B(U_{j,\frac{1}{4}}, V)\\ =&\sum_{i=1}^n \left\langle b_i(x, U_{j,\frac{1}{4}})(U_{j,\frac{1}{4}})_{xi}, V \right\rangle + \left\langle f(x, U_{j,\frac{1}{4}}), V \right\rangle, \quad \forall V \in S_h(\Omega).\end{aligned} \tag{2.1.14}$$

此格式, 若假定 U^{j-1}, U^j 已知, 求 U^{j+1}. 首先证明解 U^{j+1} 的存在性, 再讨论格式的稳定性, 最后研究收敛性的误差估计.

2.1.2.1 关于有限元方程解的存在性

为了证明方程 (2.1.14) 解的存在性, 定义算子 $W=F(Y)$, 它是将空间 $S_h(\Omega)$ 映射为自身的连续算子, 由下述方程确定:

$$\begin{aligned}&\left\langle\frac{W-2U^j+U^{j-1}}{(\Delta t)^2},V\right\rangle+B\left[\frac{1}{4}(Y+2U^j+U^{j-1}),V\right]+B'[Y,W,V]\\=&\sum_{i=1}^n\left\langle b_i\left(x,\frac{1}{4}(Y+2U^j+U^{j-1})\right)\frac{1}{4}(Y+2U^j+U^{j-1})_{xi},V\right\rangle\\&+\left\langle f\left(x,\frac{1}{4}(Y+2U^j+U^{j-1})\right),V\right\rangle,\quad\forall V\in S_h(\Omega),\end{aligned}\tag{2.1.15}$$

此处

$$B'[Y,W,V]=\frac{1}{4}\int_\Omega a(x)\nabla(W-Y)\cdot\nabla V\mathrm{d}x.\tag{2.1.16}$$

对于每一给定的 $Y\in S_h(\Omega)$, 注意到 (2.1.3), (2.1.16), 方程 (2.1.15) 等价于解下述形式的线性代数方程组:

$$\left(C+\frac{(\Delta t)^2}{4}B\right)W=G,\tag{2.1.17}$$

此处 $C=\{C_{ij}\}_{1\leqslant i,j\leqslant N}$, $C_{ij}=\langle V_i,V_j\rangle$, $B=\{B_{ij}\}_{1\leqslant i,j\leqslant N}$, $B_{ij}=\langle a(x)\nabla V_i,\nabla V_j\rangle$, G 为由 Y 确定的 N 维矢量. 由条件知, B, C 均为对称正定矩阵, 因此对于每个 $Y\in S_h(\Omega)$, 均有一个 $W\in S_h(\Omega)$ 和其对应且算子是连续的.

在 (2.1.15) 中取 $V=W$, 注意到

$$B\left(\frac{1}{4}(Y+2U^j+U^{j-1}),W\right)=B\left(\frac{1}{4}(2U^j+U^{j-1}),W\right)+\frac{1}{4}\int_\Omega a(x)\nabla Y\cdot\nabla W\mathrm{d}x,$$

于是可得下述估计式:

$$\begin{aligned}&\|W\|_{L_2}^2+\frac{(\Delta t)^2}{4}\bar{d}_0\|W\|_{H_0^1}^2\\\leqslant&(\Delta t)^2\left\{\left|B\left(\frac{1}{4}(2U^j+U^{j-1}),W\right)\right|\right.\\&+\left|\sum_{i=1}^n\left\langle b_i\left(x,\frac{1}{4}(Y+2U^j+U^{j-1})\right)\frac{1}{4}(Y+2U^j+U^{j-1})_{xi},W\right\rangle\right|\\&\left.+\left|\left\langle f\left(x,\frac{1}{4}(Y+2U^j+U^{j-1})\right),W\right\rangle\right|\right\}\\&+\frac{1}{4}\|W\|_{L_1}^2+4\left\|2U^j+U^{j-1}\right\|_{L_2}^2.\end{aligned}\tag{2.1.18}$$

利用条件 (A) 有下述估计式:

$$\left|B\left(\frac{1}{4}(2U^j+U^{j-1}),W\right)\right| \leqslant M\left\|\frac{1}{2}(2U^j+U^{j+1})\right\|_{H_0^1}\|W\|_{H_0^1}$$
$$\leqslant \frac{\bar{d}_0}{8}\|W\|_{H_0^1}^2+c_1\left\|\frac{1}{4}(2U^k+U^{j-1})\right\|_{H_0^1},$$

此处 M, c_1 均为确定的正常数.

$$\left|\sum_{i=1}^{n}\left\langle b_i\left(x,\frac{1}{4}(Y+2U^j+U^{j-1})\right)\frac{1}{4}(Y+2U^j+U^{j-1})_{xi},W\right\rangle(\Delta t)^2\right|$$
$$\leqslant \sqrt{n}c_0(\Delta t)^2\frac{1}{4}\left\|Y+2U^j+U^{j-1}\right\|_{H_0^1}\|W\|_{L_2}$$
$$\leqslant \frac{1}{4}\|W\|_{L_2}^2+c_2(\Delta t)^4\left\{\|Y\|_{H_0^1}^2+\left\|2U^j+U^{j-1}\right\|_{H_0^1}^2\right\},$$

$$\left|\left\langle f\left(x,\frac{1}{4}(Y+2U^j+U^{j-1})\right),W\right\rangle(\Delta t)^2\right|$$
$$\leqslant(\Delta t)^2\left\{\left|\left\langle f\left(x,\frac{1}{4}(Y+2U^j+U^{j-1})\right)-f(x,0),W\right\rangle\right|+|\langle f(x,0),W\rangle|\right\}$$
$$\leqslant \frac{1}{4}\|W\|_{L_2}^2+c_3(\Delta t)^3\left\{1+\|Y\|_{L_1}^2+\left\|2U^j+U^{j-1}\right\|_{L_1}^2\right\},$$

此处 c_2, c_3 均为确定的正常数.

利用上述估计式, 最后可得

$$\begin{aligned}&\frac{1}{4}\|W\|_{L_2}^2+\frac{\bar{d}_0}{8}(\Delta t)^2\|W\|_{H_0^1}^2\\ \leqslant& c_1(\Delta t)^2\left\|\frac{1}{4}(2U^2+U^{j+1})\right\|_{H_0^1}\\ &+(c_2+c_3)(\Delta t)^4\left\{\|Y\|_{H_0^1}^2+\left\|2U^j+U^{j-1}\right\|_{H_0^1}^2+1\right\}\\ &+4\left\|2U^j+U^{j-1}\right\|_{L_2}^2.\end{aligned} \tag{2.1.19}$$

由此看出, 只要选取 Δt 足够小, 在 $S_h(\Omega)$ 中存在球 $B_0\subset S_h(\Omega)$, 使得 F 将 B_0 映射到自身中, 由 Brouwer 不动点原理 [29], 得知 F 在 B_0 中存在一个不动点, 即方程 (2.1.14) 有解.

定理 2.1.2 对有限元方程 (2.1.14), 若 U^{j-1}, U^j 已给定, 只要取 Δt 适当小, 此非线性方程总有解.

2.1.2.2　关于稳定性分析

$$\left\langle \frac{U^{j+1}-2U^j+U^{j-1}}{(\Delta t)^2}, V \right\rangle + B(U_{j,\frac{1}{4}}, V)$$
$$= \sum_{i=1}^{n} \left\langle b_i(x, U_{j,\frac{1}{4}})(U_{j,\frac{1}{4}})_{xi}, V \right\rangle + \langle f\,(x, U_{j,\frac{1}{4}}), V \rangle, \quad \forall V \in S_h(\Omega).$$

在上式中取 $V = \partial_t U^j$, 可得

$$\frac{1}{2\Delta t}\left\{ \left\| \partial_t U^{j+\frac{1}{2}} \right\|_{L_2}^2 - \left\| \partial_t U^{j-\frac{1}{2}} \right\|_{L_2}^2 \right.$$
$$\left. + B\left(U^{j+\frac{1}{2}}, U^{j+\frac{1}{2}}\right) - B\left(U^{j-\frac{1}{2}}, U^{j-\frac{1}{2}}\right) \right\}$$
$$\leqslant c_0\sqrt{n} \left\| (U_{j,\frac{1}{4}})_{xi} \right\| \left\| \frac{1}{2}\left(\partial_t U^{j+\frac{1}{2}} + \partial_t U^{j-\frac{1}{2}}\right) \right\|$$
$$+ K \left\| U_{j,\frac{1}{4}} \right\| \cdot \left\| \frac{1}{2}\left(\partial_t U^{j+\frac{1}{2}} + \partial_t U^{j-\frac{1}{2}}\right) \right\|$$
$$+ \|f(x,0)\| \cdot \left\| \frac{1}{2}\left(\partial_t U^{j+\frac{1}{2}} + \partial_t U^{j-\frac{1}{2}}\right) \right\|$$
$$\leqslant c_1 \left\{ \left\| U^{j+\frac{1}{2}} \right\|_{H_0^1}^2 + \left\| U^{j-\frac{1}{2}} \right\|_{H_0^1}^2 \right.$$
$$\left. + \left\| \partial_t U^{j+\frac{1}{2}} \right\|_{L_2}^2 + \left\| \partial_t U^{j+\frac{1}{2}} \right\|_{L_2}^2 + \|f(x,0)\|_{L_2}^2 \right\}, \tag{2.1.20}$$

此处 c_1 为确定的正常数. 将 (2.1.20) 两边同乘以 $2\Delta t$, 再让 $j = 1, 2, \cdots, R_1 - 1$ 相加, 可得

$$\left\| \partial_t U^{R_1-\frac{1}{2}} \right\|_{L_2}^2 + B\left(U^{R_1-\frac{1}{2}}, U^{R_1-\frac{1}{2}}\right)$$
$$\leqslant \left\| \partial_t U^{\frac{1}{2}} \right\|_{L_2}^2 + B\left(U^{\frac{1}{2}}, U^{\frac{1}{2}}\right) + 2c_1\Delta t \left\{ \sum_{j=1}^{R_1-1} \left[\left\| U^{j+\frac{1}{2}} \right\|_{H_0^1}^2 + \left\| U^{j-\frac{1}{2}} \right\|_{H_0^1}^2 \right] \right.$$
$$\left. + \sum_{j=1}^{R_1-1} \left[\left\| \partial_t U^{j+\frac{1}{2}} \right\|_{L_1}^2 + \left\| \partial_t U^{j-\frac{1}{2}} \right\|_{L_2}^2 \right] + (R_1-1)\|f(x,0)\|_{L_1}^2 \right\}.$$

利用双线性形式 $B(u,v)$ 的强椭圆性, 可得

$$\|\partial_t U^{R_1-1}\|_{L_2}^2 + \|U^{R_1-1}\|_{H_0^1}^2$$

$$
\begin{aligned}
&\leqslant \frac{1}{\bar{d}_0}\left[\left\|\partial_t U^{\frac{1}{2}}\right\|_{L_2}^2 + M\left\|U^{\frac{1}{2}}\right\|_{H_0^1}^2\right] \\
&+ \frac{2c_1}{\bar{d}_0}\left\{\sum_{j=1}^{R_1-1}\left[\left\|U^{j+\frac{1}{2}}\right\|_{H_0^1}^2 + \left\|U^{j-\frac{1}{2}}\right\|_{H_0^1}^2\right]\Delta t\right. \\
&\left.+ \sum_{j=1}^{R_1-1}\left[\left\|\partial_t U^{j+\frac{1}{2}}\right\|_{L_2}^2 + \left\|\partial_t U^{j-\frac{1}{2}}\right\|_{L_2}^2\right]\Delta t + T\left\|f(x,0)\right\|_{L_1}^2\right\},
\end{aligned}
$$

此处 $\bar{d}_0 = \min(1, \bar{d}_0)$, M 均为正常数. 若将 Δt 取得适当小, 使其满足条件

$$
\bar{d}_0 - 2c_1\Delta t > 0, \tag{2.1.21}
$$

则上式可改写为

$$
\begin{aligned}
&\left\|\partial_t U^{R_1-\frac{1}{2}}\right\|_{L_2}^2 + \left\|U^{R_1-\frac{1}{2}}\right\|_{H_0^1}^2 \\
\leqslant& \frac{1}{\bar{d}_0 - 2c_1\Delta t}\left[\left\|\partial_t U^{\frac{1}{2}}\right\|_{L_2}^2 + M\left\|U^{\frac{1}{2}}\right\|_{H_0^1}^2\right] \\
&+ \frac{4c_1}{\bar{d}_0 - 2c_1\Delta t}\left\{\sum_{j=1}^{R_1-1}\left[\left\|\partial_t U^{j-\frac{1}{2}}\right\|_{L_2}^2\right.\right. \\
&\left.\left.+ \left\|U^{j-\frac{1}{2}}\right\|_{H_0^1}^2\right]\Delta t + T\left\|f(x,0)\right\|_{L_1}^2\right\}.
\end{aligned}
$$

应用 Gronwall 不等式, 可得

$$
\left\|\partial_t U^{R_1-\frac{1}{2}}\right\|_{L_2}^2 + \left\|U^{R_1-\frac{1}{2}}\right\|_{H_0^1}^2 \leqslant C\left\{\left\|\partial_t U^{\frac{1}{2}}\right\|_{L_2}^2 + \left\|U^{\frac{1}{2}}\right\|_{H_0^1}^2 + T\left\|f(x,0)\right\|_{L_1}^2\right\}, \tag{2.1.22}
$$

此处 C 为一确定的常数.

定理 2.1.3 对问题 (2.1.2), 若其系数满足条件 (A), 时间步长 Δt 满足条件 (2.1.21), 则格式 (2.1.14) 是稳定的.

2.1.2.3 关于收敛性和误差估计

对方程 (2.1.2) 来说, 在时刻 t_{j-1}, t_j, t_{j+1} 取值, 分别加权 $\frac{1}{4}, \frac{1}{2}, \frac{1}{4}$, 相加可得

$$
\left\langle (u_{it})_{j,\frac{1}{4}}, V\right\rangle + B\left(u_{j,\frac{1}{4}}, V\right)
$$

$$=\sum_{j=1}^{n}\left\langle [b_j(x,u)u_{xi}]_{j,\frac{1}{4}},V\right\rangle+\left\langle f_{j,\frac{1}{4}}(x,u),V\right\rangle,\quad \forall V\in H_0^1(\Omega). \tag{2.1.23}$$

注意到 $(u_{it})_{j,\frac{1}{4}}=\partial_{t^2}^2u^j-r_j$,

$$\|r_j\|^2\leqslant C(\Delta t)^3\int_{t_j}^{t_{j+1}}\left\|\frac{\partial^4u}{\partial t^4}\right\|^2\mathrm{d}\tau,$$

此处 C 为确定的正常数, 于是将 (2.1.23) 改写为

$$\left\langle\partial_{t^2}^2u^j,V\right\rangle+B\left(u_{j,\frac{1}{4}},V\right)=\sum_{j=1}^{n}\left\langle[b_j(x,u)u_{xi}]_{j,\frac{1}{4}},V\right\rangle+\left\langle f_{j,\frac{1}{4}}(x,u),V\right\rangle$$
$$+\langle r_j,V\rangle,\quad \forall V\in H_0^1(\Omega). \tag{2.1.24}$$

此处同样引入辅助函数 $\tilde{u}(x,t)$, 对于 $t\in[0,T]$, 定义 $\tilde{u}(x,t)\in S_h(\Omega)$, 满足

$$B(\tilde{u},V)=B(u,V),\quad \forall V\in S_h(\Omega). \tag{2.1.25}$$

记 $U-u=U-\tilde{u}+\tilde{u}-u=\zeta+\eta$, 此处 $\zeta=U-\tilde{u}$, $\eta=\tilde{u}-u$. 将方程 (2.1.4) 减 (2.1.24), 经整理后可得

$$\left\langle\partial_{t^2}^2\zeta^j,V\right\rangle+B\left(\zeta_{j,\frac{1}{4}},V\right)=\sum_{i=1}^{n}\left\langle b_i\left(x,U_{j,\frac{1}{4}}\right)\left(U_{j,\frac{1}{4}}\right)_{xi}-[b_i(x,u)u_{xi}]_{j,\frac{1}{4}},V\right\rangle$$
$$+\left\langle f\left(x,U_{j,\frac{1}{4}}\right)-f_{j,\frac{1}{4}}(x,u),V\right\rangle$$
$$+\left\langle-\partial_{t^2}^2\eta^j+r_j,V\right\rangle,\quad \forall V\in S_h(\Omega). \tag{2.1.26}$$

取 $V=\partial_t\zeta_j$ 代入 (2.1.26), 于是 (2.1.26) 的左端可写为

$$\frac{1}{2\Delta t}\left\{\left\|\partial_t\zeta^{j+\frac{1}{2}}\right\|_{L_2}^2-\left\|\partial_t\zeta^{j-\frac{1}{2}}\right\|_{L_2}^2+B\left(\zeta^{j+\frac{1}{2}},\zeta^{j+\frac{1}{2}}\right)-B\left(\zeta^{j-\frac{1}{2}},\zeta^{j-\frac{1}{2}}\right)\right\}. \tag{2.1.27}$$

对 (2.1.26) 的右端需要逐项进行估计:

$$\sum_{i=1}^{n}\left\langle b_i(x,U_{j,\frac{1}{4}})(U_{j,\frac{1}{4}})_{xi}-[b_i(x,u)u_{xi}]_{j,\frac{1}{4}},\partial_t\zeta^j\right\rangle$$
$$=\sum_{i=1}^{n}\left\langle b_i(x,U_{j,\frac{1}{4}})(U_{j,\frac{1}{4}})_{xi}-b_i(x,u_{j,\frac{1}{4}})(u_{j,\frac{1}{4}})_{xi},\partial_t\zeta^j\right\rangle$$
$$+\sum_{i=1}^{n}\left\langle b_i(x,u_{j,\frac{1}{4}})(u_{j,\frac{1}{4}})_{xi}-[b_i(x,u)u_{xi}]_{j,\frac{1}{4}},\partial_t\zeta^j\right\rangle=G_1+G_2, \tag{2.1.28}$$

此处

$$G_1 = \sum_{i=1}^{n} \left\langle b_i(x, U_{j,\frac{1}{4}})(U_{j,\frac{1}{4}})_{xi} - b_i(x, u_{j,\frac{1}{4}})(u_{j,\frac{1}{4}})_{xi}, \partial_t \zeta^j \right\rangle$$

$$= \sum_{i=1}^{n} \left\{ \left\langle b_i(x, U_{j,\frac{1}{4}}) \left[(u - \tilde{u})_{j,\frac{1}{4}} \right]_{xi}, \partial_t \zeta^j \right\rangle + \left\langle \left[b_i(x, U_{j,\frac{1}{4}}) \right.\right.\right.$$

$$\left.\left. - b_i(x, u_{j,\frac{1}{4}}) \right] (\tilde{u}_{j,\frac{1}{4}})_{xi}, \zeta^j \right\rangle + \left.\left\langle b_i(x, u_{j,\frac{1}{4}}) \left[(\tilde{u} - u)_{j,\frac{1}{4}} \right]_{xi}, \partial_t \zeta^j \right\rangle \right\},$$

$$G_2 = \sum_{i=1}^{n} \left\langle b_i(x, u_{j,\frac{1}{4}})(u_{j,\frac{1}{4}})_{xi} - \left[b_i(x, u) u_{xi} \right]_{j,\frac{1}{4}}, \partial_t \zeta^j \right\rangle$$

$$= \sum_{i=1}^{n} \left\{ \left\langle \frac{1}{4} \left[b_i(x, u_{j,\frac{1}{4}}) - b_i(x, u^{j+1}) \right] u_{xi}^{j+1}, \partial_t \zeta^j \right\rangle \right.$$

$$+ \left\langle \frac{2}{4} \left[b_i(x, u_{j,\frac{1}{4}}) - b_i(x, u^j) \right] u_{xi}^j \right\rangle$$

$$\left. + \left\langle \frac{1}{4} \left[b_i(x, u_{j,\frac{1}{4}}) - b_i(x, u^{j-1}) \right] u_{xi}^{j-1}, \partial_t \zeta^j \right\rangle \right\}.$$

首先对 G_1 进行估计, 利用条件 (A) 可得

$$|G_1| \leqslant c_0 \sqrt{n} \left\| (U - \tilde{u})_{j,\frac{1}{4}} \right\|_{H_0^1} \left\| \frac{1}{2} \left(\partial_t \zeta^{j+\frac{1}{2}} + \partial_t \zeta^{j-\frac{1}{2}} \right) \right\|_{L_2}$$

$$+ K n \left\| \nabla \tilde{u} \right\|_\infty \cdot \left\| (U - u)_{j,\frac{1}{4}} \right\|_{L_2} \cdot \left\| \frac{1}{2} \left(\partial_t \zeta^{j+\frac{1}{2}} + \partial_t \zeta^{j-\frac{1}{2}} \right) \right\|_{L_2}$$

$$+ c_0 \sqrt{n} \left\| (u - \tilde{u})_{j,\frac{1}{4}} \right\|_{H_0^1} \cdot \left\| \frac{1}{2} \left(\partial_t \zeta^{j+\frac{1}{2}} + \partial_t \zeta^{j-\frac{1}{2}} \right) \right\|_{L_2}.$$

注意到 $U - u = \zeta + \eta$, 可得

$$|G_1| \leqslant c_1 \left\{ \left\| \zeta^{j+\frac{1}{2}} \right\|_{H_0^1}^2 + \left\| \zeta^{j-\frac{1}{2}} \right\|_{H_0^1}^2 + \left\| \partial_t \zeta^{j+\frac{1}{2}} \right\|_{L_2}^2 + \left\| \partial_t \zeta^{j-\frac{1}{2}} \right\|_{L_2}^2 + \left\| \eta_{j,\frac{1}{4}} \right\|_{H_0^1}^2 \right\}, \tag{2.1.29}$$

此处 c_1 是依赖于 $\|\nabla \tilde{u}\|_\infty, n, K, c_0$ 的常数.

对于 G_2 注意到

$$\left| \frac{1}{4} \left[b_i(x, u_{j,\frac{1}{4}}) - b_i(x, u^{j+1}) \right] u_{xi}^{j+1} \right| \leqslant \frac{K}{4} \|\nabla u\|_\infty \left| u_{j,\frac{1}{4}} - u^{j-1} \right|,$$

$$u_{j,\frac{1}{4}} - u^{j+1} = \frac{1}{4} \left[u(x, t_{j-1}) - u(x, t_{j+1}) \right] + \frac{2}{4} \left[u(x, t_j) - u(x, t_{j+1}) \right]$$

$$= u'(x,\xi_j')\Delta t, \quad t_{j-1} < \xi_j' < t_{j+1}.$$

同理讨论其余两项, 最后得

$$\left| b_i(x,u_{j,\frac{1}{4}})(u_{j,\frac{1}{4}}) - [b_i(x,u)u_{xi}]_{j,\frac{1}{4}} \right| \leqslant K \|\nabla u\|_\infty |u'(x,t_j')| \Delta t, \quad t_{j-1} < t_j' < t_{j+1}.$$

于是可得 G_2 的下述估计式:

$$\begin{aligned} |G_2| \leqslant & K\sqrt{n} \|u'(t_j')\|_{L_2} \Delta t \left\| \frac{1}{2}(\partial_t \zeta^{j+\frac{1}{2}} + \partial_t \zeta^{j-\frac{1}{2}}) \right\|_{L_2} \|\nabla u\|_\infty \\ \leqslant & c_2 \left\{ \left\| \partial_t \zeta^{j+\frac{1}{2}} \right\|_{L_2}^2 + \left\| \partial_t \zeta^{j-\frac{1}{2}} \right\|_{L_2}^2 + \|u'(\xi_j)\|_{L_2}^2 (\Delta t)^2 \right\}, \end{aligned} \tag{2.1.30}$$

此处 c_2 是仅依赖于 $\|\nabla u\|_\infty, n, K, c_0$ 的常数.

对于项

$$\begin{aligned} \left\langle f(x,U_{j,\frac{1}{4}}) - f_{j,\frac{1}{4}}(x,u), \partial_t \zeta^j \right\rangle = & \left\langle f(x,U_{j,\frac{1}{4}}) - f(x,u_{j,\frac{1}{4}}), \partial_t \zeta^j \right\rangle \\ & + \left\langle f(x,U_{j,\frac{1}{4}}) - f_{j,\frac{1}{4}}(x,u), \partial_t \zeta^j \right\rangle \\ = & F_1 + F_2, \end{aligned} \tag{2.1.31}$$

$$\begin{aligned} |F_1| = & \left| \left\langle f(x,U_{j,\frac{1}{4}}) - f(x,u_{j,\frac{1}{4}}), \partial_t \zeta^j \right\rangle \right| \\ \leqslant & K \left\| (U-u)_{j,\frac{1}{4}} \right\|_{L_2} \left\| \frac{1}{2}(\partial_t \zeta^{j+\frac{1}{2}} + \partial_t \zeta^{j-\frac{1}{2}}) \right\|_{L_2} \\ \leqslant & K \left\{ \left\| \partial_t \zeta^{j+\frac{1}{2}} \right\|_{L_2}^2 + \left\| \partial_t \zeta^{j-\frac{1}{2}} \right\|_{L_2}^2 + \left\| \eta_{j,\frac{1}{4}} \right\|_{L_2}^2 \right. \\ & \left. + \left\| \zeta^{j+\frac{1}{2}} \right\|_{L_2}^2 + \left\| \zeta^{j-\frac{1}{2}} \right\|_{L_2}^2 \right\}, \end{aligned} \tag{2.1.32}$$

$$\begin{aligned} |F_2| = & \left| \left\langle f(x,u_{j,\frac{1}{4}}) - f_{j,\frac{1}{4}}(x,u), \partial_t \zeta^j \right\rangle \right| \\ \leqslant & K \left\{ \left\| \partial_t \zeta^{j+\frac{1}{2}} \right\|_{L_2}^2 + \left\| \partial_t \zeta^{j-\frac{1}{2}} \right\|_{L_2}^2 + \|u'(t_j'')\|^2 (\Delta t)^2 \right\}, \quad t_{j-1} < t_j'' < t_{j+1}. \end{aligned} \tag{2.1.33}$$

对于 (2.1.26) 中最后一项, 有下述估计:

$$|\langle -\partial_{t^2}^2 \eta^j + r_j \partial_t \zeta^j \rangle| \leqslant \|\partial_{t^2}^2 \eta^j\|_{L_2}^2 + \|r_j\|_{L_2}^2 + \left\| \partial_t \zeta^{j+\frac{1}{2}} \right\|_{L_2}^2 + \left\| \partial_t \zeta^{j-\frac{1}{2}} \right\|_{L_2}^2. \tag{2.1.34}$$

综合估计式 (2.1.27)~(2.1.34), 得下述估计式:

$$\begin{aligned}&\left\|\partial_t\zeta^{j+\frac{1}{2}}\right\|_{L_2}^2-\left\|\partial_t\zeta^{j-\frac{1}{2}}\right\|_{L_2}^2+B\left(\zeta^{j+\frac{1}{2}},\zeta^{j+\frac{1}{2}}\right)-B\left(\zeta^{j-\frac{1}{2}},\zeta^{j-\frac{1}{2}}\right)\\ \leqslant& C\Delta t\left\{\left\|\eta_{j,\frac{1}{4}}\right\|_{H_0^1}^2+\left\|\partial_{t^2}^2\eta^j\right\|_{L_2}^2+\|r_j\|_{L_2}^2+\|u'(\bar{t}_j)\|_{L_2}^2(\Delta t)^2\right.\\ &\left.+\left\|\zeta^{j+\frac{1}{2}}\right\|_{H_0^1}^2+\left\|\zeta^{j-\frac{1}{2}}\right\|_{H_0^1}^2+\left\|\partial_t\zeta^{j+\frac{1}{2}}\right\|_{L_2}^2+\left\|\partial_t\zeta^{j-\frac{1}{2}}\right\|_{L_2}^2\right\},\quad t_{j-1}<\bar{t}_j<t_{j+1},\end{aligned}$$

C 为一正常数. 取 $j=1,2,\cdots,R_1-1$ 并相加, 注意到 $B(u,v)$ 的性质, 再应用 Gronwall 不等式, 可得

$$\begin{aligned}&\left\|\partial_t\zeta^{R_1-1}\right\|_{L_2}^2+\left\|\zeta^{R_1-1}\right\|_{H_0^1}^2\\ \leqslant&\bar{C}\left\{\left\|\partial_t\zeta^{\frac{1}{2}}\right\|_{L_2}^2+\left\|\zeta^{\frac{1}{2}}\right\|_{H_0^1}^2+\Delta t\left[\sum_{j=1}^{R_1-1}\left\|\eta_{j,\frac{1}{4}}\right\|_{H_0^1}^2\right.\right.\\ &\left.\left.+\sum_{j=1}^{R_1-1}\|u'(\bar{t}_j)\|_{L_2}^2(\Delta t)^2+\sum_{j=1}^{R_1-1}\left(\left\|\partial_{t^2}^2\eta^j\right\|_{L_2}^2+\|r_j\|_{L_2}^2\right)\right]\right\},\end{aligned}\tag{2.1.35}$$

此处 $\overline{C}$ 为一常数. 注意到

$$\Delta t\sum_{j=1}^{R_1-1}\left\|\partial_{t^2}^2\eta^j\right\|_{L_2}^2\leqslant c_1\left\|\frac{\partial^2\eta}{\partial t^2}\right\|_{L_2(0,T;L_2(\Omega))}^2,$$

$$\Delta t\sum_{j=1}^{R_1-1}\|r_j\|_{L_2}^2\leqslant c_2(\Delta t)^4\left\|\frac{\partial^4 u}{\partial t^4}\right\|_{L_2(0,T;L_2(\Omega))}^2,$$

$$\Delta t\sum_{j=1}^{R_1-1}\left\|\eta_{j,\frac{1}{4}}\right\|_{H_0^1}^2\leqslant c_3\|\eta\|_{L_\infty(0,T;H_0^1(\Omega))}^2,$$

$$\Delta t\sum_{j=1}^{R_1-1}\|u'(\bar{t}_j)\|_{L_2}^2\leqslant c_4\left\|\frac{\partial u}{\partial t}\right\|_{L_\infty(0,T;L_2(\Omega))}^2,$$

此处 $c_1\sim c_4$ 为不依赖 $\Delta t, h$ 的正常数. 于是得到下述定理.

定理 2.1.4 若问题 (2.1.2) 的解存在, 且 $\dfrac{\partial u}{\partial t}, \dfrac{\partial^4 u}{\partial t^4}\in L_2(0,T;L_2(\Omega))$, 对于由方程 (2.1.14) 所得出的有限元解, 存在不依赖离散参数的常数 C, 使下述估计式

成立:

$$
\begin{aligned}
&\|\partial_t\zeta\|_{\tilde{L}_\infty(0,T;L_2(\Omega))}+\|\zeta\|_{\tilde{L}_\infty(0,T;H_0^1(\Omega))}\\
\leqslant& C\left\{\|\zeta^0\|_{H_0^1}+\|\zeta^1\|_{H_0^1}+\left\|\partial_t\zeta^{\frac{1}{2}}\right\|_{L_2}\right.\\
&+\|\eta\|_{L_\infty(0,T;H_0^1(\Omega))}+\left\|\frac{\partial^2 u}{\partial t^2}\right\|_{L_2(0,T;L_2(\Omega))}\\
&\left.+\Delta t\left\|\frac{\partial u}{\partial t}\right\|_{L_2(0,T;L_2(\Omega))}+(\Delta t)^2\left\|\frac{\partial^4 u}{\partial t^4}\right\|_{L_2(0,T;L_2(\Omega))}\right\},
\end{aligned}
\tag{2.1.36}
$$

此处 $\|\partial_t\zeta\|_{\tilde{L}_\infty(0,T;L_2(\Omega))}=\sup\limits_{1<j\leqslant R_1}\left\|\partial_t\zeta^{j-\frac{1}{2}}\right\|_{L_2}$.

下面讨论对于 $\eta=\tilde{u}-u$ 的估计. 由定义 (2.1.25) 有

$$
B(\eta,V)=0,\quad \forall V\in S_h(\Omega). \tag{2.1.37}
$$

由此可得下述定理.

定理 2.1.5　如果 u, $\dfrac{\partial u}{\partial t}\in L_\infty(0,T;H^{k+1}(\Omega))$ 和 $\dfrac{\partial^2 u}{\partial t^2}\in L_2(0,T;H^{k+1}(\Omega))$, 则存在不依赖离散参数的常数 C, 使得下述估计式成立:

$$
\begin{aligned}
&\|\eta\|_{\tilde{L}_\infty(0,T;H_0^1(\Omega))}+\|\partial_t\eta\|_{\tilde{L}_\infty(0,T;L_2(\Omega))}+\left\|\frac{\partial^2\eta}{\partial t^2}\right\|_{L_2(0,T;L_2(\Omega))}\\
\leqslant& C\left\{h^k\|u\|_{L_\infty(0,T;H^{k+1}(\Omega))}+h^{k+1}\left\|\frac{\partial u}{\partial t}\right\|_{L_\infty(0,T;H^{k+1}(\Omega))}\right.\\
&\left.+h^{k+1}\left\|\frac{\partial^2 u}{\partial t^2}\right\|_{L_2(0,T;H^{k+1}(\Omega))}\right\}.
\end{aligned}
\tag{2.1.38}
$$

对问题 (2.1.2) 来说, 若取定初始逼近 U^0, U^1 其对精确解的逼近误差$\|u(x,0)-U^0\|_{H_0^1}$, $\|u(x,\Delta t)-U^1(x)\|_{H_0^1}$, $\left\|\dfrac{U^1(x)-U^0(x)}{\Delta t}\right\|_{L_2(\Omega)}$ 的阶是 $O(h^k+\Delta t)$, 则下述收敛性定理成立.

定理 2.1.6　若条件 (A) 及定理 2.1.4、定理 2.1.5 的条件成立, 则存在常数 C, 使得

$$
\|\partial_t(u-U)\|_{\tilde{L}_\infty(0,T;L_2(\Omega))}+\|u-U\|_{\tilde{L}_\infty(0,T;H_0^1(\Omega))}\leqslant C(h^k+\Delta t). \tag{2.1.39}
$$

2.1.2.4 条件 (B) 时的精确结果

在条件 (B) 成立的情况下, 可以得到较定理 2.1.6 更为精确的结果, 这里假定精确解 $u(x,t)$ 足够光滑, 重新估计 2.1.2.3 小节中有关诸项. 注意到

$$\begin{aligned} u_{j,\frac{1}{4}} &= \frac{1}{4}\{u(x,t_{j+1})+2u(x,t_j)+u(x,t_{j-1})\} \\ &= u(x,t_j)+\frac{1}{4}u''_{t^2}(x,\bar{t}_j)(\Delta t)^2, \quad t_{j-1}<\bar{t}_j<t_{j+1}, \end{aligned}$$

$$b(x,u_{j,\frac{1}{4}}) = b(x,u_j)+\frac{1}{4}b'_u(x,\bar{u}_j)u''_{t^2}(x,\bar{t}_j)(\Delta t)^2, \quad \bar{u}_j\text{为}u_j,u_{j,\frac{1}{4}}\text{中的一点},$$

$$\left(u_{j,\frac{1}{4}}\right)_{xi} - u_{xi}(x,t_j) = \frac{1}{4}u'''_{xit^2}(x,\bar{\bar{t}}_j)(\Delta t)^2, \quad t_{j-1}<\bar{\bar{t}}_j<t_{j+1},$$

$$\begin{aligned} b\left(x,u_{j,\frac{1}{4}}\right)\left(u_{j,\frac{1}{4}}\right)_{xi} &= b(x,u_j)u_{xi}(x,t_j)+\frac{1}{4}\{u_{xi}(x,t_j)b'_u(x,\bar{u}_j)u''_{t^2}(x,\bar{t}_j) \\ &\quad + b(x,u_j)u'''_{xit^2}(x,\bar{\bar{t}}_j)\}(\Delta t)^2 \\ &\quad + \frac{1}{16}b'_u(x,\bar{u}_j)u''_{t^2}(x,\bar{t}_j)u'''_{xit^2}(x,\bar{\bar{t}}_j)(\Delta t)^4, \end{aligned} \tag{2.1.40}$$

$$\begin{aligned} \{b_j(x,u)u_{xi}\}_{j,\frac{1}{4}} &= \frac{1}{4}\{b,(x,u_{j+1})u_{xi}(x,t_{j+1})+2b_i(x,u_j)u_{xi}(x,t_j) \\ &\quad + b_i(x,u_{j-1})u_{xt}(x,t_{j-1})\}, \end{aligned}$$

$$\begin{aligned} b_i(x,u_{j+1})u_{xi}(x,t_{j+1}) &= \left\{b(x,u_j)+b'_u(x,u_j)(u_{j+1}-u_j)+\frac{1}{2}b''_{u^2}(x,\bar{u}'_j)(u_{j+1}-u_j)^2\right\} \\ &\quad \cdot\left\{u_{xi}(x,t_j)+u''_{xit}(x,t_j)\Delta t+\frac{1}{2}u'''_{xit^2}(x,\bar{T}_j)(\Delta t)^2\right\} \\ &= b(x,u_j)u_{xi}(x,t_j)+u_{xi}(x,t_j)b'_u(x,u_j)u'_t(x,t_j)\Delta t \\ &\quad + b(x,u_j)u''_{xit}(x,t_j)\Delta t+O((\Delta t)^2), \end{aligned}$$

此处 $\bar{u}'_j$ 为 u_j,u_{j+1} 中的一点, $t_j<\bar{T}_j<t_{j+1}$.

$$\begin{aligned} b_i(x,u_{j-1})u_{xt}(x,t_{j-1}) &= b_i(x,u_j)u_{xi}(x,t_j)-u_{xi}(x,t_j)b'_u(x,u_j)u'_t(x,t_j)\Delta t \\ &\quad - b_i(x,u_j)u''_{xit}(x,t_j)\Delta t+O((\Delta t)^2), \end{aligned}$$

$$\{b_i(x,u)u_{xi}\}_{j,\frac{1}{4}} = b_i(x,u_j)u_{xi}(x,t_j)+O((\Delta t)^2). \tag{2.1.41}$$

由 (2.1.40), (2.1.41) 最后得

$$b_i\left(x,u_{j,\frac{1}{4}}\right)\left(u_{j,\frac{1}{4}}\right)_{xi} - \{b_i(x,u)u_{xi}\}_{j,\frac{1}{4}} = O((\Delta t)^2), \tag{2.1.42}$$

$$f\left(x,u_{j,\frac{1}{4}}\right)=f(x,u_j)+f'_u(x,u_j)\left(u_{j,\frac{1}{4}}-u_j\right)+\frac{f''_{u^2}(x,\tilde{u}_j)}{2}\left(u_{j,\frac{1}{4}}-u_j\right)^2$$

$$=f(x,u_j)+\frac{f''_u(x,u_j)}{4}u''_{t^2}(x,\bar{t}_j)(\Delta t)^2$$

$$+\frac{f''_{u^2}(x,\tilde{u}_j)}{32}u''_{t^2}(x,\bar{t}_j)(\Delta t)^4, \tag{2.1.43}$$

$\tilde{u}_j$ 为 u_j, $u_{j,\frac{1}{4}}$ 之间的一点, $t_{j-1}<\bar{t}_j<t_{j+1}$;

$$f(x,u_{j+1})=f(x,u_j)+f'_u(x,u_j)(u_{j+1}-u_j)+\frac{1}{2}f''_{u^2}(x,\tilde{u}_j)(u_{j+1}-u_j)^2$$

$$=f(x,u_j)+f''_u(x,u_j)\left[u'_t(x,t_j)\Delta t+\frac{1}{2}u''_{t^2}(x,\bar{t}'_j)(\Delta t)^2\right]$$

$$+\frac{1}{2}f''_{u^2}(x,u_j)u'_t(x,\bar{t}''_j)(\Delta t)^2,$$

$t_j<\bar{t}'_j,\bar{t}''_j<t_{j+1}$, $\tilde{u}_j$ 为 u_j, u_{j+1} 之间的一点;

$$f(x,u_{j-1})=f(x,u_j)+f'_u(x,u_j)(u_{j-1}-u_j)+\frac{1}{2}f''_{u^2}(x,\bar{\bar{u}}_j)(u_{j-1}-u_j)^2$$

$$=f(x,u_j)+f'_u(x,u_j)\left[u'(x,t_j)(-\Delta t)+\frac{u''_{t^2}(x,\bar{\bar{t}}'_j)}{2}(\Delta t)^2\right]$$

$$+\frac{1}{2}f''_{u^2}(x,\bar{\bar{u}}_j)(u'_t(x,\bar{\bar{t}}''_j)(\Delta t)^2,$$

$t_{j-1}<\bar{t}'_j,\bar{\bar{t}}''_j<t_j\bar{\bar{u}}_j$ 为 u_{j-1}, u_j 之间的一点;

$$f_{j,\frac{1}{4}}(x,u)=\frac{1}{4}f(x,u_{j+1})+\frac{2}{4}f(x,u_j)+\frac{1}{4}f(x,u_{j-1})$$

$$=f(x,u_j)+f'_u(x,u_j)u''_{t^2}(x,t'_j)(\Delta t)^2+\frac{1}{2}f''_{u^2}(x,\bar{u}_j)(u'_t(x,\bar{t}''_j)\Delta t)^2$$

$$+\frac{1}{2}f''_{u^2}(x,\bar{\bar{u}}_j)(u'_t(x,\bar{\bar{t}}''_j)\Delta t)^2,\quad t_{j-1}<t'_j<t_{j+1}. \tag{2.1.44}$$

由 (2.1.43), (2.1.44) 最后得

$$f\left(x,u_{j,\frac{1}{4}}\right)-f_{j,\frac{1}{4}}(x,u)=O((\Delta t)^2). \tag{2.1.45}$$

利用估计式 (2.1.42), (2.1.45), 依次估计 G_2, F_2, 再平行于 2.1.2.3 小节中的讨论, 即可建立下述高精度的误差估计定理.

定理 2.1.7 若条件 (B) 满足, $\dfrac{\partial u(x,t)}{\partial t}$, $\dfrac{\partial^2 u(x,t)}{\partial t^2}$, $\dfrac{\partial^3 u(x,t)}{\partial x_i \partial t^2}$ 对 t 连续, 且定理 2.1.4、定理 2.1.5 的条件成立, 则存在常数 C, 使得下述估计式成立:

$$\|\partial_t(u-U)\|_{\ddot{L}_\infty(0,T;L_2(\Omega))} + \|u-U\|_{\ddot{L}_\infty(0,T;L_2(\Omega))} \leqslant C\{h^k + (\Delta t)^2\}. \tag{2.1.46}$$

2.2 非线性双曲型方程有限元方法及其理论分析

本节研究非线性双曲型方程混合问题的有限元方法. 关于线性双曲型方程有限元方法的收敛性研究已有 Dupont[4] 和 Oden 等[25] 的工作, 关于拟线性问题的有限元方法的稳定性和收敛性研究已在 2.1 节论述[6].

问题 I 的提法 考虑混合问题

$$\begin{cases} \dfrac{\partial^2 u}{\partial t^2} = \nabla \cdot [a(x,u)\nabla u] + \displaystyle\sum_{i=1}^{n} b_i(x,u)u_{xi} + f(x,u), \quad (x,t) \in \Omega \times (0,T], \\ \dfrac{\partial u}{\partial t}(x,0) = 0, \quad x \in \Omega, \\ u(x,0) = 0, \quad x \in \Omega, \\ u(x,t) = 0, \quad x \in \partial\Omega, t > 0. \end{cases} \tag{2.2.1}$$

此处 $\nabla = \left(\dfrac{\partial}{\partial x_1}, \dfrac{\partial}{\partial x_2}, \cdots, \dfrac{\partial}{\partial x_n}\right)$, $u_{xi} = \dfrac{\partial u}{\partial x_i}$, $i = 1, 2, \cdots, n$, Ω 是 $\mathbf{R}^n$ 中的有界区域, $\partial\Omega$ 是其边界为光滑围道.

问题 II 的提法 考虑问题

$$\begin{cases} \dfrac{\partial^2 u}{\partial t^2} = \displaystyle\sum_{i=1}^{n} (a_{ij}(x)p(x,u)u_{xj})u_{xi} + \sum_{i=1}^{n} b_i(x,u)u_{xi} + f(x,u), \quad (x,t) \in \Omega \times (0,T], \\ \dfrac{\partial u}{\partial t}(x,0) = 0, \quad x \in \Omega, \\ u(x,0) = 0, \quad x \in \Omega, \\ u(x,t) = 0, \quad x \in \partial\Omega, t > 0, \end{cases} \tag{2.2.2}$$

此处 $(\cdot)_{xi} = \dfrac{\partial(\cdot)}{\partial x_i}$.

对上述方程的系数作下述假定:

条件 (A)

(1) 对 $(x,P) \in \Omega \times \mathbf{R}$, $a(x,P) \geqslant c_0 > 0$, $a(x,P)$, $\dfrac{\partial a}{\partial u}(x,P)$关于 P 满足 Lipschitz 条件, $a(x,0)$, $\dfrac{\partial a}{\partial u}(x,0)$ 对 $x \in \Omega$ 有界.

(2) $b_i(x,P), i=1,2,\cdots,n$, 对于 (x,P) 满足 Lipschitz 条件, $b_i(x,0)$ 有界, $[b_i(x,u)]'_{xi}$、$[b_i(x,u)]'_u$ 对 $(x,t)\in\Omega\times[0,T]$ 有界, $i=1,2,\cdots,n$, 此处 $u=u(x,t)$ 是问题 I 的解.

(3) $f(x,P)$ 对 P 满足 Lipschitz 条件, $f(x,0)\in L_2(\Omega)$.

(4) $u\in C^2(\Omega\times[0,T])$ 是问题 I 的解.

条件 (B)

(1) $A=(a_{ij}(x))$ 是对称矩阵, 且满足条件

$$0<\sqrt{c_0}\,\|\xi\|_2^2\leqslant\sum_{i,j=1}^n a_{ij}(x)\xi_i\xi_j\leqslant\sqrt{c_1}\,\|\xi\|_2^2,\quad \xi\neq 0\in\mathbf{R}^n.$$

对于 $(x,w)\in\Omega\times\mathbf{R}$ 有 $p(x,w)\geqslant\sqrt{c_0}>0$, $p(x,w)$, $\dfrac{\partial p}{\partial u}(x,w)$ 对 w 满足 Lipschitz 条件, $p(x,0)$, $\dfrac{\partial p}{\partial u}(x,0)$ 对 $x\in\Omega$ 有界.

条件 (2)~(4) 同条件 (A).

问题 I 、II 对应于下述变分形式:

$$\begin{cases}\left\langle\dfrac{\partial^2 u}{\partial t^2},V\right\rangle+A(u;u,V)=\displaystyle\sum_{i=1}^n\langle b_i\ (x,u)u_{xi},V\rangle+\langle f\ (x,u),V\rangle,\\ \left\langle\dfrac{\partial u(0)}{\partial t},V\right\rangle=0,\quad t>0,\forall V\in H_0^1(\Omega),\\ \langle u(0),V\rangle=0,\\ u(\cdot,t)\in H_0^1(\Omega),\end{cases}\tag{2.2.3}$$

此处 $\langle w,V\rangle=\int_\Omega w(x)V(x)\mathrm{d}x$, $x=(x_1,x_2,\cdots,x_n)^{\mathrm{T}}$.

对于问题 I ,

$$A(P;w,v)=\int_\Omega a(x,P)\nabla w\cdot\nabla v\mathrm{d}x.\tag{2.2.4}$$

对于问题 II ,

$$A(w;q,v)=\int_\Omega\sum_{i,j=1}^n a_{ij}(x)p(x,w)q_{xj}v_{xi}\mathrm{d}x,\tag{2.2.5}$$

此处 $q_{xj}=\dfrac{\partial q}{\partial x_j}$, $v_{xi}=\dfrac{\partial v}{\partial x_i}$.

问题III的提法 考虑边值问题

$$
\begin{cases}
\dfrac{\partial^2 u}{\partial t^2}=\displaystyle\sum_{i,j=1}^{n}(a_{ij}(x)p(x,u)u_{xj})_{xi}+f(x,u), \quad (x,t)\in\Omega\times(0,T],\\
\dfrac{\partial u}{\partial t}(x,0)=0, \quad x\in\Omega,\\
u(x,0)=0, \quad x\in\Omega,\\
\displaystyle\sum_{i,j=1}^{n}a_{ij}(x)p(x,u)v_j u_{xi}=0, \quad (x,t)\in\partial\Omega\times(0,T),
\end{cases}
\tag{2.2.6}
$$

此处 $v=(v_1,v_2,\cdots,v_n)$ 是 $\partial\Omega$ 上的单位外法向矢量.

本节仅讨论连续时间的有限元逼近, 即对空间变量应用有限元离散化. 关于全离散化的有限元逼近理论可参阅文献 [8].

对于每一 $t\in[0,T]$, 问题 I 、II 的近似解是在 $H^j(\Omega)\cap H_0^1(\Omega)$ 的有限维子空间 $S_{k,j}^{h,0}(\Omega)$, 它满足条件:

(1) $\wp_k(\Omega)\subset S_{k,j}^{h,0}(\Omega)$;

(2) 对于任一 $h\in(0,1)$ 和任意的 $U\in H^r(\Omega)\cap H_0^1(\Omega)$, $r\geqslant 0$ 和 $0\leqslant s\leqslant \min(r,j)$, 存在不依赖于 U 和 h 的常数 c 使得

$$
\inf_{\chi\in S_{k,j}^{h,0}(\Omega)}\|U-\chi\|_{H^S(\Omega)}\leqslant ch^{\sigma}\|U\|_{H^T(\Omega)},
$$

此处 $\sigma=\min(k+1-s,r-s)$[25].

(3) 满足逆性质, 即

$$
\|\chi\|_{L_\infty(\Omega)}\leqslant K_0h^{-\frac{n}{2}}\|\chi\|_{L_2(\Omega)}, \quad \forall\chi\in S_{k,j}^{h,0}(\Omega).
$$

对问题III用有限维子空间 $S_{k,j}^{h}(\Omega)\subset H^j(\Omega)$ 代替问题 I 的 $S_{k,j}^{h,0}(\Omega)$, 满足条件:

(1) $\wp_k(\Omega)\subset S_{k,j}^{h}(\Omega)$;

(2) 对于任一 $h\in(0,1)$ 和任意的 $U\in H^r(\Omega)$, $r\geqslant 0$ 和 $0\leqslant s\leqslant\min(r,j)$ 存在不依赖于 U 和 h 的常数使得

$$
\inf_{\chi\in S_{k,j}^{h}(Q)}\|U-\chi\|_{H^s(\Omega)}\leqslant ch^{\sigma}\|U\|_{H^r(\Omega)},
$$

此处 $\sigma=\min(k+1-s,r-s)$;

(3) 满足逆性质

$$
\|\chi\|_{L_\infty(\Omega)}\leqslant K_0h^{-\frac{n}{2}}\|\chi\|_{L_2(\Omega)}, \quad \forall x\in S_{k,j}^{h}(\Omega).
$$

2.2.1 问题 I 的有限元逼近

设有限元空间 $S_h(\Omega) = S_{k,j}^{h,0}(\Omega)$, 其基函数为 $V_1, V_2, \cdots, V_M$, 则问题 I 的近似解可表为

$$U(x,t) = \sum_{l=1}^{M} \xi_l(t) V_l(x), \tag{2.2.7}$$

于是问题 I 对空间变量离散化可得

$$\left\langle \frac{\partial^2 U}{\partial t^2}, V \right\rangle + A(U; U, V) = \sum_{i=1}^{n} \langle b_i(x,U) U_{xi}, V \rangle + \langle f(x,U), V \rangle, \quad \forall V \in S_h(\Omega). \tag{2.2.8}$$

将表达式 (2.2.7) 代入式 (2.2.8), 则将其化为问题

$$\begin{cases} G\xi''(t) + B\xi = F(\xi), \\ \xi(0) = \xi'(0) = 0, \end{cases} \tag{2.2.9}$$

此处 $G = \{G_{ij}\}$, $G_{ij} = \langle V_i, V_j \rangle$, $B = \{B_{ij}\}$, $B_{ij} = A\left(\sum_{l=1}^{M} \xi_l(t) V_l(x); V_i, V_j\right)$, $F(\xi) = (F_1, F_2, \cdots, F_M)^{\mathrm{T}}$,

$$F_j = \left\langle \sum_{l=1}^{n} b_i \left(x, \sum_{l=1}^{M} \xi_l(t) V_l(x)\right) \sum_{l=1}^{M} \xi_l(t) (V_l)_{xi}, V_j \right\rangle$$
$$+ \left\langle f\left(x, \sum_{l=1}^{M} \xi_l(t) V_l(x)\right), V_j \right\rangle, \quad j = 1, 2, \cdots, M.$$

由于 G, B 均为对称正定矩阵, $F(\xi)$ 对 ξ 是满足局部 Lipschitz 连续条件的, 由常微分方程定性理论推出, 对 $t > 0$, 解是存在且唯一的.

为了讨论半离散化解的 L_2 估计, 引入一个辅助投影问题, 寻求函数 $\tilde{u}(x,t) \in S_h(\Omega)$, 使得

$$A(u(x,t); (u - \tilde{u})(x,t), V) = 0, \quad \forall V \in S_h(\Omega), t \geqslant 0. \tag{2.2.10}$$

令 $U - u = U - \tilde{u} + \tilde{u} - u = \zeta + \eta$, $\zeta = U - \tilde{u}$, $\eta = \tilde{u} - u$.由表达形式 (2.2.4) 及条件 (A) 可知 $A(P; w, w)$ 是正定的, 注意到$u(x,0) \equiv \dfrac{\partial u}{\partial t}(x,0) \equiv 0$, 可得知 $\tilde{u}(x,0) \equiv \dfrac{\partial \tilde{u}}{\partial t}(x,0) \equiv 0$ 以及 $\zeta(x,0) \equiv \eta(x,0) = \dfrac{\partial \zeta}{\partial t}(x,0) \equiv \dfrac{\partial \eta}{\partial t}(x,0) \equiv 0$.

将方程 (2.2.8) 减去方程 (2.2.3) 经整理可得

$$\left\langle \frac{\partial^2 \zeta}{\partial t^2}, V \right\rangle + A(U; \zeta, V) + A(U; \tilde{u}, V) - A(u, u, V)$$

$$
\begin{aligned}
&=\sum_{l=1}^{n}\langle b_i(x,U)U_{xi}-b_i(x,u)u_{xi},V\rangle \\
&\quad+\langle f(x,U)-f(x,u),V\rangle-\left\langle\frac{\partial^2\eta}{\partial t^2},V\right\rangle,\quad \forall V\in S_h,
\end{aligned} \tag{2.2.11}
$$

取 $V=\dfrac{\partial\zeta}{\partial t}$, 依次改写上述诸项为

$$
\left\langle\frac{\partial^2\zeta}{\partial t^2},\frac{\partial\zeta}{\partial t}\right\rangle=\frac{1}{2}\frac{\mathrm{d}}{\mathrm{d}t}\left\langle\frac{\partial\zeta}{\partial t},\frac{\partial\zeta}{\partial t}\right\rangle=\frac{1}{2}\frac{\mathrm{d}}{\mathrm{d}t}\left\|\frac{\partial\zeta}{\partial t}\right\|_{L_2}^2, \tag{2.2.12a}
$$

$$
\begin{aligned}
&A\left(U;\zeta,\frac{\partial\zeta}{\partial t}\right)=\int_\Omega a(x,U)\nabla\zeta\cdot\nabla\frac{\partial\zeta}{\partial t}\mathrm{d}x\\
=&\frac{1}{2}\frac{\mathrm{d}}{\mathrm{d}t}\left\{\int_\Omega a(x,U)\nabla\zeta\cdot\nabla\zeta\mathrm{d}x\right\}-\frac{1}{2}\int_\Omega\frac{\partial a}{\partial u}(x,U)\frac{\partial U}{\partial t}\nabla\zeta\cdot\nabla\zeta\mathrm{d}x,
\end{aligned} \tag{2.2.12b}
$$

$$
\begin{aligned}
&A\left(U;\tilde{u},\frac{\partial\zeta}{\partial t}\right)-A\left(u;u,\frac{\partial\zeta}{\partial t}\right)\\
=&A\left(U;\tilde{u},\frac{\partial\zeta}{\partial t}\right)-A\left(u;\tilde{u},\frac{\partial\zeta}{\partial t}\right)\\
=&\int_\Omega[a(x,U)-a(x,u)]\nabla\tilde{u}\cdot\nabla\frac{\partial\zeta}{\partial t}\mathrm{d}x\\
=&\frac{\mathrm{d}}{\mathrm{d}t}\left\{\int_\Omega[a(x,U)-a(x,u)]\nabla\tilde{u}\cdot\nabla\zeta\mathrm{d}x\right\}\\
&-\int_\Omega[a(x,U)-a(x,u)]\nabla\frac{\partial\tilde{u}}{\partial t}\cdot\nabla\zeta\mathrm{d}x\\
&-\int_\Omega\left[\frac{\partial a}{\partial u}(x,U)\frac{\partial u}{\partial t}-\frac{\partial a}{\partial u}(x,u)\frac{\partial u}{\partial t}\right]\nabla\tilde{u}\cdot\nabla\zeta\mathrm{d}x.
\end{aligned} \tag{2.2.12c}
$$

对公式 (2.2.11) 从 0 到 t 积分, 注意到 (2.2.12) 可得

$$
\begin{aligned}
&\frac{1}{2}\left\|\frac{\partial\zeta}{\partial t}\right\|_{L_2}^2+\frac{1}{2}\int_\Omega a(x,U)\nabla\zeta\cdot\nabla\zeta\mathrm{d}x\\
=&-\int_\Omega[a(x,U)-a(x,u)]\nabla\tilde{u}\cdot\nabla\zeta\mathrm{d}x\\
&+\frac{1}{2}\int_0^t\int_\Omega\frac{\partial a}{\partial u}(x,U)\frac{\partial U}{\partial t}\nabla\zeta\cdot\nabla\zeta\mathrm{d}x\mathrm{d}t\\
&+\int_0^t\int_\Omega[a(x,U)-a(x,u)]\nabla\frac{\partial\tilde{u}}{\partial t}\cdot\nabla\zeta\mathrm{d}x\mathrm{d}t
\end{aligned}
$$

$$+\int_0^t\int_\Omega\left[\frac{\partial a}{\partial u}(x,U)\frac{\partial U}{\partial t}-\frac{\partial a}{\partial u}(x,u)\frac{\partial u}{\partial t}\right]\nabla\tilde{u}\cdot\nabla\zeta\mathrm{d}x\Big\}\mathrm{d}t$$

$$+\int_0^t\left\{\sum_{i=1}^n\left\langle b_i(x,U)U_{xi}-b_i(x,u)u_{xi},\frac{\partial\zeta}{\partial t}\right\rangle\right\}\mathrm{d}t$$

$$+\int_0^t\left\langle f(x,U)-f(x,u),\frac{\partial\zeta}{\partial t}\right\rangle\mathrm{d}t-\int_0^t\left\langle\frac{\partial^2\eta}{\partial t^2},\frac{\partial\zeta}{\partial t}\right\rangle\mathrm{d}t. \tag{2.2.13}$$

由条件 (A) 有

$$\int_\Omega a(x,U)\nabla\zeta\cdot\nabla\zeta\mathrm{d}x\geqslant c_0\|\zeta\|_1^2, \tag{2.2.14a}$$

$$\left|\int_\Omega[a(x,U)-a(x,u)]\nabla\tilde{u}\cdot\nabla\zeta\mathrm{d}x\right|\leqslant c\{\|\zeta\|+\|\eta\|\}\|\zeta\|_L$$

$$\leqslant\varepsilon\|\zeta\|_1^2(t)+c\left\{\|\eta\|^2+\|\zeta\|^2\right\}$$

$$\leqslant\varepsilon\|\zeta\|_1^2(t)+c\left\{\|\eta\|^2_{L_\infty(0,T;L_2(\Omega))}+\left\|\frac{\partial\zeta}{\partial t}\right\|_{L_\infty(0,T;L_2(\Omega))}\right\}, \tag{2.2.14b}$$

$$\left|\int_0^t\left\{\int_\Omega\frac{\partial a}{\partial u}(x,U)\frac{\partial U}{\partial t}\nabla\zeta\cdot\nabla\zeta\mathrm{d}x\right\}\mathrm{d}t\right|$$

$$\leqslant\left|\int_0^t\left\{\int_\Omega\frac{\partial a}{\partial u}(x,U)\frac{\partial\zeta}{\partial t}\nabla\zeta\cdot\nabla\zeta\mathrm{d}x\right\}\mathrm{d}t\right|+\left|\int_0^t\left\{\int_\Omega\frac{\partial a}{\partial u}(x,U)\frac{\partial\tilde{u}}{\partial t}\nabla\zeta\cdot\nabla\zeta\mathrm{d}x\right\}\mathrm{d}t\right|$$

$$\leqslant\left|\int_0^t\left\{\int_\Omega\left[\frac{\partial a}{\partial u}(x,U)-\frac{\partial a}{\partial u}(x,\tilde{u})\right]\frac{\partial\zeta}{\partial t}\nabla\zeta\cdot\nabla\zeta\mathrm{d}x\right\}\mathrm{d}t\right|$$

$$+\left|\int_0^t\int_\Omega\frac{\partial a}{\partial u}(x,\tilde{u})\frac{\partial\zeta}{\partial t}\nabla\zeta\cdot\nabla\zeta\mathrm{d}x\mathrm{d}t\right|$$

$$+\left|\int_0^t\int_\Omega\left[\frac{\partial a}{\partial u}(x,U)-\frac{\partial a}{\partial u}(x,\tilde{u})\right]\frac{\partial\tilde{u}}{\partial t}\nabla\zeta\cdot\nabla\zeta\mathrm{d}x\mathrm{d}t\right|$$

$$+\left|\int_0^t\int_\Omega\frac{\partial a}{\partial u}(x,\tilde{u})\frac{\partial\tilde{u}}{\partial t}\nabla\zeta\cdot\nabla\zeta\mathrm{d}x\mathrm{d}t\right|$$

$$\leqslant\int_0^t\left\{\|\zeta\|_{L_\infty(\Omega)}(\tau)\left\|\frac{\partial\zeta}{\partial t}\right\|_{L_\infty(\Omega)}(\tau)\right.$$

$$\left.+\left\|\frac{\partial\zeta}{\partial t}\right\|_{L_\infty(\Omega)}(\tau)+\|\zeta\|_{L_\infty(\Omega)}(\tau)+1\right\}\|\zeta\|_1^2(\tau)\mathrm{d}\tau$$

$$\leqslant c\left\{\left\|\frac{\partial\zeta}{\partial t}\right\|^2_{L_\infty(0,t;L_\infty(\Omega))}+\left\|\frac{\partial\zeta}{\partial t}\right\|_{L_\infty(0,t;L_\infty(\Omega))}+1\right\}\int_0^t\|\zeta\|_1^2(\tau)\mathrm{d}\tau. \tag{2.2.14c}$$

$$\begin{aligned}&\left|\int_0^t\int_\Omega[a(x,U)-a(x,u)]\nabla\frac{\partial\tilde{u}}{\partial t}\cdot\nabla\zeta\mathrm{d}x\mathrm{d}t\right|\\ \leqslant& c\int_0^t\{\|\eta\|_{L_2}+\|\zeta\|_{L_2}\}\|\zeta\|_1\mathrm{d}t\\ \leqslant& c\left\{\|\eta\|^2_{L_\infty(0,T;L_2(\Omega))}+\int_0^t\|\zeta\|_1^2\mathrm{d}t\right\}.\end{aligned} \tag{2.2.14d}$$

$$\begin{aligned}&\left|\int_0^t\int_\Omega\left[\frac{\partial a}{\partial u}(x,U)\frac{\partial U}{\partial t}-\frac{\partial a}{\partial u}(x,u)\frac{\partial u}{\partial t}\right]\nabla\tilde{u}\cdot\nabla\zeta\mathrm{d}x\mathrm{d}t\right|\\ \leqslant&\left|\int_0^t\int_\Omega\left[\frac{\partial a}{\partial u}(x,U)\frac{\partial(U-u)}{\partial t}\nabla\tilde{u}\cdot\nabla\zeta\mathrm{d}x\mathrm{d}t\right]\right|\\ &+\left|\int_0^t\int_\Omega\left[\frac{\partial a}{\partial u}(x,U)-\frac{\partial a}{\partial u}(x,u)\right]\frac{\partial u}{\partial t}\nabla\tilde{u}\cdot\nabla\zeta\mathrm{d}x\mathrm{d}t\right|\\ \leqslant&\left|\int_0^t\int_\Omega\left[\frac{\partial a}{\partial u}(x,U)-\frac{\partial a}{\partial u}(x,\tilde{u})\right]\frac{\partial(U-u)}{\partial t}\nabla\tilde{u}\cdot\nabla\zeta\mathrm{d}x\mathrm{d}t\right|\\ &+\left|\int_0^t\int_\Omega\frac{\partial a}{\partial u}(x,\tilde{u})\frac{\partial(U-u)}{\partial t}\nabla\tilde{u}\cdot\nabla\zeta\mathrm{d}x\mathrm{d}t\right|\\ &+\int_0^t\int_\Omega\left[\frac{\partial a}{\partial u}(x,U)-\frac{\partial a}{\partial u}(x,u)\right]\frac{\partial u}{\partial t}\nabla\tilde{u}\cdot\nabla\zeta\mathrm{d}x\mathrm{d}t\\ \leqslant& c\int_0^t\left\{\|\varsigma_t\|^2+\|\eta_t\|^2+\|\varsigma\|_1^2\right\}\mathrm{d}t\left\{1+\|\varsigma_t\|_{L_\infty(0,t;L_\infty(\Omega))}\right\}\\ &+c\int_0^t\left\{\|\zeta\|_1^2+\|\eta\|^2\right\}\mathrm{d}t\\ \leqslant& c\|\varsigma_t\|_{L_\infty(0,t;L_\infty(\Omega))}\cdot\int_0^t\left\{\|\varsigma_t\|^2+\|\eta_t\|^2+\|\zeta\|_1^2\right\}\mathrm{d}t\\ &+c\int_0^t\left\{\|\varsigma_t\|^2+\|\varsigma_t\|_1^2+\|\eta_t\|^2+\|\eta\|^2\right\}\mathrm{d}t,\end{aligned} \tag{2.2.14e}$$

此处 c 为正常数, 在不同之处表示不同的数值.

注意到

$$\langle b_i(x,U)U_{xi}-b_i(x,u)u_{xi},\zeta_t\rangle$$

$$=\langle b_i(x,U)\zeta_{xi},\zeta_t\rangle+\langle[b_i(x,U)-b_i(x,u)]\ \tilde{u}_{xi},\zeta_t\rangle+\langle b_i(x,u)\eta_{xi},\zeta_t\rangle,$$

$$\begin{aligned}|\langle b_i(x,U)\zeta_{xi},\zeta_t\rangle|\leqslant&|\langle[b_i(x,U)-b_i(x,\tilde{u})]\,\zeta_{xi},\zeta_t\rangle|+|\langle b_i(x,\tilde{u})\zeta_{xi},\zeta_t\rangle|\\ \leqslant&c\left\{\|\zeta\|_{L_\infty(\Omega)}(t)+1\right\}\|\zeta\|_1\|\zeta_t\|\\ \leqslant&c\left\{\|\varsigma_t\|_{L_\infty(0,t;L_\infty(\Omega))}+1\right\}\cdot\left\{\|\zeta\|_1^2+\|\varsigma_t\|^2\right\},\end{aligned}$$

$$\begin{aligned}\langle b_i(x,u)\eta_{xi},\zeta_t\rangle=&-\left\langle[b_i(x,u)]'_{xi}\,\zeta_t,\eta\right\rangle-\langle b_i(x,u)(\zeta_{xi})_t,\eta\rangle\\ =&-\left\langle[b_i(x,u)]'_{xi}\,\zeta_t,\eta\right\rangle-\frac{\mathrm{d}}{\mathrm{d}t}\langle b_i(x,u)\zeta_{xi},\eta\rangle\\ &+\left\langle[b_i(x,u)]_i\,\zeta_{xt},\eta\right\rangle+\langle b_i(x,u)\zeta_{xi},\eta_t\rangle,\end{aligned}$$

可得估计式

$$\begin{aligned}&\left|\int_0^t\langle b_i(x,U)U_{xi}-b_i(x,u)u_{xi},\zeta_t\rangle\,\mathrm{d}t\right|\\ \leqslant&\left|\int_0^t\langle b_i(x,U)\zeta_{xi},\zeta_t\rangle\,\mathrm{d}t\right|+\left|\int_0^t\langle[b_i(x,U)-b_i(x,u)]\,\tilde{u}_{xi},\zeta_t\rangle\,\mathrm{d}t\right|\\ &+\left|\int_0^t\langle b_i(x,u)\eta_{xi},\zeta_t\rangle\,\mathrm{d}t\right|\\ \leqslant&c\left\{\|\zeta_t\|_{L_\infty(0,t;L_\infty(\Omega))}+1\right\}\int_0^t\left[\|\zeta\|_1^2+\|\varsigma_t\|^2\right]\mathrm{d}t\\ &+c\int_0^t\left\{\|\zeta\|^2+\|\eta\|^2+\|\zeta_t\|^2\right\}\mathrm{d}t+|\langle b_i(x,u)\zeta_{xi},\eta\rangle|\\ &+c\int_0^t\left\{\|\zeta_t\|^2+\|\zeta\|_1^2+\|\eta\|^2+\|\eta_t\|^2\right\}\mathrm{d}t\\ \leqslant&\varepsilon\|\zeta\|_1^2(t)+c\|\eta\|^2_{L_\infty(0,t;L_2(\Omega))}+c\int_0^t\left\{\|\zeta_t\|^2+\|\zeta\|_1^2+\|\eta_t\|^2+\|\eta\|^2\right\}\mathrm{d}t\\ &+c\left\{\|\zeta_t\|_{L_\infty(0,t;L_\infty(\Omega))}+1\right\}\int_0^t\left[\|\zeta\|_1^2+\|\zeta_t\|^2\right]\mathrm{d}t.\end{aligned}\tag{2.2.14f}$$

$$\left|\int_0^t\langle f(x,U)-f(x,u),\zeta_t\rangle\,\mathrm{d}t\right|\leqslant c\int_0^t\{\|\zeta\|^2+\|\eta\|^2+\|\zeta_t\|^2\}\mathrm{d}t.\tag{2.2.14g}$$

由 (2.2.13)、(2.2.14) 可得

$$\frac{1}{2}\left\|\frac{\partial\zeta}{\partial t}\right\|_{L_2}^2+\frac{c_0}{2}\|\zeta\|_1^2\leqslant\varepsilon\|\zeta\|_1^2(t)+c\left\{\|\eta\|^2_{L_\infty(0,t;L_2(\Omega))}+\left\|\frac{\partial\zeta}{\partial t}\right\|^2_{L_2(0,t;L_2(\Omega))}\right\}$$

$$+c\left\{\left\|\frac{\partial\zeta}{\partial t}\right\|^2_{L_\infty(0,t;L_2(\Omega))}+\left\|\frac{\partial\zeta}{\partial t}\right\|_{L_2(0,t;L_2(\Omega))}+1\right\}$$

$$\cdot\int_0^t\|\zeta\|_1^2\,\mathrm{d}t+c\|\zeta\|_{L_\infty(0,t;L_\infty(\Omega))}\cdot\int_0^t\left[\|\varsigma_t\|^2+\|\eta_t\|^2+\|\zeta\|_1^2\right]\mathrm{d}t$$

$$+\int_0^t\left[\|\zeta_t\|^2+\|\zeta\|_1^2+\|\eta_t\|^2+\|\eta\|^2\right]\mathrm{d}t+c\left\|\eta_t^2\right\|^2_{L_2(0,T;L_2(\Omega))}. \tag{2.2.15}$$

取 $\varepsilon=\dfrac{c_0}{4}$ 经整理可得

$$\left\|\frac{\partial\varsigma}{\partial t}\right\|^2_{L_2(\Omega)}+\|\zeta\|_1^2(t)$$

$$\leqslant c\left\{\|\varsigma_t\|^2_{L_\infty(0,T;L_\infty(\Omega))}+\|\varsigma_t\|_{L_\infty(0,T;L_\infty(\Omega))}+1\right\}\cdot\int_0^t\left[\|\varsigma_t\|^2+\|\zeta\|_1^2\right]\mathrm{d}t$$

$$+c\|\eta_t\|^2_{L_\infty(0,t;L_\infty(\Omega))}+c\left\{\|\eta\|^2_{L_\infty(0,T;L_\infty(\Omega))}+\|\eta_{t^2}\|^2_{L_\infty(0,T;L_\infty(\Omega))}\right\}, \tag{2.2.16}$$

此处常数 c 为仅依赖

$$\|\tilde{u}\|_{L_\infty(0,T;L_\infty(\Omega))},\quad\|\nabla\tilde{u}\|_{L_\infty(0,T;L_\infty(\Omega))},\quad\left\|\frac{\partial\tilde{u}}{\partial t}\right\|_{L_\infty(0,T;L_\infty(\Omega))},\quad\left\|\nabla\frac{\partial\tilde{u}}{\partial t}\right\|_{L_\infty(0,T:L_\infty(\Omega))}$$

的正常数, 在不同处代表不同的数值.

由文献 [27] 可得下述引理.

引理 2.2.1 设 $u(x,t)\in L_\infty(0,T;H^{k+1}(\Omega))$, $\dfrac{\partial u}{\partial t}$, $\dfrac{\partial^2 u}{\partial t^2}\in L_2(0,T;H^{k+1}(\Omega))$, 则存在不依赖于剖分参数的正常数 c, 使得下述估计式成立:

$$\|\eta\|_{L_\infty(0,T;L_2(\Omega))}+\left\|\frac{\partial\eta}{\partial t}\right\|_{L_2(0,T;L_2(\Omega))}+\left\|\frac{\partial^2\eta}{\partial t^2}\right\|_{L_2(0,T;L_2(\Omega))}$$

$$\leqslant ch^{k+1}\left\{\|u\|_{L_\infty(0,T;H^{k+1}(\Omega))}+\left\|\frac{\partial u}{\partial t}\right\|_{L_2(0,T;H^{k+1}(\Omega))}\right.$$

$$\left.+\left\|\frac{\partial^2 u}{\partial t^2}\right\|_{L_2(0,T;H^{k+1}(\Omega))}\right\}. \tag{2.2.17}$$

引理 2.2.2 在条件 (A) 的假定下, 若 $u\in L_2(0,T;H^{k+1}(\Omega))$, 则估计式

$$\|\tilde{u}\|_{L_\infty}\leqslant ch^{k+1-\frac{n}{2}}\|u\|_{H^{k+1}(\Omega)}+ch^2\|u\|_{w^{2,\infty}(\Omega)}+\|u\|_{L_\infty(\Omega)}, \tag{2.2.18a}$$

$$\|\nabla\tilde{u}\|_{L_\infty}\leqslant ch^{k-\frac{n}{2}}\|u\|_{H^{k+1}(\Omega)}+ch\|u\|_{w^{2,\infty}(\Omega)}+\|\nabla u\|_{L_\infty(\Omega)} \tag{2.2.18b}$$

成立.

证明 利用估计式

$$\|u-\tilde{u}\|_{H_0^1(\Omega)}(t)\leqslant ch^k\|u\|_{H^{k+1}(\Omega)}(t),\quad \|u-\tilde{u}\|_{L_2(\Omega)}(t)\leqslant ch^{k+1}\|u\|_{H^{k+1}(\Omega)}(t),$$

注意到

$$\begin{aligned}\|\tilde{u}\|_{L_\infty}&\leqslant\|\tilde{u}-\Pi u\|_{L_\infty}+\|\Pi u-u\|_{L_\infty}+\|u\|_{L_\infty}\\&\leqslant ch^{-\frac{n}{2}}\|\tilde{u}-\Pi u\|_{L_2}+ch^2\|u\|_{w^{2,\infty}(\Omega)}+\|u\|_{L_\infty}\\&\leqslant ch^{-\frac{n}{2}}\left\{\|\tilde{u}-u\|_{L_2}+\|u-\Pi u\|_{L_2}\right\}+ch^2\|u\|_{w^{2,\infty}(\Omega)}+\|u\|_{L_\infty}\\&\leqslant ch^{k+1-\frac{n}{2}}\|u\|_{H^{k+1}(\Omega)}+ch^2\|u\|_{w^{2,\infty}(\Omega)}+\|u\|_{L_\infty(\Omega)},\end{aligned}$$

此处 Πu 是函数 u 的 k 阶插值函数, 估计式 (2.2.18a) 得证. 类似地可以证明估计式 (2.2.18b).

引理 2.2.3 在条件 (A) 的假定下, 若 u, $u_t\in L_2(0,T;H^{k+1}(\Omega))$, 则估计式

$$\|\tilde{u}_t\|_{L_\infty}\leqslant ch^{k+1-\frac{n}{2}}\left\{\|u\|_{H^{k+1}(\Omega)}+\left\|\frac{\partial u}{\partial t}\right\|_{H^{k+1}(\Omega)}\right\}+ch^2\|u_t\|_{w^{2,\infty}(\Omega)}+\|u_t\|_{L_\infty},\tag{2.2.19a}$$

$$\|\nabla\tilde{u}_t\|_{L_\infty}\leqslant ch^{k-\frac{n}{2}}\left\{\|u\|_{H^{k+1}(\Omega)}+\left\|\frac{\partial u}{\partial t}\right\|_{H^{k+1}(\Omega)}\right\}+ch\|u_t\|_{w^{2,\infty}(\Omega)}+\|\nabla u_t\|_{L_\infty}\tag{2.2.19b}$$

成立, 由此得出当$k\geqslant\dfrac{n}{2}$ 时, $\|\tilde{u}\|_{L_\infty}$, $\|\nabla\tilde{u}\|_{L_\infty}$, $\left\|\dfrac{\partial\tilde{u}}{\partial t}\right\|_{L_\infty}$, $\left\|\nabla\dfrac{\partial\tilde{u}}{\partial t}\right\|_{L_\infty}$ 是一致有界的.

我们指出 $\left\|\dfrac{\partial\zeta}{\partial t}\right\|_{L_\infty(\Omega)}$ 对 t 是连续的, 注意到 $\zeta=U-\tilde{u}$, 由条件 (A) 利用关于常微分方程 (2.2.9) 的定性理论得知, $\left\|\dfrac{\partial U}{\partial t}\right\|_{L_\infty(\Omega)}$ 关于 t 是连续的. 由 (2.2.10) 知, $\tilde{u}(x,t)$ 由方程

$$A(u(x,t);\tilde{u},V)=A(u(x,t);u,V),\quad \forall V\in S_h(\Omega)$$

确定, 将其表示为 $\tilde{u}(x,t)=\sum\limits_{l=1}^{M}\alpha_l(t)V_l(x)$ 并代入上式, 经整理后可得代数方程组

$$Q(u)\alpha(t)=F(u),$$

此处 $\alpha(t)=(\alpha_1(t),\alpha_2(t),\cdots,\alpha_M(t))^{\mathrm{T}}$, $Q=\{Q_{ij}\}$, $Q_{ij}=\int_\Omega a(x,u)\nabla V_i\cdot\nabla V_j\mathrm{d}x$, $F(u)=(F_1,F_2,\cdots,F_M)^{\mathrm{T}}$, $F_j=\int_\Omega a(x,u)\nabla u\cdot\nabla V_j\mathrm{d}x, j=1,2,\cdots,M$. 由条件 (A)

得知矩阵 Q 是对称正定的. 解此方程可得

$$\alpha(t) = Q^{-1}(u)F(u).$$

由条件 (A) 得知 $\alpha(t)$ 及其对 t 的一阶导函数是连续的, 于是 $\left\|\dfrac{\partial \tilde{u}}{\partial t}\right\|_{L_\infty(\Omega)}$ 对 t 是连续的, 这样就证明了 $\left\|\dfrac{\partial \zeta}{\partial t}\right\|_{L_\infty(\Omega)}$ 对 t 的连续性.

下面首先假定存在这样适当小的 h_0, 使当 $0 < h \leqslant h_0$ 时, 总有

$$\left\|\frac{\partial \zeta}{\partial t}\right\|_{L_\infty(0,t;L_\infty(\Omega))} \leqslant 1, \quad 0 \leqslant t \leqslant T, \tag{2.2.20}$$

在此情况导出误差估计式. 事实上此时 (2.2.16) 可改写为

$$\left\|\frac{\partial \zeta}{\partial t}\right\|^2_{L_2(\Omega)} + \|\zeta\|_1^2(t) \leqslant \bar{c}h^{2k+2} + 3c\int_0^t \left[\left\|\frac{\partial \zeta}{\partial t}\right\|^2 + \|\zeta\|_1^2\right] \mathrm{d}t, \quad 0 \leqslant t \leqslant T, \tag{2.2.21}$$

此处 $\bar{c}$ 为确定的正常数, c 仍为 (2.2.16) 中的正常数. 利用 Bellman 不等式可得

$$\left\|\frac{\partial \zeta}{\partial t}\right\|^2_{L^2(\Omega)} + \|\zeta\|_1^2(t) \leqslant \bar{c}\mathrm{e}^{4cT}h^{2k+2} = c_1 h^{2k+2}, \tag{2.2.22}$$

此处 $c_1 = \bar{c}\mathrm{e}^{4c\tau}$ 为与剖分参数及半离散解 $U(x,t)$ 无关的正常数.

下面证明论断 (2.2.20) 的 h_0 总是存在的. 利用反证法, 若不然, 取 h_0 满足 $c_1 K_0^2 h_0^{2\left(k+1-\frac{n}{2}\right)} \leqslant \dfrac{1}{2}$, 则存在剖分参数 $0 < h^* \leqslant h_0$, 使得对应的部分有

$$\left\|\frac{\partial \zeta^*}{\partial t}\right\|_{L_\infty(0,T;L_\infty(\Omega))} \geqslant 1. \tag{2.2.23}$$

记

$$t^* = \inf\left\{t \in [0,T] \left\|\frac{\partial \zeta^*}{\partial t}\right\|_{L_\infty(0,t;L_\infty(\Omega))} \geqslant 1\right\}, \tag{2.2.24}$$

由 $\dfrac{\partial \zeta^*}{\partial t}(0) = 0$ 可知 $0 < t^* \leqslant T$, 且

$$\|\zeta_t^*\|_{L_\infty(0,t*;L_\infty(\Omega))} = 1, \tag{2.2.25a}$$

$$\|\zeta_t^*\|_{L_\infty(0,t;L_\infty(\Omega))} \leqslant 1, \quad 0 \leqslant t \leqslant t^*. \tag{2.2.25b}$$

经和上述 (2.2.20)~(2.2.22) 同样的估计, 只要将那里的区间 $[0,T]$ 换为 $[0,t^*]$ 可得同样的估计式

$$\left\|\frac{\partial \zeta}{\partial t}\right\|^2_{L_2(\Omega)} + \|\zeta\|_1^2(t) \leqslant c_1 h^{2k+2}, \quad 0 < t \leqslant t^*, \tag{2.2.26}$$

由此可得

$$\left\|\frac{\partial \zeta^*}{\partial t}\right\|_{L_\infty(t^*)}^2 \leqslant K_0^2 h^{-n} \left\|\frac{\partial \zeta^*}{\partial t}\right\|_{L_2}^2 (t^*) \leqslant c_1 K_0^2 h^{2\left(k+1-\frac{n}{2}\right)} \leqslant \frac{1}{2}. \tag{2.2.27}$$

这与 (2.2.25a) 矛盾, 于是结论 (2.2.20) 得证.

定理 2.2.1　若问题 I 的精确解 $u(x,t) \in L_\infty(0;T;H^{k+1}(\Omega))$, $\dfrac{\partial u}{\partial t}$, $\dfrac{\partial^2 u}{\partial t^2} \in L_2(0,T;H^{k+1}(\Omega))$ 且 $k \geqslant \dfrac{n}{2}$, 则误差估计式

$$\left\|\frac{\partial}{\partial t}(U-u)\right\|_{L_\infty(0,T;L_2(\Omega))} + \|(U-u)\|_{L_\infty(0,T;H_0^1(\Omega))} \leqslant ch^k, \tag{2.2.28}$$

$$\left\|\frac{\partial}{\partial t}(U-u)\right\|_{L_\infty(0,T;L_2(\Omega))} + \|(U-u)\|_{L_\infty(0,T;L_2(\Omega))} \leqslant ch^{k+1} \tag{2.2.29}$$

成立. 对于 $0 \leqslant s \leqslant k$, 约定 $\|\cdot\|_{H^s(\Omega)}^2 = \sum\limits_e \|\cdot\|_{H^s(e)}^2$, 此处 e 为剖分单元, 有

$$\left\|\frac{\partial}{\partial t}(U-u)\right\|_{L_\infty(0,T;L_2(\Omega))} + \|(U-u)\|_{L_\infty(0,T;H^s(\Omega))} \leqslant ch^{k+1-s}, \tag{2.2.30}$$

此处 c 为不依赖于剖分参数 h 和 $U(x,t)$ 的正常数.

2.2.2　问题 II、III的有限元逼近

对问题II, 类似于问题 I 可以建立半离散解 $U(x,t)$ 的存在唯一性理论. 同样用变分形式 (2.2.10) 构造辅助函数 $\tilde{u}(x,t) \in S_h(\Omega)$, 不过此处 $A(w;q,V)$ 由公式 (2.2.5) 表达, 类似于 2.2.1 小节的讨论可以建立以下定理.

定理 2.2.2　对问题II若其系数满足条件 (B), 且 $u(x,t) \in L_2(0,T;H^{k+1}(\Omega))$,

$$\frac{\partial u}{\partial t}, \frac{\partial^2 u}{\partial t^2} \in L_2(0,T;H^{k+1}(\Omega)), \quad k \geqslant \frac{n}{2},$$

则同样误差估计式 (2.2.28)~(2.2.30) 成立.

问题III的有限元近似解是子空间 $S_h(\Omega) = S_{k,j}^h(\Omega) \subset H^1(\Omega)$. 半离散化解有变分形式,

$$\begin{cases} \left\langle \dfrac{\partial^2 U}{\partial t^2}, V \right\rangle + A(U;U,V) = \langle f(x,U), V \rangle, \quad t > 0, \forall V \in S_h(\Omega), \\ \left\langle \dfrac{\partial U(0)}{\partial t}, V \right\rangle = 0, \quad \forall V \in S_h(\Omega), \\ \langle U(0), V \rangle = 0. \end{cases} \tag{2.2.31}$$

寻求 $U(\cdot,t)\in S_h(\Omega)$ 使得 U 由 (2.2.31) 确定, 这样构造辅助函数 $\tilde{u}(x,t)$, 它由变分形式

$$A(u;(u-\tilde{u})_{(x,t)},V)+\sqrt{c_0}\langle P(x,u)(u-\tilde{u}),V\rangle=0,\quad \forall V\in S_h(\Omega) \tag{2.2.32}$$

确定. 同样进行误差估计, 可得下述定理.

定理 2.2.3 对问题III, 若其系数满足条件 (B), 且 $u(x,t)\in L_\infty(0,T;H^{k+1}(\Omega))$,

$$\frac{\partial u}{\partial t},\frac{\partial^2 u}{\partial t^2}\in L_2(0,T;H^{k+1}(\Omega)),\quad k\geqslant\frac{n}{2},$$

则同样误差估计式 (2.2.28)~(2.2.30) 成立.

2.3 非线性双曲型方程组的稳定性和收敛性

本节研究非线性双曲型方程组的稳定性和收敛性理论. 考虑下述初边值问题:

$$\begin{cases}\dfrac{\partial^2 u}{\partial t^2}-[\nabla_x A(x,u)\nabla_x u]=B(x,u)\nabla_x u+f(x,u), & x\in\Omega,t\in[0,T],\\ \dfrac{\partial u}{\partial t}(x,0)=0, \quad x\in\Omega,\\ u(x,0)=0,\quad x\in\Omega,\\ u(x,0)=0,\quad x\in\partial\Omega,t\in[0,T],\end{cases} \tag{2.3.1}$$

此处 Ω 是 $\mathbf{R}^n$ 中的有界区域, $\partial\Omega$ 是其边界为光滑的围道,

$$u(x,t)=(u_1(x,t),u_2(x,t),\cdots,u_L(x,t))^{\mathrm{T}},\quad [\nabla_x,A(u,u)\nabla_x u]$$

表示一个 L 元组, 其第 l 个元素为 $\displaystyle\sum_{k=1}^{L}\sum_{i,j=1}^{n}\frac{\partial}{\partial x_j}\left(a_{l,j,k,i}(x,u)\frac{\partial u_k}{\partial x_i}\right)$.

同样 $B(x,u)\nabla_x U$ 也是一个 L 元组, 其第 l 个元素为 $\displaystyle\sum_{k=1}^{L}\sum_{i=1}^{n}B_{l,k,i}(x,u)\frac{\partial u_k}{\partial x_i}$ 和 $f(x,u)=(f_1(x,u),f_2(x,u),\cdots,f_L(x,u))^{\mathrm{T}}$.

现在, 对上述方程的系数和右端作如下假定:

条件 (A) (1) 对 $(x,p)\in\Omega\times\mathbf{R}^L$, 矩阵 $A(x,p)=(a_{l,j,k,i}(x,p))$是对称、正定的. $a_{l,j,k,i}(x,p)$, $\dfrac{\partial a_{l,j,k,i}(x,p)}{\partial p}$, $\dfrac{\partial^2 a_{l,j,k,i}(x,p)}{\partial p^2}$, $\dfrac{\partial^3 a_{l,j,k,i}(x,p)}{\partial p^3}$是局部有界.

(2) 矩阵 $B(x,p)=(b_{l,k,i}(x,p))$, 其中, $b_{l,k,i}(x,p)\in C^1$, $(x,p)\in\Omega\times\mathbf{R}^L$ 和 $\dfrac{\partial b_{l,k,i}(x,p)}{\partial p}$ 是局部有界.

(3) 对每个分量$f_l(x,p)$, $\dfrac{\partial f_l(x,p)}{\partial p}$ 是局部有界.

(4) $u\in L_\infty(0,T;H^{k+1}\cap W^{1,\infty})$ 是问题 (2.3.1) 的唯一解.

矩阵 $A(a_{l,j,k,i})$ 是对称正定的, 也就是存在常数 $c_0>0$, 且对任意的 $\xi=(\xi_{lj})$,

$$c_0\left\|\xi\right\|^2\leqslant\sum a_{l,j,k,i}\xi_{lj}\xi_{kl},\tag{2.3.2}$$

此处 $\|\xi\|=[[\xi,\xi]]^{\frac{1}{2}}$.

设 $S_0=\{(l,j);1\leqslant l\leqslant L,1\leqslant j\leqslant n\}$. 定义两种内积. 假定 $S=\{(l,j);1\leqslant l\leqslant L,j\in S_l\}$; 那么对于 $U=(U_{ij})$ 和 $W=(W_{ij})$, 定义 $[U,W]$ 是一 L 元组.

$$[U,W]=([U,W]_1,[U,W]_2,\cdots,[U,W]_L)^{\mathrm{T}},\quad [U,W]_l=\sum_{j\in s_l}U_{lj}W_{lj},$$
$$[[U,W]]=\sum_{s}U_{lj}W_{lj}.$$

问题 (2.3.1) 对应的变分形式是

$$\begin{cases}\left\langle\dfrac{\partial^2u}{\partial t^2},v\right\rangle+a(u;u,v)=\langle B(x,u)\nabla_xu,v\rangle+\langle f(x,u),v\rangle\,,\\ \left\langle\dfrac{\partial u}{\partial t}(0),v\right\rangle=0,\quad t\in[0,T],\forall v\in H_0^1,\\ \langle u(0),v\rangle=0,\quad \forall v\in H_0^1,\\ u\in H_0^1(\Omega),\end{cases}\tag{2.3.3}$$

此处$\langle w,u\rangle=(\langle w,v\rangle_1\,,\langle w,v\rangle_2\,,\cdots,\langle w,v\rangle_L)^{\mathrm{T}}\,,\langle w,v\rangle_l=\displaystyle\int_\Omega w_l(x)v_l(x)\mathrm{d}x, a(w;u,v)=\int_\Omega[A(x,w(x))\nabla_xu(x),\nabla_xv]\mathrm{d}x$, 并且记号 $u\in H_0^1(\Omega)$ 意味着其每个分量在 $H_0^1(\Omega)$ 中.

要求这逼近函数空间去逼近 (2.3.3) 的解和检验函数空间处在 $\mu=\mu_1\times\mu_2\times\cdots\times\mu_L$, 此处 μ_l 是在 H_0^1 中的一个有限维子空间.

设 $\mu_l=S_{k,j}^{h,0}(\Omega)\subset H^j(\Omega)\cap H_0^1(\Omega)$, 它满足 [7]:

(1) $\wp_k(\Omega)\subset S_{k,j}^{h,0}(\Omega)$;

(2) 设 $h\in(0,1)$ 和对任一 $U\in H^r(\Omega)\cap H_0^1(\Omega),r\geqslant 0,\ 0\leqslant s\leqslant\min(r,j)$, 存在一个不依赖 h 和 U 的常数.

$$\inf_{\chi\in S_{k,j}^{h,0}}\|U-\chi\|_{H^1(\Omega)}\leqslant c_1H^{\sigma}\,\|U\|_{H^r(\Omega)}\,,$$

此处 $\sigma=\min(k+1-s,r-s)$;

(3) 逆性质:

$$\|\chi\|_{L_\infty(\Omega)}\leqslant K_0h^{-\frac{n}{2}}\|\chi\|_{L_2(\Omega)},\quad \forall x\in S_{k,j}^{h,0}(\Omega).$$

对于空间 x 用有限元和对于时间 t 用差分, 对 (2.3.2) 建立一个全离散逼近格式:

(1) 时间区间 $[0,T]$ 等分为 N 个子区间: $0=t_0<t_1<\cdots<t_N=T$, $t_{j+1}-t_j=\Delta t$.

(2) $U^{j+\frac{1}{2}}=\dfrac{1}{2}(U^{j+1}+U^j),U^{j-\frac{1}{2}}=\dfrac{1}{2}(U^j+U^{j-1})$,

$$U^{j+\frac{1}{4}}=\frac{1}{2}(U^{j+1}+2U^j+U^{j-1})=\frac{1}{2}(U^{j+\frac{1}{2}}+U^{j-\frac{1}{2}}),$$

$$\partial_tU^{j+\frac{1}{2}}=\frac{U^{j+1}-U^j}{\Delta t},\quad \partial_tU^{j-\frac{1}{2}}=\frac{U^j-U^{j-1}}{\Delta t},$$

$$\partial_tU^j=\frac{U^{j+1}-U^{j-1}}{2\Delta t}=\frac{1}{\Delta t}(U^{j+\frac{1}{2}}-U^{1-\frac{1}{2}})=\frac{1}{2}(\partial_tU^{j+\frac{1}{2}}+\partial_tU^{j-\frac{1}{2}}),$$

$$\partial_{t^2}U^j=\frac{U^{j+1}-2U^j+U^{j-1}}{(\Delta t)^2}=\frac{1}{\Delta t}(\partial_tU^{j+\frac{1}{2}}-\partial_tU^{j-\frac{1}{2}}).$$

下面提出两种有限元格式:

格式 I 设 U^{j-1}, U^j 给定. 寻求 $U^{j+1}\in\mu$, 其满足:

$$\left\langle\partial_{t^2}U^j,v\right\rangle+a\left(U^j;U^{j,\frac{1}{4}},v\right)=\left\langle B(U^j)\nabla_xU^{j+\frac{1}{4}},v\right\rangle+\left\langle f(U^j),v\right\rangle,\quad \forall v\in\mu. \tag{2.3.4}$$

格式 II 寻求 $U^{j+1}\in\mu$, 其满足:

$$\begin{aligned}&\left\langle\partial_{t^2}U^j\right\rangle+a\left(U^j;\frac{U^{j+1}+U^{j-1}}{2},v\right)\\&=\left\langle B(U^j)\nabla_x\left(\frac{U^{j+1}+U^{j-1}}{2}\right),v\right\rangle+\left\langle f(U^j),v\right\rangle,\quad \forall v\in\mu.\end{aligned} \tag{2.3.5}$$

初始逼近 U^0, U^1 能够按下述方法确定:

$$\begin{cases}a(u^0;U^0,v)=a(u^0;u^0,v), & \forall v\in\mu,\\ a(u^*;U^1,v)=a(u^*;u^*,v), & \forall v\in\mu,\end{cases} \tag{2.3.6}$$

此处 $u^0=0$, $u^*=u^0+\Delta t\dfrac{\partial u}{\partial t}(x,0)+\dfrac{(\Delta t)^2}{2}\dfrac{\partial^2u}{\partial t^2}(x,0)=\dfrac{(\Delta t)^2}{2}\dfrac{\partial^2u}{\partial t^2}(x,0)$ 和 $\dfrac{\partial^2u}{\partial t^2}(x,0)$ 能够从方程 (2.3.1) 求得.

2.3.1 格式 I 的理论分析

为了确定时间离散逼近的误差估计, 定义辅助函数 $\tilde{u}(x,y)\in\mu$, 其满足:

$$a(u(x,t);(u-\tilde{u})(x,t),v)=0,\quad \forall v\in\mu. \tag{2.3.7}$$

设 $U-u=U-\tilde{u}+\tilde{u}-u=\xi+\eta$ 此处 $\xi=U-\tilde{u}$, $\eta=\tilde{u}-u$. 函数 $u(x,t)=(u_1(x,t),u_2(x,t),\cdots,u_L(x,t))^{\mathrm{T}}$ 定义在 $\Omega\times[0,T]$, 设

$$\|u\|_{L_2(\Omega)}^2(t)=\|u\|_{L_2}^2=\int_\Omega\sum_{l=1}^L|u_l(x,t)|^2\,\mathrm{d}x,$$

$$\|u\|_{H_0^1(\Omega)}^2(t)=\|u\|_{H_0^1}^2=\int_\Omega\sum_{s_0}\left|\frac{\partial u_l}{\partial x_j}\right|^2\mathrm{d}x,$$

$$\|u\|_{L_2(0,T;L_2(\Omega))}^2=\|u\|_{L_2\times L_2}^2=\int_0^T\int_\Omega|u(x,t)|^2\,\mathrm{d}x\mathrm{d}t,$$

$$\|u\|_{L_2(0,T;H_0^1(\Omega))}^2=\|u\|_{L_2\times H_0^1}^2=\int_0^T\int_\Omega\sum_{s_0}\left|\frac{\partial u_l}{\partial x_j}(x,t)\right|^2\mathrm{d}x\mathrm{d}t,$$

$$\|\nabla_x u\|_{L_2(0,T;L_\infty(\Omega))}^2=\|\nabla_x u\|_{L_2\times L_\infty}^2=\sup_{\Omega\times[0,T]}\sum_{s_0}\left|\frac{\partial u_l}{\partial x_j}(x,t)\right|^2.$$

因为矩阵 $A(x,p)$ 是正定的, 由变分形式 (2.3.6) 和辅助函数的定义, 可以得到 $\xi^0=U^0-\tilde{u}^0=0$.

$$\|\xi^0\|_{H_0^1}=0,\quad \|\xi^1\|_{H_0^1},\left\|\partial_t\xi^{\frac{1}{2}}\right\|_{L_2}\leqslant c_2(\Delta t)^2. \tag{2.3.8}$$

对方程 (2.3.3) 在时间 t_{j-1}, t_j, t_{j-1} 加权 $\frac{1}{4}$, $\frac{1}{2}$, $\frac{1}{4}$ 平均, 得到

$$\begin{aligned}&\left\langle\left(\frac{\partial^2 u}{\partial t^2}\right)^{j,\frac{1}{4}},v\right\rangle+\int_\Omega\left[\{A(x,u)\nabla_x u\}^{j,\frac{1}{4}},\nabla_x v\right]\mathrm{d}x\\ =&\left\langle\{B(u)\nabla_x u\}^{j,\frac{1}{4}},v\right\rangle+\left\langle f^{j,\frac{1}{4}}(u),v\right\rangle,\quad \forall v\in H_0^1(\Omega).\end{aligned} \tag{2.3.9}$$

注意到 $(u_{tt})^{j,\frac{1}{4}}=\partial_{t^2}u^j-r^j$, $\|r^j\|_{L^2}^2\leqslant C(\Delta t)^3\int_{t_{j-1}}^{t_{j+1}}\left\|\frac{\partial^4 u}{\partial\tau^4}\right\|^2\mathrm{d}\tau$, 此处 C 是一个正常数. 对方程 (2.3.9) 有

$$\langle\partial_{t^2}u^j,v\rangle+\int_\Omega\left[\{A(x,u)\nabla_x u\}^{j,\frac{1}{4}},\nabla_x v\right]\mathrm{d}x$$

$$=\left\langle\{B(u)\nabla_x u\}^{j,\frac{1}{4}},v\right\rangle+\left\langle f^{j,\frac{1}{4}}(u),v\right\rangle+\left\langle r^j,v\right\rangle,\quad\forall v\in H_0^1(\Omega).\quad(2.3.10)$$

从 (2.3.4) 减去 (2.3.9) 并取 $v=\partial_t\xi^j$ 有

$$\begin{aligned}&\left\langle\partial_{t^2}\xi^j,\partial_t\xi^j\right\rangle+\int_\Omega[A(U^j)\nabla_x\partial_t\xi^{j,\frac{1}{4}},\nabla_x\partial_t\xi^i]\mathrm{d}x\\&+\int_\Omega[\{A(U^j)-A(u^j)\}\nabla_x\tilde{u}^{j,\frac{1}{4}},\nabla_x\partial_t\xi^j]\mathrm{d}x\\&+\int_\Omega[A(u^j)\nabla_x\tilde{u}^{j,\frac{1}{4}}-\{A(u)\nabla_x\tilde{u}\}^{j,\frac{1}{4}},\nabla_x\partial_t\xi^j]\mathrm{d}x\\=&\left\langle B(U^j)\nabla_xU^{j,\frac{1}{4}}-\{B(u)\nabla_xu\}^{j,\frac{1}{4}},\partial_t\xi^j\right\rangle+\left\langle f(U^j)-f^{j,\frac{1}{4}}(u),\partial_t\xi^j\right\rangle\\&+\left\langle r^j,\partial_t\xi^j\right\rangle-\left\langle\partial_{t^2}\eta^j,\partial_t\xi^j\right\rangle.\end{aligned}\quad(2.3.11)$$

因为辅助函数 $\tilde{u}(x,t)$, $\nabla_x\tilde{u}$, $\dfrac{\partial\tilde{u}}{\partial t}$, $\nabla_x\dfrac{\partial\tilde{u}}{\partial t}$ 是有界的 [7,30], 记

$$Q=\|\tilde{u}\|_{L_\infty\times L_\infty}+\|\tilde{u}_t\|_{L_\infty\times L_\infty}+\|u\|_{L_\infty\times L_\infty}+\left\|\frac{\partial u}{\partial t}\right\|_{L_\infty\times L_\infty},$$

$$\begin{aligned}M(Q)=\sup_{\substack{1\leqslant i,j\leqslant n,p\in[-Q,Q]^L\\1\leqslant l,k\leqslant L}}&\left\{\|a_{l,j,k,i}(x,p)\|_{L_\infty},\left\|\frac{\partial a_{l,j,k,i}(x,p)}{\partial p}\right\|_{L_\infty},\right.\\&\left\|\frac{\partial^2a_{l,j,k,i}(x,p)}{\partial p^2}\right\|_{L_\infty},\left\|\frac{\partial^3a_{l,j,k,i}(x,p)}{\partial p^3}\right\|_{L_\infty},\|b_{l,k,i}(x,p)\|_{L_\infty},\\&\left.\left\|\frac{\partial b_{l,j,k,i}(x,p)}{\partial p}\right\|_{L_\infty},\|f_l(x,p)\|_{L_\infty},\left\|\frac{\partial f_l(x,p)}{\partial p}\right\|_{L_\infty}\right\}.\end{aligned}$$

取 $\Delta t,h$ 使满足 $c_2k_0h^{-\frac{n}{2}}(\Delta t)^2\leqslant Q$, 则有

$$\left\|\xi^{\frac{1}{2}}\right\|_{L_\infty}\leqslant Q,\quad\left\|\partial_t\xi^{\frac{1}{2}}\right\|_{L_\infty}\leqslant Q.\quad(2.3.12)$$

设

$$\sup_{j=1,2,\cdots,R-1}\left\{\left\|\xi^{j-\frac{1}{2}}\right\|_{L_\infty},\left\|\partial_t\xi^{j-\frac{1}{2}}\right\|_{L_\infty}\right\}\leqslant Q,$$

则

$$\sup_{j=1,2,\cdots,R-1}\left\{\left\|U^{j-\frac{1}{2}}\right\|_{L_\infty},\left\|\partial_tU^{j-\frac{1}{2}}\right\|_{L_\infty}\right\}\leqslant 2Q.$$

对方程 (2.3.11) 全部 L 个分量相加并注意到

$$\langle\langle\partial_{t^2}\xi^j,\partial_t\xi^j\rangle\rangle=\frac{1}{2\Delta t}\left\{\left\|\partial_t\xi^{j+\frac{1}{2}}\right\|_{L_2}^2-\left\|\partial_t\xi^{j-\frac{1}{2}}\right\|_{L_2}^2\right\},$$

$$\int_\Omega[[A(U^j)\nabla_x\xi^{j,\frac{1}{4}},\nabla_x\partial_t\xi^j]]\mathrm{d}x=\frac{1}{2\Delta t}\left\{\int_\Omega[[A(U^j)\nabla_x\xi^{j+\frac{1}{2}},\nabla_x\xi^{j+\frac{1}{2}}]]\mathrm{d}x\right.$$
$$\left.-\int_\Omega[[A(U^j)\nabla_x\xi^{j-\frac{1}{2}},\nabla_x\xi^{j-\frac{1}{2}}]]\mathrm{d}x\right\}.$$

从 (2.3.11) 得到

$$\frac{1}{2\Delta t}\left\{\left\|\partial_t\xi^{j+\frac{1}{2}}\right\|_{L^2}^2-\left\|\partial_t\xi^{j-\frac{1}{2}}\right\|_{L^2}^2\right\}+\frac{1}{2\Delta t}\left\{\int_\Omega[[A(U^j)\nabla_x\xi^{j+\frac{1}{2}},\nabla_x\xi^{j+\frac{1}{2}}]]\mathrm{d}x\right.$$
$$\left.-\int_\Omega[[A(U^j)\nabla_x\xi^{j-\frac{1}{2}},\nabla_x\xi^{j-\frac{1}{2}}]]\mathrm{d}x\right\}$$
$$=-\int_\Omega[[\{A(U^j)-A(u^j)\}\nabla_x\tilde{u}^{j,\frac{1}{4}},\nabla_x\partial_t\xi^j]]\mathrm{d}x$$
$$-\int_\Omega[[A(u^j)\nabla_x\tilde{u}^{j,\frac{1}{4}}-\{A(u^j)\nabla_x\tilde{u}\}^{j,\frac{1}{4}},\nabla_x\partial_t\xi^j]]\mathrm{d}x$$
$$+\left\langle\left\langle B(U^j)\nabla_xU^{j,\frac{1}{4}}-\{B(u)\nabla_xu\}^{j,\frac{1}{4}},\partial_t\xi^j\right\rangle\right\rangle$$
$$+\left\langle\left\langle f(U^j)-f^{j,\frac{1}{4}}(u),\partial t\xi^j\right\rangle\right\rangle$$
$$+\langle\langle r^j,\partial_t\xi^j\rangle\rangle-\langle\langle\partial_{t^2}\eta^j,\partial_t\xi^j\rangle\rangle. \tag{2.3.13}$$

用 $2\Delta t$ 乘以 (2.3.13) 并对 $j=1,2,\cdots,R-1$ 求和, 则有

$$\left\|\partial_t\xi^{R-\frac{1}{2}}\right\|_{L_2}^2-\left\|\partial_t\xi^{\frac{1}{2}}\right\|_{L_2}^2+\int_\Omega[[A(U^{R-1})\nabla_x\xi^{R-\frac{1}{2}},\nabla_x\xi^{R-\frac{1}{2}}]]\mathrm{d}x$$
$$-\int_\Omega[[A(U^1)\nabla_x\xi^{\frac{1}{2}},\nabla_x\xi^{\frac{1}{2}}]]\mathrm{d}x$$
$$=\sum_{j=2}^{R-1}\int_\Omega[[\{A(U^j)-A(U^{j-1})\}\nabla_x\xi^{j-\frac{1}{2}},\nabla_x\xi^{j-\frac{1}{2}}]]\mathrm{d}x$$
$$-2\Delta t\sum_{j=1}^{R-1}\int_\Omega[[\{A(U^j)-A(u^j)\}\nabla_x\tilde{u}^{j,\frac{1}{4}},\nabla_x\partial_t\xi^j]]\mathrm{d}x$$

$$
\begin{aligned}
&-2\Delta t\sum_{j=1}^{R-1}\int_{\Omega}[[A(u^j)\nabla_x\tilde{u}^{j,\frac{1}{4}}-\{A(u)\nabla_x\tilde{u}\}^{j,\frac{1}{4}},\nabla_x\partial_t\xi^j]]\mathrm{d}x\\
&+2\Delta t\sum_{j=1}^{R-1}\left\{\left\langle\left\langle B(U^j)\nabla_xU^{j,\frac{1}{4}}-\{B(u)\nabla_xu\}^{j,\frac{1}{4}},\partial_t\xi^j\right\rangle\right\rangle\right.\\
&\left.+\left\langle\left\langle f(U^j)-f^{j,\frac{1}{4}}(u),\partial_t\xi^j\right\rangle\right\rangle+\langle\langle r^j,\partial_t\xi^j\rangle\rangle-\langle\langle\partial_{t^2}\eta^j,\partial_t\xi^j\rangle\rangle\right\}\\
=&G_1+G_2+G_3+G_4,
\end{aligned}
\tag{2.3.14}
$$

此处

$$G_1=\sum_{j=2}^{R-1}\int_{\Omega}[[\{A(U^j)-A(U^{j-1})\}\nabla_x\xi^{j-\frac{1}{2}},\nabla_x\xi^{j-\frac{1}{2}}]]\mathrm{d}x,$$

$$G_2=-2\Delta t\sum_{j=1}^{R-1}\int_{\Omega}[[\{A(U^j)-A(u^j)\}\nabla_x\tilde{u}^{j,\frac{1}{4}},\nabla_x\partial_t\xi^j]]\mathrm{d}x,$$

$$G_3=-2\Delta t\sum_{j=1}^{R-1}[[A(u^j)\nabla_x\tilde{u}^{j,\frac{1}{4}}-\{A(u)\nabla_x\tilde{u}\}^{j,\frac{1}{4}},\nabla_x\partial_t\xi^j]]\mathrm{d}x,$$

$$
\begin{aligned}
G_4=&2\Delta t\sum_{j=1}^{R-1}\left\langle\left\langle B(U^j)\nabla_xU^{j,\frac{1}{4}}-\{B(u)\nabla_xu\}^{j,\frac{1}{4}},\partial_t\xi^j\right\rangle\right\rangle\\
&+2\Delta t\sum_{j=1}^{R-1}\left\{\left\langle\left\langle f(U^j)-f^{j,\frac{1}{4}}(u),\partial_t\xi^j\right\rangle\right\rangle+\langle\langle r^j,\partial_t\xi^j\rangle\rangle-\langle\langle\partial_{t^2}\eta^j,\partial_t\xi^j\rangle\rangle\right\}.
\end{aligned}
$$

首先估计 G_1,

$$|G_1|\leqslant c\Delta t\sum_{j=2}^{R-1}\left\|\xi^{j-\frac{1}{2}}\right\|_{H_0^1}^2. \tag{2.3.15a}$$

对 G_2 有

$$
\begin{aligned}
G_2=&-2\int_{\Omega}[[\{A(U^{R-1})-A(u^{R-1})\}\nabla_x\tilde{u}^{R-1,\frac{1}{4}},\nabla_x\xi^{R-\frac{1}{2}}]]\mathrm{d}x\\
&+2\int_{\Omega}[[\{A(U^1)-A(u^1)\}\nabla_x\tilde{u}^{1,\frac{1}{4}},\nabla_x\xi^{\frac{1}{2}}]]\mathrm{d}x\\
&+2\sum_{j=2}^{R-1}\int_{\Omega}[[\{A(U^1)-A(u^1)\}\nabla_x\tilde{u}^{j,\frac{1}{4}}\\
&-\{A(U^{j-1})-A(u^{j-1})\}\nabla_x\tilde{u}^{j-1,\frac{1}{4}},\nabla_x\xi^{j-\frac{2}{3}}]]\mathrm{d}x
\end{aligned}
$$

$$
\begin{aligned}
&= -2\int_{\Omega}[[\{A(U^{R-1})-A(u^{R-1})\}\nabla_x\tilde{u}^{R-1,\,\frac{1}{4}},\nabla_x\xi^{R-\,\frac{1}{2}}]]\mathrm{d}x \\
&+2\int_{\Omega}[[\{A(U^1)-A(u^1)\}\nabla_x\tilde{u}^{1,\,\frac{1}{4}},\nabla_x\xi^{\frac{1}{2}}]]\mathrm{d}x \\
&+2\Delta t\sum_{j=2}^{R-1}\int_{\Omega}\left[\left[\{A(U^j)-A(u^j)\}\nabla_x\left(\frac{1}{4}\partial_t\tilde{u}^{j+\frac{1}{2}}+\frac{1}{2}\partial_t\tilde{u}^{j-\frac{1}{2}}\right.\right.\right. \\
&\left.\left.\left.+\frac{1}{4}\partial_t\tilde{u}^{j-\frac{3}{2}}\right),\nabla_x\xi^{j-\,\frac{1}{2}}\right]\right]\mathrm{d}x \\
&+2\Delta t\sum_{j=2}^{R-1}\int_{\Omega}\left[\left[\left\{\frac{A(U^j)-A(U^{j-1})}{\Delta t}\right.\right.\right. \\
&\left.\left.\left.-\frac{A(u^j)-A(u^{j-1})}{\Delta t}\right\}\nabla_x\tilde{u}^{j-1,\,\frac{1}{4}},\nabla_x\xi^{j-1,\,\frac{1}{2}}\right]\right]\mathrm{d}x.
\end{aligned}
$$

注意到 $A(U^j)=(a_{l,j,k,i}(U^j))$ 并记 $a(U^j)=a_{l,j,k,i}(U^j)$,

$$
\begin{aligned}
a(U^j)=&a(U^{j-\,\frac{1}{2}})+a'_u(U^{j-\,\frac{1}{2}})(U^j-U^{j-\,\frac{1}{2}})+a''_{u^2}(U^{j-\,\frac{1}{2}})\frac{1}{2!}(U^j-U^{j-\,\frac{1}{2}})^2 \\
&+a'''_{u^3}(\theta_1U^j+(1-\theta_1)U^{j-\,\frac{1}{2}})\frac{1}{3!}(U^j-U^{j-\,\frac{1}{2}})^3,
\end{aligned}
$$

此处 $0<\theta_1<1$,

$$
a'_u(U^{j-\,\frac{1}{2}})(U^j-U^{j-\,\frac{1}{2}})=\sum_{i=1}^{L}\frac{\partial a}{\partial u_i}(U^{j-\,\frac{1}{2}})(U^j-U^{j-\,\frac{1}{2}})_i,
$$

$$
a''_{u^2}(U^{j-\,\frac{1}{2}})(U^j-U^{j-\,\frac{1}{2}})^2=\sum_{i,l=1}^{L}\frac{\partial^2 a}{\partial u_i\partial u_l}(U^{j-\,\frac{1}{2}})(U^j-U^{j-\,\frac{1}{2}})_i(U^j-U^{j-\,\frac{1}{2}})_l,
$$

$$
\begin{aligned}
&a'''_{u^3}(\theta_1U^j+(1-\theta_1)U^{j-\,\frac{1}{2}})(U^j-U^{j-\,\frac{1}{2}})^3 \\
=&\sum_{i,l,k=1}^{L}\frac{\partial^3 a}{\partial u_i\partial u_l\partial u_k}(\theta_1U^j+(1-\theta_1)U^{j-\,\frac{1}{2}})(U^j-U^{j-\,\frac{1}{2}})_i \\
&\times(U^j-U^{j-\,\frac{1}{2}})_l(U^j-U^{j-\,\frac{1}{2}})_k.
\end{aligned}
$$

类似地, 有

$$
\begin{aligned}
a(U^{j-1})=&a(U^{j-\,\frac{1}{2}})+a'_u(U^{j-\,\frac{1}{2}})(U^{j-1}-U^{j-\,\frac{1}{2}})+a''_{u^2}(U^{j-\,\frac{1}{2}})\frac{1}{2!}(U^{j-1}-U^{j-\,\frac{1}{2}})^2 \\
&+a'''_{u^3}(\theta_2U^{j-1}+(1-\theta_2)U^{j-\,\frac{1}{2}})\frac{1}{3!}(U^{j-1}-U^{j-\,\frac{1}{2}})^3,
\end{aligned}
$$

此处 $0<\theta_2<1$.

因此得到

$$\begin{aligned}\frac{a(U^j)-a(U^{j-1})}{\Delta t}=&a'_u(U^{j-\frac{1}{2}})\frac{U^j-U^{j-1}}{\Delta t}\\&+\frac{a'''_{u^3}(\theta U^j+(1-\theta)U^{j-1})}{24}\frac{(U^j-U^{j-1})^3}{\Delta t},\end{aligned}$$

$$\begin{aligned}\frac{a(u^j)-a(u^{j-1})}{\Delta t}=&a'_u(u^{j-\frac{1}{2}})\left(\frac{u^j-u^{j-1}}{\Delta t}\right)\\&+\frac{a'''_{u^3}(\bar\theta u^j+(1-\bar\theta)u^{j-1})}{24}\frac{(u^j-u^{j-1})^3}{\Delta t},\end{aligned}$$

此处 $0<\theta,\bar\theta<1$.

最后得到关于 G_2 的估计:

$$\begin{aligned}G_2\leqslant&\varepsilon\left\|\xi^{R-\frac{1}{2}}\right\|_{H_0^1}^2+c\Delta t\sum_{j=2}^{R-1}\left\{\left\|\partial_t\xi^{j-\frac{1}{2}}\right\|_{L_2}^2+\left\|\xi^{R-\frac{1}{2}}\right\|_{H_0^1}^2\right\}\\&+c\left\{h^{2(k+1)}+(\Delta t)^4\right\}.\end{aligned}\tag{2.3.15b}$$

类似地, 有

$$\begin{aligned}G_3=&-2\int_\Omega\left[\left[\{A(u^{R-1})(\nabla_x\tilde u)^{R-1,\frac{1}{4}}-\{A(u)\nabla_x\tilde u\}^{R-1,\frac{1}{4}},\nabla_x\xi^{R-\frac{1}{2}}\right]\right]\mathrm{d}x\\&+2\int_\Omega\left[\left[A(u^1)(\nabla_x\tilde u)^{1,\frac{1}{4}}-\{A(u)\nabla_x\tilde u\}^{1,\frac{1}{4}},\nabla_x\xi^{\frac{1}{2}}\right]\right]\mathrm{d}x\\&+2\sum_{j=2}^{R-1}\int_\Omega\left[\left[\{A(u^j)(\nabla_x\tilde u)^{j,\frac{1}{4}}-(A(u)\nabla_x\tilde u)^{j,\frac{1}{4}}\right.\right.\\&\left.\left.-\left\{A(u^{j-1})(\nabla_x\tilde u)^{j-1,\frac{1}{4}}-(A(u)\nabla_x\tilde u)^{j-1,\frac{1}{4}}\right\},\nabla_x\xi^{j-\frac{1}{2}}\right]\right]\mathrm{d}x\\\leqslant&\varepsilon\left\|\xi^{R-\frac{1}{2}}\right\|_{H_0^1}^2+c\Delta t\sum_{j=2}^{R-1}\left\|\xi^{j-\frac{1}{2}}\right\|_{H_0^1}^2+c(\Delta t)^4,\end{aligned}\tag{2.3.15c}$$

$$G_4\leqslant\varepsilon\left\|\xi^{R-\frac{1}{2}}\right\|_{H_0^1}^2+c\Delta t\sum_{j=2}^{R}\left\{\left\|\xi^{j-\frac{1}{2}}\right\|_{H_0^1}^2+\left\|\partial_t\xi^{j-\frac{1}{2}}\right\|_{L_2}^2\right\}+c\{h^{2(k+1)}+(\Delta t)^4\}.\tag{2.3.15d}$$

由 (2.3.14), (2.3.15) 得到

$$\left\|\partial_t\xi^{R-\frac{1}{2}}\right\|_{L_2}^2+c_0\left\|\xi^{R-\frac{1}{2}}\right\|_{H_0^1}^2$$

$$\leqslant\varepsilon\left\|\xi^{R-\frac{1}{2}}\right\|_{H_0^1}^2+c_3\Delta t\sum_{j=2}^{R}\left\{\left\|\xi^{j-\frac{1}{2}}\right\|_{H_0^1}^2+\left\|\partial_t\xi^{j-\frac{1}{2}}\right\|_{L_2}^2\right\}$$

$$+c_3\{h^{2(k+1)}+(\Delta t)^4\}. \tag{2.3.16}$$

取 $\varepsilon=\dfrac{c_0}{4}$, $c_3\Delta t\leqslant\min\left\{\dfrac{c_0}{4},\dfrac{1}{2}\right\}$ 可得

$$\left\|\partial_t\xi^{R-\frac{1}{2}}\right\|_{L^2}^2+c_0\left\|\xi^{R-\frac{1}{2}}\right\|_{H_0^1}^2\leqslant 2c_3\Delta t\sum_{j=2}^{R-1}\left\{\left\|\xi^{j-\frac{1}{2}}\right\|_{H_0^1}^2+\left\|\partial_t\xi^{j-\frac{1}{2}}\right\|_{L^2}^2\right\}$$

$$+2c_3\{h^{2(k-1)}+(\Delta t)^4\}, \tag{2.3.17}$$

此处 c_3 是依赖于 $M(2Q)$ 的正常数.

应用 Gronwall 引理和上述估计可得

$$\sup_{i=1,2,\cdots,R}\left\{\left\|\partial_t\xi^{j-\frac{1}{2}}\right\|_{L_2},\left\|\xi^{j-\frac{1}{2}}\right\|_{H_0^1}\right\}\leqslant c_4\left\{h^{k+1}+(\Delta t)^2\right\}, \tag{2.3.18a}$$

$$\sup_{i=1,2,\cdots,R}\left\{\left\|\partial_t\xi^{j-\frac{1}{2}}\right\|_{L_\infty},\left\|\xi^{j-\frac{1}{2}}\right\|_{\infty}\right\}\leqslant c_5h^{\frac{n}{2}}\left\{h^{k+1}+(\Delta t)^2\right\}, \tag{2.3.18b}$$

此处 $c_5=K_0c_4$, $\Delta t,h$ 应使其满足:

$$c_5h^{-\frac{n}{2}}\left\{h^{k+1}+(\Delta t)^2\right\}\leqslant Q. \tag{2.3.19}$$

现在证明归纳法假定, 当 Δt 和 h 满足 (2.3.12) 和 (2.3.19) 时有

$$\sup_{j=1,2,\cdots,N-1}\left\{\left\|\partial_t\xi^{j-\frac{1}{2}}\right\|_{L_\infty},\left\|\xi^{j-\frac{1}{2}}\right\|_{L_\infty}\right\}\leqslant Q, \tag{2.3.20a}$$

$$\sup_{j=1,2,\cdots,N-1}\left\{\left\|\partial_tU^{j-\frac{1}{2}}\right\|_{L_\infty},\left\|U^{j-\frac{1}{2}}\right\|_{L_\infty}\right\}\leqslant 2Q. \tag{2.3.20b}$$

假定存在 $\bar{h}$ 和 $\Delta\bar{t}$ 满足 (2.3.12) 和 (2.3.19) 且使得

$$\sup_{j=1,2,\cdots,N-1}\max\left\{\left\|\partial_t\bar{\xi}^{j-\frac{1}{2}}\right\|_{L_\infty},\left\|\bar{\xi}^{j-\frac{1}{2}}\right\|_{L_\infty}\right\}>Q. \tag{2.3.21}$$

设

$$j^*=\min\left\{j\in[1,2,\cdots,N-1],\max\left[\left\|\partial_t\bar{\xi}^{j-\frac{1}{2}}\right\|_{L_\infty},\left\|\bar{\xi}^{j-\frac{1}{2}}\right\|_{L_\infty}\right]>Q\right\}, \tag{2.3.22}$$

$$\sup_{j=1,2,\cdots,j^*-1}\left\{\left\|\partial_t\bar{\xi}^{j-\frac{1}{2}}\right\|_{L_\infty},\left\|\bar{\xi}^{j-\frac{1}{2}}\right\|_{L_\infty}\right\}\leqslant Q,$$

$$\sup_{j=1,2,\cdots,j^*-1}\left\{\left\|\partial_t\bar{U}^{j-\frac{1}{2}}\right\|_{L_\infty},\left\|\bar{U}^{j-\frac{1}{2}}\right\|_{L_\infty}\right\}\leqslant 2Q.$$

应用同样的估计对于 (2.3.14)~(2.3.17), 仅仅是 R 变为 j^*, 则有

$$\sup_{j=1,2,\cdots,j^*}\left\{\left\|\partial_t\bar{\xi}^{j-\frac{1}{2}}\right\|_{L_\infty},\left\|\bar{\xi}^{j-\frac{1}{2}}\right\|_{L_\infty}\right\}\leqslant Q.$$

它和 (2.3.22) 矛盾.

定理 2.3.1 设问题 (2.3.1) 的精确解 u 满足 $u(x,t)$, $\dfrac{\partial u}{\partial t}\in L_\infty(0,T;H^{k+1}(\Omega))$, $\dfrac{\partial^2 u}{\partial t^2}\in L_2(0,T;H^{k+1}(\Omega))$, $\dfrac{\partial^4 u}{\partial t^4}\in L_2(0,T;L_2(\Omega))$ 并假定 h 和 Δt 满足 (2.3.12) 和(2.3.19), 则下述估计式成立:

$$\sup_{j=1,2,\cdots,N}\left\{\left\|\partial_t(U-u)^{j-\frac{1}{2}}\right\|_{L_2}+\left\|(U-u)^{j-\frac{1}{2}}\right\|_s\right\}\leqslant c\left\{h^{h+1-s}+(\Delta t)^2\right\},\quad(2.3.23)$$

此处 $s=0,1$.

在 (2.3.4) 中取 $v=\partial_tU^j$ 并在两边同乘以 $2\Delta t$. 对 $j=1,2,\cdots,R$ 求和, 并应用 (2.3.20), 可得

$$\begin{aligned}\left\|\partial_tU^{R-\frac{1}{2}}\right\|_{L_2}^2+c_0\left\|U^{R-\frac{1}{2}}\right\|_{H_1^1}^2\leqslant&c\left\{\left\|\partial_tU^{\frac{1}{2}}\right\|_{L^2}^2+\left\|U^{\frac{1}{2}}\right\|_{H_0^1}^2+\|f(0)\|_{L_2}^2\right\}\\&+c\Delta t\sum_{j=1}^{R}\left\{\left\|\partial_tU^{j-\frac{1}{2}}\right\|_{L_2}^2+\left\|U^{j-\frac{1}{2}}\right\|_{H_0^1}^2\right\}.\end{aligned}$$

取 Δt 使其满足 $c\Delta t\leqslant\min\left\{\dfrac{1}{2},\dfrac{c_0}{2}\right\}$ 并应用 Gronwall 引理可得

$$\begin{aligned}&\sup_{j=1,2,\cdots,N}\left\{\left\|\partial_tU^{j-\frac{1}{2}}\right\|_{L_2}+\left\|U^{j-\frac{1}{2}}\right\|_{H_0^1}\right\}\\\leqslant&c\left\{\left\|\partial_tU^{\frac{1}{2}}\right\|_{L_2}+\left\|U^{\frac{1}{2}}\right\|_{H_0^1}+\|f(0)\|_{L_2}^2\right\}.\end{aligned}\quad(2.3.24)$$

定理 2.3.2 假定定理 2.3.1 的条件成立, 且 $c\Delta t\leqslant\min\left\{\dfrac{1}{2},\dfrac{c_0}{2}\right\}$, 则格式 I 是稳定的.

2.3.2 格式 II 的理论分析

对方程 (2.3.3), 在时刻 t_j 有

$$\left\langle\frac{\partial^2u^j}{\partial t^2},v\right\rangle+a(u^j;u^j,v)=\left\langle B(u^j)\nabla_xu^j,v\right\rangle+\left\langle f(u^j),v\right\rangle,\quad\forall v\in\mu.\quad(2.3.25)$$

从 (2.3.5) 减去 (2.3.2) 并取 $v=\partial_t\xi^j$, 则有

$$\left\langle\partial_{t^2}\xi^j,\partial_t\xi^j\right\rangle+\int_\Omega\left[A(U^j)\nabla_x\left(\frac{U^{j+1}+U^{j-1}}{2}\right),\nabla_x\partial_t\xi^j\right]\mathrm{d}x$$

$$-\int_\Omega\left[A\left(u^j\right)\nabla_x u^j,\nabla_x\partial_t\xi^j\right]\mathrm{d}x$$

$$=\left\langle B(U^j)\nabla_x\left(\frac{U^{j+1}+U^{j-1}}{2}\right),\partial_t\xi^j\right\rangle-\left\langle B(u^j)\nabla_x u^j,\partial_t\xi^j\right\rangle$$

$$+\left\langle f(U^j)-f(u^j),\partial_t\xi^j\right\rangle+\left\langle r^j,\partial_t\xi^j\right\rangle-\left\langle\partial_{t^2}\eta^j,\partial_t\xi^j\right\rangle. \tag{2.3.26}$$

注意到

$$\int_\Omega\left[A(U^j)\nabla_x\left(\frac{U^{j+1}+U^{j-1}}{2}\right),\nabla_x\partial_t\xi^j\right]\mathrm{d}x-\int_\Omega\left[A\left(u^j\right)\nabla_x u^j,\nabla_x\partial_t\xi^j\right]\mathrm{d}x$$

$$=\int_\Omega\left[A(U^j)\nabla_x\left(\frac{\xi^{j+1}+\xi^{j-1}}{2}\right),\frac{1}{2\Delta t}\nabla_x(\xi^{j+1}-\xi^{j-1})\right]\mathrm{d}x$$

$$+\int_\Omega\left[A(U^j)\nabla_x\left(\frac{\tilde{u}^{j+1}+\tilde{u}^{j-1}}{2}\right)-A(u^j)\nabla_x\tilde{u}^j,\nabla_x\partial_t\xi^j\right]\mathrm{d}x$$

$$=\frac{1}{4\Delta t}\left\{\int_\Omega\left[A(U^j)\nabla_x\xi^{j+1},\nabla_x\xi^{j+1}\right]\mathrm{d}x-\int_\Omega\left[A(U^j)\nabla_x\xi^{j-1},\nabla_x\xi^{j-1}\right]\mathrm{d}x\right\}$$

$$+\int_\Omega\left[\{A(U^j)-A(u^j)\}\nabla_x\left(\frac{\tilde{u}^{j+1}+\tilde{u}^{j-1}}{2}\right)\right.$$

$$\left.+A(u^j)\nabla_x\left\{\frac{\tilde{u}^{j+1}+\tilde{u}^{j-1}}{2}-\tilde{u}^j\right\}\frac{1}{2\Delta t}\nabla_x(\xi^{j+1}-\xi^{j+1})\right]\mathrm{d}x. \tag{2.3.27}$$

对 (2.3.26) 全部 L 个分量求和可得

$$\frac{1}{2\Delta t}\left\{\left\|\partial_t\xi^{j+\frac{1}{2}}\right\|_{L^2}^2-\left\|\partial_t\xi^{j-\frac{1}{2}}\right\|_{L^2}^2\right\}+\frac{1}{4\Delta t}\left\{\int_\Omega[[A(U^j)\nabla_x\xi^{j+1},\nabla_x\xi^{j+1}]]\mathrm{d}x\right.$$

$$\left.-\int_\Omega[[A(U^j)\nabla_x\xi^{j-1},\nabla_x\xi^{j-1}]]\mathrm{d}x\right\}$$

$$=-\int_\Omega\left[\left[\{A(U^j)-A(u^j)\}\nabla_x\left(\frac{\tilde{u}^{j+1}+\tilde{u}^{j-1}}{2}\right)\right.\right.$$

$$\left.\left.+A(u^j)\nabla_x\left(\frac{\tilde{u}^{j+1}+\tilde{u}^{j-1}}{2}-\tilde{u}^j\right),\nabla_x\partial_t\xi^j\right]\right]\mathrm{d}x$$

$$+\left\langle\left\langle B(U^j)\nabla_x\left(\frac{U^{j+1}+U^{j-1}}{2}\right)-B(u^j)\nabla_x u^j,\partial_t\xi^j\right\rangle\right\rangle$$

$$+\langle\langle f(U^j)-f(u^j),\partial_t\xi^j\rangle\rangle+\langle\langle r^j,\partial_t\xi^j\rangle\rangle-\langle\langle\partial_{t^2}\xi^j,\partial_t\xi^j\rangle\rangle. \tag{2.3.28}$$

对 (2.3.28) 乘 $2\Delta t$ 并对 $j=1,2,\cdots,R-1$ 求和, 则有

$$\begin{aligned}
&\left\|\partial_t\xi^{R-\frac{1}{2}}\right\|_{L_2}^2-\left\|\partial_t\xi^{\frac{1}{2}}\right\|_{L_2}^2+\frac{1}{2}\int_\Omega[[A(U^{R-1})\nabla_x\xi^R,\nabla_x\xi^R]]\,\mathrm{d}x\\
&-\frac{1}{2}\int_\Omega[[A(U^1)\nabla_x\xi^0,\nabla_x\xi^0]]\,\mathrm{d}x+\frac{1}{2}\int_\Omega[[A(U^{R-2})\nabla_x\xi^{R-1},\nabla_x\xi^{R-1}]]\,\mathrm{d}x\\
&-\frac{1}{2}\int_\Omega[[A(U^2)\nabla_x\xi^1,\nabla_x\xi^1]]\,\mathrm{d}x\\
=&\frac{1}{2}\sum_{j=2}^{R-1}\int_\Omega[[\{A(U^j)-A(U^{j-2})\}\nabla_x\xi^{j-1},\nabla_x\xi^{j-1}]]\,\mathrm{d}x\\
&-2\Delta t\sum_{j=1}^{R-1}\int_\Omega\left[\left[\{A(U^j)-A(U^{j-2})\}\nabla_x\left(\frac{\tilde{u}^{j-1}+\tilde{u}^{j-1}}{2}\right)\right.\right.\\
&\left.\left.+A(u^j)\nabla_x\left(\frac{\tilde{u}^{j+1}+\tilde{u}^{j-1}}{2}-\tilde{u}^j\right),\nabla_x\partial_t\xi^j\right]\right]\mathrm{d}x\\
&+2\Delta t\sum_{j=1}^{R-1}\left\{\left\langle\left\langle B(U^j)\nabla_x\left(\frac{U^{j+1}+U^{j-1}}{2}\right)-B(u^j)\nabla_x u^j,\partial_t\xi^j\right\rangle\right\rangle\right.\\
&\left.+\langle\langle f(U^j)-f(u^j),\partial_t\xi^j\rangle\rangle+\langle\langle r^j,\partial_t\xi^j\rangle\rangle-\langle\langle\partial_{t^2}\eta^j,\partial_t\xi^j\rangle\rangle\right\}\\
=&G_1+G_2+G_3+G_4,
\end{aligned}\tag{2.3.29}$$

此处

$$G_1=\sum_{j=2}^{R-1}\int_\Omega[[\{A(U^j)-A(U^{j-2})\}\nabla_x\xi^{j-1},\nabla_x\xi^{j-1}]]\mathrm{d}x,$$

$$G_2=-2\Delta t\sum_{j=1}^{R-1}\int_\Omega\left[\left[\{A(U^j)-A(u^j)\}\nabla_x\left(\frac{\tilde{u}^{j+1}+\tilde{u}^{j-1}}{2}\right),\nabla_x\partial_t\xi^j\right]\right]\mathrm{d}x,$$

$$G_3=-2\Delta t\sum_{j=1}^{R-1}\int_\Omega\left[\left[A(u^j)\nabla_x\left(\frac{\tilde{u}^{j+1}+\tilde{u}^{j-1}}{2}-\tilde{u}^j\right),\nabla_x\partial_t\xi^j\right]\right]\mathrm{d}x,$$

$$\begin{aligned}
G_4=&2\Delta t\sum_{j=1}^{R-1}\left\{\left\langle\left\langle B(U^j)\nabla_x\left(\frac{U^{j+1}+U^{j-1}}{2}\right)-B(u^j)\nabla_x u^j,\partial_t\xi^j\right\rangle\right\rangle\right.\\
&\left.+\langle\langle f(U^j)-f(u^j),\partial_t\xi^j\rangle\rangle+\langle\langle r^j,\partial_{t^2}\eta^j,\partial_t\xi^j\rangle\rangle\right\}.
\end{aligned}$$

类似格式 I, 注意到

$$a_{l,j,k,i}(U^j) - a_{l,j,k,i}(U^{j-2}) = a_u'(\theta U^j + (1-\theta)U^{j-2})(U^j - U^{j-2}),$$

$$U^j - U^{j-2} = 2\Delta t \partial_t U^{j-1} = \Delta t(\partial_t U^{j-\frac{1}{2}} + \partial_t U^{j-\frac{3}{2}}),$$

可得

$$|G_1| \leqslant c\Delta t \sum_{j=2}^{R-1} \left\|\xi^{j-1}\right\|_{H_0^1}^2. \tag{2.3.30a}$$

由于

$$\begin{aligned}
G_2 =& -\sum_{j=1}^{R-1} \int_\Omega \left[\left[\{A(U^j) - A(u^j)\}\nabla_x\left(\frac{\tilde{u}^{j+1}+\tilde{u}^{j-1}}{2}\right), \nabla_x(\xi^{j+1}-\xi^{j-1})\right]\right]\mathrm{d}x \\
=& -\int_\Omega \left[\left[\{A(U^{R-1}) - A(u^{R-1})\}\nabla_x\left(\frac{\tilde{u}^{R}+\tilde{u}^{R-2}}{2}\right), \nabla_x\xi^R\right]\right]\mathrm{d}x \\
& -\int_\Omega \left[\left[\{A(U^{R-2}) - A(u^{R-2})\}\nabla_x\left(\frac{\tilde{u}^{R-1}+\tilde{u}^{R-2}}{2}\right), \nabla_x\xi^{R-1}\right]\right]\mathrm{d}x \\
& +\int_\Omega \left[\left[\{A(U^{2}) - A(u^{2})\}\nabla_x\left(\frac{\tilde{u}^{3}+\tilde{u}^{1}}{2}\right), \nabla_x\xi^1\right]\right]\mathrm{d}x \\
& +\int_\Omega \left[\left[\{A(U^{1}) - A(u^{1})\}\nabla_x\left(\frac{\tilde{u}^{2}+\tilde{u}^{0}}{2}\right), \nabla_x\xi^0\right]\right]\mathrm{d}x \\
& -\sum_{j=1}^{R-1} \int_\Omega \left[\left[\{A(U^j) - A(u^j)\}\nabla_x\left(\frac{\tilde{u}^{j+1}+\tilde{u}^{j-1}}{2}\right)\right.\right. \\
& \left.\left.-\{A(U^{j+1}) - A(u^{1+1})\}\ \nabla_x\left(\frac{\tilde{u}^{j+3}+\tilde{u}^{j+1}}{2}\right), \nabla_x\xi^{j+1}\right]\right]\mathrm{d}x \\
=& -\int_\Omega \left[\left[\{A(U^{R-1}) - A(u^{R-1})\}\nabla_x\left(\frac{\tilde{u}^{R}+\tilde{u}^{R-2}}{2}\right), \nabla_x\xi^R\right]\right]\mathrm{d}x \\
& -\cdots+\int_\Omega \left[\left[\{A(U^{1}) - A(u^{1})\}\nabla_x\left(\frac{\tilde{u}^{2}+\tilde{u}^{0}}{2}\right), \nabla_x\xi^0\right]\right]\mathrm{d}x \\
& +\frac{1}{2}\Delta t \sum_{j=1}^{R-3} \int_\Omega [[\{A(U^j) - A(u^j)\} \\
& \cdot\nabla_x\left(\partial_t\tilde{u}^{j+\frac{2}{2}} + \partial_t\tilde{u}^{j+\frac{3}{2}} + \partial_t\tilde{u}^{j+\frac{1}{2}} + \partial_t\tilde{u}^{j-\frac{3}{2}}\right), \nabla_x\xi^{j+1}\right]\right]\mathrm{d}x
\end{aligned}$$

$$+\Delta t\sum_{j=1}^{R-3}\int_{\Omega}\left[\left[\left\{\frac{A(U^{j+2})-A(U^j)}{\Delta t}-\frac{A(U^{j+2})-A(U^j)}{\Delta t}\right\}\right.\right.$$

$$\left.\left.\cdot\nabla_x\left(\frac{\tilde{u}^{j+3}+\tilde{u}^{j+1}}{2}\right),\nabla_x\xi^{j+1}\right]\right]\mathrm{d}x$$

可得

$$|G_2|\leqslant\varepsilon\left\{\left\|\xi^R\right\|_{H_0^1}^2+\left\|\xi^{R-1}\right\|_{H_0^1}^2\right\}+c\Delta t\sum_{j=1}^{R-2}\left\{\left\|\partial_t\xi^{j-\frac{1}{2}}\right\|_{L_2}^2+\left\|\xi^j\right\|_{H_0^1}^2\right\}$$
$$+c\{h^{2(k+1)}+(\Delta t)^4\}. \tag{2.3.30b}$$

因为

$$G_3=-\int_{\Omega}\left[\left[A(U^{R-1})\nabla_x\left(\frac{\tilde{u}^R+\tilde{u}^{R-2}}{2}-\tilde{u}^{R-1}\right),\nabla_x\xi^R\right]\right]\mathrm{d}x$$
$$-\int_{\Omega}\left[\left[A(u^{R-2})\nabla_x\left(\frac{\tilde{u}^{R-1}+\tilde{u}^{R-3}}{2}\right),\nabla_x\xi^{R-1}\right]\right]\mathrm{d}x$$
$$+\int_{\Omega}\left[\left[A(u^2)\nabla_x\left(\frac{\tilde{u}^3+\tilde{u}^1}{2}-\tilde{u}^2\right),\nabla_x\xi^1\right]\right]\mathrm{d}x$$
$$-\int_{\Omega}\left[\left[A(u^1)\nabla_x\left(\frac{\tilde{u}^2+\tilde{u}^0}{2}-\tilde{u}^1\right),\nabla_x\xi^0\right]\right]\mathrm{d}x$$
$$-\sum_{j=1}^{R-3}\int_{\Omega}\left[\left[A(u^j)\nabla_x\left(\frac{\tilde{u}^{j+1}+\tilde{u}^{j-1}}{2}-\tilde{u}^j\right)\right.\right.$$
$$\left.\left.-A(u^{j+2})\nabla_x\left(\frac{\tilde{u}^{j+3}+\tilde{u}^{j+1}}{2}-\tilde{u}^{j+2}\right),\nabla_x\xi^{j+1}\right]\right]\mathrm{d}x,$$

可得

$$|G_3|\leqslant\varepsilon\left\{\left\|\xi^R\right\|_{H_0^1}^2+\left\|\xi^{R-1}\right\|_{H_0^1}^2\right\}+c\Delta t\sum_{j=1}^{R-2}\left\{\left\|\xi^j\right\|_{H_0^1}^2\right\}+c\left\{h^{2(k+1)}+(\Delta t)^4\right\}. \tag{2.3.30c}$$

类似地, 有

$$|G_4|\leqslant\varepsilon\left\{\left\|\xi^R\right\|_{H_0^1}^2+\left\|\xi^{R-1}\right\|_{H_0^1}^2\right\}+c\Delta t\sum_{j=1}^{R-2}\left\{\left\|\xi^j\right\|_{H_0^1}^2+\left\|\partial_t\xi^{j-\frac{1}{2}}\right\|_{L_2}^2\right\}$$
$$+c\left\{h^{2(k+1)}+(\Delta t)^4\right\}. \tag{2.3.30d}$$

由 (2.3.29) 和 (2.3.30) 有

$$\begin{aligned}
&\left\|\partial_t\xi^{R-\frac{1}{2}}\right\|_{L_2}^2+c_0\left\{\left\|\xi^R\right\|_{H_0^1}^2+\left\|\xi^{R-1}\right\|_{H_0^1}^2\right\}\\
\leqslant&\varepsilon\left\{\left\|\xi^R\right\|_{H_0^1}^2+\left\|\xi^{R-1}\right\|_{H_0^1}^2\right\}+c\Delta t\sum_{j=1}^{R-2}\left\{\left\|\xi^j\right\|_{H_0^1}^2+\left\|\partial_t\xi^{j-\frac{1}{2}}\right\|_{L_2}^2\right\}\\
&+c\left\{h^{2(k+1)}+(\Delta t)^4\right\}.
\end{aligned}\tag{2.3.31}$$

取 $\varepsilon=\dfrac{c_0}{4}$ 和 $c\Delta t\leqslant\min\left\{\dfrac{c_0}{4},\dfrac{1}{2}\right\}$ 可得

$$\left\|\partial_t\xi^{R-\frac{1}{2}}\right\|_{L_2}^2+c_0\left\|\xi^R\right\|_{H_0^1}^2\leqslant 2c\Delta t\sum_{j=1}^{R-2}\left\{\left\|\xi^j\right\|_{H_0^1}^2+\left\|\partial_t\xi^{j-\frac{1}{2}}\right\|_{L_2}^2\right\}+2c\left\{h^{2(k+1)}+(\Delta t)^4\right\}.\tag{2.3.32}$$

定理 2.3.3　假设定理 2.3.1 的条件成立, 则下述误差估计式成立:

$$\sup_{j=1,2,\cdots,N}\left\{\left\|\partial_t(U-u)^{j-\frac{1}{2}}\right\|_{L_2}+\left\|(U-u)^j\right\|_s\right\}\leqslant c\left\{h^{k+1-s}+(\Delta t)^2\right\},\tag{2.3.33}$$

此处 $s=0,1$.

定理 2.3.4　假设定理 2.3.3 的条件成立, 则当 Δt 适当小时, 格式 II 是稳定的并且下述误差估计式成立:

$$\begin{aligned}
&\sup_{j=1,2,\cdots,N}\left\{\left\|\partial_t U^{j-\frac{1}{2}}\right\|_{L_2}+\left\|U^j\right\|_{H_0^1}\right\}\\
\leqslant&c\left\{\left\|\partial_t U^{\frac{1}{2}}\right\|_{L_2}+\left\|U^0\right\|_{H_0^1}+\left\|U^1\right\|_{H_0^1}+\left\|f(0)\right\|_{L_3}\right\}.
\end{aligned}\tag{2.3.34}$$

关于非线性二阶双曲型方程组有限元方法的 L_∞ 模估计详细的讨论可参阅文献 [10].

2.4　非线性双曲型方程组的交替方向有限元方法

本节在 2.3 节之后, 考虑到很多生产实际问题均是非线性双曲型方程组的形式[31~33], 提出非线性双曲型方程组的交替方向有限元方法, 使它既具有较少的计算量, 又具有较高的精确度, 是一类实用的工程计算方法. 应用微分方程先验估计的理论和技巧, 得到收敛性估计和稳定性分析结果, 使计算格式具有坚实的理论基础.

2.4.1 预备知识

考虑初边值问题

$$
\begin{cases}
\dfrac{\partial^2 u}{\partial t^2} = [\nabla_x, A(x,u)\nabla_x u] = B(x,u)\nabla_x u + f(x,u), \quad x \in \Omega, t \in [0,T], \\
\dfrac{\partial u}{\partial t}(x,0) = 0, \quad x \in \Omega, \\
u(x,0) = 0, \quad x \in \Omega, \\
u(x,t) = 0, \quad x \in \Omega, t \in [0,T],
\end{cases}
\tag{2.4.1}
$$

其中, Ω 是 $\mathbf{R}^d$ 中的有界区域, 函数 $u = u(x,t) = (u_1(x,t),\cdots,u_L(x,t))^{\mathrm{T}}$, $\dfrac{\partial u}{\partial t} = \left(\dfrac{\partial u_1}{\partial t},\cdots,\dfrac{\partial u_L}{\partial t}\right)^{\mathrm{T}}$, $[\nabla_x, A(x,u)\nabla_x u]$ 表示一个 L 元组, 它的第 l 个元素为

$$
\sum_{k=1}^{L}\sum_{i,j=1}^{d}\frac{\partial}{\partial x_j}\left(a_{l,j,k,i}(x,u)\frac{\partial u_k}{\partial x_i}\right).
\tag{2.4.2}
$$

同样, $B(x,u)\nabla_x u$ 也是一个 L 元组, 第 l 个元素为$\displaystyle\sum_{k=1}^{L}\sum_{i=1}^{d} b_{l;k,i}(x,u)\frac{\partial u_k}{\partial x_i}$, 而函数 $f(x,u)$ 和 $u(x,0)$ 则相应为 $(f_1(x,u),\cdots,f_L(x,u))^{\mathrm{T}}$ 和 $(u_1(x,0),\cdots,u_L(x,0))^{\mathrm{T}}$.

设 $S_0 = \{(l,j): 1 \leqslant l \leqslant L, 1 \leqslant j \leqslant n\}$. 我们将在 $\{v|v = v_{l,j}, 1 \leqslant l \leqslant L, 1 \leqslant j \leqslant n\}$ 上定义两种向量内积. 假定 $S = \{(l,j): 1 \leqslant l \leqslant L, j \in S_l\}$, 那么对于 $v = (v_{l,j})$ 和 $w = (w_{l,j})$ 定义 $[v,w]$ 为一 L 元组,

$$
[v,w] = \left([v,w]_1,\cdots,[v,w]_L\right)^{\mathrm{T}},
$$

$$
[v,w]_l = \sum_{j\in S_l} v_{l,j}w_{l,j}, \quad [[v,w]] = \sum_{S} v_{l,j}w_{l,j},
$$

以及它的导出模

$$
\|v\| = [[v,v]]^{1/2}.
$$

那么, 问题 (2.4.1) 等价于变分问题

$$
\begin{cases}
\left\langle \dfrac{\partial^2 u}{\partial t^2}, v\right\rangle + a(u;u,v) = \langle B(x,u)\nabla_x u, v\rangle + \langle f(x,u), v\rangle, \\
\left\langle \dfrac{\partial u}{\partial t}(0), v\right\rangle = 0, \quad t \in [0,T], \forall v \in (H_0^1)^L, \\
\langle u(0), v\rangle = 0, \quad \forall v \in (H_0^1)^L, \\
u \in (H_0^1)^L,
\end{cases}
\tag{2.4.3}
$$

其中$\langle w,v\rangle=(\langle w,v\rangle_1,\langle w,v\rangle_2,\cdots,\langle w,v\rangle_L)^{\mathrm{T}},\langle w,v\rangle_l=\int_\Omega w_l(x)v_l(x)\mathrm{d}x, a(w;u,v)=\int_\Omega[A(x,w(x))\nabla_x u(x),\nabla_x v(x)]\mathrm{d}x$, $a(w;u,v)$ 是一向量, 可记为

$$a(u;w,v)=(a_1(u;w,v),\cdots,a_L(u;w,v))^{\mathrm{T}}.$$

下面对方程组的系数作一定的假设:

(1) 对 $(x,p)\in\Omega\times\mathbf{R}^L$, 矩阵 $A(x,p)=(a_{l,j,k,i}(x,p))$ 是对称正定的且有界, 即存在常数 c_0, c_1 使得对任意的 $\xi=(\xi_{l,j})$ 有下式:

$$c_0\|\xi\|^2\leqslant\sum a_{l,j;k,j}\xi_{l,j}\xi_{k,i}\leqslant c_1\|\xi\|^2$$

成立. 同时 $A(x,p)$ 关于 p 是 Lipschitz 连续的且有界, 即

$$\|A(x,p_1)-A(x,p_2)\|\leqslant L|p_1-p_2|,$$

这里 $\|\cdot\|=[[\cdot,\cdot]]^{1/2}$.

(2) 对 $(x,p)\in\Omega\times\mathbf{R}^L$, 矩阵 $B(x,p)$ 关于 p 是 Lipschitz 连续的且有界.

(3) 右端函数 $f(x,p)$ 关于 p Lipschitz 连续且有界.

设 u 是定义在空间 $\Omega\times[0,T]$ 上的函数, 定义在相应空间上的各种模:

$$\|u\|^2_{L^2(\Omega)}(t)=\|u\|^2_{L^2}=\int_\Omega\|u(x,t)\|^2\mathrm{d}x,$$

$$\|u\|^2_{H_0^1(\Omega)}(t)=\|u\|^2_{H_0^1}=\int_\Omega\sum_{S_0}\left|\frac{\partial u_l}{\partial x_j}(x,t)\right|^2\mathrm{d}x,$$

$$\|u\|_{L^2(0,T;L^2(\Omega))}=\int_0^T\int_\Omega\|u(x,t)\|^2\mathrm{d}x\mathrm{d}t.$$

为了书写的方便定义下述记号:

$$d_te^n=\frac{e^{n+1}-e^n}{\Delta t},\quad \partial_te^n=\frac{e^{n+1}-e^{n-1}}{2\Delta t},$$

$$d_{tt}e^n=\frac{\partial_te^{n+1}-\partial_te^n}{\Delta t}=\frac{e^{n+2}-e^{n+1}-e^n+e^{n-1}}{2(\Delta t)^2},$$

$$\langle\langle v,w\rangle\rangle=\int_\Omega[[v(x),w(x)]]\mathrm{d}x.$$

2.4.2 交替方向的 Galerkin 格式

限定 Ω 为一矩形区域, 只分析二维问题. 设 M^L 为我们求解的有限元空间, $U=(U_1,\cdots,U_L)^{\mathrm{T}}$ 为所求问题的解, 那么将变分问题 (2.4.3) 离散并添加扰动项, 可得交替方向计算格式.

$$\left\langle \frac{U^{n+1}-2U^n+U^{n-1}}{(\Delta t)^2}, V \right\rangle + \lambda \langle\langle \nabla(U^{n+1}-2U^n+U^{n-1}), \nabla V \rangle\rangle$$

$$+ \lambda^2(\Delta t)^2 \left\langle \frac{\partial^2}{\partial x \partial y}(U^{n+1}-2U^n+U^{n-1}), \frac{\partial^2}{\partial x \partial y} V \right\rangle + a(U^n; U^n, V)$$

$$= \langle B(U^n)\nabla U^n, V\rangle + \langle f(U^n), V\rangle, \quad \forall V \in (M)^L. \tag{2.4.4}$$

假定基函数是变量分离的, 即 $M = M_x \otimes M_y$, 这里 M_x 和 M_y 都是 $H_0^1(I)$ 的有限维子空间, 并且分别以 $\{\phi_i(x)\}_{i=1}^{N_x}$ 和 $\{\psi_j(y)\}_{j=1}^{N_y}$ 为基底, 那么相应地 M 以 $\{\phi_i\psi_j\}_{i=1,j=1}^{N_x,N_y}$ 为基底, 函数 $U(x,y,t)$ 写为

$$U(x,y,t) = \left(\sum \xi_{1,ij}(t)\phi_i(x)\psi_j(y), \cdots, \sum \xi_{L,ij}(t)\phi_i(x)\psi_j(y)\right)^{\mathrm{T}}.$$

若在 (2.4.4) 中取 $V = \phi_{i'}\psi_{j'}e_l$, 这里 $i' = 1, \cdots, N_x, j' = 1, \cdots, N_y, l = 1, \cdots, L, e_l$ 为第 l 个元素为 1 的单位向量, 那么

$$\sum_{i=1}^{N_x}\sum_{j=1}^{N_y} \left\{ (\phi_i\psi_j, \phi_{i'}\psi_{j'}) + \lambda(\Delta t)^2 \left[\left(\frac{\partial \phi_i}{\partial x}\psi_j, \frac{\partial \phi_{i'}}{\partial x}\psi_{j'} \right) + \left(\phi_i \frac{\partial \psi_j}{\partial y}, \phi_{i'}\frac{\partial \psi_{j'}}{\partial y} \right) \right] \right.$$

$$\left. + \lambda^2(\Delta t)^4 \left(\frac{\partial^2 \phi_i\psi_j}{\partial x \partial y}, \frac{\partial^2 \phi_{i'}\psi_{j'}}{\partial x \partial y} \right) \right\} \gamma_{l,ij} = \varPhi_{l,n}, \tag{2.4.5a}$$

$$\gamma_{l;ij}^n = \xi_{l,ij}^{n+1} - 2\xi_{l,ij}^n + \xi_{l,ij}^{n-1}, \tag{2.4.5b}$$

定义

$$G_x = ((\phi_i, \phi_{i'})_x)_{i,i'=1}^{N_x}, \quad G_y = ((\psi_j, \psi_{j'})_y)_{j,j'=1}^{N_y},$$

$$A_x = \left(\left(\frac{\partial \phi_i}{\partial x}, \frac{\partial \phi_{i'}}{\partial x} \right)_x \right)_{i,i'=1}^{N_x}, \quad A_y = \left(\left(\frac{\partial \psi_j}{\partial y}, \frac{\partial \psi_{j'}}{\partial y} \right)_y \right)_{j,j'=1}^{N_y},$$

其中

$$(\chi, \vartheta)_x = \int_I \chi(x)\vartheta(x)\mathrm{d}x, \quad (\chi, \vartheta)_y = \int_I \chi(y)\vartheta(y)\mathrm{d}y,$$

以及

$$\gamma^n = \begin{pmatrix} \gamma_{1;11}^n & \cdots & \gamma_{1;1N_y}^n & \gamma_{1;21}^n & \cdots & \gamma_{1;NxNy}^n \\ \gamma_{2;11}^n & \cdots & \gamma_{2;1N_y}^n & \gamma_{2;21}^n & \cdots & \gamma_{2;NxNy}^n \\ \vdots & & \vdots & \vdots & & \vdots \\ \gamma_{L;11}^n & \cdots & \gamma_{L;1N_y}^n & \gamma_{L;21}^n & \cdots & \gamma_{L;NxNy}^n \end{pmatrix}_{NxNy\times L}^{\mathrm{T}}.$$

进而方程 (2.4.5) 可化为如下的张量形式:

$$[(C_x + \lambda(\Delta t)^2 A_x) \otimes I_{Nx}][I_{Ny} \otimes (C_y + \lambda(\Delta t)^2 A_y)]\gamma^n = \varPhi^n,$$

$$\gamma^n = \xi^{n+1} - 2\xi^n + \xi^{n-1},$$

$$\varPhi^n = \langle B(U^n)\nabla U^n, V\rangle + \langle f(U^n), V\rangle - a(U^n; U^n, V),$$

这里 I_{N_x} 和 I_{N_y} 表示 N_x 阶和 N_y 阶的单位矩阵. 我们将求解上述方程组化为先求解

$$[(C_x + \lambda(\Delta t)^2 A_x) \otimes I_{N_x}]\bar{\gamma}^n = \varPhi^n,$$

然后求解

$$\left[I_{N_y} \otimes (C_y + \lambda(\Delta t)^2 A_y)\right] \gamma^n = \bar{\gamma}^n.$$

注意到通过求解 x 方向 $N_x \times L$ 个独立的一维相关方程, 可得到 $\bar{\gamma}^n$, 然后再解 y 方向 $N_y \times L$ 个独立的一维方程得到 γ^n. 而 $\bar{\gamma}^n$ 和 γ^n 的求解有着明显的并行特性, 再加上方程本身个数的增加, 使得该特性更加突出.

2.4.3 误差分析

我们利用标准的误差估计方法, 对交替方向 Galerkin 格式 (2.4.4) 进行分析. 将变分问题 (2.4.3) 离散, 变形得

$$\begin{aligned}
&\left\langle \frac{u^{n+1} - 2u^n + u^{n-1}}{(\Delta t)^2} + \delta_1, v \right\rangle + \lambda \left\langle\left\langle \nabla(u^{n+1} - 2u^n + u^{n-1}), \nabla v \right\rangle\right\rangle \\
&+ \lambda^2(\Delta t)^2 \left\langle \frac{\partial^2}{\partial x \partial y}(u^{n+1} - 2u^n + u^{n-1}), \frac{\partial^2}{\partial x \partial y} v \right\rangle + a(u^n; u^n, v) \\
=& \langle B(x, u^n)\nabla_x u^n, v\rangle + \langle f(u^n), v\rangle + \lambda \left\langle\left\langle \nabla(u^{n+1} - 2u^n + u^{n-1}), \nabla v \right\rangle\right\rangle \\
&+ \lambda^2(\Delta t)^2 \left\langle \frac{\partial^2}{\partial x \partial y}(u^{n+1} - 2u^n + u^{n-1}), \frac{\partial^2}{\partial x \partial y} v \right\rangle, \quad \forall v \in (H_0^1(\varOmega))^L. \quad (2.4.6)
\end{aligned}$$

设 W 是 u 在有限元空间的投影, 令 $e^n = U^n - u^n$, $\eta^n = W^n - u^n$, $v = V$, 将方程 (2.4.4) 和 (2.4.6) 相减, 得到误差方程

$$\begin{aligned}
&\left\langle \frac{e^{n+1} - 2e^n + e^{n-1}}{(\Delta t)^2} - \delta_1, V \right\rangle + \lambda \left\langle\left\langle \nabla(e^{n+1} - 2e^n + e^{n-1}), \nabla V \right\rangle\right\rangle \\
&+ \lambda^2(\Delta t)^2 \left\langle \frac{\partial^2}{\partial x \partial y}(e^{n+1} - e^n + e^{n-1}), \frac{\partial^2}{\partial x \partial y} V \right\rangle \\
&+ a(U^n; e^n, V) + (a(U^n; u^n, V) - a(u^n; u^n, V)) \\
=& \langle B(x, U^n)\nabla_x U^n - B(x, u^n)\nabla_x u^n, V\rangle + \langle f(U^n) - f(u^n), V\rangle \\
&- \lambda \left\langle\left\langle \nabla(u^{n+1} - 2u^n + u^{n-1}), \nabla V \right\rangle\right\rangle
\end{aligned}$$

$$- \lambda^2(\Delta t)^2 \left\langle \frac{\partial^2}{\partial x \partial y}(u^{n+1} - 2u^n + u^{n-1}), \frac{\partial^2}{\partial x \partial y} V \right\rangle, \quad \forall V \in (M)^L. \quad (2.4.7)$$

记方程右端前两项为 T_1^n, 后两项为 T_2^n, 取 $V = e^{n+1} - e^{n-1} + \eta^{n+1} - \eta^{n-1}$,

$$\begin{aligned}\sum_{n=1}^{N-1} \left\langle \frac{e^{n+1} - 2e^n + e^{n-1}}{(\Delta t)^2}, e^{n+1} - e^{n-1} \right\rangle &= \sum_{n=1}^{N-1} \left(\|d_t e^n\|_{L^2}^2 - \left\|d_t e^{n-1}\right\|_{L^2}^2 \right) \\ &= \left\|d_t e^{N-1}\right\|_{L^2}^2 - \left\|d_t e^0\right\|_{L^2}^2, \end{aligned} \quad (2.4.8)$$

$$\begin{aligned} &\sum_{n=1}^{N-1} \left\langle \frac{e^{n+1} - 2e^n + e^{n-1}}{(\Delta t)^2}, \eta^{n+1} - \eta^{n-1} \right\rangle \\ \geqslant &- \left| \langle d_t e^{N-1}, \partial_t \eta^{N-1} \rangle - \langle d_t e^0, \partial_t \eta^1 \rangle - \sum_{n=2}^{N-2} \langle d_t e^n, d_{tt} \eta^n \rangle \right| \\ \geqslant &- K(\left\|\partial_t \eta^{n-1}\right\|_{L^2}^2 + \left\|d_t e^0\right\|_{L^2}^2 + \left\|\partial_t \eta^1\right\|_{L^2}^2) - \varepsilon \left\|d_t e^{N-1}\right\|_{L^2}^2 \\ &- \Delta t \sum_{n=1}^{N-2} (\|d_t e^n\|_{L^2}^2 + \|d_{tt} \eta^n\|_{L^2}^2), \end{aligned} \quad (2.4.9)$$

$$\begin{aligned} &\sum_{n=1}^{N-1} \left\langle \frac{\partial^2}{\partial x \partial y}(e^{n+1} - e^n + e^{n-1}), \frac{\partial^2}{\partial x \partial y}(\eta^{n+1} - \eta^{n-1}) \right\rangle \\ \geqslant &- K(\Delta t)^2 \sum_{n=1}^{N-1} \left(\left\| \frac{\partial^2}{\partial x \partial y} d_t e^n \right\|_{L^2}^2 + \left\| \frac{\partial^2}{\partial x \partial y} d_t e^{n-1} \right\|_{L^2}^2 + \left\| \frac{\partial^2}{\partial x \partial y} \partial_t \eta^n \right\|_{L^2}^2 \right). \end{aligned} \quad (2.4.10)$$

其次,

$$\begin{aligned} &\sum_{i=1}^{N-1} \Big[\lambda \langle\langle \nabla(e^{n+1} - 2e^n + e^{n-1}), \nabla(\eta^{n+1} - \eta^{n-1}) \rangle\rangle \\ &+ a(U^n; e^n, \eta^{n+1} - \eta^{n-1}) + a(U^n; u^n, \eta^{n+1} - \eta^{n-1}) - a(u^n; u^n, \eta^{n+1} - \eta^{n-1}) \Big] \\ \geqslant &- K \Delta t \left(\sum_{n=0}^{N} \|e^n\|_{H_0^1}^2 + \sum_{n=1}^{N-1} \|\partial_t \eta^n\|_{H_0^1} \right), \end{aligned} \quad (2.4.11)$$

$$\sum_{n=1}^{N-1} (a(U^n; u^n, e^{n+1} - e^{n-1}) - a(u^n; u^n, e^{n+1} - e^{n-1}))$$

$$
\begin{aligned}
&= \langle\langle (A(x,U^{N-1}) - A(x,u^{N-1}))\nabla u^{N-1}, \nabla(e^N + e^{N-1})\rangle\rangle \\
&\quad - \langle\langle (A,x,U^0) - A(x,u^0))\nabla u^0, \nabla(e^1 + e^0)\rangle\rangle \\
&\quad + \sum_{n=1}^{N-1} \langle\langle (A(x,U^{n-1}) - A(x,u^{n-1}))\nabla u^{n-1} \\
&\quad -(A(x,U^n) - A(x,u^n))\nabla u^n, \nabla(e^n + e^{n-1})\rangle\rangle \\
&\geqslant -\varepsilon\left(\|e^N\|_{H_0^1}^2 + \|e^{N-1}\|_{H_0^1}^2\right) - K\Big(\|e^{N-1}\|_{L_2}^2 + \|e^0\|_{H_0^1}^2 + \|e^1\|_{H_0^1}^2 \\
&\quad + \Delta t \sum_{n=1}^{N-1}\left(\|d_t e^{n-1}\|_{L^2}^2 + \|e^n\|_{H_0^1}^2\right)\Big),
\end{aligned}
\tag{2.4.12}
$$

从而左端 L 可化为$L \geqslant \|d_t e^{N-1}\|_{L^2}^2 + \lambda\sum\langle\langle\nabla(e^{n+1} - 2e^n + e^{n-1}), \nabla(e^{n+1} - e^{n-1})\rangle\rangle + \lambda^2(\Delta t)^2\sum\left\langle\frac{\partial^2}{\partial x\partial y}(e^{n+1} - 2e^n + e^{n-1}), \frac{\partial^2}{\partial x\partial y}(e^{n+1} - e^{n-1})\right\rangle - \hat{K}$的形式, 其中 $\hat{K}$ 为一些初始项和小项.

下面估计左端的剩余项,

$$
\begin{aligned}
&\sum_{n=1}^{N-1}\lambda\langle\langle\nabla(e^{n+1} - 2e^n + e^{n-1}), \nabla(e^{n+1} - e^{n-1})\rangle\rangle + a(U^n; e^n, e^{n+1} - e^{n-1}) \\
=&\sum_{n=1}^{N-1}\left\{\lambda\left(\|e^{n+1}\|_{H_0^1}^2 - \|e^{n-1}\|_{H_0^1}^2\right) + \langle\langle (A(x,U^n) - 2\lambda I)\nabla e^n, \nabla(e^{n+1} - e^{n-1})\rangle\rangle\right\} \\
=&\sum_{n=1}^{N-1}\lambda(\|e^{n+1}\|_{H_0^1}^2 - \|e^{n-1}\|_{H_0^1}^2) + \langle\langle (A(x,U^n) - 2\lambda I)\nabla e^{N-1}, e^N\rangle\rangle \\
&- \langle\langle (A(x,U^0) - 2\lambda I)\nabla e^0, e^1\rangle\rangle + \sum_{n=1}^{N-1}\langle\langle (A(x,U^n) - A(x,U^{n-1}))\nabla e^{n-1}, \nabla e^n\rangle\rangle \\
\geqslant&\lambda\left(\|e^N\|_{H_0^1}^2 + \|e^{N-1}\|_{H_0^1}^2\right) - \frac{1}{2}\|A(x,U^{n-1}) - 2\lambda I\|_{H_0^1}^2\left(\|e^N\|_{H_0^1}^2 + \|e^{N-1}\|_{H_0^1}^2\right) \\
&- K\left(\|e^1\|_{H_0^1}^2 + \|e^0\|_{H_0^1}^2\right) - K\sum_{n=1}^{N-1}\|A(x,U^n) - A(x,U^{n-1})\|\left(\|e^{n-1}\|_{H_0^1}^2 + \|e^n\|_{H_0^1}^2\right) \\
\geqslant&(\lambda - \mu)\left(\|e^N\|_{H_0^1}^2 + \|e^{N-1}\|_{H_0^1}^2\right) - K\left(\|e^1\|_{H_0^1}^2 + \|e^0\|_{H_0^1}^2\right) \\
&- K\sum_{n=1}^{N-1}\|U^n - U^{n-1}\|\left(\|e^{n-1}\|_{H_0^1}^2 + \|e^n\|_{H_0^1}^2\right) \\
\geqslant&(\lambda - \mu)\left(\|e^N\|_{H_0^1}^2 + \|e^{N-1}\|_{H_0^1}^2\right) - K\left(\|e^1\|_{H_0^1}^2 + \|e^0\|_{H_0^1}^2\right)
\end{aligned}
$$

$$- K\Delta t\sum_{n=1}^{N-1}\left(1+h^{-1}\left\|d_te^{n-1}\right\|_{L_2}\right)\left(\left\|e^{n-1}\right\|_{H_0^1}^2+\left\|e^n\right\|_{H_0^1}^2\right), \tag{2.4.13}$$

这里 $\mu=\dfrac{1}{2}\sup\limits_{x,U^n}\|A(x,U^n)-2\lambda I\|$.

$$\begin{aligned}&\sum_{n=1}^{N-1}\left\langle\frac{\partial^2}{\partial x\partial y}(e^{n+1}-2e^n+e^{n-1}),\frac{\partial^2}{\partial x\partial y}(e^{n+1}-e^{n-1})\right\rangle\\=&(\Delta t)^2\sum_{n=1}^{N-1}\left\{\left\|\frac{\partial^2}{\partial x\partial y}d_te^n\right\|_{L^2}^2-\left\|\frac{\partial^2}{\partial x\partial y}d_te^{n-1}\right\|_{L^2}^2\right\}\\=&(\Delta t)^2\left\{\left\|\frac{\partial^2}{\partial x\partial y}d_te^{N-1}\right\|_{L^2}^2-\left\|\frac{\partial^2}{\partial x\partial y}d_te^0\right\|_{L^2}^2\right\}.\end{aligned} \tag{2.4.14}$$

至于右端项则有如下估计：

$$\sum_{n=1}^{N-1}T_1^n\leqslant K\Delta t\sum_{n=1}^{N-1}\left(\|e^n\|_{H_0^1}^2+\|d_te^n\|_{L^2}^2+\|\partial_t\eta^n\|_{L^2}^2\right), \tag{2.4.15}$$

$$\begin{aligned}\sum_{n=1}^{N-1}T_2\leqslant &K\lambda\Delta t\sum_{n=2}^{N-1}\left\{(\Delta t)^4+\|d_te^n\|_{L^2}^2+\|\partial_t\eta^n\|_{L^2}^2\right.\\&\left.+(\Delta t)^4\left\|\frac{\partial^2}{\partial x\partial y}d_te^n\right\|_{L^2}+(\Delta t)^4\left\|\frac{\partial^2}{\partial x\partial y}\partial_t\eta^n\right\|_{L^2}\right\}.\end{aligned} \tag{2.4.16}$$

综合以上各估计式, 得

$$\begin{aligned}&(1-\varepsilon)\left\|d_te^{N-1}\right\|_{L^2}^2+(\lambda-\mu-\varepsilon)\left(\left\|e^N\right\|_{H_0^1}^2+\left\|e^{N-1}\right\|_{H_0^1}^2\right)+\lambda^2(\Delta t)^4\left\|\frac{\partial^2}{\partial x\partial y}d_te^{N-1}\right\|_{L^2}^2\\\leqslant &K\left(\left\|e^0\right\|_{H_0^1}^2+\left\|e^1\right\|_{H_0^1}^2+\left\|d_te^0\right\|_{L^2}^2+\left\|\partial_t\eta^{N-1}\right\|_{L^2}^2+\left\|\partial_t\eta^1\right\|_{L^2}^2\right)\\&+K\Delta t\sum_{n=1}^{N-1}(1+h^{-1}\left\|d_te^{n-1}\right\|_{L^2})\left(\left\|e^{n-1}\right\|_{H_0^1}^2+\left\|e^n\right\|_{H_0^1}^2\right)+K\Delta t\sum_{n=1}^{N-2}\|d_{tt}\eta^n\|_{L^2}^2\\&+K\Delta t\sum_{n=1}^{N-1}\left(\|\partial_t\eta^n\|_{H_0^1}^2+(\Delta t)^4\left\|\frac{\partial^2}{\partial x\partial y}\partial_t\eta^n\right\|_{L^2}^2\right.\\&\left.+(\Delta t)^4\left\|\frac{\partial^2}{\partial x\partial y}d_te^n\right\|_{L^2}^2+(\Delta t)^4\right).\end{aligned} \tag{2.4.17}$$

令 $\lambda > \frac{1}{4}c_1$, 则 $\lambda - \mu > 0$, 进而

$$\begin{aligned}&(1-\varepsilon)\left\|d_te^{N-1}\right\|_{L^2}^2+(\lambda-\mu-\varepsilon)\left(\left\|e^N\right\|_{H_0^1}^2+\left\|e^{N-1}\right\|_{H_0^1}^2\right)\\&+\lambda(\Delta t)^4\left\|\frac{\partial^2}{\partial x\partial y}d_te^{N-1}\right\|_{L^2}^2\\\geqslant&k_0\left(\left\|d_te^{N-1}\right\|_{L^2}+\left\|e^N\right\|_{H_0^1}^2+\left\|e^{N-1}\right\|_{H_0^1}^2+(\Delta t)^4\left\|\frac{\partial^2}{\partial x\partial y}d_te^{N-1}\right\|_{L^2}^2\right).\end{aligned}\tag{2.4.18}$$

设 M 是指标为 k 的有限元空间.

$$\|\partial_t\eta\|_{L_\infty(L^2)}^2+\|\partial_t\eta\|_{L^2(H^1)}^2+\|d_{tt}\eta\|_{L^2(L^2)}+(\Delta t)^2\left\|\frac{\partial^2}{\partial x\partial y}\partial_t\eta^n\right\|_{L^2(L^2)}=O(h^k+(\Delta t)^2),\tag{2.4.19}$$

若假设

$$\left\|e^1\right\|_{H_0^1}+\left\|e^0\right\|_{H_0^1}+\left\|d_te^0\right\|_{L^2}=O(h^k+(\Delta t)^2),\tag{2.4.20}$$

估计式 (2.4.17) 可化为

$$\begin{aligned}&\left\|d_te^{N-1}\right\|_{L^2}^2+\left(\left\|e^N\right\|_{H_0^1}^2+\left\|e^{N-1}\right\|_{H_0^1}^2\right)+(\Delta t)^4\left\|\frac{\partial^2}{\partial x\partial y}d_te^{N-1}\right\|_{L^2}^2\\\leqslant&K\Delta t\sum_{n=1}^{N-1}(1+h^{-1}\left\|d_te^{n-1}\right\|_{L^2})(\left\|e^{n-1}\right\|_{H_0^1}^2+\left\|e^n\right\|_{H_0^1}^2)+O(h^{2k}+(\Delta t)^4).\end{aligned}\tag{2.4.21}$$

这里时间和空间离散参数满足限定性条件 $(\Delta t)^2=O(h^k)$. 对 $\left\|d_te^{n-1}\right\|_{L^2}$ 作归纳假设

$$\left\|d_te^{n-1}\right\|_{L^2}=O(h^k+(\Delta t)^2),\quad n=1,2,\cdots,N-1.$$

对 $n=1$, 由 (2.4.20) 知上式是正确的. 当 $n>1$ 时, 结合 $h^{-1}\left\|d_te^{n-1}\right\|_{L^2}$ 有界, 对估计式 (2.4.21) 利用 Gronwall 引理可得

$$\left\|d_te^{N-1}\right\|_{L^2}=O(h^k+(\Delta t)^2),\tag{2.4.22}$$

即归纳假设得证. 故最终有

$$\left\|e^N\right\|_{H_0^1}=O(h^k+(\Delta t)^2).\tag{2.4.23}$$

定理 2.4.1　假设系数满足前文所述的连续性条件, 且解是正则的, 那么方程组 (2.4.1) 的近似解与真解关系式 (2.4.23) 成立.

在定理的证明中, 我们没有对投影 W 作很特殊的限定, 它只要满足关系式 (2.4.19) 即可, 例如可取 W 为三次 B 样条插值函数, 可得到收敛阶 $O(h^3+(\Delta t)^2)$,

当然也可取相应的椭圆投影. 为了满足 (2.4.20), 可采用 Douglas 和 Dupont 在文献 [11] 中双曲方程一节的处理步骤, 从而达到阶估计 $O(h^3+(\Delta t)^2)$.

在离散方程 (2.4.4) 中取 $v=\partial_t U^n$ 采用相似的方法可以得到稳定性结果:

定理 2.4.2 在定理 2.4.1 成立的条件下, 有关系式

$$
\begin{aligned}
&\left\|d_tU^{N-1}\right\|_{L^2}^2+\left\|U^N\right\|_{H_0^1}^2+\left\|U^{N-1}\right\|_{H_0^1}^2+(\Delta t)^4\left\|\frac{\partial^2}{\partial x\partial y}d_tU^{N-1}\right\|_{L^2}^2\\
\leqslant& K\left\{\left\|d_tU^0\right\|_{L^2}^2+\left\|U^0\right\|_{L^2}^2+\left\|U^1\right\|_{L^2}^2\right.\\
&\left.+(\Delta t)^4\left\|\frac{\partial^2}{\partial x\partial y}d_tU^0\right\|_{L^2}^2+\Delta t\sum_{n=1}^{N-1}\|f(U^n)\|_{L^2}^2\right\}
\end{aligned}\tag{2.4.24}
$$

成立, 从而解具有唯一性.

2.5 线性双曲型方程的一类新型交替方向有限元方法

非线性抛物型方程和二阶线性双曲型方程的交替方向有限元方法最早由 Douglas 和 Dupont 提出, 并且得到 H^1 模的误差估计[11]. Dupont[4] 和 Baker[5] 则用有限元方法处理了一般二阶线性双曲型初边值问题, 得到它的 L^2 模误差估计. 但以上文献都是采用三层有限元格式. 后来 Fernandes 和 Fairweather 将一类变量分离系数型的特殊双曲方程转化为方程组, 提出一个二层格式, 得到 H_0^1 模和 L^2 模误差估计[13].

本节在以上工作的基础上研究如下二阶线性双曲型方程:

$$
\frac{\partial^2 u}{\partial t^2}(x,t)-\sum_{i,j=1}^{2}\frac{\partial}{\partial x_i}\left(a_{ij}(x)\frac{\partial u}{\partial x_j}(x,t)\right)=f(x,t),\quad (x,t)\in R\times(0,T],\tag{2.5.1a}
$$

$$
u=0,\quad (x,t)\in\partial R\times(0,T],\tag{2.5.1b}
$$

$$
u=u_0(x,y),\quad \frac{\partial u}{\partial t}=u_1(x,y),\quad x\in R,t=0,\tag{2.5.1c}
$$

其中, R 为二维空间的一矩形区域,

$$
a_{ij}=a_{ji}\in C^\infty(\overline{\mathbf{R}}),\tag{2.5.2}
$$

且存在正常数 $\alpha>0$, 使得

$$
\sum_{i,j=1}^{2}a_{ij}\xi_i\xi_j\geqslant\alpha(\xi_1^2+\xi_2^2)\tag{2.5.3}
$$

对 $\forall x \in \mathbf{R}$ 和 $\forall(\xi_1, \xi_2) \in \mathbf{R}^2$ 都成立. 通过转化二阶时间导数得到一个耦合方程组, 然后进行离散处理, 得到一个两层的交替方向有限元格式. 该格式去除了三层格式中时间步长相等的限制, 同时能以更自然的方式处理初始值条件. 最后针对该格式得到 H_0^1 模和 L^2 模误差估计.

2.5.1 预备知识

对正常数 $s \geqslant 0$. 用 $H^s(\mathbf{R})$ 来表示 $\mathbf{R}$ 上的 Sobolev 空间 $H_2^s(\mathbf{R})$, 其模用 $\|\cdot\|_s$ 来定义为

$$\|v\|_s = \left(\sum_{0 \leqslant |\alpha| \leqslant s} \left\| \frac{\partial^\alpha v}{\partial v^\alpha} \right\|^2 \right)^{1/2}, \quad v \in H_2^s(\mathbf{R}).$$

特别地, 当 $s = 0$ 时, 将 $H^0(\mathbf{R})$ 记为 $L^2(\mathbf{R})$, 它具有下面的内积和范数模:

$$(u, v) = \int_{\mathbf{R}} uv \mathrm{d}x, u, v \in L^2(\mathbf{R}), \quad \|v\| = (v, v)^{1/2}, v \in L^2(\mathbf{R}).$$

设 $H_0^1(\mathbf{R})$ 表示 $C_0^\infty(\mathbf{R})$ 在 $\|\cdot\|_1$ 模意义下的闭包, 定义模 $\|\cdot\|_{H_0^1}$,

$$\|v\|_{H_0^1} = \|\nabla v\| = \left(\left\| \frac{\partial v}{\partial x} \right\|^2 + \left\| \frac{\partial v}{\partial y} \right\|^2 \right)^{1/2}, \quad v \in H_0^1(\mathbf{R}).$$

若 X 为一模空间, 其模记为 $\|\cdot\|_X$, v 为一映射 $v : [0, T] \to X$, 定义如下:

$$\|v\|_{L^2(X)} = \left(\int_0^T \|v(t)\|_X^2 \mathrm{d}t \right)^{1/2}, \quad \|v\|_{L^\infty(X)} = \sup_{0 \leqslant t \leqslant T} \|v(t)\|_X .$$

下面根据系数 a_{ij} 定义双线性形式 $a(u, v)$,

$$a(u, v) = \int_{\mathbf{R}} \sum_{i,j=1}^{2} a_{ij} \frac{\partial u}{\partial x_j} \frac{\partial v}{\partial x_i} \mathrm{d}x, \quad u, v \in H^1(\mathbf{R}).$$

根据 (2.5.2) 和 (2.5.3) 知存在正常数 $C_1 < \infty$ 和 $C_2 < \infty$ 使得下面两式成立:

$$|a(u, v)| \leqslant C_1 \|u\|_{H_0^1} \|v\|_{H_0^1}, \quad \forall u, v \in H_0^1(\Omega),$$

$$a(v, v) \geqslant C_2 \|v\|_{H_0^1}^2, \quad \forall v \in H_0^1(\Omega).$$

设 r 为一个正常数且 $r \geqslant 2$, $S_h^r(\mathbf{R})_{0<h<1}$ 是 $r-1$ 次分片多项式函数空间, 且满足如下假设条件:

$$S_h^r \subset H^2(\mathbf{R}) \cap H_0^1(\mathbf{R}). \tag{2.5.4a}$$

$$\inf_{\chi\in S_h^r}\left[\sum_{m=0}^{2}h^m\sum_{i+j=m}\left\|\frac{\partial^m(u-\chi)}{\partial x^i\partial y^j}\right\|\right]\leqslant Ch^s\|u\|_{H^s},\quad u\in H^s(\mathbf{R})\cap H_0^1(\mathbf{R}),2\leqslant s\leqslant r. \tag{2.5.4b}$$

设 $w:[0,T]\to S_h^r(\mathbf{R})$ 是方程解 u 的投影, 即

$$a(u-w,v)=0,\quad v\in S_h^r, \tag{2.5.5}$$

则有如下引理成立[5]:

引理 2.5.1(Baker) 若 $\partial^k u/\partial t^k\in L^p(H^r),k=0,1,2,p=2,\infty$, 则存在不依赖 h 的常数 C 使得

$$\left\|\frac{\partial(u-w)}{\partial t^k}\right\|_{L^p(H^j)}\leqslant Ch^{s-j}\left\|\frac{\partial^k u}{\partial t^k}\right\|_{L^p(H^j)}$$

成立, 其中 $j=0,1,1\leqslant s\leqslant r$.

2.5.2 一类新的交替方向有限元格式

设 $\phi=\dfrac{\partial u}{\partial t}$, 方程 (2.5.1a) 将化为

$$\frac{\partial\phi}{\partial t}-\sum_{i,j=1}^{n}\frac{\partial}{\partial x_j}\left(a_{ij}(x)\frac{\partial u}{\partial x_j}\right)=f(x,t),\quad \frac{\partial u}{\partial t}=\phi.$$

写成弱形式则为

$$\left(\frac{\partial\phi}{\partial t},v\right)+a(u,v)=(f,v),\quad v\in S_h, \tag{2.5.6a}$$

$$\frac{\partial u}{\partial t}=\phi. \tag{2.5.6b}$$

为了证明和书写的方便, 将仍然采用等时间步长. 设 $N\Delta t=T,N$ 为一正整数, 定义差分记号

$$\partial_t\psi_n=\frac{\psi_{n+1}-\psi_n}{\Delta t},\quad \psi_{n+\frac{1}{2}}=\frac{\psi_{n+1}+\psi_n}{2}.$$

设 $A(x)=(a_{i,j})_{n\times n},\|A(x)\|$ 为相应矩阵范数, 取$\lambda>\dfrac{1}{2}\max\limits_{x\in\Omega}\|A(x)\|$. 设 $U,\varPhi$ 为 u, ϕ 自 $[0,T]$ 到 $S_h^r(\mathbf{R})$ 的微分映射, 是 u,ϕ 的一个 Galerkin 近似. 序列 $\{U_n\}_{n=0}^N$, $\{\varPhi\}_{n=0}^N\subset S_h^r(\mathbf{R})$ 定义如下:

$$(\partial_t\varPhi_n,v)+\lambda\Delta t(\nabla\partial_t U_n,\nabla v)+a(U^n,v)=(f_n,v),\quad v\in S_h^r(\mathbf{R}), \tag{2.5.7a}$$

$$\partial_t U_n=\varPhi_{n+\frac{1}{2}}. \tag{2.5.7b}$$

初始值 U_0 和 $\varPhi_0$ 则满足

$$(U_0-u_0,v)=0,\quad (\varPhi_0-u_1,v)=0,\quad v\in S_h^r(\mathbf{R}).$$

设 $E_{n+1}=\Phi_{n+1}-\Phi_n$, 将 (2.5.7a) 和 (2.5.7b) 改写为

$$(E_{n+1},v)+\frac{1}{2}\lambda(\Delta t)^2(\nabla E_{n+1},\nabla v)=F_n,\quad v\in S_h^r(\mathbf{R}), \tag{2.5.8a}$$

$$U_{n+1}=U_n+\Delta t\Phi_n+\frac{\Delta t}{2}E_{n+1}, \tag{2.5.8b}$$

这里

$$F_n=\Delta t[(f_n,v)-a(U_n,v)-\lambda\Delta t(\nabla\Phi_n,\nabla v)].$$

添加扰动项$\frac{1}{4}\lambda^2(\Delta t)^4\left(\frac{\partial^2 E_{n-1}}{\partial x\partial y},\frac{\partial^2 v}{\partial x\partial y}\right)$, 得到交替方向格式

$$(E_{n+1},v)+\frac{1}{2}\lambda(\Delta t)^2(\nabla E_{n+1},\nabla v)+\frac{1}{4}\lambda^2(\Delta t)^4\left(\frac{\partial^2 E_{n+1}}{\partial x\partial y},\frac{\partial^2 v}{\partial x\partial y}\right)=F_n,\quad v\in S_h^r(\mathbf{R}), \tag{2.5.9a}$$

$$U_{n+1}=U_n+\Delta t\Phi_n+\frac{\Delta t}{2}E_{n+1}. \tag{2.5.9b}$$

假定 S_h^T 能写成张量积的形式 $S_h^r=S_h^{r,x}\otimes S_h^{r,y}$, 这里 $S_h^{r,x}$ 和 $S_h^{r,y}$ 都是 $H_0^1(I)$ 的有限维子空间. 参考文献 [11], 可知能用交替方向法依次求解 $\{E_n\}_{n=0}^N$, $\{\Phi\}_{n=0}^N$, $\{U_n\}_{n=0}^N$. 这里不再详细叙述.

2.5.3 误差估计

利用交替方向有限元方法的标准误差估计模式, 参照 Douglas, Dupont[11], Baker[5] 和 Fernandes, Fairweather[13] 的方法, 导出了交替方向有限元格式的两种误差估计.

2.5.3.1 格式的 H^1 模估计

定理 2.5.1 设 u, $\{U_n\}_{n=0}^N$ 和 w 分别表示方程 (2.5.1), (2.3.9) 和 (2.5.5) 的解. 假定$u\in C^4(\overline{\mathbf{R}}\times[0,T])$, u, $\frac{\partial u}{\partial t}\in L^\infty(H^r)(r\geqslant 2)$. 那么只要 Δt 充分小, $\lambda>\frac{1}{2}\max_{x\in\Omega}\|A(x)\|$, 再满足初始条件

$$\left\|\phi_0-\left(\frac{\partial w}{\partial t}\right)_0\right\|+\|\nabla(U_0-w_0)\|+(\Delta t)^2\left\|\frac{\partial^2}{\partial x\partial y}\left[\phi_0-\left(\frac{\partial w}{\partial t}\right)_0\right]\right\|\leqslant Ch^{r-1},$$

则下式成立:

$$\max_{0\leqslant n\leqslant N}\|U_n-u(\cdot,t_n)\|_{H_0^1}\leqslant C[\Delta t+h^{r-1}].$$

证明 为了分析的方便, 直接分析式 (2.5.9) 的等价形式, 也就是在 (2.5.7) 的

基础上多添加一扰动项 $\frac{1}{4}\lambda^2(\Delta t)^4\left(\frac{\partial^2\partial_t\Phi_n}{\partial x\partial y},\frac{\partial^2 v}{\partial x\partial y}\right)$.

$$(\partial_t\Phi_n,v)+\lambda\Delta t(\nabla\partial_t U_n,\nabla v)+\frac{1}{4}\lambda^2(\Delta t)^4\left(\frac{\partial^2\partial_t\Phi_n}{\partial x\partial y},\frac{\partial^2 v}{\partial x\partial y}\right)$$

$$+a(U^n,v)=(f_n,v),\quad v\in S_h^r(\mathbf{R}),\tag{2.5.10a}$$

$$\partial_t U_n=\Phi_{n+\frac{1}{2}}.\tag{2.5.10b}$$

离散方程 (2.5.6) 得

$$\left(\left(\frac{\partial\phi}{\partial t}\right)_n,v\right)+a(u_n,v)=(f_n,v),\quad v\in H_0^1(\mathbf{R}),\tag{2.5.11a}$$

$$\left(\frac{\partial u}{\partial t}\right)_{n+\frac{1}{2}}=\phi_{n+\frac{1}{2}}.\tag{2.5.11b}$$

记

$$\eta=u-w,\quad \hat{\eta}=\phi-\frac{\partial w}{\partial t},\quad \xi_n=U_n-w_n,\quad \hat{\xi}_n=\Phi_n-\left(\frac{\partial w}{\partial t}\right)_n,$$

则有

$$U_n-u_n=\xi_n-\eta_n,\quad \Phi_n-\phi_n=\hat{\xi}_n-\hat{\eta}_n.$$

利用 (2.5.10) 和 (2.5.11) 相减, 结合 w 的定义, 可得

$$(\partial_t\hat{\xi}_n,v)+\lambda\Delta t(\nabla\partial_t\xi_n,\nabla v)+\frac{1}{4}\lambda^2(\Delta t)^4\left(\frac{\partial^2\partial_t\hat{\xi}_n}{\partial x\partial y},\frac{\partial^2 v}{\partial x\partial y}\right)+a(\xi_n,v)$$

$$=-\lambda\Delta t(\nabla\partial_t(u_n-\eta_n),\nabla v)+\frac{1}{4}\lambda^2(\Delta t)^4\left(\theta_n,\frac{\partial^2 v}{\partial x\partial y}\right)+(\delta_n,v),\tag{2.5.12a}$$

$$\partial_t\xi_n=\hat{\xi}_{n+\frac{1}{2}}+\rho_n,\tag{2.5.12b}$$

其中,

$$\rho_n=\partial_t\eta_n-\hat{\eta}_{n+\frac{1}{2}}+\left(\frac{\partial u}{\partial t}\right)_{n+\frac{1}{2}}-\partial_t u_n,\tag{2.5.13a}$$

$$\theta_n=\frac{\partial^2}{\partial x\partial y}(\partial_t\hat{\eta}_n-\partial_t\phi_n),\tag{2.5.13b}$$

$$\delta_n=\left(\frac{\partial\phi}{\partial t}\right)_n-\partial_t\phi_n+\partial_t\hat{\eta}_n.\tag{2.5.13c}$$

取 $v=\hat{\xi}_{n+\frac{1}{2}}=\partial_t\xi_n-\rho_n$, 分析其中的部分项,

$$\lambda\Delta t(\nabla\partial_t\xi_n,\nabla\hat{\xi}_{n+\frac{1}{2}})+a(\xi_n,\hat{\xi}_{n+\frac{1}{2}})$$

$$
\begin{aligned}
&=\lambda\Delta t(\nabla\partial_t\xi_n,\nabla(\partial_t\xi_n-\rho_n))+a\left(\xi_{n+\frac{1}{2}}-\frac{\Delta t}{2}\partial_t\xi_n,\partial_t\xi_n\right)-a(\xi_n,\rho_n)\\
&=\frac{1}{2}\lambda\Delta t(\nabla\partial_t\xi_n,\nabla\partial_t\xi_n)+\frac{1}{2}\Delta t((\lambda I-A(x))\nabla\partial_t\xi_n,\nabla\partial_t\xi_n)+a(\xi_{n+\frac{1}{2}},\partial_t\xi_n)\\
&\quad-\lambda\Delta t(\nabla\partial_t\xi_n,\nabla\rho_n)-a(\xi_n,\rho_n)\\
&\geqslant(q-\varepsilon)\Delta t\left\|\partial t\xi_n\right\|_{H_0^1}^2+\frac{1}{2}\partial_t a(\xi_n,\xi_n)-C(\|\xi_n\|_{H_0^1}^2+\|\nabla\rho_n\|^2),
\end{aligned}
$$

这里 $q=\frac{1}{2}\min\limits_{x\in\Omega}(\lambda-\|\lambda I-A(x)\|)$. 适当选取 λ 使得 $q>0$ 即 $\frac{1}{2}\min\limits_{x\in\Omega}(\lambda-\|\lambda I-A(x)\|)>0$, 只需 $\lambda>\frac{1}{2}\max\limits_{x\in\Omega}\|A(x)\|$. 利用 Schwartz 不等式和 $ab\leqslant\frac{1}{2}(a^2+b^2)$, (2.5.12) 化为

$$
\begin{aligned}
&\partial_t\left[(\hat{\xi}_n,\hat{\xi}_n)+\frac{1}{2}a(\xi_n,\xi_n)+\frac{1}{4}\lambda^2(\Delta t)^4\left(\frac{\partial^2\hat{\xi}_n}{\partial x\partial y},\frac{\partial^2\hat{\xi}_n}{\partial x\partial y}\right)\right]+(q-\varepsilon)\Delta t\left\|\partial_t\xi_n\right\|_{H_0^1}^2\\
\leqslant& C\left[(\Delta t)^2\left\|\Delta\partial_t(u_n-\eta_n)\right\|^2+\frac{1}{4}\lambda^2(\Delta t)^4\left\|\theta_n\right\|^2+\left\|\delta_n\right\|^2+\left\|\nabla\rho_n\right\|^2\right.\\
&\left.+\left\|\xi_n\right\|_{H_0^1}^2+\left\|\hat{\xi}_{n+\frac{1}{2}}\right\|^2+\frac{1}{4}\lambda^2(\Delta t)^4\left\|\frac{\partial^2\hat{\xi}_{n+\frac{1}{2}}}{\partial x\partial y}\right\|^2\right].
\end{aligned}
$$

两边同乘 Δt, 然后对 $n(n=0,1,\cdots,M-1,M\in\mathbf{Z},0<M\leqslant N)$ 求和

$$
\begin{aligned}
&\left(\hat{\xi}_M,\hat{\xi}_M\right)+\frac{1}{2}a(\xi_M,\xi_M)+\frac{1}{4}\lambda^2(\Delta t)^4\left(\frac{\partial^2\hat{\xi}_M}{\partial x\partial y},\frac{\partial^2\hat{\xi}_M}{\partial x\partial y}\right)\\
&+(q-\varepsilon)(\Delta t)^2\sum_{n=0}^{M-1}\left\|\partial_t\xi_n\right\|_{L^2}^2\\
\leqslant& C\Delta t\sum_{n=0}^{M}\left[\left\|\hat{\xi}_n\right\|^2+\left\|\xi_n\right\|_{H_0^1}^2+\frac{1}{4}\lambda^2(\Delta t)^4\left\|\frac{\partial^2\hat{\xi}_n}{\partial x\partial y}\right\|^2\right]\\
&+C\left[\Delta t\sum_{n=0}^{M}\left[(\Delta t)^2\left\|\Delta\partial_t(u_n-\eta_n)\right\|^2+(\Delta t)^4\left\|\theta_n\right\|^2+\left\|\delta_n\right\|^2+\left\|\nabla\rho_n\right\|^2\right]\right.\\
&\left.+\left\|\hat{\xi}_0\right\|^2+\left\|\xi_0\right\|_{H_0^1}^2+(\Delta t)^4\left\|\frac{\partial^2\hat{\xi}_0}{\partial x\partial y}\right\|^2\right].
\end{aligned}
$$

利用强制性 $a(\xi_M,\xi_M)\geqslant C_1\left\|\xi_M\right\|_{H_0^1}^2$ 和 Gronwall 不等式知, 只要 Δt 充分小, 则成立

$$
\left\|\hat{\xi}_M\right\|^2+\left\|\xi_M\right\|_{H_0^1}^2+C_3(\Delta t)^4\left\|\frac{\partial^2\hat{\xi}_M}{\partial x\partial y}\right\|^2
$$

$$\leqslant C\left[\Delta t\sum_{n=0}^{M-1}\left[(\Delta t)^2\left\|\Delta\partial_t(u_n-\eta_n)\right\|^2+(\Delta t)^4\left\|\theta_n\right\|^2+\left\|\delta_n\right\|^2+\left\|\nabla\rho_n\right\|_{H_0^1}^2\right]\right.$$
$$\left.+\left\|\hat{\xi}_0\right\|^2+\left\|\xi_0\right\|_{H_0^1}^2+(\Delta t)^4\left\|\frac{\partial^2\hat{\xi}_0}{\partial x\partial y}\right\|^2\right].\tag{2.5.14}$$

用 D 表示算子 ∇, Δ 或者 $\dfrac{\partial^2}{\partial x\partial y}$, 对适当的 v 有 [5]

$$\Delta t\sum_{n=0}^{M-1}\left\|D\partial_t v_n\right\|^2\leqslant\left\|D\frac{\partial v}{\partial t}\right\|_{L^2(L^2)}^2.\tag{2.5.15}$$

取 $D=1$, 由 $\left\|\left(\dfrac{\partial\phi}{\partial t}\right)_n-\partial_t\phi_n\right\|\leqslant C\Delta t$, 易知

$$\begin{aligned}\Delta t\sum_{n=0}^{M-1}\left\|\delta_n\right\|^2&\leqslant C\sum_{n=0}^{M-1}((\Delta t)^2+\left\|\partial_t\hat{\eta}_n\right\|^2)\\&\leqslant C\left((\Delta t)^2+\left\|\frac{\partial^2\eta}{\partial t^2}\right\|_{L^2(L^2)}^2\right)\leqslant C((\Delta t)^2+h^{2r}).\end{aligned}\tag{2.5.16}$$

令 $D=\Delta$, $v=u,\eta$, 得

$$\begin{aligned}\Delta t\sum_{n=0}^{M-1}(\Delta t)^2\left\|\Delta\partial_t(u_n-\eta_n)\right\|^2&\leqslant(\Delta t)^2\left(\Delta t\sum_{n=0}^{M-1}\left\|\Delta\partial_t u_n\right\|^2+\Delta t\sum_{n=0}^{M-1}\left\|\Delta\partial_t\eta_n\right\|^2\right)\\&\leqslant C(\Delta t)^2\left(\left\|\Delta\frac{\partial u}{\partial t}\right\|_{L^2(L^2)}^2+\left\|\Delta\frac{\partial\eta}{\partial t}\right\|_{L^2(L^2)}^2\right)\\&\leqslant C(\Delta t)^2.\end{aligned}\tag{2.5.17}$$

取 $D=\nabla$, $v=\eta$, 利用引理 2.5.1 可得

$$\begin{aligned}\Delta t\sum_{n=0}^{M-1}\left\|\nabla\rho_n\right\|^2&\leqslant C\left[(\Delta t)^4+\Delta t\sum_{n=0}^{M-1}\left\|\nabla\partial_t\eta_n\right\|^2+\Delta t\sum_{n=0}^{M-1}\left\|\nabla\hat{\eta}_n\right\|^2\right]\\&\leqslant C\left[(\Delta t)^4+\left\|\nabla\frac{\partial\eta}{\partial t}\right\|_{L^2(L^2)}^2+\left\|\nabla\frac{\partial\eta}{\partial t}\right\|_{L^\infty(L^2)}^2\right]\\&\leqslant C[(\Delta t)^2+h^{2r-2}].\end{aligned}\tag{2.5.18}$$

再取 $D=\dfrac{\partial^2}{\partial x\partial y}$, $v=\hat{\eta}$,

$$\Delta t\sum_{n=0}^{M-1}(\Delta t)^4\left\|\theta_n\right\|^2\leqslant C\left[(\Delta t)^4+(\Delta t)^4\cdot\Delta t\sum_{n=0}^{M-1}\left\|\frac{\partial^2[\partial_t\hat{\eta}_n]}{\partial x\partial y}\right\|^2\right]$$

$$\leqslant C\left[(\Delta t)^4+(\Delta t)^4\left\|\frac{\partial^4\eta}{\partial x\partial y\partial t^2}\right\|_{L^2(L^2)}^2\right]. \tag{2.5.19}$$

从 Fernandes, Fairweather 的文献 [13] 知

$$\left\|\frac{\partial^2(D\eta_n)}{\partial x\partial y}\right\|^2\leqslant Ch^{r-2}\left\|Du\right\|_{H^r}+Ch^{-2}\left\|D\eta_n\right\|, \tag{2.5.20}$$

其中 D 可取 ∂_t, $\dfrac{\partial}{\partial t}$, $\dfrac{\partial^2}{\partial t^2}$. 在 (2.5.15) 中令 $D=\dfrac{\partial^2}{\partial t^2}$, 在 $r\geqslant 2$ 时, 结合引理 2.5.1, 得

$$\begin{aligned}\Delta t\sum_{n=0}^{M-1}(\Delta t)^4\left\|\theta_n\right\|^2&\leqslant C\left[(\Delta t)^4+(\Delta t)^4\left\|\frac{\partial^4\eta}{\partial x\partial y\partial t^2}\right\|_{L^2(L^2)}^2\right]\\&\leqslant C\left[(\Delta t)^4+(\Delta t)^4h^{r-2}\left\|\frac{\partial^2 u}{\partial t^2}\right\|_{L^2(H^r)}^2\right]\leqslant C(\Delta t)^4.\end{aligned} \tag{2.5.21}$$

综合 (2.5.16), (2.5.17), (2.5.18), (2.5.19), (2.5,21) 知, 在 $\left\|\hat{\xi}_0\right\|$, $\left\|\xi_0\right\|_{H_0^1}$, $(\Delta t)^2\left\|\dfrac{\partial^2\hat{\xi}_0}{\partial x\partial y}\right\|$ 是 $O(h^{r-1})$ 的假定下, 有

$$\left\|\hat{\xi}_M\right\|^2+\left\|\xi_M\right\|_{H_0^1}^2+C_3(\Delta t)^4\left\|\frac{\partial^2\hat{\xi}_M}{\partial x\partial y}\right\|^2\leqslant C((\Delta t)^2+h^{2r-2}), \tag{2.5.22}$$

利用引理 2.5.1, 最终得到

$$\begin{aligned}\max_{0\leqslant M\leqslant N}\left\|U_M-u_M\right\|_{H_0^1}&\leqslant C\max_{0\leqslant M\leqslant N}\left(\left\|\xi_M\right\|_{H_0^1}+\left\|\eta_M\right\|_{H_0^1}\right)\\&\leqslant C\max_{0\leqslant M\leqslant N}\left(\left\|\xi_M\right\|_{H_0^1}+\left\|\eta\right\|_{L_\infty(H^1)}\right)\leqslant C((\Delta t)^2+h^{r-1}).\end{aligned}$$

至于初始值, 选取 $U_0=w_0$, $\varPhi_0=\left(\dfrac{\partial w}{\partial t}\right)_0$, w_0, $\left(\dfrac{\partial w}{\partial t}\right)_0$ 则是 u_0, u_1 的椭圆投影, 满足

$$a(w_0-u_0,v)+(w_0-u_0,v)=0,\ a\left(\left(\frac{\partial w}{\partial t}\right)_0-u_1,v\right)+\left(\left(\frac{\partial w}{\partial t}\right)_0-u_1,v\right)=0,\quad v\in S_h^r.$$

显然在这种选取下, 有

$$\left\|\varPhi_0-\left(\frac{\partial w}{\partial t}\right)_0\right\|=\left\|\xi_0\right\|_{H_0^1}=\left\|\frac{\partial^2\xi_0}{\partial x\partial y}\right\|=0, \tag{2.5.23}$$

满足定理的初始条件.

2.5.3.2 格式的 L^2 模估计

下面接着叙述并证明定理 2.5.2, 它是格式的 L^2 模估计.

定理 2.5.2 设 u, $\{U_n\}_{n=0}^N$ 和 w 分别表示方程 (2.5.1), (2.5.9) 和 (2.5.5) 的解. 假定 $u\in C^4(\mathbf{R}\times[0,T])$. u, $\dfrac{\partial u}{\partial t}\in L^\infty(H^r)$ 且 $\dfrac{\partial^2 u}{\partial t^2}\in L^2(H^r)(r\geqslant 2)$, 那么只要 Δt 充分小, $\lambda>\dfrac{1}{2}\max\limits_{x\in\Omega}\|A(x)\|$, 再满足初始条件

$$\begin{aligned}&\|U_0-w_0\|+\left\|\phi_0-\left(\frac{\partial w}{\partial t}\right)_0\right\|+(\Delta t)^2\left\|\frac{\partial^2}{\partial x\partial y}[U_0-w_0]\right\|\\&+(\Delta t)^2\left\|\frac{\partial^2}{\partial x\partial y}\left[\phi_0-\left(\frac{\partial w}{\partial t}\right)_0\right]\right\|\leqslant Ch^r,\end{aligned}\tag{2.5.24}$$

则下式成立:

$$\max_{0\leqslant n\leqslant N}\|U_n-u(\cdot,t_n)\|\leqslant C[\Delta t+h^r].$$

证明 设任意序列 $\{v_n\}_{n=0}^N$, 则

$$v_{n+\frac{1}{2}}=v_0+\frac{\Delta t}{2}\left[\sum_{k=0}^{n}\partial_t v_k+\sum_{k=0}^{n-1}\partial_t v_k\right].$$

令 D 为一算子, 且令 $v=\hat{\xi}$, 代入 (2.5.12b)

$$D(\partial_t\xi_n)=D\hat{\xi}_0+\frac{\Delta t}{2}\left[\sum_{k=0}^{n}D(\partial_t\hat{\xi}_k)+\sum_{k=0}^{n-1}D(\partial_t\hat{\xi}_k)\right]+D\rho_n.\tag{2.5.25}$$

在上式中取 $D=1,\ \dfrac{\partial^2}{\partial x\partial y}$, 再结合 (2.5.12a) 有

$$\begin{aligned}&(\partial_t\xi_n,v)+\frac{1}{4}\lambda^2(\Delta t)^4\left(\frac{\partial^2[\partial_t\xi_n]}{\partial x\partial y},\frac{\partial^2 v}{\partial x\partial y}\right)\\&=\left(\hat{\xi}_0+\frac{\Delta t}{2}\left(\sum_{k=0}^{n}\partial_t\hat{\xi}_k+\sum_{k=0}^{n-1}\partial_t\hat{\xi}_k\right)+\rho_n,v\right)\\&\quad+\frac{1}{4}\lambda^2(\Delta t)^4\left(\frac{\partial^2\hat{\xi}_0}{\partial x\partial y}+\frac{\Delta t}{2}\left(\sum_{k=0}^{n}\frac{\partial^2[\partial_t\hat{\xi}_k]}{\partial x\partial y}+\sum_{k=0}^{n-1}\frac{\partial^2[\partial_t\hat{\xi}_k]}{\partial x\partial y}\right)+\frac{\partial^2\rho_n}{\partial x\partial y},\frac{\partial^2 v}{\partial x\partial y}\right)\\&=(\hat{\xi}_0+\rho_n,v)+\frac{1}{4}\lambda^2(\Delta t)^4\left(\frac{\partial^2}{\partial x\partial y}(\hat{\xi}_0+\rho_n),\frac{\partial^2 v}{\partial x\partial y}\right)\\&\quad+\frac{\Delta t}{2}\sum_{k=0}^{n}\left((\partial_t\hat{\xi}_k,v)+\frac{1}{4}\lambda^2(\Delta t)^4\left(\frac{\partial^2[\partial_t\hat{\xi}_k]}{\partial x\partial y},\frac{\partial^2 v}{\partial x\partial y}\right)\right)\end{aligned}$$

$$
\begin{aligned}
&+\frac{\Delta t}{2}\sum_{k=0}^{n-1}\left((\partial_t\hat{\xi}_k,v)+\frac{1}{4}\lambda^2(\Delta t)^4\left(\frac{\partial^2[\partial_t\hat{\xi}_k]}{\partial x\partial y},\frac{\partial^2 v}{\partial x\partial y}\right)\right)\\
=&(\hat{\xi}_0+\rho_n,v)+\frac{1}{4}\lambda^2(\Delta t)^4\left(\frac{\partial^2}{\partial x\partial y}(\hat{\xi}_0+\rho_n),\frac{\partial^2 v}{\partial x\partial y}\right)\\
&+\frac{\Delta t}{2}\sum_{k=0}^{n}\Big[-\lambda\Delta t(\nabla\partial_t\xi_k,\nabla v)-a(\hat{\xi}_k,v)\\
&-\lambda\Delta t(\nabla\partial_t(u_k-\eta_k),\nabla v)+(\delta_k,v)+\frac{1}{4}\lambda^2(\Delta t)^4\left(\theta_k,\frac{\partial^2 v}{\partial x\partial y}\right)\Big]\\
&+\frac{\Delta t}{2}\sum_{k=0}^{n}\Big[-\lambda\Delta t(\nabla\partial_t\xi_k,\nabla v)-a(\hat{\xi}_k,v)-\lambda\Delta t(\nabla\partial_t(u_k-\eta_k),\nabla v)+(\delta_k,v)\\
&+\frac{1}{4}\lambda^2(\Delta t)^4\left(\theta_k,\frac{\partial^2 v}{\partial x\partial y}\right)\Big]\\
=&-\left[\lambda\Delta t\left(\nabla\left(\frac{\Delta t}{2}\sum_{k=0}^{n}\partial_t\xi_k+\frac{\Delta t}{2}\sum_{k=0}^{n-1}\partial_t\xi_k\right),\nabla v\right)\right.\\
&\left.+a\left(\frac{\Delta t}{2}\sum_{k=0}^{n}\xi_k+\frac{\Delta t}{2}\sum_{k=0}^{n-1}\xi_k,v\right)\right]\\
&+\left(\hat{\xi}_0+\rho_n+\frac{\Delta t}{2}\sum_{k=0}^{n}\delta_k+\frac{\Delta t}{2}\sum_{k=0}^{n-1}\delta_k,v\right)\\
&+\frac{1}{4}\lambda^2(\Delta t)^4\left(\frac{\partial^2}{\partial x\partial y}(\hat{\xi}_0+\rho_n)+\frac{\Delta t}{2}\sum_{k=0}^{n}\theta_k+\frac{\Delta t}{2}\sum_{k=0}^{n-1}\theta_k,\frac{\partial^2 v}{\partial x\partial y}\right)\\
&+\lambda\Delta t\left(\Delta\left[\frac{\Delta t}{2}\sum_{k=0}^{n}\partial_t(u_k-\eta_k)+\frac{\Delta t}{2}\sum_{k=0}^{n-1}\partial_t(u_k-\eta_k)\right],v\right)\\
=&-T_{1,n}+(T_{2,n},v)+\frac{1}{4}\lambda^2(\Delta t)^4\left(T_{3,n},\frac{\partial^2 v}{\partial x\partial y}\right)+\lambda\Delta t(T_{4,n},v).
\end{aligned}
\tag{2.5.26}
$$

若设序列 $\{\psi_n\}_{n=0}^N$ 为

$$
\psi_0=0,\quad \psi_n=\Delta t\sum_{k=0}^{n-1}\xi_{k+\frac{1}{2}},\quad n=1,2,\cdots,N.
$$

显然有

$$
\psi_{n+\frac{1}{2}}=\frac{\Delta t}{2}\left(\sum_{k=0}^{n}\xi_{k+\frac{1}{2}}+\sum_{k=0}^{n-1}\xi_{k+\frac{1}{2}}\right).
$$

令 $v=\partial_t\psi_n=\xi_{n+\frac{1}{2}}$, 首先化简 $T_{1,n}$,

$$
\begin{aligned}
T_{1,n}=&\lambda\Delta t\left(\nabla\left(\xi_{n+\frac{1}{2}}-\xi_0\right),\nabla\xi_{n+\frac{1}{2}}\right)\\
&-\frac{\Delta t}{2}a\left(\xi_{n+\frac{1}{2}}-\xi_0,\xi_{n+\frac{1}{2}}\right)+a\left(\psi_{n+\frac{1}{2}},\partial_t\psi_n\right)\\
\geqslant&\frac{1}{2}\lambda\Delta t\left(\nabla\left(\xi_{n+\frac{1}{2}}-\xi_0\right),\nabla\xi_{n+\frac{1}{2}}\right)\\
&+\frac{1}{2}\Delta t\left((\lambda I-A(x))\nabla\left(\xi_{n+\frac{1}{2}}-\xi_0\right),\nabla\xi_{n+\frac{1}{2}}\right)-\frac{1}{2}\partial_t a(\psi_n,\psi_n)\\
\geqslant&\frac{1}{4}q\Delta t\left(\left\|\xi_{n+\frac{1}{2}}\right\|_{H_0^1}^2-\|\xi_0\|_{H_0^1}^2\right)+\frac{1}{2}\partial_t a(\psi_n,\psi_n).
\end{aligned}
$$

利用 Schwartz 不等式和不等式 $ab\leqslant\frac{1}{2}(a^2+b^2)$. (2.5.26) 化为

$$
\begin{aligned}
&\partial_t\left((\xi_n,\xi_n)+\frac{1}{2}a(\psi_n,\psi_n)+\frac{1}{4}\lambda^2(\Delta t)^4\left(\frac{\partial^2\xi_n}{\partial x\partial y},\frac{\partial^2\xi_n}{\partial x\partial y}\right)\right)\\
&+\frac{1}{4}q\Delta t\left(\left\|\xi_{n+\frac{1}{2}}\right\|_{H_0^1}^2-\|\xi_0\|_{H_0^1}^2\right)\\
\leqslant&C\left(\left\|\xi_{n+\frac{1}{2}}\right\|^2+(\Delta t)^4\left(\frac{\partial^2\xi_{n+\frac{1}{2}}}{\partial x\partial y}\right)^2+\|T_{2,n}\|^2\right.\\
&\left.+(\Delta t)^2\|T_{4,n}\|^2+\frac{1}{4}(\Delta t)^4\|T_{3,n}\|^2\right),
\end{aligned}
$$

关于 n 求和, $n=0,1,\cdots,M-1$.

$$
\begin{aligned}
&(\xi_M,\xi_M)+\frac{1}{2}a(\psi_M,\psi_M)+\frac{1}{4}\lambda^2(\Delta t)^4\left(\frac{\partial^2\xi_M}{\partial x\partial y},\frac{\partial^2\xi_M}{\partial x\partial y}\right)\\
&+\frac{1}{4}q\Delta t^2\sum_{n=0}^{M-1}\left(\left\|\xi_{n+\frac{1}{2}}\right\|_{H_0^1}^2-\|\xi_0\|_{H_0^1}^2\right)\\
\leqslant&C\Delta t\sum_{n=0}^{M}\left(\|\xi_n\|^2+\frac{1}{4}\lambda^2(\Delta t)^4\left\|\frac{\partial^2\xi_n}{\partial x\partial y}\right\|^2\right)\\
&+C\Delta t\sum_{n=0}^{M-1}\left(\|T_{2,n}\|^2+(\Delta t)^2\|T_{4,n}\|^2+\frac{1}{4}(\Delta t)^4\|T_{3,n}\|^2\right)
\end{aligned}
$$

$$+(\xi_0,\xi_0)+\frac{1}{2}a(\psi_0,\psi_0)+\frac{1}{4}\lambda^2(\Delta t)^4\left(\frac{\partial^2\xi_0}{\partial x\partial y},\frac{\partial^2\xi_0}{\partial x\partial y}\right).$$

利用 $a(\psi_M,\psi_M)\geqslant C_1\|\psi_M\|^2$,Gronwall 不等式和 $\psi_0=0$ 可得

$$\begin{aligned}&\|\psi_M\|^2+\|\psi_M\|_{H_0^1}^2+C_4(\Delta t)^4\left\|\frac{\partial^2\xi_M}{\partial x\partial y}\right\|^2\\ \leqslant&C\sum_{n=0}^{M-1}\left(\|T_{2,n}\|^2+(\Delta t)^2\|T_{4,n}\|^2+\frac{1}{4}(\Delta t)^4\|T_{3,n}\|^2\right)\\ &+C\left(\|\xi_0\|+\frac{1}{4}\lambda^2(\Delta t)^4\left\|\frac{\partial^2\xi_0}{\partial x\partial y}\right\|^2\right).\end{aligned}\tag{2.5.27}$$

代入 δ_k, 利用 (2.5.15), 假定 $\left\|\hat{\xi}_0\right\|=O(h^r)$, 则

$$\begin{aligned}\Delta t\sum_{n=0}^{M-1}\|T_{2,n}\|^2=&\Delta t\sum_{n=0}^{M-1}\Bigg\|\hat{\xi}_0+\left[\partial_t\eta_n-\hat{\eta}_{n+\frac{1}{2}}+\left(\frac{\partial u}{\partial t}\right)-\partial_t u_n\right]\\ &+\left[\hat{\eta}_{n+\frac{1}{2}}-\hat{\eta}_0+\frac{\Delta t}{2}\sum_{k=0}^{n}\left\{\left(\frac{\partial\phi}{\partial t}\right)_k-\partial_t\phi_n\right\}\right.\\ &\left.+\frac{\Delta t}{2}\sum_{k=0}^{n-1}\left\{\left(\frac{\partial\phi}{\partial t}\right)_k-\partial_t\phi_n\right\}\right]\Bigg\|^2\\ \leqslant&C\sum_{n=0}^{M-1}\left(\left\|\hat{\xi}_0\right\|^2+\|\partial_t\eta_n\|^2+\|\hat{\eta}_0\|^2+(\Delta t)^2\right)\\ \leqslant&C\left(\left\|\hat{\xi}_0\right\|^2+\left\|\frac{\partial\eta}{\partial t}\right\|_{L^2(L^2)}^2+\left\|\frac{\partial\eta}{\partial t}\right\|_{L^\infty(L^2)}^2+(\Delta t)^2\right)\\ \leqslant&C[(\Delta t)^2+h^{2r}].\end{aligned}\tag{2.5.28}$$

用同样的办法处理 $T_{3,n}$, 在 $(\Delta t)^2\left\|\frac{\partial^2\hat{\xi}_0}{\partial x\partial y}\right\|=O(h^r)$ 假定下有

$$\begin{aligned}\Delta t\sum_{n=0}^{M-1}(\Delta t)^4\|T_{3,n}\|^2=&(\Delta t)^4\cdot\sum_{n=0}^{M-1}\Bigg\|\frac{\partial^2}{\partial x\partial y}\Bigg\{\hat{\xi}_0+\left[\partial_t\eta_n-\hat{\eta}_{n+\frac{1}{2}}+\left(\frac{\partial u}{\partial t}\right)_n-\partial_t u_n\right]\\ &+\left[\hat{\eta}_{n+\frac{1}{2}}-\hat{\eta}_0+\phi_{n+\frac{1}{2}}-\phi_0\right]\Bigg\}\Bigg\|^2\\ \leqslant&C(\Delta t)^4\left((\Delta t)^2+\left\|\frac{\partial^2\hat{\xi}_0}{\partial x\partial y}\right\|^2+\left\|\frac{\partial^3\eta}{\partial x\partial y\partial t}\right\|_{L^2(L^2)}\right.\end{aligned}$$

$$+\left\|\frac{\partial^3\eta}{\partial x\partial y\partial t}\right\|_{L^2(L^2)}^2+\left\|\frac{\partial^3 u}{\partial x\partial y\partial t}\right\|_{L^2(L^2)}^2+\left\|\frac{\partial^3 u_0}{\partial x\partial y\partial t}\right\|_{L^\infty(L^2)}^2\Bigg)$$
$$\leqslant C[(\Delta t)^2+h^{2r}]. \tag{2.5.29}$$

对 T_{4n}, 利用引理 2.5.1,

$$\begin{aligned}\Delta t\sum_{n=0}^{M-1}\|T_{4n}\|^2&=\Delta t\sum_{n=0}^{M-1}\left\|\Delta(u_{n+\frac{1}{2}}-u_0-\eta_{n+\frac{1}{2}}+\eta_0)\right\|^2\\&\leqslant C\left(\|u\|_{L^2(H^r)}^2+\|u\|_{L^\infty(H^r)}^2+\|\eta\|_{L^2(H^r)}^2+\|\eta\|_{L^\infty(H^r)}^2\right)\\&\leqslant C.\end{aligned} \tag{2.5.30}$$

综合 (2.5.27)~(2.5.30) 知, 在 $\|\xi\|$, $\left\|\hat{\xi}_0\right\|$, $(\Delta t)^2\left\|\dfrac{\partial^2\xi_0}{\partial x\partial y}\right\|$, $(\Delta t)^2\left\|\dfrac{\partial^2\hat{\xi}_0}{\partial x\partial y}\right\|$ 是 $O(h^r)$ 的假定下, 有

$$\|\xi_M\|^2+\|\varphi_M\|_{H_0^1}^2+\frac{1}{4}\lambda^2(\Delta t)^4\left\|\frac{\partial^2\xi_M}{\partial x\partial y}\right\|\leqslant C((\Delta t)^2+h^{2r}). \tag{2.5.31}$$

由三角不等式和引理 2.5.1 得

$$\max_{0\leqslant M\leqslant N}\|U_M-u_M\|\leqslant C\max_{0\leqslant M\leqslant N}[\|\xi_M\|+\|\eta_M\|]\leqslant C(\Delta t+h^r). \tag{2.5.32}$$

故结论成立.

尽管格式得到两种模误差估计所需的初始条件有所不同, 但最终误差只与初始精度有关, 而与选取方法无关, 所以既可以采用前面的初始值选取办法, 也可以采用其他办法, 比如高阶的 B 样条插值, 只要满足初始值精度条件, 它不影响计算结果.

2.6 二维拟线性双曲型方程交替方向有限元一类新方法

在 2.5 节的基础上, 本节考虑一类一般的二维拟线性双曲型问题:

$$u_{tt}-\sum_{i,j=1}^{2}\frac{\partial}{\partial x_i}\left(a_{ij}(x)\frac{\partial u}{\partial x_j}\right)+\sum_{i=1}^{2}b_i(x)\frac{\partial u}{\partial x_i}=f(x,t,u),\quad (x,t)\in\Omega\times J, \tag{2.6.1}$$

$$u(x,t)=0,\quad (x,t)\in\partial\Omega\times J, \tag{2.6.2}$$

$$u(x,0)=u_0(x),\quad x\in\Omega, \tag{2.6.3}$$

$$u_t(x,0)=u_1(x),\quad x\in\Omega, \tag{2.6.4}$$

其中 $x = (x,y)$, $J = [0,T]$, $\Omega = [a,b] \times [c,d]$ 是二维空间中一矩形区域. 系数 $a_{ij} = a_{ji} \in C^\infty(\overline{\Omega})$ 且存在正常数 c_*, c^*, 使得

$$c_* \|\xi\|^2 \leqslant \sum_{i,j=1}^{2} a_{ij}(x)\xi_i\xi_j \leqslant c^* \|\xi\|^2$$

对 $\forall(\xi_1\xi_2) \in \Omega$ 都成立. 函数 $f(x,t,u)$ 在解的 ε_0 邻域是 Lipschitz 连续, 即当 $|\varepsilon_j| \leqslant \varepsilon_0 (j=1,2)$ 时, 有

$$|f(u(x,t)+\varepsilon_1) - f(u(x,t)+\varepsilon_2)| \leqslant M |\varepsilon_1 - \varepsilon_2|. \tag{2.6.5}$$

本节给出矩形域上的双曲型方程 (2.6.1) 的交替方向有限元格式, 利用微分方程先验估计的理论和技巧得到了严谨的 H^1 模和 L^2 模误差估计, 并且对于将双曲型方程转化为耦合方程组的这类解决问题的方法, 给出了数值算例. 它对于一类线性、非线性振动问题的理论分析和实际计算[31~33] 具有重要价值.

2.6.1　记号与假设

对正常数 $s > 0, H^s(\Omega)$ 表示 Ω 上 Sobolev 空间 $W_2^s(\Omega)$, 记为 $\|\cdot\|_s$, 定义为

$$\|v\|_s = \left(\sum_{0\leqslant\alpha_1+\alpha_2\leqslant s} \left\| \frac{\partial^{\alpha_1+\alpha_2} v}{\partial x^{\alpha_1}\partial y^{\alpha_2}} \right\|^2 \right)^{\frac{1}{2}}.$$

用 $(f,g) = \int_\Omega fg\mathrm{d}x$, $\|f\|$分别表示 $L^2(\Omega)$ 上的内积和模. $H_0^1(\Omega)$ 表示 $C_0^\infty(\overline{\Omega})$ 在 $\|\cdot\|_1$ 模意义下的闭包, 定义模 $\|\cdot\|_{H_0^1}$ 为

$$\|v\|_{H_0^1} = \|\nabla v\| = \left(\left\|\frac{\partial v}{\partial x}\right\|^2 + \left\|\frac{\partial v}{\partial y}\right\|^2 \right)^{\frac{1}{2}}.$$

若 X 是一模空间, 其模记为 $\|\cdot\|_X$, v 为一映射, $v:[0,T] \to X$, 定义如下模:

$$\|v\|_{L^2(X)} = \left(\int_0^T \|v(t)\|_X^2 \,\mathrm{d}t \right)^{\frac{1}{2}}, \quad \|v\|_{L^\infty(X)} = \sup_{0\leqslant t\leqslant T} \|v(t)\|_X.$$

记 $Z = \left\{ \phi \,|\phi, \phi_x, \phi_y\,, \dfrac{\partial^2\phi}{\partial x\partial y} \in L^2(\Omega) \right\}$, 设 $r \geqslant 2$, $S_{h,r}(\Omega)$ 是 H_0^1 的有限维子空间, 且满足

$$S_{h,r} \in \mathbf{Z} \cap H_0^1, \tag{2.6.6a}$$

$$\inf_{\chi\in S_{h,r}}\left(\sum_{m=0}^{2}h^m\sum_{\substack{i,j=0,1\\ i+j=m}}\left\|\frac{\partial^m(\phi-\chi)}{\partial x^i\partial y^j}\right\|\right)\leqslant ch^s\|\phi\|_s,$$

$$\phi\in H^s(\Omega)\cap\mathbf{Z}\cap H_0^1(\Omega),2\leqslant s\leqslant r. \tag{2.6.6b}$$

定义 $W:(0,T]\to S_{h,r}(\Omega)$ 为 $u(x,t)$ 的 H^1 加权投影:

$$\sum_{i,j=1}^{2}\left(a_{ij}(x)\frac{\partial(u-W)}{\partial x_j},\frac{\partial V}{\partial x_i}\right)+\sum_{i=1}^{2}\left(b_i(x)\frac{\partial(u-W)}{\partial x_i},V\right)$$
$$+\mu(u-W,V)=0,\quad V\in S_{h,r}(\Omega), \tag{2.6.7}$$

其中 μ 是正常数.

下面引入三个引理:

引理 2.6.1[27] 令 $\eta=u-W$, 则对 $0\leqslant k\leqslant 2$, $p=2,\infty$, $j=0,1$ 有下述误差估计:

$$\left\|\frac{\partial^k\eta}{\partial t^k}\right\|_{L^p(H^j)}\leqslant Ch^{s-j}\left\|\frac{\partial^k u}{\partial t^k}\right\|_{L^p(H^s)},\quad 1\leqslant s\leqslant r, \tag{2.6.8}$$

其中常数 C 与 h 无关.

引理 2.6.2[5] 若用 D 表示算子 Δ, ∇ 或者 $\dfrac{\partial^2}{\partial x\partial y}$, 对适当的 v, 有

$$\Delta t\sum_{n=0}^{M-1}\|Dd_tv^n\|^2\leqslant\left\|D\frac{\partial v}{\partial t}\right\|_{L^2(L^2)}^2. \tag{2.6.9}$$

引理 2.6.3[13] 若用 D 表示算子 d_t, $\dfrac{\partial}{\partial t}$, $\dfrac{\partial^2}{\partial t^2}$, 则

$$\left\|\frac{\partial^2(D\eta^n)}{\partial x\partial y}\right\|\leqslant Ch^{r-2}\|Du\|_r+Ch^{-2}\|D\eta^n\|. \tag{2.6.10}$$

为方便引入面记号: 以 U^n 表示在第 n 时间层交替方向 Galerkin 解, 对 $n=1,\cdots,N=\dfrac{T}{\Delta t}$ 定义:

$$t^n=n\Delta t,\quad \varphi^n=\varphi(x,t^n),\quad \varphi^{n+\frac12}=\frac{\varphi^{n+1}+\varphi^n}{2},\quad d_t\varphi^n=\frac{\varphi^{n+1}-\varphi^n}{\Delta t},$$

$$(a\nabla u,\nabla v)=\sum_{i,j=1}^{2}\left(a_{ij}(x)\frac{\partial u}{\partial x_j},\quad\frac{\partial v}{\partial x_i}\right),\quad (b\nabla u,v)=\sum_{i=1}^{2}\left(b_i(x)\frac{\partial u}{\partial x_i},v\right).$$

2.6.2 Galerkin 交替方向法的提出

令 $\dfrac{\partial \phi}{\partial t}=\phi$, 则 (2.6.1)~(2.6.4) 可化为

$$\begin{cases}\dfrac{\partial \phi}{\partial t}-\displaystyle\sum_{i,j=1}^{2}\frac{\partial}{\partial x_i}\left(a_{ij}(x)\frac{\partial u}{\partial x_j}\right)+\sum_{i=1}^{2}b_i(x)\frac{\partial u}{\partial x_i}=f(x,t,u),\\ \dfrac{\partial u}{\partial t}=\phi,\\ u(x,0)=u_0,\\ \phi(x,0)=u_1.\end{cases} \tag{2.6.11}$$

写成弱形式为

$$\begin{cases}\left(\dfrac{\partial \phi}{\partial t},v\right)+(a\nabla u,\nabla v)+(b\nabla u,v)=(f(u),v),\quad v\in S_{h,r},\\ \dfrac{\partial u}{\partial t}=\phi,\\ (u(x,0),v)=(u_0,v),\\ (\phi(x,0),v)=(u_1,v).\end{cases} \tag{2.6.12}$$

设 U, $\varPhi$ 分别是 u, ϕ 自 $[0,T]$ 到 $S_{h,r}$ 的微分映射, 是 u, ϕ 的一个 Galerkin 近似. 定义 (2.6.12) 的有限元格式为

$$(d_t\varPhi^n,V)+\lambda\Delta t(\nabla d_tU^n,\nabla V)+(a\nabla U^n,\nabla V)+(b\nabla U^n,V)=(f(U^n),V),$$

$$V\in S_{h,r}(\varOmega),\quad n=0,1,2,\cdots, \tag{2.6.13a}$$

$$d_tU^n=\varPhi^{n+\frac{1}{2}},\quad n=0,1,2,\cdots. \tag{2.6.13b}$$

其中 $\lambda>\dfrac{1}{2}\max\limits_{x\in\varOmega}\|A(x)\|$, 此处设 $A(x)=\{a_{ij}\}$, $\|A(x)\|$ 为相应矩阵的范数. 设 $E^{n+1}=\varPhi^{n+1}-\varPhi^n$, 则 $\varPhi^{n+\frac{1}{2}}=\dfrac{E^{n+1}}{2}+\varPhi^n$, (2.6.13a), (2.6.13b) 可化为

$$\begin{aligned}&\left(\frac{E^{n+1}}{\Delta t},V\right)+\frac{1}{2}\lambda(\Delta t)^2\left(\nabla\frac{E^{n+1}}{\Delta t},\nabla V\right)\\ =&(f(U^n),V)-(a\nabla U^n,\nabla V)-(b\nabla U^n,V)\\ &-\lambda\Delta t(\nabla\phi^n,\nabla V),\quad V\in S_{h,r}(\varOmega),n=0,1,2,\cdots,\end{aligned} \tag{2.6.14a}$$

$$U^{n+1}=U^n+\Delta t\varPhi^n+\frac{\Delta t}{2}E^{n+1},\quad n=0,1,2,\cdots, \tag{2.6.14b}$$

所以交替方向有限元格式为

$$(E^{n+1},V)+\frac{1}{2}\lambda(\Delta t)^2(\nabla E^{n+1},\nabla V)+\frac{1}{4}\lambda^2(\Delta t)^4\left(\frac{\partial^2}{\partial x\partial y}E^{n+1},\frac{\partial^2}{\partial x\partial y}V\right)$$

$$=\Delta t[(f(U^n),V)-(a\nabla U^n,\nabla V)-(b\nabla U^n,V)$$
$$-\lambda\Delta t(\nabla\Phi^n,\nabla V)],\quad V\in S_{h,r}(\Omega),n=0,1,2,\cdots. \tag{2.6.15a}$$

$$U^{n+1}=U^n+\Delta t\Phi^n+\frac{\Delta t}{2}E^{n+1},\quad n=0,1,2,\cdots. \tag{2.6.15b}$$

初值的选取：可以从下面两式

$$\sum_{i,j=1}^{2}\left(a_{ij}(x)\frac{\partial(u_0-W^0)}{\partial x_j},\frac{\partial V}{\partial x_i}\right)+\sum_{i=1}^{2}\left(b_i(x)\frac{\partial(u_0-W^0)}{\partial x_i},V\right)$$
$$+((u_0-W^0),V)=0, \tag{2.6.16}$$

$$\sum_{i,j=1}^{2}\left(a_{ij}(x)\frac{\partial}{\partial x_j}\left(u_1-\left(\frac{\partial W}{\partial t}\right)^0\right),\frac{\partial V}{\partial x_i}\right)$$
$$+\sum_{i=1}^{2}\left(b_i(x)\frac{\partial}{\partial x_i}\left(u_1-\left(\frac{\partial W}{\partial t}\right)^0\right),V\right)+\left(\left(u_1-\left(\frac{\partial W}{\partial t}\right)^0\right),V\right)=0 \tag{2.6.17}$$

分别求出 W^0, $\left(\frac{\partial W}{\partial t}\right)^0$, 令 $U^0=W^0$, $\Phi^0=\left(\frac{\partial W}{\partial t}\right)^0$.

2.6.3 H^1 模误差估计

(2.6.15) 的等价形式为

$$(d_t\phi^n,V)+\lambda\Delta t(\nabla d_tU^n,\nabla V)+\frac{1}{4}\lambda^2(\Delta t)^4\left(\frac{\partial^2(d_t\Phi^n)}{\partial x\partial y},\frac{\partial^2}{\partial x\partial y}V\right)$$
$$=(f(U^n),V)-(a\nabla U^n,\nabla V)-(b\nabla U^n,V), \tag{2.6.18a}$$

$$d_tU^n=\Phi^{n+\frac{1}{2}},\quad n=0,1,2,\cdots. \tag{2.6.18b}$$

离散 (2.6.12) 得

$$\left(\left(\frac{\partial\phi}{\partial t}\right)^n,V\right)+(a\nabla u^n,\nabla V)+(b\nabla u^n,V)=(f(u^n),V),\quad V\in S_{h,r}(\Omega), \tag{2.6.19a}$$

$$\left(\frac{\partial u}{\partial t}\right)^{n+\frac{1}{2}}=\phi^{n+\frac{1}{2}}. \tag{2.6.19b}$$

设 $\xi^n=U^n-W^n$, $\eta^n=u^n-W^n$, $\hat{\xi}^n=\Phi^n-\left(\frac{\partial W}{\partial t}\right)^n$, $\hat{\eta}^n=\phi^n-\left(\frac{\partial W}{\partial t}\right)^n$, 则

$$\xi^n-\eta^n=U^n-u^n,\quad \hat{\xi}^n-\hat{\eta}^n=\Phi^n-\phi^n.$$

将 (2.6.18) 和 (2.6.19) 相减, 并利用式 (2.6.7), 得误差方程为

$$
\begin{aligned}
&(d_t\hat{\xi},V)+\lambda\Delta t(\nabla d_t\xi^n,\nabla V)+\frac{1}{4}\lambda^2(\Delta t)^4\left(\frac{\partial^2(d_t\hat{\xi}^n)}{\partial x\partial y},\frac{\partial^2}{\partial x\partial y}V\right)+(a\nabla\xi^n,\nabla V)\\
=&\left(\left(\frac{\partial\phi}{\partial t}\right)^n-d_t\phi^n+d_t\hat{\eta}^n+f(U^n)-f(u^n)-b\nabla\xi^n,V\right)-(\mu\eta^n,V)\\
&-\lambda\Delta t(\nabla d_t(u^n-\eta^n),\nabla V)+\frac{1}{4}\lambda^2(\Delta t)^4\left(\frac{\partial^2}{\partial x\partial y}(d_t\hat{\eta}^n-d_t\phi^n),\frac{\partial^2}{\partial x\partial y}V\right),
\end{aligned}
\tag{2.6.20}
$$

$$
d_t\xi^n=\hat{\xi}^{n+\frac{1}{2}}+\rho^n, \tag{2.6.21}
$$

其中

$$
\rho^n=d_t\eta^n-\hat{\eta}^{n+\frac{1}{2}}+\left(\frac{\partial u}{\partial t}\right)^{n+\frac{1}{2}}-d_tu^n.
$$

取 $V=\hat{\xi}^{n+\frac{1}{2}}=d_t\xi^n-\rho^n$, 因为 $\xi^n=\xi^{n+\frac{1}{2}}-\frac{\Delta t}{2}d_t\xi^n$, 所以

$$
\begin{aligned}
&\lambda\Delta t(\nabla d_t\xi^n,\nabla V)+(a\nabla\xi^n,\nabla V)\\
=&\lambda\Delta t(\nabla d_t\xi^n,\nabla(d_t\xi^n-\rho^n))+\left(a\nabla\left(\xi^{n+\frac{1}{2}}-\frac{\Delta t}{2}d_t\xi^n\right),\nabla d_t\xi^n\right)-(a\nabla\xi^n,\nabla\rho^n)\\
=&\lambda\Delta t(\nabla d_t\xi^n,\nabla d_t\xi^n)-\lambda\Delta t(\nabla d_t\xi^n,\nabla\rho^n)-\frac{\Delta t}{2}(ad_t\xi^n,\nabla d_t\xi^n)\\
&+(a\nabla\xi^{n+\frac{1}{2}},\nabla d_t\xi^n)-(a\nabla\xi^n,\nabla\rho^n)\\
=&\frac{1}{2}\lambda\Delta t(\nabla d_t\xi^n,\nabla d_t\xi^n)+\frac{1}{2}\Delta t((\lambda I-A(x))\nabla d_t\xi^n,\nabla d_t\xi^n)\\
&+(a\nabla\xi^{n+\frac{1}{2}},\nabla d_t\xi^n)-\lambda\Delta t(\nabla d_t\xi^n,\nabla\rho^n)-(a\nabla\xi^n,\nabla\rho^n)\\
\geqslant&\left[\frac{1}{2}\min(\lambda-\|\lambda I-A\|)-\varepsilon\right]\Delta t\,\|d_t\xi^n\|_{H_0^1}^2\\
&+\frac{1}{2}d_t(a\nabla\xi^n,\nabla\xi^n)-C(\|\xi^n\|_{H_0^1}^2+\|\nabla\rho^n\|^2)\\
\geqslant&\left[\frac{1}{2}\min(\lambda-\|\lambda I-A\|)-\varepsilon\right]\Delta t\,\|d_t\xi^n\|_{H_0^1}^2+\frac{1}{2}d_t(a\nabla\xi^n,\nabla\xi^n)\\
&-C(\|\xi^n\|_{H_0^1}^2+\|\nabla\rho^n\|^2),
\end{aligned}
\tag{2.6.22}
$$

只要选取 $\lambda>\dfrac{1}{2}\max\limits_{x\in\Omega}\|A(x)\|$, 就可使得 $\dfrac{1}{2}\min(\lambda-\|\lambda I-A\|)-\varepsilon>0$.

由此利用 Schwartz 不等式和 $ab \leqslant \frac{1}{2}(a^2+b^2)$ 和 (2.6.21), (2.6.20) 可化为

$$
\begin{aligned}
&(d_t\hat{\xi}^n, V) + \left[\frac{1}{2}\min(\lambda - \|\lambda I - A\|) - \varepsilon\right] \Delta t \|d_t\xi^n\|_{H_0^1}^2 \\
&+ \frac{1}{2}d_t(a\nabla\xi^n, \nabla\xi^n) + \frac{\lambda^2}{4}(\Delta t)^4(\Delta t)^4\left(\frac{\partial^2(d_t\hat{\xi}^n)}{\partial x\partial y}, \frac{\partial^2}{\partial x\partial y}V\right) \\
\leqslant & C\left[\left\|\left(\frac{\partial\phi}{\partial t}\right)^n - d_t\phi^n + d_t\hat{\eta}^n\right\|^2 + \|\xi^n\|^2 + \|\nabla\xi^n\|^2 + \|\eta^n\|^2 + \left\|\hat{\xi}^{n+\frac{1}{2}}\right\|\right. \\
&+ (\Delta t)^2\|\Delta d_t(u^n - \eta^n)\| + (\Delta t)^4\left\|\frac{\partial^2}{\partial x\partial y}(d_t\hat{\eta}^n - d_t\phi^n)\right\|^2 \\
&\left.+(\Delta t)^4\left\|\frac{\partial^2}{\partial x\partial y}\hat{\xi}^{n+\frac{1}{2}}\right\|^2 + \|\xi^n\|_{H_0^1}^2 + \|\nabla\rho^n\|^2\right]. \qquad (2.6.23)
\end{aligned}
$$

因为

$$
\begin{aligned}
\left(d_t\hat{\xi}^n, \hat{\xi}^{n+\frac{1}{2}}\right) &= \frac{1}{2\Delta t}[(\hat{\xi}^{n+1}, \hat{\xi}^{n+1}) - (\hat{\xi}^n, \hat{\xi}^n)] \\
&= \frac{1}{2}d_t(\hat{\xi}^n, \hat{\xi}^n), \left(\frac{\partial^2}{\partial x\partial y}d_t\hat{\xi}^n, \frac{\partial^2}{\partial x\partial y}d_t\hat{\xi}^{n+\frac{1}{2}}\right) \\
&= \frac{1}{2}d_t\left(\frac{\partial^2}{\partial x\partial y}\hat{\xi}^n, \frac{\partial^2}{\partial x\partial y}\hat{\xi}^n\right),
\end{aligned}
$$

所以式 (2.6.23) 可化为

$$
\begin{aligned}
&d_t\left[(\hat{\xi}^n, \hat{\xi}^n) + \frac{1}{2}(a\nabla\xi^n, \nabla\xi^n) + \frac{\lambda^2}{4}(\Delta t)^4\left(\frac{\partial^2}{\partial x\partial y}\hat{\xi}^n, \frac{\partial^2}{\partial x\partial y}\hat{\xi}^n\right)\right] \\
&+ \left[\frac{1}{2}\min(\lambda - \|\lambda I - A\|) - \varepsilon\right]\Delta t\|d_t\xi^n\|_{H_0^1}^2 \\
\leqslant & C\left[\left\|\left(\frac{\partial\phi}{\partial t}\right)^n - d_t\phi^n + d_t\hat{\eta}^n\right\|^2 + \|\xi^n\|_1^2 + \|\eta^n\|^2 + \left\|\hat{\xi}^{n+\frac{1}{2}}\right\|\right. \\
&+ (\Delta t)^2\|\Delta d_t(u^n - \eta^n)\| + (\Delta t)^4\left\|\frac{\partial^2}{\partial x\partial y}(d_t\hat{\eta}^n - d_t\phi^n)\right\|^2 \\
&\left.+(\Delta t)^4\left\|\frac{\partial^2}{\partial x\partial y}\hat{\xi}^{n+\frac{1}{2}}\right\|^2 + \|\nabla\rho^n\|^2\right], \qquad (2.6.24)
\end{aligned}
$$

对式 (2.6.24) 两边同乘以 Δt, 并对 $n=0,1,2,\cdots,M-1(0<M\leqslant N)$ 求和, 可得

$$
\begin{aligned}
&(\hat{\xi}^M,\hat{\xi}^M)+\frac{1}{2}(a\nabla\xi^M,\nabla\xi^M)+\frac{\lambda^2}{4}(\Delta t)^4\left(\frac{\partial^2}{\partial x\partial y}\hat{\xi}^M,\frac{\partial^2}{\partial x\partial y}\hat{\xi}^M\right)\\
&+\left[\frac{1}{2}\min(\lambda-\|\lambda I-A\|)-\varepsilon\right](\Delta t)^2\sum_{n=0}^{M-1}\|d_t\xi^n\|_{H_0^1}^2\\
\leqslant&C\Delta t\sum_{n=0}^{M-1}\left[(\Delta t)^2\|\Delta d_t(u^n-\eta^n)\|^2+(\Delta t)^4\left\|\frac{\partial^2}{\partial x\partial y}(d_t\hat{\eta}^n-d_t\phi^n)\right\|^2\right.\\
&\left.+\left\|\left(\frac{\partial\phi}{\partial t}\right)^n-d_t\phi^n+d_t\hat{\eta}^n\right\|^2+\|\eta^n\|^2+\|\nabla\rho^n\|^2\right]\\
&+C\Delta t\sum_{n=0}^{M}\left[\left\|\hat{\xi}^n\right\|+\|\xi^n\|_1^2+(\Delta t)^4\left\|\frac{\partial^2}{\partial x\partial y}\hat{\xi}^n\right\|^2\right]\\
&+C\left[\left\|\hat{\xi}^0\right\|^2+\|\xi^0\|_1^2+(\Delta t)^4\left\|\frac{\partial^2}{\partial x\partial y}\hat{\xi}^0\right\|^2\right],
\end{aligned}\tag{2.6.25}
$$

因为 $(a\nabla\xi^M,\nabla\xi^M)\geqslant c_*\left\|\xi^M\right\|_{H_0^1}^2$, $\left\|\xi^M\right\|_1^2=\left\|\xi^M\right\|_{H_0^1}^2+\left\|\xi^M\right\|^2$, 利用 Gronwall 不等式知, 只要 Δt 充分小, 就有

$$
\begin{aligned}
&(\hat{\xi}^M,\hat{\xi}^M)+\left\|\xi^M\right\|_1^2+\frac{\lambda^2}{4}(\Delta t)^4\left(\frac{\partial^2}{\partial x\partial y}\hat{\xi}^M,\frac{\partial^2}{\partial x\partial y}\hat{\xi}^M\right)\\
\leqslant&C\Delta t\sum_{n=0}^{M-1}\left[(\Delta t)^2\|\Delta d_t(u^n-\eta^n)\|^2+(\Delta t)^4\left\|\frac{\partial^2}{\partial x\partial y}(d_t\hat{\eta}^n-d_t\phi^n)\right\|^2\right.\\
&\left.+\left\|\left(\frac{\partial\phi}{\partial t}\right)^n-d_t\phi^n+d_t\hat{\eta}^n\right\|^2+\|\eta^n\|^2+\|\nabla\rho^n\|^2\right]\\
&+C\left[\left\|\hat{\xi}^0\right\|^2+\|\xi^0\|_1^2+(\Delta t)^4\left\|\frac{\partial^2}{\partial x\partial y}\hat{\xi}^0\right\|^2\right].
\end{aligned}\tag{2.6.26}
$$

下面估计式 (2.6.26) 右端各项:

由引理 2.6.2, 令 $D=\Delta$, $v=u,\eta$, 则

$$
\begin{aligned}
\Delta t\sum_{n=0}^{M-1}(\Delta t)^2\|\Delta d_t(u^n-\eta^n)\|^2&\leqslant(\Delta t)^2\left(\Delta t\sum_{n=0}^{M-1}\|\Delta d_tu^n\|^2+\Delta t\sum_{n=0}^{M-1}\|\Delta d_t\eta^n\|^2\right)\\
&\leqslant C(\Delta t)^2\left(\left\|\Delta\frac{\partial u}{\partial t}\right\|_{L^2(L^2)}^2+\left\|\Delta\frac{\partial \eta}{\partial t}\right\|_{L^2(L^2)}^2\right)\\
&\leqslant C(\Delta t)^2.
\end{aligned}\tag{2.6.27}
$$

由引理 2.6.2, 令 $D=\dfrac{\partial^2}{\partial x\partial y}$, $v=\hat{\eta}$, 则

$$\Delta t\sum_{n=0}^{M-1}(\Delta t)^4\left\|\frac{\partial^2}{\partial x\partial y}(d_t\hat{\eta}^n-d_t\phi^n)\right\|^2\leqslant(\Delta t)^4+(\Delta t)^4\cdot\Delta t\sum_{n=0}^{M-1}\left\|\frac{\partial^2}{\partial x\partial y}d_t\hat{\eta}^n\right\|^2$$
$$\leqslant C\left[(\Delta t)^4+(\Delta t)^4\left\|\frac{\partial^4\eta}{\partial x\partial y\partial t^2}\right\|^2_{L^2(L^2)}\right],$$

由引理 2.6.3, 令 $D=\dfrac{\partial^2}{\partial t^2}$, 当 $r\geqslant 2$ 时, 有

$$\Delta t\sum_{n=0}^{M-1}(\Delta t)^4\left\|\frac{\partial^2}{\partial x\partial y}(d_t\hat{\eta}^n-d_t\phi^n)\right\|^2\leqslant C\left[(\Delta t)^4+(\Delta t)^4\left\|\frac{\partial^4\eta}{\partial x\partial y\partial t^2}\right\|^2_{L^2(L^2)}\right]$$
$$\leqslant C\left[(\Delta t)^4+(\Delta t)^4h^{r-2}\left\|\frac{\partial^2 u}{\partial t^2}\right\|^2_{L^2(H^r)}\right]$$
$$\leqslant C(\Delta t)^4. \tag{2.6.28}$$

由引理 2.6.2, 令 $D=1$, 因为 $\left\|\left(\dfrac{\partial\phi}{\partial t}\right)^n-d_t\phi^n\right\|\leqslant C\Delta t$,

$$\Delta t\sum_{n=0}^{M-1}\left\|\left(\frac{\partial\phi}{\partial t}\right)^n-d_t\phi^n+d_t\hat{\eta}^n\right\|\leqslant C\sum_{n=0}^{M-1}\left[(\Delta t)^2+\|d_t\hat{\eta}^n\|^2\right]$$
$$\leqslant C\left[(\Delta t)^2+\left\|\frac{\partial^2\eta}{\partial t^2}\right\|^2_{L^2(L^2)}\right]$$
$$\leqslant C[(\Delta t)^2+h^{2r}]. \tag{2.6.29}$$

由引理 2.6.1,

$$\Delta t\sum_{n=0}^{M-1}\|\eta^n\|^2\leqslant Ch^{2r}. \tag{2.6.30}$$

因为

$$\left\|\nabla\left(\left(\frac{\partial u}{\partial t}\right)^{n+\frac{1}{2}}-d_tu^n\right)\right\|\leqslant C(\Delta t)^2,$$

利用引理 2.6.1 和引理 2.6.2, 有

$$\Delta t\sum_{n=0}^{M-1}\|\nabla\rho^n\|^2\leqslant C\left[(\Delta t)^4+\Delta t\sum_{n=0}^{M-1}\|\nabla d_t\eta^n\|^2+\Delta t\sum_{n=0}^{M-1}\|\nabla\hat{\eta}^n\|^2\right]$$

$$\leqslant C[(\Delta t)^4 + h^{2r-2}]. \tag{2.6.31}$$

综合 (2.6.26)~(2.6.31), 在假定 $\left\|\hat{\xi}^0\right\|^2$, $\|\xi^0\|_1^2$ 和 $(\Delta t)^4\left\|\frac{\partial^2}{\partial x\partial y}\hat{\xi}^0\right\|^2$ 是 $O(h^{2r-2})$ 的前提下, 有

$$\left\|\hat{\xi}^M\right\|^2 + \|\xi^M\|_1^2 + (\Delta t)^4\left\|\frac{\partial^2}{\partial x\partial y}\hat{\xi}^M\right\|^2 \leqslant C[(\Delta t)^2 + h^{2r-2}], \tag{2.6.32}$$

利用引理 2.6.1, 由 (2.6.32) 可得

$$\max_{0\leqslant n\leqslant N}\|U^n - u^n\|_1^2 \leqslant C\max_{0\leqslant n\leqslant M}\left[\|\xi^n\|_1^2 + \|\eta^n\|_1^2\right] \leqslant C[(\Delta t)^2 + h^{2r-2}]. \tag{2.6.33}$$

定理 2.6.1　设 u, U 和 W 分别表示方程 (2.6.1), (2.6.15) 和 (2.6.7) 的解, 假定 $u \in C^4(\overline{\Omega}\times[0,T]), u, \frac{\partial u}{\partial t} \in L^\infty(H^r)$ 且 $\frac{\partial^2 u}{\partial t^2} \in L^2(H^r)(r \geqslant 2)$, 那么只要 Δt 充分小, $\lambda > \frac{1}{2}\max_{x\in\Omega}\|A(x)\|$, 且满足初始条件:

$$\left\|\Phi^0 - \left(\frac{\partial W}{\partial t}\right)^0\right\| + \|U^0 - W^0\|_1 + (\Delta t)^2\left\|\frac{\partial^2}{\partial x\partial y}\left[\Phi^0 - \left(\frac{\partial W}{\partial t}\right)^0\right]\right\| \leqslant C[\Delta t + h^{r-1}],$$

则有 $\max_{0\leqslant n\leqslant N}\|U^n - u^n\|_1 \leqslant C[\Delta t + h^{r-1}]$.

2.6.4　L^2 模误差估计

设任意序列 $\{v^n\}_{n=0}^N$, 则

$$v^{n+\frac{1}{2}} = v^0 + \frac{\Delta t}{2}\left[\sum_{k=0}^{n} d_t v^k + \sum_{k=0}^{n-1} d_t v^k\right],$$

令 D 为一算子, 且令 $v = \hat{\xi}$, 代入 (2.6.20), 得

$$D(d_t\xi^n) = D\hat{\xi}^0 + \frac{\Delta t}{2}\left[\sum_{k=0}^{n} D(d_t\hat{\xi}^k) + \sum_{k=0}^{n-1} D(d_t\hat{\xi}^k)\right] + D\rho^n.$$

在上式中取 $D = 1, \frac{\partial^2}{\partial x\partial y}$, 且记 $I^n = \left(\frac{\partial \phi}{\partial t}\right) - d_t\phi^n + d_t\hat{\eta}^n + f(U^n) - f(u^n) - b\nabla\xi^n - \mu\eta^n$, 结合 (2.6.20) 有

$$\begin{aligned}&(d_t\xi^n, V) + \frac{1}{4}\lambda^2(\Delta t)^4\left(\frac{\partial^2}{\partial x\partial y}d_t\xi^n, \frac{\partial^2}{\partial x\partial y}V\right)\\ =&\left(\hat{\xi}^0 + \frac{\Delta t}{2}\left(\sum_{k=0}^{n} d_t\hat{\xi}^k + \sum_{k=0}^{n-1} d_t\hat{\xi}^{k-1}\right) + \rho^n, V\right)\end{aligned}$$

$$
\begin{aligned}
&+\frac{1}{4}\lambda^2(\Delta t)^4\left(\frac{\partial^2}{\partial x\partial y}\hat{\xi}^0+\frac{\Delta t}{2}\left(\sum_{k=0}^{n}\frac{\partial^2}{\partial x\partial y}d_t\hat{\xi}^k\right.\right.\\
&\left.\left.+\sum_{k=0}^{n-1}\frac{\partial^2}{\partial x\partial y}d_t\hat{\xi}^k\right)+\frac{\partial^2}{\partial x\partial y}\rho^n,\frac{\partial^2}{\partial x\partial y}V\right)\\
=&(\hat{\xi}^0+\rho^n,V)+\frac{1}{4}\lambda^2(\Delta t)^4\left(\frac{\partial^2}{\partial x\partial y}(\hat{\xi}^0+\rho^n),\frac{\partial^2}{\partial x\partial y}V\right)\\
&+\frac{\Delta t}{2}\sum_{k=0}^{n}\left[(d_t\hat{\xi}^k,V)+\frac{1}{4}\lambda^2(\Delta t)^4\left(\frac{\partial^2}{\partial x\partial y}d_t\hat{\xi}^k,\frac{\partial^2}{\partial x\partial y}V\right)\right]\\
&+\frac{\Delta t}{2}\sum_{k=0}^{n-1}\left[(d_t\hat{\xi}^k,V)+\frac{1}{4}\lambda^2(\Delta t)^4\left(\frac{\partial}{\partial x\partial y}d_t\hat{\xi}^k,\frac{\partial^2}{\partial x\partial y}V\right)\right]\\
=&(\hat{\xi}^0+\rho^n,V)+\frac{1}{4}\lambda^2(\Delta t)^4\left(\frac{\partial^2}{\partial x\partial y}(\hat{\xi}^0+\rho^n),\frac{\partial^2}{\partial x\partial y}V\right)\\
&+\frac{\Delta t}{2}\sum_{k=0}^{n}\left[-\lambda\Delta t(\nabla d_t\xi^k,\nabla V)-(a\nabla\xi^k),\nabla V)\right.\\
&+(I^k,V)-\lambda\Delta t(\nabla d_t(u^k-\eta^k),\nabla V)\\
&\left.+\frac{1}{4}\lambda^2(\Delta t)^4\left(\frac{\partial^2}{\partial x\partial y}(d_t\hat{\eta}^k-d_t\phi^k),\frac{\partial^2}{\partial x\partial y}V\right)\right]\\
&+\frac{\Delta t}{2}\sum_{k=0}^{n-1}\left[-\lambda\Delta t(\nabla d_t\xi^k,\nabla V)-(a\nabla\xi^k,\nabla V)+(I^k,V)\right.\\
&-\lambda\Delta t(\nabla d_t(u^k-\eta^k),\nabla V)\\
&\left.+\frac{1}{4}\lambda^2(\Delta t)^4\left(\frac{\partial^2}{\partial x\partial y}(d_t\hat{\eta}^k-d_t\phi^k),\frac{\partial^2}{\partial x\partial y}V\right)\right]\\
=&-\left[\lambda\Delta t\left(\nabla\left(\frac{\Delta t}{2}\sum_{k=0}^{n}d_t\xi^k+\frac{\Delta t}{2}\sum_{k=0}^{n-1}d_t\xi^k\right),\nabla V\right)\right.\\
&\left.+\left(a\nabla\left(\frac{\Delta t}{2}\sum_{k=0}^{n}\xi^k+\frac{\Delta t}{2}\sum_{k=0}^{n-1}\xi^k\right),\nabla V\right)\right]\\
&+\left(\hat{\xi}^0+\rho^n+\frac{\Delta t}{2}\sum_{k=0}^{n}I^k+\frac{\Delta t}{2}\sum_{k=0}^{n-1}I^k,V\right)
\end{aligned}
$$

$$
\begin{aligned}
&+\lambda\Delta t\left(\Delta\left(\frac{\Delta t}{2}\sum_{k=0}^{n}d_t(u^k-\eta^k)+\frac{\Delta t}{2}\sum_{k=0}^{n-1}d_t(u^k-\eta^k)\right),V\right)\\
&+\frac{1}{4}\lambda^2(\Delta t)^4\left(\frac{\partial^2}{\partial x\partial y}\left[(\hat{\xi}^0+\rho^n)+\frac{\Delta t}{2}\sum_{k=0}^{n}(d_t\hat{\eta}^k-d_t\phi^k)\right.\right.\\
&\left.\left.+\frac{\Delta t}{2}\sum_{k=0}^{n-1}(d_t\hat{\eta}^k-d_t\phi^k)\right],\frac{\partial^2}{\partial x\partial y}V\right)\\
=&-D_1^n+(D_2^n,V)+\lambda\Delta t(D_3^n,V)+\frac{1}{4}\lambda^2(\Delta t)^4\left(D_4^n,\frac{\partial^2}{\partial x\partial y}V\right).
\end{aligned}\tag{2.6.34}
$$

设序列 $\{\psi^n\}_{n=0}^N$ 为 $\psi^0=0,\ \psi^n=\Delta t\sum\limits_{k=0}^{n-1}\xi^{k+\frac{1}{2}},n=1,2,\cdots$, 则

$$
\psi^{n+\frac{1}{2}}=\frac{\Delta t}{2}\left(\sum_{k=0}^{n}\xi^{k+\frac{1}{2}}+\sum_{k=0}^{n-1}\xi^{k+\frac{1}{2}}\right).
$$

令 $V=d_t\psi^n=\xi^{n+\frac{1}{2}}$, 对 D_1^n 有

$$
\begin{aligned}
D_1^n=&\lambda\Delta t\left(\nabla\left(\xi^{n+\frac{1}{2}}-\xi^0\right),\nabla\xi^{n+\frac{1}{2}}\right)\\
&-\frac{\Delta t}{2}\left(a\nabla\left(\xi^{n+\frac{1}{2}}-\xi^0\right),\nabla\xi^{n+\frac{1}{2}}\right)+\left(a\nabla\psi^{n+\frac{1}{2}},\nabla d_t\psi^n\right)\\
\geqslant&\frac{\lambda}{2}\Delta t\left(\nabla(\xi^{n+\frac{1}{2}}-\xi^0),\nabla\xi^{n+\frac{1}{2}}\right)\\
&+\frac{\Delta t}{2}\left((\lambda I-A(x))\nabla\left(\xi^{n+\frac{1}{2}}-\xi^0\right),\nabla\xi^{n+\frac{1}{2}}\right)+\frac{1}{2}d_t(a\nabla\psi^n,\nabla\psi^n)\\
\geqslant&\frac{1}{4}q\Delta t\left(\left\|\xi^{n+\frac{1}{2}}\right\|_{H_0^1}^2-\left\|\xi^0\right\|_{H_0^1}^2\right)+\frac{1}{2}d_t(a\nabla\psi^n,\nabla\psi^n),
\end{aligned}\tag{2.6.35}
$$

则式 (2.6.34) 可化为

$$
\begin{aligned}
&d_t\left((\xi^n,\xi^n)+\frac{1}{4}\lambda^2(\Delta t)^4\left(\frac{\partial^2}{\partial x\partial y}\xi^n,\frac{\partial^2}{\partial x\partial y}\xi^n\right)+\frac{1}{2}(a\nabla\psi^n,\nabla\psi^n)\right)\\
&+\frac{1}{4}q\Delta t\left(\left\|\xi^{n+\frac{1}{2}}\right\|_{H_0^1}^2-\left\|\xi^0\right\|_{H_0^1}^2\right)\\
\leqslant&C\left[(D_2^n,V)+\lambda\Delta t(D_3^n,V)+\frac{1}{4}\lambda^2(\Delta t)^4\left(D_4^n,\frac{\partial^2}{\partial x\partial y}V\right)\right].
\end{aligned}\tag{2.6.36}
$$

左右两边同乘以 Δt, 对 $n=0,1,\cdots,M-1(0<M\leqslant N)$ 求和, 利用 $(a\nabla\psi^M,\nabla\psi^M)\geqslant c_*\left\|\psi^M\right\|_{H_0^1}^2$ 和 $\psi^0=0$, 有

$$
\left\|\xi^M\right\|^2+\frac{1}{4}\lambda^2(\Delta t)^4\left\|\frac{\partial^2}{\partial x\partial y}\xi^M\right\|^2+c_*\left\|\psi^M\right\|_{H_0^1}^2
$$

$$
\begin{aligned}
&+\frac{1}{4}q(\Delta t)^2\sum_{n=0}^{M-1}\left(\left\|\xi^{n+\frac{1}{2}}\right\|_{H_0^1}^2-\left\|\xi^0\right\|_{H_0^1}^2\right)\\
\leqslant &C\left(\left\|\xi^0\right\|^2+(\Delta t)^4\left\|\frac{\partial^2}{\partial x\partial y}\xi^0\right\|^2\right)\\
&+C\Delta t\sum_{n=0}^{M-1}\left[(D_2^n,V)+\lambda\Delta t(D_3^n,V)+\frac{1}{4}\lambda^2(\Delta t)^4\left(D_4^n,\frac{\partial^2}{\partial x\partial y}V\right)\right]. \quad (2.6.37)
\end{aligned}
$$

因为

$$
\begin{aligned}
\Delta t\sum_{n=0}^{M-1}\left(D_2^n,\xi^{n+\frac{1}{2}}\right)=&\Delta t\sum_{n=0}^{M-1}\left(\hat{\xi}^0+\rho^n+\frac{\Delta t}{2}\sum_{k=0}^{n}I^k+\frac{\Delta t}{2}\sum_{k=0}^{n-1}I^k,\xi^{n+\frac{1}{2}}\right)\\
\leqslant &C\Delta t\sum_{n=0}^{M-1}\left\|\hat{\xi}^0\right\|^2+C\Delta t\sum_{n=0}^{M-1}\left\|\rho^n\right\|^2\\
&+C(\Delta t)^2\sum_{n=0}^{M-1}\left(\sum_{k=0}^{n}\left\|I^k\right\|^2+\sum_{k=0}^{n-1}\left\|I^k\right\|^2\right)\\
&+C\Delta t\sum_{n=0}^{M}\left\|\xi^n\right\|^2, \quad (2.6.38)
\end{aligned}
$$

由 (2.6.31) 对 ρ^n 的估计, 有

$$
\Delta t\sum_{n=0}^{M-1}\left\|\rho^n\right\|^2\leqslant C[(\Delta t)^4+h^{2r}], \quad (2.6.39)
$$

由式 (2.6.29), 不妨设 $\Delta t=O(h^2)$, 则

$$
\begin{aligned}
&(\Delta t)^2\sum_{n=0}^{M-1}\sum_{k=0}^{n}\left\|I^k\right\|^2\\
\leqslant &C(\Delta t)^2\left(\sum_{n=0}^{M-1}\left\|\left(\frac{\partial\phi}{\partial t}\right)^n-d_t\phi^n+d_t\hat{\eta}^n\right\|^2+\sum_{n=0}^{M-1}\left\|\xi^n\right\|_1^2+\sum_{n=0}^{M-1}\left\|\eta^n\right\|^2\right)\\
\leqslant &C[(\Delta t)^2+h^{2r}]+C(\Delta t)^2h^{-2}\sum_{n=0}^{M-1}\left\|\xi^n\right\|^2+C(\Delta t)^2\\
\leqslant &C[(\Delta t)^2+h^{2r}]+C\Delta t\sum_{n=0}^{M-1}\left\|\xi^n\right\|^2, \quad (2.6.40)
\end{aligned}
$$

由 (2.6.38)~(2.6.40), 只要 $\left\|\hat{\xi}^0\right\| = O(h^r)$, 就有

$$\Delta t \sum_{n=0}^{M-1} \left(D_2^n, \xi^{n+\frac{1}{2}}\right) \leqslant C[(\Delta t)^2] + C\Delta t \sum_{n=0}^{M} \|\xi^n\|^2 . \tag{2.6.41}$$

又因为

$$\begin{aligned}
&\Delta t \sum_{n=0}^{M-1} \lambda \Delta t (D_3^n, V) \leqslant C(\Delta t)^2 \left[\sum_{n=0}^{M-1} \|D_3^n\|^2 + \sum_{n=0}^{M} \|\xi^n\|^2\right] \\
=& C(\Delta t)^2 \left[\sum_{n=0}^{M-1} \left\|\Delta\left(u^{n+\frac{1}{2}} - u^0 - \eta^{n+\frac{1}{2}} + \eta^0\right)\right\|^2 + \sum_{n=0}^{M} \|\xi^n\|^2\right] \\
\leqslant& C(\Delta t)^2 \left(\|u\|_{L^2(H^r)}^2 + \|u\|_{L^\infty(H^r)}^2 + \|\eta\|_{L^2(H^r)}^2 + \|\eta\|_{L^\infty(H^r)}^2\right) + C(\Delta t)^2 \sum_{n=0}^{M} \|\xi^n\|^2 \\
\leqslant& C(\Delta t)^2 + C\Delta t \sum_{n=0}^{M} \|\xi^n\|^2 .
\end{aligned} \tag{2.6.42}$$

不妨设 $(\Delta t)^2 \left\|\frac{\partial^2}{\partial x \partial y} \hat{\xi}^0\right\| = O(h^r)$, 则

$$\begin{aligned}
&\frac{1}{4} \lambda^2 \Delta t \sum_{n=0}^{M-1} (\Delta t)^4 \left(D_4^n, \frac{\partial^2}{\partial x \partial y} V\right) \\
\leqslant& C\Delta t \sum_{n=0}^{M-1} (\Delta t)^4 \left[\|D_4^n\|^2 + \left\|\frac{\partial^2}{\partial x \partial y} \xi^{n+\frac{1}{2}}\right\|^2\right] \\
\leqslant& C\Delta t \sum_{n=0}^{M-1} \left[(\Delta t)^4 \|D_4^n\|^2\right] + C\Delta t \sum_{n=0}^{M} \left[(\Delta t)^4 \left\|\frac{\partial^2}{\partial x \partial y} \xi^n\right\|^2\right] \\
=& C\Delta t \sum_{n=0}^{M-1} (\Delta t)^4 \left\|\frac{\partial^2}{\partial x \partial y} \left[(\hat{\xi}^0 + \rho^n) + \frac{\Delta t}{2} \sum_{k=0}^{n} (d_t \hat{\eta}^k - d_t \phi^k) + \frac{\Delta t}{2} \sum_{k=0}^{n-1} (d_t \hat{\eta}^k - d_t \phi^k)\right]\right\|^2 \\
&+ C\Delta t \sum_{n=0}^{M} \left[(\Delta t)^4 \left\|\frac{\partial^2}{\partial x \partial y} \xi^n\right\|^2\right] \\
=& C\Delta t \sum_{n=0}^{M-1} \left[(\Delta t)^4 \left\|\frac{\partial^2}{\partial x \partial y} \left[(\hat{\xi}^0 + \rho^n) + \hat{\eta}^{n+\frac{1}{2}} - \hat{\eta}^0 + \phi^{n+\frac{1}{2}} + \phi^0\right]\right\|^2\right] \\
&+ C\Delta t \sum_{n=0}^{M} \left[(\Delta t)^4 \left\|\frac{\partial^2}{\partial x \partial y} \xi^n\right\|^2\right]
\end{aligned}$$

$$\leqslant C(\Delta t)^4\left[(\Delta t)^2+\left\|\frac{\partial^2}{\partial x\partial y}\hat{\xi}^0\right\|^2+\left\|\frac{\partial^3\eta}{\partial x\partial y\partial t}\right\|^2_{L^2(L^2)}+\left\|\frac{\partial^3\eta}{\partial x\partial y\partial t}\right\|^2_{L^\infty(L^2)}\right]$$

$$+C\Delta t\sum_{n=0}^{M}\left[(\Delta t)^4\left\|\frac{\partial^2}{\partial x\partial y}\xi^n\right\|^2\right]$$

$$\leqslant C[(\Delta t)^2+h^{2r}]+C\Delta t\sum_{n=0}^{M}\left[(\Delta t)^4\left\|\frac{\partial^2}{\partial x\partial y}\xi^n\right\|^2\right]. \tag{2.6.43}$$

由 (2.6.37), 综合 (2.6.41)~(2.6.43) 可得

$$\begin{aligned}&\left\|\xi^M\right\|^2+\frac{1}{4}\lambda^2(\Delta t)^4\left\|\frac{\partial^2}{\partial x\partial y}\xi^M\right\|^2+c_*\left\|\psi^M\right\|^2_{H_0^1}\\&+\frac{1}{4}q(\Delta t)^2\sum_{n=0}^{M-1}\left(\left\|\xi^{n+\frac{1}{2}}\right\|^2_{H_0^1}-\left\|\xi^0\right\|^2_{H_0^1}\right)\\\leqslant&C\left(\left\|\xi^0\right\|+(\Delta t)^4\left\|\frac{\partial^2}{\partial x\partial y}\xi^0\right\|^2\right)+C[(\Delta t)^2+h^{2r}]\\&+C\Delta t\sum_{n=0}^{M}\left[(\Delta t)^4\left\|\frac{\partial^2}{\partial x\partial y}\xi^n\right\|^2\right]+C\Delta t\sum_{n=0}^{M}\left\|\xi^n\right\|^2,\end{aligned} \tag{2.6.44}$$

只要假定 $\left\|\xi^0\right\|$, $\left\|\hat{\xi}^0\right\|$, $(\Delta t)^2\left\|\frac{\partial^2}{\partial x\partial y}\xi^0\right\|$, $(\Delta t)^2\left\|\frac{\partial^2}{\partial x\partial y}\hat{\xi}^0\right\|$ 是 $O(h^r)$, 利用 Gronwall 不等式, 就有

$$\left\|\xi^M\right\|^2+c_*\left\|\psi^M\right\|^2_{H_0^1}+\frac{1}{4}\lambda^2(\Delta t)^4\left\|\frac{\partial^2}{\partial x\partial y}\xi^M\right\|^2\leqslant C[(\Delta t)^2+h^{2r}], \tag{2.6.45}$$

由三角不等式和引理 2.6.1, 有

$$\max_{0\leqslant n\leqslant N}\left\|U^n-u^n\right\|\leqslant\max_{0\leqslant n\leqslant N}\left[\left\|\xi^n\right\|+\left\|\eta^n\right\|\right]\leqslant C[\Delta t+h^r].$$

由此可得下面定理:

定理 2.6.2 设 u, U 和 W 分别表示方程 (2.6.1), (2.6.15) 和 (2.6.7) 的解, 假定 $u\in C^4(\overline{\Omega}\times[0,T])$, u, $\frac{\partial u}{\partial t}\in L^\infty(H^r)$ 且 $\frac{\partial^2 u}{\partial t^2}\in L^2(H^r)(r\geqslant 2)$, 那么只要 $\Delta t\leqslant O(h^2)$, $\lambda>\frac{1}{2}\max\limits_{x\in\Omega}\|A(x)\|$, 且满足初始条件:

$$\left\|U^0-W^0\right\|+\left\|\Phi^0-\left(\frac{\partial W}{\partial t}\right)^0\right\|+(\Delta t)^2\left\|\frac{\partial^2}{\partial x\partial y}[U^0-W^0]\right\|$$

$$+(\Delta t)^2\left\|\frac{\partial^2}{\partial x\partial y}\left[\Phi^0-\left(\frac{\partial W}{\partial t}\right)^0\right]\right\|\leqslant C[\Delta t+h^r],$$

则有

$$\max_{0\leqslant n\leqslant N}\|U^n-u^n\|\leqslant C[\Delta t+h^r].$$

2.6.5 交替方向有限元格式的矩阵实现

假设 $S_{h,r}=S_{h,r}^x\otimes S_{h,r}^y$, 其中 $S_{h,r}^x$, $S_{h,r}^y$ 分别是 $H_0^1([a,b])$, $H_0^1([c,d])$ 的有限维子空间. 令 $\{\gamma_p^1(x)\gamma_q^2(y)\}_{p=1,q=1}^{N_x,N_y}$ 是 $S_{h,r}$ 的张量积基, 其中 $\{\gamma_p^1(x)\}_{p=1}^{N_x}$, $\{\gamma_q^2(y)\}_{q=1}^{N_y}$ 分别是 $S_{h,r}^x$, $S_{h,r}^y$ 的基. p 是 x 方向的网格线数, q 是 y 方向的网格线数, $p=1,2,\cdots,N_x,q=1,2,\cdots,N_y$.

令

$$U^n(x,y)=\sum_{p,q}\alpha_{pq}^{(n)}\gamma_p^1(x)\gamma_q^2(y),\quad \Phi^n(x,y)=\sum_{p,q}\beta_{pq}^{(n)}\gamma_p^1(x)\gamma_q^2(y),\tag{2.6.46}$$

则

$$E^{n+1}(x,y)=\sum_{p,q}\theta_{pq}^{(n+1)}\gamma_p^1(x)\gamma_q^2(y),\quad \theta_{pq}^{(n+1)}=\beta_{pq}^{(n+1)}-\beta_{pq}^{(n)}.\tag{2.6.47}$$

取 $V=\gamma_k^1(x)\gamma_m^2(y)$, $k=1,2,\cdots,N_x$, $m=1,2,\cdots,N_y$, 则 (2.6.15) 的矩阵形式为

$$\left[C_1\otimes C_2+\frac{\lambda}{2}(\Delta t)^2(A_1\otimes C_2+C_1\otimes A_2)+\frac{\lambda^2}{4}(\Delta t)^4(A_1\otimes A_2)\right]\theta^{(n+1)}=\Psi_{pq}^{(n)},\tag{2.6.48a}$$

$$\alpha^{(n+1)}=\alpha^{(n)}+\Delta t\left[\beta^{(n)}+\frac{1}{2}\theta^{(n+1)}\right],\quad n=0,1,2,\cdots,\tag{2.6.48b}$$

其中:

$$\begin{aligned}\Psi_{pq}^{(n)}=&\Delta t\left[(f(U^n),V)-\sum_{i,j=1}^{2}\left(a_{ij}(x)\frac{\partial U^n}{\partial x_j},\frac{\partial V}{\partial x_i}\right)\right.\\&\left.-\sum_{i=1}^{2}\left(b_i(x)\frac{\partial U^n}{\partial x_i},V\right)-\lambda\Delta t(\nabla\Phi^n,\nabla V)\right].\end{aligned}\tag{2.6.48c}$$

此处

$$C_1=\left\{\int_a^b\gamma_p^1(x)\gamma_q^1(x)\mathrm{d}x\right\},\quad A_1=\left\{\int_a^b(\gamma_p^1(x))_x'(\gamma_q^1(x))_x'\mathrm{d}x\right\},$$

$$C_2=\left\{\int_c^d\gamma_p^2(y)\gamma_q^2(y)\mathrm{d}y\right\},\quad A_2=\left\{\int_c^d(y_p^2(y))_y'(\gamma_q^2(y))_y'\mathrm{d}y\right\}.$$

(2.6.48a) 可分解为

$$\left[I_{N_x}\otimes\left(C_2+\frac{1}{2}\lambda(\Delta t)^2\right)A_2\right]\left[\left(C_1+\frac{1}{2}\lambda(\Delta t)^2A_1\right)\otimes I_{N_y}\right]\theta^{(n+1)}=\Psi_{pq}^{(n)},\quad(2.6.49)$$

其中 I_{N_x}, I_{N_y} 分别是 N_x, N_y 阶单位矩阵.

这样 (2.6.49) 可化成一维问题来解决:

$$K_2K_1\theta^{(n+1)}=\Psi_{pq}^{(n)},\quad n=0,1,2,\cdots,\tag{2.6.50}$$

即 $K_2\hat{\theta}^{(n+1)}=\Psi_{pq}^{(n)}, K_1\theta^{(n+1)}=\hat{\theta}^{(n+1)}, n=0,1,2,\cdots$.

如果 Ω 内节点的选取是选垂直方向, 而且取线性张量积基, 则 (2.6.50) 中的矩阵 K_1, K_2 定义同前, 但它们的构成元素为:

$$X_{st}=\begin{bmatrix}x_{st}&&&0\\&x_{st}&&\\&&\ddots&\\0&&&x_{st}\end{bmatrix}_{N_y\times N_y},\quad Y_t=\begin{bmatrix}y_{11}&y_{12}&&y_{1N_y}\\y_{12}&y_{22}&&\\&&\ddots&\\y_{1N_y}&&&y_{N_yN_y}\end{bmatrix},\tag{2.6.51}$$

$$x_{st}=\int_a^b\left[\gamma_s^1(x)\gamma_t^1(x)+\frac{1}{2}\lambda(\Delta t)^2(\gamma_s^1(x))'_x(\gamma_t^1(x))'_x\right]\mathrm{d}x,$$

$$y_{kn}=\int_c^d\left[\gamma_k^2(y)\gamma_n^2(y)+\frac{1}{2}\lambda(\Delta t)^2(\gamma_k^2(y))'_y(\gamma_n^2(y))'_y\right]\mathrm{d}y.$$

2.6.6 数值算例

考虑问题:

$$\begin{cases}u_{tt}=u_{xx}+u_{yy}+(8\pi^2+1)u,\quad \Omega:0\leqslant x,y\leqslant\dfrac{1}{2},0<t<\dfrac{1}{2},\\u(x,y,t)=0,\quad (x,y)\in\partial\Omega,\\u(x,y,0)=\sin(2\pi x)\cdot\sin(2\pi y),\\u_t(x,y,0)=\sin(2\pi x)\cdot\sin(2\pi y).\end{cases}$$

其精确解为 $u=\mathrm{e}^t\sin(2\pi x)\sin(2\pi y)$.

在实际计算中, 当取到 $\Delta t=O(h^4)$ 时, 才可以得到理想的结果. 取 $N_x=N_y=9$, 则 $h=0.05, \Delta t=6.25\times10^{-6}$. 图 2.6.1 给出当 $t=0.03125$, 即经过 5000 时间步时数值解和绝对误差图, 图 2.6.2 给出当 $t=0.3125$, 即经过 50000 时间步时数值解和绝对误差图. 表 2.6.1 给出这两种情况下最大绝对误差、平均绝对误差和 L^2 模误差的比较. 由此可见数值结果和理论分析能够很好地吻合.

通过对数值结果的观察, 发现在经过 5000 时间步时, 误差是很理想的, 但当计算到 50000 时间步时误差加大, 因此在计算时不妨可以用变时间步长, 在后面的计算中可以减少时间步长, 从而减少整个计算过程的误差.

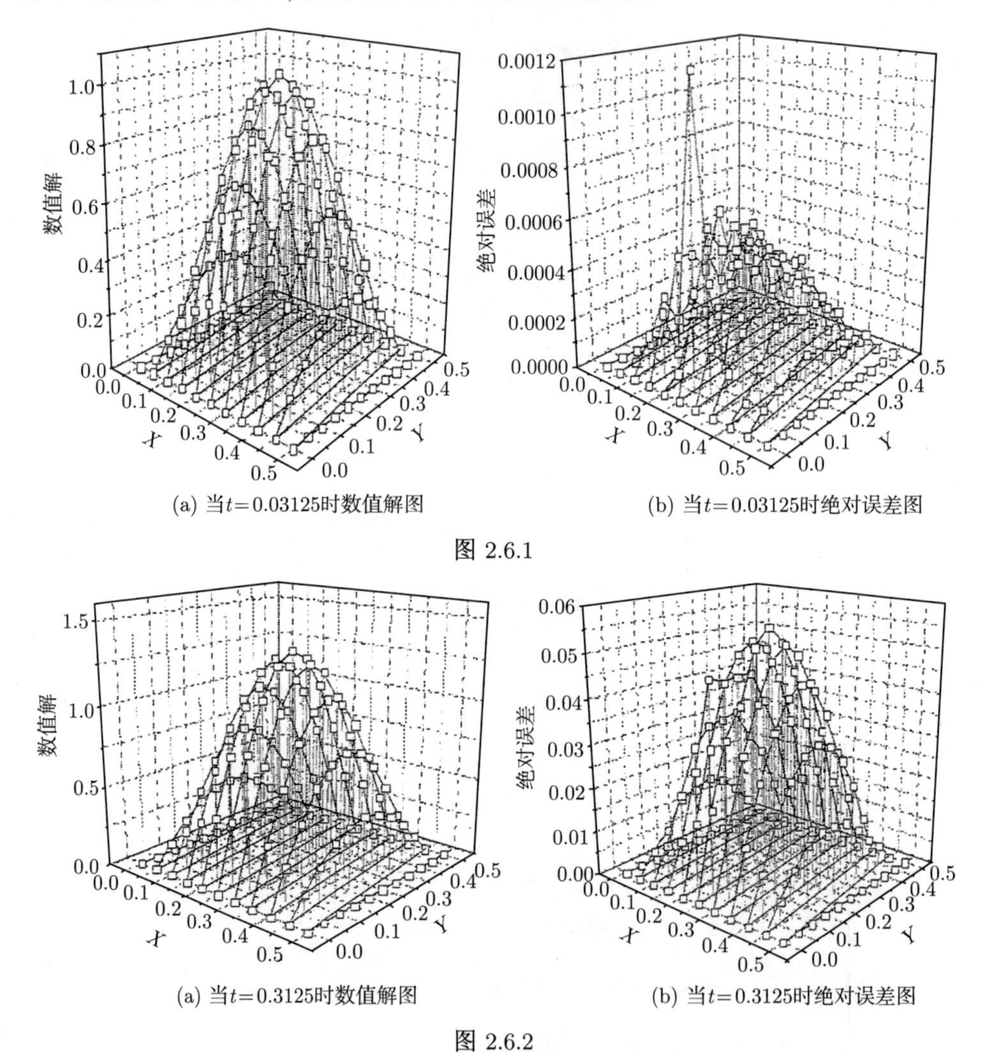

(a) 当$t=0.03125$时数值解图 (b) 当$t=0.03125$时绝对误差图

图 2.6.1

(a) 当$t=0.3125$时数值解图 (b) 当$t=0.3125$时绝对误差图

图 2.6.2

表 2.6.1 $t = 0.03125$ 和 $t = 0.3125$ 时的误差比较

	最大绝对误差	平均绝对误差	L^2 模误差
$t = 0.03125$(5000 步)	1.159516×10^{-3}	0.000181897	0.000145535
$t = 0.3125$(50000 步)	5.0507420×10^{-2}	0.017818	0.013626

2.7 三维拟线性双曲型方程交替方向有限元一类新方法

本节考虑三维拟线性双曲方程初边值问题:

$$u_{tt}-\sum_{i,j=1}^{3}\frac{\partial}{\partial x_i}\left(a_{ij}(x)\frac{\partial u}{\partial x_j}\right)+\sum_{i=1}^{3}b_i(x,u)\frac{\partial u}{\partial x_i}=f(x,t,u),\quad (x,t)\in\Omega\times J,\tag{2.7.1a}$$

$$u\Big|_{\partial\Omega}=0,\tag{2.7.1b}$$

$$u(x,0)=u_0,\tag{2.7.1c}$$

$$u_t(x,0)=u_1,\tag{2.7.1d}$$

其中 $x=(x,y,z)$, $J=(0,T]$, $\Omega=[a,b]\times[c,d]\times[e,f]$ 是三维空间中一长方体区域, $\partial\Omega$ 为该区域边界. 系数 $a_{ij}=a_{ji}\in C^{\infty}(\overline{\Omega})$ 且存在正常数 $\alpha>0$, 使

$$\sum_{i,j=1}^{3}a_{ij}\xi_i\xi_j\geqslant\alpha(\xi_1^2+\xi_2^2+\xi_3^2)$$

对 $\forall(\xi_1,\xi_2,\xi_3)\in\Omega$ 都成立. 函数 $b(x,u)$ 和 $f(x,t,u)$ 满足: 在解的 ε_0 邻域, $b(x,u)$ 和 $f(x,t,u)$ 是 Lipschitz 连续的, 即当 $|\varepsilon_j|\leqslant\varepsilon_0(j=1,2,3,4)$ 时, 有正常数 M 存在, 使得

$$\begin{aligned}&|b_i(u(x,t)+\varepsilon_1)-b_i(u(x,t)+\varepsilon_2)|\leqslant M|\varepsilon_1-\varepsilon_2|,\quad i=1,2,3,\\&|f(u(x,t)+\varepsilon_3)-f(u(x,t)+\varepsilon_4)|\leqslant M|\varepsilon_3-\varepsilon_4|.\end{aligned}\tag{2.7.2}$$

2.7.1 记号与假设

仍用 2.6 节的记号定义$\|v\|_s=\left(\sum_{0\leqslant\alpha_1+\alpha_2+\alpha_3\leqslant s}\left\|\frac{\partial^{\alpha_1+\alpha_2+\alpha_3}v}{\partial x^{\alpha_1}\partial y^{\alpha_2}\partial z^{\alpha_3}}\right\|^2\right)^{\frac{1}{2}}$, $\|v\|_{H_0^1}=\|\nabla v\|=\left(\left\|\frac{\partial v}{\partial x}\right\|^2+\left\|\frac{\partial v}{\partial y}\right\|^2+\left\|\frac{\partial v}{\partial z}\right\|^2\right)^{\frac{1}{2}}$. 记 $D_1=\frac{\partial^2}{\partial x\partial y}$, $D_2=\frac{\partial^2}{\partial x\partial z}$, $D_3=\frac{\partial^2}{\partial y\partial z}$, $D_4=\frac{\partial^3}{\partial x\partial y\partial z}$, 又记 $Z=\{\phi\,|\phi,\phi_x,\phi_y,\phi_z,D_i\phi(i=1,2,3,4)\in L^2(\Omega)\}$. 设 $r\geqslant 2$, $S_{h,r}(\Omega)$ 是 H_0^1 的有限维子空间, 且满足

$$S_{h,r}\in Z\cap H_0^1,\tag{2.7.3a}$$

$$\inf_{\chi \in S_h} \left(\sum_{m=0}^{3} h^m \sum_{\substack{i,j,k=0,1 \\ i+j+k=m}} \left\| \frac{\partial^m (\phi - \chi)}{\partial x^i \partial y^j \partial z^k} \right\| \right) \leqslant M h^s \|\phi\|_s, \quad \phi \in H^s(\Omega) \cap Z, 2 \leqslant s \leqslant r. \tag{2.7.3b}$$

定义 $W : (0,T] \to S_{h,r}$ 为 $u(x,t)$ 的 H^1 加权投影,

$$\sum_{i,j=1}^{3} \left(a_{ij}(x) \frac{\partial (u - W)}{\partial x_j}, \frac{\partial V}{\partial x_i} \right) + \sum_{i=1}^{3} \left(b_i(x,u) \frac{\partial (u - W)}{\partial x_i}, V \right)$$
$$+ \mu (u - W, V) = 0, \quad V \in S_{h,r}, \tag{2.7.4}$$

其中 μ 是正常数.

在 2.6.1 小节三个引理的基础上引入引理 2.7.1:

引理 2.7.1 若用 D 表示算子 $d_t, \frac{\partial}{\partial t}, \frac{\partial^2}{\partial t^2}$, 则对 $r \geqslant 3$, 有

$$\left\| \frac{\partial^3 (D\eta^n)}{\partial x \partial y \partial z} \right\| \leqslant C h^{r-3} \|Du\|_r + C h^{-3} \|D\eta^n\|. \tag{2.7.5}$$

记 $(a\nabla u, \nabla v) = \sum_{i,j=1}^{3} \left(a_{ij}(x) \frac{\partial u}{\partial x_j}, \frac{\partial v}{\partial x_i} \right)$, $(b(u)\nabla u, v) = \sum_{i=1}^{3} \left(b_i(u) \frac{\partial u}{\partial x_i}, v \right)$.

2.7.2 Galerkin 交替方向法的提出

令 $\frac{\partial u}{\partial t} = \phi$, 则 (2.7.1) 可化为

$$\begin{cases} \dfrac{\partial \phi}{\partial t} - \displaystyle\sum_{i,j=1}^{3} \frac{\partial}{\partial x_i} \left(a_{ij}(x) \frac{\partial u}{\partial x_j} \right) + \sum_{i=1}^{3} b_i(x,u) \frac{\partial u}{\partial x_i} = f(x,t,u), \\ \dfrac{\partial u}{\partial t} = \phi, \\ u(x,0) = u_0, \\ \phi(x,0) = u_1. \end{cases} \tag{2.7.6}$$

写成弱形式为

$$\begin{cases} \left(\dfrac{\partial \phi}{\partial t}, V \right) + (a\nabla u, \nabla V) + (b(u)\nabla u, V) = (f(u), V), \quad V \in S_{h,r}, \\ \dfrac{\partial u}{\partial t} = \phi. \\ (u(x,0), v) = (u_0, v), \\ (\phi(x,0), v) = (u_1, v). \end{cases} \tag{2.7.7}$$

设 $\varPhi$ 是 ϕ 的逼近, U 是 u 的逼近, 同前类似, 只要选取 $\lambda > \frac{1}{2}\max_{x\in\Omega}\|A(x)\|$, 就可得到交替方向有限元格式为

$$
\begin{aligned}
&(E^{n+1},V)+\frac{1}{2}\lambda(\Delta t)^2(\nabla E^{n+1},\nabla V)\\
&+\frac{1}{4}\lambda^2(\Delta t)^4\sum_{i=1}^{3}(D_iE^{n+1},D_iV)+\frac{1}{8}\lambda^3(\Delta t)^6(D_4E^{n+1},D_4V)\\
=&\Delta t[(f(U^n),V)-(a\nabla U^n,\nabla V)-(b(U^n)\nabla U^n,V)\\
&-\lambda\Delta t(\nabla\varPhi^n,\nabla V)],\quad V\in S_{h,r},n=0,1,2,\cdots,
\end{aligned}\tag{2.7.8a}
$$

$$
U^{n+1}=U^n+\Delta t\varPhi^n+\frac{\Delta t}{2}E^{n+1},\quad n=0,1,2,\cdots.\tag{2.7.8b}
$$

初值的选取可以从 (2.7.4) 求得.

2.7.3 H^1 模误差估计

离散 (2.7.7), 同 (2.7.8) 的等价形式相减, 并利用式 (2.7.4), 得误差方程为

$$
\begin{aligned}
&(d_t\hat{\xi}^n,V)+\lambda\Delta t(\nabla d_t\xi^n,\nabla V)+\frac{\lambda^2}{4}(\Delta t)^4\sum_{i=1}^{3}(D_i(d_t\hat{\xi}^n),D_iV)\\
&+\frac{\lambda^3}{8}(\Delta t)^6(D_4(d_t\hat{\xi}^n),D_4V)+(a\nabla\xi^n,\nabla V)\\
=&\bigg(\left(\frac{\partial\phi}{\partial t}\right)^n-d_t\phi^n+d_t\hat{\eta}^n+f(U^n)-f(u^n)\\
&+(b(u^n)-b(U^n))\nabla W^n-b(U^n)\nabla\xi^n-\mu\eta^n,V\bigg)\\
&-\lambda\Delta t(\nabla d_t(u^n-\eta^n),\nabla V)+\frac{\lambda^2}{4}(\Delta t)^4\sum_{i=1}^{3}(D_i(d_t\hat{\eta}^n-d_t\phi^n),D_iV)\\
&+\frac{\lambda^3}{8}(\Delta t)^6(D_4(d_t\hat{\eta}^n-d_t\phi^n),D_4V),
\end{aligned}\tag{2.7.9a}
$$

$$
d_t\xi^n=\hat{\xi}^{n+\frac{1}{2}}+\rho^n,\tag{2.7.9b}
$$

其中

$$
\rho^n=d_t\eta^n-\hat{\eta}^{n+\frac{1}{2}}+\left(\frac{\partial u}{\partial t}\right)^{n+\frac{1}{2}}-d_tu^n.
$$

对于 (2.7.9a) 右端第一项中由于函数 $b(x,u)$ 和 $f(x,t,u)$ 满足式 (2.7.2), 因此在下面的证明中不妨提出归纳假定:

$$
\max_{0\leqslant n\leqslant M}\|U^n-u^n\|_{L^\infty}\leqslant\varepsilon_0,\tag{2.7.10}
$$

其中 ε_0 为确定的正数. 由此利用 Schwartz 不等式, $ab \leqslant \frac{1}{2}(a^2+b^2)$ 和 (2.6.22), 只要选取 $V = \hat{\xi}^{n+\frac{1}{2}} = d_t\xi^n - \rho^n$, $\lambda > \frac{1}{2}\max\limits_{x\in\Omega}\|A(x)\|$, 综合 (2.7.9), 两边同乘以 Δt, 并对 $n = 0,1,2,\cdots,M-1(0 < M \leqslant N)$ 求和, 因为 $(a\nabla\xi^M, \nabla\xi^M) \geqslant c_*\left\|\xi^M\right\|^2_{H_0^1}$, $\left\|\xi^M\right\|_1^2 = \left\|\xi^M\right\|^2_{H_0^1} + \left\|\xi^M\right\|^2$, 利用 Gronwall 不等式知, 只要 Δt 充分小, 就有

$$
\begin{aligned}
&(\hat{\xi}^M, \hat{\xi}^M) + \left\|\xi^M\right\|_1^2 + \frac{\lambda^2}{4}(\Delta t)^4\sum_{i=1}^{3}(D_i\hat{\xi}^M, D_i\hat{\xi}^M) + \frac{\lambda^3}{8}(\Delta t)^6(D_4\hat{\xi}^M, D_4\hat{\xi}^M)\\
\leqslant & C\Delta t\sum_{n=0}^{M-1}\left[(\Delta t)^2\left\|\Delta d_t(u^n-\eta^n)\right\|^2 + (\Delta t)^4\sum_{l=1}^{3}\left\|D_i(d_t\hat{\eta}^n - d_t\phi^n)\right\|^2\right.\\
&\left.+(\Delta t)^6\left\|D_4(d_t\hat{\eta}^n - d_t\phi^n)\right\|^2 + \left\|\left(\frac{\partial\phi}{\partial t}\right)^n - d_t\phi^n + d_t\hat{\eta}^n\right\|^2 + \left\|\eta^n\right\|^2 + \left\|\nabla\rho^n\right\|^2\right]\\
&+C\left[\left\|\hat{\xi}^0\right\|^2 + \left\|\xi^0\right\|_1^2 + (\Delta t)^4\sum_{i=1}^{3}\left\|D_i\hat{\xi}^0\right\|^2 + (\Delta t)^6\left\|D_4\hat{\xi}^0\right\|^2\right].
\end{aligned}
\tag{2.7.11}
$$

对于式 (2.7.11) 右端各项, 我们只需估计两项:

由引理 2.6.2 和引理 2.6.3, 当 $r \geqslant 2$ 时, 有

$$
\begin{aligned}
&\Delta t\sum_{n=0}^{M-1}(\Delta t)^4\left\|D_i(d_t\hat{\eta}^n - d_t\phi^n)\right\|^2 \leqslant C\left[(\Delta t)^4 + (\Delta t)^4\left\|D_i\left(\frac{\partial^2\eta}{\partial t^2}\right)\right\|^2_{L^2(L^2)}\right]\\
\leqslant & C\left[(\Delta t)^4 + (\Delta t)^4 h^{2r-4}\left\|\frac{\partial^2 u}{\partial t^2}\right\|^2_{L^2(H^r)}\right] \leqslant C(\Delta t)^4.
\end{aligned}
\tag{2.7.12}
$$

同理由引理 2.7.1, 当 $r \geqslant 3$ 时, 有

$$
\begin{aligned}
&\Delta t\sum_{n=0}^{M-1}(\Delta t)^6\left\|D_4(d_t\hat{\eta}^n - d_t\phi^n)\right\|^2 \leqslant (\Delta t)^6\cdot\Delta t\sum_{n=0}^{M-1}\left\|D_4(d_t\hat{\eta}^n)\right\|^2\\
\leqslant & C\left[(\Delta t)^6 + (\Delta t)^6 h^{2r-6}\left\|\frac{\partial^2 u}{\partial t^2}\right\|^2_{L^2(H^r)}\right] \leqslant C(\Delta t)^6.
\end{aligned}
\tag{2.7.13}
$$

其余各项估计的结果同 (2.6.27), (2.6.29)~(2.6.31).

综上所述, 在 $\left\|\xi^0\right\|_1^2$, $(\Delta t)^4\sum\limits_{i=1}^{3}\left\|D_i\hat{\xi}^0\right\|^2$ 和 $(\Delta t)^6\left\|D_4\hat{\xi}^0\right\|^2$ 是 $O(h^{2r-2})$ 的前提下, 有

$$
\left\|\hat{\xi}^M\right\|^2 + \left\|\xi^M\right\|_1^2 + (\Delta t)^4\sum_{i=1}^{3}\left\|D_i\hat{\xi}^M\right\|^2 + (\Delta t)^6\left\|D_4\hat{\xi}^M\right\|^2 \leqslant C[(\Delta t)^2 + h^{2r-2}]. \tag{2.7.14}
$$

利用引理 2.6.1, 由 (2.7.14) 可得

$$\max_{0\leqslant n\leqslant N}\|U^n-u^n\|_1^2\leqslant C\max_{0\leqslant n\leqslant M}\left[\|\xi^n\|_1^2+\|\eta^n\|_1^2\right]\leqslant C[(\Delta t)^2+h^{2r-2}]. \tag{2.7.15}$$

下面证明归纳假定

$$\max_{0\leqslant n\leqslant M}\|U^n-u^n\|_{L^\infty}\leqslant\varepsilon_0.$$

当 $n=0$ 时, 因为取 $U^0=W^0$, 由引理 2.6.1 归纳假定显然成立.

假设当 $n=1,2,\cdots,M-1$ 时, $\|U^n-u^n\|_{L^\infty}\leqslant\varepsilon_0$ 成立, 则当 $n=M$ 时, 由于

$$U^M-u^M=U^M-W^M+W^M-u^M=\xi^M-\eta^M.$$

由引理 2.6.1, 只要考虑 $\|\xi^M\|_{L^\infty}$ 即可. 由 (2.7.14) 可得

$$\|\xi^M\|_{L^\infty}\leqslant Ch^{-\frac{3}{2}}\|\xi^M\|_{L^2}\leqslant Ch^{-\frac{3}{2}}\|\xi^M\|_1\leqslant Ch^{-\frac{3}{2}}(\Delta t+h^{r-1}),$$

因此当 $\Delta t=O(h^{r-1})$, $r\geqslant 3$ 时, 归纳假定 (2.7.10) 成立. 由此得到下面定理:

定理 2.7.1 设 u,U 和 W 分别表示方程 (2.7.1), (2.7.8) 和 (2.7.4) 的解, 假定 $u\in C^4(\bar{\varOmega}\times[0,T]),u,\dfrac{\partial u}{\partial t}\in L^\infty(H^r)$ 且 $\dfrac{\partial^2 u}{\partial t^2}\in L^2(H^r)(r\geqslant 3)$, 那么只要 Δt 充分小, $\lambda>\dfrac{1}{2}\max\limits_{x\in\varOmega}\|A(x)\|$ 且满足初始条件:

$$\begin{aligned}&\left\|\varPhi^0-\left(\frac{\partial W}{\partial t}\right)^0\right\|+\|U^0-W^0\|_1+(\Delta t)^2\sum_{i=1}^{3}\left\|D_i\left[\varPhi^0-\left(\frac{\partial W}{\partial t}\right)^0\right]\right\|\\&+(\Delta t)^3\left\|D_4\left[\varPhi^0-\left(\frac{\partial W}{\partial t}\right)^0\right]\right\|\leqslant C[\Delta t+h^{r-1}],\end{aligned}$$

则有 $\max\limits_{0\leqslant n\leqslant N}\|U^n-u^n\|_1\leqslant C[\Delta t+h^{r-1}]$.

2.7.4 L^2 模误差估计

同 2.6.5 小节, 引入任意序列 $\{v^n\}_{n=0}^N$, $\{\psi^n\}_{n=0}^N$, 由 (2.7.9a) 有

$$\begin{aligned}&(d_t\xi^n,V)+\frac{1}{4}\lambda^2(\Delta t)^4\sum_{i=1}^{3}(D_i(d_t\xi^n),D_iV)+\frac{1}{8}\lambda^3(\Delta t)^6(D_4(d_t\xi^n),D_4V)\\&=-\left[\lambda\Delta t\left(\nabla\left(\frac{\Delta t}{2}\sum_{k=0}^{n}d_t\xi^k+\frac{\Delta t}{2}\sum_{k=0}^{n-1}d_t\xi^k\right),\nabla V\right)\right.\\&\quad\left.+\left(a\nabla\left(\frac{\Delta t}{2}\sum_{k=0}^{n}\xi^k+\frac{\Delta t}{2}\sum_{k=0}^{n-1}\xi^k\right),\nabla V\right)\right]\end{aligned}$$

$$
\begin{aligned}
&+\left(\hat{\xi}^0+\rho^n+\frac{\Delta t}{2}\sum_{k=0}^{n} I^k+\frac{\Delta t}{2}\sum_{k=0}^{n-1} I^k, V\right)\\
&-\lambda\Delta t\left(\Delta\left(\frac{\Delta t}{2}\sum_{k=0}^{n} d_t(u^k-\eta^k)+\frac{\Delta t}{2}\sum_{k=0}^{n-1} d_t(u^k-\eta^k)\right), V\right)\\
&+\frac{1}{4}\lambda^2(\Delta t)^4\sum_{i=1}^{3}\left(D_i\left[(\hat{\xi}^0+\rho^n)+\frac{\Delta t}{2}\sum_{k=0}^{n}(d_t\hat{\eta}^k-d_t\phi^k)\right.\right.\\
&\left.\left.+\frac{\Delta t}{2}\sum_{k=0}^{n-1}(d_t\hat{\eta}^k-d_t\phi^k)\right], D_iV\right)+\frac{1}{8}\lambda^3(\Delta t)^6\left(D_4\left[(\hat{\xi}^0+\rho^n)\right.\right.\\
&\left.\left.+\frac{\Delta t}{2}\sum_{k=0}^{n}(d_t\hat{\eta}^k-d_t\phi^k)+\frac{\Delta t}{2}\sum_{k=0}^{n-1}(d_t\hat{\eta}^k-d_t\phi^k)\right], D_4V\right)\\
=&-F_1^n+(F_2^n, V)+\lambda\Delta t(F_3^n, V)+\frac{1}{4}\lambda^2(\Delta t)^4\sum_{i=1}^{3}(F_4^n, D_iV)\\
&+\frac{1}{8}\lambda^3(\Delta t)^6(F_5^n, D_4V),
\end{aligned}
\tag{2.7.16}
$$

其中

$$
\begin{aligned}
I^n=&\left(\frac{\partial\phi}{\partial t}\right)^n-d_t\phi^n+d_t\hat{\eta}^n+f(U^n)-f(u^n)\\
&+(b(u^n)-b(U^n))\nabla W^n-b(U^n)\nabla\xi^n-\mu\eta^n.
\end{aligned}
$$

令 $V=d_t\psi^n=\xi^{n+\frac{1}{2}}$, 同 (2.6.35) 类似, 对 F_1^n 有 $F_1^n\geqslant\frac{1}{4}q\Delta t\left(\left\|\xi^{n+\frac{1}{2}}\right\|_{H_0^1}^2-\left\|\xi^0\right\|_{H_0^1}^2\right)+\frac{1}{2}d_t(a\nabla\psi^n,\nabla\psi^n)$.

结合式 (2.7.16), 左右两边同乘以 Δt, 对 $n=0,1,\cdots,M-1(0<M\leqslant N)$ 求和, 利用 $(a\nabla\psi^M,\nabla\psi^M)\geqslant c_*\left\|\psi^M\right\|_{H_0^1}^2$ 和 $\psi^0=0$, 则有

$$
\begin{aligned}
&\left\|\xi^M\right\|^2+\frac{1}{4}\lambda^2(\Delta t)^4\sum_{i=1}^{3}\left\|D_i\xi^M\right\|^2+\frac{1}{8}\lambda^3(\Delta t)^6\left\|D_4\xi^M\right\|^2\\
&+c_*\left\|\psi^M\right\|_{H_0^1}^2+\frac{1}{4}q(\Delta t)^2\sum_{n=0}^{M-1}\left(\left\|\xi^{n+\frac{1}{2}}\right\|_{H_0^1}^2-\left\|\xi^0\right\|_{H_0^1}^2\right)\\
\leqslant&C\left(\left\|\xi^0\right\|^2+(\Delta t)^4\sum_{i=1}^{3}\left\|D_i\xi^0\right\|^2+(\Delta t)^6\left\|D_4\xi^0\right\|^2\right)
\end{aligned}
$$

$$+C\Delta t\sum_{n=0}^{M-1}\left[(F_2^n,V)+\lambda\Delta t(F_3^n,V)+\frac{1}{4}\lambda^2(\Delta t)^4\sum_{i=1}^{3}(F_4^n,D_iV)\right.$$
$$\left.+\frac{1}{8}\lambda^3(\Delta t)^6(F_5^n,D_4V)\right].\tag{2.7.17}$$

注意到 (2.6.39), (2.6.40) 以及归纳假定, 当 $\Delta t=O(h^2)$ 时, 只要 $\left\|\hat{\xi}^0\right\|=O(h^r)$, 就有

$$\Delta t\sum_{n=0}^{M-1}\left(F_2^n,\xi^{n+\frac{1}{2}}\right)=\Delta t\sum_{n=0}^{M-1}\left(\hat{\xi}^0+\rho^n+\frac{\Delta t}{2}\sum_{k=0}^{n}I^k+\frac{\Delta t}{2}\sum_{k=0}^{n-1}I^k,\xi^{n+\frac{1}{2}}\right)$$
$$\leqslant C[(\Delta t)^2+h^{2r}]+C\Delta t\sum_{n=0}^{M}\|\xi^n\|^2.\tag{2.7.18}$$

又因为

$$\Delta t\sum_{n=0}^{M-1}\lambda\Delta t(F_3^n,V)\leqslant C(\Delta t)^2+C\Delta t\sum_{n=0}^{M}\|\xi^n\|^2.\tag{2.7.19}$$

不妨设 $(\Delta t)^2\sum_{i=1}^{3}\left\|D_i\hat{\xi}^0\right\|=O(h^r)$, 则

$$\frac{1}{4}\lambda^2\Delta t\sum_{n=0}^{M-1}\left((\Delta t)^4\sum_{i=1}^{3}(F_4^n,D_iV)\right)$$
$$\leqslant C\Delta t\sum_{n=0}^{M-1}\left[(\Delta t)^4\sum_{i=1}^{3}\|F_4^n\|^2\right]+C\Delta t\sum_{n=0}^{M}\left[(\Delta t)^4\sum_{i=1}^{3}\|D_i\xi^n\|^2\right]$$
$$\leqslant C[(\Delta t)^2+h^{2r}]+C\Delta t\sum_{n=0}^{M}\left[(\Delta t)^4\sum_{i=1}^{3}\|D_i\xi^n\|^2\right].\tag{2.7.20}$$

设 $(\Delta t)^3\left\|D_4\hat{\xi}^0\right\|=O(h^r)$, 当 $r\geqslant 3$ 时, 有

$$\frac{1}{8}\lambda^3\Delta t\sum_{n=0}^{M-1}((\Delta t)^6(F_5^n,D_4V))$$
$$\leqslant C(\Delta t)^6\left[(\Delta t)^2+\left\|D_4\hat{\xi}^0\right\|^2+\left\|D_4\left(\frac{\partial\eta}{\partial t}\right)\right\|_{L^2(L^2)}^2+\left\|D_4\left(\frac{\partial\eta}{\partial t}\right)\right\|_{L^\infty(L^2)}^2\right.$$
$$\left.+\left\|D_4\left(\frac{\partial u}{\partial t}\right)\right\|_{L^2(L^2)}^2+\left\|D_4\left(\frac{\partial u}{\partial t}\right)\right\|_{L^\infty(L^2)}^2\right]+C\Delta t\sum_{n=0}^{M}\left[(\Delta t)^6\|D_4\xi^n\|^2\right]$$

$$\leqslant C[(\Delta t)^2 + h^{2r}] + C\Delta t \sum_{n=0}^{M} [(\Delta t)^6 \|D_4 \xi^n\|^2]. \tag{2.7.21}$$

综上所述, 只要假定$\|\xi^0\|$, $\left\|\hat{\xi}^0\right\|$, $(\Delta t)^2 \sum_{i=1}^{3} \|D_i \xi^0\|$, $(\Delta t)^3 \|D^4 \xi^0\|$, $(\Delta t)^2 \sum_{i=1}^{3} \left\|D_i \hat{\xi}^0\right\|$ 和 $(\Delta t)^3 \left\|D_4 \hat{\xi}^0\right\|$ 是 $O(h^r)$, 利用 Gronwall 不等式, 就有

$$\|\xi^M\|^2 + c_* \|\psi^M\|_{H_0^1}^2 + \frac{1}{4}\lambda^2 (\Delta t)^4 \sum_{i=1}^{3} \|D_i \xi^M\|^2 + \frac{1}{8}\lambda^3 (\Delta t)^6 \|D_4 \xi^M\|^2 \leqslant C[(\Delta t)^2 + h^{2r}], \tag{2.7.22}$$

由三角不等式和引理 2.6.1, 有

$$\max_{0\leqslant n\leqslant N} \|U^n - u^n\| \leqslant \max_{0\leqslant n\leqslant N} [\|\xi^n\| + \|\eta^n\|] \leqslant C[\Delta t + h^r].$$

同定理 2.7.1 类似, 也可以证明归纳假定:

$$\max_{0\leqslant n\leqslant M} \|U^n - u^n\|_{L^\infty} \leqslant \varepsilon_0.$$

由 (2.7.22) 可得 $\|\xi^M\|_{L^\infty} \leqslant Ch^{-\frac{3}{2}} \|\xi^M\|_{L^2} \leqslant Ch^{-\frac{3}{2}}(\Delta t + h^r)$, 因此当 $\Delta t = O(h^r)$, $r \geqslant 2$ 时, 归纳假定成立. 综合前述可得下面定理:

定理 2.7.2 设 u, U 和 W 分别表示方程 (2.7.1),(2.7.8) 和 (2.7.4) 的解, 假定 $u \in C^4(\overline{\Omega} \times [0,T])$, $u, \dfrac{\partial u}{\partial t} \in L^\infty(H^r)$ 且 $\dfrac{\partial^2 u}{\partial t^2} \in L^2(H^r)(r \geqslant 3)$, 那么只要 $\Delta t \leqslant O(h^2)$, $\lambda > \dfrac{1}{2} \max_{x\in\Omega} \|A(x)\|$, 且满足初始条件:

$$\|U^0 - W^0\| + \left\|\Phi^0 - \left(\frac{\partial W}{\partial t}\right)^0\right\| + (\Delta t)^2 \sum_{i=1}^{3} \|D_i[U^0 - W^0]\| + (\Delta t)^3 \|D_4[U^0 - W^0]\|$$

$$+ (\Delta t)^2 \sum_{i=1}^{3} \left\|D_i \left[\Phi^0 - \left(\frac{\partial W}{\partial t}\right)^0\right]\right\| + (\Delta t)^3 \left\|D_4 \left[\Phi^0 - \left(\frac{\partial W}{\partial t}\right)^0\right]\right\| \leqslant C[\Delta t + h^r],$$

则有

$$\max_{0\leqslant n\leqslant N} \|U^n - u^n\| \leqslant C[\Delta t + h^r].$$

2.7.5 交替方向有限元格式的矩阵实现

假设 $S_{h,r} = S_{h,r}^x \otimes S_{h,r}^y \otimes S_{h,r}^z$, 其中 $S_{h,r}^x$, $S_{h,r}^y$ 和 $S_{h,r}^z$分别是 $H_0^1([a,b])$, $H_0^1([c,d])$ $H_0^1([e,f])$ 的有限维子空间. 令 $\left\{\gamma_p^1(x)\gamma_q^2(y)\gamma_l^3(z)\right\}_{p=1,q=1,l=1}^{N_x,N_y,N_z}$ 是 $S_{h,r}$ 的张量积基, 其

中 $\{\gamma_p^1(x)\}_{p=1}^{N_x}$, $\{\gamma_q^2(y)\}_{q=1}^{N_y}$, $\{\gamma_l^3(z)\}_{t=l}^{N_z}$, 分别是 $S_{h,r}^x$, $S_{h,r}^y$, $S_{h,r}^z$ 的基. p 是 x 方向的网格线数, q 是 y 方向的网格线数, l 是 z 方向的网络线数, $p=1,2,\cdots,N_x,q=1,2,\cdots,N_y,l=1,2,\cdots,N_z$.

令

$$U^n(x,y,z)=\sum_{p,q,t}\alpha_{pql}^{(n)}\gamma_p^1(x)\gamma_q^2(y)\gamma_t^3(z),\quad \varPhi^n(x,y,z)=\sum_{p,q,t}\beta_{pqt}^{(n)}\gamma_p^1(x)\gamma_q^2(y)\gamma_l^3(z),\tag{2.7.23}$$

则

$$E^{n+1}(x,y,z)=\sum_{p,q,l}\theta_{pql}^{(n+1)}\gamma_p^1(x)\gamma_q^2(y)\gamma_l^3(z),\quad \theta_{pql}^{(n+1)}=\beta_{pql}^{(n+1)}-\beta_{pql}^{(n)},\tag{2.7.24}$$

取 $V=\gamma_k^1(x)\gamma_m^2(y)\gamma_n^3(z)$, $k=1,2,\cdots,N_x$, $m=1,2,\cdots,N_y,n=1,2,\cdots,N_z$, 则 (2.7.8) 的矩阵形式可写为

$$\left[\left(C_1+\frac{1}{2}\lambda(\Delta t)^2A_1\right)\otimes\left(C_2+\frac{1}{2}\lambda(\Delta t)^2A_2\right)\otimes\left(C_3+\frac{1}{2}\lambda(\Delta t)^2A_3\right)\right]\theta^{(n+1)}=\varPsi_{pql}^{(n)},\tag{2.7.25a}$$

$$\alpha^{(n+1)}=\alpha^{(n)}+\Delta t\left[\beta^{(n)}+\frac{1}{2}\theta^{(n+1)}\right],\tag{2.7.25b}$$

其中

$$\begin{aligned}\varPsi_{pql}^{(n)}=&\Delta t\left[(f(U^n),V)-\sum_{i,j=1}^{3}\left(a_{ij}(x)\frac{\partial U^n}{\partial x_j},\frac{\partial V}{\partial x_i}\right)\right.\\&\left.-\sum_{i=1}^{3}\left(b_i(U^n)\frac{\partial U^n}{\partial x_i},V\right)-\lambda\Delta t(\nabla\varPhi^n,\nabla V)\right].\end{aligned}\tag{2.7.25c}$$

这样 (2.7.25a) 可以化为对三个一维问题的求解.

2.7.6 数值算例

考虑问题:

$$\begin{cases}u_{tt}=u_{xx}+u_{yy}+u_{zz}+(12\pi^2+1)u,\quad \varOmega:0\leqslant x,y,z\leqslant\dfrac{1}{2},0<t\leqslant 0.1,\\ u(x,y,z,t)=0,\quad (x,y,z)\in\partial\varOmega,\\ u(x,y,z,0)=\sin(2\pi x)\cdot\sin(2\pi y)\cdot\sin(2\pi z),\\ u_t(x,y,z,0)=\sin(2\pi x)\cdot\sin(2\pi y)\cdot\sin(2\pi z).\end{cases}$$

其精确解为

$$u=\mathrm{e}^t\sin(2\pi x)\sin(2\pi y)\sin(2\pi z).$$

计算时, 取 $N_x=N_y=N_z=4$, 则 $h=0.1$. 取 $\lambda=2.0$, $\Delta t=10^{-5}$. 图 2.7.1, 图 2.7.2 分别给出当 $y=0.3$, $t=0.05$ 时, 即经过 5000 时间步时, x 轴、z 轴与数值解、精确解和绝对误差的关系图, 表 2.7.1 给出 $t=0.05$ 和 $t=0.1$ 两种情况下最大绝对误差, 平均绝对误差和 L^2 模误差的比较.

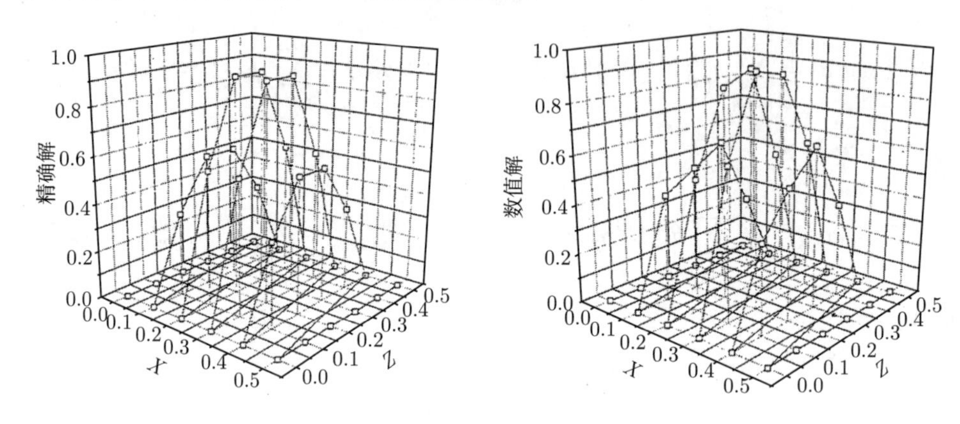

图 2.7.1　当 $y=0.3, t=0.05$ 时数值解图和精确解图

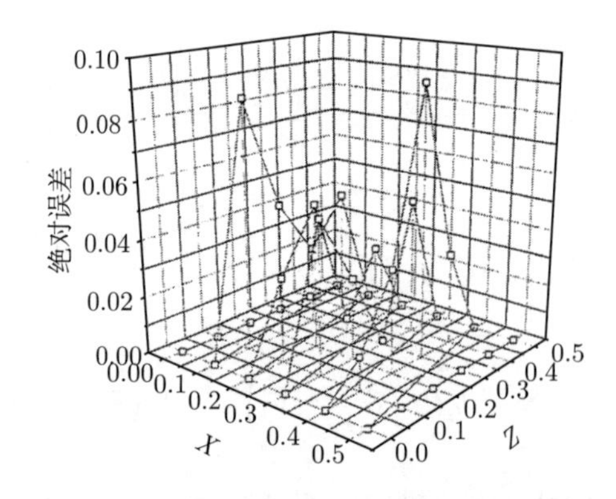

图 2.7.2　当 $y=0.3, t=0.05$ 时绝对误差图

表 2.7.1　t=0.05 和 t=0.1 时的误差比较

t	Δt	最大绝对误差	平均绝对误差	L^2 模误差
0.05	0.00001	0.0925214	0.00986897	0.0338432
0.1	0.00001	0.174202	0.0195024	0.0666867

2.8　一类三维非线性双曲型方程交替方向有限元方法

本节考虑三维非线性双曲方程

$$q(x)u_{tt}-\sum_{i,j=1}^{3}\frac{\partial}{\partial x_i}\left(a_{ij}(x,u)\frac{\partial u}{\partial x_j}\right)+\sum_{i=1}^{3}b_i(x,u)\frac{\partial u}{\partial x_i}=f(x,t,u),\quad (x,t)\in\Omega\times J, \tag{2.8.1a}$$

$$u(x,t)=0,\quad (x,t)\in\partial\Omega\times J, \tag{2.8.1b}$$

$$u(x,0)=u_0(x),\quad x\in\Omega, \tag{2.8.1c}$$

$$u_t(x,0)=u_1(x),\quad x\in\Omega, \tag{2.8.1d}$$

其中 $x=(x,y,z)=(x_1,x_2,x_3)$, $J=(0,T]$, $\Omega=[a,b]\times[c,d]\times[e,f]$ 是三维空间中一长方体区域. 系数 $a_{ij}=a_{ji}\in C^{\infty}(\bar{\Omega})$ 且存在正常数 $\alpha>0$, 使

$$\sum_{i,j=1}^{3}a_{ij}\xi_i\xi_j\geqslant\alpha(\xi_1^2+\xi_2^2+\xi_3^2)$$

对 $\forall(\xi_1,\xi_2,\xi_3)\in\Omega$ 都成立, 且$\left|\dfrac{\partial a_{ij}(x,u)}{\partial u}\right|\leqslant M$. $q(x)$ 满足 $0<q_*<q(x)<q^*$. 函数 $b(x,u)$ 和 $f(x,t,u)$ 满足: 在解的 ε_0 邻域 $b(x,u)$ 和 $f(x,t,u)$ 是 Lipschitz 连续的, 即当 $|\varepsilon_j|\leqslant\varepsilon_0(j=1,2,3,4)$ 时, 有正常数 M 存在, 使得

$$\begin{aligned}&|b_i(u(x,t)+\varepsilon_1)-b_i(u(x,t)+\varepsilon_2)|\leqslant M|\varepsilon_1-\varepsilon_2|,\quad i=1,2,3,\\&|f(u(x,t)+\varepsilon_3)-f(u(x,t)+\varepsilon_4)|\leqslant M|\varepsilon_3-\varepsilon_4|.\end{aligned} \tag{2.8.2}$$

2.8.1　记号与假设

对正常数 $s>0$, $H^s(\Omega)$ 表示 Ω 上 Sobolev 空间 $W_2^s(\Omega)$, 记为 $\|\cdot\|_s$, 定义为

$$\|v\|_s=\left(\sum_{0\leqslant\alpha_1+\alpha_2+\alpha_3\leqslant s}\left\|\frac{\partial^{\alpha_1+\alpha_2+\alpha_3}v}{\partial x_1^{\alpha_1}\partial x_2^{\alpha_2}\partial x_3^{\alpha_3}}\right\|^2\right)^{\frac{1}{2}}.$$

用$(f,g)=\displaystyle\int_R fg\mathrm{d}x$, $\|f\|$ 分别表示 $L^2(\Omega)$ 上的内积和模. $H_0^1(\Omega)$ 表示 $C_0^{\infty}(\overline{\Omega})$ 在 $\|\cdot\|$ 模意义下的闭包, 定义模 $\|\cdot\|_{H_0^1}$ 为

$$\|v\|_{H_0^1}=\|\nabla v\|=\left(\left\|\frac{\partial v}{\partial x_1}\right\|^2+\left\|\frac{\partial v}{\partial x_2}\right\|^2+\left\|\frac{\partial v}{\partial x_3}\right\|^2\right)^{\frac{1}{2}}.$$

若 X 是一模空间, 其模记为 $\|\cdot\|_X$, v 为一映射, $v:[0,T]\to X$, 定义如下模:

$$\|v\|_{L^2(X)}=\left(\int_0^T\|v(t)\|_X^2\,\mathrm{d}t\right)^{\frac{1}{2}},\quad \|v\|_{L^{\infty}(X)}=\sup_{0\leqslant t\leqslant T}\|v(t)\|_X.$$

记 $D_1=\dfrac{\partial^2}{\partial x_1\partial x_2},D_2=\dfrac{\partial^2}{\partial x_1\partial x_3},D_3=\dfrac{\partial^2}{\partial x_2\partial x_3},D_4=\dfrac{\partial^3}{\partial x_1\partial x_2\partial x_3}$, 又记 $Z=\{\phi|\phi,\phi_{x_1},\phi_{x_2},\phi_{x_3},D_i\phi(i=1,2,3,4)\in L^2(\Omega)\}$. 设 $r\geqslant 2$, $S_{h,r}(\Omega)$ 是 H_0^1 的有限维子空间, 且满足

$$S_{h,r}\in Z\cap H_0^1, \tag{2.8.3a}$$

$$\inf_{\chi\in S_h}\left(\sum_{m=0}^{3}h^m\sum_{\substack{i,j,k=0,1\\ i+j+k=m}}\left\|\frac{\partial^m(\phi-\chi)}{\partial x_1^i\partial x_2^j\partial x_3^k}\right\|\right)\leqslant Mh^s\|\phi\|_s,\quad \phi\in H^s(\Omega)\cap Z,2\leqslant s\leqslant r. \tag{2.8.3b}$$

定义 $W:(0,T]\to S_{h,r}$ 为 $u(x,t)$ 的 H^1 加权投影

$$\sum_{i,j=1}^{3}\left(a_{ij}(x)\frac{\partial(u-W)}{\partial x_j},\frac{\partial V}{\partial x_i}\right)+\sum_{i=1}^{3}\left(b_i(x,u)\frac{\partial(u-W)}{\partial x_i},V\right)+\mu(u-W,V)=0,\quad V\in S_{h,r}, \tag{2.8.4}$$

其中 μ 是正常数, 由 (2.8.1) 和 (2.8.4), 椭圆投影 W 满足:

$$(q(x)u_{tt},V)+(a(u)\nabla W,\nabla V)+(b(u)\nabla W,V)+\mu((W-u),V)=(f(u),V),\quad V\in S_{h,r}. \tag{2.8.5}$$

下面引入三个引理:

引理 2.8.1[27]　令 $\eta=u-W$, 则对 $0\leqslant k\leqslant 2$, $p=2,\infty,j=0,1$ 有下述误差估计:

$$\left\|\frac{\partial^k\eta}{\partial t^k}\right\|_{L^p(H^j)}\leqslant Ch^{s-j}\left\|\frac{\partial^k u}{\partial t^k}\right\|_{L^p(H^s)},\quad 1\leqslant s\leqslant r, \tag{2.8.6a}$$

$$\|\nabla W\|_{L^\infty(J;L^\infty(\Omega))}+\|\nabla W_t\|_{L^\infty(J;L^\infty(\Omega))}+\|W_t\|_{L^\infty(J;L^\infty(\Omega))}\leqslant C, \tag{2.8.6b}$$

其中常数 C 与 h 无关.

引理 2.8.2[5]　若用 D 表示算子 Δ,∇ 或者 $D_i(i=1,2,3,4)$, 对适当的 v, 有

$$\Delta t\sum_{n=0}^{M-1}\|Dd_tv^n\|^2\leqslant\left\|D\frac{\partial v}{\partial t}\right\|_{L^2(L^2)}^2. \tag{2.8.7}$$

引理 2.8.3[17]　若用 D 表示算子 $d_t,\dfrac{\partial}{\partial t},\dfrac{\partial^2}{\partial t^2}$, 则对 $r\geqslant 3$, 有

$$\left\|\frac{\partial^2(D\eta^n)}{\partial x_i\partial x_j}\right\|\leqslant Ch^{r-2}\|Du\|_r+Ch^{-2}\|D\eta^n\|,\quad i,j=1,2,3, \tag{2.8.8a}$$

$$\left\|\frac{\partial^3(D\eta^n)}{\partial x_1\partial x_2\partial x_3}\right\|\leqslant Ch^{r-3}\|Du\|_r+Ch^{-3}\|D\eta^n\|. \tag{2.8.8b}$$

为方便引入下述记号：以 U^n 表示在第 n 时间层交替方向 Galerkin 解，对 $n=1,\cdots,M=\dfrac{T}{\Delta t}$，定义：

$$t^n=n\Delta t,\quad \varphi^n=\varphi(x,t^n),\quad \varphi^{n+\frac{1}{2}}=\frac{\varphi^{n+1}+\varphi^n}{2},\quad d_t\varphi^n=\frac{\varphi^{n+1}-\varphi^n}{\Delta t},$$

$$(a\nabla u,\nabla v)=\sum_{i,j=1}^{3}\left(a_{ij}(u)\frac{\partial u}{\partial x_j},\frac{\partial v}{\partial x_i}\right),\quad (b(u)\nabla u,v)=\sum_{i=1}^{3}\left(b_i(u)\frac{\partial u}{\partial x_i},v\right).$$

2.8.2 Galerkin 交替方向法的提出

令 $\dfrac{\partial u}{\partial t}=\phi$，则 (2.8.1) 可化为

$$\begin{cases} q(x)\dfrac{\partial \phi}{\partial t}-\displaystyle\sum_{i,j=1}^{3}\frac{\partial}{\partial x_i}\left(a_{ij}(x,u)\frac{\partial u}{\partial x_j}\right)+\sum_{i=1}^{3}b_i(x,u)\frac{\partial u}{\partial x_i}=f(x,t,u),\\ \dfrac{\partial u}{\partial t}=\phi,\\ u(x,0)=u_0,\\ \phi(x,0)=u_1. \end{cases}\tag{2.8.9}$$

写成弱形式为

$$\begin{cases} \left(q(x)\dfrac{\partial \phi}{\partial t},V\right)+(a(u)\nabla u,\nabla V)+(b(u)\nabla u,V)=(f(u),V),\quad V\in S_{h,r},\\ \dfrac{\partial u}{\partial t}=\phi,\\ (u(x,0),v)=(u_0,v),\\ (\phi(x,0),v)=(u_1,v). \end{cases}\tag{2.8.10}$$

设 Φ 是 ϕ 的逼近，U 是 u 的逼近. 首先定义 (2.8.10) 的有限元格式为

$$\begin{aligned}&(q(x)d_t\Phi^n,V)+\lambda\Delta t(q(x)\nabla d_tU^n,\nabla V)+(a(U^n)\nabla U^n,\nabla V)\\ =&(f(U^n),V)-(b(U^n)\nabla U^n,V),\quad V\in S_{h,r},n=1,2,\cdots,\end{aligned}\tag{2.8.11a}$$

$$d_tU^n=\Phi^{n+\frac{1}{2}},\quad n=0,1,2,\cdots,\tag{2.8.11b}$$

其中 $\lambda>\dfrac{1}{2}\max\limits_{x\in\Omega}\|A(x,U^n)\|/q_*$. $\|A(x,U^n)\|$ 是矩阵 $A(x,U^n)=\{a_{ij}(x,U^n)\}$ 的范数模和微分映射 Φ: $[0,T]\to S_{h,r}$ 是对于 ϕ 的一个逼近. 设 $E^{n+1}=\Phi^{n+1}-\Phi^n$，则 $\Phi^{n+\frac{1}{2}}=\dfrac{E^{n+1}}{2}+\Phi^n$, (2.8.11a), (2.8.11b) 可化为

$$\left(q(x)\frac{E^{n+1}}{\Delta t},V\right)+\frac{1}{2}\lambda(\Delta t)^2\left(q(x)\nabla\frac{E^{n+1}}{\Delta t},\nabla V\right)$$

$$
\begin{aligned}
&=(f(U^n),V)-(a\nabla U^n,\nabla V)-(b(U^n)\Delta U^n,V)\\
&\quad -\lambda\Delta t(q(x)\nabla\Phi^n,\nabla V),\quad V\in S_{h,r},n=1,2,\cdots,
\end{aligned}\tag{2.8.12a}
$$

$$
U^{n+1}=U^n+\Delta t\varPhi^n+\frac{\Delta t}{2}E^{n+1},\quad n=0,1,2,\cdots.\tag{2.8.12b}
$$

所以交替方向有限元格式为

$$
\begin{aligned}
&(q(x)E^{n+1},V)+\frac{1}{2}\lambda(\Delta t)^2(q(x)\nabla E^{n+1},\nabla V)\\
&+\frac{1}{4}\lambda^2(\Delta t)^4\sum_{i=1}^{3}(q(x)D_iE^{n+1},D_iV)+\frac{1}{8}\lambda^3(\Delta t)^6(q(x)D_4E^{n+1},D_4V)\\
=&\Delta t[(f(U^n),V)-(a(U^n)\nabla U^n,\nabla V)-(b(U^n)\nabla U_n,V)\\
&-\lambda\Delta t(q(x)\nabla\varPhi^n,\nabla V)],\quad V\in S_{h,r},n=1,2,\cdots,
\end{aligned}\tag{2.8.13a}
$$

$$
U^{n+1}=U^n+\Delta t\varPhi^n+\frac{\Delta t}{2}E^{n+1},\quad n=0,1,2,\cdots.\tag{2.8.13b}
$$

初值的选取：可以从下面两式：

$$
\begin{aligned}
\sum_{i,j=1}^{3}\left(a_{ij}(x,u_0)\frac{\partial(u_0-W^0)}{\partial x_j},\frac{\partial v}{\partial x_i}\right)+\sum_{i=1}^{3}\left(b_i(x,u_0)\frac{\partial(u_0-W^0)}{\partial x_i},V\right)&\\
+(u_0-W^0,V)=0,&
\end{aligned}\tag{2.8.14}
$$

$$
\begin{aligned}
&\sum_{i,j=1}^{3}\left(a_{ij}(x,u_1)\frac{\partial}{\partial x_j}\left(u_1-\left(\frac{\partial W}{\partial t}\right)^0\right),\frac{\partial V}{\partial x_i}\right)\\
&+\sum_{i=1}^{3}\left(b_i(x,u_1)\frac{\partial}{\partial x_i}\left(u_1-\left(\frac{\partial W}{\partial t}\right)^0\right),V\right)\\
&+\left(u_1-\left(\frac{\partial W}{\partial t}\right)^0,V\right)=0,
\end{aligned}\tag{2.8.15}
$$

分别求出 $W^0,\left(\frac{\partial W}{\partial t}\right)^0$，令 $U^0=W^0,\varPhi^0=\left(\frac{\partial W}{\partial t}\right)^0$.

2.8.3 H^1 模误差估计

(2.8.13) 的等价形式为

$$
\begin{aligned}
&(q(x)d_t\varPhi^n,V)+\lambda\Delta t(q(x)\nabla d_tU^n,\nabla V)\\
&+\frac{1}{4}\lambda^2(\Delta t)^4\sum_{i=1}^{3}(q(x)D_i(d_t\varPhi^n),D_iV)+\frac{1}{8}\lambda^3(\Delta t)^6(q(x)D_4(d_t\varPhi^n),D_4V)
\end{aligned}
$$

$$=(f(U^n),V)-(a(U^n)\nabla U^n,\nabla V)-(b(U^n)\nabla U^n,V), \tag{2.8.16a}$$

$$d_tU^n=\varPhi^{n+\frac{1}{2}},\quad n=0,1,2,\cdots. \tag{2.8.16b}$$

离散 (2.8.10) 得

$$\left(\left(\frac{\partial\phi}{\partial t}\right)^n,V\right)+(a(u^n)\nabla U^n,\nabla V)+(b(u^n)\nabla u^n,V)$$
$$=(f(u^n),V),\quad V\in S_{h,r}(\varOmega), \tag{2.8.17a}$$

$$\left(\frac{\partial u}{\partial t}\right)^{n+\frac{1}{2}}=\phi^{n+\frac{1}{2}}. \tag{2.8.17b}$$

设 $\xi^n=U^n-W^n$, $\eta^n=u^n-W^n$, $\hat{\xi}^n=\varPhi^n-\left(\frac{\partial W}{\partial t}\right)^n$, $\hat{\eta}^n=\phi^n-\left(\frac{\partial W}{\partial t}\right)^n$, 则 $\xi^n-\eta^n=U^n-u^n$, $\hat{\xi}^n-\hat{\eta}^n=\varPhi^n-\phi^n$.

将 (2.8.16) 和 (2.8.17) 相减, 并利用式 (2.8.4), 得误差方程为

$$(q(x)d_t\hat{\xi}^n,V)+\lambda\Delta t(q(x)\nabla d_t\xi^n,\nabla V)+\frac{1}{4}\lambda^2(\Delta t)^4\sum_{i=1}^{3}(q(x)D_i(d_t\hat{\xi}^n),D_iV)$$
$$+\frac{1}{8}\lambda^3(\Delta t)^6(q(x)D_4(d_t\hat{\xi}^n),D_4V)+(a(U^n)\nabla\xi^n,\nabla V)$$
$$=\left(q(x)\left(\left(\frac{\partial\phi}{\partial t}\right)^n-d_t\phi^n+d_t\hat{\eta}^n\right)-\mu\eta^n+f(U^n)\right.$$
$$-f(u^n)+(b(u^n)-b(U^n))\nabla W^n$$
$$\left.-b(U^n)\nabla\xi^n,V\right)-\lambda\Delta t(q(x)\nabla d_t(u^n-\eta^n),\nabla V)$$
$$+\frac{\lambda^2}{4}(\Delta t)^4\sum_{i=1}^{3}(q(x)D_i(d_t\hat{\eta}^n-d_t\phi^n),D_iV)$$
$$+\frac{\lambda^3}{8}(\Delta t)^6(q(x)D_4(d_t\hat{\eta}^n-d_t\phi^n),D_4V)$$
$$+((a(u^n)-a(U^n))\nabla W^n,\nabla V), \tag{2.8.18a}$$

$$d_t\xi^n=\hat{\xi}^{n+\frac{1}{2}}+\rho^n, \tag{2.8.18b}$$

其中 $\rho^n=d_t\eta^n-\hat{\eta}^{n+\frac{1}{2}}+\left(\frac{\partial u}{\partial t}\right)^{n+\frac{1}{2}}-d_tu^n$. 取 $V=\hat{\xi}^{n+\frac{1}{2}}=d_t\xi^n-\rho^n$, 因为

$\xi^n = \xi^{n+\frac{1}{2}} - \dfrac{\Delta t}{2} d_t \xi^n$, 所以

$$
\begin{aligned}
&\lambda \Delta t(q(x)\nabla d_t\xi^n, \nabla V) + (a(U^n)\nabla\xi^n, \nabla V)\\
=&\lambda \Delta t(q(x)\nabla d_t\xi^n, \nabla(d_t\xi^n - \rho^n))\\
&+\left(a(U^n)\nabla\left(\xi^{n+\frac{1}{2}} - \frac{\Delta t}{2}d_t\xi^n\right), \nabla d_t\xi^n\right) - (a(U^n)\nabla\xi^n, \nabla\rho^n)\\
=&\lambda\Delta t(q(x)\nabla d_t\xi^n, \nabla d_t\xi^n) - \lambda\Delta t(q(x)\nabla d_t\xi^n, \nabla\rho^n)\\
&-\frac{\Delta t}{2}(a(U^n)\nabla d_t\xi^n, \nabla d_t\xi^n) + \left(a(U^n)\nabla\xi^{n+\frac{1}{2}}, \nabla d_t\xi^n\right) - (a(U^n)\nabla\xi^n, \nabla\rho^n)\\
=&\Delta t\left(\left(\lambda q(x)I - \frac{1}{2}A(x, U^n)\right)\nabla d_t\xi^n, \nabla d_t\xi^n\right)\\
&+\left(a(U^n)\nabla\xi^{n+\frac{1}{2}}, \nabla d_t\xi^n\right) - \lambda\Delta t(q(x)\nabla d_t\xi^n, \nabla\rho^n) - (a(U^n)\nabla\xi^n, \nabla\rho^n),
\end{aligned}
$$

又因为

$$
\begin{aligned}
&\left(a(U^n)\nabla\xi^{n+\frac{1}{2}}, \nabla d_t\xi^n\right) = \left(a(U^n)\nabla\left(\frac{\xi^n + \xi^{n+1}}{2}\right), \nabla\left(\frac{\xi^{n+1} - \xi^n}{\Delta t}\right)\right)\\
=&\frac{1}{2\Delta t}\{(a(U^n)\nabla\xi^{n+1}, \nabla\xi^{n+1}) - (a(U^n)\nabla\xi^n, \nabla\xi^n)\}\\
=&\frac{1}{2\Delta t}\left\{(a(U^n)\nabla\xi^{n-1}, \nabla\xi^{n+1}) - (a(U^{n-1})\nabla\xi^n, \nabla\xi^n)\right\}\\
&+\frac{1}{2\Delta t}((a(U^{n-1}) - a(U^n))\nabla\xi^n, \nabla\xi^n)\\
=&\frac{1}{2}d_t(a(U^{n-1})\nabla\xi^n, \nabla\xi^n) + \frac{1}{2\Delta t}\left(\frac{\partial a}{\partial u}(-d_tU^{n-1})\nabla\xi^n, \nabla\xi^n\right)\Delta t\\
=&\frac{1}{2}d_t(a(U^{n-1})\nabla\xi^n, \nabla\xi^n) + \frac{1}{2}\left(\frac{\partial a}{\partial u}(-d_tU^{n-1})\nabla\xi^n, \nabla\xi^n\right),
\end{aligned}
$$

所以

$$
\begin{aligned}
&\lambda\Delta t(q(x)\nabla d_t\xi^n, \nabla V) + (a(U^n)\nabla\xi^n, \nabla V)\\
\geqslant&\min\left(\left\|\lambda q(x)I - \frac{1}{2}A(x, U^n)\right\|\right)\Delta t\,\|d_t\xi^n\|_{H_0^1}^2 + \frac{1}{2}d_t(a(U^{n-1})\nabla\xi^n, \nabla\xi^n)\\
&+\frac{1}{2}\left(\frac{\partial a}{\partial u}\cdot(-d_tU^{n-1})\nabla\xi^n, \nabla\xi^n\right) - \varepsilon\Delta t\,\|\nabla d_t\xi^n\|^2 - C\left(\|\xi^n\|_{H_0^1}^2 + \|\nabla\rho^n\|^2\right)
\end{aligned}
$$

$$\geqslant\left[\min\left(\left\|\lambda q(x)I-\frac{1}{2}A(x,U^n)\right\|\right)-\varepsilon\right]\Delta t\left\|d_t\xi^n\right\|_{H_0^1}^2+\frac{c_*}{2}d_t(\nabla\xi^n,\nabla\xi^n)$$

$$+\frac{1}{2}\left(\frac{\partial a}{\partial u}\cdot(-d_tU^{n-1})\nabla\xi^n,\nabla\xi^n\right)-C\left(\left\|\xi^n\right\|_{H_0^1}^2+\left\|\nabla\rho^n\right\|^2\right),\tag{2.8.19}$$

其中$\left\|\lambda q(x)I-\frac{1}{2}A(x,U^n)\right\|$ 是矩阵 $\lambda q(x)I-\frac{1}{2}A(x,U^n)$ 的范数, 只要选取 $\lambda>\frac{1}{2}\max\limits_{x\in\Omega}\left\|A(x,U^n)\right\|/q_*$, 就可使得$\frac{1}{2}\min\left(\left\|\lambda q(x)I-\frac{1}{2}A(x,U^n)\right\|\right)-\varepsilon>0$.

对于 (2.8.18a) 右端项中由于函数 $b(x,u)$ 和 $f(x,t,u)$ 满足式 (2.8.2), 因此只有当 $|U^n-u^n|=\varepsilon\leqslant\varepsilon_0$ 时, 才有

$$|f(U^n)-f(u^n)|=|f(u^n+U^n-u^n)-f(u^n)|\leqslant M\varepsilon.$$

同理对 $b(u^n)-b(u^n)$ 也如此. 因此在下面的证明中不妨提出归纳假定:

$$\max_{0\leqslant n\leqslant M}\left\|U^n-u^n\right\|_{L^\infty}\leqslant\varepsilon_0,\tag{2.8.20}$$

其中 ε_0 为确定的正数。又由 (2.8.6) 有

$$\begin{aligned}|((a(u^n)-a(U^n))\nabla W^n,\nabla V)|&\leqslant C\left|\nabla((a(U^n)-a(U^n)),V)\right|\\&\leqslant C(\|\nabla\xi^n\|^2+\|\nabla\eta^n\|^2)+\left\|\hat{\xi}^{n+\frac{1}{2}}\right\|^2.\end{aligned}\tag{2.8.21}$$

利用 Schwartz 不等式, $ab\leqslant\frac{1}{2}(a^2+b^2)$, (2.8.18)~(2.8.21), 以及 $q(x)$ 的有界性, (2.8.18) 可化为

$$\begin{aligned}&(d_t\hat{\xi}^n,V)+\left[\min\left(\left\|\lambda q(x)I-\frac{1}{2}A(x,U^n)\right\|\right)-\varepsilon\right]\Delta t\left\|d_t\xi^n\right\|_{H_0^1}^2+\frac{C}{2}d_t(\nabla\xi^n,\nabla\xi^n)\\&+\frac{\lambda^2}{4}(\Delta t)^4\sum_{i=1}^{3}(D_i(d_t\hat{\xi}^n),D_iV)+\frac{\lambda^3}{8}(\Delta t)^6(D_4(d_t\hat{\xi}^n),D_4V)\\\leqslant&C\left[\left\|\left(\frac{\partial\phi}{\partial t}\right)^n-d_t\phi^n+d_t\hat{\eta}^n\right\|^2+\|\xi^n\|_1^2+\|\eta^n\|^2\right.\\&+\left\|\hat{\xi}^{n+\frac{1}{2}}\right\|^2+(\Delta t)^2\left\|\Delta d_t(u^n-\eta^n)\right\|^2\\&+C\left\|d_tU^{n-1}\right\|_{L^\infty}\|\nabla\xi^n\|^2+(\Delta t)^4\sum_{i=1}^{3}\left\|D_i(d_t\hat{\eta}^n-d_t\phi^n)\right\|^2\end{aligned}$$

$$+ (\Delta t)^4 \sum_{i=1}^{3} \left\| D_i \hat{\xi}^{n+\frac{1}{2}} \right\|^2 + (\Delta t)^6 \left\| D_4 (d_t \hat{\eta}^n - d_t \phi^n) \right\|^2$$

$$+ (\Delta t)^6 \left\| D_4 \hat{\xi}^{n+\frac{1}{2}} \right\|^2 + \|\xi^n\|_{H_0^1}^2 + \|\nabla \rho^n\|^2 \Bigg]. \tag{2.8.22}$$

因为

$$\left(d_t \hat{\xi}^n, \hat{\xi}^{n+\frac{1}{2}}\right) = \frac{1}{2\Delta t}[(\hat{\xi}^{n+1}, \hat{\xi}^{n+1}) - (\hat{\xi}^n, \hat{\xi}^n)] = \frac{1}{2} d_t (\hat{\xi}^n, \hat{\xi}^n),$$

$$\left(D_i (d_t \hat{\xi}^n), D_i (\hat{\xi}^{n+\frac{1}{2}})\right) = \frac{1}{2} d_t (D_i \hat{\xi}^n, D_i \hat{\xi}^n), \quad i = 1, 2, 3, 4,$$

所以式 (2.8.22) 可化为

$$d_t \left[(\hat{\xi}^n, \hat{\xi}^n) + \frac{C}{2} (\nabla \hat{\xi}^n, \nabla \hat{\xi}^n) + \frac{\lambda^2}{4} (\Delta t)^4 \sum_{i=1}^{3} (D_i \hat{\xi}^n, D_i \hat{\xi}^n) + \frac{\lambda^3}{8} (\Delta t)^6 (D_4 \hat{\xi}^n, D_4 \hat{\xi}^n) \right]$$

$$+ \left[\min \left(\left\| \lambda q(x) I - \frac{1}{2} A(x, U^n) \right\| \right) - \varepsilon \right] \Delta t \, \|d_t \xi^n\|_{H_0^1}^2$$

$$\leqslant C \left[\left\| \left(\frac{\partial \phi}{\partial t} \right)^n - d_t \phi^n + d_t \hat{\eta}^n \right\|^2 + \|\xi^n\|_1^2 + \|\eta^n\|^2 \right.$$

$$+ \left\| \hat{\xi}^{n+\frac{1}{2}} \right\|^2 + (\Delta t)^2 \left\| \Delta d_t (u^n - \eta^n) \right\|^2$$

$$+ \left\| d_t U^{n-1} \right\|_{L^\infty} \|\nabla \xi^n\|^2 + (\Delta t)^4 \sum_{i=1}^{3} \left\| D_i (d_t \hat{\eta}^n - d_t \phi^n) \right\|^2 + (\Delta t)^4 \sum_{i=1}^{3} \left\| D_i \hat{\xi}^{n+\frac{1}{2}} \right\|^2$$

$$\left. + (\Delta t)^6 \left\| D_4 (D_t \hat{\eta}^n - d_t \phi^n) \right\|^2 + (\Delta t)^6 \left\| D_4 \hat{\xi}^{n+\frac{1}{2}} \right\|^2 + \|\nabla \rho^n\|^2 \right]. \tag{2.8.23}$$

对式 (2.8.23) 两边同乘以 Δt, 并对 $n = 0, 1, 2, \cdots, M-1 (0 < M \leqslant N)$ 求和, 可得

$$(\hat{\xi}^M, \hat{\xi}^M) + \frac{C}{2} (\nabla \xi^M, \nabla \xi^M) + \frac{\lambda^2}{4} (\Delta t)^4 \sum_{i=1}^{3} (D_i \hat{\xi}^M, D_i \hat{\xi}^M) + \frac{\lambda^3}{8} (\Delta t)^6 (D_4 \hat{\xi}^M, D_4 \hat{\xi}^M)$$

$$+ \left[\min \left(\left\| \lambda q(x) I - \frac{1}{2} A(x, U^n) \right\| \right) - \varepsilon \right] (\Delta t)^2 \sum_{n=0}^{M-1} \|d_t \xi^n\|_{H_0^1}^2$$

$$\leqslant C \Delta t \sum_{n=0}^{M-1} \left[(\Delta t)^2 \left\| \Delta d_t (u^n - \eta^n) \right\|^2 + (\Delta t)^4 \sum_{I=1}^{3} \left\| D_i (d_t \hat{\eta}^n - d_t \phi^n) \right\|^2 \right.$$

$$+ (\Delta t)^6 \left\| D_4 (d_t \hat{\eta}^n - d_t \phi^n) \right\|^2$$

$$\left. + \left\| \left(\frac{\partial \phi}{\partial t} \right)^n - d_t \phi^n + d_t \hat{\eta}^n \right\|^2 + \|\eta^n\|^2 + \|\nabla \rho^n\|^2 \right]$$

$$
\begin{aligned}
&+C\Delta t\sum_{n=0}^{M}\left[\left\|\hat{\xi}^n\right\|^2+\|\xi^n\|_1^2+(\Delta t)^4\sum_{i=1}^{3}\left\|D_i\hat{\xi}^n\right\|^2+(\Delta t)^6\left\|D_4\hat{\xi}^n\right\|^2\right]\\
&+C\Delta t\sum_{n=1}^{M-1}\left\|d_tU^{n-1}\right\|_{L_\infty}\|\nabla\xi^n\|^2\\
&+C\left[\left\|\hat{\xi}^0\right\|^2+\left\|\xi^0\right\|_1^2+(\Delta t)^4\sum_{i=1}^{3}\left\|D_i\hat{\xi}^0\right\|^2+(\Delta t)^6\left\|D_4\hat{\xi}^0\right\|^2\right],
\end{aligned}
\tag{2.8.24}
$$

因为 $\left\|\xi^M\right\|_1^2=\left\|\xi^M\right\|_{H_0^1}^2+\left\|\xi^M\right\|^2$, 利用 Gronwall 不等式知, 只要 Δt 充分小, 且归纳假定

$$
\sup_{1\leqslant s\leqslant M-1}\Delta t\sum_{n=1}^{s}\left\|d_tU^{n-1}\right\|_{L_\infty}\leqslant C,
\tag{2.8.25}
$$

就有

$$
\begin{aligned}
&(\hat{\xi}^M,\hat{\xi}^M)+\left\|\xi^M\right\|_1^2+\frac{\lambda^2}{4}(\Delta t)^4\sum_{i=1}^{3}(D_i\hat{\xi}^M,D_i\hat{\xi}^M)+\frac{\lambda^3}{8}(\Delta t)^6(D_4\hat{\xi}^M,D_4\hat{\xi}^M)\\
&+\left[\min\left(\left\|\lambda q(x)I-\frac{1}{2}A(x,U^n)\right\|\right)-\varepsilon\right](\Delta t)^2\sum_{n=0}^{M-1}\|d_t\xi^n\|_{H_0^1}^2\\
\leqslant& C\Delta t\sum_{n=0}^{M-1}\left[(\Delta t)^2\left\|\Delta d_t(u^n-\eta^n)\right\|^2+(\Delta t)^4\sum_{I=0}^{3}\left\|D_i(d_t\hat{\eta}^n-d_t\phi^n)\right\|^2\right.\\
&+(\Delta t)^6\left\|D_4(d_t\hat{\eta}^n-d_t\phi^n)\right\|^2\\
&\left.+\left\|\left(\frac{\partial\phi}{\partial t}\right)^n-d_t\phi^n+d_t\hat{\eta}^n\right\|^2+\|\eta^n\|^2+\|\nabla\rho^n\|^2\right]\\
&+C\left[\left\|\hat{\xi}^0\right\|^2+\left\|\xi^0\right\|_1^2+(\Delta t)^4\sum_{i=1}^{3}\left\|D_i\hat{\xi}^0\right\|^2+(\Delta t)^6\left\|D_4\hat{\xi}^0\right\|^2\right].
\end{aligned}
\tag{2.8.26}
$$

下面估计式 (2.8.26) 右端各项.

由引理 2.8.2, 令 $D=\Delta$, $v=u,\eta$, 则

$$
\begin{aligned}
&\Delta t\sum_{n=0}^{M-1}(\Delta t)^2\left\|\Delta d_t(u^n-\eta^n)\right\|^2\\
\leqslant&(\Delta t)^2\left(\Delta t\sum_{n=0}^{M-1}\left\|\Delta d_tu^n\right\|^2+\Delta t\sum_{n=0}^{M-1}\left\|\Delta d_t\eta^n\right\|^2\right)
\end{aligned}
$$

$$\leqslant C(\Delta t)^2\left(\left\|\Delta\frac{\partial u}{\partial t}\right\|_{L^2(L^2)}^2+\left\|\Delta\frac{\partial \eta}{\partial t}\right\|_{L^2(L^2)}^2\right)\leqslant C(\Delta t)^2. \tag{2.8.27}$$

由引理 2.8.2, 令 $D=D_i(i=1,2,3)$, $v=\hat{\eta}$, 则

$$\begin{aligned}
&\Delta t\sum_{n=0}^{M-1}\left((\Delta t)^4\sum_{i=1}^{3}\|D_i(d_t\hat{\eta}^n-d_t\phi^n)\|^2\right)\\
\leqslant&(\Delta t)^4+(\Delta t)^4\cdot\Delta t\sum_{n=0}^{M-1}\left(\sum_{i=1}^{3}\|D_i(d_t\hat{\eta}^n)\|^2\right)\\
\leqslant&C\left[(\Delta t)^4+(\Delta t)^4\sum_{i=1}^{3}\left\|D_i\left(\frac{\partial^2\eta}{\partial t^2}\right)\right\|_{L^2(L^2)}^2\right]
\end{aligned}$$

由引理 2.8.3, 令 $D=\dfrac{\partial^2}{\partial t^2}$, 当 $r\geqslant 2$ 时, 有

$$\begin{aligned}
&\Delta t\sum_{n=0}^{M-1}(\Delta t)^4\|D_i(d_t\hat{\eta}^n-d_t\phi^n)\|^2\\
\leqslant&C\left[(\Delta t)^4+(\Delta t)^4\left\|D_i\left(\frac{\partial^2\eta}{\partial t^2}\right)\right\|_{L^2(L^2)}^2\right]\\
\leqslant&C\left[(\Delta t)^4+(\Delta t)^4h^{2r-4}\left\|\frac{\partial^2 u}{\partial t^2}\right\|_{L^2(H^r)}^2\right]\leqslant C(\Delta t)^4.
\end{aligned} \tag{2.8.28}$$

同理, 当 $r\geqslant 3$ 时, 有

$$\begin{aligned}
\Delta t\sum_{n=0}^{M-1}(\Delta t)^6\|D_4(d_t\hat{\eta}^n-d_t\phi^n)\|^2\leqslant&(\Delta t)^6+(\Delta t)^6\cdot\Delta t\sum_{n=0}^{M-1}\|D_4(d_t\hat{\eta}^n)\|^2\\
\leqslant&C\left[(\Delta t)^6+(\Delta t)^6\left\|D_4\left(\frac{\partial^2\eta}{\partial t^2}\right)\right\|_{L^2(L^2)}^2\right]\\
\leqslant&C\left[(\Delta t)^6+(\Delta t)^6h^{2r-6}\left\|\frac{\partial^2 u}{\partial t^2}\right\|_{L^2(H^r)}^2\right]\\
\leqslant&C(\Delta t)^6.
\end{aligned} \tag{2.8.29}$$

由引理 2.8.2, 令 $D=1$, 因为 $\left\|\left(\dfrac{\partial\phi}{\partial t}\right)^n-d_t\phi^n\right\|\leqslant C\Delta t$,

$$\Delta t\sum_{n=0}^{M-1}\left\|\left(\frac{\partial\phi}{\partial t}\right)^n-d_t\phi^n+d_t\hat{\eta}^n\right\|^2\leqslant C\sum_{n=0}^{M-1}[(\Delta t)^2+\|d_t\hat{\eta}^n\|^2]$$

$$\leqslant C\left[(\Delta t)^2+\left\|\frac{\partial^2\eta}{\partial t^2}\right\|_{L^2(L^2)}^2\right]$$
$$\leqslant C[(\Delta t)^2+h^{2r}]. \tag{2.8.30}$$

由引理 2.8.1,

$$\Delta t\sum_{n=0}^{M-1}\|\eta^n\|^2\leqslant Ch^{2r}, \tag{2.8.31}$$

因为

$$\left\|\nabla\left(\left(\frac{\partial u}{\partial t}\right)^{n+\frac12}-d_tu^n\right)\right\|\leqslant C(\Delta t)^2,$$

利用引理 2.8.1 和引理 2.8.2, 有

$$\begin{aligned}\Delta t\sum_{n=0}^{M-1}\|\nabla\rho^n\|^2&\leqslant C\left[(\Delta t)^4+\Delta t\sum_{n=1}^{M-1}\|\nabla d_t\eta^n\|^2+\Delta t\sum_{n=0}^{M-1}\|\nabla\hat{\eta}^n\|^2\right]\\&\leqslant C\left[(\Delta t)^4+\left\|\nabla\frac{\partial\eta}{\partial t}\right\|_{L^2(L^2)}^2+\left\|\nabla\frac{\partial\eta}{\partial t}\right\|_{L^\infty(L^2)}^2\right]\\&\leqslant C[(\Delta t)^4+h^{2r-2}].\end{aligned} \tag{2.8.32}$$

综合 (2.8.26)~(2.8.32), 在假定 $\left\|\hat{\xi}^0\right\|^2, \|\xi^0\|_1^2, (\Delta t)^4\sum_{i=1}^{3}\left\|D_i\hat{\xi}^0\right\|^2$ 和$(\Delta t)^6\left\|D_4\hat{\xi}^0\right\|^2$ 是 $O(h^{2r-2})$ 的前提下, 有

$$\begin{aligned}&\left\|\hat{\xi}^M\right\|^2+\|\xi^M\|_1^2+(\Delta t)^4\sum_{i=1}^{3}\left\|D_i\hat{\xi}^M\right\|^2+(\Delta t)^6\left\|D_4\hat{\xi}^M\right\|^2\\&+(\Delta t)^2\sum_{n=0}^{M-1}\|d_t\xi^n\|_{H_0^1}^2\leqslant C[(\Delta t)^2+h^{2r-2}].\end{aligned} \tag{2.8.33}$$

利用引理 2.8.1, 由 (2.8.33) 可得

$$\max_{0\leqslant n\leqslant N}\|U^n-u^n\|_1^2\leqslant C\max_{0\leqslant n\leqslant N}[\|\xi^n\|_1^2+\|\eta^n\|_1^2]\leqslant C[(\Delta t)^2+h^{2r-2}]. \tag{2.8.34}$$

下面证明归纳假定:

$$\max_{0\leqslant n\leqslant M}\|U^n-u^n\|_{L_\infty}\leqslant\varepsilon_0.$$

假设 $n=0$ 时, 因为取 $U^0=W^0$, 由引理 2.8.1, 归纳假定显然成立.

假设当 $n=1,2,\cdots,M-1$ 时, $\|U^n-u^n\|_{L^\infty}\leqslant\varepsilon_0$ 成立. 则当 $n=M$ 时, 由于

$$U^M-u^M=U^M-W^M+W^M-u^M=\xi^M-\eta^M,$$

由引理 2.8.1, 只要考虑 $\|\xi^M\|_{L^\infty}$ 即可. 由 (2.8.33) 可得

$$\|\xi^M\|_{L_\infty} \leqslant Ch^{-\frac{3}{2}}\|\xi^M\|_{L^2} \leqslant Ch^{-\frac{3}{2}}\|\xi^M\|_1 \leqslant Ch^{-\frac{3}{2}}(\Delta t + h^{r-1}),$$

因此当 $\Delta t = O(h^{r-1})$, $r \geqslant 3$ 时, 归纳假定 (2.8.20) 成立.

对于归纳假定 (2.8.25):

$$\sup_{1\leqslant s\leqslant M-1} \Delta t \sum_{n=1}^{s} \|d_t U^{n-1}\|_{L_\infty} \leqslant C,$$

因为

$$\|d_t U^{n-1}\|_{L_\infty} \leqslant \|d_t \xi^{n-1}\|_{L_\infty} + \|d_t W^{n-1}\|_{L_\infty},$$

由式 (2.8.6), 只需证明

$$\sup_{1\leqslant s\leqslant M} \Delta t \sum_{n=1}^{s} \|d_t \xi^{n-1}\|_{L_\infty} \leqslant C.$$

当 $s=1$ 时, 由误差方程有 $\Delta t\|d_t\xi^0\|_{H_0^1} \leqslant C(\Delta t + h^{r-1})$, 则当 $\Delta t = O(h^{r-1})$, $r \geqslant 3$ 时,

$$\Delta t\|d_t\xi^0\|_{L^\infty} \leqslant Ch^{-\frac{3}{2}}\Delta t\|\nabla d_t\xi^0\| \leqslant Ch^{-\frac{3}{2}}(\Delta t + h^{r-1}) \leqslant C.$$

假定 $\Delta t\sum\limits_{n=1}^{s}\|d_t\xi^{n-1}\|_{L^\infty} \leqslant C$, 对 $s = 2, 3, \cdots, M-1$ 成立, 则当 $s = M$ 时, 由 (2.8.33) 有

$$\Delta t \sum_{n=1}^{M} \|d_t\xi^{n-1}\|_{L^\infty} \leqslant Ch^{-\frac{3}{2}}[\Delta t + h^{r-1}] \leqslant C,$$

所以对 $s = M$, 归纳假定 (2.8.25) 成立. 由此得到下面定理:

定理 2.8.1 设 u, U 和 W 分别表示方程 (2.8.1), (2.8.13) 和 (2.8.4) 的解, 假定 $u \in C^4(\overline{\Omega}\times[0,T]), u, \dfrac{\partial u}{\partial t} \in L^\infty(H^r)$, 且 $\dfrac{\partial^2 u}{\partial t^2} \in L^2(H^r)(r \geqslant 3)$, 那么只要 Δt 充分小, $\lambda > \dfrac{1}{2}\left(\max\limits_{x\in\Omega}\|A(x,U^n)\|/q_*\right)$, 且满足初始条件:

$$\left\|\varPhi^0 - \left(\frac{\partial W}{\partial t}\right)^0\right\| + \|U^0 - W^0\|_1 + (\Delta t)^2\sum_{i=1}^{3}\left\|D_i\left[\varPhi^0 - \left(\frac{\partial W}{\partial t}\right)^0\right]\right\|$$

$$+(\Delta t)^3\left\|D_4\left[\varPhi^0 - \left(\frac{\partial W}{\partial t}\right)^0\right]\right\| \leqslant C[\Delta t + h^{r-1}],$$

则有 $\max\limits_{0\leqslant n\leqslant N}\|U^n - u^n\|_1 \leqslant C[\Delta t + h^{r-1}]$.

2.8.4 L^2 模误差估计

设任意序列 $\{v^n\}_{n=0}^N$, 则

$$v^{n+\frac{1}{2}} = v^0 + \frac{\Delta t}{2}\left[\sum_{k=0}^{n} d_t v^k + \sum_{k=0}^{n-1} d_t v^k\right],$$

令 D 为一算子, 且令 $v=\hat{\xi}$, 代入 (2.8.18b), 得

$$D(d_t\xi^n) = D\hat{\xi}^0 + \frac{\Delta t}{2}\left[\sum_{k=0}^{n} D(d_t\hat{\xi}^k) + \sum_{k=0}^{n-1} D(d_t\hat{\xi}^k)\right] + D\rho^n.$$

在上式中取 $D=1$, $D_i(i=1,2,3,4)$, 且记

$$\begin{aligned} I^n =& q(x)\left(\left(\frac{\partial\phi}{\partial t}\right)^n - d_t\phi^n + d_t\hat{\eta}^n\right) + f(U^n) - f(u^n) \\ &+ (b(u^n) - b(U^n))\nabla W^n - b(U^n)\nabla\xi - \mu\eta^n, \end{aligned}$$

结合 (2.8.18a) 有

$$\begin{aligned} &(q(x)d_t\xi^n, V) + \frac{1}{4}\lambda^2(\Delta t)^4\sum_{i=1}^{3}(q(x)D_i(d_t\xi^n), D_iV) + \frac{1}{8}\lambda^3(\Delta t)^6(q(x)D_4(d_t\xi^n), D_4V) \\ =& \left(q(x)\left(\hat{\xi}^0 + \frac{\Delta t}{2}\left(\sum_{k=0}^{n} d_t\hat{\xi}^k + \sum_{k=0}^{n-1} d_t\hat{\xi}^k\right) + \rho^n\right), V\right) \\ &+ \frac{1}{4}\lambda(\Delta t)^4\sum_{i=1}^{3}\left(q(x)\left(D_i\hat{\xi}^0 + \frac{\Delta t}{2}\left(\sum_{k=0}^{n} D_i(d_t\hat{\xi}^k) + \sum_{k=0}^{n-1} D_i(d_t\hat{\xi}^k)\right) + D_i\rho^n\right), D_iV\right) \\ &+ \frac{1}{8}\lambda^3(\Delta t)^6\left(q(x)\left(D_4\hat{\xi}^0 + \frac{\Delta t}{2}\left(\sum_{k=0}^{n} D_4(d_t\hat{\xi}^k) + \sum_{k=0}^{n-1} D_4(d_t\hat{\xi}^k)\right) + D_4\rho^n\right), D_4V\right) \\ =& (q(x)(\hat{\xi}^0 + \rho^n), V) + \frac{1}{4}\lambda^2(\Delta t)^4\sum_{i=1}^{3}(q(x)D_i(\hat{\xi}^0 + \rho^n), D_iV) \\ &+ \frac{1}{8}\lambda^3(\Delta t)^6(q(x)D_4(\hat{\xi}^0 + \rho^n), D_4V) \\ &+ \frac{\Delta t}{2}\sum_{k=0}^{n}\left[(q(x)d_t\hat{\xi}^k, V) + \frac{1}{4}\lambda^2(\Delta t)^4\sum_{i=1}^{3}(q(x)D_i(d_t\hat{\xi}^k), D_iV)\right. \\ &\left.+ \frac{1}{8}\lambda^3(\Delta t)^6(q(x)D_4(d_t\hat{\xi}^k), D_4V)\right] \end{aligned}$$

$$
\begin{aligned}
&+\frac{\Delta t}{2}\sum_{k=0}^{n-1}\left[(q(x)d_t\hat{\xi}^k,V)+\frac{1}{4}\lambda^2(\Delta t)^4\sum_{i=1}^{3}(q(x)D_i(d_t\hat{\xi}^k),D_iV)\right.\\
&\left.+\frac{1}{8}\lambda^3(\Delta t)^6(q(x)D_4(d_t\hat{\xi}^k),D_4V)\right]\\
=&(q(x)(\hat{\xi}^0+\rho^n),V)+\frac{1}{4}\lambda^2(\Delta t)^4\sum_{i=1}^{3}(q(x)D_i(\hat{\xi}^0+\rho^n),D_iV)\\
&+\frac{1}{8}\lambda^3(\Delta t)^6(q(x)D_4(\hat{\xi}^0+\rho^n),D_4V)\\
&+\frac{\Delta t}{2}\sum_{k=0}^{n}\left[-\lambda\Delta t(q(x)\nabla d_t\xi^k,\nabla V)-(a(U^k)\nabla V)+(I^k,V)\right.\\
&-\lambda\Delta t(q(x)\nabla d_t(u^k-\eta^k),\nabla V)+\frac{1}{4}\lambda^2(\Delta t)^4\sum_{i=1}^{3}(q(x)D_i(d_t\hat{\eta}^k-d_t\phi^k),D_iV)\\
&+\frac{1}{8}\lambda^3(\Delta t)^6(q(x)D_4(d_t\hat{\eta}^k-d_t\phi^k),D_4V)\\
&\left.+((a(u^k)-a(U^k))\nabla W^k,\nabla V)\right]\\
&+\frac{\Delta t}{2}\sum_{k=0}^{n-1}\left[-\lambda\Delta t(q(x)\nabla d_t\xi^k,\nabla V)-(a(U^k)\nabla\xi^k,\nabla V)\right.\\
&+(I^k,V)-\lambda\Delta t(q(x)\nabla d_t(u^k-\eta^k),\nabla V)\\
&+\frac{1}{4}\lambda^2(\Delta t)^4\sum_{i=1}^{3}(q(x)D_i(d_t\hat{\eta}^k-d_t\phi^k),D_iV)\\
&+\frac{1}{8}\lambda^3(\Delta t)^6(q(x)D_4(d_t\hat{\eta}^k-d_t\phi^k),D_4V)\\
&\left.+((a(u^k)-a(U^k))\nabla W^k,\nabla V)\right]\\
=&-\left[\lambda\Delta t\left(q(x)\nabla\left(\frac{\Delta t}{2}\sum_{k=0}^{n}d_t\xi^k+\frac{\Delta t}{2}\sum_{k=0}^{n-1}d_t\xi^k\right),\nabla V\right)\right.\\
&\left.+\frac{\Delta t}{2}\left(\left(\sum_{k=0}^{n}a(U^k)\nabla\xi^k+\sum_{k=0}^{n-1}a(U^k)\nabla\xi^k\right),\nabla V\right)\right]\\
&+\left(q(x)(\hat{\xi}^0+\rho^n)+\frac{\Delta t}{2}\sum_{k=0}^{n}I^k+\frac{\Delta t}{2}\sum_{k=0}^{n-1}I^k,V\right)
\end{aligned}
$$

$$+\lambda\Delta t\left(q(x)\Delta\left(\frac{\Delta t}{2}\sum_{k=0}^{n}d_t(u^k-\eta^k)+\frac{\Delta t}{2}\sum_{k=0}^{n-1}d_t(u^k-\eta^k)\right),V\right)$$

$$+\frac{1}{4}\lambda^2(\Delta t)^4\sum_{i=1}^{3}\left(q(x)\left(D_i\left((\hat{\xi}^0+\rho^n)+\frac{\Delta t}{2}\sum_{k=0}^{n}(d_t\hat{\eta}^k-d_t\phi^k)\right.\right.\right.$$

$$\left.\left.\left.+\frac{\Delta t}{2}\sum_{k=0}^{n-1}(d_t\hat{\eta}^k-d_t\phi^k)\right)\right),D_iV\right)$$

$$+\frac{1}{8}\lambda^3(\Delta t)^6\left(q(x)\left(D_4\left((\hat{\xi}^0+\rho^n)+\frac{\Delta t}{2}\sum_{k=0}^{n}(d_t\hat{\eta}^k-d_t\phi^k)\right.\right.\right.$$

$$\left.\left.\left.+\frac{\Delta t}{2}\sum_{k=0}^{n-1}(d_t\hat{\eta}^k-d_t\phi^k)\right)\right),D_4V\right)$$

$$+\frac{\Delta t}{2}\left(\sum_{k=0}^{n}(a(u^k)-a(U^k))\nabla W^k+\sum_{k=0}^{n-1}(a(u^k)-a(U^k))\nabla W^k,\nabla V\right)$$

$$=-F_1^n+(F_2^n,V)+\lambda\Delta t(F_3^n,V)+\frac{1}{4}\lambda^2(\Delta t)^4\sum_{i=1}^{3}(F_4^n,D_iV)$$

$$+\frac{1}{8}\lambda^3(\Delta t)^6(F_5^n,D_4V)+\frac{\Delta t}{2}(F_6^n,\nabla V). \tag{2.8.35}$$

设序列 $\{\psi^n\}_{n=0}^{N}$ 为：$\psi^0=0$, $\psi^n=\Delta t\sum_{k=0}^{n-1}\xi^{k+\frac{1}{2}}, n=1,2,\cdots$, 则

$$\psi^{n+\frac{1}{2}}=\frac{\Delta t}{2}\left(\sum_{k=0}^{n}\xi^{k+\frac{1}{2}}+\sum_{k=0}^{n-1}\xi^{k+\frac{1}{2}}\right).$$

令 $V=d_t\psi^n=\xi^{n+\frac{1}{2}}$, 对 F_1^n, 有

$$F_1^n=\lambda\Delta t\left(q(x)\nabla\left(\frac{\Delta t}{2}\sum_{k=0}^{n}d_t\xi^k+\frac{\Delta t}{2}\sum_{k=0}^{n-1}d_t\xi^k\right),\nabla V\right)$$

$$+\frac{\Delta t}{2}\left(\left(\sum_{k=0}^{n}a(U^k)\nabla\xi^k+\sum_{k=0}^{n-1}a(U^k)\nabla\xi^k\right),\nabla V\right)$$

$$=\lambda\Delta t\left(q(x)\nabla\left(\xi^{n+\frac{1}{2}}-\xi^0\right),\nabla\xi^{n+\frac{1}{2}}\right)$$

$$+\frac{\Delta t}{2}\left(\left(\sum_{k=0}^{n}a(U^k)\nabla\xi^k+\sum_{k=0}^{n-1}a(U^k)\nabla\xi^k\right),\nabla\xi^{n+\frac{1}{2}}\right). \tag{2.8.36}$$

则式 (2.8.35) 可化为

$$q_*\left(d_t\left((\xi^n,\xi^n)+\frac{1}{4}\lambda^2(\Delta t)^4\sum_{i=1}^{3}(D_i\xi^n,D_i\xi^n)+\frac{1}{8}\lambda^3(\Delta t)^6(D_4\xi^n,D_4\xi^n)\right)\right)$$

$$\leqslant -F_1^n+C\left[(F_2^N,V)+\lambda\Delta t(F_3^n,V)+\frac{1}{4}\lambda^2(\Delta t)^4\sum_{i=1}^{3}(F_4^n,D_iV)\right.$$

$$\left.+\frac{1}{8}\lambda^3(\Delta t)^6(F_5^n,D_4V)+\frac{\Delta t}{2}(F_6^n,\nabla V)\right]. \tag{2.8.37}$$

左右两边乘以 Δt, 对 $n=0,1,\cdots,M-1(0\leqslant M\leqslant N)$ 求和, 有

$$\left\|\xi^M\right\|^2+\frac{1}{4}\lambda^2(\Delta t)^4\sum_{i=1}^{3}\left\|D_i\xi^M\right\|^2+\frac{1}{8}\lambda^3(\Delta t)^6\left\|D_4\xi^M\right\|^2$$

$$\leqslant C\left(\left\|\xi^0\right\|^2+(\Delta t)^4\sum_{i=1}^{3}\left\|D_i\xi^0\right\|^2+(\Delta t)^6\left\|D_4\xi^0\right\|^2-\Delta t\sum_{n=0}^{M-1}F_1^n\right)$$

$$+C\Delta t\sum_{n=0}^{M-1}\left[(F_2^n,V)+\lambda\Delta t(F_3^n,V)\right.$$

$$\left.+\frac{1}{4}\lambda^2(\Delta t)^4\sum_{i=1}^{3}(F_4^n,D_iV)+\frac{1}{8}\lambda^3(\Delta t)^6(F_5^n,D_4V)+\frac{\Delta t}{2}(F_6^n,\Delta V)\right], \tag{2.8.38}$$

由 (2.8.36), 不妨设 $\Delta t=O(h^2)$, 则有

$$-\Delta t\sum_{n=}^{M-1}F_1^n=\Delta t\sum_{n=0}^{M-1}\left[\lambda\Delta t\left(q(x)\nabla\left(\xi^{n+\frac{1}{2}}-\xi^0\right),\nabla\xi^{n+\frac{1}{2}}\right)\right.$$

$$\left.+\frac{\Delta t}{2}\left(\left(\sum_{k=0}^{n}a(U^k)\nabla\xi^k+\sum_{k=0}^{n-1}a(U^k)\nabla\xi^k\right),\nabla\xi^{n+\frac{1}{2}}\right)\right]$$

$$\leqslant C(\Delta t)^2\sum_{n=0}^{M}\|\xi^n\|_1^2\leqslant C(\Delta t)^2h^{-2}\sum_{n=0}^{M}\|\xi^n\|^2$$

$$\leqslant C\Delta t\sum_{n=0}^{M}\|\xi^n\|^2. \tag{2.8.39}$$

因为

$$\Delta t\sum_{n=0}^{M-1}\left(F_2^n,\xi^{n+\frac{1}{2}}\right)\leqslant C\Delta t\sum_{n=0}^{M-1}\left(\hat{\xi}^0+\rho^n+\frac{\Delta t}{2}\sum_{k=0}^{n}I^k+\frac{\Delta t}{2}\sum_{k=0}^{n-1}I^k,\xi^{n+\frac{1}{2}}\right)$$

$$\begin{aligned}
&\leqslant C\Delta t\sum_{n=0}^{M-1}\left\|\hat{\xi}^0\right\|^2+C\Delta t\sum_{n=0}^{M-1}\|\rho^n\|^2\\
&\quad+C(\Delta t)^2\sum_{n=0}^{M-1}\left(\sum_{k=0}^{n}\left\|I^k\right\|^2+\sum_{k=0}^{n-1}\left\|I^k\right\|^2\right)\\
&\quad+C\Delta t\sum_{n=0}^{M}\|\xi^n\|^2,
\end{aligned}\tag{2.8.40}$$

由 (2.8.32) 对 ρ^n 的估计, 有

$$\Delta t\sum_{n=0}^{M-1}\|\rho^n\|^2\leqslant C[(\Delta t)^4+h^{2r}],\tag{2.8.41}$$

由归纳假定 (2.8.20) 以及式 (2.8.27), 不妨设 $\Delta t=O(h^2)$, 则

$$\begin{aligned}
(\Delta t)^2\sum_{n=0}^{M-1}\sum_{k=0}^{n}\left\|I^k\right\|^2\leqslant& C(\Delta t)^2\left(\sum_{n=0}^{M-1}\left\|\left(\frac{\partial\phi}{\partial t}\right)^n-d_t\phi^n\right.\right.\\
&\left.\left.+d_t\hat{\eta}^n\right\|^2+\sum_{n=0}^{M-1}\|\xi^n\|_1^2+\sum_{n=0}^{M-1}\|\eta^n\|^2\right)\\
\leqslant& C[(\Delta t)^2+h^{2r}]+C(\Delta t)^2h^{-2}\sum_{n=0}^{M-1}\|\xi^n\|^2\\
\leqslant& C[(\Delta t)^2+h^{2r}]+C(\Delta t)\sum_{n=0}^{M-1}\|\xi^n\|^2,
\end{aligned}\tag{2.8.42}$$

由 (2.8.40), (2.8.41) 和 (2.8.42), 只要 $\left\|\hat{\xi}^0\right\|=O(h^r)$, 就有

$$\Delta t\sum_{n=0}^{M-1}\left(F_2^n,\xi^{n+\frac{1}{2}}\right)\leqslant C[(\Delta t)^2+h^{2r}]+C\Delta t\sum_{n=0}^{M}\|\xi^n\|^2.\tag{2.8.43}$$

又因为

$$\begin{aligned}
\Delta t\sum_{n=0}^{M-1}\lambda\Delta t(F_3^n,V)\leqslant& C(\Delta t)^2\left[\sum_{n=0}^{M-1}\|F_3^n\|^2+\sum_{n=0}^{M}\|\xi^n\|^2\right]\\
=& C(\Delta t)^2\left[\sum_{n=0}^{M-1}\left\|\Delta\left(u^{n+\frac{1}{2}}-u^0-\eta^{n+\frac{1}{2}}+\eta^0\right)\right\|^2+\sum_{n=0}^{M}\|\xi^n\|^2\right]\\
\leqslant& C(\Delta t)^2\Big(\|u\|_{L^2(H^r)}^2+\|u\|_{L^\infty(H^r)}^2+\|\eta\|_{L^2(H^r)}^2
\end{aligned}$$

$$+\|\eta\|^2_{L^\infty(H^r)}\Bigg)+C(\Delta t)^2\sum_{n=0}^{M}\|\xi^n\|^2$$

$$\leqslant C(\Delta t)^2+C\Delta t\sum_{n=0}^{M}\|\xi^n\|^2. \tag{2.8.44}$$

不妨设 $(\Delta t)^2\sum_{i=1}^{3}\left\|D_i\hat{\xi}^0\right\|=O(h^r)$, 则

$$\frac{1}{4}\lambda^2\Delta t\sum_{n=0}^{M-1}\left((\Delta t)^4\sum_{i=1}^{3}(F_4^n,D_iV)\right)$$

$$\leqslant C\Delta t\sum_{n=0}^{M-1}(\Delta t)^4\left[\sum_{i=1}^{3}\|F_4^n\|^2+\sum_{i=1}^{3}\left\|D_i\xi^{n+\frac{1}{2}}\right\|^2\right]$$

$$\leqslant C\Delta t\sum_{n=0}^{M-1}\left[(\Delta t)^4\sum_{i=1}^{3}\|F_4^n\|^2\right]+C\Delta t\sum_{n=0}^{M}\left[(\Delta t)^4\sum_{i=1}^{3}\|D_i\xi^n\|^2\right]$$

$$=C\Delta t\sum_{n=0}^{M-1}\left\{(\Delta t)^4\sum_{i=1}^{3}\left\|D_i\left[(\hat{\xi}^0+\rho^n)+\frac{\Delta t}{2}\sum_{k=0}^{n}(d_t\hat{\eta}^k-d_t\phi^k)\right.\right.\right.$$

$$\left.\left.\left.+\frac{\Delta t}{2}\sum_{k=0}^{n-1}(d_t\hat{\eta}^k-d_t\phi^k)\right]\right\|^2\right\}+C\Delta t\sum_{n=0}^{M}\left[(\Delta t)^4\sum_{i=1}^{3}\|D_i\xi^n\|^2\right]$$

$$=C\Delta t\sum_{n=0}^{M-1}\left[(\Delta t)^4\sum_{i=1}^{3}\left\|D_i\left[(\hat{\xi}^0+\rho^n)+\hat{\eta}^{n+\frac{1}{2}}-\hat{\eta}^0+\phi^{n+\frac{1}{2}}+\phi^0\right]\right\|^2\right]$$

$$+C\Delta t\sum_{n=0}^{M}\left[(\Delta t)^4\sum_{i=1}^{3}\|D_i\xi^n\|^2\right]$$

$$\leqslant C(\Delta t)^4\sum_{i=1}^{3}\left[(\Delta t)^2+\left\|D_i\hat{\xi}^0\right\|^2+\left\|D_i\left(\frac{\partial\eta}{\partial t}\right)\right\|^2_{L^2(L^2)}+\left\|D_i\left(\frac{\partial\eta}{\partial t}\right)\right\|^2_{L^\infty(L^2)}\right.$$

$$\left.+\left\|D_i\left(\frac{\partial u}{\partial t}\right)\right\|^2_{L^2(L^2)}+\left\|D_i\left(\frac{\partial u}{\partial t}\right)\right\|^2_{L^\infty(L^2)}\right]+C\Delta t\sum_{n=0}^{M}\left[(\Delta t)^4\sum_{i=1}^{3}\|D_i\xi^n\|^2\right]$$

$$\leqslant C[(\Delta t)^2+h^{2r}]+C\Delta t\sum_{n=0}^{M}\left[(\Delta t)^4\sum_{i=1}^{3}\|D_i\xi^n\|^2\right]. \tag{2.8.45}$$

同理不妨设 $(\Delta t)^3\left\|D_4\hat{\xi}^0\right\|=O(h^r)$, 当 $r\geqslant 3$ 时, 则

$$
\begin{aligned}
&\frac{1}{8}\lambda^3\Delta t\sum_{n=0}^{M-1}((\Delta t)^6(F_5^n,D_4V))\\
\leqslant&C\Delta t\sum_{n=0}^{M-1}(\Delta t)^6\left[\|F_5^n\|^2+\left\|D_4\xi^{n+\frac{1}{2}}\right\|^2\right]\\
\leqslant&C\Delta t\sum_{n=0}^{M-1}\left[(\Delta t)^6\|F_5^n\|^2\right]+C\Delta t\sum_{n=0}^{M}[(\Delta t)^6\|D_4\xi^n\|^2]\\
=&C\Delta t\sum_{n=0}^{M-1}\left\{(\Delta t)^6\left\|D_4\left[(\hat{\xi}^0+\rho^n)+\frac{\Delta t}{2}\sum_{k=0}^{n}(d_t\hat{\eta}^k-d_t\phi^k)\right.\right.\right.\\
&\left.\left.\left.+\frac{\Delta t}{2}\sum_{k=0}^{n-1}(d_t\hat{\eta}^k-d_t\phi^k)\right]\right\|^2\right\}+C\Delta t\sum_{n=0}^{M}\left[(\Delta t)^6\|D_4\xi^n\|^2\right]\\
=&C\Delta t\sum_{n=0}^{M-1}\left[(\Delta t)^6\left\|D_4[(\hat{\xi}^0+\rho^n)+\hat{\eta}^{n+\frac{1}{2}}-\hat{\eta}^0+\phi^{n+\frac{1}{2}}+\phi^0]\right\|^2\right]\\
&+C\Delta t\sum_{n=0}^{M}(\Delta t)^6\|D_4\xi^n\|^2\\
\leqslant&C(\Delta t)^6\left[(\Delta t)^2+\left\|D_4\hat{\xi}^0\right\|^2+\left\|D_4\left(\frac{\partial\eta}{\partial t}\right)\right\|_{L^2(L^2)}^2+\left\|D_4\left(\frac{\partial\eta}{\partial t}\right)\right\|_{L^\infty(L^2)}^2\right.\\
&\left.+\left\|D_4\left(\frac{\partial u}{\partial t}\right)\right\|_{L^2(L^2)}^2+\left\|D_4\left(\frac{\partial u}{\partial t}\right)\right\|_{L^\infty(L^2)}^2\right]+C\Delta t\sum_{n=0}^{M}\left[(\Delta t)^6\|D_4\xi^n\|^2\right]\\
\leqslant&C[(\Delta t)^2+h^{2r}]+C\Delta t\sum_{n=0}^{M}[(\Delta t)^6\|D_4\xi^n\|^2].
\end{aligned}
\tag{2.8.46}
$$

又因为当 $\Delta t=O(h^2)$ 时, 有

$$
\begin{aligned}
C\Delta t\cdot\frac{\Delta t}{2}\sum_{n=0}^{M-1}(F_6^n,\nabla V)&\leqslant C(\Delta t)^2\left(\sum_{n=0}^{M-1}\|F_6^n\|^2+\sum_{n=0}^{M}\|\xi^n\|_1^2\right)\\
&\leqslant C(\Delta t)^2\left(\sum_{n=0}^{M-1}\|\eta^n\|_1^2+\sum_{n=0}^{M}\|\xi^n\|_1^2\right)\\
&\leqslant C(\Delta t)^2h^{-2}\left(\sum_{n=0}^{M-1}\|\eta^n\|^2+\sum_{n=0}^{M}\|\xi^n\|^2\right)
\end{aligned}
$$

$$\leqslant Ch^{2r} + C\Delta t \sum_{n=0}^{M} \|\xi^n\|^2. \tag{2.8.47}$$

由 (2.8.38) 综合 (2.8.43)~(2.8.47) 可得

$$\begin{aligned}
&\left\|\xi^M\right\|^2 + \frac{1}{4}\lambda^2(\Delta t)^4 \sum_{i=1}^{3} \left\|D_i\xi^M\right\|^2 + \frac{1}{8}\lambda^3(\Delta t)^6 \left\|D_4\xi^M\right\|^2 \\
\leqslant& C\left(\left\|\xi^0\right\|^2 + (\Delta t)^4 \sum_{i=1}^{3} \left\|D_i\xi^0\right\|^2 + (\Delta t)^6 \left\|D_4\xi^0\right\|^2\right) \\
&+ C[(\Delta t)^2 + h^{2r}] + C\Delta t \sum_{n=0}^{M} \|\xi^n\|^2 \\
&+ C\Delta t \sum_{n=0}^{M} \left[(\Delta t)^4 \sum_{i=1}^{3} \|D_i\xi^n\|^2 + (\Delta t)^6 \|D_4\xi^n\|^2\right].
\end{aligned} \tag{2.8.48}$$

只要假定 $\|\xi^0\|$, $\left\|\hat{\xi}^0\right\|$, $(\Delta t)^2 \sum_{i=1}^{3} \|D_i\xi^0\|, (\Delta t)^3 \left\|D_4\xi^0\right\|, (\Delta t)^2 \sum_{i=1}^{3} \left\|D_i\hat{\xi}^0\right\|$ 和 $(\Delta t)^3 \left\|D_4\hat{\xi}^0\right\|$是 $O(h^r)$, 利用 Gronwall 不等式, 就有

$$\left\|\xi^M\right\|^2 + \frac{1}{4}\lambda^2(\Delta t)^4 \sum_{i=1}^{3} \left\|D_i\xi^M\right\|^2 + \frac{1}{8}\lambda^3(\Delta t)^6 \left\|D_4\xi^M\right\|^2 \leqslant C[(\Delta t)^2 + h^{2r}], \tag{2.8.49}$$

由三角不等式和引理 2.8.1, 有

$$\max_{0\leqslant n\leqslant N} \|U^n - u^n\| \leqslant \max_{0\leqslant n\leqslant N} [\|\xi^n\| + \|\eta^n\|] \leqslant C[\Delta t + h^r].$$

同定理 2.8.1 类似, 也可以证明归纳假定:

$$\max_{0\leqslant n\leqslant M} \|U^n - u^n\|_{L^\infty} \leqslant \varepsilon_0.$$

由 (2.8.49) 可得

$$\left\|\xi^M\right\|_{L^\infty} \leqslant Ch^{-\frac{3}{2}} \left\|\xi^M\right\|_{L^2} \leqslant Ch^{-\frac{3}{2}}(\Delta t + h^r),$$

因此当 $\Delta t = O(h^r)$, $r \geqslant 2$ 时, 归纳假定成立. 综合前述可得下面定理:

定理 2.8.2　设 u, U 和 W 分别表示方程 (2.8.1), (2.8.13) 和 (2.8.4) 的解, 假定 $u \in C^4(\overline{\Omega} \times [0, T])$, u, $\dfrac{\partial u}{\partial t} \in L^\infty(H^r)$且 $\dfrac{\partial^2 u}{\partial t^2} \in L^2(H^r)(r \geqslant 3)$, 那么只要 $\Delta t = O(h^2)$,

且满足初始条件:

$$\|U^0 - W^0\| + \left\|\Phi^0 - \left(\frac{\partial W}{\partial t}\right)^0\right\| + (\Delta t)^2 \sum_{i=1}^{3} \|D_i[U^0 - W^0]\| + (\Delta t)^3 \|D_4[U^0 - W^0]\|$$

$$+ (\Delta t)^2 \sum_{i=1}^{3} \left\|D_i \left[\Phi^0 - \left(\frac{\partial W}{\partial t}\right)^0\right]\right\| + (\Delta t)^3 \left\|D_4 \left[\Phi^0 - \left(\frac{\partial W}{\partial t}\right)^0\right]\right\| \leqslant C[\Delta t + h^r],$$

则有

$$\max_{0\leqslant n\leqslant N} \|U^n - u^n\| \leqslant C[\Delta t + h^r].$$

2.8.5 数值算例

考虑问题:

$$\begin{cases} (x^2+y^2+z^2+1)u_{tt} - \nabla\cdot(u\nabla u) = f(u,x,y,z,t), \quad \Omega: 0 \leqslant x,y,z \leqslant \dfrac{1}{2}, t\in(0,1], \\ u(x,y,z,t) = 0, \quad (x,y,z) \in \partial\Omega, \\ u(x,y,z,0) = \sin(2\pi x)\cdot\sin(2\pi y)\cdot\sin(2\pi z), \\ u_t(x,y,z,0) = \sin(2\pi x)\cdot\sin(2\pi y)\cdot\sin(2\pi z), \end{cases} \tag{2.8.50}$$

其中

$$\begin{aligned} f(u,x,y,z,t) =& (x^2+y^2+z^2+1)u - \pi^2 e^{2t}[\cos(4\pi x) + \cos(4\pi y) + \cos(4\pi z)] \\ &+ 2\pi^2 e^{2t}[\cos(4\pi x)\cos(4\pi y) + \cos(4\pi x)\cos(4\pi z) + \cos(4\pi y)\cos(4\pi z)] \\ &- 3\pi^2 e^{2t}\cos(4\pi x)\cos(4\pi y)\cos(4\pi z), \end{aligned}$$

其精确解为

$$u = e^t \sin(2\pi x)\sin(2\pi y)\sin(2\pi z).$$

计算时, 取 $N_x = N_y = N_z = 4$, 则 $h = 0.1$. 取 $\lambda = 2.0$, $\Delta t = 10^{-5}$. 图 2.8.1, 图 2.8.2, 图 2.8.3 分别给出当 $y = 0.3$, $t = 0.1$ 时, 即经过 10000 时间步时, x 轴、z 轴与数值解, 精确解和绝对误差的关系图, 表 2.8.1 给出 $t = 0.01$, $t = 0.05$ 和 $t = 0.1$ 三种情况下平均绝对误差和 L^2 模误差的比较. 由此可见数值结果和理论分析能够很好地吻合.

表 2.8.1 Δt=0.00001 时, t=0.001, t=0.05 和 t=0.1 时的误差比较

t	平均绝对误差	L^2 模误差
$t = 0.01$	3.90088×10^{-5}	1.3204×10^{-4}
$t = 0.05$	2.58988×10^{-4}	8.47941×10^{-4}
$t = 0.1$	7.68032×10^{-4}	2.48571×10^{-3}

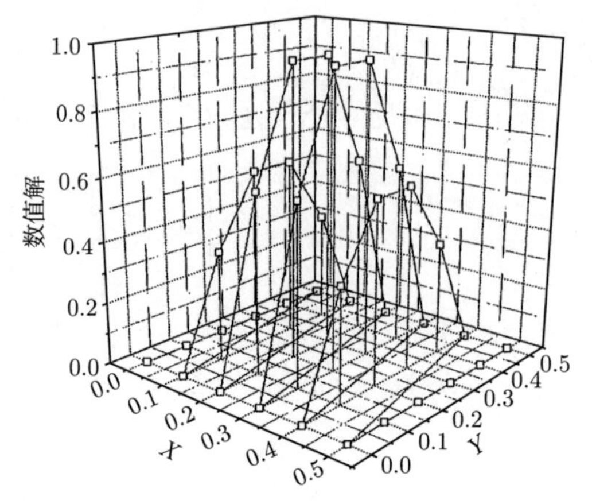

图 2.8.1 当 $y = 0.3, t = 0.1$ 时数值解

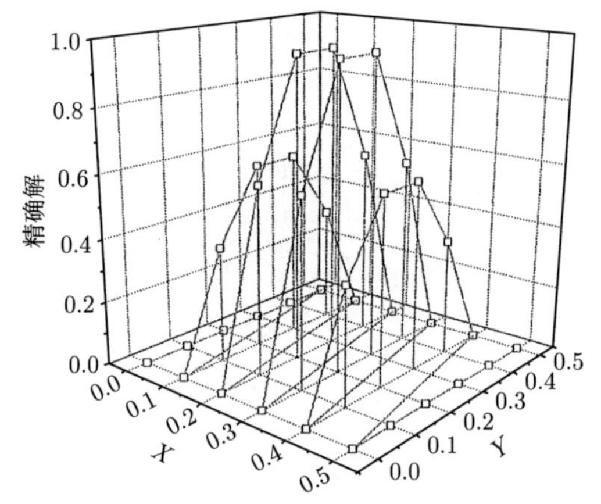

图 2.8.2 当 $y = 0.3, t = 0.1$ 时精确解

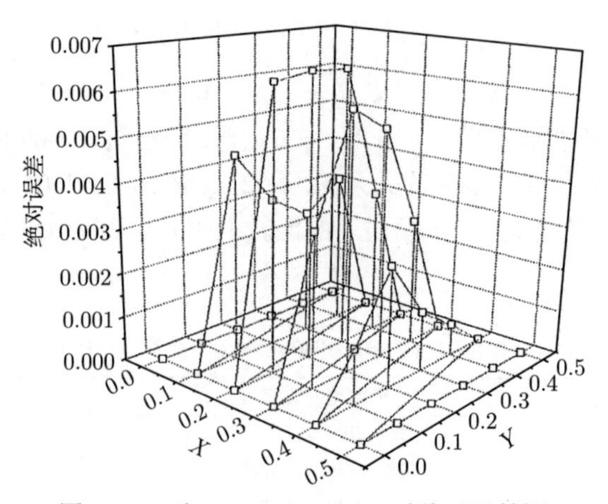

图 2.8.3 当 $y = 0.3, t = 0.1$ 时绝对误差图

2.9 非矩形域上非线性双曲型方程交替方向有限元方法

本节考虑一类非线性双曲型方程

$$\tilde{q}(\xi,u)u_{tt}-\sum_{i,j=1}^{N}\frac{\partial}{\partial\xi_i}\left(\tilde{a}_{ij}(\xi,u)\frac{\partial u}{\partial\xi_j}\right)+\sum_{i=1}^{N}\tilde{b}_i(\xi,u)\frac{\partial u}{\partial\xi_i}=f(\xi,t,u),\quad (\xi,t)\in\Omega_g\times J. \tag{2.9.1a}$$

在齐次 Dirichlet 边界条件

$$u(\xi,t)=0,\quad (\xi,t)\in\partial\Omega_g\times J \tag{2.9.1b}$$

和初始条件

$$u(\xi,0)=u_0(\xi),\quad \xi\in\partial\Omega_g, \tag{2.9.1c}$$

$$u_t(\xi,0)=u_1(\xi),\quad \xi\in\Omega_g \tag{2.9.1d}$$

下的数值解. 其中 Ω_g 是 $\mathbf{R}^N(N\geqslant 2)$ 中的有界区域, $\xi=(\xi_1,\xi_2,\cdots,\xi_N)\in\mathbf{R}^N$, $J=(0,T]$. $\partial\Omega_g$ 是 Ω_g 的边界, 是分片多项式. $\tilde{q}$ 关于 u 是 Lipschitz 连续的, 这里的有界和 Lipschitz 连续只需要在解 u 的邻域里满足即可, 而且 $0<\tilde{q}_*\leqslant\tilde{q}(\xi,u)\leqslant\tilde{q}^*$.

2.9.1 记号与假设

令 Ω_g 是给定的曲边区域，坐标系 $\xi=(\xi_1,\xi_2,\cdots,\xi_N)\in\mathbf{R}^N$,$\Omega$是一个标准区域，其坐标系为 $x=(x_1,x_2,\cdots,x_N)\in\mathbf{R}^N$. $(f,g)_{\Omega_g}=\int_{\Omega_g}fg\mathrm{d}\xi$ 和 $(f,g)=\int_{\Omega}fg\mathrm{d}x$分别表示 $L^2(\Omega_g)$ 和 $L^2(\Omega)$ 上的内积. 令 $\rho(x)=\left|J(F^{-1})\right|=\dfrac{\partial(\xi)}{\partial(x)}$, 其中映射 $F:\Omega\to\Omega_g$, $\left|J(F^{-1})\right|$ 是 F^{-1} 的 Jacobi 行列式. 如果用文献 [34], [35] 定义的四边形等参元的正则族来定义映射 F, 则有: 对所有的 $x\in\Omega$, 存在正常数 ρ_* 和 ρ^*, 使得 $\rho_*\leqslant\rho(x)\leqslant\rho^*$. 由性质

$$\int_{\Omega_g}R(\xi)\mathrm{d}\xi=\int_{\Omega}\rho(x)R(x)\mathrm{d}x$$

定义 $\|\varphi\|_\rho^2=(\rho\varphi,\varphi)$, $\|\varphi\|_{\rho_1}^2=(\rho\nabla\varphi,\nabla\varphi)+(\rho\varphi,\varphi)$. 显然 $\|\varphi\|_\rho=\|\varphi\|_{L^2(\Omega_g)}$, $\|\varphi\|_{\rho_1}$ 与 $\|\varphi\|_{H^1(\Omega_g)}$ 等价. 令 $W_s^k(\Omega_g)$ 和$H^k(\Omega_g)$ 分别为赋以范数 $\|\cdot\|_{W_s^k(\Omega_g)}$ 和 $\|\cdot\|_{H^k(\Omega_g)}$的 Sobolev 空间. $W_s^k(\Omega)$ 和 $H^k(\Omega)$ 为在标准域上相应的 Sobolev 空间, 其范数分别为 $\|\cdot\|_{W_s^k}$ 和 $\|\cdot\|_k$. 定义$H_0^1(\Omega_g)=\{\varphi\in H^1(\Omega_g),\varphi(x)\big|_{\partial\Omega_g}=0\}$, $\|\varphi\|_{W_l^k(a,b;W_\rho^j(\Omega_g))}=$

$\left\|\left(\|g\|_{W_\rho^j(\Omega_g)}\right)\right\|_{W_l^k(a,b)}$. 令 $\{S_h(\Omega_g)\}$ 是以 h 为参数的 $H_0^1(\Omega_g)$ 的有限维子空间族，满足下面性质：

$$\begin{gathered}\text{对} w \in W_p^k(\Omega_g), \inf_{\chi \in S_h} \|w-\chi\|_{W_p^j(\Omega_g)} \leqslant C\|w\|_{W_p^k(\Omega_g)} h^{k-j}, \\ j=0 \text{或} 1, 1 \leqslant p \leqslant \infty, 1 \leqslant k \leqslant r,\end{gathered} \tag{2.9.2a}$$

$$\text{对} \chi \in S_h, \|\chi\|_{W_\infty^j(\Omega_g)} \leqslant c h^{-\frac{N}{2}}\|\chi\|_{H^j(\Omega_g)}, j=0 \text{或} 1, \tag{2.9.2b}$$

$$\text{对} \chi \in S_h, \|\chi\|_{H^1(\Omega_g)} \leqslant c h^{-1}\|\chi\|_{L^2(\Omega_g)}. \tag{2.9.2c}$$

每一个 $S_h(\Omega_g)$ 通过等参映射和 $S_h(\Omega)$ 相联系. 设 $Z=\left\{\varphi \in H_0^1(\Omega), \dfrac{\partial^2 \varphi}{\partial x \partial y} \in L^2(\Omega)\right\}$，$S_h(\Omega)$ 是满足 $S_h(\Omega) \subset Z$ 的有限维子空间，假设它由张量积基 $\{N_i\}_{i=1}^m$ 生成，且满足：

$$\left\|\frac{\partial^m V}{\partial x_{i_l} \cdots \partial x_{i_m}}\right\| \leqslant \mathrm{ch}^{j-m}\|V\|_{H^j(\Omega)}, \quad j=0,1, \cdots, m, V \in S_h, \tag{2.9.3a}$$

$$\begin{gathered}\inf_{\chi \in S_h}\left(\sum_{m=0}^N h^m\left\|\sum_{1 \leqslant i_1, \cdots, i_m \leqslant N} \frac{\partial^m(w-\chi)}{\partial x_{i_1} \cdots \partial x_{i_m}}\right\|\right) \leqslant \mathrm{ch}^s\|w\|_{H^s(\Omega_g)}, \\ w \in H^s(\Omega_g) \cap Z, 1 \leqslant s \leqslant r.\end{gathered} \tag{2.9.3b}$$

对问题的精确解 u，方程 (2.9.1) 的系数及右端项作出假设. $u, u_t \in L^\infty(J; H^r(\Omega_g)) \cap L^\infty(J; W_3^1(\Omega_g)), u_{tt} \in L^2(J; H^r(\Omega_g)), r \geqslant \dfrac{N+2}{2}, \tilde{q}, \tilde{a}_{ij}, \dfrac{\partial \tilde{a}_{ij}}{\partial u}, \tilde{b}_i$ 和 f 关于 u 是 Lipschitz 连续的，且 $\dfrac{\partial \tilde{b}_i}{\partial u}, \dfrac{\partial^2 \tilde{b}_i}{\partial u^2}$ 有界，这里的有界和 Lipschitz 连续只需要在解 u 的邻域里满足即可. $0<\tilde{q}_* \leqslant \tilde{q}(\xi, u) \leqslant \tilde{q}^*$. $\sum\limits_{i,j=1}^N \dfrac{\partial}{\partial \xi_i}\left(\tilde{a}_{ij} \dfrac{\partial}{\partial \xi_j}\right)$ 是 Ω_g 内对称的一致椭圆算子，其上下界分别为 $\tilde{A}_0$ 和 $\tilde{A}_1$. 在文献 [23] 中给出，通过等映射 F 可建立系数 a_{ij} 和 b_i，使得

$$\left(\rho(x) a_{ij} \frac{\partial w}{\partial x_j}, \frac{\partial v}{\partial x_i}\right)_\Omega+\left(\rho(x) b_i \frac{\partial w}{\partial x_i}, v\right)_\Omega=\left(\tilde{a}_{ij} \frac{\partial w}{\partial \xi_j}, \frac{\partial v}{\partial \xi_i}\right)_{\Omega_g}+\left(\tilde{b}_i \frac{\partial w}{\partial \xi_i}, v\right)_{\Omega_g}, \tag{2.9.4}$$

则与 $\tilde{a}_{ij}(\xi, t, u)$ 对应的 Ω 内算子 $a_{ij}(x, t, u)$ 也是对称且一致椭圆，其上下界分别为 A_0 和 A_1.

定义 $W(\xi,t):(0,T]\to S_h(\Omega_g)$ 为 $u(\xi,t)$ 的 H^1 加权投影[23],

$$\sum_{i,j=1}^{N}\left(\tilde{a}_{ij}(\xi,u)\frac{\partial(u-W)}{\partial\xi_j},\frac{\partial(u-W)}{\partial\xi_i}\right)_{\Omega_g}+\sum_{i=1}^{N}\left(\tilde{b}_i(\xi,u)\frac{\partial(u-W)}{\partial\xi_i},V\right)_{\Omega_g}$$

$$+\mu(u-W,V)_{\Omega_g}=0,\quad V\in S_h(\Omega_g),\tag{2.9.5a}$$

其中 μ 是正常数, 由 (2.9.1) 和 (2.9.5a) 椭圆投影 W 满足:

$$(\rho q(u)u_{tt},V)+(\rho a(u)\nabla W,\nabla V)+(\rho b(u)\nabla W,V)+(\rho\mu(W-u),V)$$

$$=(\rho f(u),V),\quad V\in S_h(\Omega_g),\tag{2.9.5b}$$

此处 $q(u)$ 是 $\tilde{q}(\xi,u)$ 变换后的函数. 假设系数和边界 $\partial\Omega_g$ 都充分光滑, 则与 (2.9.1) 相联系的椭圆边值问题是 H^2 正则的.

令 $\eta=W-u$, 则对 $0\leqslant k\leqslant 2, j=0,1$, 有下述误差估计 [7,20~23]:

$$\left\|\frac{\partial^k\eta}{\partial t^k}\right\|_j\leqslant C\sum_{m=0}^{k}\left\|\frac{\partial^m u}{\partial t^m}\right\|_r h^{r-j},\tag{2.9.6a}$$

$$\|\nabla W\|_{L^\infty(J;L^\infty(\Omega_g))}+\|\nabla W_t\|_{L^\infty(J;L^\infty(\Omega_g))}+\|W_t\|_{L^\infty(J;L^\infty(\Omega_g))}\leqslant C,\tag{2.9.6b}$$

$$\|\nabla\eta\|_{L^\infty(J;L^\infty(\Omega_g))}\leqslant Kh^{r-\frac{N+2}{2}},\quad \|\eta\|_{L^\infty(J;L^\infty(\Omega_g))}\leqslant Kh^{r-\frac{N}{2}}.\tag{2.9.6c}$$

为方便引入下面记号: 以 U^n 表示在第 n 时间层交替方向 Galerkin 解, 对 $n=1,\cdots,M=\dfrac{T}{\Delta t}$ 定义:

$$t^n=n\Delta t,\quad \varphi^n=\varphi(x,t^n),\quad f(\varphi^n)=f(x,t^n,\varphi^n),$$

$$d_t\varphi^n=\frac{\varphi^{n+1}-\varphi^n}{\Delta t},\quad \partial_{t^2}^2\varphi^n=\frac{\varphi^{n+1}-2\varphi^n+\varphi^{n-1}}{(\Delta t)^2},$$

$$(\rho a(w^n)\nabla u,\nabla v)=\sum_{i,j=1}^{N}\left(\rho a_{ij}(x,w^n)\frac{\partial u}{\partial x_j},\frac{\partial v}{\partial x_i}\right),$$

$$(\rho b(w^n)\nabla u,v)=\sum_{i=1}^{N}\left(\rho b_i(x,w^n)\frac{\partial u}{\partial x_i},v\right),\quad (\rho f(u),v)=(\rho f(x,u),v).$$

本节中 C 为一般正常数, ε 为一般小的正数, 在不同处有不同含义.

本节在 2.9.2 小节提出问题的三层和四层交替方向有限元方法, 在 2.9.3 小节给出了两种格式的矩阵形式, 2.9.4 小节证明了三层格式的误差估计, 2.9.5 小节证明了四层格式的误差估计.

2.9.2 Galerkin 交替方向法的提出

初边值问题 (2.9.1) 的弱形式为

$$\left\{\begin{array}{l}(\tilde{q}(\xi,u)u_{tt},v)_{\Omega_g}+\displaystyle\sum_{i,j=1}^{N}\left(\tilde{a}_{ij}(\xi,u)\frac{\partial u}{\partial\xi_j},\frac{\partial v}{\partial\xi_i}\right)_{\Omega_g}+\sum_{i=1}^{N}\left(\tilde{b}_i(\xi,u)\frac{\partial u}{\partial\xi_i},v\right)_{\Omega_g}\\ \qquad=(f(\xi,t,u),v)_{\Omega_g},\\ v\in H_0^1(\Omega_g),t\in(0,T],\\ (u(\xi,0),v)_{\Omega_g}=(u_0,v)_{\Omega_g},\\ (u_t(\xi,0),v)_{\Omega_g}=(u_1,v)_{\Omega_g}.\end{array}\right. \tag{2.9.7}$$

在标准区域 Ω 上, (2.9.7) 为

$$\left\{\begin{array}{l}(\rho q(u)u_{tt},v)+\displaystyle\sum_{i,j=1}^{N}\left(\rho a_{ij}(u)\frac{\partial u}{\partial x_j},\frac{\partial v}{\partial x_i}\right)+\sum_{i=1}^{N}\left(\rho q_i(u)\frac{\partial u}{\partial x_i},v\right)=(\rho f,v),\\ v\in H_0^1(\Omega_g),t\in(0,T],\\ (\rho u(x,0),v)=(\rho u_0,v)=(u_0,v)_{\Omega_g},\quad(\rho u_t(x,0),v)=(\rho u_1,v)=(u_1,v)_{\Omega_g}.\end{array}\right. \tag{2.9.8}$$

定义 (2.9.8) 的修正 Laplace 交替方向 Galerkin 格式为

$$\begin{aligned}&(\rho q(U^n)\partial_{t^2}^2U^n,V)+\lambda(\rho q(U^n)\nabla(U^{n+1}-2U^n+U^{n-1}),\nabla V)\\&+\lambda^2(\Delta t)^4\left(\rho q(U^n)\frac{\partial^2}{\partial x\partial y}\partial_{t^2}^2U^n,\frac{\partial^2V}{\partial x\partial y}\right)\\&+\sum_{i,j=1}^{N}\left(\rho a_{ij}(U^n)\frac{\partial U^n}{\partial x_j},\frac{\partial V}{\partial x_i}\right)+\sum_{i=1}^{N}\left(\rho b_i(U^n)\frac{\partial U^n}{\partial x_i},V\right)\\=&(\rho f(U^n),V),\quad V\in S_h(\Omega),n=1,2,\cdots.\end{aligned} \tag{2.9.9}$$

为了使 (2.9.9) 对应的矩阵问题是可分解的, 用 $\tilde{\rho}(x)$ 逼近 $\rho(x)$, q^n 逼近 $q(U^n)$. 关于对 $\tilde{\rho}(x)$ 和 q^n 的选取方法, 在 2.9.3 小节给出. 这样就得到推广的三层交替方向 Galerkin 格式为: 寻求 $U^{n+1}\in S_h(\Omega)$, 使对 $1\leqslant n\leqslant M-1$, 有

$$\begin{aligned}&(\tilde{\rho}q^n\partial_{t^2}^2U^n,V)+\lambda(\tilde{\rho}q^n\nabla(U^{n+1}-2U^n+U^{n-1}),\nabla V)\\&+\lambda^2(\Delta t)^4\left(\tilde{\rho}q^n\frac{\partial^2}{\partial x\partial y}\partial_{t^2}^2U^n,\frac{\partial^2V}{\partial x\partial y}\right)\\&+\sum_{i,j=1}^{N}\left(\rho a_{ij}(U^n)\frac{\partial U^n}{\partial x_j},\frac{\partial V}{\partial x_i}\right)+\sum_{i=1}^{N}\left(\rho b_i(U^n)\frac{\partial U^n}{\partial x_i},V\right)\\=&(\rho f(U^n),V),\quad V\in S_h(\Omega),n=1,2,\cdots.\end{aligned} \tag{2.9.10}$$

此外还可定义推广到四层交替方向 Galerkin 格式为: 寻求 $U^{n+1}\in S_h(\Omega)$, 使对 $2\leqslant n\leqslant M-1$, 有

$$
\begin{aligned}
&(\tilde{\rho} q^n \partial_{t^2}^2 U^n, V)+\lambda(\tilde{\rho} q^n \nabla(U^{n+1}-2U^n+U^{n-1}), \nabla V) \\
&+\lambda^2(\Delta t)^4\left(\tilde{\rho} q^n \frac{\partial^2}{\partial x \partial y} \partial_{t^2}^2 U^n, \frac{\partial^2 V}{\partial x \partial y}\right) \\
&+\sum_{i,j=1}^N\left(\rho a_{ij}(U^n) \frac{\partial U^n}{\partial x_j}, \frac{\partial V}{\partial x_i}\right)+\sum_{i=1}^N\left(\rho b_i(U_n) \frac{\partial U^n}{\partial x_i}, V\right) \\
=&(\rho f(U^n), V)+((\tilde{\rho} q^n-\rho q(U^n)) \partial_{t^2}^2 U^{n-1}, V), \quad V \in S_h(\Omega), n=2,3,\cdots. \quad (2.9.11)
\end{aligned}
$$

(2.9.10) 和 (2.9.11) 这两种格式在时间上都是一次精度, 只要 $\lambda > \dfrac{1}{4}\dfrac{A_1}{\tilde{q}_*}$, $h^{-N}\sup|\rho q(U^n)-\tilde{\rho} q^n|=o(1)$, $(\Delta t)^2 \leqslant C(h^N+h^4)$ 就有格式的稳定性.

下面以 $N=2$ 为例讨论格式 (2.9.10) 和 (2.9.11) 的矩阵形式.

2.9.3 矩阵形式

有限元空间以及张量积基的选取同前, 我们用局部逼近的方法寻求 Jacobi 行列式$\rho(x)$ 的逼近 $\tilde{\rho}=\{\tilde{\rho}_{ij}\}_{i,j=1}^m$, $q(U^n)$ 的逼近 $q^n=\{q_{ij}^n\}$: 取$\tilde{\rho}_{ij}=\sqrt{\bar{\rho}(x^i)}\sqrt{\bar{\rho}(x^j)}$, $\bar{\rho}(x^i)$ 是在 $x^i \in \Omega_i$ 处 $\rho(x)$ 的平均值; 取$q_{ij}^n=\sqrt{q(x^i,U^n)}\sqrt{q(x^j,U^n)}$, 这样格式 (2.9.10) 和 (2.9.11) 所形成的矩阵问题就是可分解的. 设 $U^n=\sum\limits_{p,h}\alpha_{ph}^n\gamma_\rho^1(x)\gamma_h^2(y)$, 则 (2.9.10) 对应的矩阵问题是

$$
\begin{aligned}
&D^{\frac{1}{2}}[I_{N_x}\otimes(C_2+\lambda(\Delta t)^2A_2)][(C_1+\lambda(\Delta t)^2A_1)\otimes I_{N_y}]D^{\frac{1}{2}}(\alpha^{n+1}-2\alpha^n+\alpha^{n-1}) \\
=&(\Delta t)^2\Psi_{ph}^n, \quad n=1,2,\cdots, \quad (2.9.12)
\end{aligned}
$$

其中:

$$
\Psi_{ph}^n=-(\rho a(U^n)\nabla U^n,\nabla V)-(\rho b(U^n)\nabla U^n,V)+(\rho f(U^n),V), V=\gamma_p^1(x)\gamma_h^2(y),
$$

$$
D=\begin{bmatrix}
\bar{\rho}(x^1)q(x^1,U^n) & & & 0 \\
& \bar{\rho}(x^2)q(x^2,U^n) & & \\
& & \ddots & \\
0 & & & \bar{\rho}(x^m)q(x^m,U^n)
\end{bmatrix},
$$

矩阵 I_{N_x}, I_{N_y}, C_1, C_2, A_1 和 A_2 的定义同前. 则 (2.9.12) 可化为一组一维问题来求解,

$$
D^{\frac{1}{2}}K_2K_1D^{\frac{1}{2}}(\alpha^{n+1}-2\alpha^n+\alpha^{n-1})=(\Delta t)^2\Psi_{ph}^n.
$$

为了给出格式的误差估计, 首先引入一个引理.

引理 2.9.1[20~23] 若 $\{N_i(x)\}_{i=1}^m$ 是标准区域 Ω 内一个线性无关基函数的集合, $N_i(x)\in L^2(\Omega), 1\leqslant i\leqslant m$, 则存在与 h 无关的常数 C, 使对 $U, V\in S_h(\Omega)$, 有

$$|((\rho-\tilde{\rho})U,V)|\leqslant Ch^{-N}\sup_{x\in\Omega}|\rho-\tilde{\rho}|\,\|U\|_{\rho}\,\|V\|_{\rho},$$

$$|((\rho-\tilde{\rho})\nabla U,\nabla V)|\leqslant Ch^{-N}\sup_{x\in\Omega}|\rho-\tilde{\rho}|\,\|U\|_{\rho 1}\,\|V\|_{\rho 1},$$

其中 $\tilde{\rho}$ 是对 Jacobi 行列式 ρ 的近似.

在引理 2.9.1 的基础上, 由 q 的有界性, 可以引入.

引理 2.9.2　若 $\{N_i(x)\}_{i=1}^m$ 是标准区域 Ω 内一个线性无关基函数的集合, $N_i(x)\in L^2(\Omega), 1\leqslant i\leqslant m$, 则存在与 h 无关的常数 C, 使对 $U,V\in S_h(\Omega)$, 有

$$|((\rho q(U^n)-\tilde{\rho}q^n)U,V)|\leqslant Ch^{-N}\sup_{x\in\Omega}|\rho q(U^n)-\tilde{\rho}q^n|\,\|U\|_{\rho}\,\|V\|_{\rho},$$

$$|((\rho q(U^n)-\tilde{\rho}q^n)\nabla U,\nabla V)|\leqslant Ch^{-N}\sup_{x\in\Omega}|\rho q(U^n)-\tilde{\rho}q^n|\,\|U\|_{\rho 1}\,\|V\|_{\rho 1},$$

其中 $\tilde{\rho}$ 是对 Jacobi 行列式 ρ 的近似. q^n 是对 $q(U^n)$ 的近似.

2.9.4　三层格式的先验误差估计

令 $\xi^n=U^n-W^n, \eta^n=W^n-u^n$, 对 $V\in S_h(\Omega)$ 和 $n\geqslant 1$, 由 (2.9.6), (2.9.8) 和 (2.9.10) 得误差方程为

$$\begin{aligned}\sum_{i=1}^{3}L_i^n=&(\rho q(U^n)\partial_{t^2}^2\xi^n,V)+\lambda(\rho q(U^n)\nabla(\xi^{n+1}-2\xi^n+\xi^{n-1}),\nabla V)\\&+\lambda^2(\Delta t)^4\left(\tilde{\rho}q^n\frac{\partial^2}{\partial x\partial y}\partial_{t^2}^2\xi^n,\frac{\partial^2 V}{\partial x\partial y}\right)\\=&((\rho q(U^n)-\tilde{\rho}q^n)\partial_{t^2}^2\xi^n,V)+\lambda((\rho q(U^n)-\tilde{\rho}q^n)\nabla(\xi^{n+1}-2\xi^n+\xi^{n-1}),\nabla V)\\&+(I_1^n,V)+(I_2^n,V)+(I_3^n,V)+\left(I_4^n,\frac{\partial^2 V}{\partial x\partial y}\right),\end{aligned}\tag{2.9.13}$$

其中

$$\begin{aligned}I_1^n=&\rho\mu\eta^{n+1}-\rho q(U^n)\partial_{t^2}^2W^n+\rho q(u^{n+1})u_{tt}^{n+1}+\rho(f(U^n)-f(u^{n+1}))\\&+\rho b(u^{n+1})\nabla W^{n+1}-\rho b(U_n)\nabla U^n,\end{aligned}$$

$$I_2^n=(\rho q(U^n)-\tilde{\rho}q^n)\partial_{t^2}^2W^n,$$

$$I_3^n=\rho a(u^{n+1})\nabla W^{n+1}-\rho a(U^n)\nabla U^n-\lambda\tilde{\rho}q^n\nabla(W^{n+1}-2W^n+W^{n-1}),$$

$$I_4^n=-\lambda^2(\Delta t)^4\tilde{\rho}q^n\frac{\partial^2}{\partial x\partial y}\partial_{t^2}^2W^n.$$

在误差方程中取检验函数 $V=\xi^{n+1}-\xi^{n-1}=\Delta t(d_t\xi^n+d_t\xi^{n-1})$, 注意到$\partial_{t^2}^2\xi^n$

$$= \frac{\xi^{n+1} - 2\xi^n + \xi^{n-1}}{(\Delta t)^2} = \frac{d_t\xi^n - d_t\xi^{n-1}}{\Delta t},$$ 则对式 (2.9.13) 左端各项, 有

$$\begin{aligned} L_1^n =& \left(\rho q(U^n)\frac{1}{\Delta t}(d_t\xi^n - d_t\xi^{n-1}), \Delta t(d_t\xi^n + d_t\xi^{n-1})\right) \\ =& (\rho q(U^n)d_t\xi^n, d_t\xi^n) - (\rho q(U^{n-1})d_t\xi_t^{n-1}, d_t\xi^{n-1}) \\ & - ((\rho q(U^n) - \rho q(U^{n-1}))d_t\xi^{n-1}, d_t\xi^{n-1}), \end{aligned} \tag{2.9.14}$$

$$\begin{aligned} L_2^n =& \lambda(\rho q(U^n)\nabla(\xi^{n+1} - 2\xi^n - \xi^{n-1}), \nabla(\xi^{n+1} - \xi^{n-1})) \\ =& \lambda[\rho q(U^{n+1})\nabla\xi^{n+1}, \nabla\xi^{n+1}) - \lambda(\rho q(U^{n-1})\nabla\xi^{n-1}\nabla\xi^{n-1}) \\ & + ((\rho q(U^n) - \rho q(U^{n+1}))\nabla\xi^{n+1}, \nabla\xi^{n-1}) \\ & - ((\rho q(U^n) - \rho q(U^{n-1}))\nabla\xi^{n-1}, \nabla\xi^{n-1})] \\ & - 2\lambda(\rho q(U^n)\nabla\xi^n), \nabla(\xi^{n+1} - \xi^{n-1})), \end{aligned} \tag{2.9.15}$$

$$\begin{aligned} L_3^n =& \lambda^2(\Delta t)^4\left(\tilde{\rho}q^n\frac{1}{\Delta t}\frac{\partial^2}{\partial x\partial y}(d_t\xi^n - d_t\xi^{n-1}), \Delta t\frac{\partial^2}{\partial x\partial y}(d_t\xi^n + d_t\xi^{n-1})\right) \\ =& \lambda^2(\Delta t)^4\left[\left(\tilde{\rho}q^n\frac{\partial^2}{\partial x\partial y}d_t\xi^n, \frac{\partial^2}{\partial x\partial y}d_t\xi^n\right)\right. \\ & - \left(\tilde{\rho}q^{n-1}\frac{\partial^2}{\partial x\partial y}d_t\xi^{n-1}, \frac{\partial^2}{\partial x\partial y}d_t\xi^{n-1}\right) \\ & \left. - \left((\tilde{\rho}q^n - \tilde{\rho}q^{n-1})\frac{\partial^2}{\partial x\partial y}d_t\xi^{n-1}, \frac{\partial^2}{\partial x\partial y}d_t\xi^{n-1}\right)\right]. \end{aligned} \tag{2.9.16}$$

由引理 2.9.2, 得到右端前两项

$$\begin{aligned} & ((\rho q(U^n) - \tilde{\rho}q^n)\partial_{t^2}^2\xi^n, \xi^{n+1} - \xi^{n-1}) \\ \leqslant & Ch^{-2N}\sup|\rho q(U^n) - \tilde{\rho}q^n|^2\left(\|d_t\xi^n\|_\rho^2 + \left\|d_t\xi^{n-1}\right\|_\rho^2\right) \\ \leqslant & \varepsilon\left(\|d_t\xi^n\|_\rho^2 + \left\|d_t\xi^{n-1}\right\|_\rho^2\right), \end{aligned} \tag{2.9.17}$$

不妨设 $\Delta t = O(h^2)$, 则有

$$\begin{aligned} & \lambda((\rho q(U^n) - \tilde{\rho}q^n)\nabla(\xi^{n+1} - 2\xi^n + \xi^{n-1}), \nabla(\xi^{n+1} - \xi^{n-1})) \\ \leqslant & Ch^{-2N}\sup|\rho q(U^n) - \tilde{\rho}q^n|^2(\Delta t)^2\left(\|d_t\xi^n\|_{\rho_1}^2 + \left\|d_t\xi^{n-1}\right\|_{\rho_1}^2\right) \\ \leqslant & \varepsilon(\Delta t)^2h^{-2}\left(\|d_t\xi^n\|_\rho^2 + \left\|d_t\xi^{n-1}\right\|_\rho^2\right) \\ \leqslant & \varepsilon\Delta t\left(\|d_t\xi^n\|_\rho^2 + \left\|d_t\xi^{n-1}\right\|_\rho^2\right). \end{aligned} \tag{2.9.18}$$

综合 (2.9.12)~(2.9.18), 对 n 从 $n=1,\cdots,K-1(K=2,3,\cdots,M)$ 求和, 并且利用 q 的有界性有

$$\begin{aligned}
&\left\|d_t\xi^{K-1}\right\|_\rho^2+\lambda\left(\left\|\nabla\xi^{K-1}\right\|_\rho^2+\left\|\nabla\xi^K\right\|_\rho^2\right)+\lambda^2(\Delta t)^4\left\|\frac{\partial^2}{\partial x\partial y}d_t\xi^{K-1}\right\|_{\bar\rho}^2\\
\leqslant&C\left[\left\|d_t\xi^0\right\|_\rho^2+\left\|\nabla\xi^1\right\|_\rho^2+\left\|\nabla\xi^0\right\|_\rho^2+(\Delta t)^4\left\|\frac{\partial^2}{\partial x\partial y}d_t\xi^0\right\|_{\bar\rho}^2\right]\\
&+\varepsilon\sum_{n=0}^{K-1}\left\|d_t\xi^n\right\|_\rho^2+\varepsilon\Delta t\sum_{n=0}^{K-1}\left\|d_t\xi^n\right\|_\rho^2\\
&+\sum_{n=1}^{K-1}\left[(I_1^n,V)+(I_2^n,V)+(I_3^n,V)+\left(I_4^n,\frac{\partial^2 V}{\partial x\partial y}\right)\right]\\
&+2\lambda(\rho q(U^n)\nabla\xi^n,\nabla(\xi^{n+1}-\xi^{n-1}))\\
&+\Delta t\sum_{n=1}^{K-1}\left\|d_tU^{n-1}\right\|_{L_\infty}\left(\left\|d_t\xi^{n-1}\right\|_\rho^2+\left\|\nabla\xi^{n-1}\right\|_\rho^2\right)\\
&+\Delta t\sum_{n=1}^{K-1}\left\|d_tU^n\right\|_{L_\infty}\left\|\nabla\xi^{n+1}\right\|_\rho^2\\
&+\sum_{n=1}^{K-1}\left((\tilde\rho q^n-\tilde\rho q^{n-1})\frac{\partial^2}{\partial x\partial y}d_t\xi^{n-1},\frac{\partial^2}{\partial x\partial y}d_t\xi^{n-1}\right).
\end{aligned}\tag{2.9.19}$$

由 q,b_i 和 f 关于 u Lipschitz 连续, 利用引理 2.9.2 以及对 W^n 的估计, 可以得到

$$\begin{aligned}
&\left\|d_t\xi^{K-1}\right\|_\rho^2+\left\|\nabla\xi^{K-1}\right\|_\rho^2+\left\|\nabla\xi^K\right\|_\rho^2+(\Delta t)^4\left\|\frac{\partial^2}{\partial x\partial y}d_t\xi^{K-1}\right\|_{\bar\rho}^2\\
\leqslant&C\left[\left\|d_t\xi^0\right\|_\rho^2+\left\|\xi^1\right\|_{\rho_1}^2+\left\|\xi^0\right\|_{\rho_1}^2+(\Delta t)^4\left\|\frac{\partial^2}{\partial x\partial y}d_t\xi^0\right\|_{\bar\rho}^2\right]\\
&+\varepsilon\sum_{n=0}^{K-1}\left\|d_t\xi^n\right\|_\rho^2+\varepsilon\Delta t\sum_{n=0}^{K-1}\left\|d_t\xi^n\right\|_\rho^2\\
&+\Delta t\sum_{n=1}^{K-1}\left\|d_tU^{n-1}\right\|_{L_\infty}\left(\left\|d_t\xi^{n-1}\right\|_\rho^2+\left\|\nabla\xi^{n-1}\right\|_\rho^2\right)\\
&+\Delta t\sum_{n=1}^{K-1}\left\|d_tU^n\right\|_{L_\infty}\left\|\nabla\xi^{n+1}\right\|_\rho^2\\
&+\sum_{n=1}^{K-1}\left((\tilde\rho q^n-\tilde\rho q^{n-1})\frac{\partial^2}{\partial x\partial y}d_t\xi^{n-1},\frac{\partial^2}{\partial x\partial y}d_t\xi^{n-1}\right)
\end{aligned}$$

$$
\begin{aligned}
&+C\Delta t\sum_{n=1}^{K-1}\left(\left\|\eta^{n+1}\right\|_{\rho}^{2}+\left\|\partial_{t^2}^{2}\eta^{n}\right\|_{\rho}^{2}+\left\|\eta^{n}\right\|_{\rho}^{2}+(\Delta t)^{2}+\left\|\xi^{n}\right\|_{\rho_1}^{2}\right)\\
&+Ch^{-2N}\sup\left|\rho q(U^{n})-\tilde{\rho}q^{n}\right|^{2}\\
&+\frac{1}{2}\left\|2\lambda\rho qI-\rho A\right\|_{2}\left(\left\|\xi^{K-1}\right\|_{\rho_1}^{2}+\left\|\xi^{K}\right\|_{\rho_1}^{2}\right)\\
&+C\Delta t\sum_{n=1}^{K-2}\left\|d_tU^{n}\right\|_{L_\infty}\left(\left\|\xi^{n}\right\|_{\rho_1}^{2}+\left\|\xi^{n+1}\right\|_{\rho_1}^{2}\right)\\
&+C\left(\left\|\eta^{K}\right\|_{\rho}^{2}+(\Delta t)^{2}+\left\|\eta^{2}\right\|_{\rho}^{2}+\left\|\xi^{K-1}\right\|_{\rho}^{2}+\left\|\xi^{1}\right\|_{\rho_1}^{2}\right)+\varepsilon\left\|\xi^{K}\right\|_{\rho_1}^{2}\\
&+C\Delta t\sum_{n=1}^{K-2}\left(\left\|d_t\eta^{n+1}\right\|_{\rho}^{2}+\left\|\eta^{n}\right\|_{\rho}^{2}+\left\|d_t\xi^{n}\right\|_{\rho}^{2}+\left\|\xi^{n}\right\|_{\rho}^{2}\right)\\
&+C\Delta t\sum_{n=1}^{K-1}\left\|\xi^{n}\right\|_{\rho_1}^{2}+C(\Delta t)^{4}+\varepsilon(\Delta t)^{4}\sum_{n=0}^{K-1}\left\|\frac{\partial^{2}}{\partial x\partial y}d_t\xi^{n}\right\|_{\bar{\rho}}^{2}.
\end{aligned}\tag{2.9.20}
$$

这里 qI, A 是 N 阶矩阵, 其元素分别是 $q(x,U^{K-1})I_{ij}$, $a_{ij}(x,U^{K-1})$. $\|2\lambda\rho qI-\rho A\|_2$ 表示由通常的矩阵范数. 取 $\lambda>\dfrac{1}{4}\dfrac{A_1}{\tilde{q}_*}$, 由 $2\lambda\rho qI-\rho A$ 的对称和一致正定性, 易知 $\|2\lambda\rho qI-\rho A\|_2<2\lambda$, 故 $\lambda-\dfrac{1}{2}\|2\lambda\rho qI-\rho A\|_2-\varepsilon>0$.

对 (2.9.20), 两次运用离散 Gronwall 不等式得到, 对于 $K=2,3,\cdots,M$, 只要选取的初值 U^0,U^1 满足

$$
\begin{aligned}
&\left\|d_t\xi^{0}\right\|_{\rho}^{2}+\left\|\xi^{1}\right\|_{\rho_1}^{2}+\left\|\xi^{0}\right\|_{\rho_1}^{2}+(\Delta t)^{4}\left\|\frac{\partial^{2}}{\partial x\partial y}d_t\xi^{0}\right\|_{\bar{\rho}}^{2}\\
\leqslant &C\left[(\Delta t)^{2}+h^{2r}+h^{-2N}\sup\left|\rho q(U^{n})-\tilde{\rho}q^{n}\right|^{2}\right],
\end{aligned}\tag{2.9.21}
$$

且归纳假定:

$$
\sup_{0\leqslant s\leqslant K-2}\Delta t\sum_{n=0}^{s}\left\|d_tU^{n}\right\|_{L_\infty}\leqslant C,\tag{2.9.22}
$$

就有

$$
\begin{aligned}
&\left\|d_t\xi^{K-1}\right\|_{L^2(\Omega_g)}^{2}+\left\|\xi^{K}\right\|_{H^1(\Omega_g)}^{2}+\left\|\xi^{K-1}\right\|_{H^1(\Omega_g)}^{2}\\
\leqslant &C(u)\left[(\Delta t)^{2}+h^{2r}+h^{-2N}\sup\left|\rho-\tilde{\rho}\right|^{2}\right].
\end{aligned}\tag{2.9.23}
$$

下面证明归纳假定 (2.9.22). 由 (2.9.6b) 和 $\|d_tU^n\|_{L_\infty}\leqslant\|d_t\xi^n\|_{L_\infty}+\|d_tW^n\|_{L_\infty}$, 只需验证

$$
\sup_{0\leqslant s\leqslant K-1}\Delta t\sum_{n=0}^{s}\left\|d_t\xi^{n}\right\|_{L_\infty}\leqslant C.\tag{2.9.24}
$$

类似于 2.8.4 小节中的分析, 不难证明归纳法假定 (2.9.22) 成立.

定理 2.9.1 设 u 和 U 分别是 (2.9.8) 和 (2.9.10) 的解. 令 $r>\dfrac{N}{2}$, 如果 $u\in L^\infty(J;H^r(\Omega_g))\cap L^\infty(J;W_3^1(\Omega_g))$, $\lambda>\dfrac{1}{4}\dfrac{A_1}{\tilde{q}_*}$, $h^{-N}\sup|\rho q(U^n)-\tilde{\rho}q^n|=o(1)$, $(\Delta t)^2\leqslant C(h^N+h^4)$, 假设

$$
\begin{aligned}
&\left\|d_t\xi^0\right\|_{L^2(\Omega_g)}^2+\left\|\xi^1\right\|_{H^1(\Omega_g)}^2+\left\|\xi^0\right\|_{H^1(\Omega_g)}^2+(\Delta t)^4\left\|\frac{\partial^2}{\partial x\partial y}d_t\xi^0\right\|_{L^2(\Omega_g)}^2\\
\leqslant& C[(\Delta t)^2+h^{2r}+h^{-2N}\sup|\rho q(U^n)-\tilde{\rho}q^n|^2],
\end{aligned}
$$

则当 h 充分小时, 存在正常数 C, 有

$$
\begin{aligned}
&\max_{0\leqslant n\leqslant T/\Delta t}\left\{\|d_t(U-u)^n\|_{L^2(\Omega_g)}+\|(U-u)^n\|_{L^2(\Omega_g)}+h\|(U-u)^n\|_{H^1(\Omega_g)}\right\}\\
\leqslant& C(\Delta t+h^r+h^{-N}\sup|\rho q(U^n)-\tilde{\rho}q^n|).
\end{aligned}\tag{2.9.25}
$$

2.9.5 四层格式的先验误差估计

令 $\xi^n=U^n-W^n$, $\eta^n=W^n-u^n$, 对 $V\in S_h(\Omega)$ 和 $n\geqslant 1$, 由 (2.9.6), (2.9.8) 和 (2.9.11) 得误差方程为

$$
\begin{aligned}
&(\rho q(U^n)\partial_{t^2}^2\xi^n,V)+\lambda(\rho q(U^n)\nabla(\xi^{n+1}-2\xi^n+\xi^{n-1}),\nabla V)\\
&+\lambda^2(\Delta t)^4\left(\tilde{\rho}q^n\frac{\partial^2}{\partial x\partial y}\partial_{t^2}^2\xi^n,\frac{\partial^2 V}{\partial x\partial y}\right)\\
=&((\rho q(U^n)-\tilde{\rho}q^n)(\partial_{t^2}^2\xi^n-\partial_{t^2}^2\xi^{n-1}),V)\\
&+\lambda((\rho q(U^n)-\tilde{\rho}q^n)\nabla(\xi^{n+1}-2\xi^n+\xi^{n-1}),\nabla V)\\
&+(I_1^n,V)+(\tilde{I}_2^n,V)+(I_3^n,\nabla V)+\left(I_4^n,\frac{\partial^2 V}{\partial x\partial y}\right),
\end{aligned}\tag{2.9.26}
$$

其中 I_1^n, I_3^n, 和 I_4^n 的定义同前, $\tilde{I}_2^n=(\rho q(U^n)-\tilde{\rho}q^n)(\partial_{t^2}^2W^n-\partial_{t^2}^2W^{n-1})$. 则 (2.9.26) 中仅有下面两项和 (2.9.13) 不同:

(1) $((\rho q(U^n)-\tilde{\rho}q^n)(\partial_{t^2}^2\xi^n-\partial_{t^2}^2\xi^{n-1}),V)$,

(2) $(I_2^n,V)=((\rho q(U^n)-\tilde{\rho}q^n)(\partial_{t^2}^2W^n-\partial_{t^2}^2W^{n-1}),V)$.

因此只需处理这两项.

在误差方程中取检验函数 $V=\xi^{n+1}-\xi^{n-1}=\Delta t(d_t\xi^n+d_t\xi^{n-1})$, 对 n 从 2 到 $K-1(K=3,4,\cdots,M)$ 求和, 得

$$
\sum_{n=2}^{K-1}((\rho q(U^n)-\tilde{\rho}q^n)(\partial_{t^2}^2\xi^n-\partial_{t^2}^2\xi^{n-1}),V)
$$

$$\leqslant \varepsilon \sum_{n=1}^{k-1}\left(\|d_t\xi^n\|_\rho^2+\left\|d_t\xi^{n-1}\right\|_\rho^2+\left\|d_t\xi^{n-2}\right\|_\rho^2\right), \tag{2.9.27}$$

$$\sum_{n=2}^{K-1}(\tilde{I}_2^n,\xi^{n+1}-\xi^{n-1})\leqslant C(\Delta t)^2+\varepsilon\Delta t\sum_{n=2}^{K-1}\left(\|d_t\xi^n\|_\rho^2+\left\|d_t\xi^{n-1}\right\|_\rho^2\right). \tag{2.9.28}$$

结合在 2.9.4 小节中的估计和式 (2.9.27), (2.9.28), 只要选取的初值 U^0, U^1 和 U^2 满足

$$\left\|d_t\xi^0\right\|_\rho^2+\left\|d_t\xi^1\right\|_\rho^2+\left\|\xi^1\right\|_{\rho_1}^2+\left\|\xi^2\right\|_{\rho_1}^2+(\Delta t)^4\left\|\frac{\partial^2}{\partial x\partial y}d_t\xi^1\right\|_{\tilde{\rho}}^2\leqslant C[(\Delta t)^2+h^{2r}],$$

且归纳假定 $\Delta t\sum\limits_{n=1}^{K-1}\|d_tU^n\|_{L^\infty}\leqslant C$, 就有

$$\left\|d_t\xi^{K-1}\right\|_{L^2(\Omega_g)}^2+\left\|\xi^K\right\|_{H^1(\Omega_g)}^2+\left\|\xi^{K-1}\right\|_{H^1(\Omega_g)}^2\leqslant C(u)[(\Delta t)^2+h^{2r}].$$

归纳论证见 2.9.4 小节. 由此得到

定理 2.9.2 设 u 和 U 分别是 (2.9.8) 和 (2.9.11) 的解. 令 $r>\dfrac{N}{2}$, 如果 $u\in L^\infty(J;H^r(\Omega_g))\cap L^\infty(J;W_3^1(\Omega_g))$, $\lambda>\dfrac{1}{4}\dfrac{A_1}{\tilde{q}_*}, h^{-N}\sup\|\rho q(U^n)-\tilde{\rho}q^n\|=o(1), (\Delta t)^2\leqslant C(h^N+h^4)$, 假设

$$\begin{aligned}&\left\|d_t\xi^0\right\|_{L^2(\Omega_g)}^2+\left\|d_t\xi^1\right\|_{L^2(\Omega_g)}^2+\left\|\xi^1\right\|_{H^1(\Omega_g)}^2+\left\|\xi^2\right\|_{H^1(\Omega_g)}^2\\&+(\Delta t)^4\left\|\frac{\partial^2}{\partial x\partial y}d_t\xi^1\right\|_{L^2(\Omega_g)}^2\leqslant C[(\Delta t)^2+h^{2r}],\end{aligned}$$

则当 h 充分小时, 存在正常 C, 有

$$\begin{aligned}&\max_{0\leqslant n\leqslant T/\Delta t}\Big\{\|d_t(U-u)^n\|_{L^2(\Omega_g)}+\|(U-u)^n\|_{L^2(\Omega_g)}\\&+h\|(U-u)^n\|_{H^1(\Omega_g)}\Big\}\leqslant C(\Delta t+h^r).\end{aligned} \tag{2.9.29}$$

参 考 文 献

[1] Peaceman D W, Rachford H H. The numerical solution of parabolic and elliptic diffreential equations. SIAM, 1955, 3: 28–41.

[2] Douglas J Jr. Alternating direction methods for three space variables. Numer. Math., 1962, 4: 41–63.

[3] Douglas J Jr, Gunn J. A general formulation of alternating direction methods. Numer. Math., 1964, 6: 428–453.

[4] Dupont T. L^2-estimates for Galerkin methods for second order hyperbolic equations. SIAM, J. Numer. Anal., 1973, 10: 880–889.

[5] Baker G A. Error estimates for finite element methods for second order hyperbolic equations. SIAM J. Numer. Anal., 1976, 4: 564–576.

[6] 袁益让. 一类非线性双曲型方程有限元方法的稳定性和收敛性. 计算数学, 1983, 2: 149–161.

[7] 袁益让, 王宏. 非线性双曲型方程有限元方法的误差估计. 系统科学与数学, 1985, 3: 161–171.

[8] 王宏. 关于非线性双曲型方程全离散有限元方法的稳定性和收敛性估计. 计算数学; 1987, 9: 163–175.

[9] 袁益让, 王宏. The discrete-time finite element methods for nonlinear hyperbolic equations and their theoretical analysis. Journal of Computational Mathematics, 1988, 6: 193–204.

[10] 袁益让. 一维非线性二阶双曲型方程组有限元方法的 L_∞ 估计. 高校计算数学学报, 1985, 3: 221–234.

[11] Douglas J Jr, Dupont T. Alternating direction Galerkin methods on rectangles, Proceedings Symposium on Numerical Solution of Partial Differential Equations, II, B. Hubbard, ed.,Academic Press,New York, 1971, pp. 133–214.

[12] Dendy J E. An analysis of some Galerkin schemes for the solution of nonlinear time-dependent problems. SIAM J. Numer. Anal., 1975, 12: 541–565.

[13] Fernandes R I, Fairweather G. An alternation direction Galerkin method for a class of second-order hyperbolic equations in two space variables. SIAM J. Numer. Anal., 1991, 5: 1265–1281.

[14] Lai X, Yuan Y R. Galerkin alternating-direction method for a kind of second-order quasi-linear hyperbolic problems. Applied Mathematics and Computation, 2007, 189: 1304–1319.

[15] 来翔, 袁益让. 一类三维拟线性双曲型方程交替方向有限元方法. 计算数学, 2010, 1: 15–36.

[16] Lai X, Yuan Y R. Galerkin alternating-direction method for a kind of three-dimensional nonlinear hyperbolic problems. Computers and Mathematics with Applications, 2009, 57: 384–403.

[17] Dendy J E, Fairweather G. Alternating-direction Galerkin methods for parabolic and hyperbolic problems on rectangular polygons. SIAM J. Numer. Anal., 1975, 2: 144–163.

[18] El-Zgrkany H J. The algorithmic solution of the algebraic problems associated with the application of the alternating direction Galerkin method to problems with geometrics

that are rectangular polygons. Advances in Computer Methods for Partial Differential Equations-IV. R. Vichnevetsky and R. S. Stepleman. Eds. IMACS, 1981, pp. 153–159.

[19] El-Zgrkany H J, Balasubramanian R. An extension of the alternating direction Galerkin method more general geometrices. SIAM J. Numer. Anal., 1983, 20: 258–278.

[20] Hayes L J. Generalization of Galerkin alternating methods to nonrectangular regions using isoparametric elements. Ph.D. Thesis, University of Texas at Austin, December, 1977.

[21] Hayes L J. Finite element patch approximations and alternating direction methods. Math. Comput. Simulation., 1980, 22: 25–29.

[22] Hayes L J. Implementation of finite element alternating direction methods on nonrectangular regions. Internat. J. Numer. Methods Engrg., 1980, 16:35-49.

[23] Hayes L J. Galerkin alternating direction methods for nonrectangular regions using patch approximations. SIAM J. Numer. Anal., 1981, 4: 627–643.

[24] Lai X, Yuan Y R. Galerkin alternating-direction method for a kind of nonlinear hyperbolic eguations on nonrectangular region. Applied Mathematics and Computation, 2007, 187: 1063–1075.

[25] Oden J T, Reddy J N. An Introduction to the Mathematical Theory of Finite Elements. New York: Wiley Interscience, 1976.

[26] Bellman R. Stability of Differential Equations. New York: MoGraw-Hill, 1952.

[27] Wheeler M F. A Priori L^2 error estimats for Galerkin approximations to parabolic partial differential equations. SIAM J. Numer. Anal., 1973, 4: 723–759.

[28] Douglas J Jr, Dupont T. A Galerkin methods for a nonlinear Dirichlet problem. Math. Comp., 1975, 29: 689–696.

[29] Douglas J Jr, Dupont T. Galerkin methods for parabolic equations. SIAM J. Numer. Anal., 1970, 4: 575–626.

[30] Nitsche J. Schauder estimates for element approximations on second order elliptic boundary value problems. Institat fur Angewandte Mathematik, Albert-Ludwigs-Universitat, 1978.

[31] 袁益让. 能源数值模拟的计算方法的理论和应用. 高等计算数学学报, 1999, 4: 311–318.

[32] 袁益让. 计算石油地质等领域的一些新进展. 计算物理, 2003, 4: 283–290.

[33] 沈平平, 刘明新, 汤磊. 石油勘探开发中的数学问题. 北京: 科学出版社, 2002.

[34] Ciarlet P G, Raviart P A. Interpolation theory over curved element with application to finite element methods. Computer Meth. Appl. Mech. Engr., 1972, 1: 217–249.

[35] Ciarlet P G, Raviart P A. The combined effect of curved boundaries and numerical integration in isoparametric finite element methods. in The Mathematical Foundation of the Finite Element Method with Applications to Partial Differential Equations, A. K. Aziz, ed. New York: Academic Press, 1972.

第3章　抛物型问题的交替方向有限元方法

交替方向有限元方法的产生是现代数值方法不断发展的必然要求. 现代数值方法中, 最早为人们所注意且理论分析完善的是有限差分方法. 其实际应用始于 20 世纪 20 年代, 理论研究始于 40 年代, 具有简单直观, 所得矩阵稀疏, 易于计算等优点; 然而也有不足, 比如, 处理第二、三类边值问题, 就不够方便. 为此, 40 年代, Courant 等开始研究用有限元法求解偏微分方程, 国内, 冯康最早进行了此类研究. 由于有限元方法具有网格剖分灵活, 适用区域广泛, 易于处理第二、三类边值问题, 矩阵稀疏, 对有限维空间函数光滑性要求低, 精确度高等诸多优点, 已日益成为现代数值方法的主要方法之一. 然而, 在处理高维问题时, 由于要解高阶代数方程组, 计算往往是很复杂的, 而很多工程技术领域中要处理的实际问题的数学模型都是高维大范围的微分方程 (组), 因此, 研究对多维问题进行降维处理的数值方法有着重要意义. 50 年代, 为求解多变量的复杂问题, 作为构造经济差分格式的工具出现了分数步方法, 作为分数步法的一种, 交替方向法可以把多维复杂问题化为简单的一维问题的组合求解, 具有存贮量少, 计算效率高等优点, 是一种很有价值的计算格式. 70 年代, Douglas,Dupont[1] 将交替方法与有限元方法相结合, 率先提出交替方向有限元方法, 在此基础上, Dendy, Fairweather[2,3], Hayes[4,5], Bramble, Ewing[6], Krishnamachari, Russell[7], Fernandes[8] 等作了进一步的研究和推广. 交替方向有限元方法同时具备了交替方向法化高维为低维, 缩减工作量和有限元法高精度的特点, 具有重大的应用价值.

我和我的学生们研究了对流扩散方程的交替方向有限元法和对流扩散问题的特征修正交替方向变网格有限元方法[9~12]. 对流占优抛物型积分–微分方程交替方向特征有限元方法[13,14]. 非矩形区域上非线性抛物型方程组的交替方向有限元方法[15~17]. 对流扩散方程的多步 Galerkin 交替方向预处理迭代解法等问题[18~20].

本章的主要内容. 3.1 节为对流扩散方程的交替方向有限元方法; 3.2 节为对流扩散问题的特征修正交替方向变网格有限元方法; 3.3 节为对流占优抛物型积分–微分方程的交替方向特征有限元方法; 3.4 节为非矩形域上非线性抛物型方程组的交替方向有限元方法; 3.5 节为对流扩散型方程的多步 Galerkin 格式的交替方向预处理迭代解法.

在抛物型问题的交替方向有限元方法领域, 我的学生们做了很多深入细致的工作, 部分内容已吸收入本章内容中, 现分列如下:

1. 谢树森. 解几类初边值问题的数值新方法及应用. 山东大学博士学位论文,

1996 年 3 月.

2. 崔霞. 几类发展方程的交替方向有限元方法及其数值分析. 山东大学博士学位论文, 1999 年 3 月.

3. 张怀宇. 抛物型参数辨识问题的有限元方法及非矩形域上的算子分裂 Galerkin 方法. 山东大学博士学位论文, 1998 年 3 月.

4. 陈蔚. 几类发展方程的交替有限元方法及隐–显多步有限元方法. 山东大学博士学位论文, 2000 年 3 月.

5. 宋怀玲. 几类地下渗流力学模型的数值模拟和分析. 山东大学博士学位论文, 2005 年 3 月.

6. 崔霞. 几类非线性发展方程的有限元和交替方向有限元数值解法. 北京应用物理与计算数学研究所博士后研究工作报告, 2001 年 4 月.

3.1 对流扩散方程的交替方向有限元方法

有限元方法是微分方程数值解的很有效的数值方法之一, 但在处理高维问题时, 实际计算是很复杂的. 在很多工程技术领域中, 要处理实际问题的数学模型往往是高维大范围的偏微分方程 (组). 因此研究经济高效的数值算法有着十分重要的意义. 在解多维问题时, 采用交替方向格式可以把多维问题化为一维问题迭代求解, 具有存贮量少, 计算效率高等优点[1,4,5]. 因此作为一种经济算法, 交替方向格式是很有实用价值的. 本节的主要工作是: 把特征线法和交替方向法结合起来建立了对流扩散方程的交替方向特征有限元格式, 并给出误差估计.

3.1.1 系数可分离的对流扩散方程的交替方向特征有限元方法

用特征线法处理对流扩散方程是近年来由 Douglas,Russell 等建立和发展起来的一种新的数值方法, 并广泛应用于油藏模拟[21,22]、半导体器件数值模拟[23,24]、核废料污染[25] 等实际问题. 大量的数值结果表明, 利用特征法处理对流占优扩散方程, 可以在不损失精度的情况下取较大的时间步长, 提高计算效率. 在这里我们对一类系数可分离的对流扩散方程建立了交替方向特征有限元格式, 并给出最优阶的误差估计.

考虑如下具有周期边界条件的对流扩散问题:

$$\begin{cases} c\dfrac{\partial u}{\partial t} + b\cdot\nabla u - \displaystyle\sum_{i=1}^{d}\dfrac{\partial}{\partial x_i}\left(a_i\dfrac{\partial u}{\partial x_i}\right) = f, \quad (x,t)\in \Omega\times J, \\ u(x,0) = u_0(x), \quad x\in\Omega, \end{cases} \tag{3.1.1}$$

其中 $\Omega=\prod_{i=1}^{d} I_i, I_i$ 是有限开区间, $d=2,\ 3,\ J=(0,T], b=(b_1,\cdots,b_d)$. 并假设存在常数 $a_*,\ a^*,\ c_*,\ c^*,\ K$, 满足

(1) $|b|=\left(\sum_{i=1}^{d}|b_i|^2\right)^{\frac{1}{2}}\leqslant K, \left|\dfrac{\partial c}{\partial t}\right|\leqslant K, \left|\dfrac{\partial a_i}{\partial t}\right|\leqslant K$;

(2) $0<c_*\leqslant c(x,t)\leqslant c^*, 0<a_*\leqslant a_i(x,t)\leqslant a^*$.

记 $W_p^m=\widetilde{W}^{m,p}(\Omega)=\left\{u\left|\dfrac{\partial^\alpha u}{\partial x^\alpha}\in L^p(\Omega), |\alpha|\leqslant m, 且以\Omega为周期\right.\right\}$ 当 $p=2$ 时, 记 H^m. 令 $\psi=\sqrt{c^2+|b|^2}, s$ 表示特征方向, 即

$$\psi\frac{\partial u}{\partial s}=c\frac{\partial u}{\partial t}+b\cdot\nabla u.$$

问题 (3.1.1) 可化为如下等价的弱形式: 求 $u:(0,T]\to H^1$ 满足

$$\begin{cases}\left(\psi\dfrac{\partial u}{\partial s},v\right)+\displaystyle\sum_{i=1}^{d}\left(a_i\frac{\partial u}{\partial x_i},\frac{\partial v}{\partial x_i}\right)=(f,v), \quad v\in H^1,\\ (u(x,0),v)=(u_0,v), \quad v\in H^1.\end{cases}\tag{3.1.2}$$

3.1.1.1 二维问题的交替方向性特征有限元格式

在问题 (3.1.1) 中取 $d=2$, 并设 $c(x_1,x_2,t)=c_1(x_1,t)c_2(x_2,t)$,

$$a_1(x_1,x_2,t)=\alpha_1(x_1,t)c_2(x_2,t), \quad a_2(x_1,x_2,t)=c_1(x_1,t)\alpha_2(x_2,t),$$

$$0<K_*\leqslant\alpha_i, \quad c_i\leqslant K^*, \left\|\frac{b}{c}\right\|_{W_\infty^1(\Omega)}\leqslant K^*$$

此处 K_*,K^* 为正常数. 令

$$d(x_1,x_2,t)=\alpha_1(x_1,t)\alpha_2(x_2,t).$$

设有限元空间 M_h 的基函数具有形式 $\{\phi_p(x_1)\psi_q(x_2)\}, p=1,\cdots,N_1, q=1,\cdots,N_2$. 记

$$H=\left\{u\left|u, \frac{\partial u}{\partial x_i}, \frac{\partial^2 u}{\partial x_1\partial x_2}\in L^2(\Omega)\right.\right\}.$$

并设 $M_h\subset H\cap H^1$, 且对 $\forall\omega\in H^{k+1}(\Omega)$ 满足逼近性质: $\inf\limits_{v\in M_h}\|\omega-v\|_j\leqslant Kh^{k+1-j}\|\omega\|_{k+1}, j=0,1$,

$$\inf_{v\in M_h}\left\{\sum_{m=0}^{2}h^m\sum_{\substack{i,j=0\\ i+j=m}}^{1}\left\|\frac{\partial^m(\omega-\chi)}{\partial x^i\partial y^j}\right\|\right\}\leqslant Kh^{k+1}\|\omega\|_{k+1},$$

成立逆估计

$$\|v\|_1 \leqslant Kh^{-1}\|v\|, \quad v \in M_h, \quad \left\|\frac{\partial^2 v}{\partial x \partial y}\right\| \leqslant Kh^{-2}\|v\|, \quad v \in M_h.$$

记 $\Delta t = T/N$, $t^n = n\Delta t$, $f^n(x) = f(x, t^n)$.

问题 (3.1.1) 的交替方向性特征有限元格式为: 求 $U^n \in M_h$ 满足

$$\begin{cases} \left(c^n \dfrac{U^n - \overline{U}^{n-1}}{\Delta t}, v\right) + \displaystyle\sum_{i=1}^{2}\left(a_i^n \frac{\partial U^n}{\partial x_i}, \frac{\partial v}{\partial x_i}\right) \\ \quad + \Delta t\left(d^n \dfrac{\partial^2\left(U^n - U^{n-1}\right)}{\partial x_1 x_2}, \dfrac{\partial^2 v}{\partial x_1 x_2}\right) = (f^n, v), \quad v \in M_h, \\ \left(U^0, v\right) = (u_0, v), \quad v \in M_h, \end{cases} \tag{3.1.3}$$

其中 $\overline{U}^{n-1}(x) = U(\bar{x}^n, t^{n-1}), \bar{x}^n = x - \dfrac{b^n(x)}{c^n(x)}\Delta t$. 可能 $\bar{x} \notin \Omega$, 但由周期性假设, $\bar{u}(x) = u(\bar{x})$ 总是有定义的. 式 (3.1.3) 的解 U^n 可表示为

$$U^n = \sum_{p,q} \xi_{pq}(t^n)\,\phi_p(x_1)\,\psi_q(x_2). \tag{3.1.4}$$

在 (3.1.3) 中取 $v = \phi_i \psi_j$, 并记

$$\int_{I_1} c_1^n(x_1)\,\phi_p(x_1)\,\phi_i(x_1)\mathrm{d}x_1 = \alpha_{pi}^n, \quad \int_{I_1} \alpha_1^n(x_1)\,\phi_p'(x_1)\,\phi_i'(x_1)\mathrm{d}x_1 = {\alpha'}_{pi}^n,$$

$$\int_{I_2} c_2^n(x_2)\,\psi_q(x_2)\,\psi_j(x_2)\mathrm{d}x_2 = \beta_{qj}^n, \quad \int_{I_2} \alpha_2^n(x_2)\,\psi_q'(x_2)\,\psi_j'(x_2)\mathrm{d}x_2 = {\beta'}_{qj}^n,$$

$$\left(c^n\overline{U}^{n-1} + \Delta t f^n, \phi_i\psi_j\right) + (\Delta t)^2\left(d^n \frac{\partial^2 U^{n-1}}{\partial x_1 \partial x_2}, \phi_i'(x_1)\,\psi_j'(x_2)\right) = \eta_{ij}^{n-1},$$

则 (3.1.3) 可化为代数方程组

$$\sum_{p=1}^{N_1}\left(\alpha_{pi}^n + \Delta t{\alpha'}_{pi}^n\right)\sum_{q=1}^{N_2}\left(\beta_{qj}^n + \Delta t{\beta'}_{qj}^n\right)\xi_{pq}^n = \eta_{ij}^{n-1}. \tag{3.1.5}$$

引入参数 ζ_{pj}^n, 可把 (3.1.5) 分解为如下交替方向求解的两族方程组:

$$\sum_{p=1}^{N_1}\left(\alpha_{pi}^n + \Delta t{\alpha'}_{pi}^n\right)\zeta_{pj}^n = \eta_{ij}^{n-1}, \quad i = 1, \cdots, N_1, j = 1, \cdots, N_2, \tag{3.1.6a}$$

$$\sum_{q=1}^{N_2}\left(\beta_{qj}^n + \Delta t{\beta'}_{qj}^n\right)\xi_{pq}^n = \zeta_{pj}^n, \quad p = 1, \cdots, N_1, j = 1, \cdots, N_2. \tag{3.1.6b}$$

式 (3.1.6a) 沿 x_1 方向求解, (3.1.6b) 沿 x_2 方向求解. 这样就可把二维问题化为一维问题求解.

3.1.1.2 误差分析

作椭圆投影

$$\sum_{i=1}^{2}\left(a_i\frac{\partial(u-\tilde{u})}{\partial x_i},\frac{\partial v}{\partial x_i}\right)+(u-\tilde{u},v)=0,\quad \tilde{u},v\in M_h. \tag{3.1.7}$$

引理 3.1.1 设 $u\in L^{\infty}\left(0,T;H^{k+1}\right),\dfrac{\partial u}{\partial t}\in L^{\infty}\left(0,T;H^{k+1}\right),p=2,\infty$, 则

$$\begin{aligned}&\left\|\frac{\partial^l(u-\tilde{u})}{\partial t^l}\right\|_{L^p(L^2)}+h\left\|\frac{\partial^l(u-\tilde{u})}{\partial t^l}\right\|_{L^p(H^1)}\\ \leqslant &Kh^{k+1}\left(\|u\|_{L^p(H^{k+1})}+\left\|\frac{\partial u}{\partial t}\right\|_{L^p(H^{k+1})}\right),\quad l=0,1.\end{aligned} \tag{3.1.8}$$

设 u,U^n 分别是 (3.1.1), (3.1.3) 的解, 并令 $u^n-U^n=\theta^n-\rho^n,\theta^n=\tilde{u}^n-U^n,\rho^n=\tilde{u}^n-u^n$, 得误差方程

$$\begin{aligned}&\left(c^n\frac{\theta^n-\theta^{n-1}}{\Delta t},v\right)+\sum_{i=1}^{2}\left(a_i^n\frac{\partial\theta^n}{\partial x_i},\frac{\partial v}{\partial x_i}\right)+\Delta t\left(d^n\frac{\partial^2\left(\theta^n-\theta^{n-1}\right)}{\partial x_1\partial x_2},\frac{\partial^2 v}{\partial x_1\partial x_2}\right)\\ =&\left(\psi^n\frac{\partial u^n}{\partial s}-c^n\frac{u^n-\bar{u}^{n-1}}{\Delta t},v\right)+\left(c^n\frac{\rho^{n-1}-\bar{\rho}^{n-1}}{\Delta t},v\right)-\left(c^n\frac{\theta^{n-1}-\bar{\theta}^{n-1}}{\Delta t},v\right)\\ &+\left(c^n\frac{\rho^n-\rho^{n-1}}{\Delta t},v\right)-(\rho^n,v)+\Delta t\left(d^n\frac{\partial^2\left(u^n-u^{n-1}\right)}{\partial x_1\partial x_2},\frac{\partial^2 v}{\partial x_1\partial x_2}\right)\\ &+\Delta t\left(d^n\frac{\partial^2\left(\rho^n-\rho^{n-1}\right)}{\partial x_1\partial x_2},\frac{\partial^2 v}{\partial x_1\partial x_2}\right),\end{aligned} \tag{3.1.9}$$

记 $d_t\theta^n=\dfrac{\theta^n-\theta^{n-1}}{\Delta t}$, 在 (3.1.9) 中取 $v=\theta^n-\theta^{n-1}$, 并两边对 n 求和可得

$$\begin{aligned}&K_*^2\Delta t\sum_{j=1}^{n}\left\|d_t\theta^i\right\|^2+K_*^2\Delta t\sum_{j=1}^{n}\left\|\frac{\partial^2\left(\theta^i-\theta^{i-1}\right)}{\partial x_1\partial x_2}\right\|^2\\ &+\frac{1}{2}\sum_{j=1}^{n}\left[\left(a_i^n\frac{\partial\theta^n}{\partial x_i},\frac{\partial\theta^n}{\partial x_i}\right)-\left(a_i^0\frac{\partial\theta^0}{\partial x_i},\frac{\partial\theta^0}{\partial x_i}\right)\right]\leqslant\sum_{k=1}^{7}T_k+K\Delta t\sum_{j=1}^{n}\left\|\nabla\theta^{i-1}\right\|^2.\end{aligned}$$

类似于文献 [26] 的方法可证

$$\sum_{i=1}^{3}T_i\leqslant K\Delta t\left\{\int_0^T\left\|\frac{\partial^2 u}{\partial s^2}\right\|^2\mathrm{d}t+\sum_{j=1}^{n}\left[\left\|\nabla\theta^{j-1}\right\|^2+\left\|\nabla\rho^{j-1}\right\|^2\right]\right\}+\varepsilon\Delta t\sum_{j=1}^{n}\left\|d_t\theta^j\right\|^2,$$

容易证明

$$T_4 + T_5 \leqslant K \int_0^T \left\| \frac{\partial \rho}{\partial t} \right\|^2 \mathrm{d}t + K \left\| \rho \right\|_{L^\infty(0,T;H^0)}^2 + \varepsilon \Delta T \sum_{j=1}^n \left\| d_t \theta^j \right\|^2,$$

$$T_6 \leqslant K (\Delta t)^2 \int_0^T \left\| \frac{\partial^3 u}{\partial x_1 x_2 \partial t} \right\|^2 \mathrm{d}t + \varepsilon \Delta t \sum_{j=1}^n \left\| \frac{\partial^2 \left(\theta^j - \theta^{j-1} \right)}{\partial x_1 x_2} \right\|^2,$$

由有限元空间的逼近性质和逆估计, 可以证明

$$T_7 \leqslant K (\Delta t)^2 h^{2k-2} \int_0^T \left\| \frac{\partial u}{\partial t} \right\|_{k+1}^2 \mathrm{d}t + \varepsilon \Delta t \sum_{j=1}^n \left\| \frac{\partial^2 \left(\theta^j - \theta^{j-1} \right)}{\partial x_1 x_2} \right\|^2.$$

综上所述, 取 $\varepsilon, \Delta t$ 充分小, 利用引理 3.1.1 即得

$$\begin{aligned} \left\| \nabla \theta^n \right\|^2 \leqslant K \Bigg\{ & \left\| \nabla \theta^0 \right\|^2 + (\Delta t)^2 \int_0^T \left\| \frac{\partial^2 u}{\partial s^2} \right\|^2 \mathrm{d}t + \int_0^T \left\| \frac{\partial \rho}{\partial t} \right\|^2 \mathrm{d}t \\ & + \left\| \rho \right\|_{L^\infty(0,T;H^1)}^2 + (\Delta t)^2 \int_0^T \left\| \frac{\partial^3 u}{\partial x_1 x_2 \partial t} \right\|^2 \mathrm{d}t \\ & + (\Delta t)^2 h^{2k-2} \int_0^T \left\| \frac{\partial u}{\partial t} \right\|_{k+1}^2 \mathrm{d}t \Bigg\}. \end{aligned}$$

为了得到 L^2 模估计, 在 (3.1.9) 中取 $v = \theta^n$, 并对 n 求和可得

$$\begin{aligned} & \frac{1}{2} \left[(c^n \theta^n, \theta^n) - \left(c^0 \theta^0, \theta^0 \right) \right] + K_*^2 \Delta t \sum_{j=1}^n \left\| \nabla \theta^j \right\|^2 \\ & + \frac{1}{2} \left[\left(d^n \frac{\partial^2 \theta^n}{\partial x_1 x_2}, \frac{\partial^2 \theta^n}{\partial x_1 x_2} \right) - \left(d^0 \frac{\partial^2 \theta^0}{\partial x_1 x_2}, \frac{\partial^2 \theta^0}{\partial x_1 x_2} \right) \right] \\ \leqslant & \sum_{k=1}^7 M_k + K \Delta t \sum_{j=1}^n \left\| \theta^{j-1} \right\|^2 + K (\Delta t)^3 \sum_{j=1}^n \left\| \frac{\partial^2 \theta^{j-1}}{\partial x_1 x_2} \right\|^2. \end{aligned}$$

类似的分析可证

$$\begin{aligned} \sum_{k=1\sim 4,6,7} M_k \leqslant K \Bigg\{ & (\Delta t)^2 \left[\int_0^T \left\| \frac{\partial^2 u}{\partial s^2} \right\|^2 \mathrm{d}t \right. \\ & \left. + \int_0^T \left\| \frac{\partial^3 u}{\partial x_1 x_2 \partial t} \right\|^2 \mathrm{d}t + h^{2k-2} \int_0^T \left\| \frac{\partial u}{\partial t} \right\|_{k+1}^2 \mathrm{d}t \right] \\ & + \left\| \rho \right\|_{L^\infty(0,T;L^2)}^2 + \int_0^T \left\| \frac{\partial \rho}{\partial t} \right\|^2 \mathrm{d}t + \Delta t \sum_{j=1}^n \left\| \theta^j \right\|^2 \\ & + (\Delta t)^3 \sum_{j=1}^n \left\| \frac{\partial^2 \theta^j}{\partial x_1 x_2} \right\|^2 \Bigg\} + \varepsilon \Delta t \sum_{j=1}^n \left\| \nabla \theta^j \right\|^2, \end{aligned}$$

对 M_5 作如下估计:

$$M_5 \leqslant K\Delta t\sum_{j=1}^{n}\left\|\frac{\rho^{n-1}-\bar{\rho}^{n-1}}{\Delta t}\right\|_{-1}^{2}+\varepsilon\Delta t\sum_{j=1}^{n}\left\|\theta^{j}\right\|_{1}^{2}\leqslant K\left\|\rho\right\|_{L^{\infty}(0,T;L^{2})}^{2}+\varepsilon\Delta t\sum_{j=1}^{n}\left\|\theta^{j}\right\|_{1}^{2}.$$

若取 $u_{0h}=\tilde{u}_0$ 再利用引理 3.1.1 可得

定理 3.1.1 设 $u,U^n\,(n=1,\cdots,N)$ 分别是 (3.1.1), (3.1.6) 的解, $\dfrac{\partial^l u}{\partial t^l}\in L^{\infty}\left(0,T;H^{k+1}\right)(l=0,1)$, $\dfrac{\partial^2 u}{\partial t^2}\in L^2\left(0,T;H^{k+1}\right),k\geqslant 1$, 则

$$\max_{1\leqslant n\leqslant N}\left\{\left\|u^n-U^n\right\|+h\left\|u^n-U^n\right\|_1\right\}\leqslant K\left(h^{k+1}+\Delta t\right). \tag{3.1.10}$$

3.1.1.3 三维问题的交替方向特征有限元格式及误差估计

当 $d=3$ 时, 设

$$c=c_1(x_1,t)\,c_2(x_2,t)\,c_3(x_3,t),\quad a_1=\alpha_1(x_1,t)\,c_2(x_2,t)\,c_3(x_3,t),$$
$$a_2=c_1(x_1,t)\,\alpha_2(x_2,t)\,c_3(x_3,t),\quad a_3=c_1(x_1,t)\,c_2(x_2,t)\,\alpha_3(x_3,t),$$
$$0<K_*\leqslant\alpha_i,\quad c_i\leqslant K^*,\quad \left\|\frac{b}{c}\right\|_{W_\infty^1(\Omega)}\leqslant K^*.$$

记

$$p(x_1,x_2,x_3,t)=\alpha_1(x_1,t)\,\alpha_2(x_2,t)\,\alpha_3(x_3,t),$$

$$a(u^n,v)=\sum_{i=1}^{3}\left(a_i^n\frac{\partial u^n}{\partial x_i},\frac{\partial v}{\partial x_i}\right),$$

$$A(u^n,v)=\left(\alpha_1^n\alpha_2^n c_3^n\frac{\partial^2 u^n}{\partial x_1\partial x_2},\frac{\partial^2 v}{\partial x_1\partial x_2}\right)+\left(\alpha_1^n c_2^n\alpha_3^n\frac{\partial^2 u^n}{\partial x_1\partial x_3},\frac{\partial^2 v}{\partial x_1\partial x_3}\right)$$
$$+\left(c_1^n\alpha_2^n\alpha_3^n\frac{\partial^2 u^n}{\partial x_2\partial x_3},\frac{\partial^2 v}{\partial x_2\partial x_3}\right),$$
$$B(u^n,v)=\left(p^n\frac{\partial^3 u^n}{\partial x_1\partial x_2\partial x_3},\frac{\partial^3 v}{\partial x_1\partial x_2\partial x_3}\right).$$

记 $W=\left\{u\left|u,\dfrac{\partial u}{\partial x_i},\dfrac{\partial^2 u}{\partial x_i\partial x_j}(i\neq j),\dfrac{\partial^2 u}{\partial x_1\partial x_2\partial x_3}\in L^2(\Omega)\right.\right\}$. 设有限元空间 $M_h\subset W\cap H^1$, 且 M_h 的基函数可表示为 $\{\phi_p(x_1)\,\psi_q(x_2)\,\omega_l(x_3)\}$, 并满足

$$\left\|\frac{\partial^2 v}{\partial x_i\partial x_j}\right\|\leqslant Kh^{-2}\left\|v\right\|(i\neq j),\qquad \left\|\frac{\partial^3 v}{\partial x_1\partial x_2\partial x_3}\right\|\leqslant Kh^{-3}\left\|v\right\|,\quad v\in M_h,$$

对 $\forall w \in H^{k+1}$ 成立

$$\inf_{\chi \in M_h}\left\{\sum_{m=0}^{3} h^m \sum_{\substack{i,j,l=0\\ i+j+l=m}}^{1}\left\|\frac{\partial^m (w-\chi)}{\partial x_1^i \partial x_2^j \partial x_3^l}\right\|\right\} \leqslant K h^{k+1}\|w\|_{k+1}.$$

交替方向特征有限元格式为: 求 $U^n \in M_h$ 满足

$$\left\{\begin{array}{l}\left(c^n \dfrac{U^n-\bar{U}^{n-1}}{\Delta t}, v\right)+a\left(U^n, v\right)+\Delta t A\left(U^n-U^{n-1}, v\right)\\ +(\Delta t)^2 B\left(U^n-U^{n-1}, v\right)=\left(f^n, v\right), \quad v \in M_h,\\ U^0=u_{0h}.\end{array}\right. \tag{3.1.11}$$

此处 u_{0h} 可以是 L_2 投影或插值, 类似于定理 3.1.1 的讨论可得

定理 3.1.2 设 u, U^n 分别是 (3.1.1), (3.1.11) 的解, $u \in L^{\infty}\left(0, T ; H^{k+1}\right), \dfrac{\partial u}{\partial t} \in L^{\infty}\left(0, T ; H^{k+1}\right), \dfrac{\partial^2 u}{\partial t^2} \in L^2\left(0, T ; H^{k+1}\right), k \geqslant 2$, 则

$$\max_{1 \leqslant n \leqslant N}\left\{\left\|u^n-U^n\right\|+h\left\|u^n-U^n\right\|_1\right\} \leqslant K\left(h^{k+1}+\Delta t\right).$$

3.1.2 一般系数的对流扩散方程的交替方向特征有限元方法

考虑如下对流扩散方程的初边值问题:

$$\left\{\begin{array}{ll}c(x) \dfrac{\partial u}{\partial t}-\nabla \cdot(a(x, t) \nabla u)+b \cdot \nabla u=f(x, t), & (x, t) \in \Omega \times J,\\ u(x, t)=0, \quad (x, t) \in \partial \Omega \times J, & \\ u(x, 0)=u_0(x), \quad x \in J, &\end{array}\right. \tag{3.1.12}$$

其中 Ω 是 $\mathbf{R}^2$ 中的有界矩形区域, $b=\left(b_1(x, t), b_2(x, t)\right)^{\mathrm{T}}, J=(0, T]$. 并假设存在正常数 a_*, a^*, c_*, c^*, K_1 使

$$\begin{gathered}0<a_* \leqslant a(x, t) \leqslant a^*, \quad 0<c_* \leqslant c(x) \leqslant c^*,\\ \|c\|_{W^{1, \infty}\left(W^{1, \infty}\right)}+\sum_{i=1}^2\left\|b_i\right\|_{W^{1, \infty}\left(W^{1, \infty}\right)} \leqslant K_1.\end{gathered} \tag{3.1.13}$$

以 s 表示特征方向, 并令 $\psi=\left(c^2+|b|^2\right)^{\frac{1}{2}}$, 则 (3.1.12) 可化为等价的变分问题: 求 $u:(0, T] \rightarrow H_0^1(\Omega)$, 使

$$\left\{\begin{array}{l}\left(\psi \dfrac{\partial u}{\partial s}, v\right)+(a \nabla u, \nabla v)=(f, v), \quad v \in H_0^1(\Omega),\\ (u(x, 0), v)=\left(u_0(x), v\right), \quad v \in H_0^1(\Omega).\end{array}\right. \tag{3.1.14}$$

3.1.2.1　交替方向的特征有限元格式

记 $H=\left\{u\left|u,\dfrac{\partial u}{\partial x_1},\dfrac{\partial u}{\partial x_2},\dfrac{\partial^2 u}{\partial x_1\partial x_2}\in L^2(\Omega)\right.\right\}$, 取有限元空间 $M_h\subset H_0^1(\Omega)\cap H$. 设 $\tilde{c}(x)$ 是 $c(x)$ 的某种近似, 给出问题 (3.1.12) 的如下有限元格式: 求 $\{U^n\}_1^N\in M_h$, 对 $\forall v\in M_h$, 满足

$$\begin{cases}\left(\tilde{c}\dfrac{U^{n+1}-\bar{U}^n}{\Delta t},v\right)+\left((c-\tilde{c})\dfrac{U^n-\bar{U}^{n-1}}{\Delta t},v\right)+\lambda\left(\tilde{c}\nabla\left(U^{n+1}-U^n\right),\nabla v\right)\\ +\left(a^n\nabla U^n,\nabla v\right)+\lambda^2\Delta t\left(\tilde{c}\dfrac{\partial^2}{\partial x_1\partial x_2}\left(U^{n+1}-U^n\right),\dfrac{\partial^2 v}{\partial x_1\partial x_2}\right)=\left(f^{n+1},v\right),\\ U^0=u_{0h},\end{cases}\tag{3.1.15}$$

其中 $\bar{U}^{n-1}(x)=U(\bar{x}^n,t^{n-1}),\bar{x}^n=x-\dfrac{b^n}{c}\Delta t$, 仍假定问题是周期的, 其中 λ 是正常数, 且 $\lambda>\dfrac{1}{2}\max a/\min c$. 设 $M_h=\mathrm{Span}\{N_1,\cdots,N_m\}$, 且 $N_i=\phi_p(x_1)\psi_q(x_2)$. 并记

$$A=\left((\tilde{c}N_i,N_j)\right)_{m\times m},\quad B=\left((\tilde{c}\nabla N_i,\nabla N_j)\right)_{m\times m},\quad G=\left(\left(\tilde{c}\frac{\partial^2 N_i}{\partial x_1x_2},\frac{\partial^2 N_j}{\partial x_1x_2}\right)\right)_{m\times m},$$

则 (3.1.15) 可记为如下矩阵形式:

$$\left(A+\lambda\Delta tB+\lambda^2\Delta t^2G\right)\alpha^{n+1}=F^n+Q^{n-1}.\tag{3.1.16}$$

若已知 U^n,U^{n-1}, 则方程 (3.1.16) 唯一可解.

如果 c 是常数函数, 此时取 $\tilde{c}=c$, 格式 (3.1.15) 可以进行交替方向分解. 当 c 不是常数时, 一般情况下格式 (3.1.15) 不能进行交替方向分解, 下面利用文献 [4] 中的 Patch 逼近, 特殊选择 c 的近似函数 $\tilde{c}$, 使格式 (3.1.15) 可以进行交替方向分解. 记 $\Omega_i=\mathrm{supp}(N_i),\Omega_{ij}=\Omega_i\cap\Omega_j$. 对每个测度不为零的 $\Omega_{ij},\tilde{c}$ 在 Ω_{ij} 上取值为

$$\tilde{c}_{ij}=\sqrt{c(x^i)\,c(x^j)},$$

其中 $x^i\in\Omega_i,x^i$ 可以取 Ω_i 中的任意点, 为确定计, 可取 x^i 为第 i 个网格点, 多值的点取其平均值作为该点的值. (3.1.16) 的系数矩阵的每一个元素只需要在 Ω_{ij} 上求积分. 记

$$D=\begin{pmatrix}c(x^1)&&&\\&c(x^2)&&\\&&\ddots&\\&&&c(x^m)\end{pmatrix},$$

$$K=\left((N_i,N_j)+\lambda\Delta t\left(\nabla N_i,\nabla N_j\right)+(\lambda\Delta t)^2\left(\frac{\partial^2 N_i}{\partial x_1\partial x_2},\frac{\partial^2 N_j}{\partial x_1\partial x_2}\right)\right)_{m\times m},$$

则可把 (3.1.16) 改写成

$$D^{\frac{1}{2}}KD^{\frac{1}{2}}\alpha^{n+1}=F^n+Q^{n-1}. \tag{3.1.17}$$

设 $N_1,\cdots,N_m$ 是沿 x_1 轴方向进行编号, m_1,m_2 分别是 x_1,x_2 方向的节点数, $m_1\times m_2=m$, 则有 $K=K_{x_1}K_{x_2}.K_{x_1}$ 是块对角矩阵, 且

$$K_{x_1}=\begin{pmatrix} E_1 & & & \\ & E_2 & & \\ & & \ddots & \\ & & & E_{m_2}\end{pmatrix}$$

其中 E_i 是 $m_1\times m_1$ 阶对称矩阵. 引入参数 ζ^{n+1}, 则 (3.1.17) 可分解为

$$D^{\frac{1}{2}}K_{x_1}\zeta^{n+1}=F^n+Q^{n-1}, \tag{3.1.18a}$$

$$K_{x_1}D^{\frac{1}{2}}\alpha^{n+1}=\zeta^{n+1}. \tag{3.1.18b}$$

这样就把格式 (3.1.15) 化为交替地沿 x_1 方向, x_2 方向求解.

3.1.2.2 误差分析

同样假设有限元空间 M_h 满足 3.1 节中相同的性质. 定义精确解的椭圆投影 $\tilde{u}\in M_h$, 满足

$$\left(a\nabla\left(u-\tilde{u}\right),\nabla v\right)=0,\quad v\in M_h,0\leqslant t\leqslant T.$$

引理 3.1.2 设 $\dfrac{\partial^k u}{\partial t^k}\in L^p\left(H^r\right)(k=0,1,2;p=2,\infty)$, 则成立

$$\left\|\frac{\partial^k}{\partial t^k}\left(u-\tilde{u}\right)\right\|_{L^p(H^j)}\leqslant Kh^{s-j}\left\|\frac{\partial^k u}{\partial t^k}\right\|_{L^p(H^s)},\quad j=0,1,1\leqslant s\leqslant r.$$

由假设可证当 $u\in L^\infty\left(L^2\right)$ 时, 成立

$$\left\|u\left(\bar{x}\right)\right\|^2\leqslant\left(1+K\Delta t\right)\left\|u\right\|^2. \tag{3.1.19}$$

假设

$$\sup\left|\tilde{c}-c\right|=\sup_{\substack{x\in\Omega_{ij}\\1\leqslant i,j\leqslant m}}\left|\tilde{c}_{ij}-c\right|=o\left(1\right), \tag{3.1.20}$$

记 $U-u=(U-\tilde{u})-(u-\tilde{u})=\xi-\eta$, (3.1.14) 与 (3.1.15) 相减, 并取 $v=\xi^{n+1}-\xi^{n}=d_t\xi^n\Delta t$ 整理得误差方程

$$
\begin{aligned}
&\left[(\tilde{c}d_t\xi^n,d_t\xi^n)+\left((c-\tilde{c})\,d_t\xi^{n-1},d_t\xi^n\right)\right]\Delta t\\
&+\left[\lambda\left(\tilde{c}\nabla\left(\xi^{n+1}-\xi^n\right),\nabla\left(d_t\xi^n\right)\right)+\left(a^n\nabla\xi^n,\nabla\left(d_t\xi^n\right)\right)\right]\Delta t\\
&+\lambda^2\left(\Delta t\right)^3\left(\tilde{c}\frac{\partial^2\left(d_t\xi^n\right)}{\partial x_1x_2},\frac{\partial^2\left(d_t\xi^n\right)}{\partial x_1x_2}\right)\\
=&\left(\psi^{n+1}\frac{\partial u^{n+1}}{\partial s}-c\frac{u^{n+1}-\bar{u}^n}{\Delta t},d_t\xi^n\right)\Delta t\\
&+\left((c-\tilde{c})\left(\frac{u^{n+1}-\bar{u}^n}{\Delta t}-\frac{u^n-\bar{u}^{n-1}}{\Delta t}\right),d_t\xi^n\right)\Delta t\\
&+\left[\left(\tilde{c}\frac{\eta^{n+1}-\eta^n}{\Delta t},d_t\xi^n\right)+\left((c-\tilde{c})\,\frac{\eta^n-\eta^{n-1}}{\Delta t},d_t\xi^n\right)\right]\Delta t\\
&+\left[\left(\tilde{c}\frac{\eta^n-\bar{\eta}^n}{\Delta t},d_t\xi^n\right)+\left((c-\tilde{c})\,\frac{\eta^{n-1}-\bar{\eta}^{n-1}}{\Delta t},d_t\xi^n\right)\right]\Delta t\\
&-\left[\left(\tilde{c}\frac{\xi^n-\bar{\xi}^n}{\Delta t},d_t\xi^n\right)+\left((c-\tilde{c})\,\frac{\xi^{n-1}-\bar{\xi}^{n-1}}{\Delta t},d_t\xi^n\right)\right]\Delta t\\
&+\lambda\left(\tilde{c}\nabla\left(\eta^{n+1}-\eta^n\right),\nabla\left(d_t\xi^n\right)\right)\Delta t+\lambda\left(\tilde{c}\nabla\left(u^{n+1}-u^n\right),\nabla\left(d_t\xi^n\right)\right)\Delta t\\
&+\lambda^2\left(\Delta t\right)^2\left(\tilde{c}\frac{\partial^2\left(\eta^{n+1}-\eta^n\right)}{\partial x_1x_2},\frac{\partial^2\left(d_t\xi^n\right)}{\partial x_1x_2}\right)\\
&-\lambda^2\left(\Delta t\right)^2\left(\tilde{c}\frac{\partial^2\left(u^{n+1}-u^n\right)}{\partial x_1x_2},\frac{\partial^2\left(d_t\xi^n\right)}{\partial x_1x_2}\right)\\
&+\left[\left(a^{n+1}\nabla u^{n+1},\nabla\left(d_t\xi^n\right)\right)-\left(a^n\nabla u^n,\nabla\left(d_t\xi^n\right)\right)\right]\Delta t.
\end{aligned}\tag{3.1.21}
$$

由 (3.1.20), 当 h 充分小时, 存在正常数 q 使

$$
\sum_{n=1}^{N-1}\left[(\tilde{c}d_t\xi^n,d_t\xi^n)+\left((c-\tilde{c})\,d_t\xi^{n-1},d_t\xi^n\right)\right]\Delta t\geqslant q\sum_{n=1}^{N-1}\|d_t\xi^n\|^2\Delta t-K\left\|d_t\xi^0\right\|^2\Delta t,\tag{3.1.22}
$$

$$
\begin{aligned}
&\sum_{n=1}^{N-1}\left[\lambda\left(\tilde{c}\nabla\left(\xi^{n+1}-\xi^n\right),\nabla\left(\xi^{n+1}-\xi^n\right)\right)+\left(a^n\nabla\xi^n,\nabla\left(\xi^{n+1}-\xi^n\right)\right)\right]\\
=&\sum_{n=1}^{N-1}\left[\left(\frac{1}{2}a^n\nabla\xi^{n+1},\nabla\xi^{n+1}\right)-\left(\frac{1}{2}a^n\nabla\xi^n,\nabla\xi^n\right)\right]\\
&+\sum_{n=1}^{N-1}\left(\left(\lambda\tilde{c}-\frac{1}{2}a^n\right)\nabla\left(\xi^{n+1}-\xi^n\right),\nabla\left(\xi^{n+1}-\xi^n\right)\right)\\
\geqslant& q\left(\left\|\nabla\xi^N\right\|^2-\left\|\nabla\xi^1\right\|^2\right)-K\sum_{n=1}^{N-1}\left\|\nabla\xi^n\right\|^2\Delta t.
\end{aligned}\tag{3.1.23}
$$

式 (3.1.21) 两边对 n 从 1 到 $N-1$ 作和, 并把 (3.1.22), (3.1.23) 代入得

$$\begin{aligned}&\sum_{n=1}^{N-1}\left\|d_t\xi^n\right\|^2\Delta t+\left\|\nabla\xi^N\right\|^2+(\Delta t)^3\sum_{n=1}^{N-1}\left\|\frac{\partial^2\left(d_t\xi^n\right)}{\partial x_1x_2}\right\|^2\\ \leqslant &K\left\{\left\|d_t\xi^0\right\|^2\Delta t+\left\|\xi^1\right\|_1^2+\sum_{n=1}^{N-1}\left\|\nabla\xi^n\right\|^2\Delta t+\sum_{j=1}^{10}T_j\right\},\end{aligned}\tag{3.1.24}$$

完全类似于文献 [26] 的方法可证

$$T_1+T_2\leqslant K\left(\Delta t\right)^2\left[\int_0^T\left\|\frac{\partial^2u}{\partial s^2}\right\|^2\mathrm{d}t+\left\|\frac{\partial u}{\partial s}\right\|_{H^1(0,T;L^2)}^2\right]+\varepsilon\sum_{n=1}^{N-1}\left\|d_t\xi^n\right\|^2\Delta t,\tag{3.1.25}$$

$$T_3\leqslant K\int_0^T\left\|\frac{\partial\eta}{\partial t}\right\|^2\mathrm{d}t+\varepsilon\sum_{n=1}^{N-1}\left\|d_t\xi^n\right\|^2\Delta t.\tag{3.1.26}$$

利用分部求和及负模估计可证

$$\begin{aligned}T_4\leqslant &K\left[\sum_{n=1}^{N-1}\left\|\eta^{n-1}\right\|^2\Delta t+\sum_{n=1}^{N-1}\left\|\xi^n\right\|^2\Delta t+\int_0^T\left\|\frac{\partial\eta}{\partial t}\right\|^2\mathrm{d}t\right.\\ &\left.+\left\|\eta^{N-1}\right\|^2+\left\|\eta^{N-2}\right\|^2+\left\|\eta^1\right\|^2+\left\|\eta^0\right\|^2\right]+\varepsilon\left\|\xi^N\right\|_1^2+\varepsilon\left\|\xi^1\right\|_1^2,\end{aligned}\tag{3.1.27a}$$

$$T_5\leqslant K\sum_{n=1}^{N-1}\left\|\nabla\xi^n\right\|^2\Delta t+\varepsilon\sum_{n=1}^{N-1}\left\|d_t\xi^n\right\|^2\Delta t,\tag{3.1.27b}$$

$$\begin{aligned}T_6\leqslant &K\left(\Delta t\right)^2\left[\int_0^T\left\|\frac{\partial^2\eta}{\partial t^2}\right\|_1^2\mathrm{d}t+\left\|\frac{\partial\eta}{\partial t}\right\|_{L^\infty(0,T;H^1)}^2\right]\\ &+K\sum_{n=2}^{N-1}\left\|\nabla\xi^n\right\|^2\Delta t+K\left\|\nabla\xi^1\right\|^2+\varepsilon\left\|\nabla\xi^N\right\|_1^2,\end{aligned}\tag{3.1.28a}$$

$$\begin{aligned}T_7\leqslant &K\left(\Delta t\right)^2\left[\int_0^T\left\|\frac{\partial^2u}{\partial t^2}\right\|_1^2\mathrm{d}t+\left\|\frac{\partial u}{\partial t}\right\|_{L^\infty(0,T;H^1)}^2\right]\\ &+K\sum_{n=2}^{N-1}\left\|\nabla\xi^n\right\|^2\Delta t+K\left\|\nabla\xi^1\right\|^2+\varepsilon\left\|\nabla\xi^N\right\|_1^2.\end{aligned}\tag{3.1.28b}$$

利用有限元空间的逼近性质及逆估计可证

$$T_8+T_9\leqslant K\left(\Delta t\right)^2h^{2k-2}\left[\int_0^T\left[\left\|\frac{\partial u}{\partial t}\right\|_{k+1}^2+\left\|u\right\|_{k+1}^2\right]\mathrm{d}t\right.$$

$$+ K(\Delta t)^2 \|u\|^2_{H^1(0,T;H^2)} + \varepsilon (\Delta t)^3 \sum_{n=1}^{N-1} \left\| \frac{\partial^2 (d_t \xi^n)}{\partial x_1 x_2} \right\|^2, \quad (3.1.28c)$$

$$T_{10} \leqslant k(\Delta t)^2 \|u\|_{H^1(0,T;H^1)} + \varepsilon \sum_{n=1}^{N-1} \|d_t \xi^n\|^2 \Delta t. \quad (3.1.28d)$$

综上所述, 取 $\varepsilon, \Delta t$ 充分小, 并利用不等式

$$\left\|\xi^N\right\|^2 \leqslant K \sum_{n=1}^{N} \|\xi^n\|^2 \Delta t + \left\|\xi^1\right\|^2 + \varepsilon \sum_{n=1}^{N} \|d_t \xi^n\|^2 \Delta t,$$

和引理 3.1.2 可得如下结论:

定理 3.1.3 设 u, U 分别是精确解和有限元解, 且 $\sup\limits_{x,y\in\Omega} |c - \tilde{c}| = o(1), u \in H^2(0,T;H^{k+1}) \cap W_1^\infty\left(0,T;L^2\right)(k \geqslant 1), \lambda > \frac{1}{2}\max a/\min c$, 若

$$\left\|\xi^1\right\|_1^2 + \left\|d_t \xi^0\right\|^2 \Delta t \leqslant K\left(h^{2k+2} + (\Delta t)^2\right),$$

则

$$\max_n \left(\|u^n - U^n\|^2 + h^2 \|u^n - U^n\|_1^2\right) \leqslant K\left(h^{2k+2} + (\Delta t)^2\right). \quad (3.1.29)$$

注 3.1.1 由 $\tilde{c}$ 的定义可知条件 $\sup\limits_{x,y\in\Omega} |c - \tilde{c}| = o(1)$ 是容易满足的.

注 3.1.2 $\lambda > \frac{1}{2}\max a/\min c$ 是格式稳定的要求, 在实际计算时, 可取 λ 尽可能地接近 $\frac{1}{2}\max a/\min c$.

3.2 对流扩散问题的特征修正交替方向变网格有限元方法

3.2.1 引言

近年来, 由于能源和环境科学的迅速发展, 需要研究地下流体的流动规律和受热变化的历史的计算是十分重要的. 在实际数值模拟中需要计算的是一类三维非线性对流–扩散问题[27,28].

$$\phi(x)\frac{\partial u}{\partial t} + \bar{b}(x,u) \cdot \nabla u - \nabla \cdot \{a(x,u)\nabla u\} = f(x,t,u),$$

$$x = (x_1, x_2, x_3)^{\mathrm{T}} \in \Omega, t \in J = (0,T], \quad (3.2.1)$$

$$u(x,t) = 0, \quad x \in \partial\Omega, \quad (3.2.2)$$

$$u(x,0) = u_0(x), \quad x \in \Omega. \quad (3.2.3)$$

此处 $\phi(x)=\phi_1(x_1)\phi_2(x_2)\phi_3(x_3), \nabla=(\partial/\partial x_1, \partial/\partial x_2, \partial/\partial x_3)^{\mathrm{T}}$. Ω 为三维有界区域, $\partial\Omega$ 为其边界曲面.

$$\bar{b}(x,u)=(b_1(x,u),b_2(x,u),b_3(x,u))^{\mathrm{T}}, \bar{b}(x,u)|_{\partial\Omega}=\bar{0}=(0,0,0)^{\mathrm{T}},$$

$$a(x,u)=\begin{bmatrix} a_1(x,u) & & 0 \\ & a_2(x,u) & \\ 0 & & a_3(x,u) \end{bmatrix}.$$

对于对流–扩散问题, 著名学者 Douglas, Ewing, Wheeler, Russell 等发表了特征有限元、特征差分方法的著名论文[29]. 但对勘探油气资源–盆地发育和海水入侵的防治等实际数值模拟计算, 它是超大规模、三维大范围的、节点个数多达数万乃至数百万个, 且在求解过程中对不同时刻空间区域需要采用不同的有限元网格. 例如在油田开发中的二相渗流驱动问题中, 在油水前沿曲面附近的有限元网格应进行局部加密, 并随时间的变动不断随之变动. 这样才能一方面保证数值结果具有很好的精确度, 而在整体上又不太增加计算工作量. 此时需要三维算子分裂和变网格相结合的技术才能解决问题. Douglas, Peaceman 等率先在高维数学物理方程数值解法领域, 提出应用交替方向格式将多维问题化为连续解几个一维问题, 并将此法应用于油藏数值模拟工程[30], 但在理论分析时出现实质性困难, 未能得到理论分析结果. 对于仅考虑变网格或交替方向的模型问题作者已有初步工作[31,32]. 对于算子分裂 (交替方向) 和变网格有限元相结合的数值方法, 虽已在生产实际中得到应用, 但在理论分析存在实质性困难[9], 我们针对非线性对流–扩散问题, 提出交替方向特征修正变网格有限元格式, 应用变分形式、算子分裂、能量方法、负模估计、广义 L^2 投影、微分方程先验估计理论和特殊技巧, 得到严谨最佳阶 L^2 误差估计结果.

假定问题是正定的, 即满足:

$$0<\phi_*\leqslant\phi(x)\leqslant\phi^*,\quad 0<a_*\leqslant a_i(x,u)\leqslant a^*,\quad i=1,2,3, \tag{3.2.4}$$

此处 ϕ_*, ϕ^*, a_* 和 a^* 是正常数.

问题 (3.2.1)~(3.2.4) 的精确解是正则的:

$$\frac{\partial^2 u}{\partial t^2}\in L^\infty\left(L^\infty(\Omega)\right),\quad u\in L^\infty\left(W^{k+1}(\Omega)\right). \tag{3.2.5}$$

且 $a(x,u),\boldsymbol{b}(x,u),f(x,t,u)$ 在解的 ε_0 邻域满足 Lipschitz 条件.

3.2.2 特征修正交替方向变网格有限元格式

用特征修正程序去处理 (3.2.1) 的一阶双曲部分数值结果具有很高的精确

度[21,22,26]. 设

$$\psi(x,u)=[\phi^2(x)+|\boldsymbol{b}(x,u)|^2]^{1/2},\quad |\boldsymbol{b}(x,u)|^2$$

$$=\sum_{i=1}^{3}b_i^2(x,u),\quad \frac{\partial}{\partial\tau(x,u)}=\frac{\phi(x)}{\psi(x,u)}\frac{\partial}{\partial t}+\frac{\boldsymbol{b}(x,u)}{\psi(x,u)}\cdot\nabla. \tag{3.2.6}$$

方程 (3.2.1) 的弱形式:

$$\left(\psi\frac{\partial u}{\partial\tau},v\right)+(a(u)\nabla u,\nabla v)=(f(u),v),\quad \forall v\in H_0^1(\Omega),t\in J. \tag{3.2.7}$$

对方程 (3.2.7) 考虑用沿 τ 特征方向在 (x,t^{n+1}) 处的向后差商逼近 $\psi\dfrac{\partial u}{\partial\tau}$, 则有

$$\left(\psi\frac{\partial u}{\partial\tau}\right)(x,t^{n+1})\approx\psi\left(x,u^{n+1}\right)\frac{u\left(x,t^{n+1}\right)-u(\breve{x},t^n)}{\left[(x-\breve{x})^2+(\Delta t)^2\right]^{1/2}}=\phi(x)\frac{u\left(x,t^{n+1}\right)-u(\breve{x},t^n)}{\Delta t}, \tag{3.2.8}$$

此处 $\breve{x}=x-\dfrac{\boldsymbol{b}(x,u^{n+1})}{\phi(x)}\Delta t$. 设 $u_h(x,t)$ 是方程 (3.2.7) 的有限元解,

$$u_h^{n+1}=u_h(x,t^{n+1}),\quad \hat{u}_h^n=u_h(\hat{x},t^n),\quad \hat{x}=x-\frac{\boldsymbol{b}(x,u_h^n)}{\phi(x)}\Delta t.$$

当 $t=t^{n+1}$ 时, 讨论非线性对流–扩散问题的特征修正交替方向变网格有限元方法的逼近解. 为了方便, 设 $\Omega=\prod\limits_{i=1}^{3}I_i,I_i=[-1,1]$, 对域 Ω 的三个坐标方向进行剖分, 在 x_1 方向分为 N_{x_1} 份, 在 x_2 方向分为 N_{x_2} 份, 在 x_3 方向分为 N_{x_3} 份. 其节点编号为: $\{x_{1,a}|0\leqslant a\leqslant N_{x_1}\},\{x_{2,\beta}\,|0\leqslant\beta\leqslant N_{x_2}\},\{x_{3,\gamma}|0\leqslant\gamma\leqslant N_{x_3}\}$. 在三维网格上整体编号为 $i,i=1,2,\cdots,N,N=(N_{x_1}+1)(N_{x_2}+1)(N_{x_3}+1)$. 节点 i 的张量积下标是 $(a(i),\beta(i),\gamma(i))$, 此处 $\alpha(i)$ 是 x_1 轴上对应的节点, $\beta(i)$ 是 x_2 轴上对应的节点, $\gamma(i)$ 是 x_3 轴上对应的节点. 这张量积基能写为一维基数的乘积形式:

$$N_i\left(x_1,x_2,x_3\right)=\varphi_{\alpha(i)}(x_1)\varphi_{\beta(i)}(x_2)\omega_{r(i)}(x_3)=\varphi_\alpha(x_1)\varphi_\beta(x_2)\omega_r(x_3),\quad 1\leqslant i\leqslant N. \tag{3.2.9}$$

设有限元空间 $N_h=\varphi\otimes\psi\otimes\omega$, 记

$$W=\left\{w|w,\frac{\partial w}{\partial x_i},\frac{\partial^2 w}{\partial x_i\partial x_i}(i\neq j),\frac{\partial^3 w}{\partial x_1\partial x_2\partial x_3}\in L_2(\Omega)\right\}. \tag{3.2.10}$$

设 $N_h\subset W$, 其逼近性满足[7~9]

$$\inf_{x\in N_h}\left\{\sum_{m=0}^{3}h^m\sum_{\substack{i,j=0,1\\ i+j+k=m}}\left\|\frac{\partial^m(u-x)}{\partial x_1^i\partial x_2^j\partial x_3^k}\right\|_0\right\}\leqslant Mh^{k+1}\left\|u\right\|_{k+1}, \tag{3.2.11}$$

此处 $h=\max\{h_{x_1},h_{x_2},h_{x_3}\}$ 为剖分参数, h_{x_i} 分别为 x_i 方向的最大剖分小区间长度. 注意到此处剖分及基函数的构造随时间 t 不同而变化, 故记为 N_h^n.

问题 (3.2.1)~(3.2.4) 的双层交替方向特征修正变网格有限元格式: 若已知 t^n 时刻的有限元解 $u_h^n\in N_h^n$, 录求 t^{n+1} 时刻的有限元解 $u_h^{n+1}\in N_h^{n+1}$;

$$
\begin{aligned}
&(\phi(\bar{u}_h^n-u_h^n),z_h)+\lambda\Delta t(\phi\nabla(\bar{u}_h^n-u_h^n),\nabla z_h)+(\lambda\Delta t)^2\sum_{i\neq j}\left(\phi\frac{\partial^2(\bar{u}_h^n-u_h^n)}{\partial x_i\partial x_j},\frac{\partial^2 z_h}{\partial x_i\partial x_j}\right)\\
&+(\lambda\Delta t)^3\left(\phi\frac{\partial^3(\bar{u}_h^n-u_h^n)}{\partial x_1\partial x_2\partial x_3},\frac{\partial^3 z_h}{\partial x_1\partial x_2\partial x_3}\right)=0,\quad\forall z_h\in N_h^{n+1},
\end{aligned}\tag{3.2.12}
$$

$$
\begin{aligned}
&\left(\phi\left(\bar{u}_h^0-u_h^0\right),z_n\right)+\lambda\Delta t\left(\phi\nabla\left(\bar{u}_h^0-u_h^0\right),\nabla z_h\right)\\
&+(\lambda\Delta t)^2\sum_{i\neq j}\left(\phi\frac{\partial^2\left(\bar{u}_h^0-u_h^0\right)}{\partial x_i\partial x_j},\frac{\partial^2 z_h}{\partial x_i\partial x_j}\right)\\
&+(\lambda\Delta t)^3\left(\phi\frac{\partial^3\left(\bar{u}_h^0-u_h^0\right)}{\partial x_1\partial x_2\partial x_3},\frac{\partial^3 z_n}{\partial x_1\partial x_2\partial x_3}\right)=0,\quad\forall z_h\in N_h^1,
\end{aligned}\tag{3.2.13}
$$

$$
\begin{aligned}
&\left(\phi\frac{u_h^{n+1}-\hat{\bar{u}}_h^n}{\Delta t},z_n\right)+(a(\bar{u}_h^n)\nabla\bar{u}_h^n,\nabla z_h)+(\lambda\Delta t)^2(\phi\nabla d_t u_h^n,\nabla z_h)\\
&+(\lambda\Delta t)^2\sum_{i\neq j}\left(\phi\frac{\partial^2 d_t u_h^n}{\partial x_i\partial x_j},\frac{\partial^2 z_h}{\partial x_i\partial x_j}\right)+(\lambda\Delta t)^3\left(\phi\frac{\partial^3 d_t u_h^n}{\partial x_1\partial x_2\partial x_3},\frac{\partial^3 z_h}{\partial x_1\partial x_2\partial x_3}\right)\\
&=\left(f\left(\hat{\bar{u}}_h^n\right),z_h\right),\quad z_h\in N_h^{n+1}.
\end{aligned}\tag{3.2.14}
$$

此处 $\sum\limits_{i\neq j}\left(\phi\frac{\partial^2(\bar{u}_h^n-u_h^n)}{\partial x_i\partial x_j},\frac{\partial^2 z_h}{\partial x_i\partial x_j}\right)=\left(\phi\frac{\partial^2(\bar{u}_h^n-u_h^n)}{\partial x_1\partial x_2},\frac{\partial^2 z_h}{\partial x_1\partial x_2}\right)+\left(\phi\frac{\partial^2(\bar{u}_h^n-u_h^n)}{\partial x_2\partial x_3},\frac{\partial^2 z_h}{\partial x_2\partial x_3}\right)+\left(\phi\frac{\partial^2(\bar{u}_h^n-u_h^n)}{\partial x_1\partial x_3},\frac{\partial^2 z_h}{\partial x_1\partial x_3}\right),\cdots$, (3.2.12), (3.2.13) 为广义 L^2 投影, 当 $N_h^{n+1}\neq N_h^n$ 时, 需作此辅助投影. λ 是正常数, 选定 $\lambda\geqslant\frac{1}{2}\max\limits_{x.u}\left(\frac{a(u)}{\phi(x)}\right)$, $\hat{\bar{u}}_h^n=\bar{u}_h(\hat{x}^n)$, $\hat{x}^n=x-\boldsymbol{b}(x,\bar{u}_h^n)\Delta t/\phi(x)$, $d_t u_h^n=\frac{1}{\Delta t}\{u_h^{n+1}-\bar{u}_h^n\}$.

在方程 (3.2.14) 中的解 u_h^{n+1} 可表示为

$$
u_h^{n+1}=\sum_{\alpha,\beta,\gamma}\rho_{\alpha\beta\gamma}^{n+1}\varphi_\alpha\psi_\beta\omega_\gamma,\quad\bar{u}_h^n=\sum_{\alpha,\beta,\gamma}\bar{\rho}_{\alpha\beta\gamma}^n\varphi_\alpha\psi_\beta\omega_\gamma,\tag{3.2.15}
$$

此处 $\varphi_\alpha\psi_\beta\omega_r$ 应为 $\varphi_\alpha^{n+1}\psi_\beta^{n+1}\omega_r^{n+1}$, 为简便将上标 $n+1$ 省略, 将其代入 (3.2.14), 取 $z_h=\varphi_\alpha\psi_\beta\omega_r$, 并乘以 Δt 有

$$
\sum_{\alpha,\beta,\lambda}\left(\rho_{\alpha\beta\gamma}^{n+1}-\bar{\rho}_{\alpha\beta\gamma}^n\right)(\phi\varphi_\alpha\otimes\psi_\beta\otimes\omega_r,\varphi_\alpha\otimes\psi_\beta\otimes\omega_r)
$$

$$
\begin{aligned}
&+\lambda\Delta t\sum_{\alpha,\beta,\gamma}\left(\rho_{\alpha\beta\gamma}^{n+1}-\bar{\rho}_{\alpha\beta\gamma}^{n}\right)\Big\{(\phi\varphi_\alpha'\otimes\psi_\beta\otimes\omega_r,\varphi_\alpha'\otimes\psi_\beta\otimes\omega_r)\\
&+(\phi\varphi_\alpha\otimes\psi_\beta'\otimes\omega_r,\varphi_\alpha\otimes\psi_\beta'\otimes\omega_r)+(\phi\varphi_\alpha\otimes\psi_\beta\otimes\omega_r',\varphi_\alpha\otimes\psi_\beta\otimes\omega_r')\Big\}\\
&+(\lambda\Delta t)^2\sum_{\alpha,\beta,\gamma}\left(\rho_{\alpha,\beta,\gamma}^{n+1}-\bar{\rho}_{\alpha,\beta,\gamma}^{n}\right)\Big\{(\phi\varphi_\alpha'\otimes\psi_\beta'\otimes\omega_r,\varphi_\alpha'\otimes\psi_\beta'\otimes\omega_r)\\
&+(\phi\varphi_\alpha\otimes\psi_\beta'\otimes\omega_r',\varphi_\alpha\otimes\psi_\beta'\otimes\omega_r')\\
&+(\phi\varphi_\alpha'\otimes\psi_\beta\otimes\omega_r',\varphi_\alpha'\otimes\psi_\beta\otimes\omega_r')\Big\}\\
&+(\lambda\Delta t)^3\sum_{\alpha,\beta,\gamma}\left(\rho_{\alpha\beta\gamma}^{n+1}-\bar{\rho}_{\alpha\beta\gamma}^{n}\right)(\phi\varphi_\alpha'\otimes\psi_\beta'\otimes\omega_r',\varphi_\alpha'\otimes\psi_\beta'\otimes\omega_r')\\
=&\Delta tF^n,
\end{aligned}
\tag{3.2.16}
$$

$$
\begin{aligned}
&C_{x_1}=\left(\int_{-1}^{1}\phi_1\varphi_{\alpha_1}\varphi_{\alpha_2}\mathrm{d}x_1\right),\quad C_{x_2}=\left(\int_{-1}^{1}\phi_2\psi_{\beta_1}\psi_{\beta_2}\mathrm{d}x_2\right),\\
&C_{x_3}=\left(\int_{-1}^{1}\phi_3\omega_{\gamma_1}\omega_{\gamma_2}\mathrm{d}x_3\right),\\
&A_{x_1}=\left(\int_{-1}^{1}\phi_1\varphi_{\alpha_1}'\varphi_{\alpha_2}'\mathrm{d}x_1\right),\quad A_{x_2}=\left(\int_{-1}^{1}\phi_2\psi_{\beta_1}'\psi_{\beta_2}'\mathrm{d}x_2\right),\\
&A_{x_3}=\left(\int_{-1}^{1}\phi_3\omega_{\gamma_1}'\omega_{\gamma_2}'\mathrm{d}x_3\right),
\end{aligned}
$$

则方程 (3.2.16) 可写为

$$
(C_{x_1}+\lambda\Delta tA_{x_1})\otimes(C_{x_2}+\lambda\Delta tA_{x_2})\otimes(C_{x_3}+\lambda\Delta tA_{x_3})\left(\rho^{n+1}-\bar{\rho}^n\right)=\Delta tF^n, \tag{3.2.17}
$$

此处

$$
F_{a\beta\gamma}^n=-\left(a\left(\bar{u}_h^n\right)\nabla\bar{u}_h^n,\nabla\left(\varphi_\alpha\otimes\psi_\beta\otimes\omega_r\right)\right)+\left(\frac{1}{\Delta t}\left(\hat{\bar{u}}_h^n-\bar{u}_h^n\right),\varphi_\alpha\otimes\psi_\beta\otimes\omega_\gamma\right). \tag{3.2.18}
$$

(3.2.17) 指明格式 (3.2.14) 可按交替方向连续三次解一维方程组.

我们的格式计算过程是, 当 t^n 时刻的逼近解 $u_h^n\in N_h^n$ 已知时, 求下一时刻 t^{n+1} 的近似解 $u_h^{n+1}\in N_h^{n+1}$. 由 (3.2.12) 看出当第 n 层和 $n+1$ 层的有限元空间相同时, 即 $N_h^n=N_h^{n+1}$, 则有 $\bar{u}_h^n=u_h^n$. 当二层网格的有限元空间不相同时, 则将已知解 u_h^n 在 N_h^{n+1} 空间作广义的 L^2 投影 (3.2.12) 得修正值 $\bar{u}_h^n$, 再从 (3.2.14) 求出 $u_h^{n+1}\in N_h^{n+1}$. 由于问题 (3.2.1)~(3.2.4) 是正定的, 故有限元解 u_h^{n+1} 存在且唯一.

3.2.3 收敛性分析

应用投影技巧, 为此引入辅助椭圆投影, 对于 $t \in J^n = (t^n, t^{n+1}]$, 定义 $L^{n+1}u \in N_h^{n+1}$ 满足:

$$\begin{aligned}&\left(\boldsymbol{b}(x,u)\cdot\nabla\left(u-L^{n+1}u\right),z_h\right)+\left(a(u)\nabla\left(u-L^{n+1}u\right),\nabla z_h\right)\\&+\mu\left(u-L^{n+1}u,z_h\right)=0,\quad \forall z_h\in N_h^{n+1},\end{aligned}\tag{3.2.19}$$

此处正常数 μ 取得适当大, 使得对应的椭圆算子在 $H^1(\Omega)$ 上是强制的.

初始逼近取为

$$u_h^0 = L^1 u(0). \tag{3.2.20}$$

记 $\xi^{n+1} = u_h^{n+1} - L^{n+1}u^{n+1}, \zeta^{n+1} = u^{n+1} - L^{n+1}u^{n+1}, \bar{\xi}^n = \bar{u}_h^n - L^{n+1}u^n, \bar{\zeta}^n = u^n - L^{n+1}u^n$.

由 Galerkin 方法对椭圆问题的结果[33] 有:

$$\|\zeta\|_0 + h\|\zeta\|_1 \leqslant M\|u\|_{k+1}h^{k+1},\quad t\in J^n=(t^n,t^{n+1}],\tag{3.2.21a}$$

$$\left\|\frac{\partial\zeta}{\partial t}\right\|_0 + h\left\|\frac{\partial\zeta}{\partial t}\right\|_1 \leqslant M\left\{\|u\|_{k+1}+\left\|\frac{\partial u}{\partial t}\right\|_{k+1}\right\}h^{k+1},\quad t\in J^n.\tag{3.2.21b}$$

由 (3.2.7)$(t = t^{n+1})$ 和 (3.2.14) 相减, 并利用 (3.2.19), 经整理可得: 下述为误差方程:

$$\begin{aligned}&\left(\phi\frac{\xi^{n+1}-\bar{\xi}^n}{\Delta t},z_h\right)+\left(a\left(\bar{u}_h^n\right)\nabla\xi^n,\nabla z_h\right)+\lambda\left(\phi\nabla\left(\xi^{n+1}-\bar{\xi}^n\right),\nabla z_h\right)\\&+\lambda^2\Delta t\sum_{i\neq j}\left(\phi\frac{\partial^2\left(\xi^{n+1}-\bar{\xi}^n\right)}{\partial x_i\partial x_j},\frac{\partial^2 z_h}{\partial x_i\partial x_j}\right)\\&+\lambda^3(\Delta t)^2\left(\phi\frac{\partial^3\left(\xi^{n+1}-\bar{\xi}^n\right)}{\partial x_1\partial x_2\partial x_3},\frac{\partial^2 z_h}{\partial x_1\partial x_2\partial x_3}\right)\\=&\left(\phi\frac{\partial u^{n+1}}{\partial t}+b\left(\bar{u}_h^n\right)\cdot\nabla u^{n+1}-\phi\frac{u^{n+1}-\hat{u}^n}{\Delta t},z_h\right)+\left(\phi\frac{\hat{\bar{\xi}}^n-\bar{\xi}^n}{\Delta t},z_h\right)\\&+\left(\phi\frac{\zeta^{n+1}-\hat{\bar{\zeta}}^n}{\Delta t},z_h\right)+\mu\left(\zeta^{n+1},\nabla z_h\right)+\left(\phi\frac{\check{u}^n-\hat{u}^n}{\Delta t},z_h\right)\\&+\left(\left[b\left(u^{n+1}\right)-b\left(\bar{u}_h^n\right)\right]\cdot\nabla u^{n+1},z_h\right)\\&+\left(\left[a\left(u^{n+1}\right)-a\left(\bar{u}_h^n\right)\right]\cdot\nabla L^{n+1}u^n,z_h\right)\\&+\left(a\left(u^{n+1}\right)\left[\nabla L^{n+1}u^{n+1}-\nabla L^{n+1}u^n\right],\nabla z_h\right)\\&+\left(f\left(u^{n+1}\right)-f\left(\hat{\bar{u}}_h^n\right),z_h\right)\end{aligned}$$

$$
\begin{aligned}
&+\lambda\left(\phi\nabla\left(\zeta^{n+1}-\bar{\zeta}^{n}\right),\nabla z_h\right)-\lambda\left(\phi\nabla\left(u^{n+1}-u^{n}\right),\nabla z_h\right)\\
&+\lambda^2\Delta t\sum_{i\neq j}\left(\phi\left[\frac{\partial^2\left(\zeta^{n+1}-\bar{\zeta}^{n}\right)}{\partial x_i\partial x_j}-\frac{\partial^2\left(u^{n+1}-u^{n}\right)}{\partial x_i\partial x_j}\right],\frac{\partial^2 z_h}{\partial x_i\partial x_j}\right)\\
&+\lambda^3(\Delta t)^2\left(\phi\left[\frac{\partial^3\left(\zeta^{n+1}-\bar{\zeta}^{n}\right)}{\partial x_1\partial x_2\partial x_3}-\frac{\partial^3\left(u^{n+1}-u^{n}\right)}{\partial x_1\partial x_2\partial x_3}\right],\frac{\partial^3 z_h}{\partial x_1\partial x_2\partial x_3}\right),\\
&\qquad z_h\in N_h^{n+1}.
\end{aligned}\tag{3.2.22}
$$

引入归纳法假定

$$
\sup_{0\leqslant n\leqslant L-1}\|\xi^n\|_{0,\infty}\to 0,\quad h\to 0,\tag{3.2.23}
$$

我们得知 u_h^n 是有界的.

取检验函数 $z_h=\xi^{n+1}$, 对 (3.2.22) 乘以 $2\Delta t$, 依次估计 (3.2.22) 左端诸项:

$$
2\left(\frac{\xi^{n+1}-\bar{\xi}^n}{\Delta t},\xi^{n+1}\right)\Delta t\geqslant\left\|\phi^{1/2}\xi^{n+1}\right\|_0^2-\left\|\phi^{1/2}\bar{\xi}^n\right\|_0^2,\tag{3.2.24}
$$

$$
\begin{aligned}
&2\Delta t\left\{a\left(\bar{u}_h^n\right)\nabla\xi^{n+1}\right)+\left(\left[a\left(\bar{u}_h^n\right)-\lambda\phi\right]\nabla\bar{\xi}^n,\nabla\xi^{n+1}\right)\}\\
\geqslant&2\Delta t\left\{\lambda\left\|\phi^{1/2}\nabla\xi^{n+1}\right\|_0^2\right.\\
&\left.-\frac{1}{2}\max_{x,u}\left|\frac{a\left(\bar{u}_h^n\right)}{\phi}-\lambda\right|\left\{\left\|\phi^{1/2}\nabla\xi^{n+1}\right\|_0^2+\left\|\phi^{1/2}\nabla\bar{\xi}^n\right\|_0^2\right\}\right\}\\
=&\Delta t\left\{\left[2\lambda-\max_{x,u}\left|\frac{a\left(\bar{u}_h^n\right)}{\phi}-\lambda\right|\right]\left\|\phi^{1/2}\nabla\xi^{n+1}\right\|_0^2\right.\\
&\left.-\max_{x,u}\left|\frac{a\left(\bar{u}_h^n\right)}{\phi}-\lambda\right|\left\|\phi^{1/2}\nabla\xi^{n+1}\right\|_0^2\right\},
\end{aligned}\tag{3.2.25}
$$

$$
\begin{aligned}
&2\left(\lambda\Delta t\right)^2\sum_{i\neq j}\left(\phi\frac{\partial^2\left(\xi^{n+1}-\bar{\xi}^n\right)}{\partial x_i\partial x_j},\frac{\partial^2\xi^{n+1}}{\partial x_i\partial x_j}\right)\\
\geqslant&\left(\lambda\Delta t\right)^2\left\{\sum_{i\neq j}\left\|\phi^{1/2}\frac{\partial^2\xi^{n+1}}{\partial x_i\partial x_j}\right\|_0^2-\left\|\phi^{1/2}\frac{\partial^2\bar{\xi}^n}{\partial x_i\partial x_j}\right\|_0^2\right\},
\end{aligned}\tag{3.2.26}
$$

$$
\begin{aligned}
&2\left(\lambda\Delta t\right)^3\left(\phi\frac{\partial^3\left(\xi^{n+1}-\bar{\xi}^n\right)}{\partial x_1\partial x_2\partial x_3},\frac{\partial^3\xi^{n+1}}{\partial x_1\partial x_2\partial x_3}\right)\\
\geqslant&\left(\lambda\Delta t\right)^3\left\{\left\|\phi^{1/2}\frac{\partial^3\xi^{n+1}}{\partial x_1\partial x_2\partial x_3}\right\|_0^2-\left\|\phi^{1/2}\frac{\partial^3\bar{\xi}^n}{\partial x_1\partial x_2\partial x_3}\right\|_0^2\right\}.
\end{aligned}\tag{3.2.27}
$$

现估计 (3.2.22) 右端诸项:

$$\left\|\phi\frac{\partial u^{n+1}}{\partial t}+\bar{b}\left(\bar{u}_h^n\right)\cdot\nabla u^{n+1}-\phi\frac{u^{n+1}-\hat{u}^n}{\Delta t}\right\|_0^2$$

$$\leqslant\int_\Omega\left(\frac{\phi}{\Delta t}\right)^2\left(\frac{\psi\Delta t}{\phi}\right)^3\left|\int_{(\hat{x},t^n)}^{(x,t^{n+1})}\frac{\partial^2 u}{\partial\tau^2}\partial\tau\right|\mathrm{d}x$$

$$\leqslant\Delta t\left\|\frac{\psi^3}{\phi}\right\|_{0,\infty}\int_\Omega\int_{(\hat{x},t^n)}^{(x,t^{n+1})}\left|\frac{\partial^2 u}{\partial\tau^2}\right|^2\mathrm{d}\tau\mathrm{d}x\leqslant M\Delta t\int_\Omega\int_{t^n}^{t^{n+1}}\left|\frac{\partial^2 u}{\partial\tau^2}\right|^2\mathrm{d}\tau\mathrm{d}x.$$

于是可得

$$\left|2\left(\phi\frac{\partial u^{n+1}}{\partial t}+\vec{b}\left(\bar{u}_h^n\right)\cdot\nabla u^{n+1}-\phi\frac{u^{n+1}-\hat{u}^n}{\Delta t},\xi^{n+1}\right)\Delta t\right|$$

$$\leqslant M\left\{(\Delta t)\int_\Omega\int_{t^n}^{t^{n+1}}\left|\frac{\partial^2 u}{\partial\tau^2}\right|^2\mathrm{d}t\mathrm{d}x+\left\|\xi^{n+1}\right\|_0^2\right\}\Delta t,\tag{3.2.28}$$

$$\left|2\left(\phi\frac{\hat{\bar{\xi}}^n-\bar{\xi}^n}{\Delta t},\xi^{n+1}\right)\Delta t\right|\leqslant M\left\|\phi^{1/2}\bar{\xi}^n\right\|_0^2\Delta t+\varepsilon\left\|\phi^{1/2}\nabla\xi^n\right\|_0^2\Delta t.\tag{3.2.29}$$

由于 $\left(\phi\dfrac{\zeta^{n+1}-\hat{\bar{\zeta}}^n}{\Delta t},\xi^{n+1}\right)=\left(\phi\dfrac{\zeta^{n+1}-\bar{\zeta}^n}{\Delta t},\xi^{n+1}\right)+\left(\phi\dfrac{\bar{\zeta}^n-\hat{\bar{\zeta}}^n}{\Delta t},\xi^{n+1}\right)$,

$$\left|\left(\phi\frac{\zeta^{n+1}-\bar{\zeta}^n}{\Delta t},\xi^{n+1}\right)\right|=\left|\left(\frac{\phi}{\Delta t}\int_{t^n}^{t^{n+1}}\frac{\partial\xi}{\partial t}\mathrm{d}t,\xi^{n+1}\right)\right|$$

$$\leqslant M\left\{(\Delta t)^{-1}\int_{t^n}^{t^{n+1}}\left\|\frac{\partial\zeta}{\partial t}\right\|_0^2\mathrm{d}t+\left\|\phi^{1/2}\xi^{n+1}\right\|_0\right\},$$

$$\left|\left(\phi\frac{\bar{\zeta}^n-\hat{\bar{\zeta}}^n}{\Delta t},\xi^{n+1}\right)\right|\leqslant M\left\|\phi^{1/2}\bar{\zeta}^n\right\|_0^2+\varepsilon\left\|\phi^{1/2}\nabla\xi^{n+1}\right\|_0^2$$

$$\leqslant Mh^{2^{(k+1)}}+\varepsilon\left\|\phi^{1/2}\nabla\xi^{n+1}\right\|_0^2,$$

则有

$$\left|2\left(\phi\frac{\zeta^{n+1}-\hat{\bar{\zeta}}^n}{\Delta t},\xi^{n+1}\right)\Delta t\right|$$

$$\leqslant M\left\{h^{2^{(k+1)}}+(\Delta t)^{-1}\int_{t^n}^{t^{n+1}}\left\|\frac{\partial\zeta}{\partial t}\right\|_0^2\mathrm{d}t+\left\|\phi^{1/2}\xi^{n+1}\right\|_0^2\right\}\Delta t$$

$$+\varepsilon\left\|\phi^{1/2}\nabla\xi^{n+1}\right\|_0^2\Delta t.\tag{3.2.30}$$

$$2\Delta t\left|\mu\left(\zeta^{n+1},\xi^{n+1}\right)+\left(\phi\frac{\hat{u}^n-\breve{u}^n}{\Delta t},\xi^{n+1}\right)+\left(\left[b\left(u^{n+1}\right)-b(u_h^n)\right]\cdot\nabla u^{n+1},\xi^{n+1}\right)\right.$$

$$
\begin{aligned}
&+\left(\left[a\left(u^{n+1}\right)-a\left(\bar{u}_h^n\right)\right]\nabla L^{n+1}u^n,\nabla\xi^{n+1}\right)\\
&+\left(a\left(u^{n+1}\right)\left[\nabla L^{n+1}u^{n+1}-\nabla L^{n+1}u^n\right],\nabla\xi^{n+1}\right)\\
&+\left(f\left(u^{n+1}\right)-f\left(\bar{u}_h^n\right),\xi^{n+1}\right)\Big|\\
\leqslant& M\left\{(\Delta t)^2+h^{2^{(k+1)}}+\left\|\bar{\xi}^n\right\|_0^2+\left\|\xi^{n+1}\right\|_0^2\right\}\Delta t+\varepsilon\left\|\nabla\xi^{n+1}\right\|_0^2\Delta t.
\end{aligned}\tag{3.2.31}
$$

$$
\begin{aligned}
&2\lambda\Delta t\left|\left(\phi\nabla\left(\zeta^{n+1}-\bar{\zeta}^n\right),\nabla\xi^{n+1}\right)-\left(\phi\nabla\left(u^{n+1}-u^n\right),\nabla\xi^{n+1}\right)\right|\\
\leqslant& M\left\{(\Delta t)^3+(\Delta t)^2\int_{t^n}^{t^{n+1}}\left\|\nabla\frac{\partial\zeta}{\partial t}\right\|_0^2\mathrm{d}t\right\}+\varepsilon\left\|\nabla\xi^{n+1}\right\|_0^2\Delta t,
\end{aligned}\tag{3.2.32}
$$

$$
\begin{aligned}
&2(\lambda\Delta t)^2\left|\sum_{i\neq j}\left(\phi\left[\frac{\partial^3\left(\zeta^{n+1}-\bar{\zeta}^n\right)}{\partial x_i\partial x_j}-\frac{\partial^2\left(u^{n+1}-u^n\right)}{\partial x_i\partial x_j}\right],\frac{\partial^2\xi^{n+1}}{\partial x_i\partial x_j}\right)\right|\\
\leqslant& M\left\{(\Delta t)^3+(\lambda\Delta)^2\sum_{i\neq j}\int_{t^n}^{t^{n+1}}\left\|\frac{\partial^3}{\partial x_i\partial x_j}\left(\frac{\partial\zeta}{\partial t}\right)\right\|_0^2\mathrm{d}t\right.\\
&\left.+(\lambda\Delta t)\sum_{i\neq j}\left\|\phi^{1/2}\frac{\partial^2}{\partial x_i\partial x_j}\xi^{n+1}\right\|_0^2\right\},
\end{aligned}\tag{3.2.33}
$$

$$
\begin{aligned}
&2(\lambda\Delta t)^3\left|\left(\phi\left[\frac{\partial^3\left(\zeta^{n+1}-\bar{\zeta}^n\right)}{\partial x_1\partial x_2\partial x_3}-\frac{\partial^3\left(u^{n+1}-u^n\right)}{\partial x_1\partial x_2\partial x_3}\right],\frac{\partial^3\xi^{n+1}}{\partial x_1\partial x_2\partial x_3}\right)\right|\\
\leqslant& M\left\{(\Delta t)^3+(\lambda\Delta t)^2\int_{t^n}^{t^{n+1}}\left\|\frac{\partial^3}{\partial x_1\partial x_2\partial x_3}\left(\frac{\partial\zeta}{\partial t}\right)\right\|_0^2\mathrm{d}t\right.\\
&\left.+(\lambda\Delta t)^4\left\|\phi^{1/2}\frac{\partial^3\xi^{n+1}}{\partial x_1\partial x_2\partial x_3}\right\|_0^2\right\}.
\end{aligned}\tag{3.2.34}
$$

对误差方程 (3.2.22), 应用 (3.2.23)~(3.2.34) 可得

$$
\begin{aligned}
&(1-3M\Delta t)\left\|\xi^{n+1}\right\|_0^2-(1+2M\Delta t)\left\|\bar{\xi}^n\right\|_0^2\\
&+\Delta t\left\{2\lambda-\max_{x,u}\left|\frac{a\left(\bar{u}_h^n\right)}{\phi}-\lambda\right|-\lambda\varepsilon\right\}\left\|\phi^{1/2}\nabla\xi^{n+1}\right\|_0^2\\
&-\Delta t\max_{x,u}\left|\frac{a\left(\bar{u}_h^n\right)}{\phi}-\lambda\right|\left\|\phi^{1/2}\nabla\bar{\xi}^n\right\|_0^2\\
&-(1-M\Delta t)(\lambda\Delta t)^2\sum_{i\neq j}\left\|\phi^{1/2}\frac{\partial^2\xi^{n+1}}{\partial x_i\partial x_j}\right\|_0^2-(\lambda\Delta t)^2\sum_{i\neq j}\left\|\phi^{1/2}\frac{\partial^2\bar{\xi}^n}{\partial x_i\partial x_j}\right\|_0^2
\end{aligned}
$$

$$
\begin{aligned}
&-(1-M\Delta t)(\lambda\Delta t)^3\left\|\phi^{1/2}\frac{\partial^3\xi^{n+1}}{\partial x_1\partial x_2\partial x_3}\right\|_0^2-(\lambda\Delta t)^3\left\|\phi^{1/2}\frac{\partial^3\bar{\xi}^n}{\partial x_1\partial x_2\partial x_3}\right\|_0^2\\
\leqslant &M\left\{(\Delta t)^2+h^{2^{(k+1)}}+\Delta t\int_\Omega\int_{t^n}^{t^{n+1}}\left|\frac{\partial^2u}{\partial\tau^2}\right|^2\mathrm{d}t\mathrm{d}x+(\Delta t)^{-1}\int_{t^n}^{t^{n+1}}\left\|\frac{\partial\zeta}{\partial t}\right\|_0^2\mathrm{d}t\right.\\
&+\Delta t\int_{t^n}^{t^{n+1}}\left\|\nabla\frac{\partial\zeta}{\partial t}\right\|_0^2\mathrm{d}t+\Delta t\int_{t^n}^{t^{n+1}}\sum_{i\neq j}\left\|\frac{\partial^2}{\partial x_i\partial x_j}\left(\frac{\partial\zeta}{\partial t}\right)\right\|_0^2\mathrm{d}t\\
&\left.+(\Delta t)^2\int_{t^n}^{t^{n+1}}\left\|\frac{\partial^3}{\partial x_1\partial x_2\partial x_3}\left(\frac{\partial\zeta}{\partial t}\right)\right\|_0^2\mathrm{d}t\right\}\Delta t.
\end{aligned}\tag{3.2.35}
$$

由于 $\lambda\geqslant\dfrac{1}{2}\max\limits_{x,u}\left|\dfrac{a\left(\bar{u}_h^n\right)}{\phi}\right|$, 则有 $\lambda\geqslant\dfrac{1}{2}\max\limits_{x,u}\left|\dfrac{a\left(\bar{u}_h^n\right)}{\phi}-\lambda\right|$. 记 $K=3M$ 和选定 Δt 适当小, 使得 $K\Delta t\leqslant\dfrac{1}{2}$. 假定空间和时间剖分参数满足关系式:

$$
\Delta t=O(h^2),\tag{3.2.36}
$$

则有

$$
\begin{aligned}
&(1-K\Delta t)\left\{\left\|\phi^{1/2}\xi^{n+1}\right\|_0^2+\lambda\Delta t\left\|\phi^{1/2}\nabla\xi^{n+1}\right\|_0^2\right.\\
&\left.+(\lambda\Delta t)^2\sum_{i\neq j}\left\|\phi^{1/2}\frac{\partial^2\xi^{n+1}}{\partial x_i\partial x_j}\right\|_0^2+(\lambda\Delta t)^3\left\|\phi^{1/2}\frac{\partial^3\xi^{n+1}}{\partial x_1\partial x_2\partial x_3}\right\|_0^2\right\}\\
&-(1+K\Delta t)\left\{\left\|\phi^{1/2}\bar{\xi}^n\right\|_0^2+\lambda\Delta t\left\|\phi^{1/2}\nabla\bar{\xi}^n\right\|_0^2+(\lambda\Delta t)^2\sum_{i\neq j}\left\|\phi^{1/2}\frac{\partial^2\bar{\xi}^n}{\partial x_i\partial x_j}\right\|_0^2\right.\\
&\left.+(\lambda\Delta t)^3\left\|\phi^{1/2}\frac{\partial^3\bar{\xi}^n}{\partial x_1\partial x_2\partial x_3}\right\|_0^2\right\}\\
\leqslant &M\left\{(\Delta t)^2+h^{2^{(k+1)}}\right\}\Delta t+M\left\{(\Delta t)^2\int_{t^n}^{t^{n+1}}\left[\left\|\frac{\partial^2u}{\partial\tau^2}\right\|_0^2+\left\|\frac{\partial\zeta}{\partial t}\right\|_2^2\right]\mathrm{d}t\right.\\
&\left.+(\Delta t)^3\int_{t^n}^{t^{n+1}}\left\|\frac{\partial\zeta}{\partial t}\right\|_3^2\mathrm{d}t\right\}.
\end{aligned}\tag{3.2.37}
$$

下面用 $\|\xi^n\|$ 来估计 $\|\bar{\xi}^n\|_0$, 为此由 (3.2.12) 有

$$
\begin{aligned}
&\left(\phi\left(\bar{\xi}^n-\xi^n\right),z_h\right)+\lambda\Delta t\left(\phi\nabla\left(\bar{\xi}^n-\xi^n\right),\nabla z_h\right)\\
&+(\lambda\Delta t)^2\sum_{i\neq j}\left(\phi\frac{\partial^2\left(\bar{\xi}^n-\xi^n\right)}{\partial x_i\partial x_j},\frac{\partial^2z_h}{\partial x_i\partial x_j}\right)\\
&+(\lambda\Delta t)^3\left(\phi\frac{\partial^3\left(\bar{\xi}^n-\xi^n\right)}{\partial x_1\partial x_2\partial x_3},\frac{\partial^3z_h}{\partial x_1\partial x_2\partial x_3}\right)
\end{aligned}
$$

$$
\begin{aligned}
=&\left(\phi\left(\bar{\zeta}^n-\zeta^n, z_h\right)+\lambda\Delta t\left(\phi\nabla\left(\bar{\zeta}^n-\zeta^n, z_h\right), \nabla z_h\right)\right. \\
&+(\lambda\Delta t)^2\sum_{i=j}\left(\phi\frac{\partial^2\left(\bar{\zeta}^n-\zeta^n\right)}{\partial x_i\partial x_j}, \frac{\partial^2 z_h}{\partial x_i\partial x_j}\right) \\
&+(\lambda\Delta t)^3\left(\phi\frac{\partial^3\left(\bar{\zeta}^n-\zeta^n\right)}{\partial x_1\partial x_2\partial x_3}, \frac{\partial^3 z_h}{\partial x_1\partial x_2\partial x_3}\right).
\end{aligned} \tag{3.2.38}
$$

取 $z_h=\bar{\xi}^n$, 可得

$$
\begin{aligned}
&(1-\varepsilon)\left\{\left\|\phi^{1/2}\bar{\xi}^n\right\|_0^2+\lambda\Delta t\left\|\phi^{1/2}\bar{\xi}^n\right\|_0^2+(\lambda\Delta t)\sum_{i\neq j}\left\|\phi^{1/2}\frac{\partial^2\bar{\xi}^n}{\partial x_i\partial x_j}\right\|_0^2\right. \\
&\left.+(\lambda\Delta t)^3\left\|\phi^{1/2}\frac{\partial^3\bar{\xi}^n}{\partial x_1\partial x_2\partial x_3}\right\|_0^2\right\} \\
\leqslant&\left\|\phi^{1/2}\xi^n\right\|_0^2+\lambda\Delta t\left\|\phi^{1/2}\nabla\xi^n\right\|_0^2+(\lambda\Delta t)^2\sum_{i\neq j}\left\|\phi^{1/2}\frac{\partial^2\xi^n}{\partial x_i\partial x_j}\right\|_0^2 \\
&+(\lambda\Delta t)^3\left\|\phi^{1/2}\frac{\partial^3\xi^n}{\partial x_1\partial x_2\partial x_3}\right\|_0^2 \\
&+\frac{1}{\varepsilon}\left\{\left\|\phi^{1/2}\left(\bar{\zeta}^n-\zeta^n\right)\right\|_0^2+\lambda\Delta t\left\|\phi^{1/2}\nabla\left(\bar{\zeta}^n-\zeta^n\right)\right\|_0^2\right. \\
&+(\Delta t)^2\sum_{i=j}\left\|\phi^{1/2}\frac{\partial^2\left(\bar{\zeta}^n-\zeta^n\right)}{\partial x_i\partial x_j}\right\|^2 \\
&\left.+(\lambda\Delta t)^3\sum_{i=j}\left\|\phi^{1/2}\frac{\partial^3\left(\bar{\zeta}^n-\zeta^n\right)}{\partial x_1\partial x_2\partial x_3}\right\|_0^2\right\}.
\end{aligned} \tag{3.2.39}
$$

对估计式 (3.2.37), 由 (3.2.39) 消去 $\bar{\xi}^n$ 可得

$$
\begin{aligned}
&\frac{1-K\Delta t}{1+K\Delta t}(1-\varepsilon)\left\{\left\|\phi^{1/2}\xi^{n+1}\right\|_0^2+\lambda\Delta t\left\|\phi^{1/2}\nabla\xi^{n+1}\right\|_0^2\right. \\
&\left.+(\lambda\Delta t)^2\sum_{i\neq j}\left\|\phi^{1/2}\frac{\partial^2\xi^{n+1}}{\partial x_i\partial x_j}\right\|_0^2+(\lambda\Delta t)^3\left\|\phi^{1/2}\frac{\partial^3\xi^{n+1}}{\partial x_1\partial x_2\partial x_3}\right\|_0^2\right\} \\
&-\left\{\left\|\phi^{1/2}\xi^n\right\|_0^2+\lambda\Delta t\left\|\phi^{1/2}\nabla\xi^n\right\|_0^2+(\lambda\Delta t)^2\sum_{i\neq j}\left\|\phi^{1/2}\frac{\partial^2\xi^n}{\partial x_i\partial x_j}\right\|_0^2\right. \\
&\left.+(\lambda\Delta t)^3\left\|\phi^{1/2}\frac{\partial^3\xi^n}{\partial x_1\partial x_2\partial x_3}\right\|_0^2\right\} \\
\leqslant&M(1-\varepsilon)\left\{(\Delta t)^2+h^{2(k+1)}\right\}\Delta t+\left(\frac{M}{\varepsilon}\right)h^{2(k+1)}
\end{aligned}
$$

$$+M(1-\varepsilon)\left\{(\Delta t)^2\int_{t^n}^{t^{n+1}}\left[\left\|\frac{\partial^2 u}{\partial\tau^2}\right\|_0^2+\left\|\frac{\partial\zeta}{\partial t}\right\|_2^2\right]\mathrm{d}t\right.$$
$$\left.+(\Delta t)^3\int_{t^n}^{t^{n+1}}\left\|\frac{\partial\zeta}{\partial t}\right\|_3^2\mathrm{d}t\right\},\tag{3.2.40}$$

式 (3.2.40) 为变网格的情况. 若网格不变, 亦即 $N_h^{n+1}=N_h^n$, 此时 $\bar{u}_h^n=u_h^n$, 估计式为

$$\frac{1-K\Delta t}{1+K\Delta t}\left\{\left\|\phi^{1/2}\xi^{n+1}\right\|_0^2+\lambda\Delta t\left\|\phi^{1/2}\xi^{n+1}\right\|_0^2+(\lambda\Delta t)^2\sum_{i\neq j}\left\|\phi^{1/2}\frac{\partial^2\xi^{n+1}}{\partial x_i\partial x_j}\right\|_0^2\right.$$
$$\left.+(\lambda\Delta t)^3\left\|\phi^{1/2}\frac{\partial^3\xi^{n+1}}{\partial x_1\partial x_2\partial x_3}\right\|_0^2\right\}$$
$$-\left\{\left\|\phi^{1/2}\xi^{n}\right\|_0^2+\lambda\Delta t\left\|\phi^{1/2}\nabla\xi^{n}\right\|_0^2+(\lambda\Delta t)^2\sum_{i\neq j}\left\|\phi^{1/2}\frac{\partial^2\xi^{n}}{\partial x_i\partial x_j}\right\|_0^2\right.$$
$$\left.+(\lambda\Delta t)^3\left\|\phi^{1/2}\frac{\partial^3\xi^{n}}{\partial x_1\partial x_2\partial x_3}\right\|_0^2\right\}$$
$$\leqslant M\left\{(\Delta t)^2+h^{2(k+1)}\right\}\Delta t+M\left\{(\Delta t)^2\int_{t^n}^{t^{n+1}}\left[\left\|\frac{\partial^2 u}{\partial\tau^2}\right\|_0^2+\left\|\frac{\partial\zeta}{\partial t}\right\|_2^2\right]\mathrm{d}t\right.$$
$$\left.+(\Delta t)^3\int_{t^n}^{t^{n+1}}\left\|\frac{\partial\zeta}{\partial t}\right\|_3^2\mathrm{d}t\right\}.\tag{3.2.41}$$

若在此计算全过程中共有 R 次网格变动, 对应的有估计式 (3.2.40), 其余 $L-R$ 次网格均不变动, 对应处有估计式 (3.2.41), 不失一般性, 设次序如下:

$$\frac{1-K\Delta t}{1+K\Delta t}\left\{\left\|\phi^{1/2}\xi^{1}\right\|_0^2+\lambda\Delta t\left\|\phi^{1/2}\nabla\xi^{1}\right\|_0^2+(\lambda\Delta t)^2\sum_{i\neq j}\left\|\phi^{1/2}\frac{\partial^2\xi^{1}}{\partial x_i\partial x_j}\right\|_0^2\right.$$
$$\left.+(\lambda\Delta t)^3\left\|\phi^{1/2}\frac{\partial^3\xi^{1}}{\partial x_1\partial x_2\partial x_3}\right\|_0^2\right\}-\left\{\left\|\phi^{1/2}\xi^{0}\right\|_0^2\right.$$
$$\left.+\lambda\Delta t\left\|\phi^{1/2}\nabla\xi^{0}\right\|_0^2+(\lambda\Delta t)^2\sum_{i\neq j}\left\|\phi^{1/2}\frac{\partial^2\xi^{0}}{\partial x_i\partial x_j}\right\|_0^2+(\lambda\Delta t)^3\left\|\phi^{1/2}\frac{\partial^3\xi^{0}}{\partial x_1\partial x_2\partial x_3}\right\|_0^2\right\}$$
$$\leqslant M\left\{(\Delta t)^2+h^{2(k+1)}\right\}\Delta t+M\left\{(\Delta t)^2\int_{t^0}^{t^1}\left[\left\|\frac{\partial^2 u}{\partial\tau^2}\right\|_0^2+\left\|\frac{\partial\zeta}{\partial t}\right\|_2^2\right]\mathrm{d}t\right.$$
$$\left.+(\Delta t)^3\int_{t^0}^{t^1}\left\|\frac{\partial\zeta}{\partial t}\right\|_3^2\mathrm{d}t\right\},\tag*{(3.2.42)$_1$}$$

$$(1-\varepsilon)\left(\frac{1-K\Delta t}{1+K\Delta t}\right)\left\{\left\|\phi^{1/2}\xi^{2}\right\|_0^2+\lambda\Delta t\left\|\phi^{1/2}\nabla\xi^{2}\right\|_0^2\right.$$

$$
\begin{aligned}
&+(\lambda\Delta t)^2\sum_{i\neq j}\left\|\phi^{1/2}\frac{\partial^2\xi^2}{\partial x_i\partial x_j}\right\|_0^2+(\lambda\Delta t)^3\left\|\phi^{1/2}\frac{\partial^3\xi^2}{\partial x_1\partial x_2\partial x_3}\right\|_0^2\Bigg\}\\
&-\left\{\left\|\phi^{1/2}\xi^1\right\|_0^2+\lambda\Delta t\left\|\phi^{1/2}\nabla\xi^1\right\|_0^2+(\lambda\Delta t)^2\sum_{i=j}\left\|\phi^{1/2}\frac{\partial^2\xi^1}{\partial x_i\partial x_j}\right\|_0^2\right.\\
&\left.+(\lambda\Delta t)^3\left\|\phi^{1/2}\frac{\partial^3\xi^1}{\partial x_1\partial x_2\partial x_3}\right\|_0^2\right\}\\
\leqslant& M\left\{(\Delta t)^2+h^{2(k+1)}\right\}\Delta t+\frac{M}{\varepsilon}h^{2(k+1)}+M(1-\varepsilon)\left\{(\Delta t)^2\int_{t^1}^{t^2}\left[\left\|\frac{\partial^2 u}{\partial\tau^2}\right\|_0^2+\left\|\frac{\partial\zeta}{\partial t}\right\|_2^2\right]\mathrm{d}t\right.\\
&\left.+(\Delta t)^3\int_{t^1}^{t^2}\left\|\frac{\partial\zeta}{\partial t}\right\|_3^2\mathrm{d}t\right\}.
\end{aligned}\tag{3.2.42$_2$}
$$

$$
\begin{aligned}
&\frac{1-K\Delta t}{1+K\Delta t}\left\{\left\|\phi^{1/2}\xi^3\right\|_0^2+\lambda\Delta t\left\|\phi^{1/2}\nabla\xi^3\right\|_0^2+(\lambda\Delta t)^2\sum_{i\neq j}\left\|\phi^{1/2}\frac{\partial^2\xi^3}{\partial x_i\partial x_j}\right\|_0^2\right.\\
&\left.+(\lambda\Delta t)^3\left\|\phi^{1/2}\frac{\partial^3\xi^3}{\partial x_1\partial x_2\partial x_3}\right\|_0^2\right\}\\
&-\left\{\left\|\phi^{1/2}\xi^2\right\|_0^2+\lambda\Delta t\left\|\phi^{1/2}\nabla\xi^2\right\|_0^2+(\lambda\Delta t)^2\sum_{i\neq j}\left\|\phi^{1/2}\frac{\partial^2\xi^2}{\partial x_i\partial x_j}\right\|_0^2\right.\\
&\left.+(\lambda\Delta t)^3\left\|\phi^{1/2}\frac{\partial^3\xi^2}{\partial x_1\partial x_2\partial x_3}\right\|_0^2\right\}\\
\leqslant& M\left\{(\Delta t)^2+h^{2^{(k+1)}}\right\}\Delta t+M\left\{(\Delta t)^2\int_{t^2}^{t^3}\left[\left\|\frac{\partial^2 u}{\partial\tau^2}\right\|_0^2+\left\|\frac{\partial\zeta}{\partial t}\right\|_0^2\right]\mathrm{d}t\right.\\
&\left.+(\Delta t)^3\int_{t^2}^{t^3}\left\|\frac{\partial\zeta}{\partial t}\right\|_3^2\mathrm{d}t\right\},
\end{aligned}\tag{3.2.42$_3$}
$$

$$
\begin{aligned}
&(1-\varepsilon)\left(\frac{1-K\Delta t}{1+K\Delta t}\right)\left\{\left\|\phi^{1/2}\xi^4\right\|_0^2+\lambda\Delta t\left\|\phi^{1/2}\nabla\xi^4\right\|_0^2\right.\\
&\left.+(\lambda\Delta t)^2\sum_{i\neq j}\left\|\phi^{1/2}\frac{\partial^2\xi^4}{\partial x_i\partial x_j}\right\|_0^2+(\lambda\Delta t)^3\left\|\phi^{1/2}\frac{\partial^3\xi^4}{\partial x_1\partial x_2\partial x_3}\right\|_0^2\right\}\\
&-\left\{\left\|\phi^{1/2}\xi^3\right\|_0^2+\lambda\Delta t\left\|\phi^{1/2}\nabla\xi^3\right\|_0^2+(\lambda\Delta t)^2\sum_{i\neq j}\left\|\phi^{1/2}\frac{\partial^2\xi^3}{\partial x_i\partial x_j}\right\|_0^2\right.\\
&\left.+(\lambda\Delta t)^3\left\|\phi^{1/2}\frac{\partial^3\xi^3}{\partial x_1\partial x_2\partial x_3}\right\|_0^2\right\}
\end{aligned}
$$

$$\leqslant M\left\{(\Delta t)^2+h^{2(k+1)}\right\}\Delta t+\frac{M}{\varepsilon}h^{2(k+1)}+M(1-\varepsilon)\left\{(\Delta t)^2\int_{t^3}^{t^4}\left[\left\|\frac{\partial^2 u}{\partial\tau^2}\right\|_0^2+\left\|\frac{\partial\zeta}{\partial t}\right\|_2^2\right]\mathrm{d}t\right.$$

$$\left.+(\Delta t)^3\int_{t^3}^{t^4}\left\|\frac{\partial\zeta}{\partial t}\right\|_3^2\mathrm{d}t\right\}, \qquad (3.2.42)_4$$

$$\cdots\cdots$$

$$\frac{1-K\Delta t}{1+K\Delta t}\left\{\left\|\phi^{1/2}\xi^r\right\|_0^2+\lambda\Delta t\left\|\phi^{1/2}\nabla\xi^r\right\|_0^2+(\lambda\Delta t)^2\sum_{i\neq j}\left\|\phi^{1/2}\frac{\partial^2\xi^r}{\partial x_i\partial x_j}\right\|_0^2\right.$$

$$\left.+(\lambda\Delta t)^3\left\|\phi^{1/2}\frac{\partial^3\xi^r}{\partial x_1\partial x_2\partial x_3}\right\|_0^2\right\}$$

$$-\left\{\left\|\phi^{1/2}\xi^{r-1}\right\|_0^2+\lambda\Delta t\left\|\phi^{1/2}\nabla\xi^{r-1}\right\|_0^2+(\lambda\Delta t)^2\sum_{i\neq j}\left\|\phi^{1/2}\frac{\partial^2\xi^{r-1}}{\partial x_i\partial x_j}\right\|_0^2\right.$$

$$\left.+(\lambda\Delta t)^3\left\|\phi^{1/2}\frac{\partial^3\xi^{r-1}}{\partial x_1\partial x_2\partial x_3}\right\|_0^2\right\}$$

$$\leqslant M\left\{(\Delta t)^2+h^{2(k+1)}\right\}\Delta t+M\left\{(\Delta t)^2\int_{t^{r-1}}^{t^r}\left[\left\|\frac{\partial^2 u}{\partial\tau^2}\right\|_0^2+\left\|\frac{\partial\zeta}{\partial t}\right\|_2^2\right]\mathrm{d}t\right.$$

$$\left.+(\Delta t)^3\int_{t^{r-1}}^{t^r}\left\|\frac{\partial\zeta}{\partial t}\right\|_3^2\mathrm{d}t\right\}, \qquad (3.2.42)_r$$

$$(1-\varepsilon)\left(\frac{1-K\Delta t}{1+K\Delta t}\right)\left\{\left\|\phi^{1/2}\xi^{r+1}\right\|_0^2+\lambda\Delta t\left\|\phi^{1/2}\nabla\xi^{r+1}\right\|_0^2\right.$$

$$\left.+(\lambda\Delta t)^2\sum_{i\neq j}\left\|\phi^{1/2}\frac{\partial^2\xi^{r+1}}{\partial x_i\partial x_j}\right\|_0^2+(\lambda\Delta t)^3\left\|\phi^{1/2}\frac{\partial^3\xi^{r+1}}{\partial x_1\partial x_2\partial x_3}\right\|_0^2\right\}$$

$$-\left\{\left\|\phi^{1/2}\xi^r\right\|_0^2+\lambda\Delta t\left\|\phi^{1/2}\nabla\xi^r\right\|_0^2+(\lambda\Delta t)^2\sum_{i\neq j}\left\|\phi^{1/2}\frac{\partial^2\xi^r}{\partial x_i\partial x_j}\right\|_0^2\right.$$

$$\left.+(\lambda\Delta t)^3\left\|\phi^{1/2}\frac{\partial^3\xi^r}{\partial x_1\partial x_2\partial x_3}\right\|_0^2\right\}$$

$$\leqslant M\left\{(\Delta t)^2+h^{2(k+1)}\right\}\Delta t+\frac{M}{\varepsilon}h^{2(k+1)}$$

$$+M(1-\varepsilon)\left\{(\Delta t)^2\int_{t^r}^{t^{r+1}}\left[\left\|\frac{\partial^2 u}{\partial\tau^2}\right\|_0^2+\left\|\frac{\partial\zeta}{\partial t}\right\|_2^2\right]\mathrm{d}t\right.$$

$$\left.+(\Delta t)^3\int_{t^r}^{t^{r+1}}\left\|\frac{\partial\zeta}{\partial t}\right\|_3^2\mathrm{d}t\right\}, \qquad (3.2.42)_{r+1}$$

$$\cdots\cdots$$

$$\begin{aligned}
&\frac{1-K\Delta t}{1+K\Delta t}\left\{\left\|\phi^{1/2}\xi^{L}\right\|_0^2+\lambda\Delta t\left\|\phi^{1/2}\nabla\xi^{L}\right\|_0^2+(\lambda\Delta t)^2\sum_{i\neq j}\left\|\phi^{1/2}\frac{\partial^2\xi^{L}}{\partial x_i\partial x_j}\right\|_0^2\right.\\
&\left.+(\lambda\Delta t)^3\left\|\phi^{1/2}\frac{\partial^3\xi^{L}}{\partial x_1\partial x_2\partial x_3}\right\|_0^2\right\}\\
&-\left\{\left\|\phi^{1/2}\xi^{L-1}\right\|_0^2+\lambda\Delta t\left\|\phi^{1/2}\nabla\xi^{L-1}\right\|_0^2+(\lambda\Delta t)^2\sum_{i\neq j}\left\|\phi^{1/2}\frac{\partial^2\xi^{L-1}}{\partial x_i\partial x_j}\right\|_0^2\right.\\
&\left.+(\lambda\Delta t)^3\left\|\phi^{1/2}\frac{\partial^3\xi^{L-1}}{\partial x_1\partial x_2\partial x_3}\right\|_0^2\right\}\\
&\leqslant M\left\{(\Delta t)^2+h^{2(k+1)}\right\}\Delta t+M\left\{(\Delta t)^2\int_{t^{L-1}}^{t^L}\left[\left\|\frac{\partial^2 u}{\partial\tau^2}\right\|_0^2+\left\|\frac{\partial\zeta}{\partial t}\right\|_2^2\right]\mathrm{d}t\right.\\
&\left.+(\Delta t)^3\int_{t^{L-1}}^{t^L}\left\|\frac{\partial\zeta}{\partial t}\right\|_3^2\mathrm{d}t\right\},
\end{aligned}\tag{3.2.42$_L$}$$

依次求和

$$\begin{aligned}
&(3.2.24)_1+\left(\frac{1-K\Delta t}{1+K\Delta t}\right)(3.2.24)_2+(1-\varepsilon)\left(\frac{1-K\Delta t}{1+K\Delta t}\right)^2(3.2.24)_3\\
&+(1-\varepsilon)\left(\frac{1-K\Delta t}{1+K\Delta t}\right)^3(3.2.24)_4+\cdots\\
&+(1-\varepsilon)^R\left(\frac{1-K\Delta t}{1+K\Delta t}\right)^{L-1}(3.2.24)_L.
\end{aligned}\tag{3.2.43}$$

当有限元空间指数 $k\geqslant 1$ 时, 整理上式可得:

$$\begin{aligned}
&(1-\varepsilon)^R\left(\frac{1-K\Delta t}{1+K\Delta t}\right)^L\left\{\left\|\phi^{1/2}\xi^{L}\right\|_0^2+\lambda\Delta t\left\|\phi^{1/2}\nabla\xi^{L}\right\|_0^2\right.\\
&\left.+(\lambda\Delta t)^2\sum_{i\neq j}\left\|\phi^{1/2}\frac{\partial^2\xi^{L}}{\partial x_i\partial x_j}\right\|_0^2+(\lambda\Delta t)^3\left\|\phi^{1/2}\frac{\partial^3\xi^{L}}{\partial x_1\partial x_2\partial x_3}\right\|_0^2\right\}\\
&-\left\{\left\|\phi^{1/2}\xi^{0}\right\|_0^2+\lambda\Delta t\left\|\phi^{1/2}\nabla\xi^{0}\right\|_0^2+(\lambda\Delta t)^2\sum_{i\neq j}\left\|\phi^{1/2}\frac{\partial^2\xi^{0}}{\partial x_i\partial x_j}\right\|_0^2\right.\\
&\left.+(\lambda\Delta t)^3\left\|\phi^{1/2}\frac{\partial^3\xi^{0}}{\partial x_1\partial x_2\partial x_3}\right\|_0^2\right\}\\
&\leqslant M\left\{(\Delta t)^2+h^{2(k+1)}+\frac{R}{\varepsilon}h^{2(k+1)}\right\}.
\end{aligned}\tag{3.2.44}$$

取 $\varepsilon=\dfrac{1}{1+R}$, 从而 $(1-\varepsilon)^{-R}=\left(1+\dfrac{1}{R}\right)^{R}\leqslant \mathrm{e}$, 又注意到 $\left(\dfrac{1+K\Delta t}{1-K\Delta t}\right)^{L}=\left(1+\dfrac{2K\Delta t}{1-K\Delta t}\right)^{L}\leqslant(1+4K\Delta t)^{T/\Delta t}\leqslant \mathrm{e}^{4KT}$ 和 $\xi^0=0$, 则有

$$\begin{aligned}&\left\|\phi^{1/2}\xi^L\right\|_0^2+\lambda\Delta t\left\|\phi^{1/2}\nabla\xi^L\right\|_0^2+(\lambda\Delta t)^2\sum_{i\neq j}\left\|\phi^{1/2}\frac{\partial^2\xi^L}{\partial x_i\partial x_j}\right\|_0^2\\&+(\lambda\Delta t)^3\left\|\phi^{1/2}\frac{\partial^3\xi^L}{\partial x_1\partial x_2\partial x_3}\right\|_0^2\\\leqslant&M\left\{(\Delta t)^2+h^{2(k+1)}+R(R+1)h^{2(k+1)}\right\},\end{aligned}\tag{3.2.45}$$

若网格变动次数不是太多, 即与 Δt 及步长 h 无关, 于是有

$$\begin{aligned}&\left\|\phi^{1/2}\xi^L\right\|_0^2+\lambda\Delta t\left\|\phi^{1/2}\nabla\xi^L\right\|_0^2+(\lambda\Delta t)^2\sum_{i\neq j}\left\|\phi^{1/2}\frac{\partial^2\xi^L}{\partial x_i\partial x_j}\right\|_0^2\\&+(\lambda\Delta t)^3\left\|\phi^{1/2}\frac{\partial^3\xi^L}{\partial x_1\partial x_2\partial x_3}\right\|_0^2\\\leqslant&M\{(\Delta t)^2+h^{2(k+1)}\}.\end{aligned}\tag{3.2.46}$$

最后需要检验归纳法假定 (3.2.23), 从 (3.2.46). 有

$$\left\|\xi^L\right\|_{0,\infty}\leqslant M\left\{h^{-3/2}\Delta t+h^{k-1/2}\right\}.$$

假定 $k\geqslant 1$, 考虑到空间和时间离散关系式 (3.2.36), 则 (3.2.23) 成立.

定理 3.2.1 若问题 (3.2.1)~(3.2.4) 的精确解具有适当的光滑性, 采用交替方向特征修正变网格有限元格式 (3.2.12)~(3.2.14) 逐层计算, 假定 $k\geqslant 1$, 且剖分参数满足限制性条件 (3.2.36), 则最佳阶 L^2 模误差估计式成立:

$$\begin{aligned}&\|u-u_h\|_{\bar{L}_\infty(J,L^2(\Omega))}+(\Delta t)^{1/2}\|\nabla(u-u_h)\|_{\bar{L}_\infty(J,L^2(\Omega))}\\\leqslant&M\left\{\Delta t+h^{k+1}\right\},\end{aligned}\tag{3.2.47}$$

此处常数 $M=M\left\{\left\|\dfrac{\partial^2 u}{\partial\tau^2}\right\|_{L^\infty(L^\infty)},\|u\|_{L^\infty(W^{k+1,\infty})}\right\}$ 依赖于 u 及其导函数.

3.2.4 应用

我们所提出的方法 (3.2.12)~(3.2.14) 已成功应用到油气资源评估的数值模拟中①, 其数学模型为

$$S\frac{\partial p}{\partial t}-\nabla\cdot\left(\frac{k}{\mu}\nabla p\right)=g(x,p,T),\quad x=(x_1,x_2,x_3)^{\mathrm{T}}\in\Omega,t\in J=(0,\bar{T}],\tag{3.2.48}$$

①山东大学数学研究所, 胜利石油管理局: 三维盆地模拟研究, 1993.4.

$$u=-\frac{k}{\mu}\nabla p,\quad x\in\Omega,t\in J, \tag{3.2.49}$$

$$a_0\frac{\partial T}{\partial t}+b_0u\cdot\nabla T-\nabla\cdot(K_s\nabla T)-S_0T\frac{\partial p}{\partial t}=f(x,p,T),\quad x\in\Omega,t\in J. \tag{3.2.50}$$

我们提出交替方向特征修正变网格有限元格式: 若已知 t^n 时刻有限元解 $\left\{P_h^n,T_h^n\right\}\in N_h^n\times N_h^n$, 寻求 t^{n+1} 时刻的有限元解 $\left\{P_h^{n+1},T_h^{n+1}\right\}\in N_h^{n+1}\times N_h^{n+1}$.

首先应用广义 L^2 投影:

$$\begin{aligned}&\left(S\left(\bar{P}_h^n-P_h^n\right),z_h\right)+\lambda_p\Delta t\left(S\nabla\left(\bar{P}_h^n-P_h^n\right),\nabla z_h\right)\\&+(\lambda_p\Delta t)^2\sum_{i\neq j}\left(S\frac{\partial^2\left(\bar{P}_h^n-P_h^n\right)}{\partial x_i\partial x_j},\frac{\partial^2 z_h}{\partial x_i\partial x_j}\right)\\&+(\lambda_p\Delta t)^3\left(S\frac{\partial^3\left(\bar{P}_h^n-P_h^n\right)}{\partial x_1\partial x_2\partial x_3},\frac{\partial^3 z_h}{\partial x_1\partial x_2\partial x_3}\right)=0,\quad\forall z_h\in N_h^{n+1},\end{aligned} \tag{3.2.51}$$

$$\begin{aligned}&\left(S\left(\bar{P}_h^0-P_h^0\right),z_h\right)+\lambda_p\Delta t\left(S\nabla\left(\bar{P}_h^0-P_h^0\right),\nabla z_h\right)\\&+(\lambda_p\Delta t)^2\sum_{i\neq j}\left(S\frac{\partial^2\left(\bar{P}_h^0-P_h^0\right)}{\partial x_i\partial x_j},\frac{\partial^2 z_h}{\partial x_i\partial x_j}\right)\\&+(\lambda_p\Delta t)^3\left(S\frac{\partial^3\left(\bar{P}_h^0-P_h^0\right)}{\partial x_1\partial x_2\partial x_3},\frac{\partial^3 z_h}{\partial x_1\partial x_2\partial x_3}\right)=0,\quad\forall z_h\in N_h^1,\end{aligned} \tag{3.2.52}$$

$$\begin{aligned}&\left(a_0\left(\bar{T}_h^n-T_h^n\right),z_n\right)+\lambda_T\Delta t\left(a_0\nabla\left(\bar{T}_h^n-T_h^n\right),\nabla z_h\right)\\&+(\lambda_T\Delta t)^2\sum_{i\neq j}\left(a_0\frac{\partial^2\left(\bar{T}_h^n-T_h^n\right)}{\partial x_i\partial x_j},\frac{\partial^2 z_h}{\partial x_i\partial x_j}\right)\\&+(\lambda_T\Delta t)^3\sum_{i\neq j}\left(a_0\frac{\partial^3\left(\bar{T}_h^n-T_h^n\right)}{\partial x_1\partial x_2\partial x_3},\frac{\partial^3 z_h}{\partial x_1\partial x_2\partial x_3}\right)=0,\quad\forall z_h\in N_h^{n+1},\end{aligned} \tag{3.2.53}$$

$$\begin{aligned}&\left(a_0\left(\bar{T}_h^0-T_h^0\right),z_n\right)+\lambda_T\Delta t\left(a_0\left(\bar{T}_h^0-T_h^0\right),z_h\right)\\&+(\lambda_T\Delta t)^2\sum_{i\neq j}\left(a_0\frac{\partial^2\left(\bar{T}_h^0-T_h^0\right)}{\partial x_i\partial x_j},\frac{\partial^2 z_h}{\partial x_i\partial x_j}\right)\end{aligned}$$

$$+\left(\lambda_T\Delta t\right)^3\left(a_0\frac{\partial^3\left(\bar{T}_h^0-T_h^0\right)}{\partial x_1\partial x_2\partial x_3},\frac{\partial^3 z_h}{\partial x_1\partial x_2\partial x_3}\right)=0,\quad \forall z_h\in N_h^1. \tag{3.2.54}$$

对于交替方向特征修正变网格有限元格式, 当 $\left\{\bar{P}_h^n,\bar{T}_h^n\right\}\in N_h^{n+1}\times N_h^{n+1}$ 是已知时, 用如下格式寻求有限元解: $\left\{P_h^{n+1},T_h^{n+1}\right\}\in N_h^{n+1}\times N_h^{n+1}$.

当 $N_h^{n+1}\neq N_h^n$, 需要这些辅助投影. λ_p 和 λ_T 是正常数, λ_p 和 λ_T 被选定满足 $\lambda_p\geqslant\frac{1}{2}\left(\frac{k^*}{\mu_{\rm s}}\right)$ 和 $\lambda_T\geqslant\frac{1}{2}\left(\frac{K_{\rm s}^*}{a_0}\right)$.

$$\begin{aligned}&\left(S\frac{p_h^{n+1}-\bar{p}_h^n}{\Delta t},z_n\right)+\left(\frac{k}{\mu}\nabla\bar{p}_h^n,\nabla z_h\right)+\lambda_p\Delta t\left(S\nabla d_tP_h^n,\nabla z_h\right)\\&+\left(\lambda_p\Delta t\right)^2\sum_{i\neq j}\left(S\frac{\partial^2 d_tP_h^n}{\partial x_i\partial x_j},\frac{\partial^2 z_h}{\partial x_i\partial x_j}\right)+\left(\lambda_p\Delta t\right)^3\left(S\frac{\partial^3 d_tP_h^n}{\partial x_1\partial x_2\partial x_3},\frac{\partial^3 z_h}{\partial x_1\partial x_2\partial x_3}\right)\\&=\left(g\left(\bar{P}_h^n,\hat{\bar{T}}_h^n\right),z_h\right),\quad \forall z_h\in N_h^{n+1},\end{aligned} \tag{3.2.55}$$

$$\begin{aligned}&\left(a_0\frac{T_h^{n+1}-\hat{\bar{T}}_h^n}{\Delta t},z_h\right)+\left(K_s\nabla\bar{T}_h^n,\nabla z_h\right)+\lambda_T\Delta t\left(a_0 d_tT_h^n,\nabla z_h\right)\\&+\left(\lambda_T\Delta t\right)^2\sum_{i\neq j}\left(a_0\frac{\partial^2 d_tT_h^n}{\partial x_i\partial x_j},\frac{\partial^2 z_h}{\partial x_i\partial x_j}\right)+\left(\lambda_T\Delta t\right)^3\left(a_0\frac{\partial^3 d_tT_h^n}{\partial x_1\partial x_2\partial x_3},\frac{\partial^3 z_h}{\partial x_1\partial x_2\partial x_3}\right)\\&=\left(f\left(\bar{P}_h^n,\hat{\bar{T}}_h^n\right),z_h\right),\quad \forall z_h\in N_h^{n+1},\end{aligned} \tag{3.2.56}$$

此处 $\hat{\bar{T}}_h^n=\bar{T}(\hat{x})$, $\hat{x}=x-\left(\frac{b_0}{a_0}\right)U_h^n\Delta t$, $U_h^n=-\left(\frac{k}{\mu}\right)\nabla\bar{P}_h^n$, $d_tP_h^n=\left(\frac{1}{\Delta t}\right)\left\{P_h^{n+1}-\bar{P}_h^n\right\}$, $d_tT_h^n=\left(\frac{1}{\Delta t}\right)\left\{T_h^{n+1}-\bar{T}_h^n\right\}$. 类似地, 应用复杂和精细的估计, 能得到收敛性定理.

该方法还成功应用到海水入侵及防治工程的数值模拟, 其数学模型为

$$\nabla\cdot(a\nabla H)=S_s\frac{\partial H}{\partial t}-q,\quad x=(x_1,x_2,x_3)^{\rm T}\in\Omega,t\in J, \tag{3.2.57}$$

$$\nabla\cdot(\psi D\nabla C)-U\cdot\nabla c=\psi\frac{\partial c}{\partial t}+\psi S_s c\frac{\partial H}{\partial t}+q(c^*-c),\quad x\in\Omega,t\in J. \tag{3.2.58}$$

类似地能提出相应的数值格式和收敛性定理.

3.3 对流占优抛物型积分–微分方程的交替方向特征有限元方法

3.3.1 方程模型及特征有限元数值分析

考虑如下抛物型积分–微分方程:

$$
\begin{aligned}
& c(X,t)\,u_t + p(X,t)\cdot\nabla u \\
=& \nabla\cdot(a(X,t,u)\nabla u) + \int_0^t b\left(t,\tau,X,u(X,\tau)\right),\nabla u(X,\tau))\nabla u(X,\tau)\mathrm{d}\tau \\
& + f(X,t,u), \quad X\in\Omega, t\in J,
\end{aligned}
\tag{3.3.1a}
$$

$$
u(X,0) = u_0(X), \tag{3.3.1b}
$$

其边界条件是对空间变量 X 以区域 Ω 为周期的. 这里 c,p,a,b,f,u_0 为已知函数且满足下述讨论中所需的光滑性. p 为向量函数, 存在常数 $a_*,a^*>0$, 使得 $a_*\leqslant a(X,t,\phi)\leqslant a^*,(X,t,\phi)\in\Omega\times J\times\mathbf{R}$. 存在常数 $c_*,c^*>0$, 使得 $c_*\leqslant c(X,t)\leqslant c^*,(X,t)\in\Omega\times J$.

本节记 $W^{m,p}(\Omega)=\left\{\phi\,\Big|\ \dfrac{\partial^\alpha\phi}{\partial X^\alpha}\in L^p(\Omega),|\alpha|\leqslant m;\text{且 }\phi\text{ 对 }X\text{ 以 }\Omega\text{ 为周期}\right\}$为 Ω 上的周期 Sobolev 空间. 定义 $\|\cdot\|_{\tilde{W}^{m,p}(\Omega)}$(亦即 $\|\cdot\|_{W^{m,p}(\Omega)}$) 模同文献 [1], [34], 并简记 $\tilde{H}^m(\Omega)=\tilde{W}^{m,2}(\Omega),\tilde{L}^2(\Omega)=\tilde{H}^0(\Omega),\|\cdot\|_m=\|\cdot\|_{W^{m,p}(\Omega)},\ \|\cdot\|=\|\cdot\|_0$. 此外, 设 F 为模为 $\|\cdot\|_F$ 的 Banach 空间, $\phi:[0,T]\to F$, 定义

$$
\|\phi\|^2_{L^2(F)}=\int_0^T\|\phi(t)\|_F^2\,\mathrm{d}t,\quad \|\psi(t)\|_{r,s}=\sum_{j=0}^r\left(\left\|\frac{\partial^j\psi(t)}{\partial t^j}\right\|_s+\int_0^t\left\|\frac{\partial^j\psi(\tau)}{\partial\tau^j}\right\|_s\mathrm{d}\tau\right),
$$

$$
H^r(J;H^s(\Omega))=\left\{\psi\in H^s(\Omega),\frac{\partial^j\psi}{\partial t^j}\in L^2(J;H^s(\Omega)),j=0,1,2,\cdots,r\right\}.
$$

为方便以后的证明, 对函数的记法作如下简化, 例如 $a(X,t,u)$ 简化记为 $a(u)$, $b(t,\tau,X,u(X,\tau),\nabla u(X,\tau))$ 记为 $b(t,u(\tau))$ 或 $b(u(\tau))$ 等.

记 $\mu\subset H^1(\Omega)$ 为指标为 k 的有限元空间. 引入周期 Ritz-Volterra 投影: 求 $w(t):[0,T]\to\mu$, 使得: 对 $\forall v\in\mu$,

$$
\left(a(u)\nabla(w-u)+\int_0^t b(t,u(\tau))\nabla(w-u)(\tau)\,\mathrm{d}\tau,\nabla v\right)+\kappa(w-u,v)=0, \tag{3.3.2}
$$

此处 κ 为正常数.

记 $\eta=u-w$, 则式 (3.3.2) 等价于: 对 $\forall v\in\mu$,

$$
\left(a(u)\nabla\eta+\int_0^t b(t,u(\tau))\nabla\eta(\tau)\,\mathrm{d}\tau,\nabla v\right)+\kappa(\eta,v)=0. \tag{3.3.3}
$$

我们有如下结论:

引理 3.3.1 存在 $\kappa_0>0$, 使对所有 $\kappa\geqslant\kappa_0$, (3.3.2) 有唯一解 $w(t)\in\mu$.

引理 3.3.2 若 ∇u 有界, $u\in\tilde{H}^1(\Omega)\cap L^2\left(J;H^{k+1}(\Omega)\right)$, 则存在 $K=K(u)$, 使

$$\|\eta\|+h\|\nabla\eta\|\leqslant Kh^{k+1}\|u\|_{k+1,0},\quad k=0,1,2,\cdots.$$

引理 3.3.3 若 $u_t,\nabla u,\nabla u_t$ 有界, $u\in\tilde{H}^1(\Omega)\cap H^1\left(J;H^{k+1}(\Omega)\right)$, 则存在 $K=K(u)$, 使

$$\|\eta_t\|+h\|\nabla\eta_t\|\leqslant Kh^{k+1}\|u\|_{k+1,1},\quad k=0,1,2,\cdots.$$

引理 3.3.4 若 $u_t,u_{tt},\nabla u,\nabla u_t,\nabla u_{tt}$ 有界, $u\in\tilde{H}^1(\Omega)\cap H^2\left(J;H^{k+1}(\Omega)\right)$, 则存在 $K=K(u)$, 使

$$\|\eta_{tt}\|+h\|\nabla\eta_{tt}\|\leqslant Kh^{k+1}\|u\|_{k+1,2},\quad k=0,1,2,\cdots.$$

在引理 3.3.2 条件下, 当 $k\geqslant\dfrac{d}{2}$ 时, $\|\nabla w\|_{L^\infty(L^\infty)}\leqslant K$; 当 $k\geqslant\dfrac{d}{2}-1$ 时, $\|w\|_{L^\infty(L^\infty)}\leqslant K$. 在引理 3.3.3 条件下, 当 $k\geqslant\dfrac{d}{2}$ 时, $\|\nabla w_t\|_{L^\infty(L^\infty)}\leqslant K$; 当 $k\geqslant\dfrac{d}{2}-1$ 时, $\|w_t\|_{L^\infty(L^\infty)}\leqslant K$. 在引理 3.2.4 条件下, 当 $k\geqslant\dfrac{d}{2}$ 时, $\|\nabla w_{tt}\|_{L^\infty(L^\infty)}\leqslant K$; 当 $k\geqslant\dfrac{d}{2}-1$ 时, $\|w_{tt}\|_{L^\infty(L^\infty)}\leqslant K$.

记 $|p|=\left(\displaystyle\sum_{i=1}^{d}|p_i|^2\right)^{\frac{1}{2}}$, $\psi=\sqrt{c^2+|p|^2}$, s 表征方向, 即 $\psi\dfrac{\partial u}{\partial s}=c\dfrac{\partial u}{\partial s}+p\cdot\nabla u$, 则 (3.3.1) 的等价弱形式为

$$\begin{aligned}&\left(\psi\frac{\partial u}{\partial s},v\right)+(a(u)\nabla u,\nabla v)+\left(\int_0^t b(u(\tau))\nabla u(\tau)\,\mathrm{d}\tau,\nabla v\right)\\&=(f(u),v),\quad\forall v\in\tilde{H}^1(\Omega),t\in J,\end{aligned}\tag{3.3.4a}$$

$$(u,v)=(u_0,v),\quad\forall v\in\tilde{H}^1(\Omega),t=0.\tag{3.3.4b}$$

考虑如下特征有限元离散格式: 求 $U^n\in\mu$, 使对 $\forall v\in\mu,n=1,2,\cdots$,

$$\begin{aligned}&\left(\tilde{c}^n\frac{U^{n+1}-\bar{U}^n}{\Delta t},v\right)+\lambda\left(\tilde{c}^n\nabla\left(U^{n+1}-U^n\right),\nabla v\right)+\left(a^n(U)\nabla U^n,\nabla v\right)\\&+\left(\Delta t\sum_{l=0}^{n-1}b_{nl}(U)\nabla U^{l+\frac{1}{2}},\nabla v\right)=\left(f^n(U),v\right)\\&+\left((\tilde{c}^n-c^n)\frac{U^n-\bar{U}^{n-1}}{\Delta t},v\right),\end{aligned}\tag{3.3.5}$$

这里, $\tilde{c}^n$ 是对 $c^n = c(X, t_n)$ 的某个近似, 满足 $\sup|\tilde{c}^n - c^n| = o(1)$;

$$a^n(U) = a(X.t_n, U^n), b_{nl}(U) = b\left(t_n, t_{l+\frac{1}{2}}, X, U^{l+\frac{1}{2}}, \nabla U^{l+\frac{1}{2}}\right),$$

$$f^n(U) = f(X, t_n, U^n), \quad \lambda > \frac{1}{2}\frac{a^*}{c_*},$$

$$\bar{X}^n = X - \frac{p^n}{c^n}\Delta t, \quad \bar{U}^n = \bar{U}^n\left(\bar{X}^{n+1}, t_n\right), \quad \bar{U}^{n-1} = U\left(\bar{X}^n, t_{n-1}\right).$$

讨论 (3.3.5) 的收敛性, 引入 Ritz-Volterra 投影如 (3.3.2), 并记 $\xi^n = U^n - w^n$, 则 $U^n - u^n = \xi^n - \eta^n$, 由 (3.3.3), (3.3.4), (3.3.5), 得误差方程: 对 $n \geqslant 1, \forall v \in \mu$, 有

$$\begin{aligned}
&\left(\tilde{c}^n d_t\xi^n - (\tilde{c}^n - c^n)d_t\xi^{n-1}, v\right) + \left(\lambda\tilde{c}^n\nabla\left(\xi^{n+1} - \xi^n\right) + a^n(U)\nabla\xi^n, \nabla v\right) \\
=&(f^n(U) - f^n(u), v) + ([a^n(u) - a^n(U)]\nabla w^n - \lambda\Delta t\tilde{c}^n\nabla d_t w^n, \nabla v) \\
&+\left(\Delta t\sum_{l=0}^{n-1}\left[-b_{nl}(u)\nabla\xi^{l+\frac{1}{2}} + [b_{nl}(u) - b_{nl}(U)]\nabla w^{l+\frac{1}{2}}\right.\right. \\
&\left.\left.+\left[\hat{b}_{nl}(u) - b_{nl}(u)\right]\nabla w^{l+\frac{1}{2}}\right] + \delta_n(b, \nabla w), \nabla v\right) + \left(-\tilde{c}^n\frac{\xi^n - \bar{\xi}^n}{\Delta t}\right. \\
&+(\tilde{c}^n - c^n)\frac{\xi^{n-1} - \bar{\xi}^{n-1}}{\Delta t} + \left(\psi^n\frac{\partial u^n}{\partial s}\right. \\
&\left.\left.-c^n\frac{u^n - \bar{u}^{n-1}}{\Delta t}\right) - \tilde{c}^n\left(\frac{u^{n+1} - \bar{u}^n}{\Delta t} - \frac{u^n - \bar{u}^{n-1}}{\Delta t}\right), v\right) \\
&+\left(-\kappa\eta^n + \tilde{c}^n d_t\eta^n + (c^n - \tilde{c}^n)d_t\eta^{n-1}, v\right) \\
&+\lambda\left(\tilde{c}^n\nabla\left(\eta^{n+1} - \eta^n\right), \nabla v\right) + \left(\tilde{c}^n\frac{\eta^n - \bar{\eta}^n}{\Delta t}, v\right) \\
&+\left((c^n - \tilde{c}^n)\frac{\eta^{n-1} - \bar{\eta}^{n-1}}{\Delta t}, v\right),
\end{aligned} \tag{3.3.6}$$

这里 $\hat{b}_{nl}(u) = b(t_n, \tau, X, u(X, \tau), \nabla u(X, \tau))|\tau = t_{l+\frac{1}{2}}, b_{nl}(u) = b\Big(t_n, t_{l+\frac{1}{2}}, X, u^{l+\frac{1}{2}},$ $\nabla u^{l+\frac{1}{2}}\Big)$,

$$\delta_n(b, \nabla w) = \int_0^{t_n} b(t_n, \tau, X, u(\tau), \nabla u(\tau))\nabla w(\tau)\,\mathrm{d}\tau - \Delta t\sum_{l=0}^{n-1}\hat{b}_{nl}(u)\nabla w^{l+\frac{1}{2}}.$$

取检验函数 $v = d_t\xi^n \in \mu$, 将 (3.3.6) 简记为 $\sum_{i=1}^{2} L_i^n = \sum_{i=1}^{8} R_i^n$, 于是对于 $2 \leqslant N \leqslant L$, 有

$$\Delta t\sum_{n=1}^{N-1} L_1^n \geqslant c_0\sum_{n=1}^{N-1}\|d_t\xi^n\|^2\Delta t - \varepsilon\sum_{n=1}^{N-1}\|d_t\xi^n\|^2\Delta t, \tag{3.3.7}$$

$$\Delta t\sum_{n=1}^{N-1}L_2^n=(\Delta t)^2\sum_{n=1}^{N-1}\left(\left[\lambda c^n-\frac{1}{2}a^n(U)\right]\nabla d_t\xi^n,\nabla d_t\xi^n\right)$$
$$+\sum_{n=1}^{N-1}\left[\left(\frac{1}{2}a^n(U)\nabla\xi^{n+1},\nabla\xi^{n+1}\right)\right.$$
$$\left.-\left(\frac{1}{2}a^n(U)\nabla\xi^n,\nabla\xi^n\right)\right]$$
$$+(\Delta t)^2\sum_{n=1}^{N-1}(\lambda(\tilde{c}^n-c^n)\nabla d_t\xi^n,\nabla d_t\xi^n),\tag{3.3.8}$$

$$\Delta t\sum_{n=1}^{N-1}R_1^n\leqslant K\|\eta\|_{L^2(L^2)}^2+K\sum_{n=1}^{N-1}\|\xi^n\|_1^2\Delta t+\varepsilon\sum_{n=1}^{N-1}\|d_t\xi^n\|^2\Delta t,$$

$$\Delta t\sum_{n=1}^{N-1}R_2^n\leqslant K\left[(\Delta t)^2\left(\|\nabla w_t\|_{L^\infty(L^2)}^2+\|\nabla w_{tt}^n\|_{L^\infty(L^2)}^2\right)+\|\eta\|_{L^\infty(L^2)}^2+\|\eta_t\|_{L^2(L^2)}^2\right]$$
$$+\varepsilon\sum_{n=1}^{N-2}\|d_t\xi^n\|^2\Delta t+K\sum_{n=1}^{N-1}\|\xi^n\|_1^2\Delta t+K\left\|\xi^1\right\|_1^2+\varepsilon\left\|\nabla\xi^N\right\|^2,\tag{3.3.9}$$

$$\Delta t\sum_{n=1}^{N-1}R_3^n\leqslant K\left[(\Delta t)^2\|u_{tt}\|_{L^2(H^1)}^2+(\Delta t)^3\sum_{i=0}^{3}\left\|\frac{\partial^i w}{\partial t^i}\right\|_{L^2(H^1)}^2+\|\eta\|_{L^\infty(L^2)}^2\right]$$
$$+\varepsilon\left\|\nabla\xi^N\right\|^2+K\sum_{n=0}^{N-1}\|\xi^n\|_1^2\Delta t+\varepsilon\sum_{n=1}^{N-1}\|d_t\xi^n\|^2\Delta t$$
$$+K\Delta t\sum_{n=0}^{N-1}\|\nabla\eta^n\|^2.\tag{3.3.10}$$

当 $b=b(t,\tau,X,u)$, 即 b 中不含有 ∇u 项 (记为情况 (A)) 时, (3.3.10) 不含最末项, 且式中的 $\|u_{tt}\|_{L^2(H^1)}^2$ 要换为 $\|u_{tt}\|_{L^2(L^2)}^2$.

与文献 [35] 中同理可得 $\left\|\dfrac{\xi^n-\bar{\xi}^n}{\Delta t}\right\|\leqslant K\|\nabla\xi^n\|$, $\left\|\psi^n\dfrac{\partial u^n}{\partial s}-c^n\dfrac{u^n-\bar{u}^{n-1}}{\Delta t}\right\|^2\leqslant K\Delta t\displaystyle\int_{t_{n-1}}^{t_n}\|u_{ss}\|^2\mathrm{d}t$; 而 $\left\|\tilde{c}^n\left(\dfrac{u^{n+1}-\bar{u}^n}{\Delta t}-\dfrac{u^n-\bar{u}^{n-1}}{\Delta t}\right)\right\|^2\leqslant K\Delta t\left[\displaystyle\int_{t_n}^{t_{n+1}}\left(\|(\psi u_s)_t\|^2+\|u_s\|^2\right)\mathrm{d}t+\int_{t_{n-1}}^{t_{n+1}}\|u_{ss}\|^2\mathrm{d}t\right]$; 故

$$\Delta t\sum_{n=1}^{N-1}(R_4^n+R_5^n)\leqslant K\sum_{n=0}^{N-1}\|\nabla\xi^n\|^2\Delta t+\varepsilon\sum_{n=1}^{N-1}\|d_t\xi^n\|^2\Delta t$$

$$+K(\Delta t)^2\int_0^T\left(\|u_{ss}\|^2+\|u_{st}\|^2+\|u_s\|^2\right)\mathrm{d}t$$
$$+K\int_0^T\|\eta_t\|^2\mathrm{d}t+K\sum_{n=1}^{N-1}\|\eta^n\|\,\Delta t. \tag{3.3.11}$$

利用 $\Delta t=O\left(h^d\right)$, 有

$$\Delta t\sum_{n=1}^{N-1}R_6^n\leqslant K\Delta t\int_0^T\|\nabla\eta_t\|^2\,\mathrm{d}t+\varepsilon\sum_{n=1}^{N-1}\|d_t\xi^n\|^2\,\Delta t. \tag{3.3.12}$$

下面重点估计以下两项: $\sum\limits_{n=1}^{N-1}R_7^n\Delta t,\sum\limits_{n=1}^{N-1}R_8^n\Delta t$. 有

$$\begin{aligned}\Delta t\sum_{n=1}^{N-1}R_7^n=&\left(\tilde{c}^{N-1}\frac{\eta^{N-1}-\bar{\eta}^{N-1}}{\Delta t},\xi^N\right)-\left(\tilde{c}^0\frac{\eta^0-\bar{\eta}^0}{\Delta t},\xi^1\right)\\&+\sum_{n=1}^{N-1}\left(\left(\tilde{c}^{n-1}-\tilde{c}^n\right)\frac{\eta^{n-1}-\bar{\eta}^{n-1}}{\Delta t},\xi^n\right)\\&-\sum_{n=1}^{N-1}\left(\tilde{c}^n\left(\frac{\eta^n-\bar{\eta}^n}{\Delta t}-\frac{\eta^{n-1}-\bar{\eta}^{n-1}}{\Delta t}\right),\xi^n\right)\\=&E_1+E_2+E_3+E_4.\end{aligned}$$

利用负模估计, 知

$$\begin{aligned}E_1\leqslant&K\left\|\frac{\eta^{N-1}-\bar{\eta}^{N-1}}{\Delta t}\right\|_{-1}^2+\varepsilon\left\|\xi^N\right\|_1^2\leqslant K\left\|\eta^{N-1}\right\|^2+\varepsilon\left\|\xi^N\right\|_1^2,\\E_2\leqslant&K\left\|\eta^0\right\|^2+K\left\|\xi^1\right\|_1^2,\\E_3\leqslant&K\Delta t\sum_{n=1}^{N-1}\left\|\eta^{n-1}\right\|^2+K\Delta t\sum_{n=1}^{N-1}\|\xi^n\|_1^2.\end{aligned}$$

下面估计 E_4, 注意到

$$\begin{aligned}&\frac{\eta^n-\bar{\eta}^n}{\Delta t}-\frac{\eta^{n-1}-\bar{\eta}^{n-1}}{\Delta t}=\frac{1}{\Delta t}\left[\left(\eta\left(X,t_n\right)\right.\right.\\&\left.-\eta\left(X,t_{n-1}\right)\right)-\left(\eta\left(X-\frac{p^n}{c^n}\Delta t,t_n\right)\right.\\&\left.\left.-\eta\left(X-\frac{p^n}{c^n}\Delta t,t_n\right)\right)\right]-\frac{1}{\Delta t}\left[\eta\left(X-\frac{p^{n+1}}{c^{n+1}}\Delta t,t_n\right)\right.\end{aligned}$$

$$-\eta\left(X-\frac{p^n}{c^n}\Delta t,t_n\right)\Bigg]=E_{41}-E_{42}.$$

有

$$E_{41}=\int_0^1\left[\frac{\partial\eta}{\partial t}\left(X,\alpha t_n+(1-\alpha)\,t_{n-1}\right)-\frac{\partial\eta}{\partial t}\left(X-\frac{p^n}{c^n}\Delta t,\alpha t_n+(1-\alpha)\,t_{n-1}\right)\right]\mathrm{d}\alpha.$$

作变换 $X-\dfrac{p^{n+1}(X)}{c^{n+1}(X)}\Delta t=Z=q(X),X=q^{-1}(Z),X-\dfrac{p^n(X)}{c^n(X)}\Delta t=Y=g(X)$, $X=g^{-1}(Y)$. 并记 $t_\alpha=\alpha t_n+(1-\alpha)\,t_{n-1}$, 有

$$\begin{aligned}
&\left\|\frac{\partial\eta}{\partial t}\left(X,\alpha t_n+(1-\alpha)\,t_{n-1}\right)-\frac{\partial\eta}{\partial t}\left(X-\frac{p^n}{c^n}\Delta t,\alpha t_n+(1-\alpha)\,t_{n-1}\right)\right\|_{-1}\\
&=\sup_{\phi\in\tilde{H}^1}\left(\frac{1}{\|\phi\|_1}\left[\int_\Omega\frac{\partial\eta}{\partial t}(X,t_\alpha)\,\phi(X)\left(1-\det\left[(Dg)^{-1}(X)\right]\right)\mathrm{d}X\right]\right)\\
&\quad+\sup_{\phi\in\tilde{H}^1}\left(\frac{1}{\|\phi\|_1}\left[\int_\Omega\frac{\partial\eta}{\partial t}(X,t_\alpha)\left[\phi(X)-\phi\left(g^{-1}(X)\right)\right]\det\left[(Dg)^{-1}(X)\right]\mathrm{d}X\right]\right)\\
&=W_1+W_2.
\end{aligned}$$

由 $\left|1-\det\left[(Dg)^{-1}(X)\right]\right|\leqslant K\Delta t$, 故 $W_1\leqslant K\sup\limits_{\phi\in\tilde{H}^1}\left(\dfrac{1}{\|\phi\|_1}\left\|\dfrac{\partial\eta}{\partial t}(t_\alpha)\right\|\|\phi\|\Delta t\right)$ $\leqslant K\left\|\dfrac{\partial\eta}{\partial t}(t_\alpha)\right\|\Delta t$. 由 $\left|X-g^{-1}(X)\right|\leqslant K\Delta t,\left|\det\left[(Dg)^{-1}(X)\right]\right|\leqslant1+K\Delta t$, 故 $\left\|\phi-\phi\circ g^{-1}\right\|\leqslant K\Delta t\|\phi\|_1$, $W_2\leqslant K\sup\limits_{\phi\in\tilde{H}^1}\left(\dfrac{1}{\|\phi\|_1}\left\|\dfrac{\partial\eta}{\partial t}(t_\alpha)\right\|\left\|\phi-\phi\circ g^{-1}\right\|\right)$ $\leqslant K\left\|\dfrac{\partial\eta}{\partial t}(t_\alpha)\right\|\Delta t$. 于是

$$\|E_{41}\|_{-1}\leqslant K\Delta t\int_0^1\left\|\frac{\partial\eta}{\partial t}(t_\alpha)\right\|\mathrm{d}\alpha.$$

而

$$\begin{aligned}
\|E_{42}\|_{-1}=&\frac{1}{\Delta t}\sup_{\phi\in\tilde{H}^1}\left(\frac{1}{\|\phi\|_1}\left[\int_\Omega\eta(Z,t_n)\,\phi\left(q^{-1}(Z)\right)\left(\det\left[(D_q)^{-1}(Z)\right]\right.\right.\right.\\
&\left.\left.\left.-\det\left[(Dg)^{-1}(Z)\right]\right)\mathrm{d}Z\right]\right)\\
&+\frac{1}{\Delta t}\sup_{\phi\in\tilde{H}^1}\left(\frac{1}{\|\phi\|_1}\left[\int_\Omega\eta(Z,t_n)\left[\phi\left(q^{-1}(Z)\right)\right.\right.\right.\\
&\left.\left.\left.-\phi\left(g^{-1}(Z)\right)\right]\det\left[(Dg)^{-1}(Z)\right]\mathrm{d}Z\right]\right)=W_3+W_4.
\end{aligned}$$

注意到 $\left\|\phi\circ q^{-1}\right\|\leqslant K\left\|\phi\right\|,\left|\det\left[(Dq)^{-1}(Z)\right]-\det\left[(Dg)^{-1}(Z)\right]\right|\leqslant K(\Delta t)^2$, 故

$$W_3\leqslant\frac{K}{\Delta t}\sup_{\phi\in\tilde{H}^1}\left(\frac{1}{\|\phi\|_1}\|\eta^n\|\left\|\phi\circ q^{-1}\right\|(\Delta t)^2\right)\leqslant K\|\eta^n\|\Delta t.$$

利用 $\phi(b)-\phi(a)=\int_a^b\frac{\partial\phi}{\partial\alpha}(\alpha)\mathrm{d}\alpha,\int_a^b\phi(\beta)\mathrm{d}\beta=\int_0^1\phi(a+(b-a)\theta)\mathrm{d}\theta(b-a)$, 并注意到 $\left|q^{-1}(Z)-g^{-1}(Z)\right|=\left|g^{-1}(Y)-g^{-1}(Z)\right|\leqslant K|Y-Z|\leqslant K(\Delta t)^2$, 再注意到 $\left|\det\left[(Dg)^{-1}(Z)\right]\right|\leqslant 1+K\Delta t$, 可证得 $\left\|\phi\circ q^{-1}-\phi\circ g^{-1}\right\|\leqslant K(\Delta t)^2\|\phi\|_1$, 故有 $W_4\leqslant\frac{K}{\Delta t}\sup_{\phi\in\tilde{H}^1}\left(\frac{1}{\|\phi\|_1}\|\eta^n\|\left\|\phi\circ q^{-1}-\phi\circ g^{-1}\right\|\right)\leqslant K\|\eta^n\|\Delta t$. 于是

$$\|E_{42}\|_{-1}\leqslant K\Delta t\|\eta^n\|.$$

从而

$$\begin{aligned}\|E_4\|\leqslant&K(\Delta t)^{-1}\sum_{n=1}^{N-1}\left(\|E_{41}\|_{-1}^2+\|E_{42}\|_{-1}^2\right)+K\Delta t\sum_{n=1}^{N-1}\|\xi^n\|_1^2\\\leqslant&K\sum_{n=1}^{N-1}\left(\int_0^1\left\|\frac{\partial\eta}{\partial t}(\alpha t_n+(1-\alpha)t_{n-1})\right\|^2\mathrm{d}\alpha+\|\eta^n\|^2\right)\Delta t\\&+K\Delta t\sum_{n=1}^{N-1}\|\xi^n\|_1^2.\end{aligned}$$

于是得到

$$\Delta t\sum_{n=1}^{N-1}R_7^n\leqslant K\left(\|\eta\|_{L^\infty(L^2)}^2+\left\|\frac{\partial\eta}{\partial t}\right\|_{L^2(L^2)}^2+\left\|\xi^1\right\|_1^2+\Delta t\sum_{n=1}^{N-1}\|\xi\|_1^2\right)+\varepsilon\left\|\xi^N\right\|_1^2.\tag{3.3.13}$$

同理可得

$$\Delta t\sum_{n=1}^{N-1}R_8^n\leqslant K\left(\|\eta\|_{L^\infty(L^2)}^2+\left\|\frac{\partial\eta}{\partial t}\right\|_{L^2(L^2)}^2+\left\|\xi^1\right\|_1^2+\Delta t\sum_{n=2}^{N-1}\|\xi\|_1^2\right)+\varepsilon\left\|\xi^N\right\|_1^2.\tag{3.3.14}$$

综合上述, 可以得到

$$\begin{aligned}&\sum_{n=1}^{N-1}\|d_t\xi^n\|^2\Delta t+\left\|\nabla\xi^N\right\|^2\\\leqslant&K\left[\left\|\xi^1\right\|_1^2+\Delta t\left(\left\|\xi^0\right\|_1^2+\left\|d_t\xi^0\right\|^2\right)\right]\\&+K\sum_{n=1}^{N-1}\left(1+\left\|d_tU^{n-1}\right\|_\infty\right)\|\xi^n\|_1^2\Delta t+\varepsilon\left\|\xi^N\right\|_1^2\end{aligned}$$

$$
\begin{aligned}
&+K(\Delta t)^2\left[\int_0^T\left(\|u_{tt}\|^2+\|u_{ss}\|^2+\|u_{st}\|^2+\|u_s\|^2\right.\right.\\
&\left.+\|\nabla u_{tt}\|^2+\|\nabla \eta_{tt}\|^2\right)\mathrm{d}t\\
&\left.+\|\nabla u_t\|^2_{L^\infty(L^2)}+\|\nabla \eta_t\|_{L^\infty(L^2)}\right]\\
&+K(\Delta t)^3\int_0^T\sum_{i=0}^{2}\left(\left\|\frac{\partial^i u}{\partial t^i}\right\|_1^2+\left\|\frac{\partial^i \eta}{\partial t^i}\right\|_1^2\right)\mathrm{d}t\\
&+K\left[\int_0^T\left(\|\eta_t\|^2+\Delta t\|\nabla\eta\|^2\right)\mathrm{d}t+\|\eta\|^2_{L^\infty(L^2)}\right]\\
&+K\|\nabla\eta\|^2_{L^\infty(L^2)}.
\end{aligned}
\tag{3.3.15}
$$

经整理 (3.3.15) 得

$$
\begin{aligned}
\sum_{n=1}^{N-1}\|d_t\xi^n\|^2\Delta t+\left\|\xi^N\right\|_1^2\leqslant &K\left[\left\|\xi^1\right\|_1^2+\Delta t\left(\left\|\xi^0\right\|_1^2+\left\|d_t\xi^0\right\|^2\right)\right]\\
&+K\sum_{n=1}^{N-1}\left(1+\left\|d_t\xi^{n-1}\right\|_\infty\right)\|\xi^n\|_1^2\Delta t\\
&+K\left[(\Delta t)^2+h^{2k+2}+h^{2k+d}\right]+Kh^{2k}.
\end{aligned}
\tag{3.3.16}
$$

在情况 (A), (3.3.15), (3.3.16) 中无最末项. 可得

定理 3.3.1 当 $k\geqslant\dfrac{d}{2},d\geqslant 2$ 时, 若有

$$
\left\|\xi^1\right\|_1+(\Delta t)^{\frac12}\left[\left\|\xi^0\right\|_1+\left\|d_t\xi^0\right\|\right]=O\left(h^k+\Delta t\right)
\tag{3.3.17}
$$

成立, 则 (3.3.5) 确定的近似解与 (3.3.1) 的真解满足如下的逼近性质:

$$
\|d_t(U-u)\|_{L^2(L^2)}+\|U-u\|_{L^\infty(H^1)}=O\left(h^k+\Delta t\right),
$$

即 H^1 模最优. 而在情况 (A), 若有

$$
\left\|\xi^1\right\|_1+(\Delta t)^{\frac12}\left[\left\|\xi^0\right\|_1+\left\|d_t\xi^0\right\|\right]=O\left(h^{k+1}+\Delta t\right)
\tag{3.3.18}
$$

成立, 则 (3.3.5) 确定的近似解与 (3.3.1) 的真解满足:

$$
\|d_t(U-u)\|_{L^2(L^2)}+\|U-u\|_{L^\infty(L^2)}+h\|U-u\|_{L^\infty(H^1)}=O\left(h^{k+1}+\Delta t\right),
$$

即 H^1 和 L^2 模均是最优.

在 (3.3.5) 中取 $v=d_tU^n$, 可证得其稳定性结果:

定理 3.3.2 若定理 3.3.1 的条件成立, 则

$$\sum_{n=1}^{N-1}\|d_tU^n\|^2\Delta t+\left\|\nabla U^N\right\|^2\leqslant K\left[\Delta t\left(\left\|\nabla U^0\right\|^2+\left\|d_tU^0\right\|^2\right)\right.$$
$$\left.+\left\|\nabla U^1\right\|^2+\Delta t\sum_{n=1}^{N-1}\|f^n(U)\|^2\right].$$

3.3.2 交替方向特征有限元数值分析

选 $\mu_i\subset\tilde{H}^1([c_i,d_i]),i=1,2,3,\mu=\mu_1\otimes\mu_2\otimes\mu_3\subset\tilde{H}^1(\Omega)\cap H$ 为可用张量积基表示的有限元空间, 指标为 k. 定义如下全离散有限元逼近格式: 求 $U^{n+1}\in\mu$, 使得: 对 $\forall v\in\mu,n=1,2,\cdots$,

$$\left(\tilde{c}^n\frac{U^{n+1}-\bar{U}^n}{\Delta t},v\right)+\lambda\left(\tilde{c}^n\nabla\left(U^{n+1}-U^n\right),\nabla_v\right)+\lambda^2(\Delta t)^2\sum_{i=1}^{3}\left(\tilde{c}^nd_tD_iU^n,D_iv\right)$$
$$+\lambda^3(\Delta t)^3\left(\tilde{c}^nd_tD_4U^n,D_4v\right)+\left(a^n(U)\nabla U^n,\nabla v\right)+\left(\Delta t\sum_{l=0}^{n-1}b_{nl}(U)\nabla U^{l+\frac{1}{2}},\nabla v\right)$$
$$=\left(f^n(U),v\right)+\left(\left(\tilde{c}^n-c^n\right)\frac{U^n-\bar{U}^{n-1}}{\Delta t},v\right),\tag{3.3.19}$$

这里, $\tilde{c}^n,a^n(U),b_{nl}(U),f^n(U),\lambda,\bar{U}^n$ 等的含义同 3.3.1 小节.

若记 $A=((\tilde{c}^nN_r,N_q)),B=((\tilde{c}^n\nabla N_r,\nabla N_q)),P=\left(\sum_{i=1}^{3}(\tilde{c}^nD_iN_r,D_iN_q)\right),Q=((\tilde{c}^nD_4N_r,D_4N_q))$ 为 $m\times m$ 矩阵. 令 $U^n=\sum_{i=1}^{m}\gamma_i^nN_i$, 则式 (3.3.19) 乘 Δt 等价于矩阵方程:

$$\left(A+\lambda\Delta tB+\lambda^2(\Delta t)^2P+\lambda^3(\Delta t)^3Q\right)\gamma^{n+1}=\Psi^n,\tag{3.3.20}$$

这里,

$$(\Psi^n)_j=-\Delta t\left(a^n(U)\nabla U^n,\nabla N_j\right)-(\Delta t)^2\left(\sum_{l=0}^{n-1}b_{nl}(U)\nabla U^{l+\frac{1}{2}},\nabla N_j\right)$$
$$+\Delta t\left(f^n(U),N_j\right)+\left(\left(\tilde{c}^n-c^n\right)\left(U^n-\bar{U}^{n-1}\right),N_j\right)+\left(\tilde{c}^n\bar{U}^n,N_j\right).$$

若 $U^0,U^1,\cdots,U^{n-1},U^n$ 已知, 则右端为已知量, 方程 (3.3.20) 唯一可解.

利用块有限元逼近来选取 c^n 的近似 $\tilde{c}^n$: 令 $\Omega_{ij}=\mathrm{supp}(N_i)\cap\mathrm{supp}(N_j)$, 在 Ω_{ij} 上, $\tilde{c}^n$ 取为 $\tilde{c}_{ij}^n=\sqrt{c(X^i,t_n)}\sqrt{c(X^j,t_n)}$, 这里 $X^i\in\mathrm{supp}(N_i)=\Omega_i$ 可取 Ω_i 中任意点, 由于这样定义的 $\tilde{c}^n$ 是多值的, 为确定计, 一般取 X^i 为第 i 个网格点, 多值的

点取其平均值作为该点的值. 可以知道, 这样选取的 $\tilde{c}^n$ 满足假设: 对于充分小的 h, 有

$$\sup|\tilde{c}^n - c^n| = \sup_{\substack{x\in\Omega_i\\1\leqslant i\leqslant m}} \left|\tilde{c}\left(X^i,t_n\right) - c\left(X,t_n\right)\right| = o(1)$$

若记

$$D^n = \begin{bmatrix} \tilde{c}^n(X^1) & 0 & 0 & \cdots & 0 \\ 0 & \tilde{c}^n(X^2) & 0 & \cdots & 0 \\ \vdots & \vdots & \vdots & \ddots & \vdots \\ 0 & 0 & 0 & \cdots & \tilde{c}^n(X^m) \end{bmatrix},$$

记 $M = ((N_r,N_q) + \lambda\Delta t(\nabla N_r,\nabla N_q) + \lambda^2(\Delta t)^2\sum_{i=1}^{3}(D_iN_r,D_iN_q)+\lambda^3(\Delta t)^3(D_4N_r, D_4N_q))$, 均为 $m\times m$ 矩阵, 则 (3.3.20) 又可写为

$$(D^n)^{\frac{1}{2}}M(D^n)^{\frac{1}{2}}\gamma^{n+1} = \Psi^n.$$

于是可计算如下:

$$(D^n)^{\frac{1}{2}}\Theta = \Psi^n, \quad M\Phi = \Theta, \quad (D^n)^{\frac{1}{2}}\gamma^{n+1} = \Phi.$$

若将节点的编号方向取为先沿 x 轴, 再沿 y 轴, 最后沿 z 轴方向的顺序, 则 $M\Phi = \Theta$ 等价于

$$(C_1 + \lambda\Delta tA_1)\otimes(C_2 + \lambda\Delta tA_2)\otimes(C_3 + \lambda\Delta tA_3)\Phi = \Theta.$$

于是它可以分解为三个一维问题交替方向地求解. 由于 M 不依赖于时间, 故它在整个过程中只需分解一次; 矩阵 D^n 仅包含节点的值, 故它可以很快地生成, 并容易求逆.

由 (3.3.19), (3.3.3), (3.3.4), 可得误差方程, 它相当于式 (3.3.6) 左右两边分别增加

$$L_3^n = \lambda^2(\Delta t)^2\sum_{i=1}^{3}(\tilde{c}^n d_tD_i\xi^n, D_iv) + \lambda^3(\Delta t)^3(\tilde{c}^n d_tD_4\xi^n, D_4v),$$

$$R_9^n = -\lambda^2(\Delta t)^2\sum_{i=1}^{3}(\tilde{c}^n d_tD_iw^n, D_iv) - \lambda^3(\Delta t)^3(\tilde{c}^n d_tD_4w^n, D_4v).$$

取 $v = d_t\xi^n$, 和 3.3.1 小节中一样进行类似的估计, 可得

$$\sum_{n=1}^{N-1}\|d_t\xi^n\|^2\Delta t + \left\|\xi^N\right\|_1^2 + (\Delta t)^3\sum_{n=1}^{N-1}\left(\sum_{i=1}^{3}\|D_id_t\xi^n\|^2\right) + (\Delta t)^4\sum_{n=1}^{N-1}\|D_4d_t\xi^n\|^2$$

$$\leqslant K\left[\left\|\xi^1\right\|_1^2+\Delta t\left(\left\|\xi^0\right\|_1^2+\left\|d_t\xi^0\right\|^2\right)\right]+\overline{K}\sum_{n=1}^{N-1}\left(1+\left\|d_t\xi^{n-1}\right\|_\infty\right)\left\|\xi^n\right\|_1^2\Delta t$$
$$+K\left[(\Delta t)^2+h^{2k+2}+(\Delta t)^2h^{2k-2}+(\Delta t)^3h^{2k-4}\right]+Kh^{2k}.$$

在情况 (A), 上式无最末项. 与 3.3.1 小节同理可得

定理 3.3.3 当$k\geqslant\dfrac{3}{2}$时, 若假设 (3.3.17) 成立, 则 (3.3.19) 确定的近似解与 (3.3.1) 的真解满足如下的逼近性质:

$$\|d_t(U-u)\|_{L^2(L^2)}+\|U-u\|_{L^\infty(H^1)}+\Delta t\sum_{i=1}^3\left\|D_id_t(U-u)\right\|_{L^2(L^2)}$$
$$+(\Delta t)^{\frac32}\|D_4d_t(U-u)\|_{L^2(L^2)}=O(h^k+\Delta t),$$

即 H^1 模最优. 而在情况 (A), 若假设 (3.3.18) 成立, 则

$$\|d_t(U-u)\|_{L^2(L^2)}+\|U-u\|_{L^\infty(L^2)}+h\|U-u\|_{L^\infty(H^1)}$$
$$+\Delta t\sum_{i=1}^3\|D_id_t(U-u)\|_{L^2(L^2)}+(\Delta t)^{\frac32}\|D_4d_t(U-u)\|_{L^2(L^2)}=O(h^{k+1}+\Delta t),$$

即 H^1 和 L^2 模均是最优.

在 (3.3.19) 中取 $v=d_tU^n$, 可证得其稳定性结果:

定理 3.3.4 若定理 3.3.3 的条件成立, 则

$$\sum_{n=1}^{N-1}\|d_tU^n\|^2\Delta t+\left\|\nabla U^N\right\|^2+(\Delta t)^3\sum_{n=1}^{N-1}\left(\sum_{i=1}^3\|D_id_tU^n\|^2\right)+(\Delta t)^4\sum_{n=1}^{N-1}\|D_4d_tU^n\|^2$$
$$\leqslant K\left[\Delta t(\left\|\nabla U^0\right\|^2+\left\|d_tU^0\right\|^2)+\left\|\nabla U^1\right\|^2+\Delta t\sum_{n=1}^{N-1}\|f^n(U)\|^2\right].$$

为启动特征有限元格式 (3.3.5), 取

$$U^0=w^0,$$

$$\left(c^0\frac{U^1-\overline{U}^0}{\Delta t},v\right)+\lambda\left(\tilde{c}^0\nabla(U^1-U^0),\nabla v\right)+\left(a^0(U)\nabla U^0,\nabla v\right)=\left(f^0(U),v\right),\quad\forall v\in\mu \tag{3.3.21}$$

即可. 在实际计算中, 也可利用迭代过程求得 U^1:

$$Y^0=U^0=w^0,$$

$$\left(\tilde{c}^0\frac{Y^j-\overline{U}^0}{\Delta t},v\right)+\lambda\left(\tilde{c}^0\nabla(Y^j-U^0),\nabla v\right)+\left(a^0(U)\nabla U^0,\nabla v\right)$$
$$=\left(f^0(U),v\right)+\left(\left(\tilde{c}-c^0\right)\frac{Y^{j-1}-\overline{U}^0}{\Delta t},v\right),\quad \forall v\in\mu, j=1,2,\cdots.\tag{3.3.22}$$

对交替方向特征有限元格式 (3.3.19), 取

$$U^0=w^0,$$
$$\left(\tilde{c}^0\frac{U^1-\overline{U}^0}{\Delta t},v\right)+\lambda\left(\tilde{c}^0\nabla(U^1-U^0),\nabla v\right)$$
$$+\left(\alpha^0(U)\nabla U^0,\nabla v\right)+\lambda^2\Delta t\sum_{i=1}^{3}\left(\tilde{c}^0D_i(U^1-U^0),D_iv\right)$$
$$+\lambda^3(\Delta t)^2\left(\tilde{c}^0D_4\left(U^1-U^0\right),D_4v\right)=\left(f^0(U),v\right),\quad \forall v\in\mu.\tag{3.3.23}$$

或者更方便地, 采用如下的交替方向迭代过程:

$$Y^0=U^0=w^0,$$
$$\left(\tilde{c}^0\frac{Y^j-\overline{U}^0}{\Delta t},v\right)+\lambda\left(\tilde{c}^0\nabla\left(Y^j-U^0\right),\nabla v\right)+\left(a^0(U)\nabla U^0,\nabla v\right)$$
$$+\lambda^2\Delta t\sum_{i=1}^{3}\left(\tilde{c}^0D_i\left(Y^j-U^0\right),D_iv\right)+\lambda^3(\Delta t)^2\left(\tilde{c}^0D_4\left(Y^j-U^0\right),D_4v\right)$$
$$=\left(f^0(U),v\right)+\left(\left(\tilde{c}^0-c^0\right)\frac{Y^{j-1}-\overline{U}^0}{\Delta t},v\right),\quad \forall v\in\mu, j=1,2,\cdots.\tag{3.3.24}$$

由本节的定理得知诸格式稳定, 唯一可解, 且有最佳收敛阶.

本节的结果可作推广: 将模型中的 $\nabla\cdot\left(a\nabla u+\int_0^t b\nabla u(\tau)\mathrm{d}\tau\right)$ 改为更一般的 $\sum_{i,j=1}^{d}\frac{\partial}{\partial x_i}\left(a_{ij}\frac{\partial u}{\partial x_j}+\int_0^t b_{ij}\frac{\partial u(\tau)}{\partial x_j}\mathrm{d}\tau\right)$, 这里, $a_{ij}=a_{ij}(X,t,u), b_{ij}=b_{ij}(t,\tau,X,u(X,\tau),\nabla u(X,\tau))$; $d\geqslant 2$, 也可构造相应的有限元和交替方向有限元逼近格式, 并得到同样理想的结果.

3.4 非矩形区域上非线性抛物型方程组的交替方向有限元方法

方向交替法也称为算子分裂法, 之所以引起广大理论工作者和工程技术人员的极大兴趣, 根本原因在于算子分裂法可将一个高维问题分解成若干一维问题求

解. 从而有效地节省了存贮空间, 降低了计算量. 本节针对非线性抛物型微分和积分–微分方程组, 提出一类算子分裂 Galerkin 格式, 对空间变量采用 Galerkin 近似, 在整个时间过程中使用算子分裂技术, 使得计算量和存贮量大大地降低. 本节构造的格式的另一个特点是每个方程可以独立求解, 便于实现并行计算, 同时相对于标准的有限元方法, 原本在每一时间层上都必须作一次系数矩阵的 LU 分解, 现在在整个时间过程中只需作一次矩阵 LU 分解. 本节共分四段. 3.4.1 小节为引言部分; 3.4.2 小节提出求解抛物型微分方程组的算子分裂 Galerkin 格式, 证明 L^2 和 H^2 模误差估计; 3.4.3 小节提出求解抛物型积分–微分方程组的算子分裂 Galerkin 格式, 证明 L^2 和 H^2 模误差估计; 3.4.4 小节讨论初始值的选取.

3.4.1 引言

设 Ω_g 为曲边区域, 坐标为 $(\xi_1,\cdots,\xi_d)\in\mathbf{R}^d$. 假设存在矩形或边界平行坐标轴的多边形区域 Ω. 坐标为 $(x_1,\cdots,x_d)\in\mathbf{R}^d$ 以及等参映射 F. 使得 $F(\Omega)=\Omega_g$. 记

$$(f\cdot g)_{\Omega_g}=\int_{\Omega_g}f\cdot g\mathrm{d}\xi,\quad (f,g)=\int_{\Omega}f\cdot g\mathrm{d}x. \tag{3.4.1}$$

记 $\rho(x)=|J(F^{-1})|=\partial(\xi)/\partial(x)$. $|J(F^{-1})|$ 表示 F^{-1} 的 Jacobi 行列式. 如果采用四边形等参元正则族定义映射 F, 则由文献 [4], [5] 可知, 存在 $0<\rho_0\leqslant P$, 使得

$$\rho_0h^d\leqslant\rho(x)\leqslant Ph^d,\quad \forall x\in\Omega. \tag{3.4.2}$$

定义

$$\|\phi\|_\rho^2=(\rho\phi,\phi),\quad \|\phi\|_{\rho1}^2=(\rho\nabla\phi,\nabla\phi)+(\rho\phi,\phi),$$

可知: $\|\phi\|_\rho=\|\phi\|_{L^2(\Omega_g)},K_0h^2\|\phi\|_{H^1(\Omega_g)}^2\leqslant\|\phi\|_{\rho1}^2\leqslant K_1h^2\|\phi\|_{H^1(\Omega_g)}$, 此处 $0<K_0<K_1$ 均为常数.

设 $S_h(\Omega_g)\subset H^1(\Omega_g)$(或 $H_0^1(\Omega_g)$) 为 r 阶标准的有限元子空间, $S_h(\Omega)$ 是在 Ω 上与 $S_h(\Omega_g)$ 相联系的有限维子空间. 要求 $S_h(\Omega)\subset G$, 其中 $G=\left\{v\in H^1(\Omega),\dfrac{\partial^2v}{\partial x\partial y}\in L^2(\Omega)\right\}$.

假设

$$S_h(\Omega)=\mathrm{span}\{N_i=\phi_{\alpha(i)}(x)\psi_{\beta(i)}(y),\alpha(i),\beta(i)\text{表示第}i\text{个节点的}x\text{方向和}\\ y\text{方向的编号},\quad i=1,\cdots,m,m=N_xN_y\}.$$

在以后的误差分析中, 对解及各系数. 需作如下要求:

(i) $u(\xi,t)\in\left(H^2\left(J:H^{r+1}(\Omega_g)\right)^k\cap\left(W_\infty^1\left(J:W_3^1(\Omega_g)\right)\right)^k\right.$.

(ii) 方程组中各系数均为已知函数且满足讨论过程中所需的光滑性.

(iii) $q_i,i=1,\cdots,k$ 为连续函数. 记 $Q(u)=\begin{bmatrix} q_1(u) & & \\ & \ddots & \\ & & q_k(u)\end{bmatrix}$, 存在 u 的一个邻域. 以及 $0<q_0\leqslant q_1$. 使得对 $\forall Z\in\mathbf{R}^k$,

$$q_0|Z|^2\leqslant(Q(u)Z,Z)\leqslant q_1|Z|^2.$$

(iv) 记 $\tilde{A}(u)=[\bar{a}_{ij}(u)]_{k\times k}$. 存在 $0<\bar{A}_0\leqslant\bar{A}_1$, 使得对 $\forall Z\in\mathbf{R}^k$,

$$\overline{A}_0|Z|^2\leqslant\left(\tilde{A}(u)Z,Z\right)\leqslant\overline{A}_1|Z|^2.$$

本节采用下面的记号: 设 $U^n=(U_1^n,\cdots,U_k^n)^{\mathrm{T}}$ 表示算子分裂 Galerkin 近似解在第 n 层的值. $n=0,1,\cdots,M=T/\Delta t,t^n=n\Delta t$. 记

$$\varepsilon^n=(\varepsilon_1^n,\cdots,\varepsilon_k^n)^{\mathrm{T}},\quad \varepsilon^n=U^n-\bar{u}^n,$$

$$\eta^n=(\eta_1^n,\cdots,\eta_k^n)^{\mathrm{T}},\quad \eta^n=\bar{u}^n-u^n,$$

$$\delta\lambda^n=\lambda^{n+1}-\lambda^n,\quad \partial_t\lambda^n=\left(\lambda^{n+1}-\lambda^n\right)/\Delta t.$$

还将用到下面的不等式:

$$\left\|\varepsilon^N\right\|_\rho^2\leqslant\|\varepsilon^q\|_\rho^2+\varepsilon\Delta t\sum_{n=q}^{N-1}\|\partial_t\varepsilon^n\|_\rho^2+K\Delta t\sum_{n=q}^{N}\|\varepsilon^n\|_\rho^2. \tag{3.4.3}$$

3.4.2 抛物型微分方程组的算子分裂格式及误差估计

考虑下面的非线性抛物型微分方程组:

$$q_i(\xi,u)\frac{\partial u_i}{\partial t}-\sum_{j=1}^k\bar{\nabla}\cdot\left(\tilde{a}_{ij}(\xi,u)\bar{\nabla}u_j\right)+\sum_{j=1}^k\tilde{b}_{ij}(\xi,u)\cdot\bar{\nabla}u_j$$

$$=f_i(\xi,t,u),\quad i=1,\cdots,k,(\xi,t)\in\Omega_g\times J, \tag{3.4.4a}$$

$$\sum_{j=1}^k\tilde{a}_{ij}(\xi,u)\frac{\partial u_j}{\partial v}=g_i(\xi,t),\quad i=1,\cdots,k,(\xi,t)\in\partial\Omega_g\times J, \tag{3.4.4b}$$

$$u(\xi,0)=u_0(\xi),\quad \xi\in\Omega_g. \tag{3.4.4c}$$

其中 $u=(u_1,\cdots,u_k)^{\mathrm{T}}$, $\tilde{a}_{ij}=\tilde{a}_{ji}$, $\tilde{b}_{ij}=\left(\tilde{b}_{ij}^1,\cdots,\tilde{b}_{ij}^d\right)^{\mathrm{T}}$, $1\leqslant i,j\leqslant k$, 算子 $\bar{\nabla}=\nabla_\xi,\Omega\subset\mathbf{R}^2$ 为有界区域. 边界 $\partial\Omega_g$ 为分段多项式, v 为 $\partial\Omega_g$ 上的单位外法向量, $J=(0,T)$.

式 (3.4.4) 等价的弱形式为

$$\left(q_i(u)\frac{\partial u_i}{\partial t},v\right)_{\Omega_g}+\sum_{j=1}^k\left(\tilde{a}_{ij}(u)\bar{\nabla}u_j,\bar{\nabla}v\right)_{\Omega_g}+\sum_{j=1}^k\left(\tilde{b}_{ij}(u)\cdot\bar{\nabla}u_j,v\right)_{\Omega_g}$$

$$=(f_i(u),v)_{\Omega_g}+\langle g_i,v\rangle_{\partial\Omega_g},\quad i=1,\cdots,k,v\in H^1(\Omega_g),t\in J,\tag{3.4.5a}$$

$$(u(0),v)_{\Omega_g}=(u_0,v)_{\Omega_g},\quad\forall v\in H^1(\Omega_g).\tag{3.4.5b}$$

令 $a_{ij},b_{ij}=\left(b_{ij}^1,\cdots,b_{ij}^d\right)^{\mathrm{T}},1\leqslant i,j\leqslant k$ 满足:

$$(\rho(x)a_{ij}\nabla w,\nabla v)+(\rho(x)\boldsymbol{b}_{ij}\cdot\nabla w,v)\,)=\left(\tilde{a}_{ij}\bar{\nabla}w,\bar{\nabla}v\right)_{\Omega_g}+\left(\tilde{b}_{ij}\cdot\bar{\nabla}w,v\right)_{\Omega_g}.\tag{3.4.6}$$

此处算子 $\nabla=\nabla_x$, 则在矩形区域 Ω 上 (3.4.4) 等价的弱形式为

$$\left(\rho q_i(u)\frac{\partial u_i}{\partial t},v\right)+\sum_{j=1}^k(\rho a_{ij}(u)\nabla u_j,\nabla v)+\sum_{j=1}^k(\rho b_{ij}(u)\cdot\nabla u_j,v)$$

$$=(\rho f_i,v)+\langle\rho g_i,v\rangle_{\partial\Omega_g},\quad i=1,\cdots,k,v\in H^1(\Omega),t\in J,\tag{3.4.7a}$$

$$(\rho u(x,0),v)=(\rho u_0,v)=(u_0,v)_{\Omega_g},\quad\forall v\in H^1(\Omega).\tag{3.4.7b}$$

容易证明:

引理 3.4.1 记 $A(u)=[a_{ij}(u)]_{k\times k},a_{ij}(u)$ 由 (3.4.6) 定义, $1\leqslant i,j\leqslant k$, 则存在与 h 无关的常数 $0<A_0\leqslant A_1$, 使得对 $\forall Z\in\mathbf{R}^k$, $x\in\Omega$.

$$A_0h^{-2}|Z|_\rho^2\leqslant(\rho(x)A(u)Z,Z)\leqslant A_1h^{-2}|Z|_\rho^2.$$

对 $t\in[0,T]$, 定义椭圆投影 $\tilde{u}(\xi,t)\in(S_h(\Omega_g))^k$, 满足:

$$\left(\tilde{A}(u)\bar{\nabla}(u-\tilde{u}),\bar{\nabla}V\right)_{\Omega_g}+\sum_{l=1}^d\left(\tilde{B}_l(u)\frac{\partial(u-\tilde{u})}{\partial\xi_l}\right)_{\Omega_g}$$

$$+\mu(u-\tilde{u},V)_{\Omega_g}=0,\quad\forall V\in(S_h(\Omega_g))^k,\tag{3.4.8}$$

其中: $\mu>0,\tilde{B}_l(u)=\left[\tilde{b}_{ij}^l(u)\right]_{k\times k},l=1,\cdots,d$. 由 (3.4.8) 定义的 $\tilde{u}(\xi,t)$ 满足:

$$\left(\rho q_i(u)\frac{\partial u_i}{\partial t},V\right)+\sum_{j=1}^k(\rho a_{ij}(u)\nabla\tilde{u}_j,\nabla V)+\sum_{j=1}^k(\rho b_{ij}(u)\cdot\nabla\tilde{u}_j,V)$$

$$+\mu\left(\rho(\tilde{u}_i-u_i),V\right)=(\rho f_i(u),V)+\langle\rho g_i,V\rangle_{\partial\Omega},\quad 1\leqslant i\leqslant k,V\in S_h(\Omega). \tag{3.4.9}$$

记 $\eta=\tilde{u}-u$, 下面的引理可见文献 [36]~[38].

引理 3.4.2 假设 $u\in\left(H^1(J:H^{r+1}(\Omega_g))\right)^k\cap\left(W^1_\infty(J;W^1_\infty(\Omega_g))\right)^k,\dfrac{\partial\tilde{a}_{ij}}{\partial u},\dfrac{\partial\tilde{b}_{ij}}{\partial u},l=1,2,\cdots,d$ 在 $\bar{\Omega}_g\times[0,T]$ 上有界, $1\leqslant i,j\leqslant k$, 则存在不依赖 h 的常数 K, 使得

$$\begin{aligned}&\|\eta\|_{L^2(J;L^2(\Omega_g))}+\left\|\frac{\partial\eta}{\partial t}\right\|_{L^2(J;L^2(\Omega_g))}+h\left\{\|\eta\|_{L^2(J;H^1(\Omega_g))}+\left\|\frac{\partial\eta}{\partial t}\right\|_{L^2(J;H^1(\Omega_g))}\right\}\\ \leqslant&Kh^{r+1}\left\{\|u\|_{L^2(J;H^{r+1}(\Omega_g))}+\left\|\frac{\partial u}{\partial t}\right\|_{L^2(J;H^{r+1}(\Omega_g))}\right\},\end{aligned}$$

其中 $K=K\left(\|u\|_{W^1_\infty(J;W^1_\infty(\Omega_g))},\|u\|_{W^1_\infty(J;W^1_\infty(\Omega_g))}\right)$.

引理 3.4.3 假如 $0<h\leqslant1,r\geqslant\dfrac{d}{2},\left\|\dfrac{\partial^i u}{\partial t^i}(t)\right\|_{W^{(d+2)/2}_\infty(\Omega_g)}$ 存在不依赖 t 的界, $i=0,1,2$, 则

$$\left\|\bar{\nabla}\tilde{u}\right\|_{L^\infty(J;L^\infty(\Omega_g))}+\left\|\bar{\nabla}\tilde{u}\right\|_{w^2_\infty(J;L^\infty(\Omega_g))}\leqslant K.$$

从 (3.4.7) 出发构造算子分裂格式. 不妨假设 d=2, $x_1=x,x_2=y,\Omega=(a_1,b_1)\times(a_2,b_2)$. 求 $U^{n+1}\in(S_h(\Omega))^k,1\leqslant n\leqslant M-1$. 满足:

$$\begin{aligned}&(\tilde{\rho}q_i^n\partial_tU_i^n,V)+\lambda\left(\tilde{\rho}q_i^n\nabla U_i^{n+1},\nabla V\right)+\lambda^2(\Delta t)^2\left(\tilde{\rho}q_i^n\frac{\partial^2}{\partial x\partial y}\partial_tU_i^n,\frac{\partial^2}{\partial x\partial y}V\right)\\ =&(\rho f_i(U^n),V)+\langle\rho g_i^{n+1},V\rangle_{\partial\Omega}-\sum_{j=1}^k\left(\rho b_{ij}(U^n)\cdot\nabla U_j^n,V\right)\\ &+\left(\left(\tilde{\rho}q_i^n-\rho q_i(U^n)\right)\partial_tU_i^{n-1},V\right)\\ &+\sum_{j=1}^k\left(\left(\lambda\tilde{\rho}\delta_{ij}q_j^n-\rho a_{ij}(U^n)\right)\nabla U_j^n,\nabla V\right),\quad i=1,\cdots,k,V\in S_h(\Omega).\end{aligned}\tag{3.4.10}$$

对 $1\leqslant j,l\leqslant m$, $m=N_xN_y$, 设 $N_j(x),N_l(x)$ 分别为对应于第 j,l 个节点的基函数, Ω_j,Ω_l 表示所有包含第 j 或第 l 个节点的有限单元形成的小区域. 显然 $\mathrm{supp}(N_j)\subset\Omega_j$, $\mathrm{supp}(N_l)\subset\Omega_l$. 令 $\Omega_{jl}=\Omega_j\cap\Omega_l$. 当 $x\in\Omega_{jl}$ 时, (3.4.10) 中的 $\tilde{\rho}(x),q_i^n(i=1,\cdots,k)$ 定义如下:

$$\tilde{\rho}(x)=\tilde{\rho}_{jl}=\sqrt{\bar{\rho}(x^j)}\cdot\sqrt{\bar{\rho}(x^l)},$$

$$q_i^n=\sqrt{q_i(x^j,U^n)}\cdot\sqrt{q_i(x^l,U^n)},\quad i=1,\cdots,k,$$

其中 $\bar{\rho}(x^j)$, $q_i(x^j,U^n)$ 表示 $\rho(x), q_i(x,U^n)$ 在 $x^j\in\Omega_j$ 点的值. 通常取 x^j 为第 j 个剖分节点. 如果 $\rho(x)$ 在 x^j 点是多值的, 则取 $\bar{\rho}(x^j)$ 为 $\rho(x)$ 在 x^j 点的平均值. 记

$$(f,g)_x=\int_a^b fg\mathrm{d}x,\quad (f,g)_y=\int_c^d fg\mathrm{d}y,$$

$$C_x=\left[(\phi_j,\phi_l)_x\right]_{N_x\times N_x},\quad C_y=\left[(\psi_j,\psi_l)_y\right]_{N_y\times N_y},$$

$$A_x=\left[(\phi_j',\phi_l')_x\right]_{N_x\times N_x},\quad A_y=\left[(\psi_j',\psi_l')_y\right]_{N_y\times N_y},$$

$$D_i^n=\begin{bmatrix}\tilde{\rho}(x^1)q_i(x^1,U^n) & & \\ & \ddots & \\ & & \tilde{\rho}(x^m)q_i(x^m,U^n)\end{bmatrix},$$

$$\begin{aligned}(\phi_i^n)_l=&(\rho f_i(U^n),N_l)+\langle\rho g_i^{n+1},N_l\rangle_{\partial\Omega}-\sum_{j=1}^k\left(\rho b_{ij}(U^n)\cdot\nabla U_j^n,N_l\right)\\&+\left((\tilde{\rho}q_i^n-\rho q_i(U^n))\,\partial_t U_i^{n-1},N_l\right)-\sum_{j=1}^k\left(\rho a_{ij}(U^n)\nabla U_j^n,\nabla N_l\right).\end{aligned}$$

设

$$U_i^n=\sum_{j=1}^m\gamma_{ij}^n N_j(x)=\sum_{j=1}^m\gamma_{ij}^n\phi_{\alpha(j)}(x)\psi_{\beta(j)}(y),\quad 1\leqslant i\leqslant k,$$

则 (3.4.10) 的矩阵形式为

$$(D_i^n)^{1/2}\left(C_x\otimes I\times\lambda\Delta tA_x\otimes I\right)\left(I\otimes C_y+\lambda\Delta tI\otimes A_y\right)(D_i^n)^{1/2}\left(\gamma_i^{n+1}-\gamma_i^n\right)=\Delta t\Phi^n. \tag{3.4.11}$$

记 $\sup|\rho q_i(U^n)-\tilde{\rho}q_i^n|=\sup\limits_{\substack{x\in\Omega_{il}\\1\leqslant j,l\leqslant m}}|\rho q_i(U^n)-\tilde{\rho}_{jl}q_i^n|,\quad 1\leqslant i\leqslant k.$

由 (3.4.2) 可知 $h^{-d}\sup|\rho q_i(U^n)-\tilde{\rho}q_i^n|$ 刻画了 $\tilde{\rho}q_i^n$ 对 $\rho q_i(U^n)$ 的逼近程度. 容易证明:

引理 3.4.4 对 $\forall U,V\in S_h(\Omega)$, 存在不依赖 h 的正常数 K, 使得

$$|((\rho q_i(U^n)-\tilde{\rho}q_i^n)U,V)|\leqslant Kh^{-d}\sup_{x\in\Omega}|\rho q_i(U^n)-\tilde{\rho}q_i^n|\cdot\|U\|_\rho\cdot\|V\|_\rho,$$

$$|((\rho q_i(U^n)-\tilde{\rho}q_i^n)\nabla U,\nabla V)|\leqslant Kh^{-d}\sup_{x\in\Omega}|\rho q_i(U^n)-\tilde{\rho}q_i^n|\cdot\|U\|_{\rho1}\cdot\|V\|_{\rho1}.$$

引理 3.4.5 假设 $\max\limits_{1\leqslant i\leqslant k}\sum\limits_{j=1}^k\dfrac{\partial\tilde{a}_{ij}}{\partial u}$ 有界, 由引理 3.4.1, $h^2\max\limits_{1\leqslant i\leqslant k}\sum\limits_{j=1}^k\dfrac{\partial a_{ij}}{\partial u}$ 有界, $Z\in\mathbf{R}^k$, 则

$$(\rho A(U^n)Z,Z)\leqslant\left[1+\theta_n\Delta t\left\|\partial_t U^{n-1}\right\|_\infty\right](\rho A(U^{n-1})Z,Z),$$

其中 $\theta_n \geqslant \left(h^2 \max\limits_{1\leqslant i\leqslant k} \sum\limits_{j=1}^{k} \dfrac{\partial a_{ij}}{\partial u}\right) \Big/ A_0$.

定理 3.4.1 设 u 和 U 分别为 (3.4.4) 和 (3.4.10) 的解, 如果 $r \geqslant \dfrac{d}{2}$, $\Delta t = O(h^\beta), \beta = \max\left(\dfrac{d}{2}, 2\right), \lambda > \dfrac{1}{2}h^{-2}A_1/q_0$, 且

$$\left\|U^1 - \tilde{u}^1\right\|_{H^1(\Omega_g)} + \Delta t \left\|\partial_t(U^0 - \tilde{u}^0)\right\|_{L^2(\Omega_g)} \leqslant K(h^{r+1} + \Delta t),$$

则当 h 充分小时,

$$\begin{aligned}
&\Delta t \sum_{n=1}^{M-1} \|\partial_t(U^n - u^n)\|_{L^2(\Omega_g)}^2 + \left\|U^M - u^M\right\|_{L^2(\Omega_g)}^2 + h^2 \left\|U^M - u^M\right\|_{H^1(\Omega_g)}^2 \\
\leqslant &K \left\{h^{2(r+1)} + (\Delta t)^2\right\}.
\end{aligned}$$

证明 对 $\forall V \in S_h(\Omega), 1 \leqslant i \leqslant k$, 误差方程为

$$\begin{aligned}
&(\rho q_i(U^n)\partial_t\varepsilon_i^n, V) + \lambda\Delta t \left(\rho q_i(U^n)\nabla\partial_t\varepsilon_i^n, \nabla V\right) \\
&+ \sum_{j=1}^{k} \left(\rho a_{ij}(U^n)\nabla\varepsilon_j^n, \nabla V\right) + \lambda^2(\Delta t)^2 \left(\tilde{\rho}q_i^n \frac{\partial^2}{\partial x\partial y}\partial_t\varepsilon_i^n, \frac{\partial^2}{\partial x\partial y}V\right) \\
&+ \left(\left(\tilde{\rho}q_i^n - \rho q_i(U^n)\right)\left(\partial_t\varepsilon_i^n - \partial_t\varepsilon_i^{n-1}\right), V\right) \\
=&\lambda\Delta t \left(\left(\rho q_i(U^n) - \tilde{\rho}q_i^n\right)\nabla\partial_t\varepsilon_i^n, \nabla V\right) + (D_i^n, V) + \left(\tilde{D}_i^n, V\right) \\
&+ (F_i^n, \nabla V) + \left(G_i^n, \frac{\partial^2}{\partial x\partial y}V\right),
\end{aligned} \tag{3.4.12}$$

其中

$$\begin{aligned}
D_i^n =&\rho\mu\eta_i^{n+1} + \rho q_i\left(u^{n+1}\right)\left(\frac{\partial u_i^{n+1}}{\partial t} - \partial_t\tilde{u}_i^n\right) + \rho\left(q_i(u^{n+1}) - q_i(U^n)\right)\partial_t\tilde{u}_i^n \\
&+ \rho\left(f(U^n) - f(u^{n+1})\right) + \sum_{j=1}^{k} \rho\left(b_{ij}(u^{n+1})\cdot\nabla\tilde{u}_j^{n+1} - b_{ij}(U^n)\cdot\nabla U_j^n\right), \\
\tilde{D}_i^n =&\left(\rho q_i(U^n) - \tilde{\rho}q_i^n\right)\left(\partial_t\tilde{u}_i^n - \partial_t\tilde{u}_i^{n-1}\right), \\
F_i^n =&\sum_{j=1}^{k} \rho\left(a_{ij}(u^{n+1}) - a_{ij}(U^n)\right)\nabla\tilde{u}_j^{n+1} - \Delta t \sum_{j=1}^{k} \left(\lambda\tilde{\rho}\delta_{ij}q_j^n - \rho a_{ij}(U^n)\right)\nabla\partial_t\tilde{u}_j^n, \\
G_i^n =&-\lambda^2(\Delta t)^2\tilde{\rho}q_i^n \frac{\partial^2}{\partial x\partial y}\partial_t\tilde{u}_i^n.
\end{aligned} \tag{3.4.13}$$

作归纳假设:

$$\max_{1\leqslant n\leqslant M-1} \|U^n\|_\infty \leqslant K. \tag{3.4.14}$$

易知 $h^{-2}\sup\limits_{x\in\Omega}|\tilde{\rho}q_i^n-\rho q_i(U^n)|=o(1),i=1,\cdots,k$. 取 $V=\partial_t\varepsilon_i^n$, (3.4.12) 两端同乘 $2\Delta t$ 并关于 $n=1,\cdots,\ M-1$ 求和:

$$2\Delta t\sum_{n=1}^{M-1}\left\{(\rho q_i(U^n)\partial_t\varepsilon_i^n,\partial_t\varepsilon_i^n)+\left((\tilde{\rho}q_i^n-\rho q_i(U^n))\left(\partial_t\varepsilon_i^n-\partial_t\varepsilon_i^{n-1}\right),\partial_t\varepsilon_i^n\right)\right\}$$

$$\geqslant K\sum_{n=1}^{M-1}\|\partial_t\varepsilon_i^n\|_{L^2(\Omega_g)}^2\Delta t-K\Delta t\left\|\partial_t\varepsilon_i^0\right\|_{L^2(\Omega_g)}^2, \tag{3.4.15}$$

$$\lambda\Delta t\sum_{i=1}^{k}(\rho q_i(U^n)\nabla\partial_t\varepsilon_i^n,\nabla\partial_t\varepsilon_i^n)+\sum_{i=1}^{k}\sum_{j=1}^{k}\left(\rho a_{ij}(U^n)\nabla\varepsilon_j^n,\nabla\partial_t\varepsilon_i^n\right) \tag{3.4.16}$$

$$\begin{aligned}&=\frac{1}{2}\left(\rho A(U^n)\nabla\varepsilon^{n+1},\nabla\varepsilon^{n+1}\right)-\frac{1}{2}\left(\rho A(U^n)\nabla\varepsilon^n,\nabla\varepsilon^n\right)\\&\quad+\Delta t\left(\rho\left(\lambda Q(U^n)-\frac{1}{2}A(U^n)\right)\nabla\partial_t\varepsilon^n,\nabla\partial_t\varepsilon^n\right),\end{aligned}$$

$$\begin{aligned}&\sum_{n=1}^{M-1}\left[\left(\rho A(U^n)\nabla\varepsilon^{n+1},\nabla\varepsilon^{n+1}\right)-\left(\rho A(U^n)\nabla\varepsilon^n,\nabla\varepsilon^n\right)\right]\\&\geqslant K\left\|\bar{\nabla}\varepsilon^M\right\|_{H^1(\Omega_g)}^2-K\left\|\varepsilon^1\right\|_{H^1(\Omega_g)}^2\\&\quad-K\Delta t\sum_{n=0}^{M-2}\theta_n\left\|\partial_tU^n\right\|_\infty\left\|\varepsilon^{n+1}\right\|_{H^1(\Omega_g)}^2,\end{aligned} \tag{3.4.17}$$

$$\begin{aligned}&\Delta t\left(\rho\left(\lambda Q(U^n)-\frac{1}{2}A(U^n)\right)\nabla\partial_t\varepsilon^n,\nabla\partial_t\varepsilon^n\right)\\&\geqslant\left(\lambda q_0-\frac{1}{2}A_1\right)\Delta t\left\|\nabla\partial_t\varepsilon^n\right\|_\rho^2\geqslant 0,\end{aligned} \tag{3.4.18}$$

$$2\lambda(\Delta t)^2\sum_{n=1}^{M-1}\left((\rho q_i(U^n)-\tilde{\rho}q_i^n)\nabla\partial_t\varepsilon_i^n,\nabla\partial_t\varepsilon_i^n\right)\leqslant\varepsilon\Delta t\sum_{n=1}^{M-1}\|\partial_t\varepsilon_i^n\|_{L^2(\Omega_g)}^2, \tag{3.4.19}$$

$$\begin{aligned}|(D_i^n,\partial_t\varepsilon_i^n)|\leqslant&K(u)\left\{\left\|\eta^{n+1}\right\|_{L^2(\Omega_g)}^2+\|\eta^n\|_{L^2(\Omega_g)}^2+\|\partial_t\eta^n\|_{L^2(\Omega_g)}^2\right.\\&\left.+(\Delta t)^2\left\|u\right\|_{H^1(J;H^1(\Omega_g))}+\|\varepsilon^n\|_{H^1(\Omega_g)}^2\right\}\\&+\varepsilon\left\|\partial_t\varepsilon_i^n\right\|_{L^2(\Omega_g)}^2,\end{aligned} \tag{3.4.20}$$

$$\left|2\Delta t\sum_{n=1}^{M-1}(\tilde{D}_i^n,\partial_t\varepsilon_i^n)\right|\leqslant K(\Delta t)^3h^{-2d}\sup|\tilde{\rho}q_i^n-\rho q_i(U^n)|^2\sum_{n=1}^{M-1}\left\|\partial_t^2\tilde{u}_i^n\right\|_\rho^2$$

$$
\begin{aligned}
&+\varepsilon\Delta t\sum_{n=1}^{M-1}\|\partial_t\varepsilon_i^n\|_\rho^2\\
\leqslant &K(u)(\Delta t)^2+\varepsilon\Delta t\sum_{n=1}^{M-1}\|\partial_t\varepsilon_i^n\|_{L^2(\Omega_g)}^2, \qquad (3.4.21)
\end{aligned}
$$

$$
2\Delta t\sum_{n=1}^{M-1}(F_i^n,\nabla\partial_t\varepsilon_i^n)=2\left(F_i^{M-1},\nabla\varepsilon_i^M\right)-2\left(F_i^1,\nabla\varepsilon_i^1\right)-2\Delta t\sum_{n=1}^{M-2}\left(\partial_tF_i^n,\nabla\varepsilon_i^{n+1}\right), \qquad (3.4.22)
$$

$$
\begin{aligned}
\left|\left(F_i^{M-1},\nabla\varepsilon_i^M\right)-\left(F_i^1,\nabla\varepsilon_i^1\right)\right|\leqslant K\Bigg\{&\left\|\eta^M\right\|_{L^2(\Omega_g)}^2+\left\|\varepsilon^{M-1}\right\|_{L^2(\Omega_g)}^2\\
&+\left\|\eta^2\right\|_{L^2(\Omega_g)}^2+\left\|\varepsilon^1\right\|_{H^1(\Omega_g)}^2+(\Delta t)^2\Bigg\}\\
&+\varepsilon\left\|\varepsilon_i^M\right\|_{H^1(\Omega_g)}^2, \qquad (3.4.23)
\end{aligned}
$$

$$
\begin{aligned}
\left|2\Delta t\sum_{n=1}^{M-2}\left(\partial_tF_i^n,\nabla\varepsilon_i^{n+1}\right)\right|\leqslant&\varepsilon\Delta t\sum_{n=1}^{M-2}\Bigg\{\|\partial_t\eta^n\|_{L^2(\Omega_g)}^2+\|\eta^n\|_{L^2(\Omega_g)}^2\\
&+\|\partial_t\varepsilon^n\|_{L^2(\Omega_g)}^2+\|\varepsilon^n\|_{L^2(\Omega_g)}^2+(\Delta t)^2\left(\|u\|_{W_\infty^1(J;H^1(\Omega_g))}^2\right)\\
&+\|u\|_{H^2(J;H^1(\Omega_g))}^2\Bigg\}+K\Delta t\sum_{n=1}^{M-2}\left\|\varepsilon_i^{n+1}\right\|_{H^1(\Omega_g)}^2, \qquad (3.4.24)
\end{aligned}
$$

$$
\begin{aligned}
&\left|-2\lambda^2(\Delta t)^3\sum_{n=1}^{M-1}\left(\tilde\rho q_i^n\frac{\partial^2}{\partial x\partial y}\partial_t\tilde u_i^n,\frac{\partial^2}{\partial x\partial y}\partial_t\varepsilon_i^n\right)\right|\\
\leqslant&K(\Delta t)^2+\varepsilon(\Delta t)^3\sum_{n=1}^{M-1}\left\|(q_i^n)^{1/2}\frac{\partial^2}{\partial x\partial y}\partial_t\varepsilon_i^n\right\|_\rho^2. \qquad (3.4.25)
\end{aligned}
$$

式 (3.4.15), (3.4,19)~(3.4.25) 对 $i=1,2,\cdots,k$ 求和, 再利用不等式 (3.4.3), 得

$$
\begin{aligned}
&\Delta t\sum_{n=1}^{M-1}\|\partial_t\varepsilon^n\|_{L^2(\Omega_g)}^2+\left\|\varepsilon^M\right\|_{H^1(\Omega_g)}^2\\
\leqslant&K\Delta t\sum_{n=0}^{M-2}\theta_n\|\partial_tU^n\|_\infty\left\|\varepsilon^{n+1}\right\|_{H^1(\Omega_g)}^2+K\left\{h^{2(r+1)}+(\Delta t)^2\right\}. \qquad (3.4.26)
\end{aligned}
$$

作归纳假设:

$$
\Delta t\sum_{n=0}^{M-2}\|\partial_tU^n\|_\infty\leqslant K, \qquad (3.4.27)
$$

则由 Gronwall 引理得

$$\Delta t\sum_{n=1}^{M-1}\|\partial_t\varepsilon^n\|_{L^2(\Omega_g)}^2+\left\|\varepsilon^M\right\|_{H^1(\Omega_g)}^2\leqslant K\left\{h^{2(r+1)}+(\Delta t)^2\right\}. \tag{3.4.28}$$

下面验证是纳假设 (3.4.14) 和 (3.4.27). 利用逆估计和 (3.4.28) 可知 (3.4.14) 成立. 再由引理 3.4.5 及对 (3.4.4) 系数的假设条件可知 θ_n 有界.

$$\|\partial_tU^n\|_\infty\leqslant\|\partial_t\varepsilon^n\|_\infty+\|\partial_t\tilde{u}^n\|_\infty, \tag{3.4.29}$$

$$\Delta t\sum_{n=0}^{K}\|\partial_t\varepsilon^n\|_\infty\leqslant T^{1/2}(\Delta t)^{1/2}\left\{\sum_{n=0}^{K}\|\partial_t\varepsilon^n\|_\infty^2\right\}^{1/2}, \tag{3.4.30}$$

从而只需验证:

$$\Delta t\sum_{n=0}^{M-1}\|\partial_t\varepsilon^n\|_\infty^2\leqslant K. \tag{3.4.31}$$

(i) 显然当 $n=0$ 时, 由假设条件 (3.4.31) 成立.

(ii) 假设 $n=1,2,\cdots,\ N-1$ 时, (3.4.31) 成立, 则由 (3.4.28),

$$\Delta t\sum_{n=0}^{N}\|\partial_t\varepsilon^n\|_\infty^2\leqslant\Delta th^{-d}\sum_{n=0}^{N}\|\partial_t\varepsilon^n\|_{L^2(\Omega_g)}^2\leqslant Kh^{-d}(h^{2(r+1)}+(\Delta t)^2)\leqslant K, \tag{3.4.32}$$

从而 (3.4.28) 成立. 再由引理 3.4.2, 即得到定理证明.

3.4.3 抛物型积分–微分方程组的算子分裂格式及误差估计

考虑下面的非线性抛物型积分–微分方程组:

$$\begin{aligned}&q_i(\xi,u)\frac{\partial u_i}{\partial t}-\sum_{j=1}^{k}\bar{\nabla}\cdot\left\{\bar{a}_{ij}(\xi,u)\bar{\nabla}u_j+\int_0^t\bar{d}_{ij}\left(\xi,t,\tau,u(\xi,\tau)\right)\bar{\nabla}u_j(\tau)\mathrm{d}\tau\right\}\\&+\sum_{j=1}^{k}\left\{\tilde{b}_{ij}(\xi,u)\cdot\bar{\nabla}u_j+\int_0^t\tilde{e}_{ij}u(\xi,t,\tau,(\xi,\tau))\cdot\bar{\nabla}u_j(\tau)\mathrm{d}\tau\right\}+\sum_{j=1}^{k}\left\{c_{ij}(\xi,u)u_j\right.\\&\left.+\int_0^t g_{ij}\left(\xi,t,\tau,u(\xi,\tau)\right)u_j(\tau)\mathrm{d}\tau\right\}\\=&f_i(\xi,t,u),\quad i=1,\cdots,k,(\xi,t)\in\Omega_g\times J,\end{aligned} \tag{3.4.33a}$$

$$u(\xi,t)=0,\quad(\xi,t)\in\partial\Omega_g\times J, \tag{3.4.33b}$$

$$u(\xi,0)=u_0(\xi),\quad\xi\in\Omega_g, \tag{3.4.33c}$$

其中 $u=(u_1,\cdots,u_k)^{\mathrm{T}},\tilde{a}_{ij}=\tilde{a}_{ji},\ \tilde{d}_{ij}=\tilde{d}_{ji},\ \tilde{b}_{ij}=\left(\tilde{b}_{ij}^1,\cdots,\tilde{b}_{ij}^d\right)^{\mathrm{T}},\tilde{e}_{ij}=\left(\tilde{e}_{ij}^1,\cdots,\tilde{e}_{ij}^d\right)^{\mathrm{T}}$, $1\leqslant i,j\leqslant k,\Omega_g\subset\mathbf{R}^2$ 为有界区域. 边界 $\partial\Omega_g$ 为分段多项式, v 为 $\partial\Omega_g$ 上的单位外法向量, $J=(0,T]$.

$$\begin{aligned}&\left(q_i(u)\frac{\partial u_i}{\partial t},v\right)_{\Omega_g}+\sum_{j=1}^k\left\{\left(\tilde{a}_{ij}(u)\bar{\nabla}u_j,\bar{\nabla}v\right)_{\Omega_g}+\int_0^t\left(\tilde{d}_{ij}(\tau,u(\tau))\bar{\nabla}u_j(\tau),\bar{\nabla}v\right)_{\Omega_g}\mathrm{d}\tau\right\}\\&+\sum_{j=1}^k\left\{\left(\tilde{b}_{ij}(u)\cdot\bar{\nabla}u_j,v\right)_{\Omega_g}+\int_0^t(\tilde{e}_{ij}(\tau,u(\tau)))\cdot\bar{\nabla}u_j(\tau),v)_{\Omega_g}\mathrm{d}\tau\right\}\\&+\sum_{j=1}^k\left\{(c_{ij}(u)u_j,v)_{\Omega_g}+\int_0^t(g_{ij}(\tau,u(\tau))u_j(\tau),v)_{\Omega_g}\mathrm{d}\tau\right\}\\=&(f_i(u),v)_{\Omega_g},\quad i=1,\cdots,k,v\in H_0^1(\Omega_g),t\in J,\end{aligned}$$

$$(u(0),v)_{\Omega_g}=(u_0,v)_{\Omega_g},\quad\forall v\in H_0^1(\Omega_g).\tag{3.4.34}$$

令 $a_{ij},b_{ij}=\left(b_{ij}^1,\cdots,b_{ij}^d\right)^{\mathrm{T}},1\leqslant i,j\leqslant k$ 满足:

$$(\rho(x)a_{ij}\nabla w,\nabla x)+(\rho(x)b_{ij}\cdot\nabla w,v)=(\tilde{a}_{ij}\bar{\nabla}w,\bar{\nabla}v)_{\Omega_g}+\left(\tilde{b}_{ij}\cdot\bar{\nabla}w,v\right)_{\Omega_g}.\tag{3.4.35}$$

令 $d_{ij},e_{ij}=\left(e_{ij}^1,\cdots,e_{ij}^d\right)^{\mathrm{T}},1\leqslant i,j\leqslant k$ 满足:

$$(\rho(x)d_{ij}\nabla w\cdot\nabla v)+(\rho(x)e_{ij}\cdot\nabla w\cdot v)=\left(\tilde{d}_{ij}\bar{\nabla}w,\bar{\nabla}v\right)_{\Omega_g}+\left(\tilde{e}_{ij}\cdot\bar{\nabla}w,v\right)_{\Omega_g},\tag{3.4.36}$$

则在 Ω 上 (3.4.33) 等价的弱形式为

$$\begin{aligned}&\left(\rho q_i(u)\frac{\partial u_i}{\partial t},v\right)+\sum_{j=1}^k\left\{(\rho a_{ij}(u)\nabla u_j,\nabla v)+\int_0^t(\rho d_{ij}(\tau,u(\tau))\nabla u_j(\tau),\nabla v)\,\mathrm{d}\tau\right\}\\&+\sum_{j=1}^k\left\{(\rho b_{ij}(u)\cdot\nabla u_j,v)+\int_0^t(\rho e_{ij}(\tau,u(\tau))\cdot\nabla u_j(\tau),v)\,\mathrm{d}\tau\right\}\\&+\sum_{j=1}^k\left\{(\rho c_{ij}(u)u_j,v)+\int_0^t(\rho g_{ij}(\tau,u(\tau))\,u_j(\tau),v)\,\mathrm{d}\tau\right\}\\=&(\rho f_i(u),v),\quad i=1,\cdots,k,v\in H_0^1(\Omega),t\in J,\end{aligned}\tag{3.4.37a}$$

$$(\rho u(0),v)=(\rho u_0,v)=(u_0,v)_{\Omega_g},\quad\forall v\in H_0^1(\Omega).\tag{3.4.37b}$$

记 $\tilde{A}(w)=[\tilde{a}_{ij}(w)]_{k\times k},\tilde{D}(w(\tau))=\left[\tilde{d}_{ij}(w(\tau))\right]_{k\times k},\tilde{B}_l(w)=\left[\tilde{b}_{ij}^l(w)\right]_{k\times k},l=1,\cdots,d,\tilde{E}_l(w(\tau))=\left[\tilde{e}_{ij}^l(w(\tau))\right]_{k\times k},l=1,\cdots,d,C(w)=[c_{ij}(w)]_{k\times k},G(w(\tau))=[g_{ij}$

$(w(\tau))]_{k\times k}$, 引入双线性形式:

$$\tilde{A}(w;u,v)=\left(\tilde{A}(w)\bar{\nabla}u,\bar{\nabla}v\right)_{\Omega_g}+\sum_{l=1}^{d}\left(\tilde{B}_l(w)\frac{\partial u}{\partial\xi_l},v\right)_{\Omega_g}+(C(w)u,v)_{\Omega_g}$$

及

$$\begin{aligned}\tilde{D}(w(\tau));u(\tau),v)&=\left(\tilde{D}(w(\tau))\bar{\nabla}u(\tau),\bar{\nabla}v\right)_{\Omega_g}\\&+\sum_{l=1}^{d}\left(\tilde{E}_l(w(\tau))\frac{\partial u(\tau)}{\partial\xi_l},v\right)_{\Omega_g}+(G(w(\tau))u(\tau),v)_{\Omega_g}.\end{aligned}$$

定义 (3.4.34) 的解 u 的椭圆 H^1-Volterra 投影 $\tilde{u}(\xi,t):[0,T]-(S_h(\Omega))^k$, 满足:

$$\tilde{A}\left(u:\tilde{u}-u,v\right)+\int_0^t\tilde{D}\left(u(\tau);\left(\tilde{u}-u\right)(\tau),v\right)\mathrm{d}\tau=0,\quad\forall v\in(S_h(\Omega_g))^k.\qquad(3.4.38)$$

通过 $(S_h(\Omega_g))^k$ 的基函数来表示 $\tilde{u}$, 再代入式 (3.4.38) 将其化为一个线性 Volterra 型方程, 并且系数矩阵正定, 可知式 (3.4.38) 存在唯一的 $\tilde{u}(\xi,t)$.

引理 3.4.6[39] 若 $u,u_t\in\left(L^\infty(J;H^{\tau+1}(\Omega_g))\right)^k$, 令 $\eta=\tilde{u}-u$, 则必存在不依赖 h 的常数 K 使得

$$\begin{aligned}&\|\eta\|_{L^\infty(J;L^2(\Omega_g))}+\left\|\frac{\partial\eta}{\partial t}\right\|_{L^\infty(J;L^2(\Omega_g))}+h\left\{\|\eta\|_{L^\infty(J;H^1(\Omega_g))}+\left\|\frac{\partial\eta}{\partial t}\right\|_{L^\infty(J;H^1(\Omega_g))}\right\}\\&\leqslant Kh^{\tau+1}\left\{\|u\|_{L^\infty(J;H^{\tau+1}(\Omega_g))}+\left\|\frac{\partial\eta}{\partial t}\right\|_{L^\infty(J;H^{\tau+1}(\Omega_g))}\right\}.\end{aligned}$$

从 (3.4.37) 出发构造算子分裂格式. 求 $U^{n+1}\in\left(S_h(\Omega)\right)^k, 1\leqslant n\leqslant M-1$, 满足:

$$\begin{aligned}&\left(\tilde{\rho}q_t^n\partial_tU_i^n,V\right)+\lambda\left(\tilde{\rho}q_t^n\nabla\left(U_i^{n+1}-U_i^n\right),\nabla V\right)\\&+\sum_{j=1}^{k}\left(\rho\left\{a_{ij}(U^n)\nabla U_j^n+\Delta t\sum_{l=0}^{n}d_{ij}^{n+1,l}(U)\nabla U_i^l\right\},\nabla V\right)\\&+\sum_{j=1}^{k}\left(\rho\left\{b_{ij}(U^n)\cdot\nabla U_j^n+\Delta t\sum_{l=0}^{n}e_{ij}^{n+1,l}(U)\cdot\nabla U_i^l\right\},V\right)\\&+\sum_{j=1}^{k}\left(\rho\left\{c_{ij}(U^n)U_j^n+\Delta t\sum_{l=0}^{n}g_{ij}^{n+1,l}(U)U_i^l\right\},V\right)\\&+\lambda^2(\Delta t)^2\left(\tilde{\rho}q_i^n\frac{\partial^2}{\partial x\partial y}\partial_tU_i^n,\frac{\partial^2}{\partial x\partial y}V\right)\end{aligned}$$

$$
\begin{aligned}
&=\left(\rho f_i(U^n),V\right)+\left(\left(\tilde{\rho}q_i^n-\rho q_i(U^n)\right)\partial_t U_i^{n-1},V\right),\\
&\quad i=1,\cdots,k,V\in S_h(\Omega),
\end{aligned}
\tag{3.4.39}
$$

其中:

$$
\begin{aligned}
&d_{ij}^{n+1,l}(U)=d_{ij}(x,t^{n+1},t^l,U^l),\quad e_{ij}^{n+1,l}(U)=e_{ij}(x,t^{n+1},t^l,U^l),\\
&g_{ij}^{n+1,l}(U)=g_{ij}(x,t^{n+1},t^l,U^l),\quad l=0,1,\cdots,n,i,j=1,2,\cdots,k.
\end{aligned}
$$

定理 3.4.2 设 u 和 U 分别为 (3.4.33) 和 (3.4.39) 的解, $r\geqslant\dfrac{d}{2},\Delta t=O(h^\beta),\beta=\max\left(\dfrac{d}{2},2\right)$, $\lambda>\dfrac{1}{2}h^{-2}A_1/q_0$, 且

$$
\left\|U^1-\tilde{u}^1\right\|_{H^1(\Omega_g)}+\Delta t\left\|\partial_t(U^0-\tilde{u}^0)\right\|_{L^2(\Omega_g)}\leqslant K(h^{\tau+1}+\Delta t),
$$

则当 h 充分小时,

$$
\begin{aligned}
&\Delta t\sum_{n=1}^{M-1}\|\partial_t(U^n-u^n)\|_{L^2(\Omega_g)}^2+\left\|U^M-u^M\right\|_{L^2(\Omega_g)}^2+h^2\left\|U^M-u^M\right\|_{H^1(\Omega_g)}^2\\
\leqslant&K\left\{h^{2(r+1)}+(\Delta t)^2\right\}.
\end{aligned}
$$

证明 对 $\forall V\in S_h(\Omega),1\leqslant i\leqslant k$, 误差方程为

$$
\begin{aligned}
&\left(\rho q_i(U^n)\partial_t\varepsilon_i^n,V\right)+\lambda\Delta t\left(\rho q_i(U^n)\nabla\partial_t\varepsilon_i^n,\nabla V\right)\\
&+\sum_{j=1}^{k}\left(\rho a_{ij}(U^n)\nabla\varepsilon_j^n,\nabla V\right)+\lambda^2(\Delta t)^2\left(\tilde{\rho}q_i^n\frac{\partial^2}{\partial x\partial t}\partial_t\varepsilon_i^n,\frac{\partial^2}{\partial x\partial t}V\right)\\
&+\left(\left(\tilde{\rho}q_i^n-\rho q_i(U^n)\right)\left(\partial_t\varepsilon_i^n-\partial_t\varepsilon_i^{n-1}\right),V\right)\\
=&\lambda\Delta t\left(\left(\rho q_i(U^n)-\tilde{\rho}q_i^n\right)\nabla\partial_t\varepsilon_i^n,\nabla V\right)+\left(D_i^n,V\right)+\left(\tilde{D}_i^n,V\right)\\
&+\left(F_i^n,\nabla V\right)+\left(\tilde{F}_i^n,\nabla V\right)+\left(G_i^n,\frac{\partial^2}{\partial x\partial y}\right),
\end{aligned}
\tag{3.4.40}
$$

其中:

$$
\begin{aligned}
D_i^n=&\rho\mu\eta_i^{n+1}+\rho q_i(u^{n+1})\left(\frac{\partial u_i^{n+1}}{\partial t}-\partial_t\tilde{u}_i^n\right)+\rho\left(q_i(u^{n+1})-q_i(U^n)\right)\partial_t\tilde{u}_i^n\\
&+\rho\left(f(U^n)-f(u^{n+1})\right)+\sum_{j=1}^{k}\rho\left(c_{ij}(u^{n+1})\tilde{u}_j^{n+1}-c_{ij}(U^n)U_j^n\right)\\
&+\sum_{j=1}^{k}\rho\left(b_{ij}(u^{n+1})\cdot\nabla\tilde{u}_j^{n+1}-b_{ij}(U^n)\cdot\nabla U_j^n\right)
\end{aligned}
$$

$$
\begin{aligned}
&+\sum_{j=1}^{k}\rho\left(\int_0^{t^{n+1}} e_{ij}\left(t^{n+1},\tau,u(\tau)\right)\cdot\nabla\tilde{u}_j(\tau)\mathrm{d}\tau-\Delta t\sum_{l=0}^{n}e_{ij}^{n+1,l}(U)\cdot\nabla U_j^l\right)\\
&+\sum_{j=1}^{k}\rho\left(\int_0^{t^{n+1}} g_{ij}\left(t^{n+1},\tau,u(\tau)\right)\cdot\tilde{u}_j(\tau)\mathrm{d}\tau-\Delta t\sum_{l=0}^{n}g_{ij}^{n+1,l}(U)U_j^l\right),\\
\tilde{D}_i^n=&\left(\rho q_i(U^n)-\tilde{\rho}q_i^n\right)\left(\partial_t\tilde{u}_i^n-\partial_t\tilde{u}_i^{n-1}\right),\\
F_i^n=&\sum_{j=1}^{k}\rho\left(a_{ij}(u^{n+1})-a_{ij}(U^n)\right)\nabla\tilde{u}_j^{n+1}-\Delta t\sum_{j=1}^{k}\left(\lambda\tilde{\rho}\delta_{ij}q_j^n-\rho a_{ij}(U^n)\right)\nabla\partial_t\tilde{u}_j^n,\\
\tilde{F}_i^n=&\sum_{j=1}^{k}\rho\left(\int_0^{t^{n+1}} d_{ij}\left(t^{n+1},\tau,u(\tau)\right)\nabla\tilde{u}_j(\tau)\mathrm{d}\tau-\Delta t\sum_{l=0}^{n}d_{ij}^{n+1,l}(U)\nabla U_j^l\right),\\
G_i^n=&-\lambda^2(\Delta t)^2\tilde{\rho}q_i^n\frac{\partial^2}{\partial x\partial y}d_t\tilde{u}_i.
\end{aligned}
\tag{3.4.41}
$$

仍然选取检验函数 $V=\partial_t\varepsilon_i^n$, 与 3.4.2 小节中的 (3.4.12),(3.4.13) 相比较, 只需估计下面的几项:

$$
\begin{aligned}
T_1=&\sum_{j=1}^{k}\left(\rho\left(c_{ij}(u^{n+1})\tilde{u}_j^{n+1}-c_{ij}(U^n)U_j^n\right),\partial_t\varepsilon_i^n\right)\\
\leqslant&K\left\{(\Delta t)^2+\|\eta^n\|_{L^2(\Omega_g)}^2+\|\varepsilon^m\|_{L^2(\Omega_g)}^2\right\}+\varepsilon\|\partial_t\varepsilon_i^n\|_{L^2(\Omega_g)}^2,
\end{aligned}
\tag{3.4.42}
$$

$$
\begin{aligned}
T_2=&\sum_{j=1}^{k}\left(\rho\left(\int_0^{t^{n+1}} e_{ij}\left(t^{n+1},\tau,u(\tau)\right)\cdot\nabla\tilde{u}_j(\tau)\mathrm{d}\tau-\Delta t\sum_{t=0}^{n}e_{ij}^{n+1,l}(u)\cdot\nabla\tilde{u}_j^l\right),\partial_t\varepsilon_i^n\right)\\
&+\sum_{j=1}^{k}\Delta t\sum_{l=0}^{n}\left(\rho\left(e_{ij}^{n+1,l}(u)-e_{ij}^{n+1,l}(U)\right)\cdot\nabla\tilde{u}_j^l\right),\partial_t\varepsilon_i^n\right)\\
&-\sum_{j=1}^{k}\Delta t\sum_{l=0}^{n}\left(\rho e_{ij}^{n+1,l}(U)\cdot\nabla\varepsilon_j^l,\partial_t\varepsilon_i^n\right)\\
\leqslant&K\left\{(\Delta t)^2+\Delta t\sum_{l=0}^{n}\left\|\eta^l\right\|_{L^2(\Omega_g)}^2+\Delta t\sum_{l=0}^{n}\left\|\varepsilon^l\right\|_{H^1(\Omega_g)}^2\right\}+\varepsilon\|\partial_t\varepsilon_i^n\|_{L^2(\Omega_g)}^2,
\end{aligned}
\tag{3.4.43}
$$

$$
\begin{aligned}
T_3=&\sum_{j=1}^{k}\left(\rho\left(\int_0^{t^{n+1}} g_{ij}\left(t^{n+1},\tau,u(\tau)\right)\tilde{u}_j(\tau)\mathrm{d}\tau-\Delta t\sum_{l=0}^{n}g_{ij}^{n+1,l}(U)U_j^l\right),\partial_t\varepsilon_i^n\right)\\
\leqslant&K\left\{(\Delta t)^2+\Delta t\sum_{l=0}^{n}\left\|\eta^l\right\|_{L^2(\Omega_g)}^2+\Delta t\sum_{l=0}^{n}\left\|\varepsilon^l\right\|_{L^2(\Omega_g)}^2\right\}
\end{aligned}
$$

$$+\varepsilon\left\|\partial_t\varepsilon_i^n\right\|_{L^2(\Omega_g)}^2, \tag{3.4.44}$$

$$2\Delta t\sum_{n=1}^{M-1}\left(\tilde{F}_i^n,\nabla\partial_t\varepsilon_i^n\right)=2\left(\tilde{F}_i^{M-1},\nabla\varepsilon_i^M\right)-2\left(\tilde{F}_i^1,\nabla\varepsilon_i^1\right)-2\Delta t\sum_{n=2}^{M-1}\left(\partial_t\tilde{F}_i^{n-1},\nabla\varepsilon_i^n\right), \tag{3.4.45}$$

其中

$$\begin{aligned}\left|\left(\tilde{F}_i^{M-1},\nabla\varepsilon_i^M\right)-\left(\tilde{F}_i^1,\nabla\varepsilon_i^1\right)\right|\leqslant &K\left\{(\Delta t)^2+\Delta t\sum_{i=0}^{M-1}\left\|\eta^l\right\|_{L^2(\Omega_g)}^2\right.\\&\left.+\Delta t\sum_{l=0}^{M-1}\left\|\varepsilon^l\right\|_{H^1(\Omega_g)}^2+\left\|\varepsilon^1\right\|_{H^1(\Omega_g)}^2\right\}\\&+\varepsilon\left\|\varepsilon_i^M\right\|_{H^1(\Omega_g)}^2,\end{aligned} \tag{3.4.46}$$

$$\begin{aligned}\partial_t\tilde{F}_i^{n-1}=&\frac{\rho}{\Delta t}\sum_{j=1}^{k}\int_{t^n}^{t^{n+1}}\left\{\int_0^{t^{n+1}}\frac{\partial d_{ij}}{\partial t}\left(t,\tau,u(\tau)\right)\nabla\tilde{u}_j(\tau)\mathrm{d}\tau-\Delta t\sum_{l=0}^{n}\frac{\partial d_{ij}^l}{\partial t}(t,u)\nabla\tilde{u}_j^l\right\}\mathrm{d}t\\&+\rho\sum_{j=1}^{k}\sum_{l=0}^{n}\left\{\int_{t^n}^{t^{n+1}}\left(\frac{\partial d_{ij}^l}{\partial t}(t,u)-\frac{\partial d_{ij}^l}{\partial t}(t,U)\right)\mathrm{d}t\nabla\tilde{u}_i^l\right.\\&\left.-\int_{t^n}^{t^{n+1}}\frac{\partial d_{ij}^l}{\partial t}(t,U)\mathrm{d}t\nabla\varepsilon_j^l\right\}\\&+\rho\sum_{j=1}^{k}\left\{\frac{1}{\Delta t}\int_{t^n}^{t^{n+1}}d_{ij}\left(t^n,\tau,u(\tau)\right)\nabla\tilde{u}_j(\tau)\mathrm{d}\tau-d_{ij}^{n,n}(u)\nabla\tilde{u}_j^n\right\}\\&+\rho\sum_{j=1}^{k}\left\{d_{ij}^{n,n}(u)\nabla\tilde{u}_j^n-d_{ij}^{n,n}(U)\nabla U_j^n\right\}.\end{aligned} \tag{3.4.47}$$

从而

$$\begin{aligned}\left|2\Delta t\sum_{n=2}^{M-1}\left(\partial_t\tilde{F}_i^{n-1},\nabla\varepsilon_i^n\right)\right|\leqslant &K\left\{(\Delta t)^2+(\Delta t)^2\sum_{n=2}^{M-1}\sum_{l=0}^{n}\left\|\eta^l\right\|_{L^2(\Omega_g)}^2\right.\\&+\Delta t\sum_{n=2}^{M-1}\left\|\eta^n\right\|_{L^2(\Omega_g)}^2+(\Delta t)^2\sum_{n=2}^{M-1}\sum_{l=0}^{n}\left\|\varepsilon^l\right\|_{H^1(\Omega_g)}^2\\&\left.+\sum_{n=2}^{M-1}\left\|\varepsilon^n\right\|_{H^1(\Omega_g)}^2\right\},\end{aligned} \tag{3.4.48}$$

于是可得如下的估计式:

$$\Delta t\sum_{n=1}^{M-1}\left\|\partial_t\varepsilon^n\right\|_{L^2(\Omega_g)}^2+\left\|\varepsilon^M\right\|_{H^1(\Omega_g)}^2$$

$$\begin{aligned}&\leqslant K\left\{(\Delta t)^2\sum_{n=2}^{M-1}\sum_{l=0}^{n}\left\|\varepsilon^l\right\|_{H^1(\Omega_g)}^2\right.\\&\quad\left.+\Delta t\sum_{n=0}^{M-2}\theta_n\left\|\partial_t U^n\right\|_\infty\left\|\varepsilon^{n+1}\right\|_{H^1(\Omega_g)}^2\right\}\\&\quad+K\left\{h^{2(r+1)}+(\Delta t)^2\right\}.\end{aligned}\tag{3.4.49}$$

由 Gronwall 引理得

$$\Delta t\sum_{n=1}^{M-1}\left\|\partial_t\varepsilon^n\right\|_{L^2(\Omega_g)}^2+\left\|\varepsilon^M\right\|_{H^1(\Omega_g)}^2\leqslant K\{h^{2(r+1)}+(\Delta t)^2\}.\tag{3.4.50}$$

再由引理 3.4.6, 即得到定理证明.

3.4.4　初始值的选取

注意到算子分裂格式 (3.4.10),(3.4.39) 是两个三层格式, 计算时需首先确定初值 U^0 和 U^1 满足:

$$\left\|\varepsilon^1\right\|_{H^1(\Omega_g)}^2+\Delta t\left\|\partial_t\varepsilon^0\right\|_{L^2(\Omega_g)}^2\leqslant K(h^{2(r+1)}+(\Delta t)^2).$$

理想情况, 取 $U^0=\tilde{u}(0)$. 若 $n=0$ 时, (3.4.8), (3.4.38) 不容易精确求解, 则可采用预条件共轭梯度法近似得到 U^0.

取格式 (3.4.10) 中的 $U^1\in S_h(\Omega)$ 满足:

$$\begin{aligned}&\left(\rho q_i(U^0)\frac{U_i^1-U_i^0}{\Delta t},V\right)+\sum_{j=1}^{k}\left(\rho a_{ij}(U^0)\nabla U_j^1,\nabla V\right)\\=&\left(\rho f_i(U^0),V\right)+\langle\rho g_i^0,V\rangle_{\partial\Omega}\\&-\sum_{j=1}^{k}\left(\rho b_{ij}(U^0)\cdot\nabla U_j^0,V\right),\quad 1\leqslant i\leqslant k,\forall V\in S_h(\Omega).\end{aligned}\tag{3.4.51}$$

取格式 (3.4.39) 中的 $U^1\in S_h(\Omega)$ 满足:

$$\begin{aligned}&\left(\rho q_i(U^0)\frac{U_i^1-U_i^0}{\Delta t},V\right)+\sum_{j=1}^{k}\left(\rho a_{ij}(U^0)\nabla U_j^1,\nabla V\right)\\=&\left(\rho f_i(U^0),V\right)-\sum_{j=1}^{k}\Delta t\left(\rho d_{ij}^{0,0}(U)\nabla U_j^0,V\right)-\sum_{j=1}^{k}\left(\rho\left\{b_{ij}(U^0)+\Delta t e_{ij}^{0,0}(U)\right\}\cdot\nabla U_j^0,V\right)\\&-\sum_{j=1}^{k}\left(\rho\left\{c_{ij}(U^0)+\Delta t g_{ij}^{0,0}(U)\right\}U_j^0,V\right),\quad 1\leqslant i\leqslant k,\forall V\in S_h(\Omega).\end{aligned}\tag{3.4.52}$$

如果问题 (3.4.51), (3.4.52) 的规模很大, 可采用下面的算子分裂迭代格式: 求 $(Y^l), Y^l \in S_h(\Omega)$, 满足:

$$\begin{aligned}
Y^0 =& U^0,\\
&\left(\tilde{\rho}q_i^0 \frac{Y_i^{l+1}-U_i^0}{\Delta t}, V\right) + \lambda\left(\tilde{\rho}q_i^0 \nabla\left(Y_i^{l+1}-U_i^0\right), \nabla V\right)\\
&+\lambda^2\Delta t\left(\tilde{\rho}q_i^0 \frac{\partial^2}{\partial x\partial y}\left(Y_i^{l+1}-U_i^0\right), \frac{\partial^2}{\partial x\partial y}V\right)\\
=&\left(\rho f_i(U^0), V\right) + \langle \rho g_i^0, V\rangle_{\partial\Omega} - \sum_{j=1}^{k}\left(\rho a_{ij}(U^0)\nabla U_j^0, \nabla V\right) - \sum_{j=1}^{k}\left(\rho b_{ij}(U^0)\cdot\nabla U_j^0, V\right)\\
&+\left(\left(\tilde{\rho}q_i^0 - \rho q_i(u^0)\right)\frac{Y_i^l - U_i^0}{\Delta t}, V\right), \quad 1 \leqslant i \leqslant k, \forall V \in S_h(\Omega).
\end{aligned} \tag{3.4.53}$$

和

$$\begin{aligned}
Y^0 =& U^0,\\
&\left(\tilde{\rho}q_i^0 \frac{Y_i^{l+1}-U_i^0}{\Delta t}, V\right) + \lambda\left(\tilde{\rho}q_i^0 \nabla\left(Y_i^{l+1}-U_i^0\right), \nabla V\right)\\
&+\lambda^2\Delta t\left(\tilde{\rho}q_i^0 \frac{\partial^2}{\partial x\partial y}\left(Y_i^{l+1}-U_i^0\right), \frac{\partial^2}{\partial x\partial y}V\right) = \left(\rho f_i(U^0), V\right)\\
&-\sum_{j=1}^{k}\left(\rho\left\{a_{ij}(U^0) + \Delta t d_{ij}^{0,0}(U)\right\}\nabla U_j^0, \nabla V\right)\\
&-\sum_{j=1}^{l}\left(\rho\left\{b_{ij}(U^0) + \Delta t e_{ij}^{0,0}(U^0)\right\}\cdot\nabla U_j^0, V\right)\\
&-\sum_{j=1}^{l}\left(\rho\left\{c_{ij}(U^0) + \Delta t g_{ij}^{0,0}(U^0)\right\}U_j^0, V\right)\\
&+\left(\left(\tilde{\rho}q_i^0 - \rho q_i(U^0)\right)\frac{Y_i^l - U_i^0}{\Delta t}, V\right), \quad 1 \leqslant i \leqslant k, \quad \forall V \in S_h(\Omega).
\end{aligned} \tag{3.4.54}$$

容易证明, 按照上述方法定义的 U^0, U^1 满足定理 3.4.1、定理 3.4.2 的要求.

3.5 对流扩散型方程的多步 Galerkin 格式的交替方向预处理迭代解法

用交替方向有限元法对抛物型方程进行数值求解, 得到的格式关于空间是高精度的, 关于时间一般为一阶精度. 现实中, 有些实际问题其解对时间的变化是敏感的, 故有必要考虑关于时间是高精度的交替方向有限元格式. 对非线性抛物型方程, 直接构造高时间精度的交替方向有限元格式是困难的. Bramble 等 [6] 对二维线性无对流项抛物问题构造了向后差分多步离散 Galerkin 格式, 对格式所产生的代数方程组, 提出用交替方向预处理迭代求解, 所构造的预处理矩阵为可方向交替的, 整个求解过程仅对这样的预处理矩阵求逆一次. 这一数值方法不但具有上述交替方向有限元法的优点, 而且所得到的迭代解关于时间是高精度的, 对流扩散方程描述了动量、能量、涡量、质量和热量等扩散输运过程, 在流体力学、渗流力学等领域的许多问题可由对流扩散方程描述. 3.5.2 小节对非线性对流扩散方程, 提出了向后差分多步离散 Galerkin 格式的交替方向预处理迭代 (ADPI) 解法, 并给出了迭代解的关于时间高精度和关于空间为最优的 L^2 估计. 3.5.3 小节讨论了具有周期边界条件的对流占优扩散方程, 此时方程的解沿特征线较沿时间方向变化慢, 由 Douglas, Russell[26] 提出的特征线修正方法, 将解的特征导数沿近似特征方向离散, 理论分析及实践指明, 采用特征有限元法数值求解对流占优扩散方程可在不损失精度的情况下, 取较大时间步长, 提高计算效率, 从而被应用于核废料污染, 半导体模拟, 油藏模拟等领域题. Ewing, Russell[40] 对对流扩散方程构造了高时间精度的沿特征线多步离散 Galerkin 方法. 3.5.3 小节将这一方法与 3.5.2 小节的方法相结合, 提出了沿特征线多步离散 Galerkin 格式的交替方向预处理迭代 (ADPI) 解法, 并给出了迭代解的关于时间高精度和关于空间为最优的 L^2 估计.

3.5.1 预备知识

记空间区域 $\Omega = I\times I\times I, I=(0,1)$, 时间区间 $J=(0,\bar{T}]$. 记 $(w,v)=\int_\Omega wv\mathrm{d}x, \langle w,v\rangle_i=\int_I wv\mathrm{d}x_i (i=1,2,3)$. 记算子: $P_1=\dfrac{\partial^2}{\partial x_1\partial x_2}$, $P_2=\dfrac{\partial^2}{\partial x_2\partial x_3}$, $P_3=\dfrac{\partial^2}{\partial x_1\partial x_3}$, $P_4=\dfrac{\partial^3}{\partial x_1\partial x_2\partial x_3}$. 又记空间: $G=\left\{v|v,\dfrac{\partial v}{\partial x_i},P_jv\in L^2(\Omega),i=1,2,3,\right.$ $\left.j=1,\cdots,4.\right\}$.

对 Ω 进行拟一致正六面体剖分, 剖分参数为 h. 取指标为 r 的具有张量积基的有限元空间 M_h 为 $M_h=S_{h,1}\otimes S_{h,2}\otimes S_{h,3}=\mathrm{span}\Big\{B_i(x)=\Psi^1_{m_1(i)}(x_1)\Psi^2_{m_2(i)}(x_2)$ $\Psi^3_{m_3(i)}(x_3), i=1,2,\cdots,N(N=N_1N_2N_3)$, $m_k(i)$ 为 Ω 的正六面体剖分的第 i 个节点在 x_k 方向的编号 $(1\leqslant m_k(i)\leqslant N_k,k=1,2,3)\Big\}\subset H^1_0\cap G$. 其中记: $S_{h,i}=\mathrm{span}\Big\{\Psi^i_k(x_i),k=1,2,\cdots,N_i\Big\}\subset H^1_0(I)(i=1,2,3)$, 为相应于 I 上的一维剖分的指标为 r 的一维有限元空间. 假设 M_h 满足下面的逼近性及逆性质:

$$\inf_{x\in M_h}\|v-\chi\|_j\leqslant Mh^{r+1-j}\|v\|_{r+1},\quad j=0,1,$$

$$\inf_{x\in M_h}\left[h^2\|P_k(v-\chi)\|+h^3\|P_4(v-\chi)\|\right]\leqslant Wh^{r+1}\|v\|_{r+1},\quad k=1,2,3,$$

$$\|\chi\|_1\leqslant Mh^{-1}\|\chi\|,\quad \|P_k\chi\|\leqslant Wh^{-2}\|\chi\|,\quad k=1,2,3,\forall\chi\in M_h,$$

$$\|P_4\chi\|\leqslant Mh^{-3}\|\chi\|,\quad \forall\chi\in M_h,\tag{3.5.1}$$

$N_k\times N_k$ 矩阵 $(k=1,2,3), C_{x_k}, A_{x_k}$ 记为

$$C_{x_k}=\left(\langle\Psi_i^k,\Psi_j^k\rangle_k\right), A_{x_k}=\left(\langle\left(\Psi_i^k(x_k)\right)',\left(\Psi_j^k(x_k)\right)'\rangle_k\right).\tag{3.5.2}$$

记 Δt 为时间步长, $N_t=\left[\bar{T}/\Delta t\right]$, 记 $t^n=n\Delta t$, $\varphi^n=\varphi(x,t^n)$. 定义: $\delta\phi^n=\phi^n-\phi^{n-1}$, $\delta^k\phi^n=\delta\left(\delta^{k-1}\phi^n\right)$, $d_t\phi^n=\dfrac{\delta\phi^n}{\Delta t}, d_t^k\phi^n=\dfrac{\delta^k\phi^n}{(\Delta t)^k},\quad k>1$.

3.5.2 三维非线性对流扩散问题多步 Galerkin 格式的 ADPI 解法

本节考虑下列三维非线性对流扩散问题:

$$c(x,u)\frac{\partial u}{\partial t}+b(x,u)\cdot\nabla u-\nabla\cdot(a(x,u)\nabla u)=f(x,t,u),\quad (x,t)\in\Omega\times J,$$

$$u(x,0)=u_0(x),\quad x\in\Omega,$$

$$u(x,t)=0,\quad x\in\partial\Omega.\tag{3.5.3}$$

假设: $c(x,u),b(x,u),f(x,t,u),u_0(x)$ 为已知函数且适当光滑. 且存在正常数 a_*,c_* 使得: $a(x,u)\geqslant a_*,c(x,u)\geqslant c_*$.

3.5.2.1 多步 Galerkin 格式的 ADPI 解法

记外推算子 E 为: $E\phi^{n+1}=\phi^{n+1}-\delta^3\phi^{n+1}$. (3.5.3) 的向后 3 步差分离散 Galerkin 格式 (已增加扰动项) 为求 $U\left\{t^3,\cdots,t^{N_t}\right\}\to M_h$:

$$\begin{aligned}&\left(c(EU^{n+1})d_tU^{n+1},\chi\right)+\frac{6}{11}\left(a(EU^{n+1})\nabla U^{n+1},\nabla\chi\right)+\Delta t\lambda_1\sum_{i=1}^{3}\left(P_i\delta^2U^{n+1},P_i\chi\right)\\&+\lambda_2(\Delta t)^2\left(P_4\delta^2U^{n+1},P_4\chi\right)=(\Delta t)^{-1}\left(c(EU^{n+1})\left(\frac{7}{11}\delta U^n-\frac{2}{11}\delta U^{n-1}\right),\chi\right)\\&-\frac{6}{11}\left(b(EU^{n+1})\cdot\nabla(EU^{n+1}),\chi\right)+\frac{6}{11}\left(f(t^{n+1},EU^{n+1}),\chi\right),\quad\forall\chi\in M_h,\end{aligned}\tag{3.5.4}$$

其中: $\lambda_1=\left(\dfrac{6}{11}\right)^2(\bar{c})^{-1}(\bar{a})^2,\lambda_2=\left(\dfrac{6}{11}\right)^3(\bar{a})^3(\bar{c})^{-2},\bar{c}.\bar{a}$ 为常数, 可分别取为 c^0. a^0 的空间平均值. 我们将用交替方向预处理迭代法求 (3.5.4) 的近似解. 记 (3.5.4) 的解为

$$U^{n+1}=\sum_{i=1}^{N}\xi_i^{n+1}B_i(x)=\sum_{m=1}^{N_1}\sum_{n=1}^{N_3}\sum_{s=1}^{N_3}\xi_{mns}^{n+1}\Psi_m^1(x_1)\Psi_n^2(x_2)\Psi_s^3(x_3),\tag{3.5.5}$$

在 (3.5.4) 中取: $\chi = B_j(x) = \Psi_p^1(x_1)\Psi_q^2(x_2)\Psi_l^3(x_3)$, 则 (3.5.4) 可化为下面方程组:

$$L^n(\xi)\left(\xi^{n+1}-\xi^n\right) = C^n(\xi)\left(\frac{7}{11}\delta\xi^n - \frac{2}{11}\delta\xi^{n-1}\right) + \Delta t\left(F_1^n(\xi)+F_2^n(\xi)\right) = F^n(\xi), \tag{3.5.6}$$

其中:

$$L^n(\xi) = C^n(\xi) + \Delta t A^n(\xi) + (\Delta t)^2\lambda_1 D + (\Delta t)^3\lambda_2 E,$$

$$C^n(\xi) = \left(\left(c(EU^{n+1})B_i, B_j\right)\right), \quad A^n(\xi) = \left(\frac{6}{11}\left(a(EU^{n+1})\nabla B_i, \nabla B_j\right)\right),$$

$$D = \sum_{s=1}^{3}\left((P_sB_i, P_sB_j)\right), \quad E = \left((P_4B_i, P_4B_j)\right),$$

$$\begin{aligned} F_1^n(\xi) = &- A^n(\xi)\xi^n - \left(\frac{6}{11}\left(b(EU^{n+1})\cdot\nabla(EU^{n+1}), \nabla B_j\right)\right) \\ &+ \frac{6}{11}\left(\left(f(t^{n+1}, EU^{n+1}), B_j\right)\right), \\ F_2^n(\xi) = &\left(\Delta t\lambda_1 D + (\Delta t)^2\lambda_2 E\right)\left(\xi^n - \xi^{n-1}\right), \end{aligned}$$

预处理矩阵取为 $\left(\alpha_1 = (\bar{c})^{1/3}, \alpha_2 = \frac{6}{11}\bar{a}(\bar{c})^{-2/3}\right)$:

$$\bar{L}^0 = (\alpha_1 C_{x_1} + \Delta t\alpha_2 A_{x_1})\otimes(\alpha_1 C_{x_2} + \Delta t\alpha_2 A_{x_2})\otimes(\alpha_1 C_{x_3} + \Delta t\alpha_2 A_{x_3}), \tag{3.5.7}$$

(3.5.6) 的预处理迭代解记为: $V^{n+1} = \sum_{i=1}^{N}\theta_i^{n+1}B_i(x)$, 求 (3.5.6) 的第 $n+1$ 层上的预处理迭代解时, 为得 $(\Delta t)^q$ 精度的迭代解, 取迭代初值: $x_0 = x_0^{n+1} = \left(\theta^{n+1}-\theta^n\right) - \delta^{q+1}\theta^{n+1}$. 定义 $\tilde{\theta}^{n+1}$ 满足:

$$L^{n+1}(\theta)\left(\tilde{\theta}^{n+1} - \theta^{n+1}\right) = F^n(\theta), \tag{3.5.8}$$

可选择任何满足下列估计的预处理迭代 (如预处理共轭向量法):

$$\left\|\left(L^{n+1}(\theta)\right)^{1/2}\left(\tilde{\theta}^{n+1}-\theta^{n+1}\right)\right\|_e \leqslant \rho_n\left\|(L^{n+1})^{1/2}\left(\tilde{\theta}^{n+1}-\theta^{n+1}+\delta^{q+1}\theta^{n+1}\right)\right\|_e, \tag{3.5.9}$$

其中 $0<\rho_n<1$. 定义下列范数:

$$\|\varphi\|_{c^n}^2 = \left(c(EV^n)\varphi, \varphi\right), \quad \|\varphi\|_{a^n}^2 = \left(a(EV^n)\nabla\varphi, \nabla\varphi\right),$$

$$|||\varphi|||_n = \|\varphi\|_{c^n} + (\Delta t)^{1/2}\|\varphi\|_{a^n}, \quad |||\varphi||| = \|\varphi\| + (\Delta t)^{1/2}\|\varphi\|_1,$$

$$|||\varphi|||_{s^n} = |||\varphi|||_n + \Delta t\lambda_1^{1/2}\sum_{i=1}^{3}\|P_i\varphi\| + (\Delta t)^{3/2}\lambda_2^{1/2}\|P_4\varphi\|,$$

$$|||\varphi|||_s = |||\varphi||| + \Delta t \lambda_1^{1/2} \sum_{i=1}^{3} \|P_i \varphi\| + (\Delta t)^{3/2} \lambda_2^{1/2} \|P_4 \varphi\|, \tag{3.5.10}$$

定义

$$\tilde{V}^{n+1} = \sum_{i=1}^{N} \tilde{\theta}_i^{n+1} B_i(x) = \sum_{m=1}^{N_1} \sum_{n=1}^{N_2} \sum_{s=1}^{N_3} \tilde{\theta}_{mns}^{n+1} \Psi_m^1(x_1) \Psi_n^1(x_2) \Psi_s^1(x_3), \tag{3.5.11}$$

由 (3.5.8) 知 $\tilde{V}^{n+1}$ 满足: $\forall \chi \in M_h$,

$$\begin{aligned}
&\left(c(EV^{n+1}) \frac{\tilde{V}^{n+1} - V^n}{\Delta t}, \chi\right) + \frac{6}{11}\left(a(EV^{n+1}) \nabla \tilde{V}^{n+1}, \nabla \chi\right) \\
&+ \Delta t \lambda_1 \sum_{i=1}^{3} \left(P_i\left(\tilde{V}^{n+1} - V^{n+1} + \delta^2 V^{n+1}\right), P_i \chi\right) \\
&+ \lambda_2 (\Delta t)^2 \left(P_4\left(\tilde{V}^{n+1} - V^{n+1} + \delta^2 V^{n+1}\right), P_4 \chi\right) \\
=&(\Delta t)^{-1}\left(c(EV^{n+1})\left(\frac{7}{11}\delta V^n - \frac{2}{11}\delta V^{n+1}\right), \chi\right) \\
&- \frac{6}{11}\left(b(EV^{n+1}) \cdot \nabla(EV^{n+1}), \chi\right) + \frac{6}{11}\left(f\left(t^{n+1}, EV^{n+1}\right), \chi\right),
\end{aligned} \tag{3.5.12}$$

则由 (3.5.9), (3.5.10) 知迭代的单步误差为

$$\left|\left|\left|\tilde{V}^{n+1} - V^{n+1}\right|\right|\right|_{s^{n+1}} \leqslant \frac{\rho_n}{1 - \rho_n} \left|\left|\left|\delta^{q+1} V^{n+1}\right|\right|\right|_{s^{n+1}}, \tag{3.5.13}$$

在本节中 $q = 3$. 由预处理迭代的理论知, 存在正数 $Q < 1$ 使得[6,40,41](v 为迭代次数)

$$(a)\rho_n < 2Q^v, \quad (b)\frac{\rho_n}{1 - \rho_n} \equiv \rho_n' < 1. \tag{3.5.14}$$

3.5.2.2 误差估计

引入 (3.5.3) 的解 u 的椭圆投影 $W \in M_h$ 满足: $\forall \chi \in M_h$,

$$(a(u)\nabla(W - u), \nabla \chi) + (b(u) \cdot \nabla(W - u), \chi) + \mu(W - u, \chi) = 0, \tag{3.5.15}$$

其中 μ 为适当大的正常数. 记: $\eta = u - W$, 当 $r \geqslant 3/2$ 时, 有如下估计[38]:

$$\|\eta\| + \|\eta_t\| + \|\eta_{tt}\| + h(\|\eta\|_1 + \|\eta_t\|_1 + \|\eta_{tt}\|_1) \leqslant Mh^{r+1} \sum_{i=0}^{2} \left\|\frac{\partial^i u}{\partial t^i}\right\|_{r+1}, \quad \|W\|_{1,\infty} \leqslant M. \tag{3.5.16}$$

记 $\eta = u - W, \zeta = V - W$. 为进行误差分析, 作归纳假定:

$$\|d_t \zeta^n\|_\infty \leqslant M, \quad 1 \leqslant n \leqslant N_t, \tag{3.5.17}$$

由 (3.5.3)、(3.5.12) 及 (3.5.15) 得误差方程: $n=2,3,\cdots,N_t$.

$$\begin{aligned}&\left(c(EV^{n+1})d_t\zeta^{n+1},\chi\right)+\frac{6}{11}\left(a(EV^{n+1})\nabla\zeta^{n+1},\nabla\chi\right)\\&+\Delta t\lambda_1\sum_{i=1}^{3}\left(P_i\delta^2\zeta^{n+1},P_i\chi\right)+\lambda_2(\Delta t)^2\left(P_4\delta^2\zeta^{n+1},P_4\chi\right)\\=&\left(c(EV^{n+1})\left(\frac{7}{11}d_t\zeta^n-\frac{2}{11}d_t\zeta^{n-1}\right),\chi\right)+\sum_{i=1}^{7}T_i^{n+1}(\chi),\quad\forall\chi\in M_h,\end{aligned}\tag{3.5.18}$$

其中

$$\begin{aligned}T_1^{n+1}(\chi)=&\left(c(EV^{n+1})\left(d_t\eta^{n+1}+\frac{7}{11}d_t\eta^n-\frac{2}{11}d_t\eta^{n-1}\right),\chi\right)-\left(\frac{6}{11}\eta^{n+1},\chi\right),\\T_2^{n+1}(\chi)=&\left(c(u^{m+1})\frac{6}{11}\frac{\partial u^{n+1}}{\partial t}-c\left(EV^{n+1}\right)\left(d_tu^{n+1}-\frac{7}{11}d_tu^n+\frac{2}{11}d_tu^{n-1}\right),\chi\right),\\T_3^{n+1}(\chi)=&\frac{6}{11}\left(\left(a(u^{n+1})-a(EV^{n+1})\right)\nabla W^{n+1},\nabla\chi\right),\\T_4^{n+1}(\chi)=&\frac{6}{11}\left(b(u^{n+1})\cdot\nabla W^{n+1}-b(EV^{n+1})\cdot\nabla(EV^{n+1}),\chi\right),\\T_5^{n+1}(\chi)=&\frac{6}{11}\left(f(t^{n+1},EV^{n+1})-f(t^{n+1},u^{n+1}),\chi\right),\\T_6^{n+1}(\chi)=&-\Delta t\lambda_1\sum_{i=1}^{3}\left(P_i\delta^2W^{n+1},P_i\chi\right)-\lambda_2(\Delta t)^2\left(P_4\delta^2W^{n+1},P_4\chi\right),\\T_7^{n+1}(\chi)=&\left(c(EV^{n+1})\frac{V^{n+1}-\tilde V^{n+1}}{\Delta t},\chi\right)+\frac{6}{11}\left(a(EV^{n+1})\nabla(V^{n+1}-\tilde V^{n+1}),\nabla\chi\right)\\&+\Delta t\lambda_1\sum_{i=1}^{3}\left(P_i(V^{n+1}-\tilde V^{n+1}),P_i\chi\right)+\lambda_2(\Delta t)^2\left(P_4(V^{n+1}-\tilde V^{n+1}),P_4\chi\right).\end{aligned}$$

引理 3.5.1 在 (3.5.10) 中定义的范数, $\forall\chi^m\in M_h$ 有

$$\begin{aligned}&\|\chi^m\|_{c^n}^2\leqslant\|\chi^m\|_{c^{n-1}}^2+M\|\chi^m\|^2\Delta t,\quad |||\chi^m|||_n^2\leqslant|||\chi^m|||_{n-1}^2+M|||\chi^m|||^2\Delta t,\\&\|\chi^m\|_{a^n}^2\leqslant\|\chi^m\|_{a^{n-1}}^2+M\|\chi^m\|_1^2\Delta t,\\&|||\chi^m|||_{s^n}^2\leqslant|||\chi^m|||_{s^{n-1}}^2+M|||\chi^m|||_s^2\Delta t,\end{aligned}\tag{3.5.19}$$

记 $T_i=\left|\sum_{n=3}^{l-1}T_i^{n+1}\left(\delta\zeta^{n+1}\right)\right|(4\leqslant l\leqslant N_t)$. 由引理 (3.5.3) 可证明下列引理:

引理 3.5.2 对满足 (3.5.18) 的 ζ^n, 存在 M 及 τ_0 使得当 $\Delta t<\tau_0$ 时, 有

$$\sum_{n=3}^{l-1}\Delta t\Bigg[|||d_t\zeta^{n+1}|||^2+\sum_{i=1}^{3}\|P_i\delta^2\zeta^{n+1}\|^2$$

$$+\Delta t\left\|P_4\delta^2\zeta^{n+1}\right\|^2\Big]+\left\|\zeta^l\right\|_1^2+\Delta t\sum_{i=1}^{3}\left\|P_i\delta\zeta^l\right\|^2$$

$$+(\Delta t)^2\left\|P_4\delta\zeta^i\right\|^2\leqslant M\left[\mathrm{IC}+\sum_{n=3}^{l-1}\|\zeta^n\|_1^2\Delta t+\sum_{i=1}^{7}T_i\right],\tag{3.5.20}$$

其中 IC$=\left\|\zeta^3\right\|_1^2+\Delta t\sum_{i=1}^{3}\left\|P_i\delta\zeta^3\right\|^2+(\Delta t)^2\left\|P_4\delta\zeta^3\right\|^2+\Delta t\left(\left\|d_t\zeta^3\right\|^2+\left\|d_t\zeta^2\right\|^2\right)$.

定理 3.5.1 设 u 为 (3.5.3) 的解且适当光滑, V 为以 $\bar{L}^0$ 为预处理矩阵的满足 (3.5.13) 的方程 (3.5.6) 的预处理迭代解, 若 $\rho_n\leqslant\Delta t$, 且初始格式满足:

$$\left\|\zeta^3\right\|_1^2+\Delta t\left[\sum_{n=1}^{3}\|d_t\zeta^n\|^2+\sum_{i=1}^{3}\left\|P_i\delta\zeta^3\right\|^2+\Delta t\left\|P_4\delta\zeta^3\right\|^2\right]+(\Delta t)^2\left[\sum_{n=1}^{3}\|d_t\zeta^n\|_1^2\Delta t\right.$$

$$\left.+\sum_{n=1}^{2}\sum_{i=1}^{3}\|P_i\delta\zeta^n\|^2+\Delta t\sum_{n=1}^{2}\|P_4\delta\zeta^n\|^2\right]\leqslant M(\Delta t)^6,\tag{3.5.21}$$

则存在 τ_0, 当 $\Delta t\leqslant\tau_0$, 且 $r\geqslant 7/2$ 时, 若网格参数 $\Delta t, h$ 满足:

$$(\Delta t)^3=O(h^{r+1}),\quad h^{2r-1}=o(\Delta t),\tag{3.5.22}$$

则有最优 L^2 误差估计:

$$\sup_n\|u^n-V^n\|\leqslant M\left(h^{r+1}+(\Delta t)^3\right).\tag{3.5.23}$$

证明 由引理 3.5.2 及式 (3.5.21) 知存在 τ_0, 当 $\Delta t\leqslant\tau_0$ 时:

$$\left\|\zeta^l\right\|_1^2+\sum_{i=1}^{3}\left\|P_i\delta\zeta^l\right\|^2\Delta t+\left\|P_4\delta\zeta^l\right\|^2(\Delta t)^2+\sum_{n=3}^{l-1}\left|\left\|d_t\zeta^{n+1}\right\|\right|^2\Delta t$$

$$\leqslant M\left[(\Delta t)^6+\sum_{n=3}^{l-1}\|\zeta^n\|_1^2\Delta t+\sum_{i=1}^{7}T_i\right].\tag{3.5.24}$$

下面将估计上式右端各项. 注意 (3.5.16) 及 (3.5.21):

$$T_1+T_2+T_5\leqslant\varepsilon\sum_{n=3}^{l-1}\left|\left\|d_t\zeta^{n+1}\right\|\right|^2\Delta t+M\sum_{n=3}^{l-1}\left\|u^{n+1}-EV^{n+1}\right\|^2\Delta t+M\left\|\frac{\partial\eta}{\partial t}\right\|_{L^2(L^2)}^2$$

$$+M\|\eta\|_{L^\infty(L^2)}^2+M\sum_{n=3}^{l-1}\left\|\frac{6}{11}\cdot\frac{\partial u^{n+1}}{\partial t}-d_tu^{n+1}\right.$$

$$\left.+\frac{7}{11}d_tu^n-\frac{2}{11}d_tu^{n-1}\right\|^2\Delta t$$

$$\leqslant \varepsilon \sum_{n=3}^{l-1} |||d_t\zeta^{n+1}|||^2 \Delta t + M\left((\Delta t)^6 + h^{2r+2} + \sum_{n=3}^{l-1} \|\zeta^n\|^2 \Delta t\right). \quad (3.5.25)$$

由分部求和, 微分中值定理, 利用 (3.5.16) 及 (3.5.21) 得下列各式:

$$\begin{aligned}
T_3 \leqslant & \frac{6}{11}\left\{ \left|\left((a(u^l) - a(EV^l))\nabla W^l, \nabla\zeta^l\right)\right| + \left|\left(\left(a(u^3) - a(EV^3)\right)\nabla W^3, \nabla\zeta^3\right)\right| \right.\\
& \left. + \left|\sum_{n=3}^{l-1} \left(d_t\left[\left(a(u^{n+1}) - a(EV^{n+1})\right)\nabla W^{n+1}\right], \nabla\zeta^n\right)\Delta t\right| \right\}\\
= & W_1^1 + W_1^2 + W_1^3,
\end{aligned}$$

$$\begin{aligned}
W_1^1 + W_1^2 \leqslant & \varepsilon \left\|\zeta^l\right\|_1^2 + M\left(\left\|\zeta^3\right\|_1^2 + \left\|u^l - EV^l\right\|^2 + \left\|u^3 - EV^3\right\|^2\right)\\
\leqslant & \varepsilon \left\|\zeta^l\right\|_1^2 + M\left((\Delta t)^6 + h^{2r+2} + \sum_{i=1}^{3} \left\|\zeta^{l-i}\right\|^2\right),
\end{aligned}$$

$$\begin{aligned}
W_1^3 \leqslant & \varepsilon \sum_{n=3}^{l-1} \left\|d_t\left[(a(u^{n+1}) - a(EV^{n+1}))\nabla W^{n+1}\right]\right\|^2 \Delta t + M\sum_{n=3}^{l-1} \|\zeta^n\|_1^2 \Delta t\\
\leqslant & \varepsilon \sum_{n=3}^{l-1} \left[\left\|u^{n+1} - EV^{n+1}\right\|^2 + \left\|d_t u^{n+1} - d_t EV^{n+1}\right\|^2\right]\Delta t\\
& + \left\|u^3 - EV^3\right\|^2 \Delta t + M\sum_{n=3}^{l-1} \|\zeta^n\|_1^2 \Delta t\\
\leqslant & M\left[(\Delta t)^6 + h^{2r+2} + \sum_{n=3}^{l-1} \|\zeta^n\|_1^2 \Delta t\right] + \varepsilon \sum_{n=3}^{l-1} |||d_t\zeta^{n+1}|||^2 \Delta t, \quad (3.5.26)
\end{aligned}$$

则有

$$\begin{aligned}
T_3 \leqslant & \varepsilon\left(\left\|\zeta^l\right\|_1^2 + \sum_{n=3}^{l-1} |||d_t\zeta^{n+1}|||^2 \Delta t\right)\\
& + M\left((\Delta t)^6 + h^{2r+2} + \sum_{n=3}^{l-1} \|\zeta^n\|_1^2 \Delta t + \sum_{i=3}^{3} \left\|\zeta^{l-i}\right\|^2\right),
\end{aligned}$$

利用 (3.5.16) 及 (3.5.21),

$$\begin{aligned}
T_4 \leqslant & \varepsilon \sum_{n=3}^{l-1} |||d_t\zeta^{n+1}|||^2 \Delta t + M\sum_{n=3}^{l-1} \left[\left\|\nabla\left(W^{n+1} - EV^{n+1}\right)\right\|^2 + \left\|u^{n+1} - EV^{n+1}\right\|^2\right]\Delta t\\
\leqslant & M\left((\Delta t)^6 + h^{2r+2} + \sum_{n=3}^{l-1} \|\zeta^n\|_1^2 \Delta t\right) + \varepsilon \sum_{n=3}^{l-1} |||d_t\zeta^{n+1}|||^2 \Delta t. \quad (3.5.27)
\end{aligned}$$

记 I_h 为空间 M_h 的有限元插值算子, 由空间 M_h 的逼近性及逆性质, 并注意投影估计得

$$\begin{aligned}\|P_4\eta_{tt}\| &\leqslant \|P_4(u_{tt}-I_hu_{tt})\| + \|P_4(I_hu_{tt}-W_{tt})\| \\ &\leqslant M\left[h^{r-2}+h^{-3}\left(\|I_hu_{tt}-u_{tt}\|+\|\eta_{tt}\|\right)\right] \leqslant Mh^{r-2},\end{aligned}$$

由 $d_{t^2}^2\eta^{n+1} = (\Delta t)^{-2}\int_{t^{n-1}}^{t^{n+1}}(\Delta t-|t-t^n|)\dfrac{\partial^2\eta}{\partial t^2}\mathrm{d}t$, 利用 Hölder 不等式得

$$\Delta t\sum_{n=3}^{l-1}\left\|P_4d_{t^2}^2\eta^{n+1}\right\|^2 \leqslant M\int_0^T\|P_4\eta_{tt}\|^2\,\mathrm{d}t \leqslant Mh^{2r-4}, \tag{3.5.28}$$

同理

$$\Delta t\sum_{n=3}^{l-1}\left\|P_id_{t^2}^2\eta^{n+1}\right\|^2 \leqslant Mh^{2r-2},\quad i=1,2,3. \tag{3.5.29}$$

由分部积分、分部求和. 利用 (3.5.28), $(\Delta t)^3=O(h^{r+1})$, 则当 $r\geqslant 7/2$ 时,

$$\begin{aligned}&\left|\lambda_2\sum_{n=3}^{l-1}\left(P_4\delta^2W^{n+1},P_4\delta\zeta^{n+1}\right)(\Delta t)^2\right| \\ \leqslant&\left|\lambda_1\sum_{n=3}^{l-1}\left(P_4d_{t^2}^2\eta^{n+1},P_4\delta\zeta^{n+1}\right)(\Delta t)^4\right| \\ &+(\Delta t)^2\lambda_1\left|\sum_{n=3}^{l-1}\left(\frac{\partial^4}{\partial x_1^2\partial x_2^2\partial x_3}\delta^3u^{n+1},\frac{\partial}{\partial x_3}\zeta^n\right)\right. \\ &\left.-\left(\frac{\partial^4}{\partial x_1^2\partial x_2^2\partial x_3}\delta^2u^l,\frac{\partial}{\partial x_3}\zeta^l\right)+\left(\frac{\partial^4}{\partial x_1^2\partial x_2^2\partial x_3}\delta^2u^3,\frac{\partial}{\partial x_3}\zeta^3\right)\right| \\ \leqslant&\varepsilon\left\|\zeta^l\right\|_1^2+M\left((\Delta t)^6+h^{2r+2}+\left\|\zeta^3\right\|_1^2+\sum_{n=3}^{l-1}\|\zeta^n\|_1^2\Delta t\right. \\ &\left.+\sum_{n=3}^{l-1}\|P_4\delta\zeta^n\|^2(\Delta t)^3\right),\end{aligned}$$

同理, 当 $r\geqslant 3$ 时, 可得:

$$\begin{aligned}&\left|\lambda_1\sum_{n=3}^{l-1}\sum_{j=1}^{3}\left(P_j\delta^2W^{n+1},P_j\delta\zeta^{n+1}\right)\Delta t\right| \\ \leqslant&\varepsilon\left\|\zeta^l\right\|_1^2+M\left((\Delta t)^6+h^{2r+2}+\left\|\zeta^3\right\|_1^2+\sum_{n=3}^{l-1}\|\zeta^n\|_1^2\Delta t\right.\end{aligned}$$

$$+\sum_{n=3}^{l-1}\sum_{j=1}^{3}\|P_j\delta\zeta^n\|^2(\Delta t)^2\Big),$$

故当 $r\geqslant 7/2$ 时, 注意 (3.5.21) 有:

$$T_6\leqslant\varepsilon\left\|\zeta^l\right\|_1^2+M\Bigg\{(\Delta t)^6+h^{24+2}+\sum_{n=3}^{l-1}\Bigg[\|\zeta^n\|_1^2 \\ +\sum_{j=1}^{3}\|P_j\delta\zeta^n\|^2\Delta t+\|P_4\delta\zeta^n\|^2(\Delta t)^2\Bigg]\Delta t\Bigg\}, \tag{3.5.30}$$

由 (3.5.13), (3.5.14) 及 $\rho_n'\leqslant\Delta t$ 得

$$\begin{aligned}T_7\leqslant&\sum_{n=3}^{l-1}\left|\left\|V^{n+1}-\tilde{V}^{n+1}\right\|\right|_{s^{n+1}}\left|\left\|d_t\zeta^{n+1}\right\|\right|_{s^{n+1}}\\ \leqslant&\sum_{n=3}^{l-1}\rho_n'\left(\left|\left\|\delta^4\zeta^{n+1}\right\|\right|_{s^{n+1}}+\left|\left\|\delta^4W^{n+1}\right\|\right|_{s^{n+1}}\right)\left|\left\|d_t\zeta^{n+1}\right\|\right|_{s^{n+1}}\\ \leqslant&M\sum_{n=3}^{l-1}\rho_n'\Delta t\left\{\sum_{i=0}^{3}\left|\left\|d_t\zeta^{n+1-i}\right\|\right|_{s^{n+1}}+(\Delta t)^3\right\}\left|\left\|d_t\zeta^{n+1}\right\|\right|_{s^{n+1}}\\ \leqslant&M(\Delta t)^6+M\sum_{n=0}^{l-1}\left\{\left|\left\|d_t\zeta^{n+1}\right\|\right|^2(\Delta t)^2+(\Delta t)^2\sum_{i=1}^{3}\left\|P_i\delta\zeta^{n+1}\right\|^2\right.\\ &\left.+(\Delta t)^3\left\|P_4\delta\zeta^{n+1}\right\|^2\right\}.\end{aligned}\tag{3.5.31}$$

由 (3.5.24), (3.5.31), 注意式 (3.5.21) 及投影估计, 并利用:

$$\left\|v^k\right\|_j^2\leqslant\|v^s\|_j^2+\varepsilon\Delta t\sum_{n=s}^{k-1}\left\|d_tv^{n+1}\right\|_j^2+M\Delta t\sum_{n=s}^{k}\|v^n\|_j^2,\quad j=0,1, \tag{3.5.32}$$

则当 $\Delta t,\varepsilon$ 充分小时, 并由离散 Gronwall 不等式整理得

$$\left\|\zeta^l\right\|_1^2+\sum_{j=1}^{3}\left\|P_j\delta\zeta^l\right\|^2\Delta t+\left\|P_4\delta\zeta^l\right\|^2(\Delta t)^2+\sum_{n=3}^{l-1}\left|\left\|d_t\zeta^{n+1}\right\|\right|^2\Delta t\leqslant M\left(h^{2r+2}+(\Delta t)^6\right). \tag{3.5.33}$$

由上式 (3.5.21), (3.5.22) 并利用空间 M_h 的逆性质, 用归纳假设论证法容易证明 (3.5.17) 成立, 则由式 (3.5.33) 及投影估计即证得 (3.5.23) 成立, 定理 3.5.1 证毕.

3.5.3 对流占优扩散问题的沿特征方向多步离散 Galerkin 法的 ADPI 解法

考虑如下周期边界条件的对流占优扩散问题:

$$c(x,t)\frac{\partial u}{\partial t}+b(x,t)\cdot\nabla u-\nabla\cdot(a(x,t)\nabla u)=f(x,t),\quad (x,t)\in\Omega\times J,$$

$$u(x,0)=u_0(x),\quad x\in\Omega, \tag{3.5.34}$$

这里 $a(x,t)>a_*>0, c(x,t)>c_*>0, c(x,t), b(x,t), a(x,t), f(x,t), u_0(x,t)$ 为已知函数, 满足下面讨论所需光滑性且可关于 Ω 进行周期性光滑延拓.

定义周期 Sobolev 空间: $W_p^m=\left\{v\left|\dfrac{\partial^\alpha v}{\partial x^\alpha}\in L^p(\Omega),|\alpha|\leqslant m,\ \text{且以}\Omega\text{为同期}\right.\right\}$, 当 $p=2$ 时, 记 $H^m=W_2^m, L^2(\Omega)=W_2^0$, 若无特别说明在上述周期 Sobolev 空间中内积和范数按相应标准 Sobolev 空间中内积和范数定义, 设有限元空间 $M_h\subset H^1(\Omega)\cap G$, 仍为 3.5.1 小节中形式, 仅将边界条件换为周期边界条件.

对定义 (3.5.10) 中的 $c(EV^n)$, $a(EV^n)$ 分别用 c^n, a^n 替换, 则引理 3.5.1 在本节仍成立.

3.5.3.1 沿特征方向多步离散 Galerkin 法的 ADPI 解法

令 $\sigma(x,t)=\sqrt{c^2(x,t)+|b(x,t)|^2}$, $s(x,t)$ 表示特征方向 $(b(x,t),c(x,t))^{\mathrm{T}}$ 的单位向量, 与 (3.5.34) 等价的变分问题为

$$\begin{aligned}&\left(\sigma\frac{\partial u}{\partial s},\chi\right)+(a\nabla u,\nabla\chi)=(f,\chi),\\&(u(x,0),\chi)=(u_0(x),\chi),\quad\forall\chi\in H^1.\end{aligned} \tag{3.5.35}$$

$$\begin{aligned}&\bar{x}^n=x-\frac{b^{n+1}}{c^{n+1}}\Delta t,\quad \bar{\bar{x}}^{n-1}=x-2\frac{b^{n+1}}{c^{n+1}}\Delta t,\quad \bar{\bar{\bar{x}}}^{n-2}=x-3\frac{b^{n+1}}{c^{n+1}}\Delta t,\\&\bar{\phi}^n(x)=\phi(\bar{x}^n,t^n),\quad \bar{\bar{\phi}}^{n-1}(x)=\phi(\bar{\bar{x}}^{n-1},t^{n-1}),\quad \bar{\bar{\bar{\phi}}}^{n-2}(x)=\phi(\bar{\bar{\bar{x}}}^{n-2},t^{n-2}).\end{aligned}$$

问题 (3.5.34) 的沿特征线向后 3 步差分离散 Galerkin 格式为 (已增加扰动项): 求 $U^n\in M_h$, 使得: $\forall\chi\in M_h, n=2,\cdots,N_t$:

$$\begin{aligned}&\left(c^{n+1}\frac{U^{n+1}-\bar{U}^n}{\Delta t},\chi\right)+\frac{6}{11}\left(a^{n+1}\nabla U^{n+1},\nabla\chi\right)\\&+\Delta t\lambda_1\sum_{j=1}^{3}\left(P_j\delta^2U^{n+1},P_jx\right)+\lambda_2(\Delta t)^2\left(P_4\delta^2U^{n+1},P_4x\right)\\&=\left(c^{n+1}\left(\frac{7}{11}\frac{\bar{U}^n-\bar{\bar{U}}^{n-1}}{\Delta t}-\frac{2}{11}\frac{\bar{\bar{U}}^{n-1}-\bar{\bar{\bar{U}}}^{n-2}}{\Delta t}\right),\chi\right)+\frac{6}{11}\left(f^{n+1},\chi\right),\end{aligned} \tag{3.5.36}$$

其中: λ_1,λ_2 的取值同 3.5.2.1 小节. 取 U^n 如 (3.5.5), 则 (3.5.36) 可化为

$$L^{n+1}(\xi^{n+1}-\xi^n)=F^n(\xi), \tag{3.5.37}$$

其中:

$$L^{n+1}=\left((c^{n+1}B_i,B_j)\right)+\Delta t\left(\frac{6}{11}\left(a^{n+1}\nabla B_i,\nabla B_j\right)\right)$$

$$
\begin{aligned}
&+ (\Delta t)^2\lambda_1\sum_{s=1}^{3}((P_sB_i, P_sB_j)) + (\Delta t)^3\lambda_2((P_4B_i, P_4B_j)),\\
F^n(\xi) =& \left(\left(c^{n+1}\left(\frac{7}{11}\left(\bar{U}^n - \bar{\bar{U}}^{n-1}\right) - \frac{2}{11}\left(\bar{\bar{U}}^{n-1} - \bar{\bar{\bar{U}}}^{n-2}\right)\right), B_j\right)\right)\\
&+ \Delta t\left(\frac{6}{11}\left(f^{n+1}, B_j\right)\right) + \left(\left(c^{n+1}\left(\bar{U}^n - U^n\right), B_j\right)\right)\\
&- \Delta t\left(\frac{6}{11}\left(a^{n+1}\Delta U^n, \nabla B_j\right)\right)\\
&+ (\Delta t)^2\lambda_1\sum_{j=1}^{3}\left(P_j(\delta U^n), P_jB_j\right) + \lambda_2(\Delta t)^3\left(P_4(\delta U^n), P_4B_j\right).
\end{aligned}
$$

预处理矩阵 $\bar{L}^0$, 迭代解 V^n 及 $\tilde{V}^n$ 的定义完全与 3.5.2.1 小节相同. 3.5.2.1 小节中的 (3.5.13), (3.5.14) 在此均满足. 且 $\tilde{V}^{n+1}$ 满足:

$$
\begin{aligned}
&\left(c^{n+1}\frac{\tilde{V}^{n+1} - V^n}{\Delta t}, \chi\right) + \frac{6}{11}\left(a^{n+1}\nabla\tilde{V}^{n+1}, \nabla\chi\right) + \Delta t\lambda_1\sum_{j=1}^{3}\left(P_j\left(\tilde{V}^{n+1} - V^{n+1}\right.\right.\\
&\left.\left.+ \delta^2V^{n+1}\right), P_j\chi\right) + \lambda_2(\Delta t)^2\left(P_4\left(\tilde{V}^{n+1} - V^{n+1} + \delta^2V^{n+1}\right), P_4\chi\right)\\
=&(\Delta t)^{-1}\left(c^{n+1}\left[\left(\frac{7}{11}\left(\bar{V}^n - \bar{\bar{V}}\right)^{n-1}\right) - \frac{2}{11}\left(\bar{\bar{V}}^{n-1} - \bar{\bar{\bar{V}}}^{n-2}\right)\right], \chi\right)\\
&+ \frac{6}{11}\left(f^{n+1}, \chi\right) + \left(c^{n+1}\frac{\bar{V}^n - V^n}{\Delta t}, \chi\right).
\end{aligned}
\tag{3.5.38}
$$

3.5.3.2 误差估计

引入椭圆投影 $W \in W_h$ 满足:

$$
(a\nabla(W - u), \nabla\chi) = 0, \quad \forall\chi \in M_h. \tag{3.5.39}
$$

记 $\eta = u - W$, 有如下先验估计[38]:

$$
\|\eta\| + \|\eta_t\| + h(\|\eta\|_1 + \|\eta_t\|_1) \leqslant M(\|u\|_{r+1} + \|u_t\|_{r+1})h^{r+1}. \tag{3.5.40}
$$

记: $\zeta^n = V^n - W^n$, 由 (3.5.35), (3.5.38) 及 (3.5.39) 得误差方程: $\forall\chi \in M_h, n = 2, \cdots, N_t - 1$.

$$
\begin{aligned}
&\left(c^{n+1}d_t\zeta^{n+1}, \chi\right) + \frac{6}{11}\left(a^{n+1}\nabla\zeta^{n+1}, \nabla\chi\right)\\
&+ \Delta t\lambda_1\sum_{j=1}^{3}\left(P_j\delta^2\zeta^{n+1}, P_j\chi\right) + \lambda_2(\Delta t)^2\left(P_4\delta^2\zeta^{n+1}, P_4\chi\right)
\end{aligned}
$$

$$= \left(c^{n+1}\left(\frac{7}{11}d_t\zeta^n - \frac{2}{11}d_t\zeta^{n-1}\right), \chi\right) + \sum_{i=1}^{10} T_i^{n+1}(\chi), \tag{3.5.41}$$

其中:

$$\begin{aligned} T_1^{n+1}(x) = &-\left(\frac{6}{11}\left(c^{n+1}\frac{\partial u^{n+1}}{\partial t} + b^{n+1}\cdot\nabla u^{n+1}\right)\right. \\ &\left. - c^{n+1}\left(\frac{u^{n+1}-\bar{u}^n}{\Delta t} - \frac{7}{11}\frac{\bar{u}^n - \bar{\bar{u}}^{n-1}}{\Delta t} + \frac{2}{11}\frac{\bar{\bar{u}}^{n-1} - \bar{\bar{\bar{u}}}^{n-2}}{\Delta t}\right), \chi\right), \\ T_2^{n+1}(x) = &\left(c^{n+1}\left(-d_t\eta^{n+1} + \frac{7}{11}d_t\eta^n - \frac{2}{11}d_t\eta^{n-1}\right), \chi\right), \end{aligned}$$

$$T_3^{n+1}(x) = \frac{18}{11}\left(c^{n+1}\frac{\bar{\eta}^n - \eta^n}{\Delta t}, \chi\right), \quad T_4^{n+1}(x) = -\frac{9}{11}\left(c^{n+1}\frac{\bar{\bar{\eta}}^{n-1} - \eta^{n-1}}{\Delta t}, \chi\right),$$

$$T_5^{n+1}(x) = \frac{2}{11}\left(c^{n+1}\frac{\bar{\bar{\bar{\eta}}}^{n-2} - \eta^{n-2}}{\Delta t}, \chi\right), \quad T_6^{n+1}(x) = \frac{18}{11}\left(c^{n+1}\frac{\bar{\zeta}^n - \zeta^n}{\Delta t}, \chi\right),$$

$$T_7^{n+1}(x) = -\frac{9}{11}\left(c^{n+1}\frac{\bar{\bar{\zeta}}^{n-1} - \zeta^{n-1}}{\Delta t}, \chi\right), \quad T_8^{n+1}(x) = \frac{2}{11}\left(c^{n+1}\frac{\bar{\bar{\bar{\zeta}}}^{n-2} - \zeta^{n-2}}{\Delta t}, \chi\right),$$

$$\begin{aligned} T_9^{n+1}(x) = &\Delta t\lambda_1\sum_{j=1}^{3}\left(P_j\delta^2 W^{n+1}, P_j\chi\right) + \lambda_2(\Delta t)^2\left(P_4\delta^2 W^{n+1}, P_4\chi\right), \\ T_{10}^{n+1}(x) = &\left(c^{n+1}\frac{\tilde{V}^{n+1} - V^{n+1}}{\Delta t}, \chi\right) + \frac{6}{11}\left(a^{n+1}\nabla\left(\tilde{V}^{n+1} - V^{n+1}\right), \nabla\chi\right) \\ &+ \Delta t\lambda_1\sum_{j=1}^{3}\left(P_j\left(\tilde{V}^{n+1} - V^{n+1}\right), P_j\chi\right) \\ &+ \lambda_2(\Delta t)^2\left(P_4\left(\tilde{V}^{n+1} - V^{n+1}\right), P_4\chi\right). \end{aligned}$$

记 $T_i = \left|\sum_{n=3}^{l-1} T_i^{n+1}\left(\delta\zeta^{n+1}\right)\right| (i = 1, \cdots, 10)$, 类似 3.5.2.2 小节中的讨论, 有下式成立:

$$\begin{aligned} &\|\zeta^l\|_1^2 + \sum_{i=1}^{3}\left\|P_i\delta\zeta^l\right\|^2\Delta t + \left\|P_4\delta\zeta^l\right\|^2(\Delta t)^2 + \sum_{n=3}^{l-1}\left|\left|\left|d_t\zeta^{n+1}\right|\right|\right|^2\Delta t \\ \leqslant &M\left[\mathrm{IC} + \sum_{n=3}^{l-1}\|\zeta^n\|_1^2\Delta t + \sum_{i=1}^{10}T_i\right], \end{aligned} \tag{3.5.42}$$

IC 的定义同 3.5.2.2, 为得到最优阶估计, 证明下列引理.

引理 3.5.3　对 $n=3,4,\cdots,l-1$, 当 Δt 充分小时有下列各式成立:

$$\left\|\frac{\bar{\eta}^{n-1}-\eta^{n-1}-\bar{\eta}^{n}+\eta^{n}}{(\Delta t)^2}\right\|_{-1}\leqslant M\left(\|d_t\eta^n\|+\left\|\eta^{n-1}\right\|\right), \tag{3.5.43a}$$

$$\left\|\frac{\bar{\bar{\eta}}^{n-2}-\eta^{n-2}-\bar{\bar{\eta}}^{n-1}+\eta^{n-1}}{(\Delta t)^2}\right\|_{-1}\leqslant M\left(\left\|d_t\eta^{n-1}\right\|+\left\|\eta^{n-2}\right\|\right), \tag{3.5.43b}$$

$$\left\|\frac{\bar{\bar{\bar{\eta}}}^{n-3}-\eta^{n-3}-\bar{\bar{\bar{\eta}}}^{n-2}+\eta^{n-2}}{(\Delta t)^2}\right\|_{-1}\leqslant M\left(\left\|d_t\eta^{n-2}\right\|+\left\|\eta^{n-3}\right\|\right). \tag{3.5.43c}$$

证明　先证明式 (3.5.43a), 作变换: $F^n(x)=x-\dfrac{b(x,t^n)}{c(x,t^n)}\Delta t$, 若 $\left\|\dfrac{b}{c}\right\|_{1,\infty}\leqslant M$, 则当 Δt 充分小时, 变换 F^n 可逆. 且由周期性假设, 不妨记: $F^n:\Omega\mapsto\Omega$. 由于 $\det(DF^n)(x)=1-\nabla\cdot\left(\dfrac{b^n}{c^n}\right)\Delta t+O(\Delta t)^2$, 故: $\det(DF^n)^{-1}(x)=1+\nabla\cdot\left(\dfrac{b^n}{c^n}\right)\Delta t+O(\Delta t)^2$. 若 $\left|\nabla\cdot\left(\dfrac{b^n}{c^n}\right)-\nabla\cdot\left(\dfrac{b^{n+1}}{c^{n+1}}\right)\right|\leqslant M\Delta t$, 易证明下面各式成立:

$$\begin{gathered}\left|1-\det(DF^n)^{-1}(x)\right|\leqslant M\Delta t,\quad\left|\det(DF^n)^{-1}(x)-\det(DF^{n+1})^{-1}(x)\right|\leqslant M(\Delta t)^2,\\ \left|(F^n)^{-1}(x)-(F^{n+1})^{-1}(x)\right|\leqslant M(\Delta t)^2,\\ \left|x-(F^n)^{-1}(x)\right|\leqslant M\Delta t.\end{gathered}\tag{3.5.44}$$

利用积分的变量代换, 有

$$\begin{aligned}&\left\|\frac{\bar{\eta}^{n-1}-\eta^{n-1}-\bar{\eta}^{n}+\eta^{n}}{(\Delta t)^2}\right\|_{-1}\\ =&\frac{1}{(\Delta t)^2}\sup_{\varphi\in H_1}\frac{1}{\|\varphi\|_1}\int_\Omega\left(\bar{\eta}^{n-1}-\eta^{n-1}-\bar{\eta}^{n}+\eta^{n}\right)\varphi(x)\mathrm{d}x\\ =&\frac{1}{(\Delta t)^2}\sup_{\varphi\in H_1}\frac{1}{\|\varphi\|_1}\left[\int_\Omega\eta^{n-1}\varphi\left((F^n)^{-1}(x)\right)\left(\det(DF^n)^{-1}(x)-1\right)\mathrm{d}x\right.\\ &+\int_\Omega\eta^{n-1}\left(\varphi\left((F^n)^{-1}(x)\right)-\varphi(x)\right)\mathrm{d}x+\int_\Omega\eta^{n}\left(\varphi(x)-\varphi((F^{n+1})^{-1}(x))\right)\mathrm{d}x\\ &\left.+\int_\Omega\eta^{n}\varphi\left((F^{n+1})^{-1}(x)\right)\left(1-\det(DF^{n+1})^{-1}(x)\right)\mathrm{d}x\right]\\ \leqslant&\frac{1}{(\Delta t)^2}\left\{\sup_{\varphi\in H_1}\frac{1}{\|\varphi\|_1}\int_\Omega\left(\eta^{n}-\eta^{n-1}\right)\varphi\left((F^{n+1})^{-1}(x)\right)\left(1-\det(DF^{n+1})^{-1}(x)\right)\mathrm{d}x\right.\\ &+\sup_{\varphi\in H_1}\frac{1}{\|\varphi\|_1}\int_\Omega\left(\eta^{n}-\eta^{n-1}\right)\left(\varphi(x)-\varphi(F^{n+1})^{-1}(x)\right)\mathrm{d}x\\ &+\sup_{\varphi\in H_1}\frac{1}{\|\varphi\|_1}\int_\Omega\eta^{n-1}\left(\varphi\left((F^{n})^{-1}(x)\right)-\varphi\left((F^{n+1})^{-1}(x)\right)\right)\mathrm{d}x\end{aligned}$$

$$+\sup_{\varphi\in H_1}\frac{1}{\|\varphi\|_1}\int_\Omega\eta^{n-1}\left(\varphi\left((F^{n+1})^{-1}(x)\right)-\varphi(x)\right)\left(1-\det(DF^{n+1})^{-1}(x)\right)\mathrm{d}x$$
$$+\sup_{\varphi\in H_1}\frac{1}{\|\varphi\|_1}\int_\Omega\eta^{n-1}\left(\varphi\left((F^{n})^{-1}(x)\right)-\varphi(x)\right)\left(\det(DF^{n})^{-1}(x)-1\right)\mathrm{d}x$$
$$+\sup_{\varphi\in H_1}\frac{1}{\|\varphi\|_1}\int_\Omega\eta^{n-1}\varphi(x)\left(\det(DF^{n})^{-1}(x)-\det(DF^{n+1})^{-1}(x)\right)\mathrm{d}x.$$

利用 (3.5.44) 对上式各项估计即证得 (3.5.43a), 同理可证明其他二式, 引理 3.5.3 证毕.

设初始值满足:

$$\begin{aligned}&\left\|\zeta^3\right\|_1^2+\Delta t\left[\sum_{n=2}^{3}\|d_t\zeta^n\|^2+\sum_{n=1}^{2}\|\zeta^n\|_1^2+\sum_{j=1}^{3}\left\|P_j\delta\zeta^3\right\|^2+\Delta t\left\|P_4\delta\zeta^3\right\|^2\right]\\&+(\Delta t)^2\left[\left\|d_t\zeta^1\right\|^2+\Delta t\sum_{n=1}^{3}\|d_t\zeta^n\|_1^2+\sum_{n=1}^{2}\sum_{j=1}^{3}\|P_j\delta\zeta^n\|^2\right.\\&\left.+\Delta t\sum_{n=1}^{2}\|P_4\delta\zeta^n\|^2\right]\leqslant M(\Delta t)^6,\end{aligned}\tag{3.5.45}$$

下面对 (3.5.42) 的右端各项进行估计. 首先对 T_1 估计:

$$\begin{aligned}&\frac{6}{11}\left(c^{n+1}\frac{\partial u^{n+1}}{\partial t}+b^{n+1}\cdot\nabla u^{n+1}\right)\\&-c^{n+1}\left[\frac{u^{n+1}-\bar u^n}{\Delta t}-\frac{7}{11}\frac{\bar u^n-\bar{\bar u}^{n-1}}{\Delta t}+\frac{2}{11}\frac{\bar{\bar u}^{n-1}-\bar{\bar{\bar u}}^{n-2}}{\Delta t}\right]\\=&\frac{3}{11}\frac{c^{n+1}}{\Delta t}\left[\int_{(\bar x^n,t^n)}^{(x,t^{n+1})}\left((t(\tau)-t^n)^2+|x(\tau)-\bar x^n|^2\right)^{3/2}\frac{\partial^4u}{\partial\tau^4}\mathrm{d}\tau\right.\\&-\frac{1}{2}\int_{(\bar{\bar x}^{n-1},t^{n-1})}^{(x,t^{n+1})}\left(\left(t(\tau)-t^{n-1}\right)^2+\left|x(\tau)-\bar{\bar x}^{n-1}\right|^2\right)^{3/2}\frac{\partial^4u}{\partial\tau^4}\mathrm{d}\tau\\&\left.+\frac{1}{9}\int_{(\bar{\bar{\bar x}}^{n-2},t^{n-2})}^{(x,t^{n+1})}\left((t(\tau)-t^{n-2})^2+\left|x(\tau)-\bar{\bar{\bar x}}^{n-2}\right|^2\right)^{3/2}\frac{\partial^4u}{\partial\tau^4}\mathrm{d}\tau\right],\end{aligned}$$

其中 τ 为 $\left(b^{n+1},c^{n+1}\right)^{\mathrm{T}}$ 的单位向量, $(x(\tau),t(\tau))$ 为方向段 $\left(\bar{\bar{\bar x}}^{n-2},t^{n-2}\right)$ 到 (x,t^{n+1}) 上的点, 可得

$$T_1\leqslant M\sum_{i=1}^{3}\left\|\frac{\partial^4u}{\partial\tau_i^4}\right\|_{L^2(L^2)}^2(\Delta t)^6+\varepsilon\sum_{n=3}^{l-1}\left|\left|\left|d_t\zeta^{n+1}\right|\right|\right|^2\Delta t,\tag{3.5.46}$$

τ_i 在 $\left[t^n, t^{n+1}\right]$ 上为方向 $\left(b^{n+i}, c^{n+i}\right)^{\mathrm{T}}$ $(i=1,2,3)$ 的单位向量, τ_i 为特征方向 s 很好的近似. 由分部求和及 $c(x,t)$ 的光滑性得

$$
\begin{aligned}
T_3 \leqslant & \frac{18}{11}\left|\left(c^l \frac{\bar{\eta}^{l-1}-\eta^{l-1}}{\Delta t}, \zeta^n\right)\right| + \frac{18}{11}\left|\left(c^3 \frac{\bar{\eta}^2-\eta^2}{\Delta t}, \zeta^3\right)\right| \\
& + M \sum_{n=3}^{l-1}\left|\left(\frac{\bar{\eta}^n-\eta^n-\bar{\eta}^{n-1}+\eta^{n-1}}{(\Delta t)^2}, \zeta^n\right)\right| \Delta t + M \sum_{n=3}^{l-1}\left|\left(\frac{\bar{\eta}^{n-1}-\eta^{n-1}}{(\Delta t)^2}, \zeta^n\right)\right| \Delta t \\
= & W_1^1 + W_1^2 + W_1^3 + W_1^4.
\end{aligned}
$$

可证明: $\left\|\dfrac{\bar{\eta}^{l-1}-\eta^{l-1}}{\Delta t}\right\|_{-1} \leqslant M\left\|\eta^{l-1}\right\|$, 故 $W_1^1 \leqslant M\left\|\eta^{l-1}\right\|^2 + \varepsilon\left\|\zeta^l\right\|_1^2$, 同理: $W_1^2 + W_1^4 \leqslant M\|\eta\|_{L^\infty(L^2)}^2 + M\sum_{n=3}^{l-1}\|\zeta^n\|_1^2 \Delta t + \varepsilon\left\|\zeta^3\right\|_1^2$, 由引理 3.5.3 得: $W_1^3 \leqslant M\sum_{n=3}^{l-1}\left(\|d_t\eta^n\| + \left\|\eta^{n-1}\right\|\right)\|\zeta^n\|_1 \Delta t$, 注意到 (3.5.40) 得: $T_3 \leqslant M\left(h^{2r+2} + \left\|\zeta^3\right\|_1^2 + \sum_{n=3}^{l-1}\|\zeta^n\|_1^2 \Delta t\right) + \varepsilon\left\|\zeta^l\right\|_1^2$, 同理可估计 T_4, T_5. 即有

$$
T_3 + T_4 + T_5 \leqslant M\left(h^{2r+2} + \left\|\zeta^3\right\|_1^2 + \sum_{n=3}^{l-1}\|\zeta^n\|_1^2 \Delta t\right) + \varepsilon\left\|\zeta^l\right\|_1^2. \tag{3.5.47}
$$

类似可证: $\left\|\dfrac{\bar{\zeta}^n-\zeta^n}{\Delta t}\right\|^2 + \left\|\dfrac{\bar{\bar{\zeta}}^{n-1}-\zeta^{n-1}}{\Delta t}\right\|^2 + \left\|\dfrac{\bar{\bar{\zeta}}^{n-2}-\zeta^{n-2}}{\Delta t}\right\|^2 \leqslant M\sum_{i=n-2}^{n}\left\|\zeta^i\right\|_1^2$,

则

$$
\sum_{i=6}^{8} T_i \leqslant \left(\sum_{n=3}^{l-1}\|\zeta^n\|_1^2 + \left\|\zeta^1\right\|_1^2 + \left\|\zeta^2\right\|_1^2\right)\Delta t + \varepsilon\sum_{n=3}^{l-1}\left|\left\|d_t\zeta^{n+1}\right\|\right|^2 \Delta t, \tag{3.5.48}
$$

T_2, T_9, T_{10} 的估计分别与 3.5.2.2 小节中的 T_1, T_6, T_7 相同, 由 (3.5.42), (3.5.45)~(3.5.48), 若 $r \geqslant 7/2, \rho_n' \leqslant \Delta t$, $\Delta t, \varepsilon$ 充分小, 由离散 Gronwall 不等式, 经整理得

$$
\left\|\zeta^l\right\|_1^2 + \sum_{j=1}^{3}\left\|P_j\delta\zeta^l\right\|^2 \Delta t + \left\|P_4\delta\zeta^l\right\|^2(\Delta t)^2 + \sum_{n=3}^{l-1}\left|\left\|d_t\zeta^{n+1}\right\|\right|^2 \Delta t \leqslant M(h^{2r+2} + (\Delta t)^6),
$$

由上式和投影估计, 可得下面结论:

定理 3.5.2 设 u 为 (3.5.34) 的解, V 为 3.5.3 小节中叙述的以 $\bar{L}^0$ 为预处理矩阵的满足 (3.5.13), (3.5.14) 的方程 (3.5.37) 的预处理迭代解, 若迭代次数充分大使 $\rho_n' \leqslant \Delta t$, 且初始值满足 (3.5.45), $r \geqslant 7/2, \Delta t = O(h^{r+1})$, 则存在 τ_0, 当 $\Delta t \leqslant \tau_0$ 时, 有误差估计

$$
\sup_n \|u^n - V^n\| \leqslant M\left(h^{r+1} + (\Delta t)^3\right). \tag{3.5.49}
$$

3.5.4 初始启动格式

3.5.2.1 小节中所给出的算法为四层格式, 要得 (3.5.23) 的逼近精度, 需首先计算 V^0, V^1, V^2 满足 (3.5.21). V^0 可取 $u = u_0$ 时方程 (3.5.15) 的解或取其预处理迭代解. 取$u_1^* = u_0 + \dfrac{\partial u}{\partial t}(0)\Delta t + \dfrac{1}{2}\dfrac{\partial^2 u}{\partial t^2}(0)(\Delta t)^2$, $u_2^* = u_0 + \dfrac{\partial u}{\partial t}(0)(2\Delta t) + \dfrac{1}{2}\dfrac{\partial u^2}{\partial t^2}(0)(2\Delta t)^2$, 用 u_1^*, u_2^* 分别作为 u^1, u^2 的近似值代入方程 (3.5.15), 将得到的解分别作为 V^1, V^2.

3.5.3.1 小节中所给出的算法的初始值也可用类似的方法得到.

3.5.5 算法的拟优工作量估计与比较

若直接解方程组 (3.5.6)(或 (3.5.37)), 分解矩阵 L^n 的工作量为 $O(N^{3/2})$, 解 (3.5.6)(或 (3.5.37)) 所需工作量为 $O(N\log N)$. 由于在每一时间层都需对 L^n 进行分解, 且解 (3.5.6)(或 (3.5.37)), 故直接解方程组 (3.5.6)(或 (3.5.37)) 的工作量估计为

$$O\left(N_t(N^{3/2} + N\log N)\right) = O\left(N_t N^{3/2}\right). \tag{3.5.50}$$

从这一估计可知, 直接解 (3.5.6)(或 (3.5.37)), 所耗费的工作量主要用来分解矩阵 L^n.

采用本章所给的 ADPI 法解 (3.5.6)(或 (3.5.37)), 只需对预处理矩阵 $\bar{L}^0$ 求逆一次, 而 $\bar{L}^0$ 可分为三个相应于一维问题的矩阵, 故分解 $\bar{L}^0$ 工作量为: $O(N_1+N_2+N_3)$. 每次迭代求解所需工作量为: $O(N_1N_2N_3) = O(N)$, 在每一时间层迭代次数 $v = O(\log N_t)$. 则用本节所给的 ADPI 法解 (3.5.6)(或 (3.5.37)), 所需总工作量为:

$$O\left(N_1 + N_2 + N_3 + N_t v N_1 N_2 N_3\right) = O\left(N_t N \log N_t\right), \tag{3.5.51}$$

由于总未知量的个数为 N_tN, 故 ADPI 法的工作量估计为拟优的.

比较 (3.5.50), (3.5.51) 知, 采用 ADPI 解 (3.5.6)(或 (3.5.37)) 所需工作量要少于直接解 (3.5.6)(或 (3.5.37)) 所需工作量, 且当未知量个数很大时更体现出本节的 ADPI 法的优越性.

参 考 文 献

[1] Douglas J Jr, Dupont T. Alternating-direction Galerkin methods on rectangles. Proc. Symposium on Numerical Solution of Partial Differential Equoltion 11, B Hubbard ed. Now York: Academic Press, 1971, 133–214.

[2] Dendy J E, Fairweather G. Alternating direction Galerkin method for parabolic and byperbolic problems on rectangular polygons. SIAM J. Numer. Anal., 1975, 12: 144–163.

[3] Dendy J E. An analysis of some Galerkin schemes for the solution of nonlinear time-dependent problems. SIAM J. Numer. Anal., 1975, 4: 541–565.

[4] Hayes L J. Galerkin alternating-direction methods for nonrectangular region using patch approximations. SIAM J. Numer. Anal., 1981, 4: 627–643.

[5] Hayes L J. A modified backward time discretization for nonlinear parabolic equations using patch approximation. SIAM J. Numer. Anal., 1981, 5: 781–793.

[6] Bramble J H, Ewing R E, Li G. Alternating direction multistep method for parabolic problems iterative stabilization. SIAM J. Numer. Anal., 1989, 4: 904–919.

[7] Krishnamachari S V, Hayes L J, Russell T F. A finite element alternating-direction method eombined with a modified method of characteristic for convection-diffusion problems. SIAM J. Numer. Anal., 1989, 6: 1462–1473.

[8] Fernandes R I, Fairweather G. An alternating direction Galerkin method for a class of second-order hyperbolic equations in two space variables. SIAM J. Numer. Anal., 1991, 5: 1265–1281.

[9] Yuan Y R. The characteristic finite element alternating direction method with moving meshes for nonlinear convection-dominated diffusion problems. Numer. Methods Partial Differential Eq. 2005, 22: 661–679.

[10] 谢树森. 解几类初边值问题的数值新方法及应用. 山东大学博士论文, 1996.

[11] 谢树森. 对流扩散问题的交替方向特征有限元方法. 高等学校计算数学学报, 1996, 3: 282–291.

[12] 谢树森. 一类对流扩散问题的交替方向特征有限元方法. 山东大学学报, 1996, 2: 129–137.

[13] 崔霞. 几类发展方程的交替方向有限元方法及其数值分析. 山东大学博士论文, 1999.

[14] Cui X. A.D.I. Gnlerkin method for nonlinear parabolic integro-differential equation using patch approximation. Numerical Mathematics, A Journal of Chinese Universities, 1999, 2: 209–220.

[15] 张怀宇. 抛物型参数辨识问题的有限元方法及其矩形域上的算子分裂 Galerkin 方法. 山东大学博士论文, 1998.

[16] 张怀宇. 非矩形域上非线性抛物型方程组的方向交替 Galerkin 方法. 山东大学学报, 1999, 2: 125–133.

[17] 张怀宇. 非线性 Sobolev 方程 Galerkin 解法的后处理与超收敛. 系统科学与数学. 1999, 2: 225–229.

[18] 陈蔚. 几类发展方程的交替有限元方法及隐–显多步有限元方法. 山东大学博士论文, 2000.

[19] 陈蔚. 三维非线性对流扩散问题多步 Galerhin 法及其交替方向预处理迭代解. 山东大学学报, 1999, 3: 275–283.

[20] 陈蔚. 三维对流扩散沿特征线多步离散 Galerkin 法及其交替方向预处理迭代解. 山东大学学报 2000, 2: 126–134.

[21] Douglas J Jr, Yuan Y R. Numerical simulation of immiscible flow in porous media based on combining the method of characteristics with mixed finite element procedure. The

IMA Volumes 1 Math. And It's Application, 1986, 11: 119–131.

[22] Ewing R E, Russell T F, Wheeler M F. Convergence analysis of an approximation of miscible displacement in porons media by mixed finite elements and a modified method of characteristics. Comp. Meth, In Mech. And Eng., 1984, 47: 73–92.

[23] 袁益让. 半导体器件数值模拟的特征有限元方法和分析. 数学物理学报, 1993,13: 241–251.

[24] Douglus J Jr, Yuan Y R. Finite difference methods for the transient behavior of a semiconductor device. Mat. Apl. Comp., 1982, 6: 24–38.

[25] Ewing R E, Yuan Y R, Li G. Time stepping along characteristics for a mixed finite element approximation for compressible flow of contamination from nuclear waste in porous media. SIAM J. Numer. Aral., 1989, 26: 1513–1524.

[26] Douglas J Jr, Russell T F. Numerical simulation for convection dominated diffusion problems based on combining the method of characteristics with finite elememt or finite differemce procedure. SIAM J. Numer. Anal., 1982, 17: 871–885.

[27] Yuan Y R, Han Y J. Numerical simulation of migration-accumulation of oil resources. Compnt Geosi, 2008, 12: 153–162.

[28] Yuan Y R, Wang W Q, Han Y J. Theory, method and application of a numerical simulation in an oil resources basin methods for numerical solutions of aerodynamic problems. Special Topics & Reviews in porous Media-An International Journal, 2010, 1: 49–66.

[29] Ewing R E. The Mathematics of Reservoir Simulation. Philadelphia: SIAM 1983.

[30] Peaceman D W. Fundamental of Numerical Reservoir Simulation. Amsterdam: Elsevier, 1980.

[31] Yuan Y R. Characteristic finite difference methods for moving boundary value problems of numerical simulation of oil deposit. Science in China (Series A). 1994, 12: 1442–1453.

[32] Yuan Y R. The upwind finite difference fractional steps method for combinatorial system of dynamics of fluids in porous media and its application. Science in China (Series A), 2002, 5: 575–593.

[33] Ciarlet P G. The Finithe Element for Elliptic Problems. Amsterdam: North-Holland, 1978.

[34] 袁益让, 王宏. 非线性双曲型方程有限元方法的误差估计. 系统科学与数学, 1985, 3: 161–171.

[35] Russell T F. Time stepping along characteristics with imcomplete iteration for a Galerkin approximation of miscible displacemewt in porous media. SIAM J. Numer Anal., 1985, 22: 970–1013.

[36] Douglas J Jr, Dupont T. Galerkin methods for parabolic equation. SIAM J. Numer. Anal., 1970, 7: 576–626.

[37] Nitsche J. Schauder estimates for finite element approximations on second order elliptic boundary value problems. Institut Für Angewandte Mathemutik, Albert-Ludwigs-

Universitat, Kölin, 1978.

[38] Wheeler M T. A priori L_2 error estimates for Galerkin approximation to parabolic partial differential equations. SIAM J. Nutmer. Anal., 1973, 4: 723–759.

[39] Lin Y. Nonclassical elliplic projections and L^2-error estimates for Galerkin methods for parabolic integro-differential equations.J. Comp. Math., 1991, 3: 239–246.

[40] Ewing R E, Russell T F. Maltistep Galerkin methods along characteristics for conrection-diffusion problem. Adrances in Computer Methods for Partial Differential Equations IV. Vichnevetsky R, Stepleman R S ed., JMACS, Rutgers Vniv., New Brunawick, N J, 1981, 28–36.

[41] Douglas J Jr, Dupont T, Ewing R E. Incomplete iteration for time-stepping a Galerkin method for a quasilinear parabolic problem. SIAM J. Numer. Anal., 1979, 3: 503–522.

第 4 章　二阶椭圆问题的混合元交替方向法

交替方向迭代法最大的优点是能将高维问题转化为一维问题, 这使得计算的实现比较方便, 大大减少实际计算工作量. 而人们在研究抛物型方程时受到隐格式具有绝对稳定性的启发, 在用交替方向迭代法求解时也试图构造各种隐格式, 理论研究和实际计算均已证实, 这种方法具有较高的收敛速度. 用混合元法求解也具有明显的优点, 特别对于油藏数值模拟有着特别重要的价值, 近年来在工程实际计算中得到了广泛的应用. 但在用混合元求解时, 得到的代数方程组较传统的方法 (有限元法、有限差分法) 更加庞大, 解方程组也更为复杂, 因此, 人们试图在解方程组时引入交替方法迭代法.Brown[1] 对二阶椭圆方程的混合元方法提出了两类交替方向格式, 即 Uzawa 格式和 Arrow-Hurwitz 格式. Douglas 等[2~4] 对这两种格式作了进一步的研究, 并作了数值计算实验, 结果表明, 这一方法是可行的和实用的. 但未给出完整的理论分析结果.

本章共 7 节. 4.1 节为 Poisson 方程的混合元 Raviart-Thomas 格式. 4.2 节为二阶椭圆问题新的混合元格式. 4.3 节为二维混合元交替方向迭代方法. 4.4 节为三维混合元交替方向迭代方法. 4.5 节为混合有限元交替方向迭代方法的进展. 4.6 节为混合元交替方向迭代格式的稳定性和收敛性. 4.7 节为二阶椭圆问题的 Arrow-Hurwitz 交替方向混合元方法的谱分析.

对于混合元交替方向方法, 我和我的学生做了一些研究, 部分内容吸收在本章内容中, 现分别列出如下:

1. 孙澎涛: 关于两类偏微分方程混合有限元方法的计算格式及其数值分析, 山东大学硕士学位论文, 1994 年 3 月.

2. 崔明荣: 二类偏微分方程数值解法和理论分析, 山东大学硕士学位论文, 1993 年 3 月.

3. 顾海明: 发展方程的混合元方法及其计算, 山东大学博士学位论文, 1998 年 3 月.

4.1　Poisson 方程的混合有限元 Raviart-Thomas 格式

最早利用混合有限元解 Poisson 方程是 Raviart-Thomas 于 1977 年提出的[5~7]. 多年来, 基本上都是使用这种格式, 后续工作都是在此基础上发展起来的.

4.1.1 引言

设 Ω 是 $\mathbf{R}^n$ 空间的有界区域, 其边界满足 Lipschitz 条件, 下面研究 Poisson 方程的齐次第一边值问题:

$$-\Delta u = f, \quad 在\Omega内, \tag{4.1.1a}$$

$$u = 0, \quad 在\partial\Omega上, \tag{4.1.1b}$$

此处 $f \in L^2(\Omega)$.

关于问题 (4.1.1) 的变分形式, 由熟知的余能原理, 寻求 $q=\mathrm{grad}\ u$ 使得余能量泛函

$$I(q) = \frac{1}{2}\int_\Omega |q|^2 \,\mathrm{d}x \tag{4.1.2}$$

取极小, 在这里矢量函数 $q \in (L^2(\Omega))^n$ 满足平衡方程:

$$\mathrm{div} q + f = 0, \quad 在\Omega内. \tag{4.1.3}$$

应用余能原理去构造椭圆问题的有限元离散化方法, 它最先由 Fraeijs 和 Venbcke 提出, 被称为平衡方法. 首先构造一个关于 W 的有限维流形 W_h 和寻求 $P_h \in W_h$ 使得这余能量泛函在流形 W_h 上取极小. 注意到, 实际上构造子流形并非一个简单的问题, 因为它需要探索在整个区域 Ω 上解平衡方程 (4.1.3). 为此, 应用更一般的变分原理. 熟知弹性力学中的 Hellinger-Reissner 原则. 在那里平衡方程 (4.1.3) 被改变为 Lagrange 乘子. 我们将研究基于此变分原理的一个有限元方法. 事实上, 混合元方法在一些实际问题是非常实用的, 特别对于油藏数值模拟、半导体器件瞬态问题的数值模拟计算等重要领域.

本节的主要内容: 4.1.2 小节为混合元模型; 4.1.3 小节为三角形混合元; 4.1.4 小节为误差估计; 4.1.5 小节为四边形混合元.

4.1.2 混合元模型

首先引入某些记号, 对整数 $m \geqslant 0$,

$$H^m(\Omega) = \left\{v \in L^2(\Omega); \partial^\alpha v \in L^2(\Omega), |\alpha| \leqslant m\right\}.$$

注意到 Sobolev 空间的全模和半模:

$$\|v\|_{m,\Omega} = \left(\sum_{|\alpha|\leqslant m}\int_\Omega |\partial^\alpha v|^2 \,\mathrm{d}x\right)^{\frac{1}{2}}, \quad |v|_{m,\Omega} = \left(\sum_{|\alpha|=m} |\partial^\alpha v|^2 \,\mathrm{d}x\right)^{\frac{1}{2}}.$$

对于矢量函数 $q=(q_1,q_2,\cdots,q_n) \in \{H^m(\Omega)\}^n$, 记

$$\|q\|_{m,\Omega} = \left(\sum_{i=1}^n \|q_i\|_{m,\Omega}^2\right)^{\frac{1}{2}}, \quad |q|_{m,\Omega} = \left(\sum_{i=1}^n |q_i|_{m,\Omega}^2\right)^{\frac{1}{2}}.$$

用 $H^{\frac{1}{2}}(\partial\Omega)$ 表示函数 $v\in H^1(\Omega)$ 在 $\partial\Omega$ 上的迹 $v|_{\partial\Omega}$ 空间.

为了描述问题 (4.1.1) 的变分形式, 引入下述空间:

$$H(\mathrm{div};\Omega)=\left\{q\in(L^2(\Omega))^n;\mathrm{div}q\in L^2(\Omega)\right\}, \tag{4.1.4}$$

其对应的范数

$$\|q\|_{H(\mathrm{div};\Omega)}=\left\{\|q\|_{0,\Omega}^2+\|\mathrm{div}q\|_{0,\Omega}^2\right\}^{\frac{1}{2}}. \tag{4.1.5}$$

对于任一矢量值函数 $q\in H(\mathrm{div};\Omega)$, 能定义它的法向分量 $q\cdot n\in H^{-\frac{1}{2}}(\partial\Omega)$, 此处 $H^{-\frac{1}{2}}(\partial\Omega)$ 是 $H^{\frac{1}{2}}(\partial\Omega)$ 的对偶空间, n 是沿 $\partial\Omega$ 的外法向方向. 并由 Green 公式有

$$\int_\Omega\{\mathrm{grad}v\cdot q+v\mathrm{div}q\}\,\mathrm{d}x=\int_{\partial\Omega}vq\cdot n\mathrm{d}s,\quad\forall v\in H^1(\Omega), \tag{4.1.6}$$

此处积分 $\int_{\partial\Omega}$ 表示在空间 $H^{-\frac{1}{2}}(\partial\Omega)$ 和 $H^{\frac{1}{2}}(\partial\Omega)$ 之间的对偶.

其次, 定义问题 {P}: 寻求函数对 $(p,u)\in H(\mathrm{div};\Omega)\times L^2(\Omega)$ 使得

$$\int_\Omega p\cdot q\mathrm{d}x+\int_\Omega u\mathrm{div}q\mathrm{d}x=0,\quad\forall q\in H(\mathrm{div};\Omega), \tag{4.1.7}$$

$$\int_\Omega v(\mathrm{div}p+f)\mathrm{d}x=0,\quad\forall v\in L^2(\Omega). \tag{4.1.8}$$

定理 4.1.1 问题 {P} 有唯一解 $(p,u)\in H(\mathrm{div};\Omega)\times L^2(\Omega)$. 特别, u 是问题 (4.1.1) 的解, 并有

$$p=\mathrm{grad}u. \tag{4.1.9}$$

证明 首先查明问题 {P} 解的唯一性, 为此假定 f=0, 由 (4.1.8) 得到 $\mathrm{div}p=0$. 在 (4.1.7) 中, 取 $q=p$, 可得 $p=0$. 因此有

$$\int_\Omega u\mathrm{div}q\mathrm{d}x=0,\quad\forall q\in H(\mathrm{div};\Omega). \tag{4.1.10}$$

现在, 设 $w\in H^1(\Omega)$ 是一个函数使得

$$\Delta w=u,\quad x\in\Omega,$$

则在 (4.1.10) 中选定 $q=$grad$u$, 可得 $u=0$.

余下仅需指出这函数对 ($p=$gradu,u) 是问题 {P} 的一个解, 此处 u 是问题 (4.1.1) 的解, 在这方面有

$$\mathrm{div}p+f=\Delta u+f=0.$$

在另一方面, 因为在 $\partial\Omega$ 上 u=0, 应用 Green 公式有

$$\int_\Omega \{p.q + u\mathrm{div}q\}\,\mathrm{d}x = \int_{\partial\Omega} uq\cdot n\mathrm{d}s = 0. \tag{4.1.11}$$

附注 4.1.1　容易检验问题 {P} 的解 $\{p,u\}$ 的特征: 它是二次泛函的唯一鞍点,

$$L(q,v) = I(q) + \int_\Omega v(\mathrm{div}q + f)\mathrm{d}x.$$

在空间 $H(\mathrm{div};\Omega)\times L^2(\Omega)$ 上, 也就是

$$L(q,v)\leqslant L(p,u)\leqslant L(q,u),\quad \forall q\in H(\mathrm{div};\Omega), \forall v\in L^2(\Omega).$$

因此, 这函数 u 是与约束 $\mathrm{div}p + f$ =0 相关联的 Lagrange 乘子.

对于问题 (4.1.1), 引入一个通常离散方法, 它基于混合变分公式 (4.1.7), (4.1.8). 给出两个有限维空间 Q_h 和 V_h 使得

$$Q_h\subset H(\mathrm{div};\Omega),\quad V_h\subset L^2(\Omega), \tag{4.1.12}$$

则定义问题 $\{\mathrm{P}_h\}$; 寻求函数对 $\{p_h,u_h\}\in Q_h\times V_h$, 使得

$$\int_\Omega p_h\cdot q_h\mathrm{d}x + \int_\Omega u_h\mathrm{div}q_h\mathrm{d}x = 0,\quad \forall q_h\in Q_h, \tag{4.1.13}$$

$$\int_\Omega v_h(\mathrm{div}p_h + f)\mathrm{d}x = 0,\quad \forall v_h\in V_h. \tag{4.1.14}$$

应用 Brezzi 关于此变分问题的逼近性理论[8], 可得下述定理.

定理 4.1.2　假定

$$\begin{cases} q_h\in Q_h, \\ \forall v_h\in V_h, \end{cases} \int_\Omega v_h\mathrm{div}q_h\mathrm{d}x = 0,\quad 则有\mathrm{div}q_h = 0, \tag{4.1.15}$$

且存在常数 $\alpha>0$, 使得

$$\sup_{q_h\in Q_h}\frac{\displaystyle\int_\Omega v_h\mathrm{div}q_h\mathrm{d}x}{\|q_h\|_{H(\mathrm{div};\Omega)}}\geqslant \alpha\|v_h\|_{0,\Omega},\quad \forall v_h\in V_h, \tag{4.1.16}$$

则问题 $\{P_h\}$ 有唯一解 $\{p_h,u_h\}\in Q_h\times V_h$, 并且存在一个常数 $\tau>0$ 其仅依赖于 α, 使得下述估计式成立:

$$\begin{aligned}&\|p-p_h\|_{H(\mathrm{div};\Omega)} + \|u-u_h\|_{0,\Omega}\\ \leqslant&\tau\left\{\inf_{q_h\in Q_h}\|p-q_h\|_{H(\mathrm{div};\Omega)} + \inf_{v_h\in V_h}\|u-v_h\|_{0,\Omega}\right\}.\end{aligned} \tag{4.1.17}$$

附注 4.1.2 定义算子 $\nabla_h \in L(V_h; Q_h)$, 由

$$\int_\Omega \nabla_h v_h \cdot q_h \mathrm{d}x = -\int_\Omega v_h \mathrm{div} q_h \mathrm{d}x, \quad \forall v_h \in V_h, \forall q_h \in Q_h. \tag{4.1.18}$$

虽然, ∇_h 形式上是一个关于 grad 的逼近算子. 函数 u_h 的特征是下述问题的唯一解. 寻求 $u_h \in V_h$, 使得

$$\int_\Omega \nabla_h u_h \cdot \nabla_h v_h \mathrm{d}x = \int_\Omega f v_h \mathrm{d}x, \quad \forall v_h \in V_h. \tag{4.1.19}$$

事实上, 从假定 (4.1.15) 和 (4.1.16) 可推出问题 (4.1.19) 有唯一解 $u_h \in V_h$. 并且看到函数对 $\{\nabla_h u_h, u_h\}$ 是问题 $\{\mathrm{P}_h\}$ 的解.

余下去构造关于空间 $H(\mathrm{div};\Omega) \times L^2(\Omega)$ 的有限维子空间 $Q_h \times V_h$, 它具有很好的逼近性质和带有一个不依赖 h 的常数 α 的相容性条件 (4.1.15) 和 (4.1.16).

为了方便起见, 假定 Ω 是 $\mathbf{R}^2$ 有界多边形区域, 构造关于 $\overline{\Omega}$ 的三角形剖分 K_h, 剖分为三角形和平行四边形, 它们的直径 $\leqslant h$. 我们开始构造空间 $H(\mathrm{div};\Omega)$ 的有限维子空间 Q_h. 给定一个单元 $K \in K_h$, 注意到 n_K 是沿着 K 的边界外法向方向. 应用 Green 公式 (4.1.6) 在每一个 $K \in K_h$ 上. 容易证明函数 $q \in (L^2(\Omega))^2$ 属于空间 $H(\mathrm{div};\Omega)$, 当且仅当下述两个条件成立.

(1) 对全部的 $K \in K_h$ 上, 关于 q 的限制 $q|_K$ 在 K 上属于空间 $H(\mathrm{div};K)$.

(2) 对任一相邻单元对 $K_1, K_2 \in K_h$, 有相互关系

$$q_1 \cdot n_{K_1} + q_2 \cdot n_{K_2} = 0, \quad 当 K' = K_1 \cap K_2, \tag{4.1.20}$$

此处 q_i 表示 $q|_{K_i}$, $i = 1, 2$.

并且 Q_h 中的函数, 在每一单元 $K \in K_h$ 上假定是光滑的和满足互反性条件.

4.1.3 三角形混合元

本节将假定 K 是一个三角形, 在 K 上对任一整数 $k \geqslant 0$, 设矢量函数 $q \in H(\mathrm{div};K)$ 其相关联空间 Q_h 是这样的.

(1) $\mathrm{div} q$ 是次数 $\leqslant k$ 的多项式,

(2) $q \cdot n_K$ 在 K 的任一边 K' 上是次数 $\leqslant k$ 的多项式.

引入空间 $\hat{Q}$, 其在 (ξ, η) 平面单位正三角形 $\hat{K}$ 上, 顶点是 $\hat{a}_1 = (1, 0)$, $\hat{a}_2 = (0, 1)$ 和 $\hat{a}_3 = (0, 0)$. 给定某些记号. 用 P_k 表示两个变量 ξ, η 全部次数 $\leqslant k$ 的多项式空间. 用 $\hat{S}_k$ 表示定义在边界 $\partial\hat{K}$ 上全部函数空间, 它被限制在 $\hat{K}$ 的边界 $\hat{K}'$ 上次数 $\leqslant k$ 的多项式. 在 $\mathbf{R}^2$ 上给出点 $\hat{X} = (\xi, \eta)$, 注意到 $\lambda_i = \lambda_i(\hat{x})$, $1 \leqslant i \leqslant 3$, 用 $\hat{X}$ 的重心坐标来表示 $\hat{K}$ 的顶点.

现在要求空间 $\hat{Q}$ 满足下述性质:

$$(P_k)^2 \in \hat{Q}, \tag{4.1.21}$$

$$\dim(\hat{Q}) = (k+1)(k+3), \tag{4.1.22}$$

$$\forall \hat{q} \in \hat{Q}, \quad \mathrm{div}\hat{q} = \frac{\partial \hat{q}_1}{\partial \xi} + \frac{\partial \hat{q}_2}{\partial n} \in P_k, \tag{4.1.23}$$

$$\forall \hat{q} \in \hat{Q}, \hat{q} \cdot \hat{n} \in \hat{S}_k(\text{此处}\hat{n}\text{处在}\partial\hat{K}\text{上}), \tag{4.1.24}$$

$$\hat{Q}_0 = \left\{ \hat{q} \in \hat{Q}; \mathrm{div}\hat{q} = 0 \right\} \in (P_k)^2. \tag{4.1.25}$$

引理 4.1.1　假定条件 (4.1.21)~(4.1.25) 成立, 则函数 $q \in \hat{Q}$ 被下述条件唯一确定.

(1) $\hat{q} \cdot \hat{n}$ 在 $\hat{K}$ 的任一边 $\hat{K}'$ 上 $(k+1)$ 个不同点的值.

(2) $\hat{q}$ 的矩量阶 $\leqslant k-1$, 也就是

$$\int_{\hat{K}} \hat{q}_i \lambda_1^{\sigma_1} \lambda_2^{\sigma_2} \lambda_3^{\sigma_3} \mathrm{d}\hat{K}, \quad i = 1, 2, \sigma_1 + \sigma_2 + \sigma_3 = k-1.$$

证明　由 (4.1.22) 和 (1)、(2) 得知, 它们的自由度数都等于空间 $\hat{Q}$ 的维数, 这足以去证明这样一个函数 $\hat{q} \in \hat{Q}$, 若满足下述条件:

$$\hat{q} \cdot \hat{n} = 0 \text{在}\hat{K}\text{的每条边}\hat{K}'\text{上}(k+1)\text{个不同点}, \tag{4.1.26}$$

$$\int_{\hat{K}} \hat{q}_i \lambda_1^{\sigma_1} \lambda_2^{\sigma_2} \lambda_3^{\sigma_3} \mathrm{d}x = 0, \quad i = 1, 2, \sigma_1 + \sigma_2 + \sigma_3 = k-1, \tag{4.1.27}$$

其必定恒等于零, 事实上, 条件 (4.1.24) 和 (4.1.26) 意味着 $\hat{q} \cdot \hat{n} = 0$ 在 $\partial\hat{K}$ 上, 因此在 K 上应用 (4.1.27) 和 Green 公式 (4.1.6) 可得对任意的 $\hat{\varphi} \in P_k$,

$$\int_{\hat{K}} \hat{\varphi} \mathrm{div}\hat{q} \mathrm{d}\hat{x} = -\int_{\hat{K}} \mathrm{grad}\hat{\varphi} \cdot \hat{q} \mathrm{d}\hat{x} + \int_{\partial\hat{K}} \hat{\varphi}\hat{q} \cdot \hat{n} \mathrm{d}\hat{s} = 0.$$

因为, 由 (4.1.23), $\mathrm{div}\hat{q} \in P_k$, 可以得到 $\mathrm{div}\hat{q} = 0$, 因此 $\hat{q} \in \hat{Q}_0$.

现在, 从 (4.1.25) 推出, 存在一个多项式 $\hat{w} \in P_{k+1}$, 它唯一确定到一个附加常数使得

$$\hat{q} = \mathrm{curl}\hat{w} = \left(\frac{\partial \hat{w}}{\partial \eta}, -\frac{\partial \hat{w}}{\partial \xi} \right).$$

注意到 $\hat{q} \cdot \hat{n} = \dfrac{\partial \hat{w}}{\partial \hat{\tau}} = 0$ 在 $\partial\hat{K}$ 上, 此处 $\dfrac{\partial}{\partial \hat{\tau}}$ 为沿 $\partial\hat{K}$ 的切向导数. 因此可以假定 $\hat{w} = 0$ 在 $\partial\hat{K}$ 上和能够写为

$$\hat{w} = \lambda_1 \lambda_2 \lambda_3 \bar{z}, \bar{z} = P_{k-2}(\bar{z} = 0, \text{对}k = 0, 1).$$

继续应用 (4.1.27), 得到对任一 $\hat{r}\in\{P_{k-1}\}^2$,

$$0=\int_{\hat{K}}\hat{q}\cdot\hat{r}\mathrm{d}\hat{x}=\int_{\hat{K}}\mathrm{curl}\hat{w}\cdot\hat{r}\mathrm{d}\hat{x}=\int_{\hat{K}}\hat{w}\mathrm{curl}\hat{r}\mathrm{d}\hat{x}=\int_{\hat{K}}\lambda_1\lambda_2\lambda_3\bar{z}\mathrm{curl}\hat{r}\mathrm{d}\hat{x},$$

此处 $\mathrm{curl}\hat{r}=\dfrac{\partial\hat{r}_1}{\partial\xi}-\dfrac{\partial\hat{r}_2}{\partial\eta}\in P_{k-2}$, 显然, 能够选取 $\hat{r}$ 使得 $\bar{z}=\mathrm{curl}\hat{r}$, 则有

$$\int_{\hat{K}}\lambda_1\lambda_2\lambda_3\bar{z}^2\mathrm{d}\hat{x}=0.$$

因此, 可得 $\bar{z}=0$, 这样 $\hat{w}=0$ 和 $\hat{q}=\mathrm{curl}\hat{w}=0$.

附注 4.1.3 将一个等价的阶 $\leqslant k$ 特殊矩量

$$\int_{\hat{K}'}\hat{\varphi}\hat{q}\cdot\hat{n}d\hat{s},\quad \hat{\varphi}\in P_k,$$

看作函数 $\hat{q}\in\hat{Q}$ 的自由度, 代替在边 $\hat{K}'$ 上 $\hat{q}\cdot\hat{n}(k+1)$ 个不同点的值.

下面给出空间 $\hat{Q}$ 的一些例子.

例 4.1.1 若 $k\geqslant 0$ 是偶数, 定义空间 $\hat{Q}$, 其全部函数是下述形式:

$$\begin{aligned}\hat{q}_1&=\mathrm{pol}_k(\xi,\eta)+\alpha_0\xi^{k+1}+\alpha_1\xi^k\eta+\cdots+\alpha_{k/2}\xi^{\frac{k}{2}+1}\eta^{\frac{k}{2}},\\ \hat{q}_2&=\mathrm{pol}_k(\xi,\eta)+\beta_0\eta^{k+1}+\beta_1\eta^k\xi+\cdots+\beta_{k/2}\eta^{\frac{k}{2}+1}\xi^{\frac{k}{2}},\end{aligned}\tag{4.1.28}$$

附有

$$\sum_{i=1}^{k/2}(-1)^i(\alpha_i-\beta_i)=0.\tag{4.1.29}$$

在 (4.1.28) 中, $\mathrm{pol}_k(\xi,\eta)$ 表示一个阶为 k 的两个变量 ξ,η 的多项式, 显然, 条件 (4.1.21) 和 (4.1.22) 成立. 在每一条边 $\xi=0$ 和 $\eta=0$ 上, $\hat{q}\cdot\hat{n}$ 是明显的阶 $\leqslant k$ 的多项式. 在另一方面, 在边 $\xi+\eta=1$ 上, 从 (4.1.29) 推出 $\hat{q}\cdot\hat{n}$ 也是阶 $\leqslant k$ 的多项式, 最后, 有

$$\mathrm{div}\hat{q}=\mathrm{pol}_k(\xi,\eta)+\sum_{i=0}^{k/2}(k+1-i)\left(\alpha_i\xi^{k-i}\eta^i+\beta_i\xi^i\eta^{k-i}\right)\in P_k,$$

这样 $\mathrm{div}\hat{q}=0$ 意味着

$$\begin{cases}\alpha_i=\beta_i=0, & 0\leqslant i\leqslant k/2-1,\\ \alpha_{k/2}=\beta_{k/2}=0.\end{cases}$$

由条件 (4.1.29),

$$\alpha_i=\beta_i=0,\quad 0\leqslant i\leqslant\frac{k}{2},$$

因此, 性质 (4.1.21)~(4.1.25) 成立.

考虑, 例如 $k=0$ 的情况, 则函数 $\hat{q}\in\hat{Q}$ 是下述形式:

$$\begin{cases} \hat{q}_1 = a_0 + a_1\xi, \\ \hat{q}_2 = b_0 + b_1\eta, \quad a_1 = b_1. \end{cases} \tag{4.1.30}$$

由引理 4.1.1, 关于 $\hat{q}$ 的自由度将选定 $\hat{q}\cdot\hat{n}$ 在三角形 $\hat{K}$ 边的中点.

例 4.1.2　若 $k\geqslant 1$ 是奇数, 将定义空间 $\hat{Q}$ 的全部函数为下述形式:

$$\begin{cases} \hat{q}_1 = \mathrm{pol}_k(\xi,\eta) + \alpha_0\xi^{k+1} + \alpha_1\xi^k\eta + \cdots + \alpha_{\frac{k+1}{2}}\xi^{\frac{k+1}{2}}\eta^{\frac{k+1}{2}}, \\ \hat{q}_2 = \mathrm{pol}_k(\xi,\eta) + \beta_0\eta^{k+1} + \beta_1\eta^k\xi + \cdots + \beta_{\frac{k+1}{2}}\eta^{\frac{k+1}{2}}\xi^{\frac{k+1}{2}}, \end{cases} \tag{4.1.31}$$

附有

$$\sum_{i=0}^{\frac{k+1}{2}}(-1)^i\alpha_i = \sum_{i=0}^{\frac{k+1}{2}}(-1)^i\beta_i = 0. \tag{4.1.32}$$

同样可以验证 (4.1.21)~(4.1.25) 成立

对 $k=1$, 函数 $\hat{q}\in\hat{Q}$ 是下述形式:

$$\begin{cases} \hat{q}_1 = a_0 + a_1\xi + a_2\eta + a_3\xi(\xi+\eta), \\ \hat{q}_1 = b_0 + b_1\xi + b_2\eta + b_3\eta(\xi+\eta). \end{cases} \tag{4.1.33}$$

由引理 4.1.1, $\hat{q}$ 的自由度能够选取 $\hat{q}\cdot\hat{n}$ 对 $\hat{K}$ 的每条边上不同的两点 (Gauss-Legendre 点) 和 $\hat{q}$ 在 $\hat{K}$ 上的平均值

$$\frac{1}{\mathrm{mes}(\hat{K})}\int_{\hat{K}}\hat{q}\mathrm{d}\hat{x} = \frac{1}{2}\int_{\hat{K}}\hat{q}\mathrm{d}\hat{x}.$$

其次, 考虑在 (x_1, x_2) 平面的三角形 K 上, 其顶点用 a_i 表示, $1\leqslant i\leqslant 3$. 取

$$h_K = K\text{的直径}, \tag{4.1.34}$$

$$\rho_K = K\text{中内接圆半径}. \tag{4.1.35}$$

若 $F_K:\hat{x}=F_K(\hat{x})=B_K\hat{x}+b_K, B_K\in L(\mathbf{R}^2), b_K\in L(\mathbf{R}^2)$, 是唯一的仿射变换, 使得

$$F_K(\hat{a}_i) = a_i, \quad 1\leqslant i\leqslant 3.$$

对于任一定义在 $\hat{K}$ 上 (相应的在 $\partial\hat{K}$ 上) 的标量函数, 与其相关联定义在 K 上 (相应的在 ∂K 上) 的函数 φ 是

$$\varphi = \hat{\varphi}\circ F_K^{-1}\left(\hat{\varphi} = \varphi\circ(F_K)\right). \tag{4.1.36}$$

另一方面, 对任一定义在 $\hat{K}$ 上的任一向量值函数 $\hat{q} = (\hat{q}_1, \hat{q}_2)$, 与其相关联定义在 K 上的函数 q 是

$$q = \frac{1}{J_K} B_K \hat{q} \circ F_K^{-1} \left(\hat{q} = J_K B_K^{-1} q \circ F_K\right), \tag{4.1.37}$$

此处 $J_K = \det(B_K)$, 将确定这一一对应关系: $\hat{\varphi} \longleftrightarrow \varphi, \hat{q} \longleftrightarrow q$.

选择变换 (4.1.37) 是基于下述标准结果.

引理 4.1.2 对于任一函数 $\hat{q} \in (H^1(\hat{K}))^2$, 有

$$\forall \hat{\varphi} \in L^2(\hat{K}), \quad \int_{\hat{K}} \hat{\varphi} \mathrm{div} \hat{q} \mathrm{d}\hat{x} = \int_K \varphi \mathrm{div} q \mathrm{d}x, \tag{4.1.38}$$

$$\forall \hat{\varphi} \in L^2(\partial\hat{K}), \quad \int_{\partial\hat{K}} \hat{\varphi} \hat{q} \cdot \hat{n}_K \mathrm{d}\hat{s} = \int_{\partial K} \varphi q \cdot n_K \mathrm{d}s. \tag{4.1.39}$$

引理 4.1.3 对于任一整数 $l \geqslant 0$,

$$\forall \hat{\varphi} \in H^l(\hat{K}), \quad |\hat{\varphi}|_{l,\hat{K}} \leqslant \|B_K\|^l \, |J_K|^{-\frac{1}{2}} \, |\varphi|_{l,K}, \tag{4.1.40}$$

$$\forall \hat{q} \in H^l(\hat{K}), \quad |\hat{q}|_{l,\hat{K}} \leqslant \|B_K\|^l \left\|B_K^{-1}\right\| |J_K|^{\frac{1}{2}} \, |q|_{l,K}, \tag{4.1.41}$$

此处 $\|B_K\|$(同样 $\left\|B_K^{-1}\right\|$) 表示关于 B_K(同样 B_K^{-1}) 的谱模.

现在, 关于三角形 K, 与其相关联的空间

$$Q_K = \left\{q \in H(\mathrm{div}; K); \hat{q} \in \hat{Q}\right\}. \tag{4.1.42}$$

假设条件 (4.1.23) 和 (4.1.24) 成立, 则由引理 4.1.2, 这空间 Q_K 中的函数 q 满足引理 4.1.1 中的性质 (i) 和 (ii).

用空间 Q_K 中的函数去逼近光滑的向量值函数 q, 有

定理 4.1.3 假定条件 (4.1.21)~(4.1.25) 成立, 并设空间 Q_K 的定义如 (4.1.42), 则存在算子 $\varPi_K \in L(H^1(K))^2$, 和不依赖于 K 的常数 $c > 0$ 使得

(i) 对 K 的每一边 K' 和任意的 $\varphi \in P_k$,

$$\int_{K'} (\Pi_K q - q) \cdot n_K \varphi \mathrm{d}s = 0. \tag{4.1.43}$$

(ii) 对任意的函数 $q \in (H^{k+1}(K))^2$ 和 $\mathrm{div} q \in H^{k+1}(K)$,

$$\|\varPi_K q - q\|_{H(\mathrm{div};K)} \leqslant C \frac{h_K^{k+1}}{\rho_K} \left(|q|_{k+1,K} + |\mathrm{div} q|_{k+1,K}\right). \tag{4.1.44}$$

证明 给定函数 $\hat{q} \in (H^1(\hat{K}))^2$, 由引理 4.1.1 和附注 4.1.1, 存在唯一函数 $\hat{\varPi}\hat{q} \in \hat{Q}$ 使得

$$\forall \hat{\varphi} \in P_k, \quad \int_{\hat{K}} \left(\hat{\varPi}\hat{q} - \hat{q}\right) \cdot \hat{n} \hat{\varphi} \mathrm{d}\hat{s} = 0, \text{对}\hat{K}\text{的每一边}\hat{K}', \tag{4.1.45}$$

$$\forall \hat{r} \in (P_{k-1})^2, \quad \int_{\hat{K}} \left(\hat{\Pi}\hat{q} - \hat{q}\right) \cdot \hat{r} \mathrm{d}\hat{x} = 0. \tag{4.1.46}$$

从 (4.1.21) 推出 $\hat{\Pi}\hat{q} = \hat{q}$ 对任意的 $\hat{q} \in (P_k)^2$, 则能够得到对任意的 $\hat{q} \in \left(H^{k+1}(\hat{K})\right)^2$, 有

$$\left\|\hat{\Pi}\hat{q} - \hat{q}\right\|_{0,\hat{K}} \leqslant c_1 |\hat{q}|_{k+1,\hat{K}}. \tag{4.1.47}$$

此处 $c_1 = c_1(\hat{K})$ 是一正常数, 在另一方面, 应用 (4.1.45), (4.1.46) 和 Green 公式, 可得对任意的 $\hat{\varphi} \in P_k$,

$$\int_{\hat{K}} \operatorname{div}\left(\hat{\Pi}\hat{q} - \hat{q}\right) \hat{\varphi} \mathrm{d}\hat{x} = -\int_{\hat{K}} \left(\hat{\Pi}\hat{q} - \hat{q}\right) \cdot \operatorname{grad}\hat{\varphi} \mathrm{d}\hat{x} + \int_{\partial\hat{K}} (\hat{q} - \hat{\Pi}\hat{q}) \cdot \hat{n}\hat{\varphi} \mathrm{d}\hat{s} = 0.$$

因此 $\operatorname{div}(\hat{\Pi}\hat{q})$ 是关于 $\operatorname{div}\hat{q}$ 在 P_k 意义下在 $L^2(\hat{K})$ 中的正交投影, 则
假定 $\operatorname{div}\hat{q} \in H^{k+1}(\hat{K})$, 可得

$$\left\|\operatorname{div}\left(\hat{\Pi}\hat{q} - \hat{q}\right)\right\|_{0,\hat{K}} \leqslant c_2 |\operatorname{div}\hat{q}|_{k+1,\hat{K}}, \tag{4.1.48}$$

此处 $c_2 = c_2(\hat{K})$ 是一正常数.

现在由算子 Π_K 的定义

$$\forall q \in (H^1(K))^2, \quad \widehat{\Pi_k q} = \hat{\Pi}_k \hat{q}.$$

显然, 从 (4.1.45) 和引理 4.1.2 可推出 (4.1.43), 因为

$$\Pi_K q - q = \frac{1}{J_K} B_K \left(\hat{\Pi}\hat{q} - \hat{q}\right) \circ F_K^{-1},$$

则有

$$\|\Pi_K q - q\|_{0,K} \leqslant \|B_K\| \, |J_K|^{-\frac{1}{2}} \left\|\hat{\Pi}\hat{q} - \hat{q}\right\|_{0,\hat{K}}.$$

因此, 应用不等式 (4.1.47) 和 (4.1.41) 对 $l = k+1$, 可得对任意的 $q \in (H^{k+1}(K))^2$,

$$\|\Pi_K q - q\|_{0,K} \leqslant c_1 \|B_K\|^{k+2} \left\|B_K^{-1}\right\| |q|_{k+1,K}. \tag{4.1.49}$$

最后, 由 (4.1.36) 有

$$\operatorname{div}(\Pi_K q - q) = \frac{1}{J_K} \left(\operatorname{div}\left(\hat{\Pi}\hat{q} - \hat{q}\right)\right) \circ F_K^{-1}.$$

因此

$$\|\operatorname{div}(\Pi_K q - q)\|_{0,K} = |J_K|^{-\frac{1}{2}} \left\|\operatorname{div}\left(\hat{\Pi}\hat{q} - \hat{q}\right)\right\|_{0,\hat{K}}.$$

注意到

$$\mathrm{div}\hat{q} = J_K(\widehat{\mathrm{div}q}),$$

应用不等式 (4.1.48) 和 (4.1.40)($l = k+1$ 和 $\varphi = \mathrm{div}q$), 当 $q \in H^{k+1}(K)$ 可得

$$\|\mathrm{div}\,(\Pi_K q - q)\|_{0,K} \leqslant c_1 \|B_K\|^{k+1} |\mathrm{div}q|_{k+1,K}\,. \tag{4.1.50}$$

因为有

$$\|B_K\| \leqslant \frac{h_K}{\rho_K}, \quad \|B_K^{-1}\| \leqslant \frac{h_K}{\rho_K}. \tag{4.1.51}$$

从 (4.1.49) 和 (4.1.50) 可直接推出 (4.1.44).

4.1.4 误差估计

设 K_h 是一个关于区域 Ω 的三角形剖分, 三角形 K 的直径 $\leqslant h$, 现在引入空间

$$Q_h = \left\{q_h \in H(\mathrm{div};\Omega); \forall K \in K_h, q_{h_{|_K}} \in Q_K\right\}, \tag{4.1.52}$$

此处, 对任意的 $K \in K_h$, 空间 Q_K 在 (4.1.42) 中定义.

函数 $q_h \in Q_h$ 的自由度是容易确定的, 它能够被选定

(1) $q_h \cdot n_K$ 的值, 在三角形剖分 K_h 的每条边 K' 上 $(k+1)$ 个不同的点.

(2) 在每个三角形 $K \in K_h$ 上, q_h 的矩量阶 $\leqslant k-1$.

另一方面, 对任一 $q_h \in Q_h$ 和 $K \in K_h$, 有 $(\mathrm{div}q_h)\Big|_K \in P_k$, 因此对于空间 V_h 的一个自然选择是

$$V_h = \left\{v_h \in L^2(\Omega); \forall K \in K_h, v_{h_{|_K}} \in P_k\right\}. \tag{4.1.53}$$

因此条件 (4.1.15) 自动满足.

注意到函数 $v_h \in V_h$ 在相邻单元边界之间没有任何连续性.

现在, 依次应用定理 4.1.2, 这实质性证明带有一个不依赖于 h 的常数 α 的相容性条件 (4.1.16) 成立, 事实上, 我们期望指出, 对任一函数 $v_h \in V_h$, 存在一个函数 $q_h \in Q_h$ 使得

$$\mathrm{div}q_h = v_h, \quad 在\Omega上 \tag{4.1.54}$$

和

$$\|q_h\|_{H(\mathrm{div};\Omega)} \leqslant c\|v_h\|_{0,\Omega}\,. \tag{4.1.55}$$

此处常数 c 不依赖于 h, 为了此证明, 需要一些辅助性结果.

若 K 是剖分 K_h 的一个三角形, 用 $S_{k,\partial K}$ 空间表示全部定义在 ∂K 上的函数, 其在 K 的任一边 K' 上限定是多项式次数 $\leqslant k$.

引理 4.1.4 若给定函数 $v \in P_k$ 和 $\mu \in S_{k,\partial K}$ 使得

$$\int_K v\mathrm{d}x = \int_{\partial K} \mu\mathrm{d}s. \tag{4.1.56}$$

假定条件 (4.1.22)~(4.1.25) 成立, 则存在一个函数 $q \in Q_K$, 使得

$$\begin{cases} \mathrm{div}q = v, & \text{在}K\text{上}, \\ q \cdot n_K = \mu, & \text{在}\partial K\text{上} \end{cases} \tag{4.1.57}$$

和

$$\|q\|_{H(\mathrm{div};K)} \leqslant c\left(\|v\|_{0,K}^2 + \frac{h_K^2}{\rho_K}\|\mu\|_{0,\partial K}^2\right)^{\frac{1}{2}}, \tag{4.1.58}$$

此处常数 c 不依赖于 K.

证明 设 $\hat{v}_1 \in P_k$ 和 $\hat{\mu}_1 \in \hat{S}_K$ 使得

$$\int_{\hat{K}} \hat{v}_1\mathrm{d}\hat{x} = \int_{\partial\hat{K}} \hat{\mu}_1\mathrm{d}\hat{s}, \tag{4.1.59}$$

则 Neumann 问题

$$\begin{cases} \Delta\hat{w} = \hat{v}_1, & \text{在}\hat{K}\text{上}, \\ \dfrac{\partial\hat{w}}{\partial\hat{n}} = \hat{\mu}_1, & \text{在}\partial\hat{K}\text{上} \end{cases} \tag{4.1.60}$$

有一解 $\hat{w} \in H^1(\hat{K})$, 在差一个常数情况下是唯一的, 并且存在一个常数 $c_1 = c_1(\hat{K}) > 0$ 使得

$$|\hat{w}|_{1,\hat{K}} \leqslant c_1\left(\|\hat{v}_1\|_{0,\hat{K}}^2 + \|\mu_1\|_{0,\partial\hat{K}}^2\right)^{\frac{1}{2}}. \tag{4.1.61}$$

现在, 由引理 4.1.1, 存在唯一的函数 $\hat{q} \in \hat{Q}$, 使得

$$\begin{cases} \forall\hat{r} \in (P_{k-1})^2, & \displaystyle\int_{\hat{K}} (\hat{q} - \mathrm{grad}\hat{w}) \cdot \hat{r}\mathrm{d}\hat{x} = 0, \\ \hat{q} \cdot \hat{n} = \hat{\mu}_1, & \text{在}\partial\hat{K}\text{上}. \end{cases}$$

由 (4.1.60) 和 Green 公式, 推出

$$\begin{aligned} \forall\hat{\varphi} \in P_k, \int_{\hat{K}} \hat{\varphi}\mathrm{div}\hat{q}\mathrm{d}x &= -\int_{\hat{K}} \hat{q} \cdot \mathrm{grad}\hat{\varphi}\mathrm{d}\hat{x} + \int_{\partial\hat{K}} \hat{\varphi}\hat{q} \cdot \hat{n}\mathrm{d}\hat{s} \\ &= -\int_{\hat{K}} \mathrm{grad}\hat{w} \cdot \mathrm{grad}\hat{\varphi}\mathrm{d}\hat{x} + \int_{\partial\hat{K}} \hat{\varphi}\frac{\partial\hat{w}}{\partial\hat{n}}\mathrm{d}\hat{s} = \int_{\hat{K}} \hat{\varphi}\Delta\hat{w}\mathrm{d}\hat{x}. \end{aligned}$$

这样 $\mathrm{div}q$ 是关于 $\Delta\hat{w}$ 在 P_k 意义下在 $L^2(\hat{K})$ 中的正交投影, 因此, 可得

$$\begin{cases} \mathrm{div}\hat{q} = \hat{v}_1, & \text{在}\hat{K}\text{上}, \\ \hat{q} \cdot \hat{n} = \hat{\mu}_1, & \text{在}\partial\hat{K}\text{上}. \end{cases} \tag{4.1.62}$$

另一方面, 从 (4.1.61) 推出

$$\|\hat{q}\|_{0,\hat{K}} \leqslant c_2 \left\{ \|\hat{v}_1\|_{0,\hat{K}}^2 + \|\hat{\mu}_1\|_{0,\partial\hat{K}}^2 \right\}^{\frac{1}{2}}, \tag{4.1.63}$$

此处 $c_1 = c_1(\hat{K}) > 0$ 的常数.

现在, 设 $K \in K_h$, 关于函数 $v \in P_h$ 和 $\mu \in S_{k,\partial K}$ 使得 (4.1.56) 成立, 其相关联的函数 $\hat{v}_1 \in P_k$ 和 $\hat{\mu}_1 \in \hat{S}_k$ 定义如下:

$$\begin{cases} \forall\hat{\varphi} \in P_k, & \displaystyle\int_{\hat{K}} \hat{v}_1\hat{\varphi}\mathrm{d}\hat{x} = \int_K v\varphi\mathrm{d}x, \\ \forall\hat{\varphi} \in S_k, & \displaystyle\int_{\partial\hat{K}} \mu_1\hat{\varphi}\mathrm{d}\hat{s} = \int_{\partial K} \mu\varphi\mathrm{d}s. \end{cases} \tag{4.1.64}$$

显然, 有 (4.1.59), 且存在一个函数 $\hat{q} \in \hat{Q}$ 使得 (4.1.62) 和 (4.1.63) 成立, 其次由下式定义 $q \in Q_K$,

$$q = \frac{1}{J_K} B_K \hat{q} \circ F_K^{-1}, \tag{4.1.65}$$

这样, 由 (4.1.62) 和引理 4.1.2 可得 (4.1.57).

余下, 仅需指明估计式 (4.1.58), 从 (4.1.63) 和 (4.1.65) 可得

$$\|q\|_{0,K}^2 \leqslant c_2^2 \|B_K\|^2 |J_K|^{-1} \left(\|\hat{v}_1\|_{0,\hat{K}}^2 + \|\hat{\mu}_1\|_{0,\partial\hat{K}}^2 \right), \tag{4.1.66}$$

因为 $\hat{v}_1 = |J_K| v \circ F_K$, 可得

$$\|\hat{v}_1\|_{0,\ddot{K}}^2 = |J_K| \|v\|_{0,K}^2 . \tag{4.1.67}$$

另一方面, 若 $\hat{K}'$ 是 $\hat{K}$ 的一条边且 $K' = F_K(\hat{K}')$, 因为 $\hat{K}'$ 和 K' 的表面测度关系

$$\mathrm{meas}(K') \leqslant \left\|B_K^{-1}\right\| |J_K| \,\mathrm{meas}(\hat{K}').$$

可得

$$\|\hat{\mu}_1\|_{0,\hat{K}'}^2 \leqslant \left\|B_K^{-1}\right\| |J_K| \|\mu\|_{0,K'}^2 . \tag{4.1.68}$$

组合不等式 (4.1.66)~(4.1.68), 可得

$$\|q\|_{0,K}^2 \leqslant c_2^2 \|B_K\|^2 \left(\|v\|_{0,K}^2 + \left\|B_K^{-1}\right\| \|\mu\|_{0,\partial K}^2 \right). \tag{4.1.69}$$

因此, 从 (4.1.69) 和 (4.1.51) 估计式 (4.1.58) 被推出,

其次, 引入空间

$$M_h = \Bigg\{ \mu_h \in \prod_{K \in K_h} S_{k,\partial K} : \mu_h |_{\partial K_1} + \mu_h|_{\partial K_2} = 0,$$

$$\left.\text{在}K_1 \cap K_2\text{对相邻三角形}K_1, K_2 \in K_h\right\}. \tag{4.1.70}$$

考虑关于 $\bar{\Omega}$ 的一簇正则三角形剖分 $\{K_h\}$, 存在一个不依赖 h 的常数 $\sigma > 0$ 使得

$$\max_{K \in K_h} \frac{h_K}{\rho_K} \leqslant \sigma. \tag{4.1.71}$$

引理 4.1.5　若给出定义如 (4.1.53) 和 (4.1.70) 的空间 V_h 和 M_h. 在那里相关联于一簇正则的三角形剖分, 则对于任一函数 $v_h \in V_h$, 我们能有相关联的一函数 $\mu_h \in M_h$, 使得对任意的 $K \in K_h$,

$$\int_K v_h \mathrm{d}x = \int_{\partial K} \mu_h \mathrm{d}s, \tag{4.1.72}$$

和

$$\left(\sum_{K \in K_h} h_K \left\|\mu_h\right\|_{0,\partial K}^2\right)^{\frac{1}{2}} \leqslant c \left\|v_h\right\|_{0,\Omega}, \tag{4.1.73}$$

此处 $c > 0$ 是不依赖于 h 的常数.

证明　构造 μ_h 应用杂交有限元方法[9].

首先定义空间

$$X_h = \left\{\varphi_h \in L^2(\Omega) : \forall K \in K_h, \varphi_{h|_K} \in P_{k+2}\right\},$$

其范数

$$\|\varphi_h\|_{X_h} = \left\{\sum_{K \in K_h} \left(|\varphi_h|_{1,K}^2 + h_K^{-1} \|\varphi_h\|_{0,K}^2\right)\right\}^{\frac{1}{2}}.$$

其次, 取

$$a(\varphi_h, \psi_h) = \sum_{K \in K_h} \int_K \mathrm{grad}\varphi_h \cdot \mathrm{grad}\psi_h \mathrm{d}x, \quad \varphi_h, \psi_h \in X_h,$$

$$b(\varphi_h, \mu_h) = -\sum_{K \in K_h} \int_{\partial K} \varphi_h \mu_h \mathrm{d}s, \quad \varphi_h \in X_h, \mu_h \in M_h,$$

则存在唯一对函数 $\{\varphi_h, \mu_h\} \in X_h \times M_h$ 使得

$$\forall \psi_h \in X_h, a(\varphi_h, \psi_h) + b(\psi_h, \mu_h) = \int_\Omega v_h \psi_h \mathrm{d}x, \tag{4.1.74}$$

$$\forall \rho_h \in M_h, \quad b(\varphi_h, \rho_h) = 0. \tag{4.1.75}$$

在 (4.1.74) 中选定 $\psi_h = K \in K_h$ 的特征函数, 对任意的 $K \in K_h$ 可得 (4.1.72).

现在依次证明不等式 (4.1.73), 引入下述空间 X_h 的子空间:

$$Y_h = \{\psi_h \in X_h; \forall \rho_h \in M_h, b(\psi_h, \rho_h) = 0\}.$$

显然, 此函数有下述特征:

$$\forall \psi_h \in Y_h, \quad a(\varphi_h, \psi_h) = \int_\Omega v_h \psi_h \mathrm{d}x.$$

因此可得

$$a(\varphi_h, \varphi_h) \leqslant \|v_h\|_{0,\Omega} \|\varphi_h\|_{0,\Omega}.$$

由类似离散形式的 Poincare-Friedrichs 不等式可得

$$\forall \psi_h \in X_h, \quad \|\psi_h\|_{0,\Omega} \leqslant c_1 a(\psi_h, \psi_h)^{\frac{1}{2}}.$$

此处常数 c_1 不依赖于 h, 因此可得

$$a(\varphi_h, \varphi_h)^{\frac{1}{2}} \leqslant c_1 \|v\|_{0,\Omega}. \tag{4.1.76}$$

其次, 从 (4.1.74) 和 (4.1.76) 推出

$$b(\psi_h, \mu_h) \leqslant \left(\|\psi_h\|_{0,\Omega} + c_1 a(\psi_1, \psi_1)^{\frac{1}{2}}\right) \|v_h\|_{0,\Omega} \leqslant c_2 \|\psi_h\|_{X_h} \|v_h\|_{0,\Omega}. \tag{4.1.77}$$

此处 c_2 是一个不依赖于 h 的常数. 因此从 (4.1.77) 和下述不等式:

$$\left(\sum_{K \in K_h} h_K \|\mu_h\|_{0,\partial K}^2\right)^{\frac{1}{2}} \leqslant c_3 \sup_{\psi_h \in X_h} \frac{b(\psi_n, \mu_h)}{\|\psi_h\|_{X_h}}, \quad c_3 = c_3(\Omega)$$

可以推出不等式 (4.1.73).

定理 4.1.4 设给定空间 Q_h 和 V_h 由 (4.1.52) 和 (4.1.53) 所定义. 其相关联于一簇正则的三角形剖分. 特别假定条件 (4.1.22)~(4.1.25) 成立, 则对于任一函数 $v_h \in V_h$, 则有一个相关联的函数 $q_h \in Q_h$, 它满足条件 (4.1.54), (4.1.55), 在那里常数 c 不依赖于 h.

证明 设 v_h 是一个在 V_h 中的函数, 由引理 4.1.5, 构造函数 $\mu_h \in M_h$ 使得条件 (4.1.72) 和 (4.1.73) 成立.

其次, 应用引理 4.1.4, 存在一个函数 $q_h \in (L^2(\Omega))^2$, 使得对任意的 $K \in K_h$ 有

$$\begin{cases} q_{h|K} \in Q_K, \\ \mathrm{div}(q_{h|K}) = v_{h|K}, \\ (q_{h|K}) \cdot n_K = \mu_{h|K}. \end{cases}$$

因为 $\mu_h \in M_h$, 互反性条件 (4.1.19) 成立. 使得 $q_h \in Q_h$ 和 $\mathrm{div}q = v_h$ 在 Ω 上. 并且从 (4.1.58) 和 (4.1.71) 推得

$$\|q_h\|_{H(\mathrm{div};\Omega)}^2 \leqslant c^2 \left(\|v_h\|_{0,\Omega}^2 + \sigma \sum_{K\in K_h} h_K \|\mu_h\|_{0,\partial K}^2 \right). \tag{4.1.78}$$

组合不等式 (4.1.73) 和 (4.1.78), 可得不等式 (4.1.55).

本节主要结果为

定理 4.1.5 假定 $u \in H^{k+2}(\Omega)$ 和 $\Delta u \in H^{k+2}(\Omega)$ 对某一整数 $k \geqslant 0$. 设有按 (4.1.52), (4.1.53) 定义的空间 Q_h 和 V_h. 在那里相关联于一簇正则三角形剖分. 假定这附加条件 (4.1.21)~(4.1.25) 成立, 则问题 $\{P_h\}$ 有唯一解和存在不依赖于 h 的常数 c^* 使得

$$\|p - p_h\|_{H(\mathrm{div};\Omega)} + \|u - u_h\|_{0,\Omega} \leqslant c^* h^{k+1} \left(|u|_{k+1,\Omega} + |u|_{k+2,\Omega} + |\Delta u|_{k+1,\Omega} \right). \tag{4.1.79}$$

此处 c^* 是一不依赖于 h 的正常数.

证明 设 $v_h \in V_h$, 由前述定理, 有

$$\sup_{q_h\in Q_h} \frac{\int_\Omega v_h \mathrm{div} q_h \mathrm{d}x}{\|q_h\|_{H(\mathrm{div};\Omega)}} \geqslant \frac{1}{c} \|v_h\|_{0,\Omega}.$$

使得性质 (4.1.16) 成立, 此时 $\alpha = \dfrac{1}{c}$. 余下仅需要估计下述诸量:

$$\inf_{q_h\in Q_h} \|p - q_h\|_{H(\mathrm{div};\Omega)} \text{ 和 } \inf_{v_h\in V_h} \|u - v_h\|_{0,\Omega}.$$

另一方面, 应用定理 4.1.3, 定义 $\Pi_h p \in (L^2(\Omega))^2$, 由

$$\forall K \in K_h, \quad \Pi_h p|_K = \Pi_k(p|_K).$$

从 (4.1.43) 推得互反性条件 (4.1.19) 成立, 使得 $\Pi_h \in Q_h$. 其次, 从 (4.1.44) 和 (4.1.71) 推出下述估计式

$$\|p - \Pi_h p\|_{H(\mathrm{div};\Omega)} \leqslant c_1 h^{k+1} \left(|u|_{k+2,\Omega} + |\Delta u|_{k+1,\Omega} \right). \tag{4.1.80}$$

此处 c_1 是一不依赖于 h 的正常数.

另一方面, 直接应用文献 [9] 中的结果有

$$\inf_{v_h\in V_h} \|u - v_h\|_{0,\Omega} \leqslant c_2 h^{k+1} |u|_{k+1,\Omega}, \tag{4.1.81}$$

此处 c_2 为不依赖于 h 的正常数.

综合 (4.1.15), (4.1.80) 和 (4.1.81) 推出不等式 (4.1.79), 定理得证.

4.1.5 四边形混合元

简要地讨论四边形混合元, 为此引入与空间 $\hat{Q}$ 相关联的单位正方形 $\hat{K}=[0,1]^2$. 在 (ξ,η) 平面上, 给定两个整数 $k,\ l\geqslant 0$. 设用 $P_{k,l}$ 表示二个变量 ξ,η 的下述形式多项式:

$$P(\xi,\eta)=\sum_{i=0}^{k}\sum_{j=0}^{l}c_{ij}\xi^i\eta^j,\quad c_{ij}\in\mathbf{R}. \tag{4.1.82}$$

定义空间 $\hat{Q}$,

$$\hat{Q}=\{\hat{q}\in(\hat{q}_1,\hat{q}_2);\quad \hat{q}_1\in p_{k+1,k},\hat{q}_2\in P_{k,k+1}\}. \tag{4.1.83}$$

注意到, 对于 $\hat{q}\in\hat{Q}$, 有

(i) $\text{div}\hat{q}=\dfrac{\partial\hat{q}_1}{\partial\xi}+\dfrac{\partial\hat{q}_2}{\partial\eta}\in P_{k,k}$;

(ii) 限定 $\hat{q}\cdot\hat{n}$ 在 $\hat{K}$ 的每一条边 $\hat{K}'$ 上多项式次数 $\leqslant k$.

能够证明以下引理.

引理 4.1.6 函数 $\hat{q}\in\hat{Q}$ 是唯一确定的,

(a) $\hat{q}\cdot\hat{n}$ 在 $\hat{K}$ 的每一条边 $\hat{K}'$ 上 $(k+1)$ 个不同的点的值.

(b) 矩量

$$\int_{\hat{K}}\hat{q}_1\xi^i\eta^j\mathrm{d}\hat{x},\quad 0\leqslant i\leqslant k-1,\quad 0\leqslant j\leqslant k,$$

$$\int_{\hat{K}}\hat{q}_2\xi^i\eta^j\mathrm{d}\hat{x},\quad 0\leqslant i\leqslant k,\quad 0\leqslant j\leqslant k-1.$$

沿着与引理 4.1.1 同样的路线可证明引理 4.1.6.

作为例子, 考虑 $k=0$ 的情况, 函数 $\hat{q}\in\hat{Q}$ 是下述形式:

$$\begin{cases}\hat{q}_1=a_0+a_1\xi,\\ \hat{q}_2=b_0+b_1\eta.\end{cases} \tag{4.1.84}$$

引理 4.1.7 $\hat{q}$ 的自由度可选定 $\hat{q}_1\cdot\hat{n}$ 的值在正方形 $\hat{K}$ 的每一条边中点.

其次, 若 K 是 (x_1,x_2) 平面的平行四边形, 则存在一个可逆的仿射映射 $F_K:\hat{x}\to F_K(\hat{x})=B_K\hat{x}+b_K$, 使得 $K=F(\hat{K})$, 关于 K, 相关联的空间

$$Q_K=\left\{q:K\to\mathbf{R}^2;q=\frac{1}{J_K}B_K\hat{q}\circ F_K^{-1},\hat{q}\in\hat{Q}\right\}. \tag{4.1.85}$$

若 $q\in Q_K$ 是指 $\hat{q}\cdot n_K$ 在四边形 K 的每一条边上是一个次数 $\leqslant k$ 的多项式.

假定 K_h 是一个三角形剖分, 由它构成的平行四边形 K 其直径 $\leqslant h$, 取

$$Q_h=\left\{q_h\in H(\text{div};\Omega);\quad \forall K\in K_h,q_{h|_K}\in Q\right\}. \tag{4.1.86}$$

注意到, 对任一 $q_h \in Q_h$ 和任一 $K \in K_h$, 有

$$(\mathrm{div} q_h)|_K \circ F_K \in P_{k,k}.$$

这样取

$$V_h = \left\{ v_h \in L^2(\Omega); \forall K \in K_h, \quad V_{h|K} \circ F_K \in P_{k,k} \right\}. \tag{4.1.87}$$

应用前面 4.1.3 小节和 4.1.4 小节的技巧, 能类似地证明问题 $\{\mathrm{P}_h\}$ 有唯一解 $\{p_h, u_h\} \in Q_h \times V_h$, 且误差估计 (4.1.79) 成立.

4.2 二阶椭圆问题新的混合元格式

本节将讨论某些新的混合元方法. 这些元是类似于熟知的 Raviart-Thomas-Nedelec 元. 并且已证明它们以较低的计算代价具有同样的精确度[10,11]. 4.2.1 小节将回顾 R-T-N 元和新的混合元 (Brezzi-Douglas-Marial 元). 4.2.2 小节将指明其关于模型问题的应用. 4.2.3 小节将阐明已证明的理论分析. 并指明关于经典混合元几乎全部好的性质, 在这里都保留有效.

4.2.1 关于 R-T-N 元和 B-D-M 元的描述

考虑一个带有边 e_1, e_2 和 e_3 的三角形 T, 对于整数 $k \geqslant 0$, 设

$$P_k(T) = (\text{在}T\text{上次数} \leqslant k\text{的多项式}), \tag{4.2.1}$$

$$\overset{+}{P}_k(T) = (\text{矢量}v = (v_1, v_2), \text{ 此处}v_i \in P_k(T)), \tag{4.2.2}$$

$$\overset{+}{R}_k(T) = \overset{+}{P}_k(T) + xP_k(T). \tag{4.2.3}$$

此处 $x = (x_1, x_2)$, 注意到

$$\overset{+}{P}_k(T) \subset \overset{+}{R}_k(T) \subset \overset{+}{P}_{k+1}(T). \tag{4.2.4}$$

它对直接目的是去选定 $P_k(T)$ 的自由度是不重要的, 但在应用空间 $\overset{+}{P}_k(T)$ 和 $\overset{+}{R}_k(T)$ 它是方便的, 用 n 表示 ∂T 的外法向方向. 设 $\mathrm{rot}\varphi = (-\partial\varphi/\partial x_2, \partial\varphi/\partial x_1)$, T 的重心坐标用 $\lambda_i = \lambda_i(x)$ 表示, $i = 1, 2, 3$, 并置 $b_3(x) = \lambda_1(x)\lambda_2(x)\lambda_3(x)$.

引理 4.2.1 对于 $k \geqslant 0$, 在 $\overset{+}{R}_k(T)$ 中矢量 v 由下述自由度唯一确定:

$$\int_{e_i} v \cdot n p \mathrm{d}s, p \in P_k(e_i), \quad i = 1, 2, 3, \tag{4.2.5}$$

$$\int_T v \cdot p \mathrm{d}x, p \in \overset{+}{P}_{k-1}(T), \text{如果}k \geqslant 1. \tag{4.2.6}$$

引理 4.2.2 对 $k \geqslant 1$, 对 $\overset{+}{P}_k(T)$ 中任一向量 v, 由下述自由度唯一确定

$$\int_{e_i} v \cdot n p \mathrm{d}s, p \in P_k(e_i), \quad i = 1, 2, 3; \tag{4.2.7}$$

$$\int_T v \cdot \mathrm{grad} p \mathrm{d}x, \quad p \in P_{k-1}(T); \tag{4.2.8}$$

$$\int_T v \cdot \mathrm{rot}(p b_3(x)) \mathrm{d}x, \quad p \in P_{k-2}(T), \text{当} k \geqslant 2. \tag{4.2.9}$$

现在考虑一个矩形 Q, 其边 e_1, e_2, e_3, e_4 平行于坐标轴. 对 $k \geqslant 0$, 置

$$L_k(Q) = \left\{ \text{在}Q\text{上多项式对每一个变量次数} \leqslant k \right\}, \tag{4.2.10}$$

$$P_k(Q)\text{和}\overset{+}{P}_k(Q)\text{定义如同(4.2.1)和(4.2.2)}, \tag{4.2.11}$$

$$\overset{+}{R}_k(Q) = (L_k(Q) + x_1 L_k(Q)) \times (L_k(Q) + x_2 L_k(Q)), \tag{4.2.12}$$

$$\overset{+}{N}_k(Q) = \overset{+}{P}_k(Q) \oplus \left\{ \mathrm{rot}(x_1, x_2^{k+1}) \right\} \oplus \left\{ \mathrm{rot}(x_2, x_1^{k+1}) \right\}. \tag{4.2.13}$$

对 $L_k(Q)$ 自由度的选取在此阶段是不相关联的, 对 $\overset{+}{R}_k(Q)$ 和 $\overset{+}{N}_k(Q)$ 有下述参数优化:

引理 4.2.3 对于 $k \geqslant 0$, 在 $\overset{+}{R}_k(Q)$ 中任一矢量 v 被下述自由度唯一确定:

$$\int_{e_i} v \cdot n p \mathrm{d}s, \quad p \in P_k(e_i), i = 1, \cdots, 4, \tag{4.2.14}$$

$$\int_Q v \cdot p \mathrm{d}x, \quad p \in \left\{ L_k(Q)^2 \left| \frac{\partial^k p_1}{\partial x_1^k} = \frac{\partial^k p_2}{\partial x_2^k} = 0 \right. \right\}, \quad \text{当} k \geqslant 1. \tag{4.2.15}$$

引理 4.2.4 对 $k \geqslant 1$, 在 $\overset{+}{N}_k(Q)$ 中任一矢量 v 被下述自由度唯一确定:

$$\int_{e_i} v \cdot n p \mathrm{d}s, \quad p \in P_k(e_i), i = 1, \cdots, 4, \tag{4.2.16}$$

$$\int_Q v \cdot p \mathrm{d}x, \quad p \in \overset{+}{P}_{k-2}(Q), \text{当} k \geqslant 2. \tag{4.2.17}$$

设 J_h 是一给定区域 Ω 的三角形剖分 (通常假定是拟正则的). 考虑函数对 (φ, v), 此处 φ 是一个分片多项式函数和 v 是一个在 Ω 上的分片多项式向量函数. 提出下述两类选定:

Raviart-Thomas-Nedelec 空间对 $k \geqslant 0$ 对 (φ, v) 如下给出:

$$\varphi \in M_k^{-1}(J_h) := \left\{ \varphi \left| \varphi \in L^2(\Omega) \right., \varphi|_T \in P_k(T), T \in J_h \right\}, \tag{4.2.18a}$$

$$v \in \overset{+}{R}{}_k^0(J_h) := \left\{ v \,\middle|\, v \in (L^2(\Omega))^2, \mathrm{div} v \in L^2(\Omega), v|_T \in \overset{+}{R}_k(T), T \in J_h \right\}, \tag{4.2.18b}$$

Brezzi-Douglas-Marini 空间当 $k \geqslant 1$ 对 (φ, v) 是这样组成的:

$$\varphi \in M_{k-1}^{-1}(J_h), \tag{4.2.19a}$$

$$v \in \overset{+}{N}{}_k^0(J_h) := \left\{ v \,\middle|\, v \in (L^2(\Omega))^2, \mathrm{div} v \in L^2(\Omega), \quad v|_T \in \overset{+}{P}_k(T), T \in J_h \right\}. \tag{4.2.19b}$$

如果, 考虑对区域 Ω 剖分为平行坐标轴的四边形剖分 S_h, 对 Raviart-Thomas-Nedelec 空间当 $k \geqslant 0$ 时为

$$\varphi \in M_k^{-1}(S_h) := \left\{ \varphi \,\middle|\, \varphi \in L^2(\Omega), \quad \varphi|_Q \in L_k(Q), Q \in S_h \right\}, \tag{4.2.20a}$$

$$v \in \overset{+}{R}{}_k^0(S_h) := \left\{ v \,\middle|\, v \in (L^2(\Omega))^2, \mathrm{div} v \in L^2(\Omega), \quad v|_Q \in \overset{+}{R}_k(Q), Q \in S_h \right\}. \tag{4.2.20b}$$

Brezzi-Douglas-Marini 空间当 $k \geqslant 1$ 时为

$$\varphi \in M_{k-1}^{-1}(S_h) := \left\{ \varphi \,\middle|\, \varphi \in L^2(\Omega), \quad \varphi|_Q \in P_{k-1}(Q), Q \in S_h \right\}, \tag{4.2.21a}$$

$$v \in \overset{+}{N}{}_k^0(S_h) := \left\{ v \,\middle|\, v \in (L^2(\Omega))^2, \mathrm{div} v \in L^2(\Omega), \quad v|_Q \in \overset{+}{N}_k(Q), Q \in S_h \right\}. \tag{4.2.21b}$$

在全部情况, 注意到条件 $\mathrm{div} v \in L^2(\Omega)$ 是满足的, 当且仅当如果 $v \cdot n$ 穿越相邻边界是连续的.

容易检验, 对同样的 k 值 (在粗略意义下看到同样的精确度). 选取 (4.2.19) 和 (4.2.21) 隐含着较选取 (4.2.18) 和 (4.2.20) 对应的自由度为小, 事实上, 如果 N_s 是剖分的边数和 N_E 是单元数, 则有

$$\dim\big(M_k^{-1}(J_h)\big) \times \overset{+}{R}{}_k^0(J_h) = (k+1)N_s + \frac{1}{2}(3k^2+5k+2)N_E,$$

$$\dim\big(M_k^{-1}(J_h)\big) \times \overset{+}{N}{}_k^0(J_h) = (k+1)N_s + \frac{1}{2}(3k^2+k-2)N_E,$$

$$\dim\big(M_k^{-1}(S_h)\big) \times \overset{+}{R}{}_k^0(S_h) = (k+1)N_s + (3k^2+4k+1)N_E,$$

$$\dim\big(M_k^{-1}(S_h)\big) \times \overset{+}{N}{}_k^0(S_h) = (k+1)N_s + \frac{1}{2}(3k^2-k)N_E.$$

4.2.2 一个简单模型问题的应用

在这里应用空间 (4.2.18)~(4.2.21) 去逼近模型问题的解.

$$-\Delta\psi = f, \quad 在\Omega内, \tag{4.2.22}$$

$$\psi = 0, \quad 在\partial\Omega上, \tag{4.2.23}$$

对更一般带有变系数和非齐次边界条件的问题, 也是比较容易处理的.

混合元方法基本思路是写系统 (4.2.22)、(4.2.23) 为因子化形式:

$$u=\mathrm{grad}\psi,\quad 在\Omega内,\tag{4.2.24}$$

$$\psi=0,\quad 在\partial\Omega上,\tag{4.2.25}$$

$$-\mathrm{div}u=f,\quad 在\Omega内,\tag{4.2.26}$$

其变分形式寻求 $u\in H(\mathrm{div};\Omega)$ 和 $\psi\in L^2(\Omega)$ 使得

$$\int_\Omega u\cdot v\mathrm{d}x+\int_\Omega \psi\mathrm{div}v\mathrm{d}x=0,\quad \forall v\in H(\mathrm{div};\Omega),\tag{4.2.27}$$

$$\int_\Omega \varphi\mathrm{div}u\mathrm{d}x=-\int_\Omega f\varphi\mathrm{d}x=0,\quad \forall\varphi\in H^2(\Omega).\tag{4.2.28}$$

注意到 (4.2.27) 是从 (4.2,24) 和 (4.2.25) 导出, 在空间 (4.2.18)~(4.2.21) 离散问题 (4.2.27) 和 (4.2.28), 也就是寻求 $u_h\in U_h$ 和 $\psi_h\in\Psi_h$ 使得

$$\int_\Omega u_h\cdot v\mathrm{d}x+\int_\Omega \psi_h\mathrm{div}v\mathrm{d}x=0,\quad \forall v\in U_h,\tag{4.2.29}$$

$$\int_\Omega \varphi\mathrm{div}u_h\mathrm{d}x=-\int_\Omega f\varphi\mathrm{d}x,\quad \forall\varphi\in\Psi_h,\tag{4.2.30}$$

此处, 对三角形情况

$$U_h:=\overset{+}{R}{}_k^0(J_h),\quad \Psi_h:=M_{k-1}^{-1}(J_h)\quad (情况(4.2.18))\tag{4.2.31}$$

或

$$U_h:=\overset{+}{N}{}_k^0(J_h),\quad \Psi_h:=M_{k-1}^{-1}(J_h)\quad (情况(4.2.19));\tag{4.2.32}$$

对矩形情况

$$U_h:=\overset{+}{R}{}_k^0(S_h),\quad \Psi_h:=M_{k-1}^{-1}(S_h)\quad (情况(4.2.20))\tag{4.2.33}$$

或

$$U_h:=\overset{+}{N}{}_k^0(S_h),\quad \Psi_h:=M_{k-1}^{-1}(S_h)\quad (情况(4.2.21)).\tag{4.2.34}$$

4.2.3 渐近误差估计

全部选取的 (4.2.31)~(4.2.34), 它所具有的基本性质, 在作数值分析时较其他的非标准有限元法要容易, 用 P_h 表示到 Ψ_h 的 L^2 投影.

存在一个投影 $\Pi_h\in L\left(H(\mathrm{div};\Omega),U_h\right)$ 使得

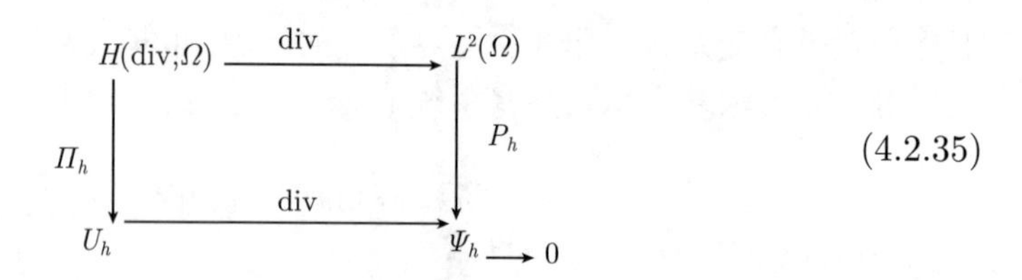

(4.2.35)

注意到(4.2.35)意味着对任意的 v 在 $H(\mathrm{div};\Omega)$ 中 $\mathrm{div}\Pi_h v = P_h \mathrm{div} v$ 和 $\mathrm{div}(U_h) = \Psi_h$. 在通常非退化剖分假定 (也就是对于 J_h 的最小角和对 S_h 的非扁平条件) 下,

$$\|\Pi_h\| \leqslant c, \quad 此处c不依赖于h. \tag{4.2.36}$$

应用 (4.2.35) 和 (4.2.36) 直接给出下述误差估计:

定理 4.2.1 设 (ψ, u) 和 (ψ_h, u_h) 是对应于 (4.2.27)~(4.2.28) 和 (4.2.29)~(4.2.30) 的解, 则

$$\|u - u_h\|_0 \leqslant c\,\|u - \Pi_h u\|_0\,, \tag{4.2.37}$$

$$\|\psi - \psi_h\|_0 \leqslant C\left\{\|\psi - P_h\psi\|_0 + h\,\|u - \Pi_h u\|_0 + h^{\min(2,k)}\,\|\mathrm{div}(u - \Pi_h u)\|_0\right\}. \tag{4.2.38}$$

此处及以后, c 是一个不依赖于 h 的常数, 和 $\|\cdot\|_0$ 表示 $L^2(\Omega)$ 模 (对于标量或向量).

它还能指出

$$\|u - \Pi_h u\|_0 \leqslant ch^{q+1}\,\|u\|_{q+1}\,, \quad 0 \leqslant q \leqslant k, \tag{4.2.39}$$

对全部情况 (4.2.31)~(4.2.34). 在另一方面, 它明显的有:

$$\|\psi - P_h\psi\|_0 \leqslant ch^{q+1}\,\|\psi\|_{q+1}\,, 当\begin{cases} 0 \leqslant q \leqslant k, & 对(4.2.31)和(4.2.33), \\ 0 \leqslant q \leqslant k-1, & 对(4.2.32)和(4.2.34). \end{cases} \tag{4.2.40}$$

组合 (4.2.37)~(4.2.40), 可得此型的误差估计 (对 $\psi \in H^{k+1}(\Omega)$).

$$\|u - u_h\|_0 \leqslant ch^{k+1}. \tag{4.2.41}$$

对全部这样选取 (4.2.31)~(4.2.34) 的情况, 和有

$$\|\psi - \psi_h\| \leqslant \begin{cases} ch^{k+1}, & 对(4.2.31)和(4.2.33), \\ ch^k, & 对(4.2.32)和(4.2.34). \end{cases} \tag{4.2.42}$$

因此, 首先看到, 对标量场 Ψ 这 Raviart-Thomas-Nedelec 空间 (4.2.31) 和 (4.2.33) 证明有较好的精确度比选定的 (4.2.32) 和 (4.2.34), 可是, 必须指出, 通常用混合元逼近问题 (4.2.27)~(4.2.28), 主要兴趣是逼近向量场 u. 能够看到从一个修正方法使得代数方程式计算较为简单, 用一个后处理程序得到对 ψ 较好的逼近.

对 (4.2.29)~(4.2.30) 让我们回到负模估计. 此处 $\|\cdot\|_{-s}$ 对 $s \geqslant 0$ 是 $(H^s(\Omega))'$ 模 (对标量和向量), 并假定 Ω 具有下述 $(s+2)$ 正则性:

对任一给定的 $g \in H^s(\Omega)$, 关于 $-\Delta\varphi = g$ 的唯一解 $\varphi \in H_0^1(\Omega)$ 满足

$$\|\varphi\|_{s+2} \leqslant c\,\|g\|_s\,. \tag{4.2.43}$$

定理 4.2.2 设 (ψ, u) 和 (ψ_h, u_h) 是 (4.2.29), (4.2.30) 的解, 则对于 (4.2.31) 或 (4.2.33) 有

$$\|\psi_h - P_h\psi\|_{-s} \leqslant Ch^{s+k+2}, \quad 0 \leqslant s \leqslant k, \tag{4.2.44}$$

$$\|u_h - u\|_{-s} \leqslant Ch^{s+k+1}, \quad 0 \leqslant s \leqslant k+1, \tag{4.2.45}$$

对于 (4.2.32) 或 (4.2.34) 有

$$\|\psi_h - P_h\psi\|_{-s} \leqslant Ch^{\min(s+k+2,2k)}, \tag{4.2.46}$$

$$\|u_h - u\|_{-s} \leqslant Ch^{\min(s+k+1,2k)}. \tag{4.2.47}$$

对于估计 (4.2.44) 和 (4.2.45) 的证明在文献 [10] 中给出, 对于估计 (4.2.46) 和 (4.2.47) 的证明在文献 [11] 中给出. 注意到 (4.2.44) 和 (4.2.46) 能够是超收敛的结果.

4.3 二维混合元交替方向迭代方法

本节讨论对二阶椭圆问题混合元方法的代数系统的交替方向迭代技巧, Brown 最早对二阶椭圆方程的混合元方法提出两类交替方向格式 [1], 即 Uzawa 格式和 Arrow-Hurwitz 格式. Arrow-Hurwitz 方法更为有效, 特别对于计算流场问题, 一个好的初始预测可以得到 (也就是在多孔介质中不可压缩流动的达西速度场) 较标量变量 (压力) 能更好, 更容易得到, 这是油藏数值模拟典型的情况.

4.3.1 引言

很多出现在物理和工程中的流动问题, 它相关联于解一个椭圆问题. 解此问题是十分重要的, 通常用混合元方法去逼近流场同时得到标量解. 用混合元方法产生的代数方程组是一个鞍点形式, 若用共轭梯度法处理不是很容易有效的. 对矩形混合元, 基于它能够提出交替方向迭代格式去处理此代数方程组, 因此本节就是讨论这些方法.

考虑 Dirichlet 问题

$$-\mathrm{div}(a(x)\mathrm{grad}u) = f, \quad x \in \Omega, \tag{4.3.1a}$$

$$u = -g, \quad x \in \partial\Omega, \tag{4.3.1b}$$

此处 Ω 是平面上的有界区域, $\partial\Omega$ 为其边界, 记

$$q = -a(x)\text{grad}u, \tag{4.3.2}$$

$$c(x) = a(x)^{-1}, \tag{4.3.3}$$

则 (4.3.1) 能够写为下述一阶椭圆方程组:

$$c(x)q + \text{grad}u = 0, \quad x \in \Omega, \tag{4.3.4a}$$

$$\text{div}q = f, \quad x \in \Omega, \tag{4.3.4b}$$

$$u = -g, \quad x \in \partial\Omega. \tag{4.3.4c}$$

记 $v = H(\text{div};\Omega) = \{q = (q_1, q_2); q_i \in L^2(\Omega), i = 1, 2; \text{div}q \in L^2(\Omega)\}$ 当 $W = L^2(\Omega)$, 则若 (4.3.4a) 乘以检验函数 v 和 (4.3.4b) 乘以 w, 则 (4.3.4) 的弱形式为下述混合元方法的鞍点变分问题. 也就是寻求 $\{q, u\} \in V \times W$, 满足

$$(q, v) - (\text{div}v, u) = \langle g, v \cdot n\rangle, \quad v \in V, \tag{4.3.5a}$$

$$(\text{div}q, w) = (f, w), \quad w \in W, \tag{4.3.5b}$$

此处 $(\cdot,\cdot)$ 表示 $L^2(\Omega)$ 中的内积, $\langle\cdot\,,\,\cdot\rangle$ 表示 $L^2(\partial\Omega)$ 中的内积, n 为沿 $\partial\Omega$ 的外法线向量.

为得到 (4.3.5) 的混合元逼近解, 选定 $V \times W$ 的子空间 $V_h \times W_h$. 因此逼近解 $\{q_h, u_h\}$ 满足下述格式, 求 $\{q_h, u_h\} \in V_h \times W_h$ 使得

$$(cq_h, v) - (\text{div}v, u_h) = \langle g, v \cdot n\rangle, \quad v \in V_h, \tag{4.3.6a}$$

$$(\text{div}q_h, w) = (f, w), \quad w \in W_h. \tag{4.3.6b}$$

这两类 $V_h \times W_h$ 空间将在下一小节讨论, 对于任一类选取, (4.3.6) 均可写成下述矩阵表示的代数方程组形式:

$$Aq + Bu = g, \tag{4.3.7a}$$

$$B^*q = f. \tag{4.3.7b}$$

此处 $q = (q_1, q_2)$ 表示由 q_h 的自由度组成的向量, 矩阵 A 是对称正定的. B 和 B^* 是非正方形矩阵, (4.3.7) 为一鞍点问题.

Uzawa 迭代技术是基于一个虚拟的抛物问题, 引入增加一个虚拟的对 u 的时间导数和对 u 的一个初始值. 考虑下述方程组:

$$Aq + Bu = g, \quad t_2 \geqslant 0, \tag{4.3.8a}$$

$$D_2\frac{\partial u}{\partial t_2}+B^*q=f, \quad t_2>0, \tag{4.3.8b}$$

$$u(0)=u^0, \tag{4.3.8c}$$

此处矩阵 D_2 可以有多种选择, 但它是对称、正定的, 方程 (4.3.8) 对应于一个下面形式的初边值问题:

$$d\frac{\partial u}{\partial t}-\mathrm{div}(a(x)\mathrm{grad}u)=f. \tag{4.3.9}$$

Arrow-Hurwitz 迭代技术基于一个虚拟的瞬态问题, 引入增加一个虚拟的对 q 关于时间的导数到 (4.3.7a) 和关于 u 的导数到 (4.3.7b), 它还须给定关于 u 和 q 的初始值, 事实上, 对于 Arrow-Hurwitz 方法的提出这些性质是重要的. 发展方程取下述形式:

$$D_1\frac{\partial q}{\partial t_1}+Aq+Bu=g, \quad t_1>0, \tag{4.3.10a}$$

$$D_2\frac{\partial u}{\partial t_2}+B^*q=f, \quad t_2>0, \tag{4.3.10b}$$

$$u(0,0)=u^0, \quad q(0,0)=q^0, \tag{4.3.10c}$$

此处 $q=q(t_1,t_2)$ 和 $u=u(t_1,t_2)$ 是期望当 t_1 和 t_2 独立的超于无穷, 收敛于 (4.3.7) 的解, 如果 t_1 和 t_2 一致, 则 (4.3.10) 是对应于一个阻尼波动方程.

熟知对应于在时间变量 $t_1=t_2$ 由 (4.3.8) 和 (4.3.10) 经差分离散的 Uzawa 和 Arrow-Hurwitz 算法在专著 [12] 中已有论述. 交替方向算法将在下一小节讨论. 它基于熟知的交替方向算法 —— 关于差分和 Galerkin 格式, 提出关于时间的隐式、局部一维差分算法. 对于 Uzawa 和 Arrow-Hurwitz 两类算法, 在对 t_2 的离散应用一个周期虚拟时间步, 而在 Arrow-Hurwitz 的情况, 对 t_1 离散应用一个固定时间步, 这样对于 (4.3.10a) 和 (4.3.10b) 时间离散需要两个时间变量.

本节的主要内容如下: 4.3.2 小节叙述合适的混合元空间, 4.3.3 小节为 Uzawa 型交替方向算法. 4.3.4 小节为 Arrow-Hurwitz 交替方向算法. 4.3.5 小节为数值实验初步结果.

4.3.2 在矩形上合适的混合元

设区域 Ω 被剖分为一系列矩形单元的组合, 它有成双的公共顶点和边, 两类混合元满足 Brezzi 准则[8] 被描述, 第一类是 Raviart-Thomas 的[5], 第二类是 Brezzi-Douglas-Marini 的[11].

设 $P_k(\mathbf{R})$ 表示限制在 $\mathbf{R}$ 上整体不超过 k 次多项式, $P_k(\mathbf{R})=p_k(\mathbf{R})\times p_k(\mathbf{R})$, $Q_{j,k}(\mathbf{R})$ 是张量积, 在 x_1 方向 j 次和 x_2 方向 k 次, 则在 $\mathbf{R}$ 上指数 $k\geqslant 0$ 的 Raviart-Thomas 空间由下式给出:

$$V_{k,RT}(\mathbf{R})=Q_{k+1,k}(\mathbf{R})\times Q_{k,k+1}(\mathbf{R}), \tag{4.3.11a}$$

$$W_{k,RT}(\mathbf{R}) = Q_{k,k}(\mathbf{R}), \tag{4.3.11b}$$

在 Ω 上指数为 k 的 Raviart-Thomas 空间由下式给出:

$$V_{k,RT} = \{v \in V; v|_R \in V_{k,RT}(\mathbf{R}), R \in \{\mathbf{R}\}\} \tag{4.3.12a}$$

$$W_{k,RT} = \{w, w|_R = W_{k,RT}(\mathbf{R}), R \in \{\mathbf{R}\}\}. \tag{4.3.12b}$$

这分片定义的向量函数属于 $H(\text{div};\Omega)$ 的条件等价于要求这向量的法线分量连续的通过 Ω 的内部边线. 这意味着, 当 Ω 自身为一矩形, 一个基于 $V_{k,RT}$ 第一个分量能够取为张量积关于 C^0 分片多项式在 x_1 方向 $k+1$ 次和在 x_2 方向 k 次不是分片连续的. 关于 $V_{k,RT}$ 第二个分量和 $W_{k,RT}$ 具有类似性质的张量积基. 容易看到方程 (4.3.8a) 可分裂为下述方程形式:

$$A_1 q_1 + B_1 u = g_1, \tag{4.3.13a}$$

$$A_2 q_2 + B_2 u = g_2, \tag{4.3.13b}$$

此处, 如果 q_1 参数和 q_2 参数依次分别对应于 x_1 方向和 x_2 方向. 矩阵 A_i 是块三对角和对称正定的 (关于 A_i 此性质对更一般的 Ω 同样成立). u 已知时, 可直接解出 q, 仅仅需要 $O(\dim q = \dim V_{k,RT})$ 次算术运算.

依次定义 Brezzi-Douglas-Marini 空间. 首先取 $\text{curl}\varphi = (-\partial\varphi/\partial x_2, -\partial\varphi/\partial x_1)$, 则当 $k \geqslant 1$ 和取

$$V_{k,\text{BDM}} = P_k(\mathbf{R}) \oplus \text{Span}\left\{\text{curl} x_1^{k+1} x_2, \text{curl} x_1 x_2^{k+1}\right\}, \tag{4.3.14a}$$

$$W_{k,\text{BDM}} = P_{k-1}(\mathbf{R}). \tag{4.3.14b}$$

类似于 (4.3.12) 定义整体空间, $k=1$ 的特殊情况 Arrow-Hurwitz 程序在 4.3.4 小节讨论, 对此情况空间分裂 (4.3.13) 不发生. 设

$$\text{RT}_k = V_{k,\text{RT}} \times W_{k,\text{RT}}; \text{BDM}_k = V_{k,\text{BDM}} \times W_{k,\text{BDM}}. \tag{4.3.15}$$

假定 Ω 的矩形剖分直径不超过 h 和每个矩形边的比率是有界的且远离于零, 则下述逼近性质是熟知的:

$$\|q - q_h\|_{L^2(\Omega)} \leqslant C(u) h^{k+1}. \tag{4.3.16}$$

对任一 RT_k, $k \geqslant 0$ 或 BDM_k, $k \geqslant 1$. 注意到这 $\dim(\text{BDM}_k)$ 是小于 $\dim(\text{RT}_k)$, 当 h 一致趋于零时.

4.3.3 在 RT_k 空间 Uzawa 型交替方向迭代方法

本节介绍 Brown 的结果, 特别是 $k=0$ 的情况, 全部理论结果论证类似于 $k \geqslant 1$ 的情况.

对于一个 Uzawa 型迭代计算是有效的. 它必须是方程 (4.3.8a) 在项 u 和 g 已知时, q 容易求解. 对于 RT_k 分裂式 (4.3.13) 不仅 Uzawa 迭代格式可用. 对于空间 BDM_k 的交替方向型的非 Uzawa 迭代程序更加实用.

设 $u^0 \in W_{k,\mathrm{RT}}$ 是任意选定的和由下述关系式确定 q^0(仅仅 q_2^0 需要初始迭代计算):

$$A_1 q_1^0 + B_1 u^0 = g_1, \tag{4.3.17a}$$

$$A_2 q_2^0 + B_2 u^0 = g_2, \tag{4.3.17b}$$

则通常步分裂为 x_1 扫描和 x_2 扫描如下:

$$A_1 q_1^{n+\frac{1}{2}} + B_1 u^{n+\frac{1}{2}} = g_1, \tag{4.3.18a}$$

$$D_2 \frac{u^{n+\frac{1}{2}} - u^n}{\tau_2^n} + C_1 q_1^{n+\frac{1}{2}} + C_2 q_2^n = f, \tag{4.3.18b}$$

$$A_2 q_2^{n+\frac{1}{2}} + B_2 u^{n+\frac{1}{2}} = g_2 \tag{4.3.18c}$$

和

$$A_2 q_2^{n+1} + B_2 u^{n+1} = g_2, \tag{4.3.19a}$$

$$D_2 \frac{u^{n+1} - u^{n+\frac{1}{2}}}{\tau_2^n} + C_1 q_1^{n+\frac{1}{2}} + C_2 q_2^{n+1} = f, \tag{4.3.19b}$$

$$A_1 q_1^{n+1} + B_1 u^{n+1} = g_1, \tag{4.3.19c}$$

注意到 $q_2^{n+\frac{1}{2}}$ 和 q_1^{n+1} 没有进入到发展方程, 它们不需要计算全部, 虽然这可能是一个好的思想, 去计算 q_1 和最后的 u 相容, 直至迭代结束.

选取 D_2 是任意的, Brown 数值实验指明这 $a(x)$ 一加权 Grammian 对 $S_{k,\mathrm{RT}}$ 空间是起作用的. 这种选取实际上是和过去 Peaceman 等学者关于差分方法的研究结果是一致的. 因此, 如果 $\{w_i\}$ 是空间 $W_{k,\mathrm{RT}}$ 的一个基. 记

$$(D_2)_{ij} = (a w_j, w_i). \tag{4.3.20}$$

注意到这个选择对 D_2 产生块对角矩阵, 此处 C_i 是块两对角具有独特的定向性. 因此 (4.3.18a) 和 (4.3.18b) 能够求解, 如同一个局部 x_1 方向系统和 (4.3.19a) 和 (4.3.19b) 是局部 x_2 方向系统. 自然, 一个完整的迭代步能够作出. 其数学运算数是多重的, 由 RT_k 的参数数目所确定.

Brown 的分析结果指明, 关于 (4.3.18) 和 (4.3.19) 的收敛性与熟知的差分方法及有限元法相比还是相当好的, 首先, 对任一对称正定的 D_2 和一个常数参数序列, $\tau_2^n = \tau_2 > 0$, 这迭代收敛、数值实验指明, 这不是一个关于 τ_2^n 的直观选择. 其次, 其

理论结果类似于 Pearcy[13], Douglas 和 Pearcy[14] 的结果成立. 如果 $0 < K_1 < K_2$, 则存在 N 使得

$$\left\|u_h^N - u_h\right\|_{L^2} + \left\|q_h^N - q_h\right\|_{L^2} \leqslant \frac{1}{2}\left[\left\|u_h^0 - u_h\right\|_{L^2} + \left\|q_h^0 - q_h\right\|_{L^2}\right]. \tag{4.3.21}$$

对任一虚拟时间步 τ_2^n 使得 $K_1 \leqslant \tau_2^1 \leqslant \tau_2^n \leqslant \cdots \leqslant \tau_2^N \leqslant K_2$. 其次, 限定 Ω 为矩形. 如果系数 $a(x)$ 是常数, 比如说等于 1, 则一个时间步周期能够被选定, 如同一个几何序列 $N = O(\log h^{-1})$ 使得 (4.3.21) 成立. 引入初始误差 (用 (4.3.21) 来度量) 用一个因子 ε, 随后 $O(\log\varepsilon^{-1}\log h^{-1})$ 迭代次数是必须要求的. 对于变系数的情况, 一个交替方向迭代对一个常系数算子能够运用预条件共轭梯度迭代法, 对于压缩误差因子 ε 经同样复杂的估计对二层迭代能够得到, 也就是不超过 $O(\log\varepsilon^{-1}\log h^{-1})$ 的迭代次数是需要的.

Brown 还做了一个数值实验, 研究一个略有差异的问题, 它是特殊的齐次 Neumann 问题. 在 Dirichlet 情况空间 $V_{k,\mathrm{RT}}$ 必须加强适当处理, 全部实验在 RT_0 空间进行, 这是最简单的 Raviart-Thomas 空间, 取 Ω 为单位正方形, 他考虑三种系数函数: $a(x) \equiv 1, a(x) = (1 + 20|x|^2)^{-1}$, 和 $a(x) = 1$ 或 0.1, 当 $x_1 < 0.5$ 或 $x_1 > 0.5$ 相对应, 两个空间一致网格被试验, 我们将限定这流动穿过外部边界为零.

首先考虑常系数问题, 在这里误差表示式的特征函数取下面形式:

$$(q_{pq}, u_{pg}) = \{(\sin\pi px\cos\pi qx, \cos\pi px\sin\pi qy), \cos\pi px, \cos\pi qy\}. \tag{4.3.22}$$

此压缩因子对 3 种系数相关联的特征函数的前 N 次迭代是相同的,

$$R_{pq} = R_p R_q = \prod_{n=1}^{N}\frac{1 - \tau_2^n\rho_p}{1 + \tau_2^n\rho_p}\cdot\prod_{n=1}^{N}\frac{1 - \tau_2^n\rho_q}{1 + \tau_2^n\rho_q}, \tag{4.3.23}$$

此处

$$\rho_p = \frac{2\sin^2\pi p\frac{h}{2}}{3 - 2\sin^2\pi p\frac{h}{2}}, \quad p = 0, \cdots, h^{-1} - 1 = M. \tag{4.3.24}$$

对于 Neumann 问题这零空间对应于一对 $p = q = 0$, 它是不适用的. 注意到

$$\frac{1}{6}\pi^2 h^2 = \rho_1 < \rho_p < \rho_M = 2, \quad 1 < p < M. \tag{4.3.25}$$

给定 N, 置 $\alpha = \frac{1}{6}\pi^2 h^2$ 和 $\beta = 2$, 取

$$\zeta = \left(\frac{\beta}{\alpha}\right)^{\frac{1}{N}}, \tau_2^n = \alpha^{-1}\zeta^{-n+\frac{1}{2}}, \quad n = 1, 2, \cdots, N. \tag{4.3.26}$$

对 $p \neq 0$, 则在乘积中每一项绝对值有界

$$\eta = \frac{1 - \left(\dfrac{\beta}{\alpha}\right)^{\frac{1}{2N}}}{1 + \left(\dfrac{\beta}{\alpha}\right)^{\frac{1}{2N}}}. \tag{4.3.27}$$

这样 $|R_p| < \eta$ 对 $p \neq 0$. 因此, 对 $p + q > 0$, $|R_{pq}| < \eta$. 这样在 $\{u_h q_h, \mathrm{div} q_h\}_N$ 中每个误差分量的 L^2 模是被一个因子 η 所压缩. 在每一周期, 在那里 $\tau_2^1, \cdots, \tau_2^N$ 为虚拟时间步. 一个更精细的估计能够被计算. 设

$$\sigma = \max_{\alpha \leqslant z \leqslant \beta} \prod_{n=1}^{N} \left[\frac{1 - \tau_2^n z}{1 + \tau_2^n z}\right]. \tag{4.3.28}$$

注意到, 如果 p 和 q 是正的, 则 $|R_{pq}| \leqslant \sigma^2$. 此处如果 $p = 0, |R_{pq}| = |R_q| \leqslant \sigma$. 因此在一个周期后, 这误差项当 p 和 q 是正时, 此时压缩性较 p 或 q 为零时更强. Brown 的数值实验指明一个快速的压缩在误差的每一个分量在第 1 个周期用 σ 限定, 在随后的周期给出的压缩因子几乎相同于 σ(对于 Dirichlet 边界条件 R_{pq} 有界于 σ^2, 这样误差压缩将加速两倍).

Brown 的一个数值实验的规律被直接应用到关于变系数问题 Uzawa 交替方向迭代步的选取. 记 $a_{\min}$ 和 $a_{\max}$ 表示对应于 $a(x)$ 的极小和极大,Brown 选取

$$\alpha = \frac{1}{6}\pi^2 h^2 a_{\min}, \quad b = 2a_{\max}. \tag{4.3.29}$$

他应用 τ_2^n 如同在 (4.3.26) 给出的和如同前面一样计算 σ. Brown 未作其他实验去分析交替方向迭代法, 去证明这误差压缩将是快速的如同 σ, 但他还发现关于 u_h, $q_{1,h}$, $q_{2,h}$ 和 $\mathrm{div} q_h$ 的收敛速度 σ 在一些情况被低估了. 事实上, 渐近速率在很多情况是快于 σ 的.

Brown 还实验了交替方向预估共轭梯度法程序. 显然, 它是收敛的. 但是, 它需要 3 到 5 倍甚至更多的时间, 如同直接应用交替方向算法对于变系数问题, 这两种方法比标准的共轭梯度法需要较小的工作量. 全部这些试验结果完全类似于多年前对椭圆差分方程交替方向法所做的.

4.3.4 Arrow-Hurwitz 交替方向格式

关于发展 Arrow-Hurwitz 交替方向算法有两个动力, 重要的一个是在混合元方法适用于通常较好的初始预测对于 q_h 较 u_h 能够得到, 事实上, 特别在多孔介质中不可压缩渗流驱动问题的数值模拟中, 在处理压力方程时, 达西速度的变化较压力场为慢. 这是一个很好的预示. 第二个动力来源于 BDM_k 空间, 它是经得起检验的其计算效率高于 Uzawa 方法.

对于 Arrow-Hurwitz 程序新的公式被提出, 和用两个算例给出 RT_0 和 BDM_1 空间处理 Laplace 方程齐次 Dirchlet 问题.

设 Ω 是单位正方形和假步长为 h 的一致矩形剖分网格.

设 $x_i = ih$, $y_i = jh$, 和 $R_{ij} = [x_i, x_{i+1}] \times [y_j, y_{i+1}] = I_i \times I_j$. 注意到定义在空间 V_h 和 W_h 对于 RT_0 的参数如下: $q_{1,h}(x_i, J_j) = \mu_{ij}$, $q_{1,h}(I_i, y_j) = \lambda_{ij}$, 和 $u_h(R_{ij}) = u_{ij}$, 则方程 (4.3.6a) 和 (4.3.13) 变为 (带有 $v_{ij} = 6h^{-1}u_{ij}$ 和边界值为零).

$$\mu_{i-1,j} + 4\mu_{ij} + \mu_{i+1,j} + v_{ij} - v_{i-1,j} = 0, \tag{4.3.30a}$$

$$\lambda_{i,j-1} + 4\lambda_{ij} + \lambda_{i,j+1} + v_{ij} - v_{i,j-1} = 0, \tag{4.3.30b}$$

此处 $i = 1, \cdots, N-1 = h^{-1}-1, j = 1, \cdots, N$, 和 $i = 1, \cdots, N, j = 1, \cdots, N-1$, 相对应, 在 (4.3.30a) 中, 当 $i = 0$ 时, 此方程修改为

$$2\mu_{0,j} + \mu_{1,j} + v_{1,j} = 0; \tag{4.3.31}$$

类似地修改在平面上对 $i = N$ 和 $j = 0$ 或 N. 关于偏微分方程的离散形式 (4.3.6b) 是

$$\mu_{i+1,j} - \mu_{ij} + \lambda_{i,j-1} - \lambda_{ij} = \varphi_{ij} = h \int_{R_{ij}} f \mathrm{d}x, \tag{4.3.32}$$

对 $i = 0, \cdots, N-1$ 和 $j = 0, \cdots, N-1$.

假定初始预测是 μ^0, λ^0 和 v^0, 则一个 Arrow-Hurwitz 交替方向迭代程序能定义如下. 设 (i 或 j 从 0 到 N)

$$S_1\mu_{ij} = \mu_{i-1,j} + 4\mu_{ij} + u_{i+1,j},$$

$$S_2\lambda_{ij} = \lambda_{i,j-1} + 4\lambda_{ij} + \lambda_{i,j+1},$$

则 x 扫描是

$$\frac{S_1\bar{\mu}_{ij}^{n+1} - S_1\mu_{ij}^n}{\tau_1} + S_1\bar{\mu}_{ij}^{n+1} + \bar{v}_{ij}^{n+1} - \bar{v}_{i-1,j}^{n+1} = 0, \tag{4.3.33a}$$

$$\frac{\bar{v}_{ij}^{n+1} - v_{ij}^n}{\tau_2^n} + \bar{\mu}_{i+1,j}^{n+1} - \bar{\mu}_{ij}^{n+1} + \lambda_{i,j+1}^n - \lambda_{ij}^n = \varphi_{ij}, \tag{4.3.33b}$$

y 扫描是

$$\frac{S_2\lambda_{ij}^{n+1} - S_2\lambda_y^n}{\tau_1} + S_2\lambda_{ij}^{n+1} + v_{ij}^{n+1} - v_{i,j-1}^{n+1} = 0, \tag{4.3.34a}$$

$$\frac{v_{ij}^{n+1} - \bar{v}_{ij}^{n+1}}{\tau_2^n} + \bar{\mu}_{i+1,j}^{n+1} - \bar{\mu}_{ij}^{n+1} + v_{i,j+1}^{n+1} - v_{ij}^{n+1} = \varphi_{ij}. \tag{4.3.34b}$$

注意到对 t_1 采用常数步长离散, 与此同时, 对 t_2 采用变步长离散, 两种选择性检验对完整的虚拟时间步:

$$\mu_{ij}^{n+1} = \bar{\mu}_{ij}^{n+1} \tag{4.3.35}$$

或

$$\frac{S_1\mu_{ij}^{n+1}-S_1\mu_{ij}^{n}}{\tau_1}+S_1\mu_{ij}^{n+1}+v_{ij}^{n+1}-v_{i-1,j}^{n+1}=0. \tag{4.3.36}$$

这第二种选择, 理解为对 μ 应用校正步, 导致更加接近对称误差传播, 它还产生一个快速迭代收敛, 这将在以后的数值实验中讨论. 对于由 (4.3.33) 和 (4.3.34) 给出的 Arrow-Hurwitz 方法 Brown 没有给出一个特别完整的数值分析. 下面给出一个特殊的分析, 为了记号方便, 假设 $\varphi=0$ 和 μ^n, λ^n 和 v^n 表示第 n 步迭代误差. 特征函数能够取下述形式 (对 p 和 q 从 1 到 $N=h^{-1}$).

$$\mu_{ij}^n=M^n\cos\pi px_i\sin\pi qy_{j+1/2}, \tag{4.3.37a}$$

$$\lambda_{ij}^n=L^n\sin\pi px_{i+1/2}\cos\pi qy_j, \tag{4.3.37b}$$

$$v_{ij}^n=V^n\sin\pi px_{i+1/2}\sin\pi qy_{j+1/2}, \tag{4.3.37c}$$

此处 $M^n=M_{pq}^n$, 等等, 从一个简单的计算推出

$$\begin{aligned}V^{n+1}=&\frac{1-\tau_2^n\rho_p}{1+\tau_2^n\rho_p}\frac{1}{1+\tau_2^n\rho_q}V^n+\frac{4\tau_2^n\sin\pi ph/2}{(1+\tau_1)+(1+\tau_2^n\rho_p)(1+\tau_2^n\rho_q)}M^n\\&+\frac{2\tau_2^n\sin\pi qh/2}{(1+\tau_2^n\rho_q)}\left(\frac{1}{1+\tau_1}+\frac{1-\tau_2^n\rho_p}{1+\tau_2^n\rho_p}\right)L^n\\=&\frac{1-\tau_2^n\rho_p}{1+\tau_2^n\rho_p}\frac{1-\tau_2^n\rho_q}{1+\tau_2^n\rho_q}V^n+\frac{4\tau_2^n\sin\pi ph/2}{(1+\tau_1)(1+\tau_2^n\rho_p)(1+\tau_2^n\rho_q)}M^n\\&+\frac{2\tau_2^n\sin\pi qh/2}{(1+\tau_1)(1+\tau_2^n\rho_q)}\left\{\frac{1-\tau_2^n\rho_p}{1+\tau_2^n\rho_p}L^{n-1}+L^n\right\},\end{aligned} \tag{4.3.38}$$

此处

$$\rho_p=\rho_p(\tau_1)=\frac{\tau_1}{1+\tau_1}\frac{2\sin^2\pi ph/2}{3-2\sin^2\pi ph/2}. \tag{4.3.39}$$

如果 (4.3.36) 被利用去确定 μ^{n+1}, 则

$$M^{n+1}=\frac{1}{1+\tau_1}M^n-\frac{\rho_p}{2\sin\pi ph/2}V^{n+1}, \tag{4.3.40a}$$

$$L^{n+1}=\frac{1}{1+\tau_1}L^n-\frac{\rho_q}{2\sin\pi qh/2}V^{n+1}, \tag{4.3.40b}$$

系数 M^n, L^n 和 L^{n-1} 能够保持有界, 用一个不依赖于 h 和 τ_2^n 的常数限定, 其要求

$$\tau_1\sin\pi h/2\geqslant \text{常数}. \tag{4.3.41}$$

因为 Arrow-Hurwitz 程序是企图去处理当 M^0, L^0 和 V^0 相比较小的情况, 步长 τ_2^n 能够选定如同 Uzawa 程序那样的一定公式, 特别地, 能够认定如同乘积 (4.3.23) 那样不依赖于 τ_1, 取

$$\tau_3=\frac{\tau_1}{1+\tau_1},\quad \xi_p=\frac{2\sin^2\pi ph/2}{3-2\sin^2\pi ph/2}, \tag{4.3.42}$$

考虑

$$R_p=\prod_{n=1}^{N}\frac{1-\tau_3\tau_2^n\xi_p}{1+\tau_3\tau_2^n\xi_p}=\prod_{n=1}^{N}\frac{1-\tau_2^n\rho_p(\tau_1)}{1+\tau_2^n\rho_p(\tau_1)}. \tag{4.3.43}$$

选取

$$\bar{\xi}_k=\xi_1 q^{k-1},\quad \bar{\xi}_N=\xi_N,\quad \tau_3\tau_2^n=\frac{1}{\xi_k}. \tag{4.3.44}$$

在一个周期给出压缩因子 R_p, 其不依赖于 τ_1 和 (4.3.27) 等价.

BDM_1 空间包含 RT_0 空间. 事实上, 通过添加对应的向量构成一个局部基

$$X^2=\begin{bmatrix}2(1-|x|)(y-1/2)\\ \dfrac{x}{|x|}(y-1)\end{bmatrix},\quad -1\leqslant x\leqslant 1, 0\leqslant y\leqslant 1,$$

$$Y^2=\begin{bmatrix}\dfrac{y}{|y|}x(x-1)\\ 2(1-|y|)(x-1/2)\end{bmatrix},\quad 0\leqslant x\leqslant 1, -1\leqslant y\leqslant 1.$$

对于空间 $V_{0,\mathrm{RT}}$, 这个向量 X^2 是基本元在两个正方形 $[-1,0]\times[0,1]$ 和 $[0,1]\times[0,1]$ 上, 其参数是 $\partial q_1/\partial y(0,1/2)$.

设 $\eta_{ij}=\partial q_{1,h}/\partial y(x_i,y_{j+1/2})$ 和 $v_{ij}=\partial q_{2,h}/\partial x(x_{i+1/2},y_j)$, 则对于在区域 Ω 上 Laplace 方程齐次 Dirichlet 问题的 BDM_1 方程组能够写为下述形式:

$$S_1\mu_{ij}+\frac{1}{2}\left(v_{i,j+1}-v_{ij}+v_{i-1,j+1}-v_{i-1,j}\right)+v_{ij}-v_{i-1,j}=0, \tag{4.3.45a}$$

$$4\eta_{i-,j}+52\eta_{ij}+4\eta_{i+1,j}-15\left(\lambda_{ij}+\lambda_{i,j+1}-\lambda_{i-1,j}-\lambda_{i-1,j+1}\right)=0,, \tag{4.3.45b}$$

$$S_2\lambda_{ij}+\frac{1}{2}\left(\eta_{i+1,j}-\eta_{i+1,j-1}-\eta_{ij}-\eta_{i,j-1}\right)+v_{ij}-v_{i,j-1}=0,, \tag{4.3.45c}$$

$$4v_{i,j-1}+52v_{ij}+4v_{i,j+1}-15\left(\mu_{ij}+\mu_{i+1,j}-\mu_{i,j-1}-\mu_{i-1,j-1}\right)=0,, \tag{4.3.45d}$$

$$\mu_{i+1,j}-\mu_{ij}+\lambda_{i,j+1}-\lambda_{ij}=\varphi_{ij}. \tag{4.3.45e}$$

注意到 $q_{1,h}(x_i,y_{j+1/2})$ 基函数和 $\partial q_{2,h}/\partial x(x_{i+1/2},y_j)$ 基函数相互的作用, 对 $k=0$ 或 1 的情况, 自然 (4.3.45a) 失去它的严格 x 方向. 类似地, (4.3.45b)~(4.3.45d) 也没有严格的方向, 因此一个 Uzawa 交替方向计算不是简单地解一个虚拟时间层, 导致需要引入一个 Arrow-Hurwitz 方法.

在 (4.3.10a) 中选定矩阵 D_1, 对这系数 v_{ij} 和 η_{ij} 到 μ_{ij} 和 λ_{ij} 能够指明取相应的尺寸. 从 (4.3.45b) 和 (4.3.45d) 清楚的看到. 这 v_{ij} 是 $O(h)$ 阶, 并小于 λ_{ij}, 和 η_{ij} 小于 μ_{ij}, 这是自然的, 如同这 BDM_1 空间具有二阶精确度, 通过添加附加基函数去逼近 q, 从一个实用的观点看, 它很可能具有比 u_h 更好的初始值 q_h, 但不能证

明对 v 和 η 一个特别好的估计. 因此, 关于 μ 和 λ 的虚拟时间导数被引入, 则一个 Arrow-Hurwitz 交替方向算法对 (4.3.45) 由下述公式引出, 设

$$T_1 v_{i-1/2,j+1/2} = \frac{1}{2}\left(v_{i,j+1} - v_{ij} + v_{i-1,j+1} - v_{i-1,j}\right),$$

$$T_2 \eta_{i+1/2,j-1/2} = \frac{1}{2}\left(\eta_{i+1,j} + \eta_{i+1,j-1} - \eta_{ij} - \eta_{i,j-1}\right),$$

则在 x 扫描考虑解此方程

$$\frac{S_1\bar{\mu}_{ij}^{n+1} - S_1\mu_{ij}^n}{\tau_1} + S_1, \bar{\mu}_{ij}^{n+1} + T_1 v_{i-1/2,j+1/2}^n + \bar{v}_{ij}^{n+1} - \bar{v}_{i-1,j}^{n+1} = 0, \tag{4.3.46a}$$

$$\frac{\bar{v}_{ij}^{n+1} - v_{ij}^n}{\tau_2^n} + \bar{\mu}_{i+1,j}^{n+1} - \bar{\mu}_{ij}^{n+1} + \lambda_{i,j+1}^n - \lambda_{i,j}^n = \varphi_{ij}. \tag{4.3.46b}$$

随后解此方程

$$4v_{j-1}^{n+1} + 52v_{ij}^{n+1} + 4v_{i+1,j+1}^{n+1} - 30T_1\bar{\mu}_{i+1/2,j-1/2}^{n+1} = 0. \tag{4.3.46c}$$

在 y 扫描解此方程

$$\frac{S_2\lambda_{ij}^{n+1} - S_2\lambda_{ij}^n}{\tau_1} + S_2\lambda_{ij}^{n+1} + T_2\eta_{i+1/2,j-1/2}^n + v_{ij}^{n+1} - v_{i,j-1}^{n+1} = 0, \tag{4.3.47a}$$

$$\frac{v_{ij}^{n+1} - \bar{v}_{ij}^{n+1}}{\tau_2^n} + \bar{\mu}_{i+1,j}^{n+1} - \bar{\mu}_{ij}^{n+1} + \lambda_{i,i+1}^{n+1} - \lambda_{ij}^{n+1} = \varphi_{ij}. \tag{4.3.47b}$$

随后

$$4\eta_{i-1,j}^{n+1} + 52\eta_{ij}^{n+1} + 4\eta_{i-1,j}^{n+1} - 30T_2\lambda_{i-1/2,j+1/2}^{n+1} = 0. \tag{4.3.47c}$$

必须选定 μ^{n+1}, 类似于 (4.3.36) 的关系式

$$\frac{S_1\mu_{ij}^{n+1} - S_1\mu_{ij}^n}{\tau_1} + S_1\mu_{ij}^{n+1} + T_1 v_{i-1/2,j+1/2}^{n+1} + v_{ij}^{n+1} - v_{i-1,j}^{n+1} = 0. \tag{4.3.48}$$

基于下一小节的数值试验, 亦可取 $\mu^{n+1} = \bar{\mu}^{n+1}$.

对于 (4.3.46)~(4.3.48) 的稳定性分析, 对 RT_0 空间, 如同上面同样的方法, 它必须引入

$$v_{ij}^n = N^n \cos \pi p x_i \cos \pi q y_{j+1/2}, \tag{4.3.49a}$$

$$\eta_{ij}^n = M^n \cos \pi p x_{i+1/2} \cos \pi q y_j, \tag{4.3.49b}$$

加上 (4.3.37) 的项, 对这系统定义特征函数, 对应于 (4.3.38) 的关系式, 自然将更加复杂. 但是在 V^{n+1} 的表达式中这 V^n 的系数这剩下的标准交替方向因子 ρ_p 仍由 (4.3.39) 给出, 自然, 对此迭代程序同样选定 τ_1 和 τ_2^n 如同在 RT_0 空间.

4.3.5　数值实验的初步结果

本段将叙述数值实验的结果, 这里指出的 Arrow-Hurwitz 交替方向迭代数值试验是试验性的. 虽然, 它们是十分有效的, 在此试验问题中这迭代次数要求产生一个等价的误差压缩, 对于 Arrow-Hurwitz 程序较 Uzawa 方案为小.

这里有 5 个算例被处理, 取齐次条件和不同的初始值 (也就是在迭代中第 n 次迭代误差). 企图检验逼近性质 ——Arrow-Hurwitz 方案比 Uzawa 方案更为有效, 如果这初始误差 q_h 较 u_h 为小、但仅仅例 4.3.4 具有初始误差关于 q_h 和 u_h 的比较, 这些例子如下:

例 4.3.1

$$u_h^0 \equiv 1, q_h^0 \equiv 0. \tag{4.3.50a}$$

例 4.3.2

$$u_{h,ij}^0 = (-1)^{i+j}, q_h^0 \equiv 0. \tag{4.3.50b}$$

例 4.3.3

$$u_h^0 = \sin \pi x \sin \pi y, q_h^0 \equiv 0. \tag{4.3.50c}$$

例 4.3.4

$$u_h^0 = \sin \pi x \sin \pi y, q_h^0 = -\mathrm{grad} u_h^0. \tag{4.3.50d}$$

例 4.3.5

$$u_h^0 = \begin{cases} 1, & \max(x,y) > 0.5, \\ -1, & \max(x,y) \leqslant 0.5. \end{cases} \tag{4.3.50e}$$

$$\mu^0 = q_{h,1}^0 = \begin{cases} 0.5, 0.4 < x < 0.6, & y < 0.6, \\ 0, & \text{其他}, \end{cases}$$

$$\lambda^0 = q_{h,2}^0 = \begin{cases} 0.5, & x < 0.6, 0.4 < y < 0.6, \\ 0, & \text{其他}. \end{cases} \tag{4.3.50f}$$

对于 Arrow-Hurwitz 交替方向迭代数值实验, 对 h 的各种选取和两种 RT_0 和 BDM_1 空间, 这迭代次数要在下述范数意义下求得到一个固定的缩减:

$$\left[\|u_h\|_{L^2}^2 + \|q_h\|_{L^2}^2\right]^{\frac{1}{2}}. \tag{4.3.51}$$

注意到当 τ_1 足够大 $\left(\tau_1 \geqslant (\sin \pi h/2)^{-1}\right)$, 它实质上是不依赖于 τ_1 的. 这和前面的选择 (4.3.41) 是一致的. 这迭代数的要求还有一些小的差异被注意到, 这是因为 μ^{n+1} 是选取 $\mu^{n+1} = \bar{\mu}^{n+1}$, 还有校正关系式 (4.3.36) 或 (4.3.48) 引起的.

下面表格是数值实验的结果. 设 $h=1/20$, 这周期长度 $N=7$ 和 τ_1=50, 则此迭代要求由 (4.3.51) 引入的范数意义下的 10^{-3} 缩减, 这次数从 (4.3.50a)~(4.3.50b) 得到, 现列表如下:

例	1	2	3	4	5	和
Uzawa RT_0	13	20	19	19	13	84
A-H RT_0	9	7	9	9	9	43
A-H BDM_1(校正)	10	7	10	9	11	47
A-H $\mathrm{BDM}_1(\mu^{u+1}=\bar{\mu}^{n+1})$	8	7	8	9	12	44

虚拟步长由 (4.3.44) 确定, $\tau_1=\infty$ 对应于 Uzawa 迭代.

Arrow-Hurwitz 程序执行效果好于 Uzawa 方案, 基于 Brown 的数值试验显示, 相对于标准的共轭梯度法, 它有着非常重要的价值. 其性能特别是步长 τ_2^n 的选取类似于 Uzawa 迭代. 关于 Arrour-Hurwitz 程序处理在 BDM_1 空间是非常好的, 它和最简单的 RT_0 空间有同一迭代次数. 因为 BDM_1 空间逼近 q 被证明对 h 有二阶精确度. 这对 q 的精确逼近是十分有效的, 特别指明应用 BDM_1 空间较应用 RT_0 空间在使用 Arrow-Hurwitz 交替方向迭代所需要的花费比较小.

4.4 三维混合元交替方向迭代方法

本节提出两类交替方向迭代方法, 去处理三维二阶椭圆问题的混合元方法所出现的线性代数方程组, 一个是基于 Uzawa 技术用迭代法去解鞍点问题, 和另一个是用 Arrow-Hurwitz 方法去解鞍点问题, 对 Uzawa 方法在一个特殊情况下被数值分析, 一些初步数值计算结果被最后叙述.

4.4.1 引言

我们研究由于应用混合元方法逼近 Dirchlet 问题出现的线性代数方程组的解

$$-\mathrm{div}(a(x)\mathrm{grad}u)=f,\quad x\in\Omega,\tag{4.4.1a}$$

$$u=-g,\quad x\in\partial\Omega,\tag{4.4.1b}$$

此处 Ω 是三维空间 $\mathbf{R}^3$ 的有界区域, 设

$$q=-a(x)\mathrm{grad}u,\quad c(x)=a(x)^{-1}.\tag{4.4.2}$$

则 (4.4.1a) 能写为下述形式:

$$cq+\mathrm{grad}u=0,\tag{4.4.3a}$$

$$\mathrm{div}q=f.\tag{4.4.3b}$$

设 $V=H(\mathrm{div};\Omega)=\{v\in L^2(\Omega)^3;\mathrm{div}v\in L^2(\Omega)\}$ 和 $W=L^2(\Omega)$, 则应用混合元方法逼近 (4.4.1) 的弱形式, 对 (4.4.3a) 乘以 v 和 (4.4.3b) 乘以 w 作内积和寻求解 $\{q,u\}\in V\times W$:

$$(cq,v)-(\mathrm{div}v,u)=\langle g,v\cdot n\rangle,\quad v\in V,\tag{4.4.4a}$$

$$(\mathrm{div}q,w)=(f,w),\quad w\in W,\tag{4.4.4b}$$

此处 $(\cdot,\cdot)$ 表示内积在 $L^2(\Omega)^3$ 和 $\langle\cdot,\cdot\rangle$ 是在 $L^2(\partial\Omega)$.

关于 (4.4.4) 的混合元逼近解 $\{q_h,u_h\}$ 是寻求在一个选定空间 $V_h\times W_h\subset V\times W$, 其满足

$$(cq_h,v)-(\mathrm{div}v,u_h)=\langle g,v\cdot n\rangle,\quad v\in V_h,\tag{4.4.5a}$$

$$(\mathrm{div}q_h,w)=(f,w),\quad w\in W_h.\tag{4.4.5b}$$

这 (4.4.5) 产生的代数方程组取下述形式:

$$Aq-Bu=g,\tag{4.4.6a}$$

$$B^*q=f,\tag{4.4.6b}$$

此处 q 是关于 q_h 自由度的向量, A 是对称正定矩阵. $c(x)$-加权 L^2 投影到 V_h 产生. 和长方形矩阵 $-B$ 和 B^* 对应于离散梯度和离散算子所构成, 方程 (4.4.6) 是正–半定的和对应于鞍点问题 (4.4.4). 在这里处理三维问题, 若用直接消去法解 (4.4.6), 经过试验, 其花费是很高的, 而共轭梯度迭代法也进行过试验, 效果稍好一些, 较直接消去法降低了花费.

本节对于 (4.4.6) 讨论一个交替方向迭代程序, 当 $V_h\times W_h$ 是一个指数为 k 的 Raviart-Thomas 空间. 剖分区域 Ω 为一簇长方体 (正方面体) 构成的一个张量–乘积网格. 这 Raviart-Thomas 空间构造如下: $J_h=\{R\}$, 此处直径 $(R)\leqslant h$ 和任意二边的比率是有界的 (这第二个条件支配着逼近误差, 它比代数问题更为重要). 注意到 Q_{ijk} 这张量积关于多项式对于 x,y 和 z 的次数不超过 i,j,k. 设 $R\in J_h$ 和定义指数为 k 的 Raviart-Thomas 空间在 R 上是:

$$RT(k,R)=V(k,R)\times W(k,R)=[Q_{k+1,k,k}\times Q_{k,k+1,k}\times Q_{k,k,k+1}]\times Q_{k,k,k},\tag{4.4.7}$$

则设

$$V_h=V(k,J_h)=\{v\in V:v|_R\in V(k,R),R\in J_h\},\tag{4.4.8a}$$

$$W_h=W(k,J_h)=\{w\in W:w|_R\in W(k,R),R\in J_h\},\tag{4.4.8b}$$

$$RJ_h=RT(k,J_h)=V_h\times W_h.\tag{4.4.8c}$$

对于用混合元处理二维问题所出现的代数方程组, 两类交替方向迭代技术已在上节讨论过. 对于鞍点问题 Brown 引入一个 Uzawa 交替方向迭代程序, 这交替

方法基于一个由时间变量引入虚拟抛物问题的隐式离散, 稍后 Douglas,Pietra 等对鞍点问题提出 Arrow-Hurwitz 交替方向迭代程序, 对于 Raviart-Thomas 空间和 Brezzi-Douglas-Marini 空间. 提出对三维问题的类似技术, 本节我们仅讨论 Rariart-Thomas 空间[15,16].

4.4.2 一个 Uzawa 交替方向方法

对方程 (4.4.6b) 引入关于 U 的虚拟时间导数后, 考虑抛物问题:

$$Aq - BU = g, \tag{4.4.9a}$$

$$D\frac{\partial U}{\partial t} + B^* q = f, \tag{4.4.9b}$$

此处 D 是对称正定的, 引入 U 的初始值:

$$U(0) = U^0. \tag{4.4.9c}$$

系统 (4.4.9) 表示为抛物混合元方法对于下述初边值问题:

$$\mathrm{d}\frac{\partial u}{\partial t} - \mathrm{div}(a \ \mathrm{grad}\ u) = f, \quad x \in \Omega, \quad t > 0, \tag{4.4.10a}$$

$$u = g, \quad x \in \partial\Omega, \quad t > 0, \tag{4.4.10b}$$

$$u = u^0, x \in \Omega, \quad t > 0, \tag{4.4.10c}$$

此处 $d(x)$ 是一个适当选定的加权和 u^0 是关于稳态问题 (4.4.1) 的解的初始值预测.

因为 V_h 的自然基由一个非零分量向量函数组成, 方程 (4.4.6a) 分裂为下述形式的三个集合:

$$A_i q_i - B_i U = g_i, \quad i = 1, 2, 3, \tag{4.4.11a}$$

此处, A_i 是块三对角, B_i 是块二对角, 当参数 q_i 依次被确定在 x_i 方向时, (4.4.6b) 有下述形式:

$$B_1^* q_1 + B_2^* q_2 + B_3^* q_3 = f. \tag{4.4.11b}$$

如果一个 Uzawa 型方法计算有效, 则此分裂是必需的. 如果此分裂可用, 同样 Arrow-Hurwitz 程序将是有效的.

离散虚拟时间变量基于一个交替方向方法 (Douglas 于 1962 年提出) 首先引入联系于在三维变量抛物型方程的差分方法, 它对于标准的 Crank-Nicoson 时间离散增加一个摄动项和是时间增量的二阶校正公式. 我们还将研究关于向后差分在时间方面的一个摄动, 对应于 Douglas-Rachford 方法. 数值实验指明, 它是清晰的、优越的 Crank-Nicoson 方法[17~20].

这交替方向计算在下面列出. 首先, 设 $U^0 \in W_h$ 是任意选定和 $q^0 = (q_1^0, q_2^0, q_3^0)$ 由 (4.4.11) 确定, 则通常步迭代分裂为三个方向扫描和一个校正:

$$A_1q_1^* - B_1U^* = g_1, \tag{4.4.12a}$$

$$D(U^* - U^n)/\tau^n + B_1^*(q_1^* + q_1^n)/2 + B_2^*q_2^n + B_3^*q_3^* = f; \tag{4.4.12b}$$

$$A_2q_2^{**} - B_2U^{**} = g_2, \tag{4.4.13a}$$

$$D(U^{**} - U^n)/\tau^n + [B_1^*(q_1^* + q_1^n) + B_2^*(q_2^{**} + q_2^n)]/2 + B_3^*q_3^n = f; \tag{4.4.13b}$$

$$A_3q_3^{n+1} - B_3U^{n+1} = g_3, \tag{4.4.14a}$$

$$D(U^{n+1} - U^n)/\tau^n + \left[B_1^*(q_1^* + q_1^n) + B_2^*(q_2^{**} + q_2^n) + B_3^*(q_3^{n+1} + q_3^n)\right]/2 = f; \tag{4.4.14b}$$

$$A_1q_1^{n+1} - B_1U^{n+1} = g_1, \tag{4.4.15a}$$

$$A_2q_2^{n+1} - B_2U^{n+1} = g_2. \tag{4.4.15b}$$

方程 (4.4.15) 理解为这向量场前两个分量的校正, 作此校正具有使 q_1 和 q_2 和 U 达到相容的效果. 在每一虚拟时间步这迭代将重新开始, 因此, 选择 τ^n 能够做到不依赖先前的时间步.

在通常情况, 对交替方向格式 (差分方法或有限元方法) 每一 x_i 方向扫描和 (4.4.15) 每一半能够是求解一个局部一维系统. 显然, 一个完整的迭代能够作出, 其算术运算数目, 是由一个定义在空间 RT_k 一个固定多重参数的数目所确定.

注意到区域 Ω 若假定不是一个长方体. 这计算仍是有效的, 若区域是由曲边元组成, 在那里边界元将被用来处理更一般的区域.

4.4.3　对于 RT(0,J_h) 空间的特殊分析

在本节中, 这特殊情况, 关于 Laplace 算子 (也就是 $a(x) \equiv 1$) 在一个立方体上将被分析, 对于选定的一致网格和最简单的 Raviart-Thomas 空间 RT(0,J_h). 全部性质指明, 对高指数空间迭代收敛性成立.

设 $x_i = ih, y_i = jh, z_k = kh$, 和 $R_{ijk} = [x_i, x_{i+1}] \times [y_j, y_{j+1}] \times [z_k, z_{k+1}] = I_i \times I_j \times K_k$, 对于 $i, j, k = 0, \cdots, N = h^{-1}$. 应用下述记号表示空间 RJ_h 确定的参数.

$$q_1(x_i, J_j, K_k) = \lambda_{ijk}, \quad q_2(I_i, y_j, K_k) = \mu_{ijk}, \quad q_3(I_i, J_j, z_k) = \eta_{ijk}, U(R_{ijk}) = U_{ijk}. \tag{4.4.16}$$

设 $v_{ijk} = 6h^{-1}U_{ijk}$. 定义 Simpson 算子 S_i(乘以 6),

$$S_1\lambda_{ijk} = \lambda_{i-1,j,k} + 4\lambda_{ijk} + \lambda_{i+1,jk}, \tag{4.4.17a}$$

$$S_2\mu_{ijk} = \mu_{i,j-1,k} + 4\mu_{ijk} + \mu_{i,j+1,k}, \tag{4.4.17b}$$

$$S_3\eta_{ijk}=\eta_{ij,k-1}+4\eta_{ijk}+\eta_{ij,k+1}. \tag{4.4.17c}$$

理解 $\{\lambda^n,\mu^n,\eta^n,v^n\}$ 是在 Uzawa 交替方向计算中 n 次迭代误差. 注意到这解 (4.4.11) 能够延拓到在全部 $\mathbf{R}^3$ 上一致区域剖分, 且是周期的. U^n 或 v^n 是奇的, $\{\lambda^n,\mu^n,\eta^n\}$ 是偶的, 设

$$\delta_1 v_{ijk}=v_{ijk}-v_{i-1,jk},\quad \delta_2 v_{ijk}=v_{ijk}-v_{i,j-1,k},\quad \delta_3 v_{ijk}=v_{ijk}-v_{ij,k-1}, \tag{4.4.18}$$

则误差满足下述差系式:

v^0任意,

$$S_1\lambda^0+\delta_1 v^0=0, \tag{4.4.19a}$$

$$S_2\mu^0+\delta_2 v^0=0, \tag{4.4.19b}$$

$$S_3\eta^0+\delta_3 v^0=0, \tag{4.4.19c}$$

对于 $n=0,1,\cdots,d_i$ 表示第 i 个变量完整的向前差分.

$$S_1\lambda^*+\delta_1 v^*=0, \tag{4.4.20a}$$

$$(v^*-v^n)/\tau^n+d_1(\lambda^*+\lambda^n)/2+d_2\mu^n+d_3\eta^n=0, \tag{4.4.20b}$$

$$S_2\mu^{**}+\delta_2 v^{**}=0, \tag{4.4.21a}$$

$$(v^{**}-v^n)/\tau^n+d_2(\mu^{**}-\mu^n)/2=0, \tag{4.4.21b}$$

$$S_3\eta^{n+1}+\delta_3 v^{n+1}=0, \tag{4.4.22a}$$

$$(v^{n+1}-v^{**})/\tau^n+d_3(\eta^{n+1}-\eta^n)/2=0, \tag{4.4.22b}$$

$$s_1\lambda^{n+1}+\delta_1 v^{n+1}=0, \tag{4.4.23a}$$

$$s_2\mu^{n+1}+\delta_2 v^{n+1}=0. \tag{4.4.23b}$$

方程 (4.4.21b) 和 (4.4.22b) 的结果, 对应的从 (4.4.13b) 和 (4.4.14b) 相减和 (4.4.12b) 和 (4.4.13b) 推得.

系统 (4.4.19)~(4.4.23) 通过特殊的方法能够进行数值分折, 特征函数取为下述形式:

$$\lambda_{ijk}^n=L^n\cos\pi p x_i\sin\pi q(y_j+0.5h)\sin\pi r(z_k+0.5h), \tag{4.4.24a}$$

$$\mu_{ijk}^n=M^n\sin\pi p(x_i+0.5h)\cos\pi q y_j\sin\pi r(z_k+0.5h), \tag{4.4.24b}$$

$$\eta_{ijk}^n=H^n\sin\pi p(x_i+0.5h)\sin\pi q(y_j+0.5h)\cos\pi r z_k, \tag{4.4.24c}$$

$$v_{ijk}^n=V^n\sin\pi p(x_i+0.5h)\sin\pi q(y_j+0.5h)\sin\pi r(z_k+0.5h), \tag{4.4.24d}$$

此处 $L^n = L^n_{\rho qr}, \cdots$ 和 $p, q, r = 1, \cdots, N$. 若 V_i 是 V_h 的第 i 个分量, 显然 V_i 的维数是大于 W_h. 这特征函数生成的子空间和 W_h 同构, 由 $I_m A_i^{-1} B_i$ 给出, 它由方程的解组成.

设

$$\rho_p = 2(3 - 2\sin^2 0.5\pi ph)^{-1} \sin^2 0.5\pi ph. \tag{4.4.25}$$

一个基本的, 较长的计算指明:

$$\begin{aligned} V^{n+1} =& F\left(\tau^n, \rho_p, \rho_q, \rho_r\right) V^n = f\left(\tau^n \rho_p, \tau^n \rho_q, \tau^n \rho_r\right) V^n \\ =& \left[1 - 2\tau^n \left(\rho_p + \rho_q + \rho_r\right)\left(1 + \tau^n \rho_p\right)^{-1}\left(1 + \tau^n \rho_q\right)^{-1}\left(1 + \tau^n \rho_r\right)^{-1}\right] V^n. \end{aligned} \tag{4.4.26}$$

由 (4.4.22a) 和 (4.4.23) 可得

$$L^{n+1} = \alpha_p V^{n+1}, \quad M^{n+1} = \alpha_q V^{n+1}, \quad H^{n+1} = \alpha_r V^{n+1}, \tag{4.4.27}$$

此处 $\alpha_p = (3 - 2\sin^2 0.5\pi ph)^{-1} \sin 0.5\pi ph$. 因此, 这特征函数对应于参数 (p, q, r) 的系数, 其每个分量的误差在向量场 (和在它的散度场) 如同标量变量由同样的因子被缩减.

对于任意的 $\tau > 0$, 这压缩因子 F 小于 1. 相应的, 迭代的收敛性被确信. 对被限定从零至无限任意虚拟时间步序列. 但它是典型的交替方向程序, 适当的选取 $\{\tau^n\}$, 其带有关于 ρ_p 的不同确定, 具有非常快的收敛速度. 在 (4.4.26) 中出现的函数 f 在 Douglas(1962 年) 分析交替方向程序时应用. 我们取一个周期时间步, 其长度为 $O(\log N)$, 对于这标量和向量两个变量, 在那里由一个固定因子小于 1, 甚至 1/2, 保证了误差在 L^2 模意义下的缩减.

设 $\beta \leqslant \alpha \leqslant \gamma$, 和 $0 \leqslant b, c \leqslant \gamma$, 则, 如果 $\beta < 1 < \gamma$, $\max f(a, b, c) = \max(f(\beta, 0, 0), f(\gamma, \gamma, \gamma))$. 如果要求 $f(\beta, 0, 0) = f(\gamma, \gamma, \gamma)$, β 在关于 γ 的项中被确定, 定义时间步周期如下:

$$\rho_m = \rho_1 \approx \pi^2 h^2/6, \quad \rho_M = \rho_N \approx 2, \tag{4.4.28a}$$

$$\tau^1 = 2\beta/\rho_m; \tau^n = \beta\gamma^{-1}\tau^{n-1}, \quad n = 2, \cdots, \mathrm{NC}, \tag{4.4.28b}$$

$$\mathrm{NC} = [\log(\rho_M/\rho_m) + \log(\beta\gamma^{-1})] + 1. \tag{4.4.28c}$$

在每个周期, 由 (4.4.28) 出现一个在 L^2 模意义下的误差压缩因子

$$\sigma = \sup\left\{\prod_{n=1}^{\mathrm{NC}} F(\tau^n, \rho_p, \rho_q, \rho_r) : \rho_m \leqslant \rho_p, \rho_q, \rho_r \leqslant \rho_M\right\}. \tag{4.4.29}$$

对 γ 简化, 我们用 $\sigma^{\frac{1}{\mathrm{NC}}}$ 极小化估计每次迭代的缩减, 依次优化选取 γ, 对 $h = 0.1$, γ_{cpt} 大约是 1.71.

4.4.4 Arrow-Hurwitz 交替方向迭代格式

对 (4.4.6) 的 Arrow-Hurwitz 交替方向迭代格式是基于一个关于增加对 q 和 u 的虚拟时间导数所构成的瞬态问题的方程组, 为方便, 引入两个虚拟时间变量:

$$D_1\frac{\partial q}{\partial t_1}+Aq-BU=g, \tag{4.4.30a}$$

$$D_2\frac{\partial U}{\partial t_2}+B^*q=f. \tag{4.4.30b}$$

对 (4.4.30) 依次初始化发展方程, 它必须给出 q 和 U 在 $t_1=t_2=0$ 的初始预测值. 在很多物理问题应用混合元的情况. 一个好的预测可以得到对于 q 优于 U. 使得特定的 q^0 有很强的优点. 指明关于此附加公式对这迭代方法能很好地应用. 数值试验在二维情况, 当初始向量场是小于标量场, 指明 Arrow-Hurwitz 技术是优于 Uzawa 方案. 在三维方案初步试验亦同样指明 Arrow-Hurwitz 方案的优点.

一个 Arrow-Hurwitz 算法表达如下:

$$q^0\text{和}U^0\text{任意}, \tag{4.4.31}$$

$$E_1(q_1^*-q_1^n)/\xi+A_1q_1^*-B_1U^n=g_1, \tag{4.4.32a}$$

$$D(U^*-U^n)/\tau^n+B_1^*(q_1^*+q_1^n)/2+B_2^*q_2^n+B_3^*q_3^n=f, \tag{4.4.32b}$$

$$E_2(q_2^{**}-q_2^n)/\xi+A_2q_2^{**}-B_2U^{**}=g_2, \tag{4.4.33a}$$

$$D(U^{**}-U^*)/\tau^n+B_2^*(q_2^{**}-q_2^n)/2=0, \tag{4.4.33b}$$

$$E_3(q_3^{n+1}-q_3^n)/\xi+A_3q_3^{n+1}-B_3U^{n+1}=g_3, \tag{4.4.34a}$$

$$D(U^{n+1}-U^{**})/\tau^n+B_3^*(q_3^{n+1}-q_3^n)/2=0, \tag{4.4.34b}$$

$$E_1(q_1^{n+1}-q_1^n)/\xi+A_1q_1^{n+1}-B_1U^{n+1}=g_1, \tag{4.4.35a}$$

$$E_2(q_2^{n+1}-q_2^n)/\xi+A_2q_2^{n+1}-B_2U^{n+1}=g_2. \tag{4.4.35b}$$

对于选定迭代参数, 应用前面修正规律 (4.4.28), 对应于二维问题 Arrow-Hurwitz 程序的试验, 修改关于 ρ_m 和 ρ_M 的表达式:

$$\rho_m=\xi(1+\xi)^{-1}\rho_1,\quad \rho_M=\xi(1+\xi)^{-1}\rho_N. \tag{4.4.36}$$

利用 (4.4.28b) 和 (4.4.28c) 去确定关于 $\{\tau^n\}$ 的参数周期.

4.4.5 数值试验结果

数值试验支撑理论工作. 试验问题如在 4.4.3 小节 ($a(x)=1, f=g=0$, Ω 是单位正方形, J_h 是一致剖分) 研究带有 4 个不同的关于 U^0 的初始值. 对于 Arrow-Hurwitz 程序 q^0 取为零, 因为此方法的目的是取一个具有向量变量的初始值优势的问题.

这些例子如下:

例 4.4.1

$$u_h^0 = 1\text{或}v_{ijk}^0 = 6h^{-1}. \tag{4.4.37a}$$

例 4.4.2

$$u_h^0 = x(1-x)y(1-y)z(1-z). \tag{4.4.37b}$$

例 4.4.3

$$u_{ijk}^0 = (-1)^{i+j+k}. \tag{4.4.37c}$$

例 4.4.4

$$u_h^0 = \begin{cases} 1, & \max(x,y,z) > 0.5, \\ -1, & \text{其他}. \end{cases} \tag{4.4.37d}$$

下面将叙述有关数值试验的一些结果, 若 $h=0.1$ 和 $\gamma=1.71$. 这 4 个问题的周期长度对于 Uzawa 程序和 Arrow-Hurwitz 程序是一样的, $\xi=10$. 因子 σ 由 (4.4.29) 给出. 对 Uzawa 方案等于 0.1114, ξ 的选取采用早先 Dougles 和 Pietra 的工作[15,16].

首先考虑 Uzawa 的某些性质, 例 4.4.2 和例 4.4.3 对应的取初始条件关于标量变量 (粗略的) 基本上和高频特征函数相对应. 对这两个试验在每个周期这缩减都是常数, 例 4.4.2 是 0.085, 例 4.4.3 是 0.066. 与此同时, 对例 4.4.1 和例 4.4.4, 这缩减在第一个周期超过随后的周期. 对这两个例子在哪里都是 0.085. 这迭代参数使得高频分量优于低频分量. 这低频分量控制着后一个周期的误差. 调整迭代参数将导致收敛速率一起改变.

对于 Uzawa 程序和 Arrow-Hurwitz 程序还将试验这向后差商方案, 如同上面的例子, 如 Crank-Nicolson Uzawa 方法, 这向后差商 Uzawa 方法取三个时间层, 达到同样的误差缩减、对于向后差商和 Crank-Nicolson 交替方向迭代方法关于 Dirchlet 问题的标准差分方程, 这些试验同样如多少年前已经做过. 这 Arrow-Hurwitz 程序要比 Uzawa 程序更加有效.

下表格列出缩减按下述范数要求给出迭代数

$$\left[\|u_h\|^2 + \|q_h\|^2\right]^{1/2}.$$

对于 4 个试验问题, $h=0.1$ 和 $\gamma=1.71$, 小于 $0.001\left\|u_h^0\right\|$:

	例 4.4.1	例 4.4.2	例 4.4.3	例 4.4.4	总体
Uzawa	13	13	19	13	58
Arrow-Hurwitz	10	10	1	10	31

这 4 个例子中 3 个, 当 $h=0.05$ 和 $\gamma=1.8$. 其结果如下.

	例 4.4.1	例 4.4.2	例 4.4.3	例 4.4.4	总体
Uzawa	17	15			49
Arrow-Hurwitz	13	13		14	40

注意对关于 Arrow-Hurwitz 迭代, 对于 20×20×20 的情况, 仅需要 1/30 美分的花费. 如同对于 Raviart-Thomas 空间 10×10×10 的情况的 Uzawa 迭代.

4.5 混合有限元交替方向迭代方法的进展

本节讨论两类交替方向迭代方法去处理由二阶椭圆方程混合元方法出现的线性代数方程组. 两类迭代方法去处理鞍点问题. 其对应的离散虚拟时间变量不同. 本节还讨论了近期所做的数值分析和数值实验结果.

4.5.1 引言

研究用混合元方法逼近 Dirichlet 问题时出现的代数方程组的迭代解法.

$$-\nabla\cdot(a(x)\nabla u)=f,\quad x\in\Omega, \tag{4.5.1a}$$

$$u+g=0,\quad x\in\partial\Omega, \tag{4.5.1b}$$

此处 Ω 是在二维或三维空间的有界区域, 假定 Ω 是矩形、平行六面体的组合, 剖分为直径是 h 的矩形 (正六面体)、并且当 h 趋于零时, 任意两边的长度比率是有界的, 且不依赖于 h.

设

$$\psi=-a(x)\nabla u,\quad c(x)=a(x)^{-1}, \tag{4.5.2}$$

记 $\Psi=H(\mathrm{div}\,;\Omega)=\left\{\tau\in L^2(\Omega)^m,\mathrm{div}\tau\in L^2(\Omega)\right\}$, $m=2$ 或 3, $W=L^2(\Omega)$.

为了得到用混合元法逼近 (4.5.1) 的弱形式. 为检验 (4.5.2), 将 $a(x)$ 分离后, 乘以 χ 和 (4.5.1a) 中, 用 ψ 代替 $-a\nabla u$, 乘以 w, 和寻求解 $\{\psi,u\}\in\Psi\times W$, 使得

$$(c\psi,\chi)-(\mathrm{div}\chi,u)=\langle g,\chi\cdot n\rangle,\quad \chi\in\Psi, \tag{4.5.3a}$$

$$(\mathrm{div}\Psi,w)=(f,w),\quad w\in W, \tag{4.5.3b}$$

此处 $(\cdot\,,\,\cdot)$ 表示为在 $L^2(\Omega)$ 或 $L^2(\Omega)^m$, $m=2,3$ 空间内积, $\langle\cdot,\cdot\,\rangle$ 表示在 $L^2(\partial\Omega)$ 空间内积, 向量 n 为 $\partial\Omega$ 的外法向矢量.

问题 (4.5.3) 的一个混合元逼近解, 寻求 $\{\psi_h, U_h\}\in\Psi_h\times W_h\in\Psi\times W$ 使得

$$(c\psi_h,\chi)-(\text{div}\chi,U_h)=\langle g,\chi\cdot n\rangle,\quad \chi\in\Psi_h, \tag{4.5.4a}$$

$$(\text{div}\psi_h,w)=(f,w),\quad w\in W_h. \tag{4.5.4b}$$

由 (4.5.4) 产生的代数方程组取下述形式:

$$A\psi-BU=g, \tag{4.5.5a}$$

$$B^*\psi=f, \tag{4.5.5b}$$

此处 ψ 是关于 Ψ_h 自由度系数的向量. A 是对应于 $c(x)$ 加权 L^2 投影到 Ψ_h 的对称正定矩阵. $-B$ 和 B^* 表示离散梯度和散度算子的长方形矩阵, 系统 (4.5.5) 是正半定的和对应于一个鞍点问题, 这方程组的离散解, 对小的 h, 用高斯消去法, 是非常费时的, 特别是三维问题、共轭梯度迭代法虽然较直接方法费时较少, 被证明它仅仅或多或少有可能, 因为实际上预处理在合理的花费要求下, 不是很容易设计的.

本节的目的是讨论一个十分重要的交替方向迭代程序, 对于式 (4.5.5) 当 Ω 被剖分为矩形组合相关联于张量–乘积网格. 不限定 Ω 自身是一个矩形, 数值实验指明可以是 L 形区域, 空间 $\Psi_h\times W_h$ 可以是关于 Raviart-Thomas 两个或三个变量的矩形单元. 也可以是关于 Brezzi-Douglas-Marini 平面矩形元和关于 Brezzi-Douglas-Darah-Fortin 的三次元[11,21].

两类交替方向迭代法引入解方程 (4.4.5). 1982 年, Brown 在他的博士论文研究了 Uzawa 型方法. 它是第一个对于鞍点问题关于虚拟抛物问题隐式时间离散引入的 Uzawa 迭代程序. 原始的 Uzawa 迭代技术是应用于显式时间离散. Brown 研究了对 RT 空间的二维情况. 这里研究一个关于 Uzawa 方法对应 R-T 空间的三维问题[15]. 对 BDM 和 BDDF 空间用 Uzawa 迭代技术并不方便. 对鞍点问题一个 Arrow-Hurwitz 迭代程序是由 Douglas 和 Pietra[16] 对 BDM 和 RT 空间在二维情况研究的. Douglas 还对于 RT 空间三维情况研究了 Arrow-Hurwitz 交替方向迭代方法[15].

本节的主要内容如下: 4.5.2 小节为混合元空间的描述; 4.5.3 小节为 Uzawa 型交替方向迭代方法; 4.5.4 小节为 Arrow-Hurwitz 型交替方向迭代方法; 4.5.5 小节为虚拟时间步长选择程序; 4.5.6 小节为检验问题的数值实验; 4.5.7~4.5.8 小节为数值实验.

4.5.2 混合元空间的描述

设 R 是在 $\mathbf{R}^2$(或 $\mathbf{R}^3$) 上的矩形 (或长方体), 用 $P_j(R)$ 表示这样的集合, 限制在 R 上整体不超过 j 次的多项式; 和用 Q_{ij} 和 Q_{ijk} 表示这一限制的张量–积多项

式, 次数对于 x 不超过 i, y 不超过 j 和 z 不超过 k. 如果 $\dim(R)=2$, 则非负指数 j 的 RT 空间在 R 上的限制由下式给出:

$$\mathrm{RT}(j,R)=\Psi(j,R)\times W(j,R)=[Q_{j+i,j}\times Q_{j,j+1}]\times Q_{j,j}. \tag{4.5.6}$$

正的指数 j 的 BDM 空间在 R 上的限制由下式给出:

$$\mathrm{BDM}(j,R)=\Psi(j,R)\times W(j,R)=\left\{P_j(R)^2+\mathrm{Span}\left(\mathrm{curl}\left\{x^{i+1}y,xy^{j+1}\right\}\right)\right\}\times P_{j-1}(R). \tag{4.5.7}$$

对于 $\dim(R)=3$,

$$\mathrm{RT}(j,R)=\Psi(j,R)\times W(j,R)=\{Q_{j+1,j,j}\times Q_{j,j+1,j}\times Q_{j,j,j+1}\}\times Q_{j,j,j}, \tag{4.5.8}$$

$$\mathrm{BDDF}(j,R)=\Psi(j,R)\times W(j,R)=\Psi(j,R)\times P_{j-1}(R), \tag{4.5.9a}$$

此处

$$\begin{aligned}\Psi(j,R)=P_j(R)^3+\mathrm{Span}\Bigg(\Bigg(&\mathrm{curl}(0,0,x^{j+1}y),(0,xz^{j+1},0),(y^{j+1}z,0,0);\\&(0,0,xy^{i+1}z^{j-1}),(0,x^{i+1}y^{j-1}z,0),(x^{j-1}yz^{i+1},0,0),i=1,\cdots,j\Bigg)\Bigg).\end{aligned} \tag{4.5.9b}$$

依次形成有限元空间, 若 J_h 是关于 Ω 的矩形剖分, 其直径不超过 h, 和边长比率有界, 取

$$\Psi_h=\Psi(j,J_h)=\{\chi\in\Psi:\chi|_R\in\Psi(j,R),R\in J_h\}, \tag{4.5.10a}$$

$$W_h=W(j,J_h)=\{w\in W:w|_R\in W(j,R),R\in J_h\}, \tag{4.5.10b}$$

对于前面定义的 RT, BDM 和 BDDF 空间, 注意到 BDM_j 和 BDDF_j 空间的局部和整体维数两个方面都低于对应的 RT_{j+1} 空间, 将证明它对逼近向量变量 ψ 有着同样的渐近收敛速率.

在提出交替方向程序时, 注意到这些空间的性质是很重要的. 自然选取空间 Ψ_h 的基去逼近向量 ψ, 对 RT 空间分裂为关于 Ψ_h 的分量. 也就是

$$\Psi_h=\psi X_h+\psi Y_h\text{或}\psi X_h+\psi Y_h+\psi Z_h. \tag{4.5.11}$$

对 BDM 和 BDDF 空间没有这样的表达式是可能的. 一个推测是 Uzawa 交替方法不能有效地应用到 BDM 和 BDDF 空间. 若性质 (4.5.11) 成立, 方程 (4.5.10a) 可分裂为下述形式:

$$A_i\psi_i-B_iU=g_i,\quad i=1,\cdots,m, \tag{4.5.12}$$

此处 A_i 表示 Ψ_h 的第 i 个分量的投影, ψ_i 是 Ψ_h 的第 i 个分量. $-B_i$ 是关于 x_i 的离散导数. 这些将作为 Uzawa 技术的基础.

4.5.3 Uzawa 交替方向方法

引入虚拟抛物问题

$$d(x)\frac{\partial u}{\partial t}-\nabla\cdot(a(x)\nabla u)=f(x),\quad x\in\Omega,0\leqslant t<\infty, \tag{4.5.13a}$$

$$u+g=0,\quad x\in\Omega,0\leqslant t<\infty, \tag{4.5.13b}$$

$$u(x,0)=u^0(x),\quad x\in\Omega. \tag{4.5.13c}$$

函数 u^0 是对于稳态问题的初始预测. 实际它是虚拟抛物问题 t 趋于无穷的极限. 首先, 将连续时间的抛物混合元离散问题 (4.5.13):

$$(c\psi_h,\chi)-(\mathrm{div}\chi,v_h)=\langle g,\chi\cdot n\rangle,\quad \chi\in\Psi_h,t\geqslant 0, \tag{4.5.14a}$$

$$\left(d\frac{\partial U_h}{\partial t},w\right)+(\mathrm{div}\psi_h,w)=(f,w),\quad w\in W_h,t\geqslant 0, \tag{4.5.14b}$$

$$U_h(0)=U^0. \tag{4.5.14c}$$

假定 $U^0\in W_h$, 其次将方程 (4.5.14) 写为 (4.5.12) 的形式, 因此 (4.5.14) 等价于下述关系式:

$$A_i\psi_i-B_iU=g_i,\quad i=1,\cdots,m,t\geqslant 0, \tag{4.5.15a}$$

$$D\frac{\partial u}{\partial t}+B_1^*\psi_1+\cdots+B_m^*\psi_m=f,\quad t\geqslant 0, \tag{4.5.15b}$$

$$U(0)=U^0. \tag{4.5.15c}$$

合适的交替方向技术应用到 (4.5.15) 对二维和三维情况是不一样的. 对 $m=2$ 的混合元, 将修改关于 Peaceman 和 Rachford[17] 和 Douglas[18] 的原始交替方向方法, 如同 Brown 在文献 [1] 中所做的那样, 对 $m=3$ 修改 Douglas[19] 的工作, 如同在文献 [15] 所作的, 它可能应用 Douglas 在二维的变型方案, 但导致迭代效果差一些. 类似的, Douglas 和 Rachford[20] 方法较 Douglas 在三维情况的计算效果也差一些.

首先考虑二维情况, 若 $\{\tau^n\}$ 表示虚拟时间步序列, 和预置迭代初始量对于标量取 U^0 和应用 (4.5.15a) 去预置初始向量变量 (仅仅 ψ_2^0 需要计算). 一般步迭代将在下面给出:

x 扫描

$$A_1\psi_1^*-B_1U^{n+1/2}=g_1, \tag{4.5.16a}$$

$$D(U^{n+1/2}-U^n)/\tau^n+B_1^*\psi_1^*+B_2^*\psi_2^*=f; \tag{4.5.16b}$$

y 扫描

$$A_2\psi_2^{n+1}-B_2U^{n+1}=g_2, \tag{4.5.16c}$$

$$D(U^{n+1}-U^{n+1/2})/\tau^n+B_1^*\psi_1^*+B_2^*\psi_2^{n+1}=f; \tag{4.5.16d}$$

校正

$$A_1\psi_1^{n+1}-B_1U^{n+1}=g_1. \tag{4.5.16e}$$

对于 RT 元由 (4.5.16a) 给出方程组是块三对角的, 当此矩形剖分依次在 x 方向, 和 (4.5.16b) 同样是块三对角的, 当矩形剖分依次在 y 方向, 这校正步同样是块三对角的在 x 方向上. 因此实现一个迭代需 $O(\dim \Psi_h\times W_h)$ 次算术运算.

对三维问题预置初始标量用 U^0 和用 (4.5.15a) 去预置初始向量变量 (现在 ψ_2^0 和 ψ_3^0 必须计算), 则通常迭代步如下:

x 扫描

$$A_1\psi_1^*-B_1U^*=g_1, \tag{4.5.17a}$$

$$D(U^*-U^n)/\tau^n+0.5B_1^*(\psi_1^*+\psi_1^n)+B_2^*\psi_2^n+B_3^*\psi_3^n=f; \tag{4.5.17b}$$

y 扫描

$$A_2\psi_2^{**}-B_2U^{**}=g_2, \tag{4.5.17c}$$

$$D(U^{**}-U^n)/\tau^n+0.5[B_1^*(\psi_1^*+\psi_1^n)+B_2^*(\psi_2^{**}+\psi_2^n)]+B_3^*\psi_3^n=f; \tag{4.5.17d}$$

z 扫描

$$A_3\psi_3^{n+1}-B_3U^{n+1}=g_3, \tag{4.5.17e}$$

$$D(U^{n+1}-U^n)/\tau^n+0.5[B_1^*(\psi_1^*+\psi_1^n)+B_2^*(\psi_2^{**}+\psi_2^n)+B_3^*(\psi_3^{n+1}+\psi_3^n)]=f; \tag{4.5.17f}$$

校正

$$A_1\psi_1^{n+1}-B_1U^{n+1}=g_1, \tag{4.5.17g}$$

$$A_2\psi_2^{n+1}-B_2U^{n+1}=g_2. \tag{4.5.17h}$$

每次扫描再加半份校正步, 能够求解块三对角方程组, 它需要算术运算数是 $O(\dim\Psi_h\times W_h)$.

二维空间交替方向方法 (4.5.16) 是由 Brown 提出的 (不包含校正)[1] 和应用它处理了 Neumaun 问题. Douglas 和 Pietra 应用其做了对于 Dirichlet 问题的工作[16]、方法 (4.5.17) 是由 Douglas 等在文献 [15] 中提出的, 对这两个程序的理论收敛性分析结果是熟知的, 仅仅在适当条件下, 这些结果表现为熟知的如同对差分和 Galerkin 交替方向法. 假定矩阵 D 是对称正定的, 如果来自 (4.5.14b) 的第一项, 函数 $a(x)$ 是常数, $d(x)$ 取为常数, 则对一个矩形区域一个完整的特殊数值分析对任一方法均能够给出[1,15,16], 和一个关于有效的周期时间步长能够做出, 这些选择将在下面数值实验时指明. Brown 证明了关于非矩形域和变系数情况下几个定理. 首先, 如果 τ^n 是常数, 这迭代收敛. 如同有限差分方法的情况, 自然没有给出关于时间步长的合适选择, 其次, 他指出的关于 Pearcy[13] 和 Douglas 和 Pearcy[14] 类似的理论成立. 如果 $0 < k_1 < k_2 < \infty$ 和 $k_1 < \tau_1 < \cdots < \tau^N < k_2$, 则对 N 足够大迭代收敛, 现在限定 Ω 是一个矩形, 对 Laplace 算子这特殊的分析将在下面叙述. 取一个关于 τ 的几何序列, 使得产生一个误差缩减, 在 $\Psi \times W$ 范数测度意义下, 由一个因子 ε 能够得到 $O(\log \varepsilon^{-1} \cdot \log h^{-1})$ 次迭代, 对于一个变系数, 一个交替方向迭代相关联于常系数情况, 能够使用一个预估共轭梯度迭代, 同样完整的估计对二级迭代被证明, 这些结果的建立, 对迭代 (4.5.17) 可参阅文献 [15]. 对这特殊的分析和对 (4.5.17) 其他一些结果将和 (4.5.16) 是类似的.

4.5.4　Arrow-Hurwitz 交替方向迭代方法

本小节研究 Arrow-Hurwitz 迭代是基于比较一般的虚拟瞬态问题. 这方法在理论上基于 Fortin 和 Glowinski[12] 关于阻尼波动方程的研究. 在那里利用一个简单的虚拟时间变量. 这里选择两个虚拟时间变量, 下面对时间变量相关联的向量变量 ψ_h 和标量变量 U_h 进行时间差分离散. 设

$$D_1 \frac{\partial \psi}{\partial t_1} + A\psi - BU = g, \tag{4.5.18a}$$

$$D_2 \frac{\partial U}{\partial t_2} + B^* \psi = f. \tag{4.5.18b}$$

依次预测 (4.5.18) 和初始条件. 必须选定 ψ 和 U 关于 t_1 和 t_2 为零的值. 在许多物理问题混合元应用中, 对于向量变量较标量变量有一个较好的初始预测值是可用的. 自然, 一个比 Uzawa 迭代收敛更快的方法能够被提出, 这试验结果将在下面叙述, 对于 RT_0 空间, 甚至二维或三维变量的 BDM_1 和 BDDF_1 空间.

对于模型问题

$$-\Delta u = f, \quad x \in \Omega = [0,1]^m, m = 2\text{或}3, \tag{4.5.19a}$$

$$u = -g, \quad x \in \partial\Omega. \tag{4.5.19b}$$

Arrow-Hurwitz 交替方向迭代方法对于 RT_0 和 BDM 空间将被详细地讨论. 对于 $m = 2$, 在文献 [16] 中; 对 $m = 3$, 在文献 [3] 中. 对 BDDF_1, 对 $m = 3$, 在文献 [22] 中, 这里将叙述两个特殊情况, 对应于变系数 BDM_1 和 BDDF_1 空间的情况.

首先考虑 BDM_1 空间, 一个局部基能够构造如下: 若 $K = [-1,1] \times [0,1]$, 取

$$E^1 = (1 - |x|, 0)^{\mathrm{T}}, \quad E^2 = (2(1 - |x|)(y - 0.5), y(y-1)\mathrm{sgn}(x))^{\mathrm{T}}. \tag{4.5.20}$$

向量 E^1 是基元对应于参数 $\psi_1(0, 0.5)$ 在 K 上, 和 E^2 表示参数 $\partial\psi_1/\partial y(0, 0.5)$, γ^1 和 γ^2 是对应向量表达式 $\psi_2(0.5, 0)$ 和 $\partial\psi_2/\partial x(0.5, 0)$ 在 $[0,1]\times[-1,1]$ 上, 对于 Ψ_h 一个基能够通过 4 个向量由仿射变换构造. 若 $R_{ij} \in J_h$ 和用 $(\mu_{ij}, \eta_{ij}, \lambda_{ij}, v_{ij}, U_{ij})$

表示相关联于 R_{ij} 的自由度, 此处 μ_{ij} 和 η_{ij} 是 ψ_1 和 $\partial\psi_2/\partial x$ 在 R_{ij} 左边界中点的值, λ_{ij} 和 v_{ij} 是 ψ_2 和 $\partial\psi_2/\partial x$ 在 R_{ij} 底边界中点的值, U_{ij}(常数) 值是 R_{ij} 上 U_h 的值, 如果 (4.5.3a) 是被检验, 乘以 E^1 基元相关联于 R_{ij}, 则导出下述方程:

$$S_1\mu + T_1 v + U_1\eta + XU = \gamma_1, \tag{4.5.21a}$$

此处 S_1 是一个加权 Simpson 和式联系着 $\mu_{i-1,j}, \mu_{i,j}$ 和 $\mu_{i+1,j}$, T_1 是一个加权关于 y 方向的差商联系着 v 的四个值关联于 $R_{i-1,j}$ 和 $R_{i,j}$, U_1 联系着 $\eta_{i-1,j}, \eta_{i,j}$ 和 $\eta_{i+1,j}$ 和有系数消失, 如果 $a(x)$ 是常数在 $R_{i-1,j}\cup R_{i,j}$ 上和它是很小的, 由一个 h 因子控制和 $(XU)_{ij} = (U_{ij} - U_{i-1,j})/h$ 对于一致区间. 这些方程是 x 方向关于 μ–参数. 如果, (4.5.3a) 被检验, 乘以 E^2 基元对 R_{ij}, 则对应的方程组是下述形式:

$$H_1\eta + J_1\lambda + K_1\mu + L_1 v = \gamma_2. \tag{4.5.21b}$$

此处 H_1 产生一个强对角占优相关联在 $\eta_{i-1,j}, \eta_{i,j}, \eta_{i+1,j}$ 之间, J_1 表示加权 x 差分算子应用到 λ 参数相关联于 $R_{i-1,j}$ 和 R_{ij}, 和矩阵 K_1 和 L_1 消失对常系数情况, 和较 H 是很小的, 由一个因子 h 限定. 这些方程是 x 方向关于 η. 这些对应的方程乘以 γ^1 和 γ^2 被检验, 能写为下述形式:

$$S_2\lambda + T_2\eta + U_2 v + YU = \gamma_3, \tag{4.5.21c}$$

$$H_2 v + J_2\mu + K_2\lambda + L_2\eta = \gamma_4, \tag{4.5.21d}$$

这里 (4.5.21c) 和 (4.5.21d) 是 y 方向对应于 λ 和 v, 最后, 检验 (4.5.3b) 乘以关于 R_{ij} 的特征函数, 给出下述形式:

$$\partial_1 u + \partial_2\lambda = \varphi, \tag{4.5.21e}$$

此处 ∂_1 是 x 方向向前差分, ∂_2 是 y 方向.

依次建立 Arrow-Hurwitz 迭代格式, 它必须特别选定 D_1 和 D_2, 能选取 D_1 是块对角矩阵 $\text{Ciag}\{S_1, H_1, S_2, H_2\}$. 随后, 将指明关于方程组 (4.5.21a)~(4.5.21d) 在每个方向的定向结构, 这矩阵 D_2 将被选定在形式上建立相容的效果对于有限差分交替方向迭代, 也就是让 D_2 产生如同 $a(x)$ 加权投影到 W_h. 这些选择, 对应于 Uzawa 的情况, 取虚拟抛物问题如下:

$$a\frac{\partial u}{\partial t} - \nabla\cdot(a\nabla u) = f. \tag{4.5.22}$$

没有较好的选择是熟知的, 自然 D_1 和 D_2 的选择只能是任意的.

对 t_1 和 t_2 时间离散作差商公式, Arrow-Hurwitz 迭代对模型问题的特殊分析已在文献 [16] 作出, 在那里对 t_1 取固定时间步长, 对 D_2 从 (4.5.22) 规范化, 要求满足限定

$$\tau_1 \sin \pi h/2 \geqslant 常数. \tag{4.5.23}$$

在文献 [16] 中有对模型问题不完整的分析和实验结果, 对于 t_2 利用一个周期 $\left\{\tau_2^1, \cdots, \tau_2^N\right\}$ 时间步. 这周期是同样的如同 Uzawa 迭代. 因为对模型问题这特殊的分析得到关于误差缩减表达式, 其主要部分 Arrow-Hurwitz 和 Uzawa 是相同的. 对于变系数和非矩形区域将修正这些程序, 这些工作是基于 Douglas 等过去关于交替方向差分方法的工作.

这迭代程序从一个初始预测开始, 两个向量变量和标量变量. 和一个通常步组成的关于 x 扫描和 y 扫描和一个校正.

x 扫描

$$S_1\left[(\mu^* - \mu^n)/\tau_1 + \mu^*\right] + T_1 v^n + K U_1 \eta^n + X U^n = \gamma_1, \tag{4.5.24a}$$

$$H_1\left[(\eta^* - \eta^n)/\tau_1 + \eta^*\right] + J_1 \lambda^n + K_1 \mu^n + L_1 v^n = \gamma_2, \tag{4.5.24b}$$

$$D_2(U^* - U^n)/\tau_2^n + \partial_1 \mu^* + \partial_2 \lambda^n = \varphi. \tag{4.5.24c}$$

y 扫描

$$S_2\left[(\lambda^{n+1} - \lambda^n)/\tau_1 + \lambda^{n+1}\right] + T_2 \eta^* + U_2 v^n + Y U^{n+1} = \gamma_3, \tag{4.5.24d}$$

$$H_2\left[(v^{n+1} - v^n)/\tau_1 + v^{n+1}\right] + J_2 \mu^* + K_2 \lambda^n + L_2 \eta^n = \gamma_4, \tag{4.5.24e}$$

$$D_2(U^{n+1} - U^*)/\tau_2^n + \partial_1 \mu^* + \partial_2 \lambda^{n+1} = \varphi. \tag{4.5.24f}$$

校正

$$S_1\left[(\mu^{n+1} - \mu^n)/\tau_1 + \mu^{n+1}\right] + T_1 v^n + U_1 \eta^n + X U^{n+1} = \gamma_1, \tag{4.5.24g}$$

$$H_1\left[(\eta^{n+1} - \eta^n)/\tau_1 + \eta^{n+1}\right] + J_1 \lambda^n + K_1 \mu^n + L_1 v^n = \gamma_2. \tag{4.5.24h}$$

相关联于 U_1, K_1 和 L_2 的诸项, 将在中间时间层计算, U_2 和 K_2 将在前一时间层计算. 这些方程将在下面数值试验中详细叙述, 删去相关联于 E^2 和 γ^2 基本元的诸项和方程. 给出对于变量 $a(x)$ 在 RT_0 空间的方程.

如果没有特别好对于 η 和 v 参数的初始预测, 在 (4.5.24b), (4.5.24a) 和 (4.5.24h) 中的时间差分项将略去, 在数值实验中是这样做的, 若有可能, 还将删去 η, 因为这些项关于 h 是高阶的.

BDDF_1 空间可类似处理, 记 $K = [-1,1] \times [0,1] \times [0,1]$,

$$E_{11} = (1 - |x|, 0, 0)^{\mathrm{T}}, \tag{4.5.25a}$$

$$E_{12} = \left(2(1 - |x|)(y - 0.5), y(y-1)\operatorname{sgn} x, 0\right)^{\mathrm{T}}, \tag{4.5.25b}$$

$$E_{13} = \left(2(1 - |x|)(z - 0.5), 0, z(z-1)\operatorname{sgn} x\right)^{\mathrm{T}}. \tag{4.5.25c}$$

这些基函数在 K 上表示 ψ, $\dfrac{\partial\psi_1}{\partial y}$, 和 $\dfrac{\partial\psi_1}{\partial z}$, 相应在点 (0, 0.5,0.5) 定义函数 E_{21}, E_{22} 和 E_{23}, E_{31}, E_{32} 和 E_{33}. 类似地, $\left(\dfrac{\partial\psi_2}{\partial x}, \psi_2, \dfrac{\partial\psi_2}{\partial z}\right)$ 和 $\left(\dfrac{\partial\psi_3}{\partial x}, \dfrac{\partial\psi_3}{\partial y}, \psi_3\right)$ 相对应, 注意到相关联于矩形 R_{ijk} 的 $E_{\alpha\beta}$ 系数用 $\mu_{\alpha\beta,ijk}$ 表示, 为检验方程 (4.5.3a), 乘以 $E_{\alpha\beta}$ 给出下述形式方程:

$$S_\alpha \mu_{\alpha\beta} + \sum_{\beta\times\alpha} T_{\alpha\beta}\mu_{\beta\alpha} + \sum_{\beta\times\alpha} U_{\alpha\beta}\mu_{\alpha\beta} + X_\alpha \mu = \gamma_\alpha, \tag{4.5.26a}$$

此处 S_α 是对角占优和在 x_α 方向, $T_{\alpha\beta}$ 是关于变量 x_β 的一个差商, $U_{\alpha\beta}$ 对常系数问题消失, 在变系数情况有一因子 h 是很小的, X_α 表示在 x_α 方向的向后差商. 为了检验, 乘 $E_{\alpha\beta}$ 给出下述方程:

$$H_{\alpha\beta}\mu_{\alpha\beta} + \sum_{v\times\alpha} J_{v\alpha\beta}\mu_{v\beta} + \sum_{v\times\beta,\eta=1,2,3} K_{\eta v\alpha\beta}\mu_{\eta v} = \gamma_{\alpha\beta}. \tag{4.5.26b}$$

矩阵 $H_{\alpha\beta}$ 是对角占优和 x_α 方向; $J_{v\alpha\beta}$ 是一个加权差分算子. 和 $K_{\eta v\alpha\beta}$ 是很小的如同 $U_{\eta v}$. 最后, 为了检验 (4.5.36) 在 R_{ijk} 上乘特征函数后给出

$$\sum_{\alpha=1,2,3} \partial_\alpha \mu_{\alpha x} = \varphi, \tag{4.5.26c}$$

这交替方向迭代公式列出如下, 初始条件预测 $\mu_{\alpha\beta}, \alpha, \beta = 1, 2, 3$ 和 U, 则在每个方向扫描和校正.

x 扫描

$$S_1\left[(\mu_{11}^* - \mu_{11}^n)/\tau_1 + \mu_{11}^*\right] + \sum_{\beta=1} T_{1\beta}\mu_{\beta 1}^n + \sum_{\eta=1} U_{1\eta}\mu_{1\eta}^n + X_1 U^* = \gamma_1, \tag{4.5.27a}$$

$$H_{1\beta}\left[(\mu_{1\beta}^* - \mu_{1\beta}^n)/\tau_1 + \mu_{1\beta}^*\right] + \sum_{\gamma=1} J_{v1\beta}\mu_{\gamma\beta}^n + \sum_{\gamma=\beta;\eta=1,2,3} K_{\eta v 1\beta}\mu_{\eta\gamma}^n = \gamma_{1\beta}, \quad \beta = 1, \tag{4.5.27b}$$

$$D_2(U^* - U^n)/\tau_2^n + 0.5\partial_1(\mu_{11}^* + \mu_{11}^n) + \partial_2\mu_{22}^n + \partial_3\mu_{33}^n = \varphi. \tag{4.5.27c}$$

y 扫描

$$S_2\left[\left(\mu_{22}^{**} - \mu_{22}^n\right)/\tau_1 + \mu_{22}^{**}\right] + T_{21}\mu_{12}^* + T_{23}\mu_{32}^n + \sum_{\eta=2} U_{2\eta}\mu_{2\eta}^n + X_2 U^{**} = \gamma_2, \tag{4.5.27d}$$

$$H_{2\beta}\left[\left(\mu_{2\beta}^{**} - \mu_{2\beta}^n\right)/\tau_1 + \mu_{2\beta}^{**}\right] + J_{12\beta}\mu_{1\beta}^* + J_{3\alpha\beta}\mu_{3\beta}^n + \sum_{\gamma=\beta;\eta=1,2,3} K_{\eta v 2\beta}\mu_{\eta v}^n = \gamma_{2\beta}, \quad \beta = 2, \tag{4.5.27e}$$

$$D_2(U^{**} - U^n)/\tau_2^n + 0.5\left[\partial_1(\mu_{11}^* + \mu_{11}^n) + \partial_2(\mu_{22}^{**} + \mu_{22}^n)\right] + \partial_3\mu_{33}^n = \varphi. \tag{4.5.27f}$$

z 扫描

$$S_3\left[(\mu_{33}^{n+1}-\mu_{33}^{n})/\tau_1+\mu_{33}^{n+1}\right]+T_{31}\mu_{33}^{*}+T_{32}\mu_{23}^{**}+\sum_{\eta=3}U_{3\eta}\mu_{3\eta}^{n}+X_3U^{n+1}=\gamma_3, \tag{4.5.27g}$$

$$\begin{aligned}&H_{3\beta}\left[(\mu_{3\beta}^{n+1}-\mu_{3\beta}^{n})/\tau_1+\mu_{3\beta}^{n+1}\right]+J_{13\beta}\mu_{1\beta}^{*}+J_{23\beta}\mu_{\alpha\beta}^{**}\\&+\sum_{v=\beta;\eta=1,2,3}K_{\eta v3\beta}\mu_{\eta v}^{n}=\gamma_{3\beta},\quad \beta=3,\end{aligned} \tag{4.5.27h}$$

$$D_2(U^{n+1}-U^n)/\tau_2^n+0.5\left[\partial_1(\mu_{11}^{*}+\mu_{11}^{n})+\partial_2(\mu_{22}^{**}+\mu_{22}^{n})+\partial_3(\mu_{33}^{n+1}+\mu_{33}^{n})\right]=\varphi. \tag{4.5.27i}$$

校正

$$S_1\left[(\mu_{11}^{n+1}-\mu_{11}^{n})/\tau_1+\mu_{11}^{n+1}\right]+T_{12}\mu_{21}^{**}+T_{13}\mu_{31}^{n+1}+\sum_{\eta=1}U_{1\eta}\mu_{1\eta}^{n}+X_1U^{n+1}=\gamma_1, \tag{4.5.27j}$$

$$\begin{aligned}&H_{1\beta}\left[(\mu_{1\beta}^{n+1}-\mu_{1\beta}^{n})/\tau_1+\mu_{1\beta}^{n+1}\right]+\sum_{v=1}J_{\gamma_{1\beta}}\mu_{\gamma\beta}^{m}\\&+\sum_{\gamma=\beta;\eta=1,2,3}K_{\eta\gamma1\beta}\mu_{\eta\gamma}^{n}=\gamma_{1\beta},\quad \beta=1, m=**\text{或}n+1,\end{aligned} \tag{4.5.27k}$$

$$S_2\left[(\mu_{22}^{**}-\mu_{22}^{n})/\tau_1+\mu_{22}^{n+1}\right]+T_{21}\mu^{n+1}+T_{23}\mu_{32}^{n+1}+\sum_{\eta=2}v_{2\eta}\mu_{2\eta}^{n}+X_2U^{n+1}=\gamma_2, \tag{4.5.27l}$$

$$\begin{aligned}&H_{2\beta}\left[(\mu_{2\beta}^{n+1}-\mu_{2\beta}^{n})/\tau_1+\mu_{2\beta}^{n+1}\right]+J_{12\beta}\mu_{1\beta}^{n+1}+J_{32\beta}\mu_{3\beta}^{n+1}\\&+\sum_{\gamma=\beta;\eta=1,2,3}K_{\eta v2\beta}\mu_{\eta v}^{n}=\gamma_{2\beta},\quad \beta=2,\end{aligned} \tag{4.5.27m}$$

校正是必需的, 使得这迭代重新启动每一时间步, 没有必要参考前面的时间步. 对模型问题大部分矩阵是精确的, 数值试验可参阅文献 [15], 关系式 (4.5.23) 将被强加 τ_1 和继续进行一个周期虚拟时间步 $\{\tau_2^n\}$, 是基于在 BDDF$_1$ 空间 Uzawa 迭代的特殊分析, 在数值实验中被应用. 并且, 在试验中 $H_{\alpha\beta}$ 一方程中时间差分项被略去了, 通过它们重新开始计算, 还有, 这校正方程仅仅对于 μ_{11} 和 μ_{22} 项被应用.

4.5.5 虚拟时间步长的选择

从 (4.5.22) 规范化离散结果被实验指明一个时间步周期 (τ_2^n) 选定是基于矩形区域上常系数问题. 这周期是各不相同的, 对二维和三维情况. 这特殊的分析被作出在文献 [15] 中, 能应用它选择二维时间步长. 记

$$\rho_p=\rho_p(\tau_1)=2\tau_1(1+\tau_1)^{-1}\sin^2(0.5\pi ph)\left[3-2\sin^2(0.5\pi ph)\right]^{-1}=\tau_3\xi_p, \tag{4.5.28}$$

此处 $\tau_3 = \tau_1(1+\tau_1)^{-1}$. 取

$$F(\xi_p) = \prod_{n=1}^{N}(1-\tau_3\tau_2^n\xi_p)(1+\tau_3\tau_2^n\xi_p)^{-1} = \prod_{n=1}^{N}(1-\tau_2^n\rho_p(\tau_1))(1+\tau_2^n\rho_p(\tau_1))^{-1}. \tag{4.5.29}$$

对于单位正方形上这 Laplace 方程, 对于解代数方程 (4.5.5) 的逼近误差, 在 $H(\mathrm{div};\Omega)$ 空间范数测度意义下, 由一个因子 $\max|F(\xi_p)|^2$ 所压缩. 最后, 当 Uzawa 迭代用到 RT_0 空间, 在一个一致网格上, 如果单位正方形被替代为边长为 L 的矩形. 在 (4.5.28) 中的 h 将变为 h/L. 下述试探程序将被利用去选择一个时间步周期 $\{\tau_1,\cdots,\tau_N\}$. 若 Ω 为一个边长为 L 的正方形, 此正方形构成一致性网格. 记

$$\xi_{\min} = 2(0.5\pi h/L)^2/3 = \pi^2h^2/6L^2, \quad \xi_{\max} = 2. \tag{4.5.30}$$

这些数表示对上面特征值 ξ_p 逼近的界, 如果一个非一致网格被采用, 由它的最小值代替 h, 一个合理的拟极小对于 $\max|F(\xi)|$ 在区间中能够被发现, 取一个几何序列 τ_2'. 实验指明在变系数和非矩形区域的情况下常用的快速收敛因子是能够得到. 在缺乏严谨的特殊分析情况, 用下述关系确定 $\tau_2^n(\tau_3)$,

$$\tau_3\tau_2^n = \sigma^n, \quad \sigma^{-1} = \xi_{\min}^{-1}, \quad \sigma^n = Q\sigma^{n-1}, \quad \sigma^N = \xi_{\max}^{-1}. \tag{4.5.31}$$

注意到 $\max\{|F(\xi)|:\xi_{\min}\leqslant\xi\leqslant\xi_{\max}\}$ 是不依赖于 τ_1, 在一个矩形域常系数情况一个直接的差商计算能够被利用.

在三维的情况函数 $F(\xi)$ 需要用下述函数来代替.

$$F(\rho_p,\rho_q,\rho_r) = \prod_{n=1}^{N} f(\tau_2^n\rho_p,\tau_2^n\rho_q,\tau_2^n\rho_r), \tag{4.5.32a}$$

$$f(a,b,c) = 1-2(a+b+c)(1+a)^{-1}(1+b)^{-1}(1+c)^{-1}. \tag{4.5.32b}$$

此处对于模型问题的关于 RT_0 空间 Uzawa 迭代的缩减误差被估计, 此压缩因子如同有限差分交替方向法由 Douglas[19] 推出, 关于混合元方法选择迭代参数的计算如同差分方法一样, 一个修正的估计关于 τ_1. 若 $\beta<1<\gamma$ 和选择 β, 使得 $f(\beta,0,0)=f(\gamma,\gamma,\gamma)$, 取

$$\xi_{\min} = \tau_3\pi^2h^2/6L^2, \quad \xi_{\max} = 2\tau_3, \tag{4.5.33a}$$

$$\tau_2^1 = 2\beta/\xi_{\max}, \quad \tau_2^n = \beta\gamma^{-1}\tau_2^{n-1},\ n=2,\cdots,N, \tag{4.5.33b}$$

$$N = \left[\log(\xi_{\max}/\xi_{\min}) + \log(\beta\gamma^{-1})\right]+1. \tag{4.5.33c}$$

抽样检验在 γ 上, 导致选择 γ 围绕着 1.7 或 1.8 时 F 取极小.

4.5.6　数值试验问题

容易看到, 在很多物理问题中较好的初始值预测能够得到对一个向量变量较一个标量变量, 在下述条件下, 设计关于 Uzawa 和 Arrow-Hurwitz 交替方向迭代法的比较试验, 取 5 个初始条件如下 (这二维例子是类似的):

例 4.5.1

$$U_h^0 = 0, \quad \psi_h^0 = 0.$$

例 4.5.2

$$U_h^0 = \begin{cases} 1, & \max x_1 < 0.5, \\ -1, & \text{其他情况}, \end{cases} \qquad \psi_h^0 = 0.$$

例 4.5.3

$$U_{ijk}^0 = (-1)^{i+j+k}, \quad \psi_h^0 = 0.$$

例 4.5.4

$$U_h^0 = x(1-x)y(1-y)z(1-z), \quad \psi_h^0 = 0.$$

例 4.5.5

$$U_h^0 = x(1-x)y(1-y)z(1-z), \quad \psi_h^0 = -\nabla U_h^0.$$

函数 f 和 g 取为零. 因此问题 (4.5.5) 的解是零, 我们指明需要的迭代次数按下述范数意义得到

$$\left(\|\psi_h^n\|_{L^2}\right)^2 + \left(\|U_h^n\|_{L^2}\right)^2 \leqslant \delta\left(\left\|U_h^0\right\|_{L^2}\right)^2. \tag{4.5.34}$$

此处 $\delta = 0.001$.

对于模型问题, 现在处理三维 Uzawa 和 Arrow-Hurwitz 程序, 在二维情况处理了 3 种系数, 在单位正方形和常系数在由单位正方形组成的 L 形区域. 在 L 形区域, 例 4.5.4 和例 4.5.5 中, 没有描述低频初始误差如在单位正方形所做的, 这些系数是试验过的.

系数 1　　$a(x) = 1.$

系数 2　　$a(x) = (1 + 10(x^2 + y^2))^{-1}.$

系数 3　　$a(x) = 1, \text{如果} x < 0.5, a(x) = 0.1, \text{如果} x > 0.5.$

4.5.7　三维模型问题的计算结果

对模型问题例 4.5.1∼ 例 4.5.4 数值计算, 当 $h = 0.1$ 和 $h = 0.05$, 参数 γ 选定 τ_2 周期是 1.71. 对 $h = 0.1$ 和 γ=1.8 及对 $h = 0.05$. 下述表格包含当 $\delta = 0.001$ 在 (4.5.34) 意义要求下的迭代次数.

	例 4.5.1	例 4.5.2	例 4.5.3	例 4.5.4	总数
		$10\times10\times10$ 一致网格			
RT_0 Uzawa	13	13	19	13	58
RT_0 A-H	10	10	1	10	31
		$20\times20\times20$ 一致网格			
RT_0 Uzawa	17	1	×	17	49
RT_0 A-H	13	13	×	14	40
$BDDF_1$ Uzawa	17	17	×	17	51
($\tau_1 \gg 0$)					
$BDDF_1$ A-H	14	14	×	14	42

Arrow-Hurwitz 迭代指明其优点明显的优于 Uzawa 迭代, 当初始预测对向量变量是好于标量变量. 同样, 2 个或 3 个很少的迭代是需要的, 对每一个例子用 Arrow-Hurwitz 迭代当 $\delta=0.1$. 其优点是明显的, 特别有兴趣的是油藏数值模拟.

4.5.8　二维问题的数值试验结果

一系列数值试验结果关于 Uzawa 和 Arrow-Harwitz 迭代的工作报告在 Brown 的博士论文[1] 和综合报告中[15]. 在这里将叙述一些新的观察.

定律 (4.5.23) 在 Arrow-Harwitz 程序中对于选择 τ_1 是被试验, 对于两个变系数问题是很好的, 如同对常系数问题. 这迭代次数是一个给定的值关于 δ 是快速、稳定的, τ_1 在问题中增长是很低的, 因此 (4.5.25) 能够作为一个满意的定律.

在 L 形域上, 几个数值实验已经作出. 设 $\Omega=[0,1]^2\backslash[1-\theta,1]^2$, 和设 $a(x)\equiv1$. 考虑 BDM_1 空间和取 $\tau_1=50$, 这周期长度是 7. 设 $\delta=0.001$. 下述表格是综合了 Arrow-Hurwitz 迭代 $(M=h^{-1})$ 的收敛性态.

θ	例 4.5.1		例 4.5.2		例 4.5.3		例 4.5.4		例 4.5.5	
M	20	32	20	32	20	32	20	32	20	32
0.0		14				7		8		8
0.25	14	14	14	×	7	7	11	13	12	14
0.50	14	14	11	×	7	7	13	14	14	14
0.75	14	14	11	×	7	7	14	14	14	16

注意到例 4.5.4 和例 4.5.5 是低频初始条件在正方形上, 但不在 L 形域上. 对于 $\delta=0.000001$, 类似的结果成立. 粗略的, 二次或更多的迭代是需要的. 这相对不灵敏对 θ 是好一些, 相比早先 Douglas 和 Pearcy[14] 关于在 L 形区域上交替方向差分方法的收敛速度要好.

设 $\Omega=[0,1]^2$, 试验进行中要确定一个最优的周期长度. 对常系数的情况, 它是清楚的. 理论预示, 当平均全部初始条件, 较好的误差缩减能够得到. 应用一个简单的周期长度 N, 则 N 次迭代能得到数值解.

4.6 混合元交替方向迭代格式的稳定性和收敛性

本节以 Dirichlet 型椭圆边值问题研究了混合有限元方法的一类高效计算格式 ——Arrow-Hurwitz 交替方向迭代格式及其稳定性和收敛性分析.

其主要内容: 4.6.1 小节为引言; 4.6.2 小节为第一种修正 Arrow-Hurwitz 交替方向迭代格式; 4.6.3 小节为第二种修正 Arrow-Hurwitz 交替方向迭代格式; 4.6.4 小节为第一种三维 Arrow-Hurwitz 交替方向迭代格式; 4.6.5 小节为第二种变形三维交替方向迭代格式.

4.6.1 引言

考虑 Dirchlet 问题

$$-\mathrm{div}(a(x)\mathrm{grad}u) = f, \quad x \in \Omega, \tag{4.6.1a}$$

$$u = -g, \quad x \in \partial\Omega, \tag{4.6.1b}$$

其中 $\Omega \in \mathbf{R}^m (m = 2,3)$ 为有界区域, $\partial\Omega$ 为其边界, 令 $q = -a(x)\mathrm{grad}u, c(x) = a(x)^{-1}$, 则 (4.6.1) 改写为

$$c(x)q + \mathrm{grad}u = 0, \quad x \in \Omega, \tag{4.6.2a}$$

$$\mathrm{div}q = f, \quad x \in \Omega. \tag{4.6.2b}$$

记 $V = H(\mathrm{div};\Omega) = \left\{v \in L^2(\Omega)^m ;\mathrm{div}v \in L^2(\Omega), m = 2或3\right\}$, $W = L^2(\Omega)$. 鞍点变分问题: 寻求 $\{q, u\} \in V \times W$, 使得

$$(cq, v) - (\mathrm{div}v, u) = \langle q, v \cdot n\rangle, \quad v \in V, \tag{4.6.3a}$$

$$(\mathrm{div}q, w) = (f, w), \quad w \in W, \tag{4.6.3b}$$

此处 $(\ \cdot,\cdot\ )$ 表示 $L^2(\Omega)^2或L^2(\Omega)^3$ 中的内积, $\langle\cdot,\cdot\rangle$ 表示 $L^2(\partial\Omega)$ 中的内积, n 为沿 $\partial\Omega$ 的外法线矢量.

取混合有限元空间为 Raviart-Thomas 空间 ——RT_k 空间, k 为空间指数, 即在对 Ω 的拟正则一致矩形剖分 $J_h(R)$ 下, R 为剖分单元, h 为最大单元直径. 有

$$\begin{aligned}
&\mathrm{RT}_k = V_{k,\mathrm{RT}} \times W_{k,\mathrm{RT}},\\
&V_{k,\mathrm{RT}} = \{v \in H(\mathrm{div};\Omega); \nu|_R \in Q_{k+1,k}(R) \times Q_{k,k+1}(R)\}, m = 2; 或\\
&V_{k,\mathrm{RT}} = \{v \in H(\mathrm{div};\Omega); \nu|_R \in Q_{k+1,k,k}(R) \times Q_{k,k+1,k}(R) \times Q_{k,k,k+1}(R)\}, m = 3.\\
&W_{k,\mathrm{RT}} = \left\{w \in L^2(\Omega); w|_R \in Q_{k,k}(R)\right\}, m = 2; 或\\
&W_{k,\mathrm{RT}} = \left\{w \in L^2(\Omega); w|_R \in Q_{k,k,k}(R)\right\}, m = 3, 其中
\end{aligned}$$

$$Q_{s,l}=\sum_{i=0}^{s}\sum_{j=0}^{l}\varphi_{ij}x^iy^j, \text{或}$$

$$Q_{s,l,m}=\sum_{i=0}^{s}\sum_{j=0}^{l}\sum_{r=0}^{m}\varphi_{ijr}x^iy^jz^r, \quad \varphi_{ij},\varphi_{ijr}\in R^1.$$

式 (4.6.3) 的混合元逼近解 $\{q_h,u_h\}$, 满足下面的逼近格式. 寻求 $\{q_h,u_h\}\in V_{k,\mathrm{RT}}\times W_{k,\mathrm{RT}}$, 使得

$$(cq_h,v)-(\mathrm{div}v,u_h)=\langle g,v\cdot n\rangle, \quad v\in V_{k,\mathrm{RT}}, \tag{4.6.4a}$$

$$(\mathrm{div}q_h,w)=(f,w), \quad w=W_{k,\mathrm{RT}}. \tag{4.6.4b}$$

式 (4.6.4) 可写为下述矩阵表示的代数方程组形式:

$$Aq-BU=G, \tag{4.6.5a}$$

$$B^*U=F, \tag{4.6.5b}$$

此处 q 表示由 q_h 的自由度系数组成的矢量, A 为加权 $c(x)$ 在 $V_{k,\mathrm{RT}}$ 上的 L^2 投影, 为对称正定矩阵, 长方阵 $-B$ 和 B^* 对应于离散的梯度和散度算子的矩阵. (4.6.5) 为一鞍点问题.

本节主要讨论 Arrow-Hurwitz 交替方向迭代格式的稳定性和收敛性一些初步工作. 所用的方法为经典的 Fourier 分析方法[22]. 4.6.2~4.6.3 小节为二维 Arrow-Hurwitz 交替方向迭代方法的稳定性和收敛性分析. 4.6.4~4.6.5 小节为三维 Arrow-Hurwitz 交替方向迭代方法的稳定性和收敛性分析.

4.6.2 第 1 种修正 Arrow-Hurwitz 交替方向迭代格式

式 (4.6.5) 的 Arrow-Hurwitz 交替方向迭代算法, 基于下述虚拟抛物型方程组的提出:

$$D_1\frac{\partial q}{\partial t_1}+Aq-BU=G, \quad t_1>0, \tag{4.6.6a}$$

$$D_2\frac{\partial q}{\partial t_2}+B^*U=F, \quad t_2>0, \tag{4.6.6b}$$

其中$\dfrac{\partial q}{\partial t_1},\dfrac{\partial U}{\partial t_2}$是对 q,U 引入的虚拟时间导数. t_1,t_2 为虚拟时间变量. 因此必须有初始预测信息:

$$q(0,0)=q^0, \qquad U(0,0)=U^0, \quad t_1=t_2=0. \tag{4.6.7}$$

一种分裂算法: Arrow-Hurwitz 交替方向迭代算法提出如下: 对 $n=0,1,2,\cdots$, 有

q^0 和 U^0 任意给定:

$$E_1(q_1^* - q_1^n)/\tau_1 + A_1 q_1^* - B_1 U^* = G_1, \tag{4.6.8a}$$

$$D(U^* - U^n)/\tau_2^n + B_1^* q_1^* + B_2^* q_2^* = F; \tag{4.6.8b}$$

$$E_2(q_2^{n+1} - q_2^n)/\tau_1 + A_2 q_2^{n+1} - B_2 U^{n+1} = G_2, \tag{4.6.9a}$$

$$D(U^{n+1} - U^n)/\tau_2^n + B_2^*(q_2^{nH} - q_2^n) = 0; \tag{4.6.9b}$$

$$E_1(q_1^{n+1} - q_1^n)/\tau_1 + A_1 q_1 - B_1 U^{n+1} = G_1. \tag{4.6.10}$$

下面对上述算法进行理论分析. 将限于对特殊常系数情况 $(a(x) = 1)$, 并且是齐次 Dirichlet 边值条件 $(g = 0)$. Ω 为矩形区域的 Laplace 方程:

$$-\Delta u = f, \quad x \in \Omega, \qquad u = 0, \quad x \in \partial\Omega. \tag{4.6.11}$$

作 Fourier 分析, 在混合元空间 RT_0(即 $k = 0$) 下, 取 Ω 为正方形区域 $[0,1]\times[0,1]$.

记 $x_i = ih, y_i = jh, R_{ij} = [x_i, x_{i+1}] \times [y_j, y_{j+1}] = I_i \times J_j, i, j = 0, 1, \cdots, N, N = h^{-1}$.

令 $q_1(x_i, J_j) = \lambda_{ij}, q_2(I_i, y_j) = \mu_{ij}, U(R_{ij}) = U_{ij}$. 引进记号: $v_{ij} = 6h^{-1}U_{ij}$, $S_1\lambda_{ij} = \lambda_{i-1,j} + 4\lambda_{ij} + \lambda_{i+1,j}$,

$$S_2\mu_{ij} = \mu_{i,j-1} + 4\mu_{ij} + \mu_{i,j+1}, \quad \delta_1 v_{ij} = v_{ij} - v_{i-1,j}, \quad \delta_2 v_{ij} = v_{ij} - v_{i,j-1};$$

$$d_1\varphi_{ij} = \varphi_{i+1,j} - \varphi_{ij}, \quad d_2\varphi_{ij} = \varphi_{i,j+1} - \varphi_{ij}.$$

给定初始值 λ^0, μ^0, v^0 后, (4.6.8)~(4.6.10) 的 Arrow-Hurwitz 交替方向迭代格式如下 $(\tau_1, \tau_2^n > 0)$:

$$\left(S_1\lambda_{ij}^* - S_1\lambda_{ij}^n\right)/\tau_1 + S_1\lambda_{ij}^* + \delta_1 v_{ij}^* = 0, \tag{4.6.12a}$$

$$\left(v_{ij}^* - v_{ij}^n\right)/\tau_2^n + d_1\lambda_{ij}^* + d_2\mu_{ij} = \varphi_{ij} = h\int_{R_{ij}} f\mathrm{d}x\mathrm{d}y; \tag{4.6.12b}$$

$$\left(S_2\mu_{ij}^{n+1} - S_2\mu_{ij}^n\right)/\tau_1 + S_2\mu_{ij}^{n+1} + \delta_2 v_{ij}^{n+1} = 0, \tag{4.6.13a}$$

$$\left(v_{ij}^{n+1} - v_{ij}^n\right)/\tau_2^n + d_2\left(\mu_{ij}^{n+1} - \mu_{ij}^n\right) = 0; \tag{4.6.13b}$$

$$\left(S_1\lambda_{ij}^{n+1} - S_1\lambda_{ij}^n\right)/\tau_1 + S_1\lambda_{ij}^{n+1} + \delta_2 v_{ij}^{n+1} = 0, \quad n = 0, \cdots, N. \tag{4.6.14}$$

欲研究上述格式的稳定性, 只需研究的齐次形式 $(\varphi_{ij} = 0)$ 的稳定性, 此时将 $\{\lambda^n, \mu^n, v^n\}$ 解释为第 n 步迭代值的误差, 误差的 Fourier 展开项中的特征函数取做:

$$\lambda_{ij}^n = L^n \cos \pi p x_i \sin \pi q(y_j + 0.5h), \tag{4.6.15a}$$

$$\mu_{ij}^n = M^n \sin \pi p(x_i + 0.5h) \cos \pi q y_j, \tag{4.6.15b}$$

$$v_{ij}^n = V^n \sin \pi p(x_i + 0.5h) \sin \pi q(y_j + 0.5h), \tag{4.6.15c}$$

这里 $L^n = L_{pq}^n, M^n, V^n$ 是类似的, $p, q = 1, \cdots, N$.

将式 (4.6.15) 代入 (4.5.12)~(4.5.14), 经计算和整理可行

$$\begin{cases} V^{n+1} = K_1 V^n + X_1 L^n + Y_1 M^n \\ \quad = \dfrac{1}{(1+2\tau_2^n \rho_p)(1+2\tau_2^n \rho_q)} V^n + \dfrac{2\tau_2^n \sin \pi p h/2}{(1+\tau_1)(1+2\tau_2^n \rho_p)(1+2\tau_2^n \rho_q)} L^n \\ \quad + \dfrac{2\tau_2^n \sin \pi q h/2(1+2\tau_1\tau_2^n \rho_p)}{(1+\tau_1)(1+2\tau_2^n \rho_p)(1+2\tau_2^n \rho_q)} M^n, \\ L^{n+1} = -\dfrac{\rho_p}{\sin \pi p h/2} V^{n+1} + \dfrac{1}{1+\tau_1} L^n, \\ M^{n+1} = -\dfrac{\rho_q}{\sin \pi q h/2} V^{n+1} + \dfrac{1}{1+\tau_1} M^n, \end{cases} \tag{4.6.16}$$

其中, $\rho_p = \rho_p(\tau_1) = \dfrac{\tau_1}{1+\tau_1} \dfrac{\sin^2 \pi p h/2}{3 - 2\sin^2 \pi p h/2}, \rho_q$ 是类似的.

将 (4.6.16) 写为矩阵形式

$$\begin{bmatrix} 1 & 0 & 0 \\ \rho_p/(\sin \pi p h/2) & 1 & 0 \\ \rho_q/(\sin \pi q h/2) & 0 & 1 \end{bmatrix} \begin{bmatrix} V^{n+1} \\ L^{n+1} \\ M^{n+1} \end{bmatrix} = \begin{bmatrix} K_1 & X_1 & Y_1 \\ 0 & \dfrac{1}{1+\tau_1} & 0 \\ 0 & 0 & \dfrac{1}{1+\tau_1} \end{bmatrix} \begin{bmatrix} V^n \\ L^n \\ M^n \end{bmatrix}. \tag{4.6.17}$$

记 $W^n = (V^n, L^n, W^n)^\tau$, 则式 (4.6.17) 为

$$\tilde{A} W^{n+1} = \tilde{B} W^n, \tag{4.6.18}$$

其增长矩阵 $\tilde{G} = \tilde{A}^{-1}\tilde{B}$, 其中 $\tilde{A}$ 为正定矩阵, $\tilde{G}$ 的特征多项式可写为: $\left|\lambda\tilde{A} - \tilde{B}\right| = 0$, 经计算可得

$$\left(\lambda - \frac{1}{1+\tau_1}\right)\left\{\lambda^2 - \frac{2+\tau_1+4(1+\tau_1)(\tau_2^n)^2\rho_p\rho_q}{(1+\tau_1)(1+2\tau_2^n\rho_p)(1+2\tau_2^n\rho_q)}\lambda \right. \\ \left. + \frac{1}{(1+\tau_1)(1+2\tau_2^n\rho_p)(1+2\tau_2^n\rho_q)}\right\} = 0. \tag{4.6.19}$$

引理 4.6.1 二次多项式 $\lambda^2 + \alpha\lambda + \beta = 0$ 的两个根均按模小于 1 的充分必要条件是:

$$|\alpha| < 1 + \beta < 2, \quad \beta < 1. \tag{4.6.20}$$

证明　由根的表达式 $\lambda_{1,2} = \left(-\alpha \pm \sqrt{\alpha^2 - 4\beta}\right)/2$ 和 Viete 定理可得 (4.6.20).

引理 4.6.2　设 τ_0 为给定的某一正数, 若对一切步长 $\tau \leqslant \tau_0$, 增长矩阵的元素均一致有界, 并且:

$$|\lambda^{(1)}(\tilde{G})| \leqslant 1 + O(\tau), \quad |\lambda^{(l)}(\tilde{G})| < \gamma < 1, \quad 2 \leqslant l \leqslant p. \tag{4.6.21}$$

这里 $\tilde{G}$ 为 $p \times p$ 阶矩阵, $\gamma < 1$ 为某一正数, 则 Von Neumann 条件: $\tilde{G}$ 的谱半径

$$\rho(\tilde{G}) \leqslant 1 + 0(\tau) \tag{4.6.22}$$

是差分格式稳定的必要充分条件.

对 (4.6.19) 应用引理 4.6.1 和引理 4.6.2 可建立下述定理.

定理 4.6.1　对任意的 $\tau_1, \tau_2^n > 0$, Arrow-Hurwitz 型二维交替方向迭代格式 (4.6.12)~(4.6.14) 绝对稳定. 若 $\tau_2^n = \tau$ 为定步长, 则此格式绝对收敛.

证明　由计算可得, 欲使 (4.6.19) 中的二次多项式的两个根按模均小于 1, 由引理 4.6.1 只需使下式恒成立:

$$2(1+\tau_1)\tau_2^n(\rho_p + \rho_q) > 0.$$

这是显然的, 因此 (4.6.19) 的三个根按模均小于 1, 再由 $\tilde{G} = \tilde{A}^{-1}\tilde{B}$ 的矩阵定义, 和引理 4.6.2, 即证明格式的绝对稳定性、格式的相容性是明显的, 由此推得格式的绝对收敛性.

4.6.3　第 2 种修正 Arrow-Hurwitz 交替方向迭代格式

基于 (4.6.6) 的第二种修下 Arrow-Hurwitz 交替方向迭代格式提出如下:

$$q^0\text{和}U^0\text{任意给定} \tag{4.6.23}$$

$$E_1(q_1^* - q_1^n)/\tau_1 + A_1 q_1^* - B_1 U^* = G_1, \tag{4.6.24a}$$

$$D(U^* - U^n)/\tau_2^n + B_1^*(q_1^* + q_1^n)/2 + B_2^* q_2^n = F; \tag{4.6.24b}$$

$$E_2(q_2^{n+1} - q_2^n)/\tau_1 + A_2 q_2^{n+1} - B_2 U^{n+1} = G_2, \tag{4.6.25a}$$

$$D(U^{n+1} - U^*)/\tau_2^n + B_2^*(q_2^{n+1} - q_2^n)/2 = 0; \tag{4.6.25b}$$

$$E_1(q_1^{n+1} - q_1^n)/\tau_1 + A_1 q_1^{n+1} - B_1 U^{n+1} = G_1, n = 0, 1, \cdots, N. \tag{4.6.26}$$

仍对 (4.6.11) 做它的 Arrow-Hurwitz 型二维交替方向迭代的 Fourier 分析, 仍取 RT_0 空间.

给定 λ^0, μ^0, v^0 后, (4.6.11) 的 Arrow-Hurwitz 型交替方向迭代格式为: 对 $i, j, n = 0, \cdots, N,\ \tau_1, \tau_2^n > 0$,

$$\left(S_1\lambda_{ij}^* - S_1\lambda_{ij}^n\right)/\tau_1 + S_1\lambda_{ij}^* + \delta_1 v_{ij}^* = 0, \tag{4.6.27a}$$

$$\left(v_{ij}^* - v_{ij}^n\right)/\tau_2^n + d_1(\lambda_{ij}^* + \lambda_{ij}^n)/2 + d_2\mu_{ij}^n = \varphi_{ij}; \tag{4.6.27b}$$

$$\left(S_2\mu_{ij}^{n+1} - S_2\mu_{ij}^n\right)/\tau_1 + S_2\mu_{ij}^{n+1} + \delta_2 v_{ij}^{n+1} = 0, \tag{4.6.28a}$$

$$\left(v_{ij}^{n+1} - v_{ij}^*\right)/\tau_2^n + d_2(\mu_{ij}^{n+1} - \mu_{ij}^n)/2 = 0; \tag{4.6.28b}$$

$$\left(S_1\lambda_{ij}^{n+1} - S_1\lambda_{ij}^n\right)/\tau_1 + S_1\lambda_{ij}^{n+1} + \delta_1 v_{ij}^{n+1} = 0. \tag{4.6.29}$$

令 $\varphi_{ij} = 0, \{\lambda^u, \mu^n, v^n\}$ 表示第 n 步迭代误差. 把 (4.6.15) 式代入 (4.6.27)~(4.6.29), 经计算. 整理后可得:

$$\begin{cases} V^{n+1} = K_2V^n + X_2L^n + Y_2M^n \\ \quad = \dfrac{1}{(1+\tau_2^n\rho_p)(1+\tau_2^n\rho_q)}V^n + \dfrac{(2+\tau_1)\tau_2^n\sin\pi ph/2}{(1+\tau_1)(1+\tau_2^n\rho_p)(1+\tau_2^n\rho_q)}L^n \\ \quad\quad + \dfrac{(2+\tau_1-\tau_1\tau_2^n\rho_p)\tau_2^n\sin\pi qh/2}{(1+\tau_1)(1+\tau_2^n\rho_p)(1+\tau_2^n\rho_q)}M^n, \\ L^{n+1} = -\dfrac{\rho_p}{\sin\pi ph/2}V^{n+1} + \dfrac{1}{1+\tau_1}M^n, \\ M^{n+1} = -\dfrac{\rho_p}{\sin\pi qh/2}V^{n+1} + \dfrac{1}{1+\tau_1}M^n, \end{cases} \tag{4.6.30}$$

式 (4.6.30) 写成下述矩阵形式:

$$\begin{pmatrix} 1 & 0 & 0 \\ \rho_p/\left(\sin\pi ph/2\right) & 1 & 0 \\ \rho_q/\left(\sin\pi qh/2\right) & 0 & 1 \end{pmatrix}\begin{pmatrix} V^{n+1} \\ L^{n+1} \\ M^{n+1} \end{pmatrix} = \begin{pmatrix} K_2 & X_2 & Y_2 \\ 0 & \dfrac{1}{1+\tau_1} & 0 \\ 0 & 0 & \dfrac{1}{1+\tau_1} \end{pmatrix}\begin{pmatrix} V^n \\ L^n \\ M^n \end{pmatrix}. \tag{4.6.31}$$

式 (4.6.31) 的增长矩阵的特征多项式经计算可得:

$$\left(\lambda - \frac{1}{1+\tau_1}\right)\left\{\lambda^2 - \frac{2+\tau_1+(1+\tau_1)(\tau_2^n)^2\rho_p\rho_q - (1+\tau_1)\tau_2^n(\rho_p+\rho_q)}{(1+\tau_1)(1+\tau_2^n\rho_p)(1+\tau_2^n\rho_q)}\lambda \right.$$
$$\left. + \frac{1}{(1+\tau_1)(1+\tau_2^n\rho_p)(1+\tau_2^n\rho_q)}\right\} = 0. \tag{4.6.32}$$

类似于定理 4.6.1, 欲使 (4.6.12) 三个根按模小于 1, 只需使

$$(1+\tau_1)\tau_2^n(\rho_p+\rho_q) > 0, \quad (2+\tau_1) + (1+\tau_1)(\tau_2^n)^2\rho_p\rho_q > 0$$

即可, 这是恒成立的, 于是有

定理 4.6.2 对任意 $\tau_1, \tau_2^n > 0$, Arrow-Hurwitz 二维交替方向迭代格式 (4.6.27)~(4.6.29) 绝对稳定; 若 $\tau_2^n = \tau_2$, 则此格式绝对收敛.

4.6.4 第 1 种三维 Arrow-Hurwitz 交替方向迭代格式

本段对式 (4.6.11) 三维情形的模型问题, 在 RT_0 混合元空间中研究它的 Arrow-Hurwitz 交替方向迭代算法的 Fourier 分析. 记号需要扩充到三维情形. 除 4.6.2 小节中记号外, 又记 $z_k = kh, R_{ijk} = [x_i, x_{i+1}] \times [y_j, y_{j+1}] \times [z_k, z_{k+1}] = I_i \times J_j \times K_k, \quad i,j,k = 0,1,\cdots,N = h^{-1}$.

记 $q_1(x_i, J_j, K_k) = \lambda_{ijk}, q_2(I_i, y_j, K_k) = \mu_{ijk}, q_3(I_i, J_j, z_k) = \eta_{ijk}, U(R_{ijk}) = U_{ijk}, v_{ijk} = 6h^{-1}U_{ijk}, S_1\lambda_{ijk} = \lambda_{i-1,j,k} + 4\lambda_{ijk} + \lambda_{i+1,j,k}, S_2\mu_{ijk}, S_3\eta_{ijk}$类似.$\delta_1 v_{ijk} = v_{ijk} - v_{i-1,j,k}, \delta_2 v_{ijk}$和$\delta_3 v_{ijk}$类似. $d_1\varphi_{ijk} = \varphi_{i+1,j,k} - \varphi_{ijk}, d_2\varphi_{ijk}$和$d_3\varphi_{ijk}$ 类似.

给定初始预测值 λ^0, μ^0, v^0 后, (4.6.11) 的三维 Arrow-Hurwitz 交替方向迭代格式如下 $(\tau_1, \tau_2^n > 0)$:

$$\left(S_1\lambda_{ijk}^* - S_1\lambda_{ijk}^n\right)/\tau_1 + S_1\lambda_{ijk}^* - \delta_1 v_{ijk}^* = 0, \tag{4.6.33a}$$

$$\left(v_{ijk}^* - v_{ijk}^n\right)/\tau_2^n + d_1(\lambda_{ijk}^* + \lambda_{ijk}^n)/2 + d_2\mu_{ijk}^n + d_3\eta_{ijk}^n = \varphi_{ijk} = h\int_{R_{ijk}} f\mathrm{d}x\mathrm{d}y\mathrm{d}z, \tag{4.6.33b}$$

$$\left(S_2\mu_{ijk}^{**} - S_2\mu_{ijk}^n\right)/\tau_1 + S_2\mu_{ijk}^{**} + \delta_2 v_{ijk}^{**} = 0, \tag{4.6.34a}$$

$$\left(v_{ijk}^{**} - v_{ijk}^*\right)/\tau_2^n + d_2(\mu_{ijk}^{**} - \mu_{ijk}^*)/2 = 0; \tag{4.6.34b}$$

$$\left(S_3\eta_{ijk}^{n+1} - S_3\eta_{ijk}^n\right)/\tau_1 + S_3\eta_{ijk}^{n+1} + \delta_3 v_{ijk}^{n+1} = 0, \tag{4.6.35a}$$

$$\left(v_{ijk}^{n+1} - v_{ijk}^{**}\right)/\tau_2^n + d_3(\eta_{ijk}^{n+1} - \eta_{ijk}^n)/2 = 0; \tag{4.6.35b}$$

$$\left(S_1\lambda_{ijk}^{n+1} - S_1\lambda_{ijk}^n\right)/\tau_1 + S_1\lambda_{ijk}^{n+1} + \delta_1 v_{ijk}^{n+1} = 0, \tag{4.6.36a}$$

$$\left(S_2\mu_{ijk}^{n+1} - S_2\mu_{ijk}^n\right)/\tau_1 + S_2\mu_{ijk}^{n+1} + \delta_2 v_{ijk}^{n+1} = 0, \tag{4.6.36b}$$

$$对 i,j,k,n = 0,1,\cdots,N.$$

令 $\varphi_{ijk} = 0, \{\lambda^n, \mu^n, \eta^n, v^n\}$ 解释为第 n 步迭代的误差, 其 Fourier 展开项中的特征函数可取为

$$\begin{cases} \lambda_{ijk}^n = L^n \cos\pi p x_i \sin\pi q(y_j + 0.5h)\sin\pi r(z_k + 0.5h), \\ \mu_{ijk}^n = M^n \sin\pi p(x_i + 0.5h)\cos\pi q y_j \sin\pi r(z_k + 0.5h), \\ \eta_{ijk}^n = H^n \sin\pi p(x_i + 0.5h)\sin\pi q(y_j + 0.5h)\cos\pi r z_k, \\ v_{ijk}^n = V^n \sin\pi p(x_i + 0.5h)\sin\pi q(y_j + 0.5h)\sin\pi r(z_k + 0.5h), \end{cases} \tag{4.6.37}$$

这里 $L^n = L^n_{pqr}$, 其余类似, $p, q, r = 1, \cdots, N$.

式将 (4.6.37) 代入 (4.6.33)~(4.6.36), 经计算和整理可得

$$\left\{\begin{aligned} V^{n+1} &= K_3 V^n + X_3 L^n + Y_3 M^n + Z_3 H^n \\ &= \frac{1}{(1+\tau_2^n\rho_p)(1+\tau_2^n\rho_q)(1+\tau_2^n\rho_r)} V^n \\ &\quad + \frac{(2+\tau_1)\tau_2^n \sin \pi ph/2}{(1+\tau_1)(1+\tau_2^n\rho_p)(1+\tau_2^n\rho_q)(1+\tau_2^n\rho_r)} L^n \\ &\quad + \frac{(2+\tau_1-\tau_1\tau_2^n\rho_p)\tau_2^n \sin \pi qh/2}{(1+\tau_1)(1+\tau_2^n\rho_p)(1+\tau_2^n\rho_q)(1+\tau_2^n\rho_r)} M^n \\ &\quad + \frac{(2+\tau_1-\tau_1\tau_2^n(\rho_p+\rho_q)-\tau_1(\tau_2^n)^2\rho_p\rho_q)\tau_2^n \sin \pi rh/2}{(1+\tau_1)(1+\tau_2^n\rho_p)(1+\tau_2^n\rho_q)(1+\tau_2^n\rho_r)} H^n, \\ L^{n+1} &= -\frac{\rho_p}{\sin \pi ph/2} V^{n+1} + \frac{1}{1+\tau_1} L^n, \\ M^{n+1} &= -\frac{\rho_q}{\sin \pi qh/2} V^{n+1} + \frac{1}{1+\tau_1} M^n, \\ H^{n+1} &= -\frac{\rho_r}{\sin \pi rh/2} V^{n+1} + \frac{1}{1+\tau_1} H^n, \end{aligned}\right. \tag{4.6.38}$$

这里 ρ_p, ρ_q, ρ_r 的定义类同 4.6.2 小节, 写成矩阵形式有

$$\begin{bmatrix} 1 & 0 & 0 & 0 \\ \rho_p/(\sin \pi ph/2) & 1 & 0 & 0 \\ \rho_q/(\sin \pi qh/2) & 0 & 1 & 0 \\ \rho_r/(\sin \pi rh/2) & 0 & 0 & 1 \end{bmatrix} \begin{bmatrix} V^{n+1} \\ L^{n+1} \\ M^{n+1} \\ H^{n+1} \end{bmatrix} = \begin{bmatrix} K_3 & X_3 & Y_3 & Z_3 \\ 0 & \dfrac{1}{1+\tau_1} & 0 & 0 \\ 0 & 0 & \dfrac{1}{1+\tau_1} & 0 \\ 0 & 0 & 0 & \dfrac{1}{1+\tau_1} \end{bmatrix} \begin{bmatrix} V^n \\ L^n \\ M^n \\ H^n \end{bmatrix}. \tag{4.6.39}$$

令 $W^n = (V^n, L^n, M^n, H^n)$, 式 (4.6.39) 可写为: $\tilde{A}W^{n+1} = \tilde{B}W^n$. 其增长矩阵 $\tilde{G} = \tilde{A}^{-1}\tilde{B}$ 的特征多项式为

$$\begin{aligned} &\left(\lambda - \frac{1}{1+\tau_1}\right)^2 \cdot \left\{\lambda^2 \right. \\ &- \frac{2+\tau_1+(1+\tau_1)\tau_2^n(\rho_p+\rho_q+\rho_r)+(1+\tau_1)(\tau_2^n)^2(\rho_p\rho_q+\rho_p\rho_r+\rho_q\rho_r)-(1+\tau_1)(\tau_2^n)^3\rho_p\rho_q\rho_r}{(1+\tau_1)(1+\tau_2^n\rho_p)(1+\tau_2^n\rho_q)(1+\tau_2^n\rho_r)}\lambda \\ &\left. + \frac{1}{(1+\tau_1)(1+\tau_2^n\rho_p)(1+\tau_2^n\rho_q)(1+\tau_2^n\rho_r)}\right\} = 0. \end{aligned} \tag{4.6.40}$$

类似定理 4.6.1, 定理 4.6.2 可以得出, 欲使 (4.6.40) 的 4 个根均按模小于 1, 只需使得

$$
\begin{aligned}
&(1+\tau_1)\tau_2^n(\rho_p+\rho_q+\rho_r)>0,\\
&2+\tau_1+(1+\tau_1)(\tau_2^n)^3\rho_p\rho_q\rho_r+(1+\tau_1)(\tau_2^n)^2(\rho_p\rho_q+\rho_p\rho_r+\rho_q\rho_r)>0
\end{aligned}
$$

即可. 而这是恒成立的, 于是有

定理 4.6.3 对任意 $\tau_1,\tau_2^n>0$, 三维Arrow-Hurwitz交替方向迭代格式(4.6.33)~(4.6.36) 绝对稳定; 若 $\tau_2^n=\tau_2$, 则此格式绝对收敛.

4.6.5 第 2 种变形三维 Arrow-Hurwitz 交替方向迭代格式

对 Arrow-Hurwitz 交替方向迭代算法进行简化变形, 可得到第二种变形三维 Arrow-Hurwitz 交替方向迭代格式:

$$q^0\text{和}U^0\text{任意给定;} \tag{4.6.41}$$

$$E_1(q_1^*-q_1^n)/\tau_1+A_1q_1^*-B_1U^*=G_1, \tag{4.6.42a}$$

$$D(U^*-U^n)/\tau_2^n+B_1^*q_1^*+B_2^*q_2^n+B_3^*q_3^n=F; \tag{4.6.42b}$$

$$E_2(q_2^{**}-q_2^n)/\tau+A_2q_2^{**}-B_2U^{**}=G_2, \tag{4.6.43a}$$

$$D(U^{**}-U^*)/\tau_2^n+B_2^*(q_2^{**}-q_2^n)=0; \tag{4.6.43b}$$

$$E_3(q_3^{n+1}-q_3^n)/\tau_1+A_3q_3^{n+1}-B_3U^{n+1}=G_3, \tag{4.6.44a}$$

$$D(U^{n+1}-U^{**})/\tau_2^n+B_3^*(q_3^{n+1}-q_3^n)=0; \tag{4.6.44b}$$

$$E_1(q_1^{n+1}-q_1^n)/\tau_1+A_1q_1^{n+1}-B_1U^{n+1}=G_1, \tag{4.6.45a}$$

$$E_2(q_2^{n+1}-q_2^n)/\tau_1+A_2q_2^{n+1}-B_2U^{n+1}=G_2, n=0,1,\cdots,N. \tag{4.6.45b}$$

仍以模型问题 (4.6.11) 为例, 在 RT_0 空间下作 (4.6.41)~(4.6.45) 算法的 Fourier 分析.

给定初始值 $\lambda^0,\mu^0,\eta^0,v^0$ 后, (4.6.11) 的形如 (4.6.41)~(4.6.45) 的三维 Arrow-Hurwitz 交替方向迭代格式如下:

对 $i,j,k,n=0,1,\cdots,N=h^{-1},\tau_1,\tau_2^n>0$, 有

$$\left(S_1\lambda_{ijk}^*-S_1\lambda_{ijk}^n\right)/\tau_1+S_1\lambda_{ijk}^*+\delta_1v_{ijk}^*=0, \tag{4.6.46a}$$

$$\left(v_{ijk}^*-v_{ijk}^n\right)/\tau_2^n+d_1\lambda_{ijk}^*+d_2\mu_{ijk}^n+d_3\eta_{ijk}^n=\varphi_{ijk}; \tag{4.6.46b}$$

$$\left(S_2\mu_{ijk}^{**}-S_2\mu_{ijk}^n\right)/\tau_1+S_2\mu_{ijk}^{**}+\delta_2v_{ijk}^{**}=0, \tag{4.6.47a}$$

$$\left(v_{ijk}^{**}-v_{ijk}^*\right)/\tau_2^n+d_2(\mu_{ijk}^{**}-\mu_{ijk}^n)=0; \tag{4.6.47b}$$

$$\left(S_3\eta^{n+1}-S_3\eta_{ijk}^{n}\right)/\tau_1+S_3\eta_{ijk}^{n+1}+\delta_3 v_{ijk}^{n+1}=0, \tag{4.6.48a}$$

$$\left(v_{ijk}^{n+1}-v_{ijk}^{**}\right)/\tau_2^n+d_3(\eta_{ijk}^{n+1}-\eta_{ijk}^{n})=0; \tag{4.6.48b}$$

$$\left(S_1\lambda_{ijk}^{n+1}-S_1\lambda_{ijk}^{n}\right)/\tau_1+S_1\lambda_{ijk}^{n+1}+\delta_1 v_{ijk}^{n+1}=0, \tag{4.6.49a}$$

$$\left(S_2\mu_{ijk}^{n+1}-S_2\mu_{ijk}^{n}\right)/\tau_1+S_2\mu_{ijk}^{n+1}+\delta_2 v_{ijk}^{n+1}=0. \tag{4.6.49b}$$

方程组 (4.6.46)~(4.6.49) 的矩阵形式

$$\begin{bmatrix} 1 & 0 & 0 & 0 \\ \rho_p/(\sin\pi ph/2) & 1 & 0 & 0 \\ \rho_q/(\sin\pi qh/2) & 0 & 1 & 0 \\ \rho_r/(\sin\pi rh/2) & 0 & 0 & 1 \end{bmatrix}\begin{bmatrix} V^{n+1} \\ L^{n+1} \\ M^{n+1} \\ H^{n+1} \end{bmatrix}$$

$$=\begin{bmatrix} K_4 & X_4 & Y_4 & Z_4 \\ 0 & \dfrac{1}{1+\tau_1} & 0 & 0 \\ 0 & 0 & \dfrac{1}{1+\tau_1} & 0 \\ 0 & 0 & 0 & \dfrac{1}{1+\tau_1} \end{bmatrix}\begin{bmatrix} V^{n} \\ L^{n} \\ M^{n} \\ H^{n} \end{bmatrix}, \tag{4.6.50}$$

其中

$$K_4=\frac{1}{(1+2\tau_2^n\rho_p)(1+2\tau_2^n\rho_q)(1+2\tau_2^n\rho_r)},$$

$$X_4=\frac{2\tau_2^n\sin\pi ph/2}{(1+\tau_1)(1+2\tau_2^n\rho_p)(1+2\tau_2^n\rho_q)(1+2\tau_2^n\rho_r)},$$

$$Y_4=\frac{2\tau_2^n(1-2\tau_1\tau_2^n\rho_p)\sin\pi qh/2}{(1+\tau_1)(1+2\tau_2^n\rho_p)(1+2\tau_2^n\rho_q)(1+2\tau_2^n\rho_r)},$$

$$Z_4=\frac{2\tau_2^n(1-2\tau_1\tau_2^n(\rho_p+\rho_q)-4\tau_1(\tau_2^n)^2\rho_p\rho_q)\sin\pi rh/2}{(1+\tau_1)(1+2\tau_2^n\rho_p)(1+2\tau_2^n\rho_q)(1+2\tau_2^n\rho_r)},$$

式 (4.6.50) 的增长矩阵的特征多项式; 同前面一样可得

$$\left(\lambda-\frac{1}{1+\tau_1}\right)^2$$

$$\cdot\left\{\lambda^2-\frac{2+\tau_1+4(1+\tau_1)(\tau_2^n)^2(\rho_p\rho_q+\rho_p\rho_r+\rho_q\rho_r)+8(1+\tau_1)(\tau_2^n)^3\rho_p\rho_q\rho_r}{(1+\tau_1)(1+2\tau_2^n\rho_p)(1+2\tau_2^n\rho_q)(1+2\tau_2^n\rho_r)}\lambda\right.$$

$$\left.+\frac{1}{(1+\tau_1)(1+2\tau_2^n\rho_p)(1+2\tau_2^n\rho_q)(1+2\tau_2^n\rho_r)}\right\}=0. \tag{4.6.51}$$

欲使 (4.6.51) 的四个根均按模小于 1, 只需

$$(1+\tau_1)\tau_2^n(\rho_p+\rho_q+\rho_r)>0.$$

这是显然的, 于是有

定理 4.6.4　对任意 $\tau_1,\tau_2^n>0$, 变形后的三维 Arrow-Hurwitz 交替方程迭代格式 (4.6.46)~(4.6.49) 绝对稳定; 若 $\tau_2^n=\tau_2$, 则此格式绝对收敛.

4.7　二阶椭圆问题的 Arrow-Hurwitz 交替方向混合元方法的谱分析

本节研究了一般的二阶椭圆问题的混合元交替方向法. 提出了一类 Arrow-Hurwitz 迭代格式. 并就常系数的情况, 给出了谱分析. 这对油藏数值模拟等实际问题, 有着一定的理论和实用价值.

4.7.1　引言

本节研究下述二阶椭圆问题:

$$-\text{div}(a(x)\text{grad}u+b(x)u)+c(x)u=f(x),\quad x\in\Omega,\tag{4.7.1a}$$

$$u=-g(x),\quad x\in\partial\Omega.\tag{4.7.1b}$$

此处 Ω 是二维有界区域, $\partial\Omega$ 是其边界. $a(x)\geqslant a_0>0,a_0$ 为某一正常数, $b(x)=(b_1(x),b_2(x))^{\mathrm{T}}$ 是向量函数, 且 $a(x),b(x)$ 足够光滑, 则上述问题对 $\{f,g\}\in L^2(\Omega)\times H^{1/2}(\partial\Omega)$ 是可解的.

设

$$q=-(a(x)\text{grad}u+b(x)u).\tag{4.7.2}$$

记 $\alpha(x)=a^{-1}(x),\beta(x)=\alpha(x)b(x)$, 则 (4.7.1) 可转化为下述一阶方程组:

$$\alpha q+\text{grad}u+\beta u=0,\quad x\in\Omega,\tag{4.7.3a}$$

$$\text{div}q+cu=f,\quad x\in\Omega,\tag{4.7.3b}$$

$$u=-g,\quad x\in\partial\Omega.\tag{4.7.3c}$$

设 $V=H(\text{div};\Omega)=\left\{v\in L^2(\Omega)^2;\text{div}v\in L^2(\Omega)\right\},W=L^2(\Omega)$, 则 (4.7.3) 的弱形式是: 寻求 $\{q,u\}\in V\times W$, 使得

$$(\alpha q,v)-(u,\text{div}v)+(\beta u,v)=\langle g,v\cdot n\rangle,\quad\forall v\in V,\tag{4.7.4a}$$

$$(\mathrm{div}q, w) + (cu, w) = (f, w), \quad \forall w \in W. \tag{4.7.4b}$$

取 $V_h \times W_h \subset V \times W$ 为相应于 Ω 的拟一致正则剖分 J_h 的有限元空间, 则 (4.7.3) 的混合元方法是: 寻求 $\{q_h, u_h\} \in V_h \times W_h$, 使得

$$(\alpha q_h, v) - (u_h, \mathrm{div}v) + (\beta u_h, v) = \langle g, v \cdot n \rangle, \quad \forall v \in V_h, \tag{4.7.5a}$$

$$(\mathrm{div}q_h, w) + (cu_h, w) = (f, w), \quad \forall w \in W. \tag{4.7.5b}$$

设 $J_h = \{R\}$, 此处 $\mathrm{diam}(R) \leqslant h$ 是 Ω 的拟一致正则矩形剖分, Q_{ij} 表示 x 的次数不超过 i, y 的次数不超过 j 的多项式空间. $\mathrm{RT}(k, R)$ 为定义在 R 上的指数为 k 的 Raviart-Thomas 空间, 即

$$\mathrm{RT}(k, R) = V(k, R) \times W(k, R) = \{Q_{k+1,k} \times Q_{k,k+1}\} \times Q_{k,k}. \tag{4.7.6}$$

设

$$V_h = V(k, J_h) = \{v \in V : v|_R \in V(k, R), R \in J_h\}, \tag{4.7.7a}$$

$$W_h = W(k, J_h) = \{w \in W : w|_R \in W(k, R), R \in J_h\}, \tag{4.7.7b}$$

$$\mathrm{RT}_h = \mathrm{RT}(k, J_h) = V_h \times W_h, \tag{4.7.8}$$

在 RT_h 有限元空间 (4.7.8) 中求解 (4.7.5) 时, 其相应的代数方程组为

$$Aq - BU + EU = g, \tag{4.7.9a}$$

$$B^* q + CU = f, \tag{4.7.9b}$$

此处 $q = (q_1, q_2)$ 为向量函数 q_h 相应于 x 方向和 y 方向的自由度. U 为 u_h 的自由度. A, C 为对称正定矩阵, 分别相应于 V_h 和 W_h 空间上的加权 $\alpha(x), c(x)$ 的 L^2 投影算子矩阵. $-B$ 和 B^* 分别为离散的散度算子和梯度算子矩阵. E 相应于 $(\beta u, v)$ 的算子矩阵. (4.7.9) 是一个鞍点问题. 本节将针对这一代数方程组提出一类 Arrow-Hurwitz 交替方向迭代格式.

4.7.2 Arrow-Hurwitz 交替方向迭代法

Arrow-Hurwitz 迭代法来源于一个瞬态问题. 研究这一方法的重要原因是对流速 q 的初值预测要比对压力 U 容易得多, 在实际应用中, 比如多孔介质中两相不可压缩渗流驱动问题, Darcy 速度场的变化就比压力场慢的多, 预测也就更加容易和准确. Arrow-Hurwitz 方法通过对方程增加一项 q 对时间 t_1 的导数和一项 U 对时间 t_2 的导数及其相应的初始值, 即

$$D_1 \frac{\partial q}{\partial t_1} + Aq - BU + EU = g, \quad t_1 > 0, \tag{4.7.10a}$$

$$D_2 \frac{\partial U}{\partial t_2} + B^* q + CU = f, \quad t_2 > 0, \tag{4.7.10b}$$

$$q(0,0) = q^0, \quad U(0,0) = U^0. \tag{4.7.10c}$$

记 $x_i = ih, y_j = jh, R_{ij} = [x_i, x_{i+1}] \times [y_j, y_{j+1}] = I_i \times J_j, i, j = 0, 1, \cdots, N = h^{-1}$, 并设 $q_1(x_i, J_j) = \lambda_{ij}$, $q_2(I_i, y_i) = \mu_{ij}, U(R_{ij}) = U_{ij}, v_{ij} = 6h^{-1}U_{ij}$, 为分析方便, 将 (4.7.1) 中的系数均视为常系数 (即 $a(x), b(x), c(x) = 1$).) 定义 Simpson 算子 (乘以 6), 即

$$S_1 \lambda_{ij} = \lambda_{i-1,j} + 4\lambda_{ij} + \lambda_{i+1,j}, \tag{4.7.11a}$$

$$S_2 \mu_{ij} = \mu_{i,j-1} + 4\mu_{ij} + \mu_{i,j+1}. \tag{4.7.11b}$$

散度算子和梯度算子 δ, d:

$$\delta_1 v_{ij} = v_{ij} - v_{i-1,j}, \delta_2 v_{ij} = v_{ij} - v_{i,j-1}, \tag{4.7.12a}$$

$$d_1 v_{ij} = v_{i+1,j} - v_{ij}, d_2 v_{ij} = v_{i,j+1} - v_{ij}, \tag{4.7.12b}$$

假设边界值为零, 给定初始值 μ^0, λ^0, v^0, 则 Arrow-Hurwitz 交替方向格式如下 (迭代参数 $\tau_1, \tau_2^n > 0$):

x 方向

$$\frac{S_1 \bar{\lambda}_{ij}^{n+1} - S_1 \lambda_{ij}^n}{\tau_1} + \delta_1 \bar{\lambda}_{ij}^{n+1} + \delta_1 \bar{v}_{ij}^{n+1} + \delta_1 v_{ij}^n = 0, \tag{4.7.13a}$$

$$\frac{\bar{v}_{ij}^{n+1} - v_{ij}^n}{\tau_2^n} + d_1 \bar{\lambda}_{ij}^{n+1} + d_2 \mu_{ij}^n + \bar{v}_{ij}^{n+1} = \varphi_{ij}. \tag{4.7.13b}$$

y 方向

$$\frac{S_2 \mu_{ij}^{n+1} - S_2 \mu_{ij}^n}{\tau_1} + S_2 \mu_{ij}^{n+1} + \delta_2 v_{ij}^{n+1} + \delta_2 v_{ij}^n = 0, \tag{4.7.14a}$$

$$\frac{v_{ij}^{n+1} - \bar{v}_{ij}^{n+1}}{\tau_2^n} + d_1 \bar{\lambda}_{ij}^{n+1} + d_2 \mu_{ij}^n + v_{ij}^{n+1} = \varphi_{ij}. \tag{4.7.14b}$$

校正

$$\frac{S_1 \lambda_{ij}^{n+1} - S_1 \lambda_{ij}^n}{\tau_1} + S_1 \lambda_{ij}^{n+1} + \delta_1 v_{ij}^{n+1} + \delta_1 v_{ij}^n = 0. \tag{4.7.15}$$

此处 $\varphi_{ij} = h \int_{R_{ij}} f \mathrm{d}x$. 为分析方便, 设 $\varphi = 0$. 为了针对 $\mathrm{RT}(0, J_h)$ 进行谱分析, 特征函数取成下述形式:

$$\lambda_{ij}^n = L^n \sin \pi p x_i \cos \pi q (y_j + h/2),$$

$$\mu_{ij}^n = M^n \cos \pi p (x_i + h/2) \sin \pi q y_j, \tag{4.7.16}$$

$$v_{ij}^n = V^n \cos \pi p(x_i + h/2) \cos \pi q(y_j + h/2).$$

此处 $L^n = L_{pq}^n, M^n = M_{pq}^n, V^n = V_{pq}^n, p, q = 1, \cdots, N$. 将 (4.7.16) 代入 (4.7.13)~(4.17.15), 经计算和整理得到 $V^{n+1}, L^{n+1}, M^{n+1}$ 的递推关系式:

$$L^{n+1} - \alpha_p V^{n+1} = \frac{1}{1+\tau_1} L^n + \alpha_p V^n, \tag{4.7.17}$$

$$M^{n+1} - \alpha_q V^{n+1} = \frac{1}{1+\tau_1} M^n + \alpha_q V^n, \tag{4.7.18}$$

$$\begin{aligned} V^{n+1} =& \frac{1 - \tau_2^n(3\rho_p + \rho_q) - (\tau_2^n)^2(\rho_p + \rho_q + \rho_p\rho_q)}{(1 + \tau_2^n + \tau_2^n\rho_p)(1 + \tau_2^n + \tau_2^n\rho_q)} \\ & - \frac{2(2+\tau_2^n)\tau_2^n \sin \pi ph/2}{(1+\tau_1^n)(1+\tau_2^n+\tau_2^n\rho_p)(1+\tau_2^n+\tau_2^n\rho_q)} \\ & - \frac{2\tau_2^n \sin \pi qh/2}{1+\tau_2^n+\tau_2^n\rho_q}\left[\frac{1}{1+\tau_1} + \frac{1-\tau_2^n\rho_p}{1+\tau_2^n\rho_p}\right] M^n \\ =& a_1 V^n - a_2 L^n - a_3 M^n, \end{aligned} \tag{4.7.19}$$

此处

$$\rho_p = \rho_p(\tau_1) = \frac{\tau_1}{1+\tau_1} \cdot \frac{2\sin^2 \pi ph/2}{3 - 2\sin^2 \pi ph/2},$$

$$\alpha_p = \alpha_p(\tau_1) = \frac{\tau_1}{1+\tau_1} \cdot \frac{\sin^2 \pi ph/2}{3 - 2\sin^2 \pi ph/2}.$$

ρ_q, α_q 是类似的, 记 $W^n = (V^n, L^n, M^n)$, 将 (4.7.17)~(4.7.19) 写成矩阵形式

$$\tilde{A}W^{n+1} = \tilde{B}W^n, \tag{4.7.20}$$

其中

$$\tilde{A} = \begin{pmatrix} 1 & 0 & 0 \\ -\alpha_p & 1 & 0 \\ -\alpha_q & 0 & 1 \end{pmatrix}, \quad \tilde{B} = \begin{pmatrix} a_1 & -a_2 & -a_3 \\ \alpha_p & \dfrac{1}{1+\tau_1} & 0 \\ \alpha_q & 0 & \dfrac{1}{1+\tau_1} \end{pmatrix}.$$

增长矩阵 $\tilde{G} = \tilde{A}^{-1}\tilde{B}$ 的特征多项式 $|\lambda A - B| = 0$ 为

$$\left(1 - \frac{1}{1+\tau_1}\right)\left[\lambda^2 - \left(\frac{1}{1+\tau_1} + a_1 + a_3\alpha_q + a_2\alpha_p\right)\lambda + \frac{a_1}{1+\tau_1} + a_3\alpha_q + a_2\alpha_p\right] = 0, \tag{4.7.21}$$

即

$$\left(1 - \frac{1}{1+\tau_1}\right) \cdot \left\{\lambda^2 - \frac{(1+\tau_2^n)^2 - \tau_2^n\rho_p + (1+\tau_1)\left[1 - \tau_2^n(3\rho_p + 2\rho_q) - (\tau_2^n)^2(\rho_p + \rho_q)\right]}{(1+\tau_1)(1+\tau_2^n+\tau_2^n\rho_p)(1+\tau_2^n+\tau_2^n\rho_q)}\lambda\right.$$

$$+\left.\frac{1-\tau_2^n\rho_p+(1+\tau_1)(1-\tau_2^n\rho_p)\tau_2^n\rho_q}{(1+\tau_1)(1+\tau_2^n+\tau_2^n\rho_p)(1+\tau_2^n+\tau_2^n\rho_q)}\right\}=0. \tag{4.7.22}$$

若矩阵 G 的特征根按模小于 1, 则算法稳定, 我们知道二次多项式 $\lambda^2+b\lambda+c=0$ 的两个根均按模小于 1 的充要条件是 $|b|<1+c<2$, 经计算可得下述定理.

定理 4.7.1 若 $\tau_1\tau_2^n\dfrac{4\sin^2(\pi h/2)}{3-2\sin^2(\pi h/2)}\geqslant 1$, 则 Arrow-Hurwitz 算法稳定; 若 $\tau_2^n=$ 常数, 则算法收敛.

参考文献

[1] Brown D C. Alternating-direction iterative schemes for mixed finite elements for second order elliptic problems. Thesis, University of Chicago, 1982.

[2] Douglas J Jr, Duran R, Pietra P. Alternating-direction iteration for mixed finite element methods. Proceedings of the Seventh International Conference on Computing Methods in Applied Sciences and Engineering, Versailles, Deccmber 1985.

[3] Douglas J Jr, Duran R, Pietra P. Formulation of alternating-direction iterative methods for mixed method in three dimensional space. North-Holland, 1987.

[4] Douglas J Jr, Pieta P. A description of some alternating-direction iterative techniques for mixed finite element. The Proceedings of a SIAM/SEG/SPE Conference Held in Houston, January, 1985.

[5] Raviart P A, Thomas J M. A mixed finite element method for second order elliptic problems, Lecture Notes in Math. 606, Berlin:Springer-Verlag, 1977:292–315.

[6] 周天孝, 陈掌星. 混合元与杂交元. 有限元理论与方法, 第二篇第 1 章. 北京: 科学出版社, 2009: 161–197.

[7] 罗振东. 混合有限元法基础及其应用. 北京: 科学出版社, 2006.

[8] Brezzi F. On the existence, uniquensess and approximation of saddle-point problems arising from Lagrangian multipliers. RAIRO Anal. Numer. 1974,8:129–151.

[9] Clariet P G, Raviart P A. General Lagrange and Hermite interpolation in R^n with application to finite elemeit methods. Arch. Rat. Mech. Anal. 1972, 46:177–199.

[10] Douglas J Jr, Roberts J E. Global estimates for mixed methods for second order elliptic equations. Math. Comp., 1985, 169:39–52.

[11] Brezzi F, Douglas J Jr, Marimi L D. Two families of mixed finite elements for second order elliptic problems. Numer. Math. 1985,47:217–235.

[12] Fortin M, Glowinski R. Augmented Lagrangian Methods: Applications to the Numerical Solution of Boundary-Value Problems. Amsterdam: Norah-Holland, 1983.

[13] Pearcy C M. On convergence of alternating direction procedure. Numer. Math., 1962, 4:172–176.

[14] Douglas J Jr, Pearcy C M. On convergence of alternating direction procedures in the presence of singular operators, Numer. Math., 1963, 5:175–184.

[15] Douglas J Jr, Duran R, Pietra P. Fourmulation of alternating-direction iterative methods for mixed methods in three space. Proceedings of the Symposium International de Analisis Numerico. Madrid, September 1985.

[16] Douglas J Jr, Pietra P. A description of some alternating-direction iterative techniques for mixed finite element methods. Proceeding of the SIAM/SEG/SPE Conference, Houston Janary, 1985.

[17] Peaccman D W, Rachford H H. The numerical solution of parabolic and elliptic differential equations. J. Soc. Ind. Appl. Math. 1955, 3:26–41.

[18] Douglas J Jr. On the numerical integration of $U_{xx} + U_{yy} = U_t$ by implicit methods. J. Soc. Ind. Appl. Math. 1955, 3:42–55.

[19] Douglas J Jr. Alternating direction methods for three space variables. Numer. Math., 1952, 4:41–53.

[20] Douglas J Jr, Rachford H H. On the numerical solation of heat conduction problems in two and three space variables, Trans. Amer. Math. Soc. 1956, 82:421–439.

[21] Brezzi F, Douglas J Jr, Duran R, et al. Mixed finite elements for second order elliptic problems in three variable. Numer. Math., 1987, 51:237–250.

[22] 郭本瑜. 偏微分方程的差分方法. 北京: 科学出版社, 1988: 70–88.

第 5 章　二相渗流驱动问题的分数步方法

地下石油渗流中二相渗流驱动问题是能源数学的基础, 著名学者、油藏数值模拟创始人 Douglas Jr. 等提出二维可压缩二相渗流问题的 "微小压缩" 数学模型、数值方法和理论分析. 开创了现代能源数值模拟这一新领域[1~5]. 可压缩、相混溶二相渗流驱动问题的数学模型是一组非线性偏微分方程的初边值问题. 其中压力方程是一抛物型方程, 饱和度方程是一对流扩散方程. 在现代油田勘探和开发数值模拟计算中, 要计算的是大规模、大范围. 甚至是超长时间的, 需要分数步新技术才能完整解决问题[6,7]. 我们对这一领域进行了系统深入的研究, 并成功应用到油田开发、油气盆地资源评估和勘探, 海水入侵和防治工程、化学采油和半导体器件等众多领域的数值模拟[8~16].

我们率先研制成 "三维油气资源数值模拟评估系统", 已成功应用于 "八五期间全国第二轮油气资源评价". 先后评价了胜利油田、辽河油田、冀东油田、大港油田和中原油田所辖各坳陷的资源量. 本章重点讨论二相渗流的分数步 (特征、迎风) 差分方法, 多组分和动边值问题的分数步方法, 最后讨论了半导体瞬态问题的分数步差分方法.

本章共 6 节, 5.1 节为可压缩二相渗流的分数步特征差分方法. 5.2 节为二相渗流问题的分数步迎风差分方法. 5.3 节为多组分可压缩渗流问题的分数步特征差分格式. 5.4 节为三维二相动边值问题的迎风分数步差分方法. 5.5 节为三维热传导型半导体的分数步特征差分方法. 5.6 节为半导体的修正分数步迎风差分方法.

5.1　可压缩二相渗流问题的分数步特征差分方法

油水二相渗流驱动问题是能源数学的基础, 二维可压缩二相驱动问题的 "微小压缩" 数学模型、数值方法和分析[2,4,5], 开创了现代数值模拟这一新领域[3]. 在现代油田勘探和开发数值模拟计算中, 要计算的是大规模、大范围, 甚至是超长时间的、需要分数步新技术才能完整解决的问题[3,7].

问题的数学模型是下述非线性偏微分方程组的初边值问题[2~5]：

$$d(c)\frac{\partial p}{\partial t}+\nabla\cdot u=q(x,t),\quad x=(x_1,x_2)^{\mathrm{T}}\in\Omega,t\in J=(0,T],\tag{5.1.1a}$$

$$u=-a(c)\nabla p,\quad x\in\Omega,t\in J,\tag{5.1.1b}$$

$$\varPhi(x)\frac{\partial c}{\partial t}+b(c)\frac{\partial p}{\partial t}+u\cdot\nabla c-\nabla\cdot(D\nabla c)=g(x,t,c),\quad x\in\varOmega,t\in J,\tag{5.1.2}$$

此处$c=c_1=1-c_2,a(c)=a(x,c)=k(x)\mu(c)^{-1},d(c)=d(x,c)=\varPhi(x)\sum_{j=1}^{2}z_jc_j,c_i$ 表示混合液体第 i 个分量的饱和度, i=1, 2. z_j 是压缩常数因子第 j 个分量, $k(x)$ 是地层的渗透率, $\mu(c)$ 是液体的黏度, $D=D(x)$ 是扩散系数, 压力函数 $p(x,t)$ 和饱和度函数 $c(x,t)$ 是待求的基本函数.

不渗透边界条件:

$$u\cdot\gamma=0,\quad X\in\partial\varOmega,\quad t\in J,\qquad (D\nabla c-cu)\cdot\gamma=0,\quad X\in\partial\varOmega,t\in J,\tag{5.1.3}$$

此处 γ 是边界 $\partial\varOmega$ 的外法线方向矢量.

初始条件:

$$p(x,0)=p_0(x),\quad x\in\varOmega,\qquad c(x,0)=c_0(x),\quad x\in\varOmega.\tag{5.1.4}$$

对于平面不可压缩二相渗流驱动问题, Douglas 发表了特征差分方法的奠基性论文[17,18], 但油田勘探和开发中实际的数值模拟计算是大规模、大范围的, 其节点个数可多达数万乃至数十万个, 用一般数值方法不能解决这样的问题, 虽然 Peaceman[7] 和 Douglas[19] 很早就提出方向交替差分格式来解决这类问题, 并获得成功. 但在理论分析时出现了实质性困难, 用 Fourier 分析方法仅能对常系数的情形证明稳定性和收敛性结果, 此方法不能推广到变系数方程的情形[19,20]. 我们从生产实际出发, 提出了可压缩二相渗流驱动问题的二维分数步特征差分格式, 应用变分形式、能量方法、粗细网格配套、双二次插值、差分算子乘积交换性、高阶差分算子的分解、先验估计的理论和技巧, 得到最佳阶 l^2 误差估计和严谨的收敛性定理, 我们所提出的方法已成功地应用到油资源评估[21] 和强化采油数值模拟[22] 中. 这里提出的方法和理论只要加一定的限制就可以推广到三维问题.

通常问题是正定的, 即满足

$$\begin{aligned}&0<a_*\leqslant a(c)\leqslant a^*,\quad 0<d_*\leqslant d(c)\leqslant d^*,\\&0<D_*\leqslant D(x)\leqslant D^*,\quad \left|\frac{\partial a}{\partial c}(x,c)\right|+\left|\frac{\partial d}{\partial c}(x,c)\right|\leqslant K^*,\end{aligned}\tag{5.1.5}$$

此处 $a_*,a^*,d_*,d^*,D_*,D^*,K^*$ 均为正常数. 为理论分析简便, 假定 $\varOmega=\{[0,1]\}^2$, 且问题是 $\varOmega$ 周期的, 此时不渗边界条件 (5.1.3) 将舍去[23,24].

假定问题 (5.1.1)~(5.1.5) 的精确解具有一定的光滑性, 即满足

$$p,c\in L^\infty(W^{4,\infty})\cap W^{1,\infty}(W^{1,\infty}),\quad \frac{\partial^2 p}{\partial t^2},\frac{\partial^2 c}{\partial \tau^2}\in L^\infty(L^\infty)\ .$$

5.1.1 分数步特征差分格式

设区域 $\Omega=\{[0,1]\}^2, h=1/N, X_{ij}=(ih,jh)^{\mathrm{T}}, t^n=n\Delta t, W(X_{ij},t^n)=W_{ij}^n$. 记

$$A_{i+1/2,j}^n=\left[a\left(X_{ij},C^n\right)+a\left(X_{i+1,j},C_{i+1,j}^n\right)\right]/2,$$
$$a_{i+1/2,j}^n=\left[a\left(X_{ij},c_{ij}^n\right)+a\left(X_{i+1,j},c_{i+1,j}^n\right)\right]/2, \tag{5.1.6}$$

记号 $A_{i,j+\frac{1}{2}}^n, a_{i,j+\frac{1}{2}}^n$ 的定义是类似的. 设

$$\delta_{\bar{x}}\left(A^n\delta_x P^{n+1}\right)_{ij}=h^{-2}[A_{i+\frac{1}{2},j}^n\left(P_{i+1,j}^{n+1}-P_{ij}^{n+1}\right)-A_{i-\frac{1}{2},j}^n\left(P_{ij}^{n+1}-P_{i-1,j}^{n+1}\right)], \tag{5.1.7a}$$

$$\delta_{\bar{y}}\left(A^n\delta_y P^{n+1}\right)_{ij}=h^{-2}[A_{i,j+\frac{1}{2}}^n\left(P_{i,j+1}^{n+1}-P_{ij}^{n+1}\right)-A_{i,j-\frac{1}{2}}^n\left(P_{ij}^{n+1}-P_{i,j-1}^{n+1}\right)], \tag{5.1.7b}$$

$$\nabla_h\left(A^n\nabla_h P^{n+1}\right)_{ij}=\delta_{\bar{x}}\left(A^n\delta_x P^{n+1}\right)_{ij}+\delta_{\bar{y}}\left(A^n\delta_y P^{n+1}\right)_{ij}. \tag{5.1.8}$$

流动方程 (5.1.1) 的分数步长差分格式:

$$d(C_{ijk}^n)\frac{P_{ij}^{n+\frac{1}{2}}-P_{ijk}^n}{\Delta t}=\delta_{\bar{x}}(A^n\delta_x P^{n+\frac{1}{2}})_{ij}+\delta_{\bar{y}}\left(A^n\delta_y P^n\right)_{ij}+q\left(X_{ij},t^{n+1}\right),\quad 1\leqslant i\leqslant N, \tag{5.1.9a}$$

$$d(C_{ij}^n)\frac{P_{ij}^{n+1}-P_{ij}^{n+\frac{1}{2}}}{\Delta t}=\delta_{\bar{y}}\left(A^n\delta_y\left(P^{n+1}-P^n\right)\right)_{ij},\quad 1\leqslant j\leqslant N. \tag{5.1.9b}$$

近似 Darcy 速度 $U=(V,W)^{\mathrm{T}}$ 按下述公式计算:

$$V_{ij}^n=\frac{1}{2}\left[A_{i+\frac{1}{2},j}^n\frac{P_{i+1,j}^n-P_{ij}^n}{h}+A_{i-\frac{1}{2},j}^n\frac{P_{i+1,j}^n-P_{i-1,j}^n}{h}\right], \tag{5.1.10}$$

W_{ij}^n 对应于另一个方向, 公式是类似的.

这流动实际上沿着迁移的特征方向, 对饱和度方程 (5.1.2) 采用特征线法处理一阶双曲部分, 它具有很高的精确度, 对时间 t 可用大步长计算[8,25,26]. 记 $\psi(x,u)=[\Phi^2(x)+|u|^2]^{\frac{1}{2}}$, $\dfrac{\partial}{\partial\tau}=\dfrac{1}{\psi}\left\{\Phi\dfrac{\partial}{\partial t}+u\cdot\nabla\right\}$, 此时方程 (5.12) 可改写为

$$\psi\frac{\partial c}{\partial\tau}-\nabla\cdot(D\nabla c)+b(c)\frac{\partial p}{\partial t}=f(x,t,c),\quad x\in\Omega,t\in J, \tag{5.1.11}$$

此处 $f(x,t,c)=(\bar{c}-c)\,q$.

用沿 τ 特征方向的向后差商逼近:

$$\frac{\partial c^{n+1}}{\partial\tau}=\frac{\partial c}{\partial\tau}(x,t^{n+1}),\quad \frac{\partial c^{n+1}}{\partial\tau}(x)\approx\frac{c^{n+1}(x)-c^n\left(x-u^{n+1}\dfrac{\Delta t}{\Phi(x)}\right)}{\Delta t(\Phi^2(x)+|u^{n+1}|^2)^{\frac{1}{2}}}.$$

饱和度方程的分数步特征差分格式:

$$\Phi_{ij}\frac{C_{ij}^{n+\frac{1}{2}}-\hat{C}_{ij}^{n}}{\Delta t}=\delta_{\bar{x}}(D\delta_{x}C^{n+\frac{1}{2}})_{ij}+\delta_{\bar{y}}(D\delta_{y}C^{n})_{ij}-b(C_{ij}^{n})\frac{P_{ij}^{n+1}-P_{ij}^{n}}{\Delta t}+f(X_{ij},t^{n},\hat{C}_{ij}^{n}),\quad 1\leqslant i\leqslant N,\tag{5.1.12a}$$

$$\Phi_{ij}\frac{C_{ij}^{n+1}-C_{ij}^{n+\frac{1}{2}}}{\Delta t}=\delta_{\bar{y}}\left(D\delta_{y}\left(C^{n+1}-C^{n}\right)\right)_{ij},\quad 1\leqslant j\leqslant N,\tag{5.1.12b}$$

此处 $C^n(x)$ 是按节点值 $\{C_{ij}^n\}$ 分片二次插值函数[12], $\hat{C}_{ij}^n=C^n(\hat{X}_{ij}),\hat{X}_{ij}=X_{ij}-U_{ij}^n\dfrac{\Delta t}{\Phi_{ij}}$. 初始逼近:

$$P_{ij}^{0}=p_{0}\left(X_{ij}\right),C_{ij}^{0}=c_{0}\left(X_{ij}\right),\quad 1\leqslant i,j\leqslant N.\tag{5.1.13}$$

分数步特征差分格式的计算程序是: 当 $\{P_{ij}^n,C_{ij}^n\}$ 已知时, 首先由式 (5.1.9a) 沿 x 方向用追赶法求出过渡层的解 $\{P_{ij}^{n+\frac{1}{2}}\}$, 再由式 (5.1.9b) 沿 y 方向用追赶法求出 $\{P_{ij}^{n+1}\}$, 其次由式 (5.1.12a) 沿 x 方向用追赶法求出过渡层的解 $\{C_{ij}^{n+\frac{1}{2}}\}$, 再由式 (5.1.12b) 沿 y 方向用追赶法求出 $\{C_{ij}^{n+1}\}$. 由正定性条件 (5.1.5), 格式 (5.1.9) 和 (5.1.12) 的解存在且唯一.

5.1.2 收敛性分析

设 $\pi=p-P,\xi=c-C$, 此处 p 和 c 为问题的精确解, P 和 C 为格式 (5.1.9) 和 (5.1.12) 的差分解. 为了进行误差分析, 定义离散空间 $l^2(\Omega)$ 的内积和范数:

$$\langle f,g\rangle=\sum_{i,j=1}^{N}f_{ij}g_{ij}h^{2},\quad |f|_{0}=\langle f,f\rangle^{\frac{1}{2}},\tag{5.1.14}$$

$\langle D\nabla_h f,\nabla_h f\rangle$ 表示离散空间 $h^1(\Omega)$ 的加权半模平方, 此处 $D(x)$ 为正定函数, 对应于

$$H^1(\Omega)=W^{1,2}(\Omega).$$

首先研究压力方程, 由式 (5.1.9a) 和 (5.1.9b) 消去 $P^{n+\frac{1}{2}}$ 可得等价的差分方程

$$\begin{aligned}&d(C_{ij}^{n})\frac{P_{ij}^{n+1}-P_{ij}^{n}}{\Delta t}-\nabla_{h}(A^{n}\nabla_{h}P^{n+1})_{ij}\\=&q(X_{ij},t^{n+1})-(\Delta t)^{2}\delta_{\bar{x}}(A^{n}\delta_{x}(d^{-1}(C^{n})\delta_{\bar{y}}(A^{n}\delta_{y}d_{t}P^{n})))_{ij},\quad 1\leqslant i,j\leqslant N,\end{aligned}\tag{5.1.15}$$

此处 $d_tP_{ij}^n=\dfrac{1}{\Delta t}\left\{P_{ij}^{n+1}-P_{ij}^n\right\}$.

由 (5.1.1)$\left(t=t^{n+1}\right)$ 和式 (5.1.15) 可得压力函数的误差方程

$$
\begin{aligned}
& d(C_{ij}^n)\frac{\pi_{ij}^{n+1}-\pi_{ij}^n}{\Delta t}-\nabla_h(A^n\nabla_h\pi^{n+1})_{ij} \\
= & -(\Delta t)^2\delta_{\bar{x}}(A^n\delta_x(d^{-1}(C^n)\delta_{\bar{y}}(A^n\delta_y d_t\pi^n)))_{ij} \\
& +(\Delta t)^2\delta_{\bar{x}}(A^n\delta_x(d^{-1}(C^n)\delta_{\bar{y}}(A^n\delta_y d_t p^n)))_{ij}+\sigma_{ij}^{n+1},\quad 1\leqslant i,j\leqslant N,
\end{aligned}
\tag{5.1.16}
$$

此处

$$
\begin{aligned}
d_t\pi^n = & \frac{1}{\Delta t}\left(\pi^{n+1}-\pi^n\right),\quad \left|\sigma_{ij}^{n+1}\right| \\
\leqslant & M\left\{\left\|\frac{\partial^2 p}{\partial t^2}\right\|_{L^\infty(L^\infty)},\left\|\frac{\partial p}{\partial t}\right\|_{L^\infty(L^{4,\infty})},\|p\|_{L^\infty(L^{4,\infty})},\|c\|_{L^\infty(L^{3,\infty})}\right\}\left\{h^2+\Delta t\right\}.
\end{aligned}
$$

假定时间和空间剖分参数满足限制性条件:

$$
\Delta t=O(h^2). \tag{5.1.17}
$$

引入归纳法假定

$$
\sup_{1\leqslant n\leqslant L}\max\{\|\pi^n\|_{1,\infty},\|\xi^n\|_{1,\infty}\}\to 0,\quad (h,\Delta t)\to 0, \tag{5.1.18}
$$

此处 $\|\pi^n\|_{1,\infty}^2=\|\pi^n\|_{0,\infty}^2+\|\nabla_h\pi^n\|_{0,\infty}^2$.

对于式 (5.1.16) 右端第 2 项, 假定解 $p(x,t),c(x,t)$ 具有足够的光滑性, 由限制性条件 (5.1.17)、归纳法假定 (5.1.18) 和逆估计可得

$$
\begin{aligned}
& \left|(\Delta t)^2\delta_{\bar{x}}(A^n\delta_x(d^{-1}(C^n)\delta_{\bar{y}}(A^n\delta_y d_t P^n)))\right| \\
\leqslant & M\Delta t\cdot h^2\left|\delta_{\bar{x}}(A^n\delta_x(d^{-1}(C^n)\delta_{\bar{y}}(A^n\delta_y d_t p^n)))\right|\leqslant M\Delta t,
\end{aligned}
\tag{5.1.19}
$$

因此在误差估计时, 可将其归纳到项 σ_{ij}^{n+1} 中.

对误差方程 (5.1.16) 乘以 $\delta_t\pi_{ij}^n=d_t\pi_{ij}^n\Delta t=\pi_{ij}^{n+1}-\pi_{ij}^n$ 作内积, 并应用分部求和公式可得

$$
\begin{aligned}
& \langle d(C^n)d_t\pi^n,d_t\pi^n\rangle\Delta t+\frac{1}{2}\left\{\left\langle A^n\nabla_h\pi^{n+1},\nabla_h\pi^{n+1}\right\rangle-\langle A^n\nabla_h\pi^n,\nabla_h\pi^n\rangle\right\} \\
\leqslant & M\{h^4+(\Delta t)^2\}\Delta t+\varepsilon|d_t\pi^n|_0^2\Delta t \\
& -(\Delta t)^2<\delta_{\bar{x}}(A^n\delta_x(d^{-1}(C^n)\delta_{\bar{y}}(A^n\delta_y d_t\pi^n))),d_t\pi^n>\Delta t.
\end{aligned}
\tag{5.1.20}
$$

尽管 $-\delta_{\bar{x}}\left(A^n\delta_x\right),-\delta_{\bar{y}}\left(A^n\delta_y\right)$ 是自共轭、正定、有界算子, 空间区域为正方形, 且问题是 Ω 周期的, 但它们的乘积一般是不可交换的, 利用 $\delta_x\delta_y=\delta_y\delta_x,\delta_x\delta_{\bar{y}}=$

$\delta_{\bar{y}}\delta_x, \delta_{\bar{x}}\delta_y = \delta_y\delta_{\bar{x}}, \delta_{\bar{x}}\delta_{\bar{y}} = \delta_{\bar{y}}\delta_{\bar{x}}$, 有

$$
\begin{aligned}
&-(\Delta t)^3\left\langle \delta_{\bar{x}}(A^n\delta_x(d^{-1}(C^n)\delta_{\bar{y}}(A^n\delta_y d_t\pi^n))), d_t\pi^n\right\rangle\\
=&(\Delta t)^3\left\langle A^n\delta_x\left(d^{-1}\left(C^n\right)\delta_{\bar{y}}(A^n\delta_y d_t\pi^n)\right), \delta_x d_t\pi^n\right\rangle\\
=&(\Delta t)^3\left\langle d^{-1}(C^n)\delta_x\delta_{\bar{y}}\left(A^n\delta_y d_t\pi^n\right)+\delta_x d^{-1}(C^n)\cdot\delta_{\bar{y}}\left(A^n\delta_y d_t\pi^n\right), A^n\delta_x d_t\pi^n\right\rangle\\
=&(\Delta t)^3\left\{\left\langle\delta_{\bar{y}}\delta_x(A^n\delta_y d_t\pi^n)\right., d^{-1}\left(C^n\right)A^n\delta_x d_t\pi^n\right\rangle\\
&+\left\langle\delta_{\bar{y}}(A^n\delta_y d_t\pi^n), \delta_x d^{-1}(C^n)\cdot A^n\delta_x d_t\pi^n\right\rangle\Big\}\\
=&-(\Delta t)^3\left\{\left\langle\delta_x(A^n\delta_y d_t\pi^n), \delta_y(d^{-1}(C^n)A^n\delta_x d_t\pi^n)\right\rangle\right.\\
&+\left\langle A^n\delta_y d_t\pi^n, \delta_y\left(\delta_x d^{-1}\left(C^n\right)\cdot A^n\ \delta_x d_t\pi^n\right)\right\rangle\Big\}\\
=&-(\Delta t)^3\left\{\left\langle A^n\delta_x\delta_y d_t\pi^n+\delta_x A^n\cdot\delta_y d_t\pi^n, d^{-1}\left(C^n\right)A^n\delta_x\delta_y d_t\pi^n\right.\right.\\
&+\delta_y\left(d^{-1}\left(C^n\right)A^n\right)\delta_x d_t\pi^n\rangle+\langle A^n\ \delta_y(d_t\pi^n), \delta_x\delta_y d^{-1}(C^n)A^n\delta_x d_t\pi^n\\
&+\delta_x d^{-1}\left(C^n\right)\delta_y A^n\cdot\delta_x d_t\pi^n+\delta_x d^{-1}(C^n)\ A^n\delta_x d_y d_t\pi^n\rangle\}\\
=&-(\Delta t)^3\sum_{i,j=1}^{N}\{A^n_{i,j+\frac12}A^n_{i+\frac12,j}d^{-1}(C^n_{ij})[\delta_x\delta_y d_t\pi^n_{ij}]^2\\
&+[A^n_{i,j+\frac12}\delta_y(A^n_{i+\frac12,j}d^{-1}(C^n_{ij}))\cdot\delta_x d_t\pi^n_{ij}+A^n_{i+\frac12,j}d^{-1}\left(C^n_{ij}\right)\delta_x A^n_{i,j+\frac12}\cdot\delta_y d_t\pi^n_{ij}\\
&+A^n_{i,j+\frac12}A^n_{i+\frac12,j}\delta_x d^{-1}\left(C^n_{ij}\right)\delta_y d_t\ \pi^n_{ij}]\ \delta_x\delta_y\left(d_t\pi^n_{ij}\right)\\
&+[\delta_x\ A^n_{i,j+\frac12}A^n_{i+\frac12,j}\delta_x d^{-1}\left(C^n_{ij}\right)\delta_y\ d_t\pi^n_{ij}]\cdot\delta_x\delta_y\left(d_t\pi^n_{ij}\right)\\
&+[\delta_x A^n_{i,j+\frac12}\cdot\delta_y(d^{-1}\left(C^n_{ij}\right)A^n_{i+\frac12,j})+A^n_{i,j+\frac12}\delta_y A^n_{i+\frac12,j}, \delta_x d^{-1}\left(C^n_{ij}\right)\\
&+A^n_{i,j+\frac12}A^n_{i+\frac12,j}\delta_x\delta_y d^{-1}\left(C^n_{ij}\right)]\cdot\delta_y d_t\pi^n_{ij}\cdot\delta_x d_t\pi^n_{ij}\}\ h^2.
\end{aligned}
\tag{5.1.21}
$$

由归纳法假定 (5.1.18) 可以推出$A^n_{i,j+\frac12}, A^n_{i+\frac12,j}, d^{-1}(C^n_{ij}), \delta_y(A^n_{i+\frac12,j}d^{-1}(C^n_{ij}))$, $\delta_x A^n_{i,j+\frac12}$ 是有界的. 对上述表达式的前 2 项, 应用 A, d^{-1} 的正定性和分离出高阶差商项 $\delta_x\delta_y d_t\pi^n$, 现利用 Cauchy 不等式消去与此有关的项, 可得

$$
\begin{aligned}
&-(\Delta t)^3\sum_{i,j=1}^{N}\{A^n_{i,j+\frac12}A^n_{i+\frac12,j}d^{-1}(C^n_{ij})\ [\delta_x\delta_y d_t\pi^n_{ij}]^2\\
&+[A^n_{i,j+\frac12}\delta_y(A^n_{i+\frac12,j}d^{-1}(C^n_{ij}))\cdot\delta_x d_t\pi^n_{ij}+\cdots]\\
&\cdot\delta_x\delta_y(d_t\pi^n_{ij})\}h^2\leqslant\Delta t\{\left|\nabla_h\pi^{n+1}\right|_0^2+|\nabla_h\pi^n|_0^2\},
\end{aligned}
\tag{5.1.22a}
$$

对式 (5.1.21) 中第 3 项有

$$
-(\Delta t)^3\sum_{i,j=1}^{N}[\delta_x A^n_{i,j+\frac12}\cdot\delta_y(d^{-1}\left(C^n_{ij}\right)A^n_{i+\frac12,j})
$$

$$+ A^n_{i,j+\frac{1}{2}}\delta_y A^n_{i+\frac{1}{2},j}\delta_x d^{-1}(C^n_{ij})]\delta_x d_t\pi^n_{ij}\delta_y d_t\pi^n_{ij}h^2$$
$$\leqslant M\{\left|\nabla_h\pi^{n+1}\right|_0^2 + |\nabla_h\pi^n|_0^2\}\Delta t, \tag{5.1.22b}$$
$$-(\Delta t)^3\sum_{i,j=1}^{N} A^n_{i,j+\frac{1}{2}}A^n_{i+\frac{1}{2},j}\delta_x\delta_y d^{-1}\left(C^n_{ij}\right)\delta_x d_t\pi^n_{ij}\delta_y d_t\pi^n_{ij}h^2$$
$$\leqslant M(\Delta t)^{\frac{1}{2}}\left|d_t\pi^n\right|_0^2\Delta t + \varepsilon\left|d_t\pi^n\right|_0^2\Delta t, \tag{5.1.22c}$$

当 Δt 适当小时, ε 适当小. 由式 (5.1.20)~(5.1.22) 可得

$$\left|d_t\pi^n\right|_0^2\Delta t + \frac{1}{2}\{\left\langle A^n\nabla_h\pi^{n+1},\nabla_h\pi^{n+1}\right\rangle - \langle A^n\nabla_h\pi^n,\nabla_h\pi^n\rangle\}$$
$$\leqslant M\{\left|\nabla_h\pi^{n+1}\right|_0^2 + |\nabla_h\pi^n|_0^2 + h^4 + (\Delta t)^2\}\Delta t. \tag{5.1.23}$$

下面讨论饱和度方程的误差估计, 由式 (5.1.12a) 和 (5.1.12b) 可得等价的饱和度方程的差分格式

$$\begin{aligned}&\varPhi_{ij}\frac{C^{n+1}_{ij}-\hat{C}^n_{ij}}{\Delta t} - \nabla_h(D\nabla_h C^{n+1})_{ij}\\ =&-b(C^n_{ij})\frac{P^{n+1}_{ij}-P^n_{ij}}{\Delta t} + f(X_{ij},t^n,\hat{C}^n_{ij})\\ &-(\Delta t)^2\delta_{\bar{x}}(D\delta_x(\varPhi^{-1}\delta_{\bar{y}}(D\delta_y d_t C^n)))_{ij},\quad 1\leqslant i,j\leqslant N.\end{aligned} \tag{5.1.24}$$

由方程 (5.1.22)$\left(t=t^{n+1}\right)$ 和差分格式 (5.1.24) 可得误差方程

$$\begin{aligned}&\varPhi_{ij}\frac{\xi^{n+1}_{ij}-(c^n(\bar{X}^n_{ij})-\hat{C}^n_{ij})}{\Delta t} - \nabla_h(D\nabla_h\xi)^{n+1}_{ij}\\ =&f(X_{ij},t^{n+1},c^{n+1}_{ij}) - f(X_{ij},t^n,\hat{C}^n_{ij}) - b(C^n_{ij})\frac{\pi^{n+1}_{ij}-\pi^n_{ij}}{\Delta t}\\ &-[b(c^{n+1}_{ij})-b(C^n_{ij})]\frac{p^{n+1}_{ij}-p^n_{ij}}{\Delta t}\\ &-(\Delta t)^2\delta_{\bar{x}}(D\delta_x(\varPhi^{-1}\delta_{\bar{y}}(D\delta_y d_t\xi^n)))_{ij} + \varepsilon^{n+1}_{ij},\quad 1\leqslant i,j\leqslant N,\end{aligned} \tag{5.1.25}$$

此处 $\bar{X}^n_{ij} = X_{ij} - u^{n+1}_{ij}\dfrac{\Delta t}{\varPhi_{ij}}$, $\left|\varepsilon^{n+1}_{ij}\right| \leqslant M\left\{\left\|\dfrac{\partial^2 c}{\partial\tau^2}\right\|_{L^\infty(L^\infty)}, \left\|\dfrac{\partial c}{\partial\tau}\right\|_{L^\infty(W^{4,\infty})}, \left\|\dfrac{\partial p}{\partial t}\right\|_{L^\infty(L^\infty)}\right\}\left(h^2+\Delta t\right)$.

对误差方程 (5.1.25) 由限制性条件 (5.1.17) 和归纳法假定 (5.1.18) 可得

$$\begin{aligned}&\varPhi_{ij}\frac{\xi^{n+1}_{ij}-\hat{\xi}^n_{ij}}{\Delta t} - \nabla_h\left(D\nabla_h\xi^{n+1}\right)_{ij}\\ \leqslant& M\left\{\left|\xi^n_{ij}\right| + \left|\xi^{n+1}_{ij}\right| + \left|\nabla_h\pi^n_{ij}\right| + h^2 + \Delta t\right\}\end{aligned}$$

$$
-b\left(C_{ij}^n\right)\frac{\pi_{ij}^{n+1}-\pi_{ij}^n}{\Delta t}-(\Delta t)^2\,\delta_{\bar{x}}\left(D\delta_x\left(\varPhi^{-1}\,\delta_{\bar{y}}\left(D\delta_y d_t\xi^n\right)\right)\right)_{ij}+\varepsilon_{ij}^{n+1},\quad 1\leqslant i,j\leqslant N,
\tag{5.1.26}
$$

对上式乘以 $\delta_t\xi_{ij}^n=\xi_{ij}^{n+1}-\xi_{ij}^n=d_t\xi_{ij}^n\Delta t$ 作内积, 并分部求和可得

$$
\begin{aligned}
&\left\langle\varPhi\left(\frac{\xi^{n+1}-\hat{\xi}^n}{\Delta t}\right),d_t\xi^n\right\rangle\Delta t+\frac{1}{2}\left\{\left\langle D\nabla_h\xi^{n+1},\nabla_h\xi^{n+1}\right\rangle-\left\langle D\nabla_h\xi^n,\nabla_h\xi^n\right\rangle\right\}\\
\leqslant&\varepsilon\left|d_t\xi^n\right|_0^2\Delta t+M\{\left|\xi^n\right|_0^2+\left|\xi^{n+1}\right|_0^2+\left|\nabla_h\pi^n\right|_0^2+h^4\\
&+(\Delta t)^2\}\Delta t-\left\langle b\left(C^n\right)d_t\pi^n,d_t\xi^n\right\rangle\Delta t\\
&-(\Delta t)^2\left\langle\delta_{\bar{x}}(D\delta_x(\varPhi^{-1}\delta_{\bar{y}}(D\delta_y d_t\xi^n))),d_t\xi^n\right\rangle\Delta t,
\end{aligned}
\tag{5.1.27}
$$

可将上式改写为

$$
\begin{aligned}
&\left\langle\varPhi\left(\frac{\xi^{n+1}-\xi^n}{\Delta t}\right),d_t\xi^n\right\rangle\Delta t+\frac{1}{2}\left\{\left\langle D\nabla_h\xi^{n+1},\nabla_h\xi^{n+1}\right\rangle-\left\langle D\nabla_h\xi^n,\nabla_h\xi^n\right\rangle\right\}\\
\leqslant&\left\langle\varPhi\left(\frac{\hat{\xi}^n-\xi^n}{\Delta t}\right),d_t\xi^n\right\rangle\Delta t+\varepsilon\left|d_t\xi^n\right|_0^2\Delta t+M\{\left|\xi^n\right|_0^2+\left|\xi^{n+1}\right|_0^2+\left|\nabla_h\xi^n\right|_0^2\\
&+\left|d_t\pi^n\right|_0^2+h^4+(\Delta t)^2\}-(\Delta t)^2\left\langle\delta_{\bar{x}}(D\delta_x(\varPhi^{-1}\delta_{\bar{y}}(D(\delta_y d_t\xi^n)))),d_t\xi^n\right\rangle\Delta t,
\end{aligned}
\tag{5.1.28}
$$

现在估计式 (5.1.28) 右端第 1 项 $\left\langle\varPhi\left(\frac{\hat{\xi}^n-\xi^n}{\Delta t}\right),d_t\xi^n\right\rangle$, 应用表达式

$$
\hat{\xi}_{ij}^n-\xi_{ij}^n=\int_{X_{ij}}^{\hat{X}_{ij}^n}\nabla\xi^n\cdot U_{ij}^n/\left|U_{ij}^n\right|\mathrm{d}\sigma,\quad 1\leqslant i,j\leqslant N,
\tag{5.1.29}
$$

由于 $\left|U^n\right|_\infty\leqslant M\left\{1+\left|\nabla_h\pi^n\right|_\infty\right\}$, 由归纳法假设 (5.1.18) 可以推出 U^n 有界, 再利用限制性条件 (5.1.17), 可以推得

$$
\left|\sum_{i,j=1}^N\varPhi_{ij}\frac{\left(\hat{\xi}_{ij}^n-\xi_{ij}^n\right)}{\Delta t}d_t\xi_{ij}^n h^2\right|\leqslant\varepsilon\left|d_t\xi^n\right|_0^2+M\left|\nabla_h\xi^n\right|_0^2.
\tag{5.1.30}
$$

现估计式 (5.1.28) 的最后一项

$$
\begin{aligned}
&-(\Delta t)^3\left\langle\delta_{\bar{x}}(D\delta_x(\varPhi^{-1}\delta_{\bar{y}}(D\delta_y d_t\xi^n))),d_t\xi^n\right\rangle\\
=&-(\Delta t)^3\left\{\left\langle\delta_x(D\delta_y d_t\xi^n)),\,\delta_y(\varPhi^{-1}D\delta_x d_t\xi^n)\right\rangle\right.\\
&\left.+\left\langle D\delta_y(d_t\xi^n),\delta_y[\delta_x\varPhi^{-1}\cdot D\delta_x d_t\xi^n]\right\rangle\right\}
\end{aligned}
$$

$$
\begin{aligned}
&= -(\Delta t)^3 \sum_{i,j=1}^{N} \Big\{ D_{i,j+\frac{1}{2}} D_{i+\frac{1}{2},j} \varPhi_{ij}^{-1} [\delta_x \delta_y d_t \xi_{ij}^n]^2 \\
&\quad + [D_{i,j+\frac{1}{2}} \delta_y (D_{i+\frac{1}{2},j} \varPhi_{ij}^{-1}) \cdot \delta_x d_t \xi_{ij}^n + D_{i+\frac{1}{2},j} \varPhi_{ij}^{-1} \delta_x D_{i,j+\frac{1}{2}} \\
&\quad \cdot \delta_x d_t \xi_{ij}^n + D_{i,j+\frac{1}{2}} D_{i+\frac{1}{2},j} \delta_y d_t \xi_{ij}^n] \cdot \delta_x \delta_y (d_t \xi_{ij}^n) \\
&\quad + [D_{i,j+\frac{1}{2}} D_{i+\frac{1}{2},j} \delta_x \delta_y \varPhi_{ij}^{-1} + D_{i,j+\frac{1}{2}} \delta_y D_{i,j+\frac{1}{2}} \delta_x \varPhi_{ij}^{-1}] \delta_x d_t \xi_{ij}^n \cdot \delta_y d_t \xi_{ij}^n \Big\} h^2.
\end{aligned}
\tag{5.1.31}
$$

由于 D 的正定性, 对上述表达式的前 3 项, 应用 Cauchy 不等式消去高阶差商项 $\delta_x \delta_y \left(d_t \xi_{ij}^n\right)$, 最后可得

$$
\begin{aligned}
&-(\Delta t)^3 \sum_{i,j=1}^{N} \{ D_{i,j+\frac{1}{2}} D_{i+\frac{1}{2},j} \varPhi_{ij}^{-1} [\delta_x \delta_y d_t \xi_{ij}]^2 + [D_{i,j+\frac{1}{2}} \delta_y (D_{i+\frac{1}{2},j} \varPhi_{ij}^{-1}) \cdot \delta_x d_t \xi_{ij}^n \\
&+ D_{i,j+\frac{1}{2}} \varPhi_{ij}^{-1} \delta_x D_{i,j+\frac{1}{2}} \cdot \delta_y d_t \xi_{ij}^n + D_{i,j+\frac{1}{2}} D_{i+\frac{1}{2},j} \delta_y d_t \xi_{ij}^n] \ \delta_x \delta_y d_t \xi_{ij}^n \ \} \ h^2 \\
&\leqslant M\{ \left|\nabla_h \xi^{n+1}\right|_0^2 + |\nabla_h \xi^n|_0^2 \} \Delta t,
\end{aligned}
\tag{5.1.32a}
$$

对式 (5.1.31) 最后一项, 由于 $\varPhi, D$ 的光滑性有

$$
\begin{aligned}
&-(\Delta t)^3 \sum_{i,j=1}^{N} [D_{i,j+\frac{1}{2}} D_{i+\frac{1}{2},j} \delta_x \delta_y \varPhi_{ij}^{-1} + D_{i,j+\frac{1}{2}} \delta_y D_{i+\frac{1}{2},j} \cdot \delta_x \varPhi_{ij}^{-1}] \delta_x d_t \xi_{ij}^n \cdot \delta_y d_t \xi_{ij}^n \\
&\leqslant M\{ \left|\nabla_h \xi^{n+1}\right|_0^2 + |\nabla_h \xi^n|_0^2 \} \Delta t,
\end{aligned}
\tag{5.1.32b}
$$

对误差估计式 (5.1.28) 应用式 (5.1.30)~(5.1.32) 的结果可得

$$
\begin{aligned}
&|d_t \xi^n|_0^2 \, \Delta t + \left\langle D \nabla_h \xi^{n+1}, \nabla_h \xi^{n+1} \right\rangle - \langle D \nabla_h \xi^n, \nabla_h \xi^n \rangle \\
\leqslant & M\{ |\xi^n|_1^2 + \left|\xi^{n+1}\right|_1^2 + |\nabla_h \pi^n|_0^2 + h^4 + (\Delta t)^2 \} \Delta t.
\end{aligned}
\tag{5.1.33}
$$

对式 (5.1.23) 关于时间 t 求和 $0 \leqslant n \leqslant L$, 注意到 $\pi^0 = 0$, 可得

$$
\begin{aligned}
&\sum_{n=1}^{L} |d_t \pi^n|_0^2 \Delta t + \left\langle A^L \nabla_h \pi^{L+1}, \nabla_h \pi^{L+1} \right\rangle - \left\langle A^0 \nabla_h \pi^n, \nabla_h \pi^0 \right\rangle \\
\leqslant & \sum_{n=1}^{L} \left\langle \left[A^n - A^{n-1} \right] \nabla_h \pi^n, \nabla_h \pi^n \right\rangle \\
&+ M \sum_{n=1}^{L} \{ \left|\nabla_h \pi^{n+1}\right|_0^2 + |\nabla_h \pi^n|_0^2 + h^4 + (\Delta t)^2 \} \Delta t,
\end{aligned}
\tag{5.1.34}
$$

对于式 (5.1.34) 右端第 1 项的系数有

$$
A^n - A^{n-1} = a(x, C^n) - a(x, C^{n-1}) = \frac{\partial \bar{a}}{\partial c} \left(C^n - C^{n-1} \right)
$$

$$=\frac{\partial \bar{a}}{\partial c}\left\{\left(\xi^n-\xi^{n-1}\right)+\left(c^n-c^{n-1}\right)\right\}=\frac{\partial \bar{a}}{\partial c}\left\{d_t\xi^{n-1}+\frac{\partial \bar{c}}{\partial c}\right\}\Delta t.$$

由于 $\frac{\partial \bar{a}}{\partial c},\frac{\partial \bar{c}}{\partial t}$ 是有界的, 于是有

$$\left|A^n-A^{n-1}\right|\leqslant M\left\{\left|d_t\xi^{n-1}\right|+1\right\}\Delta t. \tag{5.1.35}$$

应用归纳法假定 (5.1.18) 来估计式 (5.1.34) 右端第 1 项有

$$\sum_{n=1}^{L}\left\langle\left|A^n-A^{n-1}\right|\nabla_h\pi^n,\nabla_h\pi^n\right\rangle\leqslant\varepsilon\sum_{n=1}^{L}\left|d_t\xi^{n-1}\right|_0^2\Delta t+M\sum_{n=1}^{L}|\nabla_h\pi^n|_0^2\Delta t, \tag{5.1.36}$$

于是式 (5.1.34) 可写为

$$\sum_{n=1}^{L}|d_t\pi^n|_0^2\Delta t+\left|\nabla_h\pi^{L+1}\right|_0^2\leqslant\varepsilon\sum_{n=1}^{L}\left|d_t\xi^{n-1}\right|_0^2\Delta t+M\sum_{n=1}^{L}\left\{|\nabla_h\pi^n|_0^2+h^4+(\Delta t)^2\right\}\Delta t. \tag{5.1.37}$$

同样式 (5.1.33) 对 t 求和可得

$$\sum_{n=1}^{L}|d_t\xi^n|_0^2\Delta t+\left|\nabla_h\xi^{L+1}\right|_0^2-\left|\nabla_h\xi^0\right|_0^2\leqslant M\sum_{n=1}^{L}\left\{\left|\xi^{n-1}\right|_1^2+|\nabla_h\pi^n|_0^2+h^4+(\Delta t)^2\right\}\Delta t. \tag{5.1.38}$$

注意到此处 $\pi^0=\xi^0=0$,

$$|\pi^{L+1}|_0^2\leqslant\varepsilon\sum_{n=0}^{L}|d_t\pi^n|_0^2\Delta t+M\sum_{n=0}^{L}|\pi^n|_0^2\Delta t,\quad |\xi^{L+1}|_0^2\leqslant\varepsilon\sum_{n=0}^{L}|d_t\xi^n|^2\Delta t+M\sum_{n=0}^{L}|\xi^n|_0^2\Delta t. \tag{5.1.39a}$$

组合式 (5.1.37) 和 (5.1.38) 可得

$$\begin{aligned}&\sum_{n=1}^{L}\left\{|d_t\pi^n|_0^2+|d_t\xi^n|_0^2\right\}\Delta t+\left|\pi^{L+1}\right|_1^2+\left|\xi^{L+1}\right|_1^2\\ \leqslant& M\left\{\sum_{n=0}^{L}\left[\left|\pi^{L+1}\right|_1^2+\left|\xi^{L+1}\right|_1^2+h^4+(\Delta t)^2\right]\Delta t\right\},\end{aligned} \tag{5.1.39b}$$

应用 Gronwall 引理可得

$$\sum_{n=1}^{L}\left\{|d_t\pi^n|_0^2+|d_t\xi^n|_0^2\right\}\Delta t+\left|\pi^{L+1}\right|_1^2+\left|\xi^{L+1}\right|_1^2\leqslant M\left\{h^4+(\Delta t)^2\right\}. \tag{5.1.40}$$

下面需要检验归纳法假定 (5.1.18). 对于 $n=0$, 由于 $\pi^0=\xi^0=0$, 故式 (5.1.18) 是正确的, 若 $1\leqslant n\leqslant L$ 时式 (5.1.18) 成立, 由式 (5.1.39) 可得

$$\left|\pi^{L+1}\right|_1+\left|\xi^{L+1}\right|_1\leqslant M\left\{h^2+\Delta t\right\}.$$

利用逆估计有

$$\left|\pi^{L+1}\right|_{1,\infty}+\left|\xi^{L+1}\right|_{1,\infty}\leqslant Mh, \tag{5.1.41}$$

于是归纳法假定 (5.1.18) 成立.

定理 5.1.1 假定问题 (5.1.1)~(5.1.5) 的精确解满足光滑性条件: $p,c\in W^{1,\infty}\left(W^{1,\infty}\right)\cap L^{1,\infty}\left(W^{4,\infty}\right)$, $\dfrac{\partial p}{\partial t},\dfrac{\partial c}{\partial t}\in L^{\infty}(W^{4,\infty})$, $\dfrac{\partial^2 p}{\partial t^2},\dfrac{\partial^2 c}{\partial \tau^2}\in L^{\infty}(L^{\infty})$. 采用分数步长特征差分格式 (5.1.9) 和 (5.1.12) 逐层计算, 若剖分参数满足限制性条件 (5.1.17), 则下述误差估计式成立:

$$\begin{aligned}&\|p-P\|_{\bar{L}^{\infty}([0,T],h^1)}+\|c-C\|_{\bar{L}^{\infty}([0,T],h^1)}+\|d_t(p-P)\|_{\bar{L}^2([0,T],1^2)}\\&+\|d_t(c-C)\|_{\bar{L}^2([0,T],1^2)}\leqslant M^*\left\{\Delta t+h^2\right\},\end{aligned} \tag{5.1.42}$$

此处 $\|g\|_{\bar{L}^{\infty}(J,X)}=\sup\limits_{n\Delta t\leqslant T}\|f^n\|_X$, $\|g\|_{\bar{L}^2(J,X)}=\sup\limits_{n\Delta t\leqslant T}\left\{\sum\limits_{n=0}^{N}\|g^n\|_X^2\Delta t\right\}^{\frac{1}{2}}$, 常数是依赖于 p、c 及其导函数.

5.1.3 推广和应用

5.1.3.1 三维问题

本节提出的计算格式和分析可拓广到三维问题, 计算格式是

$$\begin{aligned}d\left(C_{ijk}^n\right)\frac{P_{ijk}^{n+\frac{1}{3}}-P_{ijk}^n}{\Delta t}=&\delta_{\bar{x}}(A^n\delta_x P^{n+\frac{1}{3}})_{ijk}+\delta_{\bar{y}}\left(A^n\delta_x P^n\right)_{ijk}+\delta_{\bar{z}}\left(A^n\delta_x P^n\right)_{ijk}\\&+q(X_{ijk},t^{n+1}),\quad 1\leqslant i\leqslant N,\end{aligned} \tag{5.1.43a}$$

$$d\left(C_{ijk}^n\right)\frac{P_{ijk}^{n+\frac{2}{3}}-P_{ijk}^{n+\frac{1}{3}}}{\Delta t}=\delta_{\bar{y}}(A^n\delta_y(P^{n+\frac{2}{3}}-P^n))_{ijk},\quad 1\leqslant j\leqslant N, \tag{5.1.43b}$$

$$d\left(C_{ijk}^n\right)\frac{P_{ijk}^{n+1}-P_{ijk}^{n+\frac{2}{3}}}{\Delta t}=\delta_{\bar{z}}\left(A^n\delta_z\left(P^{n+1}-P^n\right)\right)_{ijk},\quad 1\leqslant k\leqslant N. \tag{5.1.43c}$$

$$\begin{aligned}\varPhi_{ijk}\frac{C_{ijk}^{n+\frac{1}{3}}-\hat{C}_{ijk}^n}{\Delta t}=&\delta_{\bar{x}}(D\delta_x C^{n+\frac{1}{3}})_{ijk}+\delta_{\bar{y}}\left(D\delta_y C^n\right)_{ijk}+\delta_{\bar{z}}\left(D\delta_z C^n\right)_{ijk}\\&-b(C_{ijk}^n)\frac{P_{ijk}^{n+1}-P_{ijk}^n}{\Delta t}+f(X_{ijk},t^n,\hat{C}_{ijk}^n),\quad 1\leqslant i\leqslant N,\end{aligned} \tag{5.1.44a}$$

$$\varPhi_{ijk}\frac{C_{ijk}^{n+\frac{2}{3}}-C_{ijk}^{n+\frac{1}{3}}}{\Delta t}=\delta_{\bar{y}}(D\delta_y(C^{n+\frac{2}{3}}-C^n))_{ijk},\quad 1\leqslant j\leqslant N, \tag{5.1.44b}$$

$$\varPhi_{ijk}\frac{C_{ijk}^{n+1}-C_{ijk}^{n+\frac{2}{3}}}{\Delta t}=\delta_{\bar{z}}\left(D\delta_z\left(C^{n+1}-C^n\right)\right)_{ijk},\quad 1\leqslant k\leqslant N. \tag{5.1.44c}$$

其等价的差分格式是

$$\begin{aligned}&d(C_{ijk}^n)\frac{P_{ijk}^{n+1}-P_{ijk}^n}{\Delta t}-\nabla_h(A^n\nabla_hP^{n+1})_{ijk}\\=&q(X_{ijk},t^{n+1})-(\Delta t)^2\{\delta_{\bar{x}}(A^n\delta_x(d^{-1}\delta_{\bar{y}}(A^n\delta_y)))\\&+\delta_{\bar{x}}(A^n\delta_x(d^{-1}\delta_{\bar{z}}(A^n\delta_z)))+\delta_{\bar{y}}(A^n\delta_y(d^{-1}\delta_{\bar{z}}(A^n\delta_z)))d_tP_{ijk}^n\}\\&+(\Delta t)^3\delta_{\bar{x}}(A^n\delta_x(d^{-1}\delta_{\bar{y}}(A^n\delta_y(d^{-1}\delta_{\bar{z}}(A^n\delta_zd_tP^n)\cdots)_{ijk},\quad 1\leqslant i,j,k\leqslant N,\end{aligned} \tag{5.1.45a}$$

$$\begin{aligned}&\varPhi_{ijk}\frac{C_{ijk}^{n+1}-\hat{C}_{ijk}^n}{\Delta t}-\nabla_h(D\nabla_hC^{n+1})_{ijk}\\=&-b(C_{ijk})\frac{P_{ijk}^{n+1}-P_{ijk}^n}{\Delta t}+f(X_{ijk},t^n,\hat{C}_{ijk}^n)\\&-(\Delta t)^2\{\delta_{\bar{x}}(D\delta_x(\varPhi^{-1}\delta_{\bar{y}}(D\delta_y)))+\cdots\}d_tC_{ijk}^n\\&+(\Delta t)^3\delta_{\bar{x}}(D\delta_x(\varPhi^{-1}\delta_{\bar{y}}(D\delta_y(\varPhi^{-1}\delta_{\bar{z}}(D\delta_zd_tC^n)\cdots)_{ijk},\quad 1\leqslant i,j,k\leqslant N.\end{aligned} \tag{5.1.45b}$$

由于问题的正定性格式 (5.1.43) 和 (5.1.44) 解存在且唯一, 当 $d(c)=d(x)$, 即 $z_j=z,d(x)=\varPhi(x)z$ 时, 采用上节的方法和技巧, 经繁杂的估算同样可得估计式 (5.1.42).

5.1.3.2 应用

本节所提出的数值方法已成功应用到油资源运移聚集模拟系统, 其数学模型为

$$\nabla\cdot\left(K\frac{k_{\mathrm{ro}}(s)}{\mu_{\mathrm{o}}}\nabla\varPhi_{\mathrm{o}}\right)+B_{\mathrm{o}}q=-\varPhi\dot{s}\left(\frac{\partial\varPhi_{\mathrm{o}}}{\partial t}-\frac{\partial\varPhi_{\mathrm{w}}}{\partial t}\right),\quad (x,y,z)\in\varOmega,t\in J, \tag{5.1.46a}$$

$$\nabla\cdot\left(K\frac{k_{\mathrm{rw}}(s)}{\mu_{\mathrm{w}}}\nabla\varPhi_{\mathrm{w}}\right)+B_{\mathrm{w}}q=\varPhi\dot{s}\left(\frac{\partial\varPhi_{\mathrm{o}}}{\partial t}-\frac{\partial\varPhi_{\mathrm{w}}}{\partial t}\right),\quad (x,y,z)\in\varOmega,t\in J. \tag{5.1.46b}$$

研制成的软件系统已成功应用到胜利油田东营凹陷地区.

它还成功应用到注化学驱油新技术的实践中, 其数学模型为

$$\begin{aligned}&\varPhi\frac{\partial c_i}{\partial t}+\frac{\partial}{\partial x_1}\sum_{j=1}^{n_p}\left[c_{ij}U_{jx_1}-\varPhi S_j\left(K_{jx_1x_1}\frac{\partial c_{ij}}{\partial x_1}+K_{jx_1x_2}\frac{\partial c_{ij}}{\partial x_2}\right)\right]\\&+\frac{\partial}{\partial x_2}\sum_{j=1}^{n_p}\left[c_{ij}U_{jx_2}-\varPhi S_j\left(K_{jx_2x_1}\frac{\partial c_{ij}}{\partial x_1}+K_{jx_2x_2}\frac{\partial c_{ij}}{\partial x_2}\right)\right]=Q_i(c_i),\quad i=1,2,\cdots,n_{\mathrm{c}},\end{aligned} \tag{5.1.47}$$

并得到高效的数值模拟结果.

5.2 二相渗流问题迎风分数步差分格式

5.2.1 引言

油水二相渗流驱动问题的数值模拟是能源数学的基础, 问题的数学模型是下述非线性偏微分方程组的初边值问题[2~8]:

$$d(c)\frac{\partial p}{\partial t}+\nabla\cdot u=q(x,t),\quad x=(x,y,z)^{\mathrm{T}}\in\Omega,t\in J=(0,T],\tag{5.2.1a}$$

$$u=-a(c)\nabla p,\quad x\in\Omega,t\in J,\tag{5.2.1b}$$

$$\Phi(x)\frac{\partial c}{\partial t}+b(c)\frac{\partial p}{\partial t}+u\cdot\nabla c-\nabla\cdot(D\nabla c)=g(x,t,c),\quad x\in\Omega,t\in J,\tag{5.2.2}$$

此处 Ω 是有界区域, $c=c_1=1-c_2,a(c)=a(x,c)=k(x)\mu(c)^{-1},d(c)=d(x,c)=\Phi(x)\sum_{i=1}^{2}z_ic_i,c_i$ 表示混合体第 i 个分量的饱和度, $i=1,2.z_i$ 是压缩常数因子第 i 个分量, $\Phi(x)$ 是岩石的孔隙度, $k(x)$ 是地层的渗透率, $\mu(c)$ 是液体的黏度, $D=D(x)$ 是扩散系数. 压力函数 $p(x,t)$ 和饱和度函数 $c(x,t)$ 是待求的基本函数.

定压边界条件:

$$p=e(x,t),\quad x\in\partial\Omega,t\in J,\qquad c=h(x,t),\quad x\in\partial\Omega,t\in J,\tag{5.2.3}$$

此处 $\partial\Omega$ 为区域 Ω 的边界.

初始条件:

$$p(x,0)=p_0(x),\quad x\in\Omega,\qquad c(x,0)=c_0(x),\quad x\in\Omega.\tag{5.2.4}$$

对平面不可压缩二相渗流驱动问题, 在问题的周期性假定下, J.Douglas, Jr., R.E.Ewing, M.F.Wherler, T.F.Russell 等提出特征差分方法和特征有限元法, 并给出误差估计[17,18,27]. 他们将特征线方法和标准的有限差分方法或有限元方法相结合, 真实地反映出对流扩散方程的一阶双曲特性, 减少截断误差. 克服数值振荡和弥散, 大大提高计算的稳定性和精确度. 对可压缩二相渗流驱动问题, Douglas 等学者同样在周期性假定下提出二维可压缩二相驱动问题的 “微小压缩” 数学模型、数值方法和分析, 开创了现代数值模拟这一新领域[2~6]. 作者去掉周期性的假定, 给出新的修正特征差分格式和有限元格式, 并得到最佳阶的 L^2 模误差估计[14,21,28]. 由于特征线法需要进行插值计算, 并且特征线在求解区域边界附近可能穿出边界, 需要作特殊处理. 特征线与网格边界交点及其相应的函数值需要计算, 这样在算法设计时, 对靠近边界的网格点需要判断其特征是否越过边界, 从而确定是否需要改变时间步长, 因此实际计算还是比较复杂的.

对抛物型问题 O.Axelsson,R.E.Ewing,R.D.Lazarov 等提出迎风差分格式[29~31], 来克服数值解的振荡, 同时避免特征差分方法在对靠近边界网点的计算复杂性. 虽然 Douglas、Peaceman 曾用此方法于不可压缩油水二相渗流驱动问题, 并取得了成功[7]. 但在理论分析时出现实质性困难, 他们用 Fourier 分析法仅能对常系数的情形证明稳定性和收敛性的结果, 此方法不能推广到变系数的情况[19,20]. 我们从生产实际出发, 对三维可压缩二相渗流驱动问题, 为克服计算复杂性, 提出一类修正迎风分数差分格式, 该格式既可克服数值振荡和弥散, 同时将三维问题化为连续解三个一维问题, 大大减少计算工作量, 使工程实际计算成为可能. 且将空间的计算精度提高到二阶. 应用变分形式、能量方法、差分算子乘积交替性理论、高阶差分算子的分解、微分方程先验估计和特殊的技巧, 得到了最佳 l^2 模误差估计, 成功地解决了这一重要问题.

通常问题是正定的, 即满足

$$0<a_*\leqslant a(c)\leqslant a^*,\quad 0<d_*\leqslant d(c)<d^*,\quad 0<D_*\leqslant D(x)\leqslant D^*,\quad \left|\frac{\partial a}{\partial c}(x,c)\right|\leqslant K^*. \tag{5.2.5}$$

此处 $a^*,a^*,d_*,d^*,D^*,D_*,K^*$ 均为正常数, $d(c),b(c)$ 和 $g(c)$ 在解的 ε_0 邻域是 Lipschitz 连续的.

假定问题 (5.2.1)~(5.2.5) 的精确解具有一定的光滑性, 即满足

$$p,c\in L^\infty(W^{4,\infty})\cap W^{1,\infty}(W^{1,\infty}),\quad \frac{\partial^2 p}{\partial t^2},\frac{\partial^2 c}{\partial t^2}\in L^\infty(L^\infty).$$

5.2.2 二阶修正迎风分数步差分格式

为了用差分方法求解, 用网格区域 Ω_h 代替 Ω. 在空间 (x,y,z) 上 x 方向步长为 h_1,y 方向步长为 h_2,z 方向步长为 h_3. $x_i=ih_1,y_j=jh_2,z_k=kh_3$.

$$\Omega_h=\left\{(x_i,y_j,z_k)\;\middle|\;\begin{array}{l}i_1(j,k)<i<i_2(j,k)\\ j_1(i,k)<j<j_2(i,k)\\ k_1(i,j)<k<k_2(i,j)\end{array}\right\},$$

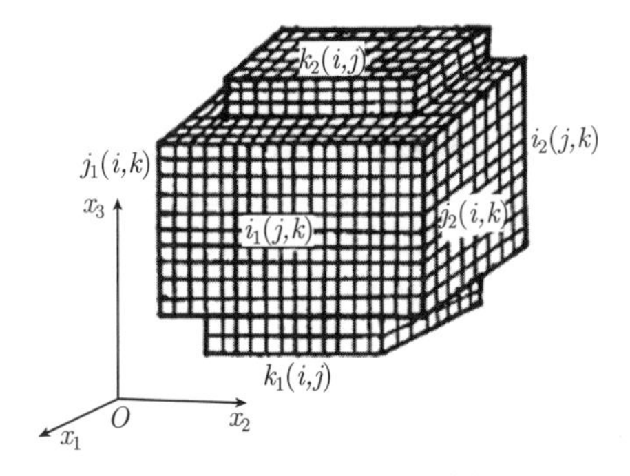

图 5.2.1 网域 Ω_h 示意图

用 Ω_h 代替 Ω, 用 $\partial\Omega_h$ 表示 Ω_h 的边界.

记 $x_{ijk}=(ih_1,jh_2,kh_3)^{\mathrm{T}}, t^n=n\Delta t, W(x_{ijk},t^n)=W_{ijk}^n$.

$$\begin{aligned}A_{i+1/2,jk}^n&=\left[a\left(x_{ijk},C_{ijk}^n\right)+a\left(x_{i+1,jk},C_{i+1,jk}^n\right)\right]/2, a_{i+1,jk}^n\\&=\left[a\left(x_{ijk},c_{ijk}^n\right)+a\left(x_{i+1,jk},c_{i+1,jk}^n\right)\right]/2,\end{aligned}\tag{5.2.6}$$

记号 $A_{i,j+1/2,k}^n, a_{i,j+1/2,k}^n A_{ij,k+1/2}^n, a_{ij,k+1/2}^n$ 的定义是类似的. 设

$$\delta_{\bar{x}}\left(A^n\delta_xP^{n+1}\right)_{ijk}=h_1^{-2}\left[A_{i+1/2,jk}^n\left(P_{i+1,jk}^{n+1}-P_{ijk}^{n+1}\right)-A_{i-1/2,jk}^n\left(P_{ijk}^{n+1}-P_{i-1,jk}^{n+1}\right)\right],\tag{5.2.7a}$$

$$\delta_{\bar{y}}\left(A^n\delta_yP^{n+1}\right)_{ijk}=h_2^{-2}\left[A_{i,j+1/2,k}^n\left(P_{i,j+1,k}^{n+1}-P_{ijk}^{n+1}\right)-A_{i,j-1/2,k}^n\left(P_{ijk}^{n+1}-P_{i,j-1,k}^{n+1}\right)\right],\tag{5.2.7b}$$

$$\delta_{\bar{z}}\left(A^n\delta_zP^{n+1}\right)_{ijk}=h_3^{-2}\left[A_{ij,k+1/2}^n\left(P_{ij,k+1}^{n+1}-P_{ijk}^{n+1}\right)-A_{ij,k-1/2}^n\left(P_{ijk}^{n+1}-P_{ij,k-1}^{n+1}\right)\right],\tag{5.2.7c}$$

$$\nabla_h(A^n\nabla_hP^{n+1})_{ijk}=\delta_{\bar{x}}\left(A^n\delta_xP^{n+1}\right)_{ij}+\delta_{\bar{y}}\left(A^n\delta_yP^{n+1}\right)_{ij}+\delta_{\bar{z}}\left(A^n\delta_zP^{n+1}\right)_{ijk}.\tag{5.2.8}$$

流动方程 (5.2.1) 的分数步差分格式:

$$\begin{aligned}d\left(C_{ijk}^n\right)\frac{P_{ijk}^{n+1/3}-P_{ijk}^n}{\Delta t}=&\delta_{\bar{x}}\left(A^n\delta_xP^{n+1/3}\right)_{ijk}+\delta_{\bar{y}}\left(A^n\delta_yP^n\right)_{ijk}\\&+\delta_{\bar{z}}\left(A^n\delta_zP^n\right)_{ijk}+q(x_{ijk},t^{n+1}),\quad i_1(j,k)<i<i_2(j,k),\end{aligned}\tag{5.2.9a}$$

$$P_{ijk}^{n+1/3}=e_{ijk}^{n+1}, x_{ijk}\in\partial\Omega_h,\tag{5.2.9b}$$

$$d\left(C_{ijk}^n\right)\frac{P_{ijk}^{n+2/3}-P_{ijk}^{n+1/3}}{\Delta t}=\delta_{\bar{y}}\left(A^n\delta_y\left(P^{n+2/3}-P^n\right)\right)_{ijk},\quad j_1(i,k)<j<j_2(i,k),\tag{5.2.9c}$$

$$P_{ijk}^{n+2/3}=e_{ijk}^{n+1},\quad x_{ijk}\in\partial\Omega_h,\tag{5.2.9d}$$

$$d\left(C_{ijk}^n\right)\frac{P_{ijk}^{n+1}-P_{ijk}^{n+2/3}}{\Delta t}=\delta_{\bar{z}}\left(A^n\delta_z\left(P^{n+1}-P^n\right)\right)_{ijk},\quad k_1(i,j)<k<k_2(i,j),\tag{5.2.9e}$$

$$P_{ijk}^{n+1}=e_{ijk}^{n+1},\quad x_{ijk}\in\partial\Omega_h.\tag{5.2.9f}$$

近似达西速度 $U^n=(U_1^n,U_2^n,U_3^n)^{\mathrm{T}}$ 按下述公式计算:

$$U_{1,ijk}^n=-\frac{1}{2}\left[A_{i+1/2,jk}^n\frac{P_{i+1,jk}^n-P_{ijk}^n}{h_1}+A_{i-1/2,jk}^n\frac{P_{ijk}^n-P_{i-1,jk}^n}{h_1}\right],\tag{5.2.10}$$

$U_{2,ijk}^n, U_{3,ijk}^n$ 对应于另外两个方向, 其公式是类似的.

下面考虑饱和度方程的计算, 提出两类计算格式.

5.2.2.1 迎风分数步长差分格式 I

$$\begin{aligned}\Phi_{ijk}\frac{C_{ijk}^{n+1/3}-C_{ijk}^n}{\Delta t}=&\left(1+\frac{h_1}{2}\left|U_1^n\right|D^{-1}\right)_{ijk}^{-1}\delta_{\bar{x}}\left(D\delta_x C^{n+1/3}\right)_{ijk}\\&+\left(1+\frac{h_2}{2}\left|U_2^n\right|D^{-1}\right)_{ijk}^{-1}\delta_{\bar{y}}\left(D\delta_y C^n\right)_{ijk}\\&+\left(1+\frac{h_3}{2}\left|U_3^n\right|D^{-1}\right)_{ijk}^{-1}\delta_{\bar{z}}\left(D\delta_z C^n\right)_{ijk}\\&-\delta_{U_{1,x}^n}C_{ijk}^n-\delta_{U_{2,y}^n}C_{ijk}^n-\delta_{U_{3,y}^n}C_{ijk}^n\\&-b\left(C_{ijk}^n\right)\frac{P_{ijk}^{n+1}-P_{ijk}^n}{\Delta t}+f\left(\mathrm{x}_{ijk},t^n,C_{ijk}^n\right),\\&i_1(j,k)<i<i_2(j,k),\end{aligned}\tag{5.2.11a}$$

$$C_{ijk}^{n+1/2}=h_{ijk}^{n+1},\quad x_{ijk}\in\partial\Omega_h,\tag{5.2.11b}$$

$$\begin{aligned}\Phi_{ijk}\frac{C_{ijk}^{n+2/3}-C_{ijk}^{n+1/3}}{\Delta t}=&\left(1+\frac{h_2}{2}\left|U_2^n\right|D^{-1}\right)_{ijk}^{-1}\delta_{\bar{y}}(D\delta_y(C^{n+2/3}-C^n))_{ijk},\\&j_1(i,k)<j<j_2(i,k),\end{aligned}\tag{5.2.11c}$$

$$C_{ijk}^{n+2/3}=h_{ijk}^{n+1},\quad x_{ijk}\in\partial\Omega_h,\tag{5.2.11d}$$

$$\begin{aligned}\Phi_{ijk}\frac{C_{ijk}^{n+1}-C_{ijk}^{n+2/3}}{\Delta t}=&\left(1+\frac{h_3}{2}\left|U_3^n\right|D^{-1}\right)_{ijk}^{-1}\delta_{\bar{z}}\left(D\delta_z\left(C^{n+1}-C^n\right)\right)_{ijk},\\&k_1(i,j)<k<k_2(i,j),\end{aligned}\tag{5.2.11e}$$

$$C_{ijk}^{n+1}=h_{ijk}^{n+1},\quad x_{ijk}\in\partial\Omega_h,\tag{5.2.11f}$$

此处

$$\begin{aligned}\delta_{U_{1,x}^n}C_{ijk}^n=&U_{1,ijk}^n\{H(U_{1,ijk}^n)D_{ijk}^{-1}D_{i-1/2,jk}\delta_{\bar{x}}C_{ijk}^n\\&+(1-H(U_{1,ijk}^n))D_{ijk}^{-1}D_{i+1/2,jk}\delta_x C_{ijk}^n\},\\\delta_{U_{2,x}^n}C_{ijk}^n=&U_{2,ijk}^n\{H(U_{2,ijk}^n)D_{ijk}^{-1}D_{i,j-1/2,k}\delta_{\bar{y}}C_{ijk}^n\\&+(1-H(U_{2,ijk}^n))D_{ijk}^{-1}D_{i,j+1/2,k}\delta_y C_{ijk}^n\},\\\delta_{U_{3,x}^n}C_{ijk}^n=&U_{3,ijk}^n\{H(U_{3,ijk}^n)D_{ijk}^{-1}D_{ij,k-1/2}\delta_{\bar{z}}C_{ijk}^n\end{aligned}$$

$$+ (1 - H(U_{3,ijk}^n))D_{ijk}^{-1}D_{ij,k+1/2}\delta_z C_{ijk}^n\}, H(z) = \begin{cases} 1, & z \geqslant 0, \\ 0, & z < 0. \end{cases}$$

初始条件为

$$P_{ijk}^0 = p_0(x_{ijk}), \quad C_{ijk}^0 = c_0(x_{ijk}), \quad x_{ijk} \in \Omega_h. \tag{5.2.12}$$

分数步迎风差分格式 I 的计算程序是：当 $\{P_{ijk}^n, C_{ijk}^n\}$ 已知时，首先由式 (5.2.9a)、(5.2.9b) 沿 x 方向用追赶法求出过渡层的解 $\{P_{ijk}^{n+1/3}\}$, 再由式 (5.2.9c)、(5.2.9d) 沿 y 方向用追赶法求出 $\{P_{ij}^{n+2/3}\}$, 最后由式 (5.2.9e)、(5.2.9f) 沿 z 方向追赶法求出解 $\{P_{ijk}^{n+1}\}$. 其次由式 (5.1.11a)、(5.1.11b) 沿 x 方向用追赶法求出过渡层的解 $\{C_{ij}^{n+1/3}\}$, 再由式 (5.2.11c)、(5.2.11d) 沿 y 方向用追赶法求出 $\{C_{ij}^{n+2/3}\}$, 最后由式 (5.2.11e)、(5.2.11f) 沿 z 方向用追赶法求出解 $\{C_{ijk}^{n+1}\}$. 由正定性条件 (5.2.5), 格式 (5.2.9)、(5.2.11) 的解存在且唯一.

5.2.2.2 迎风分数步差分格式 II

$$\begin{aligned}\Phi_{ijk}\frac{C_{ijk}^{n+1/3} - C_{ijk}^n}{\Delta t} =& \left(1 + \frac{h_1}{2}|U_1^n|D^{-1}\right)_{ijk}^{-1}\delta_{\bar{x}}(D\delta_x C^{n+1/3})_{ijk} \\ &+ \left(1 + \frac{h_2}{2}|U_2^n|D^{-1}\right)_{ijk}^{-1}\delta_{\bar{y}}(D\delta_y C^n)_{ijk} \\ &+ \left(1 + \frac{h_3}{2}|U_3^n|D^{-1}\right)_{ijk}^{-1}\delta_{\bar{z}}(D\delta_z C^n)_{ijk} - b(C_{ijk}^n)\frac{P_{ijk}^{n+1} - P_{ijk}^n}{\Delta t} \\ &+ f(x_{ijk}, t^n, C_{ijk}^n), \quad i_1(j,k) < i < i_2(j,k),\end{aligned} \tag{5.2.13a}$$

$$C_{ijk}^{n+1/3} = h_{ijk}^{n+1}, x_{ijk} \in \partial\Omega_h, \tag{5.2.13b}$$

$$\begin{aligned}\Phi_{ijk}\frac{C_{ijk}^{n+2/3} - C_{ijk}^{n+1/3}}{\Delta t} =& \left(1 + \frac{h_2}{2}|U_2^n|D^{-1}\right)_{ijk}^{-1}\delta_{\bar{y}}(D\delta_y(C^{n+2/3} - C^n))_{ijk}, \\ & j_1(i,k) < j < j_2(i,k),\end{aligned} \tag{5.2.13c}$$

$$C_{ijk}^{n+2/3} = h_{ijk}^{n+1}, \quad x_{ijk} \in \partial\Omega_h. \tag{5.2.13d}$$

$$\begin{aligned}\Phi_{ijk}\frac{C_{ijk}^{n+1} - C_{ijk}^{n+2/3}}{\Delta t} =& \left(1 + \frac{h_3}{2}|U_3^n|D^{-1}\right)_{ijk}^{-1}\delta_{\bar{z}}(D\delta_z(C^{n+1} \\ &- C^n))_{ijk} - \delta_{U_{1,x}^n}C_{ijk}^{n+1} - \delta_{U_{2,y}^n}C_{ijk}^{n+1} \\ &- \delta_{U_{3,z}^n}C_{ijk}^{n+1}, \quad k_1(i,j) < k < k_2(i,j),\end{aligned} \tag{5.2.13e}$$

$$C_{ijk}^{n+1} = h_{ijk}^{n+1}, \quad x_{ijk} \in \partial\Omega_h, \tag{5.2.13f}$$

迎风分数步差格式 II 的计算程序和格式 I 是类似的.

5.2.3 格式 I 的收敛性分析

为了分析简便, 设区域 $\Omega=\{[0,1]\}^3, h=1/N, x_{ijk}=(ih,jh,kh)^{\mathrm{T}}, t^n=n\Delta t$, $W(x_{ijk},t^n)=W_{ijk}^n$. 设 $\pi=p-P, \xi=c-C$, 此处 p 和 c 为问题 (5.2.1)~(5.2.5) 的精确解, P 和 C 为格式 (5.2.9) 和 (5.2.11) 式的差分解. 为了进行误差分析. 引入对应于 $L^2(\Omega)$ 和 $H^1(\Omega)$ 的内积和范数[8,25,26].

$$\langle v^n,w^n\rangle=\sum_{i,j,k=1}^{N}v_{ijk}^n w_{ijk}^n h^3,\quad \|v^n\|_0=\langle v^n,v^n\rangle^{1/2},\quad [v^n,w^n)_1=\sum_{i=0}^{N-1}\sum_{j,k=1}^{N}v_{ijk}^n w_{ijk}^n h^3,$$

$$[v^n,w^n)_2=\sum_{i,k=1}^{N}\sum_{,j=0}^{N-1}v_{ijk}^n w_{ijk}^n h^3,\quad [v^3,w^n)_3=\sum_{i,j=1}^{N}\sum_{,k=0}^{N-1}v_{ijk}^n w_{ijk}^n h^3,$$

$$|[\delta_x v^n|)|=[\delta_x v^n,\delta_x v^n)_1^{1/2},\quad \big|[\delta_y v^n\|=[\delta_y v^n,\delta_y v^n)_2^{1/2},\quad \big|[\delta_z v^n\|=[\delta_z v^n,\delta_z v^n)_3^{1/2}.$$

定理 5.2.1 假定问题 (5.2.1)~(5.2.5) 的精确解满足光滑性条件:

$$p,c\in W^{1,\infty}(W^{1,\infty})\cap L^\infty(W^{4,\infty}),\quad \frac{\partial p}{\partial t},\frac{\partial c}{\partial t}\in L^\infty(W^{4,\infty}),\quad \frac{\partial^2 p}{\partial t^2},\frac{\partial^2 c}{\partial t^2}\in L^\infty\left(L^\infty\right),$$

采用修正迎风分数步差分格式 (5.2.9)、(5.2.10)、(5.2.11) 逐层计算, 若剖分参数满足限制性条件:

$$\Delta t=O(h^2). \tag{5.2.14}$$

则下述误差估计式成立:

$$\begin{aligned}&\|p-P\|_{\bar{L}^\infty(0,T],h^1)}+\|c-C\|_{\bar{L}^\infty([0,T],h^1)}+\|d_t(p-P)\|_{\bar{L}^2(0,T],l^2)}\\&+\|d_t(c-C)\|_{\bar{L}^2(0,T],l^2)}\leqslant M^*\left\{\Delta t+h^2\right\},\end{aligned}\tag{5.2.15}$$

此处 $\|g\|_{\bar{L}^\infty(J;x)}=\sup\limits_{n\Delta t\leqslant T}\|f^n\|_x, \|g\|_{\bar{L}^2(J;x)}=\sup\limits_{n\Delta t\leqslant T}\left\{\sum\limits_{n=0}^{N}\|g^n\|_x^2\Delta t\right\}^{1/2}$, 常数依赖于 p、c 及其导函数.

证明 首先研究流动方程, 由 (5.2.9a)、(5.2.9c) 和 (5.2.9e) 式消去 $P^{n+1/3}$, $P^{n+2/3}$ 可得下述等价的差分方程:

$$\begin{aligned}&d\left(C_{ijk}^n\right)\frac{P_{ijk}^{n+1}-P_{ijk}^n}{\Delta t}-\nabla_h\left(A^n\nabla_n P^{n+1}\right)_{ijk}\\=&q\left(x_{ijk},t^{n+1}\right)-(\Delta t)^2\left\{\delta_{\bar{x}}\left(A^n\delta_x\left(d^{-1}\left(C^n\right)\delta_{\bar{y}}\left(A^n\delta_y d_t P^n\right)\right)\right)_{ijk}\right.\\&\left.+\delta_{\bar{x}}\left(A^n\delta_x\left(d^{-1}\left(C^n\right)\delta_{\bar{z}}\left(A^n\delta_z d_t P^n\right)\right)\right)_{ijk}+\delta_{\bar{y}}\left(A^n\delta_y\left(d^{-1}\left(C^n\right)\delta_{\bar{z}}\left(A^n\delta_z d_t P^n\right)\right)\right)_{ijk}\right\}\\&+(\Delta t)^3\delta_{\bar{x}}(A^n\delta_x(d^{-1}(C^n)\delta_{\bar{y}}(A^n\delta_y(d^{-1}(C^n)\delta_{\bar{z}}(A^n\delta_z d_t P^n)\cdots)_{ijk},\\&1\leqslant i,j,k\leqslant N-1,\end{aligned}\tag{5.2.16}$$

此处 $d_t P_{ijk}^n = \{P_{ijk}^{n+1} - P_{ijk}^n\}/\Delta t$.

由流动方程 (5.2.1)$(t = t^{n+1})$ 和差分方程 (5.2.16) 相减可得压力函数的误差方程:

$$
\begin{aligned}
&d(C_{ijk}^n)\frac{\pi_{ijk}^{n+1}-\pi_{ijk}^n}{\Delta t} - \nabla_h(A^n\nabla_h\pi^{n+1})_{ijk}\\
=&-[d(c_{ijk}^{n+1})-d(C_{ijk}^n)]\frac{p_{ijk}^{n+1}-p_{ijk}^n}{\Delta t}+\nabla_h([a(c^{n+1})-a(C^n)]\nabla_h p^{n+1})_{ijk}\\
&-(\Delta t)^2\{[\delta_{\bar{x}}(a^{n+1}\delta_x(d^{-1}(c^{n+1})\delta_{\bar{y}}(a^{n+1}\delta_y d_t p^n)))_{ijk}\\
&-\delta_{\bar{x}}(A^n\delta_x(d^{-1}(C^n)\delta_{\bar{y}}(A^n\delta_y d_t P^n)))_{ijk}]+[\delta_{\bar{x}}(a^{n+1}\delta_x(d^{-1}(c^{n+1})\delta_{\bar{z}}(a^{n+1}\delta_z d_t p^n)))_{ijk}\\
&-\delta_{\bar{x}}(A^n\delta_x(d^{-1}(C^n)\delta_{\bar{z}}(A^n\delta_z d_t P^n)))_{ijk}]+[\delta_{\bar{y}}(a^{n+1}\delta_y(d^{-1}(c^{n+1})\delta_{\bar{z}}(a^{n+1}\delta_z d_t p^n)))_{ijk}\\
&-\delta_{\bar{y}}(A^n\delta_y(d^{-1}(C^n)\delta_{\bar{z}}(A^n\delta_z d_t P^n)))_{ijk}]\}\\
&+(\Delta t)^3\{\delta_{\bar{x}}(a^{n+1}\delta_x(d^{-1}(c^{n+1})\delta_{\bar{y}}(a^{n+1}\delta_y(d^{-1}(c^{n+1})\delta_{\bar{z}}(a^{n+1}\delta_{\bar{z}}d_t p^n)\cdots)_{ijk}\\
&-\delta_{\bar{x}}(A^n\delta_x(d^{-1}(C^n)\delta_{\bar{y}}(A^n\delta_y(d^{-1}(C^n)\delta_{\bar{z}}(A^n\delta_z d_t P^n)\cdots)_{ijk}\}+\sigma_{ijk}^{n+1},\\
&1\leqslant i,j,k\leqslant N-1,
\end{aligned}
\tag{5.2.17a}
$$

$$
\pi_{ijk}^{n+1}=0,\quad x_{ijk}\in\partial\Omega_h,
\tag{5.2.17b}
$$

此处

$$
|\sigma_{ijk}^{n+1}|\leqslant M\left\{\left\|\frac{\partial^2 p}{\partial t^2}\right\|_{L^\infty(L^\infty)},\left\|\frac{\partial p}{\partial t}\right\|_{L^\infty(W^{4,\infty})},\|p\|_{L^\infty(W^{4,\infty})},\|c\|_{L^\infty(W^{3,\infty})}\right\}\{h^2+\Delta t\}.
$$

引入归纳法假定

$$
\sup_{1\leqslant n\leqslant L}\max\left\{\|\pi^n\|_{1,\infty},\|\xi^n\|_{1,\infty}\right\}\to 0,\quad (h,\Delta t)\to 0,
\tag{5.2.18}
$$

此处 $\|\pi^n\|_{0,\infty}^2 = \|\pi^n\|_{0,\infty}^2 + \|\nabla_h\pi^n\|_{0,\infty}^2$.

对误差方程 (5.2.17) 利用变分形式, 乘以 $\delta_t\pi_{ij}^n = d_t\pi_{ij}^n\Delta t = \pi_{ij}^{n+1} - \pi_{ij}^n$ 作内积, 并应用分步求和公式可得:

$$
\begin{aligned}
&\langle d(C^n)d_t\pi^n,d_t\pi^n\rangle\Delta t+\frac{1}{2}\{\langle A^n\nabla_h\pi^{n+1},\nabla_h\pi^{n+1}\rangle-\langle A^n\nabla_h\pi^n,\nabla_h\pi^n\rangle\}\\
\leqslant&-\langle[d(c^{n+1})-d(C^n)]d_t p^n,d_t\pi^n\rangle\Delta t+\langle\nabla_h([a(c^{n+1})-a(C^n)]\nabla_h p^{n+1}),d_t\pi^n\rangle\Delta t\\
&-(\Delta t)^3\{\langle\delta_{\bar{x}}(a^{n+1}\delta_x(d^{-1}(c^{n+1})\delta_{\bar{y}}(a^{n+1}\delta_y d_t p^n)))\\
&-\delta_{\bar{x}}(A^n\delta_x(d^{-1}(C^n)\delta_{\bar{y}}(A^n\delta_y d_t P^n))),d_t\pi^n\rangle+\cdots\\
&+\langle\delta_{\bar{y}}(a^{n+1}\delta_y(d^{-1}(c^{n+1})\delta_{\bar{z}}(a^{n+1}\delta_z d_t p^n)))\\
&-\delta_{\bar{y}}(A^n\delta_y(d^{-1}(C^n)\delta_{\bar{z}}(A^n\delta_z d_t P^n))),d_t\pi^n\rangle\}
\end{aligned}
$$

$$+(\Delta t)^4\langle\delta_{\bar{x}}(a^{n+1}\delta_x(d^{-1}(c^{n+1})\delta_{\bar{y}}(a^{n+1}\delta_y(d^{-1}(c^{n+1})\delta_{\bar{z}}(a^{n+1}\delta_z d_t p^n)\cdots)$$
$$-\delta_{\bar{x}}(A^n\delta_x(d^{-1}(C^n)\delta_{\bar{y}}(A^n\delta_y(d^{-1}(C^n)\delta_{\bar{z}}(A^n\delta_z d_t P^n)\cdots),d_t\pi^n\rangle+\langle\sigma^{n+1},d_t\pi^n\rangle\Delta t. \tag{5.2.19}$$

依次估计式 (5.2.19) 右端诸项:

$$-\left\langle\left[d\left(c^{n+1}\right)-d\left(C^n\right)\right]d_tp^n,d_t\pi^n\right\rangle\Delta t\leqslant M\left\{\|\xi^n\|^2+(\Delta t)^2\right\}\Delta t+\varepsilon\|d_t\pi^n\|^2\Delta t, \tag{5.2.20a}$$

$$\begin{aligned}&\left\langle\nabla_h\left(\left[a(c^{n+1})-a(C^n)\right]\nabla_hp^n\right),d_t\pi^n\right\rangle\Delta t\\ \leqslant& M\left\{\|\nabla_h\xi^n\|^2+\|\xi^n\|^2+(\Delta t)^2\right\}\Delta t+\varepsilon\|d_t\pi^n\|^2\Delta t.\end{aligned} \tag{5.2.20b}$$

下面讨论式 (5.2.19) 右端第三项, 首先分析其第一部分.

$$\begin{aligned}&-(\Delta t)^3\left\langle\delta_{\bar{x}}\left(a^{n+1}\delta_x\left(d^{-1}\left(c^{n+1}\right)\delta_{\bar{y}}\left(a^{n+1}\delta_yd_tp^n\right)\right)\right)\right.\\&\left.-\delta_{\bar{x}}\left(A^n\delta_x\left(d^{-1}\left(C^n\right)\delta_{\bar{y}}\left(A^n\delta_yd_t\left(P^n\right)\right)\right)\right),d_t\pi^n\right\rangle\\=&-(\Delta t)^3\left\{\langle\delta_{\bar{x}}\left(A^n\delta_x\left(d^{-1}\left(C^n\right)\delta_{\bar{y}}\left(A^n\delta_yd_t\pi^n\right)\right)\right),d_t\pi^n\rangle+\delta_{\bar{x}}\left(A^n\delta_x\left(d^{-1}\left(C^n\right)\right.\right.\right.\\&\left.\left.\left.\cdot\,\delta_{\bar{y}}\left(\left[a^{n+1}-A^n\right]\delta_yd_tP^n\right)\right)\right),d_t\pi^n\rangle\\&+\left\langle\delta_{\bar{x}}\left(A^n\delta_x\left(\left[d^{-1}\left(c^{n+1}\right)-d^{-1}\left(C^n\right)\right]\delta_{\bar{y}}\left(a^{n+1}\delta_yd_tP^n\right)\right)\right),d_t\pi^n\right\rangle\\&\left.+\left\langle\delta_{\bar{x}}\left(\left[a^{n+1}-A^n\right]\delta_x\left(d^{-1}\left(c^{n+1}\delta_yd_tP^n\right)\right)\right),d_t\pi^n\right\rangle\right\}.\end{aligned} \tag{5.2.20c}$$

现重点讨论式 (5.2.20c) 右端的第一项, 尽管 $-\delta_{\bar{x}}(A^n\delta_x),-\delta_{\bar{y}}(A^n\delta_y)\cdots$ 是自共轭、正定、有界算子, 且空间区域为单位正立体, 但它们的乘积一般是不可交替的, 利用差分算子乘积交换性 $\delta_x\delta_y=\delta_y\delta_x,\delta_x\delta_{\bar{y}}=\delta_{\bar{y}}\delta_x$, $\delta_{\bar{x}}\delta_y=\delta_y\delta_{\bar{x}},\delta_{\bar{x}}\delta_{\bar{y}}=\delta_{\bar{y}}\delta_{\bar{x}}$, 有

$$\begin{aligned}&-(\Delta t)^3\langle\delta_{\bar{x}}(A^n\delta_x(d^{-1}(C^n)\delta_{\bar{y}}(A^n\delta_yd_t\pi^n))),d_t\pi^n\rangle\\=&(\Delta t)^3\langle A^n\delta_x(d^{-1}(C^n)\delta_{\bar{y}}(A^n\delta_yd_t\pi^n)),\delta_{\bar{x}}d_t\pi^n\rangle\\=&(\Delta t)^3\langle d^{-1}(C^n)\delta_x\delta_{\bar{y}}(A^n\delta_yd_t\pi^n)+\delta_xd^{-1}(C^n)\cdot\delta_{\bar{y}}(A^n\delta_yd_t\pi^n),A^n\delta_yd_t\pi^n\rangle\\=&(\Delta t)^3\{\langle\delta_{\bar{y}}\delta_x(A^n\delta_yd_t\pi^n),d^{-1}(C^n)A^n\delta_xd_t\pi^n\rangle\\&+\langle\delta_{\bar{y}}(A^n\delta_yd_t\pi^n),\delta_xd^{-1}(C^n)\cdot A^n\delta_xd_t\pi^n\rangle\}\\=&-(\Delta t)^3\{\langle\delta_x(A^n\delta_yd_t\pi^n),\delta_y(d^{-1}(C^n)A^n\delta_xd_t\pi^n)\rangle\\&+\langle A^n\delta_yd_t\pi^n,\delta_y(\delta_xd^{-1}(C^n)\cdot A^n\delta_xd_t\pi^n)\rangle\}\\=&-(\Delta t)^3\{\langle A^n\delta_x\delta_yd_t\pi^n+\delta_xA^n\cdot\delta_yd_t\pi^n,d^{-1}(C^n)A^n\delta_x\delta_yd_t\pi^n\\&+\delta_y(d^{-1}(C^n)A^n)\cdot\delta_xd_t\pi^n\rangle+\langle A^n\delta_yd_t\pi^n,\delta_y\delta_xd^{-1}(C^n)\cdot A^n\delta_xd_t\pi^n\\&+\delta_xd^{-1}(C^n)\delta_yA^n\cdot\delta_xd_t\pi^n+\delta_xd^{-1}(C^n)A^n\delta_xd_t\pi^n\rangle\}\end{aligned}$$

$$
\begin{aligned}
=&-(\Delta t)^3\sum_{i,j,k=1}^{N}\{A_{i,j+1/2,k}^nA_{i+1/2,jk}^nd^{-1}(C_{ijk}^n)[\delta_x\delta_yd_t\pi_{ijk}^n]^2\\
&+[A_{i,j+1/2,k}^n\delta_y(A_{i+1/2,jk}^nd^{-1}(C_{ijk}^n))\cdot\delta_xd_t\pi_{ijk}^n\\
&+A_{i+1/2,jk}^nd^{-1}(C_{ijk}^n)\delta_xA_{i,j+1/2,k}^n\cdot\delta_yd_t\pi_{ijk}^n\\
&+A_{i,j+1/2,k}^nA_{i+1/2,jk}^n\delta_xd^{-1}(C_{ijk}^n)\cdot\delta_yd_t\pi_{ijk}^n]\delta_x\delta_yd_t\pi_{ijk}^n\\
&+[\delta_xA_{i,j+1/2,k}^n\cdot\delta_x(d^{-1}(C_{ijk}^n)A_{i+1/2,jk}^n)\\
&+A_{i,j+1/2,k}^n\delta_yA_{i+1/2,jk}^n(C_{ijk}^n)+A_{i,j+1/2,k}^n\cdot A_{i+1/2,jk}^n\delta_x\delta_yd^{-1}(C_{ijk}^n)]\\
&\cdot\delta_yd_t\pi_{ijk}^n\delta_xd_t\pi_{ijk}^n\}h^3.
\end{aligned}
\tag{5.2.21}
$$

由归纳法假定 (5.2.18) 可以推出 $A_{i,j+1/2,k}^n, A_{i+1/2,jk}^n, d^{-1}(C_{ijk}^n), \delta_y(A_{i+1/2,jk} d^{-1}(C_{ijk}^n)), \delta_xA_{i,j+1/2,k}^n$ 是有界的. 对上述表达式的前两项, 应用 A, d^{-1} 的正定性和高阶差分算子的分解, 可分离出高阶差商项 $\delta_x\delta_yd_t\pi^n$, 即利用 Cauchy 不等式消去与此有关的项, 可得

$$
\begin{aligned}
&-(\Delta t)^3\sum_{i,j,k=1}^{N}\{A_{i,j+1/2,k}^nA_{i+1/2,jk}^nd^{-1}(C_{ijk}^n)[\delta_x\delta_yd_t\pi_{ijk}^n]^2\\
&+[A_{i,j+1/2,k}^n\delta_y(A_{i+1/2,jk}^nd^{-1}(C_{ijk}^n))\cdot\delta_xd_t\pi_{ijk}^n+A_{i+1/2,jk}^nd^{-1}(C_{ijn}^n)\delta_xA_{i,j+1/2,k}^n\cdot\delta_yd_t\pi_{ijk}^y\\
&+A_{i,j+1/2,k}^nA_{i+1/2,jk}^n\delta_xd^{-1}(C_{ij,k}^n)\delta_yd_t\pi_{ijk}^n]\delta_x\delta_yd_t\pi_{ijk}^n+\cdots\}h^3\\
\leqslant&-(\Delta t)^3\sum_{i,j,k=1}^{N}\{a_*^2(d^*)^{-1}[\delta_x\delta_yd_t\pi_{ijk}^n]^2\\
&+[A_{i,j+1/2,k}^n\delta_y(A_{i+1/2,jk}^nd^{-1}(C_{ijk}^n))\cdot\delta_xd_t\pi_{ijk}^n+\cdots]\delta_x\delta_yd_t\pi_{ijk}^n\}h^3\\
\leqslant&M\{\|\delta_xd_t\pi^n\|^2+\|\delta_yd_t\pi^n\|^2\}(\Delta t)^2\leqslant M\Delta t\{\|\nabla_h\pi^{n+1}\|^2+\|\nabla_h\pi^n\|^2\}.
\end{aligned}
\tag{5.2.22a}
$$

对式 (5.2.21) 中第三项有

$$
\begin{aligned}
&-(\Delta t)^3\sum_{i,j,k=1}^{N}[\delta_xA_{i,j+1/2,k}^n\cdot\delta_y(d^{-1}(C_{ijk}^n)A_{i+1/2,jk}^n)\\
&+A_{i,j+1/2,k}^n\delta_yA_{i+1/2,jk}^n\delta_xd^{-1}(C_{ijk}^n)]\cdot\delta_xd_t\pi_{ijk}^n\delta_yd_t\pi_{ijk}^nh^3\\
\leqslant&M\{\|\nabla_h\pi^{n+1}\|^2+\|\nabla_h\pi^n\|^2\}\Delta t,
\end{aligned}
\tag{5.2.22b}
$$

$$
\begin{aligned}
&-(\Delta t)^3\sum_{i,j,k=1}^{N}A_{i,j+1/2,k}^nA_{i+1/2,jk}^n\delta_x\delta_yd^{-1}\left(C_{ijk}^n\right)\cdot\delta_xd_t\pi_{ijk}^n\delta_yd_t\pi_{ijk}^nh^3\\
\leqslant&M\left(\Delta t\right)^{1/2}\|d_t\pi^n\|^2\Delta t\leqslant\varepsilon\|d_t\pi^n\|^2\Delta t.
\end{aligned}
\tag{5.2.22c}
$$

于是得

$$
-(\Delta t)^3\left\langle\delta_{\bar{x}}\left(A^n\delta_x\left(d^{-1}\left(C^n\right)\delta_{\bar{y}}\left(A^n\delta_yd_t\pi^n\right)\right)\right),d_t\pi^n\right\rangle
$$

$$\leqslant \varepsilon \|d_t\pi^n\|^2 \Delta t + M\{\|\nabla_h \pi^{n+1}\|^2 + \|\nabla_h \pi^n\|\}\Delta t. \tag{5.2.23}$$

对 (5.2.20c) 的其余的项可类似地讨论可得:

$$\begin{aligned}&-(\Delta t)^3\langle \delta_{\bar{x}}(a^{n+1}\delta_x(d^{-1}(c^{n+1})\delta_{\bar{y}}(a^{n+1}\delta_y d_t p^n)))\\&-\delta_{\bar{x}}(A^n\delta_x(d^{-1}(C^n)\delta_{\bar{y}}(A^n\delta_y d_t P^n))), d_t\pi^n\rangle\\ \leqslant&\varepsilon\|d_t\pi^n\|^2\Delta t + M\{\|\nabla_h\pi^{n+1}\|^2 + \|\nabla_h\pi^n\| + \|\xi^n\|^2 + (\Delta t)^2\}\Delta t.\end{aligned} \tag{5.2.24}$$

类似地, 对式 (5.2.19) 中右端第三项的其余二项亦有相同的估计 (5.2.24).

对于式 (5.2.19) 右端的第四项, 有

$$\begin{aligned}&(\Delta t)^4\{\langle\delta_{\bar{x}}(a^{n+1}\delta_x(d^{-1}(c^{n+1})\delta_{\bar{y}}(a^{n+1}\delta_y(d^{-1}(c^{n+1})\delta_{\bar{z}}(a^{n+1}\delta_{\bar{z}}d_t p^n)\cdots)\\&-\delta_{\bar{x}}(A^n\delta_x(d^{-1}(C^n)\delta_{\bar{y}}(A^n\delta_y(d^{-1}(C^n)\delta_{\bar{z}}(A^n\delta_z d_t P^n)\cdots), d_t\pi^n\rangle\}\\=&(\Delta t)^4\{\langle\delta_{\bar{x}}(A^n\delta_x(d^{-1}(C^n)\delta_{\bar{Z}}(d^{-1}(C^n)\delta_{\bar{z}}(A^n\delta_z d_t\pi^n)\cdots), d_t\pi^n\rangle\\&+\langle\delta_{\bar{x}}(a^{n+1}\delta_x(d^{-1}(c^{n+1})\delta_{\bar{y}}(a^{n+1}\delta_y(d^{-1}(c^{n+1})\delta_{\bar{z}}([a^{n+1}-A^n]\delta_z d_t p^n)\cdots), d_t\pi^n\rangle\\&+\cdots+\delta_{\bar{x}}([a^{n+1}-A^n]\delta_x(d^{-1}(c^{n+1})\delta_{\bar{y}}(a^{n+1}\delta_y(d^{-1}(c^{n+1})\\&\delta_{\bar{z}}(a^{n+1}\delta_{\bar{z}}d_t p^n)\cdots), d_t\pi^n\rangle\},\end{aligned}$$

对上式经类似的分析和计算可得

$$\begin{aligned}&(\Delta t)^4\{\langle\delta_{\bar{x}}(A^n\delta_x(d^{-1}(C^n)\delta_{\bar{y}}(A^n\delta_y(d^{-1}(C^n)\delta_{\bar{z}}(A^n\delta_z d_t\pi^n)\cdots), d_t\pi^n\rangle+\cdots\}\\ \leqslant&-\frac{1}{2}a_*^3(d^*)^{-2}(\Delta t)^4\sum_{i,j,k=1}^{N}[\delta_x\delta_y\delta_z d_t\pi^n]^2h^3 + M\{\|\nabla_h\pi^{n+1}\|^2\\&+\|\nabla_h\pi^n\|^2+\|\xi^n\|^2+(\Delta t)^2\}\Delta t+\varepsilon\|d_t\pi^n\|^2\Delta t.\end{aligned} \tag{5.2.25}$$

当 Δt 适当小时, ε 可适当小. 对误差方程 (5.2.19), 应用 (5.2.20)~(5.2.25) 经计算可得:

$$\begin{aligned}&\|d_t\pi^n\|^2\Delta t + \frac{1}{2}\{\langle A^n\pi^{n+1}, \nabla_h\pi^{n+1}\rangle - \langle A^n\nabla_h\pi^n, \nabla_h\pi^n\rangle\}\\ \leqslant&M\left\{\|\nabla_h\pi^{n+1}\|^2+\|\nabla_h\pi^n\|^2+h^4+(\Delta t)^2\right\}\Delta t.\end{aligned} \tag{5.2.26}$$

下面讨论饱和度方程的误差估计, 由 (5.2.11a)、(5.2.11c) 和 (5.2.11e) 消去 $C_{ijk}^{n+1/3}$、$C_{ijk}^{n+2/3}$ 可得下述等价差分方程:

$$\Phi_{ijk}\frac{C_{ijk}^{n+1}-C_{ijk}^n}{\Delta t} - \left\{\left(1+\frac{h}{2}|U_1^n|D^{-1}\right)_{ijk}^{-1}\delta_{\bar{x}}(D\delta_x C^{n+1})_{ijk}\right.$$

$$
\begin{aligned}
&+\left(1+\frac{h}{2}\left|U_2^n\right|D^{-1}\right)_{ijk}^{-1}\delta_{\bar{y}}\left(D\delta_y C^{n+1}\right)_{ijk}\\
&+\left(1+\frac{h}{2}\left|U_3^n\right|D^{-1}\right)_{ijk}^{-1}\delta_{\bar{z}}(D\delta_z C^{n+1})_{ijk}\Bigg\}\\
=&-\delta_{U_{1,x}^n}C_{ijk}^n-\delta_{U_{1,y}^2}C_{ijk}^n-\delta_{U_{3,z}^n}C_{ijk}^n-b(C_{ijk}^n)\frac{P_{ijk}^{n+1}-P_{ijk}^n}{\Delta t}+f(x_{ijk},t^n,C_{ijk}^n)\\
&-(\Delta t)^2\Bigg\{\left(1+\frac{h}{2}\left|U_1^n\right|D^{-1}\right)_{ijk}^{-1}\delta_{\bar{x}}(D\delta_x[\varPhi^{-1}\left(1+\frac{h}{2}\left|U_2^n\right|D^{-1}\right)^{-1}\delta_{\bar{y}}D\delta_y(d_tC^n)])_{ijk}\\
&+\left(1+\frac{h}{2}\left|U_1^n\right|D^{-1}\right)_{ijk}^{-1}\delta_{\bar{x}}\left(D\delta_x\left[\varPhi^{-1}\left(1+\frac{h}{2}\left|U_3^n\right|D^{-1}\right)^{-1}\delta_{\bar{z}}(D\delta_z d_tC^n)\right]\right)_{ijk}\\
&+\left(1+\frac{h}{2}\left|U_2^n\right|D^{-1}\right)_{ijk}^{-1}\\
&\cdot\delta_{\bar{y}}\left(D\delta_y\left[\varPhi^{-1}\left(1+\frac{h}{2}\left|U_3^n\right|D^{-1}\right)^{-1}\delta_{\bar{z}}(D\delta_z d_tC^n)\right]\right)_{ijk}\Bigg\}\\
&+(\Delta t)^3\left(1+\frac{h}{2}\left|U_1^n\right|D^{-1}\right)_{ijk}^{-1}\cdot\delta_{\bar{x}}D\delta_x\left(\left[\varPhi^{-1}\left(1+\frac{h}{2}\left|U_2^n\right|D^{-1}\right)^{-1}\right.\right.\\
&\cdot\delta_{\bar{y}}\left(D\delta_y\left[\varPhi^{-1}\left(1+\frac{h}{2}\left|U_3^n\right|D^{-1}\right)^{-1}\delta_{\bar{z}}(D\delta_z d_tC^n)\cdots\right)_{ijk},\\
&1\leqslant i,j,k\leqslant N-1,
\end{aligned}\tag{5.2.27a}
$$

$$
C_{ijk}^{n+1}=h_{ijk}^{n+1},\quad x_{ijk}\in\partial\Omega.\tag{5.2.27b}
$$

由方程 (5.2.2)$(t=t^{n+1})$ 和 (5.2.27) 可导出饱和度函数的误差方程:

$$
\begin{aligned}
&\varPhi_{ijk}\frac{\xi_{ijk}^{n+1}-\xi_{ijk}^n}{\Delta t}-\Bigg\{\left(1+\frac{h}{2}\left|U_{1,ijk}^{n+1}\right|D_{ijk}^{-1}\right)^{-1}\delta_{\bar{x}}\left(D\delta_x\xi^{n+1}\right)_{ijk}\\
&+\left(1+\frac{h}{2}\left|U_{2,ijk}^{n+1}\right|D_{ijk}^{-1}\right)^{-1}\delta_{\bar{y}}(D\delta_y\xi^{n+1})_{ijk}\\
&+\left(1+\frac{h}{2}\left|U_{3,ijk}^{n+1}\right|D_{ijk}^{-1}\right)^{-1}\delta_{\bar{z}}(D\delta_z\xi^{n+1})_{ijk}\Bigg\}\\
=&[\delta_{U_{1,x}^n}C_{ijk}^n-\delta_{u_{1,x}^{n+1}}c_{ijk}^{n+1}]+[\delta_{U_{2,y}^n}C_{ijk}^n-\delta_{u_{2,y}^{n+1}}c_{ijk}^{n+1}]\\
&+[\delta_{U_{3,z}^n}C_{ijk}^n-\delta_{u_{3,}^{n+1}}c_{ijk}^{n+1}]+\Bigg\{\Bigg[\left(1+\frac{h}{2}\left|u_{1,ijk}^{n+1}\right|D_{ijk}^{-1}\right)^{-1}\\
&-\left(1+\frac{h}{2}\left|u_{1,ijk}^{n+1}\right|D_{ijk}^{-1}\right)^{-1}\Bigg]\delta_{\bar{x}}(D\delta_xC^n)_{ijk}\\
&+\left[\left(1+\frac{h}{2}\left|u_{2,ijk}^{n+1}\right|D_{ijk}^{-1}\right)^{-1}-\left(1+\frac{h}{2}\left|U_{2,ijk}^n\right|D_{ijk}^{-1}\right)^{-1}\right]\delta_{\bar{y}}(D\delta_yC^n)_{ijk}
\end{aligned}
$$

$$+\left[\left(1+\frac{h}{2}\left|u_{3,ijk}^{n+1}\right|D_{ijk}^{-1}\right)^{-1}-\left(1+\frac{h}{2}\left|U_{3,ijk}^{n}\right|D_{ijk}^{-1}\right)^{-1}\right]\delta_{\bar{z}}(D\delta_z C^n)_{ijk}\Bigg\}$$

$$+g(x_{ijk},t^{n+1},c^{n+1})-g(x_{ijk},t^n,C_{ijk}^n)-b(C_{ijk}^n)\frac{\pi_{ijk}^{n+1}-\pi_{ijk}^n}{\Delta t}-\left[b\left(c_{ijk}^{n+1}\right)\right.$$

$$\left.-b\left(C_{ijk}^n\right)\right]\frac{p_{ijk}^{n+1}-p_{ijk}^n}{\Delta t}-(\Delta t)^2\left\{\left[\left(1+\frac{h}{2}\left|u_1^{n+1}\right|D^{-1}\right)_{ijk}^{-1}\right.\right.$$

$$\cdot\delta_{\bar{x}}\left(D\delta_x\left[\varPhi^{-1}\left(1+\frac{h}{2}\left|u_2^{n+1}\right|D^{-1}\right)^{-1}\delta_{\bar{y}}(D\delta_y d_t c^n)\right]\right)_{ijk}$$

$$\left.-\left(1+\frac{h}{2}\left|U_1^n\right|D^{-1}\right)_{ijk}^{-1}\delta_{\bar{x}}(D\delta_x[\varPhi^{-1}\left(1+\frac{h}{2}\left|U_2^n\right|D^{-1}\right)^{-1}\delta_{\bar{y}}(D\delta_y d_t C^n)])_{ijk}\right]+\cdots$$

$$+\left[\left(1+\frac{h}{2}\left|u_2^{n+1}\right|D^{-1}\right)_{ijk}^{-1}\delta_{\bar{y}}\left(D\delta_y\left[\varPhi^{-1}\left(1+\frac{h}{2}\left|u_3^{n+1}\right|D^{-1}\right)^{-1}\delta_{\bar{z}}\left(D\delta_z d_t c^n\right)\right]\right)_{ijk}\right.$$

$$\left.\left.-\left(1+\frac{h}{2}\left|U_2^n\right|D^{-1}\right)_{ijk}^{-1}\delta_{\bar{y}}\left(D\delta_y\left[\varPhi^{-1}\left(1+\frac{h}{2}\left|U_3^n\right|D^{-1}\right)^{-1}\delta_{\bar{z}}(D\delta_z d_t C^n)\right]\right)_{ijk}\right]\right\}$$

$$+(\Delta t)^3\left\{\left[\left(1+\frac{h}{2}\left|u_1^{n+1}\right|D^{-1}\right)_{ijk}^{-1}\delta_{\bar{x}}\left(D\delta_x\left[\varPhi^{-1}\left(1+\frac{h}{2}\left|u_2^{n+1}\right|D^{-1}\right)^{-1}\right.\right.\right.\right.$$

$$\left.\left.\cdot\delta_{\bar{y}}\left(D\delta_y\left[\varPhi^{-1}\left(1+\frac{h}{2}\left|u_3^{n+1}\right|D^{-1}\right)^{-1}\delta_{\bar{z}}(D\delta_z d_t c^n)\right]\cdots\right)_{ijk}\right.$$

$$-\left(1+\frac{h}{2}\left|U_1^n\right|D^{-1}\right)_{ijk}^{-1}\delta_{\bar{x}}\left(D\delta_x\left[\varPhi^{-1}\left(1+\frac{h}{2}\left|U_2^{n+1}\right|D^{-1}\right)^{-1}\right.\right.$$

$$\left.\cdot\delta_{\bar{y}}\left(D\delta_y\left[\varPhi^{-1}\left(1+\frac{h}{2}\left|U_3^{n+1}\right|D^{-1}\right)^{-1}\delta_{\bar{z}}(D\delta_z d_t C^n)\right]\cdots\right)_{ijk}+\varepsilon_{ijk}^{n+1},$$

$$1\leqslant i,j,k\leqslant N-1, \tag{5.2.28a}$$

$$\xi_{ijk}^{n+1}=0,\quad x_{ijk}\in\partial\varOmega. \tag{5.2.28b}$$

可以推得

$$\left|\varepsilon_{ijk}^{n+1}\right|\leqslant M\left\{\left\|\frac{\partial^2 c}{\partial t^2}\right\|_{L^\infty(L^\infty)},\left\|\frac{\partial c}{\partial t}\right\|_{L^\infty(W^{4,\infty})},\|c\|_{L^\infty(W^{4,\infty})}\right\}\left\{h^2+\Delta t\right\}.$$

对饱和度误差方程 (5.2.26) 乘以 $\delta_t\xi_{ij}^n=\xi_{ij}^{n+1}-\xi_{ij}^n=d_t\xi_{ij}^n\Delta t$ 作内积, 并分部求和可得

$$\langle\varPhi d_t\xi^n,d_t\xi^n\rangle\Delta t+\left\{\left\langle D\delta_x\xi^{n+1},\delta_x\left[\left(1+\frac{h}{2}\left|u_1^{n+1}\right|D^{-1}\right)^{-1}(\xi^{n+1}-\xi^n)\right]\right\rangle\right.$$

$$
\begin{aligned}
&+\left\langle D\delta_y\xi^{n+1},\delta_y\left[\left(1+\frac{h}{2}\left|u_2^{n+1}\right|D^{-1}\right)^{-1}(\xi^{n+1}-\xi^n)\right]\right\rangle\\
&+\left\langle D\delta_z\xi^{n+1},\delta_z\left[\left(1+\frac{h}{2}\left|u_3^{n+1}\right|D^{-1}\right)^{-1}(\xi^{n+1}-\xi^n)\right]\right\rangle\Bigg\}\\
=&\{\langle\delta_{U_{1,x}^n}C^n-\delta_{u_{1,x}^{n+1}}c^{n+1},d_t\xi^n\rangle\\
&+\langle\delta_{U_{2,y}^n}C^n-\delta_{u_{2,y}^{n+1}}c^{n+1},d_t\xi^n\rangle+\langle\delta_{U_{3,z}^n}C^n-\delta_{u_{3,z}^{n+1}}c^{n+1},d_t\xi^n\rangle\}\Delta t\\
&+\Bigg\{\Bigg\langle\left[\left(1+\frac{h}{2}\left|u_1^{n+1}\right|D^{-1}\right)^{-1}-\left(1+\frac{h}{2}\left|U_1^n\right|D^{-1}\right)^{-1}\right]\delta_{\bar{x}}(D\delta_xC^n)\\
&+\left[\left(1+\frac{h}{2}\left|u_2^{n+1}\right|D^{-1}\right)^{-1}-\left(1+\frac{h}{2}\left|U_2^n\right|D^{-1}\right)^{-1}\right]\delta_{\bar{y}}(D\delta_yC^n)\\
&+\left[\left(1+\frac{h}{2}\left|u_3^{n+1}\right|D^{-1}\right)^{-1}-\left(1+\frac{h}{2}\left|U_3^n\right|D^{-1}\right)^{-1}\right]\\
&\cdot\delta_{\bar{z}}(D\delta_zC^n),d_t\xi^n\Bigg\rangle\Bigg\}\Delta t+\langle g(c^{n+1})-g(C^n),d_t\xi^n\rangle\Delta t-\left\langle b(C^n)\frac{\pi^{n+1}-\pi^n}{\Delta t},d_t\xi^n\right\rangle\Delta t\\
&-\left\langle[b(c^{n+1})-b(C^n)]\frac{p^{n+1}-p^n}{\Delta t},d_t\xi^n\right\rangle\Delta t-(\Delta t)^3\left\{\left\langle\left(1+\frac{h}{2}\left|U_1^n\right|D^{-1}\right)^{-1}\right.\right.\\
&\cdot\delta_{\bar{x}}\left(D\delta_x\left[\varPhi^{-1}\left(1+\frac{h}{2}\left|U_2^n\right|D^{-1}\right)^{-1}\delta_{\bar{y}}(D\delta_yd_t\xi^n)\right]\right),d_t\xi^n\right\rangle+\left\langle\left(1+\frac{h}{2}\left|U_1^n\right|D^{-1}\right)^{-1}\right.\\
&\cdot\delta_{\bar{x}}\left(D\delta_x\left[\varPhi^{-1}\left(1+\frac{h}{2}\left|U_3^n\right|D^{-1}\right)^{-1}\delta_{\bar{z}}(D\delta_zd_t\xi^n)\right]\right),d_t\xi^n\right\rangle+\left\langle\left(1+\frac{h}{2}\left|U_2^n\right|D^{-1}\right)^{-1}\right.\\
&\left.\cdot\delta_y\left(D\delta_y\left[\varPhi^{-1}\left(1+\frac{h}{2}\left|U_3^n\right|D^{-1}\right)^{-1}\delta_{\bar{z}}(D\delta_zd_t\xi^n)\right]\right),d_t\xi^n\right\rangle+\cdots\Bigg\}\\
&+(\Delta t)^4\left\{\left\langle\left(1+\frac{h}{2}\left|U_1^n\right|D^{-1}\right)^{-1}\right.\right.\\
&\cdot\delta_{\bar{x}}(D\delta_x[\varPhi^{-1}\left(1+\frac{h}{2}\left|U_2^n\right|D^{-1}\right)^{-1}\delta_{\bar{y}}\left(D\delta_y\left[\varPhi^{-1}\left(1+\frac{h}{2}\left|U_3^n\right|D^{-1}\right)^{-1}\right.\right.\\
&\left.\left.\cdot\delta_{\bar{z}}(D\xi_zd_t\xi^n)\right]\cdots\right),d_t\xi^n\Bigg\rangle+\cdots\Bigg\}+\langle\varepsilon^{n+1},\quad d_t\xi^n\rangle\Delta t.
\end{aligned}\tag{5.2.29}
$$

首先估计上式左端第二项,

$$
\begin{aligned}
&\left\langle D\delta_x\xi^{n+1},\delta_x\left[\left(1+\frac{h}{2}\left|u_1^{n+1}\right|D^{-1}\right)^{-1}(\xi^{n+1}-\xi^n)\right]\right\rangle\\
=&\left\langle D\delta_x\xi^{n+1},\left(1+\frac{h}{2}\left|u_1^{n+1}\right|D^{-1}\right)^{-1}\delta_x(\xi^{n+1}-\xi^n)\right\rangle
\end{aligned}
$$

$$+\left\langle D\delta_x\xi^{n+1},\delta_x\left(1+\frac{h}{2}\left|u_1^{n+1}\right|D^{-1}\right)^{-1}\cdot(\xi^{n+1}-\xi^n)\right\rangle.$$

由于

$$\left|\delta_x\left(1+\frac{h}{2}\left|u_1^{n+1}\right|D^{-1}\right)^{-1}_{ijk}\right|\leqslant\frac{\frac{h}{2}\left|\delta_x(u_1^{n+1}D^{-1})_{ijk}\right|}{\left(1+\frac{h}{2}\left|u_{1,i+1,jk}^{n+1}\right|D_{i+1,jk}^{-1}\right)\left(1+\frac{h}{2}\left|u_{1,ijk}^{n+1}\right|D_{ijk}^{-1}\right)},$$

于是有

$$\begin{aligned}&\left\langle D\delta_x\xi^{n+1},\delta_x\left[\left(1+\frac{h}{2}\left|u_1^{n+1}\right|D^{-1}\right)^{-1}(\xi^{n+1}-\xi^n)\right]\right\rangle\\&\geqslant\frac{1}{2}\left\{\left\langle D\delta_x\xi^{n+1},\left(1+\frac{h}{2}\left|u_1^{n+1}\right|D^{-1}\right)^{-1}\delta_x\xi^{n+1}\right\rangle\right.\\&\left.\quad-\left\langle D\delta_x\xi^n,\left(1+\frac{h}{2}\left|u_1^{n+1}\right|D^{-1}\right)^{-1}\delta_x\xi^n\right\rangle\right\}-M\left|\left[\delta_x\xi^{n+1}\right\|^2\Delta t-\varepsilon\left\|\delta_t\xi^n\right\|^2\Delta t.\end{aligned}\tag{5.2.30a}$$

类似地, 有

$$\begin{aligned}&\left\langle D\delta_y\xi^{n+1},\delta_y\left[\left(1+\frac{h}{2}\left|u_2^{n+1}\right|D^{-1}\right)^{-1}(\xi^{n+1}-\xi^n)\right]\right\rangle\\&\geqslant\frac{1}{2}\left\{\left\langle D\delta_y\xi^{n+1},\left(1+\frac{h}{2}\left|u_2^{n+1}\right|D^{-1}\right)^{-1}\delta_y\xi^{n+1}\right\rangle\right.\\&\left.\quad-\left\langle D\delta_y\xi^n,\left(1+\frac{h}{2}\left|u_2^{n+1}\right|D^{-1}\right)^{-1}\delta_y\xi^n\right\rangle\right\}-M\left|\left[\delta_y\xi^{n+1}\right\|^2\Delta t-\varepsilon\left\|d_t\xi^n\right\|^2\Delta t.\end{aligned}\tag{5.2.30b}$$

$$\begin{aligned}&\left\langle D\delta_z\xi^{n+1},\delta_z\left[\left(1+\frac{h}{2}\left|u_3^{n+1}\right|D^{-1}\right)^{-1}(\xi^{n+1}-\xi^n)\right]\right\rangle\\&\geqslant\frac{1}{2}\left\{\left\langle D\delta_z\xi^{n+1},\left(1+\frac{h}{2}\left|u_3^{n+1}\right|D^{-1}\right)^{-1}\delta_z\xi^{n+1}\right\rangle\right.\\&\left.\quad-\left\langle D\delta_z\xi^n,\left(1+\frac{h}{2}\left|u_3^{n+1}\right|D^{-1}\right)^{-1}\delta_z\xi^n\right\rangle\right\}-M\left|\left[\delta_z\xi^{n+1}\right\|^2\Delta t-\varepsilon\left\|d_t\xi^n\right\|^2\Delta t.\end{aligned}\tag{5.2.30c}$$

现估计 (5.2.29) 右端诸项, 由归纳法假定 (5.2.18) 可以推出 U^n 是有界的, 故有

$$\delta_{U_{1,x}^n}C_{ijk}^n-\delta_{u_1^{n+1},x}c_{ijk}^{n+1}=\left\{\frac{U_{1,ijk}^n-u_{1,ijk}^n+\left|U_{1,ijk}^n\right|-\left|u_{1,ijk}^n\right|}{2}D_{ijk}^{-1}D_{i-1/2,jk}\delta_{\bar{x}}c_{ijk}^{n+1}\right.$$

$$+\frac{U_{1,ijk}^{n}-u_{1,ijk}^{n}-\left(\left|U_{1,ijk}^{n}\right|-\left|u_{1,ijk}^{n}\right|\right)}{2}D_{ijk}^{-1}D_{i+1/2,jk}\delta_{x}c_{ijk}^{n+1}\Bigg\}$$
$$-\left\{\frac{U_{1,ijk}^{n}+\left|U_{1,ijk}^{n}\right|}{2}D_{ijk}^{-1}D_{i-1/2,jk}\delta_{\bar{x}}\xi_{ijk}^{n}\right.$$
$$\left.+\frac{U_{1,ijk}^{n}-\left|U_{1,ijk}^{n}\right|}{2}D_{ijk}^{-1}D_{i+1/2,jk}\delta_{x}\xi_{ijk}^{n}\right\}+O(\Delta t)$$
$$\leqslant M\left\{\left|U_{1,ijk}^{n}-u_{1,ijk}^{n}\right|+\left|\delta_{\bar{x}}\xi_{ijk}^{n}\right|+\left|\delta_{x}\xi_{ijk}^{n}\right|+\Delta t\right\},$$

由此可得

$$\langle\delta_{U_1^n,x}C^n-\delta_{u_1^{n+1},x}c^{n+1},d_t\xi^n\rangle\Delta t\leqslant M\{\|u_1^n-U_1^n\|^2+|[\delta_x\xi^n\|^2+(\Delta t)^2\}\Delta t+\varepsilon\|d_t\xi^n\|^2\Delta t.$$

类似地, 有

$$\{\langle\delta_{U_2^n,y}C^n-\delta_{u_2^{n+1},y}c^{n+1},d_t\xi^n\rangle+\langle\delta_{U_3^n,z}C^n-\delta_{u_3^{n+1},z}c^{n+1},d_t\xi^n\rangle\}\Delta t$$
$$\leqslant M\{\|u_2^n-U_2^n\|^2+\|u_3^n-U_3^n\|^2+|[\delta_y\xi^n\|^2+|[\delta_z\xi^n\|^2+(\Delta t)^2\}\Delta t+\varepsilon\|d_t\xi^n\|^2\Delta t.\tag{5.2.31a}$$

于是可得

$$\{\langle\delta_{U_1^n,x}C^n-\delta_{u_1^n,x}c^{n+1},d_t\xi^n\rangle+\langle\delta_{u_2^n,y}C^n-\delta_{u_2^{n+1},y}c^{n+1},d_t\xi^n\rangle$$
$$+\langle\delta_{u_3^n,z}C^n-\delta_{u_3^{n+1},z}c^{n+1},d_t\xi^n\rangle\}\Delta t$$
$$\leqslant M\{\|u^n-U^n\|^2+\|\nabla_h\xi^n\|^2+(\Delta t)^2\}+\varepsilon\|d_t\xi^n\|^2\Delta t.\tag{5.2.31b}$$

现在估计式 (5.2.29) 右端第二项, 注意到

$$\left(1+\frac{h}{2}\left|u_{\alpha,ijk}^{n+1}\right|D_{ijk}^{-1}\right)^{-1}-\left(1+\frac{h}{2}\left|U_{\alpha,ijk}^{n}\right|D_{ijk}^{-1}\right)^{-1}$$
$$=\frac{\frac{h}{2}(|U_{\alpha,ijk}^{n}|-|u_{\alpha,ijk}^{n+1}|)D_{ijk}^{-1}}{\left(1+\frac{h}{2}\left|u_{\alpha,ijk}^{n+1}\right|D_{ijk}^{-1}\right)\left(1+\frac{h}{2}\left|U_{\alpha,ijk}^{n+1}\right|D_{ijk}^{-1}\right)},\quad\alpha=1,2,3,$$

由归纳法假定 (5.2.18) 有

$$\left\{\left\langle\left[\left(1+\frac{h}{2}\left|u_1^{n+1}\right|D^{-1}\right)^{-1}-\left(1+\frac{h}{2}\left|U_1^n\right|D^{-1}\right)^{-1}\right]\delta_{\bar{x}}(D\delta_xC^n)\right.\right.$$
$$+\left[\left(1+\frac{h}{2}\left|U_2^{n+1}\right|D^{-1}\right)^{-1}\right.$$

$$
\begin{aligned}
&-\left(1+\frac{h}{2}\left|U_2^n\right|D^{-1}\right)^{-1}\Bigg]\delta_{\bar{y}}\left(D\delta_y C^n\right)+\Bigg[\left(1+\frac{h}{2}\left|U_3^{n+1}\right|D^{-1}\right)^{-1}\\
&-\left(1+\frac{h}{2}\left|U_3^n\right|D^{-1}\right)^{-1}\Bigg]\delta_{\bar{z}}(D\delta_z C^n), d_t\xi^n\Big\rangle\Big\}\Delta t\\
&\leqslant M\{\|u^n-U^n\|^2+(\Delta t)^2\}\Delta t+\varepsilon\left\|d_t\xi^n\right\|^2\Delta t.
\end{aligned}\tag{5.2.32}
$$

对估计式 (5.2.29) 右端第三、四、五及最后一项, 由 ε_0-Lipschitz 条件和归纳法假定 (5.2.18) 可以推得:

$$
\langle g(c^{n+1})-g(C^n), d_t\pi^n\rangle\Delta t\leqslant M\{\|\xi^n\|^2+(\Delta t)^2\}\Delta t+\varepsilon\left\|d_t\xi^n\right\|^2\Delta t,\tag{5.2.33a}
$$

$$
-\left\langle b\left(C^n\right)\frac{\pi^{n+1}-\pi^n}{\Delta t}, d_t\xi^n\right\rangle\Delta t\leqslant M\left\|d_t\pi^n\right\|^2\Delta t+\varepsilon\left\|d_t\xi^n\right\|^2\Delta t,\tag{5.2.33b}
$$

$$
-\left\langle\left[b(c^{n+1})-b(C^n)\right]\frac{p^{n+1}-p^n}{\Delta t}, d_t\xi^n\right\rangle\Delta t\leqslant M\{\|\xi^n\|^n+(\Delta t)^2\}\Delta t+\varepsilon\left\|d_t\xi^n\right\|^2\Delta t,\tag{5.2.33c}
$$

$$
\left\langle\varepsilon^{n+1}, d_t\xi^n\right\rangle\Delta t\leqslant M\left\{h^4+(\Delta t)^2\right\}\Delta t+\varepsilon\left\|d_t\xi^n\right\|^2\Delta t.\tag{5.2.33d}
$$

现在估计式 (5.2.29) 的第六项,

$$
\begin{aligned}
&-(\Delta t)^3\Big\langle\left(1+\frac{h}{2}\left|U_1^n\right|D^{-1}\right)^{-1}\delta_{\bar{x}}\Big(D\delta_x\Big\{\Phi^{-1}\left(1+\frac{h}{2}\left|U_2^n\right|D^{-1}\right)^{-1}\\
&\cdot\delta_{\bar{y}}(D\delta_y d_t\xi^n)\Big\}\Big), d_t\xi^n\Big\rangle\\
=&-(\Delta t)^3\Big\{\Big\langle D\delta_x\delta_y d_t\xi^n+\delta_x D\cdot\delta_y d_t\xi^n, D\Phi^{-1}\left(1+\frac{h}{2}\left|U_2^n\right|D^{-1}\right)^{-1}\\
&\cdot\left(1+\frac{h}{2}\left|U_1^n\right|D^{-1}\right)^{-1}\cdot\delta_x\delta_y d_t\xi^n\\
&+\Big\{\delta_y\left[D\Phi^{-1}\left(1+\frac{h}{2}\left|U_2^n\right|D^{-1}\right)^{-1}\left(1+\frac{h}{2}\left|U_1^n\right|D^{-1}\right)^{-1}\right]\\
&\cdot\delta_x d_t\xi^n+D\Phi^{-1}\left(1+\frac{h}{2}\left|U_2^n\right|D^{-1}\right)^{-1}\\
&\cdot\delta_x\left(1+\frac{h}{2}\left|U_1^n\right|D^{-1}\right)^{-1}\cdot\delta_y d_t\xi^n+\delta_y\Big[D\Phi^{-1}\left(1+\frac{h}{2}\left|U_2^n\right|D^{-1}\right)^{-1}\\
&\cdot\delta_x\left(1+\frac{h}{2}\left|U_1^n\right|D^{-1}\right)^{-1}\Big]\cdot d_t\xi^n\Big\}\Big\rangle\\
&+\Big\langle D\delta_y d_t\xi^n, D\delta_x\left(\Phi^{-1}\left(1+\frac{h}{2}\left|U_2^n\right|D^{-1}\right)^{-1}\right)\cdot\left(1+\frac{h}{2}\left|U_1^n\right|D^{-1}\right)^{-1}\delta_x\delta_y d_t\xi^n
\end{aligned}
$$

$$+\left\{\delta_y\left[D\delta_x\left(\Phi^{-1}\left(1+\frac{h}{2}\left|U_2^n\right|D^{-1}\right)^{-1}\right)\cdot\left(1+\frac{h}{2}\left|U_1^n\right|D^{-1}\right)^{-1}\right]\delta_x d_t\xi^n\right.$$
$$+D\delta_x\left(\Phi^{-1}\left(1+\frac{h}{2}\left|U_2^n\right|D^{-1}\right)^{-1}\cdot\delta_x\left(1+\frac{h}{2}\left|U_1^n\right|D^{-1}\right)^{-1}\cdot\delta_y d_t\xi^n\right.$$
$$\left.\left.\left.+\delta_y\left[D\delta_x\left(\Phi^{-1}\left(1+\frac{h}{2}\left|U_2^n\right|D^{-1}\right)^{-1}\right)\cdot\delta_x\left(1+\frac{h}{2}\left|U_1^n\right|D^{-1}\right)^{-1}\right]\cdot d_t\xi^n\right\}\right\rangle\right\}. \tag{5.2.34}$$

对上式依次讨论下述诸项：

$$-(\Delta t)^3\left\langle D\delta_x\delta_y d_t\xi^n, D\Phi^{-1}\left(1+\frac{h}{2}\left|U_2^n\right|D^{-1}\right)^{-1}\left(1+\frac{h}{2}\left|U_1^n\right|D^{-1}\right)^{-1}\cdot\delta_x\delta_y d_t\xi^n\right\rangle$$
$$=-(\Delta t)^3\sum_{i,j,k=1}^{N}D_{i,j-1/2,k}D_{i-1/2,jk}\Phi_{ijk}^{-1}\left(1+\frac{h}{2}\left|U_2^n\right|D^{-1}\right)_{ijk}^{-1}$$
$$\cdot\left(1+\frac{h}{2}\left|U_1^n\right|D^{-1}\right)_{ijk}^{-1}\cdot\left(\delta_x\delta_y d_t\xi_{ijk}^n\right)^2h^3,$$

由于 $0<D_*\leqslant D(x)\leqslant D^*, 0<\Phi_*\leqslant\phi(x)\leqslant\Phi^*$, 由归纳法假定推出 U^n 是有界的, 由此可以推出 $\left(1+\frac{h}{2}\left|U_{2,ijk}^n\right|D_{ijk}^{-1}\right)^{-1}\geqslant b_1>0, \left(1+\frac{h}{2}\left|U_{1,ijk}^n\right|D_{ijk}^{-1}\right)^{-1}\geqslant b_2>0$, 于是有

$$-(\Delta t)^3\left\langle D\delta_x\delta_y d_t\xi^n, D\Phi^{-1}\left(1+\frac{h}{2}\left|U_2^n\right|D^{-1}\right)^{-1}\left(1+\frac{h}{2}\left|U_1^n\right|D^{-1}\right)^{-1}\cdot\delta_x\delta_y d_t\xi^n\right\rangle$$
$$\leqslant-(\Delta t)^3D_*^2(\Phi^*)^{-1}b_1b_2\sum_{i,j,k=1}^{N}\left(\delta_x\delta_y d_t\xi_{ijk}^n\right)^2h^3. \tag{5.2.35a}$$

对于含有 $\delta_x\delta_y d_t\xi^n$ 的其余诸项, 它们是

$$-(\Delta t)^3\left\{\left\langle D\delta_x\delta_y d_t\xi^n,\delta_y\left[D\Phi^{-1}\left(1+\frac{h}{2}\left|U_2^n\right|D^{-1}\right)^{-1}\left(1+\frac{h}{2}\left|U_1^n\right|D^{-1}\right)^{-1}\right]\cdot\delta_x d_t\xi^n\right.\right.$$
$$\left.+D\Phi^{-1}\left(1+\frac{h}{2}\left|U_2^n\right|D^{-1}\right)^{-1}\delta_x\left(1+\frac{h}{2}\left|U_1^n\right|D^{-1}\right)^{-1}\cdot\delta_x d_t\xi^n\right\rangle$$
$$+\left\langle\delta_x D\cdot\delta_y d_t\xi^n, D\Phi^{-1}\left(1+\frac{h}{2}\left|U_2^n\right|D^{-1}\right)^{-1}\left(1+\frac{h}{2}\left|U_1^n\right|D^{-1}\right)^{-1}\cdot\delta_x\delta_y d_t\xi^n\right\rangle$$
$$\left.+\left\langle D\delta_y d_t\xi^n, D\delta_x\left(\Phi^{-1}\left(1+\frac{h}{2}\left|U_2^n\right|D^{-1}\right)^{-1}\right)\cdot\left(1+\frac{h}{2}\left|U_1^n\right|D^{-1}\right)^{-1}\cdot\delta_x\delta_y d_t\xi^n\right\rangle\right\}. \tag{5.2.35b}$$

首先讨论第一项

$$
\begin{aligned}
&-(\Delta t)^3\left\langle D\delta_x\delta_y d_t\xi^n,\delta_y\left[D\Phi^{-1}\left(1+\frac{h}{2}\left|U_2^n\right|D^{-1}\right)^{-1}\left(1+\frac{h}{2}\left|U_1^n\right|D^{-1}\right)^{-1}\right]\cdot\delta_x d_t\xi^n\right\rangle\\
=&-(\Delta t)^3\sum_{i,j,k=1}^{N}D_{i,j-1/2,k}\delta_y\left[D_{i-1/2,jk}\Phi_{ijk}^{-1}\left(1+\frac{h}{2}\left|U_2^n\right|D^{-1}\right)_{ijk}^{-1}\right.\\
&\left.\cdot\left(1+\frac{h}{2}\left|U_1^n\right|D^{-1}\right)_{ijk}^{-1}\right]\delta_x\delta_y d_t\xi_{ijk}^n\cdot\delta_x d_t\xi_{ijk}^n h^3.
\end{aligned}
$$

由归纳法假定和逆定理, 可以推出 $h\left\|U^n\right\|_{1,\infty}$ 是有界的, 于是可推出 $\delta_y\left(1+\frac{h}{2}\left|U_2^n\right|D^{-1}\right)_{ijk}^{-1},\delta_y\left(1+\frac{h}{2}\left|U_1^n\right|D^{-1}\right)_{ijk}^{-1}$ 是有界的, 应用 ε 不等式可以推出

$$
\begin{aligned}
&-(\Delta t)^3\left\langle D\delta_x\delta_y d_t\xi^n,\delta_y\left[D\Phi^{-1}\left(1+\frac{h}{2}\left|U_2^n\right|D^{-1}\right)^{-1}\left(1+\frac{h}{2}\left|U_1^n\right|D^{-1}\right)^{-1}\right]\cdot\delta_x d_t\xi^n\right\rangle\\
\leqslant&\varepsilon(\Delta t)^3\sum_{i,j,k=1}^{N}(\delta_x\delta_y d_t\xi_{ijk}^n)^2h^3+M(\Delta t)^3\sum_{i,j,k=1}^{N}(\delta_x d_t\xi_{ijk}^n)^2h^3.
\end{aligned}\tag{5.2.35c}
$$

对 (5.2.34) 中其余诸项可进行类似的估算, 可得

$$
\begin{aligned}
&(\Delta t)^3\left\{\left\langle\left(1+\frac{h}{2}\left|U_1^n\right|D^{-1}\right)^{-1}\delta_{\bar{x}}\left(D\delta_x\left\{\Phi^{-1}\left(1+\frac{h}{2}\left|U_2^n\right|D^{-1}\right)^{-1}\right.\right.\right.\right.\\
&\left.\left.\left.\left.\cdot\delta_{\bar{y}}(D\delta_y d_t\xi^n)\right\}\right),d_t\xi^n\right\rangle+\cdots\right\}\\
\leqslant&M\{\left\|\nabla_h\xi^{n+1}\right\|^2+\left\|\nabla_h\xi^n\right\|^2+\left\|\xi^{n+1}\right\|^2+\left\|\xi^n\right\|^2\}\Delta t.
\end{aligned}\tag{5.2.36}
$$

同理对式 (5.2.29) 第六项其他部分, 亦可得估计式 (5.2.36).
对第七项, 由限制性条件 (5.2.14) 和归纳法假定 (5.2.18) 及逆估计可得

$$
\begin{aligned}
&(\Delta t)^4\left\{\left\langle\left(1+\frac{h}{2}\left|U_1^n\right|D^{-1}\right)^{-1}\delta_{\bar{x}}\left(D\delta_x\left\{\Phi^{-1}\left(1+\frac{h}{2}\left|U_2^n\right|D^{-1}\right)^{-1}\delta_{\bar{y}}\right.\right.\right.\right.\\
&\left.\left.\left.\left.\cdot\left(D\delta_y\left[\Phi^{-1}\left(1+\frac{h}{2}\left|U_3^n\right|D^{-1}\right)^{-1}\delta_{\bar{z}}(D\delta_z d_t\xi^n)\right)\cdots\right),d_t\xi^n\right\rangle+\cdots\right\}\\
\leqslant&\varepsilon\left\|d_t\xi^n\right\|^2\Delta t+M\{\left\|\nabla_h\xi^{n+1}\right\|^2+\left\|\nabla_h\xi^n\right\|^2+\left\|\xi^n\right\|^2+(\Delta t)^2\}.
\end{aligned}\tag{5.2.37}
$$

对误差估计式 (5.2.29), 应用式 (5.2.30)~(5.2.37) 的结果, 经计算可得

$$
\left\|d_t\xi^n\right\|^2\Delta t+\frac{1}{2}\left\{\left[\left\langle D\delta_x\xi^{n+1},\left(1+\frac{h}{2}\left|u_1^{n+1}\right|D^{-1}\right)^{-1}\delta_x\xi^{n+1}\right\rangle\right.\right.
$$

$$
\begin{aligned}
&+\left\langle D\delta_y\xi^{n+1},\left(1+\frac{h}{2}\left|u_2^{n+1}\right|D^{-1}\right)^{-1}\delta_y\xi^{n+1}\right\rangle\\
&+\left\langle D\delta_z\xi^{n+1},\left(1+\frac{h}{2}\left|u_3^{n+1}\right|D^{-1}\right)^{-1}\delta_z\xi^{n+1}\right\rangle\Bigg]\\
&-\Bigg[\left\langle D\delta_x\xi^{n},\left(1+\frac{h}{2}\left|u_1^{n+1}\right|D^{-1}\right)^{-1}\delta_x\xi^{n}\right\rangle\\
&+\left\langle D\delta_y\xi^{n},\left(1+\frac{h}{2}\left|u_2^{n+1}\right|D^{-1}\right)^{-1}\delta_y\xi^{n}\right\rangle\\
&+\left\langle D\delta_z\xi^{n},\left(1+\frac{h}{2}\left|u_3^{n+1}\right|D^{-1}\right)^{-1}\delta_z\xi^{n}\right\rangle\Bigg]\Bigg\}\\
\leqslant&\varepsilon\left\|d_t\xi^n\right\|^2\Delta t+M\{\left\|u^n-U^n\right\|^2+\left\|d_t\pi^n\right\|^2+\left\|\nabla_h\xi^{n+1}\right\|^2\\
&+\left\|\nabla_h\xi^n\right\|^2+\left\|\xi^{n+1}\right\|^2+\left\|\xi^n\right\|^2+(\Delta t)^2\}\Delta t. \qquad (5.2.38)
\end{aligned}
$$

对压力函数误差估计式 (5.2.26) 关于 t 求和 $0\leqslant n\leqslant L$, 注意到 $\pi^0=0$, 可得

$$
\begin{aligned}
&\sum_{n=0}^{L}\left\|d_t\pi^n\right\|^2\Delta t+\left\langle A^L\nabla_h\pi^{L+1},\nabla_h\pi^{L+1}\right\rangle-\left\langle A^0\nabla_h\pi^0,\nabla_h\pi^0\right\rangle\\
\leqslant&\sum_{n=1}^{L}\left\langle[A^n-A^{n-1}]\nabla_h\pi^n,\nabla_h\pi^n\right\rangle+M\sum_{n=1}^{L}\{\|\xi^n\|_1^2+(\Delta t)^2+h^4\}\Delta t. \qquad (5.2.39)
\end{aligned}
$$

对 (5.2.39) 右端第一项有下述估计:

$$
\sum_{n=1}^{L}\left\langle[A^n-A^{n-1}]\nabla_h\pi^{n+1},\nabla_h\pi^{n+1}\right\rangle\leqslant\varepsilon\sum_{n=1}^{L}\left\|d_t\xi^{n-1}\right\|^2\Delta t+M\sum_{n=1}^{L}\left\|\nabla_h\pi^n\right\|^2\Delta t. \qquad (5.2.40)
$$

对估计式 (5.2.39) 应用 (5.2.40) 可得

$$
\begin{aligned}
&\sum_{n=0}^{L}\left\|d_t\pi^n\right\|^2\Delta t+\left\langle A^L\nabla_h\pi^{L+1},\nabla_h\pi^{L+1}\right\rangle\\
\leqslant&\varepsilon\sum_{n=0}^{L}\left\|d_t\xi^{n-1}\right\|^2\Delta t+M\sum_{n=1}^{L}\{\|\xi^n\|_1^2+\left\|\nabla_h\pi^n\right\|^2+h^4+(\Delta t)^2\}\Delta t. \qquad (5.2.41)
\end{aligned}
$$

其次对饱和度函数误差估计式 (5.2.38) 对于 t 求和 $0\leqslant n\leqslant L$, 注意到 $\xi^0=0$, 并利用估计式 $\|u^n-U^n\|^2\leqslant M\left\{\|\xi^n\|^2+\|\nabla_h\pi^n\|^2+h^4\right\}$ 可得

$$
\sum_{n=0}^{L}\left\|d_t\xi^n\right\|^2\Delta t+\frac{1}{2}\Bigg\{\Bigg[\left\langle D\delta_x\xi^{L+1},\left(1+\frac{h}{2}\left|u_1^{L+1}\right|D^{-1}\right)^{-1}\delta_x\xi^{L+1}\right\rangle
$$

$$
\begin{aligned}
&+\left\langle D\delta_y\xi^{L+1},\left(1+\frac{h}{2}\left|u_2^{L+1}\right|D^{-1}\right)^{-1}\delta_y\xi^{L+1}\right\rangle\\
&+\left\langle D\delta_z\xi^{L+1},\left(1+\frac{h}{2}\left|u_3^{L+1}\right|D^{-1}\right)^{-1}\delta_z\xi^{L+1}\right\rangle\Bigg]\\
&-\left[\left\langle D\delta_x\xi^0,\left(1+\frac{h}{2}\left|u_1^0\right|D^{-1}\right)^{-1}\delta_x\xi^0\right\rangle+\left\langle D\delta_y\xi^0,\left(1+\frac{h}{2}\left|u_2^0\right|D^{-1}\right)^{-1}\delta_y\xi^0\right\rangle\right.\\
&\left.+\left\langle D\delta_z\xi^0,\left(1+\frac{h}{2}\left|u_3^0\right|D^{-1}\right)^{-1}\delta_z\xi^0\right\rangle\right]\Bigg\}\\
\leqslant&\sum_{n-1}^{L}\left\{\left\langle D\delta_x\xi^n,\left[\left(1+\frac{h}{2}\left|u_1^{n+1}\right|D^{-1}\right)^{-1}-\left(1+\frac{h}{2}\left|u_1^n\right|D^{-1}\right)^{-1}\right]\delta_x\xi^n\right\rangle\right.\\
&+\left\langle D\delta_y\xi^n,\left[\left(1+\frac{h}{2}\left|u_2^{n+1}\right|D^{-1}\right)^{-1}-\left(1+\frac{h}{2}\left|u_2^n\right|D^{-1}\right)^{-1}\right]\delta_y\xi^n\right\rangle\\
&+\left\langle D\delta_z\xi^n,\left[\left(1+\frac{h}{2}\left|u_3^{n+1}\right|D^{-1}\right)^{-1}\right.\right.\\
&\left.\left.\left.-\left(1+\frac{h}{2}\left|u_3^n\right|D^{-1}\right)^{-1}\right]\delta_z\xi^n\right\rangle\right\}+\varepsilon\sum_{n=0}^{L}\left\|d_t\xi^n\right\|^2\Delta t\\
&+M\sum_{n=0}^{L}\{\left\|\xi^{n+1}\right\|_1^2+\left\|\nabla_h\pi^n\right\|^2+\left\|d_t\pi^n\right\|^2+(\Delta t)^2+h^4\}\Delta t. \qquad (5.2.42)
\end{aligned}
$$

注意到

$$
\begin{aligned}
&\left|\left(1+\frac{h}{2}\left|u_{\alpha,ijk}^{n+1}\right|D_{ijk}^{-1}\right)^{-1}-\left(1+\frac{h}{2}\left|u_{\alpha,ijk}^{n}\right|D_{ijk}^{-1}\right)^{-1}\right|\\
=&\frac{\left|\frac{h}{2}\left[\left|u_{\alpha,ijk}^{n}\right|-\left|u_{\alpha,ijk}^{n+1}\right|\right]D_{ijk}^{-1}\right|}{\left(1+\frac{h}{2}\left|u_{\alpha,ijk}^{n+1}\right|D_{ijk}^{-1}\right)^{-1}\left(1+\frac{h}{2}\left|u_{\alpha,ijk}^{n}\right|D_{ijk}^{-1}\right)^{-1}}\\
\leqslant&\frac{\frac{h}{2}D_{ijk}^{-1}\left|d_tu_{\alpha,ijk}^{n}\right|\Delta t}{\left(1+\frac{h}{2}\left|u_{\alpha,ijk}^{n+1}\right|D_{ijk}^{-1}\right)\left(1+\frac{h}{2}\left|u_{\alpha,ijk}^{n}\right|D_{ijk}^{-1}\right)}\leqslant Mh\Delta t,\quad \alpha=1,2,3. \qquad (5.2.43)
\end{aligned}
$$

对误差方程 (5.2.42), 应用 (5.2.43) 有

$$
\begin{aligned}
&\sum_{n=0}^{L}\left\|d_t\xi^n\right\|^2\Delta t+\frac{1}{2}\left[\left\langle D\delta_x\xi^{L+1},\left(1+\frac{h}{2}\left|u_1^{L+1}\right|D^{-1}\right)^{-1}\delta_x\xi^{L+1}\right\rangle\right.\\
&+\left\langle D\delta_y\xi^{L+1},\left(1+\frac{h}{2}\left|u_2^{L+1}\right|D^{-1}\right)^{-1}\delta_y\xi^{L+1}\right\rangle
\end{aligned}
$$

$$
+\left\langle D\delta_z\xi^{L+1},\left(1+\frac{h}{2}\left|u_3^{L+1}\right|D^{-1}\right)^{-1}\delta_z\xi^{L+1}\right\rangle\Bigg]
$$

$$
\leqslant M\sum_{n=0}^{L}\|d_t\pi^n\|^2\Delta t+M\sum_{n=0}^{L}\{\left\|\xi^{n+1}\right\|_1^2+\|\nabla_h\pi^n\|^2+(\Delta t)^2+h^4\}\Delta t. \quad (5.2.44)
$$

注意到当 $\pi^0=\xi^0=0$ 时有

$$
\left\|\pi^{L+1}\right\|^2\leqslant\varepsilon\sum_{n=0}^{L}\|d_t\pi^n\|^2\Delta t+M\sum_{n=0}^{L}\|\pi^n\|^2\Delta t,
$$

$$
\left\|\xi^{L+1}\right\|^2\leqslant\varepsilon\sum_{n=0}^{L}\|d_t\xi^n\|^2\Delta t+M\sum_{n=0}^{L}\|\xi^n\|^2\Delta t.
$$

组合 (5.2.41) 和 (5.2.44) 可得

$$
\sum_{n=0}^{L}\left\{\|d_t\pi^n\|^2+\|d_t\xi^n\|^2\right\}\Delta t+\left\|\pi^{L+1}\right\|_1^2+\left\|\xi^{L+1}\right\|_1^2
$$

$$
\leqslant M\sum_{n=0}^{L}\left\{\|\pi^n\|_1^2+\left\|\xi^{L+1}\right\|_1^2+h^4+(\Delta t)^2\right\}\Delta t. \quad (5.2.45)
$$

应用 Gronwall 引理可得

$$
\sum_{n=0}^{L}\{\|d_t\pi^n\|^2+\|d_t\xi^n\|^2\}\Delta t+\left\|\pi^{L+1}\right\|_1^2+\left\|\xi^{L+1}\right\|_1^2\leqslant M\{h^4+(\Delta t)^2\}. \quad (5.2.46)
$$

下面需要检验归纳法假定 (5.2.18), 对于 $n=0$, 由于 $\pi^0=\xi^0=0$, 故 (5.2.18) 是正确的, 若 $1\leqslant n\leqslant L$ 时 (5.2.18) 成立, 由 (5.2.46) 可得 $\left\|\pi^{L+1}\right\|_1+\left\|\xi^{L+1}\right\|_1\leqslant M\left\{h^2+\Delta t\right\}$, 由限制性条件 (5.2.14) 和逆估计有 $\left\|\pi^{L+1}\right\|_{1,\infty}+\left\|\xi^{L+1}\right\|_{1,\infty}\leqslant Mh^{1/2}$, 归纳法假定 (5.2.18) 成立.

5.2.4 格式 II 的收敛性分析

经类似于 5.2.3 小节的讨论可以建立下述定理.

定理 5.2.2 假定问题 (5.2.1)~(5.2.5) 的精确解满足光滑性条件: $p,c\in W^{1,\infty}(W^{1,\infty})\cap L^\infty(W^{4,\infty})$, $\dfrac{\partial p}{\partial t},\dfrac{\partial c}{\partial t}\in L^\infty(W^{4,\infty})$, $\dfrac{\partial p}{\partial t},\dfrac{\partial c}{\partial t}\in L^\infty(W^{4,\infty})$, $\dfrac{\partial^2 p}{\partial t^2},\dfrac{\partial^2 c}{\partial t^2}\in L^\infty(L^\infty)$. 采用迎风格式 (5.2.9)、(5.2.10)、(5.2.13) 逐层计算, 若剖分参数满足限制性条件 (5.2.14), 则下式成立:

$$
\|p-P\|_{\bar{L}^\infty([0,T],h^1)}+\|c-C\|_{\bar{L}^\infty([0,T];h^1)}+\|d_t\left(p-P\right)\|_{\bar{L}^2([0,T];l^2)}
$$

$$
+\|d_t\left(c-C\right)\|_{\bar{L}^2([0,T];l^2)}\leqslant M^*\left\{\Delta t+h^2\right\}. \quad (5.2.47)
$$

5.3 多组分可压缩渗流问题的分数步特征差分方法

多组分驱动问题是能源数学的基础, Jim.Dorglas,Jr. 等对可压缩多组分驱动问题提出著名的 "微小压缩" 数学模型. 并对简化了模型问题二维二相油水驱动问题提出数值方法及其理论分析, 开创了现代数值模拟这一新领域. 在现代油田勘探和开发的数值模拟计算中, 要计算的是超大规模、三维大范围, 甚至是超长时间的, 节点个数多达数万乃至数百万个, 需要采用特征分数步新技术才能完整的解决问题.

问题的数学模型是下述非线性偏微分方程组的初边值问题[2~5]:

$$d(c)\frac{\partial p}{\partial t}+\nabla\cdot u=q(x,t),\quad x=(x_1,x_2,x_3)^{\mathrm{T}}\in\Omega,t\in J=(0,T],\tag{5.3.1a}$$

$$u=-a(c)\nabla p,\quad x\in\Omega,t\in J,\tag{5.3.1b}$$

$$\varPhi(x)\frac{\partial c_\alpha}{\partial t}+b_\alpha(c)\frac{\partial p}{\partial t}+u\cdot\nabla c_\alpha-\nabla\cdot(D\nabla c_\alpha)=g(x,t,c_\alpha),\quad x\in\Omega,t\in J,\alpha=1,2,\cdots,n_{\mathrm{c}},\tag{5.3.2}$$

此处 $p(x,t)$ 是混合流体的压力函数, $c_\alpha(x,t)$ 是混合液体第 α 个组分的饱和度, $\alpha=1,2,\cdots,n_{\mathrm{c}},n_{\mathrm{c}}$ 是组分数, 由于 $\sum_{\alpha=1}^{n_{\mathrm{c}}}c_\alpha(x,t)=1$, 因此只有 $n_{\mathrm{c}}-1$ 个独立的. 记 $c(x,t)=(c_1(x,t),c_2(x,t),\cdots,c_{n_{\mathrm{c}-1}}(x,t))^{\mathrm{T}}$ 为组分饱和度的矢量函数, $d(c)=\varPhi(x)\sum_{\alpha=1}^{n}z_\alpha c_\alpha,\varPhi(x)$ 是岩石的孔隙度, z_α 是 α 组分的压缩常数因子, u 是混合流体的达西速度, $a(c)=k(x)\mu(c)^{-1}$, $k(x)$ 是岩石的渗透率, $\mu(c)$ 是流体黏度, $b_\alpha(c)=\varPhi c_\alpha\left\{z_\alpha-\sum_{j=1}^{n_c}z_jc_j\right\},D=D(x)$ 是扩散系数. 压力函数 $p(x,t)$ 和饱和度矢量函数 $c(x,t)$ 是待求的基本函数.

不渗透边界条件:

$$u\cdot\gamma=0,\quad x\in\partial\Omega,\qquad(D\nabla c_\alpha-c_\alpha u)\cdot\gamma=0,\quad x\in\partial\Omega,t\in J,\alpha=1,2,\cdots,n_{\mathrm{c}}-1,\tag{5.3.3}$$

此处 γ 是域 Ω 边界面 $\partial\Omega$ 的外法线方向矢量.

初始条件:

$$p(x,0)=p_0(x),\quad x\in\Omega,\qquad c_\alpha(x,0)=c_{\alpha0}(x),\quad x\in\Omega,\alpha=1,2,\cdots,n_{\mathrm{c}}-1.\tag{5.3.4}$$

对于平面不可压缩二相渗流驱动问题, Douglas 发表了奠基性论文[18]. 由于现代油田勘探和开发的数值模拟计算中, 它是超大规模、三维大范围, 甚至是超长时间的, 节点个数多达数万乃至数百万个, 用一般方法不能解决这样的问题. 对二维问题虽然 Peaceman,Douglas 很早提出交替方向差分格式来解决这类问题[7,19], 并获得成功. 但在理论分析时出现实质性困难, 他们用 Fourier 分析方法仅能对常系数的情况证明了稳定性和收敛性结果, 不能推广到变系数的情况. 关于分数步法有 Yanenko,Samarskii,Marchuk 的重要工作[6,32]. 作者在对二维二相油水驱动的模型问题提出了分数步特征差分格式并得到收敛性结果[46]. 我们在上述工作的基础上, 进一步研究可压缩多组分驱动问题的分数步特征差分方法并取得实质性进展, 将解三维问题化为连续解 3 个一维问题, 大大减少了计算工作量, 使工程实际计算成为可能, 并应用变分形式、能量方法、粗细网格配套、乘积型叁二次插值 (27 点乘积型公式)[33]、高阶差分算子的分解和乘积交换性理论和技巧, 得到最佳阶 L^2 误差估计.

5.3.1　分数步特征差分格式

为分析简便, 假定区域 $\Omega=\{[0,1]\}^3$, 且问题 Ω 周期的, 此时不渗透边界条件将舍去[18,24]. 设 $h=1/N, X_{ijk}=(ih,jh,kh)^{\mathrm{T}}, t^n=n\Delta t$ 和 $W(X_{ijk},t^n)=W_{ijk}^n$, 记

$$A_{i+1/2,jk}^n=\frac{1}{2}[a(X_{ijk},C_{ijk}^n)+a(X_{i+1,jk},C_{i+1,jk}^n)],\tag{5.3.5a}$$

$$\delta_{\bar{x}_1}(A^n\delta_{x_1}P^{n+1})_{ijk}=h^{-2}[A_{i+1/2,jk}^n(P_{i+1,jk}^{n+1}-P_{i+1,jk}^{n+1})-A_{i-1/2,jk}^n(P_{ijk}^{n+1}-P_{i-1,jk}^{n+1})].\tag{5.3.5b}$$

对记号 $A_{i,j+1/2,k}^n, A_{ij,k+1/2,}^n, \delta_{\bar{x}_2}(A^n\delta_{x_2}P^{n+1})_{ijk}, \delta_{\bar{x}_3}(A^n\delta_{x_3}P^{n+1})_{ijk}$ 的定义是类似的.

对流动方程 (5.3.1) 的分数步长差分格式:

$$\begin{aligned}d\left(C_{ijk}^n\right)\frac{P_{ijk}^{n+1/3}-P_{ijk}^n}{\Delta t}=&\delta_{\bar{x}_1}(A^n\delta_{x_1}P^{n+1/3})_{ijk}+\delta_{\bar{x}_2}(A^n\delta_{x_2}P^n)_{ijk}\\&+\delta_{\bar{x}_3}(A^n\delta_{x_3}P^n)_{ijk}+q(X_{ijk},t^{n+1}),\quad 1\leqslant i\leqslant N,\end{aligned}\tag{5.3.6a}$$

$$d(C_{ijk}^n)\frac{P_{ijk}^{n+2/3}-P_{ijk}^{n+1/3}}{\Delta t}=\delta_{\bar{x}_2}(A^n\delta_{x_2}(P^{n+2/3}-P^n))_{ijk},\quad 1\leqslant i\leqslant N,\tag{5.3.6b}$$

$$d(C_{ijk}^n)\frac{P_{ijk}^{n+1}-P_{ijk}^{n+2/3}}{\Delta t}=\delta_{\bar{x}_3}(A^n\delta_{x_3}(P^{n+1}-P^n))_{ijk},\quad 1\leqslant i\leqslant N.\tag{5.3.6c}$$

近似达西速度 $U=(U_1,U_2,U_3)^{\mathrm{T}}$ 按下述公式计算:

$$U_{1,ijk}^n=-\frac{1}{2}\left[A_{i+1/2,jk}^n\frac{P_{i+1,jk}^n-P_{ijk}^n}{h}+A_{i-1/2,jk}^n\frac{P_{ijk}^n-P_{i-1,jk}^n}{h}\right],\tag{5.3.7}$$

对 $U_{2,ijk}^n, U_{3,ijk}^n$ 的公式是类似的.

这流动实际上沿着迁移的特征方向, 对饱和度方程组 (5.3.2) 采用特征线法处理一阶双曲部分, 它具有很高的精确度和强稳定性, 对时间 t 可用大步长计算. 记 $\psi(x,u)=[\Phi^2(x)+|u|^2]^{1/2}$, $\partial/\partial\tau=\psi^{-1}\{\Phi\partial/\partial t+u\cdot\nabla\}$, 利用向后差分逼近特征方向导数

$$\frac{\partial c_\alpha^{n+1}}{\partial\tau}\approx\frac{c_\alpha^{n+1}-c_\alpha^n\left(x-\Phi^{-1}(x)u^{n+1}(x)\Delta t\right)}{\Delta t\sqrt{1+\Phi^{-2}(x)u^{n+1}(x)^2}}.$$

对饱和度方程组的分数步特征差分格式:

$$\begin{aligned}\Phi_{ijk}\frac{C_{\alpha,ijk}^{n+1/3}-\hat{C}_{\alpha,ijk}^n}{\Delta t}=&\delta_{\bar{x}_1}(D\delta_{x_1}C_{\alpha,ijk}^{n+1/3})_{ijk}+\delta_{\bar{x}_2}(D\delta_{x_2}C_\alpha^n)_{ijk}+\delta_{\bar{x}_3}(D\delta_{x_3}C_\alpha^n)_{ijk}\\&-b_\alpha\left(C_{ijk}^n\right)\frac{P_{ijk}^{n+1}-P_{ijk}^n}{\Delta t}+g(X_{ijk},t^n,\hat{C}_{\alpha,ijk}^n),\\&1\leqslant i\leqslant N,\alpha=1,2,\cdots,n_c-1,\end{aligned}\tag{5.3.8a}$$

$$\begin{aligned}&\Phi_{ijk}\frac{C_{\alpha,ijk}^{n+2/3}-C_{\alpha,ijk}^{n+1/3}}{\Delta t}=\delta_{\bar{x}_2}\left(D\delta_{x_2}\left(C_\alpha^{n+2/3}-C_\alpha^n\right)\right)_{ijk},\\&1\leqslant j\leqslant N,\alpha=1,2,\cdots,n_c-1,\end{aligned}\tag{5.3.8b}$$

$$\Phi_{ijk}\frac{C_{\alpha,ijk}^{n+1}-C_{\alpha,ijk}^{n+2/3}}{\Delta t}=\delta_{\bar{x}_3}\left(D\delta_{x_3}\left(C_\alpha^{n+1}-C_\alpha^n\right)\right)_{ijk},\quad 1\leqslant k\leqslant N,\alpha=1,2,\cdots,n_c-1,\tag{5.3.8c}$$

此处 $C_\alpha^n(x)(\alpha=1,2,\cdots,n_c-1)$ 分别按节点值 $\left\{C_{\alpha,ijk}^n\right\}$ 分片叁二次插值, $\hat{C}_{\alpha,ijk}^n=C_\alpha^n\left(\hat{X}_{ijk}^n\right)$, $\hat{X}_{ijk}^n=X_{ijk}-\Phi_{ijk}^{-1}U_{ijk}^n\Delta t$.

初始逼近:

$$P_{ijk}^0=p_0\left(X_{ijk}\right),C_{\alpha,ijk}^0=c_{\alpha0,ijk},\quad 1\leqslant i,j,k\leqslant N,\alpha=1,2,\cdots,n_c-1.\tag{5.3.9}$$

分数步特征差分格式的计算程序是: 当 $\left\{P_{ijk}^n,C_{\alpha,ijk}^n,(\alpha=1,2,\cdots,n_c-1)\right\}$ 已知, 首先由 (5.3.6a) 沿 x_1 方向用追赶法求出过渡层的解 $\left\{P_{ijk}^{n+1/3}\right\}$, 再由 (5.3.6b) 求出 $\left\{P_{ijk}^{n+2/3}\right\}$, 最后由 (5.3.6c) 求出解 $\left\{P_{ijk}^{n+1}\right\}$, 其次由 (5.3.8a) 沿 x_1 方向用追赶法求出过渡层的解 $\left\{C_{\alpha,ijk}^{n+1/3}\right\}$, 再由 (5.3.8b) 求出 $\left\{C_{\alpha,ijk}^{n+2/3}\right\}$, 最后由 (5.3.8c) 求出解 $\left\{C_{\alpha,ijk}^{n+1}\right\}$. 由于问题的正定性, 格式 (5.3.6), (5.3.8) 的解存在且唯一.

5.3.2 L^2 模误差估计

设 $\pi=p-P,\xi_\alpha=c_\alpha-C_\alpha$, 此处 p,c_α 为问题的精确解, P,C_α 为差分解. 首先研究压力方程, 其等价差分方程是:

$$d\left(C_{ijk}^n\right)\frac{P_{ijk}^{n+1}-P_{ijk}^n}{\Delta t}-\nabla_h\left(A^n\nabla_hP^{n+1}\right)_{ijk}$$

$$
\begin{aligned}
=&q\left(X_{ijk},t^{n+1}\right)-(\Delta t)^2\left\{\delta_{\bar{x}_1}\left(A^n\delta_{x_1}\left(d^{-1}\left(C^n\right)\delta_{\bar{x}_2}\left(A^n\delta_{x_2}\right)\right)\right)\right.\\
&+\delta_{\bar{x}_1}\left(A^n\delta_{x_1}\left(d^{-1}\left(C^n\right)\delta_{\bar{x}_3}\left(A^n\delta_{x_3}\right)\right)\right)+\left.\delta_{\bar{x}_2}\left(A^n\delta_{x_2}\left(d^{-1}\left(C^n\right)\delta_{\bar{x}_3}\left(A^n\delta_{x_3}\right)\right)\right)\right\}d_tP_{ijk}^n\\
&+(\Delta t)^3\delta_{\bar{x}_1}\left(A^n\delta_{x_1}\left(d^{-1}\left(C^n\right)\delta_{\bar{x}_2}\left(A^n\delta_{x_2}\left(d^{-1}\left(C^n\right)\delta_{\bar{x}_3}\left(A^n\delta_{x_3}d_tP^n\right)\cdots\right)_{ijk},\right.\right.\right.\\
&1\leqslant i,j,k\leqslant N,
\end{aligned}\tag{5.3.10}
$$

于是可得压力方程的误差方程:

$$
\begin{aligned}
&d\left(C_{ijk}^n\right)\frac{\pi_{ijk}^{n+1}-\pi_{ijk}^n}{\Delta t}-\nabla_h\left(A^n\nabla_h\pi^{n+1}\right)_{ijk}\\
=&-(\Delta t)^2\left\{\delta_{\bar{x}_1}\left(A^n\delta_{x_1}\left(d^{-1}\left(C^n\right)\delta_{\bar{x}_2}\left(A^n\delta_{x_2}\right)\right)\right)\right.\\
&+\delta_{\bar{x}_1}\left(A^n\delta_{x_1}\left(d^{-1}\left(C^n\right)\delta_{\bar{x}_3}\left(A^n\delta_{x_3}\right)\right)\right)+\left.\delta_{\bar{x}_2}\left(A^n\delta_{x_2}\left(d^{-1}\left(C^n\right)\delta_{\bar{x}_3}\left(A^n\delta_{x_3}\right)\right)\right)\right\}d_t\pi_{ijk}^n\\
&+(\Delta t)^3\delta_{\bar{x}_1}\left(A^n\delta_{x_1}\left(d^{-1}\left(C^n\right)\delta_{\bar{x}_2}\left(A^n\delta_{x_2}\left(d^{-1}\left(C^n\right)\delta_{\bar{x}_3}\left(A^n\delta_{x_3}d_t\pi^n\right)\cdots\right)_{ijk}\right.\right.\right.\\
&+(\Delta t)^2\left\{\delta_{\bar{x}_1}\left(A^n\delta_{x_1}\left(d^{-1}\left(C^n\right)\delta_{\bar{x}_2}\left(A^n\delta_{x_2}\right)\right)\right)+\cdots\right\}d_tp_{ijk}^n\\
&-(\Delta t)^3\delta_{\bar{x}_1}\left(A^n\delta_{x_1}\left(d^{-1}\left(C^n\right)\delta_{\bar{x}_2}\left(A^n\delta_{x_2}\left(d^{-1}\left(C^n\right)\delta_{\bar{x}_3}\left(A^n\delta_{x_3}d_tp^n\right)\cdots\right)_{ijk}+\sigma_{ijk}^{n+1},\right.\right.\right.\\
&1\leqslant i,j,k\leqslant N,
\end{aligned}\tag{5.3.11}
$$

此处 $d_t\pi^n=\dfrac{1}{\Delta t}\left(\pi^{n+1}-\pi^n\right),\left|\sigma_{ijk}^{n+1}\right|\leqslant M\{h^2+\Delta t\}$.

假定时间和空间剖分参数满足限制性条件:

$$
\Delta t=O(h^2).\tag{5.3.12}
$$

引入归纳法假定:

$$
\sup_{1\leqslant n\leqslant L}\max\left\{\|\pi^n\|_{1,\infty}\|\xi_\alpha^n\|_{1,\infty(\alpha=1,2,\cdots,n_c-1)}\right\}\to 0,\quad(h,\Delta t)\to 0.\tag{5.3.13}
$$

对于 (5.3.11) 右端的第三、四项, 假定 $p(x,t),c(x,t)$ 具有足够的光滑性, 由条件 (5.3.12), 归纳法假定 (5.3.13) 和逆估计, 它能被 $M\Delta t$ 所控制, 因此在误差估计时, 可将其归并到 σ_{ijk}^{n+1} 中.

对误差方程 (5.3.11) 乘以 $\delta_t\pi^n=\pi^{n+1}-\pi^n=d_t\pi^n\Delta t$, 作内积应用分部求和公式可得

$$
\begin{aligned}
&\left\langle d\left(C^n\right)d_t\pi^n,d_t\pi^n\right\rangle\Delta t+\frac{1}{2}\left\{\left\langle A^n\nabla_h\pi^{n+1},\nabla_h\pi^{n+1}\right\rangle-\left\langle A^n\nabla_h\pi^n,\nabla_h\pi^n\right\rangle\right\}\\
\leqslant&M\left\{h^4+(\Delta t)^2\right\}\Delta t+\varepsilon\left|d_t\pi^n\right|_0^2\Delta t\\
&-(\Delta t)^2\left\{\left\langle\delta_{\bar{x}_1}\left(A^n\delta_{x_1}\left(d^{-1}\left(C^n\right)\delta_{\bar{x}_2}\left(A^n\delta_{x_2}d_t\pi^n\right)\right)\right),d_t\pi^n\right\rangle\right.\\
&+\left\langle\delta_{\bar{x}_1}\left(A^n\delta_{x_1}\left(d^{-1}\left(C^n\right)\delta_{\bar{x}_3}\left(A^n\delta_{x_3}d_t\pi^n\right)\right)\right),d_t\pi^n\right\rangle
\end{aligned}
$$

$$
\begin{aligned}
&+\left\langle\delta_{\bar{x}_2}\left(A^n\delta_{x_2}\left(d^{-1}\left(C^n\right)\delta_{\bar{x}_3}\left(A^n\delta_{x_3}d_t\pi^n\right)\right)\right),d_t\pi^n\right\rangle\Big\}\Delta t\\
&+(\Delta t)^3\left\langle\delta_{\bar{x}_1}(A^n\delta_{x_1}(d^{-1}(C^n)\delta_{\bar{x}_2}(A^n\delta_{x_2}(d^{-1}(C^n)\delta_{\bar{x}_3}(A^n\delta_{x_3}d_t\pi^n)\cdots),d_t\pi^n\right\rangle\Delta t.
\end{aligned}
\tag{5.3.14}
$$

现重点分析 (5.3.14) 的右端第三项、第四项, 虽然 $-\delta_{\bar{x}_1}(A^n\delta_{\bar{x}_1}),-\delta_{\bar{x}_2}(A^n\delta_{\bar{x}_2})$, $-\delta_{\bar{x}_3}(A^n\delta_{\bar{x}_3})$ 是自共轭、正定、有界算子, 区域是正立方体, 且问题是周期的, 但它们的乘积一般是不可交换的, 利用 $\delta_{x_1}\delta_{x_2}=\delta_{x_2}\delta_{x_1},\delta_{x_1}\delta_{\bar{x}_2}=\delta_{\bar{x}_2}\delta_{x_1},\cdots$, 对 (5.3.14) 右端第三项有:

$$
\begin{aligned}
&-(\Delta t)^3\left\langle\delta_{\bar{x}_1}\left(A^n\delta_{x_1}\left(d^{-1}\left(C^n\right)\delta_{\bar{x}_2}\left(A^n\delta_{x_2}d_t\pi^n\right)\right)\right),d_t\pi^n\right\rangle\\
=&(\Delta t)^3\left\langle A^n\delta_{x_1}\left(d^{-1}\left(C^n\right)\delta_{\bar{x}_2}\left(A^n\delta_{x_2}d_t\pi^n\right)\right),\delta_{x_1}d_t\pi^n\right\rangle\\
=&(\Delta t)^3\left\langle d^{-1}(C^n)\delta_{x_1}\delta_{\bar{x}_2}(A^n\delta_{x_2}d_t\pi^n)+\delta_{x_1}d^{-1}(C^n)\cdot\delta_{\bar{x}_2}(A^n\delta_{x_2}d_t\pi^n),A^n\delta_{x_1}d_t\pi^n\right\rangle\\
=&(\Delta t)^3\{\langle\delta_{\bar{x}_2}\delta_{x_1}(A^n\delta_{x_2}d_t\pi^n),d^{-1}(C^n)A^n\delta_{x_2}d_t\pi^n\rangle\\
&+\langle\delta_{\bar{x}_2}(A^n\delta_{x_2}d_t\pi^n),\delta_{x_1}d^{-1}(C^n)\cdot A^n\delta_{x_1}d_t\pi^n\rangle\}\\
=&-(\Delta t)^3\{\langle\delta_{x_1}(A^n\delta_{x_2}d_t\pi^n),\delta_{\bar{x}_2}(d^{-1}(C^n)A^n\delta_{x_1}d_t\pi^n)\rangle\\
&+\langle A^n\delta_{x_2}d_t\pi^n,\delta_{x_2}(\delta_{x_1}d^{-1}(C^n)\cdot A^n\delta_{x_1}d_t\pi^n)\rangle\}\\
=&-(\Delta t)^3\{\langle A^n\delta_{x_1}\delta_{x_2}d_t\pi^n+\delta_{x_1}A^n\cdot\delta_{x_2}d_t\pi^n,d^{-1}(C^n)A^n\delta_{x_1}\delta_{x_2}d_t\pi^n\\
&+\delta_{x_2}(d^{-1}(C^n)A^n)\cdot\delta_{x_1}d_t\pi^n\rangle\\
&+\langle A^n\delta_{x_2}d_t\pi^n,\delta_{x_1}\delta_{x_2}d^{-1}(C^n)\cdot A^n\delta_{x_1}d_t\pi^n+\delta_{x_1}d^{-1}(C^n)\delta_{x_2}A^n\cdot\delta_{x_1}d_t\pi^n\\
&+\delta_{x_1}d^{-1}(C^n)A^n\delta_{x_1}\delta_{x_2}d_t\pi^n\rangle\}\\
=&-(\Delta t)^3\{\langle A^n\delta_{x_1}\delta_{x_2}d_t\pi^n,d^{-1}(C^n)A^n\delta_{x_1}\delta_{x_2}d_t\pi^n\rangle\\
&+\langle A^n\delta_{x_1}\delta_{x_2}d_t\pi^n,\delta_{x_2}(d^{-1}(C^n)A^n)\cdot\delta_{x_1}d_t\pi^n\\
&+d^{-1}(C^n)\delta_{x_1}A^n\cdot\delta_{x_2}d_t\pi^n+\delta_{x_1}d^{-1}(C^n)\cdot A^n\delta_{x_2}d_t\pi^n\rangle\\
&+\langle\delta_{x_1}A^n\cdot\delta_{x_2}d_t\pi^n,\delta_{x_2}(d^{-1}(C^n)A^n)\delta_{x_1}d_t\pi^n\rangle\\
&+\left\langle A^n\delta_{x_2}d_t\pi^n,\delta_{x_1}\delta_{x_2}d^{-1}(C^n)\cdot A^n\delta_{x_1}d_t\pi^n+\delta_{x_1}d^{-1}(C^n)\delta_{x_2}A^n\cdot\delta_{x_1}d_t\pi^n\right\rangle\},
\end{aligned}
\tag{5.3.15}
$$

由归纳假定 (5.3.13) 可以推出 $A(C^n),d^{-1}(C^n),\delta_{x_1}d^{-1}(C^n),\delta_{x_1}A^n,\cdots$ 是有界的, 应用 A,d^{-1} 的正定性和分离出高阶差商项 $\delta_{x_1}\delta_{x_2}d_t\pi^n$, 再利用限制性条件 (5.3.12)、逆估计和柯西不等式将 $\delta_{x_1}\delta_{x_2}d_t\pi^n$ 消去可得

$$
-(\Delta t)^3\left\langle\delta_{\bar{x}_1}(A^n\delta_{x_1}(d^{-1}(C^n)\delta_{\bar{x}_2}(A^n\delta_{x_2}d_t\pi^n))),d_t\pi^n\right\rangle\leqslant M\Delta t\{\left|\pi^{n+1}\right|_1^2+|\pi^n|_1^2\},
\tag{5.3.16}
$$

此处 $|\pi|_1^2=|\pi|_0^2+|\nabla_h\pi|_0^2$, 对第三项中其余两式是类似的.

对于第四项 $(\Delta t)^4\langle\delta_{\bar{x}_1}(A^n\delta_{x_1}(d^{-1}(C^n)\delta_{\bar{x}_2}(A^n\delta_{x_2}(d^{-1}(C^n)\delta_{\bar{x}_3}(A^n\delta_{x_3}d_t\pi^n)\cdots),d_t\pi^n\rangle$ 可以进行类似的分析, 经繁杂的估算, 可分离出高阶差商项 $\delta_{x_1}\delta_{x_2}\delta_{x_3}d_t\pi^n$, 再利用正定性, 限制性条件 (5.3.12)、逆估计和柯西不等式同样可得:

$$
\begin{aligned}
&(\Delta t)^4\left\langle\delta_{\bar{x}_1}\left(A^n\delta_{x_1}(d^{-1}(C^n)\delta_{\bar{x}_2}\left(A^n\delta_{x_2}(d^{-1}(C^n)\delta_{\bar{x}_3}(A^n\delta_{x_3}d_t\pi^n\right)\cdots\right),d_t\pi^n\right\rangle\\
\leqslant& M\Delta t\{\left|\pi^{n+1}\right|_1^2+|\pi^n|_1^2\},
\end{aligned}
\tag{5.3.17}
$$

取 ε 适当小, 由 (5.3.14)~(5.3.17) 可得:

$$
\begin{aligned}
&|d_t\pi^n|_0^2\Delta t+\frac{1}{2}\{\langle A^n\nabla_h\pi^{n+1},\nabla_h\pi^{n+1}\rangle-\langle A^n\nabla_h\pi^n,\nabla_h\pi^n\rangle\}\\
\leqslant& M\{\left|\pi^{n+1}\right|_1^2+|\pi^n|_1^2+h^4+(\Delta t)^2\}\Delta t.
\end{aligned}
\tag{5.3.18}
$$

下面讨论饱和度方程组的误差估计, 格式 (5.3.8) 可写为下述等价形式:

$$
\begin{aligned}
&\Phi_{ijk}\frac{C_{\alpha,ijk}^{n+1}-\hat{C}_{\alpha,ijk}^n}{\Delta t}-\nabla_h(D\nabla_hC_\alpha^{n+1})_{ijk}\\
=&-b_\alpha(C_{ijk}^n)\frac{P_{ijk}^{n+1}-P_{\alpha,ijk}^n}{\Delta t}+g(X_{ijk},t^n,\hat{C}_{\alpha,ijk}^n)\\
&-(\Delta t)^2\left\{\delta_{\bar{x}_1}\left(D\delta_{x_1}\left(\Phi^{-1}\delta_{\bar{x}_2}\left(D\delta_{x_2}\right)\right)\right)+\delta_{\bar{x}_1}\left(D\delta_{x_1}\left(\Phi^{-1}\delta_{\bar{x}_3}\left(D\delta_{x_3}\right)\right)\right)\right.\\
&\left.+\delta_{\bar{x}_2}\left(D\delta_{x_2}\left(\Phi^{-1}\delta_{\bar{x}_3}\left(D\delta_{x_3}\right)\right)\right)\right\}d_tC_{\alpha,ijk}^n\\
&+(\Delta t)^3\delta_{\bar{x}_1}\left(D\delta_{x_1}\left(\Phi^{-1}\delta_{\bar{x}_2}\left(D\delta_{x_2}\left(\Phi^{-1}\delta_{\bar{x}_3}\left(D\delta_{x_3}d_tC_\alpha^n\right)\cdots\right)_{ijk}\right.\right.\right.,\\
&1\leqslant i,j,k\leqslant N,\alpha=1,2,\cdots,n_{\mathrm{c}}-1.
\end{aligned}
\tag{5.3.19}
$$

由方程组 (5.3.2)$t=t^{n+1}$ 和 (5.3.19) 可得下述误差方程组:

$$
\begin{aligned}
&\Phi_{ijk}\frac{\xi_{\alpha,ijk}^{n+1}-\left(c_\alpha^n\left(\bar{X}_{ijk}^n\right)-\hat{C}_{\alpha,ijk}^n\right)}{\Delta t}-\nabla_h\left(D\nabla_h\xi_\alpha\right)_{ijk}^{n+1}\\
=&g\left(X_{ijk},t^{n+1},c_{\alpha,ijk}^{n+1}\right)-g\left(X_{ijk},t^n,\hat{C}_{\alpha,ijk}^n\right)-b_\alpha\left(C_{ijk}^n\right)\frac{\pi_{ijk}^{n+1}-\pi_{ijk}^n}{\Delta t}\\
&+\left[b_\alpha\left(c_{ijk}^{n+1}\right)-b_\alpha\left(C_{ijk}^n\right)\right]\frac{p_{ijk}^{n+1}-p_{ijk}^n}{\Delta t}-(\Delta t)^2\left\{\delta_{\bar{x}_1}\left(D\delta_{x_1}\left(\Phi^{-1}\delta_{\bar{x}_2}\left(D\delta_{x_2}\right)\right)\right)\right.\\
&\left.+\delta_{\bar{x}_1}\left(D\delta_{x_1}\left(\Phi^{-1}\delta_{\bar{x}_3}\left(D\delta_{x_2}\right)\right)\right)+\delta_{\bar{x}_2}\left(D\delta_{x_2}\left(\Phi^{-1}\delta_{\bar{x}_3}\left(D\delta_{x_3}\right)\right)\right)\right\}d_t\xi_{\alpha,ijk}^n\\
&+(\Delta t)^3\delta_{\bar{x}_1}\left(D\delta_{x_1}\left(\Phi^{-1}\delta_{\bar{x}_2}\left(D\delta_{x_2}\left(\Phi^{-1}\delta_{\bar{x}_3}\left(D\delta_{x_3}d_t\xi_\alpha^n\right)\cdots\right)_{ijk}\right.\right.\right.+\varepsilon_{\alpha,ijk}^{n+1},\\
&\alpha=1,2,\cdots,n_{\mathrm{c}}-1,
\end{aligned}
\tag{5.3.20}
$$

此处 $\bar{X}_{ijk}^n=X_{ijk}-u_{ijk}^{n+1}\Delta t/\Phi_{ijk},\left|\varepsilon_{\alpha,ijk}^{n+1}\right|\leqslant M\left\{h^2+\Delta t\right\}$.

对上式乘以 $\delta_t\xi_{\alpha,ijk}^n=\xi_{\alpha,ijk}^{n+1}-\xi_{\alpha,ijk}^n=d_t\xi_{\alpha,ijk}^n\Delta t$ 作内积, 并分部求和可得:

$$
\begin{aligned}
&\langle\Phi\frac{\xi_\alpha^{n+1}-\hat{\xi}_\alpha^n}{\Delta t},d_t\xi_\alpha^n\rangle\Delta t+\frac{1}{2}\{\left\langle D\nabla_h\xi_\alpha^{n+1},\nabla_h\xi_\alpha^{n+1}\right\rangle-\langle D\nabla_h\xi_\alpha^n,\nabla_h\xi_\alpha^n\rangle\}\\
\leqslant&\varepsilon|d_t\xi_\alpha^n|_0^2\Delta t+M\{|\xi^n|_0^2+|\xi^{n+1}|_0^2+|\pi^n|_1^2+h^4+(\Delta t)^2\}\Delta t-\langle b_\alpha\left(C^n\right)d_t\pi^n,d_t\pi^n\rangle\Delta t\\
&-(\Delta t)^2\left\{\left\langle\delta_{\bar{x}_1}\left(D\delta_{x_1}\left(\Phi^{-1}\delta_{\bar{x}_2}\left(D\delta_{x_2}d_t\xi_\alpha^n\right)\right)\right),d_t\xi_\alpha^n\right\rangle\right.\\
&+\left\langle\delta_{\bar{x}_1}\left(D\delta_{x_1}\left(\Phi^{-1}\delta_{\bar{x}_3}\left(D\delta_{x_3}d_t\xi_\alpha^n\right)\right)\right),d_t\xi_\alpha^n\right\rangle\\
&\left.+\left\langle\delta_{\bar{x}_2}\left(D\delta_{x_2}\left(\Phi^{-1}\delta_{\bar{x}_3}\left(D\delta_{x_3}d_t\xi_\alpha^n\right)\right)\right),d_t\xi_\alpha^n\right\rangle\right\}\Delta t\\
&+(\Delta t)^3\left\langle\delta_{\bar{x}_1}\left(D\delta_{x_1}\left(\Phi^{-1}\delta_{\bar{x}_2}\left(D\delta_{x_2}\left(\Phi^{-1}\delta_{\bar{x}_3}\left(D\delta_{x_3}d_t\xi_\alpha^n\right)\cdots\right),d_t\xi_\alpha^n\right\rangle\Delta t,\right.\right.\right.
\end{aligned}
\tag{5.3.21}
$$

此处 $|\xi^n|_0^2=\sum\limits_{\alpha=1}^{n_c-1}|\xi_\alpha^n|_0^2$. 对 (5.4.21) 可得

$$
\begin{aligned}
&|d_t\xi_\alpha^n|_0^2\Delta t+\left\langle D\nabla_h\xi_\alpha^{n+1},\nabla_h\xi_\alpha^{n+1}\right\rangle-\langle D\nabla_h\xi_\alpha^n,\nabla_h\xi_\alpha^n\rangle\\
\leqslant&M\left\{|\xi^n|_1^2+\left|\xi^{n+1}\right|_1^2+|\pi^n|_1^2+h_4+(\Delta t)^2\right\}\Delta t,
\end{aligned}
\tag{5.3.22}
$$

注意到此处 $\pi^0=0,\xi_\alpha^0=0\,(\alpha=1,2,\cdots,n_c-1)$, 应用

$$
\left|\pi^{L+1}\right|_0^2\leqslant\varepsilon\sum_{n=0}^L|d_t\pi^n|_0^2\Delta t+M\sum_{n=1}^L|\pi^n|_0^2\Delta t,
$$

$$
\left|\xi_\alpha^{L+1}\right|_0^2\leqslant\varepsilon\sum_{n=0}^L|d_t\xi_\alpha^n|^2\Delta t+M\sum_{n=0}^L|\xi_\alpha^n|^2\Delta t.
$$

对 (5.3.18), (5.3.22) 关于 t 求和 $0\leqslant n\leqslant L$, 同时对 (5.3.22) 的和式关于 α 求和 $1\leqslant\alpha\leqslant n_c-1$, 可得

$$
\sum_{n=0}^L|d_t\pi^n|_0^2\Delta t+\left|\pi^{L+1}\right|_1^2\leqslant\varepsilon\sum_{n=0}^L|d_t\xi^n|_0^2\Delta t+M\{h^4+(\Delta t)^2+\sum_{n=1}^L\left|\pi^{n+1}\right|_1^2\Delta t\},
\tag{5.3.23a}
$$

$$
\sum_{n=0}^L|d_t\xi^n|_0^2\Delta t+\left|\xi^{L+1}\right|_1^2\leqslant M\{h^4+(\Delta t)^2+\sum_{n=1}^L[\left|\xi^{n+1}\right|_1^2+|\pi^n|_1^2]\Delta t\},
\tag{5.3.23b}
$$

此处 $|d_t\xi^n|_0^2=\sum\limits_{\alpha=1}^{n_c-1}|d_t\xi_\alpha^n|_0^2,\cdots$.

组合 (5.3.23a),(5.3.23b) 可得

$$
\sum_{n=0}^L\left\{|d_t\xi^n|_0^2\Delta t+|d_t\xi^n|_0^2\right\}\Delta t+\left|\xi^{L+1}\right|_1^2+\left|\xi^{L+1}\right|_1^2\leqslant M\{h^4+(\Delta t)^2\}.
\tag{5.3.24}
$$

可以证明归纳法假定 (5.3.13) 是正确的.

定理 5.3.1 若问题 (5.3.1)~(5.3.4) 的精确解具有适当的光滑性, 若采用分数步长特征差分格式 (5.3.6),(5.3.8) 逐层计算, 并假定剖分参数满足限制性条件 (5.3.12), 则下述误差估计式成立:

$$\|p-P\|_{\bar{L}^{\infty}(J;h^1)}+\sum_{\alpha=1}^{n_{\mathrm{c}}-1}\|c_\alpha-C_\alpha\|_{\bar{L}^{\infty}(J;h^1)}+\|d_t(p-P)\|_{\bar{L}^2(J;l^2)}$$

$$+\sum_{\alpha=1}^{n_{\mathrm{c}}-1}\|d_t(c_\alpha-C_\alpha)\|_{\bar{L}^2(J;l^2)}=M^*\left\{h^2+\Delta t\right\}, \tag{5.3.25}$$

此处系数 M^* 依赖于 $p(x,t),c_\alpha(x,t)(\alpha=1,2,\cdots,n_{\mathrm{c}}-1)$ 及其导函数.

5.4 三维二相渗流动边值问题的迎风分数步差分方法

5.4.1 引言

可压缩可混溶油、水渗流三维动边值问题的研究, 对于重建盆地的运移、聚集的历史和评估油气资源的勘探和开发有着重要的价值. 文献 [28] 研究了关于不可压缩油藏盆地发育的动边值问题, 而在许多实际情况, 需要考虑流体的压缩性, 其密度实际上是依赖于压力的[2~5]. 我们对于可压缩可混溶有界区域的三维动边值问题, 提出一类新的修正迎风分数步差分格式, 应用区域变换、变分形式、能量方法、差分算子乘积交换性理论、高阶差分算子的分解、先验估计理论和技巧, 得到了最佳阶 l^2 误差估计结果.

问题的数学模型是一组非线性抛物型耦合偏微分方程组的三维动边值问题[2~5]:

$$d(c)\frac{\partial p}{\partial t}-\nabla\cdot u=Q(X,t),\quad X=(x_1,x_2,x_3)^{\mathrm{T}}\in\Omega(t),t\in J=(0,T], \tag{5.4.1a}$$

$$u=-a(c)\nabla p,\quad X\in\Omega(t),t\in J, \tag{5.4.1b}$$

$$\phi(X)\frac{\partial c}{\partial t}+b(c)\frac{\partial p}{\partial t}+u\cdot\nabla c-\nabla\cdot(D\nabla c)=f(X,t,c),\quad X\in\Omega(t),t\in J, \tag{5.4.2}$$

方程 (5.4.1a),(5.4.1b) 是流动方程, p 为地层压力, u 是达西速度, 均为待求函数, $a(c)$ 是地层的渗透率, $d(c),a(c)$ 均为正定函数, $Q(X,t)$ 是产量项. 方程 (5.4.2) 是饱和度方程,c 为饱和度函数, 亦为待求函数. $\phi(X,t)$ 是地层孔隙度, $D(X,t)$ 是扩散系统, ϕ,D 亦均为正定函数. 这里 $\Omega(t)=\{X|s_1(x_2,t)\leqslant x_1\leqslant s_2(x_2,t),0\leqslant x_2\leqslant L_0(t),0\leqslant x_3\leqslant H(t);t\in J\},s_i(x_2,t)(i=1,2),L_0(t)$ 和 $H(t)$ 是已知函数, 对于 $t\in J$ 具有一阶连续的导函数, 如图 5.4.1 所示, 记号 $\nabla=\left(\dfrac{\partial}{\partial x_1},\dfrac{\partial}{\partial x_2},\dfrac{\partial}{\partial x_3}\right)^{\mathrm{T}}$.

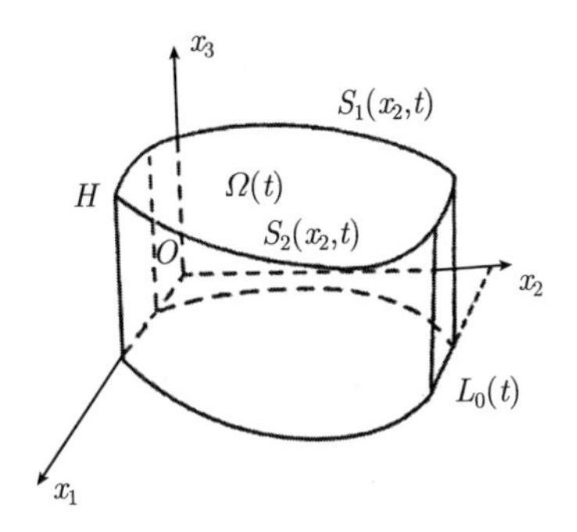

图 5.4.1 区域 $\Omega(t)$ 示意图

定压边界条件:

$$p(X,t)=e(X,t), c(X,t)=r(X,t), \quad X\in\partial\Omega(t), t\in J, \tag{5.4.3}$$

此处 $\partial\Omega(t)$ 是 $\Omega(t)$ 的边界曲线.

初始条件:

$$p(X,0)=p_0(X), c(X,0)=c_0(X), \quad X\in\Omega(0). \tag{5.4.4}$$

可压缩、相混溶渗流驱动问题, 其中关于压力方程是抛物型方程, 饱和度方程是对流 - 扩散方程. 由于以对流为主的扩散方程具有很强的双曲特性, 应用中心差分格式, 虽然关于空间步长具有二阶精确度, 但会产生数值弥散和非物理特征的数值振荡, 使数值模拟失真. 问题的另一困难在于能源和环境科学要计算的是高维、大规模、超长时间的问题, 其节点个数多达数万乃至数十万个, 模拟时间长达数千万年, 一般方法难以解决, 需要分数步技术将高维问题化为连续解几个一维问题, 才能解决.

对平面不可压缩二相渗流驱动问题, 在问题的周期性假定下, Jim. Douglas, Jr., R. E. Ewing, M.F. Wheeler, T. F. Russell 等提出特征差分方法和特征有限元法, 并给出误差估计[3,18,24]. 他们将特征线方法和标准的有限差分方法或有限元方法相结合, 真实的反映出对流–扩散方程的一阶双曲特性, 减少截断误差. 克服数值振荡和弥散, 大大提高计算的稳定性和精确度. 对可压缩渗流驱动问题, Douglas 等学者同样在周期性假定下提出二维可压缩二相驱动问题的 "微小压缩" 数学模型、数值方法和分析[2~5], 开创了现代数值模拟这一新领域[3]. 我们去掉周期性的假定, 给出新的修正特征差分格式和有限元格式, 并得到最佳阶的 l^2 模误差估计[14,21,28]. 由于特征线法需要进行插值计算, 并且特征线在求解区域边界附近可能穿出边界, 需要作特殊处理. 特征线与网格边界交点及其相应的函数值需要计算, 这样在算法设计时, 对靠近边界的网格点需要判断其特征线是否越过边界, 从而确定是否需要改变时间步长, 因此实际计算还是比较复杂的[14,21].

对抛物型问题 O.Axelsson, R.E. Ewing, R.D. Lazarov 等人提出迎风差分格式[29,34,35], 来克服数值解的振荡, 同时避免特征差分方法在对靠近边界网点的计算复杂性. 虽然 Douglas、Peaceman 曾用此方法于不可压缩油水二相渗流驱动问题, 并取得了成功[7]. 但在理论分析时出现实质性困难, 他们用 Fourier 分析方法仅能对常系数的情形证明稳定性和收敛性的结果, 此方法不能推广到变系数的情况[19,23]. 我们从生产实际出发, 对三维、可压缩渗流驱动的一般形式动边值问题, 提出一类修正迎风分数步差分格式, 该格式既可克服数值振荡和弥散, 同时将高维问题化为连续解几个一维问题, 大大减少计算工作量, 使工程实际计算成为可能. 且将空间的计算精度提高到二阶. 应用区域变换、变分形式、能量方法、差分算子乘积交替性理论、高阶差分算子的分解、微分方程先验估计和特殊的技巧, 得到了最佳阶 l^2 模误差估计.

假定问题 (5.4.1)~(5.4.4) 的精确解是正则的, 即

$$\text{(R)}\qquad p, c\in L^{\infty}(0,T;W^{4,\infty}(\Omega(t))), \frac{\partial^2 P}{\partial t^2}, \frac{\partial^2 c}{\partial t^2}\in L^{\infty}(0,T;L^{\infty}(\Omega(t))).$$

假定问题 (5.4.1), (5.4.2) 的系数满足

$$\begin{aligned}&0<a_*\leqslant a(c)\leqslant a^*,\quad 0<d_*\leqslant d(c)\leqslant d^*,\\&0<D_*\leqslant D(x,t)\leqslant D^*,\quad 0<\phi_*\leqslant\phi(x,t)\leqslant\phi^*,\end{aligned}\tag{5.4.5a}$$

$$\text{(C)}\qquad \left|\frac{\partial a}{\partial c}(x,c)\right|\leqslant K^*,\tag{5.4.5b}$$

此处 a_*, a^*, d_*, d^*, D_*, D^*, ϕ_*, ϕ^*, K^* 均为正常数, $d(c)$, $b(c)$ 和 $g(c)$ 在解的 ε_0 邻域是 Lipschitz 连续的.

5.4.2 迎风分数步差分格式

对问题 (5.4.1)~(5.4.5) 引入下述变量替换:

$$\begin{aligned}X&=(x_1,x_2,x_3)^{\mathrm T}\in\Omega(t)\mapsto Y=(y_1,y_2,y_3)^{\mathrm T}\\&=\left(\frac{x_1-s_1(x_2,t)}{s_2(x_2,t)-s_1(x_2,t)}, L_0^{-1}(t)\,x_2, H^{-1}(t)\,x_3\right)^{\mathrm T}\in\hat\Omega=\{[0,1]^3\},\end{aligned}\tag{5.4.6a}$$

$$\begin{aligned}Y=&(y_1,y_2,y_3)^{\mathrm T}\in\hat\Omega\mapsto X=(x_1,x_2,x_3)^{\mathrm T}\\=&((s_2(L_0(t)y_2,t)-s_1(L_0(t)y_2,t))y_1\\&+s_1(L_0(t)y_2,t),L_0(t)y_2,H(t)y_3)^{\mathrm T}\in\Omega(t),t\in J.\end{aligned}\tag{5.4.6b}$$

令函数

$$\hat\varphi(Y,t)=\varphi(s_2(L_0(t)y_2,t))-s_1(L_0(t)y_2,t)$$

$$+ s_1(L_0(t)y_2,t), L_0(t)y_2, H(t)y_3), \quad (Y,t) \in \hat{\Omega} \times J. \tag{5.4.7}$$

注意到

$$\begin{aligned}\frac{\partial \hat{\varphi}}{\partial t} =& \frac{\partial \varphi}{\partial t} + \frac{\partial \varphi}{\partial x_1}\{(\dot{s}_2\left(L_0\left(t\right)y_2,t\right) - \dot{s}_1\left(L_0\left(t\right)y_2,t\right))\,y_1 \\ &+ \dot{s}_1\left(L_0\left(t\right)y_2,t\right)\} + \frac{\partial \varphi}{\partial x_2}\dot{L}_0\left(t\right)y_2 + \frac{\partial \varphi}{\partial x_3}\dot{H}\left(t\right)y_3,\end{aligned}$$

$$\begin{aligned}\frac{\partial \varphi}{\partial x_1} =& S^{-1}\left(y_2,t\right)\frac{\partial \hat{\varphi}}{\partial y_1}, \frac{\partial \varphi}{\partial x_2} \\ =& \left(\frac{\partial \hat{\phi}}{\partial y_2} - S^{-1}(y_2,t)\alpha(Y,t)\frac{\partial \hat{\varphi}}{\partial y_1}\right)L_0^{-1}(t), \quad \frac{\partial \phi}{\partial x_3} = H^{-1}(t)\frac{\partial \hat{\varphi}}{\partial y_3},\end{aligned}$$

此处 $\dot{s}_i\left(L_0\left(t\right)y_2,t\right)(i=1,2), \dot{L}_0\left(t\right), \dot{M}\left(t\right)$ 表示对 t 的导数, $S\left(y_2,t\right) = s_2(L_0\left(t\right)y_2, t) - s_1\left(L_0\left(t\right)y_2,t\right)$, $\alpha(Y_2,t) = \dfrac{\partial s(y_2,t)}{\partial y_2}y_1 + \dfrac{\partial s_1(L_0(t)y_2,t)}{\partial y_2}, Y_2 = (y_1,y_2)^{\mathrm{T}}$, 于是可得

$$\begin{aligned}\frac{\partial \varphi}{\partial t} =& \frac{\partial \hat{\varphi}}{\partial t} - S^{-1}(y_2,t)B(Y_2,t)\frac{\partial \hat{\varphi}}{\partial y_1} \\ &- \left(\frac{\partial \hat{\varphi}}{\partial y_2} - S^{-1}(y_2,t)\alpha(Y_2,t)\frac{\partial \hat{\varphi}}{\partial y_1}\right)L_0^{-1}(t)\dot{L}_0(t)y_2 - \frac{\partial \hat{\varphi}}{\partial y_3}H^{-1}(y_2,t)\dot{H}(t)y_3,\end{aligned}$$

此处 $B\left(Y_2,t\right) = \dot{S}\left(y_2,t\right)y_1 + \dot{s}_1\left(L_0\left(t\right)y_2,t\right), \dot{L}_0\left(t\right), \dot{H}\left(t\right), \dot{S}\left(y_2,t\right)$ 表示对 t 的导数, 假定其满足条件:

$$s_* \leqslant S\left(y_2,t\right) \leqslant S^*, \quad L_* \leqslant L_0\left(t\right) \leqslant L^*, \quad 0 \leqslant H(t) \leqslant H^*,$$

此处 s_*, S^*, L_*, L^* 和 H^* 均为确定的正常数.

由此可得

$$\begin{aligned}\frac{\partial p}{\partial t} =& \frac{\partial \hat{p}}{\partial t} - S^{-1}(y_2,t)B(Y,t)\frac{\partial \hat{p}}{\partial y_1} - \left(\frac{\partial \hat{p}}{\partial y_2} - S^{-1}(y_2,t)\alpha(Y,t)\frac{\partial \hat{p}}{\partial y_1}\right)L_0^{-1}(t)\dot{L}_0(t)y_2 \\ &- \frac{\partial \hat{p}}{\partial y_3}H^{-1}(t)\dot{H}(t)y_3,\end{aligned} \tag{5.4.8a}$$

$$\begin{aligned}\frac{\partial c}{\partial t} =& \frac{\partial \hat{c}}{\partial t} - S^{-1}(y_2,t)B(Y,t)\frac{\partial \hat{c}}{\partial y_1} - \left(\frac{\partial \hat{c}}{\partial y_2} - S^{-1}(y_2,t)\alpha(Y,t)\frac{\partial \hat{c}}{\partial y_1}\right)L_0^{-1}(t)\dot{L}_0(t)y_2 \\ &- \frac{\partial \hat{c}}{\partial y_3}H^{-1}(t)\dot{H}(t)y_3.\end{aligned} \tag{5.4.8b}$$

注意到

$$\frac{\partial}{\partial x_1}\left(a(X,t)\frac{\partial \varphi}{\partial x_1}\right) = S^{-1}(y_2,t)\frac{\partial}{\partial y_1}\left(\hat{a}(Y_2,t)S^{-1}(y_2,t)\frac{\partial \hat{\varphi}}{\partial y_1}\right),$$

$$
\begin{aligned}
\frac{\partial}{\partial x_2}\left(a(X,t)\frac{\partial \varphi}{\partial x_2}\right) =& L_0^{-2}(t)\frac{\partial}{\partial y_2}\left(\hat{a}(Y,t)\frac{\partial \hat{\varphi}}{\partial y_2}\right)\\
&+ L_0^{-2}(t)S^{-1}(y_2,t)\alpha(Y_2,t)\frac{\partial}{\partial y_1}\left(\hat{a}(Y,t)S^{-1}(y_2,t)\alpha(Y_2,t)\frac{\partial \hat{\varphi}}{\partial y_1}\right)\\
&- L_0^{-2}(t)S^{-1}(y_2,t)\alpha(Y_2,t)\frac{\partial}{\partial y_1}\left(\hat{a}(Y,t)\frac{\partial \hat{\varphi}}{\partial y_2}\right)\\
&- L_0^{-2}(t)\frac{\partial}{\partial y_2}\left(\hat{a}(Y,t)S^{-1}(y_2,t)\alpha(Y_2,t)\frac{\partial \hat{\varphi}}{\partial y_1}\right),\\
&\frac{\partial}{\partial x_3}\left(\alpha(X,t)\frac{\partial \varphi}{\partial x_3}\right) = H^{-2}\frac{\partial}{\partial y_3}\left(\hat{a}(Y,t)\frac{\partial \hat{\varphi}}{\partial y_3}\right).
\end{aligned}
$$

由此可得

$$
\begin{aligned}
\nabla\cdot u =& -\nabla\cdot(a(c)\nabla p) = -\left\{\frac{\partial}{\partial x_1}\left(a(c)\frac{\partial p}{\partial x_1}\right)+\frac{\partial}{\partial x_2}\left(a(c)\frac{\partial p}{\partial x_2}\right)+\frac{\partial}{\partial x_3}\left(a(c)\frac{\partial p}{\partial x_3}\right)\right\}\\
=& -\left\{S^{-1}(y_2,t)\frac{\partial}{\partial y_1}\left(\hat{a}(\hat{c})S^{-1}(y_2,t)\frac{\partial \hat{p}}{\partial y_1}\right)\right.\\
&+ L_0^{-2}(t)S^{-1}(y_2,t)\alpha(Y_2,t)\frac{\partial}{\partial y_1}\left(S^{-1}(y_2,t)\alpha(Y,t)\frac{\partial \hat{p}}{\partial y_1}\right)\\
&- L_0^{-2}(t)S^{-1}(y_2,t)\alpha(Y_2,t)\frac{\partial}{\partial y_1}\left(\hat{a}(\hat{c})\frac{\partial \hat{p}}{\partial y_2}\right)\\
&- L_0^{-2}(t)\frac{\partial}{\partial y_2}\left(\hat{a}(\hat{c})S^{-1}(y_2,t)\alpha(Y_2,t)\frac{\partial \hat{p}}{\partial y_1}\right)\\
&\left.- L_0^{-2}(t)\frac{\partial}{\partial y_2}\left(\hat{a}(\hat{c})\frac{\partial \hat{p}}{\partial y_2}\right)+H^{-2}\frac{\partial}{\partial y_3}\left(\hat{a}(\hat{c})\frac{\partial \hat{p}}{\partial y_3}\right)\right\}.
\end{aligned}
$$

于是对 (5.4.1a),(5.4.1b) 和 (5.4.2) 作变量替换 (5.4.6), 经整理可得

$$
\begin{aligned}
&\hat{d}\frac{\partial \hat{p}}{\partial t} - \hat{d}\left\{S^{-1}B\frac{\partial \hat{p}}{\partial y_1}+\left(\frac{\partial \hat{p}}{\partial y_2}-S^{-1}\alpha\frac{\partial \hat{p}}{\partial y_1}\right)L_0^{-1}\dot{L}_0y_2+\frac{\partial \hat{p}}{\partial y_3}H^{-1}\dot{H}y_3\right\}\\
&-\left\{S^{-1}\frac{\partial}{\partial y_1}\left(\hat{a}S^{-1}\frac{\partial \hat{p}}{\partial y_1}\right)+L_0^{-2}S^{-1}\alpha\frac{\partial}{\partial y_1}\left(\hat{a}S^{-1}\alpha\frac{\partial \hat{p}}{\partial y_1}\right)-L_0^{-2}S^{-1}\alpha\frac{\partial}{\partial y_1}\left(\hat{a}\frac{\partial \hat{p}}{\partial y_2}\right)\right.\\
&\left.-L_0^{-2}\frac{\partial}{\partial y_2}\left(\hat{a}S^{-1}\alpha\frac{\partial \hat{p}}{\partial y_1}\right)+L_0^{-2}\frac{\partial}{\partial y_2}\left(\hat{a}\frac{\partial \hat{p}}{\partial y_2}\right)+H^{-2}\frac{\partial}{\partial y_3}\left(\hat{a}\frac{\partial \hat{p}}{\partial y_3}\right)\right\}\\
=&\hat{Q}(Y,t),\quad Y\in\hat{\Omega}, t\in J,
\end{aligned}
\tag{5.4.9a}
$$

$$
\hat{u} = -\hat{a}(\hat{c})\left(S^{-1}\frac{\partial \hat{p}}{\partial y_1},\left(\frac{\partial \hat{p}}{\partial y_2}-S^{-1}\alpha\frac{\partial \hat{p}}{\partial y_1}\right)L_0^{-1}(t), H^{-1}\frac{\partial \hat{p}}{\partial y_3}\right)^{\mathrm{T}}. \tag{5.4.9b}
$$

$$
\hat{\phi}\frac{\partial \hat{c}}{\partial t} - \hat{\phi}\left\{S^{-1}B\frac{\partial \hat{c}}{\partial y_1}+\left(\frac{\partial \hat{c}}{\partial y_2}-S^{-1}\alpha\frac{\partial \hat{c}}{\partial y_1}\right)L_0^{-1}\dot{L}_0y_2+\frac{\partial \hat{c}}{\partial y_3}H^{-1}\dot{H}y_3\right\}
$$

$$
\begin{aligned}
&+\hat{u}\cdot\left(S^{-1}\frac{\partial\hat{c}}{\partial y_1},\left(\frac{\partial\hat{c}}{\partial y_2}-S^{-1}\alpha\frac{\partial\hat{c}}{\partial y_1}\right)L_0^{-1}(t),\frac{\partial\hat{c}}{\partial y_3}H^{-1}\right)^{\mathrm{T}}\\
&-\left\{S^{-1}\frac{\partial}{\partial y_1}\left(\hat{D}S^{-1}\frac{\partial\hat{c}}{\partial y_1}\right)+L_0^{-2}S^{-1}\alpha\frac{\partial}{\partial y_1}\left(\hat{D}S^{-1}\alpha\frac{\partial\hat{c}}{\partial y_1}\right)-L_0^{-2}S^{-1}\alpha\frac{\partial}{\partial y_1}\left(\hat{D}\frac{\partial\hat{c}}{\partial y_2}\right)\right.\\
&\left.-L_0^{-2}\frac{\partial}{\partial y_2}\left(\hat{D}S^{-1}\frac{\partial\hat{c}}{\partial y_1}\right)+L_0^{-2}\frac{\partial}{\partial y_2}\left(\hat{D}\frac{\partial\hat{c}}{\partial y_2}\right)+H^{-2}\frac{\partial}{\partial y_3}\left(\hat{D}\frac{\partial\hat{c}}{\partial y_3}\right)\right\}+\hat{b}\frac{\partial\hat{p}}{\partial t}\\
&-\hat{b}\left\{S^{-1}B\frac{\partial\hat{p}}{\partial y_1}+\left(\frac{\partial\hat{p}}{\partial y_2}-S^{-1}\alpha\frac{\partial\hat{p}}{\partial y_1}\right)L_0^{-1}\dot{L}_0y_2+\frac{\partial\hat{p}}{\partial y_3}H^{-1}\dot{H}y_3\right\}\\
=&\hat{f}(Y,t,\hat{c}),\quad Y\in\hat{\Omega},t\in J. \qquad (5.4.10)
\end{aligned}
$$

对上述问题 (5.4.9)、(5.4.10), 计算规模是很大的, 当 $\alpha(Y_2,t)$ 较小时, 工程上通常可舍去混合导数项, 此时可采用分数步长计算格式, 大大减少计算工作量. 对此简化模型, 流动方程 (5.4.9) 写为下述标准形式:

$$
\begin{aligned}
&\hat{d}\frac{\partial\hat{p}}{\partial t}+\hat{d}\hat{a}^{-1}B_{p\alpha}\cdot\hat{u}-\left\{\frac{\partial}{\partial y_1}\left(\hat{a}S^{-2}(1+\alpha^2L_0^{-2})\frac{\partial\hat{p}}{\partial y_1}\right)+\frac{\partial}{\partial y_2}\left(\hat{a}L_0^{-2}\frac{\partial\hat{p}}{\partial y_2}\right)\right.\\
&\left.+\frac{\partial}{\partial y_3}\left(\hat{a}H^{-2}\frac{\partial\hat{p}}{\partial y_3}\right)\right\}=\hat{Q}(Y,t),\quad Y\in\hat{\Omega},t\in J, \qquad (5.4.11)
\end{aligned}
$$

此处 $B_{p\alpha}=\left(B-\dfrac{\partial}{\partial y_2}S(y_2,t)\hat{d}^{-1}\alpha\hat{a}S^{-1}L_0^{-2},\dot{L}_0y_2,\dot{H}y_3\right)^{\mathrm{T}}$. 饱和度方程 (5.4.10) 可写成下述标准形式:

$$
\begin{aligned}
&\hat{\phi}\frac{\partial\hat{c}}{\partial t}+\{L_{c\alpha}\hat{u}-\hat{\phi}B_{c\alpha}\}\cdot\nabla\hat{c}-\left\{\frac{\partial}{\partial y_1}\left(\hat{D}S^{-2}(1+\alpha^2L_0^{-2})\frac{\partial\hat{c}}{\partial y_1}\right)+\frac{\partial}{\partial y_2}\left(\hat{D}L_0^{-2}\frac{\partial\hat{c}}{\partial y_2}\right)\right.\\
&\left.+\frac{\partial}{\partial y_3}\left(\hat{D}H^{-2}\frac{\partial\hat{c}}{\partial y_3}\right)\right\}+\hat{b}\frac{\partial\hat{p}}{\partial t}+\hat{b}\hat{a}^{-1}B_{po}\cdot\hat{u}=\hat{f}(Y,t,\hat{c}),\quad Y\in\hat{\Omega},t\in J, \qquad (5.4.12)
\end{aligned}
$$

此处 $L_{c\alpha}=\begin{pmatrix}S^{-1}&-\alpha S^{-1}L_0^{-1}&0\\0&L_0^{-1}&0\\0&0&H^{-1}\end{pmatrix}$, $B_{C\alpha}=\left(S^{-1}\left[B-\alpha L_0^{-1}\dot{L}_0y_2-\dfrac{\partial}{\partial y_2}S(y_2,t)\hat{\phi}^{-1}\hat{D}\alpha S^{-1}L_0^{-2}\right],L_0^{-1}\dot{L}_0y_2,H^{-1}\dot{H}y_3\right)^{\mathrm{T}}$, $B_{po}=(B,\dot{L}_0y_2,\dot{H}y_3)^{\mathrm{T}}$, $\nabla=\left(\dfrac{\partial}{\partial_{y1}},\dfrac{\partial}{\partial_{y2}},\dfrac{\partial}{\partial_{y3}}\right)^{\mathrm{T}}$.

为了书写简便, 记 $\hat{a}_1=\hat{a}_1(\hat{c})=\hat{a}(\hat{c})S^{-2}(y_2,t)(1+L_0^{-2}(t)\alpha^2(Y,t)),\hat{a}_2=\hat{a}_2(\hat{c})=\hat{a}(\hat{c})L_0^{-2}(t)$,

$$\hat{a}_3=\hat{a}_3(\hat{c})=\hat{a}(\hat{c})H^{-2}(t);\hat{D}_1=\hat{D}_1(Y,t)=\hat{D}(Y,t)S^{-2}(y_2,t)(1+L_0^{-2}(t)\alpha^2(Y_2,t)),$$

$\hat{D}_2 = \hat{D}_2(Y,t) = \hat{D}(Y,t)L_0^{-2}(t)$,

$\hat{D}_3 = \hat{D}_3(Y,t) = \hat{D}(Y,t)H^{-2}(t)$, 于是问题 (5.4.11), (5.4.12) 写为下述形式:

$$\hat{d}\frac{\partial \hat{p}}{\partial t} + \hat{d}\hat{a}^{-1}\hat{B}_{p\alpha}\cdot\hat{u} - \left\{\frac{\partial}{\partial y_1}\left(\hat{a}_1(\hat{c})\frac{\partial \hat{p}}{\partial y_1}\right) + \frac{\partial}{\partial y_2}\left(\hat{a}_2(\hat{c})\frac{\partial \hat{p}}{\partial y_2}\right) + \frac{\partial}{\partial y_3}\left(\hat{a}_3(\hat{c})\frac{\partial \hat{p}}{\partial y_3}\right)\right\}$$
$$= \hat{Q}(Y,t), \quad Y \in \hat{\Omega}, t \in J, \tag{5.4.13a}$$

$$\hat{u} = -\hat{a}(\hat{c})\left(S^{-1}\frac{\partial \hat{p}}{\partial y_1}, \left(\frac{\partial \hat{p}}{\partial y_2} - S^{-1}\alpha\frac{\partial \hat{p}}{\partial y_1}\right)L_0^{-1}(t), H^{-1}\frac{\partial \hat{p}}{\partial y_3}\right)^{\mathrm{T}}, \tag{5.4.13b}$$

$$\hat{\phi}\frac{\partial \hat{c}}{\partial t} + \{L_{c\alpha}\hat{u} - \hat{\phi}B_{c\alpha}\}\cdot\nabla\hat{c} - \left\{\frac{\partial}{\partial y_1}\left(\hat{D}_1\frac{\partial \hat{c}}{\partial y_1}\right) + \frac{\partial}{\partial y_2}\left(\hat{D}_2\frac{\partial \hat{c}}{\partial y_2}\right) + \frac{\partial}{\partial y_3}\left(\hat{D}_3\frac{\partial \hat{c}}{\partial y_3}\right)\right\}$$
$$+ \hat{b}\frac{\partial \hat{p}}{\partial y_1} + \hat{b}\hat{a}^{-1}\hat{B}_{po}\cdot\hat{u} = \hat{f}(Y,t,\hat{c}), \quad Y \in \hat{\Omega}, t \in J. \tag{5.4.14}$$

这样将原问题 (5.4.1a),(5.4.1b),(5.4.2) 简化为标准域 $\hat{\Omega} = \{[0,1]^3\}$ 上求解问题 (5.4.13)~(5.4.14).

为了用差分方法求解, 用网格区域 $\hat{\Omega}_h$ 代替 $\hat{\Omega}$, 用 $\partial\hat{\Omega}_h$ 表示 $\hat{\Omega}_h$ 的边界, 取定 $\Delta t = T/L$, 对 $\hat{\Omega}$ 采用等距剖分, $0 = y_{\beta 0} < y_{\beta 1} < y_{\beta 2} < \cdots < y_{\beta N} = 1, \beta = 1,2,3; h = 1/N$.

记 $Y_{ijk} = (ih, jh, kh)^{\mathrm{T}}, t^n = n\Delta t, W(Y_{ijk}, t^n) = W_{ijk}^n$,

$$\begin{aligned}
&A_{1,i+1/2,jk}^n = 1/2[\hat{a}_1(Y_{ijk}, \hat{c}_{h,ijk}^n) + \hat{a}_1(Y_{i+1,jk}, \hat{c}_{h,i+1,jk}^n)],\\
&a_{1,i+1/2,k}^n = 1/2[\hat{a}_1(Y_{ijk}, \hat{c}_{ijk}^n) + \hat{a}_1(Y_{i+1,jk}, \hat{c}_{i+1,jk}^n)],\\
&\delta_{\bar{y}_1}(A_1^n\delta_{y_1}\hat{p}_h^{n+1})_{ijk} = h^{-2}\{A_{1,i+1/2,jk}^n(\hat{p}_{h,i+1,jk}^{n+1} - \hat{p}_{h,ijk}^{n+1})\\
&\quad - A_{1,i-1/2,jk}^n(\hat{p}_{h,ijk}^{n+1} - \hat{p}_{h,i-1,jk}^{n+1})\}.
\end{aligned}$$

$A_{2,i,j+1/2,k}^n, A_{3,ij,k+1/2}^n, a_{2,i,j+1/2,k}^n, a_{3,ij,k+1/2}^n, \delta_{\bar{y}_2}(A_2^n\delta_{y_2}\hat{p}_h^{n+1})_{ijk}$ 和 $\delta_{\bar{y}_3}(A_3^n\delta_{y_3}\hat{p}_h^{n+1})_{ijk}$ 均可类似定义. 从而

$$\nabla_h(A^n\nabla_h\hat{p}_h^{n+1})_{ijk} = \delta_{\bar{y}_1}(A_1^n\delta_{y_1}\hat{p}_h^{n+1})_{ijk} + \delta_{\bar{y}_2}(A_2^n\delta_{y_2}\hat{p}_h^{n+1})_{ijk} + \delta_{\bar{y}_3}(A_3^n\delta_{y_3}\hat{p}_h^{n+1})_{ijk},$$

此处 $A^n = \begin{pmatrix} A_1^n & 0 & 0 \\ 0 & A_2^n & 0 \\ 0 & 0 & A_3^n \end{pmatrix}$.

则方程 (5.4.13a) $(t = t^{n+1})$ 的分数步差分格式:

$$\hat{d}(\hat{c}_{h,ijk}^n)\frac{\hat{P}_{h,ijk}^{n+1/3} - \hat{P}_{h,ijk}^n}{\Delta t} = \delta_{\bar{y}_1}(A_1^n\delta_{y_1}\hat{P}_h^{n+1/3})_{ijk} + \delta_{\bar{y}_2}(A_2^n\delta_{y_2}\hat{P}_h^n)_{ijk} + \delta_{\bar{y}_3}(A_2^n\delta_{y_3}\hat{P}_h^n)_{ijk}$$

$$
\begin{aligned}
&-\hat{d}(\hat{C}^n_{h,ijk})\hat{a}^{-1}(\hat{C}^n_{h,ijk})\vec{B}_{pa}(Y_{ijk},t^{n+1})\cdot\hat{U}^n_{h,ijk}\\
&+\hat{Q}(Y_{ijk},t^{n+1}),\quad 1\leqslant i\leqslant N-1,
\end{aligned}
\tag{5.4.15a}
$$

$$
\hat{P}^{n+1/3}_{h,ijk}=\hat{e}^{n+1}_{ijk},\quad Y_{ijk}\in\partial\hat{\Omega}_h,
\tag{5.4.15b}
$$

$$
\hat{d}(\hat{c}^n_{h,ijk})\frac{\hat{P}^{n+2/3}_{h,ijk}-\hat{P}^{n+1/3}_{h,ijk}}{\Delta t}=\delta_{\bar{y}_2}(A^n_2\delta_{y_2}(\hat{P}^{n+2/3}_h-\hat{P}^n_h))_{ijk},\quad 1\leqslant j\leqslant N-1,
\tag{5.4.15c}
$$

$$
\hat{P}^{n+2/3}_{h,ijk}=\hat{e}^{n+1}_{ijk},\quad Y_{ijk}\in\partial\Omega_h,
\tag{5.4.15d}
$$

$$
\hat{d}(\hat{c}^n_{h,ijk})\frac{\hat{P}^{n+1}_{h,ijk}-\hat{P}^{n+2/3}_{h,ijk}}{\Delta t}=\delta_{\bar{y}_3}(A^n_3\delta_{y_3}(\hat{P}^{n+1}_h-\hat{P}^n_h))_{ijk},\quad 1\leqslant k\leqslant N-1,
\tag{5.4.15e}
$$

$$
\hat{P}^{n+1}_{h,ijk}=\hat{e}^{n+1}_{ijk},\quad Y_{ijk}\in\partial\hat{\Omega}_h.
\tag{5.4.15f}
$$

近似达西速度 $\hat{U}^n_h=(\hat{U}^n_1,\hat{U}^n_2,\hat{U}^n_3)^{\mathrm{T}}$ 按下述公式计算:

$$
\begin{aligned}
\hat{U}^n_{1,ijk}=&-(2S(y_{ijk},t^n)h)^{-1}(\bar{A}^n_{i+1/2,jk}(\hat{P}^n_{h,i+1,jk}-\hat{P}^n_{h,ijk})\\
&+\bar{A}^n_{i-1/2,jk}(\hat{P}^n_{h,ijk}-\hat{P}^n_{h,i-1,jk})),
\end{aligned}
\tag{5.4.16a}
$$

$$
\begin{aligned}
\hat{U}^n_{2,ijk}=&-(2L_0(t^n)h)^{-1}\{(\bar{A}^n_{i,j+1/2,k}(\hat{P}^n_{h,i,j+1,k}-\hat{P}^n_{h,ijk})\\
&+\bar{A}^n_{i,j+1/2,k}(\hat{P}^n_{h,ijk}-\hat{P}^n_{h,i,j-1,k}))\\
&-S^{-1}(y_{ijk},t^n)(\bar{A}^n_{i+1/2,jk}\alpha^n_{i+1/2,jk}(\hat{P}^n_{h,i+1,jk}-\hat{P}^n_{h,i,j,k})\\
&+\bar{A}^n_{i-1/2,jk}\alpha^n_{i-1/2,jk}(\hat{P}^n_{h,ijk}-\hat{P}^n_{h,i-1,jk}))\},
\end{aligned}
\tag{5.4.16b}
$$

$$
\hat{U}^n_{3,ijk}=-(2H(t^n)h)^{-1}(\overline{A}^n_{ij,k+1/2}(\hat{P}^n_{h,ij,k+1}-\hat{P}^n_{h,ijk})+\overline{A}^n_{ij,k-1/2}(\hat{P}^n_{h,ijk}-\hat{P}^n_{h,ij,k-1})),
\tag{5.4.16c}
$$

此处 $\overline{A}^n_{i+1/2,jk}=1/2[\hat{a}(Y_{ijk},\hat{C}^n_{h,ijk})+\hat{a}(Y_{i+1,jk},\hat{C}^n_{h,i+1,jk})]$, $\overline{A}^n_{i,j+1/2,k}$ 和 $\overline{A}^n_{ij,k+1/2}$ 是类似的.

下面考虑饱和度方程 (5.4.14) 的二阶迎风差分格式, 记其对流系数

$$
E(Y,t,\hat{u})=L_{c\alpha}\hat{u}-\hat{\phi}B_{ca}=(E_1,E_2,E_3)^{\mathrm{T}},
$$

及其近似对流系数

$$
E^n_h=E(Y,t^n,\hat{U}^n_h)=L^n_{c\alpha}\hat{U}^n_h-\hat{\phi}^n\overrightarrow{B}^n_{c\alpha}=(E^n_{1h},E^n_{2h},E^n_{3h})^{\mathrm{T}}.
$$

针对新的对流–扩散方程 (5.4.14) 我们提出二类修正迎风分数步差分格式.

5.4.2.1 迎风差分格式 I

饱和度方程 (5.4.14) 的分数步迎风差分格式:

$$
\begin{aligned}
\hat{\phi}_{ijk}^{n+1}\frac{\hat{C}_{h,ijk}^{n+1/3}-\hat{C}_{h,ijk}^{n}}{\Delta t}=&(1+h/2\left|E_{1h}^{n}\right|(\hat{D}_{1}^{n+1})^{-1})_{ijk}^{-1}\delta_{\bar{y}_1}(\hat{D}_{1}^{n+1}\delta_{y_1}\hat{C}_{h}^{n+1/3})_{ijk}\\
&+(1+h/2\left|E_{2h}^{n}\right|(\hat{D}_{2}^{n+1})^{-1})_{ijk}^{-1}\delta_{\bar{y}_2}(\hat{D}_{2}^{n+1}\delta_{y_2}\hat{C}_{h}^{n})_{ijk}\\
&+(1+h/2\left|E_{3h}^{n}\right|(\hat{D}_{3}^{n+1})^{-1})_{ijk}^{-1}\delta_{\bar{y}_3}(\hat{D}_{3}^{n+1}\delta_{y_3}\hat{C}_{h}^{n})_{ijk}\\
&-\sum_{\beta=1}^{3}\delta_{E_{\beta h}^{n}}\hat{C}_{h,ijk}^{n}-\hat{b}(\hat{C}_{h,ijk}^{n})\frac{\hat{p}_{h,ijk}^{n+1}-\hat{p}_{h,ijk}^{n}}{\Delta t}\\
&-\hat{b}(\hat{C}_{h,ijk}^{n})\hat{a}^{-1}(\hat{C}_{h,ijk}^{n})B_{po}(Y_{ijk},t^{n+1})\cdot\hat{U}_{h,ijk}^{n}\\
&+\hat{f}(Y_{ijk},t^{n},\hat{C}_{h,ijk}^{n}),\quad 1\leqslant i\leqslant N-1,
\end{aligned}\tag{5.4.17a}
$$

$$
\hat{C}_{h,ijk}^{n+1/3}=\hat{r}_{ijk}^{n+1},\quad Y_{ijk}\in\partial\hat{\Omega}_h,\tag{5.4.17b}
$$

$$
\hat{\phi}_{ijk}^{n+1}\frac{\hat{C}_{h,ijk}^{n+2/3}-\hat{C}_{h,ijk}^{n+1/3}}{\Delta t}=(1+h/2\left|E_{2h}^{n}\right|(\hat{D}_{2}^{n+1})^{-1})_{ijk}^{-1}\delta_{\bar{y}_2}(\hat{D}_{2}^{n+1}\delta_{y_2}(\hat{C}_{h}^{n+2/3}-\hat{C}_{h}^{n}))_{ijk},
$$
$$
1\leqslant j\leqslant N-1,\tag{5.4.17c}
$$

$$
\hat{C}_{h,ijk}^{n+2/3}=\hat{r}_{ijk}^{n+1},\quad Y_{ijk}\in\partial\hat{\Omega}_h,\tag{5.4.17d}
$$

$$
\hat{\phi}_{ijk}^{n+1}\frac{\hat{C}_{h,ijk}^{n+1}-\hat{C}_{h,ijk}^{n+2/3}}{\Delta t}=(1+h/2\left|E_{3h}^{n}\right|(\hat{D}_{3}^{n+1})^{-1})_{ijk}^{-1}\delta_{\bar{y}_3}(\hat{D}_{3}^{n+1}\delta_{y_3}(\hat{C}_{h}^{n+1}-\hat{C}_{h}^{n}))_{ijk},
$$
$$
1\leqslant k\leqslant N-1,\tag{5.4.17e}
$$

$$
\hat{C}_{h,ijk}^{n+1}=\hat{r}_{ijk}^{n+1},\quad Y_{ijk}\in\partial\hat{\Omega}_h,\tag{5.4.17f}
$$

此处$\delta_{E_{1h}^{n}}\hat{C}_{h,ijk}^{n}=E_{1h,ijk}^{n}\{H(E_{1h,ijk}^{n})(\hat{D}_{1}^{n})_{ijk}^{-1}\hat{D}_{i-1/2,jk}^{n}\delta_{\bar{y}_1}\hat{C}_{h,ijk}^{n}+(1-H(E_{1h,ijk}^{n}))$ $(\hat{D}^{n})_{ijk}^{-1}\hat{D}_{i+1/2,jk}^{n}\delta_{y_1}\hat{C}_{h,ijk}^{n}\}$, $\delta_{E_{2h}^{n}}\hat{C}_{h,ijk}^{n}$ 和 $\delta_{E_{3h}^{n}}\hat{C}_{h,ijk}^{n}$ 是类似的, $H(z)=\begin{cases}1, & z\geqslant 0,\\ 0, & z<0.\end{cases}$ 此处需要指明的是修正迎风分数步格式 (5.4.17) 是二阶的, 可按文献 [34~36] 的方法证明其是对空间达到二阶精度.

初始逼近:

$$
\hat{P}_{h,ijk}^{0}=\hat{p}_0(Y_{ijk}),\hat{C}_{h,ijk}^{0}=\hat{C}_0(Y_{ijk}),\quad 0\leqslant i,j,k\leqslant N.\tag{5.4.18}
$$

分数步特征差分格式 I 的计算程序是: 当 $\{\hat{P}_{h,ijk}^{n},\hat{C}_{h,ijk}^{n}\}$ 已知时, 首先由式 (5.4.15a)、(5.4.15b) 沿 y_1 方向用追赶法求出过渡层的解 $\{\hat{P}_{h,ijk}^{n+1/3}\}$, 再由式 (5.4.15c)、

(5.4.15d) 沿 y_2 方向用追赶法求出 $\{\hat{P}_{h,ijk}^{n+2/3}\}$, 最后由 (5.4.15e)、(5.4.15f) 求出 $\{P_{h,ijk}^{n+1}\}$. 与此同时, 并行地由式 (5.4.17a)、(5.4.17b) 沿 y_1 方向用追赶法求出过渡层的解 $\{\hat{C}_{h,ijk}^{n+1/3}\}$, 再由 (5.4.17c)、(5.4.17d) 求出 $\{\hat{C}_{h,ijk}^{n+2/3}\}$. 最后由 (5.4.17e)、(5.4.17f) 求出 $\{C_{h,ijk}^{n+1}\}$. 由正定性条件 (C), 格式 (5.4.15) 和 (5.4.17) 的解存在且唯一.

5.4.2.2 迎风差分格式 II

$$
\begin{aligned}
\hat{\phi}_{ijk}^{n+1}\frac{\hat{C}_{h,ijk}^{n+1/3}-\hat{C}_{h,ijk}^{n}}{\Delta t}=&(1+h/2\,|E_{1h}^{n}|\,(\hat{D}^{n+1})^{-1})_{ijk}^{-1}\delta_{\bar{y}_1}(\hat{D}^{n+1}\delta_{y_1}\hat{C}_h^{n+1/3})_{ijk}\\
&+(1+h/2\,|E_{2h}^{n}|\,(\hat{D}_2^{n+1})^{-1})_{ijk}^{-1}\delta_{\bar{y}_2}(\hat{D}_2^{n+1}\delta_{y_2}\hat{C}_h^{n})_{ijk}\\
&+(1+h/2\,|E_{3h}^{n}|\,(\hat{D}_3^{n+1})^{-1})_{ijk}^{-1}\delta_{\bar{y}_3}(\hat{D}_3^{n+1}\delta_{y_3}\hat{C}_h^{n})_{ijk}\\
&-\hat{b}(\hat{C}_{h,ijk}^{n})\frac{\hat{p}_{h,ijk}^{n+1}-\hat{p}_{h,ijk}^{n}}{\Delta t}-\hat{b}(\hat{C}_{h,ijk}^{n})\hat{a}^{-1}(\hat{C}_{h,ijk}^{n})\\
&\cdot\vec{B}_{po}(Y_{ijk},t^{n+1})\cdot\hat{U}_{h,ijk}^{n}+\hat{f}(Y_{ijk},t^{n},\hat{C}_{h,ijk}^{n}),\quad 1\leqslant i\leqslant N-1,
\end{aligned}
\tag{5.4.19a}
$$

$$
\hat{C}_{h,ijk}^{n+1/3}=\hat{r}_{ijk}^{n+1},\quad Y_{ijk}\in\partial\hat{\Omega}_h,
\tag{5.4.19b}
$$

$$
\begin{aligned}
&\hat{\phi}_{ijk}^{n+1}\frac{\hat{C}_{h,ijk}^{n+2/3}-\hat{C}_{h,ijk}^{n+1/3}}{\Delta t}\\
=&(1+h/2\,|E_{2h}^{n}|\,(\hat{D}_2^{n+1})^{-1})_{ijk}^{-1}\delta_{\bar{y}_2}(\hat{D}_2^{n+1}\delta_{y_2}(\hat{C}_h^{n+2/3}-\hat{C}_h^{n}))_{ijk},\quad 1\leqslant j\leqslant N-1,
\end{aligned}
\tag{5.4.19c}
$$

$$
\hat{C}_{h,ijk}^{n+2/3}=\hat{r}_{ijk}^{n+1},\quad Y_{ijk}\in\partial\hat{\Omega}_h,
\tag{5.4.19d}
$$

$$
\begin{aligned}
\hat{\phi}_{ijk}^{n+1}\frac{\hat{C}_{h,ijk}^{n+1}-\hat{C}_{h,ijk}^{n+2/3}}{\Delta t}=&(1+h/2\,|E_{3h}^{n}|\,(\hat{D}_3^{n+1})^{-1})_{ijk}^{-1}\delta_{\bar{y}_3}(\hat{D}_3^{n+1}\delta_{y_3}(\hat{C}_h^{n+1}-\hat{C}_h^{n}))_{ijk}\\
&-\sum_{\beta=1}^{3}\delta_{E_{\beta h}^{n}}\hat{C}_{h,ijk}^{n+1},\quad 1\leqslant k\leqslant N-1,
\end{aligned}
\tag{5.4.19e}
$$

$$
\hat{C}_{h,ijk}^{n+1}=\hat{r}_{ijk}^{n+1},\quad Y_{ijk}\in\partial\hat{\Omega}_h.
\tag{5.4.19f}
$$

迎风差分格式 II 的计算程序和格式 I 是类似的.

5.4.3 收敛性分析

定理 5.4.1 假定问题 (5.4.13)~(5.4.14) 的精确解满足光滑性条件: $p,c\in L^{\infty}(W^{4,\infty}),\dfrac{\partial^2 p}{\partial t^2},\dfrac{\partial^2 p}{\partial t^2}\in L^{\infty}(L^{\infty})$. 采用分数步迎风差分格式 (5.4.15) 和 (5.4.17)

逐层计算, 若剖分参数满足限制性条件 $\Delta t = O(h^2)$, 则下述误差估计式成立:

$$\begin{aligned}&\|p-P_h\|_{\bar{L}^\infty([0,T],h^1)}+\|c-C_h\|_{\bar{L}^\infty([0,T],h^1)}+\|d_t(p-P_h)\|_{\bar{L}^2([0,T],l^2)}\\&+\|d_t(c-C_h)\|_{\bar{L}^2([0,T],l^2)}\leqslant M^*\{\Delta t+h^2\},\end{aligned}\tag{5.4.20}$$

此处常数 M^* 依懒 p, c 及其导函数. 详细的论证可参阅文献 [11].

类似地可以建立下述定理.

定理 5.4.2 假定问题 (5.4.13)~(5.4.14) 的精确解满足光滑性条件: $p, c \in L^\infty(W^{4,\infty}), \dfrac{\partial^2 p}{\partial t^2}, \dfrac{\partial^2 c}{\partial t^2} \in L^\infty(L^\infty)$. 采用迎风格式 (5.4.15) 和 (5.4.19) 逐层计算, 若剖分参数同样满足限制性条件 $\Delta t = O(h^2)$, 则下述误差估计式成立:

$$\begin{aligned}&||p-P_h||_{\bar{L}^\infty([0,T],h^1)}+||c-C_h||_{\bar{L}^\infty([0,T];h^1)}+||d_t(p-P_h)||_{\bar{L}^2([0,T];l^2)}\\&+||d_t(c-C_h)||_{\bar{L}^2([0,T];l^2)}\leqslant M^*\{\Delta t+h^2\}.\end{aligned}\tag{5.4.21}$$

5.4.4 应用

5.4.4.1 济阳坳陷的油气资源评估

这里所提出的数值方法已成功应用到油资源运移聚集模拟系统[12], 其数学模型是

$$\nabla\cdot\left(\frac{k}{\mu}\nabla p\right)+\phi\frac{\partial p}{\partial t}-f\frac{\partial s}{\partial t}+\phi\frac{\partial P_n}{\partial t},\quad X=(x_1,x_2,x_3)^{\mathrm{T}}\in\Omega_1(t),t\in J=(0,T],\tag{5.4.22a}$$

$$p=0,\quad X\in\Omega_2(t),t\in J,(\text{流动方程})\tag{5.4.22b}$$

$$\nabla\cdot(k_s\nabla T)-c_\omega\rho_\omega\nabla\cdot(vT)+Q=c_sp_s\frac{\partial T}{\partial t},\quad X\in\Omega(t),t\in J,(\text{古温度方程})\tag{5.4.23}$$

$$\frac{\partial\phi}{\partial t}=-f\left(\frac{\partial s}{\partial t}-\frac{\partial p}{\partial t}-\frac{\partial P_n}{\partial t}\right),\quad X\in\Omega(t),t\in J,(\text{孔隙度方程})\tag{5.4.24}$$

此处 $\Omega(t)=\Omega_1(t)\cup\Omega_2(t)$ 是盆地的三维有界区域, 超压函数 $P=P(x,t)$ 在超压区 $\Omega_1(t)$ 满足方程 (5.4.22a), 在非超压区 $\Omega_2(t)$ 上恒为 $0.T=T(X,t)$ 是古温度函数, $\phi(X,t)$ 是孔隙度函数满足方程 (5.4.24), S 和 P_n 分别是负荷重和静水柱压力, μ 是流体黏度, k 是渗透率, v 是达西速度, k_s 是沉积物的热导率, Q 是热源项, P,T,ϕ 是需要寻求的基本未知函数. 利用其可以计算出生气、生烃强度和排气, 排烃强度, 如图 5.4.2 所示.

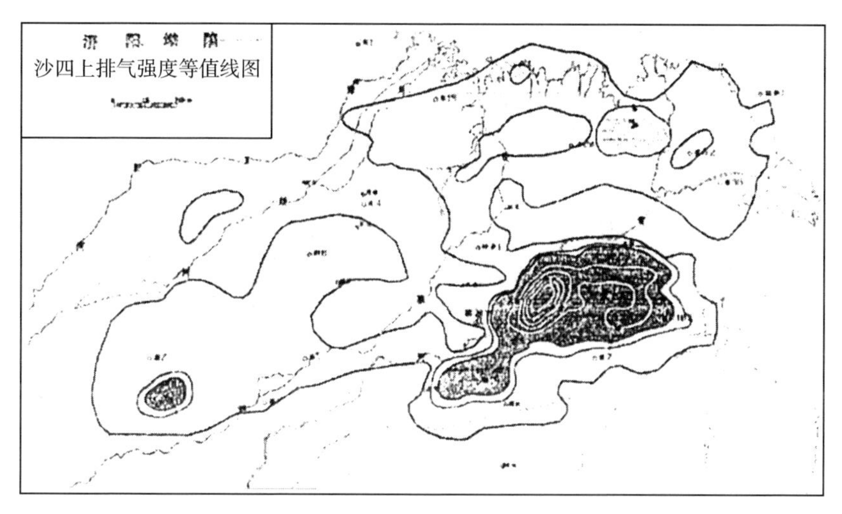

图 5.4.2 沙四上排气强度等值线图

5.4.4.2 东营凹陷的油资源运移聚集

这里所提出的数值方法还成功应用单层油资源运移聚集模拟系统[37]；其数学模型为

$$\nabla\cdot\left(K\frac{k_{ro}(s)}{\mu_{\rm o}}\nabla\psi_{\rm o}\right)+B_{\rm o}q=-\varPhi\dot{s}\left(\frac{\partial\psi_{\rm o}}{\partial t}-\frac{\partial\psi_{\rm w}}{\partial t}\right),$$
$$X=(x_1,x_2,x_3)^{\rm T}\in\varOmega(t),t\in J,(\text{油位势方程}) \tag{5.4.25a}$$

$$\nabla\cdot\left(K\frac{k_{r\rm w}(s)}{\mu_{\rm o}}\nabla\psi_{\rm w}\right)+B_{\rm w}q=\varPhi\dot{s}\left(\frac{\partial\psi_{\rm o}}{\partial t}-\frac{\partial\psi_{\rm w}}{\partial t}\right),\quad X\in\varOmega(t),t\in J,(\text{水位势方程}). \tag{5.4.25b}$$

此处 $\psi_{\rm o},\psi_{\rm w}$ 是油相、水相流动位势, 是需要需求的基本未知函数. K 是地层的渗透率, $\mu_{\rm o}$、$\mu_{\rm w}$ 分别是油相、水相黏度, $k_{r\rm o}$、$k_{r\rm w}$ 分别是油相、水相的相对渗透率, $\dot{s}=\dfrac{{\rm d}s}{{\rm d}p_c}$, s 为含水饱和度, $p_{\rm c}(s)$ 为毛细管压力函数, $B_{\rm o}$、B_ω 是流动函数, $\varPhi$ 为地层孔隙度, q 为产量项函数. 数学模型 (5.4.25) 即为这里所讨论问题 (5.4.1)~(5.4.3) 的特殊简化模型[3,38~41].

这里给出渗流力学数值模拟 3.25×10^7 年的东营凹陷单层沙四上砂层的结果, 将沙四上沿地层走向分为 5 层, 自上而下排序. 图 5.4.3、图 5.4.4 给出各层面上含水饱和度等值线图. 渗流力学数值模拟结果与东营凹陷的实际油田分布情况对比, 模拟结果成藏位置 (1)、(2)、(3)、(4) 与实际纯化、乔庄、八面河和单家寺等油田的位置基本吻合, 在储油强度方面也与实际地质资源情况基本一致.

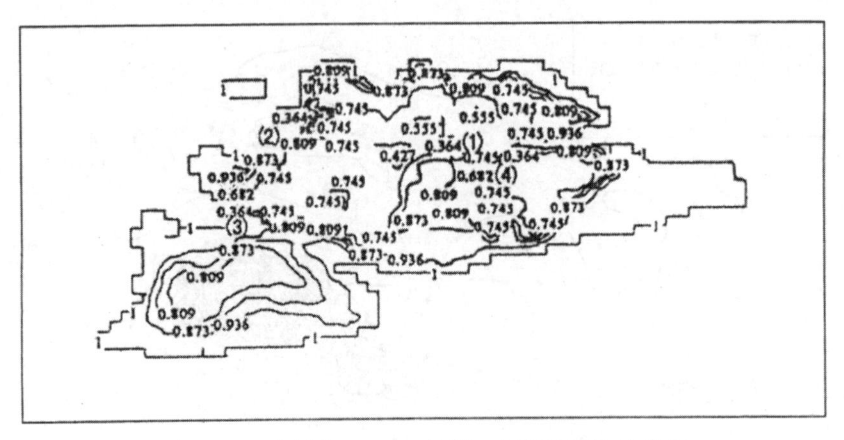

图 5.4.3　沙四上 3.25×10^7 第一层饱和度等值线图

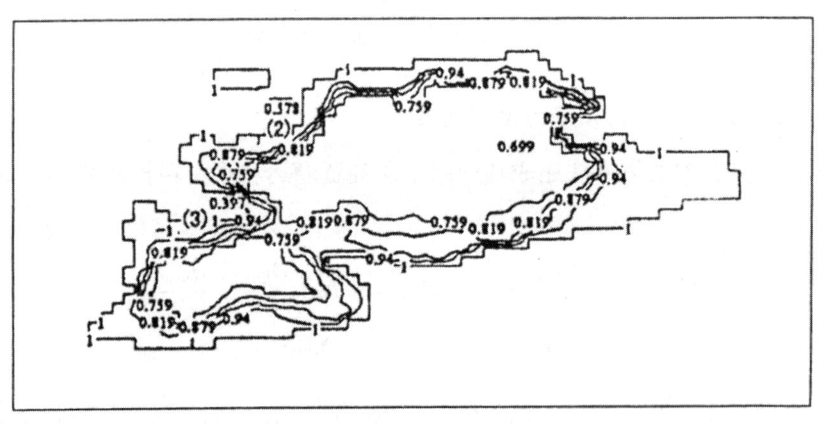

图 5.4.4　沙四上 3.25×10^7 第五层饱和度等值线图

5.5　三维热传导型半导体的分数步特征差分法

三维热传导型半导体器件瞬态问题的数学模型是由 4 个方程组成的非线性偏微分方程组的初边值问题. 电场位势方程是椭圆型的, 电子和空穴浓度方程是对流扩散型的, 温度方程是热传导型的. 电场位势是通过电场强度在电子、空穴浓度和热传导方程中出现. 空间域 Ω 上的三维问题:

$$-\Delta\psi = \alpha(p - e + N(x)), \quad x = (x_1, x_2, x_3)^{\mathrm{T}}, \quad x \in \Omega, t \in J = (0, \bar{T}], \tag{5.5.1}$$

$$\frac{\partial e}{\partial t} = \nabla \cdot \{D_e(x)\nabla e - \mu_e(x)e\nabla\psi\} - R_1(e, p, T), \quad (x, t) \in \Omega \times J, \tag{5.5.2}$$

$$\frac{\partial p}{\partial t} = \nabla \cdot \{D_p(x)\nabla p + \mu_p(x)p\nabla\psi\} - R_2(e, p, T), \quad (x, t) \in \Omega \times J, \tag{5.5.3}$$

$$\rho\frac{\partial T}{\partial t}-\Delta T=\{(D_p(x)\nabla p+\mu_p p\nabla\psi)-(D_e(x)\nabla e-\mu_e(x)e\nabla\psi)\}\cdot\nabla\psi,\quad (x,t)\in\Omega\times J, \tag{5.5.4}$$

此处未知函数是电场位势 ψ, 电子、空穴浓度 e, p 和温度函数 T.

边界条件:

$$\psi|_{\partial\Omega}=\bar{\psi}(x,t),\quad (x,t)\in\partial\Omega\times J, \tag{5.5.5}$$

$$\left.\frac{\partial e}{\partial\gamma}\right|_{\partial\Omega}=\left.\frac{\partial p}{\partial\gamma}\right|_{\partial\Omega}=\left.\frac{\partial T}{\partial\gamma}\right|_{\partial\Omega}=0,\quad (x,t)\in\partial\Omega\times J, \tag{5.5.6}$$

此处 γ 为界面 $\partial\Omega$ 的外法线方向.

初始条件:

$$e(x,0)=e_0(x),p(x,0)=p_0(x),T(x,0)=T_0(x),\quad x\in\Omega. \tag{5.5.7}$$

Gummel 于 1964 年提出用序列迭代法计算这类问题, 开创了半导体数值模拟这一新领域, Douglas 等对简单模型问题提出了实用的差分方法并用应用于生产. 在现代三维问题中必须考虑热传导对半导体瞬态问题的影响, 否则模拟将会失真, 提出了特征差分方法, 并得到收敛性结果[14]. 在上述工作的基础上, 进一步考虑到三维问题大规模科学与工程数值计算的特征, 提出对电场位势采用大步长七点差分格式, 对三维浓度方程和热传导方程提出并行分数步特征差分格式, 将解三维问题化为连续解 3 个一维问题, 大大减少了计算工作量, 使工程实际模拟计算成为可能, 这是一类实用的半导体工程并行计算方法. 利用粗细网块配套、乘积型叁二次插值、变分形式、微分型乘积算子交换理论、先验估计和技巧, 得到了最佳阶 L^2 误差估计.

通常, 问题是正定的, 也就是

$$0<D_{e*}\leqslant D_e(x)\leqslant D_e^*,\quad 0<D_{p*}\leqslant D_p(x)\leqslant D_p^*,$$

$$0<\mu_{e*}\leqslant\mu_e(x)\leqslant\mu_e^*,\quad 0<\mu_{p*}\leqslant\mu_p(x)\leqslant\mu_p^*,\quad 0<\rho_*\leqslant\rho(x)\leqslant\rho^*, \tag{5.5.8a}$$

此处 D_{e*}, D_e^*, D_{p*}, D_p^*, μ_{e*}, μ_e^*, ρ_* 和 ρ^* 是常数.

我们假定问题 (5.5.1)~(5.5.6) 的解是正则的, 也就是

$$\psi,e,p,T\in L^\infty(W^{4,\infty}),\quad \frac{\partial^2 e}{\partial\tau_e^2},\frac{\partial^2 p}{\partial\tau_p^2},\frac{\partial^2 T}{\partial t^2}\in L^\infty(L^\infty). \tag{5.5.8b}$$

假定 $R_1(e,p,T)$ 和 $R_2(e,p,T)$ 是满足 Lipschitz 条件在解的 ε_0 邻域精确的, 当 $|\varepsilon_i|\leqslant\varepsilon_0(1\leqslant i\leqslant 6)$, 有

$$\begin{aligned}&|R_i(e,x,t)+\varepsilon_1,p(x,t)+\varepsilon_2,T(x,t)+\varepsilon_3)-R_i(e,x,t)+\varepsilon_4,p(x,t)+\varepsilon_5,T(x,t)+\varepsilon_6)|\\ \leqslant&M\{|\varepsilon_1-\varepsilon_4|+|\varepsilon_2-\varepsilon_5|+|\varepsilon_3-\varepsilon_6|\},\quad (x,t)\in\Omega\times J,i=1,2.\end{aligned}$$

5.5.1　特征分数步差分格式

为了应用差分方法求解, 用网格区域代替 Ω. 设 $x=(x_1,x_2,x_3)^{\mathrm{T}}$, 步长是 h_1,h_2 和 h_3, $x_{1i}=ih_1$, $x_{2j}=jh_2$, $x_{3k}=kh_3$(图 5.5.1),

$$\Omega_h=\left\{(x_{1i},x_{2j},x_{3k})\left|\begin{array}{l}i_1(j,k)<i<i_2(j,k)\\ j_1(i,k)<j<j_2(i,k)\\ k_1(i,j)<k<k_2(i,j)\end{array}\right.\right\}.$$

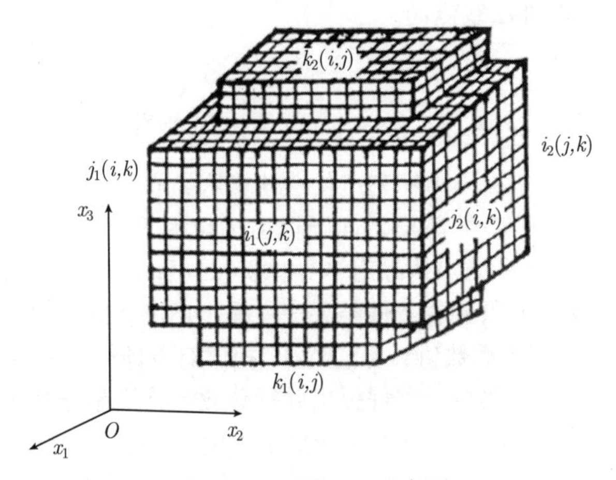

图 5.5.1　网域 Ω_h 示意图

记 $\partial\Omega_h$ 为 Ω_h 的边界, $x_{ijh}=(ih_1,jh_2,kh_3)^{\mathrm{T}}$. 考虑到电场位势关于时间 t 变化很慢, 采用大步长计算, 而对浓度方程则采用小步长, 我们用下述记号：Δt_s 为浓度方程时间步长；Δt_ψ 为位势方程时间步长；$j=\Delta t_\psi/\Delta t_s, t^n=n\Delta t_s, t_m=m\Delta t_\psi, \psi^n=\psi(t^n), \psi_m=\psi(t_m)$,

$$E\psi^n=\begin{cases}\psi_0, & t^n\leqslant t_1,\\ (1+\gamma/j)\psi_m-(\gamma/j)\psi_{m-1}, & t_m<t^n\leqslant t_{m+1}, t^n=t_m+\gamma\Delta t,\end{cases}$$

此处下标对应于位势时间层, 上标对应于浓度时间层. $E\psi^n$ 表示由后二个位势时间层构造在 t^n 处函数 ψ 的线性外推. 记

$$D_{i+1/2,jk}=\frac{1}{2}[D(x_{ijk})+D(x_{i+1,jk})],\quad D_{i,j+1/2,k}=\frac{1}{2}[D(x_{ijk})+D(x_{i,j+1,k})],$$

$$D_{ij,k+1/2}=\frac{1}{2}[D(x_{ijk})+D(x_{ij,k+1})].$$

设

$$\delta_{\bar{x}_1}(D\delta_{x_1}W_h^n)_{ijk}=h_1^{-2}\{D_{i+1/2,jk}(W_{h,i+1,jk}^n-W_{h,ijk}^n)$$

$$
\begin{aligned}
&- D_{i-1/2,jk}(W^n_{h,ijk} - W^n_{h,i-1,jk})\},\\
\delta_{\bar{x}_2}(D\delta_{x_2}W^n_h)_{ijk} =& h_2^{-2}\{D_{i,j+1/2,k}(W^n_{h,i,j+1,k} - W^n_{h,ijk})\\
&- D_{i,j-1/2,k}(W^n_{h,ijk} - W^n_{h,i,j-1,k})\},\\
\delta_{\bar{x}_3}(D\delta_{x_3}W^n_h)_{ijk} =& h_3^{-2}\{D_{i,j,k+1/2}(W^n_{h,ij,k+1} - W^n_{h,ijk})\\
&- D_{ij,k-1/2}(W^n_{h,ijk} - W^n_{h,ij,k-1})\},\\
\nabla_h(D\nabla_h W^n_h)_{ijk} =& \delta_{\bar{x}_1}(D\delta_{x_1}W^n_h)_{ijk} + \delta_{\bar{x}_2}(D\delta_{x_2}W^n_h)_{ijk} + \delta_{\bar{x}_3}(D\delta_{x_3}W^n_h)_{ijk}, \quad (5.5.9)
\end{aligned}
$$

则可列出电场位势方程 (5.5.1) 的差分格式:

$$
\begin{aligned}
&- \nabla_h(\Delta_h\Psi^n_h)_{ijk} = G^n_{h,ijk}, \quad i_1(j,k)-1 \leqslant i \leqslant i_2(j,k)-1,\\
&j_1(i,k)-1 \leqslant j \leqslant j_2(i,k)-1, \quad k_1(i,j)-1 \leqslant k \leqslant k_2(i,j)-1, \quad (5.5.10\text{a})
\end{aligned}
$$

$$
\psi^n_h|_{\partial\Omega_h} = \bar{\psi}(x_{ijk}, t^n), \quad x_{ijk} \in \partial\Omega_h. \quad (5.5.10\text{b})
$$

此处 $G^n_{h,ijk} = \alpha\{p^n_h - e^n_h + N(x)\}_{ijk}$.

电场强度 $u = -\nabla\psi = (u_1, u_2, u_3)^{\mathrm{T}}$. 按下述公式计算 $U^n_h = (U^n_{h_1}, U^n_{h_2}, U^n_{h_3})^{\mathrm{T}} = -\nabla_h\psi^n_h$:

$$
\begin{aligned}
&U^n_{h_1,ijk} = -\frac{\psi^n_{h,i+1,jk} - \psi^n_{h,i-1,jk}}{2h_1}, \quad U^n_{h_2,ijk} = -\frac{\psi^n_{h,i,j+1,k} - \psi^n_{h,i,j-1,k}}{2h_2},\\
&U^n_{h_3,ijk} = -\frac{\psi^n_{h,ij,k+1} - \psi^n_{h,ij,k-1}}{2h_3}.
\end{aligned}
$$

这流动实际上是沿着迁移的特征方向, 对浓度方程 (5.5.2) 和 (5.5.3) 采用特征线处理一阶双曲部分具有很高的精确度[3~5]. 写方程 (5.5.2) 和 (5.5.3) 为下述形式:

$$
\frac{\partial e}{\partial t} = \nabla\cdot(D_e\nabla e) + \mu_e u\cdot\nabla e + eu\cdot\nabla\mu_e + \alpha\mu_e(x)e(p-e+N(x)) - R_1(e,p,T), \quad (5.5.11)
$$

$$
\frac{\partial p}{\partial t} = \nabla\cdot(D_p\nabla p) - \mu_p u\cdot p - pu\cdot\nabla\mu_p - \alpha\mu_p(x)p(p-e+N(x)) - R_2(e,p,T). \quad (5.5.12)
$$

记 $\tau_e = \tau_e(x,t)$ 是特征方向 $(-\mu_e u_1, -\mu_e u_2, -\mu_e u_3, 1)$ 的单位向量, $\tau_p = \tau_p(x,t)$ 是特征方向 $(\mu_p u_1, \mu_p u_2, \mu_p u_3, 1)$ 的单位向量. 记 $\Phi_s = [1 + \mu_s^2|u|^2]^{1/2}$, $s = e, p$, 有

$$
\Phi_e\frac{\partial}{\partial\tau_e} = \frac{\partial}{\partial t} - \mu_e u\cdot\nabla, \Phi_p\frac{\partial}{\partial\tau_p} = \frac{\partial}{\partial t} + \mu_p u\cdot\nabla. \quad (5.5.13)
$$

相应地写方程 (5.5.11) 和 (5.5.12) 为下述形式:

$$
\Phi_e\frac{\partial e}{\partial\tau_e} - \nabla\cdot(D_e\nabla_e) - \alpha\mu_e(x)e(p-e+N(x)) - eu\cdot\nabla\mu_e = -R_1(e,p,T), \quad (5.5.14)
$$

$$\Phi_p \frac{\partial e}{\partial \tau_p} - \nabla \cdot (D_p \nabla_p) + \alpha \mu_p(x) p(p - e + N(x)) + pu \cdot \nabla \mu_p = -R_2(e, p, T). \quad (5.5.15)$$

在 τ_e 方向用向后差商来逼近 $\frac{\partial e^{n+1}}{\partial \tau_e} = \frac{\partial e}{\partial \tau_e}(x, t^{n+1})$, 也就是

$$\frac{\partial e^{n+1}}{\partial \tau_e}(x) \approx \frac{e^{n+1}(x) - e^n(x + \mu_e u^{n+1} \Delta t)}{\Delta t_s (1 + \mu_e^2 |u^{n+1}|^2)^{1/2}}.$$

类似地,

$$\frac{\partial p^{n+1}}{\partial \tau_p}(x) \approx \frac{p^{n+1}(x) - p^n(x - \mu_p u^{n+1} \Delta t)}{\Delta t_s (1 + \mu_p^2 |u^{n+1}|^2)^{1/2}}.$$

对电子、空穴浓度方程 (5.5.14) 和 (5.5.15) 和热传导方程 (5.5.4) 提出下述分数步特征差分格式:

$$\begin{aligned}\frac{e_{h,ijk}^{n+1/3} - \hat{e}_{h,ijk}^n}{\Delta t_s} =& \delta_{\bar{x}_1}(D_e \delta_{x_1} e_h^{n+1/3})_{ijk} + \delta_{\bar{x}_2}(D_e \delta_{x_2} e_h^n)_{ijk} + \delta_{\bar{x}_3}(D_e \delta_{x_3} e_h^n)_{ijk} \\ &+ a\mu_{e,ijk} e_{h,ijk}^n (\hat{p}_{h,ijk}^n - \hat{e}_{h,ijk}^n + N_{ijk}) + e_{h,ijk}^n EU_{ijk}^{n+1} \cdot \nabla \mu_{e,ijk}\end{aligned} \quad (5.5.16a)$$

$$-R_1(\hat{e}_{h,ijk}^n, \hat{p}_{h,ijk}^n, T_{h,ijk}^n), \quad i_1(j,k) \leqslant i \leqslant i_2(j,k),$$

$$\frac{e_{h,ijk}^{n+2/3} - e_{h,ijk}^{n+1/3}}{\Delta t_s} = \delta_{\bar{x}_2}(D_e \delta_{x_2}(e_h^{n+2/3} - e_h^n))_{ijk}, \quad j_1(i,k) \leqslant j \leqslant j_2(i,k), \quad (5.5.16b)$$

$$\frac{e_{h,ijk}^{n+1} - e_{h,ijk}^{n+1/3}}{\Delta t_s} = \delta_{\bar{x}_3}(D_e \delta_{x_3}(e_h^{n+1} - e_h^n))_{ijk}, \quad k_2(i,j) \leqslant k \leqslant k_1(i,j), \quad (5.5.16c)$$

$$\begin{aligned}\frac{p_{h,ijk}^{n+1/3} - \hat{p}_{h,ijk}^n}{\Delta t_s} =& \delta_{\bar{x}_1}(D_p \delta_{x_1} p_h^{n+1/3})_{ijk} + \delta_{\bar{x}_2}(D_p \delta_{x_2} p_h^n)_{ijk} + \delta_{\bar{x}_3}(D_p \delta_{x_3} p_h^n)_{ijk} \\ &- a\mu_{p,ijk} p_{h,ijk}^n (\hat{p}_{h,ijk}^n - \hat{e}_{h,ijk}^n + N_{ijk}) \\ &- p_{h,ijk}^n EU_{ijk}^{n+1} \cdot \nabla \mu_{p,ijk} \\ &- R_2(\hat{e}_{h,ijk}^n, \hat{p}_{h,ijk}^n, T_{h,ijk}^n), \quad i_1(j,k) \leqslant i \leqslant i_2(j,k),\end{aligned} \quad (5.5.17a)$$

$$\frac{p_{h,ijk}^{n+2/3} - p_{h,ijk}^{n+1/3}}{\Delta t_s} = \delta_{\bar{x}_2}(D_p \delta_{x_2}(p_h^{n+2/3} - p_h^n))_{ijk}, \quad j_1(i,k) \leqslant j \leqslant j_2(i,k), \quad (5.5.17b)$$

$$\frac{p_{h,ijk}^{n+1} - e_{h,ijk}^{n+2/3}}{\Delta t_s} = \delta_{\bar{x}_3}(D_p \delta_{x_3}(p_h^{n+1} - p_h^n))_{ijk}, \quad k_1(i,j) \leqslant k \leqslant k_2(i,j), \quad (5.5.17c)$$

$$\rho_{ijk} \frac{T_{h,ijk}^{n+1/3} - T_{h,ijk}^n}{\Delta t_s} = \delta_{\overline{x}_1}(\delta_{x_1} T_h^{n+1/3})_{ijk} + \delta_{\overline{x}_2}(\delta_{x_2} T_h^n)_{ijk} + \delta_{\overline{x}_3}(\delta_{x_3} T_h^n)_{ijk}$$

$$= \Big\{ (D_{p,ijk} \nabla_h p_{h,ijk}^n - \mu_{p,ijk} p_{h,ijk}^n EU_{ijk}^{n+1}) - (D_{e,ijk} \nabla_h e_{h,ijk}^n + \mu_{s,ijk} e_{h,ijk}^n EU_{ijk}^{n+1}) \Big\} \cdot EU_{ijk}^{n+1}, \quad i_1(j,k) \leqslant i \leqslant i_2(j,k), \tag{5.5.18a}$$

$$\rho_{ijk} \frac{T_{h,ijk}^{n+2/3} - T_{h,ijk}^{n+1/3}}{\Delta t_s} = \delta_{\overline{x}_2}(\delta_{x_2}(T_h^{n+2/3} - T_h^n))_{ijk}, \quad j_1(i,k) \leqslant j \leqslant j_2(i,k), \tag{5.5.18b}$$

$$\rho_{ijk} \frac{T_{h,ijk}^{n+1} - T_{h,ijk}^{n+2/3}}{\Delta t_s} = \delta_{\overline{x}_3}(\delta_{x_3}(T_h^{n+1} - T_h^n))_{ijk}, \quad k_1(i,k) \leqslant j \leqslant k_2(i,k). \tag{5.5.18c}$$

对差分方程 (5.5.16)~(5.5.18) 在边界点应用镜面反射原理, 这在齐次牛曼边界条件是合理的.$e_h^n(x)$, $p_h^n(x)$ 分别按节点值 $\{e_{h,ijk}^n\}$, $\{p_{h,ijk}^n\}$ 分片叁二次插值函数 (27 点乘积型公式) , $\hat{e}_{h,ijk}^n = e_h^n(\hat{x}_{e,ijk}^n)$, $\hat{x}_{e,ijk}^n = x_{ijk} + \mu_{e,ijk} EU_{ijk}^{n+1} \Delta t_s$, $\hat{p}_{h,ijk}^n = p_h^n(\hat{x}_{p,ijk}^n), \hat{x}_{p,ijk}^n = x_{ijk} - \mu_{p,ijk} EU_{ijk}^{n+1} \Delta t_s$.

初始逼近:

$$e_{h,ijk}^0 = e_0(x_{ijk}), p_{h,ijk}^0 = p_0(x_{ijk}), T_{h,ijk}^0 = T_0(x_{ijk}), \quad x_{ijk} \in \overline{\Omega}_h. \tag{5.5.19}$$

格式的计算程序是: 首先由初始逼近 $e_{h,0}, p_{h,0}$ 去解位势方程 (5.5.9) 求出 $\psi_{h,0}$. 再由分数步格式 (5.5.16)~(5.5.18) 并行计算出 (e_h^1, p_h^1, T_h^1), $(e_h^2, p_h^2, T_h^2), \cdots, (e_h^j, p_h^j, T_h^j)$. 由于 $(e_h^j, p_h^j, T_h^j) = (e_{h,1}, p_{n,1}, T_{n,1})$, 能够得到 $\psi_{h,1}$. 再由格式 (5.5.16)~(5.5.18) 得到 $(e_h^{j+1}, p_h^{j+1}, T_h^{j+1})$, $(e_h^{j+2}, p_h^{j+2}, T_h^{j+2}), \cdots, (e_{h,2}, p_{h,2}, T_{h,2})$. 依次进行可得全部数值解. 最后由正定性条件, 故解存在且唯一.

5.5.2 收敛性分析

设 $\sigma = \psi - \psi_h$, $\xi = e - e_h$, $\zeta = p - p_h$, $\chi = T - T_h$, 此处 ψ, e, p 和 T 是问题的精确解, ψ_h, e_h, p_h 和 T_h 是差分解. 由位势方程 (5.5.1)($t = t^n$) 和方程 (5.5.9) 可得误差方程:

$$-\nabla_h(\nabla_h \sigma^n)_{ijk} = \alpha(\xi^n - \zeta^n)_{ijk} + \delta_{ijk}^n, \quad i_1(j,k) - 1 \leqslant i \leqslant i_2(j,k) - 1,$$
$$j_1(i,k) - 1 \leqslant j \leqslant j_2(i,k) - 1, k_1(i,j) - 1 \leqslant k \leqslant k_2(i,j) - 1, \tag{5.5.20}$$

此处 $|\delta_{ijk}^n| \leqslant M\{\|\psi^n\|_{4,\infty}\}\left\{h_1^2 + h_2^2 + h_3^2\right\}$. 对关于 Ω 的正规网络 $\Omega_h = \overline{\omega}_1 \times \overline{\omega}_2 \times \overline{\omega}_3$, 记 $\overline{\omega}_1 = \{x_{1i} | i_1(j,k) \leqslant i \leqslant i_2(j,k)\}$, $\overline{\omega}_2 = \{x_{2j} | j_1(i,k) \leqslant j \leqslant j_2(i,k)\}$, $\overline{\omega}_3 = \{x_{3k} | k_1(i,j) \leqslant k \leqslant k_2(i,j)\}$; $\omega_1^+ = \{x_{1i} | i_1(j,k) - 1 \leqslant i \leqslant i(j,k)\}$, $\omega_2^+ = \{x_{2j} | j_1(i,k) - 1 \leqslant j \leqslant j_2(i,k)\}$, $\omega_3^+ = \{x_{3k} | k_1(i,j) - 1 \leqslant k \leqslant k_2(i,j)\}$. 记号 $|f|_0 = \langle f, f \rangle^{1/2}$ 表示离散空间 $L^2(\Omega)$ 的模.

$$\langle f, g \rangle = \sum_{\overline{\omega}_1} h_{1i} \sum_{\overline{\omega}_2} h_{2j} \sum_{\overline{\omega}_3} h_{3k} f(x_{ijk}) g(x_{ijk}) \tag{5.5.21a}$$

表示离散空间的内积, 此处 $h_{1i}=h_1,\ i_1(j,k)-1\leqslant i\leqslant i_2(j,k)-1,\ h_{1,i_1(j,k)}=h_{1,i_2(j,k)}=h_1/2$; $h_{2j}=h_2,\ j_1(j,k)-1\leqslant j\leqslant j_2(i,k)-1,\ h_{2,j_1(i,k)}=h_{2,j_2(j,k)}=h_2/2$; $h_{3k}=h_3,\ k_1(i,j)-1\leqslant k\leqslant k_2(i,j)-1,\ h_{3,k_1(i,j)}=h_{3,k_2(i,j)}=h_3/2$. $(D\nabla_h f,\nabla_h f\rangle$ 表示对应于 $H^1(\Omega)=W^{1,2}(\Omega)$ 离散空间 $h^1(\Omega)$ 的加权半模平方,

$$
\begin{aligned}
(D\nabla_h f,\nabla_h f\rangle=&\sum_{\overline{\omega}_2}\sum_{\overline{\omega}_3}h_{2j}h_{3k}\sum_{\omega_1^+}h_{1i}\{D(x)[\partial_{\overline{x}_1}f(x)]^2\}+\sum_{\overline{\omega}_3}\sum_{\overline{\omega}_1}h_{3k}h_{1i}\sum_{\omega_2^+}h_{2j}\\
&\cdot\{D(x)[\partial_{\overline{x}_2}f(x)]^2\}+\sum_{\overline{\omega}_1}\sum_{\overline{\omega}_2}h_{1i}h_{2j}\sum_{\omega_3^+}h_{3k}\{D(x)[\partial_{\overline{x}_3}f(x)]^2\}.
\end{aligned}
\tag{5.5.21b}
$$

对 (5.5.20) 乘以检验函数 σ_{ijk}^n, 注意到 $\sigma_{ijk}^n=0$, 当 $x_{ijk}\in\partial\Omega$, 并分部求和, 有

$$
(\nabla_h\sigma^n,\nabla_h\sigma^n\rangle=\langle\alpha(\xi^n-\zeta^n),\sigma^n\rangle+\langle\delta^n,\sigma^n\rangle. \tag{5.5.22}
$$

应用离散形式 Poincare 不等式, 可得

$$
|\nabla_h\sigma^n|_0^2\leqslant M\{||\psi^n||_{4,\infty}\}\{|\xi^n|_0^2+|\zeta^n|_0^2+h^4+(\Delta t_s)^2\}, \tag{5.5.23}
$$

此处 $h^2=h_1^2+h_2^2+h_2^3$, $|\nabla_h f|_0$ 表示离散空间半模.

其次, 考虑电子浓度方程对方程 (5.5.16a)~(5.5.16c), 消云 $e_h^{n+1/3}$, $e_h^{n+2/3}$, 可得下述等价形式:

$$
\begin{aligned}
&\frac{e_{h,ijk}^{n+1}-\hat{e}_{h,ijk}^n}{\Delta t_s}-\nabla_h(D_e\nabla_h e_h^{n+1})_{ijk}\\
=&\alpha\mu_{e,ijk}e_{h,ijk}^n(\hat{p}_h^n-\hat{e}_h^n+N)_{ijk}+e_{h,ijk}^n EU_{ijk}^{n+1}\cdot\nabla\mu_{e,ijk}\\
&-R_1(\hat{e}_{h,ijk}^n,\hat{p}_{h,ijk}^n,T_{h,ijk}^n)-(\Delta t_s)^2\{\delta_{\overline{x}_1}(D_e\delta_{x_1}(\delta_{\overline{x}_2}(D_e\delta_{x_2}d_t e_h^n)))_{ijk}\\
&+\delta_{\overline{x}_1}(D_e\delta_{x_1}(\delta_{\overline{x}_3}(D_e\delta_{x_3}d_t e_h^n)))_{ijk}+\delta_{\overline{x}_2}(D_e\delta_{x_2}(\delta_{\overline{x}_3}(D_e\delta_{x_3}d_t e_h^n)))_{ijk}\}\\
&+(\Delta t_s)^3\delta_{\overline{x}_1}(D_e\delta_{x_1}(\delta_{\overline{x}_2}(D_e\delta_{x_2}(\delta_{\overline{x}_3}(D_e\delta_{x_3}d_t e_h^n)\cdots)_{ijk},\quad X_{ijk}\in\overline{\Omega}_h.
\end{aligned}
\tag{5.5.24}
$$

从方程 (5.5.14)($t=t^{nm}$) 和 (5.5.24), 可得电子浓度误差方程:

$$
\begin{aligned}
&\frac{\xi_{ijk}^{n+1}-(e^n(\overline{X}_{ijk}^n)-\hat{e}_{h,ijk}^n)}{\Delta t_s}-\nabla_h(D_e\nabla_h\xi)_{ijk}^{n+1}\\
=&\alpha\mu_{e,ijk}[e_{ijk}^{n+1}(p_{ijk}^{n+1}-e_{ijk}^{n+1}+N_{ijk})-e_{h,ijk}^n(\hat{p}_{h,ijk}^n-\hat{e}_{h,ijk}^n+N_{ijk})]\\
&+\left[e_{eij}^{n+1}u_{ijk}^{n+1}-e_{h,ijk}^n EU_{ijk}^{n+1}\right]\cdot\nabla\mu_{e,ijk}\\
&+[R_1(\hat{e}_{h,ijk}^n,\hat{p}_{h,ijk}^n,T_{h,ijk}^n)-R_1(e_{ijk}^{n+1},p_{ijk}^{n+1},T_{ijk}^{n+1})]\\
&-(\Delta t_s)^2\{\delta_{\overline{x}_1}(D_e\delta_{x_1}(\delta_{\overline{x}_2}(D_e\delta_{x_2})))+\delta_{\overline{x}_1}(D_e\delta_{x_1}(\delta_{\overline{x}_3}(D_e\delta_{x_3})))
\end{aligned}
$$

$$+ \delta_{\overline{x}_2}(D_e\delta_{x_2}(\delta_{\overline{x}_3}(D_e\delta_{x_3})))\}d_t\xi_{ijk}^n$$
$$+ (\Delta t_s)^3\delta_{\overline{x}_1}(D_e\delta_{x_1}(\delta_{\overline{x}_2}(D_e\delta_{\overline{x}_2}(\delta_{\overline{x}_3}(D_e\delta_{x_3}d_t\xi_{ijk}^n)\cdots) + \beta_{e,ijk}^{n+1}, \quad X_{ijk} \in \overline{\Omega}_h, \tag{5.5.25}$$

此处 $\overline{X}_{ijk}^n = X_{ijk} + \mu_{e,ijk}u_{ijk}^{n+1}\Delta t_s, \left|\beta_{e,ijk}^{n+1}\right| \leqslant M'\left\{ \|e^{n+1}\|_{4,\infty}, \left\|\dfrac{\partial^2 e}{\partial \tau_e^2}\right\|_{L^\infty(J^n,L^\infty)}, \|\psi^n\|_{4,\infty} \right\}\{\Delta t_s + h^2\}, J^n = (t^n, t^{n+1}]$.

假定时间和空间剖分参数满足限制性条件:

$$\Delta t_s = O(h^2). \tag{5.5.26}$$

引入归纳法假定:

$$\sup_{0\leqslant n\leqslant L} \max\{|\xi^n|_\infty, |\zeta^n|_\infty, |\chi^n|_\infty\} \to 0,$$
$$\sup_{0\leqslant n\leqslant L(m=[n/j])} |\nabla_h\sigma_m|_\infty \to 0, \quad (h, \Delta t_s) \to 0. \tag{5.5.27}$$

对误差方程 (5.5.25), 由限制性条件 (5.5.26) 和归纳法假定 (5.5.27) 可得

$$\frac{\xi_{ijk}^{n+1} - \hat{\xi}_{ijk}^n}{\Delta t_s} - \nabla_h\left(D_e\nabla_h\xi^{n+1}\right)_{ijk}$$
$$\leqslant M\left\{\left|\xi_{ijk}^n\right| + \left|\xi_{ijk}^{n+1}\right| + \left|\zeta_{ijk}^n\right| + \left|\zeta_{ijk}^{n+1}\right| + \left|\chi_{ijk}^n\right| + h^2 + \Delta t_s\right\}$$
$$- (\Delta t_s)^2\left\{\delta_{\bar{x}_1}\left(D_e\delta_{x_1}\left(\delta_{\bar{x}_2}\left(D_e\delta_{x_2}\right)\right)\right) + \delta_{\bar{x}_1}\left(D_e\delta_{x_1}\left(\delta_{\bar{x}_3}\left(D_e\delta_{x_3}\right)\right)\right)\right.$$
$$\left. + \delta_{\bar{x}_2}\left(D_e\delta_{x_2}\left(\delta_{\bar{x}_3}\left(D_e\delta_{x_3}\right)\right)\right)\right\}d_t\xi_{ijk}^n$$
$$+ (\Delta t_s)^3\delta_{\bar{x}_1}\left(D_e\delta_{x_1}\left(\delta_{\bar{x}_2}\left(D_e\delta_{x_2}\left(\delta_{\bar{x}_3}\left(D_e\delta_{x_3}d_t\xi^n\right)\cdots\right)_{ijk}, \quad X_{ijk} \in \Omega_h.\right.\right.\right. \tag{5.5.28}$$

对电子浓度误差方程 (5.5.28) 乘以检验函数 $\xi_{ijk}^{n+1}\Delta t_s$ 并部分求和, 可得

$$\left\langle\xi^{n+1} - \hat{\xi}^n, \xi^{n+1}\right\rangle + \left(D_e\nabla_h\xi^{n+1}, \nabla_h\xi^{n+1}\right\rangle\Delta t_s$$
$$\leqslant M\left\{|\xi^n|_0^2 + \left|\xi^{n+1}\right|_0^2 + |\zeta^n|_0^2 + \left|\zeta^{n+1}\right|_0^2 + |\chi^n|_0^2 + h^4 + (\Delta t_s)^2\right\}\Delta t_s$$
$$- (\Delta t_s)^3\left\{\left\langle\delta_{\bar{x}_1}\left(D_e\delta_{x_1}\left(\delta_{\bar{x}_2}\left(D_e\delta_{x_2}d_t\xi^n\right)\right)\right), \xi^{n+1}\right\rangle + \cdots\right\}$$
$$+ \left(\Delta t^4\right)\left\langle\delta_{\bar{x}_1}\left(D_e\delta_{x_1}\left(\delta_{\bar{x}_2}\left(D_e\delta_{x_2}\left(\delta_{\bar{x}_3}\left(D_e\delta_{x_3}d_t\xi^n\ \right)\cdots\right), \xi^{n+1}\right\rangle\right.\right.\right.. \tag{5.5.29}$$

对误差方程 (5.5.29) 求和 $0 \leqslant n \leqslant L$, 注意到 $\xi^0 = \zeta^0 = \chi^0 = 0$, 可得

$$\left|\xi^{L+1}\right|_0^2 + \sum_{n=0}^{L}\left|\nabla_h\xi^{n+1}\right|_0^2\Delta t_s$$

$$
\begin{aligned}
&\leqslant M\left\{\sum_{n=0}^{L}\left|\xi^{n+1}\right|_0^2+\left|\zeta^{n+1}\right|_0^2+\left|\chi^{n+1}\right|_0^2\right]\Delta t_s+h^4+(\Delta t_s)^2\right\} \\
&\quad-(\Delta t_s)^2\left\{\left\langle\delta_{\bar{x}_1}\left(D_e\delta_{x_1}\left(\delta_{\bar{x}_2}\left(D_e\delta_{x_2}\xi^{L+1}\right)\right)\right),\xi^{L+1}\right\rangle+\cdots\right\} \\
&\quad-(\Delta t_s)^3\left\{\langle\delta_{\bar{x}_1}(D_e\delta_{x_1}(\delta_{\bar{x}_2}(D_e\delta_{x_2}(\delta_{\bar{x}_3}(D_e\delta_{x_2}\xi^{L+1})\cdots),\xi^{L+1}\rangle+\cdots\right\} \\
&\quad-(\Delta t_s)^3\sum_{n=0}^{L}\left\{\left\langle\delta_{\bar{x}_1}\left(D_e\delta_{x_1}\left(\delta_{\bar{x}_2}\left(D_e\delta_{x_2}d_t\xi^n\right)\right)\right),d_t\xi^n\right\rangle+\cdots\right\}\Delta t_s \\
&\quad+(\Delta t_s)^4\sum_{n=0}^{L}\left\langle\delta_{\bar{x}_1}\left(D_e\delta_{x_1}\left(\delta_{\bar{x}_2}\left(D_e\delta_{x_2}\left(\delta_{\bar{x}_3}\left(D_e\delta_{x_3}d_t\xi^n\ \right)\cdots\right),d_t\xi^n\right\rangle\Delta t_s.\right.\right.\right.
\end{aligned} \tag{5.5.30}
$$

现估计 (5.5.30) 右端诸项, 重点估计分析第二项, 虽然 $-\delta_{\bar{x}_1}(D\delta_{x_1})$, $-\delta_{\bar{x}_2}(D\delta_{x_2})$ 是自共轭、正定有界算子, 但它们的乘积一般是不可交换的. 利用 $\delta_{x_1}\delta_{x_2}=\delta_{x_2}\delta_{x_1}$, $\delta_{x_1}\delta_{\bar{x}_2}=\delta_{\bar{x}_2}\delta_{x_1},\cdots$, 则有

$$
\begin{aligned}
&-(\Delta t_s)^2\left\langle\delta_{\bar{x}_1}\left(D_e\delta_{x_1}\left(\delta_{\bar{x}_2}\left(D_e\delta_{x_2}\xi^{L+1}\right)\right)\right),\xi^{L+1}\right\rangle \\
=&(\Delta t_s)^2\left\langle D_e\delta_{x_1}\left(\delta_{\bar{x}_2}\left(D_e\delta_{x_2}\xi^{L+1}\right)\right),\delta_{x_1}\xi^{L+1}\right\rangle \\
=&(\Delta t_s)^2\left\langle\delta_{\bar{x}_2}\delta_{x_1}\left(D_e\delta_{x_2}\xi^{L+1}\right)\right),D_e\delta_{x_1}\xi^{L+1}\right\rangle \\
=&-(\Delta t_s)^2\left\langle\delta_{x_1}\left(D_e\delta_{x_2}\xi^{L+1}\right),\delta_{x_2}\left(D_e\delta_{x_1}\xi^{L+1}\right)\right\rangle \\
&-(\Delta t_s)^2\left\{\left\langle D_e\delta_{x_1}\delta_{x_2}\xi^{L+1}+\delta_{x_1}D_e\cdot\delta_{x_2}\xi^{L+1},D_e\xi_{x_1}\delta_{x_2}\xi^{L+1}+\delta_{x_2}D_e\cdot\delta_{x_1}\ \xi^{L+1}\right\rangle\right. \\
&-(\Delta t_s)^2\sum_{x_{ijk}\in\bar{\Omega}_h}\left\{D_{e,i,j+1/2,k}D_{e,i,j+1/2,jk}\delta_{x_1}\delta_{x_2}\xi^{L+1}h_1h_2h_3\right. \\
&+\left[D_{e,i,j+1/2,k}\delta_{x_2}D_{e,i,j+1/2,jk}\ \delta_{x_1}\delta_{x_2}\xi^{L+1}\cdot\delta_{x_1}\xi^{L+1}\right. \\
&+\left.D_{e,i+1/2,jk}\delta_{x_1}D_{e,i,j+1/2,k}\delta_{x_1}\delta_{x_2}\xi^{L+1}\cdot\delta_{x_2}\xi^{L+1}\right]h_1h_2h_3 \\
&+\left.\delta_{x_1}D_{e,i,j+1/2,jk}\delta_{x_2}D_{e,i+1/2,jk}\delta_{x_1}\xi^{L+1}\delta_{x_2}\xi^{L+1}h_1h_2h_3\right\} \\
\leqslant&M\Delta t_s|\nabla_h\xi^{L+1}|_0^2\Delta t_s,
\end{aligned} \tag{5.5.31a}
$$

此处正定性条件 (5.5.7) 和柯西不等式被利用, 高阶差分项 $\delta_{x_1}\delta_{x_2}\xi^{L+1}$ 被分离.

对式 (5.5.30) 第 3 项有

$$
\begin{aligned}
&(\Delta t_s)^3\left\langle\delta_{\bar{x}_1}\left(D_e\delta_{x_1}\left(\delta_{\bar{x}_2}\left(D_e\delta_{x_2}\left(\delta_{\bar{x}_3}D_e\delta_{x_3}\xi^{L+1}\right)\cdots\right),\xi^{L+1}\right\rangle\right.\right. \\
=&-(\Delta t_s)^3\left\langle\delta_{x_1}\left(\delta_{\bar{x}_2}\left(D_e\delta_{x_2}\left(\delta_{\bar{x}_3}\left(D_e\delta_{x_3}\xi^{L+1}\right)\cdots\right),D_e\delta_{x_1}\xi^{L+1}\right\rangle\right.\right. \\
=&-(\Delta t_s)^3\left\langle\delta_{\bar{x}_2}\delta_{x_1}\left(D_e\delta_{x_2}\left(\delta_{\bar{x}_3}\left(\delta_{\bar{x}_3}\left(D\delta_{x_3}\xi^{L+1}\right)\cdots\right),D_e\delta_{x_1}\xi^{L+1}\right\rangle\right.\right. \\
=&(\Delta t_s)^3\left\langle\delta_{x_1}\left(D_e\delta_{x_2}\left(\delta_{\bar{x}_3}\left(D_e\delta_{x_3}\xi^{L+1}\right)\right)\right),\delta_{x_2}\left(D_e\delta_{x_1}\xi^{L+1}\right)\right\rangle \\
=&-(\Delta t_s)^3\left\langle D_e\delta_{x_1}\delta_{x_2}\left(\delta_{\bar{x}_3}\left(D_e\delta_{x_3}\ \xi^{L+1}\right)+\delta_{x_1}D_e\right.\right.
\end{aligned}
$$

$$
\begin{aligned}
&\cdot \delta_{x_2}\delta_{\bar{x}_3}\left(D_e\delta_{x_3}\xi^{L+1}\right), D_e\delta_{x_1}\delta_{x_2}\xi^{L+1}+\delta_{x_2}D_e\cdot\delta_{x_1}\ \xi^{L+1}\rangle \\
=&(\Delta t_s)^3\left\{\left\langle D_e\delta_{\bar{x}_3}\delta_{x_1}\delta_{x_2}\left(D_e\delta_{x_3}\xi^{L+1}\right), D_e\delta_{x_1}\delta_{x_2}\xi^{L+1}+\delta_{x_2}D_e\cdot\delta_{x_1}\xi^{L+1}\right\rangle\right.\\
&+\left\langle\delta_{x_1}D_e\cdot\delta_{\bar{x}_3}\delta_{x_2}\left(D_e\delta_{x_3}\xi^{L+1}\right),\ D_e\delta_{x_1}\delta_{x_2}\xi^{L+1}+\delta_{x_2}D_e\cdot\delta_{x_1}\xi^{L+1}\right\rangle\Big\}\\
=&-(\Delta t_s)^3\left\{\left\langle\delta_{x_1}\delta_{x_2}\left(D_e\delta_{x_3}\xi^{L+1}\right),\delta_{x_3}\left[D_e\left(D_e\delta_{x_1}\delta_{x_2}\xi^{L+1}+\delta_{x_2}D\cdot\delta_{x_1}\xi^{L+1}\right)\right]\right\rangle\right.\\
&+\left\langle\delta_{x_2}\left(D_e\delta_{x_3}\xi^{L+1}\right),\delta_{x_3}\left[\delta_{x_1}D_e\cdot\left(D_e\delta_{x_1}\delta_{x_2}\xi^{L+1}+\delta_{x_2}D_e\cdot\delta_{x_1}\xi^{L+1}\right)\right]\right\rangle\Big\}\\
=&-(\Delta t_s)^3\{\langle D_e\delta_{x_1}\ \delta_{x_2}\delta_{x_3}\xi^{L+1}+\delta_{x_1}\delta_{x_2}D_e\cdot\delta_{x_3}\xi^{L+1},
\end{aligned}
$$

$$
\begin{aligned}
&D_e\cdot D_e\cdot\delta_{x_1}\delta_{x_2}\delta_{x_3}\xi^{L+1}+\delta_{x_3}\left(D_e\cdot D_e\right)\cdot\delta_{x_1}\delta_{x_2}\xi^{L+1}+\delta_{x_3}\left(D_e\cdot\delta_{x_2}D_e\right)\cdot\delta_{x_1}\xi^{L+1}\\
&+D_e\delta_{x_2}D_e\cdot\delta_{x_1}\delta_{x_3}\xi^{L+1}\rangle+\langle D_e\ \delta_{x_2}\delta_{x_3}\xi^{L+1}+\delta_{x_2}D_e\cdot\delta_{x_3}\xi^{L+1},\\
&\delta_{x_1}D_e\cdot D_e\delta_{x_1}\delta_{x_2}\delta_{x_3}\xi^{L+1}+\delta_{x_3}\left(\delta_{x_1}D_e\cdot D_e\right)\\
&\cdot\delta_{x_1}\delta_{x_2}\xi^{L+1}\ +\delta_{x_2}D_e\cdot\delta_{x_1}\delta_{x_3}\xi^{L+1}+\delta_{x_2}\delta_{x_3}D_e\cdot\delta_{x_1}\xi^{L+1}\rangle\}\\
=&-(\Delta t_s)^3\Delta t_s\sum_{x_{ijk}\in\bar{\Omega}_h}\left\{D_{e,i+1/2,jk}D_{e,i,j+1/2,k}D_{e,ij,k+1/2}\left(\delta_{x_1}\delta_{x_2}\delta_{x_3}\xi_{ijk}^{L+1}\right)h_1h_2h_3\right.\\
&+\left[D_{e,ij,k+1/2}\cdot\delta_{x_3}\left(D_{e,i+1/2,jk}D_{e,i,j+1/2,k}\right)\delta_{x_1}\delta_{x_2}\xi_{ijk}^{L+1}\right.\\
&+D_{e,ij,k+1/2,}D_{e,i,j+1/2,k}\delta_{x_2}D_{e,i+1/2,jk}\cdot\delta_{x_1}\delta_{x_3}\xi^{L+1}\\
&\left.\left.+D_{e,i+1/2,jk}D_{e,ij,k+1/2}\delta_{x_1}D_{e,i,j+1/2,k}\delta_{x_2}\delta_{x_3}\xi^{L+1}+\cdots\right]\delta_{x_1}\delta_{x_2}\delta_{x_3}\xi_{ijk}^{L+1}h_1h_2h_3+\cdots\right\}\\
\leqslant&M\Delta t_s\left\{\left|\nabla_h\xi^{L+1}\right|_0^2+\left|\xi^{L+1}\right|_0^2\right\}\Delta t_s,
\end{aligned}
\tag{5.5.31b}
$$

这里正定性条件 (5.5.7), 参数离散限定 (5.5.16), 逆估计和柯西不等式被利用, 对式 (5.5.30) 第四项有

$$
\begin{aligned}
&-(\Delta t_s)^3\left\langle\delta_{\bar{x}_1}\left(D_e\delta_{x_1}\left(\delta_{\bar{x}_2}\left(D_e\delta_{x_2}d_t\xi^n\right)\right)\right),d_t\xi^n\right\rangle\\
=&(\Delta t_s)^3\left\langle\delta_{x_1}\left(D_e\delta_{x_2}d_t\xi^n\right),\delta_{x_2}\left(D_e\delta_{x_1}d_t\xi^n\right)\right\rangle\\
=&(\Delta t_s)^3\sum_{x_{ijk}\in\bar{\Omega}_h}\left\{D_{e,i,j+1/2,k}\ D_{e,i+1/2,jk}\left[\delta_{x_1}\delta_{x_2}d_t\xi_{ijk}^n\right]^2\right.\\
&+\left[D_{e,i,j+1/2,k}\delta_{x_2}\ D_{e,i+1/2,jk}\cdot\delta_{x_1}d_t\xi_{ijk}^n\right.\\
&\left.+D_{e,i+1/2,jk}\delta_{x_1}D_{e,i,j+1/2,k}\cdot\delta_{x_2}d_t\xi_{ijk}^n\right]\delta_{x_1}\delta_{x_2}d_t\xi_{ijk}^n\\
&\left.+\left[\delta_{x_1}D_{e,i,j+1/2,k}\delta_{x_2}d_t\xi_{ijk}^{n+1}\cdot\delta_{x_2}D_{e,i+1/2,jk}\cdot\delta_{x_1}d_t\xi_{ijk}^{n+1}\right]\right\}h_1h_2h_3.
\end{aligned}
$$

因正定性和柯西不等式, 高阶差分项 $\delta_{x_1}\delta_{x_2}d_t\xi_{ijk}^n$ 被分离, 能得

$$
(\Delta t_s)^3\sum_{x_{ijk}\in\bar{\Omega}_h}\{D_{e,i,j+1/2,k}D_{e,i+1/2,jk}\left[\delta_{x_1}\delta_{x_2}d_t\xi_{ijk}\right]^2
$$

$$+[\cdots]\delta_{x_1}\delta_{x_2}d_t\xi_{ijk}^n+[\cdots]\}h_1h_2h_3\leqslant M\left\{\left|\nabla_h\xi^{n+1}\right|_0^2+\left|\nabla_h\xi^n\right|_0^2\right\}\Delta t_s,$$

则有

$$-(\Delta t_s)^3\sum_{n=0}^{L}\{\langle\delta_{\bar{x}_1}(D_e\delta_{x_1}(\delta_{\bar{x}_2}(D_e\delta_{x_2}d_t\xi^n))),d_t\xi^n\rangle+\cdots\}\Delta t_s$$
$$\leqslant M\Delta t_s\sum_{n=0}^{L}\left[\left|\nabla_h\xi^{n+1}\right|_0^2+\left|\xi^{n+1}\right|_0^2\right]\Delta t_s. \tag{5.5.31c}$$

对式 (5.5.30) 最后一项, 类似地可得

$$(\Delta t_s)^4\sum_{n=0}^{L}\langle\delta_{\bar{x}_1}(D_e\delta_{x_1}(\delta_{\bar{x}_2}(D_e\delta_{x_2}(\delta_{\bar{x}_3}(D_e\delta_{x_3}d_t\xi^n)\cdots),d_t\xi^n\rangle\Delta t_s$$
$$\leqslant M\Delta t_s\sum_{n=0}^{L}\left[\left|\nabla_h\xi^{n+1}\right|_0^2+\left|\xi^{n+1}\right|_0^2\right]\Delta t_s. \tag{5.5.31d}$$

对电子浓度误差方程 (5.5.30), 应用 (5.5.31a)~(5.5.31c) 能得

$$\left|\xi^{L+1}\right|_0^2+\sum_{n=0}^{L}\left|\nabla_h\xi^{n+1}\right|_0^2\Delta t_s$$
$$\leqslant M\left\{\sum_{n=0}^{L}\left[\left|\xi^{n+1}\right|_0^2+\left|\zeta^{n+1}\right|_0^2+\left|\chi^{n+1}\right|_0^2\right]\Delta t_s+h^4+(\Delta t_s)^2\right\}. \tag{5.5.32}$$

对空穴浓度误差方程, 类似地有下述误差方程:

$$\begin{aligned}
&\frac{\zeta_{ijk}^{n+1}-\left(p^n\left(\bar{X}_{ijk}^n\right)-\hat{p}_{h,ijk}^n\right)}{\Delta t_s}-\nabla_h\left(D_p\nabla_h\zeta^{n+1}\right)_{ijk}\\
=&-\mu_{p,ijk}\left[p_{ijk}^{n+1}\left(p_{ijk}^{n+1}-e_{ijk}^{n+1}+N_{ijk}\right)-p_{h,ijk}^n\left(\hat{p}_{h,ijk}^n-\hat{e}_{h,ijk}^n+N_{ijk}\right)\right]\\
&-\left[p_{ijk}^{n+1}u_{ijk}^{n+1}-p_{h,ijk}^nEU_{ijk}^{n+1}\right]\cdot\nabla\mu_{p,ijk}\\
&+\left[R_2\left(\hat{e}_{h,ijk}^n,\hat{p}_{ijk}^n,T_{h,ijk}^n\right)-R_2\left(e_{ijk}^{n+1},p_{ijk}^{n+1},T_{ijk}^{n+1}\right)\right]\\
&-(\Delta t_s)^2\left\{\delta_{\bar{x}_1}(D_p\delta_{x_1}(\delta_{\bar{x}_2}(D_p\delta_{x_2})))+\delta_{\bar{x}_1}(D_p\delta_{x_1}(\delta_{\bar{x}_3}(D_p\delta_{x_3})))\right.\\
&\left.+\delta_{\bar{x}_2}(D_p\delta_{x_2}(\delta_{\bar{x}_3}(D_p\delta_{x_3})))\right\}d_t\zeta_{ijk}^n\\
&+(\Delta t_s)^3\delta_{\bar{x}_1}\left(D_p\delta_{x_1}\left(\delta_{\bar{x}_2}\left(D_p\delta_{x_2}\left(\delta_{\bar{x}_3}\left(D_p\delta_{x_3}d_t\zeta_{ijk}^n\right)\cdots\right)+\beta_{p,ijk}^{n+1},\quad X_{ijk}\in\bar{\Omega}_h,\right.\right.\right.
\end{aligned} \tag{5.5.33}$$

此处 $\bar{X}_{ijk}^n = X_{ijk} - \mu_{p,ijk} u_{ijk}^{n+1} \Delta t_s$, $\left|\beta_{p,ijk}^{n+1}\right| \leqslant M'' \left\{ \left\|p^{n+1}\right\|_{4,\infty}, \left\|\dfrac{\partial^2 p}{\partial \tau_p^2}\right\|_{L^\infty(J^n,L^\infty)}, \left\|\psi^n\right\|_{4,\infty} \right\} \left\{h^2 + \Delta t_s\right\}$.

类似地, 能得

$$
\begin{aligned}
&\left|\zeta^{n+1}\right|_0^2 + \sum_{n=0}^{L} \left|\nabla_h \zeta^{n+1}\right|_0^2 \Delta t_s \\
\leqslant & M \left\{ \sum_{n=0}^{L} \left[\left|\xi^{n+1}\right|_0^2 + \left|\zeta^{n+1}\right|_0^2 + \left|\chi^{n+1}\right|_0^2 \right] \Delta t_s + h^4 + (\Delta t_s)^2 \right\}.
\end{aligned}
$$

最后写出热传导误差方程:

$$
\begin{aligned}
&\rho_{ijk} \frac{\chi_{ijk}^{n+1} - \chi_{ijk}^n}{\Delta t_s} - \nabla_h \left(\nabla_h \chi^{n+1}\right)_{ijk} \\
=& \left\{ \left(D_{p,ijk} \nabla_h \zeta_{ijk}^n + \mu_{p,ijk} \left(p_{ijk}^n \nabla_h \psi_{ijk}^n - p_{h,ijk}^n \nabla_h \psi_h^n\right)\right) \right. \\
& \left. - \left(D_{e,ijk} \nabla_h \xi_{ijk}^n - \mu_{e,ijk} \left(e_{ijk}^n \nabla_h \psi_{ijk}^n - e_{h,ijk}^n \nabla_h \psi_{h,ijk}^n\right)\right) \right\} \nabla_h \psi_{ijk}^n \\
& + \left\{ \left(D_{e,ijk} \nabla_h p_{ijk}^n + \mu_{e,ijk} p_{ijk}^n \nabla_h \psi_{ijk}^n\right) \right. \\
& \left. - \left(D_{e,ijk} \nabla_h e_{ijk}^n - \mu_{e,ijk} e_{ijk}^n \nabla_h \psi_{ijk}^n\right) \right\} \nabla_h \left(\psi^n - \psi_h^n\right)_{ijk} \\
& - (\Delta t_s)^2 \left\{ \delta_{\bar{x}_1} \delta_{x_1} \left(\rho^{-1} \left(\delta_{\bar{x}_2} \delta_{x_2}\right)\right) + \delta_{\bar{x}_1} \delta_{x_1} \left(\rho^{-1} \left(\delta_{\bar{x}_3} \delta_{x_3}\right)\right) \right. \\
& \left. + \delta_{\bar{x}_2} \delta_{x_2} \left(\rho^{-1} \left(\delta_{\bar{x}_3} \delta_{x_3}\right)\right) \right\} d_t \chi_{ijk}^n \\
& + (\Delta t_s)^3 \delta_{\bar{x}_1} \delta_{x_1} \left(\rho^{-1} \left(\delta_{\bar{x}_2} \delta_{x_2} \left(\rho^{-1} \left(\delta_{\bar{x}_3} \delta_{x_3} d_t \chi_{ijk}^n\right) \cdots\right) + \beta_{T,ijk}^{n+1}\right.\right.,
\end{aligned}
$$

此处 $\left|\beta_{T,ijk}^{n+1}\right| \leqslant M''' \left\{ \left\|T^{n+1}\right\|_{4,\infty}, \left\|\dfrac{\partial^2 T}{\partial t^2}\right\|_{L^\infty(J^n,L^\infty)}, \left\|\psi^n\right\|_{4,\infty} \right\} \left\{\Delta t_s + h^2\right\}$.

用 χ_{ijk}^{n+1} 乘式 (5.5.35) 并部分求和, 再乘以 $2\Delta t_s$, 求和 $0 \leqslant n \leqslant L$, 注意到 $\rho(X) \geqslant \rho_0 > 0$, 则有

$$
\begin{aligned}
\left|\chi^{l+1}\right|_0^2 + \sum_{n=0}^{l} \left|\nabla_h \chi^{n+1}\right|_0^2 \Delta t_s \leqslant & M \Delta t_s \sum_{n=0}^{l} \left\{ \left|\nabla_h \xi^n\right|_0^2 + \left|\nabla_h \zeta^n\right|_0^2 + \left|\nabla_h \sigma^n\right|_0^2 \right\} \Delta t_s \\
& + M \left\{ \sum_{n=0}^{l} \left[\left|\xi^{n+1}\right|_0^2 + \left|\zeta^{n+1}\right|_0^2 + \left|\chi^{n+1}\right|_0^2 \right] \Delta t_s \right. \\
& \left. + (\Delta t_s)^2 + h^4 \right\}.
\end{aligned}
$$

组合 (5.5.32)(5.5.34) 和 (5.5.36) 则有

$$
\left|\xi^{l+1}\right|_0^2 + \left|\zeta^{l+1}\right|_0^2 + \left|\chi^{l+1}\right|_0^2 + \left|\nabla_h \sigma^{l+1}\right|_0^2
$$

$$
\begin{aligned}
&+\sum_{n=0}^{l}\{|\nabla_h\xi^{n+1}|_0^2+|\nabla_h\zeta^{n+1}|_0^2+|\nabla_h\chi^{n+1}|_0^2\}\Delta t_s\\
&\leqslant M\left\{\sum_{n=0}^{l}\left[|\xi^{n+1}|_0^2+|\zeta^{n+1}|_0^2+|\chi^{n+1}|_0^2\right]\Delta t_s+(\Delta t_s)^2+h^4\right\}.
\end{aligned}
$$

应用离散 Gronwall 不等式, 有

$$
\begin{aligned}
&|\xi^{l+1}|_0^2+|\zeta^{l+1}|_0^2+|\chi^{l+1}|_0^2+|\nabla_h\sigma^{l+1}|_0^2\\
&+\sum_{n=0}^{l}\left\{|\nabla_h\xi^{n+1}|_0^2+|\nabla_h\zeta^{n+1}|_0^2+|\nabla_h\chi^{n+1}|_0^2\right\}\Delta t_s\leqslant M\left\{(\Delta t_s)^2+h^4\right\}.
\end{aligned}
\tag{5.5.34}
$$

下面需要检验归纳法假定 (5.5.21), 首先, 对 $n=0$ 注意到 $\xi^0=\zeta^0=\chi^0=0$, 由式 (5.5.34) 和逆估计可得 $|\nabla_h\sigma^n|_\infty\leqslant Mh^{-3/2}\left\{\Delta t_s+h^2\right\}\leqslant Mh^{1/2}\to 0$, 对 $1\leqslant n\leqslant l$, 假定 (5.5.27) 成立, 从 (5.5.34) 和离散限定 (5.5.26) 有 $|\xi^{l+1}|_\infty+|\zeta^{l+1}|_\infty+|\chi^{l+1}|_\infty+|\nabla_h\sigma^{l+1}|_\infty\leqslant Mh^{1/2}\to 0$, 则对 $n=l+1$, 归纳法假定 (5.5.27) 成立.

定理 5.5.1 假定问题的精确解满足条件 (5.5.8), 采用差分格式 (5.5.9) 和 (5.5.16)~(5.5.18) 逐层计算, 若离散参数限制 (5.5.26) 满足, 则下述误差估计成立:

$$
\begin{aligned}
&\|e-e_h\|_{\bar{L}^\infty([0,T],l^2)}+\|p-p_h\|_{\bar{L}^\infty([0,T],l^2)}+\|T-T_h\|_{\bar{L}^\infty([0,T],l^2)}+\|\psi-\psi_h\|_{\bar{L}^\infty([0,T],h^1)}\\
&+\|e-e_h\|_{\bar{L}^2([0,T],h^1)}+\|p-p_h\|_{\bar{L}^2([0,T],h^1)}+\|T-T_h\|_{\bar{L}^2([0,T],h^1)}\leqslant M^*\left\{\Delta t_s+h^2\right\},
\end{aligned}
\tag{5.5.35}
$$

此处$\|g\|_{\bar{L}^\infty(J,X)}=\sup\limits_{n\Delta t\leqslant\bar{T}}\|f^n\|_X$, $\|g\|_{\bar{L}^2(J,X)}=\sup\limits_{N\Delta t\leqslant T}\left\{\sum\limits_{n=0}^{N}\|g^n\|_x^2\,\mathrm{d}t\right\}^{1/2}$, M^* 依赖函数 ψ, e, p, T 及其导函数.

5.6 半导体的修正分数步迎风差分方法

本节研究三维热传导型半导体器件瞬态问题的修正分数步迎风差分方法及其收敛性分析. 5.5 节研究了三维热传导型半导体器件瞬态问题的分数步特征差分方法及其收敛性分析, 但由于特征线法需要利用插值计算, 并且特征线法在求解区域边界附近可能穿出边界, 需要作特殊处理. 特征线与网格边界交点及其相应的函数值需要计算, 这样在算法设计时, 对靠近边界的网格点需要判断其特征线是否越过边界, 从而确定是否要改变时间步长, 因此实际计算是比较复杂的[14,15,42].

在上述工作的基础上, 对半导体问题为克服计算复杂性, 提出一类修正分数步迎风差分格式, 该格式可克服数值振荡, 同时把空间的计算精度提高到二阶, 应用

变分形式, 能量方法, 微分方程先验估计的理论和特殊技巧, 得到最佳阶 l^2 模误差估计.

三维热传导型半导体器件瞬态问题的数学模型是由 4 个方程组成的非线性偏微分方程组的初边值问题:

$$-\Delta\psi=\alpha\left(p-e+N\left(x\right)\right),\quad x=\left(x_1,x_2,x_3\right)^{\mathrm{T}}\in\Omega,t\in J=\left(0,\bar{T}\right],\tag{5.6.1}$$

$$\frac{\partial e}{\partial t}=\nabla\cdot\{D_e(x)\nabla e-\mu_e(x)e\nabla\psi\}-R_1(e,p,T),\quad(x,t)\in\Omega\times J,\tag{5.6.2}$$

$$\frac{\partial p}{\partial t}=\nabla\cdot\{\nabla\cdot\{D_p(x)\nabla p+\mu_p(x)p\nabla\psi\}-R_2(e,p,T),(x,t)\in\Omega\times J,\tag{5.6.3}$$

$$\rho(x)\frac{\partial T}{\partial t}-\Delta T=\{(D_p(x)\nabla p+\mu_p p\nabla\psi)-(D_e(x)\nabla e-\mu_e(x)e\nabla\psi)\}\cdot\nabla\psi,\quad(x,t)\in\Omega\times J,\tag{5.6.4}$$

此处未知函数是电场位势 ψ, 电子、空穴浓度 e, p 和温度函数 T.

初始条件:

$$e\left(x,0\right)=e_0\left(x\right),p\left(x,0\right)=p_0\left(x\right),T\left(x,0\right)=T_0\left(x\right),\quad x\in\Omega.\tag{5.6.5}$$

在半导体器件数值模拟中, 常用的是第 1 型 (Dirichlet) 边界条件.

Dirichlet 边界条件:

$$\psi\left|_{\partial\Omega}=\bar{\psi}\left(x,t\right),e\right|_{\partial\Omega}=\bar{e}\left(x,t\right),p\left|_{\partial\Omega}=\bar{p}\left(x,t\right),T\right|_{\partial\Omega}=\bar{T}\left(x,t\right),\quad(x,t)\in\partial\Omega\times J,\tag{5.6.6}$$

此处 $\bar{\psi},\bar{e},\bar{p},\bar{T}$ 是已知函数.

通常, 问题是正定的:

$$0<D_*\leqslant D_s\left(x\right)\leqslant D^*,0<\mu_*\leqslant\mu_s\left(x\right)\leqslant\mu^*,\quad s=e,p,\tag{5.6.7a}$$

此处 D_*,D^*,μ_* 和 μ^* 是常数.

假定问题 (5.6.1)~(5.6.5) 的解是正则的, 也就是

$$\psi,e,p,T\in L^{\infty}\left(W^{4,\infty}\right),\quad\frac{\partial^2 e}{\partial t^2},\frac{\partial^2 p}{\partial t^2},\frac{\partial^2 T}{\partial t^2}\in L^{\infty}\left(L^{\infty}\right),\tag{5.6.7b}$$

假定 $R_i\left(e,p,T\right)\left(i=1,2\right)$ 是满足 Lipschitz 条件在解的 ε_0 邻域.

5.6.1 分数步迎风差分方法

为了应用差分方法求解, 用网格区域 Ω_h 代替 Ω, 在三维空间 $x=(x_1,x_2,x_3)^{\mathrm{T}}$, 设步长是 h_1, h_2 和 h_3, $x_{1,i}=ih_1,x_{2,j}=jh_2,x_{3,k}=kh_3$,

$$\Omega_h=\left\{\left(x_{1,i},x_{2,j},x_{3k}\right)\left|\begin{array}{l}i_1\left(j,k\right)<i<i_2\left(j,k\right)\\ j_1\left(i,k\right)<i<j_2\left(i,k\right)\\ k_1\left(i,j\right)<i<k_2\left(i,j\right)\end{array}\right.\right\}.$$

设 $\partial\Omega_h$ 为 Ω_h 的边界, 注意到电场位势关于时间 t 变化很慢, 采用大步长计算. 而对浓度方程采用小步长计算, 采用下述记号: Δt_s 为浓度方程时间步长; Δt_ψ 为位势时间步长; $j=\Delta t_\psi/\Delta t_s, t^n=n\Delta t_s, t_m=m\Delta t_\psi, \psi^n=\psi(t^n), \psi_m=\psi(t_m)$.

$$E\psi^n=\begin{cases}\psi_0, & t^n\leqslant t_1,\\ (1+\gamma/j)\psi_m-\gamma/j\psi_{m-1}, & t_m<t^n\leqslant t_{m+1}, t^n=t_m+\gamma\Delta t_s,\end{cases}$$

此处下标对应于位势时间层, 上标对应于浓度时间层, 记

$$D_{i+1/2,jk}=\frac{1}{2}\left[D(x_{ijk})+D(x_{i+1,jk})\right],\quad D_{i,j+1/2,k}=\frac{1}{2}\left[D(x_{ijk})+D(x_{i,j+1,k})\right],$$

$$D_{ij,k+1/2}=\frac{1}{2}\left[D(x_{ijk})+D(x_{ij,k+1})\right], \tag{5.6.8}$$

$$\begin{aligned}\delta_{\bar{x}_1}(D\delta_{x_1}W)_{ijk,m}=&h_1^{-2}[D_{i+1/2,jk}(W_{i+1,jk,m}-W_{ijk,m})\\&-D_{i-1/2,jk}(W_{ijk,m}-W_{i-1,jk,m})],\end{aligned}$$

$$\begin{aligned}\delta_{\bar{x}_2}(D\delta_{x_2}W)_{ijk,m}=&h_2^{-2}[D_{i,j+1/2,k}(W_{i,j+1,k,m}-W_{ijk,m})\\&-D_{i,j-1/2,k}(W_{ijk,m}-W_{i,j-1,k,m})],\end{aligned}$$

$$\begin{aligned}\delta_{\bar{x}_3}(D\delta_{x_3}W)_{ijk,m}=&h_3^{-2}[D_{i,j,k+1/2}(W_{i,j,k+1,m}-W_{ijk,m})\\&-D_{i,j,k-1/2}(W_{ijk,m}-W_{i,jk-1,m})].\end{aligned}$$

设

$$\nabla_h(D\nabla_h W)_{ijk,m}=\delta_{\bar{x}_1}(D\delta_{x_1}W)_{ijk,m}+\delta_{\bar{x}_2}(D\delta_{x_2}W)_{ijk,m}+\delta_{\bar{x}_3}(D\delta_{x_3}W)_{ijk,m}, \tag{5.6.9}$$

则可列出电场位势方程 (5.6.1) 的差分格式

$$-\nabla_h(\nabla_h\psi_h)_{ijk,m}=G_{ijk,m},\quad x_{ijk}\in\Omega_h, \tag{5.6.10a}$$

$$\psi_{h,m}|_{\partial\Omega}=\bar{\psi}_{ijk,m},\quad x_{ijk}\in\partial\Omega_h, \tag{5.6.10b}$$

此处 $G_{ijk,m}=\alpha(p_h-e_h+N(x))_{ijk,m}$.

电场强度 $u=-\nabla\psi=(u_1,u_2,u_3)^{\mathrm{T}}$. 按下述公式近似值计算 $U_m=(U_{1,m},U_{2,m},U_{3,m})^{\mathrm{T}}$,

$$U_{1,ijk,m}=-\frac{\psi_{h,i+1,jk,m}-\psi_{h,i-1,jk,m}}{2h_1},\quad U_{2,ijk,m}=-\frac{\psi_{h,i,j+1,k,m}-\psi_{h,i,j-1,k,m}}{2h_2},$$

$$U_{3,ijk,m} = -\frac{\psi_{h,ij,k+1,m} - \psi_{h,ij,k-1,m}}{2h_3}. \tag{5.6.11}$$

写方程 (5.6.2)~(5.6.4) 为下述形式:

$$\begin{aligned}&\frac{\partial e}{\partial t} - \mu_e(x)u\cdot\nabla e - \nabla\cdot(D_e\nabla e) - \alpha\mu_e(x)e(p-e+N(x)) - eu\cdot\nabla\mu_e\\ =&-R_1(e,p,T),\quad x\in\Omega, t\in J,\end{aligned} \tag{5.6.12}$$

$$\begin{aligned}&\frac{\partial p}{\partial t} + \mu_e(x)u\cdot\nabla p - \nabla\cdot(D_p\nabla p) + \alpha\mu_p(x)p(p-e+N(x)) + pu\cdot\nabla\mu_p\\ =&-R_2(e,p,T),\quad x\in\Omega, t\in J,\end{aligned} \tag{5.6.13}$$

$$\rho(x)\frac{\partial T}{\partial t} - \Delta T = \{(D_e(x)\nabla e + \mu_e eu) - (D_p(x)\nabla p - \mu_p pu)\}\cdot u,\quad x\in\Omega, t\in J. \tag{5.6.14}$$

对电子和空穴浓度方程 (5.6.12) 和 (5.6.13), 提出下述修正迎风分数步差分格式:

$$\begin{aligned}&\left(1 - \Delta t_s\left(1+\frac{h}{2}\mu_{e,ijk}\left|U_{3,ijk}^n\right|D_{e,ijk}^{-1}\right)^{-1}\delta_{\bar{x}_3}(D_e\delta_{x_3}) - \Delta t_s\delta_{U_3^n,x_3}\right)e_{h,ijk}^{n+1/3}\\ =&e_{h,ijk}^n + \Delta t_s\{\alpha\mu_{e,ijk}e_{h,ijk}^n(p_{h,ijk}^n - e_{h,ijk}^n + N_{ijk})\\ &+ e_{h,ijk}^n EU_{ijk}^{n+1}\cdot\nabla\mu_{e,ijk} - R_1(e_{h,ijk}^n, p_{h,ijk}^n, T_{h,ijk}^n)\},\end{aligned}$$

$$k_1(i,j) < k < k_2(i,j), \tag{5.6.15a}$$

$$e_{h,ijk}^{n+1/3} = \bar{e}_{ijk}^{n+1},\quad x_{ijk}\in\partial\Omega_h, \tag{5.6.15b}$$

$$\begin{aligned}&\left(1 - \Delta t_s\left(1+\frac{h}{2}\mu_{e,ijk}\left|U_{2,ijk}^n\right|D_{e,ijk}^{-1}\right)^{-1}\delta_{\bar{x}_2}(D_e\delta_{x_2}) - \Delta t_s\delta_{U_2^n,x_2}\right)e_{h,ijk}^{n+2/3}\\ =&e_{h,ijk}^{n+1/3},\quad j_1(i,k) < j < j_2(i,k),\end{aligned} \tag{5.6.15c}$$

$$e_{h,ijk}^{n+2/3} = \bar{e}_{ijk}^{n+1},\quad x_{ijk}\in\partial\Omega_h, \tag{5.6.15d}$$

$$\begin{aligned}&\left(1 - \Delta t_s\left(1+\frac{h}{2}\mu_{e,ijk}\left|U_{1,ijk}^n\right|D_{e,ijk}^{-1}\right)^{-1}\delta_{\bar{x}_1}(D_e\delta_{x_1}) - \Delta t_s\delta_{U_1^n,x_2}\right)e_{h,ijk}^{n+1}\\ =&e_{h,ijk}^{n+2/3},\quad i_1(j,k) < i < i_2(j,k),\end{aligned} \tag{5.6.15e}$$

$$e_{h,ijk}^{n+1} = \bar{e}_{ijk}^{n+1},\quad x_{ijk}\in\partial\Omega_h, \tag{5.6.15f}$$

此处

$$\delta_{U_1^n,x_1}e_{h,ijk} = (\mu_e U_1^n)_{ijk}\{H(U_{1,ijk}^n)D_{e,ijk}^{-1}D_{e,i-1/2,jk}\delta_{\bar{x}_1}e_{h,ijk}$$

$$+ (1 - H(U_{1,ijk}^n))D_{e,ijk}^{-1}D_{e,i+1/2,jk}\delta_{x_1}e_{h,ijk}\},$$

$$\delta_{U_2^n,x_2}e_{h,ijk} = (\mu_e U_2^n)_{ijk}\{H(U_{2,ijk}^n)D_{e,ijk}^{-1}D_{e,i,j-1/2,k}\delta_{\bar{x}_2}e_{h,ijk}$$
$$+ (1 - H(U_{2,ijk}^n))D_{e,ijk}^{-1}D_{e,i,j+1/2,k}\delta_{x_2}e_{h,ijk}\},$$

$$\delta_{U_3^n,x_3}e_{h,ijk} = (\mu_e U_3^n)_{ijk}\{H(U_{3,ijk}^n)D_{e,ijk}^{-1}D_{e,i,j,k-1/2}\delta_{\bar{x}_3}e_{h,ijk}$$
$$+ (1 - H(U_{3,ijk}^n))D_{e,ijk}^{-1}D_{e,ij,k+1/2}\delta_{x_3}e_{h,ijk}\},$$

$H(z) = 1, z \geqslant 0, H(z) = 0, z < 0$. 此处为了简便, 当 $t_m < t^n \leqslant t_{m+1}$ 时取 $U^n = U_m$.

$$\left(1 - \Delta t_s\left(1 + \frac{h}{2}\mu_{p,ijk}\left|U_{3,ijk}^n\right|D_{p,ijk}^{-1}\right)^{-1}\delta_{\bar{x}_3}(D_p\delta_{x_3}) + \Delta t_s\delta_{U_3^n,x_3}\right)p_{h,ijk}^{n+1/3}$$
$$= p_{h,ijk}^n + \Delta t_s\left\{-\alpha\mu_{p,ijk}p_{h,ijk}^n\left(p_{h,ijk}^n - e_{h,ijk}^n + N_{ijk}\right) - p_{h,ijk}^n EU_{ijk}^{n+1}\cdot\nabla\mu_{p,ijk}\right.$$
$$\left.-R_2\left(e_{h,ijk}^n, p_{h,ijk}^n, T_{h,ijk}^n\right)\right\},\quad k_1(i,j) < k < k_2(i,j), \tag{5.6.16a}$$

$$p_{h,ijk}^{n+1/3} = \bar{p}_{ijk}^{n+1}, x_{ijk} \in \partial\Omega_h, \tag{5.6.16b}$$

$$\left(1 - \Delta t_s\left(1 + \frac{h}{2}\mu_{p,ijk}\left|U_{2,ijk}^n\right|D_{p,ijk}^{-1}\right)^{-1}\delta_{\bar{x}_2}(D_p\delta_{x_2}) + \Delta t_s\delta_{U_2^n,x_2}\right)p_{h,ijk}^{n+2/3}$$
$$= p_{h,ijk}^{n+1/3},\quad j_1(i,k) < j < j_2(i,k), \tag{5.6.16c}$$

$$p_{h,ijk}^{n+2/3} = \bar{p}_{ijk}^{n+1},\quad x_{ijk} \in \partial\Omega_h, \tag{5.6.16d}$$

$$\left(1 - \Delta t_s\left(1 + \frac{h}{2}\mu_{p,ijk}\left|U_{1,ijk}^n\right|D_{p,ijk}^{-1}\right)^{-1}\delta_{\bar{x}_1}(D_p\delta_{x_1}) + \Delta t_s\delta_{U_1^n,x_1}\right)p_{h,ijk}^{n+1}$$
$$= p_{h,ijk}^{n+2/3},\quad i_1(j,k) < i < i_2(j,k), \tag{5.6.16e}$$

$$p_{h,ijk}^{n+1} = \bar{p}_{ijk}^{n+1},\quad x_{ijk} \in \partial\Omega_h, \tag{5.6.16f}$$

这里

$$\delta_{U_1^n,x_1}p_{h,ijk} = (\mu_p U_1^n)_{ijk}\{H(U_{1,ijk}^n)D_{p,ijk}^{-1}D_{p,i-1/2,jk}\delta_{\bar{x}_1}p_{h,ijk}$$
$$+ (1 - H(U_{1,ijk}^n))D_{p,ijk}^{-1}D_{p,i+1/2,jk}\delta_{x_1}p_{h,ijk}\},$$
$$\delta_{U_2^n,x_2}p_{h,ijk} = (\mu_p U_2^n)_{ijk}\{H(U_{2,ijk}^n)D_{p,ijk}^{-1}D_{p,i,j-1/2,k}\delta_{\bar{x}_2}p_{h,ijk}$$
$$+ (1 - H(U_{2,ijk}^n))D_{p,ijk}^{-1}D_{p,i,j+1/2,k}\delta_{x_2}p_{h,ijk}\},$$

$$\delta_{U_3^n,x_3}p_{h,ijk}=(\mu_pU_3^n)_{ijk}\{H(U_{3,ijk}^n)D_{p,ijk}^{-1}D_{p,ij,k-1/2}\delta_{\bar{x}_3}p_{h,ijk}$$
$$+(1-H(U_{3,ijk}^n))D_{p,ijk}^{-1}D_{p,ij,k+1/2}\delta_{x_3}p_{h,ijk}\}.$$

对热传导方程, 提出下述分数步差分格式:

$$\begin{aligned}&\left(\rho_{ijk}-\Delta t_s\delta_{\bar{x}_3}\delta_{x_3}\right)T_{h,ijk}^{n+1/3}\\=&\rho_{ijk}T_{h,ijk}^n+\Delta t_s\left\{\left(D_{e,ijk}\nabla_he_{h,ijk}^n+\mu_{e,ijk}e_{h,ijk}^nEU_{ijk}^{n+1}\right)\right.\\&-\left.\left(D_{p,ijk}\nabla_hp_{h,ijk}^n-\mu_{p,ijk}p_{h,ijk}^nEU_{ijk}^{n+1}\right)\right\}\cdot EU_{ijk}^{n+1},\quad k_1\left(i,j\right)<k<k_2\left(i,j\right),\end{aligned}\tag{5.6.17a}$$

$$T_{j,ijk}^{n+1/3}=\bar{T}_{ijk}^{n+1},\quad x_{ijk}\in\partial\Omega_h,\tag{5.6.17b}$$

$$\left(\rho_{ijk}-\Delta t_s\delta_{\bar{x}_2}\delta_{x_2}\right)T_{h,ijk}^{n+2/3}=\rho_{ijk}T_{h,ijk}^{n+1/3},\quad j_1\left(i,k\right)<j<j_2\left(i,k\right),\tag{5.6.17c}$$

$$T_{h,ijk}^{n+2/3}=\bar{T}_{ijk}^{n+1},\quad x_{ijk}\in\partial\Omega_h,\tag{5.6.17d}$$

$$\left(\rho_{ijk}-\Delta t_s\delta_{\bar{x}_1}\delta_{x_1}\right)T_{h,ijk}^{n+1}=\rho_{ijk}T_{h,ijk}^{n+2/3},\quad i_1\left(j,k\right)<i<i_2\left(j,k\right),\tag{5.6.17e}$$

$$T_{h,ijk}^{n+1}=\bar{T}_{ijk}^{n+1},\quad x_{ijk}\in\partial\Omega_h,\tag{5.6.17f}$$

初始逼近:

$$e_{h,ijk}^0=e_0\left(x_{ijk}\right),p_{h,ijk}^0=p_0\left(x_{ijk}\right),T_{h,ijk}^0=T_0\left(x_{ijk}\right),\quad x_{ijk}\in\Omega_h\cup\partial\Omega_h.\tag{5.6.18}$$

格式的计算程序是: 首先由初始逼近 $\{e_{h,ijk}^0\},\{p_{h,ijk}^0\},\{T_{h,ijk}^0\}$, 解方程 (5.6.10) 可得 $\{\psi_{h,ijk}^0\}$, 第 2 从迎风分数步格式 (5.6.15)~(5.6.17) 得到 $(e_h^1,p_h^1,T_h^1),(e_h^2,p_h^2,T_h^2),\cdots,(e_h^j,p_h^j,T_h^j)$. 其次由 $(e_h^j,p_h^j,T_h^j)=(e_{h,1},p_{h,1},T_{h,1})$ 能得 $\psi_{h,1}$. 从方程 (5.6.15)~(5.6.17) 可得 $(e_h^{j+1},p_h^{j+1},T_h^{j+1}),(e_h^{j+2},p_h^{j+2},T_h^{j+2}),\cdots,(e_{h,2},p_{h,2},T_{h,2})$. 依次进行可得全部数值解, 最后由正定性条件, 故解存在且唯一.

5.6.2 收敛性分析

定理 5.6.1 假定问题 (5.6.1)~(5.6.6) 的精确解满足条件 (5.6.7), $\psi\in L^\infty(W^{4,\infty})$, e, p, $T\in L^\infty\left(W^{4,\infty}\right)\cap W^{1,\infty}\left(W^{1,\infty}\right),\dfrac{\partial^2e}{\partial t^2},\dfrac{\partial^2p}{\partial t^2},\dfrac{\partial^2T}{\partial t^2}\in L^\infty\left(L^\infty\right)$. 采用差分格式 (5.6.10), (5.6.15)~(5.6.17) 计算, 若剖分参数满足条件 $\Delta t_s=O(h^2)$, 则下述误差估计式成立:

$$\begin{aligned}&\|e-e_h\|_{\bar{L}^\infty([0,T],l^2)}+\|p-P_h\|_{L^\infty([0,T],l^2)}+\|T-T_h\|_{L^\infty([0,T],l^2)}+\|\psi-\psi_h\|_{\bar{L}^2([0,T],h^1)}\\&+\|e-e_h\|_{\bar{L}^2([0,T],h^1)}+\|p-p_h\|_{\bar{L}^2([0,T],h^1)}+\|T-T_h\|_{\bar{L}^2([0,T],h^1)}\leqslant M^*\left\{\Delta t+h^2\right\},\end{aligned}\tag{5.6.19}$$

此处 $\|g\|_{\bar{L}^{\infty}(J,X)}=\sup\limits_{n\Delta t\leqslant T}\|f^n\|_X$,$\|g\|_{\bar{L}^2(J,X)}=\sup\limits_{N\Delta t\leqslant T}\left\{\sum\limits_{n=0}^{N}\|g^n\|_X^2\Delta t\right\}^{1/2}$，常数 M^* 依赖于函数 ψ, e, p, T 及其导函数. 详细的论证可参阅文献 [16].

参 考 文 献

[1] Douglas J Jr. Numerical mdthod for the flow of miscible fluids in porons media. Numerical Method in Coupled Systems, Edited by R. W. Lewis, P, Bettess and E. Hinton, John Wiley & Sons, 1984.

[2] Douglas J Jr, Roberts J E. Numerical method for a model for compressible miscible displacement in porous media. Math. Comp, 1983, 41:441–459.

[3] Ewing R E. The Mathematics of Reservoir Simulation. Philadephia: SIAM, 1983.

[4] 袁益让. 多孔介质中可压缩、可混溶驱动问题的特征有限元方法. 计算数学, 1992, 4: 385–406.

[5] 袁益让. 在多孔介质中完全可压缩、可混溶驱动问题的差分方法. 计算数学,1993, 1: 16–28.

[6] Marchuk G I.Splitting and altrnating direction methods. In: Ciarlet P G,Lions J L,eds.Handbook of Numerical analysis. Paris:Elsevior Science Publishers B V, 1990. 197–460.

[7] Peaceman D W.Fumdamental of Numerical Reservoir Simulation. Amsterdam: Elsevier, 1980.

[8] 袁益让. 可压缩二相驱动问题的分数步长特征差分格式. 中国科学 (A 辑), 1998, 10: 1–10.

(Yuan Y R. The characteristic finite difference fractional steps methods for compressible two-phase displacement problem. Science in China (Series A): 1998, 10: 1–10.)

[9] Yuan Y R. The upwind finite difference fractional steps methods for two-phase compressible flow in porous media. Numer Methods Partial Differential Eq, 2003, 19: 67–88.

[10] 袁益让. 三维多组分可压缩驱动问题的分数步特征差分方法. 应用数学学报, 2001, 2: 242–248.

[11] 袁益让, 李长峰. 三维动边值问题的迎风差分方法. 数学物理学报, 2012, 2: 271–289.

[12] Yuan Y R, Wang W Q, Han Y J.Theory, method and application of a numerical simulation oil resources basin methods of numerical solution of aexodynamic problems. Special Topic & Reviews in Porous Media-An international Journal, 2010, 1: 49–66.

[13] Yuan Y R, Liang D, Rui H X, Li C F. The numerical simulation of sevawter intrusion and consequences of protection projects and modular from of project adjustment in porous media. Special Topic & Reviews in Porous Media-An international Journal,

2012, 4: 371–393.

[14] 袁益让. 三维热传导型半导体问题的差分方法和分析. 中国科学 (A 辑), 1996, 1: 11–22. (Yuan Y R. Finite difference method and analysis for three-dimensional semiconductor of heat conduction. Science in China(Series A), 1996, 11:1440–1151.)

[15] 袁益让. 三维热传导型半导体的分数步长特征差分方法, 科学通报, 1998, 15: 1608–1612. (Yuan Y R. Characteristic finite difference fractional step methods for three-dimensional semiconductor device of heat conduction. Chinese Science Bulletin, 2000, 2: 125–131.)

[16] Yuan Y R. Modification of upwind finite difference fractional step methods by the transient state of the semiconductor device. Numer Methods Partial Differential E8.2008,24:400–417.

[17] Douglas J Jr, Russell T F.Numerical methods for convevtion-dominated diffusion problems based on combining the method of characteristics with finite element or finite difference procedures. SIAM J.Numer. Anal.,1982, 5: 781–895.

[18] Douglas J Jr. Finite difference method for two-phase incompressible flow in porous media, SIAM J.Numer. Anal., 1983,4: 681–689.

[19] Douglas J Jr, Gunn J E. Two order correct difference analogues for the equation of multidimensional heat flow. Math Comp, 1963, 81:71–80.

[20] Douglas J Jr, Gunn J E.A general formulation of alternating direction methods. Part 1.Paraholic and hyperbolic problems. Numer Math, 1964, 5:428–453.

[21] 袁益让. 三维动边值问题的特征混合元方法和分析. 中国科学 (A 辑). 1996, 1: 11–22. (Yuan Y R. The characteristic mixed Finite element method and analysis for three-dimensional moving boundary value problem. Science in China(Series A), 1996, 3: 276–288.)

[22] 袁益让. 强化采油数值模拟的特征差分方法和 l^2 估计. 中国科学 (A 辑), 1993, 8: 801–810.

(Yuan Y R. The characteristic finite difference method for enhanced oil recovery simulation and L^2estimates.Science in China(Series A), 1993, 11: 1296–1307.)

[23] Russell T F. Time stepping along characteristics with incomplete iteration for a Galerkin approximation of miseible displacement in porous media. SIAM J.Numer. Anal., 1985, 22: 976–1013.

[24] Ewing R E,Russell T F, Weeler M F.Convergence analysis of an approximation of miscible displacement in porous media by mixed finite elements and a modified method of characteristics. Comp Meth Appl Mech Eng, 1984,1-2:73–92.

[25] Dougles J Jr, Ewing R E,Whealer M F.The approximation of the pressure by a mixed method in the simulation of miscible displacement, RAIRO Anal. Numer., 1983,17:17–33.

[26] Douglas Jr J, Yuan Yirang. Numerical simulation of immiscible flow in porous media based on combining the method of characteristics with mixed finite element procedure. The IMA Vol in Math and It's Appl.,1986,11:119–131.

[27] Douglas J Jr. Simulation of miscible displacement in porous media by a modified of characteristics procedure. In Numerical Analysis, Dundee, 1981, Lecture Notes in Mathematics 912, Berlin: Springer-Verlag, 1982.

[28] 袁益让. 油藏数值模拟中动边值问题的特征差分格式. 中国科学 (A 辑), 1994, 10: 1029–1036.

(Yuan Y R. Characteristic finite difference method for moving boundar value problem of numerical simulation of oil deposit. Science in China(Series A),1994,2:1442–1453.)

[29] Axelsson O,Gustafasson I. A modified upwind scheme for convective transport equations and the use of a conjugate gradient method for the solution of non-symmetric systems of equations. J.Inst Maths.Appl.,1978, 23:321–337.

[30] Ewing R E, Lazarov R D, Vassilevski A T.Finte difference scheme for parabolic problems on a compostite grids with refinement in time and space. SIAM J.Numer. Anal., 1994,6:1605–1622.

[31] Lazarov R D,Mishev I D,Vassilevski P S.Finite volume methods for convection-diffusion problems. SIAM J. Numer. Anal., 1996, 1: 31–55.

[32] Yanenko M M. The Method of Fractional Steps. Berlin: Springer-Verlag, 1967.

[33] Ciarlet P G.The finte Elemnt Method for Elliplic Problem. Amsterdam: North-Holland, 1978.

[34] Ewing R E, Lazarov R D,Vassilev A T. Finite difference scheme for parabolic prlbles on a composite grids with refinement in time and space. SIAM J. Numer. Anal, 1994.6:1605–1622.

[35] Lazarov R D, Mischev I D, Vassilevski P S. Finite volume methods for convection-diffusion problems.SIAM J Numer Anal,1996,1:31–55.

[36] 袁益让. 可压缩二相驱动问题的迎风差分格式及其理论分析, 应用数学学报, 2002, 3: 484–496.

[37] 袁益让, 韩玉笈. 三维油资源渗流力学运移聚集的大规模数值模拟和应用. 中国科学 (G 辑), 2008, 38: 1582–1600.

(Yuan Y R, Han Y J. Numerical simulation and application of three-dimensional resources migrnation-accumulation of flucd dynamics in porous media. Science in China (Series G),2008,8:1144–1163.)

[38] Ungerer P, et al. Migration of Hydrocarbon in Sedimentay Basins. Doligez. Doligez, B.(eds), Paris, Editions Techniq, 1987, 415–455.

[39] Ungerer P. Fluid flow,hydrocarbon generatin and migration. AAPE. Bull.,1990,3:309–335.

[40] Walte D H. Migration of hydrocarbons facts and theory. 2nd IFP Exploration Research Conference, Paris,1987.

[41] 艾伦 P A, 艾伦 J R. 陈全茂译, 盆地分析 —— 原理及应用. 北京：石油工业出版社, 1995.

[42] Douglas J Jr, Yuan Y R. Finite difference methods for transient behavior of a semicondutor device. Mat Apli Comp, 1987,1:25–28.

第6章　多层渗流耦合问题的分数步方法

三维油气资源盆地数值模拟问题的数学模型是一组具有活动边界的非线性性偏微分方程组的初边值问题. 问题具有非线性、大区域、动边界、超长时间模拟的特点. 给构造数值方法和设计计算机软件达到工业化应用的要求, 带来极大的难度.

对于单层油资源运移聚集的渗流力学模型, 是一组关于油相位势和水相位势的渗流力学方程组. 在数学上是对流扩散型的. 关于多层油资源运移聚集的渗流力学模型, 是一组非线性耦合对流–扩散问题. 具有很强双曲特征, 我们采用现代迎风、特征、分数步、残量和并行数值计算的方法和技术, 并建立严谨的收敛性理论, 使数值模拟计算和工业应用软件建立在坚实的数学和力学基础上 [1~12].

我们在国内外率先研制成三维油气资源评价和多层油资源运移聚集软件系统, 并已成功应用到胜利油田济阳拗陷、东营凹陷、惠民凹陷和济阳凹陷的油气资源评价, 得到了很好的实际效果, 成功解决了这一著名问题.

本章重点讨论多层渗流方程耦合系统线性和非线性迎风分数步差分方法, 特征分数步差分方法和动边值问题的分数步差分方法.

本章分 4 节, 6.1 节为多层渗流方程耦合系统的迎风分数步差分方法; 6.2 节为非线性多层渗流方程耦合系统的迎风分数步差分方法; 6.3 节为多层非线性耦合系统的特征分数步差分方法; 6.4 节为三维渗流耦合系统动边值问题的迎风分数步差分方法.

6.1　多层渗流方程耦合系统的迎风分数步差分方法

在多层地下渗流驱动问题的非稳定流计算中, 当第 1、第 3 层近似地认为水平流速, 而置于它们中间的层 (弱渗透层) 仅有垂直流速时, 需要求解下述一类多层对流–扩散耦合系统的初边值问题 [13~18]:

$$\begin{aligned}&\phi_1(x,y)\frac{\partial u}{\partial t}+a(x,y,z)\cdot\nabla u-\nabla\cdot(K_1(x,y,t)\nabla u)+K_2(x,y,z,t)\frac{\partial w}{\partial z}\bigg|_{z=H}\\&=Q_1(x,y,t,u),\quad (x,y)^{\mathrm T}\in\Omega_1, t\in J=(0,T],\end{aligned}\tag{6.1.1a}$$

$$\phi_2(x,y,z)\frac{\partial w}{\partial t}=\frac{\partial}{\partial z}\left(K_2(x,y,z,t)\frac{\partial w}{\partial z}\right),\quad (x,y,z)^{\mathrm T}\in\Omega, t\in J,\tag{6.1.1b}$$

$$\phi_3(x,y)\frac{\partial v}{\partial t}+b(x,y,z)\cdot\nabla v-\nabla\cdot(K_3(x,y,t)\nabla v)-K_2(x,y,z,t)\frac{\partial w}{\partial z}\bigg|_{z=0}$$

$$=Q_3(x,y,t,v), \quad (x,y)^{\mathrm{T}} \in \Omega_1, t \in J, \tag{6.1.1c}$$

此处 $\Omega=\{(x,y,z)|(x,y)\in\Omega_1, 0<z<H\}$, Ω_1 为平面有界区域, $\partial\Omega, \partial\Omega_1$ 分别为 Ω 和 Ω_1 的边界, 如图 6.1.1 所示.

初始条件

$$\begin{aligned}
&u(x,y,0)=\psi_1(x,y), \quad (x,y)^{\mathrm{T}} \in \Omega_1,\\
&w(x,y,z,0)=\psi_2(x,y,z), (x,y,z)^{\mathrm{T}} \in \Omega,\\
&u(x,y,0)=\psi_3(x,y), (x,y)^{\mathrm{T}} \in \Omega_1.
\end{aligned} \tag{6.1.2}$$

边界条件是第一型的:

$$u(x,y,t)|_{\partial\Omega_1}=0, \quad w(x,y,z,t)|_{z\in(0,H),\partial\Omega_1}=0, \quad v(x,y,t)|_{\partial\Omega_1}=0, \tag{6.1.3a}$$

$$w(x,y,z,t)|_{z=H}=u(x,y,t), w(x,y,z,t)|_{z=0}=v(x,y,t), \quad (x,y)^{\mathrm{T}} \in \Omega_1(\text{内边界条件}). \tag{6.1.3b}$$

在渗流力学中, 待求函数 u,w,v 为位势函数, $\nabla u, \nabla v, \dfrac{\partial w}{\partial z}$ 为 Darcy 速度, ϕ_a 为孔隙度函数, $K_1(x,y,t), K_2(x,y,z,t)$ 和 $K_3(x,y,t)$ 为渗透率函数,

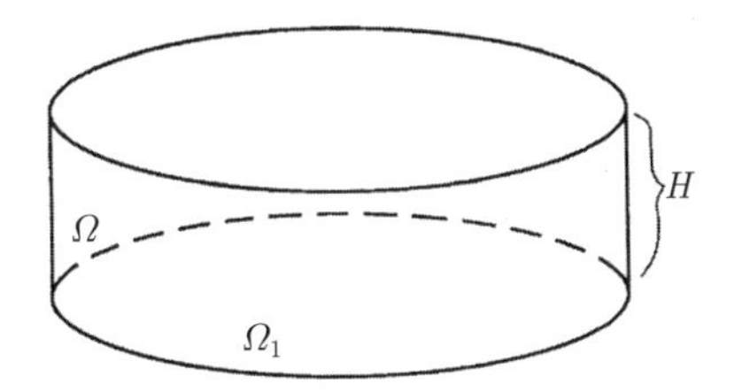

图 6.1.1 区域 Ω, Ω_1 示意图

$\boldsymbol{a}((x,y,t)=(a_1(x,y,t),a_2(x,y,t))^{\mathrm{T}}, \boldsymbol{b}(x,y,t)=(b_1(x,y,t),b_2(x,y,t))^{\mathrm{T}}$ 为相应的对流系数, $Q_1(x,y,t,u), Q_3(x,y,t,v)$ 为产量项.

对于对流–扩散问题已有 Douglas 和 Russell 的著名特征差分方法克服经典方法可能出现数值解的振荡和失真 [13,19,20], 解决了用差分方法处理以对流为主的问题. 但特征差分方法有着处理边界条件带来的计算复杂性 [19,20], Ewing,Lazarov 等提出用迎风差分格式来解决这类问题 [21,22]. 为解决大规模科学与工程计算 (节点个数可多达数万乃至数百万个) 需要采用分数步技术, 将高维问题化为连续解几个一维问题的计算 [23,24]. 这里从油气资源勘探、开发和地下水渗流计算的实际问题出发, 研究多层地下渗流耦合系统驱动问题的非稳定渗流计算, 提出适合并行计算的二阶和一阶两类组合迎风分数步差分格式, 利用变分形式、能量方法、二维和三维格式的配套、隐显格式的相互结合, 差分算子乘积交换性、高阶差分算子的分解、

先验估计的理论和技巧, 对二阶格式得到收敛性的最佳阶 L^2 误差估计, 对一阶格式亦得到收敛性的 L^2 误差估计. 该方法已成功地应用到多层油资源运移聚集数值模拟计算和工程实践中①.

通常问题是正定的, 即满足

$$0 < \phi_* \leqslant \phi_a \leqslant \phi^*, 0 < K_* \leqslant K_a \leqslant K^*, \quad a = 1, 2, 3, \tag{6.1.4}$$

此处 ϕ_*, ϕ^*, K_*, K^* 均为正常数.

假定式 (6.1.1)~(6.1.4) 的精确解是正则的,

$$\begin{aligned} &\frac{\partial^2 u}{\partial t^2}, \frac{\partial^2 v}{\partial t^2} \in L^\infty(L^\infty(\Omega_1)), \quad u, v \in L^\infty(W^{4,\infty}(\Omega_1)) \cap W^{1,\infty}(W^{1,\infty}(\Omega_1)), \\ &\frac{\partial^2 w}{\partial t^2} \in L^\infty(L^\infty(\Omega)), \quad w \in L^\infty(W^{4,\infty}(\Omega)), \end{aligned}$$

且 $Q_1(x,y,t,u), Q_3(x,y,t,v)$ 在解的 ε_0 邻域满足 Lipschitz 连续条件, 即存在常数 M, 当 $|\varepsilon_i| \leqslant \varepsilon_0 (1 \leqslant i \leqslant 4)$ 时, 有

$$\begin{aligned} &|Q_1(u(x,y,t)+\varepsilon_1) - Q_1(u(x,y,t)+\varepsilon_2)| \leqslant M|\varepsilon_1 - \varepsilon_2|, \\ &|Q_3(v(x,y,t)+\varepsilon_3) - Q_3(v(x,y,t)+\varepsilon_4)| \leqslant M|\varepsilon_3 - \varepsilon_4|, \quad (x,y,t) \in \Omega \times J. \end{aligned}$$

本节中记号 M 和 ε 分别表示普通的正常数和小的正数, 在不同处可有不同的含义.

6.1.1 二阶迎风分数步差分格式

为了用差分方程求解, 我们用网格区域 $\Omega_{1,h}$ 代替 Ω_1. 在平面 (x, y) 上步长为 $h_1, x_i = ih_1, y_i = jh_1$,

$$\Omega_{1,h} = \{(x_i, y_i) | i_1(j) < i < i_2(j), j_1(i) < j < j_2(i)\},$$

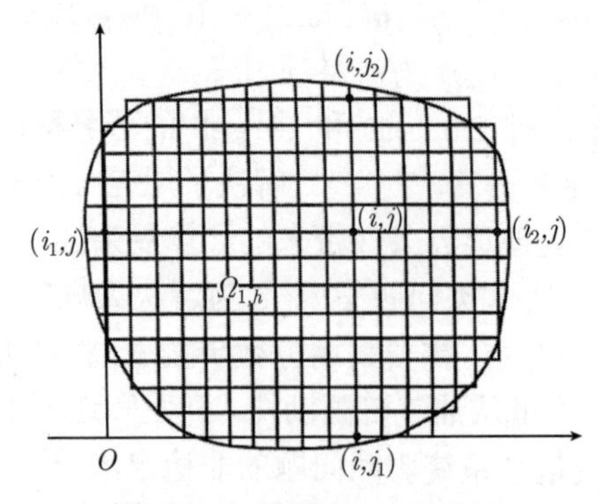

图 6.1.2 网域 $\Omega_{1,h}$ 示意图

① 山东大学数学研究所、胜利油田计算中心: 多层油资源运移聚集定量数值模拟技术研究, 1999.6

在 z 方向步长为 $h_2, z_k = kh_2, h_2 = H/N, t^n = n\Delta t$, 用 Ω_h 代替 Ω, $\Omega_h = \{(x_i, y_i, z_k)|i_1(j) < i < i_2(j), j_1(i) < j < j_2(i), 0 < k < N\}$. 用 $\partial\Omega_{1,h}, \partial\Omega_h$ 分别表示 Ω_h 和 $\Omega_{1,h}$ 的边界. 设

$$U(x_i, y_i, t^n) = U_{ij}^n, V(x_i, y_i, t^n) = V_{ij}^n, W(x_i, y_i, z_k, t^n) = W_{ijk}^n, \delta_x, \delta_y, \delta_z, \delta_{\bar{x}}, \delta_{\bar{y}}, \delta_{\bar{z}}$$

分别为 x, y 和 z 方向向前、向后差商算子, $\mathrm{d}_t U^n$ 为网格函数 U_{ij}^n 在 $t = t^n$ 的向前差商.

为了得到高精度计算格式, 对方程 (6.1.1a) 在 $(x, y, z_{N-1/2}, t)$ 点展开, 得

$$\left[K_2(x,y,z,t)\frac{\partial w}{\partial z}\right]_{N-1/2} = \left[K_2(x,y,z,t)\frac{\partial w}{\partial z}\right]_N - \frac{h_2}{2}\left[\frac{\partial}{\partial z}\left(K_2(x,y,z,t)\frac{\partial w}{\partial z}\right)\right]_N + O(h_2^2),$$

于是得到

$$\left[K_2(x,y,z,t)\frac{\partial w}{\partial z}\right]_N = \left[K_2(x,y,z,t)\frac{\partial w}{\partial z}\right]_{N-1/2} + \frac{h_2}{2}\left[\phi_2(x,y,z,t)\frac{\partial w}{\partial z}\right]_N + O(h_2^2).$$

在点 (x,y,H,t) 有

$$\begin{aligned}&\phi_1(x,y)\frac{\partial u}{\partial t} + a(x,y,t)\cdot\nabla u - \nabla\cdot(K_1(x,y,t)\nabla u) + \frac{h_2}{2}\left[\phi_2(x,y,H)\frac{\partial u}{\partial t}\right] \\ &+ \left[K_1(x,y,z,t)\frac{\partial w}{\partial z}\right]_{N-1/2} + O(h_2^2) = Q(u),\end{aligned}$$

即

$$\begin{aligned}&\hat{\phi}_1(x,y,h_2)\frac{\partial u}{\partial t} + a(x,y,t)\cdot\nabla u - \nabla\cdot(K_1(x,y,t)\nabla u) \\ &= -\left[K_2(x,y,z,t)\frac{\partial w}{\partial z}\right]_{N-1/2} + Q_1(u) + O(h_2^2),\end{aligned} \tag{6.1.5a}$$

此处 $\hat{\phi}_1(x,y,h_2) = \phi_1(x,y) + \dfrac{h_2}{2}\phi_2(x,y,H)$.

类似地, 在点 $(x,y,0,t)$, 有

$$\begin{aligned}&\hat{\phi}_3(x,y,h_2)\frac{\partial v}{\partial t} + b(x,y,t)\cdot\nabla v - \nabla\cdot(K_3(x,y,t)\nabla v) \\ &= \left[K_2(x,y,z,t)\frac{\partial w}{\partial z}\right]_{1/2} + Q_3(v) + O(h_2^2),\end{aligned} \tag{6.1.5b}$$

此处 $\hat{\phi}_3(x,y,h_2) = \phi_3(x,y) + \dfrac{h_2}{2}\phi_2(x,y,0)$. 设

$$K_{i+1/2,j}^n = [K(x_i, y_j, t^n) + K(x_{i+1}, y_j, t^n)]/2,$$

$$K_{i,j+1/2}^n=[K(x_i,y_j,t^n)+K(x_i,y_{j+1},t^n)]/2,$$

定义

$$\delta_x(K^n\delta_{\bar{x}}u^{n+1})_{ij}=h_1^{-2}[K_{i+1/2,j}^n(u_{i+1,j}^{n+1}-u_{ij}^{n+1})-K_{i-1/2,j}^n(u_{ij}^{n+1}-u_{i-1,j}^{n+1})],$$

$$\delta_y(K^n\delta_{\bar{y}}u^{n+1})_{ij}=h_1^{-2}[K_{i,j+1/2}^n(u_{i,j+1}^{n+1}-u_{ij}^{n})-K_{i,j-1/2}^n(u_{ij}^{n}-u_{i,j-1}^{n+1})],$$

$$\nabla_h(K^n\nabla_h u^{n+1})_{ij}=\delta_x(K^n\delta_{\bar{x}}u^{n+1})_{ij}+\delta_y(K^n\delta_{\bar{y}}u^{n+1})_{ij},$$

类似地定义 $\delta_z(K^n\delta_{\bar{z}}w^n)_{ijk}=h_2^{-2}[K_{ij,k+1/2}^n(W_{ij,k+1}^n-W_{ijk}^n)-K_{ij,k-1/2}^n(W_{ijk}^n-W_{ij,k-1}^n)]$.

6.1.1.1　迎风分数步差分格式 I

方程 (6.1.5a) 可近似分裂为

$$\left(1-\frac{\Delta t}{\hat{\phi}_1}\frac{\partial}{\partial x}\left(K_1\frac{\partial}{\partial x}\right)+\frac{\Delta t}{\hat{\phi}_1}a_1\frac{\partial}{\partial x}\right)\left(1-\frac{\Delta t}{\hat{\phi}_1}\frac{\partial}{\partial y}\left(K_1\frac{\partial}{\partial y}\right)+\frac{\Delta t}{\hat{\phi}_1}a_2\frac{\partial}{\partial y}\right)u^{n+1}$$

$$=u^n-\frac{\Delta t}{\hat{\phi}_1}\left\{\left(K_2\frac{\partial w^{n+1}}{\partial z}\right)_{N-1/2}-Q_1(x,y,t^{n+1},u^{n+1})\right\},\tag{6.1.6}$$

其对应的二阶迎风分数步差分格式为

$$\left(\hat{\phi}_1-\Delta t\left(1+\frac{h_1}{2}\frac{|a_1^n|}{K_1^n}\right)^{-1}\delta_x(K_1^n\delta_{\bar{x}})+\Delta t\delta_{a_1^n,x}\right)U_{ij}^{n+1/2}$$

$$=\hat{\phi}_{1,ij}U_{ij}^n+\Delta t\left\{-K_{2,ij,N-1/2}^n\delta_{\bar{z}}W_{ij,N}^n+Q(x_i,y_i,t^n,U_{ij}^n)\right\},\quad i_1(j)<i<i_2(j),\tag{6.1.7a}$$

$$U_{ij}^{n+1/2}=0,\quad (x_i,y_j)\in\partial\Omega_{1,h},\tag{6.1.7b}$$

$$\left(\hat{\phi}_1-\Delta t\left(1+\frac{h_1}{2}\frac{|a_2^n|}{K_1^n}\right)^{-1}\delta_y(K_1^n\delta_{\bar{y}})+\Delta t\delta_{a_2^n,y}\right)U_{ij}^{n+1}$$

$$=\hat{\phi}_{1,ij}U_{ij}^{n+1/2},\quad j_1(i)<j<j_2(i),\tag{6.1.7c}$$

$$U_{ij}^{n+1}=0,\quad (x_i,y_j)\in\partial\Omega_{1,h},\tag{6.1.7d}$$

此处 $\delta_{a_1^n,x}u_{ij}=a_{1,ij}^n[H(a_{1,ij}^n)K_{1,ij}^{n,-1}K_{1,i-1/2,j}^n\delta_{\bar{x}}+(1-H(a_{1,ij}^n))K_{1,ij}^{n,-1}K_{1,i+1/2,j}^n\delta_x]u_{ij}$,

$\delta_{a_{2,y}^n}u_{ij}=a_{2,ij}^n[H(a_{2,ij}^n)K_{1,ij}^{n,-1}K_{1,i,j-1/2}^n\delta_{\bar{y}}+(1-H(a_{2,ij}^n))K_{1,ij}^{n,-1}K_{1,i,j+1/2}^n\delta_y]u_{ij}$, $K_{1,ij}^{n,-1}$

$$=(K_{1,ij}^n)^{-1},H(z)=\begin{cases}1,z\geqslant 0,\\0,z<0.\end{cases}$$

方程 (6.1.1b) 的差分格式是

$$\phi_{2,ijk}\frac{W_{ijk}^{n+1}-W_{ijk}^{n}}{\Delta t}=\delta_z(K_2^n\delta_{\bar{z}}W^n)_{ijk},\quad 0<k<N,(i,j)\in\Omega_{1,h}. \tag{6.1.8}$$

方程 (6.1.1c) 可近似分裂为

$$\begin{aligned}&\left(1-\frac{\Delta t}{\hat{\phi}_3}\frac{\partial}{\partial x}\left(K_3\frac{\partial}{\partial x}\right)+\frac{\Delta t}{\hat{\phi}_3}\delta_{b_{1,x}^n}\right)\left(1-\frac{\Delta t}{\hat{\phi}_3}\frac{\partial}{\partial y}\left(K_3\frac{\partial}{\partial y}\right)+\frac{\Delta t}{\hat{\phi}_3}\delta_{b_{2,y}^n}\right)v_{ij}^{n+1}\\ =&v_{ij}^n+\frac{\Delta t}{\hat{\phi}_3}\left\{\left(K_2\frac{\partial w^{n+1}}{\partial z}\right)_{1/2}+Q(x_i,y_i,t^{n+1},v^{n+1})\right\},\end{aligned} \tag{6.1.9}$$

对应的迎风分数步差分格式为

$$\begin{aligned}&\left(\hat{\phi}_3-\Delta t\left(1+\frac{h_1}{2}\frac{|b_1^n|}{K_3^n}\right)^{-1}\delta_x(K_3^n\delta_{\bar{x}})+\Delta t\delta_{b_1^n,x}\right)V_{ij}^{n+1/2}\\ =&\hat{\phi}_{3,ij}V_{ij}^n+\Delta t\{K_{2,ij,1/2}^n\delta_z W_{ij,0}^n+Q(x_i,y_j,t^n,V_{ij}^n)\},i_1(j)<i<i_2(j),\end{aligned} \tag{6.1.10a}$$

$$V_{ij}^{n+1/2}=0,\quad (x_i,y_j)\in\partial\Omega_{1,h}, \tag{6.1.10b}$$

$$\begin{aligned}&\left(\hat{\phi}_3-\Delta t\left(1+\frac{h_1}{2}\frac{|b_2^n|}{K_3^n}\right)^{-1}\delta_y(K_3^n\delta_{\bar{y}})+\Delta t\delta_{b_2^n,y}\right)V_{ij}^{n+1}\\ =&\hat{\phi}_{3,ij}V_{ij}^{n+1/2},\quad j_1(i)<j<j_2(i),\end{aligned} \tag{6.1.10c}$$

$$V_{ij}^{n+1}=0,\quad (x_i,y_j)\in\Omega_{1,h}, \tag{6.1.10d}$$

此处 $\delta_{b_{1,x}^n}v_{ij}=b_{1,ij}^n[H(b_{1,ij}^n)K_{3,ij}^{n,-1}K_{3,i-1/2,j}^n\delta_{\bar{x}}+(1-H(b_{1,ij}^n))K_{3,ij}^{n,-1}K_{3,i+1/2,j}^n\delta_x]v_{ij}$, $\delta_{b_2^n,y}v_{ij}=b_{2,ij}^n[H(b_{2,ij}^n)K_{3,ij}^{n,-1}K_{3,i,j-1/2}^n\delta_{\bar{y}}+(1-H(b_{2,ij}^n))K_{3,ij}^{n,-1}K_{3,i,j+1/2}^n\delta_y]v_{ij}$. 差分格式 (6.1.7)、(6.1.8) 和 (6.1.10) 的计算程序是: 若已知 $t=t^n$ 的差分解 $\{U_{ij}^n,W_{ijk}^n,V_{ij}^n\}$ 时, 寻求下一时刻 t^{n+1} 的 $\{U_{ij}^{n+1},W_{ijk}^{n+1},V_{ij}^{n+1}\}$. 首先由式 (6.1.7a) 和 (6.1.7b) 用追赶法求出过渡层的解 $\{U_{ij}^{n+1/2}\}$, 再由式 (6.1.7c) 和 (6.1.7d) 求出 $\{U_{ij}^{n+1}\}$. 与此同时可并行地由式 (6.1.10a) 和 (6.1.10b) 用追赶法求出过渡层的解 $\{V_{ij}^{n+1/2}\}$, 再由式 (6.1.10c) 和 (6.1.10d) 求了 $\{V_{ij}^{n+1}\}$. 最后由式 (6.1.8) 利用边界条件 (6.1.3b) 求出 $\{W_{ijk}^{n+1}\}$. 由正定性条件 (6.1.4), 此差分解存在且唯一.

6.1.1.2 迎风分数步差分格式 II

对应于方程 (6.1.1a) 的迎风分数步差分格式为

$$\left(\hat{\phi}_1-\Delta t\left(1+\frac{h_1}{2}\frac{|a_1^n|}{K_1^n}\right)^{-1}\delta_x(K_1^n\delta_{\bar{x}})+\Delta t\delta_{a_1^n,x}\right)U_{ij}^{n+1/2}$$

$$=\hat{\phi}_{1,ij}U_{ij}^n+\Delta t\left\{-K_{2,ij,N-1/2}^n\delta_{\bar{z}}W_{ij,N}^{n+1}+Q(x_i,y_j,t^{n+1},U_{ij}^{n+1})\right\},$$
$$i_1(j)<i<i_2(j), \tag{6.1.7a$'$}$$

$$U_{ij}^{n+1/2}=0,\quad (x_i,y_j)\in\partial\Omega_{1,h}, \tag{6.1.7b$'$}$$

$$\left(\hat{\phi}_1-\Delta t\left(1+\frac{h_1}{2}\frac{|a_2^n|}{K_1^n}\right)^{-1}\delta_y(K_1^n\delta_{\bar{y}})+\Delta t\delta_{a_2^n,y}\right)U_{ij}^{n+1}$$
$$=\hat{\phi}_{1,ij}U_{ij}^{n+1/2},\quad j_1(i)<j<j_2(i), \tag{6.1.7c$'$}$$

$$U_{ij}^{n+1}=0,\quad (x_i,y_j)\in\partial\Omega_{1,h}. \tag{6.1.7d$'$}$$

在实际计算时, 式 (6.1.7a′) 中 $\delta_{\bar{z}}W_{ij,N}^{n+1}$ 近似地取为 $\delta_{\bar{z}}W_{ij,N}^n, U_{ij}^{n+1}$ 近似取为 U_{ij}^n.

对应于方程 (6.1.7b) 的差分格式为

$$\phi_{2,ijk}\frac{W_{ijk}^{n+1}-W_{ijk}^n}{\Delta t}=\delta_z(K_2^n\delta_{\bar{z}}W^{n+1})_{ijk},\quad 1\leqslant k\leqslant N-1,(i,j)\in\Omega_{1,h}. \tag{6.1.8$'$}$$

方程 (6.1.7c) 的迎风分数步差分格式为

$$\left(\hat{\phi}_3-\Delta t\left(1+\frac{h_1}{2}\frac{|b_1^n|}{K_3^n}\right)^{-1}\delta_x(K_3^n\delta_{\bar{x}})+\Delta t\delta_{b_1^n,x}\right)V_{ij}^{n+1/2}$$
$$=\hat{\phi}_{3,ij}V_{ij}^n+\Delta t\left\{K_{2,ij,1/2}\delta_zW_{ij,0}^{n+1}+Q(x_i,y_j,t^{n+1})\right\},\quad i_1(j)<i<i_2(j), \tag{6.1.10a$'$}$$

$$V_{ij}^{n+1/2}=0,\quad (x_i,y_i)\in\partial\Omega_{1,h}, \tag{6.1.10b$'$}$$

$$\left(\hat{\phi}_3-\Delta t\left(1+\frac{h_1}{2}\frac{|b_2^n|}{K_3^n}\right)^{-1}\delta_y(K_3^n\delta_{\bar{y}})+\Delta t\delta_{b_2^n,y}\right)V_{ij}^{n+1}$$
$$=\hat{\phi}_{3,ij}V_{ij}^{n+1/2},\quad j_1(i)<j<j_2(i), \tag{6.1.10c$'$}$$

$$V_{ij}^{n+1}=0,\quad (x_i,y_j)\in\partial\Omega_{1,h}, \tag{6.1.10d$'$}$$

在实际计算时, 式 (6.1.10a′) 中 $\delta_zW_{ij,0}^{n+1}$ 近似地取为 $\delta_zW_{ij,0}^n, V_{ij}^{n+1}$ 近似地取为 V_{ij}^n.

格式Ⅱ的计算过程和格式Ⅰ是类似的.

6.1.2 二阶格式的收敛性分析

为理论分析简便, 设 $\Omega=\{(x,y,z)|0<x<1,0<y<1,0<z<1\},\Omega_1=\{(x,y)|0<x<1,0<y<1\},h=1/N,t^n=n\Delta t$. 定义网格函数空间 $\hat{H}_h,H_h$ 的内积 [25~28], 对三维网格区域 Ω_h, 有

$$(\omega,\chi)=\sum_{i,j,k=1}^{N-1}\omega_{ijk}\chi_{ijk}h^3,(\omega,\chi]=\sum_{i,j=1}^{N-1}\sum_{k=1}^{N}\omega_{ijk}\chi_{ijk}h^3,\quad\forall\omega,\chi\in\hat{H}_h,$$

对二维网格区域 $\Omega_{1,h}$, 则有

$$\langle u,v\rangle=\sum_{i,j=1}^{N-1}u_{ij}v_{ij}h^2,\langle u,v^{(1)}\rangle=\sum_{i=1}^{N}\sum_{j=1}^{N-1}u_{ij}v_{ij}h^2,\langle u,v^{(2)}\rangle$$
$$=\sum_{i=1}^{N-1}\sum_{j=1}^{N}u_{ij}v_{ij}h^2,\quad \forall u,v\in H_h,$$

其相应的范数为

$$\|\omega^n\|=\left(\sum_{i,j,k=1}^{N-1}(\omega_{ijk}^n)^2h^2\right)^{1/2},\quad \|\delta_{\bar z}\omega^n\|=\left(\sum_{i,j=1}^{N-1}\sum_{k=1}^{N}(\delta_{\bar z}\omega_{ijk}^n)^2h^3\right)^{1/2},$$
$$\|u^n\|=\left(\sum_{i,j=1}^{N-1}(u_{ij}^n)^2h^2\right)^{1/2},\quad \|\delta_{\bar x}u^n\|=\left(\sum_{i=1}^{N}\sum_{j=1}^{N-1}(\delta_{\bar x}u_{ijk}^n)^2h^2\right)^{1/2},$$
$$\|\delta_{\bar y}u^n\|=\left(\sum_{i=1}^{N-1}\sum_{j=1}^{N}(\delta_{\bar y}u_{ij}^n)^2h^2\right)^{1/2}.$$

首先对格式 I 进行收敛性分析. 设 u,v,w 为问题 (6.1.1)~(6.1.4) 的精确, U, V, W 为格式 I 的差分解, 记误差函数为 $\xi=u-U,\zeta=v-U,\omega=w-W$. 方程 (6.1.7a)~(6.1.7d) 消去 $U^{n+1/2}$ 可得下述等价的差分方程:

$$\begin{aligned}
&\hat\phi_{1,ij}\frac{U_{ij}^{n+1}-U_{ij}^n}{\Delta t}-\left\{\left(1+\frac{h}{2}\frac{|a_{1,ij}^n|}{K_{1,ij}^n}\right)^{-1}\delta_x(K_1^n\delta_{\bar x})\right.\\
&\left.+\left(1+\frac{h}{2}\frac{|a_{2,ij}^n|}{K_{1,ij}^n}\right)^{-1}\delta_y(K_1^n\delta_{\bar y})\right\}U_{ij}^{n+1}\\
&+\delta_{a_1^n,x}U_{ij}^{n+1}+\delta_{a_2^n,y}U_{ij}^{n+1}\\
&+\Delta t\left(1+\frac{h}{2}\frac{|a_{1,ij}^n|}{K_{1,ij}^n}\right)^{-1}\delta_x\left(K_1^n\delta_{\bar x}\left(\hat\phi_1^{-1}\left(1+\frac{h}{2}\frac{|a_2^n|}{K_1^n}\right)^{-1}\delta_y(K_1^n\delta_{\bar y}U^{n+1})\right)\right)_{ij}\\
&-\Delta t\left\{\left(1+\frac{h}{2}\frac{|a_{1,ij}^n|}{K_{1,ij}^n}\right)^{-1}\delta_x(K_1^n\delta_{\bar x}(\hat\phi_1^{-1}(\delta_{a_2^n,y}U^{n+1})))_{ij}\right.\\
&\left.+\delta_{a_1^n,x}\left(\hat\phi_1^{-1}\left(1+\frac{h}{2}\frac{|a_2^n|}{K_1^n}\right)^{-1}\delta_y(K_1^n\delta_{\bar y}U^{n+1})\right)_{ij}-\delta_{a_1^n,x}(\hat\phi_1^{-1}\delta_{a_2^n,y}U^{n+1})_{ij}\right\}\\
=&-K_{2,ij,N-1/2}^n\delta_{\bar z}W_{ij,N}^n+Q(U_{ij}^n),\quad 1\leqslant i,j\leqslant N-1,
\end{aligned}\tag{6.1.11a}$$

$$U_{ij}^{n+1}=0,\quad (x_i,y_j)\in\partial\Omega_1,\tag{6.1.11b}$$

方程 (6.1.10a)~(6.1.10d) 消去 $V^{n+1/2}$ 可得下述等价的差分方程:

$$
\begin{aligned}
&\hat{\phi}_{3,ij}\frac{V_{ij}^{n+1}-V_{ij}^{n}}{\Delta t}-\left\{\left(1+\frac{h}{2}\frac{\left|b_{1,ij}^{n}\right|}{K_{3,ij}^{n}}\right)^{-1}\delta_x(K_1^n\delta_{\bar{x}})\right.\\
&\left.+\left(1+\frac{h}{2}\frac{\left|b_{2,ij}^{n}\right|}{K_{3,ij}^{n}}\right)^{-1}\delta_y(K_3^n\delta_{\bar{y}})\right\}V_{ij}^{n+1}\\
&+\delta_{b_1^n,x}V_{ij}^{n+1}+\delta_{b_2^n,y}V_{ij}^{n+1}\\
&+\Delta t\left(1+\frac{h}{2}\frac{\left|b_{1,ij}^{n}\right|}{K_{3,ij}^{n}}\right)^{-1}\delta_x\left(K_3^n\delta_{\bar{x}}\left(\hat{\phi}_3^{-1}\left(1+\frac{h}{2}\frac{\left|b_2^n\right|}{K_2^n}\right)^{-1}\delta_y(K_3^n\delta_{\bar{y}}V^{n+1})\right)\right)_{ij}\\
&-\Delta t\left\{\left(1+\frac{h}{2}\frac{\left|b_{1,jj}^{n}\right|}{K_{3,ij}^{n}}\right)^{-1}\delta_x(K_3^n\delta_{\bar{x}}(\hat{\phi}_3^{-1}(\delta_{b_2^n,y}V^{n+1})))_{ij}\right.\\
&\left.+\delta_{b_1^n,x}\left(\hat{\phi}_3^{-1}\left(1+\frac{h}{2}\frac{\left|b_2^n\right|}{K_2^n}\right)^{-1}\delta_y(K_3^n\delta_{\bar{y}}V^{n+1})\right)_{ij}-\delta_{b_1^n,x}(\hat{\phi}_3^{-1}\delta_{b_2^n,y}V^{n+1})_{ij}\right\}\\
=&K_{2,ij,1/2}^n\delta_z W_{ij,0}^n+Q(V_{ij}^n),\quad 1\leqslant i,j\leqslant N-1,
\end{aligned}\tag{6.1.12a}
$$

$$
V_{ij}^{n+1}=0,\quad (x_i,y_i)\in\partial\Omega_1,\tag{6.1.12b}
$$

若问题 (6.1.1)~(6.1.4) 的精确 u,v,w 是正则的, 则有下述误差方程:

$$
\begin{aligned}
&\hat{\phi}_{1,ij}\frac{\xi_{ij}^{n+1}-\xi_{ij}^{n}}{\Delta t}-\left\{\left(1+\frac{h}{2}\frac{\left|a_{1,ij}^{n}\right|}{K_{1,ij}^{n}}\right)^{-1}\delta_x(K_1^n\delta_{\bar{x}}\xi^{n+1})_{ij}\right.\\
&\left.+\left(1+\frac{h}{2}\frac{\left|a_{2,ij}^{n}\right|}{K_{1,ij}^{n}}\right)^{-1}\delta_y(K_1^n\delta_{\bar{y}}\xi^{n+1})_{ij}\right\}\\
&+\delta_{a_1^n,x}\xi_{ij}^{n+1}+\delta_{a_2^n,y}\xi_{ij}^{n+1}\\
&+\Delta t\left(1+\frac{h}{2}\frac{\left|a_{1,jj}^{n}\right|}{K_{1,ij}^{n}}\right)^{-1}\delta_x\left(K_1\delta_{\bar{x}}\left(\hat{\phi}_1^{-1}\left(1+\frac{h}{2}\frac{\left|a_2^n\right|}{K_2^n}\right)^{-1}\delta_y(K_1^n\delta_{\bar{y}}\xi^{n+1})\right)\right)_{ij}\\
&-\Delta t\left\{\left(1+\frac{h}{2}\frac{\left|a_{1,jj}^{n}\right|}{K_{1,ij}^{n}}\right)^{-1}\delta_x(K_1^n\delta_{\bar{x}}(\hat{\phi}_1^{-1}(\delta_{a_2^n,y}\xi^{n+1})))_{ij}\right.\\
&\left.+\delta_{a_1^n,x}\left(\hat{\phi}_1^{-1}\left(1+\frac{h}{2}\frac{\left|a_2^n\right|}{K_2^n}\right)^{-1}\delta_y(K_1^n\xi_{\bar{y}}\xi^{n+1})\right)_{ij}-\delta_{a_1^n,x}(\hat{\phi}_1^{-1}\delta_{a_2^n,y}^n\xi^{n+1})_{ij}\right\}\\
=&-K_{2,ij,N-1/2}^n\delta_{\bar{z}}\omega_{ij,N}^n+Q(u_{ij}^{n+1})-Q(u_{ij}^n)+\varepsilon_{1,ij}^{n+1},\quad 1\leqslant i,j\leqslant N-1,
\end{aligned}\tag{6.1.13a}
$$

$$
\xi_{ij}^{n+1}=0,\quad (x_i,y_j)\in\partial\Omega_1,\tag{6.1.13b}
$$

此处 $\left|\varepsilon_{1,ij}^{n+1}\right| \leqslant M\left\{\left\|\frac{\partial^2 u}{\partial t^2}\right\|_{L^\infty(L^\infty)}, \|u\|_{L^\infty(W^{4,\infty})}\right\}(\Delta t+h^2)$.

$$
\begin{aligned}
&\hat{\phi}_{3,ij}\frac{\zeta_{ij}^{n+1}-\zeta_{ij}^n}{\Delta t}-\left\{\left(1+\frac{h}{2}\frac{\left|b_{1,ij}^n\right|}{K_{3,ij}^n}\right)^{-1}\delta_x(K_3\delta_{\bar{x}}\zeta^{n+1})\right.\\
&\left.+\left(1+\frac{h}{2}\frac{\left|b_{2,ij}^n\right|}{K_{3,ij}^n}\right)^{-1}\delta_y(K_1^n\delta_{\bar{y}}\zeta^{n+1})\right\}\\
&+\delta_{b_1^n,x}\zeta^{n+1}+\delta_{b_2^n,y}\zeta^{n+1}\\
&+\Delta t\left(1+\frac{h}{2}\frac{\left|b_{1,ij}^n\right|}{K_{3ij}^n}\right)^{-1}\delta_x\left(K_3\delta_{\bar{x}}\left(\hat{\phi}_3^{-1}\left(1+\frac{h}{2}\frac{\left|b_2^n\right|}{K_3^n}\right)^{-1}\delta_y(K_3^n\delta_{\bar{y}}\zeta^{n+1})\right)\right)_{ij}\\
&-\Delta t\left\{\left(1+\frac{h}{2}\frac{\left|b_{1,ij}^n\right|}{K_{3,ij}^n}\right)^{-1}\delta_x(K_3^n\delta_{\bar{x}}(\hat{\phi}_3^{-1}(\delta_{b_2^n,y}\zeta^{n+1})))_{ij}\right.\\
&\left.+\delta_{b_1^n,x}\left(\hat{\phi}_3^{-1}\left(1+\frac{h}{2}\frac{\left|b_2^n\right|}{K_3^n}\right)^{-1}\delta_y(K_3^n\xi_{\bar{y}}\zeta^{n+1})\right)_{ij}-\delta_{b_1^n,x}(\hat{\phi}_3^{-1}\delta_{b_2^n,y}^n\zeta^{n+1})_{ij}\right\}\\
=&K_{2,ij,1/2}^n\delta_z\omega_{ij,0}^n+Q_3(v_{ij}^{n+1})-Q_3(V_{ij}^n)+\varepsilon_{3,ij}^{n+1},\quad 1\leqslant i,j\leqslant N-1,
\end{aligned}
\tag{6.1.14a}
$$

$$
\zeta_{ij}^{n+1}=0,\quad (x_i,y_j)\in\partial\Omega_1,\tag{6.1.14b}
$$

此处 $\left|\varepsilon_{3,ij}^{n+1}\right| \leqslant M\left\{\left\|\frac{\partial^2 v}{\partial t^2}\right\|_{L^\infty(L^\infty)}, \|v\|_{L^\infty(W^{4,\infty})}\right\}(\Delta t+h^2)$.

$$
\phi_{2,ijk}\frac{\omega_{ijk}^{n+1}-\omega_{ijk}^n}{\Delta t}=\delta_z(K_2^n\delta_{\bar{z}}\omega^n)_{ijk}+\varepsilon_{2,ijk}^{n+1},\quad 1\leqslant i,j,k\leqslant N-1,\tag{6.1.15}
$$

其中 $\left|\varepsilon_{2,ijk}^{n+1}\right| \leqslant M\left\{\left\|\frac{\partial^2 w}{\partial t^2}\right\|_{L^\infty(L^\infty)}, \|w\|_{L^\infty(W^{4,\infty})}\right\}(\Delta t+h^2)$.

对方程 (6.1.13a), (6.1.14a), (6.1.15) 分别乘以 $2\Delta t\xi_{ij}^{n+1}, 2\Delta t\zeta_{ij}^{n+1}, 2\Delta t\omega_{ijk}^{n+1}$ 作内积、分部求和并利用式 (6.1.13b)、(6.1.14b) 和 (6.1.13b) 可得

$$
\begin{aligned}
&\left\{\left\|\hat{\phi}_1^{1/2}\xi^{n+1}\right\|^2-\left\|\hat{\phi}_1^{1/2}\xi^n\right\|^2\right\}+(\Delta t)^2\left\|\hat{\phi}_1^{1/2}\xi_t^n\right\|^2\\
&+2\Delta t\left\{\left\langle K_1^n\delta_{\bar{x}}\xi^{n+1},\delta_{\bar{x}}\left(\left(1+\frac{h}{2}\frac{\left|a_1^n\right|}{K_1^n}\right)^{-1}\xi^{n+1}\right)\right\rangle\right.\\
&\left.+\left\langle K_1^n\delta_{\bar{y}}\xi^{n+1},\delta_{\bar{y}}\left(\left(1+\frac{h}{2}\frac{\left|a_2^n\right|}{K_1^n}\right)^{-1}\xi^{n+1}\right)\right\rangle\right\}\\
=&-2\Delta t\left\langle\delta_{a_1^n,x}\xi^{n+1}+\delta_{a_2^n,y}\xi^{n+1},\xi^{n+1}\right\rangle-2(\Delta t)^2\left\langle\left(1+\frac{h}{2}\frac{\left|a_1^n\right|}{K_1^n}\right)^{-1}\right.
\end{aligned}
$$

$$
\begin{aligned}
&\cdot \delta_x \left(K_1^n \delta_{\bar{x}} \left(\hat{\phi}_1^{-1} \left(1 + \frac{h}{2} \frac{|a_2^n|}{K_1^n} \right)^{-1} \delta_y (K_1^n \delta_{\bar{y}} \xi^{n+1}) \right) \right), \xi^{n+1} \right\rangle \\
&+ 2(\Delta t)^2 \left\langle \left(1 + \frac{h}{2} \frac{|a_1^n|}{K_1^n} \right)^{-1} \delta_x (K_1^n \delta_{\bar{x}} (\hat{\phi}_1^{-1} \delta_{a_2^n, y} \xi^{n+1})) \right. \\
&+ \delta_{a_1^n, x} \left(\hat{\phi}_1^{-1} \left(1 + \frac{h}{2} \frac{|a_2^n|}{K_1^n} \right)^{-1} \delta_y (K_1^n \delta_{\bar{y}} \xi^{n+1}) \right) - \delta_{a_1^n, x} (\hat{\phi}_1^{-1} \delta_{a_2^n, y} \xi^{n+1}), \xi^{n+1} \right\rangle \\
&- 2\Delta t \sum_{i,j=1}^{N-1} K_{2,ij,N-1/2}^n \delta_{\bar{z}} \omega_{ij,N}^n \xi_{ij}^{n+1} h^2 + 2\Delta t \langle Q_1(u^{n+1}) \\
&- Q_1(U^n), \xi^{n+1} \rangle + 2\Delta t \left\langle \xi_1^{n+1}, \xi^{n+1} \right\rangle, \qquad (6.1.16)
\end{aligned}
$$

$$
\begin{aligned}
&\{\|\hat{\phi}_3^{1/2} \zeta^{n+1}\|^2 - \|\hat{\phi}_3^{1/2} \zeta^n\|^2\} + (\Delta t)^2 \|\hat{\phi}_3^{1/2} \zeta_t^n\|^2 \\
&+ 2\Delta t \left\{ \left\langle K_3^n \delta_{\bar{x}} \zeta^{n+1}, \delta_{\bar{x}} \left(\left(1 + \frac{h}{2} \frac{|b_1^n|}{K_3^n} \right)^{-1} \zeta^{n+1} \right) \right\rangle \right. \\
&\left. + \left\langle K_3^n \delta_{\bar{y}} \zeta^{n+1}, \delta_{\bar{y}} \left(\left(1 + \frac{h}{2} \frac{|b_2^n|}{K_3^n} \right)^{-1} \zeta^{n+1} \right) \right\rangle \right\} \\
= &- 2\Delta t \left\langle \delta_{b_1^n, x} \zeta^{n+1} + \delta_{b_2^n, y} \zeta^{n+1}, \zeta^{n+1} \right\rangle - 2(\Delta t)^2 \left\langle \left(1 + \frac{h}{2} \frac{|b_1^n|}{K_2^n} \right)^{-1} \right. \\
&\cdot \delta_x \left(K_3^n \delta_{\bar{x}} \left(\hat{\phi}_3^{-1} \left(1 + \frac{h}{2} \frac{|b_2^n|}{K_3^n} \right)^{-1} \delta_y (K_3^n \delta_{\bar{y}} \zeta^{n+1}) \right) \right), \zeta^{n+1} \right\rangle \\
&+ 2(\Delta t)^2 \left\{ \left\langle \left(1 + \frac{h}{2} \frac{|b_1^n|}{K_2^n} \right)^{-1} \delta_x (K_3^n \delta_{\bar{x}} (\hat{\phi}_3^{-1} \delta_{b_2^n, y} \zeta^{n+1})) \right. \right. \\
&\left. \left. + \delta_{b_1^n, x} \left(\hat{\phi}_3^{-1} \left(+ \frac{h}{2} \frac{|b_2^n|}{k_3^n} \right)^{-1} \delta_y (K_3^n \delta_{\bar{y}} \xi^{n+1}) \right) - \delta_{b_1^n, x} (\hat{\phi}_3^{-1} \delta_{b_1^n, y} \xi^{n+1}), \xi^{n+1} \right\rangle \right\} \\
&+ 2\Delta t \sum_{i,j=1}^{N-1} K_{2,ij,1/2}^n \delta_z \omega_{ij,0}^n \zeta_{ij}^{n+1} h^2 + 2\Delta t \left\langle Q_3(v^{n+1}) - Q_3(V^n), \zeta^{n+1} \right\rangle \\
&+ 2\Delta t \left\langle \varepsilon_3^{n+1}, \zeta^{n+1} \right\rangle, \qquad (6.1.17)
\end{aligned}
$$

$$
\begin{aligned}
&\{\|\phi_2^{1/2} \omega^{n+1}\|^2 - \|\phi_2^{1/2} \omega^n\|^2\} + (\Delta t)^2 \|\phi_2^{1/2} \omega_t^n\|^2 \\
= &2\Delta t (\delta_z (K_3^n \delta_{\bar{z}} \omega^n) . \omega^{n+1}) + 2\Delta t (\varepsilon_2^{n+1}, \omega^{n+1}) \\
= &2\Delta t \sum_{i,j,k=1}^{N-1} \delta_z (K_2^n \delta_{\bar{z}} \omega_{ijk}^n) \omega_{ijk}^{n+1} h^3 + 2\Delta t (\varepsilon_2^{n+1}, \omega^{n+1}) \\
= &2\Delta t \sum_{i,j=1}^{N-1} \sum_{k=1}^{N-1} \omega_{ijk}^n \delta_z (K_2^n \delta_{\bar{z}} \omega_{ijk}^n) \omega_{ijk}^{n+1} h^3 + 2\Delta t (\varepsilon_2^{n+1}, \omega^{n+1})
\end{aligned}
$$

$$
\begin{aligned}
&= -2\Delta t\sum_{i,j=1}^{N-1}h^2\left\{\sum_{k=1}^{N-1}K_{2,ijk}^n\delta_{\bar z}\omega_{ijk}^n\delta_{\bar z}w_{ijk}^{n+1}h-\omega_{ij,0}^{n+1}K_{2,ij,1/2}^n\delta_z\omega_{ij,0}^n\right.\\
&\quad\left.+\omega_{ij,N}^{n+1}K_{2,2,ij,N-1/2}^{n^n}\delta_{\bar z}\omega_{ij,N}^n\right\}\\
&\quad+2\Delta t(\varepsilon_2^{n+1},\omega^{n+1})\\
&= -2\Delta t(K_2^n\delta_{\bar z}\omega^n,\delta_{\bar z}\omega^{n+1}]+2\Delta t\sum_{i,j=1}^{N-1}\left\{K_{2,ij,N-1/2}^n\delta_{\bar z}\omega_{ij,N}^n\cdot\xi_{ij}^{n+1}\right.\\
&\quad\left.-K_{2,ij,1/2}^n\delta_z\omega_{ij,0}^{n+1}\zeta_{ij}^{n+1}\right\}h^2+2\Delta t(\varepsilon_2^{n+1},\omega^{n+1}),
\end{aligned}
$$

注意到

$$
\begin{aligned}
&2\Delta t(K_2^n\delta_{\bar z}\omega^n,\delta_{\bar z}\omega^{n+1}]=2\Delta t(K_2^n\delta_{\bar z}\omega^{n+1},\delta_{\bar z}\omega^n]\\
=&2\Delta t\{(K_2^n\delta_{\bar z}(\omega^{n+1}-\omega^n),\delta_{\bar z}\omega^n]+(K_2^n\delta_{\bar z}\omega^n,\delta_{\bar z}\omega^n]\}\\
\geqslant&\Delta t\{(K_2^n\delta_{\bar z}\omega^{n+1},\delta_{\bar z}\omega^{n+1}]-(K_2^n\delta_{\bar z}\omega^n,\delta_{\bar z}\omega^n]\}+2\Delta t(K_2^n\delta_{\bar z}\omega^n,\delta_{\bar z}\omega^n]\\
=&\Delta t\{(K_2^n\delta_{\bar z}\omega^{n+1},\delta_{\bar z}\omega^{n+1}]+(K_2^n\delta_{\bar z}\omega^n,\delta_{\bar z}\omega^n]\}\\
=&\Delta t\{\|K_2^{n,1/2}\delta_{\bar z}\omega^{n+1}\|^2+\|K_2^{n,1/2}\delta_{\bar z}\omega^n\|^2\},
\end{aligned}
$$

此处 $K_2^{n,1/2}=(K_2^n)^{1/2}$, 于是有

$$
\begin{aligned}
&\{\|\phi_2^{1/2}\omega^{n+1}\|^2-\|\phi_2^{1/2}\omega^n\|^2\}+(\Delta t)^2\|\phi_2^{1/2}\omega_t^n\|^2\\
&+\Delta t\{\|K_2^{n,1/2}\delta_{\bar z}\omega^{n+1}\|^2+\|K_2^{n,1/2}\delta_{\bar z}\omega^n\|^2\}\\
\leqslant&2\Delta t\sum_{i,j=1}^{N-1}\{K_{2,ij,N-1/2}^n\delta_{\bar z}\omega_{ij,N}^n\cdot\xi_{ij}^{n+1}-K_{2,ij,1/2}^n\delta_z\omega_{ij,0}^n\cdot\zeta_{ij}^{n+1}\}h^2+2\Delta t(\varepsilon_2^{n+1},\omega^{n+1}).
\end{aligned}
\tag{6.1.18}
$$

引入归纳法假定:

$$
\sup_{1\leqslant n\leqslant L}\max\{\|\xi^n\|_{0,\infty},\|\zeta^n\|_{0,\infty}\}\to 0,\quad (h,\Delta t)\to 0,\tag{6.1.19}
$$

现在估计式 (6.1.16) 左端第 3 项, 因为 K_1 是正定的, 当 h 适当小时, 有

$$
\begin{aligned}
&2\Delta t\left\{\left\langle K_1^n\delta_{\bar x}\xi^{n+1},\delta_{\bar x}\left(\left(1+\frac{h}{2}\frac{|a_1^n|}{K_1^n}\right)^{-1}\xi^{n+1}\right)\right\rangle\right.\\
&\left.+\left\langle K_1^n\delta_{\bar y}\xi^{n+1},\delta_{\bar y}\left(\left(1+\frac{h}{2}\frac{|a_2^n|}{K_1^n}\right)^{-1}\xi^{n+1}\right)\right\rangle\right\}
\end{aligned}
$$

$$
\begin{aligned}
&=2\Delta t\left\{\left\langle K_1^n\delta_{\bar x}\xi^{n+1},\left(1+\frac{h}{2}\frac{|a_1^n|}{K_1^n}\right)^{-1}\delta_{\bar x}\xi^{n+1}\right\rangle\right.\\
&\quad\left.+\left\langle K_1^n\delta_{\bar y}\xi^{n+1},\left(1+\frac{h}{2}\frac{|a_2^n|}{K_1^n}\right)^{-1}\delta_{\bar y}\xi^{n+1}\right\rangle\right\}\\
&\quad+2\Delta t\left\{\left\langle K_1^n\delta_{\bar x}\xi^{n+1},\delta_{\bar x}\left(1+\frac{h}{2}\frac{|a_1^n|}{K_1^n}\right)^{-1}\cdot\xi^{n+1}\right\rangle\right.\\
&\quad\left.+\left\langle K_1^n\delta_{\bar y}\xi^{n+1},\delta_{\bar y}\left(1+\frac{h}{2}\frac{|a_2^n|}{K_1^n}\right)^{-1}\cdot\xi^{n+1}\right\rangle\right\}\\
&\geqslant\Delta t\left\{\left\|K_1^{n,1/2}\delta_{\bar x}\xi^{n+1}\right\|^2+\left\|K_1^{n,1/2}\delta_{\bar y}\xi^{n+1}\right\|^2\right\}-M\left\|\xi^{n+1}\right\|^2\Delta t.
\end{aligned}\tag{6.1.20}
$$

类似地估计式 (6.1.17) 左端第 3 项, 我们有

$$
\begin{aligned}
&2\Delta t\left\{\left\langle K_3^n\delta_{\bar x}\zeta^{n+1},\delta_{\bar x}\left(\left(1+\frac{h}{2}\frac{|b_1^n|}{K_3^n}\right)^{-1}\zeta^{n+1}\right)\right\rangle\right.\\
&\quad\left.+\left\langle K_3^n\delta_{\bar y}\zeta^{n+1},\delta_{\bar y}\left(\left(1+\frac{h}{2}\frac{|b_2^n|}{K_1^n}\right)^{-1}\cdot\zeta^{n+1}\right)\right\rangle\right\}\\
&\geqslant\Delta t\{\|K_3^{n,1/2}\delta_{\bar x}\zeta^{n+1}\|^2+\|K_3^{n,1/2}\delta_{\bar y}\zeta^{n+1}\|^2\}-M\|\zeta^{n+1}\|^2\Delta t.
\end{aligned}\tag{6.1.21}
$$

将估计式 (6.1.16)~(6.1.18) 相加, 并利用式 (6.1.20) 和 (6.1.21) 可得

$$
\begin{aligned}
&\{\|\hat\phi_1^{1/2}\xi^{n+1}\|^2+\|\hat\phi_3^{1/2}\xi^{n+1}\|^2+\|\phi_2^{1/2}\omega^{n+1}\|^2\}\\
&-\{\|\hat\phi_2^{1/2}\xi^{n}\|^2+\|\hat\phi_3^{1/2}\zeta^{n}\|^2+\|\phi_2^{1/2}\omega^{n}\|^2\}\\
&+(\Delta t)^2\{\|\hat\phi_1^{1/2}\xi_t^n\|^2+\|\hat\phi_3^{1/2}\zeta_t^n\|^2+\|\phi_2^{1/2}\omega_t^n\|^2\}\\
&+\Delta t\{[\|K_1^{n,1/2}\delta_{\overline{x}}\xi^{n+1}\|^2+\|K_1^{n,1/2}\delta_{\overline{y}}\xi^{n+1}\|^2]+[\|K_3^{n,1/2}\delta_{\overline{x}}\zeta^{n+1}\|^2\\
&+\|K_3^{n,1/2}\delta_{\overline{y}}\zeta^{n+1}\|^2]+\frac12[\|\phi_2^{1/2}\delta_{\bar z}\omega^{n+1}\|^2+\|\phi_2^{1/2}\delta_{\bar z}\omega^{n}\|^2]\}\\
\leqslant&-2\Delta t\{\langle\delta_{a_1^n,x}\xi^{n+1}+\delta_{a_2^n,x}\xi^{n+1},\xi^{n+1}\rangle+\langle\delta_{b_1^n,x}\zeta^{n+1}+\delta_{b_2^n,x}\zeta^{n+1},\zeta^{n+1}\rangle\}\\
&-2(\Delta t)^2\left\{\left\langle\left(1+\frac{h}{2}\frac{|a_1^n|}{K_1^n}\right)^{-1}\delta_x\left(K_1^n\delta_{\bar x}\left(\hat\phi_1^{-1}\left(1+\frac{h}{2}\frac{|a_2^n|}{K_1^n}\right)^{-1}\right.\right.\right.\right.\\
&\left.\left.\left.\times\,\delta_y(K_1^n\delta_y\xi^{n+1})\right)\right),\xi^{n+1}\right\rangle\\
&+\left.\left\langle\left(1+\frac{h}{2}\frac{|b_1^n|}{K_3^n}\right)^{-1}\delta_x\left(K_3^n\delta_{\bar x}\left(\hat\phi_3^{-1}\left(1+\frac{h}{2}\frac{|b_2^n|}{K_3^n}\right)^{-1}\delta_y(K_3^n\delta_{\bar y}\zeta^{n+1})\right)\right),\zeta^{n+1}\right\rangle\right\}\\
&+2(\Delta t)^2\left\{\left\langle\left(1+\frac{h}{2}\frac{|a_1^n|}{K_1^n}\right)^{-1}\delta_x(K_1^n\delta_{\bar x}(\hat\phi_1^{-1}\delta_{a_2^n,y},\xi^{n+1}))\right.\right.
\end{aligned}
$$

$$
\begin{aligned}
&+\delta_{a_1^n,x}\left(\hat{\phi}_1^{-1}\left(1+\frac{h}{2}\frac{|a_2^n|}{K_1^n}\right)^{-1}\delta_y(K_1^n\delta_{\bar{y}}\xi^{n+1})\right)-\delta_{a_1^n,x}(\hat{\phi}_1^{-1}\delta_{a_2^n,y}\xi^{n+1}),\xi^{n+1}\Bigg\rangle\\
&+\Bigg\langle\left(1+\frac{h}{2}\frac{|b_1^n|}{K_3^n}\right)^{-1}\delta_x(K_3^n\delta_{\bar{x}}(\hat{\phi}_3^{-1}\delta_{b_2^n,y}\zeta^{n+1}))\\
&+\delta_{b_1^n,x}\left(\hat{\phi}_3^{-1}\left(1+\frac{h}{2}\frac{|b_2^n|}{K_3^n}\right)^{-1}\delta_y(K_1^n\delta_{\bar{y}}\zeta^{n+1})\right)-\delta_{b_1^n,x}(\hat{\phi}_3^{-1}\delta_{b_2^n,y}\zeta^{n+1}),\zeta^{n+1}\Bigg\rangle\Bigg\}\\
&+2\Delta t\{\langle Q_1(u^{n+1})-Q_1(U^n),\xi^{n+1}\rangle+\langle Q_3(v^{n+1})-Q_3(V^n),\zeta^{n+1}\rangle\}\\
&+2\Delta t\{\langle\varepsilon_1^{n+1},\xi^{n+1}\rangle+\langle\varepsilon_3^{n+1},\zeta^{n+1}\rangle+(\varepsilon_2^{n+1},\omega^{n+1})\}+M\{\|\xi^{n+1}\|^2+\|\zeta^{n+1}\|^2\}\Delta t,
\end{aligned}
\tag{6.1.22}
$$

依次分析式 (6.1.22) 右端诸项, 对第 1 项,

$$
-2\Delta t\left\langle\delta_{a_1^n,x}\xi^{n+1}+\delta_{a_2^n,y}\xi^{n+1},\xi^{n+1}\right\rangle\leqslant\varepsilon\{\left\|\delta_{\bar{x}}\xi^{n+1}\right\|^2+\left\|\delta_{\bar{y}}\xi^{n+1}\right\|^2\}\Delta t+M\left\|\xi^{n+1}\right\|^2\Delta t,
\tag{6.1.23}
$$

对于第 2 项尽管 $-\delta_x(K_1^n\delta_{\bar{x}}),-\delta_y(K_1^n\delta_{\bar{y}}),\cdots$ 是自共轭、正定算子, 空间区域为正方形, 但它们的乘积一般是不可交换的, 记 $R_{a_1}^n=\left(1+\frac{h}{2}\frac{|a_1^n|}{K_1^n}\right)^{-1}$, $R_{a_2}^n=\left(1+\frac{h}{2}\frac{|a_2^n|}{K_2^n}\right)^{-1}$, 利用 $\delta_x\delta_y=\delta_y\delta_x,\delta_x\delta_{\bar{y}}=\delta_{\bar{y}}\delta_x,\delta_{\bar{x}}\delta_y=\delta_y\delta_{\bar{x}},\cdots$ 有

$$
\begin{aligned}
&-2(\Delta t)^2\langle R_{a_1}^n\delta_x(K_1^n\delta_{\bar{x}}(\hat{\phi}_1^{-1}R_{a_2}^n\delta_y(K_1^n\delta_{\bar{y}}\xi^{n+1}))),\xi^{n+1}\rangle\\
=&-2(\Delta t)^2\{\langle K_1^n\delta_{\bar{x}}\delta_{\bar{y}}\xi^{n+1}+\delta_{\bar{x}}K_1\delta_{\bar{y}}\xi^{n+1},\hat{\phi}_1^{-1}R_{a_2}^nK_1^n\delta_{\bar{x}}\delta_{\bar{y}}\xi^{n+1}\\
&+\delta_{\bar{y}}(\hat{\phi}_1^{-1}R_{a_2}^nK_1^n)\delta_{\bar{x}}(R_{a_1}^n\xi^{n+1})\rangle\\
&+\langle K_1^n\delta_{\bar{y}}\xi^{n+1},\delta_{\bar{x}}(\hat{\phi}_1^{-1}R_{a_2}^n)K_1^n\delta_{\bar{x}}\delta_{\bar{y}}(R_{a_1}^n\xi^{n+1})+\delta_{\bar{y}}(\delta_{\bar{x}}(\hat{\phi}_1^{-1}R_{a_2}^n)K_1^n)\delta_{\bar{x}}(R_{a_1}^n\xi^{n+1})\rangle\}\\
=&-2(\Delta t)^2\sum_{i,j=1}^N\{K_{1,i,j-1/2}^nK_{1,i-1/2,j}^n\hat{\phi}_{ij}^{-1}R_{a,ij}^n[\delta_{\bar{x}}\delta_{\bar{y}}\xi_{ij}^{n+1}]^2\\
&+[K_{1,i,j-1/2}^n\delta_{\bar{y}}(K_{1,i-1/2,j}^n\hat{\phi}_{1,ij}^{-1}R_{a_{2,ij}}^n)\cdot\delta_{\bar{x}}(R_{a_{1,ij}}^n\xi^{n+1})\\
&+K_{1,i-1/2,j}^n\hat{\phi}_{1,ij}^{-1}R_{a_{2,ij}}^n\delta_{\bar{x}}K_{1,i,j-1/2}^n\delta_{\bar{y}}\xi_{ij}^{n+1}\\
&+K_{1,i,j-1/2}^n\cdot K_{1,i-1/2,j}^n\delta_{\bar{x}}(\hat{\phi}_{1,ij}^{-1}R_{a_{2,ij}}^n)\delta_{\bar{y}}\xi_{ij}^{n+1}]\delta_{\bar{x}}\delta_{\bar{y}}\xi_{ij}^{n+1}\\
&+[\delta_{\bar{x}}K_{1,i,j-1/2}^n(\hat{\phi}_{1,ij}^{-1}R_{a_2,ij}^nK_{1,i-1/2,j})R_{a_1,ij}^n\\
&+K_{1,i,j-1/2}^n\delta_{\bar{y}}(\delta_{\bar{x}}(\hat{\phi}_{1,ij}^{-1}R_{a_2,ij}^n)K_{1,i-1/2,j}^n)R_{a_1,ij}^n]\delta_{\bar{x}}\xi_{ij}^{n+1}\delta_{\bar{y}}\xi_{ij}^{n+1}\\
&+K_{1,i,j-1/2}^nK_{1,i-1/2,j}^nR_{a_{1,ij}}^n\cdot\xi_{ij}^{n+1}\cdot\delta_{\bar{y}}\xi_{ij}^{n+1}\\
&+K_{1,i,j-1/2}^n\delta_{\bar{y}}(\delta_{\bar{x}}(\hat{\phi}_{1,ij}^{-1}\cdot R_{a_2,ij}^n)K_{1,i-1/2,j}^n)\delta_{\bar{x}}R_{a_1,ij}^n\cdot\xi_{ij}^{n+1}\cdot\delta_{\bar{y}}\xi_{ij}^{n+1}\}h^2.
\end{aligned}
$$

对上述表达式的前两项, 应用 $K_1^n,\hat{\phi}_1^{-1},R_{a_2}^n$ 的正定性, 可分离出高阶差商项 $\delta_{\bar{x}}\delta_{\bar{y}}\xi_{ij}^{n+1}$.

现利用 Cauchy 不等式可得

$$
\begin{aligned}
&-2(\Delta t)^2\sum_{i,j=1}^{N}\{K_{1,i,j-1/2}^nK_{1,i-1/2,j}^n\hat{\phi}_{1,ij}^{-1}R_{a_2,ij}^n[\delta_{\bar{x}}\delta_{\bar{y}}\xi_{ij}^{n+1}]^2\\
&+[K_{1,i,j-1/2}^n\delta_{\bar{y}}(K_{1,i-1/2,j}^n\hat{\phi}_{1,ij}^{-1}R_{a_2,ij}^n)\delta_{\bar{x}}(R_{a_1,ij}^n\xi_{ij}^{n+1})\\
&+K_{1,i-1/2,j}^n\hat{\phi}_{1,ij}^{-1}R_{a_2,ij}^n\delta_{\bar{x}}K_{1,i,j-1/2}^n\delta_{\bar{y}}\xi_{ij}^{n+1}\\
&+K_{1,i,j-1/2}^nK_{1,j-1/2,j}^n\delta_{\bar{x}}(\hat{\phi}_{ij}^{-1}R_{a_2,ij}^n)\delta_{\bar{y}}\xi_{ij}^{n+1}]\delta_{\bar{x}}\delta_{\bar{y}}\xi_{ij}^{n+1}\}h^2\\
\leqslant&-2(K_*)^2(\phi^*)^{-1}(\Delta t)^2\sum_{i,j=1}^{N}[\delta_{\bar{x}}\delta_{\bar{y}}\xi_{ij}^{n+1}]^2h^2\\
&+M(\Delta t)^2\{\|\delta_{\bar{x}}\xi^{n+1}\|^2+\|\delta_{\bar{y}}\xi^{n+1}\|^2+\|\xi^{n+1}\|^2\},\\
&-2(\Delta t)^2\sum_{i,j=1}^{N}\{[\delta_{\bar{x}}K_{1,i,j-1/2}^n\delta_{\bar{y}}(\hat{\phi}_{1,ij}^{-1}R_{a_2,ij}^nK_{1,i-1/2,j}^n)R_{a_1,ij}^n\\
&+K_{1,i,j-1/2}^n\delta_{\bar{y}}(\delta_{\bar{x}}(\hat{\phi}_{1,ij}^{-1}R_{a_2,ij}^n)K_{1,i-1/2,j}^n)\\
&\times R_{a_2,ij}^n]\delta_{\bar{x}}\xi_{ij}^{n+1}\delta_{\bar{y}}\xi_{ij}^{n+1}+[K_{1,i-1/2,j}^nK_{1,i,j-1/2}^n\delta_{\bar{x}}\delta_{\bar{y}}R_{a_1,ij}^n\xi_{ij}^{n+1}\delta_{\bar{y}}\xi_{ij}^{n+1}\\
&+K_{1,i,j-1/2}^n\delta_{\bar{y}}(\delta_{\bar{x}}(\hat{\phi}_{1,ij}^{-1}\cdot R_{a_2,ij}^n)K_{1,i-1/2,j}^n)\delta_{\bar{x}}R_{a_1,ij}^n\xi_{ij}^{n+1}\delta_{\bar{y}}\xi_{ij}^{n+1}]\}h^2\\
\leqslant&M(\Delta t)^2\{\|\delta_{\bar{x}}\xi^{n+1}\|^2+\|\delta_{\bar{y}}\xi^{n+1}\|^2+\|\xi^{n+1}\|\}.
\end{aligned}
$$

对于第 2 项中的另一项估计是类似的, 于是有

$$
\begin{aligned}
&-2(\Delta t)\{\langle\, R_{a_1}^n\delta_x(K_1^n\delta_x(\hat{\phi}_1^{-1}R_{a_2}^n\delta_y\xi_{ij}^{n+1}))),\xi^{n+1}\,\rangle\\
&+\langle\, R_{b_1}^n\delta_x(K_3^n\delta_{\bar{x}}(\hat{\phi}_3^{-1}R_{b_2}^n\delta_y(K_3^n\delta_{\bar{y}}\zeta^{n+1}))),\zeta^{n+1}\,\rangle\}\\
\leqslant&-2(k_*)^2(\phi^*)^{-1}(\Delta t)^2\sum_{i,j=1}^{N}\{[\delta_{\bar{x}}\delta_{\bar{y}}\xi_{ij}^{n+1}]^2+[\delta_{\bar{x}}\delta_{\bar{y}}\zeta_{ij}^{n+1}]^2\}h^2\\
&+M(\Delta t)^2\{\left\|\delta_{\bar{x}}\xi^{n+1}\right\|^2+\left\|\delta_{\bar{y}}\xi^{n+1}\right\|^2+\left\|\xi^{n+1}\right\|^2+\left\|\delta_{\bar{x}}\zeta^{n+1}\right\|^2\\
&+\left\|\delta_{\bar{y}}\zeta^{n+1}\right\|^2+\left\|\zeta^{n+1}\right\|^2\}.
\end{aligned}\tag{6.1.24}
$$

现估计式 (6.1.22) 右端第 3 项, 有

$$
\begin{aligned}
&2(\Delta t)^2\{\langle R_{a_1}^n\delta_x(K_1^n\delta_{\bar{x}}(\hat{\phi}_1^{-1}\delta_{a_2,y}^n\xi^{n+1}))+\cdots,\xi^{n+1}\rangle\\
&+\langle R_{b_1}^n\delta_x(K_3^n\delta_{\bar{x}}(\hat{\phi}_3^{-1}\delta_{b_2,y}^n\zeta^{n+1}))+\cdots,\zeta^{n+1}\rangle\}\\
\leqslant&\varepsilon(\Delta t)^2\sum_{i,j=1}^{N}\{\left|\delta_{\bar{x}}\delta_{\bar{y}}\xi_{ij}^{n+1}\right|^2+\left|\delta_{\bar{x}}\delta_{\bar{y}}\zeta_{ij}^{n+1}\right|^2\}h^2\\
&+M(\Delta t)^2\{\|\delta_{\bar{x}}\xi^{n+1}\|^2+\|\delta_{\bar{y}}\xi^{n+1}\|^2+\|\xi^{n+1}\|^2\\
&+\|\delta_{\bar{x}}\zeta^{n+1}\|^2+\|\delta_{\bar{y}}\zeta^{n+1}\|^2+\|\zeta^{n+1}\|^2\}.
\end{aligned}\tag{6.1.25}
$$

对第 4 项, 由 ε_0−Lipschitz 条件和归纳法假定 (6.1.19) 有

$$\begin{aligned}&2\Delta t\{\langle Q_1(u^{n+1})-Q_1(U^n),\xi^{n+1}\rangle+\langle Q_3(v^{n+1})-Q_3(V^n),\zeta^{n+1}\rangle\}\\&\leqslant 2\Delta t\{(\Delta t)^2+\|\xi^n\|^2+\|\zeta^n\|^2\}.\end{aligned}\tag{6.1.26}$$

对第 5 项有

$$\begin{aligned}&2\Delta t\{\langle\ \varepsilon_1^{n+1},\xi^{n+1}\ \rangle+\langle\ \varepsilon_3^{n+1},\zeta^{n+1}\ \rangle+\langle\ \varepsilon_2^{n+1},\omega^{n+1}\ \rangle\}\\&\leqslant M\Delta t\{(\Delta t)^2+h^4+\left\|\xi^{n+1}\right\|^2+\left\|\zeta^{n+1}\right\|^2+\left\|\omega^{n+1}\right\|^2\}.\end{aligned}\tag{6.1.27}$$

对误差方程 (6.1.22), 应用估计 (6.1.23)~(6.1.27), 当 ε, Δt 足够小时, 整理可得

$$\begin{aligned}&\{\|\hat\phi_1^{1/2}\xi^{n+1}\|^2+\|\hat\phi_3^{1/2}\zeta^{n+1}\|^2+\|\phi_2^{1/2}\omega^{n+1}\|^2\}\\&-\{\|\hat\phi_1^{1/2}\xi^{n}\|^2+\|\hat\phi_3^{1/2}\zeta^{n}\|^2+\|\phi_2^{1/2}\omega^{n}\|^2\}\\&+(\Delta t)^2\{\|\hat\phi_1^{1/2}\xi_t^{n}\|^2+\|\hat\phi_3^{1/2}\zeta_t^{n}\|^2+\|\phi_2^{1/2}\omega_t^{n}\|^2\}\\&+(\Delta t)^2\sum_{i,j=1}^{N}\{[\delta_{\bar x}\delta_{\bar y}\xi_{ij}^{n+1}]^2+[\delta_{\bar x}\delta_{\bar y}\zeta_{ij}^{n+1}]^2\}h^2\\&+\Delta t\{[\|K_1^{n,1/2}\delta_{\bar x}\xi^{n+1}\|^2+\|K_1^{n,1/2}\delta_{\bar y}\xi^{n+1}\|^2]+[\|K_3^{n,1/2}\delta_{\bar x}\zeta^{n+1}\|^2\\&+\|K_3^{n,1/2}\delta_{\bar y}\zeta^{n+1}\|^2+\|\phi_2^{1/2}\delta_{\bar z}\omega^{n+1}\|^2]\}\\&\leqslant M\{(\Delta t)^2+h^4+\|\xi^{n+1}\|^2+\|\zeta^{n+1}\|^2+\|\omega^{n+1}\|^2\}\Delta t,\end{aligned}\tag{6.1.28}$$

上式对时间 t 求和 $(0\leqslant n\leqslant L)$ 并注意到 $\xi^0=\zeta^0=\omega^0=0$, 故有

$$\begin{aligned}&\{\|\hat\phi_1^{1/2}\xi^{L+1}\|^2+\|\hat\phi_3^{1/2}\zeta^{L+1}\|^2+\|\phi_2^{1/2}\omega^{L+1}\|^2\}+\Delta t\sum_{n=0}^{L}\{[\|\hat\phi_1^{1/2}\xi_t^{n}\|^2\\&+\|\hat\phi_3^{1/2}\zeta_t^{n}\|^2+\|\phi_2^{1/2}\omega_t^{n}\|^2]+\sum_{i,j=1}^{N}[(\delta_{\bar x}\delta_{\bar y}\xi_{ij}^{n+1})^2+(\delta_{\bar x}\delta_{\bar y}\zeta_{ij}^{n+1})^2]h^2\}\Delta t\\&+\sum_{n=0}^{L}\{\|K_1^{n,1/2}\delta_{\bar x}\xi^{n+1}\|^2+\|K_1^{n,1/2}\delta_{\bar y}\xi^{n+1}\|^2\\&+\|K_3^{n,1/2}\delta_{\bar x}\zeta^{n+1}\|^2+\|K_3^{n,1/2}\delta_{\bar y}\zeta^{n+1}\|^2+\|\phi_2^{1/2}\delta_{\bar z}\omega^{n+1}\|^2\}\Delta t\\&\leqslant M\left\{\sum_{n=0}^{L}[\|\xi^{n+1}\|^2+\|\zeta^{n+1}\|^2+\|\omega^{n+1}\|^2]\Delta t+(\Delta t)^2+h^4\right\},\end{aligned}\tag{6.1.29}$$

应用 Gronwall 引理可得

$$\{\|\hat\phi_1^{1/2}\xi^{L+1}\|^2+\|\hat\phi_3^{1/2}\zeta^{L+1}\|^2+\|\phi_2^{1/2}\omega^{L+1}\|^2\}+\Delta t\sum_{n=0}^{L}\{[\|\hat\phi_1^{1/2}\xi_t^{n}\|^2$$

$$+\|\hat{\phi}_3^{1/2}\zeta_t^n\|^2+\|\phi_2^{1/2}\omega_t^n\|^2]+\sum_{i,j=1}^{N}[(\delta_{\bar{x}}\delta_{\bar{y}}\xi_{ij}^{n+1})^2+(\delta_{\bar{x}}\delta_{\bar{y}}\zeta_{ij}^{n+1})^2]h^2\}\Delta t$$

$$+\sum_{n=0}^{L}\{[\|K_1^{n,1/2}\delta_{\bar{x}}\xi^{n+1}\|^2+\|K_1^{n,1/2}\delta_{\bar{y}}\xi^{n+1}\|^2+\|K_3^{n,1/2}\delta_{\bar{x}}\zeta^{n+1}\|^2$$

$$+\|K_3^{n,1/2}\delta_{\bar{y}}\zeta^{n+1}\|^2+\|\phi_2^{1/2}\delta_{\bar{z}}\omega^{n+1}\|^2]\}\Delta t\leqslant M\{(\Delta t)^2+h^4\}. \tag{6.1.30}$$

定理 6.1.1　假定问题 (6.1.1)~(6.1.4) 的精确解满足光滑性条件: $\dfrac{\partial^2 u}{\partial t^2},\dfrac{\partial^2 v}{\partial t^2}\in L^\infty(L^\infty(\Omega_1)),u,v\in L^\infty(W^{4,\infty}(\Omega_1))\cap W^{1,\infty}(W^{1,\infty}(\Omega_1)),\dfrac{\partial^2 w}{\partial t^2}\in L^\infty(L^\infty(\Omega)),w\in L^\infty(W^{4,\infty}(\Omega_1))$. 采用迎风分数步长差分格式 I 的式 (6.1.7)、(6.1.8) 和 (6.1.10) 逐层计算, 则下述误差估计式成立:

$$\|u-U\|_{L^\infty(J;l^2)}+\|v-V\|_{\bar{L}^\infty(J;l^2)}+\|w-W\|_{\bar{L}^\infty(J;l^2)}+\|u-U\|_{\bar{L}^2(J;h^1)}$$
$$+\|v-V\|_{\bar{L}^2(J;h^1)}+\|w-W\|_{\bar{L}^2(J;h^1)}\leqslant M\{\Delta t+h^2\}, \tag{6.1.31}$$

此处$\|g\|_{\bar{L}^\infty(J;X)}=\sup\limits_{n\Delta t\leqslant T}\|g^n\|_X,\|g^n\|_{\bar{L}^2(J;X)}=\sup\limits_{L\Delta t\leqslant T}\left\{\sum\limits_{n=0}^{L}\|g^n\|_X^2\Delta t\right\}^{1/2}$, M 依赖于函数 u,v,w 及其导函数.

下面讨论格式II 的收敛性分析. 类似于格式 I 可以建立等价于 (6.1.7a′)~(6.1.7d′) 的差分方程:

$$\hat{\phi}_{1,ij}\frac{U_{ij}^{n+1}-U_{ij}^n}{\Delta t}-\left\{\left(1+\frac{h}{2}\frac{|a_{1,ij}^n|}{K_{1,ij}^n}\right)^{-1}\delta_x(K_1^n\delta_{\bar{x}})\right.$$
$$\left.+\left(1+\frac{h}{2}\frac{|a_{2,ij}^n|}{K_{1,ij}^n}\right)^{-1}\delta_y(K_1^n\delta_{\bar{y}})\right\}U_{ij}^{n+1}$$
$$+\delta_{a_1^n,x}U_{ij}^{n+1}+\delta_{a_2^n,y}U_{ij}^{n+1}$$
$$+\Delta t\left(1+\frac{h}{2}\frac{|a_{1,ij}^n|}{K_{1,ij}^n}\right)^{-1}\delta_x\left(K_1^n\delta_{\bar{x}}\left(\hat{\phi}_1^{-1}\left(1+\frac{h}{2}\frac{|a_2^n|}{K_1^n}\right)^{-1}\delta_y(K_1^n\delta_{\bar{y}}U^{n+1})\right)\right)_{ij}$$
$$-\Delta t\left\{\left(1+\frac{h}{2}\frac{|a_{1,ij}^n|}{K_{1,ij}^n}\right)^{-1}\delta_x(K_1^n\delta_{\bar{x}}(\hat{\phi}_1^{-1}(\delta_{a_2^n,y}U^{n+1})))_{ij}\right.$$
$$\left.+\delta_{a_1^n,x}\left(\hat{\phi}_1^{-1}\left(1+\frac{h}{2}\frac{|a_2^n|}{K_1^n}\right)^{-1}\delta_y(K_1^n\delta_{\bar{y}}U^{n+1})\right)_{ij}-\delta_{a_1^n,x}(\hat{\phi}_1^{-1}\delta_{a_2^n,y}U^{n+1})_{ij}\right\}$$
$$=-K_{2,ij,N=1/2}^n\delta_{\bar{z}}W_{ij,N}^{n+1}+Q(U_{ij}^{n+1}),\quad 1\leqslant i,j\leqslant N-1, \tag{6.1.32a}$$

$$U_{ij}^{n+1}=0,\quad (x_i,y_j)\in\partial\Omega_1, \tag{6.1.32b}$$

等价于式 (6.1.10a′)~(6.1.10d′) 的差分方程:

$$\begin{aligned}
&\hat{\phi}_{3,ij}\frac{V_{ij}^{n+1}-V_{ij}^{n}}{\Delta t}-\left\{\left(1+\frac{h}{2}\frac{|b_{1,ij}^{n}|}{K_{3,ij}^{n}}\right)^{-1}\delta_x(K_3^n\delta_{\bar{x}})\right.\\
&\left.+\left(1+\frac{h}{2}\frac{|b_{2,ij}^{n}|}{K_{3,ij}^{n}}\right)^{-1}\delta_y(K_3^n\delta_{\bar{y}})\right\}V_{ij}^{n+1}\\
&+\delta_{b_1^n,x}V_{ij}^{n+1}+\delta_{b_1^n,x}V_{ij}^{n+1}\\
&+\Delta t\left(1+\frac{h}{2}\frac{|b_{1,ij}^{n}|}{K_{3,ij}^{n}}\right)^{-1}\delta_x\left(K_3^n\delta_x\left(\hat{\phi}_3^{-1}\left(1+\frac{h}{2}\frac{|b_{2,ij}^{n}|}{K_{3,ij}^{n}}\right)^{-1}\delta_y(K_3^n\delta_{\bar{y}}V^{n+1})\right)\right)_{ij}\\
&-\Delta t\left\{\left(1+\frac{h}{2}\frac{|b_{1,ij}^{n}|}{K_{3,ij}^{n}}\right)^{-1}\delta_x(K_3^n\delta_x(\hat{\phi}_3^{-1}(\delta_{b_2^n,y}V^{n+1})))_{ij}\right.\\
&\left.+\delta_{b_1^n,x}\left(\hat{\phi}_3^{-1}\left(1+\frac{h}{2}\frac{|b_2^n|}{K_3^n}\right)^{-1}\delta_y(K_3^n\delta_{\bar{y}}V^{n+1})\right)_{ij}-\delta_{b_1^n,x}(\hat{\phi}_3^{-1}\delta_{b_2^n,y}V^{n+1})_{ij}\right\}\\
=&K_{2,ij,1/2}^{n}\delta_z W_{ij,0}^{n+1}+Q(V_{ij}^{n+1}),\quad 1\leqslant i,j\leqslant N-1,
\end{aligned}\tag{6.1.33a}$$

$$V_{ij}^{n+1}=0,\quad (x_i,y_j)\in\partial\Omega_1,\tag{6.1.33b}$$

方程 (6.1.8) 此时写为

$$\phi_{2,ijk}\frac{W_{ijk}^{n+1}-W_{ijk}^{n}}{\Delta t}=\delta_z(K_2^n\delta_{\bar{z}}W^{n+1})_{ijk},\quad 1\leqslant k\leqslant N-1.\tag{6.1.34a}$$

内边界条件:

$$W_{ij,N}^{n+1}=U_{ij}^{n+1},W_{ij,0}^{n+1}=V_{ij}^{n+1},\quad (x_i,y_j)\in\Omega_1.\tag{6.1.34b}$$

从式 (6.1.32), (6.1.33) 和 (6.1.34) 能够得到误差方程和下述误差估计:

$$\begin{aligned}
&\{\|\hat{\phi}_1^{1/2}\xi^{n+1}\|^2+\|\hat{\phi}_3^{1/2}\zeta^{n+1}\|^2+\|\phi_2^{1/2}\omega^{n+1}\|^2\}\\
&-\{\|\hat{\phi}_1^{1/2}\xi^{n}\|^2+\|\hat{\phi}_3^{1/2}\zeta^{n}\|^2+\|\phi_2^{1/2}\omega^{n}\|^2\}\\
&+(\Delta t)^2\{\|\hat{\phi}_1^{1/2}\xi_t^{n}\|^2+\|\hat{\phi}_3^{1/2}\zeta_t^{n}\|^2+\|\phi_2^{1/2}\omega_t^{n}\|^2\}+2\Delta t\{[\|K_1^{n,1/2}\delta_{\bar{x}}\xi^{n}\|^2\\
&+\|K_1^{n,1/2}\delta_{\bar{y}}\xi^{n+1}\|^2]+[\|K_3^{n,1/2}\delta_{\bar{x}}\zeta^{n+1}\|^2+\|K_3^{n,1/2}\delta_{\bar{y}}\zeta^{n+1}\|^2]+\|\phi_2^{n,1/2}\delta_{\bar{z}}\omega^{n+1}\|^2\}\\
=&-2\Delta t\{\langle\delta_{a_1^n,x}\xi^{n+1}+\delta_{a_2^n,y}\xi^{n+1},\xi^{n+1}\rangle+\cdots\}\\
&-2(\Delta t)^2\left\{\left\langle\left(1+\frac{h}{2}\frac{|a_1^n|}{K_1^n}\right)^{-1}\delta_x(K_1^n\delta_{\bar{x}}(\hat{\phi}_1^{-1}\left(1+\frac{h}{2}\frac{|a_2^n|}{K_1^n}\right)^{-1}\right.\right.\\
&\left.\left.\cdot\delta_y(K_1^n\delta_{\bar{y}}\xi^{n+1}))),\xi^{n+1}\right\rangle+\cdots\right\}
\end{aligned}$$

$$+ 2(\Delta t)^2\left\{\left\langle\left(1+\frac{h}{2}\frac{|a_1^n|}{K_1^n}\right)^{-1}\delta_x(K_1^n\delta_{\bar{x}}(\hat{\phi}_1^{-1}\delta_{a_2^n,y}\xi^{n+1}))+\cdots,\xi^{n+1}\right\rangle\right.$$
$$\left.+\left\langle\left(1+\frac{h}{2}\frac{|b_1^n|}{K_3^n}\right)^{-1}\delta_x(K_3^n\delta_{\bar{x}}(\hat{\phi}_3^{-1}\delta_{b_2^n,y}\zeta^{n+1}))+\cdots,\zeta^{n+1}\right\rangle\right\}$$
$$+2\Delta t\{\langle Q(u^{n+1})-Q(U^{n+1}),\xi^{n+1}\rangle+\langle Q_3(v^{n+1})-Q_3(V^{n+1}),\zeta^{n+1}\rangle\}$$
$$+2\Delta t\{\langle\varepsilon_1^{n+1},\xi^{n+1}\rangle+\langle\varepsilon_3^{n+1},\xi^{n+1}\rangle+\langle\varepsilon_2^{n+1},\omega^{n+1}\rangle\}. \tag{6.1.35}$$

最后, 同样可以得到相应的误差估计并建立下述收敛性定理:

定理 6.1.2　假定问题 (6.1.1)~(6.1.4) 的精确解满足光滑性条件:

$$\frac{\partial^2 u}{\partial t^2},\frac{\partial^2 v}{\partial t^2}\in L^\infty(L^\infty(\Omega_1)),\quad u,v\in L^\infty(W^{4,\infty}(\Omega_1))\cap w^{1,\infty}(W^{1,\infty}(\Omega_1)),$$
$$\frac{\partial^2 w}{\partial t^2}\in L^\infty(L^\infty(\Omega)),\quad w\in L^\infty(W^{4,\infty}(\Omega)).$$

采用迎风分数步差分格式Ⅱ的 (6.1.7′), (6.1.8′), (6.1.10′) 逐层计算, 由下述误差估计式成立:

$$\|u-U\|_{\bar{L}^\infty(J;l^2)}+\|v-V\|_{\bar{L}^\infty(J;l^2)}+\|w-W\|_{\bar{L}^\infty(J;l^2)}+\|u-U\|_{\bar{L}^2(J;h^1)}$$
$$+\|v-V\|_{\bar{L}^2(J;h^1)}+\|w-W\|_{\bar{L}^2(J;h^1)}\leqslant M\left\{\Delta t+h^2\right\}. \tag{6.1.36}$$

6.1.3 一阶迎风分数步差分格式及其收敛性分析

对于一般问题的非高精度计算, 通常可采用简便的一阶分数步差分格式.

6.1.3.1 迎风分数步格式Ⅲ

一阶迎风分数步差分格式为

$$(\hat{\phi}_1-\Delta t\delta_x(K_1^n\delta_{\bar{x}})+\Delta t\delta_{a_1^n,x})U_{ij}^{n+1/2}$$
$$=\hat{\phi}_{1,ij}U_{ij}^n+\Delta t\{-K_{2,ij,N-1/2}^n\delta_{\bar{z}}W_{ij,N}^n+Q(x_i,y_j,t^n,U_{ij}^n)\},$$
$$i_1(j)<j<j_2(i), \tag{6.1.37a}$$

$$U_{ij}^{n+1/2}=0,\quad (x_i,y_j)\in\partial\Omega_{1,h}, \tag{6.1.37b}$$

$$(\hat{\phi}_1-\Delta t\delta_y(K_1^n\delta_{\bar{y}})+\Delta t\delta_{a_2^n,y})U_{ij}^{n+1/2}=\hat{\phi}_{1,ij}U_{ij}^{n+1/2},\quad j_1(i)<j<j_2(i), \tag{6.1.37c}$$

$$U_{ij}^{n+1/2}=0,\quad (x_i,y_j)\in\partial\Omega_{1,h}, \tag{6.1.37d}$$

此处, $\delta_{a_1^n,x}u_{ij}=a_{1,ij}^n[H(a_{1,ij}^n)\delta_{\bar{x}}+(1-H(a_{1,ij}^n)\delta_x)]u_{ij},\delta_{a_2^n,y}u_{ij}=a_{2,ij}^n[H(a_{2,ij}^n)\delta_{\bar{y}}$

$$+(1-H(a_{2,ij}^n))\delta_y]u_{ij}, H(z)=\begin{cases}1, & z\geqslant 0\\ 0, & z<0.\end{cases}$$

$$\phi_{2,ijk}\frac{W_{ijk}^{n+1}-W_{ijk}^n}{\Delta t}=\delta_z(K_2^n\delta_{\bar z}W^n)_{ijk},\quad 0<k<N,(i,j)\in\Omega_{1,h},\tag{6.1.38}$$

$$\begin{aligned}&(\hat\phi_3-\Delta t\delta_x(K_3^n\delta_{\bar x})+\Delta t\delta_{b_1^n,x})V_{ij}^{n+1/2}\\ =&\hat\phi_{3,ij}U_{ij}^n+\Delta t\{K_{2,ij,1/2}^n\delta_z W_{ij,0}^n+Q(x_i,y_j,t^n,V_{ij}^n)\},\quad i_1(j)<i<i_2(j),\end{aligned}\tag{6.1.39a}$$

$$V_{ij}^{n+1/2}=0,\quad (x_i,y_j)\in\partial\Omega_{1,h},\tag{6.1.39b}$$

$$(\hat\phi_3-\Delta t\delta_y(K_3^n\delta_{\bar y})+\Delta t\delta_{b_2^n,y})V_{ij}^{n+1}=\hat\phi_{3,ij}V_{ij}^{n+1/2},\quad j_1(i)<j<j_2(i),\tag{6.1.39c}$$

$$V_{ij}^{n+1/2}=0,\quad (x_i,y_j)\in\Omega_{1,h},\tag{6.1.39d}$$

此处 $\delta_{b_1^n,y}v_{ij}=b_{1,ij}^n[H(b_{1,ij}^n)\delta_{\bar x}+(1-H(b_{1,ij}^n))\delta_x]v_{ij},\delta_{b_2^n,y}v_{ij}=b_{2,ij}^n[H(b_{2,ij}^n)\delta_{\bar y}+(1-H(b_{2,ij}^n))\delta_y]v_{ij}$, 计算过程和格式 I 是类似的.

6.1.3.2 迎风分数步差分格式IV

一阶迎风分数步差分格式为

$$\begin{aligned}&(\hat\phi_1-\Delta t\delta_x(K_1^n\delta_{\bar x})+\Delta t\delta_{a_1^n,x})U_{ij}^{n+1/2}\\ =&\hat\phi_{1,ij}U_{ij}^n+\Delta t\{-K_{2,ij,N-1/2}^n\delta_{\bar z}W_{ij,N}^{n+1}+Q(x_i,y_j,t^{n+1},U_{ij}^{n+1})\},\\ &i_1(j)<i<i_2(j),\end{aligned}\tag{6.1.37a$'$}$$

$$U_{ij}^{n+1}=0,\quad (x_i,y_j)\in\partial\Omega_{1,h},\tag{6.1.37b$'$}$$

$$(\hat\phi_1-\Delta t\delta_y(K_1^n\delta_{\bar y})+\Delta t\delta_{a_2^n,y})U_{ij}^{n+1}=\hat\phi_{1,ij}U_{ij}^{n+1/2},\quad j_1(i)<j<j_2(i),\tag{6.1.37c$'$}$$

$$U_{ij}^{n+1/2}=0,\quad (x_i,y_j)\in\partial\Omega_{1,h},\tag{6.1.37d$'$}$$

$$\phi_{2,ijk}\frac{W_{ijk}^{n+1}-W_{ijk}^n}{\Delta t}=\delta_z(K_2^n\delta_{\bar z}W^{n+1})_{ijk},\quad 0<k<N,(i,j)\in\Omega_{1,h},\tag{6.1.38$'$}$$

$$\begin{aligned}&(\hat\phi_3-\Delta t\delta_x(K_3^n\delta_{\bar x})+\Delta t\delta_{b_1^n,x})V_{ij}^{n+1/2},\\ =&\hat\phi_{3,ij}V_{ij}^n+\Delta t\left\{K_{2,ij,1/2}^n\delta_z W_{ij,0}^{n+1}+Q(x_i,y_j,t^n,V_{ij}^{n+1})\right\},\quad i_1(j)<i<i_2(j),\end{aligned}\tag{6.1.39a$'$}$$

$$V_{ij}^{n+1/2}=0,\quad (x_i,y_j)\in\partial\Omega_{1,h},\tag{6.1.39b$'$}$$

$$(\hat\phi_3-\Delta t\delta_y(K_3^n)\delta_{\bar y})+\Delta t\delta_{b_2^n,y})V_{ij}^{n+1}=\hat\phi_{3,ij}V_{ij}^{n+1/2},\quad j_1(i)<j<j_2(i),\tag{6.1.39c$'$}$$

$$V_{ij}^{n+1}=0,\quad (x_i,y_j)\in\partial\Omega_{1,h},\tag{6.1.39d$'$}$$

计算过程和格式 II 是类似的.

6.1.3.3 收敛性定理

定理 6.1.3 假定问题 (6.1.1)~(6.1.4) 的精确解满足光滑性条件: $\dfrac{\partial^2 u}{\partial t^2}$, $\dfrac{\partial^2 v}{\partial t^2} \in L^\infty(L^\infty(\Omega_1))$, u, $v \in L^\infty(W^{4,\infty}(\Omega_1))$, $\dfrac{\partial^2 w}{\partial t^2} \in L^\infty(L^\infty(\Omega))$, $w \in L^\infty(W^{4,\infty}(\Omega))$. 采用迎风分数步差分格式III, IV逐层计算, 则下述误差估计式成立:

$$\|u-U\|_{\bar{L}^\infty(J;l^2)} + \|v-V\|_{\bar{L}^\infty(J;l^2)} + \|w-W\|_{\bar{L}^\infty(J;l^2)} + \|u-U\|_{\bar{L}^2(J;h^1)} \\ + \|v-V\|_{\bar{L}^2(J;h^1)} + \|w-W\|_{\bar{L}^2(J;h^1)} \leqslant M\{\Delta t + h\}. \tag{6.1.40}$$

6.1.4 应用

迎风分数步差分格式除在多层地下渗流的非稳定流计算中得到应用外, 最近也应用到多层油资源运移聚集的软件系统和胜利油田资源评估中. 问题的数学模型为

$$\nabla\cdot\left(K_1\frac{k_{ro}}{\mu_o}\nabla\varphi_o\right) + B_o q + \left(K_2\frac{k_{ro}}{\mu_o}\frac{\partial\varphi_o}{\partial z}\right)_{z=H} = -\phi_1\dot{s}\left(\frac{\partial\varphi_o}{\partial t} - \frac{\partial\varphi_w}{\partial t}\right), \\ X=(x,y)^{\mathrm{T}}\in\Omega_1, \quad t\in J=(0,T], \tag{6.1.41a}$$

$$\nabla\cdot\left(K_1\frac{k_{rw}}{\mu_w}\nabla\varphi_w\right) + B_w q + \left(K_2\frac{k_{rw}}{\mu_w}\frac{\partial\varphi_w}{\partial z}\right)_{z=H} = \phi_1\dot{s}\left(\frac{\partial\varphi_o}{\partial t} - \frac{\partial\varphi_w}{\partial t}\right), \quad X\in\Omega, t\in J, \tag{6.1.41b}$$

$$\frac{\partial}{\partial z}\left(K_2\frac{k_{ro}}{\mu_o}\frac{\partial\varphi_o}{\partial t}\right) = -\phi_2\dot{s}\left(\frac{\partial\varphi_o}{\partial t} - \frac{\partial\varphi_w}{\partial t}\right), \quad X=(x,y,z)^{\mathrm{T}}\in\Omega, t\in J, \tag{6.1.42a}$$

$$\frac{\partial}{\partial z}\left(K_2\frac{k_{rw}}{\mu_w}\frac{\partial\varphi_w}{\partial t}\right) = \phi_2\dot{s}\left(\frac{\partial\varphi_o}{\partial t} - \frac{\partial\varphi_w}{\partial t}\right), \quad X\in\Omega, t\in J, \tag{6.1.42b}$$

$$\nabla\cdot\left(K_3\frac{k_{ro}}{\mu_o}\nabla\varphi_o\right) + B_o q - \left(K_2\frac{k_{ro}}{\mu_o}\frac{\partial\varphi_o}{\partial z}\right)_{z=0} = -\phi_3\dot{s}\left(\frac{\partial\varphi_o}{\partial t} - \frac{\partial\varphi_w}{\partial t}\right), \\ X=(x,y)^{\mathrm{T}}\in\Omega, t\in J, \tag{6.1.43a}$$

$$\nabla\cdot\left(K_3\frac{k_{rw}}{\mu_w}\nabla\varphi_w\right) + B_w q - \left(K_2\frac{k_{rw}}{\mu_w}\frac{\partial\varphi_w}{\partial z}\right)_{z=0} = \phi_3\dot{s}\left(\frac{\partial\varphi_o}{\partial t} - \frac{\partial\varphi_w}{\partial t}\right), \quad X\in\Omega, t\in J. \tag{6.1.43b}$$

应用本节的计算方法, 对胜利油田运移聚集的实际问题进行了数值模拟, 结果符合油水运移聚集规律, 可清晰地看到油在下层运移聚集的情况, 并由中间层进一步运移到上层, 最后形成油藏的全过程, 其成藏位置基本上和实际油田的位置一致.

6.2 非线性多层渗流方程耦合系统的迎风分数步差分方法

6.2.1 引言

在三维多层地下渗流驱动问题的非稳定流计算中, 若研究 3 层问题, 置于它们中间的层 (弱渗透层) 仅有垂直流动时, 需要求解下述一类三维多层对流扩散耦合系统的初边值问题 [13,14,17,18]:

$$\begin{aligned}&\Phi_1(x,y,z)\frac{\partial u}{\partial t}+\boldsymbol{a}(x,y,,z,t)\cdot\nabla u-\nabla\cdot(K_1(x,y,z,u,t)\nabla u)\\ =&Q_1(x,y,z,t,u),\quad (x,y,z)^{\mathrm{T}}\in\Omega_1, t\in J=(0,T],\end{aligned}\tag{6.2.1a}$$

$$\Phi_2(x,y,z)\frac{\partial w}{\partial t}=\frac{\partial}{\partial z}\left(K_2(x,y,z,t)\frac{\partial w}{\partial z}\right),\quad (x,y,z)^{\mathrm{T}}\in\Omega_2(t), t\in J,\tag{6.2.1b}$$

$$\begin{aligned}&\Phi_3(x,y,z)\frac{\partial v}{\partial t}+\boldsymbol{b}(x,y,z,t)\cdot\nabla v-\nabla\cdot(K_3(x,y,z,v,t)\nabla v)\\ =&Q_3(x,y,t,v),\quad (x,y,z)^{\mathrm{T}}\in\Omega_3, t\in J,\end{aligned}\tag{6.2.1c}$$

此处 $\Omega=\bigcup\limits_{i=1}^{3}\Omega_i, \Omega_1=\{(x,y)\in\Omega_0, H_2<z<H_3\}, \Omega_2=\{(x,y)\in\Omega_0, H_1<z<H_2\}, \Omega_3=\{(x,y)\in\Omega_0, 0<z<H_1\}, \Omega_{0'}$ 为图 6.2.1 所示的平面有界区域, $\partial\Omega, \partial\Omega_i(i=1,2,3)$ 分别为 Ω 和 Ω_i 的外边界.

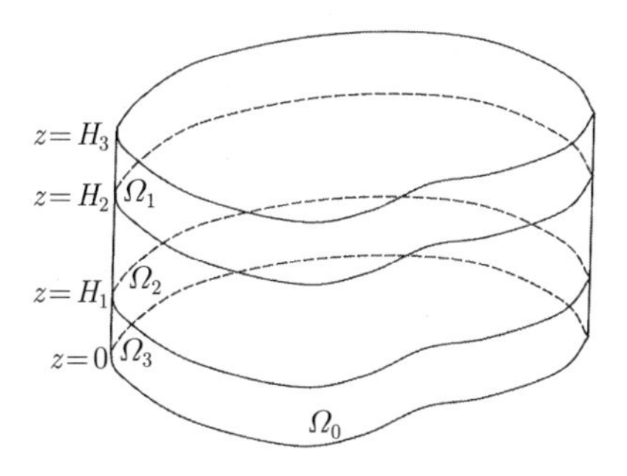

图 6.2.1 区域 $\Omega_1,\Omega_2,\Omega_3$ 示意图

初始条件:

$$\begin{aligned}&u(x,y,z,0)=\Psi_1(x,y,z),\quad (x,y,z)^{\mathrm{T}}\in\Omega_1,\\ &w(x,y,z,0)=\Psi_2(x,y,z),\quad (x,y,z)^{\mathrm{T}}\in\Omega_2,\\ &u(x,y,z,0)=\Psi_3(x,y,z),\quad (x,y,z)^{\mathrm{T}}\in\Omega_3.\end{aligned}\tag{6.2.2}$$

边界条件是第 1 型的:

$$
\begin{aligned}
&u(x,y,z,t)|_{z=H_3,\partial\Omega_1}=0,\quad w(x,y,z,t)|_{\partial\Omega_2}=0,\quad v(x,y,z,t)|_{z=0,\partial\Omega_3}=0,\\
&w(x,y,z,t)|_{z=H_2}=u(x,y,H_2,t),\quad K_2(x,y,z,t)\left.\frac{\partial w}{\partial z}\right|_{z=H_2}\\
&\qquad=K_1(x,y,z,u,t)\left.\frac{\partial u}{\partial z}\right|_{z=H_2},\\
&w(x,y,z,t)|_{z=H_1}=v(x,y,H_1,t),
\end{aligned}
\tag{6.2.3a}
$$

$$
K_2(x,y,z,t)\left.\frac{\partial w}{\partial z}\right|_{z=H_1}=K_3(x,y,z,v,t)\left.\frac{\partial v}{\partial z}\right|_{z=H_1},\quad (x,y)^{\mathrm{T}}\in\Omega_0(\text{内边界条件}).
\tag{6.2.3b}
$$

在渗流力学中, 待求函数 u,w,v 为位势函数, $\nabla u,\nabla v,\dfrac{\partial w}{\partial z}$ 为 Darcy 速度, Φ_α $(a=1,2,3)$ 为孔隙度函数, $K_1(x,y,z,u,t),K_2(x,y,z,t)$ 和 $K_3(x,y,z,v,t)$ 为渗透率函数, $\boldsymbol{a}(x,y,z,t)=(a_1(x,y,z,t),a_2(x,y,z,t),a_3(x,y,z,t))^{\mathrm{T}},\boldsymbol{b}(x,y,z,t)=(b_1(x,y,z,t),b_2(x,y,z,t),b_3(x,y,z,t))^{\mathrm{T}}$ 为相应的对流系数, $Q_1(x,y,z,t,u),Q_3(x,y,z,t,v)$ 为产量项.

对于对流扩散问题已有 Douglas 和 Russell 的著名特征差分方法工作 [19,20], 它克服了经典方法可能出现的数值解的振荡和失真 [13,19,20], 解决了用差分方法处理以对流为主的对流扩散问题. 但特征差分方法有处理边界条件所带来的计算复杂性 [13,20], Ewing 和 Lazarov 等提出用迎风差分格式来解决这类问题 [21,22]. 为解决大规模科学与工程计算 (节点个数可多达数万乃至数百万个), 需要采用分数步技术, 将高维问题化为连续解几个一维问题的计算 [23~25], 我们从油气资源勘探、开发和地下水渗流计算的实际问题出发, 研究三维多层非线性地下渗流耦合系统驱动问题的非稳定渗流计算, 提出适合并行计算的耦合迎风分数的步差分格式, 利用变分形式、能量方法、差分算子乘积交换性、高阶差分算子的分解、先验估计的理论和技巧, 得到收敛性的误差估计. 对于简化的情形, 即将问题简化为二维平面问题, 且假定问题是线性的, 我们已有初步成果. 但由于油田勘探的深入发展, 需要寻找"土豆块闭圈"中小型油田, 油田勘探的数值模拟需要向精细化、并行化发展, 需要研究问题的三维和非线性耦合系统的真实情形. 我们的方法已成功应用到三维油资源运移聚集数值模拟计算和工程实践中通常问题是正定的, 即满足

$$
0<\Phi_*\leqslant\Phi_\alpha\leqslant\Phi^*,0<K_*\leqslant K_\alpha\leqslant K^*,\quad \alpha=1,2,3,
\tag{6.2.4a}
$$

$$
\left|\frac{\partial_1^K(u)}{\partial u}\right|+\left|\frac{\partial_3^K(v)}{\partial v}\right|\leqslant K^*,
\tag{6.2.4b}
$$

此处 Φ_*,Φ^*,K_*,K^* 均为正常数.

假定式 (6.2.1)~(6.2.4) 的精确解是正则的, 即 $\dfrac{\partial^2 u}{\partial t^2} \in L^\infty(L^\infty(\Omega_1))$, $u \in L^\infty(W^{4,\infty}(\Omega_1)) \cap W^{1,\infty}(W^{1,\infty}(\Omega_1))$, $\dfrac{\partial^2 v}{\partial t^2} \in L^\infty(L^\infty(\Omega_3))$, $v \in L^\infty(W^{4,\infty}(\Omega_3)) \cap W^{1,\infty}(W^{1,\infty}(\Omega_1))$, $\dfrac{\partial^2 w}{\partial t^2} \in L^\infty(L^\infty(\Omega_2), w \in L^\infty(W^{4,\infty}(\Omega_2))$, 且 $Q_1(x,y,z,t,u), Q_3(x,y,z,t,v)$ 在解的 ε_0 邻域满足 Lipschitz 连续条件.

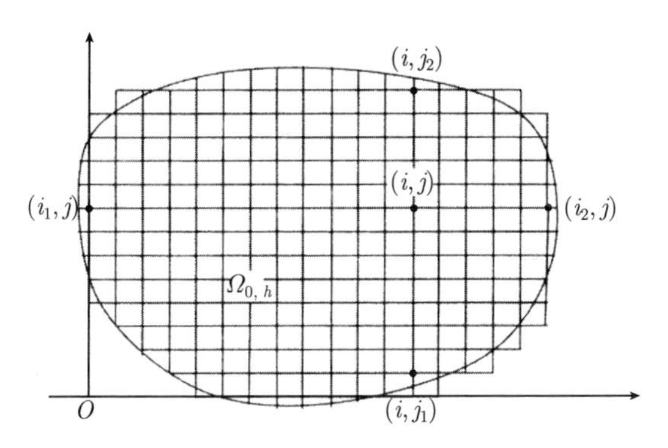

图 6.2.2 网域 $\Omega_{0,h}$ 示意图

6.2.2 迎风分数步差分方法

为了用差分方法求解, 用网格区域 $\Omega_{0,h}$ 代替 Ω_0(图 6.2.2), 在平面 (x,y) 上步长为 h_1,

$$x_i = ih_1, \quad y_j = jh_1,$$

$$\Omega_{0,h} = \{(x_i,y_j)|i_1(j) < i < i_2(j), j_1(i) < j < j_2(i)\}.$$

在 z 方向步长为 h_2, $z_k = H_2 + kh_2, h_2 = (H_3 - H_2)/N_1$, 此处 N_1 为某一正整数. $t^n = n\Delta t$, 用 $\Omega_{1,h}$ 代替 $\Omega_1 . \Omega_{1,h} = \{(x_i,y_j,z_k)|i_1(j) < i < i_2(j), j_1(i) < j < j_2(i), 0 < k < N_1\}$. 用 $\partial\Omega_{1,h}$ 和 $\partial\Omega_{0,h}$ 分别表示 $\Omega_{1,h}$ 和 $\Omega_{0,h}$ 的边界, 类似地, 对 Ω_2 在 z 方向的步长取为 $h_3, z_k = H_1 + kh_3, h_3 = (H_2 - H_1)/N_2$, 用 $\Omega_{2,h}$ 代替 $\Omega_2 . \Omega_{2,h} = \{(x_i,y_j,z_k)|i_1(j) < i < i_2(j), j_1(i) < j < j_2(i), 0 < k < N_2\}$, 对 Ω_3 在 z 方向的步长取为 h_4, $z_k = kh_4$, $h_4 = H_1/N_3$, 同样用 $\Omega_{3,h}$ 代替 Ω_3, $\Omega_{3,h} = \{(x_i,y_j,z_k)|i_1(j) < i < i_2(j), j_1(i) < j < j_2(i), 0 < k < N_3\}$. 此处 N_2 和 N_3 为正整数, $\partial\Omega_{2,h}$ 和 $\partial\Omega_{3,h}$ 表示 $\Omega_{2,h}$ 和 $\Omega_{3,h}$ 的外侧边界. 记

$$U(x_i,y_j,z_k,t^n) = U_{ijk}^n, \quad V(x_i,y_j,z_k,t^n) = V_{ijk}^n, \quad W(x_i,y_j,z_k,t^n) = W_{ijk}^n.$$

记 $\delta_x, \delta_y, \delta_z, \delta_{\bar{x}}, \delta_{\bar{y}}, \delta_{\bar{z}}$ 分别为 x, y 和 z 方向的向前、向后差商算子, $d_t U^n$ 为网格函数 U_{ijk}^n 在 $t = t_n$ 的向前差商.

记

$$\begin{aligned}K(U^n)_{i+1/2,jk}&=[K(x_i,y_j,z_k,U_{ijk}^n)+K(x_{i+1},y_j,z_k,U_{i+1,jk}^n)]/2,\\K(U^n)_{i,j+1/2,k}&=[K(x_i,y_j,z_k,U_{ijk}^n)+K(x_i,y_{j+1},z_k,U_{i,j+1,j}^n)]/2,\\K(U^n)_{ij,k+1/2}&=[K(x_i,y_j,z_k,U_{ijk}^n)+K(x_i,y_j,z_{k+1},U_{ij,k+1}^n)]/2.\end{aligned}\tag{6.2.5}$$

设

$$\begin{aligned}&\delta_x(K(U^n)\delta_{\overline{x}}u^{n+1})_{ijk}=h_1^{-2}[K(U^n)_{i+1/2,jk}(u_{i+1,jk}^{n+1}-u_{ijk}^{n+1})\\&-K(U^n)_{i-1/2,jk}(u_{i+1,jk}^{n+1}-u_{i-1,jk}^{n+1})],\\&\delta_y(K(U^n)\delta_{\overline{y}}u^{n+1})_{ijk}=h_1^{-2}[K(U^n)_{i,j+1/2,k}(u_{i,j+1,k}^{n+1}-u_{ijk}^{n+1})\\&-K(U^n)_{i,j-1/2,k}(u_{ijk}^{n+1}-u_{i,j-1,k}^{n+1})],\end{aligned}$$

$$\begin{aligned}&\delta_z(K(U^n)\delta_{\overline{z}}u^{n+1})_{ijk}=h_2^{-2}[K(U^n)_{ij,k+1/2}(u_{ij,k+1}^{n+1}-u_{ijk}^{n+1})\\&-K(U^n)_{ij,k-1/2}(u_{ijk}^{n+1}-u_{ij,k-1}^{n+1})],\\&\nabla_h(K(U^n)\nabla_hu^{n+1})_{ijk}=\delta_x(K(U^n)\delta_{\overline{x}}u^{n+1})_{ijk}+\delta_y(K(U^n)\delta_{\overline{y}}u^{n+1})_{ijk}\\&+\delta_z(K(U^n)\delta_{\overline{z}}u^{n+1})_{ijk}.\end{aligned}$$

方程 (6.2.1a) 可近似分裂为

$$\begin{aligned}&\left(1-\frac{\Delta t}{\varPhi_1}\frac{\partial}{\partial x}\left(K_1\frac{\partial}{\partial x}\right)+\frac{\Delta t}{\varPhi_1}a_1\frac{\partial}{\partial x}\right)\left(1-\frac{\Delta t}{\varPhi_1}\frac{\partial}{\partial y}\left(K_1\frac{\partial}{\partial y}\right)+\frac{\Delta t}{\varPhi_1}a_2\frac{\partial}{\partial y}\right)\\&\times\left(1-\frac{\Delta t}{\varPhi_1}\frac{\partial}{\partial z}\left(K_1\frac{\partial}{\partial z}\right)+\frac{\Delta t}{\varPhi_1}a_3\frac{\partial}{\partial z}\right)u^{n+1}=u^n+\frac{\Delta t}{\varPhi_1}Q_1(x_i,y_i,z,t^{n+1},u^{n+1}).\end{aligned}\tag{6.2.6}$$

其对应的迎风步差分格式为

$$\begin{aligned}&(\varPhi_1-\Delta t\delta_x(K_1(U^n)\delta_{\overline{x}})+\Delta t\delta_{a_1^{n+1}})U_{ijk}^{n+1/3}\\&=\varPhi_{1,ijk}U_{ijk}^n+\Delta tQ_1(x_i,y_i,z_k,U_{ijk}^{n+1}),\quad i_1(j)<i<i_2(j),\end{aligned}\tag{6.2.7a}$$

$$U_{ijk}^{n+1/3}=0,\quad (x_i,y_j,z_k)^{\mathrm{T}}\in\partial\Omega_{1,h},\tag{6.2.7b}$$

$$\left(\varPhi_1-\Delta t\delta_y(K_1(U^n)\delta_{\overline{y}})+\Delta t\delta_{a_2^{n+1}}\right)U_{ijk}^{n+2/3}=\varPhi_{1,ijk}U_{ijk}^{n+1/3},\quad j_1(i)<j<j_2(i),\tag{6.2.7c}$$

$$U_{ijk}^{n+2/3}=0,\quad (x_i,y_j,z_k)^{\mathrm{T}}\in\partial\Omega_{1,h},\tag{6.2.7d}$$

$$\left(\varPhi_1-\Delta t\delta_z(K_1(U^n)\delta_{\overline{z}})+\Delta t\delta_{a_3^{n+1}}\right)U_{ijk}^{n+1}=\varPhi_{1,ijk}U_{ijk}^{n+2/3},\quad 0<k<N_1,\tag{6.2.7e}$$

$$U_{ijk}^{n+1}=0,\quad (x_i,y_j,z_k)^{\mathrm{T}}\in\partial\Omega_{1,h},\tag{6.2.7f}$$

此处 $U_{ij,N_1}^{n+1}=0,U_{ij,0}^{n+1}=W_{ij,N_2}^{n+1},(x_i,y_j)^{\mathrm{T}}\in\Omega_{0,h},K_{2,ij,N_2-1/2}^n\delta_{\overline{z}}W_{ij,N_2}^{n+1}=K_1(U^n)_{ij,1/2}$ $\delta_zU_{ij,0}^{n+1},(x_i,y_j)^{\mathrm{T}}\in\Omega_{0,h}$,

$$\delta_{a_1^{n+1}}u_{ijk}=a_{1,ijk}^{n+1}[H(a_{1,ijk}^{n+1})\delta_{\overline{x}}+(1-H(a_{1,ijk}^{n+1}))\delta_x]u_{ijk},\delta_{a_2^{n+1}}u_{ijk}$$

$$= a_{2,ijk}^{n+1}[H(a_{2,ijk}^{n+1})\delta_{\overline{y}} + (1 - H(a_{2,ijk}^{n+1}))\delta_y]u_{ijk},$$

$$\delta_{a_3^{n+1}} u_{ijk} = a_{3,ijk}^{n+1}[H(a_{3,ijk}^{n+1})\delta_{\overline{z}} + (1 - H(a_{3,ijk}^{n+1}))\delta_z]u_{ijk}, H(z) = \begin{cases} 1, & z \geqslant 0, \\ 0, & z < 0. \end{cases}$$

在实际计算时, 式 (6.2.7f) 中 $\delta_{\overline{z}} W_{ij,N_2}^{n+1}$, 近似地取为 $\delta_{\overline{z}} W_{ij,N_2}^{n}, U_{ij0}^{n+1}$ 近似地取为 U_{ij0}^{n}.

方程 (6.2.1b) 的差分格式是

$$\Phi_{2,ijk} \frac{W_{ijk}^{n+1} - W_{ijk}^{n}}{\Delta t} = \delta_z (K_2^n \delta_{\overline{z}} W^{n+1})_{ijk}, \quad 0 < k < N_2, \quad (i,j) \in \Omega_{0,h}. \tag{6.2.8}$$

方程 (6.2.1c) 可近似分裂为

$$\begin{aligned} &\left(1 - \frac{\Delta t}{\Phi_3}\frac{\partial}{\partial x}\left(K_3 \frac{\partial}{\partial x}\right) + \frac{\Delta t}{\Phi_3} b_1 \frac{\partial}{\partial x}\right)\left(1 - \frac{\Delta t}{\Phi_3}\frac{\partial}{\partial y}\left(K_3 \frac{\partial}{\partial y}\right) + \frac{\Delta t}{\Phi_3} b_2 \frac{\partial}{\partial y}\right) \\ &\times \left(1 - \frac{\Delta t}{\Phi_3}\frac{\partial}{\partial z}\left(K_3 \frac{\partial}{\partial z}\right) + \frac{\Delta t}{\Phi_3} b_3 \frac{\partial}{\partial z}\right) v_{ijk}^{n+1} = v_{ijk}^{n+1} + \frac{\Delta t}{\Phi_3} Q_3\left(x_i, y_i, z_k, t^{n+1}, v_{ijk}^{n+1}\right), \end{aligned} \tag{6.2.9}$$

其对应的迎风分数步差分格式为

$$\begin{aligned} &\left(\Phi_3 - \Delta t \delta_x (K_3(V^n)\delta_{\overline{x}}) + \Delta t \delta_{b_1^{n+1}}\right) V_{ijk}^{n+\frac{1}{3}} \\ =&\Phi_{3,ijk} V_{ijk}^{n+1} + \Delta t Q_3(x_i, y_i, z_k, t^n, V_{ijk}^{n+1}), \quad i_1(j) < i < i_2(j), \end{aligned} \tag{6.2.10a}$$

$$V_{ijk}^{n+\frac{1}{3}} = 0, \quad (x_i, y_j, z_k)^{\mathrm{T}} \in \partial\Omega_{3,h}, \tag{6.2.10b}$$

$$\left(\Phi_3 - \Delta t \delta_y (K_3(V^n)\delta_{\overline{y}}) + \Delta t \delta_{b_2^{n+1}}\right) V_{ijk}^{n+\frac{2}{3}} = \Phi_{3,ijk} V_{ijk}^{n+\frac{1}{3}}, \quad j_1(i) < j < j_2(i), \tag{6.2.10c}$$

$$V_{ijk}^{n+\frac{2}{3}} = 0, \quad (x_i, y_j, z_k) \in \partial\Omega_{3h}, \tag{6.2.10d}$$

$$\left(\Phi_3 - \Delta t \delta_z (K_3(V^n)\delta_{\overline{z}}) + \Delta t \delta_{b_3^{n+1}}\right) V_{ijk}^{n+1} = \Phi_{3,ijk} V_{ijk}^{n+\frac{2}{3}}, \quad 0 < k < N_3, \tag{6.2.10e}$$

$$V_{ijk}^{n+1} = 0, \quad (x_i, y_j, z_k)^{\mathrm{T}} \in \partial\Omega_{3,h}, \tag{6.2.10f}$$

此处

$$\begin{aligned} &V_{ij,0}^{n+1} = 0, \quad V_{ij,N_3}^{n+1} = W_{ij,0}^{n+1}, \quad (x_i, y_j)^{\mathrm{T}} \in \Omega_{0,h}, \quad K_{2,ij,1/2}^{n} \partial_z W_{ij,0}^{n+1} \\ =&K_3(V^n)_{ij,N_3-1/2} \partial_{\overline{z}} V_{ij,N_3}^{n+1}, \quad (x_i, y_j)^{\mathrm{T}} \in \Omega_{0,h}. \end{aligned}$$

算子 $\delta_{b_1^{n+1}}, \delta_{b_2^{n+1}}, \delta_{b_3^{n+1}}$ 的定义和 $\delta_{a_1^{n+1}}, \delta_{a_2^{n+1}}, \delta_{a_3^{n+1}}$ 是一样的. 在实际计算时, 式 (6.2.10a) 中 $\delta_z w_{ij,0}^{n+1}$ 近似地取为 $\delta_z w_{ij,0}^{n}, V_{ijk}^{n+1}$ 近似地取为 V_{ijk}^{n}.

差分格式 (6.2.7)、(6.2.8) 和 (6.2.10) 的计算程序是：已知时刻 $t = t^n$ 的差分解为 $\{U_{ijk}^n, W_{ijk}^n, V_{ijk}^n\}$ 时, 寻求下一时刻 $t = t^{n+1}$ 的 $\{U_{ijk}^{n+1}, W_{ijk}^{n+1}, V_{ijk}^{n+1}\}$. 首先由式 (6.2.7a) 和 (6.2.7b) 用追赶法求出过渡层的解 $\{U_{ijk}^{n+\frac{1}{3}}\}$. 再由 (6.2.7c) 和 (6.2.7d) 式求出 $\{U_{ijk}^{n+\frac{2}{3}}\}$, 以后再由 (6.2.7e) 和 (6.2.7f) 式求出 $\{U_{ijk}^{n+1}\}$, 在实际计算时 $\{U_{ij,0}^{n+1}, \delta_z W_{ij,N_2}^{n+1}\}$ 用上一时刻已知值 $\{U_{ij,0}^n, \delta_z W_{ij,N_2}^n\}$ 来代替. 与此同时, 可并行地由式 (6.2.10a) 和 (6.2.10b) 用追赶法求出过渡层的解 $\{V_{ijk}^{n+\frac{1}{3}}\}$, 再由 (6.2.10c) 和式 (6.2.10d) 求出 $\{V_{ijk}^{n+\frac{2}{3}}\}$, 以后再由式 (6.2.10e) 和 (6.2.10f) 求出 $\{V_{ijk}^{n+1}\}$, 同样在实际计算时, 用 $\{V_{ij,N_3}^n, \delta_z W_{ij0}^n\}$ 代替 $\{V_{ij,N_3}^{n+1}, \delta_z W_{ij0}^{n+1}\}$, 最后由式 (6.2.8) 利用内边界条件 (6.2.3b) 求出 $\{W_{ijk}^{n+1}\}$. 由正则性条件 (6.2.4) 此差分解存在且唯一.

6.2.3 收敛性分析

为理论分析简便, 设

$$
\begin{aligned}
&\Omega = \{(x,y,z)|0<x<1, 0<y<1, 0<z<3\},\\
&\Omega_0 = \{(x,y)|0<x<1, 0<y<1\},\\
&\Omega_1 = \{(x,y,z)0<x<1, 0<y<1, 2<z<3\},\\
&\Omega_2 = \{(x,y,z)|0<x<1, 0<y<1, 1<z<2\},\\
&\Omega_3 = \{(x,y,z)|0<x<1, 0<y<1, 0<z<1\},
\end{aligned}
$$

$h = 1/N, t^n = n\Delta t$. 定义网络函数空间 H_h 的内积 [26−28]. 对三维网格区域, $\forall \omega, x \in H_h$,

$$
\begin{aligned}
\langle w, x\rangle_{\Omega_i} &= \langle w, x\rangle_i = \sum_{i,j,k=1}^{N-1} w_{ijk} x_{ijk} h^3,\\
\langle w, x\rangle_{\Omega_{i,1}} &= \langle w, x\rangle_{i,1} = \sum_{j,k=1}^{N-1} \sum_{i=1}^{N} w_{ijk} x_{ijk} h^3,\\
\langle w, x\rangle_{\Omega_{i,2}} &= \langle w, x\rangle_{i,2} = \sum_{i,k=1}^{N-1} \sum_{j=1}^{N} w_{ijk} x_{ijk} h^3,\\
\langle w, x\rangle_{\Omega_{i,3}} &= \langle w, x\rangle_{i,3} = \sum_{i,j=1}^{N-1} \sum_{k=1}^{N} w_{ijk} x_{ijk} h^3.
\end{aligned}
$$

其相应的范数为

$$
\begin{aligned}
\| w^n\|_{\Omega_i} = \|w^n\|_i = \left(\sum_{i,j,k=1}^{N-1} (w_{ijk}^n)^2 h^3\right)^{\frac{1}{2}}, \|\delta_{\overline{x}} w^n\|_{\Omega_i} = \|\delta_{\overline{x}} w^n\|_i\\
= \left(\sum_{i,j=1}^{N-1} \sum_{i=1}^{N-1} (\delta_{\overline{x}} w_{ijk}^n)^2 h^3\right)^{\frac{1}{2}},
\end{aligned}
$$

$$||\delta_{\overline{y}}w^n||_{\Omega_i}=||\delta_{\overline{y}}w^n||_i=\left(\sum_{i,k=1}^{N-1}\sum_{j=1}^{N-1}(\delta_{\overline{y}}w_{ijk}^n)^2h^3\right)^{\frac{1}{2}},$$

$$||\delta_{\overline{z}}w^n||_{\Omega_i}=||\delta_{\overline{z}}w^n||_i=\left(\sum_{i,j=1}^{N-1}\sum_{k=1}^{N-1}(\delta_{\overline{z}}w_{ijk}^n)^2h^3\right)^{\frac{1}{2}}.$$

在通常情形, 为了简便, 将内积 $(\cdot,\cdot)$ 和范数 $||.||$ 的下标省略.

首先对格式 (6.2.7)、(6.2.8) 和 (6.2.10) 进行收敛性分析, 设 u,v,w 为问题 (6. 2.1)~(6.2.4) 的精确解, U,V,W 为格式 (6.2.7)、(6.2.8) 和 (6.2.10) 的差分解, 记误差函数为 $\xi=u-U,\zeta=v-V,\omega=w-W$. 方程 (6.2.7a)~(6.2.7f) 消去 $U^{n+\frac{1}{3}},U^{n+\frac{2}{3}}$ 可得下述等价的差分方程:

$$\begin{aligned}
&\varPhi_{1,ijk}\frac{U_{ijk}^{n+1}-U_{ijk}^n}{\Delta t}-\{\delta_x(K_1(U^n)\delta_{\overline{x}})+\delta_y(K_1(U^n)\delta_{\overline{y}})+\delta_z(K_1(U^n)\delta_{\overline{z}})\}U_{ijk}^{n+1}\\
&+\delta_{a_1^{n+1}}U_{ijk}^{n+1}+\delta_{a_2^{n+1}}U_{ijk}^{n+1}+\delta_{a_3^{n+1}}U_{ijk}^{n+1}\\
&+\Delta t\{\delta_x(K_1(U^n)\delta_{\overline{x}}(\varPhi_1^{-1}\delta_y(K_1(U^n)\delta_{\overline{y}}U^{n+1})))_{ijk}\\
&+\delta_x(K_1(U^n)\delta_{\overline{x}}(\varPhi_1^{-1}\delta_z(K_1(U^n)\delta_{\overline{z}}U^{n+1})))_{ijk}\\
&+\delta_y(K_1(U^n)\delta_y(\varPhi_1^{-1}\delta_z(K_1(U^n)\delta_{\overline{z}}U^{n+1})))_{ijk}\}\\
&-\Delta t\{\delta_x(K_1(U^n)\delta_{\overline{x}}(\varPhi_1^{-1}\delta_{a_2^{n+1}}U^{n+1}))_{ijk}+\delta_x(K_1(U^n)\delta_{\overline{x}}(\varPhi_1^{-1}\delta_{a_3^{n+1}}U^{n+1}))_{ijk}\\
&+\delta_{a_1^{n+1}}(\varPhi_1^{-1}\delta_y(K_1(U^n)\delta_{\overline{y}}(U^{n+1}))_{ijk}+\delta_{a_1^{n+1}}(\varPhi_1^{-1}\delta_z(K_1(U^n)\delta_{\overline{z}}U^{n+1}))_{ijk}\\
&-[\delta_{a_1^{n+1}}(\varPhi_1^{-1}\delta_{a_2^{n+1}}U^{n+1})_{ijk}+\delta_{a_1^{n+1}}(\varPhi_1^{-1}\delta_{a_3^{n+1}}U^{n+1})_{ijk}+\delta_{a_2^{n+1}}(\varPhi_1^{-1}\delta_{a_3^{n+1}}U^{n+1})_{ijk}]\}\\
&-(\Delta t)^2\{\delta_x(K_1(U^n)\delta_{\overline{x}}(\varPhi_1^{-1}\delta_y(K_1(U^n)\delta_{\overline{y}}(\varPhi_1^{-1}\delta_z(K_1(U^n)\delta_{\overline{z}}U^{n+1})\cdots)_{ijk}\\
&-\delta_x(K_1(U^n)\delta_{\overline{x}}(\varPhi_1^{-1}\delta_y(K_1(U^n)\delta_{\overline{y}}(\varPhi_1^{-1}\delta_{a_3^{n+1}}U^n))))_{ijk}\\
&+\cdots-\delta_{a_1^{n+1}}(\varPhi_1^{-1}\delta_{a_2^{n+1}}(\varPhi_1^{-1}\delta_{a_3^{n+1}}U^{n+1}))_{ijk}\}=Q(U_{ijk}^{n+1}),\\
&1\leqslant i,j,k\leqslant N-1,
\end{aligned}\tag{6.2.11a}$$

$$\begin{aligned}
&U_{ijk}^{n+1}=0,\quad (x_i,y_j,z_k)^{\mathrm{T}}\in\partial\Omega_{1,h}U_{ijk}^{n+1}=0,\quad (x_i,y_j,z_k)^{\mathrm{T}}\in\partial\Omega_{1,h}\cdot U_{ij,N}^{n+1}=0,\\
&U_{ij,0}^{n+1}=W_{ij,N}^{n+1},\quad (x_i,y_j)^{\mathrm{T}}\in\Omega_{0,h},\\
&K_{2,ij,N-1/2}^n\delta_{\overline{z}}W_{ij,N}^{n+1}=K_1(U^n)_{ij,1/2}\delta_zU_{ij,0}^{n+1},\quad (x_i,y_j)^{\mathrm{T}}\in\Omega_{0,h}.
\end{aligned}\tag{6.2.11b}$$

方程 (6.2.10a)~(6.2.10f) 消去 $V^{n+1/3}$ 和 $V^{n+2/3}$ 可得下述等价的差分方程:

$$\begin{aligned}
&\hat{\varPhi}_{3,ijk}\frac{V_{ijk}^{n+1}-V_{ijk}^n}{\Delta t}-\{\delta_x(K_3(V^n)\delta_{\overline{x}})+\delta_y(K_3(V^n)\delta_{\overline{y}})+\delta_z(K_3(U^n)\delta_{\overline{z}})\}V_{ijk}^{n+1}\\
&+\delta_{a_1^{n+1}}V_{ijk}^{n+1}+\delta_{b_2^{n+1}}V_{ijk}^{n+1}+\delta_{b_3^{n+1}}V_{ijk}^{n+1}
\end{aligned}$$

$$
\begin{aligned}
&+\Delta t\{\delta_{\overline{x}}(K_3(V^n)\delta_x(\varPhi_3^{-1}\delta_y(K_3(V^n)\delta_{\overline{y}}V^{n+1})))_{ijk}\\
&+\delta_x(K_3(V^n)\delta_{\overline{x}}(\varPhi_3^{-1}\delta_z(K_3(V^n)\delta_{\overline{z}}V^{n+1})))_{ijk}\\
&+\delta_y(K_3(V^n)\delta_{\overline{y}}(\varPhi_3^{-1}\delta_z(K_3(V^n)\delta_{\overline{z}}V^{n+1})))_{ijk}\}\\
&-\Delta t\{\delta_x(K_3(V^n)\delta_{\overline{x}}(\varPhi_3^{-1}\delta_{b_2^{n+1}}V^{n+1}))_{ijk}+\delta_x(K_3(V^n)\delta_{\overline{x}}(\varPhi_3^{-1}\delta_{b_3^{n+1}}V^{n+1}))_{ijk}\\
&+\delta_{b_1^{n+1}}(\varPhi_3^{-1}\delta_y(K_3(V^n)\delta_{\overline{y}}V^{n+1}))_{ijk}+\delta_{b_1^{n+1}}(\varPhi_3^{-1}\delta_z(K_3(V^n)\delta_{\overline{z}}V^{n+1}))_{ijk}\\
&-[\delta_{b^{n+1}}(\varPhi_3^{-1}\delta_{b_2^{n+1}}V^{n+1})_{ijk}+\delta_{b_1^{n+1}}(\varPhi_3^{-1}\delta_{b_3^{n+1}}V^{n+1})_{ijk}+\delta_{b_2^{n+1}}(\varPhi_3^{-1}\delta_{b_3^{n+1}}V^{n+1})_{ijk}]\}\\
&-(\Delta t)^2\{\delta_x(K_3(V^n)\delta_{\overline{x}}(\varPhi_3^{-1}\delta_y(K_3(V^n)\delta_{\overline{y}}(\varPhi_3^{-1}\delta_z(K_3(V^n)\delta_{\overline{z}}V^{n+1})\ldots)_{ijk}\\
&-\delta_x(K_3(V^n)\delta_{\overline{x}}(\varPhi_3^{-1}\delta_y(K_3(V^n)\delta_{\overline{y}}(\varPhi_3^{-1}\delta_{b_3^{n+1}}V^{n+1}))))_{ijk}+\cdots\\
&-\delta_{b_1^{n+1}}(\varPhi_3^{-1}\delta_{b_2^{n+1}}(\varPhi_3^{-1}\delta_{b_3^{n+1}}V^{n+1}))_{ijk}\}=Q(V_{ijk}^{n+1}),\quad 1\leqslant i,j,k\leqslant N-1,
\end{aligned}\tag{6.2.12a}
$$

$$
\begin{aligned}
&V_{ijk}^{n+1}=0,\quad (x_i,y_j,z_k)^{\mathrm{T}}\in\partial\Omega_{3,h},\quad V_{ij,0}^{n+1}=0,V_{ij,N}^{n+1}=W_{ij,0}^{n+1},\quad (x_i,y_i)^{\mathrm{T}}\in\Omega_{0,h},\\
&K_{2,ij,1/2}^n\delta_z W_{ij,0}^{n+1}=K_3(V^n)_{ij,N-1/2}\delta_{\overline{z}}V_{ij,N}^{n+1},\quad (x_i,y_i)^{\mathrm{T}}\in\Omega_{0,h}.
\end{aligned}\tag{6.2.12b}
$$

若问题 (6.2.1)~(6.2.4) 的精确解 u,v,w 是正则的, 则有下述误差方程:

$$
\begin{aligned}
&\hat{\varPhi}_{1,ijk}\frac{\xi_{ijk}^{n+1}-\xi_{ijk}^n}{\Delta t}-\{\delta_x(K_1(U^n)\delta_{\overline{x}}\xi^{n+1})_{ijk}+\delta_x([K_1(u^{n+1})\\
&-K_1(U^n)]\delta_{\overline{x}}u^{n+1})_{ijk}\}-\{\delta_y(K_1(U^n)\delta_{\overline{y}}\xi^{n+1})_{ijk}\\
&+\delta_y([K_1(u^{n+1})-K_1(U^n)]\delta_{\overline{y}}u^{n+1})_{ijk}\}\\
&-\{\delta_z(K_1(U^n)\delta_{\overline{z}}\xi^{n+1})_{ijk}+\delta_z([K_1(u^{n+1})-K_1(U^n)]\delta_{\overline{z}}u^{n+1})_{ijk}\}\\
&+\{\delta_{a_1^{n+1}}\xi_{ijk}^{n+1}+\delta_{b_2^{n+1}}\xi_{ijk}^{n+1}+\delta_{b_3^{n+1}}\xi_{ijk}^{n+1})\}\\
&+\Delta t\{\delta_{\overline{x}}(K_1(U^n)\delta_{\overline{x}}(\varPhi_1^{-1}\delta_y(K_1(U^n)\delta_{\overline{y}}\xi^{n+1})))_{ijk}\\
&+\delta_x(K_1(U^n)\delta_{\overline{x}}(\varPhi_1^{-1}\delta_y([K_1(u^{n+1})-K_1(U^n)]\delta_{\overline{y}}u^{n+1})))_{ijk}\\
&+\delta_x([K_1(u^{n+1})-K_1(U^n)]\delta_{\overline{x}}(\varPhi_3^{-1}\delta_y(K_1(u^{n+1})\delta_{\overline{y}}u^{n+1})))_{ijk}\\
&+\delta_x(K_1(U^n)\delta_{\overline{x}}(\varPhi_1^{-1}\delta_z(K_1(U^n)\delta_{\overline{z}}\xi_i^{n+1})))_{ijk}+\cdots\\
&+\delta_y(K_1(U^n)\delta_{\overline{y}}(\varPhi_1^{-1}\delta_z(K_1(U^n)\delta_{\overline{z}}\xi^{n+1})))_{ijk}+\cdots\}\\
&-\Delta t\{\delta_x(K_1(U^n)\delta_{\overline{x}}(\varPhi_1^{-1}\delta_{a_2^{n+1}}\xi^{n+1}))_{ijk}\\
&+\delta_x([(K_1(u^{n+1})-K_1(U^n)]\delta_{\overline{x}}(\varPhi_1^{-1}\delta_{a_2^{n+1}}u^{n+1}))_{ijk}+\cdots\}\\
&-\Delta t\{\delta_{a_1^{n+1}}(\varPhi_1^{-1}\delta_y(K_1(U^n)\delta_{\overline{y}}\xi^{n+1}))_{ijk}\\
&-[\delta_{a_1^{n+1}}(\varPhi_1^{-1}\delta_y([u^{n+1})-K_1(U^n)]\delta_{\overline{y}}u^{n+1}))_{ijk}+\cdots\}\\
&+\Delta t\{\delta_{a_2^{n+1}}(\varPhi_1^{-1}\delta_{b_2^{n+1}}\xi^{n+1})_{ijk}+\cdots\}\\
&-(\Delta t)^2\{\delta_x(K_1(U^n)\delta_{\overline{x}}(\varPhi_1^{-1}(K_1(U^n)\\
&\delta_y(K_1(U^n)\delta_{\overline{y}}(\varPhi_1^{-1}\delta_z(K_1(U^n)\delta_{\overline{z}}\xi^{n+1})\cdots)_{ijk}+\cdots\}
\end{aligned}
$$

$$=Q_1(u_{ijk}^{n+1})-Q_1(U^{n+1})+\varepsilon_{1,ijk}^{n+1},\quad 1\leqslant i,j,k\leqslant N-1,\tag{6.2.13a}$$

$$\xi_{ijk}^{n+1}=0,\quad (x_i,y_j,z_k)^{\mathrm{T}}\in\partial\Omega_1,\qquad \xi_{ij,N}^{n+1}=0,\xi_{ij,0}^{n+1}=\omega_{ij,N}^{n+1},\quad (x_i,y_j)^{\mathrm{T}}\in\Omega_{0,h},\tag{6.2.13b}$$

此处 $|\varepsilon_{1,ijk}^{n+1}|\leqslant M\left\{\left\|\dfrac{\partial^2 u}{\partial t^2}\right\|_{L^\infty(L^\infty)},||u||_{L^\infty(W^{3,\infty})}\right\}\{\Delta t+h\}$.

$$\begin{aligned}
&\Phi_{3,ijk}\frac{\zeta_{ijk}^{n+1}-\zeta_{ijk}^{n}}{\Delta t}-\{\delta_x(K_3(V^n)\delta_{\overline{x}}\zeta^{n+1})_{ijk}+\delta_x([K_3(u^{n+1})-K_3(V^n)]\delta_{\overline{x}}v^{n+1})_{ijk}\}\\
&-\{\delta_y(K_1(V^n)\delta_{\overline{y}}\zeta^{n+1})_{ijk}+\delta_y([K_3(v^{n+1})-K_3(V^n)]\delta_{\overline{y}}v^{n+1})_{ijk}\}\\
&-\{\delta_z(K_3(V^n)\delta_{\overline{z}}\zeta^{n+1})_{ijk}+\delta_z([K_3(v^{n+1})-K_3(V^n)]\delta_{\overline{z}}v^{n+1})_{ijk}\}\\
&+\{\delta_{b_1^{n+1}}\zeta_{ijk}^{n+1}+\delta_{b_2^{n+1}}\zeta_{ijk}^{n+1}+\delta_{b_3^{n+1}}\zeta_{ijk}^{n+1}\}\\
&+\Delta t\{\delta_{\overline{x}}(K_3(V^n)\delta_{\overline{x}}(\Phi_3^{-1}\delta_y(K_3(V^n)\delta_{\overline{y}}\zeta^{n+1})))_{ijk}\\
&+\delta_x(K_3(V^n)\delta_{\overline{x}}(\Phi_3^{-1}\delta_y([K_3(v^{n+1})-K_3(V^n)]\delta_{\overline{y}}v^{n+1})))_{ijk}\\
&+\delta_x([K_3(v^{n+1})-K_3(V^n)]\delta_{\overline{x}}(\Phi_3^{-1}\delta_y(K_3(v^{n+1})\delta_y v^{n+1})))_{ijk}+\cdots\}\\
&-\Delta t\{\delta_x(K_3(V^n)\delta_{\overline{x}}(\Phi_3^{-1}\delta_{b_2^{n+1}}\zeta^{n+1}))_{ijk}+\delta_x([K_3(v^{n+1})\\
&-K_3(V^n)]\delta_{\overline{x}}(\Phi_3^{-1}\delta_{b_2^{n+1}}v^{n+1}))_{ijk}\cdots\}\\
&-\Delta t\{\delta_{b_1^{n+1}}(\Phi_3^{-1}\delta_y(K_1(V^n)\delta_{\overline{y}}\zeta^{n+1})_{ijk}+\delta_{b_1^{n+1}}(\Phi_3^{-1}\delta_y([K_3(v^{n+1})\\
&-K_3(V^n)]\delta_{\overline{y}}v^{n+1}))_{ijk}+\cdots\}\\
&+\Delta t\{\delta_{a_2^{n+1}}(\Phi_3^{-1}\delta_{b_2^{n+1}}\zeta^{n+1})_{ijk}+\cdots\}\\
=&Q_3(v_{ijk}^{n+1})-Q_3(V_{ijk}^{n+1})+\varepsilon_{3,ijk}^{n+1},\quad 1\leqslant i,j,k\leqslant N-1,
\end{aligned}\tag{6.2.14a}$$

$$\zeta_{ijk}^{n+1}=0,\quad (x_i,y_j,z_k)^{\mathrm{T}}\in\partial\Omega_{3,h},\quad \zeta_{ij,N}^{n+1}=0,\xi_{ij,N}^{n+1}=\omega_{ij,0}^{n+1},\quad (x_i,y_j)^{\mathrm{T}}\in\Omega_{0,h},\tag{6.2.14b}$$

此处 $|\varepsilon_{3,ijk}^{n+1}|\leqslant M\left\{\left\|\dfrac{\partial^2 v}{\partial t^2}\right\|_{L^\infty(L^\infty)},||v||_{L^\infty(W^{3,\infty})}\right\}\{\Delta t+h\}$.

$$\Phi_{2,ijk}\frac{\omega_{ijk}^{n+1}-\omega_{ijk}^{n}}{\Delta t}=\delta_z(K_2^n\delta_{\overline{z}}\omega^{n+1})_{ijk}+\varepsilon_{2,ijk}^{n+1},\quad 1\leqslant i,j,k\leqslant N-1,\tag{6.2.15}$$

此处 $|\varepsilon_{2,ijk}^{n+1}|\leqslant M\left\{\left\|\dfrac{\partial^2 w}{\partial t^2}\right\|_{L^\infty(L^\infty)},||w||_{L^\infty(W^{3,\infty})}\right\}\{\Delta t+h\}$.

对方程 (6.2.13a)、(6.2.14a) 和 (6.2.15) 分别乘以 $2\Delta t\xi_{ijk}^{n+1}, 2\Delta t\zeta_{ijk}^{n+1}$, 和 $2\Delta t\omega_{ijk}^{n+1}$, 后分别在 $\Omega_{1,h},\Omega_{3,h}$, 和 $\Omega_{2,h}$ 上作内积, 分部求和并利用式 (6.2.13b)、(6.2.14b) 和 (6.2.15) 可得

$$\{||\Phi_1^{1/2}\xi^{n+1}||^2-||\Phi_1^{1/2}\xi^n||^2\}+(\Delta t)^2||\Phi_1^{1/2}d_t\xi^n||^2+2\Delta t\{\langle K_1(U^n)\delta_{\overline{x}}\xi^{n+1},\delta_{\overline{x}}\xi^{n+1}\rangle$$

$$
\begin{aligned}
&+\left\langle[K_1(u^{n+1})-K_1(U^n)]\delta_{\overline{x}}u^{n+1},\delta_{\overline{x}}\xi^{n+1}\right\rangle+2\Delta t\{\left\langle K_1(U^n)\delta_{\overline{y}}\xi^{n+1},\delta_{\overline{y}}\xi^{n+1}\right\rangle\\
&+\left\langle[K_1(u^{n+1})-K_1(U^n)]\delta_{\overline{y}}u^{n+1},\delta_{\overline{y}}\xi^{n+1}\right\rangle+2\Delta t\{\left\langle K_1(U^n)\delta_{\overline{z}}\xi^{n+1},\delta_{\overline{z}}\xi^{n+1}\right\rangle\\
&+\left\langle[K_1(u^{n+1})-K_1(U^n)]\delta_{\overline{z}}u^{n+1},\delta_{\overline{z}}\xi^{n+1}\right\rangle\}+2\Delta t\sum_{i,j}^{N_i-1}\xi_{ij,0}^{n+1}K_{2,ij,N-1/2}^n\delta_{\overline{z}}\omega_{ij,N}^{n+1}h^2\\
=&-2\Delta t\{\langle\delta_{a_1^{n+1}}\xi^{n+1},\xi^{n+1}\rangle+\langle\delta_{a_2^{n+1}}\xi^{n+1},\xi^{n+1}\rangle+\langle\delta_{a_3^{n+1}}\xi^{n+1},\xi^{n+1}\rangle\}\\
&-2(\Delta t)^2\{\left\langle\delta_x(K_1(U^n)\delta_{\overline{x}}(\varPhi_1^{-1}\delta_y(K_1(U^n)\delta_{\overline{y}}\xi^{n+1}))),\xi^{n+1}\right\rangle\\
&+\left\langle\delta_x(K_1(U^n)\delta_{\overline{x}}(\varPhi_1^{-1}\delta_y([K_1(u^n)-K_1(U^n)]\delta_{\overline{y}}u^{n+1}))),\xi^{n+1}\right\rangle+\cdots\}\\
&-2(\Delta t)^2\{\left\langle\delta_x(K_1(U^n)\delta_{\overline{x}}(\varPhi_1^{-1}\delta_z(K_1(U^n)\delta_{\overline{z}}\xi^{n+1}))),\xi^{n+1}\right\rangle+\cdots\}\\
&-2(\Delta t)^2\{\left\langle\delta_y(K_1(U^n)\delta_{\overline{y}}(\varPhi_1^{-1})\delta_z(K_1(U^n)\delta_{\overline{z}}\xi^{n+1}))),\xi^{n+1}\right\rangle+\cdots\}\\
&+2(\Delta t)^2\{\left\langle\delta_x(K_1(U^n)\delta_{\overline{x}}(\varPhi_1^{-1}\delta_{a_2^{n+1}}\xi^{n+1})),\xi^{n+1}\right\rangle+\cdots\}\\
&+2(\Delta t)^2\{\langle\delta_{a_1^{n+1}}(\varPhi_1^{-1}\delta_y(K_1(U^n)\delta_{\overline{y}}(\xi^{n+1})),\xi^{n+1}\rangle+\cdots)\}\\
&+2(\Delta t)^3\{\langle\delta_x(K_1(U^n)\delta_{\overline{x}}(\varPhi_1^{-1}\delta_y(K_1(U^n)\delta_{\overline{y}}(\varPhi_1^{-1}\delta_z(K_1(U^n)\\
&\cdot\delta_{\overline{z}}\xi^{n+1})\cdots),\xi^{n+1}\rangle+\cdots\}\\
&+2\Delta t\langle Q_1(u^{n+1})-Q_1(u^{n+1}),\xi^{n+1}\rangle+\Delta t(\varepsilon_1^{n+1},\xi^{n+1}).
\end{aligned}
\tag{6.2.16}
$$

$$
\begin{aligned}
&\{||\varPhi_3^{1/2}\zeta^{n+1}||^2-||\varPhi_3^{1/2}\zeta^n||^2\}+(\Delta t)^2||\varPhi_3^{1/2}d_1\zeta^n||^2+2\Delta t\{\langle K_3(V^n)\delta_{\overline{x}}\zeta^{n+1},\delta_{\overline{x}}\zeta^{n+1}\rangle\\
&+\langle[K_3(v^{n+1})-K_3(V^n)]\delta_{\overline{x}}v^{n+1},\delta_{\overline{x}}\zeta^{n+1}]\rangle\}+2\Delta t\{\langle K_3(V^n)\delta_{\overline{y}}\zeta^{n+1},\delta_{\overline{y}}\zeta^{n+1}\rangle\\
&+\langle[K_3(v^{n+1})-K_3(V^n)]\delta_{\overline{y}}v^{n+1},\delta_{\overline{y}}\zeta^{n+1}\rangle\}+2\Delta t\{\langle K_3(V^n)\delta_{\overline{z}}\zeta^{n+1},\delta_{\overline{z}}\zeta^{n+1}\rangle\\
&+\langle[K_3(v^{n+1})-K_3(V^n)]\delta_{\overline{z}}v^{n+1},\delta_{\overline{z}}\zeta^{n+1}\rangle\}-2\Delta t\sum_{i,j=1}^{N_1-1}\zeta_{ij,N}^{n+1}K_{2,ij,1/2}^n\delta_z\omega_{ij,0}^{n+1}h^2\\
=&-2\Delta t\{\langle\delta_{b_1^{n+1}}\zeta^{n+1},\zeta^{n+1}\rangle+\langle\delta_{b_2^{n+1}}\zeta^{n+1},\zeta^{n+1}\rangle+\langle\delta_{b_3^{n+1}}\zeta^{n+1},\zeta^{n+1}\rangle\}\\
&-2(\Delta t)^2\{\langle\delta_x(K_3(V^n)\delta_{\overline{x}}(\varPhi_3^{-1}\delta_y(K_3(V^n)\delta_{\overline{y}}\zeta^{n+1}))),\zeta^{n+1}\rangle+\cdots\}\\
&-2(\Delta t)^2\{\langle\delta_x(K_3(V^n)\delta_{\overline{x}}(\varPhi_1^{-1}\delta_z(K_3(V^n)\delta_{\overline{z}}\zeta^{n+1}))),\zeta^{n+1}\rangle+\cdots\}\\
&-2(\Delta t)^2\{\langle\delta_y(K_3(V^n)\delta_{\overline{y}}(\varPhi_3^{-1}\delta_z(K_3(V^n)\delta_{\overline{z}}\zeta^{n+1}))),\zeta^{n+1}\rangle+\cdots\}\\
&+2(\Delta t)^2\{\langle\delta_{b_1^{n+1}}(\varPhi_3^{-1}\delta_y(K_3(V^n)\delta_{\overline{y}}\zeta^{n+1})),\zeta^{n+1}\rangle\\
&+\langle\delta_{b_1^{n+1}}(\varPhi_1^{-1}\delta_y([K_3(v^{n+1})-K_3(V^n)]\delta_{\overline{y}}v^{n+1})),\zeta^{n+1}\rangle+\cdots\}\\
&-2(\Delta t)^2\{\langle\delta_{b_1^{n+1}}(\varPhi_3^{-1}\delta_{b_2^{n+1}}\zeta^{n+1}),\zeta^{n+1}\rangle+\cdots\}\\
&+2(\Delta t)^3\{\langle\delta_x(K_3(V^n)\delta_{\overline{x}}(\varPhi_3^{-1}\delta_y(K_3(V^n)\delta_{\overline{y}}(\varPhi_3^{-1}\delta_z(K_3(V^n)\delta_{\overline{z}}\zeta^{n+1})\ldots),\zeta^{n+1}\rangle+\cdots\}\\
&+2(\Delta t)\langle Q_3(v^{n+1})-Q_3(v^{n+1}),\xi^{n+1}\rangle+2\Delta t(\varepsilon_3^{n+1},\xi^{n+1}).
\end{aligned}
\tag{6.2.17}
$$

$$
\{\|\varPhi_2^{1/2}\omega^{n+1}\|^2-\|\varPhi_2^{1/2}\omega^n\|^2\}+(\Delta t)^2\|\varPhi_2^{1/2}d_t\omega^n\|^2
$$

$$
\begin{aligned}
&=2\Delta t\langle \delta_z(K_2^n\delta_{\bar{z}}\omega^{n+1}),\omega^{n+1}\rangle+2\Delta t(\varepsilon_2^{n+1},\omega^{n+1})\\
&=2\Delta t\sum_{i,j,k=1}^{N-1}\delta_z(K_2^n\delta_{\bar{z}}\omega^{n+1})_{ijk}\cdot\omega_{ijk}^{n+1}h^3+2\Delta t(\varepsilon_2^{n+1},\omega^{n+1})\\
&=2\Delta t\sum_{i,j=1}^{N-1}\sum_{k=1}^{N-1}\omega_{ijk}^{n+1}\delta_z(K_2^n\delta_{\bar{z}}\omega^{n+1})_{ijk}h^3+2\Delta t(\varepsilon_2^{n+1},\omega^{n+1})\\
&=-\Delta t\sum_{i,j=1}^{N-1}h^2\Bigg\{\sum_{K=1}^{N}K_{2,ijk}^n\delta_{\bar{z}}\omega_{ijk}^{n+1}\cdot\delta_{\bar{z}}\omega_{ijk}^{n+1}h-\omega_{ij,N}^{n+1}K_{2,ij,N-1/2}^n\delta_{\bar{z}}\omega_{ij,N}^{n+1}\\
&\quad+\omega_{ij,0}^{n+1}K_{2,ij,1/2}^n\delta_z\omega_{ij,0}^{n+1}\Bigg\}+2\Delta t(\varepsilon_2^{n+1},\omega^{n+1})\\
&=-2\Delta t(K_2^n\delta_{\bar{z}}\omega^{n+1},\delta_{\bar{z}}\omega^{n+1})+2\Delta t\sum_{i,j=1}^{N-1}\{K_{2,ij,N-1/2}^n\delta_{\bar{z}}\omega_{ij,N}^{n+1}\cdot\xi_{ij,0}^{n+1}\\
&\quad-K_{2,ij,1/2}^n\delta_z\omega_{ij,0}^{n+1}\cdot\xi_{ij,N}^{n+1}\}h^2+2\Delta t(\varepsilon_2^{n+1},\omega^{n+1}),
\end{aligned}
$$

此式经整理后可得

$$
\begin{aligned}
&\{||\Phi_2^{1/2}\omega^{n+1}||^2-||\Phi_2^{1/2}\omega^n||^2\}+(\Delta t)^2||\Phi_2^{1/2}d_t\omega^n||^2+2\Delta t||K_2^{1/2}\delta_{\bar{z}}\omega^{n+1}||^2\\
=&2\Delta t\sum_{i,j=1}^{N-1}\{K_{2,ij,N-1/2}^n\delta_{\bar{z}}\omega_{ij,N}^{n+1}\cdot\xi_{ij,0}^{n+1}\\
&-K_{2,ij,1/2}^n\delta_{\bar{z}}\omega_{ij,0}^{n+1}\cdot\zeta_{ij,N}^{n+1}\}h^2+2\Delta t(\varepsilon_2^{n+1},w^{n+1}).
\end{aligned}\tag{6.2.18}
$$

现在估计式 (6.2.16) 左端第 3 项, 因为 K_1 是正定的, 当 h 适当小时, 有

$$
\begin{aligned}
&2\Delta t\{\langle K_1(U^n)\delta_{\bar{x}}\xi^{n+1},\delta_{\bar{x}}\xi^{n+1}\rangle+\langle[K_1(u^{n+1})-K_1(U^n)]\delta_{\bar{x}}u^{n+1},\delta_{\bar{x}}\xi^{n+1}\rangle+\cdots\}\\
\geqslant&\Delta t||K_1^{n,1/2}\delta_{\bar{x}}\xi^{n+1}||^2-M\{||\xi^{n+1}||^2+||\xi^n||^2+(\Delta t)^2\}\Delta t,
\end{aligned}\tag{6.2.19}
$$

此处 $K_1^{n,1/2}=K_1^{n,1/2}(U^n)$. 类似地对式 (6.2.16) 左端第 4 和 5 项, 同样有

$$
\begin{aligned}
&2\Delta t\{\langle K_1(U^n)\delta_{\bar{y}}\xi^{n+1},\delta_{\bar{y}}\xi^{n+1}\rangle+\langle[K_1(u^{n+1})-K_1(U^n)]\delta_{\bar{y}}u^{n+1},\delta_{\bar{y}}\xi^{n+1}\rangle\}\\
\geqslant&\Delta t||K_1^{n,1/2}\delta_{\bar{y}}\xi^{n+1}||^2-M\{||\xi^{n+1}||^2+||\xi^n||^2+(\Delta t)^2\}\Delta t,
\end{aligned}\tag{6.2.20a}
$$

$$
\begin{aligned}
&2\Delta t\{\langle K_1(U^n)\delta_{\bar{z}}\xi^{n+1},\delta_{\bar{z}}\xi^{n+1}\rangle+\langle[K_1(u^{n+1})-K_1(U^n)]\delta_{\bar{z}}u^{n+1},\delta_{\bar{z}}\xi^{n+1}\rangle\}\\
\geqslant&\Delta t||K_1^{n,1/2}\delta_{\bar{z}}\xi^{n+1}||^2-M\{||\xi^{n+1}||^2+||\xi^n||^2+(\Delta t)^2\}\Delta t.
\end{aligned}\tag{6.2.20b}
$$

下面估计式 (6.2.16) 右端诸项, 第 1 项有下述估计:

$$
-2\Delta t\left\langle\delta_{a_1^{n+1}}\xi^{n+1},\xi^{n+1}\right\rangle\leqslant\varepsilon\sum_{i=1}^{N}\sum_{j,k=1}^{N=1}(\delta_{\bar{x}}\xi_{ijk}^{n+1})^2h^3\Delta t+M\left\{\sum_{i,j,k=1}^{N-1}(\xi_{ijk}^{n+1})^2h^3\right\}\Delta t
$$

$$= \varepsilon||\delta_{\overline{x}}\xi^{n+1}||^2\Delta t + M||\xi^{n+1}||^2\Delta t. \tag{6.2.20c}$$

类似地对第 2 和 3 项有

$$-2\Delta t\langle\delta_{a_2^{n+1}}\xi^{n+1},\xi^{n+1}\rangle \leqslant \varepsilon||\delta_{\overline{y}}\xi^{n+1}||^2\Delta t + M||\xi^{n+1}||^2\Delta t,$$
$$-2\Delta t\langle\delta_{a_3^{n+1}}\xi^{n+1},\xi^{n+1}\rangle \leqslant \varepsilon||\delta_{\overline{z}}\xi^{n+1}||^2\Delta t + M||\xi^{n+1}||^2\Delta t.$$

现重点讨论第 4 项

$$\begin{aligned}&-2(\Delta t)^2\{\big\langle\delta_x(K_1(U^n)\delta_x(\varPhi_1^{-1}\delta_y(K_1(U^n)\delta_{\overline{y}}\xi^{n+1}))),\xi^{n+1}\big\rangle\\&+\big\langle\delta_x(K_1(U^n)\delta_x(\varPhi_1^{-1}\delta_y([K_1(u^{n+1})-K_1(U^n)]\delta_{\overline{y}}u^{n+1}))),\xi^{n+1}\big\rangle+\cdots\}.\end{aligned}$$

首先讨论其首项, 尽管 $-\delta_x(K_1(U^n)\delta_{\overline{x}}), -\delta_y(K_1(U^n)\delta_{\overline{y}}),\cdots$ 是自共轭的正定算子, 空间区域为正方形, 但它们的乘积一般是不可交换的. 利用 $\delta_x\delta_y=\delta_y\delta_x, \delta_x\delta_{\overline{y}}=\delta_{\overline{y}}\delta_x, \delta_{\overline{x}}\delta_y=\delta_y\delta_{\overline{x}},\cdots$ 有

$$\begin{aligned}&-2(\Delta t)^2\big\langle\delta_x(K_1(U^n)\delta_{\overline{x}}(\varPhi_1^{-1}\delta_y(K_1(U^n)\delta_{\overline{y}}\xi^{n+1}))),\xi^{n+1}\big\rangle\\
=&-2(\Delta t)^2\{\langle K_1(U^n)\delta_{\overline{x}}\delta_{\overline{y}}\xi^{n+1}\\
&+\delta_{\overline{x}}K_1(U^n)\cdot\delta_{\overline{y}}\xi^{n+1},\varPhi_1^{-1}K_1(U^n)\delta_{\overline{x}}\delta_{\overline{y}}\xi^{n+1}+\varPhi_1^{-1}K_1(U^n)\cdot\xi^{n+1}\\
&+\delta_{\overline{y}}(\varPhi_1^{-1}K_1(U^n))\cdot\delta_{\overline{x}}\xi^{n+1}\rangle+\langle K_1(U^n)\delta_{\overline{y}}\xi^{n+1},\delta_x\varPhi_1^{-1}\cdot K_1(U^n)\delta_{\overline{x}}\delta_{\overline{y}}\xi^{n+1}\\
&+\delta_{\overline{y}}(\delta_{\overline{x}}\varPhi_1^{-1}\cdot K_1(U^n))\cdot\delta_{\overline{x}}\ \xi^{n+1}\rangle\}\\
=&-2(\Delta t)^2\sum_{i,j,k=1}^N\{K_1(U^n)_{i,j-1/2,k}\cdot K_1(U^n)_{i-1/2,jk}\varPhi_{1,ijk}^{-1}[\delta_{\overline{x}}\delta_{\overline{y}}\xi_{ijk}^{n+1}]^2\\
&+[K_1(U^n)_{i,j-1/2,k}\delta_{\overline{y}}(\varPhi_{1,ijk}^{-1}K_1(U^n)_{i-1/2,jk})\cdot\delta_{\overline{x}}\xi_{ijk}^{n+1}\\
&+\varPhi_{1,ijk}^{-1}K_1(U^n)_{i-1/2,jk}\delta_{\overline{x}}K_1(U^n)_{ij-1/2,k}\delta_{\overline{y}}\xi_{ijk}^{n+1}\\
&+K_1(U^n)_{i,j-1/2,k}\cdot K_1(U^n)_{i-1/2,jk}\delta_{\overline{x}}\varPhi_{1,ijk}^{-1}\cdot\delta_{\overline{y}}\xi_{ijk}^{n+1}]\delta_{\overline{x}}\delta_{\overline{y}}\xi_{ijk}^{n+1}\\
&+[\delta_{\overline{x}}K_1(U^n)_{i,j-1/2,k}\cdot\delta_{\overline{y}}(\varPhi_{1,ijk}^{-1}K_1(U^n)_{i-1/2jk})\\
&+K_1(U^n)_{i,j-1/2,k}\delta_{\overline{y}}\delta_{\overline{x}}(\varPhi_{1,ijk}^{-1}\cdot K_1(U^n)_{i-1/2,jk})]\delta_{\overline{x}}\xi_{ijk}^{n+1}\cdot\delta_{\overline{y}}\xi_{ijk}^{n+1}\}h^3.\end{aligned}$$

对上述表达式的前 2 项, 应用 $K_1,\hat{\varPhi}_1^{-1}$ 的正定性和归纳法假定 (6.2.19) 可分离出高阶商项 $\delta_{\overline{x}}\delta_{\overline{y}}\xi_{ijk}^{n+1}$, 再利用 Cauchy 不等式可得

$$\begin{aligned}&-2(\Delta t)^2\sum_{i,j,k=1}^N\{K_1(U^n)_{i,j-1/2,k}\cdot K_1(U^n)_{i-1/2,jk}\varPhi_{1,ijk}^{-1}[\delta_{\overline{x}}\delta_{\overline{y}}\xi_{ijk}^{n+1}]^2\\
&+[K_1(U^n)_{i,j-1/2,k}\delta_{\overline{y}}(\varPhi_{1,ijk}^n\cdot K_1(U^n)_{i-1/2,jk})\cdot\delta_{\overline{x}}\xi_{ijk}^{n+1}\\
&+\varPhi_{1,ijk}^n.K_1(U^n)_{i-1/2,jk}\cdot\delta_{\overline{x}}K_1(U^n)_{i,j-1/2,k}.\delta_{\overline{y}}\xi_{ijk}^{n+1}\end{aligned}$$

$$\begin{aligned}&+K_1(U^n)_{i,j-1/2,k}K_1(U^n)_{i-1/2,jk}\delta_{\overline{x}}\Phi_{1,ijk}^{-1}\cdot\delta_{\overline{y}}\xi_{ijk}^{n+1}\}\delta_{\overline{x}}\delta_{\overline{y}}\xi_{ijk}^{n+1}h^3\\ &\leqslant-(K_*)^2(\Phi^*)^{-1}(\Delta t)^2\sum_{i,j,k=1}^N[\delta_{\overline{x}}\delta_{\overline{y}}\xi^{n+1}]^2h^3\\ &+M(\Delta t)^2\{||\delta_{\overline{x}}\xi^{n+1}||^2+||\delta_{\overline{y}}\xi^{n+1}||^2+||\xi^{n+1}||^2\},\\ &-2(\Delta t)^2\sum_{i,j,k=1}^N\{[\delta_{\overline{x}}K_1(U^n)_{i,j-1/2,k}\cdot\delta_{\overline{y}}(\Phi_{1,ijk}^{-1}K_1(U^n)_{i-1/2,jk})\\ &+K_1(U^n)_{i,j-1/2,k}\delta_{\overline{y}}(\delta_{\overline{x}}\Phi_{1,ijk}^{-1}\cdot K_1(U^n)_{i-1/2,jk})]\delta_{\overline{x}}\xi_{ijk}^{n+1}\delta_{\overline{y}}\xi_{ijk}^{n+1}\}h^3\\ &\leqslant M(\Delta t)^2\{||\delta_{\overline{x}}\xi^{n+1}||^2+||\delta_{\overline{y}}\xi^{n+1}||^2+||\xi^{n+1}||^2\}.\end{aligned}$$

对其余诸项, 经类似的分析有

$$\begin{aligned}&-2(\Delta t)^2\{\langle\delta_x(K_1(U^n)\delta_{\overline{x}}(\Phi_1^{-1}\delta_y([K_1(u^{n+1})-K_1(U^n)]\delta_{\overline{y}}u^{n+1})\cdot),\xi^{n+1}\rangle+\cdots\\ &\leqslant\varepsilon(\Delta t)^2\sum_{i,j,k=1}^N[\delta_{\overline{x}}\delta_{\overline{y}}\xi_{ijk}^{n+1}]^2h^3+M(\Delta t)^2\{||\delta_{\overline{x}}\xi^{n+1}||^2+||\delta_{\overline{y}}\xi^{n+1}||^2+\xi^{n+1}||^2+\xi^n||^2\}.\end{aligned}$$

综合上述估计式, 对第 4 项有

$$\begin{aligned}&-2(\Delta t)^2\left\{\langle\delta_x(K_1(U^n)\delta_{\bar{x}}(\Phi_1^{-1}\delta_y(K_1(U^n)\delta_{\bar{y}}\xi^{n+1})),\xi^{n+1}\rangle\right\}\\ &\leqslant-\frac{1}{2}(K_*)^2(\Phi^*)^{-1}(\Delta t)^2\sum_{i,j,k=1}^N[\delta_{\bar{x}}\delta_{\bar{y}}\xi_{ijk}^{n+1}]^2h^3\\ &+M\{\left\|\delta_{\bar{x}}\xi^{n+1}\right\|^2+\left\|\delta_{\bar{y}}\xi^{n+1}\right\|^2+\left\|\xi^{n+1}\right\|^2+\|\xi^n\|^2\}\Delta t.\end{aligned}\tag{6.2.20d}$$

对第 5 和 6 项的估计是类似的. 对第 7 项可得估计式

$$\begin{aligned}&2(\Delta t)^2\{\langle\delta_x(K_1(U^n)\delta_{\bar{x}}(\Phi_1^{-1}\delta_{a_2^{n+1}}\xi^{n+1})),\xi^{n+1}\rangle\}\\ &\leqslant\varepsilon(\Delta t)^2\sum_{i,j,k=1}^N[\delta_{\bar{x}}\delta_{\bar{y}}\xi_{ijk}^{n+1}]^2h^3\\ &+M(\Delta t)^2\{\left\|\delta_{\bar{x}}\xi^{n+1}\right\|^2+\left\|\delta_{\bar{y}}\xi^{n+1}\right\|^2+\left\|\xi^{n+1}\right\|^2+\|\xi^n\|^2\}.\end{aligned}\tag{6.2.20e}$$

对第 8 项和 9 项同样可得类似的估计式:

$$\begin{aligned}&2(\Delta t)^2\{\langle\delta_{a_1^{n+1}}(\Phi_1^{-1}\delta_y(K_1(U^n)\delta_{\bar{y}}\xi^{n+1})),\xi^{n+1}\rangle+\cdots\}\\ &-2(\Delta t^2)\{\langle\delta_{a_1^{n+1}}(\Phi_1^{-1}\delta_{a_2^{n+1}}\xi^{n+1}),\xi^{n+1}\rangle+\cdots\}\\ &\leqslant\varepsilon(\Delta t)^2\sum_{i,j,k=1}^N[\delta_{\bar{x}}\delta_{\bar{y}}\xi_{ijk}^{n+1}]^2h^3\end{aligned}$$

$$+ M(\Delta t)^2 \left\{ \left\| \delta_{\bar{x}} \xi^{n+1} \right\|^2 + \left\| \delta_{\bar{y}} \xi^{n+1} \right\|^2 + \left\| \xi^{n+1} \right\|^2 + \| \xi^n \|^2 \right\}. \quad (6.2.20\text{f})$$

对式 (6.2.16) 右端第 10 项, 类似地估计可得

$$\begin{aligned}&2(\Delta t)^3 \left\{ \left\langle \delta_x (K_1(U^n) \delta_{\bar{x}} (\Phi_1^{-1} \delta_y (K_1(U^n) \delta_{\bar{y}} (\hat{\Phi}_1^{-1} \delta_z (K_1(U^n) \delta_{\bar{z}} \xi^{n+1}) \ldots), \xi^{n+1} \right\rangle + \ldots \right\} \\ \leqslant & M(\Delta t)^2 \{ \left\| \delta_{\bar{x}} \xi^{n+1} \right\|^2 + \left\| \delta_{\bar{y}} \xi^{n+1} \right\|^2 + \left\| \delta_{\bar{z}} \xi^{n+1} \right\|^2 + \left\| \xi^{n+1} \right\|^2 + \| \xi^n \|^2 \}. \quad (6.2.20\text{g})\end{aligned}$$

对式 (6.2.16) 右端最后两项, 由 ε_0−Lipschitz 条件可得

$$2\Delta t \left\langle Q_1(u^{n+1}) - Q_1(U^{n+1}), \xi^{n+1} \right\rangle + 2\Delta t \left\langle \varepsilon_1^{n+1}, \xi^{n+1} \right\rangle \leqslant M \Delta t \{ \left\| \xi^{n+1} \right\|^2 + h^2 + (\Delta t)^2 \}. \quad (6.2.20\text{h})$$

对误差方程 (6.2.16) 利用式 (6.2.20) 整理可得

$$\begin{aligned}&\|\Phi_2^{1/2} \xi^{n+1}\|^2 - \|\Phi_1^{1/2} \xi^n\|^2 + (\Delta t)^2 \|\Phi_2^{1/2} d_t \xi^n\|^2 \\ &+ \Delta t \{ \|K_1^{n,1/2} \delta_{\bar{x}} \xi^{n+1}\|^2 + \|K_1^{n,1/2} \delta_{\bar{y}} \xi^{n+1}\|^2 + \|K_1^{n,1/2} \delta_{\bar{z}} \xi^{n+1}\|^2 \} \\ \leqslant & M\{ (\Delta t)^2 + h^2 + \|\xi^{n+1}\|^2 + \|\xi^n\|^2 \} \Delta t - 2\Delta t \sum_{i,j=1}^{N-1} K^n_{2,ij,N-\frac{1}{2}} \delta_{\bar{z}} \omega_{ij,N}^{n+1} \xi_{ij,0}^{n+1} h^2. \quad (6.2.21)\end{aligned}$$

对误差方程 (6.2.17) 可进行类似的估计, 经整理可得

$$\begin{aligned}&\|\Phi_2^{1/2} \zeta^{n+1}\|^2 - \|\Phi_1^{1/2} \zeta^n\|^2 + (\Delta t)^2 \|\Phi_2^{1/2} d_t \zeta^n\|^2 \\ &+ \Delta t \{ \|K_3^{n,1/2} \delta_{\bar{x}} \zeta^{n+1}\|^2 + \|K_3^{n,1/2} \delta_{\bar{y}} \zeta^{n+1}\|^2 + \|K_3^{n,1/2} \delta_{\bar{z}} \zeta^{n+1}\|^2 \} \\ \leqslant & M\{ (\Delta t)^2 + h^2 + \|\zeta^{n+1}\|^2 + \|\zeta^n\|^2 \} \Delta t + 2\Delta t \sum_{i,j=1}^{N-1} K^n_{2,ij,1/2} \delta_z \omega_{ij,0}^{n+1} \zeta_{ij,N}^{n+1} h^2. \quad (6.2.22)\end{aligned}$$

此时对误差方程 (6.2.18) 有

$$\begin{aligned}&\|\Phi_2^{1/2} \omega^{n+1}\|^2 - \|\Phi_2^{1/2} \omega^n\|^2 + (\Delta t)^2 \|\Phi_2^{1/2} d_t \omega^n\|^2 + 2\Delta t \|K_2^{1/2} \delta_{\bar{z}} \omega^{n+1}\|^2 \\ \leqslant & 2\Delta t \sum_{i,j=1}^{N-1} \{ K^n_{2,ij,N-\frac{1}{2}} \delta_{\bar{z}} \omega_{ij,N}^{n+1} \cdot \xi_{ij,0}^{n+1} - K^n_{2,ij,1/2} \delta_z \omega_{ij,0}^{n+1} \cdot \zeta_{ij,N}^{n+1} \} h^2 \\ &+ M\Delta t \{ (\Delta t)^2 + h^4 + \|\omega^{n+1}\|^2 \}. \quad (6.2.23)\end{aligned}$$

联合式 (6.2.21)∼(6.2.23), 并对时间 t 求和 $(0 \leqslant n \leqslant L)$, 注意到 $\xi^0 = \xi^0 = \omega^0 = 0$, 故有

$$\begin{aligned}&\{ \|\Phi_1^{1/2} \xi^{L+1}\|^2 + \|\Phi_3^{1/2} \zeta^{L+1}\|^2 + \|\Phi_2^{1/2} \omega^{L+1}\|^2 \} \\ &+ \Delta t \sum_{m=0}^{L} \{ \|\Phi_1^{1/2} d_t \xi^n\|^2 + \|\Phi_3^{1/2} d_t \zeta^n\|^2 + \|\Phi_2^{1/2} d_t \omega^n\|^2 \} \Delta t\end{aligned}$$

$$
\begin{aligned}
&+\sum_{n=0}^{L}\{\|K_1^{n,1/2}\delta_{\bar{x}}\xi^{n+1}\|^2+\|K_1^{n,1/2}\delta_{\bar{y}}\xi^{n+1}\|^2+\|K_1^{n,1/2}\delta_{\bar{z}}\xi^{n+1}\|^2\\
&+\|K_3^{n,1/2}\delta_{\bar{x}}\zeta^{n+1}\|^2+\|K_3^{n,1/2}\delta_{\bar{y}}\zeta^{n+1}\|^2+\|K_3^{n,1/2}\delta_{\bar{z}}\zeta^{n+1}\|^2+\|\varPhi_2^{1/2}\delta_{\bar{z}}\omega^{n+1}\|^2\}\Delta t\\
\leqslant &M\left\{\sum_{n=0}^{L}[\left\|\xi^{n+1}\right\|^2+\left\|\zeta^{n+1}\right\|^2+\left\|\omega^{n+1}\right\|^2]\Delta t+(\Delta t)^2+h^2\right\}. \qquad (6.2.24)
\end{aligned}
$$

应用 Gronwall 引理可得

$$
\begin{aligned}
&\{\|\varPhi_1^{1/2}\xi^{L+1}\|^2+\|\varPhi_3^{1/2}\zeta^{L+1}\|^2+\|\varPhi_2^{1/2}\omega^{L+1}\|^2\}\\
&+\Delta t\sum_{n=0}^{L}\{\|\varPhi_1^{1/2}d_t\xi^n\|^2+\|\varPhi_3^{1/2}d_t\zeta^n\|^2+\|\varPhi_2^{1/2}d_t\omega^n\|^2\}\Delta t\\
&+\sum_{n=0}^{L}\{\|K_1^{n,1/2}\delta_{\bar{x}}\xi^{n+1}\|^2+\|K_1^{n,1/2}\delta_{\bar{y}}\xi^{n+1}\|^2+\|K_1^{n,1/2}\delta_{\bar{z}}\xi^{n+1}\|^2\\
&+\|K_3^{n,1/2}\delta_{\bar{x}}\zeta^{n+1}\|^2+\|K_3^{n,1/2}\delta_{\hat{y}}\zeta^{n+1}\|^2+\|K_3^{n,1/2}\delta_{\bar{z}}\zeta^{n+1}\|^2+\|K_2^{n,1/2}\delta_{\bar{x}}\omega^{n+1}\|^2\}\Delta t\\
\leqslant &M\{(\Delta t)^2+h^2\}. \qquad (6.2.25)
\end{aligned}
$$

定理 6.2.1 假定问题 (6.2.1)~(6.2.4) 的精确解满足光滑性条件:

$$
\begin{aligned}
&\frac{\partial^2 u}{\partial t^2}\in L^\infty(L^\infty(\varOmega_1)),\quad u\in L^\infty(W^{3,\infty}(\varOmega_1))\cap W^{1,\infty}(W^{1,\infty}(\varOmega_1))\\
&\frac{\partial^2 v}{\partial t^2}\in L^\infty(L^\infty(\varOmega_3)),\quad v\in L^\infty(W^{3.\infty}(\varOmega_3))\cap W^{1,\infty}(W^{1,\infty}(\varOmega_3)),\\
&\frac{\partial^2 w}{\partial t^2}\in L^\infty(L^\infty(\varOmega_2)),\quad w\in L^\infty(W^{3,\infty}(\varOmega_2)).
\end{aligned}
$$

采用迎风分数步差格式 (6.2.7)、(6.2.8) 和 (6.2.10) 逐层计算, 则下述误差估计式成立:

$$
\begin{aligned}
&\|u-U\|_{\bar{L}^\infty(J;l^2)}+\|v-V\|_{\bar{L}^\infty(J;l^2)}+\|w-W\|_{\bar{L}^\infty(J;l^2)}\\
&+\|u-U\|_{\bar{L}^2(J;h^1)}+\|v-V\|_{\bar{L}^2(J;h^1)}+\|w-W\|_{\bar{L}^2(J;h^1)}\\
\leqslant &M^*\{\Delta t+h\}, \qquad (6.2.26)
\end{aligned}
$$

此处 $\|g\|_{\bar{L}^\infty(J;x)}=\sup\limits_{n\Delta t\leqslant T}\|f^n\|_x$, $\|g\|_{\bar{L}^2(J;x)}=\sup\limits_{L\Delta t\leqslant T}\left\{\sum\limits_{n=0}^{L}\|g^n\|_x^2\,\Delta t\right\}^{1/2}$, M^* 依赖于函数 u,v,w 及其导数.

6.3 多层非线性渗流耦合系统的特征分数步差分方法

6.3.1 引言

在多层非线性渗流耦合系统计算中, 当第一、第三层近似地认为是水平流动, 而置于它们中间的层 (弱渗透层) 仅有垂直流动时, 需要求解下述一类多层对流扩散耦合系统的初边值问题 [13~15,17,18]:

$$\Phi_1(x,y)\frac{\partial u}{\partial t}+a(x,y,t)\cdot\nabla u-\nabla\cdot(K_1(x,y,u,t)\nabla u)+K_2(x,y,z,w,t)\left.\frac{\partial w}{\partial z}\right|_{z=H}$$
$$=Q_1(x,y,t,u),\quad (x,y)^{\mathrm{T}}\in\Omega_1, t\in J=(0,T], \tag{6.3.1a}$$

$$\Phi_2(x,y,z)\frac{\partial w}{\partial t}=\frac{\partial}{\partial z}\left(K_2(x,y,z,w,t)\frac{\partial w}{\partial z}\right),\quad (x,y,z)^{\mathrm{T}}\in\Omega(t), t\in J, \tag{6.3.1b}$$

$$\Phi_3(x,y)\frac{\partial v}{\partial t}+b(x,y,t)\cdot\nabla v-\nabla\cdot(K_3(x,y,v,t)\nabla v)-K_2(x,y,z,w,t)\left.\frac{\partial w}{\partial z}\right|_{z=0}$$
$$=Q_3(x,y,t,v),\quad (x,y)^{\mathrm{T}}\in\Omega_1, t\in J, \tag{6.3.1c}$$

此处 $\Omega=\{(x,y,z)|(x,y)\in\Omega_1, 0<z<H\}$, Ω_1 为图 6.3.1 所示的平面有界区域, $\partial\Omega, \partial\Omega_1$ 分别为 Ω 和 Ω_1 的外边界.

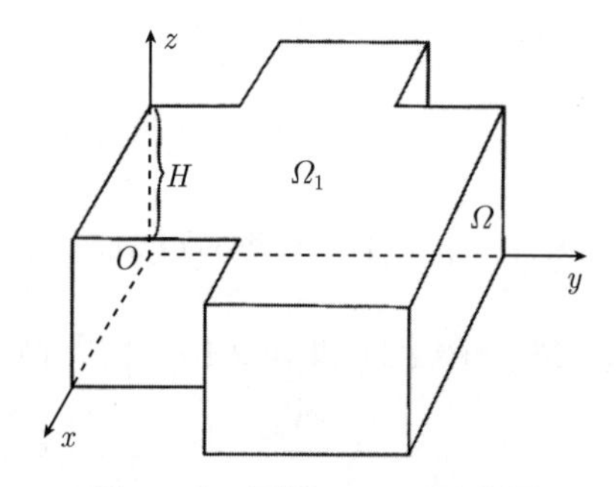

图 6.3.1　区域 Ω, Ω_1 示意图

初始条件为

$$\begin{aligned}
&u(x,y,0)=u_0(x,y),\quad (x,y)^{\mathrm{T}}\in\Omega_1,\\
&w(x,y,z,0)=w_0(x,y,z),\quad (x,y,z)^{\mathrm{T}}\in\Omega,\\
&v(x,y,0)=v_0(x,y),\quad (x,y)^{\mathrm{T}}\in\Omega_1.
\end{aligned} \tag{6.3.2}$$

边值问题 I (Dirichlet 边界条件)

$$u(x,y,t)|_{\partial\Omega_1}=0,\quad w(x,y,z,t)|_{z\in(0,H),\partial\Omega_1}=0,\quad v(x,y,t)|_{\partial\Omega_1}=0, \tag{6.3.3a}$$

$$w(x,y,z,t)|_{z=H}=u(x,y,t),\quad w(x,y,z,t)|_{z=0}=v(x,y,t),\quad (x,y)^{\mathrm{T}}\in\Omega_1.(\text{内边界条件}) \tag{6.3.3b}$$

边值问题 II (Newman 边值条件)

$$\frac{\partial u}{\partial\gamma}(x,y,t)\bigg|_{\partial\Omega_1}=0,\quad \frac{\partial v}{\partial\gamma}(x,y,t)\bigg|_{\partial\Omega_1}=0,\quad \frac{\partial w}{\partial n}(x,y,z,t)\bigg|_{z=0,H,\partial\Omega_1}=0, \tag{6.3.3c}$$

$$w(x,y,z,t)|_{z=H}=u(x,y,t),\quad (x,y)^{\mathrm{T}}\in\Omega_1,$$

$$w(x,y,z,t)|_{z=0}=v(x,y,t),(x,y)^{\mathrm{T}}\in\Omega_1,(\text{内边界条件}) \tag{6.3.3d}$$

此处 γ 和 n 分别是 $\partial\Omega_1$ 和 $\partial\Omega$ 的外向矢量.

在渗流力学中, 待求函数 u,w,v 为位势函数, $\nabla u,\nabla v,\dfrac{\partial w}{\partial z}$ 为达西速度, $\Phi_\alpha(\alpha=1,2,3)$ 为孔隙度函数, $K_1(x,y,u,t),K_2(x,y,z,w,t)$ 和 $K_3(x_1,y,v,t)$ 为渗透率函数, $a(x,y,t)=(a_1(x,y,t),a_2(x,y,t))^{\mathrm{T}},b(x,y,t)=(b_1(x,y,t),b_2(x,y,t))^{\mathrm{T}}$ 为相应的对流系数, 并满足条件:

$$a(x,y,t)|_{\partial\Omega_1}=\mathbf{0},b(x,y,t)|_{\partial\Omega_1}=\mathbf{0},$$

此处$\mathbf{0}=(0,0)^{\mathrm{T}},Q_1(x,y,t,u),Q_3(x,y,t,v)$为产量项.

对于对流扩散问题已有 Douglas 和 Russell 关于特征差分方法和特征有限元法的著名工作 [19,20], 它克服经典方法可能出现数值解的振荡和失真, 随后 Douglas 应用特征差分方法去解决不可压缩两相渗流驱动问题并应用能量数学方法得到了收敛性结果, 但没有得到最优阶 l^2 模误差估计, 且他必须假定问题是 Ω 周期的 [13,20], 我们改进了 Douglas 的结果, 得到了最优阶 l^2 模估计并应用到油藏数值模拟的动边值问题和强化采油的数值模拟 [27,28]. 为解决大规模科学和工程计算 (节点个数多达数万至数百万个), 需要采用分数步技术, 将高维问题化为连续解几个一维问题计算 [13,23,24]. 虽然 Douglas 和 Peaceman 很早应用交替方向去解决二相渗流驱动问题, 但没有得到理论分析结果. 由于他们应用 Fourier 分析方法仅能对常系数情况证明稳定性和收敛性结果, 此方法不能推广到变系数情形 [29,30]. 我们应用特征分数步差方法研究可压缩二相渗流驱动问题, 并得到最优阶 l^2 模估计, 但在数值分析时仍需 Ω 周期性假定 [25,31,32].

我们从油气资源勘探、开发和地下水渗流计算的实际问题出发, 研究多层非线性地下渗流耦合系统的非稳定渗流计算, 提出适合并行计算的特征修正分数步差分格式, 利用变分形式、能量方法、粗细网络配套、分片双二次插值、差分算子乘积交换性、高阶差分算子的分解、微分方程先验估计的理论和技巧, 在不需要问题是 Ω 周期的假设条件下, 得到收敛性的最佳阶 l^2 模误差估计.

通常问题是正定的, 即满足

$$0<\Phi_*\leqslant\Phi_\alpha\leqslant\Phi^*,\quad 0<K_*\leqslant K_\alpha\leqslant K^*,\quad \alpha=1,2,3, \tag{6.3.4}$$

$$\left|\frac{\partial K_1(u)}{\partial u}\right| + \left|\frac{\partial K_3(v)}{\partial v}\right| + \left|\frac{\partial K_2(w)}{\partial w}\right| \leqslant K^*,$$

此处 Φ_*, Φ^*, K_*, K^* 均为正常数. $K_2'(w) = 0$ 在点 $z = 0, H$ 邻域.

假定 (6.3.1)~(6.3.4) 的精确解是正则的, 即

$$\begin{aligned}
&\frac{\partial^2 u}{\partial \tau_1^2}, \frac{\partial^2 v}{\partial \tau_3^2} \in L^\infty(L^\infty(\Omega_1)), \quad u, v \in L^\infty(W^{4,\infty}(\Omega_1)), \\
&\frac{\partial^2 w}{\partial t^2} \in L^\infty(L^\infty(\Omega)), \quad w \in L^\infty(W^{4,\infty}(\Omega)),
\end{aligned} \tag{6.3.5}$$

且函数 $Q_1(x, y, t, u), Q_3(x, y, t, v)$ 在解的 ε_0 邻域满足 Lipschitz 连续条件.

6.3.2　问题 I 的特征分数步差分格式

为了用差分方法求解, 用网格区域 $\Omega_{1,h}$ 代替 Ω_1, 在平面 (x, y) 上步长为 h_1, $x_i = ih_1, y_j = jh_1$, $\Omega_{1,h} = \{(x_i, y_j)|i_1(j) < i < i_2(j)\}, j_1(i) < j < j_2(i)\}$. 在 z 方向步长为 $h_2, z_k = kh_2, h_2 = H/N$, 此处 N 为某一正整数, $t^n = n\Delta t$. 用 Ω_h 代替 Ω, $\Omega_h = \{(x_i, y_i, z_k)|i_1(j) < i < i_2(j), j_1(i) < j < j_2(i), 0 < k < N\}$. 用 $\partial\Omega_{1,h}$ 和 $\partial\Omega_h$ 分别表示 $\Omega_{1,h}$ 和 Ω_h 的边界. 记

$$\begin{aligned}
&U(x_i, y_i, t^n) = U_{ij}^n, \quad V(x_i, y_i, t_n) = V_{ij}^n, \\
&W(x_i, y_i, z_k, t^n) = W_{tjk}^n,
\end{aligned}$$

记 $\delta_x, \delta_y, \delta_z, \delta_{\bar{x}}, \delta_{\bar{y}}, \delta_{\bar{z}}$ 分别为 x, y 和 z 方向的向前、向后差商算子, $d_t U^n$ 为网络函数 U_{tj}^n 在 $t = t^n$ 的向前差商.

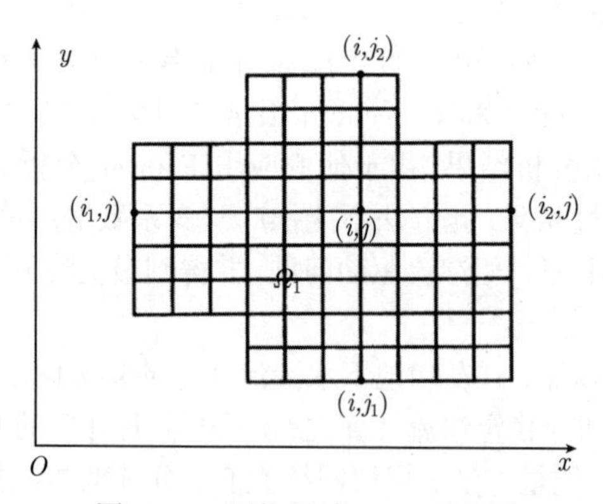

图 6.3.2　网络区域 $\Omega_{1,h}$ 示意图

为了得到高精度的计算格式, 对方程 (6.3.1a) 在点 $(x, y, z_{N-1/2}, t)$ 展开, 得

$$\left[K_2(x, y, z, w, t)\frac{\partial w}{\partial z}\right]_{N-1/2} = \left[K_2(x, y, z, u, t)\frac{\partial w}{\partial z}\right]_N$$

$$- \frac{h_2}{2} \left[\frac{\partial}{\partial z} \left(K_2(x,y,z,u,t) \frac{\partial w}{\partial z} \right) \right]_N + O(h_2^2).$$

从 (6.3.1b) 可得

$$\left[K_2(x,y,z,u,t) \frac{\partial w}{\partial z} \right]_N = \left[K_2(x,y,z,w,t) \frac{\partial w}{\partial z} \right]_{N-1/2} + \frac{h_2}{2} \left[\Phi_2(x,y,H) \frac{\partial w}{\partial t} \right]_N + O(h_2^2). \tag{6.3.6a}$$

类似地, 由方程 (6.3.1c) 可得

$$\left[K_2(x,y,z,v,t) \frac{\partial w}{\partial z} \right]_0 = \left[K_2(x,y,z,w,t) \frac{\partial w}{\partial z} \right]_{1/2} - \frac{h_2}{2} \left[\Phi_2(x,y,0) \frac{\partial w}{\partial t} \right]_0 + O(h_2^2). \tag{6.3.6b}$$

改变方程 (6.3.1a) 为下述形式:

$$\begin{aligned} &\Phi_1(x,y) \frac{\partial u}{\partial t} + \boldsymbol{a}(x,y,t) \cdot \nabla u - \nabla \cdot (K_1(x,y,u,t) \nabla u) + \frac{h_2}{2} \left[\Phi_2(x,y,H) \frac{\partial u}{\partial t} \right] \\ &+ \left[K_2(x,y,z,w,t) \frac{\partial w}{\partial z} \right]_{N-1/2} + O(h_2^2) = Q_1(x,y,t,u), \end{aligned}$$

则在点 (x,y,H,t) 有

$$\begin{aligned} &\hat{\Phi}_1(x,y,h) \frac{\partial u}{\partial t} + \boldsymbol{a}(x,y,t) \cdot \nabla u - \nabla \cdot (K_1(x,y,u,t) \nabla u) \\ = &- \left[K_2(x,y,z,w,t) \frac{\partial w}{\partial z} \right]_{N-1/2} + Q_1(x,y,t,u) + O(h_2^2), \end{aligned} \tag{6.3.7}$$

此处 $\hat{\Phi}_1(x,y,h) = \Phi_1(x,y) + \dfrac{h_2}{2} \Phi_2(x,y,H)$.

记

$$\begin{aligned} &K(U^n)_{i+1/2,j} = [K(x_i,y_j,U_{ij}^n) + K(x_{i+1},y_j,U_{i,j+1}^n)]/2, \\ &K(U^n)_{i,J+1/2} = [K(x_i,y_j,U_{ij}^n) + K(x_i,y_{j+1},U_{i,j+1}^n)]/2, \\ &\delta_x(K(U^n)\delta_{\overline{x}} u^{n+1})_{ij} = h_1^{-2}[K(U^n)_{i+1/2,j}(u_{i+1,j}^{n+1} - u_{ij}^{n+1}) \\ &-K(U^n)_{i-1/2,j}(u_{ij}^{n+1} - u_{i-1,j}^{n+1})], \\ &\delta_y(K(U^n)\delta_{\overline{y}} u^{n+1})_{ij} = h_1^{-2}[K(U^n)_{i,j+1/2,}(u_{i,j+1}^{n+1} - u_{ij}^{n+1}) \\ &-K(U^n)_{i,j-1/2}(u_{ij}^{n+1} - u_{i,j-1}^{n+1})], \\ &\nabla_h(K(U^n)\nabla_h u^{n+1})_{ij} = \delta_x(K(U^n)\delta_{\overline{x}} u^{n+1})_{ij} + \delta_y(K(U^n)\delta_{\overline{y}} u^{n+1})_{ij}. \end{aligned}$$

类似地, $\delta_z(K^n \delta_{\overline{z}} w^{n+1})_{ijk} = h_2^{-1}[K_{ij,k+1/2}^n(w_{ij,k+1}^{n+1} - w_{ijk}^{n+1}) - K_{ij,k+1/2}^n(w_{ijk}^{n+1} - w_{ij,k-1}^{n+1})]$.

这流动实际上沿着迁移的特征方向, 对方程 (6.3.7), 采用特征线法处理一阶双曲部分, 具有很高的精确度, 对时间 t 可用大步长计算 [19,20,27,28]. 记 $\psi_1(X,\boldsymbol{a},h) =$

$(\hat{\varPhi}_1^2+|\boldsymbol{a}|^2)^{1/2}, \partial/\partial\tau_1=\psi_1^{-1}\{\hat{\varPhi}_1\partial/\partial t+\boldsymbol{a}\cdot\nabla\}$, 此处 $X=(x,y)^{\mathrm{T}}$, 将式 (6.3.7) 写为

$$\psi_1\frac{\partial u}{\partial\tau_1}-\nabla\cdot(K_1(x,y,u,t)\nabla u)=-\left[K_2(x,y,z,w,t)\frac{\partial w}{\partial z}\right]_{N-1/2}+Q_1(x,y,t,u)+O(h_2^2). \tag{6.3.8}$$

用沿 τ_1 特征方向的向后差商逼近

$$\frac{\partial u^{n+1}}{\partial\tau_1}=\frac{\partial u}{\partial\tau_1}(X,t^{n+1}),\quad \frac{\partial u^{n+1}}{\partial\tau_1}(X)\approx\frac{u^{n+1}(X)-u^n(X-\boldsymbol{a}^{n+1}\Delta t/\hat{\varPhi}_1)}{\Delta t(\hat{\varPhi}_1^2+|\boldsymbol{a}^{n+1}|^2)^{1/2}}.$$

方程 (6.3.8) 的分数步特征差分格式为

$$\begin{aligned}\hat{\varPhi}_{1,ij}\frac{U_{ij}^{n+1/2}-\hat{U}_{ij}^n}{\Delta t}=&\delta_x(K_1(U^n)\delta_{\overline{x}}U^{n+1/2})_{ij}+\delta_y(K_1(U^n)\delta_{\overline{y}}U^n)_{ij}\\&-K_2(x_i,y_j,z_{N-1/2},U_{ij}^n,t^n)\delta_{\overline{z}}W_{ij,N}^{n+1}\\&+Q(x_i,y_j,t^n,\hat{U}_{ij}^n),\quad i_1(j)<i<i_2(j),\end{aligned} \tag{6.3.9a}$$

$$U_{ij}^{n+1/2}=0,\quad (x_i,y_i)\in\partial\varOmega_{1,h}, \tag{6.3.9b}$$

$$\hat{\varPhi}_{1,ij}\frac{U_{ij}^{n+1}-U_{ij}^{n+1/2}}{\Delta t}=\delta_y(K_1(U^n)\delta_{\overline{y}}(U^{n+1}-U^n))_{ij},\quad i_1(j)<j<i_2(j), \tag{6.3.9c}$$

$$U_{ij}^{n+1}=0,\quad (x_i,y_i)\in\partial\varOmega_{1,h}, \tag{6.3.9d}$$

此处 $U^n(X)$ 按节点值 $\{U_{ijk}^n\}$ 分片双二次插值 [29,30], $\hat{U}_{ij}^n=U^n(\hat{X}_{1,ij}^n), \hat{X}_{1,ij}^n=X_{ij}-\boldsymbol{a}_{ij}^{n+1}\Delta t/\hat{\varPhi}_{1,ij}$.

方程 (6.3.1b) 的差分格式是

$$\varPhi_{2,ij}\frac{W_{ijk}^{n+1}-W_{ijk}^n}{\Delta t}=\delta_z(K_2(W^n)\delta_{\overline{z}}W^{n+1})_{ijk},\quad 1<k<N,(x_i,y_i)\in\varOmega_{1,h}. \tag{6.3.10}$$

将方程 (3.3.1c) 应用到式 (6.3.6b), 在点 $(x,y,0,t)$ 有

$$\begin{aligned}&\left[\varPhi_3(x,y)+\frac{h_2}{2}\varPhi_2(x,y,0)\right]\frac{\partial v}{\partial t}+\boldsymbol{b}(x,y,t)\cdot\nabla v-\nabla\cdot(K_3(x,y,v,t)\nabla v)\\=&\left[K_2(x,y,z,w,t)\frac{\partial w}{\partial z}\right]_{1/2}+Q_3(x,y,t,v)+O(h_2^2).\end{aligned} \tag{6.3.11}$$

类似地, 记 $\hat{\varPhi}_3(x,y,h)=\varPhi_3(x,y)+\frac{h_2}{2}\varPhi_2(x,y,0), \psi_3(X,\boldsymbol{b},h)=(\hat{\varPhi}_3^2+|\boldsymbol{b}|^2)^{1/2}$, $\partial/\partial\tau_3=\psi_3^{-1}\{\hat{\varPhi}_3\partial/\partial t+\boldsymbol{b}\cdot\nabla\}$, 则方程 (6.3.11) 可写为

$$\psi_3\frac{\partial v}{\partial\tau_3}-\nabla\cdot(K_3(x,y,v,t)\nabla v)=\left[K_2(x,y,z,w,t)\frac{\partial w}{\partial z}\right]_{1/2}+Q_3(x,y,t,v)+O(h_2^2). \tag{6.3.12}$$

用沿 τ_1 特征方向的向后差商逼近

$$\frac{\partial v^{n+1}}{\partial \tau_3}=\frac{\partial v}{\partial \tau_3}(X,t^{n+1}),\quad \frac{\partial v^{n+1}}{\partial \tau_3}(X)=\frac{v^{n+1}(X)-v^n(X-\boldsymbol{b}^{n+1}\Delta t/\hat{\Phi}_3(x))}{\Delta t(\hat{\Phi}_3^2+|\boldsymbol{b}^{n+1}|^2)^{1/2}}.$$

方程 (6.3.12) 的分数步特征差分格式为

$$\begin{aligned}\hat{\Phi}_{3,ij}\frac{V_{ij}^{n+1/2}-\hat{V}_{ij}^n}{\Delta t}=&\delta_x(K_3(V^n)\delta_{\bar{x}}V^{n+1/2})_{ij}+\delta_y(K_3(V^n)\delta_{\bar{y}}V^n)_{ij}\\&+K_2(x_i,y_i,z_{1/2},V_{ij}^n,t^n)\delta_z W_{ij,0}^{n+1}\\&+Q(x_i,y_j,t^n,\hat{V}_{ij}^n),\quad i_1(j)<i<i_2(j),\end{aligned}\tag{6.3.13a}$$

$$V_{ij}^{n+1/2}=0,\quad (x_i,y_i)\in\partial\Omega_{1,h},\tag{6.3.13b}$$

$$\hat{\Phi}_{3,ij}\frac{V_{ij}^{n+1}-V_{ij}^{n+1/2}}{\Delta t}=\delta_y(K_3(V^n)\delta_{\bar{y}}(V^{n+1}-V^n))_{ij},\quad i_1(j)<j<i_2(j),\tag{6.3.13c}$$

$$V_{ij}^{n+1}=0,\quad (x_i,y_i)\in\partial\Omega_{1,h},\tag{6.3.13d}$$

此处 $V^n(X)$ 按节点值 $\{V_{ijk}^n\}$ 分片双二次插值, $\hat{V}_{ij}^n=V^n(\hat{X}_{3,ij}^n),\hat{X}_{3,ij}^n=X_{ij}\text{-}\boldsymbol{b}_{ij}^{n+1}\Delta t/\hat{\Phi}_{3,ij}$.

注意 I　此处设 $Y=X-\boldsymbol{a}^{n+1}\Delta t/\hat{\Phi}_1=g(X),Z=X-\boldsymbol{b}^{n+1}\Delta t/\hat{\Phi}_3=f(X)$, 当 Δt 适当小时, 由条件 $\boldsymbol{a}(X,t)|_{\partial\Omega 1}=\boldsymbol{0},\boldsymbol{b}(X,t)|_{\partial\Omega 1}=\boldsymbol{0}$, 得知 $Y=g(X),Z=f(X)$ 分别同胚映射 Ω_1 为自身, 故 $\hat{X}_{1,ij}^n,\hat{X}_{2,ij}^n$, 仍属于 Ω_1, 这里将 Ω 周期性条件去掉.

注意 II　在实际计算时. 在式 (6.3.9a) 中 $\delta_{\bar{z}}W_{ij,N}^{n+1}$ 取 $\delta_{\bar{z}}W_{ij,N}^n$ 逼近, 在 (6.3.13a) 式中 $\delta_z W_{ij,0}^{n+1}$ 取 $\delta_z W_{ij,0}^n$ 逼近.

实际计算程序是, 若已知时刻 $t=t^n$ 的差分解 $\{U_{ij}^n,W_{ijk}^n,V_{ij}^n\}$, 寻求下一时刻 $t=t^{n+1}$ 的 $\{U_{ij}^{n+1},W_{ijk}^{n+1},V_{ij}^{n+1}\}$. 首先由式 (6.3.9a) 和 (6.3.9b) 用追赶法求出过渡层的解 $\{U_{ij}^{n+1/2}\}$, 再由式 (6.3.9c) 和 (6.3.9d) 求出 $\{U_{ij}^{n+1}\}$. 与此同时可并行的由式 (6.3.13a) 和 (6.3.13b) 用追赶法求出过渡层的解 $\{V_{ij}^{n+1/2}\}$, 再由式 (6.3.13c) 和 (6.3.13d) 求出 $\{V_{ij}^{n+1}\}$. 最后由式 (6.3.16) 求出 $\{W_{ijk}^{n+1}\}$. 由正定性条件 (6.3.4), 此差分解存在且唯一.

6.3.3　收敛性分析

定理 6.3.1　假定问题 (6.3.1)~(6.3.4) 的精确解满足光滑性条件: $\dfrac{\partial^2 u}{\partial\tau_1^2},\dfrac{\partial^2 v}{\partial\tau_3^2}\in L^\infty(L^\infty(\Omega_1)),u,v\in L^\infty(W^{4,\infty}(\Omega_1)),\dfrac{\partial^2 w}{\partial t^2}\in L^\infty(L^\infty(\Omega)),w\in L^\infty(L^{4,\infty}(\Omega))$采用特征分数步差分格式 (6.3.9)、(6.3.10)、(6.3.13) 逐层计算. 若剖分离散参数满足条件: $\Delta t=O(h^2)$, 则下述误差估计式成立:

$$||u-U||_{\overline{L}^\infty([0,T],h^1)}+||v-V||_{\overline{L}^\infty([0,T],h^1)}+||w-W||_{\overline{L}^\infty([0,T],h^1)}$$

$$+ ||d_t(u-U)||_{\overline{L}^2([0,T],l^2)} + ||d_t(u-V)||_{\overline{L}^2([0,T],l^2)}$$
$$+ ||d_t(w-W)||_{\overline{L}^2([0,T],l^2)} \leqslant M\{h^2 + (\Delta t)\}, \tag{6.3.14}$$

此处$|g||_{\overline{L}^\infty(J,X)} = \sup\limits_{n\Delta t\leqslant T}||g^n||_X, ||g||_{\overline{L}^2(J,X)} = \sup\limits_{n\Delta t\leqslant T}\left\{\sum\limits_{n=0}^{L}||g^n||_X^2\Delta t\right\}^{1/2}$, 常数 M 依赖于函数 u,v 和 w 及其导函数. 详细的论证可参阅文献 [6].

6.3.4 问题 II 的特征分数步差分格式及分析

对边值问题 II, 假定无流动的边界条件, 为了简便, 设

$$\Omega = \{(x,y,z)|0<x<1, 0<y<1, 0<z<1\}, \quad \Omega_1 = \{(x,y)|0<x<1, 0<y<1\}.$$

见图 6.3.3.

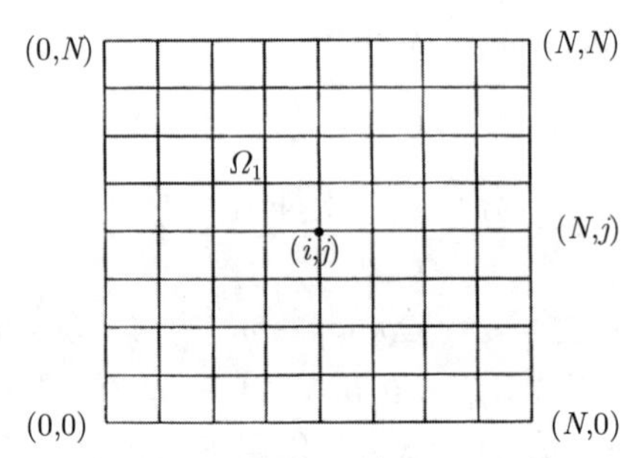

图 6.3.3 网格区域 $\Omega_{1,h}$ 示意

对第一层, 特征分数步差分格式为

$$\begin{aligned}\hat{\varPhi}_{1,ij}\frac{U_{ij}^{n+1/2}-\hat{U}_{ij}^n}{\Delta t} =&\delta_x(K_1(U^n)\delta_{\overline{x}}U^{n+1/2})_{ij} + \delta_y(K_1(U^n)\delta_{\overline{y}}U^{n+1/2})_{ij}\\ &- K_2(x_i,y_j,z_{N-1/2},U_{ij}^n,t^n)W_{ij,N}^{n+1}\\ &+ Q_1(x_i,y_j,t^n,\hat{U}_{ij}^n), \quad 1\leqslant i\leqslant N,\end{aligned} \tag{6.3.15a}$$

$$\hat{\varPhi}_{1,xy}\frac{U_{ij}^{n+1/2}-U_{ij}^{n+1/2}}{\Delta t} = \delta_y(K_1(U^n)\delta_{\overline{y}}(U^{n+1}-U^n))_{ij}, \quad 1\leqslant j\leqslant N. \tag{6.3.15b}$$

在边界点, 列出差分方程 (6.3.15). 作为例子, 在点 (x_N,y_j), 取 $U_{N+1,j} = U_{N-1,j}, U_{N,N+1} = U_{N,N-1},\cdots$.

对第三层, 特征分数步差分格式为

$$\begin{aligned}\hat{\varPhi}_{3,ij}\frac{V_{ij}^{n+1/2}-\hat{V}_{ij}^n}{\Delta t} =&\delta_x(K_3(V^n)\delta_{\overline{x}}V^{n+1/2})_{ij} + \delta_y(K_3(V^n)V^n)_{ij}\\ &+ K_2(x_i,y_i,z_{1/2},V_{ij}^n,t^n)\delta_z W_{ij,0}^{n+1}\\ &+ Q_3(x_i,y_i,t^n,\hat{V}_{ij}^n), \quad 1\leqslant i\leqslant N,\end{aligned} \tag{6.3.16a}$$

$$\hat{\Phi}_{3,xy}\frac{V_{ij}^{n+1}-V_{ij}^{n+1/2}}{\Delta t}=\delta_y(K_3(V^n)\delta_{\overline{y}}(V^{n+1}-V^n))_{ij},\quad 1\leqslant j\leqslant N. \tag{6.3.16b}$$

对第二层, 差分格式为

$$\hat{\Phi}_{2,ij}\frac{V_{ijk}^{n+1}-W_{ijk}^{n}}{\Delta t}=\delta_{\bar{z}}(K_2(W^n)\delta_2 W^{n+1})_{ijk},\quad 0\leqslant i,j\leqslant N, 0<k<N. \tag{6.3.17}$$

类似地, 能得到相同的误差估计式 (6.3.14).

6.4 三维渗流耦合系统动边值问题迎风分数步差分方法

6.4.1 引言

在多层地下渗流驱动问题的非稳定流计算中, 当第 1、第 3 层近似地认为水平流动, 而置于它们中间较薄的层 (弱渗透层) 仅有垂直流动时, 其厚度近似地认为是不变的, 需要求解下述一类多层对流–扩散耦合系统的动边值问题 [13~15,17,18]:

$$\begin{aligned}&\phi_1(x_1,x_2,x_3)\frac{\partial u}{\partial t}+a(x_1,x_2,x_3,t)\cdot\nabla u-\nabla\cdot(K_1(x_1,x_2,x_3,t)\nabla u)\\ =&Q_1(x_1,x_2,x_3,t,u),\quad X=(x_1,x_2,x_3)^{\mathrm{T}}\in\Omega_1(t),t\in J=(0,T],\end{aligned} \tag{6.4.1a}$$

$$\phi_2(x_1,x_2,x_3)\frac{\partial w}{\partial t}=\frac{\partial}{\partial x_3}\left(K_2(x_1,x_2,x_3,t)\frac{\partial w}{\partial x_3}\right),\quad (x_1,x_2,x_3)^{\mathrm{T}}\in\Omega_2(t),t\in J, \tag{6.4.1b}$$

$$\begin{aligned}&\phi_3(x_1,x_2,x_3)\frac{\partial v}{\partial t}+b(x_1,x_2,x_3,t)\cdot\nabla v-\nabla\cdot(K_3(x_1,x_2,x_3,t)\nabla v)\\ =&Q_3(x_1,x_2,x_3,t,v),\quad (x_1,x_2,x_3)^{\mathrm{T}}\in\Omega_3(t),t\in J,\end{aligned} \tag{6.4.1c}$$

此处 $\Omega_i(t)=\{(x_1,x_2,x_3)|\,s_1(x_2,t)\leqslant x_1\leqslant s_2(x_2,t),0\leqslant x_2\leqslant L_0(t),H_{i-1}\leqslant x_3\leqslant H_i,t\in J\},i=1,2,3;\partial\Omega_i(t)$ 分别为 $\Omega_i(t)$ 的边界面. $s_i(x_2,t)(i=1,2)$ 和 $L_0(t)$ 是已知函数, 对 $t\in J$ 具有一阶连续的导函数, 如图 6.4.1 所示.

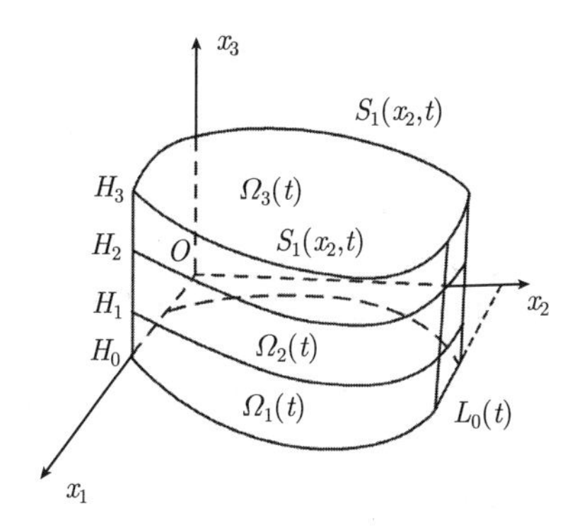

图 6.4.1 区域 $\Omega_i(t),i=1,2,3$ 的示意图

初始条件:

$$
\begin{aligned}
&u(x_1,x_2,x_3,0)=\Psi_1(x_1,x_2,x_3),\quad (x_1,x_2,x_3)^{\mathrm{T}}\in\Omega_1(0),\\
&w(x_1,x_2,x_3,0)=\Psi_2(x_1,x_2,x_3),\quad (x_1,x_2,x_3)^{\mathrm{T}}\in\Omega_2(0),\\
&v(x_1,x_2,x_3,0)=\Psi_3(x_1,x_2,x_3),\quad (x_1,x_2,x_3)^{\mathrm{T}}\in\Omega_3(0).
\end{aligned}\tag{6.4.2}
$$

边界条件是第一型的:

$$
\begin{aligned}
u(x_1,x_2,x_3,t)|_{\partial\Omega_1(t),x_3=0}=0,\quad & w(x_1,x_2,x_3,t)|_{\partial\Omega_2(t)}\\
&=0, v(x_1,x_2,x_3,t)|_{\partial\Omega_3(t),x_3=H_3}=0;
\end{aligned}\tag{6.4.3a}
$$

$$
\begin{aligned}
&w(x_1,x_2,x_3,t)\big|_{x_3=H_1}=u(x_1,x_2,x_3,t)\big|_{x_3=H_1},\\
&K_2(x_1,x_2,x_3,t)\frac{\partial w}{\partial x_3}\bigg|_{x_3=H_1}=K_1(x_1,x_2,x_3,t)\frac{\partial u}{\partial x_3}\bigg|_{x_3=H_1},\\
&w(x_1,x_2,x_3,t)\big|_{x_3=H_2}=v(x_1,x_2,x_3,t)\big|_{x_3=H_2},\\
&K_2(x_1,x_2,x_3,t)\frac{\partial w}{\partial x_3}\bigg|_{x_3=H_2}=K_3(x_1,x_2,x_3,t)\frac{\partial v}{\partial x_3}\bigg|_{x_3=H_2},\\
&(x_1,x_2)^{\mathrm{T}}\in\Omega_0(t),(\text{内边界条件})
\end{aligned}\tag{6.4.3b}
$$

此处 $\Omega_0(t)=\{(x_1,x_2)|s_1(x_2,t)\leqslant x_1\leqslant s_2(x_2,t),0\leqslant x_2\leqslant L_0(t),t\in J\}$.

在渗流力学中, 待求函数 u, w, v 为位势函数, $\nabla u, \nabla v, \dfrac{\partial w}{\partial x_3}$为 Darcy 速度, $\phi_\alpha(\alpha=1,2,3)$ 为孔隙度函数, $K_1(x_1,x_2,x_3,t), K_2(x_1,x_2,x_3,t)$ 和 $K_3(x_1,x_2,x_3,t)$ 为渗透率函数, $\boldsymbol{a}(x_1,x_2,x_3,t)=(a_1(x_1,x_2,x_3,t),a_2(x_1,x_2,x_3,t),a_3(x_1,x_2,x_3,t))^{\mathrm{T}}$, $\boldsymbol{b}(x_1,x_2,x_3,t)=(b_1(x_1,x_2,x_3,t),b_2(x_1,x_2,x_3,t),b_3(x_1,x_2,x_3,t))^{\mathrm{T}}$ 为相应的对流系数, $Q_1(x_1,x_2,x_3,t,u), Q_3(x_1,x_2,x_3,t,v)$ 为产量项.

对于对流–扩散问题已有 Douglas 和 Russell 的著名特征差分方法 [19,20], 它克服经典方法可能出现数值解的振荡和失真 [13,33,34], 解决了用差分方法处理以对流为主的问题. 但特征差分方法有着处理边界条件带来的计算复杂性 [13,20], Ewing, Lazarov 等提出用迎风差分格式来解决这类问题 [21,22]. 为解决大规模科学与工程计算 (节点个数可多达数万乃至数百万个) 需要采用分数步技术, 将高维问题化为连续解几个一维问题的计算 [23,24]. 我们从油气资源勘探、开发和地下水渗流计算的实际问题出发, 研究三维多层地下渗流耦合系统动边值问题的非稳定渗流计算, 提出适合并行计算二类迎风差分格式, 利用区域变换、变分形式、能量方法、隐显格式的相互结合, 差分算子乘积交换性、高阶差分算子的分解、先验估计的理论和技巧, 得到收敛性的 l^2 模误差估计, 对于简化的情况, 即将问题近似认为是固定区域的情况, 我们已有初步成果 [1~5]. 但由于油田勘探的深入发展, 需要寻找 "土豆块闭圈" 中小型油田, 油田勘探的数值模拟需要向精细化、并行化发展, 模拟步长要求百米尺度, 模拟时间长达 2500 万 ~3500 万年, 需要考虑动边值问题的真实情形. 该方法已成功地应用到多层油资源运移聚集精细数值模拟计算和工程实践中.

假定式 (6.4.1)~(6.4.3) 的精确解是正则的, 即

$$
\text{(R)}\qquad
\begin{aligned}
&\frac{\partial^2 u}{\partial t^2} \in L^\infty(L^\infty(\Omega_1(t))), \quad u \in L^\infty(W^{4,\infty}(\Omega_1(t)));\\
&\frac{\partial^2 v}{\partial t^2} \in L^\infty(L^\infty(\Omega_3(t))), \quad v \in L^\infty(W^{4,\infty}(\Omega_3(t)));\\
&\frac{\partial^2 w}{\partial t^2} \in L^\infty(L^\infty(\Omega_2(t))), \quad w \in L^\infty(W^{4,\infty}(\Omega_2(t))).
\end{aligned}
$$

假定问题 (6.4.1)~(6.4.3) 的系数

$$
\text{(C)}\qquad 0 < \phi_* \leqslant \phi_\alpha \leqslant \phi^*, 0 < K_* \leqslant K_\alpha \leqslant K^*, \quad \alpha = 1,2,3, \tag{6.4.4}
$$

此处 ϕ_*, ϕ^*, K_*, K^* 均为正常数. 且假定 $Q_1(x_1,x_2,x_3,t,u), Q_3(x_1,x_2,x_3,t,v)$ 在解的 ε_0 邻域满足 Lipschitz 连续条件.

6.4.2 区域变换

对问题 (6.4.1)~(6.4.4) 引入下述变量替换:

$$
\begin{aligned}
X &= (x_1,x_2,x_3)^{\mathrm{T}} \in \Omega_i(t) \mapsto Y = (y_1,y_2,y_3)^{\mathrm{T}}\\
&= \left(\frac{x_1 - s_1(x_2,t)}{s_2(x_2,t) - s_1(x_2,t)}, L_0^{-1}(t)x_2, x_3\right)^{\mathrm{T}} \in \hat{\Omega}_i\\
&= \{[0,1]^2 \times [H_{i-1}, H_i]\}, \quad i = 1,2,3.
\end{aligned} \tag{6.4.5a}
$$

$$
\begin{aligned}
Y =&(y_1,y_2,y_3)^{\mathrm{T}} \in \hat{\Omega}_i \mapsto X = (x_1,x_2,x_3)^{\mathrm{T}} = ((s_2(L_0(t)y_2,t) - s_1(L_0(t)y_2,t))y_1\\
&+ s_1(L_0(t)y_2,t), L_0(t)y_2, y_3)^{\mathrm{T}} \in \Omega_i(t), \quad i = 1,2,3, t \in J.
\end{aligned} \tag{6.4.5b}
$$

对方程 (6.4.1b), 函数

$$
\begin{aligned}
\hat{W}(Y,t) =&W((s_2(L_0(t)y_2,t) - s_1(L_0(t)y_2,t))y_1\\
&+ s_1(L_0(t)y_2,t), L_0(t)y_2, y_3, t), \quad (Y,t) \in \hat{\Omega}_2 \times J.
\end{aligned} \tag{6.4.6}
$$

注意到 $\dfrac{\partial \hat{w}}{\partial t} = \dfrac{\partial w}{\partial t} + \dfrac{\partial w}{\partial x_1}\{(\dot{s}_2(L_0(t)y_2,t) - \dot{s}_1(L_0(t)y_2,t))y_1 + \dot{s}_1(L_0(t)y_2,t)\} + \dfrac{\partial w}{\partial x_2}\dot{L}_0(t)y_2$, 此处 $\dot{s}_i(L_0(t)y_2,t)(i=1,2), \dot{L}_0(t)$ 表示对 t 的导函数. 记 $S(y_2,t) =$

$s_2(L_0(t)y_2,t)-s_1(L_0(t)y_2,t), B(Y_2,t)=\dot{S}(y_2,t)y_1+\dot{s}_1(L_0(t)y_2,t), \alpha(Y_2,t)=\dfrac{\partial}{\partial y_2}S(y_2,t)y_1+\dfrac{\partial}{\partial y_2}s_1(L_0(t)y_2,t), Y_2=(y_1,y_2)^{\mathrm{T}}$. 由于

$$\frac{\partial w}{\partial x_1}=S^{-1}(y_2,t)\frac{\partial \hat{w}}{\partial y_1},\quad \frac{\partial w}{\partial x_2}=\left(\frac{\partial \hat{w}}{\partial y_2}-S^{-1}(y_2,t)\alpha(Y_2,t)\frac{\partial \hat{w}}{\partial y_1}\right)L_0^{-1}(t), \frac{\partial w}{\partial x_3}=\frac{\partial \hat{w}}{\partial y_3},$$

于是可得

$$\frac{\partial w}{\partial t}=\frac{\partial \hat{w}}{\partial t}-S^{-1}(y_2,t)B(Y_2,t)\frac{\partial \hat{w}}{\partial y_1}-\left(\frac{\partial \hat{w}}{\partial y_2}-S^{-1}(y_2,t)\alpha(Y_2,t)\frac{\partial \hat{w}}{\partial y_1}\right)L_0^{-1}(t)\dot{L}_0(t)y_2. \tag{6.4.7}$$

对于方程 (6.4.1a) 和 (6.4.1c), 函数 $u(x_1,x_2,x_3,t), v(x_1,x_2,x_3,t)$ 有下述关系式:

$$\frac{\partial u}{\partial t}=\frac{\partial \hat{u}}{\partial t}-S^{-1}(y_2,t)B(Y_2,t)\frac{\partial \hat{u}}{\partial y_1}-\left(\frac{\partial \hat{u}}{\partial y_2}-S^{-1}(y_2,t)\alpha(Y_2,t)\frac{\partial \hat{u}}{\partial y_1}\right)L_0^{-1}(t)\dot{L}_0(t)y_2, \tag{6.4.8a}$$

$$\frac{\partial v}{\partial t}=\frac{\partial \hat{v}}{\partial t}-S^{-1}(y_2,t)B(Y_2,t)\frac{\partial \hat{v}}{\partial y_1}-\left(\frac{\partial \hat{v}}{\partial y_2}-S^{-1}(y_2,t)\alpha(Y_2,t)\frac{\partial \hat{v}}{\partial y_1}\right)L_0^{-1}(t)\dot{L}_0(t)y_2, \tag{6.4.8b}$$

$$\nabla u=\begin{pmatrix}\dfrac{\partial u}{\partial x_1}\\ \dfrac{\partial u}{\partial x_2}\\ \dfrac{\partial u}{\partial x_3}\end{pmatrix}=\begin{pmatrix}S^{-1}(y_2,t)\dfrac{\partial \hat{u}}{\partial y_1}\\ \left(\dfrac{\partial \hat{u}}{\partial y_2}-S^{-1}(y_2,t)\alpha(Y_2,t)\dfrac{\partial \hat{u}}{\partial y_1}\right)L_0^{-1}(t)\\ \dfrac{\partial \hat{u}}{\partial y_3}\end{pmatrix},$$

$$\nabla v=\begin{pmatrix}\dfrac{\partial v}{\partial x_1}\\ \dfrac{\partial v}{\partial x_2}\\ \dfrac{\partial v}{\partial x_3}\end{pmatrix}=\begin{pmatrix}S^{-1}(y_2,t)\dfrac{\partial \hat{v}}{\partial y_1}\\ \left(\dfrac{\partial \hat{v}}{\partial y_2}-S^{-1}(y_2,t)\alpha(Y_2,t)\dfrac{\partial \hat{v}}{\partial y_1}\right)L_0^{-1}(t)\\ \dfrac{\partial \hat{v}}{\partial y_3}\end{pmatrix}.$$

注意到

$$\frac{\partial}{\partial x_1}\left(K_1(X,t)\frac{\partial u}{\partial x_1}\right)=S^{-1}(y_2,t)\frac{\partial}{\partial y_1}\left(\hat{K}_1(Y,t)S^{-1}(y_2,t)\frac{\partial \hat{u}}{\partial y_1}\right),$$

$$\begin{aligned}\frac{\partial}{\partial x_2}\left(K_1(X,t)\frac{\partial u}{\partial x_2}\right)=&\,L_0^{-2}(t)\frac{\partial}{\partial y_2}\left(\hat{K}_2(Y,t)\frac{\partial \hat{u}}{\partial y_2}\right)\\ &+L_0^{-2}(t)S^{-1}(y_2,t)\alpha(Y_2,t)\frac{\partial}{\partial y_1}\left(\hat{K}_2(Y,t)S^{-1}(y_2,t)\alpha(Y_2,t)\frac{\partial \hat{u}}{\partial y_1}\right)\\ &-L_0^{-2}(t)S^{-1}(y_2,t)\alpha(Y_2,t)\frac{\partial}{\partial y_1}\left(\hat{K}_1(Y,t)\frac{\partial \hat{u}}{\partial y_2}\right)\end{aligned}$$

$$
\begin{aligned}
&- L_0^{-2}(t)\frac{\partial}{\partial y_2}\left(\hat{K}_1(Y,t)S^{-1}(y_2,t)\alpha(Y_2,t)\frac{\partial \hat{u}}{\partial y_1}\right),\\
&\frac{\partial}{\partial x_3}\left(K_1(Y,t)\frac{\partial u}{\partial x_3}\right)=\frac{\partial}{\partial y_3}\left(\hat{K}_1(Y,t)\frac{\partial \hat{u}}{\partial y_3}\right),
\end{aligned}
$$

于是有

$$
\begin{aligned}
-\nabla\cdot(K_1(X,t)\nabla u)=&-\frac{\partial}{\partial x_1}\left(K_1(X,t)\frac{\partial u}{\partial x_1}\right)-\frac{\partial}{\partial x_2}\left(K_1(X,t)\frac{\partial u}{\partial x_2}\right)\\
&-\frac{\partial}{\partial x_3}\left(K_1(X,t)\frac{\partial u}{\partial x_3}\right)\\
=&-\left\{S^{-1}(y_2,t)\frac{\partial}{\partial y_1}\left(\hat{K}_1(Y,t)S^{-1}(y_2,t)\frac{\partial \hat{u}}{\partial y_1}\right)\right.\\
&+L_0^{-2}(t)S^{-1}(y_2,t)\alpha(Y_2,t)\frac{\partial}{\partial y_1}\left(\hat{K}_1(Y,t)S^{-1}(y_2,t)\alpha(Y_2,t)\frac{\partial \hat{u}}{\partial y_1}\right)\\
&-L_0^{-2}(t)S^{-1}(y_2,t)\alpha(Y_2,t)\frac{\partial}{\partial y_1}\left(\hat{K}_1(Y,t)\frac{\partial \hat{u}}{\partial y_2}\right)\\
&-L_0^{-2}(t)\frac{\partial}{\partial y_2}\left(\hat{K}_1(Y,t)S^{-1}(y_2,t)\alpha(Y_2,t)\frac{\partial \hat{u}}{\partial y_1}\right)\\
&\left.+L_0^{-2}(t)\frac{\partial}{\partial y_2}\left(\hat{K}_1(Y,t)\frac{\partial \hat{u}}{\partial y_2}\right)+\frac{\partial}{\partial y_3}\left(\hat{K}_1(Y,t)\frac{\partial \hat{u}}{\partial y_3}\right)\right\}.
\end{aligned}
\tag{6.4.8c}
$$

$$
\begin{aligned}
a(X,t)\cdot\nabla u=&\hat{a}_1(Y,t)S^{-1}(y_2,t)\frac{\partial \hat{u}}{\partial y_1}\\
&+\hat{a}_2(Y,t)L_0^{-1}(t)\left(\frac{\partial \hat{u}}{\partial y_2}-S^{-1}(y_2,t)\alpha(Y_2,t)\frac{\partial \hat{u}}{\partial y_1}\right)+\hat{a}_3(Y,t)\frac{\partial \hat{u}}{\partial y_3}\\
=&S^{-1}(y_2,t)[\hat{a}_1(Y,t)-\hat{a}_2(Y,t)L_0^{-1}(t)\alpha(Y_2,t)]\frac{\partial \hat{u}}{\partial y_1}\\
&+\hat{a}_2(Y,t)L_0^{-1}(t)\frac{\partial \hat{u}}{\partial y_2}+\hat{a}_3(Y,t)\frac{\partial \hat{u}}{\partial y_3}.
\end{aligned}
\tag{6.4.8d}
$$

方程 (6.4.1a)~(6.4.1c) 作变量替换 (6.4.5a), (6.4.5b) 利用 (6.4.6)~(6.4.8), 将原问题变为标准区域 $\hat{\Omega}=\hat{\Omega}_1\cup\hat{\Omega}_2\cup\hat{\Omega}_3$ 上求解下述等价形式:

$$
\hat{\phi}_1\frac{\partial \hat{u}}{\partial t}+\bar{a}\left(Y,t\right)\cdot\nabla\hat{u}-\nabla\cdot\left(\bar{K}_2\left(Y,t\right)\nabla\hat{u}\right)=\hat{Q}_1\left(Y,t,\hat{u}\right),y\in\hat{\Omega}_1,\quad t\in J,
\tag{6.4.9a}
$$

$$
\hat{\phi}_2\frac{\partial \hat{w}}{\partial t}-\bar{c}(y_2,t)\cdot\nabla\hat{w}=\frac{\partial}{\partial y_3}\left(\bar{K}_2(Y,t)\frac{\partial \hat{w}}{\partial y_3}\right),\quad y\in\hat{\Omega}_2,\quad t\in J,
\tag{6.4.9b}
$$

$$
\hat{\phi}_3\frac{\partial \bar{v}}{\partial t}+\bar{b}(Y_2,t)\cdot\nabla\hat{v}-\nabla\cdot(\bar{K}_3(Y,t)\nabla\hat{v})=\hat{Q}_3(Y,t,\hat{v}),\quad y\in\hat{\Omega}_3,\quad t\in J,
\tag{6.4.9c}
$$

此处

$$
\bar{a}(Y,t)=\begin{pmatrix}\bar{a}_1(Y,t)\\ \bar{a}_2(Y,t)\\ \bar{a}_3(Y,t)\end{pmatrix}
=\begin{pmatrix}[\hat{a}_1(Y,t)-\hat{\phi}_1B(Y_2,t)]S^{-1}(y_2,t)+S^{-1}(y_2,t)L_0^{-1}(t)\alpha(Y_2,t)[\hat{\phi}_1\dot{L}_0(t)y_2\\ -\hat{a}_2(Y,t)+\hat{K}_1(Y,t)S^{-1}(y_2,t)L_0^{-1}(t)\dfrac{\partial}{\partial y_2}S(y_2,t)]\\ L_0^{-2}(t)[\hat{a}_2(Y,t)-\hat{\phi}_1\dot{L}_0(t)y_2-\hat{K}_1(Y,t)S^{-1}(y_2,t)L_0^{-1}(t)]\\ \hat{a}_3(Y,t)\end{pmatrix},
$$

$$
\bar{b}(Y,t)=\begin{pmatrix}\bar{b}_1(Y,t)\\ \bar{b}_2(Y,t)\\ \bar{b}_3(Y,t)\end{pmatrix}
=\begin{pmatrix}[\hat{b}_1(Y,t)-\hat{\phi}_3B(Y_2,t)]S^{-1}(y_2,t)+S^{-1}(y_2,t)L_0^{-1}(t)\alpha(Y_2,t)[\hat{\phi}_3\dot{L}_0(t)y_2\\ -\hat{b}_2(Y,t)+\hat{K}_3(Y,t)S^{-1}(y_2,t)L_0^{-1}(t)\dfrac{\partial}{\partial y_2}S(y_2,t)]\\ L_0^{-2}(t)[\hat{b}_2(Y,t)-\hat{\phi}_3\dot{L}_0(t)y_2-\hat{K}_3(Y,t)S^{-1}(y_2,t)L_0^{-1}(t)]\\ \hat{b}_3(Y,t)\end{pmatrix},
$$

$$
\bar{c}(Y_2,t)=\begin{pmatrix}\bar{c}_1(Y_2,t)\\ \bar{c}_2(Y_2,t)\\ \bar{c}_3(Y_2,t)\end{pmatrix}=\begin{pmatrix}S^{-1}(y_2,t)[B(Y_2,t)-\alpha(Y_2,t)L_0^{-1}(t)\dot{L}_0(t)y_2]\\ L_0^{-1}(t)\dot{L}_0(t)y_2\\ 0\end{pmatrix},
$$

$$
\bar{K}_i(Y,t)=\begin{pmatrix}\bar{K}_{i,11}&\bar{K}_{i,12}&0\\ \bar{K}_{i,21}&\bar{K}_{i,22}&0\\ 0&0&\bar{K}_{i,33}\end{pmatrix}
=\begin{pmatrix}\begin{matrix}\hat{K}_i(Y,t)S^{-2}(y_2,t)\\ \cdot(1+L_0^{-2}(t)\alpha^2(Y_2,t))\end{matrix} & \begin{matrix}-\hat{K}_i(Y,t)S^{-1}(y_2,t)\\ \cdot L_0^{-2}(t)\alpha(Y_2,t)\end{matrix} & 0\\ -\hat{K}_i(Y,t)S^{-1}(y_2,t)L_0^{-2}(t)\alpha(Y_2,t) & \hat{K}_i(Y,t)L_0^{-2}(t) & 0\\ 0&0&\hat{K}_i(Y,t)\end{pmatrix},
$$

$$
i=1,3,\bar{K}_2(Y,t)=\hat{K}_2(Y,t).
$$

不难检验方程 (6.4.9a)、(6.4.9b)、(6.4.9c) 是满足对称椭圆性条件 [18~20]. 事实上对 (6.4.9a)、(6.4.9c) 来说, 注意到

$$
\hat{K}_i(Y,t)S^{-2}(y_2,t)(1+L_0^{-2}(t)\alpha^2(Y_2,t))\geqslant C_{1i}>0,\quad \hat{K}_i(Y,t)L_0^{-2}(t)\geqslant C_{2i}>0,
$$

$$
\hat{K}_i^2(Y,t)S^{-2}(y_2,t)L_0^{-2}(t)(1+L_0^{-2}(t)\alpha^2(Y_2,t))
$$

$$- \hat{K}_i^2(Y,t)S^{-2}(y_2,t)L_0^{-4}(t)\alpha^2(Y,t) = \hat{K}_i^2(Y_2,t)S^{-2}(y_2,t)L_0^{-2}(t) \geqslant C_{3i} > 0, i = 1,3,$$

此处 $C_{ji}(j=1,2,3,i=1,3)$ 是正常数的要求容易满足, 只需区域 $\Omega_0(t)$ 的长、宽均大于零即可, 此条件通常是满足的.

6.4.3 迎风差分格式和分析

为了用差分方法求解, 取定 $\Delta t = T/L$, 对 $\hat{\Omega}_i$ 采用等距剖分, $0 = y_{10} < y_{11} < y_{12} < \cdots < y_{1N} = 1; 0 = y_{20} < y_{21} < y_{22} < \cdots < y_{2N} = 1; H_{i-1} = y_{30} < y_{31} < y_{32} < \cdots < y_{3M} = H_i; h_1 = 1/N$, 为了简便起见, 设 $H_0 = 0, H_3 - H_2 = H_2 - H_1 = H_1 - H_0 = H$, 取 $h_2 = H/M$.

设 $\hat{U}(y_{1i}, y_{2j}, y_{3k}, t^n) = \hat{U}_{ijk}^n, \hat{V}(y_{1i}, y_{2j}, y_{3k}, t^n) = \hat{V}_{ijk}^n, \hat{W}(y_{1i}, y_{2j}, y_{3k}, t^n) = \hat{W}_{ijk}^n, Y_{ijk} = (y_{1i}, y_{2j}, y_{3k})^{\mathrm{T}}, Y_{ij} = (y_{1i}, y_{2j})^{\mathrm{T}}. \delta_{y_1}, \delta_{y_2}, \delta_{y_3}, \delta_{\bar{y}_1}, \delta_{\bar{y}_2}, \delta_{\bar{y}_3}$ 分别为 y_1, y_2 和 y_3 方向向前、向后差分算子.

设

$$\begin{aligned}
K_{i+1/2,jk}^{n+1} &= \frac{1}{2}[K(y_{1i}, y_{2j}, y_{3k}, t^{n+1}) + K(y_{1,i+1}, y_{2j}, y_{3k}, t^{n+1})],\\
K_{i,j+1/2,k}^{n+1} &= \frac{1}{2}[K(y_{1i}, y_{2j}, y_{3k}, t^{n+1}) + K(y_{1i}, y_{2,j+1}, y_{3k}, t^{n+1})],\\
K_{ij,k+1/2}^{n+1} &= \frac{1}{2}[K(y_{1i}, y_{2j}, y_{3k}, t^{n+1}) + K(y_{1i}, y_{2j}, y_{3,k+1}, t^{n+1})].
\end{aligned}$$

定义 $\delta_{y_1}(K^{n+1}\delta_{\bar{y}_1}u^{n+1})_{ijk} = h_1^{-2}[K_{i+1/2,jk}^{n+1}(u_{i+1,jk}^{n+1} - u_{ijk}^{n+1}) - K_{i-1/2,jk}^{n+1}(u_{ijk}^{n+1} - u_{i-1,jk}^{n+1})]$, $\delta_{y_\beta}(K^{n+1}\delta_{\bar{y}_\beta}u^{n+1})_{ijk}\ (\beta = 2,3)$ 类似,

$$\begin{aligned}
\nabla_h(K^{n+1}\nabla_h u^{n+1})_{ijk} =& \delta_{y_1}(K^{n+1}\delta_{\bar{y}_1}u^{n+1})_{ijk} + \delta_{y_2}(K^{n+1}\delta_{\bar{y}_2}u^{n+1})_{ijk}\\
&+ \delta_{y_3}(K^{n+1}\delta_{\bar{y}_3}u^{n+1})_{ijk}.
\end{aligned}$$

在方程组 (6.4.9a)、(6.4.9b) 和 (6.4.9c) 对称椭圆性的条件下, 提出迎风差分格式, 对方程 (6.4.9a) $(t = t^{n+1})$ 的迎风差分格式:

$$\begin{aligned}
&\hat{\phi}_{1,ijk}\frac{\hat{U}_{ijk}^{n+1} - \hat{U}_{ijk}^n}{\Delta t}\\
=&\frac{1}{2}\{[\delta_{\bar{y}_1}(\bar{K}_{1,11}^{n+1}\delta_{y_1}\hat{U}^{n+1})_{ijk} + \delta_{y_1}(\bar{K}_{1,11}^{n+1}\delta_{\bar{y}_1}\hat{U}^{n+1})_{ijk}]\\
&+ [\delta_{\bar{y}_1}(\bar{K}_{1,12}^{n+1}\delta_{y_2}\hat{U}^{n+1})_{ijk} + \delta_{y_1}(\bar{K}_{1,12}^{n+1}\delta_{\bar{y}_2}\hat{U}^{n+1})_{ijk}]\\
&+ [\delta_{\bar{y}2}(\bar{K}_{1,21}^{n+1}\delta_{y_1}\hat{U}^{n+1})_{ijk} + \delta_{y_2}(\bar{K}_{1,21}^{n+1}\delta_{\bar{y}_1}\hat{U}^{n+1})_{ijk}]\\
&+ [\delta_{\bar{y}_2}(\bar{K}_{1,22}^{n+1}\delta_{y_2}\hat{U}^{n+1})_{ijk} + \delta_{y_2}(\bar{K}_{1,22}^{n+1}\delta_{\bar{y}_2}\hat{U}^{n+1})_{ijk}] + [\delta_{\bar{y}_3}\ (\bar{K}_{1,33}^{n+1}\delta_{y_3}U^{n+1})_{ijk}\\
&+ [\delta_{y_3}(\bar{K}_{1,33}^{n+1}\delta_{\bar{y}_3}U^{n+1})_{ijk}]\} - \delta_{\overline{a}_1^{n+1}}\hat{U}_{ijk}^{n+1} - \delta_{\overline{a}_2^{n+1}}\hat{U}_{ijk}^{n+1} - \delta_{\overline{a}_3^{n+1}}\hat{U}_{ijk}^{n+1}
\end{aligned}$$

$$+\hat{Q}_1(y_{1i},y_{2j},y_{3k},t^{n+1},\hat{U}^n_{ijk}),\quad 1\leqslant i,j\leqslant N-1,1\leqslant k\leqslant M-1,\tag{6.4.10a}$$

$$\begin{aligned}&\hat{U}^{n+1}_{ijk}=0,\quad (y_{1i},y_{2j},y_{3k})^{\mathrm{T}}\in\partial\hat{\Omega}_1,\hat{U}^{n+1}_{ij,M}=\hat{W}^{n+1}_{ij,0},\\&\bar{K}_{1,33}(y_{1i},y_{2j},y_{3,M-1/2},t^{n+1})\delta_{\bar{y}_3}\hat{U}^{n+1}_{ij,M}\\=&\bar{K}^{n+1}_2(y_{1i},y_{2j},y_{3,1/2},t^{n+1})\delta_{y_3}\hat{W}^{n+1}_{ij,0},\quad (y_{1i},y_{2j})^{\mathrm{T}}\in\hat{\Omega}_0,\end{aligned}\tag{6.4.10b}$$

此处$\delta_{\bar{a}^{n+1}_\alpha}u_{ijk}=\bar{a}^{n+1}_{\alpha,ijk}[H(\bar{a}^{n+1}_{\alpha,ijk})\delta_{\bar{y}_\alpha}+(1-H(\bar{a}^{n+1}_{\alpha,ijk}))\delta_{y_\alpha}]u_{ijk},\alpha=1,2,3;H(z)=\begin{cases}1,& z\geqslant 0,\\0,& z<0.\end{cases}$

对方程 (6.4.9b) ($t=t^{n+1}$) 的迎风差分格式:

$$\hat{\phi}_{2,ijk}\frac{\hat{W}^{n+1}_{ijk}-\hat{W}^n_{ijk}}{\Delta t}=\delta_{y_3}(\bar{K}^{n+1}_2\delta_{\bar{y}_3}\hat{W}^{n+1})_{ijk}-\{\delta_{\bar{c}^{n+1}_1}+\delta_{\bar{c}^{n+1}_2}\}\hat{W}^{n+1}_{ijk},\quad 1\leqslant k\leqslant M-1,\tag{6.4.11}$$

此处 $\delta_{\bar{c}^{n+1}_\alpha}w_{ijk}=\bar{c}^{n+1}_{\alpha,ij}[H(\bar{c}^{n+1}_{\alpha,ij})\delta_{\bar{y}_\alpha}+(1-H(\bar{c}^{n+1}_{\alpha,ij}))\delta_{y_\alpha}]w_{ijk},\alpha=1,2.$

类似地, 对方程 (6.4.9c) ($t=t^{n+1}$) 的迎风差分格式:

$$\begin{aligned}&\hat{\phi}_{3,ijk}\frac{\hat{V}^{n+1}_{ijk}-\hat{V}^n_{ijk}}{\Delta t}\\=&\frac{1}{2}\{[\delta_{\bar{y}_1}(\bar{K}^{n+1}_{3,11}\delta_{y_1}\hat{V}^{n+1})_{ijk}+\delta_{y_1}(\bar{K}^{n+1}_{3,11}\delta_{\bar{y}_1}\hat{V}^{n+1})_{ijk}]+[\delta_{\bar{y}_1}(\bar{K}^{n+1}_{3,12}\delta_{y_2}\hat{V}^{n+1})_{ijk}\\&+\delta_{y_1}(\bar{K}^{n+1}_{3,12}\delta_{\bar{y}_2}\hat{V}^{n+1})_{ijk}]+[\delta_{\bar{y}_2}(\bar{K}^{n+1}_{3,21}\delta_{y_1}\hat{V}^{n+1})_{ijk}+\delta_{y_2}(\bar{K}^{n+1}_{3,21}\delta_{\bar{y}_1}\hat{V}^{n+1})_{ijk}]\\&+[\delta_{\bar{y}_2}(\bar{K}^{n+1}_{3,22}\delta_{y_2}\hat{V}^{n+1})_{ijk}+\delta_{y_2}(\bar{K}^{n+1}_{3,22}\delta_{\bar{y}_2}\hat{V}^{n+1})_{ijk}]\\&+[\delta_{\bar{y}_3}(\bar{K}^{n+1}_{3,33}\delta_{y_3}\hat{V}^{n+1})_{ijk}+\delta_{y_3}(\bar{K}^{n+1}_{3,33}\delta_{\bar{y}_3}\hat{V}^{n+1})_{ijk}]\}-\delta_{\bar{b}^{n+1}_1}\hat{V}^{n+1}_{ijk}-\delta_{\bar{b}^{n+1}_2}\hat{V}^{n+1}_{ijk}\\&-\delta_{\bar{b}^{n+1}_3}\hat{V}^{n+1}_{ijk}+\hat{Q}_3(y_{1i},y_{2j},y_{3k},t^{n+1},\hat{V}^n_{ijk}),\quad 1\leqslant i,j\leqslant N-1,1\leqslant k\leqslant M-1,\end{aligned}\tag{6.4.12a}$$

$$\begin{aligned}&\hat{V}^{n+1}_{ijk}=0,\quad (y_{1i},y_{2j},y_{3k})^{\mathrm{T}}\in\partial\hat{\Omega}_3,\\&\hat{V}^{n+1}_{ij,0}=\hat{W}^{n+1}_{ij,M},\bar{K}_{3,33}(y_{1i},y_{2j},y_{3,1/2},t^{n+1})\delta_{y_3}\hat{V}^{n+1}_{ij,0}\\&\qquad=\bar{K}_2(y_{1i},y_{2j},y_{3,M-1/2},t^{n+1})\delta_{\bar{y}_3}\hat{W}^{n+1}_{ij,M},\\&\qquad\qquad (y_{1i},y_{2j})^{\mathrm{T}}\in\hat{\Omega}_0,\end{aligned}\tag{6.4.12b}$$

此处 $\delta_{\bar{b}^{n+1}_\alpha}v_{ijk}=\bar{b}^{n+1}_{\alpha,ijk}[H(\bar{b}^{n+1}_{\alpha,ijk})\delta_{\bar{y}_\alpha}+(1-H(\bar{b}^{n+1}_{\alpha,ijk}))\delta_{y_\alpha}]v_{ijk},\alpha=1,2,3.$

差分格式 (6.410)、(6.4.11) 和 (6.4.12) 的计算程序是: 已知时刻 $t=t^n$ 的差分解 $\{\hat{U}^n_{ijk},\hat{W}^n_{ijk},\hat{V}^n_{ijk}\}$, 寻求下一时刻 t^{n+1} 的 $\{\hat{U}^{n+1}_{ijk},\hat{W}^{n+1}_{ijk},\hat{V}^{n+1}_{ijk}\}$. 首先由 (6.4.10) 求出数值解 $\{\hat{U}^{n+1}_{ijk}\}$, 于此同时可并行地由 (6.4.12) 求出 $\{\hat{V}^{n+1}_{ijk}\}$, 最后由 (6.4.11) 利

用内边界条件 (6.4.10b) 和 (6.4.12b) 求出 $\{\hat{W}_{ijk}^{n+1}\}$. 由正定性条件 (C), 差分解存在且唯一. 在实际计算时 (6.4.10b) 中的 $\hat{W}_{ij,0}^{n+1}$、$\delta_{y_3}\hat{W}_{ij,0}^{n+1}$ 近似地取为 $\hat{W}_{ij,0}^{n}$、$\delta_{y_3}\hat{W}_{ij,0}^{n}$, (6.4.12b) 中的 $\hat{W}_{ij,M}^{n+1}$、$\delta_{\bar{y}_3}\hat{W}_{ij,M}^{n+1}$ 近似地取为 $\hat{W}_{ij,M}^{n}$、$\delta_{\bar{y}_3}\hat{W}_{ij,M}^{n}$.

为了记号简便, 以后将标号 "∧", "-" 省略, 此时 $\Omega_i=\{[0,1]^2\times[H_{i-1},H_i]\}, i=1,2,3$.

为理论分析, 定义网格函数空间 H_h 的内积 [1~5,35], 对三维网格区域 Ω_i, 有

$$\langle\omega,\chi\rangle_{\Omega_i}=\langle\omega,\chi\rangle_i=\sum_{i,j,k=1}^{N-1,M-1}\omega_{ijk}\chi_{ijk}h_1^2h_2,\langle\omega,\chi]_{\Omega_{i,1}}$$

$$=\langle\omega,\chi]_{i,1}=\sum_{j,k=1}^{N-1,M-1}\sum_{i=1}^{N}\omega_{ijk}\chi_{ijk}h_1^2h_2,$$

$$\langle\omega,\chi]_{\Omega_{i,2}}=\langle\omega,\chi]_{i,2}=\sum_{i,k=1}^{N-1,M-1}\sum_{j=1}^{N}\omega_{ijk}\chi_{ijk}h_1^2h_2,$$

$$\langle\omega,\chi]_{\Omega_{i,3}}=\langle\omega,\chi]_{i,3}=\sum_{i,j=1}^{N-1}\sum_{k=1}^{M}\omega_{ijk}\chi_{ijk}h_1^2h_2,\quad\forall\omega,\chi\in H_h,$$

其相应的范数为

$$||\omega||_{\Omega_i}=||\omega||_i=\left(\sum_{i,j,k=1}^{N-1,M-1}(\omega_{ijk})^2h_1^2h_2\right)^{1/2},||\delta_{\bar{y}_1}\omega]|_{\Omega_i}$$

$$=||\delta_{\bar{y}_1}\omega]|_i=\left(\sum_{j,k=1}^{N-1,M-1}\sum_{i=1}^{N}(\delta_{\bar{y}_1}\omega_{ijk})^2h_1^2h_2\right)^{1/2},$$

$$||\delta_{\bar{y}_2}\omega]|_{\Omega_i}=||\delta_{\bar{y}_2}\omega]|_i=\left(\sum_{i,k=1}^{N-1,M-1}\sum_{j=1}^{N}(\delta_{\bar{y}_2}\omega_{ijk})^2h_1^2h_2\right)^{1/2},$$

$$||\delta_{\bar{y}_3}\omega]|_{\Omega_i}=||\delta_{\bar{y}_3}\omega]|_i=\left(\sum_{i,j=1}^{N-1}\sum_{k=1}^{M}(\delta_{\bar{y}_3}\omega_{ijk})^2h_1^2h_2\right)^{1/2}.$$

在通常情况下, 为了简便, 将内积 $\langle\cdot,\cdot\rangle_i$ 和 $||\cdot||_i$ 的下标省略.

若问题 (6.4.10a)、(6.4.12a) 的系数矩阵是对称强椭圆时, 由文献 [35 ~ 38] 可推得, 它是满足正定性条件:

$$\text{(D)}\qquad c_0||\chi||^2\leqslant\sum_{i,j=1}^{3}K_{\alpha,ij}^{n+1}\chi_i\chi_j,\quad\alpha=1,3,\tag{6.4.13}$$

此处 c_0 为正常数, $||\chi||^2=\chi_1^2+\chi_2^2+\chi_3^2$.

设 u、v、w 为问题 (6.4.9) 的精确解, U、V、W 为格式 (6.4.10) ~(6.4.12) 的差分解. 记误差函数 $\xi = u - U, \zeta = v - V, \omega = w - W$. 对第一层, 由 (6.4.9a) ($t = t^{n+1}$) 和 (6.4.10) 可得关于 ξ 的误差方程:

$$\begin{aligned}\phi_{1,ijk}\frac{\xi_{ijk}^{n+1}-\xi_{ijk}^{n}}{\Delta t} =& \frac{1}{2}\sum_{\alpha,\beta=1}^{3}[\delta_{\bar{y}_\alpha}(K_{1,\alpha\beta}^{n+1}\delta_{y_\beta}\xi^{n+1})_{ijk} \\ &+ \delta_{y_\alpha}(K_{1,\alpha\beta}^{n+1}\delta_{\bar{y}_\beta}\xi^{n+1})_{ijk}] - \sum_{\alpha=1}^{3}\delta_{a_\alpha^{n+1}}\xi_{ijk}^{n+1} \\ &+ Q_1(Y_{ijk}, t^{n+1}, u_{ijk}^{n+1}) - Q_1(Y_{ijk}, t^{n+1}, U_{ijk}^{n}) + \varepsilon_{1,ijk}^{n+1}, \\ & 1 \leqslant i,j \leqslant N-1, 1 \leqslant k \leqslant M-1, \end{aligned} \tag{6.4.14a}$$

$$\xi_{ijk}^{n+1} = 0, \quad Y_{ijk} \in \partial\Omega_1, \quad \xi_{ij,M}^{n+1} = \omega_{ij,0}^{n+1}, \quad Y_{ij} \in \Omega_0, \tag{6.4.14b}$$

此处 $|\varepsilon_{1,ijk}^{n+1}| \leqslant M\left\{\left\|\dfrac{\partial^2 u}{\partial t^2}\right\|_{L^\infty(L^\infty)}, ||u||_{L^\infty(w^{4,\infty})}\right\}\{\Delta t + h\}, h = (2h_1^2 + h_2^2)^{1/2}$.

对于第二层, 由 (6.4.9b)($t = t^{n+1}$) 和 (6.4.11) 可得关于 ω 的误差方程:

$$\begin{aligned}&\phi_{2,ijk}\frac{\omega_{ijk}^{n+1}-\omega_{ijk}^{n}}{\Delta t} + \delta_{c_1^{n+1}}\omega_{ijk}^{n+1} + \delta_{c_2^{n+1}}\omega_{ijk}^{n+1} = \delta_{y_3}(K_2^{n+1}\delta_{\bar{y}_3}\omega^{n+1})_{ijk} + \varepsilon_{2,ijk}^{n+1}, \\ &1 \leqslant i,j \leqslant N-1, 1 \leqslant k \leqslant M-1,\end{aligned} \tag{6.4.15}$$

此处 $|\varepsilon_{2,ijk}^{n+1}| \leqslant M\left\{\left\|\dfrac{\partial^2 w}{\partial t^2}\right\|_{L^\infty(L^\infty)}, ||w||_{L^\infty(w^{4,\infty})}\right\}\{\Delta t + h\}$.

对于第三层, 类似地由 (6.4.9c)($t = t^{n+1}$) 和 (6.4.12) 可得关于 ζ 的误差方程:

$$\begin{aligned}\phi_{3,ijk}\frac{\zeta_{ijk}^{n+1}-\zeta_{ijk}^{n}}{\Delta t} =& \frac{1}{2}\sum_{\alpha,\beta=1}^{3}[\delta_{\bar{y}_\alpha}(K_{3,\alpha\beta}^{n+1}\delta_{y_\beta}\zeta^{n+1})_{ijk} \\ &+ \delta_{y_\alpha}(K_{3,\alpha\beta}^{n+1}\delta_{\bar{y}_\beta}\zeta^{n+1})_{ijk}] - \sum_{\alpha=1}^{3}\delta_{b_\alpha^{n+1}}\zeta_{ijk}^{n+1} \\ &+ Q_3(Y_{ijk}, t^{n+1}, v_{ijk}^{n+1}) - Q_3(Y_{ijk}, t^{n+1}, V_{ijk}^{n}) + \varepsilon_{3,ijk}^{n+1}, \\ & 1 \leqslant i,j \leqslant N-1, 1 \leqslant k \leqslant M-1, \end{aligned} \tag{6.4.16a}$$

$$\zeta_{ijk}^{n+1} = 0, Y_{ijk} \in \partial\Omega_3, \zeta_{ij,0}^{n+1} = \omega_{ij,M}^{n+1}, Y_{ij} \in \Omega_0, \tag{6.4.16b}$$

此处 $|\varepsilon_{3,ijk}^{n+1}| \leqslant M\left\{\left\|\dfrac{\partial^2 v}{\partial t^2}\right\|_{L^\infty(L^\infty)}, ||v||_{L^\infty(w^{4,\infty})}\right\}\{\Delta t + h\}$.

对方程 (6.4.14)、(6.4.15)、(6.4.16) 分别乘以 $2\Delta t\xi_{ijk}^{n+1}$,$2\Delta t\omega_{ijk}^{n+1}$ 和 $2\Delta t\zeta_{ijk}^{n+1}$ 作内积并分步求和可得:

$$\{||\phi_1^{1/2}\xi^{n+1}||^2 - ||\phi_1^{1/2}\xi^n||^2\} + (\Delta t)^2||\phi_1^{1/2}d_t\xi^n||^2$$

$$
\begin{aligned}
&+\Delta t\sum_{\alpha,\beta=1}^{3}[\langle K_{1,\alpha\beta}^{n+1}\delta_{y_\alpha}\xi^{n+1},\delta_{y_\beta}\xi^{n+1}\rangle+\langle K_{1,\alpha\beta}^{n+1}\delta_{\bar{y}_\alpha}\xi^{n+1},\delta_{\bar{y}_\beta}\xi^{n+1}\rangle]\\
=&-2\Delta t\sum_{\alpha=1}^{3}\langle\delta_{a_\alpha^{n+1}}\xi^{n+1},\xi^{n+1}\rangle\\
&+2\Delta t\sum_{i,j=1}^{N-1}K_{2,ij,1/2}^{n+1}\delta_{y_3}\omega_{ij,0}^{n+1}\xi_{ij,M}^{n+1}h_1^2+2\Delta t\langle Q_1(t^{n+1},u^{n+1})-Q_1(t^{n+1},U^n),\xi^{n+1}\rangle\\
&+2\Delta t\langle\varepsilon_1^{n+1},\xi^{n+1}\rangle,
\end{aligned}\tag{6.4.17}
$$

$$
\begin{aligned}
&\left\{||\phi_2^{1/2}\omega^{n+1}||^2-||\phi_2^{1/2}\omega^n||^2\right\}+(\Delta t)^2||\phi_2^{1/2}d_t\omega^n||^2\\
&+2\Delta t\langle[\delta_{c_1^{n+1}}+\delta_{c_2^{n+1}}]\omega^{n+1},\omega^{n+1}\rangle\\
=&2\Delta t\langle\delta_{y_3}(K_2^{n+1}\delta_{\bar{y}_3}\omega^{n+1}),\omega^{n+1}\rangle+2\Delta t\langle\varepsilon_2^{n+1},\omega^{n+1}\rangle\\
=&2\Delta t\sum_{i,j,k=1}^{N-1,M-1}\delta_{y_3}(K_2^{n+1}\delta_{\bar{y}_3}\omega^{n+1})_{ijk}\omega_{ijk}^{n+1}h_1^2h_2+2\Delta t\langle\varepsilon_2^{n+1},\omega^{n+1}\rangle\\
=&-2\Delta t\left\{\sum_{i,j=1}^{N-1}h_1^2\left\{\sum_{k=1}^{M}K_{2,ijk}^{n+1}\delta_{\bar{y}_3}\omega_{ijk}^{n+1}\cdot\delta_{\bar{y}_3}\omega_{ijk}^{n+1}h_2\right.\right.\\
&\left.\left.-\omega_{ij,M}^{n+1}K_{2,ij,M-1/2}^{n+1}\delta_{\bar{y}_3}\omega_{ij,M}^{n+1}+\omega_{ij,0}^{n+1}K_{2,ij,1/2}^{n+1}\delta_{y_3}\omega_{ij,0}^{n+1}\right\}\right\}+2\Delta t\langle\varepsilon_2^{n+1},\omega^{n+1}\rangle\\
=&-2\Delta t\langle K_2^{n+1}\delta_{\bar{y}_3}\omega^{n+1},\delta_{\bar{y}_3}\omega^{n+1}\rangle+2\Delta t\sum_{i,j=1}^{N-1}\{K_{2,ij,M-1/2}^{n+1}\delta_{\bar{y}_3}\omega_{ij,M}^{n+1}\cdot\zeta_{ij,0}^{n+1}\\
&-K_{2,ij,1/2}^{n+1}\delta_{y_3}\omega_{ij,0}^{n+1}\cdot\xi_{ij,M}^{n+1}\}h_1^2+2\Delta t\langle\varepsilon_3^{n+1},\omega^{n+1}\rangle.
\end{aligned}\tag{6.4.18}
$$

$$
\begin{aligned}
&\{||\phi_3^{1/2}\zeta^{n+1}||^2-||\phi_3^{1/2}\zeta^n||^2\}+(\Delta t)^2||\phi_3^{1/2}d_t\zeta^n||^2\\
&+\Delta t\sum_{\alpha,\beta=1}^{3}[\langle K_{3,\alpha\beta}^{n+1}\delta_{y_\alpha}\zeta^{n+1},\delta_{y_\beta}\zeta^{n+1}\rangle+\langle K_{3,\alpha\beta}^{n+1}\delta_{\bar{y}_\alpha}\zeta^{n+1},\delta_{\bar{y}_\beta}\zeta^{n+1}\rangle]\\
=&-2\Delta t\sum_{\alpha=1}^{3}\langle\delta_{b_\alpha^{n+1}}\zeta^{n+1},\zeta^{n+1}\rangle-2\Delta t\sum_{i,j=1}^{N-1}K_{2,ij,M-1/2}^{n+1}\delta_{\bar{y}_3}\omega_{ij,M}^{n+1}\zeta_{ij,0}^{n+1}h_1^2\\
&+2\Delta t\langle Q_3(t^{n+1},v^{n+1})-Q_3(t^{n+1},V^n),\zeta^{n+1}\rangle+2\Delta t\langle\varepsilon_3^{n+1},\zeta^{n+1}\rangle.
\end{aligned}\tag{6.4.19}
$$

对 (6.4.18) 经估算有:

$$
\begin{aligned}
&\{||\phi_2^{1/2}\omega^{n+1}||^2-||\phi_2^{1/2}\omega^n||^2\}+(\Delta t)^2||\phi_2^{1/2}d_t\omega^n||^2+2\Delta t||(K_2^{n+1})^{1/2}\delta_{\bar{y}_3}\omega^{n+1}]|^2\\
=&2\Delta t\sum_{i,j=1}^{N-1}\{K_{2,ij,M-1/2}^{n+1}\delta_{\bar{y}_3}\omega_{ij,M}^{n+1}\cdot\zeta_{ij,0}^{n+1}-K_{2,ij,1/2}^{n+1}\delta_{y_3}\omega_{ij,0}^{n+1}\cdot\xi_{ij,M}^{n+1}\}h_1^2
\end{aligned}
$$

$$-2\Delta t\langle[\delta_{c_1^{n+1}}+\delta_{c_2^{n+1}}]\omega^{n+1},\omega^{n+1}\rangle+2\Delta t\langle\varepsilon_2^{n+1},\omega^{n+1}\rangle. \tag{6.4.20}$$

于是对 (6.4.17) 利用正定性条件 (6.4.13) 经估算有:

$$\begin{aligned}&\{||\phi_1^{1/2}\xi^{n+1}||^2-||\phi_1^{1/2}\xi^n||^2\}+(\Delta t)^2||\phi_1^{1/2}d_t\xi^n||^2\\&+c_0\Delta t\sum_{\alpha=1}^{3}\{||\delta_{y_\alpha}\xi^{n+1}]|^2+||\delta_{\bar{y}_\alpha}\xi^{n+1}]|^2\}\\=&-2\Delta t\left\langle\sum_{\alpha=1}^{3}\delta_{a_\alpha^{n+1}}\xi^{n+1},\xi^{n+1}\right\rangle+2\Delta t\sum_{i,j=1}^{N-1}K_{2,ij,1/2}^{n+1}\delta_{y_3}\omega_{ij,0}^{n+1}\xi_{ij,M}^{n+1}h_1^2\\&+2\Delta t\langle Q_1(t^{n+1},u^{n+1})-Q_1(t^{n+1},U^n),\xi^{n+1}\rangle+2\Delta t\langle\varepsilon_1^{n+1},\xi^{n+1}\rangle.\end{aligned} \tag{6.4.21}$$

类似地, 对 (6.4.19) 经估算有:

$$\begin{aligned}&\{||\phi_3^{1/2}\zeta^{n+1}||^2-||\phi_3^{1/2}\zeta^n||^2\}+(\Delta t)^2||\phi_3^{1/2}d_t\zeta^n||^2\\&+c_0\Delta t\sum_{\alpha=1}^{3}\{||\delta_{y_\alpha}\zeta^{n+1}]|^2+||\delta_{\bar{y}_\alpha}\zeta^{n+1}]|^2\}\\=&-2\Delta t\left\langle\sum_{\alpha=1}^{3}\delta_{b_\alpha^{n+1}}\zeta^{n+1},\xi^n\right\rangle-2\Delta t\sum_{i,j=1}^{N-1}K_{2,ij,M-1/2}^{n+1}\delta_{\bar{y}_3}\omega_{ij,M}^{n+1}\zeta_{ij,0}^{n+1}h_1^2\\&+2\Delta t\langle Q_3(t^{n+1},v^{n+1})-Q_1(t^{n+1},V^{n+1}),\zeta^{n+1}\rangle+2\Delta t\langle\varepsilon_3^{n+1},\zeta^{n+1}\rangle.\end{aligned} \tag{6.4.22}$$

将 (6.4.20)、(6.4.21) 和 (6.4.22) 相加可得

$$\begin{aligned}&\{||\phi_1^{1/2}\xi^{n+1}||^2+||\phi_3^{1/2}\zeta^{n+1}||^2+||\phi_2^{1/2}\omega^{n+1}||^2\}\\&-\{||\phi_1^{1/2}\xi^n||^2+||\phi_3^{1/2}\zeta^n||^2+||\phi_2^{1/2}\omega^n||^2\}\\&+(\Delta t)^2\{||\phi_1^{1/2}d_t\xi^n||^2+||\phi_3^{1/2}d_t\zeta^n||^2+||\phi_2^{1/2}d_t\omega^n||^2\}\\&+c_0\Delta t\sum_{\alpha=1}^{3}\{||\delta_{y_\alpha}\xi^{n+1}]|^2+||\delta_{\bar{y}_\alpha}\xi^{n+1}]|^2\\&+||\delta_{y_\alpha}\zeta^{n+1}]|^2+||\delta_{\bar{y}_\alpha}\zeta^{n+1}]|^2\}+2\Delta t||(K_2^{n+1})^{1/2}\delta_{\bar{y}_3}\omega^{n+1}]|^2\\=&-2\Delta t\left\{\left\langle\sum_{\alpha=1}^{3}\delta_{a_\alpha^{n+1}}\xi^{n+1},\xi^{n+1}\right\rangle+\left\langle\sum_{\alpha=1}^{3}\delta_{b_\alpha^{n+1}}\zeta^{n+1},\zeta^{n+1}\right\rangle\right\}\\&-2\Delta t\langle[\delta_{c_1^{n+1}}+\delta_{c_2^{n+1}}]\omega^{n+1},\omega^{n+1}\rangle+2\Delta t\{\langle Q_1(t^{n+1},u^{n+1})-Q_1(t^{n+1},U^n),\xi^{n+1}\rangle\\&+\langle Q_3(t^{n+1},v^{n+1})-Q_3(t^{n+1},V^n),\zeta^{n+1}\rangle\}+2\Delta t\{\langle\varepsilon_1^{n+1},\xi^{n+1}\rangle\\&+\langle\varepsilon_3^{n+1},\zeta^{n+1}\rangle+\langle\varepsilon_2^{n+1},\omega^{n+1}\rangle\}.\end{aligned} \tag{6.4.23}$$

依次分析 (6.4.23) 右端诸项, 对第一项

$$-2\Delta t\left\langle\sum_{\alpha=1}^{3}\delta_{a_\alpha^{n+1}}\xi^{n+1},\xi^{n+1}\right\rangle=-2\Delta t\sum_{\alpha=1}^{3}\sum_{i,j,k=1}^{N-1,M-1}a_{\alpha,ijk}^{n+1}[H(a_{\alpha,ijk}^{n+1})\delta_{\bar{y}_\alpha}$$

$$
\begin{aligned}
&+(1-H(a_{\alpha,ijk}^{n+1}))\delta_{y_\alpha}]\xi_{ijk}^{n+1}\cdot\xi_{ijk}^{n+1}h_1^2h_2\\
\leqslant&\varepsilon\sum_{\alpha=1}^{3}\{||\delta_{y_\alpha}\xi^{n+1}||^2+||\delta_{\bar{y}_\alpha}\xi^{n+1}||^2\}\Delta t+M||\xi^{n+1}||^2\Delta t.
\end{aligned}\tag{6.4.24a}
$$

类似地,

$$
-2\Delta t\left\langle\sum_{\alpha=1}^{3}\delta_{b_\alpha^{n+1}}\zeta^{n+1},\zeta^{n+1}\right\rangle\leqslant\varepsilon\sum_{\alpha=1}^{3}\{||\delta_{y_\alpha}\zeta^{n+1}||^2+||\delta_{\bar{y}_\alpha}\zeta^{n+1}||^2\}\Delta t+M||\zeta^{n+1}||^2\Delta t.\tag{6.4.24b}
$$

对第二项, 注意到 $\dot{s}_i(x_2,t)(i=1,2),\dot{L}_0(t)$ 变化很小, 故可假定 $c_i(Y_2,t)\approx 0(\Delta t)(i=1,2)$, 于是有

$$
-2\Delta t\langle[\delta_{c_1^{n+1}}+\delta_{c_2^{n+1}}]\omega^{n+1},\omega^{n+1}\rangle\leqslant M\Delta t||\omega^{n+1}||^2.\tag{6.4.24c}
$$

对第三、四项显然有

$$
\begin{aligned}
&2\Delta t\{\langle Q_1(t^{n+1},u^{n+1})-Q_1(t^{n+1},U^n),\xi^{n+1}\rangle+\langle Q_3(t^{n+1},v^{n+1})\\
&-Q_3(t^{n+1},V^n),\zeta^{n+1}\rangle+\langle\varepsilon_1^{n+1},\xi^{n+1}\rangle\\
&+\langle\varepsilon_3^{n+1},\zeta^{n+1}\rangle+\langle\varepsilon_2^{n+1},\omega^{n+1}\rangle\}\\
\leqslant&2\Delta tM\{(\Delta t)^2+h^2+||\xi^n||^2+||\zeta^n||^2+||\xi^{n+1}||^2+||\zeta^{n+1}||^2+||\omega^{n+1}||^2\}.
\end{aligned}\tag{6.4.24d}
$$

对误差方程 (6.4.23), 应用估计式 (6.4.24), 当 ε、Δt 适当小时, 经整理可得

$$
\begin{aligned}
&\{||\phi_1^{1/2}\xi^{n+1}||^2+||\phi_3^{1/2}\zeta^{n+1}||^2+||\phi_2^{1/2}\omega^{n+1}||^2\}\\
&-\{||\phi_1^{1/2}\xi^{n}||^2+||\phi_3^{1/2}\zeta^{n}||^2+||\phi_2^{1/2}\omega^{n}||^2\}\\
&+(\Delta t)^2\{||\phi_1^{1/2}d_t\xi^n||^2+||\phi_3^{1/2}d_t\zeta^n||^2+||\phi_2^{1/2}d_t\omega^n||^2\}+\frac{c_0\Delta t}{2}\left\{\sum_{\alpha=1}^{3}[||\delta_{y_\alpha}\xi^{n+1}]|^2\right.\\
&\left.+||\delta_{\bar{y}_\alpha}\xi^{n+1}]|^2+||\delta_{y_\alpha}\zeta^{n+1}]|^2+||\delta_{\bar{y}_\alpha}\zeta^{n+1}]|^2]+||(K_2^{n+1})^{1/2}\delta_{\bar{y}_3}\omega^{n+1}]|^2\right\}\\
\leqslant&M\{(\Delta t)^2+h^2+||\xi^{n+1}||^2+||\xi^n||^2+||\zeta^{n+1}||^2+||\zeta^n||^2+||\omega^{n+1}||^2\}\Delta t.
\end{aligned}\tag{6.4.25}
$$

对上式关于时间 t 求和 $0\leqslant n\leqslant L$, 并注意到 $\xi^0=\zeta^0=\omega^0=0$, 则有

$$
\begin{aligned}
&\{||\phi_1^{1/2}\xi^{L+1}||^2+||\phi_3^{1/2}\zeta^{L+1}||^2+||\phi_3^{1/2}\omega^{L+1}||^2\}\\
&+\Delta t\sum_{n=0}^{L}[||\phi_1^{1/2}d_t\xi^n||^2+||\phi_3^{1/2}d_t\zeta^n||^2+||\phi_2^{1/2}d_t\omega^n||^2]\Delta t\\
&+\sum_{n=0}^{L}\left\{\sum_{\alpha=1}^{3}[||\delta_{y_\alpha}\xi^{n+1}]|^2+||\delta_{\bar{y}_\alpha}\xi^{n+1}]|^2+||\delta_{y_\alpha}\zeta^{n+1}]|^2\right.
\end{aligned}
$$

$$
\begin{aligned}
&+||\delta_{\bar{y}_\alpha}\zeta^{n+1}||^2]+||(K_2^{n+1})^{1/2}\delta_{\bar{y}_3}\omega^{n+1}||^2\Big\}\Delta t\\
\leqslant & M\left\{\sum_{n=0}^{L}[||\xi^{n+1}||^2+||\zeta^{n+1}||^2+||\omega^{n+1}||^2]\Delta t+(\Delta t)^2+h^2\right\}. \qquad (6.4.26)
\end{aligned}
$$

应用 Gronwall 引理可得

$$
\begin{aligned}
&\left\{||\phi_1^{1/2}\xi^{L+1}||^2+||\phi_3^{1/2}\zeta^{L+1}||^2+||\phi_3^{1/2}\omega^{L+1}||^2\right\}\\
&+\Delta t\sum_{n=0}^{L}[||\phi_1^{1/2}d_t\xi^n||^2+||\phi_3^{1/2}d_t\zeta^n||^2+||\phi_2^{1/2}d_t\omega^n||^2]\Delta t\\
&+\sum_{n=0}^{L}\Big\{\sum_{\alpha=1}^{3}[||\delta_{y_\alpha}\xi^{n+1}||^2+||\delta_{\bar{y}_\alpha}\xi^{n+1}||^2+||\delta_{y_\alpha}\zeta^{n+1}||^2\\
&+||\delta_{\bar{y}_\alpha}\zeta^{n+1}||^2]+||(K_2^{n+1})^{1/2}\delta_{\bar{y}_3}\omega^{n+1}||^2\Big\}\Delta t\leqslant M\{(\Delta t)^2+h^2\}. \qquad (6.4.27)
\end{aligned}
$$

定理 6.4.1 假定问题 (6.4.9) 的精确解满足光滑性条件 (R), 采用迎风分数步差分格式 (6.4.10)、(6.4.11)、(6.4.12) 逐层计算, 则下述误差估计式成立:

$$
\begin{aligned}
&||u-U||_{\bar{L}^\infty(J;l^2)}+||v-V||_{\bar{L}^\infty(J;l^2)}+||w-W||_{\bar{L}^\infty(J;l^2)}\\
&+||u-U||_{\bar{L}^2(J;h^1)}+||v-V||_{\bar{L}^2(J;h^1)}+||w-W||_{\bar{L}^2(J;h^1)}\leqslant M^*\{\Delta t+h\}, \qquad (6.4.28)
\end{aligned}
$$

此处 $||g||_{\bar{L}^\infty(J;X)}=\sup\limits_{n\Delta t\leqslant T}||g^n||_X, ||g||_{\bar{L}^2(J;X)}=\sum\limits_{I\Delta t\leqslant T}\left\{\sum\limits_{n=0}^{1}||g||_X^2\Delta t\right\}^{1/2}$, 这里 M^* 依赖函数 u,v,w 及其导函数.

6.4.4 迎风分数步差分格式和分析

对问题 (6.4.9), 若直接用一般的迎风差分格式计算工作量很大. 考虑到通常 $\alpha(Y_2,t)$、$B(Y_2,t)$ 较小, 此时可忽略混合导数项 [13,39] 及 $c_i(Y_2,t)(i=1,2)$. 可采用分数步计算格式, 减少计算工作量. 并获得高精度的计算结果. 问题 (6.4.9) 的简化模型为下述形式:

$$
\hat{\phi}_1\frac{\partial\hat{u}}{\partial t}+a(Y,t)\cdot\nabla\hat{u}-\nabla\cdot(\breve{K}_1(Y,t)\nabla\hat{u})=\hat{Q}_1(Y,t,\hat{u}),\quad Y\in\hat{\Omega}_1,t\in J, \qquad (6.4.29\text{a})
$$

$$
\hat{\phi}_2\frac{\partial\hat{w}}{\partial t}=\frac{\partial}{\partial y_3}\left(\bar{K}_2(Y,t)\frac{\partial\hat{W}}{\partial y_3}\right),\quad Y\in\hat{\Omega}_2,t\in J, \qquad (6.4.29\text{b})
$$

$$
\hat{\phi}_3\frac{\partial\hat{v}}{\partial t}+b(Y,t)\cdot\nabla\hat{v}-\nabla\cdot(\breve{K}_3(Y,t)\nabla\hat{v})=\hat{Q}_3(Y,t,\hat{v}),\quad Y\in\hat{\Omega}_3,t\in J, \qquad (6.4.29\text{c})
$$

此处 $\breve{\boldsymbol{K}}_i(Y,t)=\begin{pmatrix}\breve{K}_{i1} & 0 & 0\\ 0 & \breve{K}_{i2} & 0\\ 0 & 0 & \breve{K}_{i3}\end{pmatrix}=\begin{pmatrix}\hat{K}_i(Y,t)S^{-2}(y_2,t)\cdot(1+L_0^{-2}(t)\cdot\alpha^2(Y_2,t)) & 0 & 0\\ 0 & \hat{K}_i(Y,t)\cdot L_0^{-2}(t) & 0\\ 0 & 0 & \hat{K}_i(Y,t)\end{pmatrix}$,

$i=1,3$. 显然当 $\hat{\Omega}_0(t)$ 的长、宽均大于零时, 其是正定的. 方程 (6.4.29a) 可近似分裂为

$$\left(1-\frac{\Delta t}{\hat{\phi}_1}\frac{\partial}{\partial y_1}\left(\breve{K}_{11}\frac{\partial}{\partial y_1}\right)+\frac{\Delta t}{\hat{\phi}_1}\bar{a}_1\frac{\partial}{\partial y_1}\right)\left(1-\frac{\Delta t}{\hat{\phi}_1}\frac{\partial}{\partial y_2}\left(\breve{K}_{12}\frac{\partial}{\partial y_2}\right)+\frac{\Delta t}{\hat{\phi}_1}\bar{a}_2\frac{\partial}{\partial y_2}\right)$$
$$\cdot\left(1-\frac{\Delta t}{\hat{\phi}_1}\frac{\partial}{\partial y_3}(\breve{K}_{13}\frac{\partial}{\partial y})+\frac{\Delta t}{\hat{\phi}_1}\bar{a}_3\frac{\partial}{\partial y_3}\right)\hat{u}^{n+1}=\hat{u}^n+\frac{\Delta t}{\hat{\phi}_1}\hat{Q}_1(Y,t^{n+1},\hat{u}^{n+1}).$$

其相应迎风分数步差分格式:

$$\begin{aligned}&(\hat{\phi}_1-\Delta t\delta_{y_1}(\breve{K}_{11}^{n+1}\delta_{\bar{y}_1})+\Delta t\delta_{\bar{a}_1^{n+1}})\hat{U}_{ijk}^{n+1/3}\\ =&\hat{\phi}_{1,ijk}\hat{U}_{ijk}^n+\Delta t\hat{Q}_1(Y_{ijk},t^{n+1},\hat{U}_{ijk}^n),\quad 1\leqslant i\leqslant N-1,\end{aligned}\tag{6.4.30a}$$

$$\hat{U}_{ijk}^{n+1/3}=0,\quad Y_{ijk}\in\partial\hat{\Omega}_1,\tag{6.4.30b}$$

$$(\hat{\phi}_1-\Delta t\delta_{y_2}(\breve{K}_{12}^{n+1}\delta_{\bar{y}_2})+\Delta t\delta_{\bar{a}_2^{n+1}})\hat{U}_{ijk}^{n+2/3}=\hat{\phi}_{1,ij}\hat{U}_{ijk}^{n+1/3},\quad 1\leqslant j\leqslant N-1,\tag{6.4.30c}$$

$$\hat{U}_{ij}^{n+2/3}=0,\quad Y_{ijk}\in\partial\hat{\Omega}_1,\tag{6.4.30d}$$

$$(\hat{\phi}_1-\Delta t\delta_{y_3}(\breve{K}_{13}^{n+1}\delta_{\bar{y}_3})+\Delta t\delta_{\bar{a}_3^{n+1}})\hat{U}_{ijk}^{n+1}=\hat{\phi}_{1,ijk}\hat{U}_{ijk}^{n+2/3},\quad 1\leqslant k\leqslant M-1,\tag{6.4.30e}$$

$$\begin{gathered}\hat{U}_{ijk}^{n+1}=0,\quad Y_{ijk}\in\partial\hat{\Omega}_1,\quad \hat{U}_{ij,0}^{n+1}=0,\quad \hat{U}_{ij,M}^{n+1}=\hat{W}_{ij,0}^{n+1},\\ \breve{K}_{13}(y_{1i},y_{2j},y_{3,M-1/2},t^{n+1})\delta_{\bar{y}_3}\hat{U}_{ij,M}^{n+1}=\bar{K}_2(y_{1i},y_{2j},y_{3,1/2},t^{n+1})\delta_{y_3}\hat{W}_{ij,0}^{n+1},\quad Y_{ij}\in\hat{\Omega}_0,\end{gathered}\tag{6.4.30f}$$

此处 $\delta_{\bar{a}_\alpha^{n+1}}u_{ijk}=\bar{a}_{\alpha,ijk}^{n+1}[H(\bar{a}_{\alpha,ijk}^{n+1})\delta_{\bar{y}_\alpha}+(1-H(\bar{a}_{\alpha,ijk}^{n+1}))\delta_{y_\alpha}]u_{ijk},\alpha=1,2,3.$

对方程 (6.4.29b) 的迎风差分格式:

$$\hat{\phi}_{2,ijk}\frac{\hat{W}_{ijk}^{n+1}-\hat{W}_{ijk}^n}{\Delta t}=\delta_{y_3}(\bar{K}_2\delta_{\bar{y}_3}\hat{W})_{ijk}^{n+1},\quad 1\leqslant k\leqslant M-1.\tag{6.4.31}$$

类似地, 方程 (6.4.29c) 的迎风分数步差分格式:

$$\begin{aligned}&(\hat{\phi}_3-\Delta t\delta_{y_3}(\breve{K}_{31}^{n+1}\delta_{\bar{y}_3})+\Delta t\delta_{\bar{b}_1^{n+1}})\hat{V}_{ijk}^{n+1/3}\\ =&\hat{\phi}_{3ijk}\hat{V}_{ijk}^n+\Delta t\hat{Q}_3(Y_{ijk},t^{n+1},\hat{V}_{ijk}^n),\quad 1\leqslant i\leqslant N-1,\end{aligned}\tag{6.4.32a}$$

$$\hat{V}_{ijk}^{n+1/3}=0,\quad Y_{ijk}\in\partial\hat{\Omega}_3,\tag{6.4.32b}$$

$$(\hat{\phi}_3-\Delta t\delta_{y_2}(\overset{n+1}{\breve{K}_{32}}\delta_{\bar{y}_2})+\Delta t\delta_{\bar{b}_2^{n+1}})\hat{V}_{ijk}^{n+2/3}=\hat{\phi}_{3,ijk}\hat{V}_{ijk}^{n+1/3},\quad 1\leqslant j\leqslant N-1,\tag{6.4.32c}$$

$$\hat{V}_{ijk}^{n+2/3}=0,\quad Y_{ijk}\in\partial\hat{\Omega}_3,\tag{6.4.32d}$$

$$(\hat{\phi}_3-\Delta t\delta_{y_3}(\overset{n+1}{\breve{K}_{33}}\delta_{\bar{y}_3})+\Delta t\delta_{b_3^{n+1}})\hat{V}_{ijk}^{n+1}=\hat{\phi}_{3,ijk}\hat{V}_{ijk}^{n+2/3},\quad 1\leqslant k\leqslant M-1,\tag{6.4.32e}$$

$$\hat{V}_{ijk}^{n+1}=0,\quad Y_{ijk}\in\partial\hat{\Omega}_3,\quad \hat{V}_{ij,N}^{n+1}=0,\quad \hat{V}_{ij,0}^{n+1}=\hat{W}_{ij,M}^{n+1},$$

$$\breve{K}_{33}(y_{1i},y_{2j},y_{3,1/2},t^{n+1})\delta_{y_3}\hat{V}_{ij,0}=\bar{K}_2(y_{1i},y_{2j},y_{3,M-1/2},t^{n+1})\delta_{\bar{y}_3}\hat{W}_{ij,M}^{n+1},\quad Y_{ij}\in\hat{\Omega}_0\tag{6.4.32f}$$

此处 $\delta_{\bar{b}_\alpha^{n+1}}v_{ijk}=\bar{b}_{\alpha,ijk}^{n+1}[H(\bar{b}_{\alpha,ijk}^{n+1})\delta_{\bar{y}_\alpha}+(1-H(\bar{b}_{\alpha,ijk}^{n+1}))\delta_{y_\alpha}]v_{ijk},\alpha=1,2,3.$

差分格式 (6.4.30)、(6.4.31) 和 (6.4.32) 的计算程序是：已知时刻 $t=t^n$ 的差分解 $\{\hat{U}_{ijk}^n,\hat{W}_{ijk}^n,\hat{V}_{ijk}^n\}$ 时, 寻求下一时刻 t^{n+1} 的 $\{\hat{U}_{ijk}^{n+1},\hat{W}_{ijk}^{n+1},\hat{V}_{ijk}^{n+1}\}$. 首先由 (6.4.30a)、(6.4.30b) 用追赶法求出过渡层的解 $\{\hat{U}_{ij}^{n+1/3}\}$, 再由 (6.4.30c)、(6.4.30d) 求出 $\{\hat{U}_{ij}^{n+2/3}\}$, 后由 (6.4.30e)、(6.4.30f) 求出 $\{\hat{U}_{ijk}^{n+1}\}$. 在实际计算时, $\{\hat{W}_{ij,0}^{n+1},\delta_{y_3}\hat{W}_{ij,0}^{n+1}\}$ 用上一时刻已知值 $\{\hat{W}_{ij,0}^n,\delta_{y_3}\hat{W}_{ij,0}^n\}$ 来代替. 于此同时可并行地由 (6.4.32a)、(6.4.32b) 用追赶法求出过渡层的解 $\{\hat{V}_{ijk}^{n+1/3}\}$, 再由 (6.4.32c)、(6.4.32d) 求出 $\{\hat{V}_{ijk}^{n+2/3}\}$, 后由 (6.4.32e)、(6.4.32f) 求出 $\{\hat{V}_{ijk}^{n+1}\}$. 同样实际计算时, 用 $\{\hat{W}_{ij,M}^n,\delta_{\bar{y}_3}W_{ij,M}^n\}$ 代替 $\{\hat{W}_{ij,M}^{n+1},\delta_{\bar{y}_3}\hat{W}_{ij,M}^{n+1}\}$. 最后由 (6.4.31) 利用内边界条件 (6.4.30f) 和 (6.4.32f) 求出 $\{\hat{W}_{ijk}^{n+1}\}$. 由条件 (C), 差分解存在且唯一.

为了记号简便, 将标号 "∧", " ˇ ","-" 省略.

设 u、v、w 为问题 (6.4.29) 的精确解, U、V、W 为格式 (6.4.30) ~(6.4.32) 的差分解, 同样记误差函数为 $\xi=u-U,\zeta=v-V,\omega=w-W$. 方程 (6.4.30a) ~(6.4.30f) 消去 $U^{n+1/3}$、$U^{n+2/3}$ 可得下述等价的差分方程:

$$\begin{aligned}
&\phi_{1,ijk}\frac{U_{ijk}^{n+1}-U_{ijk}^n}{\Delta t}-\{\delta_{y_1}(K_{11}^{n+1}\delta_{\bar{y}_1})+\delta_{y_2}(K_{12}^{n+1}\delta_{\bar{y}_2})+\delta_{y_3}(K_{13}^{n+1}\delta_{\bar{y}_3})\}U_{ijk}^{n+1}\\
&+\delta_{a_1^{n+1}}U_{ijk}^{n+1}+\delta_{a_2^{n+1}}U_{ijk}^{n+1}+\delta_{a_3^{n+1}}U_{ijk}^{n+1}\\
&+\Delta t\{\delta_{y_1}(K_{11}^{n+1}\delta_{\bar{y}_1}(\phi_1^{-1}\delta_{y_2}(K_{12}^{n+1}\delta_{\bar{y}_2}U^{n+1})))_{ijk}\\
&+\delta_{y_1}(K_{11}^{n+1}\delta_{\bar{y}_1}(\phi_1^{-1}\delta_{y_3}(K_{13}^{n+1}\delta_{\bar{y}_3}U^{n+1})))_{ijk}\\
&+\delta_{y_2}(K_{12}^{n+1}\delta_{\bar{y}_2}(\phi_1^{-1}\delta_{y_3}(K_{13}^{n+1}\delta_{\bar{y}_3}U^{n+1})))_{ijk}\}\\
&-\Delta t\{\delta_{y_1}(K_{11}^{n+1}\delta_{\bar{y}_1}(\phi_1^{-1}\delta_{a_2^{n+1}}U^{n+1}))_{ijk}+\delta_{y_1}(K_{11}^{n+1}\delta_{\bar{y}_1}(\phi_1^{-1}\delta_{a_3^{n+1}}U^{n+1}))_{ijk}\\
&+\delta_{y_2}(K_{12}^{n+1}\delta_{\bar{y}_2}(\phi_1^{-1}\delta_{a_3^{n+1}}U^{n+1}))_{ijk}+\delta_{a_1^{n+1}}(\phi_1^{-1}\delta_{y_2}(K_{12}^{n+1}\delta_{\bar{y}_2}U^{n+1}))_{ijk}\\
&+\delta_{a_1^{n+1}}(\phi_1^{-1}\delta_{y_3}(K_{13}^{n+1}\delta_{\bar{y}_3}U^{n+1}))_{ijk}\\
&+\delta_{a_2^{n+1}}(\phi_1^{-1}\delta_{y_3}(K_{13}^{n+1}\delta_{\bar{y}_3}U^{n+1}))_{ijk}-\delta_{a_1^{n+1}}(\phi_1^{-1}\delta_{a_2^{n+1}}U^{n+1})_{ijk}
\end{aligned}$$

$$
\begin{aligned}
&- \delta_{a_1^{n+1}}(\phi_1^{-1}\delta_{a_3^{n+1}}U^{n+1})_{ijk} - \delta_{a_2^{n+1}}(\phi_1^{-1}\delta_{a_3^{n+1}}U^{n+1})_{ijk}\}\\
&- (\Delta t)^2\{\delta_{y_1}(K_{11}^{n+1}\delta_{\bar{y}_1}(\phi_1^{-1}\delta_{y_2}(K_{12}^{n+1}\delta_{\bar{y}_2}(\phi_1^{-1}\delta_{y_3}(K_{13}^{n+1}\delta_{\bar{y}_3}U^{n+1})))))_{ijk}\\
&+ \cdots - \delta_{a_1^{n+1}}(\phi_1^{-1}\delta_{a_2^{n+1}}(\phi^{-1}\delta_{a_3^{n+1}}U^{n+1}))_{ijk}\}\\
=&Q(Y_{ijk}, t^{n+1}, U_{ijk}^n), \quad 1 \leqslant i, j \leqslant N-1, 1 \leqslant k \leqslant M-1,
\end{aligned} \tag{6.4.33a}
$$

$$
U_{ijk}^{n+1} = 0, \quad Y_{ijk} \in \partial\Omega_1, \tag{6.4.33b}
$$

$$
\begin{aligned}
&U_{ij,0}^{n+1} = 0, \quad U_{ij,M}^{n+1} = W_{ij,0}^{n+1},\\
&K_{13}(y_{1i}, y_{2j}, y_{3,M-1/2}, t^{n+1})\delta_{\bar{y}_3}U_{ij,M}^{n+1} = K_2(y_{1i}, y_{2j}, y_{3,1/2}, t^{n+1})\delta_{y_3}W_{ij,0}^{n+1}, \quad Y_{ij} \in \Omega_0.
\end{aligned} \tag{6.4.33c}
$$

方程 (6.4.32a) ~(6.4.32f) 消去 $V^{n+1/3}$、$V^{n+2/3}$ 可得下述等价的差分方程:

$$
\begin{aligned}
&\phi_{3,ijk}\frac{V_{ijk}^{n+1} - V_{ijk}^n}{\Delta t} - \sum_{\alpha=1}^{3}\delta_{y_\alpha}(K_{3\alpha}^{n+1}\delta_{\bar{y}_\alpha}V^{n+1})_{ijk}\\
&+ \sum_{\alpha=1}^{3}\delta_{b_\alpha^{n+1}}V_{ijk}^{n+1} + \Delta t\{\delta_{y_1}(K_{31}^{n+1}\delta_{\bar{y}_1}(\phi_3^{-1}\delta_{y_2}(K_{32}^{n+1}\delta_{\bar{y}_2}V^{n+1})))_{ijk}\\
&+ \delta_{y_1}(K_{31}^{n+1}\delta_{\bar{y}_1}(\phi_3^{-1}\delta_{y_3}(K_{33}^{n+1}\delta_{\bar{y}_3}V^{n+1})))_{ijk} + \cdots\}\\
&- \Delta t\{\delta_{y_1}(K_{31}^{n+1}\delta_{\bar{y}_1}(\phi_3^{-1}\delta_{b_2^{n+1}}V^{n+1}))_{ijk} + \delta_{y_1}(K_{31}^{n+1}\delta_{\bar{y}_1}(\phi_3^{-1}\delta_{b_3^{n+1}}V^{n+1}))_{ijk}\\
&+ \cdots + \delta_{b_1^{n+1}}(\phi_3^{-1}\delta_{y_2}(K_{32}^{n+1}\delta_{\bar{y}_2}V^{n+1}))_{ijk} - \delta_{b_1^{n+1}}(\phi_3^{-1}\delta_{b_2^{n+1}}V^{n+1})_{ijk} + \cdots\}\\
&- (\Delta t)^2\{\delta_{y_1}(K_{31}^{n+1}\delta_{\bar{y}_1}(\phi_3^{-1}\delta_{y_2}(K_{32}^{n+1}\delta_{\bar{y}_2}(\phi_3^{-1}\delta_{y_3}(K_{33}^{n+1}\delta_{\bar{y}_3}V^{n+1})))))_{ijk}\\
&+ \cdots - \delta_{b_1^{n+1}}(\phi_3^{-1}\delta_{b_2^{n+1}}(\phi_3^{-1}\delta_{b_3^{n+1}}V^{n+1}))_{ijk}\}\\
=&Q(Y_{ijk}, t^{n+1}, V_{ijk}^n), \quad 1 \leqslant i, j \leqslant N-1, 1 \leqslant k \leqslant M-1,
\end{aligned} \tag{6.4.34a}
$$

$$
V_{ijk}^{n+1} = 0, \quad Y_{ijk} \in \partial\Omega_3, \tag{6.4.34b}
$$

$$
\begin{aligned}
V_{ij,N}^{n+1} = 0, \quad V_{ij,0}^{n+1} = W_{ij,M}^{n+1}, \quad & K_{33}(y_{1i}, y_{2j}, y_{3,1/2}, t^{n+1})\delta_{y_3}V_{ij,0}^{n+1}\\
&= K_2(y_{1i}, y_{2j}, y_{3,M-1/2}, t^{n+1})\delta_{\bar{y}_3}W_{ij,M}^{n+1}, \quad Y_{ij} \in \Omega_0.
\end{aligned} \tag{6.4.34c}
$$

若问题 (6.4.29) 的精确解 u、v、w 是正则的, 则有下述误差方程:

$$
\begin{aligned}
&\phi_{1,ijk}\frac{\xi_{ijk}^{n+1} - \xi_{ijk}^n}{\Delta t} - \sum_{\alpha=1}^{3}\delta_{y_\alpha}(K_{1\alpha}^{n+1}\delta_{\bar{y}_\alpha}\xi^{n+1})_{ijk} + \sum_{\alpha=1}^{3}\delta_{a_\alpha^{n+1}}\xi_{ijk}^{n+1}\\
&+ \Delta t\{\delta_{y_1}(K_{11}^{n+1}\delta_{\bar{y}_1}(\phi_1^{-1}\delta_{y_2}(K_{12}^{n+1}\delta_{\bar{y}_2}\xi^{n+1})))_{ijk}\\
&+ \cdots + \delta_{y_2}(K_{12}^{n+1}\delta_{\bar{y}_2}(\phi_1^{-1}\delta_{y_3}(K_{13}^{n+1}\delta_{\bar{y}_3}\xi^{n+1})))_{ijk}\}
\end{aligned}
$$

$$
\begin{aligned}
&-\Delta t\{\delta_{y_1}(K_{11}^{n+1}\delta_{\bar{y}_1}(\phi_3^{-1}\delta_{a_2^{n+1}}\xi^{n+1}))_{ijk}+\cdots \\
&+\delta_{y_2}(K_{12}^{n+1}\delta_{\bar{y}_2}(\phi_1^{-1}\delta_{a_3^{n+1}}\xi^{n+1}))_{ijk}+\delta_{a_1^{n+1}}(\phi_1^{-1}\delta_{y_2}(K_{12}^{n+1}\delta_{\bar{y}_2}\xi^{n+1}))_{ijk} \\
&-\delta_{a_1^{n+1}}(\phi_1^{-1}\delta_{a_2^{n+1}}\xi^{n+1})_{ijk}+\cdots\} \\
&-(\Delta t)^2\{\delta_{y_1}(K_{11}^{n+1}\delta_{\bar{y}_1}(\phi_1^{-1}\delta_{y_2}(K_{12}^{n+1}\delta_{\bar{y}_2}(K_{13}^{n+1}\delta_{\bar{y}_3}\xi^{n+1})))))_{ijk} \\
&+\cdots-\delta_{a_1^{n+1}}(\phi_1^{-1}\delta_{a_2^{n+1}}(\phi_1^{-1}\delta_{a_3^{n+1}}\xi^{n+1}))_{ijk}\} \\
=&Q(Y_{ijk},t^{n+1},u_{ijk}^{n+1})-Q(Y_{ijk},t^{n+1},U_{ijk}^{n})+\varepsilon_{1,ijk}^{n+1}, \\
&1\leqslant i,j\leqslant N-1,1\leqslant k\leqslant M-1,
\end{aligned}
\tag{6.4.35a}
$$

$$
\xi_{ijk}^{n+1}=0,\quad Y_{ijk}\in\partial\Omega_1,\quad \xi_{ij,0}^{n+1}=0,\quad \xi_{ij,M}^{n+1}=\omega_{ij,0}^{n+1},\quad Y_{ij}\in\Omega_0,
\tag{6.4.35b}
$$

此处 $|\varepsilon_{1,ijk}^{n+1}|\leqslant M\left\{\left\|\dfrac{\partial^2 u}{\partial t^2}\right\|_{L^\infty(L^\infty)},\|u\|_{L^\infty(W^{4,\infty})}\right\}\{\Delta t+h\},h=(2h_1^2+h_2^2)^{1/2}$.

$$
\begin{aligned}
&\phi_{3,ijk}\frac{\zeta_{ijk}^{n+1}-\zeta_{ijk}^{n}}{\Delta t}-\sum_{\alpha=1}^{3}\delta_{y_\alpha}(K_{3\alpha}^{n+1}\delta_{\bar{y}_\alpha}\zeta^{n+1})_{ijk}+\sum_{\alpha=1}^{3}\delta_{b_\alpha^{n+1}}\zeta_{ijk}^{n+1} \\
&+\Delta t\{\delta_{y_1}(K_{31}^{n+1}\delta_{\bar{y}_1}(\phi_3^{-1}\delta_{y_2}(K_{32}^{n+1}\delta_{\bar{y}_2}\zeta^{n+1})))_{ijk}+\cdots \\
&+\delta_{y_2}(K_{32}^{n+1}\delta_{\bar{y}_2}(\phi_3^{-1}\delta_{y_3}(K_{33}^{n+1}\delta_{\bar{y}_3}\zeta^{n+1})))_{ijk}\}-\Delta t\{\delta_{y_1}(K_{31}^{n+1}\delta_{\bar{y}_1}(\phi_3^{-1}\delta_{b_2^{n+1}}\zeta^{n+1}))_{ijk} \\
&+\cdots+\delta_{y_2}(K_{32}^{n+1}(\phi_3^{-1}\delta_{b_3^{n+1}}\zeta^{n+1}))_{ijk} \\
&+\delta_{b_1^{n+1}}(\phi_3^{-1}\delta_{y_2}(K_{32}^{n+1}\delta_{\bar{y}_2}\zeta^{n+1}))_{ijk}-\delta_{b_1^{n+1}}(\phi_3^{-1}\delta_{b_2^{n+1}}\zeta^{n+1}))_{ijk}+\cdots\} \\
&-(\Delta t)^2\{\delta_{y_1}(K_{31}^{n+1}\delta_{\bar{y}_1}(\phi_3^{-1}\delta_{y_2}(K_{32}^{n+1}\delta_{\bar{y}_2}(\phi_3^{-1}\delta_{y_3}(K_{33}^{n+1}\delta_{\bar{y}_3}\zeta^{n+1})))))_{ijk}+\cdots\} \\
=&Q_3(Y_{ijk},t^{n+1},v_{ijk}^{n+1})-Q_3(Y_{ijk},t^{n+1},V_{ijk}^{n})+\varepsilon_{3,ijk}^{n+1},\quad 1\leqslant i,j\leqslant N-1,1\leqslant k\leqslant M-1,
\end{aligned}
\tag{6.4.36a}
$$

$$
\xi_{ijk}^{n+1}=0,\quad Y_{ijk}\in\partial\Omega_3,\quad \xi_{ij,N}^{n+1}=0,\quad \xi_{ij,0}^{n+1}=\omega_{ij,M}^{n+1},\quad Y_{ij}\in\Omega_0,
\tag{6.4.36b}
$$

此处 $|\varepsilon_{3,ij}^{n+1}|\leqslant M\left\{\left\|\dfrac{\partial^2 v}{\partial t^2}\right\|_{L^\infty(L^\infty)},\|v\|_{L^\infty(W^{4,\infty})}\right\}\{\Delta t+h\}$.

$$
\phi_{2,ijk}\frac{\omega_{ijk}^{n+1}-\omega_{ijk}^{n}}{\Delta t}=\delta_{y_3}(K_2^{n+1}\delta_{\bar{y}_3}\omega^{n+1})_{ijk}+\varepsilon_{2,ijk}^{n+1},\quad 1\leqslant i,j\leqslant N-1,1\leqslant k\leqslant M-1,
\tag{6.4.37}
$$

此处 $|\varepsilon_{2,ijk}^{n+1}|\leqslant M\left\{\left\|\dfrac{\partial^2 w}{\partial t^2}\right\|_{L^\infty(L^\infty)},\|w\|_{L^\infty(W^{4,\infty})}\right\}\{\Delta t+h\}$.

对方程 (6.4.35)、(6.4.36)、(6.4.37) 分别乘以 $2\Delta t\xi_{ijk}^{n+1}$、$2\Delta t\zeta_{ijk}^{n+1}$ 和 $2\Delta t\omega_{ijk}^{n+1}$ 作内积并分部求和, 特别注意到 (6.4.35) 的第二项:

$$
-2\Delta t\sum_{\alpha=1}^{3}\langle\delta_{y_\alpha}(K_{1\alpha}^{n+1}\delta_{\bar{y}_\alpha}\xi^{n+1}),\xi^{n+1}\rangle
$$

$$
\begin{aligned}
&=2\Delta t\{\langle K_{11}^{n+1}\delta_{\bar{y}_1}\xi^{n+1},\delta_{\bar{y}_1}\xi^{n+1}\rangle+\langle K_{12}^{n+1}\delta_{\bar{y}_2}\xi^{n+1},\delta_{\bar{y}_2}\xi^{n+1}\rangle\}\\
&\quad-2\Delta t\sum_{i,j=1}^{N-1}\sum_{k=1}^{M-1}\delta_{y_3}(K_{13}^{n+1}\delta_{\bar{y}_3}\xi^{n+1})_{ijk}\xi_{ijk}^{n+1}h_1^2h_2\\
&=2\Delta t\{\langle K_{11}^{n+1}\delta_{\bar{y}_1}\xi^{n+1},\delta_{\bar{y}_1}\xi^{n+1}\rangle+\langle K_{12}^{n+1}\delta_{\bar{y}_2}\xi^{n+1},\delta_{\bar{y}_2}\xi^{n+1}\rangle\}\\
&\quad+2\Delta t\sum_{i,j=1}^{N-1}h_1^2\bigg\{\sum_{k=1}^{M}K_{13,ijk}^{n+1}\delta_{\bar{y}_3}\xi_{ijk}^{n+1}\delta_{\bar{y}_3}\xi_{ijk}^{n+1}h_2\\
&\quad-\xi_{ij,M}^{n+1}K_{13,ij,M-1/2}^{n+1}\delta_{\bar{y}_3}\xi_{ij,M}^{n+1}+\xi_{ij,0}^{n+1}K_{13,ij,1/2}^{n+1}\delta_{y_3}\xi_{ij,0}^{n+1}\bigg\}\\
&=2\Delta t\sum_{\alpha=1}^{3}\langle K_{1\alpha}^{n+1}\delta_{\bar{y}_\alpha}\xi^{n+1},\delta_{\bar{y}_2}\xi^{n+1}\rangle-2\Delta t\sum_{l,j=1}^{N-1}\xi_{ij,M}^{n+1}K_{2,ij,1/2}^{n+1}\delta_{y_3}\omega_{ij,0}^{n+1}h_1^2.
\end{aligned}
$$

于是有

$$
\begin{aligned}
&\{||\phi_1^{1/2}\xi^{n+1}||^2-||\phi_1^{1/2}\xi^n||^2\}+(\Delta t)^2||\phi_1^{1/2}d_t\xi^n||^2+2\Delta t\{||(K_{11}^{n+1})^{1/2}\delta_{\bar{y}_1}\xi^{n+1}]|^2\\
&+||(K_{12}^{n+1})^{1/2}\delta_{\bar{y}_2}\xi^{n+1}]|^2+||(K_{13}^{n+1})^{1/2}\cdot\delta_{\bar{y}_3}\xi^{n+1}]|^2\}\\
=&-2\Delta t\sum_{\alpha=1}^{3}\langle\delta_{a_\alpha^{n+1}}\xi^{n+1},\xi^{n+1}\rangle-2(\Delta t)^2\{\langle\delta_{\bar{y}_1}(K_{11}^{n+1}\delta_{\bar{y}_1}(\phi_1^{-1}\delta_{y_2}(K_{12}^{n+1}\delta_{\bar{y}_2}\xi^{n+1}))),\xi^{n+1}\rangle\\
&+\cdots+\langle\delta_{y_2}(K_{12}^{n+1}\delta_{\bar{y}_2}(\phi_1^{-1}\delta_{y_3}(K_{13}^{n+1}\delta_{\bar{y}_3}\xi^{n+1}))),\xi^{n+1}\rangle\}\\
&+2(\Delta t)^2\{\langle\delta_{y_1}(K_{11}^{n+1}\delta_{\bar{y}_1}(\phi_1^{-1}\delta_{a_2^{n+1},y_2}\xi^{n+1}))\\
&+\cdots+\delta_{y_2}(K_{12}^{n+1}\delta_{\bar{y}_2}(\phi_1^{-1}\delta_{a_3^{n+1}}\xi^{n+1}))+\delta_{a_1^{n+1}}(\phi_1^{-1}\delta_{y_2}(K_{12}^{n+1}\delta_{\bar{y}_2}\xi^{n+1}))\\
&-\delta_{a_1^{n+1}}(\phi_1^{-1}\delta_{a_2^{n+1}}\xi^{n+1})+\cdots,\xi^{n+1}\rangle\}\\
&+2(\Delta t)^3\langle\delta_{y_1}(K_{11}^{n+1}\delta_{\bar{y}_1}(\phi_1^{-1}\delta_{y_2}(K_{12}^{n+1}\delta_{\bar{y}_2}(\phi_1^{-1}\delta_{y_3}(K_{13}^{n+1}\delta_{\bar{y}_3}\xi^{n+1})))))\\
&+\cdots-\delta_{a_1^{n+1}}(\phi_1^{-1}\delta_{a_2^{n+1}}(\phi_1^{-1}\delta_{a_3^{n+1}}\xi^{n+1})),\xi^{n+1}\rangle\\
&+2\Delta t\sum_{i,j=1}^{N-1}K_{2,ij,1/2}^{n+1}\delta_{y_3}\omega_{ij,0}^{n+1}\xi_{ij,M}^{n+1}h_1^2+2\Delta t\langle Q_1(t^{n+1},u^{n+1})\\
&-Q_1(t^{n+1},U^n),\xi^{n+1}\rangle+2\Delta t\langle\varepsilon_1^{n+1},\xi^{n+1}\rangle.
\end{aligned}
\tag{6.4.38}
$$

$$
\begin{aligned}
&\{||\phi_3^{1/2}\zeta^{n+1}||^2-||\phi_3^{1/2}\zeta^n||^2\}+(\Delta t)^2||\phi_3^{1/2}d_t\zeta^n||^2+2\Delta t\sum_{\alpha=1}^{3}||(K_{3\alpha}^{n+1})^{1/2}\delta_{\bar{y}_\alpha}\zeta^{n+1}]|^2\\
=&-2\Delta t\sum_{\alpha=1}^{3}\langle\delta_{b_\alpha^{n+1}}\zeta^{n+1},\zeta^{n+1}\rangle\\
&-2(\Delta t)^2\{\langle\delta_{y_1}(K_{31}^{n+1}\delta_{\bar{y}_1}(\phi_3^{-1}\delta_{y_2}(K_{32}^{n+1}\delta_{\bar{y}_2}\zeta^{n+1}))),\zeta^{n+1}\rangle+\cdots\\
&+\langle\delta_{y_2}(K_{32}^{n+1}\delta_{\bar{y}_2}(\phi_3^{-1}\delta_{y_3}(K_{33}^{n+1}\delta_{\bar{y}_3}\zeta^{n+1}))),\zeta^{n+1}\rangle\}
\end{aligned}
$$

$$
\begin{aligned}
&+2(\Delta t)^2\{\langle\delta_{y_1}(K_{31}^{n+1}\delta_{\bar{y}_1}(\phi_3^{-1}\delta_{b_2^{n+1}}\zeta^{n+1}))+\cdots\\
&+\delta_{y_2}(K_{32}^{n+1}\delta_{\bar{y}_2}(\phi_3^{-1}\delta_{b_3^{n+1}}\zeta^{n+1}))+\delta_{b_1^{n+1}}(\phi_3^{-1}\delta_{y_2}(K_{32}^{n+1}\delta_{\bar{y}_2}\zeta^{n+1}))\\
&-\delta_{b_1^{n+1}}(\phi_3^{-1}\delta_{b_2^{n+1}}\zeta^{n+1})+\cdots,\zeta^{n+1}\rangle\}\\
&+2(\Delta t)^3\langle\delta_{y_1}(K_{31}^{n+1}\delta_{\bar{y}_1}(\phi_3^{-1}\delta_{y_2}(K_{32}^{n+1}\delta_{\bar{y}_2}(\phi_3^{-1}\delta_{y_3}(K_{33}^{n+1}\delta_{\bar{y}_3}\zeta^{n+1})))))\\
&+\cdots-\delta_{b_1^{n+1}}(\phi_3^{-1}\delta_{b_2^{n+1}}(\phi_3^{-1}\delta_{b_3^{n+1}}\zeta^{n+1})),\zeta^{n+1}\rangle\\
&-2\Delta t\sum_{i,j=1}^{N-1}K_{2,ij,M-1/2}^{n+1}\delta_{\bar{y}_3}\omega_{ij,M}^{n+1}\zeta_{ij,0}^{n+1}h_1^2+2\Delta t\langle Q_3(t^{n+1},v^{n+1})\\
&-Q_3(t^{n+1},V^n),\xi^{n+1}\rangle+2\Delta t\langle\varepsilon_1^{n+1},\xi^{n+1}\rangle.
\end{aligned}\tag{6.4.39}
$$

$$
\begin{aligned}
&\{||\phi_2^{1/2}\omega^{n+1}||^2-||\phi_2^{1/2}\omega^n||^2\}+(\Delta t)^2||\phi_2^{1/2}d_t\omega^n||^2\\
=&2\Delta t\langle\delta_{y_3}(K_2^{n+1}\delta_{\bar{y}_3}\omega^{n+1}),\omega^{n+1}\rangle+2\Delta t\langle\varepsilon_3^{n+1},\omega^{n+1}\rangle\\
=&2\Delta t\sum_{i,j,k=1}^{N-1,M-1}\delta_{y_3}(K_2^{n+1}\delta_{\bar{y}_3}\omega^{n+1})_{ijk}\omega_{ijk}^{n+1}h_1^2h_2+2\Delta t\langle\varepsilon_3^{n+1},\omega^{n+1}\rangle\\
=&-2\Delta t\sum_{i,j=1}^{N-1}h_1^2\left\{\sum_{k=1}^{M}K_{2,ijk}^{n+1}\delta_{\bar{y}_3}\omega_{ijk}^{n+1}\cdot\delta_{\bar{y}_3}\omega_{ijk}^{n+1}h_2-\omega_{ij,M}^{n+1}K_{2,ij,M-1/2}^{n+1}\delta_{\bar{y}_3}\omega_{ij,M}^{n+1}\right.\\
&\left.+\omega_{ij,0}^{n+1}K_{2,ij,1/2}^{n+1}\delta_{y_3}\omega_{ij,0}^{n+1}\right\}+2\Delta t\langle\varepsilon_3^{n+1},\omega^{n+1}\rangle=-2\Delta t\langle K_2^{n+1}\delta_{\bar{y}_3}\omega^{n+1},\delta_{\bar{y}_3}\omega^{n+1}]\\
&+2\Delta t\sum_{i,j=1}^{N-1}\{K_{2,ij,M-1/2}^{n+1}\delta_{\bar{y}_3}\omega_{ij,M}^{n+1}\cdot\zeta_{ij,0}^{n+1}-K_{2,ij,1/2}^{n+1}\delta_{y_3}\omega_{ij,0}^{n+1}\cdot\xi_{ij,M}^{n+1}\}h_1^2\\
&+2\Delta t\langle\varepsilon_3^{n+1},\omega^{n+1}\rangle\rangle.
\end{aligned}\tag{6.4.40}
$$

对 (6.4.40) 经估算有:

$$
\begin{aligned}
&\{||\varphi_2^{1/2}\omega^{n+1}||^2-||\varphi_2^{1/2}\omega^n||^2\}+(\Delta t)^2||\varphi_2^{1/2}d_t\omega^n||^2+2\Delta t||(K_2^{n+1})^{1/2}\delta_{\bar{y}_3}\omega^{n+1}]|^2\\
=&2\Delta t\sum_{i,j=1}^{N-1}\{K_{2,ij,M-1/2}^{n+1}\delta_{\bar{y}_3}\omega_{ij,M}^{n+1}\cdot\zeta_{ij,0}^{n+1}-K_{2,ij,1/2}^{n+1}\delta_{y_3}\omega_{ij,0}^{n+1}\cdot\xi_{ij,M}^{n+1}\}h_1^2+2\Delta t\langle\varepsilon_3^{n+1},\omega^{n+1}\rangle.
\end{aligned}\tag{6.4.41}
$$

将 (6.4.38)、(6.4.39) 和 (6.4.41) 相加可得

$$
\begin{aligned}
&\{||\phi_1^{1/2}\xi^{n+1}||^2+||\phi_3^{1/2}\zeta^{n+1}||^2+||\phi_2^{1/2}\omega^{n+1}||^2\}-\{||\phi_1^{1/2}\xi^n||^2+||\phi_3^{1/2}\zeta^n||^2\\
&+||\phi_2^{1/2}\omega^n||^2\}+(\Delta t)^2\{||\phi_1^{1/2}d_t\xi^n||^2+||\phi_3^{1/2}d_t\zeta^n||^2+||\phi_2^{1/2}d_t\omega^n||^2\}\\
&+2\Delta t\left\{\sum_{\alpha=1}^{3}[||(K_{1\alpha}^{n+1})^{1/2}\delta_{\bar{y}_\alpha}\xi^{n+1}]|^2+||(K_{3\alpha}^{n+1})^{1/2}\delta_{\bar{y}_\alpha}\zeta^{n+1}]|^2]\right.
\end{aligned}
$$

$$
\begin{aligned}
&+||(K_2^{n+1})^{1/2}\delta_{\bar{y}_3}\omega^{n+1}||^2\Big\}\\
=&-2\Delta t\sum_{\alpha=1}^{3}\{\langle\delta_{a_\alpha^{n+1}}\xi^{n+1},\xi^{n+1}\rangle+\langle\delta_{b_\alpha^{n+1}}\zeta^{n+1},\zeta^{n+1}\rangle\}\\
&-2(\Delta t)^2\{\langle\delta_{y_1}(K_{11}^{n+1}\delta_{\bar{y}_1}(\phi_1^{-1}\delta_{y_2}(K_{12}^{n+1}\delta_{\bar{y}_2}\xi^{n+1}))),\xi^{n+1}\rangle\\
&+\langle\delta_{y_1}(K_{31}^{n+1}\delta_{\bar{y}_1}(\phi_3^{-1}\delta_{y_2}(K_{32}^{n+1}\delta_{\bar{y}_2}\zeta^{n+1}))),\zeta^{n+1}\rangle+\cdots\}\\
&+2(\Delta t)^2\{\langle\delta_{y_1}(K_{11}^{n+1}\delta_{\bar{y}_1}(\phi_1^{-1}\delta_{a_2^{n+1},y_2}\xi^{n+1}))\\
&+\cdots+\delta_{y_2}(K_{12}^{n+1}\delta_{\bar{y}_2}(\phi_1^{-1}\delta_{a_3^{n+1}}\xi^{n+1}))+\delta_{a_1^{n+1},y_1}(\phi_1^{-1}\delta_{y_2}(K_{12}^{n+1}\delta_{\bar{y}_2}\xi^{n+1}))\\
&-\delta_{a_1^{n+1},y_1}(\phi_1^{-1}\delta_{a_2^{n+1},y_2}\xi^{n+1})\\
&+\cdots,\xi^{n+1}\rangle+\langle\delta_{y_1}(K_{31}^{n+1}\delta_{\bar{y}_1}(\phi_3^{-1}\delta_{b_2^{n+1},y_2}\zeta^{n+1}))+\cdots+\delta_{y_2}(K_{32}^{n+1}\delta_{\bar{y}_2}(\phi_3^{-1}\delta_{b_3^{n+1}}\zeta^{n+1}))\\
&+\delta_{b_1^{n+1}}(\phi_3^{-1}\delta_{y_2}(K_{32}^{n+1}\delta_{\bar{y}_2}\zeta^{n+1}))-\delta_{b_1^{n+1}}(\phi_3^{-1}\delta_{b_2^{n+1}}\zeta^{n+1})+\cdots,\zeta^{n+1}\rangle\}\\
&+2(\Delta t)^3\{\langle\delta_{y_1}(K_{11}^{n+1}\delta_{\bar{y}_1}(\phi_1^{-1}\delta_{y_2}(K_{12}^{n+1}\delta_{\bar{y}_2}(\phi_1^{-1}\delta_{y_3}(K_{13}^{n+1}\delta_{\bar{y}_3}\xi^{n+1})))))+\cdots\\
&-\delta_{a_1^{n+1}}(\phi_1^{-1}\delta_{a_2^{n+1}}(\phi_1^{-1}\delta_{a_3^{n+1}}\xi^{n+1})),\xi^{n+1}\rangle\\
&+\langle\delta_{y_1}(K_{31}^{n+1}\delta_{\bar{y}_1}(\phi_3^{-1}\delta_{y_2}(K_{32}^{n+1}\delta_{\bar{y}_2}(\phi_3^{-1}\delta_{y_3}(K_{33}^{n+1}\delta_{\bar{y}_3}\zeta^{n+1})))))+\cdots,\zeta^{n+1}\rangle\}\\
&+2\Delta t\{\langle Q_1(t^{n+1},u^{n+1})-Q_1(t^{n+1},U^n),\xi^{n+1}\rangle+\langle Q_3(t^{n+1},v^{n+1})\\
&-Q_3(t^{n+1},V^n),\zeta^{n+1}\rangle\}+2\Delta t\{\langle\varepsilon_1^{n+1},\xi^{n+1}\rangle+\langle\varepsilon_3^{n+1},\zeta^{n+1}\rangle+\langle\varepsilon_2^{n+1},\omega^{n+1}\rangle\}.
\end{aligned}
\tag{6.4.42}
$$

依次分析 (6.4.42) 右端诸项, 对第一项

$$
\begin{aligned}
&-2\Delta t\sum_{\alpha=1}^{3}\{\langle\delta_{a_\alpha^{n+1}}\xi^{n+1},\xi^{n+1}\rangle+\langle\delta_{b_\alpha^{n+1}}\zeta^{n+1},\zeta^{n+1}\rangle\}\\
\leqslant&\varepsilon\sum_{\alpha=1}^{3}\{||\delta_{\bar{y}_\alpha}\xi^{n+1}]|^2+||\delta_{\bar{y}_\alpha}\zeta^{n+1}]|^2\}\Delta t+M\{||\xi^{n+1}||^2+||\zeta^{n+1}||^2\}\Delta t.
\end{aligned}
\tag{6.4.43a}
$$

对于第二项尽管 $-\delta_{y_1}(K_{11}\delta_{\bar{y}_1}),-\delta_{y_2}(K_{12}\delta_{\bar{y}_2})\ldots$ 是自共轭、正定算子, 空间区域为立方体, 但它们的乘积一般是不可交换的, 利用 $\delta_{y_1}\delta_{y_2}=\delta_{y_2}\delta_{y_1},\delta_{y_1}\delta_{\bar{y}_2}=\delta_{\bar{y}_2}\delta_{y_1},\delta_{\bar{y}_1}\delta_{y_2}=\delta_{y_2}\delta_{\bar{y}_1},\cdots$, 同时注意到问题的中间层仅有垂直流动, 有

$$
\begin{aligned}
&-2(\Delta t)^2\langle\delta_{y_1}(K_{11}^{n+1}\delta_{\bar{y}_1}(\phi_1^{-1}\delta_{y_2}(K_{12}^{n+1}\delta_{\bar{y}_2}\xi^{n+1}))),\xi^{n+1}\rangle\\
=&2(\Delta t)^2\langle K_{11}^{n+1}\delta_{\bar{y}_1}(\phi_1^{-1}\delta_{y_2}(K_{12}^{n+1}\delta_{\bar{y}_2}\xi^{n+1})),\delta_{\bar{y}_1}\xi^{n+1}\rangle\\
=&2(\Delta t)^2\langle\phi_1^{-1}\delta_{\bar{y}_1}\delta_{y_2}(K_{12}^{n+1}\delta_{y_2}\xi^{n+1})+\delta_{\bar{y}_1}\phi_1^{-1}\cdot\delta_{y_2}(K_{12}^{n+1}\delta_{\bar{y}_2}\xi^{n+1}),K_{11}^{n+1}\delta_{\bar{y}_1}\xi^{n+1}\rangle\\
=&2(\Delta t)^2\{\langle\delta_{y_2}\delta_{\bar{y}_1}(K_{12}^{n+1}\delta_{\bar{y}_2}\xi^{n+1}),\phi_1^{-1}K_{11}^{n+1}\delta_{\bar{y}_1}\xi^{n+1}\rangle\\
&+\langle\delta_{y_2}(K_{12}^{n+1}\delta_{\bar{y}_2}\xi^{n+1}),\delta_{\bar{y}_1}\phi_1^{-1}\cdot K_{11}^{n+1}\delta_{\bar{y}_1}\xi^{n+1}\rangle
\end{aligned}
$$

$$
\begin{aligned}
=&-2(\Delta t)^2\{\langle\delta_{\bar{y}_1}(K_{12}^{n+1}\delta_{\bar{y}_2}\xi^{n+1}),\delta_{\bar{y}_2}(\phi_1^{-1}K_{11}^{n+1}\delta_{\bar{y}_1}\xi^{n+1})\rangle\\
&+\langle K_{12}^{n+1}\delta_{\bar{y}_2}\xi^{n+1},\delta_{\bar{y}_2}(\delta_{\bar{y}_1}\phi_1^{-1}\cdot K_{11}^{n+1}\delta_{\bar{y}_1}\xi^{n+1})\rangle\}\\
=&-2(\Delta t)^2\{\langle K_{12}^{n+1}\delta_{\bar{y}_1}\delta_{\bar{y}_2}\xi^{n+1}+\delta_{\bar{y}_1}K_{12}^{n+1}\cdot\delta_{\bar{y}_2}\xi^{n+1},\phi_1^{-1}K_{11}^{n+1}\delta_{\bar{y}_1}\delta_{\bar{y}_2}\xi^{n+1}\\
&+\delta_{\bar{y}_2}(\phi_1^{-1}K_{11}^{n+1})\cdot\delta_{\bar{y}_1}\xi^{n+1}\rangle\\
&+\langle K_{12}^{n+1}\delta_{\bar{y}_2}\xi^{n+1},\delta_{\bar{y}_1}\phi_1^{-1}\cdot K_{11}^{n+1}\delta_{\bar{y}_1}\delta_{\bar{y}_2}\xi^{n+1}+\delta_{\bar{y}_2}(\delta_{\bar{y}_1}\phi_1^{-1}\cdot K_{11}^{n+1})\cdot\delta_{\bar{y}_1}\xi^{n+1}\rangle\}\\
=&-2(\Delta t)^2\sum_{i,j,k=1}^{N-1,M-1}\{K_{11,i,j-1/2,k}^{n+1}\cdot K_{12,i-1/2,jk}^{n+1}\phi_{ijk}^{-1}[\delta_{\bar{y}_1}\delta_{\bar{y}_2}\xi_{ijk}^{n+1}]^2\\
&+[K_{12,i-1/2,jk}^{n+1}\delta_{\bar{y}_2}(K_{11,i-1/2,jk}^{n+1}\phi_{1,ijk}^{-1})\cdot\delta_{\bar{y}_1}\xi_{ijk}^{n+1}\\
&+K_{11,i-1/2,jk}^{n+1}\phi_{1,ijk}^{-1}\delta_{\bar{y}_1}K_{12,i,j-1/2,k}^{n+1}\cdot\delta_{\bar{y}_2}\xi_{ijk}^{n+1}+K_{11,i,j-1/2,k}^{n+1}\\
&\cdot K_{12,i-1/2,jk}^{n+1}\delta_{\bar{y}_1}\phi_{1,ijk}^{-1}\delta_{\bar{y}_2}\xi_{ijk}^{n+1}]\delta_{\bar{y}_1}\delta_{\bar{y}_2}\xi_{ijk}^{n+1}\\
&+[\delta_{\bar{y}_1}K_{12,i,j-1/2,k}^{n+1}\cdot\delta_{\bar{y}_2}(\phi_{1,ijk}^{-1}K_{11,i-1/2,jk}^{n+1})+K_{12,i,j-1/2,k}^{n+1}\delta_{\bar{y}_2}K_{11,i-1/2,jk}^{n+1}\delta_{\bar{y}_1}\phi_{1,ijk}^{-1}\\
&+K_{11,i,j-1/2,k}^{n+1}\cdot K_{12,i-1/2,jk}^{n+1}\delta_{\bar{y}_1}\delta_{\bar{y}_2}\phi_{1,ijk}^{-1}]\delta_{\bar{y}_1}\xi_{ijk}^{n+1}\delta_{\bar{y}_2}\xi_{ijk}^{n+1}\}h_1^2h_2.
\end{aligned}
$$

对上述表达式的前两项, 应用 $K_{11}^{n+1},K_{12}^{n+1},\phi_1^{-1}$ 的条件 (C), 可分离出高阶差商项 $\delta_{\bar{y}_1}\delta_{\bar{y}_2}\xi_{ijk}^{n+1}$, 再利用 Cauchy 不等式可得

$$
\begin{aligned}
&-2(\Delta t)^2\sum_{i,j,k=1}^{N-1,M-1}\{K_{11,i,j-1/2,k}^{n+1}\cdot K_{12,i-1/2,jk}^{n+1}\phi_{ijk}^{-1}[\delta_{\bar{y}_1}\delta_{\bar{y}_2}\xi_{ijk}^{n+1}]^2\\
&+[K_{12,i-1/2,jk}^{n+1}\delta_{\bar{y}_2}(K_{11,i-1/2,jk}^{n+1}\phi_{1,ijk}^{-1})\cdot\delta_{\bar{y}_1}\xi_{ijk}^{n+1}+K_{11,i-1/2,jk}^{n+1}\phi_{1,ijk}^{-1}\delta_{\bar{y}_1}K_{12,i,j-1/2,k}^{n+1}\\
&\cdot\delta_{\bar{y}_2}\xi_{ijk}^{n+1}+K_{11,i,j-1/2,k}^{n+1}\cdot K_{12,i-1/2,jk}^{n+1}\delta_{\bar{y}_1}\phi_{1,ijk}^{-1}\delta_{\bar{y}_2}\xi_{ijk}^{n+1}]\delta_{\bar{y}_1}\delta_{\bar{y}_2}\xi_{ijk}^{n+1}\}h_1^2h_2\\
\leqslant&-(K_*)^2(\phi^*)^{-1}(\Delta t)^2\sum_{i,j,k=1}^{N-1,M-1}[\delta_{\bar{y}_1}\delta_{\bar{y}_2}\xi_{ijk}^{n+1}]^2h_1^2h_2\\
&+M(\Delta t)^2\{||\delta_{\bar{y}_1}\xi^{n+1}]|^2+||\delta_{\bar{y}_2}\xi^{n+1}]|^2\},\\
&-2(\Delta t)^2\sum_{i,j,k=1}^{N-1,M-1}\{[\delta_{\bar{y}_1}K_{12,i,j-1/2,k}^{n+1}\cdot\delta_{\bar{y}_2}(\phi_{ijk}^{-1}K_{11,i-1/2,jk}^{n+1})\\
&+K_{12,i,j-1/2,k}^{n+1}\delta_{\bar{y}_2}K_{11,i-1/2,jk}^{n+1}\delta_{\bar{y}_1}\phi_{1,ijk}^{-1}\\
&+K_{11,i,j-1/2,k}^{n+1}K_{12,i-1/2,jk}^{n+1}\delta_{\bar{y}_1}\delta_{\bar{y}_2}\phi_{1,ijk}^{-1}]\delta_{\bar{y}_1}\xi_{ijk}^{n+1}\delta_{y_2}\xi_{ijk}^{n+1}\}h_1^2h_2\\
\leqslant&M(\Delta t)^2\{||\delta_{\bar{y}_1}\xi^{n+1}]|^2+||\delta_{\bar{y}_2}\xi^{n+1}]|^2\}.
\end{aligned}
$$

对于 (6.4.42) 右端第二项中的其他项估计是类似的, 于是有

$$
\begin{aligned}
&-2(\Delta t)^2\{\langle\delta_{y_1}(K_{11}^{n+1}\delta_{\bar{y}_1}(\phi_1^{-1}\delta_{y_2}(K_{12}^{n+1}\delta_{\bar{y}_2}\xi^{n+1}))),\xi^{n+1}\rangle+\cdots\\
&+\langle\delta_{y_1}(K_{31}^{n+1}\delta_{\bar{y}_1}(\phi_3^{-1}\delta_{y_2}(K_{32}^{n+1}\delta_{\bar{y}_2}\zeta^{n+1}))),\zeta^{n+1}\rangle+\cdots\}
\end{aligned}
$$

$$\leqslant -(K_*)^2(\phi^*)^{-1}(\Delta t)^2\sum_{\substack{\alpha,\beta=1\\(\alpha\neq\beta)}}^{3}\sum_{i,j,k=1}^{N-1,M-1}\{[\delta_{\bar{y}_\alpha}\delta_{\bar{y}_\beta}\xi_{ijk}^{n+1}]^2+[\delta_{\bar{y}_\alpha}\delta_{\bar{y}_\beta}\zeta_{ijk}^{n+1}]\}h_1^2h_2$$

$$+M(\Delta t)^2\sum_{\alpha=1}^{3}\{||\delta_{\bar{\alpha}}\xi^{n+1}]|^2+||\delta_{\bar{\alpha}}\zeta^{n+1}]|^2\}. \tag{6.4.43b}$$

现估计 (6.4.42) 右端第三项可得

$$\begin{aligned}&2(\Delta t)^2\{\langle\delta_{y_1}(K_{11}^{n+1}\delta_{\bar{y}_1}(\phi_1^{-1}\delta_{a_2^{n+1}}\xi^{n+1}))+\cdots,\xi^{n+1}\rangle\\&+\langle\delta_{y_1}(K_{31}^{n+1}\delta_{\bar{y}_1}(\phi_3^{-1}\delta_{b_2^{n+1}}\zeta^{n+1}))+\cdots,\zeta^{n+1}\rangle\}\\&\leqslant\varepsilon(\Delta t)^2\sum_{\substack{\alpha,\beta=1\\(\alpha\neq\beta)}}^{3}\sum_{i,j,k=1}^{N-1,M-1}\{[\delta_{\bar{y}_\alpha}\delta_{\bar{y}_\beta}\xi_{ijk}^{n+1}]^2\\&+[\delta_{\bar{y}_\alpha}\delta_{\bar{y}_\beta}\zeta_{ijk}^{n+1}]^2\}h_1^2h_2+M(\Delta t)^2\sum_{\alpha=1}^{3}\{||\delta_{\bar{\alpha}}\xi^{n+1}]|^2+||\delta_{\bar{\alpha}}\zeta^{n+1}]|^2\}.\end{aligned} \tag{6.4.43c}$$

类似地对第四项有

$$\begin{aligned}&2(\Delta t)^3\{\langle\delta_{y_1}(K_{11}^{n+1}\delta_{\bar{y}_1}(\phi_1^{-1}\delta_{y_2}(K_{12}^{n+1}\delta_{\bar{y}_2}(\phi_1^{-1}\delta_{y_3}(K_{13}^{n+1}\delta_{\bar{y}_3}\xi^{n+1})))))+\cdots,\xi^{n+1}\rangle\\&+\langle\delta_{y_1}(K_{31}^{n+1}\delta_{\bar{y}_1}(\phi_1^{-1}\delta_{y_2}(K_{32}^{n+1}\delta_{\bar{y}_2}(\phi_1^{-1}\delta_{y_3}(K_{33}^{n+1}\delta_{\bar{y}_3}\zeta^{n+1})))))+\cdots,\zeta^{n+1}\rangle\}\\&\leqslant M(\Delta t)^2\sum_{\alpha=1}^{3}\{||\delta_{\bar{y}_\alpha}\xi^{n+1}]|^2+||\delta_{\bar{y}_\alpha}\zeta^{n+1}]|^2\}.\end{aligned} \tag{6.4.43d}$$

对第五和第六项显然有:

$$\begin{aligned}&2\Delta t\{\langle Q_1(t^{n+1},u^{n+1})-Q_1(t^{n+1},U^n),\xi^{n+1}\rangle+\langle Q_3(t^{n+1},v^{n+1})\\&-Q_3(t^{n+1},V^n),\zeta^{n+1}\rangle+\langle\varepsilon_1^{n+1},\xi^{n+1}\rangle+\langle\varepsilon_3^{n+1},\zeta^{n+1}\rangle\\&+\langle\varepsilon_2^{n+1},\omega^{n+1}\rangle\}\leqslant M\Delta t\{(\Delta t)^2+h^2+||\xi^n||^2+||\zeta^n||^2\\&+||\xi^{n+1}||^2+||\zeta^{n+1}||^2+||\omega^{n+1}||^2\},\end{aligned} \tag{6.4.43e}$$

对误差方程 (6.4.42), 应用估计式 (6.4.43a)~(6.4.43e), 当 $\varepsilon,\Delta t$ 适当小时, 经整理可得

$$\begin{aligned}&\{||\phi_1^{1/2}\xi^{n+1}||^2+||\phi_3^{1/2}\zeta^{n+1}||^2+||\phi_2^{1/2}\omega^{n+1}||^2\}-\{||\phi_1^{1/2}\xi^n||^2+||\phi_3^{1/2}\zeta^n||^2\\&+||\phi_2^{1/2}\omega^n||^2\}+(\Delta t)^2\{||\phi_1^{1/2}d_t\xi^n||^2+||\phi_3^{1/2}d_t\zeta^n||^2+||\phi_2^{1/2}d_t\omega^n||^2\}\\&+\Delta t\Bigg\{\sum_{\alpha=1}^{3}[||(K_{1\alpha}^{n+1})^{1/2}\delta_{\bar{y}_\alpha}\xi^{n+1}]|^2+||(K_{3\alpha}^{n+1})^{1/2}\delta_{\bar{y}_\alpha}\zeta^{n+1}]|^2]\end{aligned}$$

$$
\left.+\|(K_2^{n+1})^{1/2}\delta_{\bar{y}_3}\omega^{n+1}]\|^2\right\}
$$

$$
\leqslant M\{(\Delta t)^2+h^2+\|\xi^{n+1}\|^2+\|\zeta^{n+1}\|^2+\|\omega^{n+1}\|^2\}\Delta t. \tag{6.4.44}
$$

对上式对时间 t 求和 $0\leqslant n\leqslant L$, 并注意到 $\xi^0=\zeta^0=\omega^0=0$, 故有

$$
\begin{aligned}
&\{\|\phi_1^{1/2}\xi^{L+1}\|^2+\|\phi_3^{1/2}\zeta^{L+1}\|^2+\|\phi_2^{1/2}\omega^{L+1}\|^2\}\\
&+\Delta t\sum_{n=0}^{L}[\|\phi_1^{1/2}d_t\xi^n\|^2+\|\phi_3^{1/2}d_t\zeta^n\|^2\\
&+\left\|\phi_2^{1/2}d_t\omega^n\right\|^2]\Delta t+\sum_{n=0}^{L}\{\sum_{\alpha=1}^{3}[\|(K_{1\alpha}^{n+1})^{1/2}\delta_{\bar{y}_\alpha}\xi^{n+1}]\|^2\\
&+\|(K_{3\alpha}^{n+1})^{1/2}\delta_{\bar{y}_\alpha}\xi^{n+1}]\|^2]+\|K_2^{n+1})^{1/2}\delta_{\bar{y}_3}\omega^{n+1}]\|^2\}\Delta t\\
\leqslant& M\left\{\sum_{n=0}^{L}[\|\xi^{n+1}\|^2+\|\zeta^{n+1}\|^2+\|\omega^{n+1}\|^2]\Delta t+(\Delta t)^2+h^2\right\}.
\end{aligned} \tag{6.4.45}
$$

应用 Gronwall 引理可得

$$
\begin{aligned}
&\{\|\phi_1^{1/2}\xi^{L+1}\|^2+|\phi_3^{1/2}\zeta^{L+1}\|^2+|\phi_2^{1/2}\omega^{L+1}\|^2\}\\
&+\Delta t\sum_{n=0}^{L}[\|\phi_1^{1/2}d_t\xi^n\|^2+\|\phi_3^{1/2}d_t\zeta^n\|^2+\|\phi_2^{1/2}d_t\omega^n\|^2]\Delta t\\
&+\sum_{n=0}^{L}\left\{\sum_{\alpha=1}^{3}[\|(K_{1\alpha}^{n+1})^{1/2}\delta_{\bar{y}_\alpha}\xi^{n+1}]\|^2+\|(K_{3\alpha}^{n+1})^{1/2}\delta_{\bar{y}_\alpha}\zeta^{n+1}]\|^2]\right.\\
&\left.+\|(K_2^{n+1})^{1/2}\delta_{\bar{y}_3}\omega^{n+1}]\|^2\right\}\Delta t\\
\leqslant& M\{(\Delta t)^2+h^2\}.
\end{aligned} \tag{6.4.46}
$$

定理 6.4.2 假定问题 (6.4.29) 的精确解满足光滑性条件 (R). 采用迎风分数步差分格式 (6.4.30)、(6.4.31)、(6.4.32) 逐层计算, 则下述误差估计式成立:

$$
\begin{aligned}
&\|u-U\|_{\bar{L}^\infty(J;l^2)}+\|v-V\|_{\bar{L}^\infty(J;l^2)}+\|w-W\|_{\bar{L}^\infty(J;l^2)}\\
+&\|u-U\|_{\bar{L}^2(J;h^1)}+\|v-V\|_{\bar{L}^2(J;h^1)}+\|w-W\|_{\bar{L}^2(J;h^1)}\leqslant M^*\{\Delta t+h\},
\end{aligned} \tag{6.4.47}
$$

此处 M^* 依赖函数 u,v,w 及其导函数.

6.4.5 拓广和实际应用

这里提出的方法可以拓广到非线性耦合系统的动边值问题, 其数学模型如下:

$$
\phi_1(x_1,x_2,x_3)\frac{\partial u}{\partial t}+a(x_1,x_2,x_3)\cdot\nabla u-\nabla\cdot(k_1(x_1,x_2,x_3,u,t)\nabla u)
$$

$$=Q,(x_1,x_2,x_3,t,u),\quad X=(x_1,x_2,x_3)^{\mathrm{T}}\in\Omega,(t),t\in J=(0,T],\quad(6.4.48\mathrm{a})$$

$$\phi_2\left(x_1,x_2,x_3\right)\frac{\partial w}{\partial t}=\frac{\partial}{\partial x_3}\left(k_2(x_1,x_2,x_3,w,t)\frac{\partial w}{\partial x_3}\right),\quad X\in\Omega_2\left(t\right),t\in J,\quad(6.4.48\mathrm{b})$$

$$\phi_3(x_1,x_2,x_3)\frac{\partial v}{\partial t}+b(x_1,x_2,x_3v,t)\cdot\nabla v-\nabla\cdot(k_3(x_1,x_2,x_3,v,t)\nabla v)$$
$$=Q_3(x_1,x_2,x_3,t,v),\quad X\in\Omega_3(t),t\in J.\quad(6.4.48\mathrm{c})$$

类似地可提出迎风差分格式, 利用区域变换, 微分方程先验估计和技巧, 经复杂的计算和精细的估计, 同样可建立收敛性的误差估计定理.

我们提出的迎风分数步差分方法已应用到多层油资源运移聚集的软件系统和胜利油田东营凹陷、滩海地区、阳信凹陷等地区油资源评估中的数值模拟计算 [1~5]. 问题的数学模型为

$$\nabla\cdot\left(K_1\frac{k_{ro}}{\mu_{\mathrm{o}}}\nabla\psi_{\mathrm{o}}\right)+B_{\mathrm{o}}q=-\varPhi_1\dot{s}\left(\frac{\partial\psi_{\mathrm{o}}}{\partial t}-\frac{\partial\psi_{\mathrm{w}}}{\partial t}\right),$$
$$X=(x_1,x_2,x_3)^{\mathrm{T}}\in\Omega_1(t),t\in J=(0,T],\quad(6.4.49\mathrm{a})$$

$$\nabla\cdot\left(K_1\frac{k_{r\mathrm{w}}}{\mu_{\mathrm{w}}}\nabla\psi_{\mathrm{w}}\right)+B_{\mathrm{w}}q=\varPhi_1\dot{s}\left(\frac{\partial\psi_{\mathrm{o}}}{\partial t}-\frac{\partial\psi_{\mathrm{w}}}{\partial t}\right),\quad X\in\Omega_1(t),t\in J,\quad(6.4.49\mathrm{b})$$

$$\frac{\partial}{\partial x_3}\left(K_2\frac{k_{ro}}{\mu_{\mathrm{o}}}\frac{\partial\psi_{\mathrm{o}}}{\partial x_3}\right)=-\varPhi_2\dot{s}\left(\frac{\partial\psi_{\mathrm{o}}}{\partial t}-\frac{\partial\psi_{\mathrm{w}}}{\partial t}\right),\quad X\in\Omega_2(t),t\in J,\quad(6.4.50\mathrm{a})$$

$$\frac{\partial}{\partial x_3}\left(K_2\frac{k_{r\mathrm{w}}}{\mu_{\mathrm{w}}}\frac{\partial\psi_{\mathrm{w}}}{\partial x_3}\right)=\varPhi_2\dot{s}\left(\frac{\partial\psi_{\mathrm{o}}}{\partial t}-\frac{\partial\psi_{\mathrm{w}}}{\partial t}\right),\quad X\in\Omega_2(t),t\in J,\quad(6.4.50\mathrm{b})$$

$$\nabla\cdot\left(K_3\frac{k_{ro}}{\mu_{\mathrm{o}}}\nabla\psi_{\mathrm{o}}\right)+B_{\mathrm{o}}q=-\varPhi_3\dot{s}\left(\frac{\partial\psi_{\mathrm{o}}}{\partial t}-\frac{\partial\psi_{\mathrm{w}}}{\partial t}\right),\quad X\in\Omega_3(t),t\in J,\quad(6.4.51\mathrm{a})$$

$$\nabla\cdot\left(K_3\frac{k_{r\mathrm{w}}}{\mu_{\mathrm{w}}}\nabla\psi_{\mathrm{w}}\right)+B_{\mathrm{w}}q=\varPhi_3\dot{s}\left(\frac{\partial\psi_{\mathrm{o}}}{\partial t}-\frac{\partial\psi_{\mathrm{w}}}{\partial t}\right),\quad X\in\Omega_3(t),t\in J,\quad(6.4.51\mathrm{b})$$

此处 ψ_{o}, ψ_{w} 是油相、水相流动位势, 是需要寻求的基本未知函数. K_1, K_2, K_3 为相应的地层渗透率, μ_{o}, μ_{w} 分别为油相、水相黏度, k_{ro}, $k_{r\mathrm{w}}$ 分别相对渗透率. $\dot{s}=\mathrm{d}s/\mathrm{d}p_c, s$ 为含水饱和度, $p_{\mathrm{c}}(s)$ 为毛细管压力函数, Ω_1, Ω_2, Ω_3 分别为对应第一、二、三层的区域, $\varPhi$ 为孔隙度, q 为源汇项. 此问题 (6.4.48)~(6.4.50) 的简化模型即为本节的问题 (6.4.1)~(6.4.3).

应用本节的计算方法, 对胜利油田东营凹陷、滩海地区、阳信凹陷等地区运移聚集的实际问题进行了数值模拟, 结果符合油水运移聚集规律, 可清晰地看到油在下层运移聚集的情况, 并由中间层进一步运移到上层, 最后形成油藏的全过程, 其成藏位置基本上和实际油田的位置一致.

参 考 文 献

[1] Yuan Y R, Wang W Q, Han Y J. Theory, method and application of a numerical simulation oil resources basin methods of numerical solution of aexodynamic problems. Special Topic & Revicws in Porous Media-An international Journal, 2010, 1: 49–66.

[2] Yuan Y R, Han Y J. Namerical simulation of migration-accumulation of oil resources. Comput. Geosi. 2008, 12: 153–162.

[3] 袁益让, 韩玉笈. 三维油资源渗流力学运移聚集的大规模数值模拟和应用. 中国科学 (G 辑), 2008, 8：1114–1163.

(Yuan Y R, Han Y J. Numerical simulation and application of three-dimensional oil resources migration-accumulation of fluid dynamics in porous media. Science in China(Series G), 2008, 8: 1144–1163.)

[4] 袁益让. 多层渗流方程组合系统的迎风分数步长差分方法和应用. 中国科学 (A 辑), 2001, 9: 791–806.

(Yuan Y R. The upwind finite difference fractional steps method for combinatorial system of dynalics of fluids in porous media and its application. Science in China(Series A), 2002, 5: 578–593.)

[5] 袁益让. 三维非线性多层渗流分程耦合系统的差分方法. 中国科学 (A 辑), 2005, 12: 1397–1423.

(Yuan Y R. the finife difference method for the threc-dimensional nonlinear coupled system of dynamics of fluids in porous media. Science in China(Series A), 2006, 2: 185–212.)

[6] 袁益让. 多层非线性渗流耦合系统的特征分数步差分方法. 数学物理学报, 2009, 4: 558–872.

[7] Yuan Y R. The characteristic finite element alternating direction method with moving meshes for nonlinear convection-dominated diffusion problems. Numer Methods Partial Differential Eq. 2005, 661–679.

[8] Yuan Y R. Characteristic alternating-direction finite element methods for coupled system of dynamics of fluids in porous media and its analysis. J. of Systems Science & Complexity, 2005, 2: 233–253.

[9] 袁益让. 三维渗流耦合系统动边值问题迎风差分方法的理论和应用. 中国科学：数学, 2010, 2：103–126.

[10] 袁益让, 李长峰. 三维动边值问题的迎风差分方法. 数学物理学报, 2012, 2：271–289.

[11] 袁益让. 非线性渗流耦合系统动边值问题二阶迎风分数步差分方法. 中国科学：数学, 2012, 8：845–864.

[12] Yuan Y R, Li C F, Sun T J, et al. Modified Characteristic frinit difference frational step method for moving boundary value problem of nonlinear percolation sustem. Appled Mathematics and Mechanics, 2013, 4: 417–436.

[13] Ewing R E. The Mathematics of Reservoir Simulation. Philadelphia: SIAM, 1983.

[14] Ungerer P, et al. Migration of Hydrocarbon in Sedimentay Basins. Doligez. Doligez, B.(eds),Paris, Editions Techniq,1987,415–455.

[15] Ungerer P. Fluid flow,hydrocarbon generatin and migration. AAPE. Bull.,1990,3:309–335.

[16] Walte D H. Migration of hydrocarbons facts and theory. 2nd IFP Exploration Research Conference, Paris,1987.

[17] Bredehoeft J D, Pinder G F. Digital analysis of areal flow in multiaquifer groundwater systems: A quasi-three-dimensional model. Water Resources Research, 1970, 3:883–888.

[18] Don W, Emil O F. An iterative quasi-three-dimensional finite element model for heterogeneous multiaquifer systems. Water Resources Research, 1978,145:943–952.

[19] Douglas J Jr, Russell T F. Numerical method for convection-dominated diffusion problems based on combining the method of characteristics with finite element or finite difference procedures. SIAM J.Numer. Anal., 1982, 5:781–895.

[20] Douglas J Jr. Finite difference methods for two-phase incompressible flow in porous media. SIAM J Numer Anal, 1983, 4: 681–696.

[21] Ewing R E, Lazarov R D,Vassilev A T. Finite difference scheme for parabolic problems on a composite grids with refinement in time and space. SIAM J. Numer. Anal, 1994.6:1605–1622.

[22] Lazarov R D, Mischev I D, Vassilevski P S. Finite volume methods for convection-diffusion problems.SIAM J Numer Anal,1996,1:31–55.

[23] Peaceman D W. Fundamental of Numerical Reservoir Simulation. Amsterdam: Elsevier, 1980.

[24] Marchuk G I. Splitting and alternating direction method. In: Ciarlet P G,Lions J L,eds. Handbook of Numerical Analysis. Paris: Elesevior Science Publishers, B V,1990.197–460.

[25] 袁益让. 可压缩两相驱动问题的分数步长特征差分格式. 中国科学 (A 辑), 1998, 10：893–902.

(Yuan Y R. The characteristic finite difference fractional steps methods for compressible two-phase displacement problem. Science in China (Series A),1999,1:48–57.)

[26] 萨马尔斯基 A A, 安德烈耶 B B. 椭圆型方程差分方法. 北京：科学出版社, 1994.

[27] 袁益让. 油藏数值模拟中动边值问题的特征差分方法. 中国科学 (A 辑), 1994, 10: 1029–1036.

(Yuan Y R. Characteristic finite difference methods for moving boundary value problem of numerical simulation of oil deposit. Science in China (Series A), 1994, 12: 1442–1453.)

[28] 袁益让. 强化采油数值模拟的特征差分方法和 l^2 估计. 中国科学 (A 辑), 1993.23(8)：801–810.

(Yuan Y R.The characteristic finite difference methods for enhanced oil recovery simulation and L^2estimades. Scieuce in China (Series A),1993,11:1296–1307.)

[29] Douglas J Jr. Gunn J E. Two cowect difference analogues for the equation of multidimensional heat flow. Math Comp, 1963,81:71–80.

[30] Douglas J Jr, Gunn J E. A general for mulation of alternating direction methols, part I. Parabolic and hgperbolic problems. Numer Math, 1966,5:428–453.

[31] 袁益让. 三维可压缩多组分驱动问题的特征分数步差分方法. 应用数学学报, 2001, 2: 249–251.

[32] Yuan Y R, Wang, W Q, Yang D P, et al, Numerical simulation for evolutionary history of a therr-dimensional basin,Appl Math & Mech,1994,5:435–446.

[33] Bermudez A, Nogueriras M R, Vazquez C. Numerical analysis of convection-diffusion-reaction problems with higher order characteristics/fimite elements. Part I: time diseretization. SIAM J Numer Anal,2006,44:1829–1853.

[34] Bermudez A, Nogueriras M R,Vazquez C. Numerical analysis of convection-diffusion-reaction problems with higher order characteristics/finite elements.Part II:fully discretized scheme and quadratare formulas. SIAM J Nunmer, Anal,2006,44:1854–1876.

[35] Samarskii A A. Introduction to the Theory of Difference Schemes. Moscow:Nauka,1971.

[36] Marchuk G I. Method of Numerical Mathematics. New York: Springer-Verlag,1982.

[37] Yanenko N N.The Method of Fractional Steps. New Yok: Springer-Verlag,1971.

[38] 陈公宁. 矩阵理论与应用. 北京：科学出版社, 2007.

[39] Ewing R E. Mathematical modeling and simnlation for multiphase flow in porous media. In: Numerical Treatment of Multiphase Flows in Porous Media, Letare Notes in physics, Vol. 1552, pp.43–57. Now York: Springer-Verlag, 2000.

第 7 章　渗流力学数值模拟中的交替方向有限元方法

近年来石油科学在油气田勘探和开发的研究中取得重大的进展, 在油田开发中重点对地下石油渗流中油水二相渗流驱动问题数值模拟的研究具有重要的理论和实用价值. 在油气资源勘探和评估中, 发展迅速的油气资源盆地数值模拟, 成为地下石油渗流急需研究的另一重点课题. 第 5 章和第 6 章分别研究了该问题的分数步差分方法, 在本章中重点研究和讨论该领域的交替方向有限元方法[1~8].

本章重点讨论油藏数值模拟的特征交替方向有限元方法; 特征交替方向变网格有限元方法; 盆地数值模拟中修正交替方向有限元法和半导体器件数值模拟中的变网格交替方向有限元方法.

本章分 5 节：7.1 节为油气资源数值模拟的交替方向特征变网格有限元格式. 7.2 节为多组分可压缩渗流问题特征交替方向有限元方法. 7.3 节为强化采油特征交替方向有限元方法. 7.4 节为非矩形域渗流耦合系统特征修正交替方向有限元方法. 7.5 节为半导体瞬态问题的变网格交替方向特征有限元方法.

7.1　油气资源数值模拟的交替方向特征变网格有限元格式

7.1.1　引言

近年来石油科学在有机地球化学、石油的生成、运移、聚集理论的研究取得重大进展, 在评价一个盆地含油气资源时, 对于盆地发育史, 尤其是流体的流动规律和受热变化历史的计算是十分重要的. 三维油藏盆地发育史数值模拟就是用现代计算机和计算技术, 再现盆地发育过程, 特别是与生成油气有主要关系的地层古温度和地层压力在空间和时间概念下的动态变化过程. 这对进一步研究油气生成、运移、聚集及油气分布规律、分布范围、定量预测油气蕴藏量, 具有重要的意义.

油藏盆地发育在流体仅有 “微小压缩” 的情况下, 其模型是下述耦合非线性偏微分方程组的初边值问题[9~11]:

$$s\frac{\partial p}{\partial t}-\nabla\cdot\left(\frac{k}{\mu}\nabla p\right)=g\left(x,t,p,T\right),\quad x=(x_1,x_2,x_3)^{\mathrm{T}}\in\Omega,t\in J=(0,\bar{T}],\tag{7.1.1}$$

$$\mu=-\frac{k}{\mu}\nabla p,\quad x\in\Omega,t\in J,\tag{7.1.2}$$

$$a_0\frac{\partial T}{\partial t}+b_0u\cdot\nabla T-\nabla\cdot(K_{\mathrm{s}}\nabla T)-s_0T\frac{\partial p}{\partial t}=f(x,t,p,T),\quad x\in\Omega,t\in J.\tag{7.1.3}$$

方程 (7.1.1), (7.1.2) 是流动方程, $\nabla=\left(\dfrac{\partial}{\partial x_1},\dfrac{\partial}{\partial x_2},\dfrac{\partial}{\partial x_3}\right)^{\mathrm{T}}$, $u=(u_1,u_2,u_3)^{\mathrm{T}}$ 是 Darcy 速度. $p=p(x,t)$ 是地层流体压力为待求函数.s 是存储系数, 为一正常数, t 是时间变量, $k(x)$ 是地层渗透率, $\mu(T)$ 是流体的黏度, 方程 (7.1.1) 的右端 $g(x,t,p,T)$ 是 x,t,p,T 的已知函数, 简写为 $g(p,T)$.$T=T(x,t)$ 是古地层温度, 亦为待求的函数.$a_0=c_{\mathrm{ws}}\rho_{\mathrm{ws}},b_0=\rho_0c_{\mathrm{ws}},s_0=\rho_0c_{\mathrm{ws}}s,c_{\mathrm{ws}},\rho_{\mathrm{ws}}$ 均为正常数, 对应于沉积物的比热和密度.$K_{\mathrm{s}}=K_{\mathrm{s}}(x)$ 是导热率.$f(x,t,p,T)$ 是已知函数, 简记为 $f(p,T)$, 是热源项.Ω 是三维有界区域, $\partial\Omega$ 表示 Ω 的边界面.

不渗透和绝热边界条件:

$$u\cdot\gamma=0,\nabla T\cdot\gamma=0,\quad x\in\partial\Omega,t\in J, \tag{7.1.4}$$

这里 $\gamma=(\gamma_1,\gamma_2,\gamma_3)^{\mathrm{T}}$ 是 $\partial\Omega$ 的外法向矢量.

初始条件:

$$p(x,0)=p_0(x),\quad T(x,0)=T_0(x),\quad x\in\Omega. \tag{7.1.5}$$

对于平面两相渗流驱动问题, Douglas,Ewing,Wheeler,Russell 等发表了特征有限元、特征差分方法的著名论文[12~15] 但对勘探油气资源盆地发育的实际数值模拟计算, 它是超大规模、三维大范围的, 节点个数多达数万乃至数百万个. 且在求解过程中对不同时刻空间区域需要采用不同的有限元网格. 例如在温度推进前沿曲线附近的有限元网格应进行局部加密, 这样才能保证数值结果具有很好的精确度, 在整体上又不太增加计算工作量, 此时需要三维算子分裂和变网格相结合的技术才能解决问题[14,16,17].Douglas,Peaceman 等率先在高维数学物理方程数值解法领域, 提出应用交替方向格式将多维问题化为连续解几个一维问题, 并将此法应用于油藏数值模拟工程, 但在理论分析时出现实质性困难, 未能得到理论分析结果[18,19]. 对于算子分裂 (交替方向) 和变网格有限元相结合的数值方法, 虽已在生产实际中得到应用, 但在理论分析存在实质性困难, 我们提出广义 L^2 投影, 成功地解决了这一问题. 我们从实际出发, 考虑了流体的压缩性, 针对盆地模拟中出现的一类三维耦合渗流–热传导问题, 提出交替方向特征修正变网格有限元格式, 应用变分形式、算子分裂、能量方法、负模估计、广义 L^2 投影、微分方程先验估计理论和特殊技巧, 得到最佳阶 L^2 误差估计结果, 成功解决这一重要问题. 对油藏数值模拟起到一定的奠基作用.

假定问题是正定的, 即满足

$$0<k_*\leqslant\frac{k}{\mu(T)}\leqslant k^*,\quad 0<K_*\leqslant K_{\mathrm{s}}\leqslant K^*,$$

此处 k_*,k^*,K_*, 和 K^* 均为正常数.

问题 (7.1.1)~(7.1.5) 的精确解是正则的

$$\frac{\partial^2 p}{\partial t^2} \in L^\infty\left(L^\infty(\Omega)\right), \quad p \in W^\infty\left(W^{k+1}(\Omega)\right),$$
$$\frac{\partial^2 T}{\partial \tau^2} \in L^\infty\left(L^\infty(\Omega)\right), \quad T \in W^\infty\left(W^{l+1}(\Omega)\right),$$

且 $g(p,T)$ 和 $f(p,T)$ 在解的 ε_0 邻域满足 Lipschitz 条件.

7.1.2 交替方向特征修正变网格有限元格式

注意到方程 (7.1.1), (7.1.3) 的左端首项系数 s, a_0 均为正常数, 为了简便可设 $s = a_0 = 1$. 方程 (7.1.1) 的变分弱形式

$$\left(\frac{\partial p}{\partial t}, v\right) + \left(\frac{k}{\mu}\nabla p, \nabla v\right) = (g(p,T), v), \quad \forall v \in H^1(\Omega). \tag{7.1.6}$$

对古温度方程 (7.1.3) 采用特征线法处理它的一阶双曲对流部分, 具有很高的精确度, 对 t 可用大步长求数值解. 为此记

$$\psi = [1 + b_0^2 |u|^2]^{\frac{1}{2}}, \quad \frac{\partial}{\partial \tau} = \psi^{-1}\left\{\frac{\partial}{\partial t} + b_0 u \cdot \nabla\right\}. \tag{7.1.7}$$

于是方程 (7.1.3) 可写为下述弱形式:

$$\left(\psi \frac{\partial T}{\partial \tau}, z\right) + (K_s \nabla T, \nabla z) + \left(s_0 T \frac{\partial p}{\partial t}, z\right) = (f(p,T), z), \quad \forall z \in H^1(\Omega). \tag{7.1.8}$$

为分析简便, 设 $\Omega = \prod_{i=1}^{3} I_i, I_i = [-1,1]$. 且假定问题是 Ω 周期的, 这在物理上是合理的, 因为在无流动边界条件 (7.1.4) 时, 可作反射边界处理, 同时在油藏数值模拟中边界的影响远远小于内部流动, 此时不渗透和绝热条件将舍去. 若在 $t = t^n$ 时刻用交替方向变网格有限元方法求解流动方程 (7.1.6), 对域 Ω 的 3 个坐标方向进行剖分, 在 x_1 方向分为 N_{x1} 份, 在 x_2 方向分为 N_{x2} 份, 在 x_3 方向分为 N_{x3} 份. 其节点编号为

$$\{x_{1,\alpha} \,|0 \leqslant \alpha \leqslant N_{x1}\}, \quad \{x_{2,\beta} \,|0 \leqslant \beta \leqslant N_{x2}\}, \quad \{x_{3,\gamma} \,|0 \leqslant \gamma \leqslant N_{x3}\}.$$

在三维网域上整体编号记为 $i, i = 1, 2, \cdots, N; N = (N_{x1}+1)(N_{x2}+1)(N_{x3}+1)$. 节点 i 的张量是 $(\alpha(i), \beta(i), \gamma(i))^{\mathrm{T}}$, 此处 $\alpha(i)$ 是 x_1 轴对应的节点, $\beta(i)$ 是 x_2 轴对应的节点, $\gamma(i)$ 是 x_3 轴对应的节点. 这张量积基能写为一维基函数乘积形式

$$N_i(x_1, x_2, x_3) = \varphi_{\alpha(i)}(x_1)\psi_{\beta(i)}(x_2)\omega_{\gamma(i)}(x_3) = \varphi_\alpha(x_1)\psi_\beta(x_2)\omega_\gamma(x_3), \quad 1 \leqslant i \leqslant N. \tag{7.1.9}$$

设有限元空间 $N_{hp}=\varphi\otimes\psi\otimes\omega$, 简记为 N_h. 记

$$W=\left\{u\,|u,\frac{\partial u}{\partial x_i},\frac{\partial^2 u}{\partial x_i\partial x_j}(i\neq j),\frac{\partial^3 u}{\partial x_1\partial x_2\partial x_3}\in L_2(\Omega)\right\}. \tag{7.1.10}$$

设 $N_h\in W$, 其逼近性满足[20~23]

$$\inf_{\chi\in N_h}\left\{\sum_{m=0}^{3}h_p^m\sum_{i,j,k=0,1;i+j+k=m}\left\|\frac{\partial^n(u-\chi)}{\partial x_1^i\partial x_2^i\partial x_3^k}\right\|\right\}\leqslant Mh_p^{l+1}\|u\|_{k+1}, \tag{7.1.11}$$

此处 h_p 为剖分参数. 注意到此处剖分及基函数的构造随时间 t^n 不同而变化, 故记为 N_h^n. 用特征修正交替方向变网格有限元求解古温度方程, 类似地对 Ω 的 3 个坐标方向进行剖分, 其剖分数分别为 M_{x_1},M_{x_2},M_{x_3}. 在三维网域上整体编号为 $j,j=1,2,\cdots,M;M=(M_{x_1}+1)(M_{x_2}+1)(M_{x_3}+1)$. 节点 j 的张量是 $(\lambda(j),M(j),\chi(j))^{\mathrm{T}}$, 这张量积基能写为一维基函数的乘积形式

$$M_j(x_1,x_2,x_3)=\varPhi_{\lambda(j)}(x_1)\varPsi_{\mu(j)}(x_2)\varOmega_{\chi(j)}(x_3)=\varPhi_{\lambda}(x_1)\varPsi_{\mu}(x_2)\varOmega_{\chi}(x_3),\quad 1\leqslant j\leqslant M. \tag{7.1.12}$$

设有限元空间 $M_h=\varPhi\otimes\varPsi\otimes\varOmega,M_h\subset W$, 其逼近性满足

$$\inf_{v\in M_h}\left\{\sum_{m=0}^{3}h_T^m\sum_{i,j,k=0,1;i+j+k=m}\left\|\frac{\partial^n(u-v)}{\partial x_1^i\partial x_2^i\partial x_3^k}\right\|\right\}\leqslant Mh_T^{l+1}\|u\|_{l+1}, \tag{7.1.13}$$

此处 h_T 为剖分参数. 同样将此空间记为 M_h^n.

因为有限元空间可以随时间 t 改变, 对变网格有限元方法通常使用 L^2 投影技术[24]. 但在耦合交替方向方法的情况下, 常规方法已不再适用, 为此提出新的广义内积和 L^2 投影技术

$$\begin{aligned}L_\lambda(u,v)=&(u,v)+\lambda\Delta t(\nabla u,\nabla v)+(\lambda\Delta t)^2\sum_{i\neq j}^{3}\left(\frac{\partial^2 u}{\partial x_i\partial x_j},\frac{\partial^2 v}{\partial x_i\partial x_j}\right)\\&+(\lambda\Delta t)^3\left(\frac{\partial^3 u}{\partial x_1\partial x_2\partial x_3},\frac{\partial^3 v}{\partial x_1\partial x_2\partial x_3}\right),\end{aligned} \tag{7.1.14a}$$

$$|||u|||_\lambda^2=L_\lambda(u,u), \tag{7.1.14b}$$

$$L_{\lambda_p}(\bar{P}_h^n-P_h^n,v_h)=0,\quad \forall v_h\in N_h^{n+1}, \tag{7.1.15a}$$

$$L_{\lambda_T}(\bar{T}_h^n-T_h^n,z_h)=0,\quad \forall z_h\in M_h^{n+1}. \tag{7.1.15b}$$

此处 (7.1.14),(7.1.15) 称为广义 L^2 投影, 当 $N_h^{n+1}\neq N_h^n,M_h^{n+1}\neq M_h^n$ 时, 需作出辅助投影, 此处 λ_p,λ_T 是正常数, 选定

$$\lambda_p\geqslant\frac{1}{2}\max_{x,T}\frac{k(x)}{\mu(T)},\quad \lambda_T\geqslant\frac{1}{2}\max_{x}K(x).$$

对流动方程 (7.1.6) 的变网格有限元格式

$$\frac{1}{\Delta t}\left(\frac{k}{\mu(\bar{T}_h^n)}\nabla\bar{P}_h^n,\nabla v_h\right)+\frac{1}{\Delta t}L_{\lambda_p}(P_h^{n+1}-\bar{P}_h^n,v_h)=(g(\bar{P}_h^n,\bar{T}_h^n),v_h),\quad \forall v_h\in N_h^{n+1}, \tag{7.1.16a}$$

$$\bar{U}_h^n=-\frac{k}{\mu(\bar{T}_h^n)}\nabla\bar{P}_h^n. \tag{7.1.16b}$$

在方程 (7.1.16a) 中的解 P_h^{n+1} 可表示为

$$P_h^{n+1}=\sum_{\alpha,\beta,\gamma}\xi_{\alpha\beta\gamma}^{n+1}\varphi_\alpha\psi_\beta\omega_\gamma,\quad \bar{P}_h^n=\sum_{\alpha,\beta,\gamma}\bar{\xi}_{\alpha\beta\gamma}^n\varphi_\alpha\psi_\beta\omega_\gamma,$$

此处 $\varphi_\alpha\psi_\beta\omega_\gamma$ 应为 $\varphi_\alpha^{n+1}\psi_\beta^{n+1}\omega_\gamma^{n+1}$, 为简便将上标 $n+1$ 省略, 将其代入 (7.1.16a), 取 $v_h=\varphi_\alpha\psi_\beta\omega_\gamma$, 并乘以 Δt 有

$$\begin{aligned}
&\sum_{\alpha,\beta,\gamma}(\xi_{\alpha\beta\gamma}^{n+1}-\bar{\xi}_{\alpha\beta\gamma}^n)(\varphi_\alpha\otimes\psi_\beta\otimes\omega_\gamma,\varphi_\alpha\otimes\psi_\beta\otimes\omega_\gamma)\\
&+\lambda_p\Delta t\sum_{\alpha,\beta,\gamma}(\xi_{\alpha\beta\gamma}^{n+1}-\bar{\xi}_{\alpha\beta\gamma}^n)\{(\varphi_\alpha'\otimes\psi_\beta\otimes\omega_\gamma,\varphi_\alpha'\otimes\psi_\beta\otimes\omega_\gamma)\\
&+(\varphi_\alpha\otimes\psi_\beta'\otimes\omega_\gamma,\varphi_\alpha\otimes\psi_\beta'\otimes\omega_\gamma)+(\varphi_\alpha\otimes\psi_\beta\otimes\omega_\gamma',\varphi_\alpha\otimes\psi_\beta\otimes\omega_\gamma')\}\\
&+(\lambda_p\Delta t)^2\sum_{\alpha,\beta,\gamma}(\xi_{\alpha\beta\gamma}^{n+1}-\bar{\xi}_{\alpha\beta\gamma}^n)\{(\varphi_\alpha'\otimes\psi_\beta'\otimes\omega_\gamma,\varphi_\alpha'\otimes\psi_\beta'\otimes\omega_\gamma)\\
&+(\varphi_\alpha\otimes\psi_\beta'\otimes\omega_\gamma',\varphi_\alpha\otimes\psi_\beta'\otimes\omega_\gamma')+(\varphi_\alpha'\otimes\psi_\beta\otimes\omega_\gamma',\varphi_\alpha'\otimes\psi_\beta\otimes\omega_\gamma')\}\\
&+(\lambda_p\Delta t)^3\sum_{\alpha,\beta,\gamma}(\xi_{\alpha\beta\gamma}^{n+1}-\bar{\xi}_{\alpha\beta\gamma}^n)\{(\varphi_\alpha'\otimes\psi_\beta'\otimes\omega_\gamma',\varphi_\alpha'\otimes\psi_\beta'\otimes\omega_\gamma')=\Delta tF^n.
\end{aligned}$$

记

$$C_{x1}=\left(\int_{-1}^1\varphi_{\alpha1}\varphi_{\alpha2}\mathrm{d}x_1\right),\quad C_{x2}=\left(\int_{-1}^1\psi_{\beta1}\psi_{\beta2}\mathrm{d}x_2\right),\quad C_{x3}=\left(\int_{-1}^1\omega_{\gamma1}\omega_{\gamma2}\mathrm{d}x_3\right),$$

$$A_{x1}=\left(\int_{-1}^1\varphi_{\alpha1}'\varphi_{\alpha2}'\mathrm{d}x_1\right),\quad A_{x2}=\left(\int_{-1}^1\psi_{\beta1}'\psi_{\beta2}'\mathrm{d}x_2\right),\quad A_{x3}=\left(\int_{-1}^1\omega_{\gamma1}'\omega_{\gamma2}'\mathrm{d}x_3\right),$$

则上述方程可写为

$$(C_{x1}+\lambda_p\Delta tA_{x1})\otimes(C_{x2}+\lambda_p\Delta tA_{x2})\otimes(C_{x3}+\lambda_p\Delta tA_{x3})(\xi^{n+1}-\bar{\xi}^n)=\Delta tF^n, \tag{7.1.16a$'$}$$

此处 F^n 可表达为 $F_{\alpha\beta\gamma}^n=-\left(\frac{K}{\mu(\bar{T}_h^n)}\nabla\bar{P}_h^n,\nabla(\varphi_\alpha\otimes\psi_\beta\otimes\omega_\gamma)\right)+(g(\bar{P}_h^n,\bar{T}_h^n),\varphi_\alpha\otimes\psi_\beta\otimes\omega_\gamma)$.

(7.1.16a)′ 指明格式 (7.1.16a) 可按交替方向法连续三次解一维方程组.

对古温度方程应用特征修正交替方向变网格有限元方法, 为此考虑逼近 $\psi\dfrac{\partial T}{\partial \tau}$, 采用向后差商沿着在点 (x,t^{n+1}) 的 τ 特征方向则有

$$\left(\psi\frac{\partial T}{\partial \tau}\right)_{(x,t^{n+1})}\approx\frac{\psi(x,t^{n+1})[T(x,t^{n+1})-T(\breve{x},t^n)]}{[(x-\breve{x})^2+(\Delta t)^2]}=\frac{T(x,t^{n+1})-T(\breve{x},t^n)}{\Delta t},$$

此处 $\breve{x}=x-b_0u^{n+1}\Delta t$.

因此时 u^{n+1} 尚未算出, 故需用 $\bar{U}_h^n$ 来逼近, 记 $\hat{x}=x-b_0\bar{U}_h^n\Delta t,\hat{T}_h^n=T_h^n(\hat{x})$.

对于古温度方程 (7.1.8) 的特征修正交替方向变网格有限元格式

$$\begin{aligned}&\frac{1}{\Delta t}(K_s\nabla\bar{T}_h^n,\nabla z_h)+\frac{1}{\Delta t}L_{\lambda_T}(T_h^{n+1}-\bar{T}_h^n,z_h)\\=&\left(s_0\bar{T}_h^n\frac{P_h^{n+1}-\bar{P}_h^n}{\Delta t},z_h\right)+(f(\bar{P}_h^n,\bar{T}_h^n),z_h),\forall z_h\in M_h^{n+1}.\end{aligned}\tag{7.1.16c}$$

同样能指明方程 (7.1.16c) 可按交替方向法求解.

每一时间步的计算程序是: 首先, 从格式 (7.1.15), (7.1.16a) 和 (7.1.16b), 能够得到 $P_h^{n+1}\in N_h^{n+1}$. 其次, 从格式 (7.1.16c) 能够得到 $T_h^{n+1}\in M_h^{n+1}$. 最后, 由正定性条件, 问题的有限元解存在且唯一.

7.1.3 收敛性分析

应用投影技巧, 引入两个辅助性椭圆投影, 对于 $t\in J^n=(t^n,t^{n+1}]$, 定义 $L^{n+1}p(t)\in N_h^{n+1}$ 满足

$$\left(\frac{k}{\mu(T)}\nabla(p-L^{n+1}p),\nabla v_h\right)+\mu_p(p-L^{n+1}p,v_h)=0,\quad\forall v_h\in N_h^{n+1}.\tag{7.1.17}$$

定义 $L^{n+1}T(t)\in M_h^{n+1}$ 满足

$$\begin{aligned}\left(K_s\nabla\left(T-L^{n+1}T\right),\nabla z_h\right)+\left(b_0u\cdot\nabla\left(T-L^{n+1}T\right),z_h\right)+\mu_T\left(T-L^{n+1}T,z_h\right)=0,\\\forall z_h\in M_h^{n+1}.\end{aligned}\tag{7.1.18}$$

此处正常数 μ_p,μ_T 取得适当大, 使得对应的椭圆算子在 $H^1(\Omega)$ 上是强制的.

初始压力和温度的逼近取为

$$P_h^0=L^1p(0),T_h^0=L^1T(0).\tag{7.1.19}$$

记

$$\pi^{n+1}=P_h^{n+1}-L^{n+1}p^{n+1},\quad\eta^{n+1}=p^{n+1}-L^{n+1}p^{n+1},\quad\bar{\pi}^n=\bar{P}_h^n-L^{n+1}p^n,$$

$$\bar{\eta}^n=p^n-L^{n+1}p^n,\quad\xi^{n+1}=T_h^{n+1}-L^{n+1}T^{n+1},\quad\zeta^{n+1}=T^{n+1}-L^{n+1}T^{n+1},$$

$$\bar{\xi}^n = \bar{T}_h^n - L^{n+1}T^n, \quad \bar{\zeta}^n = T^n - L^{n+1}T^n.$$

由 Galerkin 方法椭圆问题的结果[25,26] 有

$$\|\eta\|_0 + h_p \|\eta\|_1 \leqslant M \|p\|_{k+1} h_p^{k+1}, \quad t \in J^n, \quad \|\bar{\eta}^n\|_0 + h_p \|\bar{\eta}^n\|_1 \leqslant M \|p^n\|_{k+1} h_p^{k+1}, \tag{7.1.20a}$$

$$\|\zeta\|_0 + h_T \|\zeta\|_1 \leqslant M \|p\|_{l+1} T_T^{l+1}, \quad t \in J^n, \quad \|\bar{\zeta}^n\|_0 + h_T \|\bar{\zeta}^n\|_1 \leqslant M \|T^n\|_{l+1} T_T^{l+1}, \tag{7.1.20b}$$

$$\left\|\frac{\partial \eta}{\partial t}\right\|_0 + h_p \left\|\frac{\partial \eta}{\partial t}\right\|_1 \leqslant M\left\{ \|p\|_{k+1} + \left\|\frac{\partial p}{\partial t}\right\|_{k+1} \right\} h_p^{k+1}, \quad t \in J^n, \tag{7.1.20c}$$

$$\left\|\frac{\partial \zeta}{\partial t}\right\|_0 + h_T \left\|\frac{\partial \zeta}{\partial t}\right\|_1 \leqslant M\left\{ \|T\|_{l+1} + \left\|\frac{\partial p}{\partial t}\right\|_{l+1} \right\} h_T^{l+1}, \quad t \in J^n. \tag{7.1.20d}$$

首先分析压力的误差函数, 由 (7.1.6)($t = t^{n+1}$) 和 (7.1.16a) 相减, 并利用 (7.1.17), 经整理可得

$$\begin{aligned}
&\frac{1}{\Delta t}\left(\frac{k(x)}{\mu\left(\bar{T}_h^n\right)}\nabla \pi^n, \nabla v_h\right) + \frac{1}{\Delta t} L_{\lambda_p}\left(\pi^{n+1} - \bar{\pi}^n, v_h\right) \\
=&\frac{1}{\Delta t} L_{\lambda_p}\left(\eta^{n+1} - \bar{\eta}^n, v_h\right) + \left(\frac{\partial p^{n+1}}{\partial t} - \frac{p^{n+1} - p^n}{\Delta t}, v_h\right) \\
&+ \left(\left[\frac{k}{\mu(T^n)} - \frac{k}{\mu(\bar{T}_h^n)}\right]\nabla L^{n+1} p^n, \nabla v_h\right) + \left(\frac{k}{\mu(T^{n+1})}\nabla p^{n+1} - \frac{k}{\mu(T^n)}\nabla p^n, \nabla v_h\right) \\
&+ \mu_p\left(\eta^{n+1}, v_h\right) - \lambda_p\left(\nabla\left(p^{n+1} - p^n\right), \nabla v_h\right) - \lambda_p^2 \Delta t \sum_{i \neq j}^{3}\left(\frac{\partial^2\left(p^{n+1} - p^n\right)}{\partial x_i \partial x_j}, \frac{\partial^2 v_h}{\partial x_i \partial x_j}\right) \\
&- \lambda_p^3 (\Delta t)^2\left(\frac{\partial^3\left(p^{n+1} - p^n\right)}{\partial x_1 \partial x_2 \partial x_3}, \frac{\partial^3 v_h}{\partial x_1 \partial x_2 \partial x_3}\right) \\
&- \left(g\left(p^{n+1}, T^{n+1}\right) - g\left(\bar{P}_h^n, \bar{T}_h^n\right), v_h\right), \quad v_h \in N_h^{n+1}.
\end{aligned} \tag{7.1.21}$$

需要提出归纳法假定

$$\sup_{0 \leqslant n \leqslant L-1} \|\pi^n\|_{0,\infty} \to 0, \ \sup_{0 \leqslant n \leqslant L-1} \|\xi^n\|_{0,\infty} \to 0, \quad (h_p, h_T) \to 0, \tag{7.1.22}$$

此时能推出 P_h^n, T_h^n 的有界性. 在 (7.1.21) 中取 $v_h = \pi^{n+1}$, 依次估计左右诸项可得

$$\left(\frac{\pi^{n+1} - \bar{\pi}^n}{\Delta t}, \pi^{n+1}\right) \geqslant \frac{1}{2\Delta t}\left\{ \left\|\pi^{n+1}\right\|_0^2 - \|\bar{\pi}^n\|_0^2 \right\},$$

$$\begin{aligned}
&\left(\frac{k(x)}{\mu\left(\bar{T}_h^n\right)}\nabla \bar{\pi}^n, \nabla \pi^{n+1}\right) + \lambda_p((\nabla \pi^{n+1} - \nabla \bar{\pi}^n), \nabla \pi^{n+1}) \\
\geqslant& \frac{1}{2}\left\{2\lambda_p - \max_{x,T}\left|\tfrac{k}{\mu(T)} - \lambda_p\right|\right\}\left\|\pi^{n+1}\right\|_0^2 \\
&- \frac{1}{2}\max_{x,T}\left|\frac{k}{\mu(T)} - \lambda_p\right| \|\nabla \bar{\pi}^n\|_0^2.
\end{aligned}$$

由于 λ_p 的选取, 有 $\lambda_p \geqslant \max\limits_{x,T}\left|\dfrac{k}{\mu(T)}-\lambda_p\right|$. 于是对式 (7.1.21) 乘以 $2\Delta t$, 其左端有估计式

$$
\begin{aligned}
&2\left(\frac{k(x)}{\mu(\bar{T}_h^n)}\nabla\bar{\pi}^n,\nabla\pi^{n+1}\right)+2L_{\lambda_p}(\pi^{n+1}-\bar{\pi}^n,\pi^{n+1})\\
\geqslant&\left\|\pi^{n+1}\right\|^2-\|\nabla\bar{\pi}^n\|^2-\Delta t\left\{2\lambda_p-\max_{x,T}\left|\frac{k}{\mu(T)}-\lambda_p\right|\right\}\left\|\nabla\pi^{n+1}\right\|^2\\
&-\Delta t\max_{x,T}\left|\frac{k}{\mu(T)}-\lambda_p\right|\|\nabla\bar{\pi}^n\|^2+(\lambda_p\Delta t)^2\sum_{i\neq j}^{3}\left\{\left\|\frac{\partial^3\pi^{n+1}}{\partial x_i\partial x_j}\right\|^2-\left\|\frac{\partial^2\bar{\pi}^n}{\partial x_i\partial x_j}\right\|^2\right\}\\
&+(\lambda_p\Delta t)^3\left\{\left\|\frac{\partial^3\pi^{n+1}}{\partial x_1\partial x_2\partial x_3}\right\|^2-\left\|\frac{\partial^3\bar{\pi}^n}{\partial x_1\partial x_2\partial x_3}\right\|^2\right\}.
\end{aligned}
\tag{7.1.23}
$$

下面依次估计 (7.1.21) 的右端诸项可得

$$
\begin{aligned}
&2\left\{\left(\frac{\eta^{n+1}-\bar{\eta}^n}{\Delta t},\pi^{n+1}\right)+\left(\frac{\partial p^{n+1}}{\partial t}-\frac{p^{n+1}-p^n}{\Delta t},\pi^{n+1}\right)\right\}\Delta t\\
\leqslant&M\{h_p^{2k+2}+(\Delta t)^2+\left\|\pi^{n+1}\right\|_0^2\}\Delta t,
\end{aligned}
\tag{7.1.24a}
$$

$$
\begin{aligned}
&2\left\{\left(\left[\frac{k}{\mu(T^n)}-\frac{k}{\mu(\bar{T}_h^n)}\right]\nabla L^{n+1}p^n,\nabla\pi^{n+1}\right)\right.\\
&\left.+\left(\frac{k}{\mu(T^{n+1})}\nabla p^{n+1}-\frac{k}{\mu(T^n)}\nabla p^n,\nabla\pi^{n+1}\right)\right\}\Delta t\\
\leqslant&M\{h_p^{2(k+1)}+h_T^{2(l+1)}+(\Delta t)^2+\|\xi^n\|_0^2\}\Delta t+\varepsilon\left\|\nabla\pi^{n+1}\right\|_0^2\Delta t,
\end{aligned}
\tag{7.1.24b}
$$

$$
2\sum_{n=0}^{L}\mu_p\left(\eta^{n+1},\pi^{n+1}\right)\Delta t\leqslant M\left(h_p^{2k+2}+\sum_{n=0}^{L}\left\|\pi^{n+1}\right\|_0^2\right)\Delta t,
\tag{7.1.24c}
$$

$$
\begin{aligned}
&2\lambda_p\left\{\left(\nabla\left(\eta^{n+1}-\bar{\eta}^n\right),\nabla\pi^{n+1}\right)-\left(\nabla\left(p^{n+1}-p^n\right),\nabla\pi^{n+1}\right)\right\}\Delta t\\
\leqslant&M\left(\Delta t\right)^2\left\{\int_{t^n}^{t^{n+1}}\left\|\frac{\partial p}{\partial t}\right\|_1^2\mathrm{d}t+\int_{t^n}^{t^{n+1}}\left\|\frac{\partial\eta}{\partial t}\right\|_1^2\mathrm{d}t\right\}+\varepsilon\left\|\nabla\pi^{n+1}\right\|_0^2\Delta t,
\end{aligned}
\tag{7.1.24d}
$$

$$
\begin{aligned}
&2\left(\lambda_p\Delta t\right)^2\sum_{i\neq j}^{3}\left\{\left(\frac{\partial^2(\eta^{n+1}-\bar{\eta}^n)}{\partial x_i\partial x_j},\frac{\partial^2\pi^{n+1}}{\partial x_i\partial x_j}\right)-\left(\frac{\partial^2(p^{n+1}-p^n)}{\partial x_i\partial x_j},\frac{\partial^2\pi^{n+1}}{\partial x_i\partial x_j}\right)\right\}\\
\leqslant&M\left(\lambda_p\Delta t\right)^2\int_{t^n}^{t^{n+1}}\left[\left|\frac{\partial p}{\partial t}\right|_2^2+\left|\frac{\partial\eta}{\partial t}\right|_2^2\right]\mathrm{d}t+M\left(\lambda_p\Delta t\right)^3\sum_{i\neq j}^{3}\left\|\frac{\partial^2\pi^{n+1}}{\partial x_i\partial x_j}\right\|^2,
\end{aligned}
\tag{7.1.24e}
$$

$$
\begin{aligned}
&2(\lambda_p\Delta t)^2\left\{\left(\frac{\partial^3(\eta^{n+1}-\bar{\eta}^n)}{\partial x_1\partial x_2\partial x_3},\frac{\partial^3\pi^{n+1}}{\partial x_1\partial x_2\partial x_3}\right)-\left(\frac{\partial^3(p^{n+1}-p^n)}{\partial x_1\partial x_2\partial x_3},\frac{\partial^3\pi^{n+1}}{\partial x_1\partial x_2\partial x_3}\right)\right\}\\
\leqslant&M(\lambda_p\Delta t)^3\int_{t^n}^{t^{n+1}}\left[\left|\frac{\partial p}{\partial t}\right|_3^2+\left|\frac{\partial\eta}{\partial t}\right|_3^2\right]\mathrm{d}t+M\left(\lambda_p\Delta t\right)^4\left\|\frac{\partial^3\pi^{n+1}}{\partial x_1\partial x_2\partial x_3}\right\|_0^2.
\end{aligned}
\tag{7.1.24f}
$$

对于最后一项应用归纳法假定 (7.1.22) 有

$$
\begin{aligned}
&\sum_{n=0}^{L}\left(g\left(p^{n+1},T^{n+1}\right)-g\left(\bar{P}_n^n,\bar{T}_n^n\right),\pi^{n+1}\right)\Delta t\\
\leqslant& M\sum_{n=0}^{L}\left\{h_p^{2(k+1)}+h_T^{2(l+1)}+(\Delta t)^2+\left\|\pi^{n+1}\right\|_0^2+\|\bar{\pi}^n\|_0^2+\left\|\bar{\xi}^n\right\|_0^2\right\}\Delta t. \quad (7.1.24\mathrm{g})
\end{aligned}
$$

对于误差方程 (7.1.21) 应用 (7.1.22)~(7.1.24) 经整理可得

$$
\begin{aligned}
&(1-3M\Delta t)\left\|\pi^{n+1}\right\|_0^2-(1+2M\Delta t)\|\bar{\pi}^n\|_0^2+\Delta t\left\{2\lambda_p-\max_{x,T}\left|\frac{k}{\mu(T)}-\lambda_p\right|-\lambda_p\varepsilon\right\}\\
&\cdot\left\|\nabla\pi^{n+1}\right\|_0^2-\Delta t\max_{x,T}\left|\frac{k}{\mu(T)}-\lambda_p\right|\|\nabla\bar{\pi}^n\|_0^2\\
&+(1-M\Delta t)(\lambda_p\Delta t)^2\sum_{i\neq j}^{3}\left\|\frac{\partial^2\pi^{n+1}}{\partial x_i\partial x_j}\right\|_0^2-(\lambda_p\Delta t)^2\sum_{i\neq j}^{3}\left\|\frac{\partial^2\bar{\pi}^n}{\partial x_i\partial x_j}\right\|_0^2\\
&+(1-M\Delta t)(\lambda_p\Delta t)^3\left\|\frac{\partial^3\pi^{n+1}}{\partial x_1\partial x_2\partial x_3}\right\|_0^2-(\lambda_p\Delta t)^3\left\|\frac{\partial^3\bar{\pi}^n}{\partial x_1\partial x_2\partial x_3}\right\|_0^2\\
\leqslant& M\{(\Delta t)^2+h_p^{2(k+1)}+h_T^{2(l+1)}+\|\bar{\pi}^n\|_0^2+\|\bar{\xi}^n\|_0^2\}\Delta t\\
&+M\left\{(\Delta t)^2\int_{t^n}^{t^{n+1}}\left[\left\|\frac{\partial p}{\partial t}\right\|_1^2+\left\|\frac{\partial \eta}{\partial t}\right\|_1^2\right]\mathrm{d}\tau\right.\\
&\left.+(\Delta t)^2\int_{t^n}^{t^{n+1}}\left[\left\|\frac{\partial p}{\partial t}\right\|_2^2+\left\|\frac{\partial \eta}{\partial t}\right\|_2^2\right]\mathrm{d}\tau+(\Delta t)^3\int_{t^n}^{t^{n+1}}\left[\left\|\frac{\partial p}{\partial t}\right\|_3^2+\left\|\frac{\partial \eta}{\partial t}\right\|_3^2\right]\mathrm{d}\tau\right\} \quad (7.1.25)
\end{aligned}
$$

下面用 $\|\pi^n\|_0$ 来估计 $\|\bar{\pi}^n\|_0$, 由 (7.1.15a) 可得

$$
L_{\lambda_p}(\bar{\pi}^n-\pi^n,v_h)=L_{\lambda_p}(\bar{\eta}^n-\eta^n,v_h).
$$

取 $v_h=\bar{\pi}^n$, 可得

$$
(1-\varepsilon)|||\bar{\pi}^n|||_{\lambda_p}^2\leqslant|||\pi^n|||_{\lambda_p}^2+\frac{1}{\varepsilon}|||\bar{\eta}^n-\eta^n|||_{\lambda_p}^2. \quad (7.1.26)
$$

下面分析古温度误差方程, 由 (7.1.8)$(t=t^{n+1})$ 和 (7.1.16c) 相减, 并利用了 (7.1.18), 经整理可得

$$
\begin{aligned}
&\frac{1}{\Delta t}(K_{\mathrm{s}}\nabla\bar{\xi}^n,\nabla z_h)+\frac{1}{\Delta t}L_{\lambda_T}(\xi^{n+1}-\bar{\xi}^n,z_h)\\
=&\left(\frac{\partial T^{n+1}}{\partial t}+b_0u^{n+1}\cdot\nabla T^{n+1}-\frac{T^{n+1}-\breve{T}^n}{\Delta t},z_h\right)+\left(\frac{\hat{T}^n-\breve{T}^n}{\Delta t},z_h\right)+\left(\frac{\bar{\xi}^n-\hat{\bar{\xi}}^n}{\Delta t},z_h\right)\\
&+\left(\frac{\zeta^{n+1}-\hat{\bar{\zeta}}^n}{\Delta t},z_h\right)+\mu_T(\zeta^{n+1},z_h)+(f(p^{n+1},T^{n+1})-f(\bar{P}_h^n,\bar{T}_h^n),z_h)
\end{aligned}
$$

$$
\begin{aligned}
&+\lambda_T(\nabla(\zeta^{n+1}-\bar{\zeta}^n),\nabla z_h)-\lambda_T(\nabla(T^{n+1}-T^n),\nabla z_h)\\
&+\lambda_T^2\Delta t\sum_{i\neq j,i,j=1,2,3}^{3}\left\{\left(\frac{\partial^2(\zeta^{n+1}-\bar{\zeta}^n)}{\partial x_i\partial x_j}-\frac{\partial^2(T^{n+1}-T^n)}{\partial x_i\partial x_j},\frac{\partial^2 z_h}{\partial x_1\partial x_2}\right)\right\}\\
&+\lambda_T^3(\Delta t)^2\left\{\left(\frac{\partial^3(\zeta^{n+1}-\bar{\zeta}^n)}{\partial x_1\partial x_2\partial x_3},\frac{\partial^3 z_h}{\partial x_1\partial x_2\partial x_3}\right)-\left(\frac{\partial^3(T^{n+1}-T^n)}{\partial x_1\partial x_2\partial x_3},\frac{\partial^3 z_h}{\partial x_1\partial x_2\partial x_3}\right)\right\}.
\end{aligned}
\tag{7.1.27}
$$

取 $z_h=\xi^{n+1}$, 类似于 (7.1.21), (7.1.23), 对 (7.1.27) 乘以 $2\Delta t$, 其左端有估计式

$$
\begin{aligned}
2L_{\lambda_T}(\xi^{n+1}-\bar{\xi}^n,\xi^{n+1})\geqslant{}&\left\|\xi^{n+1}\right\|_0^2-\left\|\bar{\xi}^n\right\|_0^2\\
&+2\Delta t\{2\lambda_T-\max_x|K_{\mathrm{s}}-\lambda_T|\}\left\|\nabla\xi^{n+1}\right\|_0^2\\
&-\Delta t\max_x|K_{\mathrm{s}}-\lambda_T|\left\|\nabla\bar{\xi}^n\right\|_0^2\\
&+(\lambda_p\Delta t)^2\sum_{i\neq j}^{3}\left\{\left\|\frac{\partial^2\xi^{n+1}}{\partial x_i\partial x_j}\right\|^2-\left\|\frac{\partial^2\bar{\xi}^n}{\partial x_i\partial x_j}\right\|^2\right\}\\
&+(\lambda_T\Delta t)^3\left\{\left\|\frac{\partial^3\xi^{n+1}}{\partial x_1\partial x_2\partial x_3}\right\|_0^2-\left\|\frac{\partial^3\bar{\xi}^n}{\partial x_1\partial x_2\partial x_3}\right\|_0^2\right\}.
\end{aligned}
\tag{7.1.28}
$$

现逐项估计 (7.1.27) 的右端诸项

$$
\begin{aligned}
&2\left(\frac{\partial T^{n+1}}{\partial t}+b_0u^{n+1}\cdot\nabla T^{n+1}-\frac{T^{n+1}-\breve{T}^n}{\Delta t},\xi^{n+1}\right)\Delta t\\
\leqslant{}&M\left\{(\Delta t)^2\int_\Omega\int_{t^n}^{t^{n+1}}\left|\frac{\partial^2 T}{\partial\tau^2}\right|^2\mathrm{d}t\mathrm{d}x+\left\|\xi^{n+1}\right\|_0^2\Delta t\right\}.
\end{aligned}
\tag{7.1.29a}
$$

对 (7.1.27) 右端第 2 项, 在归纳假定 (7.1.22) 可得

$$
2\left(\frac{\bar{\xi}^n-\hat{\bar{\xi}}^n}{\Delta t},\xi^{n+1}\right)\Delta t\leqslant M\left\|\bar{\xi}^n\right\|_0^2\Delta t+\varepsilon\left\|\nabla\xi^{n+1}\right\|_0^2\Delta t.
\tag{7.1.29b}
$$

对于第 3 项能够得到

$$
\begin{aligned}
&2\left(\frac{\zeta^{n+1}-\hat{\bar{\zeta}}^n}{\Delta t},\xi^{n+1}\right)\Delta t\leqslant M\{h_p^{2k+2}+h_T^{2l+2}+(\Delta t)^2+\left\|\xi^{n+1}\right\|_0^2\}\Delta t\\
&+\varepsilon\left[\left\|\nabla\bar{\pi}^n\right\|_0^2+\left\|\nabla\xi^{n+1}\right\|_0^2\right]\Delta t.
\end{aligned}
\tag{7.1.29c}
$$

对古温度误差函数的分析, 类似地由 (7.1.28) 和 (7.1.29) 可得

$$
(1-3M\Delta t)\left\|\xi^{n+1}\right\|_0^2-(1+2M\Delta t)\left\|\bar{\xi}^n\right\|_0^2
$$

$$
\begin{aligned}
&+\Delta t\{2\lambda_T-\max_x|K_{\rm s}-\lambda_T|-\lambda_T\varepsilon\}\cdot\left\|\nabla\xi^{n+1}\right\|_0^2-\Delta t\max|K_{\rm s}-\lambda_T|\left\|\nabla\bar{\xi}^n\right\|_0^2\\
&-(1-M\Delta t)(\lambda_T\Delta T)^2\sum_{i\neq j}^3\left\|\frac{\partial^2\xi^{n+1}}{\partial x_i\partial x_j}\right\|_0^2-(\lambda_T\Delta t)^2\sum_{i\neq j}^3\left\|\frac{\partial^2\bar{\xi}^n}{\partial x_i\partial x_j}\right\|_0^2\\
&-(1-M\Delta t)(\lambda_T\Delta t)^3\left\|\frac{\partial^3\xi^{n+1}}{\partial x_1\partial x_2\partial x_3}\right\|_0^2-(\lambda_T\Delta t)^3\left\|\frac{\partial^3\bar{\xi}^n}{\partial x_1\partial x_2\partial x_3}\right\|_0^2\\
\leqslant&M\{(\Delta t)^2+h_p^{2(k+1)}+h_T^{2(l+1)}+\|\bar{\pi}^n\|_0^2+\left\|\bar{\xi}^n\right\|_0^2\}\Delta t+\varepsilon\left\|\nabla\bar{\pi}^n\right\|_0^2\Delta t\\
&+M\left\{(\Delta t)^2\int_{t^n}^{t^{n+1}}\left[\left\|\frac{\partial T}{\partial t}\right\|_1^2+\left\|\frac{\partial\zeta}{\partial t}\right\|_1^2\right]{\rm d}\tau\right.\\
&\left.+(\Delta t)^2\int_{t^n}^{t^{n+1}}\left[\left\|\frac{\partial T}{\partial t}\right\|_2^2+\left\|\frac{\partial\zeta}{\partial t}\right\|_2^2\right]{\rm d}\tau+(\Delta t)^3\int_{t^n}^{t^{n+1}}\left[\left\|\frac{\partial T}{\partial t}\right\|_3^2+\left\|\frac{\partial\zeta}{\partial t}\right\|_3^2\right]{\rm d}\tau]\right\}.
\end{aligned}
\tag{7.1.30}
$$

同样有

$$
(1-\varepsilon)\left|\left|\left|\bar{\xi}^n\right|\right|\right|_{\lambda_T}^2\leqslant|||\xi^n|||_{\lambda_T}^2+\frac{1}{\varepsilon}\left|\left|\left|\bar{\zeta}^n-\zeta^n\right|\right|\right|_{\lambda_T}^2. \tag{7.1.31}
$$

将 (7.1.25) 和 (7.1.30) 相加可得

$$
\begin{aligned}
&(1-3M\Delta t)\left[\left\|\pi^{n+1}\right\|_0^2+\left\|\xi^{n+1}\right\|_0^2\right]-(1+3M\Delta t)\left[\|\bar{\pi}^n\|_0^2+\left\|\bar{\xi}^n\right\|_0^2\right]\\
&+\Delta t\left\{\left[2\lambda_p-\max\left|\frac{k}{\mu(T)}-\lambda_p\right|-\lambda_p\varepsilon\right]\left\|\nabla\pi^{n+1}\right\|_0^2\right.\\
&\left.+[2\lambda_T-\max_x|K_{\rm s}-\lambda_T|-\lambda_p\varepsilon]\left\|\nabla\xi^{n+1}\right\|_0^2\right\}\\
&-\Delta t\left\{\left[\max\left|\frac{k}{\mu(T)}-\lambda_p\right|+\varepsilon\right]\|\nabla\bar{\pi}^n\|_0^2+\max_x|K_{\rm s}-\lambda_T|\left\|\nabla\bar{\xi}^n\right\|_0^2\right\}\\
&+(1-M\Delta t)\left\{(\lambda_p\Delta t)^2\sum_{i\neq j}^3\left\|\frac{\partial^2\pi^{n+1}}{\partial x_i\partial x_j}\right\|_0^2+(\lambda_T\Delta t)^2\sum_{i\neq j}^3\left\|\frac{\partial^2\xi^{n+1}}{\partial x_i\partial x_j}\right\|_0^2\right\}\\
&-\left\{(\lambda_p\Delta t)^2\sum_{i\neq j}^3\left\|\frac{\partial^2\bar{\pi}^n}{\partial x_i\partial x_j}\right\|_0^2+(\lambda_T\Delta t)^2\sum_{i\neq j}^3\left\|\frac{\partial^2\bar{\xi}^n}{\partial x_i\partial x_j}\right\|_0^2\right\}\\
&+(1-M\Delta t)\left\{(\lambda_p\Delta t)^2\left\|\frac{\partial^3\pi^{n+1}}{\partial x_1\partial x_2\partial x_3}\right\|_0^2+(\lambda_T\Delta t)^3\left\|\frac{\partial^3\xi^{n+1}}{\partial x_1\partial x_2\partial x_3}\right\|_0^2\right\}\\
&-\left\{(\lambda_p\Delta t)^3\left\|\frac{\partial^3\bar{\pi}^n}{\partial x_1\partial x_2\partial x_3}\right\|_0^2+(\lambda_T\Delta t)^3\left\|\frac{\partial^3\bar{\xi}^n}{\partial x_1\partial x_2\partial x_3}\right\|_0^2\right\}\\
\leqslant&M\{(\Delta t)^2+h_p^{2(k+1)}+h_T^{2(l+1)}\}\Delta t\\
&+M\left\{(\Delta t)^2\int_{t^n}^{t^{n+1}}\left[\left\|\frac{\partial p}{\partial t}\right\|_2^2+\left\|\frac{\partial\eta}{\partial t}\right\|_2^2+\left\|\frac{\partial T}{\partial t}\right\|_2^2+\left\|\frac{\partial\zeta}{\partial t}\right\|_2^2\right]{\rm d}\tau\right.
\end{aligned}
$$

$$+(\Delta t)^3\int_{t^n}^{t^{n+1}}\left[\left\|\frac{\partial p}{\partial t}\right\|_3^2+\left\|\frac{\partial \eta}{\partial t}\right\|_3^2+\left\|\frac{\partial T}{\partial t}\right\|_3^2+\left\|\frac{\partial \zeta}{\partial t}\right\|_3^2\right]\mathrm{d}\tau\Big\}. \tag{7.1.32}$$

取 $K=3M\Delta t$, 当 Δt 适当小时, $K\Delta t\leqslant\dfrac{1}{2}$, 且假定空间和时间剖分满足限制性条件

$$\Delta t=O(h_p^2)=O(h_T^2),$$

则有

$$\begin{aligned}&(1-K\Delta t)\{|||\pi^{n+1}|||_{\lambda_p}^2+|||\xi^{n+1}|||_{\lambda_T}^2\}-(1+K\Delta t)\{|||\bar{\pi}^n|||_{\lambda_p}^2+|||\bar{\xi}^n|||_{\lambda_T}^2\}\\\leqslant&M\{(\Delta t)^2+h_p^{2(k+1)}+h_T^{2(l+1)}\}\Delta t\\&+M\Big\{(\Delta t)^2\int_{t^n}^{t^{n+1}}\left[\left\|\frac{\partial p}{\partial t}\right\|_2^2+\left\|\frac{\partial \eta}{\partial t}\right\|_2^2+\left\|\frac{\partial T}{\partial t}\right\|_2^2+\left\|\frac{\partial \zeta}{\partial t}\right\|_2^2\right]\mathrm{d}\tau\\&+(\Delta t)^3\int_{t^n}^{t^{n+1}}\left[\left\|\frac{\partial p}{\partial t}\right\|_3^2+\left\|\frac{\partial \eta}{\partial t}\right\|_3^2+\left\|\frac{\partial T}{\partial t}\right\|_3^2+\left\|\frac{\partial \zeta}{\partial t}\right\|_3^2\right]\mathrm{d}\tau\Big\}.\end{aligned} \tag{7.1.33}$$

下面用 $\|\pi^n\|_{\lambda p}$ 和 $\|\xi^n\|\lambda_T$ 估算 $\|\bar{\pi}^n\|_{\lambda_p}$ 和 $\|\bar{\xi}^n\|_{\lambda_T}$. 为了简便, 记

$$\left\|\frac{\partial E}{\partial t}\right\|_i^2=\left\|\frac{\partial p}{\partial t}\right\|_i^2+\left\|\frac{\partial T}{\partial t}\right\|_i^2+\left\|\frac{\partial \eta}{\partial t}\right\|_i^2+\left\|\frac{\partial \zeta}{\partial t}\right\|_i^2,\quad i=2,3.$$

由 (7.1.26) 和 (7.1.31), 可将 (7.1.33) 改写为

$$\begin{aligned}&\frac{(1-K\Delta t)}{(1+K\Delta t)}(1-\varepsilon)\{|||\pi^{n+1}|||_{\lambda_p}^2+|||\xi^{n+1}|||_{\lambda_T}^2\}-\{|||\pi^n|||_{\lambda_p}^2+|||\xi^n|||_{\lambda_T}^2\}\\\leqslant&M(1-\varepsilon)\{(\Delta t)^2+h_p^{2(k+2)}+h_T^{2(l+2)}\}\Delta t+\frac{M}{\varepsilon}\{h_p^{2(k+1)}+h_T^{2(l+1)}\}\\&+M(1-\varepsilon)\Big\{(\Delta t)^2\int_{t^n}^{t^{n+1}}\left\|\frac{\partial E}{\partial t}\right\|_2^2\mathrm{d}t+(\Delta t)^2\int_{t^n}^{t^{n+1}}\left\|\frac{\partial E}{\partial t}\right\|_3^2\mathrm{d}t\Big\}.\end{aligned} \tag{7.1.34}$$

式 (7.1.34) 为变网格的情况. 若网格不变, 亦即 $N_h^{n+1}=N_h^n, M_h^{n+1}=M_h^n$, 此时 $\bar{P}_h^n=P_h^n, \bar{T}_h^n=T_h^n$ 此时估计式为

$$\begin{aligned}&\frac{1-K\Delta t}{1+K\Delta t}\{|||\pi^{n+1}|||_{\lambda_p}^2+|||\xi^{n+1}|||_{\lambda_T}^2\}-\{|||\pi^n|||_{\lambda_p}^2+|||\xi^n|||_{\lambda_T}^2\}\\\leqslant&M\{(\Delta t)^2+h_p^{2(k+1)}+h_T^{2(l+1)}\}\Delta t\\&+M\Big\{(\Delta t)^2\int_{t^n}^{t^{n+1}}\left\|\frac{\partial E}{\partial t}\right\|_2^2\mathrm{d}t+(\Delta t)^2\int_{t^n}^{t^{n+1}}\left\|\frac{\partial E}{\partial t}\right\|_3^2\mathrm{d}t\Big\}.\end{aligned} \tag{7.1.35}$$

若在此计算全过程共有 R 次变动网格, 对应处有估计式 (7.1.34), 其余 $L-R$

次网格均不变动, 对应处有估计式 (7.1.35), 不失一般性, 设次序如下:

$$\begin{aligned}&\frac{1-K\Delta t}{1+K\Delta t}\{|||\pi^1|||_{\lambda_p}^2+|||\xi^1|||_{\lambda_T}^2\}-\{|||\pi^0|||_{\lambda_p}^2+|||\xi^0|||_{\lambda_T}^2\}\\&\leqslant M\{(\Delta t)^2+h_p^{2(k+1)}+h_T^{2(l+1)}\}\Delta t\\&+M\left\{(\Delta t)^2\int_{t^0}^{t^1}\left\|\frac{\partial E}{\partial t}\right\|_2^2\mathrm{d}t+(\Delta t)^3\int_{t^0}^{t^1}\left\|\frac{\partial E}{\partial t}\right\|_3^2\mathrm{d}t\right\},\end{aligned}\tag{7.1.36$_1$}$$

$$\begin{aligned}&(1-\varepsilon)\frac{1-K\Delta t}{1+K\Delta t}\{|||\pi^2|||_{\lambda_p}^2+|||\xi^2|||_{\lambda_T}^2\}-\{|||\pi^1|||_{\lambda_p}^2+|||\xi^1|||_{\lambda_T}^2\}\\&\leqslant M(1-\varepsilon)\{(\Delta t)^2+h_p^{2(k+1)}+h_T^{2(l+1)}\}\Delta t+\frac{M}{\varepsilon}\{h_p^{2(k+1)}+h_T^{2(l+1)}\}\\&+M(1-\varepsilon)\left\{(\Delta t)^2\int_{t^1}^{t^2}\left\|\frac{\partial E}{\partial t}\right\|_2^2\mathrm{d}t+(\Delta t)^3\int_{t^1}^{t^2}\left\|\frac{\partial E}{\partial t}\right\|_3^2\mathrm{d}t\right\},\end{aligned}\tag{7.1.36$_2$}$$

$$\begin{aligned}&\frac{1-K\Delta t}{1+K\Delta t}\{|||\pi^3|||_{\lambda_p}^2+|||\xi^3|||_{\lambda_T}^2\}-\{|||\pi^2|||_{\lambda_p}^2+|||\xi^2|||_{\lambda_T}^2\}\\&\leqslant M\{(\Delta t)^2+h_p^{2(k+1)}+h_T^{2(l+1)}\}\Delta t\\&+M\left\{(\Delta t)^2\int_{t^2}^{t^3}\left\|\frac{\partial E}{\partial t}\right\|_2^2\mathrm{d}t+(\Delta t)^3\int_{t^2}^{t^3}\left\|\frac{\partial E}{\partial t}\right\|_3^2\mathrm{d}t\right\},\end{aligned}\tag{7.1.36$_3$}$$

$$\begin{aligned}&(1-\varepsilon)\frac{1-K\Delta t}{1+K\Delta t}\{|||\pi^4|||_{\lambda_p}^2+|||\xi^4|||_{\lambda_T}^2\}-\{|||\pi^3|||_{\lambda_p}^2+|||\xi^3|||_{\lambda_T}^2\}\\&\leqslant M(1-\varepsilon)\{(\Delta t)^2+h_p^{2(k+1)}+h_T^{2(l+1)}\}\Delta t+\frac{M}{\varepsilon}\{h_p^{2(k+1)}+h_T^{2(l+1)}\}\\&+M(1-\varepsilon)\left\{(\Delta t)^3\int_{t^3}^{t^4}\left\|\frac{\partial E}{\partial t}\right\|_2^2\mathrm{d}t+(\Delta t)^3\int_{t^3}^{t^4}\left\|\frac{\partial E}{\partial t}\right\|_3^2\mathrm{d}t\right\},\end{aligned}\tag{7.1.36$_4$}$$

......

$$\begin{aligned}&\frac{1-K\Delta t}{1+K\Delta t}\{|||\pi^r|||_{\lambda_p}^2+|||\xi^r|||_{\lambda_T}^2\}-\{|||\pi^{r-1}|||_{\lambda_p}^2+|||\xi^{r-1}|||_{\lambda_T}^2\}\\&\leqslant M\{(\Delta t)^2+h_p^{2(k+1)}+h_T^{2(l+1)}\}\Delta t\\&+M\left\{(\Delta t)^2\int_{t^{r-1}}^{t^r}\left\|\frac{\partial E}{\partial t}\right\|_2^2\mathrm{d}t+(\Delta t)^3\int_{t^{r-1}}^{t^r}\left\|\frac{\partial E}{\partial t}\right\|_3^2\mathrm{d}t\right\},\end{aligned}\tag{7.1.36$_r$}$$

$$(1-\varepsilon)\frac{1-K\Delta t}{1+K\Delta t}\{|||\pi^{r+1}|||_{\lambda_p}^2+|||\xi^{r+1}|||_{\lambda_T}^2\}-\{|||\pi^r|||_{\lambda_p}^2+|||\xi^r|||_{\lambda_T}^2\}$$

$$\leqslant M(1-\varepsilon)\{(\Delta t)^2+h_p^{2(k+1)}+h_T^{2(l+1)}\}\Delta t+\frac{M}{\varepsilon}\{h_p^{2(k+1)}+h_T^{2(l+1)}\}$$

$$+M(1-\varepsilon)\left\{(\Delta t)^2\int_{t^r}^{t^{r+1}}\left\|\frac{\partial E}{\partial t}\right\|_2^2\mathrm{d}t+(\Delta t)^3\int_{t^r}^{t^{r+1}}\left\|\frac{\partial E}{\partial t}\right\|_3^2\mathrm{d}t\right\}, \tag{7.1.36$_{r+1}$}$$

$$\cdots\cdots$$

$$\frac{1-K\Delta t}{1+K\Delta t}\{|||\pi^L|||_{\lambda_p}^2+|||\xi^L|||_{\lambda_T}^2\}-\{|||\pi^{L-1}|||_{\lambda_p}^2+|||\xi^{L-1}|||_{\lambda_T}^2\}$$

$$\leqslant M\{(\Delta t)^2+h_p^{2(k+1)}+h_T^{2(l+1)}\}\Delta t \tag{7.1.36$_L$}$$

$$+M\left\{(\Delta t)^2\int_{t^{L-1}}^{t^L}\left\|\frac{\partial E}{\partial t}\right\|_2^2\mathrm{d}t+(\Delta t)^3\int_{t^{L-1}}^{t^L}\left\|\frac{\partial E}{\partial t}\right\|_3^2\mathrm{d}t\right\}.$$

依次求和式

$$(7.1.36)_1+\left(\frac{1-K\Delta t}{1+K\Delta t}\right)(7.1.36)_2+(1-\varepsilon)\left(\frac{1-K\Delta t}{1+K\Delta t}\right)^2(7.1.36)_3$$

$$+(1-\varepsilon)\left(\frac{1-K\Delta t}{1+K\Delta t}\right)^3(7.1.36)_4$$

$$+\cdots+(1-\varepsilon)^R\left(\frac{1-K\Delta t}{1+K\Delta t}\right)^{L-1}(7.1.36)_L. \tag{7.1.37}$$

经整理可得：当有限元空间指数 $k\geqslant 1, l\geqslant 1$ 时，

$$(1-\varepsilon)^R\left(\frac{1-K\Delta t}{1+K\Delta t}\right)^L\{|||\pi^L|||_{\lambda_p}^2+|||\xi^L|||_{\lambda_T}^2\}=\{|||\pi^0|||_{\lambda_p}^2+|||\xi^0|||_{\lambda_T}^2\}$$

$$\leqslant M\left\{(\Delta t)^2+h_p^{2(k+1)}+h_T^{2(l+1)}+\frac{R}{\varepsilon}h_p^{2(k+1)}+h_T^{2(l+1)}\right\}. \tag{7.1.38}$$

取 $\varepsilon=\dfrac{1}{1+R}$, 从而 $(1-\varepsilon)^{-R}=(1+R)^R\leqslant \mathrm{e}$, 又注意到

$$\left(\frac{1+K\Delta t}{1-K\Delta t}\right)^L=\left(1+\frac{2K\Delta t}{1-K\Delta t}\right)^L\leqslant(1+4K\Delta t)^{\frac{T}{\Delta t}}\leqslant \mathrm{e}^{4KT},$$

以及注意到 $\pi^0=\xi^0=0$, 则

$$|||\pi^L|||_{\lambda_p}^2+|||\xi^L|||_{\lambda_T}^2\leqslant M\{(\Delta t)^2+h_p^{2(k+1)}+h_T^{2(l+1)}+(R+1)R[h_p^{2(k+1)}+h_T^{2(l+1)}]\}. \tag{7.1.39}$$

若设网格变动次数不是太多, 即与 Δt 及步长 h_p, h_T 无关, 于是有

$$\|\pi^L\|_0^2+\|\xi^L\|_0^2+\lambda_p\Delta t\|\nabla\pi^L\|_0^2+\lambda_T\Delta t\|\nabla\xi^L\|_0^2\leqslant M\big\{(\Delta t)^2+h_p^{2(k+1)}+h_T^{2(l+1)}\big\}. \tag{7.1.40}$$

最后需要检验归纳法假定 (7.1.22). 注意到 $\pi^0=\xi^0=0$, 因此对 $n=0$, (7.1.22) 成立. 若假定 $1\leqslant n\leqslant L-1$, 归纳假定 (7.1.22) 成立, 则由 (7.1.40) 有

$$\|\pi^L\|_{0,\infty}\leqslant M\Big\{h_p^{-\frac{3}{2}}\Delta t+h_p^{k-\frac{1}{2}}+h_p^{-\frac{3}{2}}h_T^{l+1}\Big\},$$

$$\|\xi^L\|_{0,\infty}\leqslant M\Big\{h_T^{-\frac{3}{2}}\Delta t+h_T^{-\frac{3}{2}}h_p^{k+1}+h_T^{l-\frac{1}{2}}\Big\}.$$

当 $k\geqslant1, L\geqslant1$ 及剖分参数满足限定:

$$\Delta t\leqslant M_1h_p^2,\quad M_2h_p\leqslant h_T\leqslant M_3h_p, \tag{7.1.41}$$

此处 M_1, M_2, M_3 为确定的正常数, 归纳假定 (7.1.22) 当 $n=L$ 成立.

定理 7.1.1 若问题 (7.1.1)~(7.1.5) 的解具有适当的光滑性, 采用交替方向特征修正变网格有限元格式 (7.1.14)~(7.1.16) 逐层计算, 假定 $k\geqslant1, l\geqslant1$ 且剖分参数满足限制性条件 (7.1.41), 则最佳阶 L^2 模误差估计式成立

$$\begin{aligned}&\|p-P_h\|_{L^\infty(J;L^2(\Omega))}+\Delta t^{\frac{1}{2}}\|\nabla(p-P_h)\|_{L^\infty(J;L^2(\Omega))}+\|T-T_h\|_{L^\infty(J;L^2(\Omega))}\\&+\Delta t^{\frac{1}{2}}\|\nabla(T-P_h)\|_{L^\infty(J;L^2(\Omega))}\leqslant M\{\Delta t+h_p^{k+1}+h_T^{l+1}\},\end{aligned} \tag{7.1.42}$$

此处常数依赖于 T, p 及其导函数.

7.2 多组分可压缩渗流问题特征交替方向有限元方法

多组分驱动问题是能源数学的基础, Douglas 等人对可压缩多组分驱动问题提出 "微小压缩" 数学模型. 并对简化了的模型问题 —— 二维二相油水驱动问题提出数值方法及其理论分析[9,14,27,28]. 在现代油田勘探和开发的数值模拟计算中, 要计算的是超大规模、三维大范围、甚至是超长时间的, 节点个数多达数万乃至数百万个, 需要采用算子分裂新技术来解决问题[14,16,17].

对三维可压缩多组分问题, 我们提出特征交替方向有限元程序, 应用算子分裂、特征方法、变分原理、能量方法、负模估计, 二类检验函数和微分方程先验估计的理论和技巧, 得到了最优阶 L^2 误差估计结果.

问题的数学模型是下述非线性偏微分方程组的初边值问题[9,14,27,28]:

$$d(c)\frac{\partial p}{\partial t}+\nabla\cdot u=q(x,t,c),\quad x=(x_1,x_2,x_3)^{\mathrm{T}}\in\Omega, t\in J=(0,T], \tag{7.2.1a}$$

$$u = a(c)\nabla p, \quad x \in \Omega, t \in J, \tag{7.2.1b}$$

$$\Phi(x)\frac{\partial c_\alpha}{\partial t} + b_\alpha(c)\frac{\partial p}{\partial t} + u\cdot\nabla c_\alpha - \nabla\cdot(D\cdot\nabla c_\alpha) = g(x,t,c_\alpha), \quad x\in\Omega, t\in J, \alpha=1,2,\cdots,n_c \tag{7.2.2}$$

此处 $p(x,t)$ 是混合流体的压力函数, $c_\alpha(x,t)$ 是混合液体第 α 个组合的饱和度, $\alpha = 1,2,\cdots,n_c$ 是组分数, 由于 $\sum\limits_{\alpha=1}^{n_c} c_\alpha(x,t) = 1$, 因此只有 $n_c - 1$ 个独立的. 记 $c(x,t) = (c_1(x,t), c_2(x,t), \cdots, c_{n_c-1}(x,t))^{\mathrm{T}}$ 为组分饱和度的矢量函数. 压力函数 $p(x,t)$ 和饱和度矢量函数 $c(x,t)$ 是待求的基本函数.

不渗透边界条件:

$$u\cdot\gamma = 0, \quad x \in \partial\Omega, t \in J, \qquad (D\nabla c_\alpha - c_\alpha u)\cdot\gamma = 0,$$

$$x \in \partial\Omega, \quad t \in J, \quad \alpha = 1,2,\cdots,n_c - 1, \tag{7.2.3}$$

此处 γ 是域 Ω 边界面的 $\partial\Omega$ 的外线法线方向矢量. 初始条件:

$$p(x,0) = p_0(x), \quad x \in \Omega, \qquad c_\alpha(x,0) = c_{\alpha,0}(x), x \in \Omega, \alpha = 1,2,\cdots,n_c - 1. \tag{7.2.4}$$

7.2.1　某些准备工作

为了避免对方程 (7.2.2) 特征法处理边界的困难, 假定 Ω 是一个正规的立方体和问题 (7.2.1)、(7.2.2) 是 Ω 周期的. 这在物理上是合理的, 因为在无流动边界条件 (7.2.3) 时, 可作反射边界处理, 同时在油藏数值模拟边界的影响远远小于内部流动. 因此在这里, 假定全部的函数都是 Ω 周期的. 此时边界条件 (7.2.3) 将略去[9,13,14]. 假定 $d(c) = d(x) = d_1(x_1)d_2(x_2)d_3(x_3)$, $\Phi(x) = \Phi_1(x_1)\Phi_2(x_2)\Phi_3(x_3)$[2~8].

引入某些记号, 记

$$W^{m,p}(\Omega) = \tilde{W}^{m,p}(\Omega) = \left\{\psi : \frac{\partial^\alpha \psi}{\partial x^\alpha} \in L^p(\Omega), \text{ 对 } |\alpha| \leqslant m, \text{周期}\right\}$$

是在 Ω 上带有通常范数的周期 Sobolev 空间. 如果 $p = 2$, 则写 $H^m = \tilde{H}^m(\Omega) = \tilde{W}^{m,2}(\Omega)$, 其范数

$$\|\psi\|_m = \|\psi\|_{\tilde{H}^m(\Omega)}, \quad \|\psi\| = \|\psi\|_0 = \|\psi\|_{L^2(\Omega)}.$$

用 $(\varphi,\psi) = \int_\Omega \varphi\psi \mathrm{d}x$ 表示在 $L^2(\Omega)$ 空间的内积, 引入下述空间的记号:

$$\begin{aligned} &W^{1,q}\big((a,b); \tilde{W}^{m,p}(\Omega)\big) \\ &= \left\{\psi : (a,b) \to \tilde{W}^{m,p}(\Omega) \left\| \frac{\partial^\beta \psi}{\partial t^\beta}(\cdot,t)\right\|_{\tilde{W}^{m,p}(\Omega)} \in L^q(a,b), 0 \leqslant \beta \leqslant l\right\}, \end{aligned}$$

其范数

$$\|\psi\|_{W^{l,q}_{(a,b;W^{m,p})}}=\left[\sum_{\beta=0}^{l}\int_a^b\left\|\frac{\partial^\beta\psi}{\partial t^\beta}(\cdot,t)\right\|^p_{\tilde{W}^{m,p}(\Omega)}\mathrm{d}t\right]^{1/q}=\left[\sum_{\beta=0}^{l}\left\|\frac{\partial^\beta\psi}{\partial t^\beta}\right\|^q_{L^q(a,b;\tilde{W}^{m,p})}\right]^{1/q},$$

含对 $q=\infty$ 的情况. 如果 $(a,b)=(0,T)$, 将隐含时间区间同时记 $\|\psi\|_{W^{l,q}(W^{m,p})}=\|\psi\|_{W^{l,q}(0,T;\tilde{W}^{m,p}(\Omega))}$.

假定问题 (7.2.1)~(7.2.4) 的精确解是正则的, 也就是

$$\begin{aligned}&\frac{\partial^2 p}{\partial t^2},\frac{\partial^2 c_\alpha}{\partial\tau^2}\in L^\infty(L^\infty(\Omega)),\quad \alpha=1,2,\cdots,n_{\mathrm{c}}-1,\\&p,\frac{\partial p}{\partial t}\in L^\infty(W^{k+1}(\Omega)),\quad c_\alpha,\frac{\partial c_\alpha}{\partial t}\in L^\infty(W^{l+1}(\Omega)),\quad \alpha=1,2,\cdots,n_{\mathrm{c}}-1,\end{aligned}\tag{R}$$

此处 $l\geqslant 1$ 和 $k\geqslant 1$ 是正整数. 特别 l 和 k 是对应于逼近 c 和 p 的分片多项式的阶数.

通常, 它是正定的:

$$0<a_*\leqslant a(c)\leqslant a^*,\quad 0<d_*\leqslant d(c)\leqslant d^*,\quad 0<D^*\leqslant D(x)\leqslant D^*,\tag{C}$$

此处 a_*,a^*,d_*,d^*D_*,D^* 是常数.

7.2.2 修正特征交替方向有限元程序

问题 (7.2.1)~(7.2.4) 的变分形式是

$$\left(d\frac{\partial p}{\partial t},v\right)+(a(c)\nabla p,\nabla v)=(q(c),v),\quad v\in H^1(\Omega),t\in J=(0,T],\tag{7.2.5a}$$

$$\begin{aligned}&\left(\varPhi\frac{\partial c_\alpha}{\partial t},z\right)+(u\cdot\nabla c_\alpha,z)+(D\nabla c_\alpha,\nabla z)+\left(b_\alpha(c)\frac{\partial p}{\partial t},z\right)\\=&(g(c_\alpha),z),\quad z\in H^1(\Omega),t\in J,\alpha=1,2,\cdots,n_{\mathrm{c}}-1.\end{aligned}\tag{7.2.5b}$$

讨论有限元算子分裂方法去逼近流动方程 (7.2.5a). 等距剖分区域 Ω. 节点编号: $\{x_{1,\alpha}|0\leqslant\alpha\leqslant N_{x_1}\},\{x_{2,\beta}|0\leqslant\beta\leqslant N_{x_2}\},\{x_{3,\lambda}|0\leqslant\gamma\leqslant N_{x_3}\}$. 三维网格域整体编号 $i(i=1,2,\cdots,N),N=(N_{x_1}+1)(N_{x_2}+1)(N_{x_3}+1)$. 这节点 i 的张量积指数是 $(\alpha(i),\beta(i),\gamma(i))^{\mathrm{T}}$, 此处 $\alpha(i)$ 是 x_1 坐标数, $\beta(i)$ 是 x_2 坐标数, $\gamma(i)$ 是 x_3 坐标数. 张量积基能够写为下述一维基函数乘积形式:

$$N_i(x_1,x_2,x_3)=\varphi_{\alpha(i)}(x_1)\psi_{\beta(i)}(x_2)\omega_{\gamma(i)}(x_3)=\varphi_\alpha(x_1)\psi_\beta(x_2)\omega_\gamma(x_3),\quad 1\leqslant i\leqslant N.\tag{7.2.6}$$

如果 $N_{h_p}=\varphi\otimes\psi\otimes\omega,N_{h_p}$ 是一个有限元空间. 记

$$W=\left\{w|w,\frac{\partial w}{\partial x_i},\frac{\partial^2 w}{\partial x_i\partial x_i}(x\neq j),\frac{\partial^2 w}{\partial x_1\partial x_2\partial x_3}\in L^2(\Omega)\right\},$$

$N_h \subset W^{[20-23]}$, 其逼近性由下面不等式给出:

$$\inf_{\chi \in N_h} \left\{ \sum_{m=0}^{3} h_p^m \sum_{\substack{i,j,s=0.1 \\ i+j+s=m}} \left\| \frac{\partial^m (u-\chi)}{\partial x_1^i \partial x_2^j \partial x_3^s} \right\|_0 \right\} \leqslant M h_p^{k+1} \|u\|_{k+1}, \tag{7.2.7}$$

此处 $h_p = \max\{N_{x_1}^{-1}, N_{x_2}^{-1}, N_{x_3}^{-1}\}$ 是剖分步长.

讨论特征有限元方法去逼近饱和度方程 (7.2.5b). 类似地, 等距剖分区域 Ω, 节点编号: $\{x_{1,\lambda}|0 \leqslant \lambda \leqslant N_{x_1}\}$, $\{x_{2,\mu}|0 \leqslant \mu \leqslant N_{x_2}\}, \{x_{3,\chi}|0 \leqslant x \leqslant N_{x_3}\}$. 整体编号 $j(j=1,2,\cdots,M), M=(M_{x_1}+1)(M_{x_2}+1)(M_{x_3}+1)$. 节点 j 张量积指数是 $(\lambda(j), M(j), \chi(j))^{\mathrm{T}}$. 张量积基能够写为下述形式一维基函数的乘积:

$$M_j(x_1,x_2,x_3) = \varPhi_{\lambda(j)}(x_1)\varPsi_{\mu(j)}(x_2)\varOmega_{\chi(j)}(x_3) = \varPhi_\lambda(x_1)\varPsi_\mu(x_2)\varOmega_\chi(x_3), \quad 1 \leqslant j \leqslant M. \tag{7.2.8a}$$

若有限元空间 $M_{h_c} = M_h = \varPhi \otimes \varPsi \otimes \varOmega, M_h \subset W^{[40-43]}$. 逼近性由下述不等式给出:

$$\inf_{\varphi \in M_h} \left\{ \sum_{m=0}^{3} h_{\mathrm{c}}^m \sum_{\substack{i,j,s=0.1 \\ i+j+s=m}} \left\| \frac{\partial^m (u-\varphi)}{\partial x_1^i \partial x_2^j \partial x_3^s} \right\|_0 \right\} \leqslant M h_{\mathrm{c}}^{k+1} \|u\|_{l+1}. \tag{7.2.8b}$$

此处 $h_{\mathrm{c}} = \max\{M_{x_1}^{-1}, M_{x_2}^{-1}, M_{x_3}^{-1}\}$ 是剖分步长.

问题 (7.2.5) 的修正特征双层交替方向有限元程序: 如果 $\{P_h^n, C_h^n\} \in N_h \times M_h^{n_c-1}$ 是已知的, 当 $t=t^n$, 寻求有限元解 $\{P_h^{n+1}, C_h^{n+1}\} \in N_h \times M_h^{n_c-1}, t=t^{n+1}$. 首先, 流动方程 (7.2.5a) 的有限元格式如下:

$$\begin{aligned}
&(d\ d_t P_h^n, v_h) + (a(C_h^n)\nabla P_h^n, \nabla v_h) + \lambda_p \Delta t (d \nabla d_t P_h^n, \nabla v_h) \\
&+ (\lambda_p \Delta t)^2 \sum_{i \neq j, i,j=1,2,3} \left(d \frac{\partial^2 d_t P_h^n}{\partial x_i \partial x_j}, \frac{\partial^2 v_h}{\partial x_i \partial x_j} \right) + (\lambda_p \Delta t)^3 \left(d \frac{\partial^3 d_t P_h^n}{\partial x_1 \partial x_2 \partial x_3}, \frac{\partial^3 v_h}{\partial x_1 \partial x_2 \partial x_3} \right) \\
=&(q(x,t^n,C_h^n), v_h), \quad \forall v_h \in N_h,
\end{aligned} \tag{7.2.9a}$$

$$U_h^n = -a(C_h^n)\nabla P_h^n, \tag{7.2.9b}$$

此处 $d_t P_h^n = (P_h^{n+1} - P_h^n)/\Delta t$,

$$\begin{aligned}
\sum_{i \neq j, i,j=1,2,3}^{3} \left(d \frac{\partial^2 d_t P_h^n}{\partial x_i \partial x_j}, \frac{\partial^2 v_h}{\partial x_i \partial x_j} \right) =& \left(d \frac{\partial^2 d_t P_h^n}{\partial x_1 \partial x_2}, \frac{\partial^2 v_h}{\partial x_1 \partial x_2} \right) \\
&+ \left(d \frac{\partial^2 d_t P_h^n}{\partial x_2 \partial x_3}, \frac{\partial^2 v_h}{\partial x_2 \partial x_3} \right) + \left(d \frac{\partial^2 d_t P_h^n}{\partial x_3 \partial x_1}, \frac{\partial^2 v_h}{\partial x_3 \partial x_1} \right),
\end{aligned}$$

λ_p 是一选定常数和通常选定 $\lambda_p = a^*/d_*$.

这流动实际上是沿特征方向的, 应用修正特征程序去处理 (7.2.5b) 的一阶双曲部分, 其数值结果具有很高的精确度[12,13,29,30]. 记 $\psi(x,u)=[\Phi^2(x)+|u|^2]^{1/2}, \partial/\partial\tau=\psi^{-1}\{\Phi\partial/\partial t+u\cdot\nabla\}$. 写 (7.2.5b) 为下述形式:

$$\begin{aligned}&\left(\psi\frac{\partial c_\alpha}{\partial\tau},z\right)+(D\nabla c_\alpha,\nabla z)+\left(b_\alpha(c)\frac{\partial p}{\partial t},z\right)=(g(c_\alpha),z),\\&z\in H^1(\Omega),t\in J,\alpha=1,2,\cdots,n_{\mathrm c}-1.\end{aligned}\tag{7.2.10}$$

用 τ 方向向后差商去逼近 $\dfrac{\partial c_\alpha^{n+1}}{\partial\tau}=\dfrac{\partial c_\alpha}{\partial\tau}(x,t^{n+1})$,

$$\frac{\partial c_\alpha^{n+1}}{\partial\tau}\approx\frac{c_\alpha^{n+1}(x)-c_\alpha^n(x-u^{n+1}\Delta t/\Phi(x))}{\Delta t(1+\Phi^{-2}|u^{n+1}|^2)^{1/2}}.$$

对饱和度方程 (7.2.10) 特征有限元交替方向格式是:

$$\begin{aligned}&\left(\Phi\frac{C_{\alpha,h}^{n+1}-\hat{C}_{\alpha,h}^n}{\Delta t},z_h\right)+(D\nabla C_{\alpha,h}^n\nabla z_h)+\lambda_{\mathrm c}\Delta t(\Phi Dd_tC_{\alpha,h}^n,\Delta z_h)\\&+(\lambda_{\mathrm c}\Delta t)^2\sum_{i\neq j,i,j=1,2,3}^{3}\left(\Phi\frac{\partial^2d_tC_{\alpha,h}^n}{\partial x_i\partial x_j},\frac{\partial^2z_h}{\partial x_i\partial x_j}\right)\\&+(\lambda_{\mathrm c}\Delta t)^3\left(\Phi\frac{\partial^3d_tC_{\alpha,h}^n}{\partial x_1\partial x_2\partial x_3},\frac{\partial^2z_h}{\partial x_1\partial x_2\partial x_3}\right)\\&+(b_\alpha(C_h^n)d_tP_h^n,z_h)=(g(\hat{C}_{\alpha,h}^n),z_h),\quad\forall z_h\in M_h,\alpha=1,2,\cdots,n_{\mathrm c}-1,\end{aligned}\tag{7.2.11}$$

此处 $\hat{C}_{\alpha,h}^n=C_{\alpha,h}^n(\hat{x})$, $\hat{x}=x-U_h^n\Delta t/\Phi(x)$, $\lambda_{\mathrm c}$ 是一选定常数, 通常选定 $\lambda_{\mathrm c}=\max\limits_x\left|\dfrac{E(x)}{\Phi(x)}\right|$.

对于流动方程 (7.2.9), 如果 $P_h^{n+1}=\sum\limits_{\alpha,\beta,\gamma}\xi_{\alpha\beta\gamma}^{n+1}\varphi_\alpha\psi_\beta\omega_\gamma, v_h=\varphi_\alpha\psi_\beta\omega_\gamma$, 则 (7.2.9) 能够写为形式:

$$\begin{aligned}&\sum_{\alpha,\beta,\gamma}(\xi_{\alpha\beta\gamma}^{n+1}-\xi_{\alpha\beta\gamma}^n)(d\phi_\alpha\otimes\psi_\beta\otimes\omega_\gamma,\varphi_\alpha\otimes\psi_\beta\otimes\omega_\gamma)+\lambda_p\Delta t\sum_{\alpha,\beta,\gamma}(\xi_{\alpha\beta\gamma}^{n+1}-\xi_{\alpha\beta\gamma}^n)\\&\cdot\{(d\varphi_\alpha'\otimes\psi_\beta\otimes\omega_\gamma,\varphi_\alpha'\otimes\psi_\beta\otimes\omega_\gamma)+(d\varphi_\alpha\otimes\psi_\beta'\otimes\omega_\gamma,\varphi_\alpha\otimes\psi_\beta'\otimes\omega_\gamma)\\&+(d\varphi_\alpha\otimes\psi_\beta\otimes\omega_\gamma',\varphi_\alpha\otimes\psi_\beta\otimes\omega_\gamma')\}+(\lambda_p\Delta t)^2\sum_{\alpha,\beta,\gamma}(\xi_{\alpha\beta\gamma}^{n+1}-\xi_{\alpha\beta\gamma}^n)\\&\cdot\{(d\varphi_\alpha'\otimes\psi_\beta'\otimes\omega_\gamma,\varphi_\alpha'\otimes\psi_\beta'\otimes\omega_\gamma)+(d\varphi_\alpha\otimes\psi_\beta'\otimes\omega_\gamma',\varphi_\alpha\otimes\psi_\beta'\otimes\omega_\gamma')\\&+(d\varphi_\alpha'\otimes\psi_\beta\otimes\omega_\gamma',\varphi_\alpha'\otimes\psi_\beta\otimes\omega_\gamma')\}+(\lambda_p\Delta t)^3\sum_{\alpha,\beta,\gamma}(\xi_{\alpha\beta\gamma}^{n+1}-\xi_{\alpha\beta\gamma}^n)\\&\cdot(d\varphi_\alpha'\otimes\psi_\beta'\otimes\omega_\gamma',\varphi_\alpha'\otimes\psi_\beta'\otimes\omega_\gamma')=\Delta tF^n.\end{aligned}\tag{7.2.12}$$

记

$$C_{x_1}=\left(\int_0^1 d_1\varphi_{\alpha_1}\varphi_{\alpha_2}\mathrm{d}x_1\right),\quad C_{x_2}=\left(\int_0^1 d_2\psi_{\beta_2}\psi_{\beta_2}\mathrm{d}x_2\right),$$
$$C_{x_3}=\left(\int_0^1 d_3\omega_{\lambda_1}\omega_{\lambda_2}\mathrm{d}x_3\right),\quad A_{x_1}=\left(\int_0^1 d_1\varphi'_{\alpha_1}\varphi'_{\alpha_2}\mathrm{d}x_1\right),$$
$$A_{x_2}=\left(\int_0^1 d_2\psi'_{\beta_1}\psi'_{\beta_2}\mathrm{d}x_2\right),\quad A_{x_3}=\left(\int_0^1 d_3\omega'_{\lambda_1}\omega'_{\lambda_2}\mathrm{d}x_3\right),$$

则有

$$(C_{x_1}+\lambda_p\Delta tA_{x_1})\otimes(C_{x_2}+\lambda_p\Delta tA_{x_2})\otimes(C_{x_3}+\lambda_p\Delta tA_{x_3})(\xi^{n+1}-\xi^n)=\Delta tF^n. \quad (7.2.13a)$$

此处

$$F^n_{\alpha\beta\lambda}=-(a(C^n_h)\nabla P^n_h,\nabla(\varphi_\alpha\otimes\psi_\beta\otimes\omega_\lambda))+(q(C^n_h),\varphi_\alpha\otimes\psi_\beta\otimes\omega_\gamma). \quad (7.2.13b)$$

则能指明方程 (7.2.13) 能够方向交替求解.

对饱和度方程 (7.2.11), 如果 $C^{n+1}_{\alpha,h}=\sum\limits_{\lambda,\mu,x}\zeta^{n+1}_{\alpha,\lambda\mu\chi}\Phi_\lambda\Psi_\mu\Omega_\chi, z_h=\Phi_\lambda\Psi_\mu\Omega_\chi$, 则 (7.2.11) 能够写为形式:

$$\begin{aligned}
&\sum_{\lambda,\mu,\chi}(\zeta^{n+1}_{\alpha,\lambda\mu\chi}-\zeta^n_{\alpha,\lambda\mu\chi})(\Phi\Phi_\lambda\otimes\Psi_\mu\otimes\Omega_\chi,\Phi_\lambda\otimes\Psi_\mu\otimes\Omega_\chi)\\
&+\lambda_{\mathrm{c}}\Delta t\sum_{\lambda,\mu,\chi}(\zeta^{n+1}_{\alpha,\lambda\mu\chi}-\zeta^n_{\alpha,\lambda\mu\chi})\{(\Phi\Phi'_\lambda\otimes\Psi_\mu\otimes\Omega_\chi,\Phi'_\lambda\otimes\Psi_\mu\otimes\Omega_\chi)\\
&+(\Phi\Phi_\lambda\otimes\Psi'_\mu\otimes\Omega_\chi,\Phi_\lambda\otimes\Psi'_\mu\otimes\Omega_\chi)+(\Phi\Phi_\lambda\otimes\Psi_\mu\otimes\Omega'_\chi,\Phi_\lambda\otimes\Psi_\mu\otimes\Omega'_\chi)\}\\
&+(\lambda_{\mathrm{c}}\Delta t)^2\sum_{\lambda,\mu,\chi}(\zeta^{n+1}_{\alpha,\lambda\mu\chi}-\zeta^n_{\alpha,\lambda\mu\chi})(\Phi\Phi'_\lambda\otimes\Psi'_\mu\otimes\Omega_\chi,\Phi'_\lambda\otimes\Psi'_\mu\otimes\Omega_\chi)\\
&+(\Phi\Phi_\lambda\otimes\Psi'_\mu\otimes\Omega'_\chi,\Phi_\lambda\otimes\Psi'_\mu\otimes\Omega'_\chi)+(\Phi\Phi'_\lambda\otimes\Psi_\mu\otimes\Omega'_\chi,\Phi\prime_\lambda\otimes\Psi_\mu\otimes\Omega'_\chi)\}\\
&+(\lambda_{\mathrm{c}}\Delta t)^3\sum_{\lambda,\mu,\chi}(\zeta^{n+1}_{\alpha,\lambda\mu\chi}-\zeta^n_{\alpha,\lambda\mu\chi})(\Phi\Phi'_\lambda\otimes\Psi'_\mu\otimes\Omega'_\chi,\Phi'_\lambda\otimes\Psi'_\mu\otimes\Omega'_\chi)\\
=&\Delta tG^n_\alpha,\quad \alpha=1,2,\cdots,n_{\mathrm{c}}-1,
\end{aligned} \quad (7.2.14a)$$

此处

$$D_{x_1}=\left(\int_0^1\Phi_1\Phi_{\lambda_1}(x_1)\Phi_{\lambda_2}(x_1)\mathrm{d}x_1\right),\quad D_{x_2}=\left(\int_0^1\Phi_2\Psi_{\mu_1}\Psi_{\mu_2}\mathrm{d}x_2\right),$$

$$D_{x_3}=\left(\int_0^1\Phi_3\Omega_{\chi_1}\Omega_{\chi_2}\mathrm{d}x_3\right),\quad B_{x_1}=\left(\int_0^1\Phi_1\Phi'_{\lambda_1}\Phi'_{\lambda_2}\mathrm{d}x_1\right),$$

$$B_{x_2}\left(\int_0^1\Phi_2\Psi'_{\mu_1}\Psi'_{\mu_2}\mathrm{d}x_2\right),\quad B_{x_3}=\left(\int_0^1\Phi_3\Omega'_{\chi_1}\Omega'_{\chi_2}\mathrm{d}x_3\right),$$

$$(D_{x_1}+\lambda_{\rm c}\Delta tB_{x_1})\otimes(D_{x_2}+\lambda_{\rm c}\Delta tB_{x_2})\otimes(D_{x_3}+\lambda_{\rm c}\Delta tB_{x_3})(\zeta_\alpha^{n+1}-\zeta_a^n)$$
$$=\Delta tG_\alpha^n,\quad \alpha=1,2,\cdots,n_{\rm c}-1,\tag{7.2.14b}$$

$$G_{\alpha,\lambda\mu x}^n=\frac{1}{\Delta t}(\varPhi(\hat{C}_{\alpha,h}^n-C_{\alpha,h}^n),\varPhi_\lambda\otimes\varPsi_\mu\otimes\varOmega_\chi)-(D\nabla C_{\alpha,h}^n,\nabla(\varPhi_\lambda\otimes\varPsi_\mu\otimes\varOmega_\chi))$$
$$-(b_\alpha(C_h^n)d_tP_h^n,\varPhi_\lambda\otimes\varPsi_\mu\otimes\varOmega_\chi)+(g(\hat{C}_{\alpha,h}^n),\varPhi_\lambda\otimes\varPsi_\mu\otimes\varOmega_\chi).\tag{7.2.14c}$$

类似地, 可以指明方程 (7.2.14) 能够交替方向求解.

7.2.3 收敛性分析

为了简便, 假设 $\mu(c)=\mu$[31], 则有 $a(c)=a(x)=k(x)\mu^{-1}$. 对问题 (7.2.1)、(7.2.2) 的解作椭圆投影在数值分析时是方便的. 首先, 让 $\tilde{p}=\tilde{P}_h:J\to N_n$ 由下述关系式定义:

$$(a(x)\nabla(p-\tilde{P}_h),\nabla v_h)+\mu_p(p-\tilde{P}_h,v_h)=0,\quad v_h\in N_h,t\in J,\tag{7.2.15a}$$

此处常数 μ_p 选得足够大使得双线性形式在 $H^1(\varOmega)$ 上是强制的. 类似地, 让 $\tilde{c}_\alpha=\tilde{C}_{\alpha,h}(\alpha=1,2,\cdots,n_{\rm c}-1):J\to M_h$, 满足

$$(D\nabla(c_\alpha-\tilde{C}_{\alpha,h}),\nabla z_h)+(u\cdot\nabla(c_\alpha-\tilde{C}_{\alpha,h}),z_h)+\mu_c(c_\alpha-\tilde{C}_{\alpha,h},z_h)=0,$$
$$z_h\in M_h,t\in J,\alpha=1,2,\cdots,n_{\rm c}-1,\tag{7.2.15b}$$

此处 $\mu_{\rm c}$ 在 $H^1(\varOmega)$ 上是强制的.

特别地, 指定初始值:

$$P_h^0=\tilde{P}_h(0),C_{\alpha,h}^0=\tilde{C}_{\alpha,h}(0),\quad \alpha=1,2,\cdots,n_{\rm c}-1.\tag{7.2.16}$$

记 $\zeta_\alpha=c_\alpha-\tilde{C}_\alpha\xi_\alpha=\tilde{C}_\alpha-C_{\alpha,h},\eta=p-\tilde{P},\pi=\tilde{P}-P_h$. 这 Galerkin 方法的结果是

$$\|\zeta_\alpha\|_0+h_{\rm c}\|\zeta_\alpha\|_1\leqslant M\|c_\alpha\|_{l+1}h_{\rm c}^{h+1},\quad \alpha=1,2,\cdots,n_{\rm c}-1,t\in J,\tag{7.2.17a}$$
$$\|\eta\|_0+h_p\|\eta\|_1\leqslant M\|p\|_{k+1}h_h^{k+1},\quad t\in J,\tag{7.2.17b}$$

此处 M 依赖于 c_α,p 及其函数. 对 (7.2.15a) 和 (7.2.15b) 类似地应用 Wheeler 技巧可得

$$\left\|\frac{\partial\zeta_\alpha}{\partial t}\right\|_0+h_{\rm c}\left\|\frac{\partial\zeta_\alpha}{\partial t}\right\|_1\leqslant M\left\{\|c_\alpha\|_{l+1}+\left\|\frac{\partial c_\alpha}{\partial t}\right\|_{l+1}\right\}h_{\rm c}^{l+1},$$
$$\alpha=1,2,\cdots,n_{\rm c}-1,t\in J,\tag{7.2.17c}$$
$$\left\|\frac{\partial\eta}{\partial t}\right\|_0+h_p\left\|\frac{\partial\eta}{\partial t}\right\|_1\leqslant M\left\{\|p\|_{k+1}+\left\|\frac{\partial p}{\partial t}\right\|_{k+1}\right\}h_p^{k+1},\quad t\in J,\tag{7.2.17d}$$

此处 M 依赖于 c_α, p 及其导函数.

定理 7.2.1　假定正则性条件 (R), (C) 成立. 采用修正特征有限元交替方向程序 (7.2.9), (7.2.10) 计算, 假定 $k \geqslant 1, l \geqslant 1$ 空间和时间离散参数满足关系式:

$$\Delta t = O(h_p^2) = O(h_c^2), \quad h_p^{k+1} = o(h_c^{3/2}), \quad h_c^{l+1} = o(h_p^{3/2}), \tag{7.2.18}$$

则下述误差估计成立:

$$\begin{aligned}&\|p - P_h\|_{\bar{L}^\infty(J;L^2(\Omega))} + \sum_{\alpha=1}^{n_c-1} \|c_\alpha - C_{\alpha,h}\|_{\bar{L}^\infty(j;L^2(\Omega))} + \|d_t(p - P_h)\|_{\bar{L}^2(j;L^2(\Omega))}\\&+ h_c \sum_{\alpha=1}^{n_c-1} \|c_\alpha - C_{\alpha,h}\|_{\bar{L}^2(J;H^1(\Omega))} \leqslant M^*\big\{\Delta t + h_p^{k+1} + h_c^{l+1}\big\},\end{aligned} \tag{7.2.19}$$

此处 $\|g\|_{\bar{L}^\infty(J;X)} = \sup\limits_{n\Delta t \leqslant T} \|g^n\|, \|g\|_{\bar{L}^2(J;X)} = \sup\limits_{N\Delta t \leqslant T} \left(\sum\limits_{n=0}^{N} \|g^n\|_X^2\right)^{1/2}$, 常数 M^* 依赖于 p, c 及其导数.

证明　首先考虑流动方程. 从 (7.2.5a)$(t = t^{n+1})$ 减去 (7.2.9a) 和 (7.2.9a)$(t = t^{n+1})$, 可得

$$\begin{aligned}&(dd_t\pi^n, v_h) + (a\nabla\pi^n, \nabla v_h) + \lambda_p\Delta t\,(d\nabla d_t\pi^n, \nabla v_h)\\&+ (\lambda_p\Delta t)^2 \sum_{i\neq j, i,j=1,2,3}^{3} \left(d\frac{d^2 d_t\pi^n}{\partial x_i\partial x_j}, \frac{\partial^2 v_h}{\partial x_i\partial x_j}\right) + (\lambda_p\Delta t)^3 \left(d\frac{\partial^3 d_t\pi^n}{\partial x_1\partial x_2\partial x_3}, \frac{\partial^3 v_h}{\partial x_1\partial x_2\partial x_3}\right)\\=&\mu_p(\eta^{n+1}, v_h) + \left(d\left[\frac{\partial p^{n+1}}{\partial t} - d_t\tilde{P}_h^n\right], v_h\right) + (q(c^{n+1}) - q(C_h^n), v_h)\\&- \Delta t([\lambda_p d - a]\nabla d_t\tilde{P}_h^n, \nabla v_h) - (\lambda_p\Delta t)^2 \sum_{i\neq j, i,j=1,2,3}^{3} \left(d\frac{d^2 d_t\tilde{P}_h^n}{\partial x_i\partial x_j}, \frac{\partial^2 v_h}{\partial x_i\partial x_j}\right)\\&- (\lambda_p\Delta t)^3 \left(d\frac{\partial^3 d_t\tilde{P}_h^n}{\partial x_1\partial x_2\partial x_3}, \frac{\partial^3 v_h}{\partial x_1\partial x_2\partial x_3}\right), \quad v_h \in N_h.\end{aligned} \tag{7.2.20}$$

引入归纳法假定:

$$\sup_{0\leqslant n\leqslant L} \|\pi^n\|_{0,\infty} \to 0, \ \sup_{0\leqslant n\leqslant L} \left\{\|\xi_\alpha^n\|_{0,\infty,\alpha=1,2,\cdots,n_c-1}\right\} \to 0, \quad (h_p, h_c) \to 0, \tag{7.2.21}$$

可以得到 P_h^n, C_h^n 是有界的.

取检验函数 $v_h = d_t\pi^n$, 用 Δt 乘 (7.2.20) 并求和 $1 \leqslant n \leqslant L$ 依次估计 (7.2.20) 左端诸项

$$\sum_{n=0}^{L}(d(x)d_t\pi^n, d_t\pi^n)\Delta t = \sum_{n=0}^{L} \|d^{1/2}d_t\pi^n\|_0^2\Delta t, \tag{7.2.22a}$$

$$\sum_{n=0}^{L}(a(x)\nabla\pi^n,\nabla d_t\pi^n)\Delta t \geqslant \frac{1}{2\Delta t}\sum_{n=0}^{L}\{\|a^{1/2}\nabla\pi^{n+1}\|_0^2-\|a^{1/2}\nabla\pi^n\|_0^2\}\Delta t$$
$$=\frac{1}{2}\|a^{1/2}\nabla\pi^{l+1}\|_0^2, \tag{7.2.22b}$$

$$\lambda_p\Delta t\sum_{n=0}^{L}(d\Delta d_t\pi^n,\Delta d_t\pi^n)\Delta t=\lambda_p\Delta t\sum_{n=0}^{L}\|d^{1/2}\nabla d_t\pi^n\|_0^2\Delta t, \tag{7.2.22c}$$

$$(\lambda_p\Delta t)\sum_{n=0}^{L}\sum_{i\neq j,i,j=1,2,3}^{3}\left(d\frac{\partial^2 d_t\pi^n}{\partial x_i\partial x_j},\frac{\partial^2 d_t\pi^n}{\partial x_i\partial x_j}\right)\Delta t$$
$$=(\lambda_p\Delta t)^2\sum_{n=0}^{L}\sum_{i\neq j,i,j=1,2,3}^{3}\left\|d^{1/2}\frac{\partial^2 d_t\pi^n}{\partial x_i\partial x_j}\right\|_0^2\Delta t, \tag{7.2.22d}$$

$$(\lambda_p\Delta t)^3\sum_{n=0}^{L}\left(d\frac{\partial^3 d_t\pi^n}{\partial x_1\partial x_2\partial x_3},\frac{\partial^3 d_t\pi^n}{\partial x_1\partial x_2\partial x_3}\right)\Delta t=(\lambda_p\Delta t)^2\sum_{n=0}^{L}\left\|d^{1/2}\frac{\partial^3 d_t\pi^n}{\partial x_1\partial x_2\partial x_3}\right\|_0^2\Delta t, \tag{7.2.22e}$$

则对 (7.2.20) 左端有

$$\sum_{n=0}^{L}\Bigg\{(d(x)d_t\pi^n,d_t\pi^n)+(a(x)\nabla\pi^n,\nabla d_t\pi^n)+\lambda_p(d(x)\nabla d_t\pi^n,\nabla d_t\pi^n)$$
$$+(\lambda_p\Delta t)^2\sum_{i\neq j,i,j=1,2,3}^{3}\left(d\frac{\partial^2 d_t\pi^n}{\partial x_i\partial x_j},\frac{\partial^2 d_t\pi^n}{\partial x_i\partial x_j}\right)$$
$$+(\lambda_p\Delta t)^3\left(d\frac{\partial^2 d_t\pi^n}{\partial x_1\partial x_2\partial x_3},\frac{\partial^3 d_t\pi^n}{\partial x_1\partial x_2\partial x_3}\right)\Bigg\}\Delta t \tag{7.2.23}$$
$$\geqslant\sum_{n=0}^{L}\|d^{1/2}d_t\pi^n\|_0^2\Delta t+\frac{1}{2}\|a^{1/2}\Delta\pi^{L+1}\|_0^2+\lambda_p\Delta t\sum_{n=0}^{L}\|d^{1/2}\nabla d_t\pi^n\|_0^2\Delta t$$
$$+(\lambda_p\Delta t)^2\sum_{n=0}^{L}\sum_{j\neq j,i,j=1,2,3}^{3}\left\|d^{1/2}\frac{\partial^2 d_t\pi^n}{\partial x_i\partial x_j}\right\|_0^2\Delta t$$
$$+(\lambda_p\Delta t)^3\sum_{n=0}^{L}\left\|\frac{\partial^3 d_t\pi^n}{\partial x_1\partial x_2\partial x_3}\right\|_0^2\Delta t.$$

现估计 (7.2.20) 右端诸项:

$$\sum_{n=0}^{L}\mu_p(\eta^{n+1},d_t\pi^n)\Delta t\leqslant M\sum_{n=0}^{L}\|\eta^{n+1}\|_0^2\Delta t+\varepsilon\|d_t\pi^n\|_0^2\Delta t$$
$$\leqslant Mh_p^{2(k+1)}+\varepsilon\sum_{n=0}^{L}\|d_t\pi^n\|_0^2\Delta t \tag{7.2.24a}$$

$$\sum_{N=0}^{L}\left(d\left[\frac{\partial p^{n+1}}{\partial t}-d_t\tilde{P}_h^n\right],d_t\pi^n\right)\Delta t$$
$$\leqslant M\left\{\sum_{n=0}^{L}\|d_t\eta^n\|_0^2\Delta t+(\Delta t)^2\right\}+\varepsilon\sum_{n=0}^{L}\|d_t\pi^n\|_0^2\Delta t$$
$$\leqslant M\{(\Delta t)^2+h_p^{2(k+1)}\}+\varepsilon\sum_{n=0}^{L}\|d_t\pi^n\|_0^2\Delta t, \tag{7.2.24b}$$

$$\sum_{n=0}^{L}(q(x,t^n,C_h^n)-q(x,t^{n+1},c^{n+1}),d_t\pi^n)\Delta t$$
$$\leqslant M\left\{\sum_{n=0}^{L}\|\xi^n\|_0^2\Delta t+(\Delta t)^2+h_{\mathrm{c}}^{2(l+1)}\right\}+\varepsilon\sum_{n=0}^{L}\|d_t\pi^n\|_0^2\Delta t, \tag{7.2.24c}$$

此处 $\|\xi^n\|_0^2=\sum_{\alpha=1}^{n-1}\|\xi_\alpha^n\|_0^2$.

$$\begin{aligned}\Delta t\sum_{n=0}^{L}([a-\lambda_p d]\nabla d_t\tilde{P}_h^n,\nabla d_t\pi^n)\Delta t=&-\Delta t\{([\lambda_p d-a]\nabla d_t\tilde{P}_h^L,\nabla\pi^{L+1})\\&-([\lambda_p d-a]\nabla d_t\tilde{P}_h^0,\nabla\pi^0)\}\\&+\Delta t\sum_{n=0}^{L-1}(d_t[(\lambda_p d-a)\nabla d_t\tilde{P}_h^n],\nabla\pi^{n+1})\\=&-\Delta t([\lambda_p d-a]\nabla d_t\tilde{P}_h^L,\nabla\pi^{L+1})\\&+\Delta t\sum_{n=0}^{L-1}([\lambda_p d-a]\nabla d_t^2\tilde{P}_h^n,\nabla\pi^{n+1})\Delta t\\\leqslant&\left\{\sum_{n=0}^{L-1}\|\nabla\pi^{n+1}\|_0^2\Delta t+(\Delta t)^2\right\}+\varepsilon\|\nabla\pi^{L+1}\|_0^2.\end{aligned} \tag{7.2.24d}$$

对 $k\geqslant 1$ 可得

$$\begin{aligned}&-(\lambda_p\Delta t)^2\sum_{n=0}^{L}\sum_{i\neq j,i,j=1,2,3}^{3}\left(d\frac{\partial^2 d_t\tilde{P}_h^n}{\partial x_i\partial x_j},\frac{\partial^2 d_t\pi^n}{\partial x_i\partial x_j}\right)\Delta t\\=&\sum_{n=0}^{L}(\lambda_p\Delta t)^2\sum_{i\neq j,i,j=1,2,3}^{3}\left\{\left(d\frac{\partial^2 d_t\eta^n}{\partial x_i\partial x_j},\frac{\partial^2 d_t\pi^n}{\partial x_i\partial x_j}\right)-\left(d\frac{\partial^2 d_t p^n}{\partial x_i\partial x_j},\frac{\partial^2 d_t\pi^n}{\partial x_i\partial x_j}\right)\right\}\Delta t\\\leqslant& M(\Delta t)^2\int_0^{\mathrm{T}}\left[\left\|\frac{\partial p}{\partial t}\right\|_2^2+\left\|\frac{\partial\eta}{\partial t}\right\|_2^2\right]\mathrm{d}t+\frac{(\lambda_p\Delta t)^2}{2}\sum_{n=0}^{L}\sum_{i\neq j,i,j=1,2,3}^{3}\left\|d^{1/2}\frac{\partial^2 d_t\pi^n}{\partial x_i\partial x_j}\right\|_0^2\Delta t\end{aligned}$$

$$\leqslant M(\Delta t)^2[h_p^{2(k-1)}+1]+\frac{(\lambda_p\Delta t)^2}{2}\sum_{n=0}^{L}\sum_{i\neq j,i,j=1,2,3}^{3}\left\|d^{1/2}\frac{\partial^2 d_t\pi^n}{\partial x_i\partial x_j}\right\|_0^2\Delta t$$

$$\leqslant M(\Delta t)^2+\frac{(\lambda_p\Delta t)^2}{2}\sum_{n=0}^{L}\sum_{i\neq j,i,j=1,2,3}^{3}\left\|d^{1/2}\frac{\partial^2 d_t\pi^n}{\partial x_i\partial x_j}\right\|_0^2\Delta t. \tag{7.2.24e}$$

对 $k\geqslant 1,\Delta t=0(h_p^2)$ 有

$$-(\lambda_p\Delta t)^3\sum_{n=0}^{3}\left(d\frac{\partial^3 d_t\tilde{P}_h^n}{\partial x_1\partial x_2\partial x_3},\frac{\partial^3 d_t\pi^n}{\partial x_1\partial x_2\partial_3}\right)\Delta t$$

$$=(\lambda_p\Delta t)^3\sum_{n=0}^{L}\left\{\left(d\frac{\partial^3 d_t\rho^n}{\partial x_1\partial x_2\partial x_3},\frac{\partial^2 d_t\pi^n}{\partial x_1\partial x_2\partial x_3}\right)-\left(d\frac{\partial^3 d_t p^n}{\partial x_1\partial x_2\partial x_3},\frac{\partial^3 d_t\pi^n}{\partial x_1\partial x_2\partial x_3}\right)\right\}\Delta t$$

$$\leqslant M(\Delta t)^2\int_0^T\left[\left\|\frac{\partial p}{\partial t}\right\|_3^2+\left\|\frac{\partial \eta}{\partial t}\right\|_3^2\right]\mathrm{d}t+\frac{(\lambda_p\Delta t)^3}{2}\sum_{n=0}^{L}\left\|d^{1/2}\frac{\partial^2 d_t\pi^n}{\partial x_1\partial x_2\partial x_3}\right\|_0^2\Delta t$$

$$\leqslant M(\Delta t)^3[h_p^{2(k-2)}+1]+\frac{(\lambda_p\Delta t)^3}{2}\sum_{n=0}^{L}\left\|d^{1/2}\frac{\partial^2 d_t\pi^n}{\partial x_1\partial x_2\partial x_3}\right\|_0^2\Delta t$$

$$\leqslant M(\Delta t)^2+\frac{(\lambda_p\Delta t)^3}{2}\sum_{n=0}^{L}\left\|d^{1/2}\frac{\partial^3 d_t\pi^n}{\partial x_1\partial x_2\partial x_3}\right\|_0^2\Delta t, \tag{7.2.24f}$$

则有

$$(7.2.20)\text{右端}\leqslant M\left\{\sum_{n=0}^{L}[\|\nabla\pi^n\|_0^2+\|\xi^n\|_0^2]\Delta t+h_p^{2(k+1)}h_{\mathrm{c}}^{2(l+1)}+(\Delta t)^2\right\}$$
$$+\varepsilon\left\{\|\nabla\pi^{L+1}\|_0^2+\sum_{n=0}^{L}\|d_t\pi^n\|_0^2\Delta t\right\}. \tag{7.2.25}$$

组合 (7.2.20), (7.2.23) 和 (7.2.25), 并应用公式 $\|\pi^{L+1}\|_0^2\leqslant M\sum_{n=0}^{L}\|\pi^n\|_0^2\Delta t+\varepsilon\sum_{n=0}^{L}\|d_t\pi^n\|_0^2\Delta t$, 可得

$$\sum_{n=0}^{L}\|d^{1/2}d_t\pi^n\|_0^2\Delta t+\|\pi^{L+1}\|_1^2+(\lambda_p\Delta t)^2\sum_{n=0}^{L}\sum_{i\neq j,i,j=1,2,3}^{2}\left\|d^{1/2}\frac{\partial^2 d_t\pi^n}{\partial x_i\partial x_j}\right\|_0^2\Delta t$$
$$+(\lambda_p\Delta t)^3\sum_{n=0}^{L}\left\|d^{1/2}\frac{\partial^3 d_t\pi^n}{\partial x_1\partial x_2\partial x_3}\right\|_0^2\Delta t$$
$$\leqslant M\left\{(\Delta t)^2+h_p^{2(k+1)}+h_{\mathrm{c}}^{2(l+1)}+\sum_{n=0}^{L}[\|\xi^n\|_0^2+\|\pi^n\|_1^2]\Delta t\right\}, \tag{7.2.26}$$

此处 $\|\pi\|_1^2=\|\pi\|_0^2+\|\nabla\pi\|_0^2$.

其次估计饱和度方程. 从 (7.2.5)($t=t^{n+1}$) 减去 (7.2.11) 并应用 (7.2.15b)($t=t^{n+1}$), 可得

$$
\begin{aligned}
&\left(\Phi\frac{\xi_\alpha^{n+1}-\xi_\alpha^n}{\Delta t},z_h\right)+(D\nabla\xi_\alpha^n,\nabla z_h)+\lambda_c\Delta t(\Phi\nabla d_t\xi_\alpha^n,\nabla z_h)\\
&+(\lambda_c\Delta)^2\sum_{i\neq j,i,j=1,2,3}\left(\Phi\frac{\partial^2 d_t\xi_\alpha^n}{\partial x_i\partial_j},\frac{\partial^2 z_h}{\partial x_i\partial x_j}\right)+(\lambda_c\Delta t)^3\left(\Phi\frac{\partial^2 d_t\xi_\alpha^n}{\partial x_1\partial x_2\partial x_3},\frac{\partial^3 z_h}{\partial x_1\partial x_2\partial x_3}\right)\\
=&\left(\Phi\frac{\partial c_\alpha^{n+1}}{\partial t}+u^{n+1}\cdot\nabla c_\alpha^{n+1}-\Phi\frac{c_\alpha^{n+1}-\breve{c}_\alpha^n}{\Delta t},z_h\right)+\left(\Phi\frac{\hat{c}_\alpha^n-\breve{c}_\alpha^n}{\Delta t},z_h\right)+\left(\Phi\frac{\hat{\xi}_\alpha^n-\xi_\alpha^n}{\partial t},z_h\right)\\
&+\left(\Phi\frac{\zeta_\alpha^{n+1}-\hat{\zeta}_\alpha^n}{\Delta t},z_h\right)+\left(b_\alpha(c_h^n)d_tP_h^n-b_\alpha(c^{n+1})\frac{\partial p^{n+1}}{\partial t},z_h\right)\\
&+\mu_c(\zeta_\alpha^{n+1},z_h)+(g(\hat{c}_{\alpha,h}^n)-g(c_\alpha^{n+1}),z_h)\\
&+\lambda_c\Delta t(\Phi\nabla d_tc_\alpha^n,\nabla z_h)+(\lambda_c\nabla t)^2\sum_{i\neq j,i,j=1,2,3}^{3}\left\{\left(\Phi\frac{\partial^2 d_t\zeta_\alpha^n}{\partial x_i\partial x_j},\frac{\partial^2 z_h}{\partial x_i\partial x_j}\right)\right.\\
&\left.-\left(\Phi\frac{\partial^2 d_tc_\alpha^n}{\partial x_i\partial x_j},\frac{\partial^2 z_h}{\partial x_i\partial x_j}\right)\right\}\\
&+(\lambda_c\Delta t)^3\left\{\left(\Phi\frac{\partial^3 d_t\zeta_\alpha^n}{\partial x_1\partial x_2\partial x_3},\frac{\partial^3 z_h}{\partial x_1\partial x_2\partial x_3}\right)-\left(\Phi\frac{\partial^3 d_tc_\alpha^n}{\partial x_1\partial x_2\partial x_3},\frac{\partial^3 z_h}{\partial x_1\partial_2\partial x_3}\right)\right\},
\end{aligned}\tag{7.2.27}
$$

此处 $\breve{c}_\alpha^n=c_a^n(\breve{x}),\breve{x}=x-u^{n+1}\Delta t/\Phi(x)$ 取检验函数 $z_h=\xi_\alpha^{n+1}$ 依次估计 (7.2.27) 左端诸项. 注意到

$$
\left(\Phi\frac{\xi_\alpha^{n+1}-\xi_\alpha^n}{\Delta t},\xi_\alpha^{n+1}\right)\geqslant\frac{1}{2\Delta t}\{\|\Phi^{1/2}\xi_\alpha^{n+1}\|_0^2-\|\Phi^{1/2}\xi_\alpha^n\|_0^2\}.\tag{7.2.28a}
$$

设 $0<\bar{D}_*\leqslant\dfrac{D(x)}{\Phi(x)}\leqslant\bar{D}^*,\lambda_c=\bar{D}^*$. 则有 $\max\limits_x\left|\dfrac{D(x)}{\Phi(x)}-\lambda_c\right|\leqslant\bar{D}^*-\bar{D}_*,\lambda_c-\max\limits_x\left|\dfrac{D(x)}{\Phi(x)}-\lambda_c\right|\geqslant\bar{D}_*$,

$$
\begin{aligned}
&(D\nabla\xi_\alpha^n,\nabla\xi_\alpha^{n+1})+\lambda_c\Delta t(\Phi\nabla d_t\xi_\alpha^n,\nabla\xi_\alpha^{n+1})\\
=&\lambda_c(\Phi\nabla\xi_\alpha^{n+1},\nabla\xi_\alpha^{n+1})+([D(x)-\lambda_c\Phi]\nabla\xi_\alpha^n,\nabla\xi_\alpha^{n+1})\\
\geqslant&\lambda_c\|\Phi^{1/2}\nabla\xi_\alpha^{n+1}\|_0^2-\frac{1}{2}\max_x\left|\frac{D(x)}{\Phi(x)}-\lambda_c\right|\cdot\{\|\Phi^{1/2}\nabla\xi_\alpha^n\|_0^2+\|\Phi^{1/2}\nabla\xi_\alpha^{n+1}\|_0^2\}\\
=&\frac{1}{2}\left\{2\lambda-\max_x\left|\frac{D(x)}{\Phi(x)}-\lambda_c\right|\right\}\|\Phi^{1/2}\nabla\xi_\alpha^{n+1}\|_0^2-\frac{1}{2}\max_x\left|\frac{D(x)}{\Phi(x)}-\lambda_c\right|\|\Phi^{1/2}\nabla\xi_\alpha^n\|_0^2\\
\geqslant&\frac{1}{2}(\lambda_c+\overline{D}_*)\|\Phi^{1/2}\nabla\xi_\alpha^{n+1}\|_0^2-\frac{\lambda_c}{2}\|\Phi^{1/2}\nabla\xi_\alpha^n\|^2.
\end{aligned}\tag{7.2.28b}
$$

(7.2.28a) 和 (7.2.28b) 相加, 乘以 Δt 并求和 $1 \leqslant n \leqslant L$ 有

$$\sum_{n=0}^{L}\left\{\left(\varPhi\frac{\xi_\alpha^{n+1}-\xi_\alpha^n}{\Delta t},\xi_\alpha^{n+1}\right)+(D\nabla\xi_\alpha^n,\nabla\xi_\alpha^{n+1})+\lambda_{\rm c}\Delta t(\varPhi\nabla d_t\xi_\alpha^n,\nabla\xi_\alpha^{n+1})\right\}\Delta t$$

$$\geqslant\frac{1}{2}\|\varPhi^{1/2}\xi_\alpha^{L+1}\|_0^2+\frac{\bar{D}_*}{2}\sum_{n}^{L}\|\varPhi^{1/2}\nabla\xi_\alpha^{L+1}\|_0^2\Delta t. \tag{7.2.29}$$

对第 3 和第 4 项有

$$\sum_{n=0}^{L}(\lambda_p\Delta t)^2\sum_{i\neq j,i,j=1,2,3}^{L}\left(\varPhi\frac{\partial^2 d_t\xi_\alpha^{n+1}}{\partial x_i\partial x_j},\frac{\partial^2\xi_\alpha^{n+1}}{\partial x_i\partial x_j}\right)\Delta t$$

$$\geqslant\frac{(\lambda_p\Delta t)^2}{2}\sum_{i\neq j,i,j=1,2,3}^{3}\left(\varPhi\frac{\partial^2\xi_\alpha^{L+1}}{\partial x_i\partial x_j},\frac{\partial^2\xi_\alpha^{L+1}}{\partial x_i\partial x_j}\right), \tag{7.2.30a}$$

$$\sum_{n=0}^{L}(\lambda_p\Delta t)^3\left(\varPhi\frac{\partial^3 d_t\xi_\alpha^{n+1}}{\partial x_1\partial x_2\partial x_3},\frac{\partial^3\xi_\alpha^{n+1}}{\partial x_1\partial x_2\partial x_3}\right)\Delta t$$

$$\geqslant\frac{(\lambda_p\Delta t)^3}{2}\left(\varPhi\frac{\partial^3\xi_\alpha^{L+1}}{\partial x_1\partial x_2\partial x_3},\frac{\partial^3\xi_\alpha^{L+1}}{\partial x_1\partial x_2\partial x_3}\right). \tag{7.2.30b}$$

对 (7.2.27) 右端第 1 项有

$$\left\|\varPhi\frac{\partial c_\alpha^{n+1}}{\partial t}+u^{n+1}\cdot\Delta c_\alpha^{n+1}-\varPhi\frac{c_\alpha^{n+1}-\check{c}_\alpha^n}{\Delta}\right\|$$

$$\leqslant M\Delta t\int_\varOmega\int_{t^n}^{t^{n+1}}\left|\frac{\partial^2 c_\alpha}{\partial\tau^2}\right|^2{\rm d}t{\rm d}x. \tag{7.2.31a}$$

$$\sum_{n=0}^{L}\left(\varPhi\frac{\partial c_\alpha^{n+1}}{\partial t}+u^{n+1}\cdot\Delta c_\alpha^{n+1}-\varPhi\frac{c_\alpha^{n+1}-\check{c}_\alpha^n}{\Delta t},\xi^{n+1}\right)$$

$$\leqslant M\left\{(\Delta t)^2\left\|\frac{\partial^2 c_\alpha}{\partial\tau^2}\right\|_{L^2(J;^{:2}(\varOmega))}^2+\sum_{n=0}^{L}\|\varPhi^{1/2}\xi_\alpha^{n+1}\|_0^2\Delta t\right\}. \tag{7.2.31b}$$

对第 2 和第 3 项有

$$\sum_{n=0}^{L}\left(\varPhi\frac{\hat{c}_\alpha^n-\check{c}_\alpha^n}{\Delta t},\xi_\alpha^{n+1}\right)\Delta t\leqslant M\left\{h_p^{2k+2}+h_{\rm c}^{2l+2}+(\Delta t)^2+\sum_{n=0}^{L}\|\varPhi^{1/2}\xi_\alpha^{n+1}\|_0^2\Delta t\right\}$$

$$+\varepsilon\sum_{n=0}^{L}\|\varPhi^{1/2}\nabla\xi_\alpha^{n+1}\|_0^2\Delta t, \tag{7.2.32a}$$

$$\sum_{n=0}^{L}\left(\varPhi\frac{\hat{\xi}_\alpha^n-\xi_\alpha^n}{\Delta t},\xi_\alpha^{n+1}\right)\Delta t\leqslant M\sum_{n=0}^{L}\|\varPhi^{1/2}\xi_\alpha^{n+1}\|_0^2\Delta t$$

$$+\varepsilon\sum_{n=0}^{L}\|\Phi^{1/2}\nabla\xi_\alpha^{n+1}\|_0^2\Delta t. \tag{7.2.32b}$$

对第 4 项, 写为下述形式:

$$\left(\Phi\frac{\zeta_\alpha^{n+1}-\hat{\zeta}_\alpha^n}{\Delta t},\xi_\alpha^{n+1}\right)=\left(\Phi\frac{\zeta_\alpha^{n+1}-\zeta_\alpha^n}{\Delta t},\xi_\alpha^{n+1}\right)+\left(\Phi\frac{\zeta_\alpha^{n}-\check{\xi}_\alpha^n}{\Delta t},\xi_\alpha^{n+1}\right)$$
$$+\left(\Phi\frac{\check{\xi}_\alpha^{n}-\hat{\zeta}_\alpha^n}{\Delta t},\xi_\alpha^{n+1}\right), \tag{7.2.33}$$

此处 $\check{\xi}_\alpha^n=\zeta_\alpha^n(\check{x}),\check{x}=x-u^{n+1}\Delta t/\Phi(x)$.

$$\left|\left(\Phi\frac{\xi_\alpha^{n+1}-\zeta_\alpha^n}{\Delta t},\xi_\alpha^{n+1}\right)\right|\leqslant M\left\{(\Delta t)^{-1}h_{\mathrm{c}}^{2l+2}\|c_\alpha\|_{H^1(J^n;H^{l+1})}+\|\Phi^{1/2}\xi_\alpha^{n+1}\|_0^2\right\}.$$

估计 (7.2.33) 的第 2 项. 为了得到 L^2 估计, 必须对 $(\xi_\alpha^n-\check{\xi}_\alpha^n)/\Delta t$ 用 H^{-1} 模, 对 ξ_α^{n+1} 用 H^1 模. 可得

$$\begin{aligned}\left\|\Phi\frac{\zeta_\alpha^n-\check{\xi}_\alpha^n}{\Delta}\right\|_{-1}=&\frac{1}{\Delta t}\sup_{f\in H^1}\left\{\frac{1}{\|f\|_1}\left[\int_\Omega\zeta_\alpha^n(x)f(x)\mathrm{d}x-\int_\Omega\zeta_\alpha^n(F(x))f(x)\mathrm{d}x\right]\right\}\\=&\frac{1}{\Delta t}\sup_{f\in H^1}\left\{\frac{1}{\|f\|_1}\left[\int_\Omega\zeta_\alpha^n(x)f(x)\mathrm{d}x\right.\right.\\&\left.\left.-\int_\Omega\zeta_\alpha^n(x)f(F^{-1}(x))\mathrm{det}DF^{-1}(x)\mathrm{d}x\right]\right\}\\\leqslant&\frac{1}{\Delta t}\sup_{f\in H'}\left\{\frac{1}{\|f\|_1}\left[\int_\Omega\zeta_\alpha^n(x)f(x)[1-\mathrm{det}DF^{-1}(x)]\mathrm{d}x\right]\right\}\\&+\frac{1}{\Delta t}\sup_{f\in H^1}\left\{\frac{1}{\|f\|_1}\left[\int_\Omega\zeta_\alpha^n(x)[f(x)-f(F^{-1}(x))]\mathrm{d}x\right]\right\}\\=&\sigma_1+\sigma_2,\end{aligned} \tag{7.2.34a}$$

此处 $F(x)=x-u^{n+1}\Delta t/\Phi(x)$. 可得 $|\sigma_1|+|\sigma_2|\leqslant M\|\zeta_\alpha^n\|_0$.

对 (7.2.33) 第 2 项有

$$\left(\Phi\frac{\xi_\alpha^n-\check{\xi}_\alpha^n}{\Delta t},\xi_\alpha^{n+1}\right)\leqslant Mh_{\mathrm{c}}^{2l+2}+\varepsilon\sum_{n=0}^{L}\|\nabla\xi_\alpha^{n+1}\|_0^2\Delta t. \tag{7.2.34b}$$

对 (7.2.23) 第 3 项有

$$\begin{aligned}\left(\Phi\frac{\check{\xi}_\alpha^n-\hat{\xi}_\alpha^n}{\Delta t},\xi_\alpha^{n+1}\right)=&\int_\Omega\Phi\frac{\check{\xi}_\alpha^n-\hat{\xi}_\alpha^n}{\Delta t}\xi_\alpha^{n+1}\mathrm{d}x\\=&\frac{1}{\Delta t}\int_\Omega\Phi\left[\int_0^1\frac{\partial\xi_\alpha^n}{\partial z}((1-\bar{z})\hat{x}+\bar{z}\hat{x})\mathrm{d}\bar{z}\right]|\check{x}-\hat{x}|\xi_\alpha^{n+1}\mathrm{d}x\end{aligned}$$

$$=\int_{\Omega}\left[\int_0^1 \frac{\partial \xi_\alpha^n}{\partial z}((1-\bar{z})\hat{x}+\bar{z}\hat{x})\mathrm{d}\bar{z}\right]|u^{n+1}-U_h^n|\xi_\alpha^{n+1}\mathrm{d}x,$$

则能得[12,13]

$$\left|\left(\Phi\frac{\check{\xi}_\alpha^n-\hat{\xi}_\alpha^n}{\Delta t},\xi_\alpha^{n+1}\right)\right|\leqslant M\left\{(\Delta t)^2+h_c^{2l+2}+\left\|\Phi^{1/2}\xi_\alpha^{n+1}\right\|_0^2\right\}+\varepsilon\left\|d^{1/2}\nabla\pi^n\right\|_0^2. \quad (7.2.34\mathrm{c})$$

从 (7.2.33) 和 (7.2.34) 可得

$$\sum_{n=0}^{L}\left(\Phi\frac{\zeta_\alpha^{n+1}-\hat{\zeta}_\alpha^n}{\Delta t},\xi_\alpha^{n+1}\right)\leqslant M\left\{(\Delta t)^2+h_p^{2k+2}+h_{\mathrm{c}}^{2l+2}+\sum_{n=0}^{L}\left\|\Phi^{1/2}\xi_\alpha^{n+1}\right\|_0^2\Delta t\right\}$$
$$+\varepsilon\sum_{n=0}^{L}\left[\left\|d^{1/2}\nabla\pi^n\right\|_0^2+\left\|\Phi^{1/2}\nabla\xi_\alpha^{n+1}\right\|_0^2\right]\Delta t. \quad (7.2.35)$$

对 (7.2.27) 第 5 项有

$$\sum_{n=0}^{L}\left(b_\alpha(C_h^n)d_tP_h^n-b_\alpha(c^{n+1})\frac{\partial p^{n+1}}{\partial t},\xi_\alpha^{n+1}\right)\Delta t$$
$$\leqslant M\left\{(\Delta t)^2+h_{\mathrm{c}}^{2(l+1)}+h_p^{2(k+1)}+\sum_{n=0}^{L}\|\xi_\alpha^{n+1}\|_0^2\Delta t\right\}+\varepsilon\sum_{n=0}^{L}\|d_t\pi^n\|_0^2\Delta t. \quad (7.2.36)$$

最后, 对饱和度误差方程能得

$$\frac{1}{2}\|\Phi^{1/2}\xi^{L+1}\|_0^2+\frac{\bar{D}_*}{2}\sum_{n=0}^{L}\|\Phi^{1/2}\nabla\xi^{L+1}\|_0^2\Delta t$$
$$+\frac{(\lambda_{\mathrm{c}}\Delta t)^2}{2}\sum_{i\neq j,i,j=1,2,3}^{3}\left\|\Phi^{1/2}\frac{\partial^3\xi^{L+1}}{\partial x_i\partial x_j}\right\|_0^2+\frac{(\lambda_{\mathrm{c}}\Delta t)^3}{2}\left\|\Phi^{1/2}\frac{\partial^2\xi^{L+1}}{\partial x_1\partial x_2\partial x_3}\right\|_0^2$$
$$\leqslant M\left\{(\Delta t)^2+h_p^{2k+2}+h_{\mathrm{c}}^{2l+2}+\sum_{n=0}^{L}\left[\|d^{1/2}\pi^n\|_0^2+\|\Phi^{1/2}\xi^n\|_0^2\right.\right.$$
$$+(\lambda_{\mathrm{c}}\Delta t)^2\sum_{i\neq j,i,j=1,2,3}^{3}\left\|\Phi^{1/2}\frac{\partial^2\xi^{n+1}}{\partial x_i\partial x_j}\right\|_0^2$$
$$\left.\left.+(\lambda_{\mathrm{c}}\Delta t)^3\left\|\Phi^{1/2}\frac{\partial^3\xi^{n+1}}{\partial x_1\partial x_2\partial x_3}\right\|_0^2\right]\Delta t\right\}$$
$$+\varepsilon\sum_{n=0}^{L}\{\|d^{1/2}\nabla\pi^n\|_0^2+\|\Phi^{1/2}\nabla\xi^{n+1}\|_0^2+\|d_t\pi^n\|_0^2\}\Delta t, \quad (7.2.37)$$

此处 $\xi=(\xi_1,\xi_2,\cdots,\xi_{n_{\mathrm{c}}-1}),\|\Phi^{1/2}\xi\|_0^2=\sum_{\alpha=1}^{n_{\mathrm{c}}-1}\|\Phi^{1/2}\xi_\alpha\|_0^2$. 组合 (7.2.26) 和 (7.2.37), 应用 Gronwall 引理可得

$$\sum_{n=0}^{L}\|d_t\pi^n\|_0^2\Delta t+\|\pi^{L+1}\|_1^2=\sum_{n=0}^{L}\|\xi^{n+1}\|_1^2\Delta t+\|\xi^{L+1}\|_0^2\leqslant M\{(\Delta t)^2+h_p^{2(k+1)}+h_c^{2(l+1)}\}. \tag{7.2.38}$$

剩下需要检验归纳法假定 (7.2.21). 假定 $k\geqslant 1, l\geqslant 1$, 在下面限定下:

$$\Delta t=O(h_p^2)=O(h_c^2),\quad h_p^{k+1}=o(h_c^{3/2}),\quad h_c^{l+1}=o(h_p^{3/2}), \tag{7.2.39}$$

归纳法假定 (7.2.21) 成立.

7.3 强化采油特征交替方向有限元方法

对二相强化采油数值模拟, R.E.Ewing 等 1989 年首先提出用有限元方法解决强化采油数值模拟问题[32]. 作者于 1993 年对二维问题提出特征差分方法和特征有限元法[33~35]. 本节从实际情况出发针对三维大规模科学与工程计算的特征, 提出强化采油特征交替方向有限方法, 将三维问题, 分裂为连续解三个一维问题, 并得到了最佳阶 L^2 模误差估计.

7.3.1 数学模型

对三维、多组分、多相、不可压缩流体的质量平衡方程[32~35]:

$$\phi\frac{\partial c_i}{\partial t}+\nabla\cdot\left\{\sum_{j=1}^{n_p}[c_{ij}U_j-\phi S_jD_j(U_j)\nabla c_{ij}]\right\}=Q_j(c_j),\quad i=1,2,\cdots,n_c, \tag{7.3.1}$$

此处 $x=(x_1,x_2,x_3)^{\mathrm T},\nabla=\left(\frac{\partial}{\partial x_1},\frac{\partial}{\partial x_2},\frac{\partial}{\partial x_3}\right)^{\mathrm T},\phi(x)=\phi_1(x_1)\phi_1(x_2)\phi_1(x_3)$ 是孔隙度; $U_j=(U_{jx_1},U_{jx_2},U_{jx_3})^{\mathrm T}$ 是 j 相达西速度, c_{ij} 是 j 相饱合度第 i 个分量, c_i 是基本饱和度第 i 个分量, S_j 是 j 相浓度 (体积分量); $D_j(U_j)=D_jI+\frac{|U_j|}{\phi S_j}(\alpha_LE(U_j)+\alpha_TE^{\perp}(U_j))$, I 是 3×3 单位矩阵, $E(U)=\left(\frac{U_iU_k}{|U|^2}\right), E^{\perp}(U)=I-E$; n_c 是组分数, n_p 是相数. 我们需要寻求饱和度函数 $c_i(x,t)(i=1,2,\cdots,n_c)$ 和压力函数 $p(x,t)$. $S_j(j=1,2,\cdots,n_p)$, $c_{ij}(i=1,2,\cdots,n_c;j=1,2,\cdots,n_p)$ 是 $c_i(i=1,2,\cdots,n_c)$ 的函数. 这饱和度和浓度是 $\sum_{i=1}^{n_c}c_i=1,\sum_{i=1}^{n_c}c_{ij}=1(j=1,2,\cdots,n_p)$ 和 $\sum_{j=1}^{n_p}S_j=1$.

对方程组 (7.3.1) 关于 i 求和可得压力方程:

$$-\nabla\cdot\left(\sum_{j=1}^{n_p}K\lambda_j(S_j)\nabla p\right)=\sum_{i=1}^{n_c}Q_i, x\in\Omega,\quad t\in J=(0,T], \tag{7.3.2}$$

即 $\nabla\cdot U=\sum_{i=1}^{n_c}Q_i, U=\sum_{j=1}^{n_p}U_j, U_j=-K\lambda_j(S_j)\nabla p$, 此处 K 是绝对渗透率, $\lambda_j=\lambda_j(S_j)$ 是 j 相相对迁移率.

对饱和度方程有[32,33]

$$\phi\frac{\partial c_i}{\partial t}+b_iU\cdot\nabla c_i-\nabla\cdot\left(\sum_{j=1}^{n_p}\phi S_jD_j(U_j)\sum_{k=1}^{n_c-1}\frac{\partial c_{ij}}{\partial c_k}\nabla c_k\right)+\sum_{k=1}^{n_c-1}{}'e_{ik}\nabla c_k\cdot U=g_i,$$
$$i=1,2,\cdots,n_c-1, x\in\Omega, t\in J, \tag{7.3.3}$$

此处 $b_i=\dfrac{\partial d_i}{\partial c_i}, e_{ik}=\dfrac{\partial d_i}{\partial c_k}, d_i=\sum_{j=1}^{n_p}c_{ij}\lambda_j(S_j)\left(\sum_{j'=1}^{n_p}\lambda_{j'}(S_{j'})\right)^{-1}, g_i=Q_i-d_i\sum_{i=1}^{n_c}Q_i$. $\sum_{k=1}^{n_c-1}{}'$ 表示没有 $k=i$ 的一项, 和通常情况 $\sum_{k=1}^{n_c-1}{}'$ 是很小的项.

不渗透边界条件和初始条件:

$$U\cdot\gamma=0, \nabla c_i\cdot\gamma=0,\quad x\in\partial\Omega, t\in J, i=1,2,\cdots,n_c-1, \tag{7.3.4}$$

$$c_i(x,0)=c_i^0(x),\quad x\in\Omega, i=1,2,\cdots,n_c-1, \tag{7.3.5}$$

此处 γ 是 $\partial\Omega$ 的外法向方向, 相容性条件要求:

$$\int_\Omega\sum_{i=1}^{n_c}Q_i(c_i)\,\mathrm{d}x=0. \tag{7.3.6}$$

在数值分析时需要某些假定. 特别在 (7.3.3) 中扩散/弥散矩阵是一致正定的.

$$\sum_{m,n=1}^{n_c-1}\sum_{j=1}^{n_p}\left\{\phi S_jD_j(U_j)\frac{\partial c_{mj}}{\partial c_n}\right\}\xi_m\xi_n\geqslant D_*\left|\phi^{\frac{1}{2}}\xi\right|_0^2,\quad \xi\in R^{n_c-1}. \tag{7.3.7}$$

此处 $|\xi|_0^2=\sum_{i=1}^{n_c-1}\xi_i^2$, 和 D_* 是不依赖于 U_j 和 c 的正常数[32−35].

7.3.2 特征交替方向有限元格式

假设 $\Omega=\{[0,1]\}^3$ 和问题 (7.3.1)~(7.3.7) 是 Ω 周期的, 边界条件 (7.3.4) 将略去. 考虑到压力函数随时间上变化很慢, 我们采用大步长计算, 并且对饱和度采用小步长计算, 我们将用下述记号: Δt_c 为饱和度方程时间步长, Δt_p 为压力方程时间步长,

$$j=\Delta t_p/\Delta t_c, t^n=n\Delta t_c, t_m=m\Delta t_p, \beta^n=\beta(t^n), \beta_m=\beta(t_m).$$

$$E_1\beta_n=\begin{cases}\beta_0, & t^n\leqslant t_1,\\ (1+\gamma/j)\beta_{m-1}-\gamma/j\beta_{m-2}, & t_{m-1}<t^n<t_m, t^n=t_{m-1}+\gamma\Delta t_c, m\geqslant 2,\end{cases}$$

$$E_2\beta_n=\begin{cases}\beta_0, & n=1,\\ 2\beta^{n-1}-\beta^{n-2}, & n\geqslant 2.\end{cases}$$

此处下标对应于压力时间层, 上标对应于饱和度时间层.

对压力方程 (7.3.2) 取步长 $h_{\mathrm{p}}=\dfrac{1}{N}$ 等距剖分区域 Ω. 设 $V_h\times W_h$ 是指数为 k 的上述拟正则剖分的 Raviarl-Thomas 空间[12,15]. 对饱和度方程 (7.3.3) 取步长 $h_{\mathrm{c}}=\dfrac{1}{M}$ 等距剖分区域 Ω. 节点编号: $\{x_{1\alpha}\,|0\leqslant\alpha\leqslant M\},\{x_{2\beta}\,|0\leqslant\beta\leqslant M\},\{x_{3\gamma}|0\leqslant\gamma\leqslant M\}$. 三维网格域整体编号 $i\,(i=1,2,\cdots,N)\,,N=(M+1)^3$. 节点 i 的张量积指数[22] 是 $(\alpha\,(i)\,,\beta\,(i)\,,\gamma\,(i))^{\mathrm{T}}$, 此处 $\alpha\,(i)\,,\beta\,(i)$ 和 $\gamma\,(i)$ 是坐标数. 这张量积的基能够写为下述一维基函数的乘积:

$$\Lambda_i\,(x_1,x_2,x_3)=\varphi_{\alpha(i)}\,(x_1)\,\psi_{\beta(i)}\,(x_2)\,\omega_{\gamma(i)}\,(x_3)=\varphi_{\alpha}\,(x_1)\,\psi_{\beta}\,(x_2)\,\omega_{\gamma}\,(x_3)\,,\quad 1\leqslant i\leqslant N.$$

如果 $M_{hc}=M_h=\varphi\otimes\psi\otimes\omega$ 是一个有限元空间, 设 $W=\left\{u\,|u\,,\dfrac{\partial u}{\partial x_i},\dfrac{\partial^2 u}{\partial x_i\partial x_j}\right.$ $\left.(i\neq j)\,,\dfrac{\partial^3 u}{\partial x_1\partial x_2\partial x_3}\in L_2(\Omega)\right\}$,
$M_h\subset W$. 其逼近性用下述等式给出:

$$\inf_{v\in M_h}\left\{\sum_{m=0}^{3}h_{\mathrm{c}}^m\sum_{i,j,k=0,1,i+j+k=m}\|\,\frac{\partial^m\,(u-v)}{\partial x_1^i\partial x_2^j\partial x_3^k}\,\|_0\right\}\leqslant Mh_{\mathrm{c}}^{l+1}\,\|u\|_{l+1,2}\,. \tag{7.3.8}$$

这流动实际上是沿着特征方向的, 用特征线方法处理方程 (7.3.3) 的一阶双曲部分具有很高的精确度, 记 $\psi_i(x,c)=[\phi^2+b_i^2(c)|U|^2]^{1/2}$, $\dfrac{\partial}{\partial\tau_i}=\psi_i^{-1}\{\phi\dfrac{\partial}{\partial t}+b_i(c)U\cdot\nabla\}$. 用 τ_i 方向的向后差商来逼近 $\dfrac{\partial c_i^n}{\partial\tau_i}$: $\dfrac{\partial c_i^n}{\partial\tau_i}\approx\dfrac{c_i^n(x)-c_i^{n-1}(x-\phi^{-1}(x)b_i(c^n(x))U^n(x)\Delta t_{\mathrm{c}})}{\Delta t_{\mathrm{c}}\sqrt{1+\phi^{-2}(x)b_i^2(c^n(x))\,|U^n(x)|^2}}$.

交替方向特征有限元格式: 当 $t=t_{m-1}$, 如果达西速度和压力 $\{U_{h,m-1},P_{h,m-1}\}\in V_h\times M_h$ 的逼近解和饱和度逼近解 $\{C_{ih,m-1},i=1,2,\cdots,n_{\mathrm{c}}-1\}\in M_h^{n_{\mathrm{c}}-1}$ 是已知的, 我们采用下述交替方向技术寻求有限元解 $\{c_{ih}^n,i=1,2,\cdots,n_{\mathrm{c}}-1\}\in M_h^{n_{\mathrm{c}}-1}$, $t^n=t_{m-1}+\gamma\Delta t_{\mathrm{c}},\gamma=1,2,\cdots,j$, 混合元解 $\{U_{h,m},P_{h,m}\}\in V_h\times W_h,t=t_m$:

$$\begin{aligned}&\left(\phi\frac{c_{ih}^n-\hat{c}_{ih}^{n-1}}{\Delta t_{\mathrm{c}}},z_h\right)+\left(\sum_{j=1}^{n_{\mathrm{p}}}\sum_{k=1}^{n_{\mathrm{c}}-1}\phi S_j(E_2c_n^n)D_j(E_2U_{jh}^n)\frac{\partial c_{ij}}{\partial c_k}E_2(c_h^n)\nabla E_2c_{kh}^n,\nabla z_h\right)\\&+\sigma(\phi\nabla(c_{ih}^n-c_{ih}^{n-1}),\nabla z_h)+\sigma^2\Delta t_{\mathrm{c}}\left\{\left(\phi\frac{\partial^2(c_{ih}^n-c_{ih}^{n-1})}{\partial x_1\partial x_2},\frac{\partial^2 z_h}{\partial x_1\partial x_2}\right)\right.\\&\left.+\left(\phi\frac{\partial^2(c_{ih}^n-c_{ih}^{n-1})}{\partial x_2\partial x_3},\frac{\partial^2 z_h}{\partial x_2\partial x_3}\right)+\left(\phi\frac{\partial^2(c_{ih}^n-c_{ih}^{n-1})}{\partial x_3\partial x_1},\frac{\partial^2 z_h}{\partial x_3\partial x_1}\right)\right\}\\&+\sigma^3\left(\Delta t_{\mathrm{c}}\right)^2\left(\phi\frac{\partial^3(c_{ih}^n-c_{ih}^{n-1})}{\partial x_1\partial x_2\partial x_3},\frac{\partial^3 z_h}{\partial x_1\partial x_2\partial x_3}\right)\end{aligned}$$

$$+\sum_{k=1}^{n_c-1}{}'\left(e_{ik}(E_2c_h^n)E_1U_h^n\cdot\nabla E_2c_{kh}^n,z_h\right)=(g_i(E_2c_h^n),z_h),\quad\forall z_h\in M_h,\tag{7.3.9}$$

$$A(c_{h,m};U_{h,m},v)+B(v,P_{h,m})=0,\quad\forall v\in V_h,\tag{7.3.10a}$$

$$B(U_{h,m},w)=-\left(\sum_{i=1}^{n_c}Q_i(c_{ih,m}),w\right),\quad\forall w\in W_h,\tag{7.3.10b}$$

此处 $A(c,u,v)=\sum_{i=1}^{3}\left((K\lambda)^{-1}u_i,u_i\right),B(u,w)=-(\nabla\cdot u,w),\lambda=\sum_{j=1}^{n_p}\lambda_j,\sigma$ 是一个正常数. 如果

$c_{ih}^n=\sum_{\alpha\beta\gamma}\delta_{\alpha\beta\gamma}(t^n)\varphi_\alpha\psi_\beta\omega_\gamma=\sum_{\alpha\beta\gamma}\delta_{\alpha\beta\gamma}^n\varphi_\alpha\psi_\beta\omega_\gamma$, 则 (7.3.9) 能写为下述形式:

$$(C_{x_1}+\sigma\Delta t_cA_{x_1})(C_{x_2}+\sigma\Delta t_cA_{x_2})(C_{x_3}+\sigma\Delta t_cA_{x_3})\left(\delta^n-\delta^{n-1}\right)=\Delta t_cF^n,\tag{7.3.11}$$

此处

$$C_{x1}=\left\{\int_0^1\phi_1\varphi_\alpha\varphi_{\alpha'}\mathrm{d}x_1\right\},\quad C_{x2}=\left\{\int_0^1\phi_2\psi_\beta\psi_{\beta'}\mathrm{d}x_2\right\},$$

$$C_{x3}=\left\{\int_0^1\phi_3\omega_\gamma\omega_{\gamma'}\mathrm{d}x_3\right\},\quad A_{x_1}=\left\{\int_0^1\phi_1\varphi'_\alpha\varphi'_{\alpha'}\mathrm{d}x_1\right\},$$

$$A_{x_2}=\left\{\int_0^1\phi_2\psi'_\beta\psi'_{\beta'}\mathrm{d}x_2\right\},\quad A_{x_3}=\left\{\int_0^1\phi_3\omega'_\gamma\omega'_{\gamma'}\mathrm{d}x_3\right\},$$

$$\begin{aligned}F_{\alpha\beta\gamma}^n=&\left(\frac{\phi(\hat{c}_{ih}^{n-1}-c_{ih}^{n-1})}{\Delta t_c},\varphi_\alpha\psi_\beta\omega_\gamma\right)\\&-\sum_{j=1}^{n_p}\sum_{k=1}^{n_c-1}\left(\phi S_j(E_2c_h^n)D_j(E_1U_{jh}^n)\frac{\partial c_{ij}}{\partial c_k}(E_2c_h^n)\nabla E_2c_{kh}^n,\nabla(\varphi_\alpha\psi_\beta\omega_\gamma)\right)\\&-\sum_{k=1}^{n_c-1}{}'(e_{ik}(E_2c_h^n)E_1U_h^n\cdot\nabla E_2c_{kh}^n,\varphi_\alpha\psi_\beta\omega_\gamma)+(g_i(E_2c_h^n),\varphi_\alpha\psi_\beta\omega_\gamma).\end{aligned}$$

如果我们引入参数 $\zeta_{\alpha\beta\gamma}^n,\chi_{\alpha\beta\gamma}^n,\eta_{\alpha\beta\gamma}^n$, 问题 (7.3.10) 是由下述计算程序求解:

(1) 解 $(C_{x_1}+\sigma\Delta t_cA_{x_1})\zeta^n=\Delta t_cF^n$,

(2) 解 $(C_{x_2}+\sigma\Delta t_cA_{x_2})\chi^n=\zeta^n$,

(3) 解 $(C_{x_3}+\sigma\Delta t_cA_{x_3})\eta^n=\chi^n$,

(4) $\delta^n=\delta^{n-1}+\eta^n$.

求解过程顺序如下: 首先用函数 $c_{ih}^0\,(i=1,2,\cdots,n_c-1)\in M_h$ 逼近 $c_i^0(i=1,2,\cdots,n_c-1)$ 能够用插值, L^2 投影, 或 H^1 投影. 从 (7.3.10a),(7.3.10b) 解得 $\{U_{h,0},P_{h,0}\}$, 从 (7.3.11) 可得 $c_{ih}^n\,(i=1,2,\cdots,n_c-1)$, 此处 $\hat{c}_{ih}^{n-1}=c_{ih}^{n-1}(\hat{x}),\hat{x}=-\phi^{-1}(x)\,b_i(E_2c_h^n)\,E_1U_h^n\Delta t_c$; 最后, 从 (7.3.10a), (7.3.10b) 得到 $\{U_{h,m},P_{h,m}\}$.

7.3.3 收敛性分析

在下述数值分析为应用 Wheeler 技巧[36,37] 引入两个辅助椭圆投影: 设 $\left\{\tilde{u}_h, \tilde{P}_h\right\}: J \to V_h \times W_h$ 满足

$$A(c; \tilde{u}_h, v) + B\left(u, \tilde{P}_h\right) = 0, \forall v \in V_h, b(\tilde{u}_h, w) = -\left(\sum_{i=1}^{n_c} Q_i(c_i), w\right), \forall w \in W_h.$$

设 $\{\tilde{c}_h\}: J \to M_h^{n_c-1}$ 满足

$$\begin{aligned}&\left(\sum_{j=1}^{n_p}\sum_{k=1}^{n_c-1}\phi S_j(c)D_j(U_j)\frac{\partial c_{ij}}{\partial c_k}(c)\nabla(c_k-\tilde{c}_k), \nabla z_i\right)\\&+\sum_{k=1}^{n_c-1}(e_{ik}(c)U\cdot\nabla(c_k-\tilde{c}_k), z_j)+\lambda_i(c_i-\tilde{c}_i, z_i)=0,\end{aligned}$$

$\forall z_i \in M_h, i = 1, 2, \cdots, n_c - 1$. 可得

$$\|U_{h,m}-\tilde{u}_{h,m}\|_V+\left\|P_{h,m}-\tilde{P}_{h,m}\right\|_W \leqslant \sum_{i=1}^{n_c-1}\|c_{im}-c_{ih,m}\|_0. \tag{7.3.12}$$

选取 $c_{ih}^0 = \tilde{c}_{ih}(0), i = 1, 2, \cdots, n_c - 1$, 记 $\zeta_i = c_i - \tilde{c}_{ih}, \xi_i = \tilde{c}_{ih} - c_{ih}$. 能得下述误差方程:

$$\begin{aligned}&\left(\phi\frac{\xi_i^n-\xi_i^{n-1}}{\Delta t_c}, \xi_i^n\right)+\sum_{j=1}^{n_p}\sum_{k=1}^{n_c-1}\left(\phi S_j(E_2c_h^n)D_j(E_1U_{jh}^n)\frac{\partial c_{ij}}{\partial c_k}(E_2c_h^n)\nabla\xi_k^n, \nabla\xi_i^n\right)\\&+\sigma(\phi\nabla(\xi_i^n-\xi_i^{n-1}), \nabla\xi_i^n)+\sigma^2\Delta t_c\sum_{k\neq j,i,j=1,2,3}^{3}\left(\phi\frac{\partial^2(\xi_i^n-\xi_i^{n-1})}{\partial x_k\partial x_j}, \frac{\partial^2\xi_i^n}{\partial x_k\partial x_j}\right)\\&+\sigma^3(\Delta t_c)^2\left(\phi\frac{\partial^3(\xi_i^n-\xi_i^{n-1})}{\partial x_1\partial x_2\partial x_3}, \frac{\partial^3\xi_i^n}{\partial x_1\partial x_2\partial x_3}\right)\\=&\left(\phi\frac{\partial c_i^n}{\partial t}+b_i(c^n)U^n\cdot\nabla c_i^n-\phi\frac{c_i^n-\breve{c}_i^{n-1}}{\Delta t_c}, \xi_i^n\right)\\&+\left(\phi\frac{\hat{c}_i^n-\breve{c}_i^{n-1}}{\Delta t_c}, \xi_i^n\right)+\left(\phi\frac{\hat{\xi}_i^{n-1}-\xi_i^{n-1}}{\Delta t_c}, \xi_i^n\right)+\left(\phi\frac{\zeta_i^n-\hat{\zeta}_i^{n-1}}{\Delta t_c}, \xi_i^n\right)\\&+\sum_{j=1}^{n_p}\sum_{k=1}^{n_c-1}\left(\phi\left[S_j(c^n)D_j(U_j)\frac{\partial c_{ij}}{\partial c_k}(c^n)-S_j(E_2c_h^n)D_j(U_{jh})\frac{\partial c_{ij}}{\partial c_k}(E_2c_h^n)\right]\nabla\tilde{c}_{kh}^n, \nabla\xi_i^n\right)\\&+\sum_{j=1}^{n_p}\sum_{k=1}^{n_c-1}\left(\phi S_j(E_2c_h^n)D_j(E_1U_{ih}^n)\frac{\partial c_{ij}}{\partial c_k}(E_2c_h^n)\nabla(\tilde{c}_{kh}^n-E_2c_{kh}^n), \nabla\xi_i^n\right)+\lambda_i(\zeta_i^n, \xi_i^n)\end{aligned}$$

$$+\left(g_i\left(E_2c_h^n\right)-g_i\left(c^n\right),\xi_i^n\right)+\sigma(\phi\nabla(\zeta_i^n-\zeta_i^{n-1}),\nabla\xi_i^n)+\sigma(\phi\nabla(c_i^n-c_i^{n-1}),\nabla\xi_i^n)$$
$$+\sigma^2\Delta t_{\mathrm{c}}\sum_{k\neq j,k,j=1,2,3}^{3}\left\{\left(\phi\frac{\partial^2\left(\zeta_i^n-\zeta_i^{n-1}\right)}{\partial x_k\partial x_j},\frac{\partial^2\xi_i^n}{\partial x_k\partial x_j}\right)+\left(\phi\frac{\partial^2\left(c_i^n-c_i^{n-1}\right)}{\partial x_k\partial x_j},\frac{\partial^2\xi_i^n}{\partial x_k\partial x_j}\right)\right\}$$
$$+\sigma^3\left(\Delta t_{\mathrm{c}}\right)^2\left\{\left(\phi\frac{\partial^3(\zeta_i^n-\zeta_i^{n-1})}{\partial x_1\partial x_2\partial x_3},\frac{\partial^3\xi_i^n}{\partial x_1\partial x_2\partial x_3}\right)+\left(\phi\frac{\partial^3(c_i^n-c_i^{n-1})}{\partial x_1\partial x_2\partial x_3},\frac{\partial^3\xi_i^n}{\partial x_1\partial x_2\partial x_3}\right)\right\}. \tag{7.3.13}$$

此处 $\hat{c}_i^{n-1}=c_i^{n-1}\left(\hat{x}\right),\hat{x}=x-\phi^{-1}\left(x\right)b_i\left(E_2c_h^n\right)E_1U_h^n\Delta t_{\mathrm{c}},\breve{c}_i^{n-1}=c_i^{n-1}\left(\breve{x}\right),\breve{x}=x-\phi^{-1}\left(x\right)b_i\left(E_2c^n\right)E_1U^n\Delta t_{\mathrm{c}}$,

$$\hat{\xi}_i^{n-1}=\xi_i^{n-1}\left(\hat{x}\right),\breve{\xi}_i^{n-1}=\xi_i^{n-1}\left(\breve{x}\right),\cdots.$$

为了下面的证明. 记 k 表示最大的指数使得 $t_{k-1}<t_L$, 如果 t^L 是一压力时间层, 则 $t^L=t_k$. 引入归纳法假定,

$$\sup_{1\leqslant n\leqslant L-1}\max_{1\leqslant i\leqslant n_{\mathrm{c}}-1}h_{\mathrm{c}}^{-1}\left\|\xi_i^n\right\|_{L^2}\to 0,\quad \sup_{1\leqslant m\leqslant k-1}\left\|u_{h,m}-\tilde{u}_{h,m}\right\|_{L^2}\to 0, \tag{7.3.14}$$

方程 (7.3.13) 对 i 求和, 并估计 (7.3.13) 左端诸项:

$$\sum_{i=1}^{n_{\mathrm{c}}-1}\left(\phi\frac{\xi_i^n-\xi_i^{n-1}}{\Delta t_{\mathrm{c}}},\xi_i^n\right)\geqslant\frac{1}{2\Delta t_{\mathrm{c}}}\left\{\sum_{i=1}^{n_{\mathrm{c}}-1}(\phi\xi_i^n,\xi_i^n)-\sum_{i=1}^{n_{\mathrm{c}}-1}(\phi\xi_i^{n-1},\xi_i^{n-1})\right\}, \tag{7.3.15a}$$

$$\sum_{j=1}^{n_{\mathrm{p}}}\sum_{i=1}^{n_{\mathrm{c}}-1}\sum_{k=1}^{n_{\mathrm{c}}-1}\left(\phi S_j(E_2c_i^n)D_j(E_1U_{jh}^n)\frac{\partial c_{ij}}{\partial c_k}(E_2c_i^n)\nabla\xi_k^n,\nabla\xi_i^n\right)\geqslant D_*\sum_{i=1}^{n_{\mathrm{c}}-1}\left\|\phi^{1/2}\nabla\xi_i^n\right\|_0^2, \tag{7.3.15b}$$

$$\sum_{i=1}^{n_{\mathrm{c}}-1}\sigma(\phi\nabla(\xi_i^n-\xi_i^{n-1}),\nabla\xi_i^n)\geqslant\frac{\sigma}{2}\left\{\sum_{i=1}^{n_{\mathrm{c}}-1}(\phi\nabla\xi_i^n,\nabla\xi_i^n)-\sum_{i=1}^{n_{\mathrm{c}}-1}(\phi\nabla\xi_i^{n-1},\nabla\xi_i^{n-1})\right\}, \tag{7.3.15c}$$

$$\sum_{i=1}^{n_{\mathrm{c}}-1}\sigma^2\Delta t_{\mathrm{c}}\sum_{k\neq j,k,j=1,2,3}^{3}\left(\phi\frac{\partial^2(\xi_i^n-\xi_i^{n-1})}{\partial x_k\partial x_j},\frac{\partial^2\xi_i^n}{\partial x_k\partial x_j}\right)$$
$$\geqslant\frac{\sigma^2\Delta t_{\mathrm{c}}}{2}\sum_{i=1}^{n_{\mathrm{c}}-1}\sum_{k\neq j}^{3}\left\{\left(\phi\frac{\partial^2\xi_i^n}{\partial x_k\partial x_j},\frac{\partial^2\xi_i^n}{\partial x_k\partial x_j}\right)-\left(\phi\frac{\partial^2\xi_i^{n-1}}{\partial x_k\partial x_j},\frac{\partial^2\xi_i^{n-1}}{\partial x_k\partial x_j}\right)\right\}, \tag{7.3.15d}$$

$$\sum_{i=1}^{n_{\mathrm{c}}-1}\sigma^3(\Delta t_{\mathrm{c}})^2\left(\phi\frac{\partial^3(\xi_i^n-\xi_i^{n-1})}{\partial x_1\partial x_2\partial x_3},\frac{\partial^3\xi_i^n}{\partial x_1\partial x_2\partial x_3}\right)$$

$$\geqslant \frac{\sigma^3(\Delta t_c)^2}{2}\sum_{i=1}^{n_c-1}\left\{\left(\phi\frac{\partial^3\xi_i^n}{\partial x_1\partial x_2\partial x_3},\frac{\partial^3\xi_i^n}{\partial x_1\partial x_2\partial x_3}\right)-\phi\left(\phi\frac{\partial^3\xi_i^{n-1}}{\partial x_1\partial x_2\partial x_3},\frac{\partial^3\xi_i^{n-1}}{\partial x_1\partial x_2\partial x_3}\right)\right\}. \tag{7.3.15e}$$

对 (7.3.13) 右端应用先验估计理论和负模估计技巧, 可得

$$\begin{aligned}&\frac{1}{2\Delta t_c}\left\{\sum_{i=1}^{n_c-1}(\phi\xi_i^n,\xi_i^n)-\sum_{i=1}^{n_c-1}(\phi\xi_i^{n-1},\xi_i^{n-1})\right\}\\&+\left(\frac{\sigma}{2}+D_*\right)\sum_{i=1}^{n_c-1}\left\|\phi^{1/2}\nabla\xi_i^n\right\|_0^2-\frac{\sigma}{2}\sum_{i=1}^{n_c-1}\left\|\phi^{1/2}\nabla\xi_i^{n-1}\right\|_0^2\\&+\frac{\sigma^2\Delta t_c}{2}\sum_{i=1}^{n_c-1}\sum_{k\neq j}^{3}\left\{\left(\phi\frac{\partial^2\xi_i^n}{\partial x_k\partial x_j},\frac{\partial^2\xi_i^n}{\partial x_k\partial x_j}\right)-\left(\phi\frac{\partial^2\xi_i^{n-1}}{\partial x_k\partial x_j},\frac{\partial^2\xi_i^{n-1}}{\partial x_k\partial x_j}\right)\right\}\\&+\frac{\sigma^3(\Delta t_c)^2}{2}\sum_{i=1}^{n_c-1}\left\{\left(\phi\frac{\partial^3\xi_i^n}{\partial x_1\partial x_2\partial x_3},\frac{\partial^3\xi_i^n}{\partial x_1\partial x_2\partial x_3}\right)-\phi\left(\varPhi\frac{\partial^3\xi_i^{n-1}}{\partial x_1\partial x_2\partial x_3},\frac{\partial^3\xi_i^{n-1}}{\partial x_1\partial x_2\partial x_3}\right)\right\}\\\leqslant& M\{h_p^{2(k+1)}+h_c^{2(l+1)}+(\Delta t_c)^2+(\Delta t_p)^4\}+\frac{\sigma^3(\Delta t_c)^2}{2}\sum_{i=1}^{n_c-1}\sum_{k\neq 1}^{3}\left(\phi\frac{\partial^2\xi_i^n}{\partial x_k\partial x_j},\frac{\partial^2\xi_i^n}{\partial x_k\partial x_j}\right)\\&+\frac{\sigma^3(\Delta t_c)^3}{2}\sum_{i=1}^{n_c-1}\left(\phi\frac{\partial^3\xi_i^n}{\partial x_1\partial x_2\partial x_3},\frac{\partial^3\xi_i^n}{\partial x_1\partial x_2\partial x_3}\right)+\varepsilon\sum_{i=1}^{n_c-1}(\phi\nabla\xi_i^n,\nabla\xi_i^n).\end{aligned} \tag{7.3.16}$$

用 $2\Delta t$ 乘以 (7.3.16), 求和 $0\leqslant n\leqslant L$, 应用 Gronwall 引理可得

$$\sum_{i=1}^{n_c-1}\left\|\xi_i^L\right\|^2+\sum_{n=1}^{L}\sum_{i=1}^{n_c-1}\left\|\nabla\xi_i^n\right\|^2\Delta t_c\leqslant M\{h_p^{2(k+1)}+h_c^{2(l+1)}+(\Delta t_c)^2+(\Delta t_p)^4\}. \tag{7.3.17}$$

余下去检验归纳法假定 (7.3.14), 假设 $k\geqslant 1, l\geqslant 1$, 在下述限定:

$$\Delta t_p=O((\Delta t_c)^2),\quad \Delta t_c=o(h_p^{3/2})=o(h_c^{3/2}),\quad h_p^{k+1}=o(h_c^{3/2}),\quad h_c^{l+1}=o(h_p^{3/2}). \tag{7.3.18}$$

定理 7.3.1 假设问题 (7.3.2)~(7.3.6) 的精确解是光滑的. 采用交替方向特征有限元格式 (7.3.9)~(7.3.10) 计算. 假定 $k\geqslant 1, t\geqslant 1$. 空间和时间离散参数满足关系式 (7.3.18), 则下述误差估计式成立:

$$\begin{aligned}&\|p-P_h\|_{\bar L^\infty(J;L^2(\Omega))}+\|u-U_h\|_{\bar L^\infty(J;L^2(\Omega))}+\sum_{i=1}^{n_c-1}\|c_i-C_{ih}\|_{\bar L^\infty(J;L^2(\Omega))}\\&+h_c\sum_{i=1}^{n_c-1}\|c_i-C_{ih}\|_{\bar L^2(J;H^1(\Omega))}\leqslant M\{h_p^{k+1}+h_c^{l+1}+\Delta t_c+(\Delta t_p)^2\}.\end{aligned} \tag{7.3.19}$$

7.4 非矩形域渗流耦合系统特征修正交替方向有限元方法

7.4.1 引言

在多孔介质地下渗流驱动问题的非稳定流数值模拟, 当第一、第三层可近似地认为水平流动, 而置于它们中间的层 (弱渗透层) 仅有垂直流动时, 需要求解下述一类多层对流扩散耦合问题的初边值问题[14,36~39]:

$$\Phi_1(\xi)\frac{\partial u}{\partial t}+\boldsymbol{a}(\xi,t)\cdot\bar{\nabla}u-\bar{\nabla}\cdot(K_1(\xi,t)\bar{\nabla}u)+K_2(\xi,z,t)\frac{\partial w}{\partial z}\Big|_{z=H}=Q_1(\xi,t,u),$$

$$\xi=(\xi_1,\xi_2)^{\mathrm{T}}\in\Omega_{1g},\quad t\in J=(0,T], \tag{7.4.1a}$$

$$\Phi_2(\xi,z)\frac{\partial w}{\partial t}=\frac{\partial}{\partial z}\left(K_2(\xi,z,t)\frac{\partial w}{\partial z}\right),\quad (\xi_1,\xi_2,z)^{\mathrm{T}}\in\Omega_g,t\in J, \tag{7.4.1b}$$

$$\Phi_3(\xi)\frac{\partial v}{\partial t}+\boldsymbol{b}(\xi,t)\cdot\bar{\nabla}v-\bar{\nabla}\cdot(K_3(\xi,t)\bar{\nabla}v)-K_2(\xi,z,t)\frac{\partial w}{\partial z}\Big|_{z=0}=Q_3(\xi,t,v), \tag{7.4.1c}$$

此处$\boldsymbol{a}(\xi,t)=(a_1(\xi,t),a_2(\xi,t))^{\mathrm{T}},\boldsymbol{b}(\xi,t)=(b_1(\xi,t),b_2(\xi,t))^{\mathrm{T}},\bar{\nabla}=\left(\frac{\partial}{\partial\xi_1},\frac{\partial}{\partial\xi_2}\right)^{\mathrm{T}}$, Ω_{1g} 为平面非矩形区域, $\Omega_g=\{(\xi_1,\xi_2,z)|(\xi_1,\xi_2)\in\Omega_{1g},0<z<H\}$ 为三维空间柱形域; $\partial\Omega_{1g},\partial\Omega_g$ 分别为 Ω_{1g} 和 Ω_g 的边界如图 7.4.1 所示.

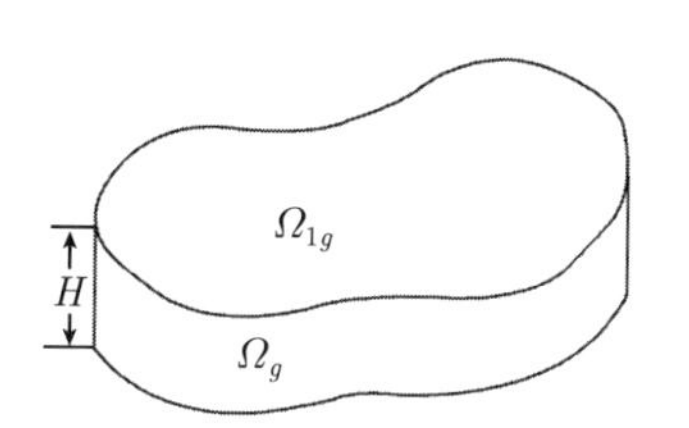

图 7.4.1 区域 Ω_{1g},Ω_g 的示意图

初始条件:

$$u(\xi,0)=\psi_1(\xi),\xi\in\Omega_{1g},\quad w(\xi_1,\xi_2,z,0)=\psi_2(\xi_1,\xi_2,z),$$

$$(\xi_1,\xi_2,z)\in\Omega_g,v(\xi,0)=\psi_3(\xi),\quad \xi\in\Omega_{1g}. \tag{7.4.2}$$

边界条件是不渗透的, 即满足:

$$\frac{\partial u}{\partial\gamma}(\xi,t)\Big|_{\partial\Omega_{1g}}=0,\frac{\partial v}{\partial\gamma}(\xi,t)\Big|_{\partial\Omega_{1g}}=0,\frac{\partial}{\partial n}w(\xi_1,\xi_2,z,t)|_{z=0,H;\partial\Omega_{1g}}=0,\quad t\in J, \tag{7.4.3a}$$

$$w(\xi,z,t)\big|_{z=H}=u(\xi,t),\xi\in\Omega_{1g},t\in J;$$

$$w(\xi,z,t)\big|_{z=0}=v(\xi,t),\xi\in\Omega_{1g},t\in J,(\text{内边界条件}) \tag{7.4.3b}$$

此处 γ 是边界曲线 $\partial\Omega_{1g}$ 的外法线方向矢量, n 是边界曲面 $\partial\Omega_g$ 的外法向矢量. 在渗流力学上, 待求函数 u,w,v 为位势函数, ∇u、∇v、∇w 为达西速度, $\Phi_1(\xi)$、$\Phi_3(\xi)$、

$\Phi_2(\xi_1,\xi_2,z)$ 为相应地层岩石的孔隙度. $K_1(\xi,t),K_3(\xi,t),K_2(\xi_1,\xi_2,z,t)$ 为渗透率函数, $\boldsymbol{a}(\xi,t),\boldsymbol{b}(\xi,t)$ 为相应的对流矢量函数, 通常 $\boldsymbol{a}(\xi,t)\big|_{\partial\Omega_{1g}}=\mathbf{0},\boldsymbol{b}(z,t)\big|_{\partial\Omega_{1g}}=\mathbf{0},\mathbf{0}=(0,0)^{\mathrm{T}}$. $Q_1(\xi,t,u),Q_3(\xi,t,v)$ 为相应的产量项.

对油气资源勘探开发和地下渗流数值模拟计算, 它是大规模、大范围、多层的, 其节点个数多达数万乃至数百万个, 需分数步长和并行计算技术, 将高维问题的计算化为连续解几个一维问题计算[14,16,17] 才能完整地解决问题. 对抛物型的算子分裂有限元法或称交替方向有限元方法, 首先有 Douglas 和 Dupont 作了开创性研究工作[40], 在此基础上 Dendy,Fairweather,Hayes 等作了进一步研究和拓广[20~23,42]. 对于多层地下渗流耦合系统的非稳定流数值模拟计算, 且有重要的实用和理论价值. 我们从研究这类问题实际数值模拟出发, 对一般非矩形区域的情况, 提出两种并行计算的特征修正耦合分数步有限元格式. 应用变分形式、等参变换、Patch 逼近、算子分裂、特征线法、能量方法、负模估计、微分方程先验估计和特殊技巧, 得到最佳阶 L^2 模误差估计.

假定问题 (7.4.1)~(7.4.3) 的精确解具有一定的光滑性, 即满足:

$$(R)\ \frac{\partial^2 u}{\partial\tau_1^2},\frac{\partial^2 v}{\partial\tau_2^2}\in L^\infty(L^\infty(\Omega_{1g})),\quad u,v\in L^\infty(W^{k+1}(\Omega_{1g})),$$

$$\frac{\partial^2 w}{\partial t^2}\in L^\infty(L^\infty(\Omega_g)),\quad W\in L^\infty(W^{l+1}(\Omega_g)).$$

此处 $l\geqslant 1$ 和 $k\geqslant 0$ 是被选定的整数对于这逼近格式. 特别是 l 和 k 是逼近 w 和 u、v 的多项式的阶数. 通常问题是正定的.

$$(C)\ 0<\ \Phi_*\leqslant\Phi_a\leqslant\Phi^*,0<K_*\leqslant K_a\leqslant K^*,\quad a=1,2,3,$$

此处 Φ_*,Φ^*,K_* 和 K^* 均为正常数. $Q_1(\xi_1,\xi_2,t,u),Q_3(\xi_1,\xi_2,t,v)$ 关于 u,v 在的解 ε_0 邻域是 Lipschitz 连续的.

7.4.2　某些准备工作

设 Ω_{1g} 为给定的平面曲边区域, 坐标为 $(\xi_1,\xi_2)\in\mathbf{R}^2,\Omega_1$ 为矩形域或边界平行坐标轴的多边形区域, 坐标为 $(x,y)\in\mathbf{R}^2$. 存在 $F:\Omega_1\to\Omega_{1g}$ 为由四边形等参元正则族定义的可逆映射, 剖分参数为 h_1[20~23].

定义:

$$(f,g)_{\Omega_{1g}}=\int_{\Omega_{1g}}f\cdot g\mathrm{d}\xi\mathrm{d}\eta,\quad (f,g)=\int_{\Omega_1}f\cdot g\mathrm{d}x_1\mathrm{d}x_2.$$

记 $\rho(x,y)=\left|J(F^{-1})\right|$ 表示 F^{-1} 的 Jacobi 行列式. 这映射 F 是一个等参映射将在标准域 Ω_1 上的矩形单元映射到一般区域 Ω_{1g} 上的曲边单元. 于是有

$$(f,g)_{\Omega_{1g}}=\int_{\Omega_{1g}}f\cdot g\mathrm{d}\xi\mathrm{d}\eta=\int_{\Omega_1}f\cdot g\left|J(F^{-1})\right|\mathrm{d}x\mathrm{d}y=(f,\rho g),$$

定义: $\|f\|_\rho=(\rho f,f),\|f\|_{\rho,1}=(\rho\nabla f,\nabla f)+(\rho f,f)$, 此处 $\nabla=\left(\dfrac{\partial}{\partial x},\dfrac{\partial}{\partial y}\right)^{\mathrm{T}}$, 且易知:

$$\|f\|_\rho=\|f\|_{L^2(\Omega_{1g})},\quad m_1\|f\|^2_{H^1(\Omega_{1g})}\leqslant\|f\|^2_{\rho,1}\leqslant M_1\|f\|^2_{H^1(\Omega_{1g})}.$$

此处 m_1,M_1 为两个确定的正常数.

设 $N_h(\Omega)\subset W^{1,\infty}(\Omega_{1g})$ 是 k 阶等参有限元空间, 逆估计成立. 满足下述逼近性条件:

$$\inf_{z_h\subset M_h(\Omega_{1g})}\|z-z_h\|_{1,q}\leqslant M\|z\|_{k+1,q,\Omega_{1g}}h_1^k,\quad z\in W^{k+1,q}(\Omega_{1g}),1\leqslant q\leqslant\infty,\tag{7.4.4}$$

$N_h(\Omega_1)$ 是在 Ω_1 通过等参映射与 $N_h(\Omega_{1g})$ 相联系的有限维子空间, 且满足 $N_h(\Omega_1)\subset G(\Omega_1)$, 其中

$$G(\Omega_1)=\left\{f\in H^1(\Omega_1),\frac{\partial^2 f}{\partial x\partial y}\in L^2(\Omega_1)\right\}.$$

假设 $N_h(\Omega_1)$ 的基函数可用张量积形式表示.

设 $r_1(x,y),\tilde{K}_1(x,y,t),r_3(x,y),\tilde{K}_3(x,y,t)$ 满足:

$$(\rho r_1\boldsymbol{a}\cdot\nabla u,z)+(\rho\tilde{K}_1\nabla u,\nabla z)=(\boldsymbol{a}\cdot\bar{\nabla}u,z)_{\Omega_{1g}}+(K_1\bar{\nabla}u,\bar{\nabla}z)_{\Omega_{1g}},\tag{7.4.5a}$$

$$(\rho r_3\boldsymbol{b}\cdot\nabla v,z)+(\rho\tilde{K}_3\nabla v,\nabla z)=(\boldsymbol{b}\cdot\bar{\nabla}v,z)_{\Omega_{1g}}+(K_3\bar{\nabla}v,\bar{\nabla}z)_{\Omega_{1g}}.\tag{7.4.5b}$$

容易证明存在常 $0<\bar{K}_*<\bar{K}^*$, 使得对 $\forall z\in\mathbf{R}^2$,

$$\bar{K}_*\|z\|_p^2\leqslant(\rho\tilde{K}_iz,z)\leqslant\bar{K}^*\|z\|_p^2,\quad i=1,3.$$

同样对三维区域存在 $\bar{F}:\Omega\to\Omega_g$, 此处 $\bar{F}=\begin{pmatrix}F\\Z\end{pmatrix}$, 即 $(x,y)\xrightarrow{F}(\xi_1,\xi_2),z\to z$. 此处 $\Omega=\Omega_1\times[0,H]$. Ω_g 亦可写为 $\Omega_g=\Omega_{1g}\times[0,H]$.

7.4.3 特征修正算子分裂有限元格式

对问题 (7.4.1)~(7.4.3) 为了得到弱形式, 对 (7.4.1a)、(7.4.1c) 乘以 $\omega\in H^1(\Omega_{1g})$, 对 (7.4.1b) 乘以 $\chi\in H^1(\Omega_g)$, 分部积分建立:

$$\begin{aligned}&\left(\varPhi_1\frac{\partial u}{\partial t},\omega\right)_{\Omega_{1g}}+(\boldsymbol{a}\cdot\bar{\nabla}u,\omega)_{\Omega_{1g}}+(K_1\bar{\nabla}u,\bar{\nabla}\omega)_{\Omega_{1g}}+\left(K_2\left.\frac{\partial w}{\partial z}\right|_{z=H},\omega\right)_{\Omega_{1g}}\\=&(Q_1(u),\omega)_{\Omega_{1g}},\quad\forall\omega\in H^1(\Omega_{1g}),t\in J=(0,T],\end{aligned}\tag{7.4.6a}$$

$$\left(\varPhi_3\frac{\partial v}{\partial t},\omega\right)_{\Omega_{1g}}+(\boldsymbol{b}\cdot\bar{\nabla}v,\omega)_{\Omega_{1g}}+(K_3\bar{\nabla}v,\bar{\nabla}\omega)_{\Omega_{1g}}-\left(K_2\left.\frac{\partial w}{\partial z}\right|_{z=0},\omega\right)_{\Omega_{1g}}$$

$$=(\Omega_3(v),\omega)_{\Omega_{1g}},\quad \forall \omega\in H^1(\Omega_{1g}),t\in J, \tag{7.4.6b}$$

$$\left(\Phi_2\frac{\partial w}{\partial z},\chi\right)_{\Omega_g}+\left(K_2\frac{\partial w}{\partial z},\frac{\partial \chi}{\partial z}\right)_{\Omega_g}-\left\{\left(K_2\left.\frac{\partial w}{\partial z}\right|_{z=H},\chi|_{z=H}\right)_{\Omega_{1g}}\right.$$
$$\left.-\left(K_2\frac{\partial w}{\partial z}|z=0,\chi|_{z=0}\right)_{\Omega_{1g}}\right\}=0,\quad \forall \chi\in H^1(\Omega_g),t\in J. \tag{7.4.6c}$$

7.4.3.1 特征有限元格式 1

方程 (7.4.1a) 这流动实际上沿着迁移的特征方向, 用特征线法处理 (7.4.1a) 的一阶双曲部分, 可以克服数值弥散和振荡, 具有很好的稳定性和精确度, 对 t 可用大步长计算[13,15,29]. 记 $\psi_1(\xi,\bar{a})=[\Phi_1^2+|\boldsymbol{a}|^2]^{1/2}$, 此处 $\xi=(\xi_1,\xi_2)^{\mathrm{T}}$, 则 (7.4.1a) 可改写为

$$\psi_1\frac{\partial u}{\partial \tau_1}-\bar{\nabla}\cdot(K_1(\xi_1,\xi_2,t)\bar{\nabla}u)+K_2(\xi_1,\xi_2,z,t)\left.\frac{\partial w}{\partial z}\right|_{z=H}=Q_1(u), \tag{7.4.7a}$$

方程 (7.4.6a) 可改写为

$$\left(\psi_1\frac{\partial u}{\partial \tau_1},\omega\right)_{\Omega_{1g}}+(K_1\bar{\nabla}u,\bar{\nabla}\omega)_{\Omega_{1g}}+\left(K_2\left.\frac{\partial w}{\partial z}\right|_{z=H},\omega\right)_{\omega_{1g}}=(Q_1(u),\omega)_{\Omega_{1g}}, \tag{7.4.7b}$$

对 $\dfrac{\partial u}{\partial \tau_1}(\xi,t^{n+1})\approx \Phi_1\dfrac{u^{n+1}(\xi)-u^n(\xi-\boldsymbol{a}^{n+1}\Delta t/\Phi_1)}{\Delta t(\Phi_1^2+|\bar{a}^{n+1}|^2)^{1/2}}=\Phi_1\dfrac{u^{n+1}(\xi)-u^n(\bar{\xi}^n)}{\Delta t\psi_1^{n+1}}$, 这向后差商的特征修正的有限元格式如下:

$$\left(\Phi_1\frac{U_h^{n+1}-\bar{U}_h^n}{\Delta t},\omega_h\right)_{\Omega_{1g}}+(K_1(t^{n+1})\bar{\nabla}U^{n+1},\bar{\nabla}\omega_h)_{\Omega_{1g}}$$
$$+\left(K_2(t^{n+1})\left.\frac{\partial W_h^{n+1}}{\partial z}\right|_{z=H},\omega_h\right)_{\Omega_{1g}}=(Q(\bar{U}_h^h),\omega_h)_{\Omega_{1g}}, \tag{7.4.8}$$

此处 $\bar{U}_h^n=U_h^n(\bar{\xi}_{(1)}^n),\bar{\xi}_{(1)}^n=\xi-\boldsymbol{a}^{n+1}\Delta t/\Phi_1$.

在变换 $F^{-1}:\Omega_{1g}\to\Omega_1$ 下, 式 (7.4.8) 成为

$$\left(\rho\Phi_1\frac{U_h^{n+1}-\bar{U}_h^n}{\Delta t},\omega_h\right)+(\rho\tilde{K}_1(t^{n+1})\nabla U_h^{n+1},\nabla\omega_h)$$
$$+\left(\rho K_2(t^{n+1})\left.\frac{\partial W_h^{n+1}}{\partial z}\right|_{z=H},\omega_h\right)=(\rho Q(\bar{U}_h^n),\omega_h). \tag{7.4.9}$$

用算子分裂特征有限元离散格式求解对流扩散方程 (7.4.9), 对 $\Omega_1=[a,b]\times[c,d]$ 的两个坐标方向进行等距剖分, 在 x 方向为 N_x 等分, 在 y 方向为 N_y 等分. 其节点编号为 $\{x_a\,|0\leqslant\alpha\leqslant N_x\},\{y_\beta|\,0\leqslant\beta\leqslant N_y\}$. 在二维网域的整体编号为 $i,i=$

$1,2,\cdots,N;N=(N_x+1)(N_y+1)$. 节点 i 的张量积下标是 $(\alpha(i),\beta(i))$, 此处 $\alpha(i)$ 是 x 轴上对应的节点, $\beta(i)$ 是 y 轴上对应的节点, 这张量积能写为一维基函数的乘积形式:

$$N_i(x,y)=\varphi_{a(i)}(x)\psi_{\beta(i)}(y)=\varphi_a(x)\psi_\beta(y),\quad 1\leqslant i\leqslant N,$$

设有限元空间 $N_h(\Omega_1)=\varphi\otimes\psi$, 其指数为 k, 简记为 $N_h(\Omega_1)$, 记

$$W(\Omega_1)=\left\{w\middle|w,\frac{\partial w}{\partial x},\frac{\partial w}{\partial y},\frac{\partial^2 w}{\partial x\partial y}\in L_2(\Omega_1)\right\},$$

设 $N_h(\Omega_1)\subset W(\Omega_1)$ 其逼近性满足:

$$\inf_{\omega\in N_h}\left\{\sum_{m=0}^{2}h_1^m\sum_{\substack{i+j=m\\ i,j=0,1}}\left\|\frac{\partial^m(u-\omega)}{\partial x^i\partial y^j}\right\|_0\right\}\leqslant Mh_1^{k+1}\|u\|_{k+1,\Omega_1},\tag{7.4.10}$$

此处 $h_1=\max\{(b-a)/N_x,(c-d)/N_y\}$ 为剖分参数.

在上述基础上我们提出算子分裂特征有限元三层格式:

$$\begin{aligned}&\left(\bar\rho\bar\Phi_1\frac{U_h^{n+1}-U_h^n}{\Delta t},\omega_h\right)+(\rho\tilde K_1^n\nabla U_h^n,\nabla\omega_h)+\lambda_1\Delta t(\bar\rho\bar\Phi_1\nabla d_tU_h^n,\nabla\omega_h)\\&+(\lambda_1\Delta t)^2\left(\bar\rho\bar\Phi_1\frac{\partial^2}{\partial x\partial t}d_tU_h^n,\frac{\partial^2}{\partial x\partial y}\omega_h\right)+\left(\rho K_2^n\left.\frac{\partial W_h^{n+1}}{\partial z}\right|_{z-H},\omega_h\right)\\=&(\rho Q_1(\bar U_h^n),\omega_h)+((\bar\rho\bar\Phi_1-\rho\Phi_1)d_tU_h^{n-1},\omega_h)-\left(\rho\Phi_1\frac{U_h^n-\bar U_h^n}{\Delta t},\omega_h\right),\quad\omega_h\in N_h.\end{aligned}\tag{7.4.11}$$

此处 $d_tU_h^n=(U_h^{n+1}-U_h^n)/\Delta t$. 对 ρ、Φ_1 应用 Patch[21,42] 有限元块 $\bar\rho_{ij}$、$\bar\Phi_{1,ij}$ 逼近 $\rho(X)$、$\Phi_1(X)$. 记 $\Omega_{1,ij}=\mathrm{Supp}(N_i)\cap\mathrm{Supp}(N_j)$, 在 $\Omega_{1,ij}$ 上 Φ_1 取为 $\bar\Phi_{1,ij}=\sqrt{\Phi_1(X^i)}\cdot\sqrt{\Phi_1(X^i)},\boldsymbol{\rho}_{ij}=\sqrt{\rho(X^i)}\cdot\sqrt{\rho(X^j)}$, 这里 $X^i\in\mathrm{Supp}(N_i)=\Omega_{1,i}$, 可取为 $\Omega_{1,i}$ 的任意点, 为确定起见, 一般取 X^i 为第 i 个网点, 对充分小的 h_1, 显然有

$$\mathop{\mathrm{Supp}}_{\substack{X\in\Omega_{1,i}\\ 1\leqslant i\leqslant N}}\left|\bar\rho\bar\Phi_1-\rho\Phi_1\right|=o(1),\tag{7.4.12}$$

此处 λ_1 是选定的正常数, 通常取 $\lambda_1\geqslant\dfrac{1}{2}K^*/\Phi_*$. 在实际计算中在 (7.4.11) 中通常用 W_h^n 代替 W_h^{n+1}.

类似地分析, 关于构造对流扩散方程 (7.4.1c) 的算子分裂特征修正有限元格式:

$$\left(\bar\rho\bar\Phi_3\frac{V_h^{n+1}-V_h^n}{\Delta t},\omega_h\right)+(\rho\tilde K_3^n\nabla V_h^n,\nabla\omega_h)+\lambda_3\Delta t(\bar\rho\bar\Phi_3\nabla d_tV_h^n,\nabla\omega_h)$$

$$
+(\lambda_3\Delta t)^2\left(\bar{\rho}\bar{\Phi}_3\frac{\partial^2}{\partial x\partial y}d_tV_h^n,\frac{\partial^2\omega_h}{\partial x\partial y}\right)-\left(\rho K_2^n\frac{\partial W_h^{n+1}}{\partial z}\bigg|_{z=0},\omega_h\right)
$$

$$
=(\rho Q_3(\bar{V}_h^n),\omega_h)+((\bar{\rho}\bar{\Phi}_3\Phi_3)d_tV_h^{n-1},\omega_h)-\left(\rho\Phi_3\frac{V_h^n-\bar{V}_h^n}{\Delta t},\omega_h\right),\quad \omega_h\in N_h, \tag{7.4.13}
$$

此处 $\bar{V}_h^n=V_h^n(\bar{\xi}_{(3)}^n),\bar{\xi}_{(3)}^n=\xi-\boldsymbol{b}^{n+1}\Delta t/\Phi_3$. 对 ρ,Φ_3 同样用 Patch 块 $\bar{\rho}_{ij},\bar{\phi}_{3,ij}$ 逼近 $\rho(X),\Phi_3(X)$. 此处 λ_3 亦是选定的正常数, 通常取 $\lambda_3\geqslant\dfrac{1}{2}K^*/\Phi_*$ 类似地在实际计算时 (7.4.13) 中通常用 W_h^n 代替 W_h^{n+1}.

对方程 (7.4.1b) 关于 $\Omega=[a,b]\times[c,d]\times[0,H]$ 的三个坐标方向等距剖分, 在 x、y 方向的剖分同 Ω_1, 对 z 方向分为 N_z 个等份, 节点编号 $\{z_v|0\leqslant v\leqslant N_z\}$. 其对应的一维基函数为 $\omega_v(z),1\leqslant v\leqslant N_z$. 设有限元空间 $M_{h_2}=M_h=\varphi\otimes\psi\otimes\omega$, 其指数为 l, 其逼近性是:

$$
\inf_{\chi\in M_h}\left\{\|w-\chi\|_{L^2(\Omega)}+h_2^{3/2}\|w-\chi\|_{H^1(\Omega))}\right\}\leqslant Mh_2^{l+1}\|w\|_{l+1,\Omega}, \tag{7.4.14}
$$

此处 $h_2=\max\{(b-a)/N_x,(d-c)/N_y,H/N_z\}$.

方程 (7.4.1b) 的有限元格式:

$$
\left(\rho\Phi_2\frac{W_h^{n+1}-W_h^n}{\Delta t},\chi_h\right)+\left(\rho K_2^n\frac{\partial W_h^{n+1}}{\partial z},\frac{\partial\chi_h}{\partial z}\right)
$$

$$
-\left\{\left(\rho K_2^n\frac{\partial W_h^{n+1}}{\partial z}\bigg|_{z=H},\chi_h|_{z=H}\right)-\left(\rho K_2^n\frac{\partial W_h^{n+1}}{\partial z}\bigg|_{z=0},\chi_h|_{z=0}\right)\right\}=0,
$$

$$
\forall\chi_h\in M_h. \tag{7.4.15}
$$

特征修正算子分裂有限元格式 1　当已知 t^{n-1},t^n 时间层的有限元解 $\{U_h^{n-1},V_h^{n-1},W_h^{n-1}\},\{U_h^n,V_h^n,W_h^n\}\in N_h\times N_h\times M_h$, 按格式 (7.4.11)、(7.4.13)、(7.4.15) 计算下一时刻 t^{n+1} 有的限元解 $\{U_h^{n+1},V_h^{n+1},W_h^{n+1}\}\in N_h\times N_h\times M_h$. 现讨论格式 1 的计算过程, 首先讨论 (7.4.11), 记 $U_h^{n+1}=\sum\limits_{i=1}^{N}\xi_i^{n+1}\varphi_{a(i)}\psi_{\beta(i)}$ 将其代入 (7.4.11), 取 $\omega_h=\varphi_{a(j)}\psi_{\beta(j)}$, 并乘以 Δt 有

$$
\sum_{i=j}^{N}(\xi_i^{n+1}-\xi_i^n)(\bar{\rho}\bar{\Phi}_1\varphi_{a(i)}\psi_{\beta(i)},\varphi_{a(j)}\psi_{\beta(j)})
$$

$$
+\lambda_1\Delta t\sum_{i=j}^{N}(\xi_i^{n+1}-\xi_i^n)\{(\bar{\rho}\bar{\Phi}_1\varphi'_{a(i)}\psi_{\beta(i)},\varphi'_{a(j)}\psi_{\beta(j)})+(\bar{\rho}\bar{\Phi}_1\varphi_{a(i)}\psi'_{\beta(i)},\varphi_{a(j)}\psi'_{\beta(j)})\}
$$

$$
+(\lambda_1\Delta t)^2\sum_{i=j}^{N}(\xi_i^{n+1}-\xi_i^n)(\bar{\rho}\bar{\Phi}_1\varphi'_{a(i)}\psi'_{\beta(i)},\varphi'_{a(j)}\psi'_{\beta(j)})=\Delta tF^n, \tag{7.4.16}
$$

记 $C_x=\left(\int_a^b\varphi_{a(i)}\varphi_{a(j)}\mathrm{d}x\right),C_y=\left(\int_c^d\varphi_{\beta(i)}\varphi_{\beta(j)}\mathrm{d}y\right),A_x=\left(\int_a^b\varphi'_{a(i)}\varphi'_{\beta(j)}\mathrm{d}x\right)$, $A_y=\left(\int_c^d\psi'_{\beta(i)}\psi'_{\beta(j)}\mathrm{d}y\right)$,

$$D=\begin{bmatrix}\bar{\rho}(X^1)\bar{\Phi}_1(X^1) & & & \\ & \bar{\rho}(X^2)\bar{\Phi}_1(X^2) & & \\ & & \ddots & \\ & & & \bar{\rho}(X^N)\bar{\Phi}_1(X^N)\end{bmatrix},$$

则方程 (7.4.16) 能写成

$$D^{1/2}(C_x+\lambda_1\Delta tA_x)\otimes(C_y+\lambda_1\Delta tA_y)D^{1/2}(\xi^{n+1}-\xi^n)=\Delta tF^n,\qquad(7.4.17)$$

此处 F^n 可表达为

$$\begin{aligned}F_{ij}^n=&-\frac{1}{\Delta t}\left(\rho\Phi_1\frac{U_h^n-\bar{U}_h^n}{\Delta t},\varphi_{a(j)}\psi_{\beta(j)}\right)-(\rho\tilde{K}_1^n\nabla U_h^n,\nabla\varphi_{a(j)}\psi_{\beta(j)})\\&-\left(\rho K_2^n\left.\frac{\partial W_h^{n+1}}{\partial z}\right|_{z=H},\varphi_{a(j)}\psi_{\beta(j)}\right)\\&+(\rho Q_1(\bar{U}_h^n),\varphi_{a(j)}\psi_{\beta(j)})+((\bar{\rho}\bar{\Phi}_1-p\Phi_1)d_tU_h^{n-1},\varphi_{a(j)}\psi_{\beta(j)}),\quad 1\leqslant j\leqslant N,\end{aligned}\qquad(7.4.18)$$

这样我们将二维问题分裂为连续解两个一维问题, 且可用追赶法求解. 注意到此处 A_x,A_y,A_x,A_y,D 均与时间 t^n 无关. 故方程 (7.4.17) 仅右端 F^n 与 n 有关, 故解方程 (7.4.17) 时只要改变右端即可.

对 (7.4.13) 记 $V_h^{n+1}=\sum_{i=j}^N\xi_i^{n+1}\varphi_{a(i)}\psi_{\beta(i)}$, 将其代入 (7.4. 13), 取 $\omega_h=\varphi_{a(j)}\psi_{\beta(j)}$ 将乘以 Δt, 经整理可得:

$$\begin{aligned}&\sum_{j=i}^N(\xi_i^{n+1}-\xi_i^n)(\bar{\rho}\bar{\Phi}_3\varphi_{a(i)}\psi_{\beta(i)},\varphi_{a(j)}\psi_{\beta(j)})\\&+\lambda_3\Delta t\sum_{j=i}^N(\xi_i^{n+1}-\xi_i^n)\{(\bar{\rho}\bar{\Phi}_3\varphi'_{a(i)}\psi_{\beta(j)},\varphi'_{a(j)}\psi_{\beta(j)})\\&+(\bar{\rho}\bar{\Phi}_3\varphi_{a(i)}\psi'_{\beta(i)},\varphi_{a(j)}\psi'_{\beta(j)})\}+\lambda_3\Delta t\sum_{j=i}^N(\bar{\rho}\bar{\Phi}_3\varphi'_{a(i)}\psi'_{\beta(i)},\varphi'_{a(j)}\psi'_{\beta(j)})=\Delta tG^n.\end{aligned}\qquad(7.4.19)$$

方程 (7.4.19) 可改写为

$$E^{1/2}(C_x+\lambda_3\Delta tA_x)\otimes(C_y+\lambda_3\Delta tA_y)E^{1/2}(\xi^{n+1}-\xi^n)=\Delta tG^n,\qquad(7.4.20)$$

此处

$$E=\begin{bmatrix} \bar{\rho}(X^1)\bar{\Phi}_3(X^1) & & & \\ & \bar{\rho}(X^2)\bar{\Phi}_3(X^2) & & \\ & & \ddots & \\ & & & \bar{\rho}(X^N)\bar{\Phi}_3(X^N) \end{bmatrix},$$

$$\begin{aligned} G_{ij}^n=&-\frac{1}{\Delta t}\left(\rho\Phi_3\frac{V_h^n-\bar{V}_h^n}{\Delta t},\varphi_{a(j)}\psi_{\beta(j)}\right)-(\rho\tilde{K}_3^n\nabla V_h^n,\nabla\varphi_{a(j)}\psi_{\beta(j)})\\ &-\left(\rho K_2^n\frac{\partial W_h^{n+1}}{\partial z}\bigg|_{z=0},\varphi_{a(j)}\psi_{\beta(j)}\right)\\ &+(\rho Q_3(\bar{V}_h^n),\varphi_{a(j)}\psi_{\beta(j)})+(\bar{\rho}\bar{\Phi}_3-\rho\Phi_3)d_tV_h^{n-1},\varphi_{a(j)}\psi_{\beta(j)}),\quad 1\leqslant j\leqslant N. \end{aligned}\tag{7.4.21}$$

同样将二维问题分解为连续两个一维问题, 且可用追赶法求解.

对方程 (7.4.15) 显然可用追赶法求有限元解 W_h^{n+1}.

有限元格式 1 的计算程序是: 首先由 (7.4.11) 也就是 (7.4.17) 连续解两个一维问题, 求出 $\{U_h^{n+1}\}$, 与此同时计算由 (7.4.13) 也就是 (7.4.20) 连续解两个一维问题求出 $\{V_h^{n+1}\}$, 最后由 (7.4.15) 求出 $\{W_h^{n+1}\}$. 由正定性条件 (C), 此有限元解存在且唯一. 由于此格式为三层格式, 只要已确定第 0 层、第一层的有限元逼近 $\{U_h^0,V_h^0,W_h^0\}$、$\{U_h^1,V_h^1,W_h^1\}$, 应用格式 I 可以依次逐层求出全部近似解.

7.4.3.2 特征有限元格式 II

当已知 t^{n-1}、t^n 时间层的有限元解 $\{U_h^{n-1},V_h^{n-1},W_h^{n-1}\}$、$\{U_h^n,V_h^n,W_h^n\}\in N_h\times N_h\times W_h$, 按下述格式计算出下一时刻 t^{n+1} 的有限元解 $\{U_h^{n+1},V_h^{n+1},W_h^{n+1}\}\in N_h\times N_h\times W_h$.

$$\begin{aligned} &\left(\bar{\rho}\bar{\Phi}_1\frac{U_h^{n+1}-U_h^n}{\Delta t},\omega_h\right)+(\rho\tilde{K}_1^n\nabla U_h^n,\nabla\omega_h)+\lambda_1\Delta t(\bar{\rho}\bar{\Phi}_1\nabla d_tU_h^n,\nabla\omega_h)\\ &+(\lambda_1\Delta t)^2\left(\bar{\rho}\bar{\Phi}_1\frac{\partial^2}{\partial x\partial y}d_tU_h^n,\frac{\partial^2}{\partial x\partial y}\omega_h\right)+\left(\rho K_2^n\ \frac{\partial W^n}{\partial z}\bigg|_{z=H},\omega_h\right)\\ =&(\rho Q_1(\bar{U}_h^n),\omega_h)+((\bar{\rho}\bar{\Phi}_1-\rho\Phi_1)d_tU_h^{n-1},\omega_h)\\ &-\left(\rho\Phi_1\frac{U_h^n-\bar{U}_h^n}{\Delta t},\omega_h\right),\quad\forall\omega_h\in N_h, \end{aligned}\tag{7.4.22}$$

$$\begin{aligned} &\left(\bar{\rho}\bar{\Phi}_3\frac{V_h^{n+1}-V_h^n}{\Delta t},\omega_h\right)+(\rho\tilde{K}_3^n\nabla V_h^n,\nabla\omega_h)+\lambda_3\Delta t(\bar{\rho}\bar{\Phi}_3\nabla d_tV_h^n,\nabla\omega_h)\\ &+(\lambda_3\Delta t)^2\left(\bar{\rho}\bar{\Phi}_3\frac{\partial^2}{\partial x\partial y}d_tV_h^n,\frac{\partial^2}{\partial x\partial y}\omega_h\right)-\left(\rho K_2^n\frac{\partial W^n}{\partial z}\bigg|_{z=0},\omega_h\right)\\ =&(\rho Q_3(\bar{V}_h^n),\omega_h)+((\bar{\rho}\bar{\Phi}_3-\rho\Phi_3)d_tV_h^{n-1},\omega_h) \end{aligned}$$

$$-\left(\rho\Phi_3\frac{V_h^n-\bar{V}_h^n}{\Delta t},\omega_h\right),\quad \forall\omega_h\in N_h, \tag{7.4.23}$$

$$\left(\rho\Phi_2\frac{W_h^{n+1}-W_h^n}{\Delta t},\chi_h\right)+\left(\rho K_2^n\frac{\partial W_h^n}{\partial z},\frac{\partial\chi_h}{\partial z}\right)-\left\{\left(\rho K_2^n\frac{\partial W_h^n}{\partial z}\bigg|_{z=H},\chi_h\bigg|_{z=H}\right)\right.$$
$$\left.-\left(\rho K_2^n\frac{\partial W_h^n}{\partial z}\bigg|_{z=0},\chi_h\bigg|_{z=0}\right)\right\}=0,\forall\chi_h\in M_h, \tag{7.4.24}$$

其计算程序和格式 I 是类似的. 所需注意的是这里格式 (7.4.22)、(7.4.23) 基本上是隐格式, 故可用大步长计算, 而格式 (7.4.24) 基本上是显格式, 一般需要用小步长计算.

7.4.4 收敛性分析

在作理论分析时, 考虑三个辅助投影: 对 $J=(0,T]$, 定义椭圆投影 $\{\tilde{u},\tilde{v},\tilde{w}\}:J\to N_h(\Omega_{1g})\times N_h(\Omega_{1g})\times M_h(\Omega_g)$, 满足:

$$(K_1\bar{\nabla}(u-\tilde{u}),\bar{\nabla}z_h)_{\Omega_{1g}}+(\boldsymbol{a}\cdot\bar{\nabla}(u-\tilde{u}),z_h)_{\Omega_{1g}}+\mu_1(u-\tilde{u},z_h)_{\Omega_{1g}}=0,\quad z_h\in N_h(\Omega_{1g}), \tag{7.4.25a}$$

$$(K_3\bar{\nabla}(v-\tilde{v}),\bar{\nabla}z_h)_{\Omega_{1g}}+(\boldsymbol{b}\cdot\bar{\nabla}(v-\tilde{v}),z_h)_{\Omega_{1g}}+\mu_3(v-\tilde{v},z_h)_{\Omega_{1g}}=0,z_h\in N_h(\Omega_{1g}), \tag{7.4.25b}$$

$$\left(K_2\frac{\partial}{\partial z}(w-\tilde{w}),\frac{\partial}{\partial z}\chi_h\right)_{\Omega_g}+\mu_2(w-\tilde{w},\chi_h)_{\Omega_g}=0,\quad \chi_h\in N_h(\Omega_g), \tag{7.4.25c}$$

此处正数 μ_1,μ_2 和 μ_3 取得适当大, 使得对应的椭圆算子在 $H^1(\Omega_{1g}),H^1(\Omega_g)$ 上是强制的.

初始逼近取为

$$U_h^0=\tilde{u}_h(0),\quad V_h^0=\tilde{v}_h(0),\quad W_h^0=\tilde{w}_h(0). \tag{7.4.26}$$

引入误差函数 $\zeta=u-\tilde{u}_h,\xi=\tilde{u}_h-U_h,\eta=v-\tilde{v}_h,\pi=\tilde{v}_h-V_h,\sigma=w-\tilde{w}_h,\omega=\tilde{w}_h-W_h$, 由 Galerkin 方法对椭圆问题的结果有

$$\begin{aligned}&\|\zeta\|_{0,\Omega_{1g}}+h_1\|\zeta\|_{1,\Omega_{1g}}\leqslant M\|u\|_{k+1,\Omega_{1g}}h_1^{k+1},\\&\|\eta\|_{0,\Omega_{1g}}+h_1\|\eta\|_{1,\Omega_{1g}}\leqslant M\|v\|_{k+1,\Omega_{1g}}h_1^{k+1},\end{aligned} \tag{7.4.27a}$$

$$\begin{aligned}&\left\|\frac{\partial\zeta}{\partial t}\right\|_{0,\Omega_{1g}}+h_1\left\|\frac{\partial\zeta}{\partial t}\right\|_{1,\Omega_{1g}}\leqslant M\left\{\|u\|_{k+1,\Omega_{1g}}+\left\|\frac{\partial u}{\partial t}\right\|_{k+1,\Omega_{1g}}\right\}h_1^{k+1},\\&\left\|\frac{\partial\eta}{\partial t}\right\|_{0,\Omega_{1g}}+h_1\left\|\frac{\partial\eta}{\partial t}\right\|_{1,\Omega_{1g}}\leqslant M\left\{\|v\|_{k+1,\Omega_{1g}}+\left\|\frac{\partial v}{\partial t}\right\|_{k+1,\Omega_{1g}}\right\}h_1^{k+1},\end{aligned} \tag{7.4.27b}$$

$$\|\sigma\|_{0,\Omega_g}+h_2\|\sigma\|_{1,\Omega_g}\leqslant M\|w\|_{l+1,\Omega_g}h_2^{l+1},$$
$$\left\|\frac{\partial\sigma}{\partial t}\right\|_{0,\Omega_g}+h_2\left\|\frac{\partial\sigma}{\partial t}\right\|_{1,\Omega_g}\leqslant M\left\{\|w\|_{l+1,\Omega_g}+\left\|\frac{\partial w}{\partial t}\right\|_{l+1,\Omega_g}\right\}h_2^{l+1}. \quad (7.4.27c)$$

定理 7.4.1 若问题 (7.4.1)~(7.4.5) 的精确解满足光滑性条件 (R), 正定性条件 (C), 采用算子分裂特征有限元格式 (7.4.11)、(7.4.13)、(7.4.15) 逐层计算, 且有限元空间指数 $k\geqslant 1, l\geqslant 0$. 对此三层格式, 假设初始值的选取满足:

$$\begin{aligned}&\|\tilde{u}_h^1-U_h^1\|_{L^2(\Omega_{1g})}+\|\tilde{v}_h^1-V_h^1\|_{L^2(\Omega_{1g})}\\&+(\Delta t)^{1/2}\left\{\|d_t(\tilde{u}_h^0-U_h^0)\|_{L^2(\Omega_{1g})}+\|d_t(\tilde{v}_h^0-V_h^0)\|_{L^2(\Omega_{1g})}\right\}\\\leqslant& M\left\{\Delta t+h_1^{k+1}+h_2^{l+1}\right\},\end{aligned} \quad (7.4.28)$$

则下述误差估计式成立:

$$\begin{aligned}&\|u-U_h\|_{\bar{L}^\infty(J,L^2(\Omega_{1g}))}+\|v-V_h\|_{\bar{L}^\infty(J;L^2(\Omega_{1g}))}\\&+\|w-W_h\|_{\bar{L}^\infty(J;L^2(\Omega_g))}+\|d_t(u-U_h)\|_{\bar{L}^2(J;L^2(\Omega_{1g}))}\end{aligned} \quad (7.4.29)$$

$$+\|d_t(v-V_h)\|_{\bar{L}^2(J;L^2(\Omega_{1g}))}+\|d_t(w-W_h)\|_{\bar{L}^2(J;L^2(\Omega_g))}\leqslant M^*\{\Delta t+h_1^{k+1}+h_2^{l+1}\},$$

此处 $\|g\|_{\bar{L}^\infty(J;X)}=\sup\limits_{n\Delta t\leqslant T}\|g^n\|_X, \|g\|_{\bar{L}^2(J;X)}=\sup\limits_{n\Delta t\leqslant T}\left(\sum\limits_{n=0}^N\|g^n\|_X^2\Delta t\right)^{1/2}$, 常数 M 依赖于 u,v,w 及其导函数.

证明 首先研究函数 u 的误差方程, 由 (7.4.11) 减去 (7.4.6a)($t=t^{n+1}$) 并应用 (7.4.25a)($t=t^{n+1}$) 可得

$$\begin{aligned}&(\rho\phi_1 d_t\xi^n,\omega_h)+(\rho\tilde{K}_1^n\nabla\xi^n,\nabla\omega_h)+\lambda_1\Delta t(\rho\phi_1\nabla d_t\xi^n,\nabla\omega_h)\\&+(\lambda_1\Delta t)^2\left(\bar{\rho}\bar{\phi}_1\frac{\partial^2}{\partial x\partial y}d_t\xi^n,\frac{\partial^2}{\partial x\partial y}\omega_h\right)+((\bar{\rho}\bar{\phi}_1-\rho\phi)(d_t\xi^n-d_t\xi^{n-1},\omega_h))\\=&\lambda_1\Delta t((\rho\phi_1-\bar{\rho}\bar{\phi}_1)\nabla d_t\xi^n,\nabla\omega_h)+\left(\rho\left(\phi_1\frac{u^{n+1}-\bar{u}^n}{\Delta t}-\phi_1\frac{\partial u^{n+1}}{\partial t}\right.\right.\\&\left.\left.-r_1\boldsymbol{a}^{n+1}\cdot\nabla u^{n+1}\right),\omega_h\right)+\mu_1(\rho\zeta^{n+1},\omega_h)+(\rho(Q_1(\bar{U}_h^n)-Q_1(u^{n+1})),\omega_h)\\&+\left(\rho\Phi_1\frac{\xi^n-\bar{\xi}^n}{\Delta t},\omega_h\right)+\left(\rho\Phi_1\frac{\zeta^{n+1}-\bar{\zeta}^n}{\Delta t},\omega_h\right)+((\rho\Phi_1-\bar{\rho}\bar{\Phi}_1)(d_t\tilde{u}_h^n-d_t\tilde{u}_h^{n-1}),\omega_h)\\&+\lambda_1\Delta t(\bar{\rho}\bar{\Phi}_1\nabla d_t\tilde{u}_h^n,\nabla\omega_h)+(\lambda_1\Delta t)^2\left(\bar{\rho}\bar{\Phi}_1\frac{\partial^2}{\partial x\partial y}d_t\tilde{u}_h^n,\frac{\partial^2\omega_h}{\partial x\partial y}\right)\\&+\left(\left(\rho K_1^n\frac{\partial w^{n+1}}{\partial z}-\frac{\partial w_h^{n+1}}{\partial z}\right)\bigg|_{z=H},\omega_h\right),\end{aligned} \quad (7.4.30)$$

此处 $\bar{u}=u^n(\bar{X}_{(1)}), \bar{X}_{(1)}=X-\boldsymbol{a}^{n+1}\Delta t/\Phi_1$, 选取检验函数 $\omega_h=d_t\xi^n$, 再乘以 $2\Delta t$ 并对 n 求和 $1\leqslant n\leqslant L$, 注意到 $\xi^0=0$, 依次估计 (7.4.30) 左端诸项.

$$\begin{aligned}&2\sum_{n=1}^{L}\{(\rho\phi_1 d_t\xi^n, d_t\xi^n)+((\bar{\rho}\bar{\phi}_1-\rho\phi_1)(d_t\xi^n-d_t\xi^{n-1}), d_t\xi^n)\}\Delta t\\ \geqslant&\phi_*\sum_{n=1}^{L}\|d_t\xi^n\|^2_{L^2(\Omega_{1g})}\Delta t-\varepsilon\|d_t\xi^n\|^2_{L^2(\Omega_{1g})}\Delta t,\end{aligned}\tag{7.4.31a}$$

$$\begin{aligned}&2\sum_{n=1}^{L}\{(\rho\tilde{K}_1^n\nabla\xi^n,\nabla d_t\xi^n)+\lambda_1\Delta t(\rho\phi_1\nabla d_t\xi^n,\nabla d_t\xi^n)\}\Delta t\\ \geqslant&\left\|K_1^L\bar{\nabla}\xi^{L+1}\right\|^2_{L^2(\Omega_{1g})}-\left\|K_1^0\bar{\nabla}\xi^1\right\|^2_{L^2(\Omega_{1g})},\end{aligned}\tag{7.4.31b}$$

$$2(\lambda_1\Delta t)^2\sum_{n=1}^{L}\left(\bar{\rho}\bar{\phi}_1\frac{\partial^2}{\partial x\partial y}d_t\xi^n,\frac{\partial^2}{\partial x\partial y}d_t\xi^n\right)\Delta t\geqslant 2(\lambda_1\Delta t)^2\phi_*\sum_{n=1}^{L}\left\|\frac{\partial}{\partial x\partial y}d_t\xi^n\right\|^2_{\bar{p}}\Delta t.\tag{7.4.31c}$$

现在估计 (7.4.30) 右端诸项:

$$2\lambda_1\Delta t\sum_{n=1}^{L}((\rho\Phi_1-\bar{\rho}\bar{\Phi})\nabla d_t\xi^n,\nabla d_t\xi^n)\Delta t\leqslant\varepsilon\sum_{n=1}^{L}\|d_t\xi^n\|^2_{L^2(\Omega_{1g})}\Delta t,\tag{7.4.32a}$$

$$\begin{aligned}&2\sum_{n=1}^{L}\left(\rho\left(\Phi_1\frac{u^{n+1}-\bar{u}^n}{\Delta t}-\Phi_1\frac{\partial u^{n+1}}{\partial t}-r_1\boldsymbol{a}^{n+1}\cdot\nabla u^{n+1}\right),d_t\xi^n\right)\Delta t\\ \leqslant&2\sum_{n=1}^{L}\left\|\phi_1\frac{\partial u^{n+1}}{\partial t}+\boldsymbol{a}^{n+1}\cdot\nabla u^{n+1}-\phi_1\frac{u^{n+1}-\bar{u}^n}{\Delta t}\right\|^2_{L^2(\Omega_{1g})}\|d_t\xi^n\|_{L^2(\Omega_{1g})}\Delta t\\ \leqslant&2\sum_{n=1}^{L}\left\{\int_{\Omega_{1g}}\left(\frac{\phi_1}{\Delta t}\right)^2\left(\frac{\psi_1\Delta t}{\phi_1}\right)^3\left|\int_{(\boldsymbol{\xi},t^n)}^{(\xi,t^{n+1})}\frac{\partial^2 u}{\partial\tau_1^2}\mathrm{d}\tau\right|^2\mathrm{d}\xi_1\mathrm{d}\xi_2\cdot\|d_t\xi^n\|_{L^2(\Omega_{1g})}\right\}\Delta t\\ \leqslant&2\sum_{n=1}^{L}\left\{\Delta t\left\|\frac{\psi_1^3}{\Phi_1}\right\|_\infty\int_{\Omega_{1g}}\int_{(\boldsymbol{\xi},t^n)}^{(\xi,t^{n+1})}\left|\frac{\partial^2 u}{\partial\tau_1^2}\right|^2\mathrm{d}\tau\mathrm{d}\xi_1\mathrm{d}\xi_2\cdot\|d_t\xi^n\|_{L^2(\Omega_{1g})}\right\}\Delta t\\ \leqslant&2\sum_{n=1}^{L}\left\{\Delta t\left\|\frac{\psi_1^3}{\Phi_1}\right\|_{0,\infty}\int_{\Omega_{1g}}\int_{t^n}^{t^{n+1}}\left|\frac{\partial^2 u}{\partial\tau_1^2}\right|^2\mathrm{d}\tau\mathrm{d}\xi_1\mathrm{d}\xi_2\cdot\left\|d_t\xi^n\right\|_{L^2(\Omega_{1g})}\right\}\Delta t\\ \leqslant&M(\Delta t)^2\left\|\frac{\partial^2 u}{\partial\tau_1^2}\right\|^2_{L^2(J;L^2(\Omega_{1g}))}+\varepsilon\sum_{n=1}^{L}\|d_t\xi^n\|^2_{L^2(\Omega_{1g})}\Delta t,\end{aligned}\tag{7.4.32b}$$

此处利用了 ψ_1 的有界性.

$$2\sum_{n=1}^{L}\{\mu\rho\zeta^{n+1},d_t\xi^n)+(\rho(Q(\bar{U}_h^n)-Q_1(u^{n+1})),d_t\xi^n)\}\Delta t$$

$$\leqslant M\left\{h_1^{2(k+1)}+(\Delta t)^2+\sum_{n=1}^{L}\|\xi^n\|_{L^2(\Omega_{1g})}^2\Delta t\right\}+\varepsilon\sum_{n=1}^{L}\|d_t\xi^n\|_{L^2(\Omega_{1g})}^2\Delta t, \quad (7.4.32c)$$

$$2\sum_{n=1}^{L}\left(\rho\varPhi_1\frac{\xi^n-\bar{\xi}^n}{\Delta t},d_t\xi^n\right)\Delta t\leqslant M\sum_{n=1}^{L}\left\|\bar{\nabla}\xi^n\right\|_{L^2(\Omega_{1g})}^2\Delta t+\varepsilon\sum_{n=1}^{L}\|d_t\xi^n\|_{L^2(\Omega_{1g})}^2\Delta t, \quad (7.4.32d)$$

对于右端第六项, 将其写为下述表达式:

$$\begin{aligned}2\sum_{n=1}^{L}\left(\rho\varPhi_1\frac{\zeta^{n+1}-\bar{\zeta}^n}{\Delta t},d_t\xi^n\right)\Delta t=&2\sum_{n=1}^{L}\left(\rho\varPhi_1\frac{\zeta^{n+1}-\zeta^n}{\Delta t},d_t\xi^n\right)\Delta t\\&+2\sum_{n=1}^{L}\left(\rho\varPhi_1\frac{\zeta^n-\bar{\zeta}^n}{\Delta t},d_t\xi^n\right)\Delta t, \quad (7.4.33a)\end{aligned}$$

对上式第二项利用分部求和公式有

$$\begin{aligned}2\sum_{n=1}^{L}\left(\rho\varPhi_1\frac{\zeta^n-\bar{\zeta}^n}{\Delta t},d_t\xi^n\right)\Delta t=&2\left(\rho\varPhi_1\frac{\zeta^L-\bar{\zeta}^L}{\Delta t},\xi^{L+1}\right)-2\left(\rho\varPhi_1\frac{\zeta^0-\bar{\zeta}^0}{\Delta t},\xi^1\right)\\&-2\sum_{n=1}^{L-1}\left(\rho\varPhi_1\left(\frac{\zeta^n-\bar{\zeta}^n}{\Delta t}-\frac{\zeta^{n-1}-\bar{\zeta}^{n-1}}{\Delta t}\right),\xi^n\right), \quad (7.4.33b)\end{aligned}$$

对上式第一、二项利用负模估计可得

$$\begin{aligned}2\left(\rho\varPhi_1\frac{\zeta^L-\bar{\zeta}^L}{\Delta t},\xi^{L+1}\right)=&2\left(\varPhi_1\frac{\zeta^L-\bar{\zeta}^L}{\Delta t},\xi^{L+1}\right)_{\Omega_{1g}}\\\leqslant& M\left\|\frac{\zeta^L-\bar{\zeta}^L}{\Delta t}\right\|_{H^{-1}(\Omega_{1g})}^2+\varepsilon\left\|\xi^{L+1}\right\|_{H^1(\Omega_{1g})}^2\\\leqslant& M\left\|\zeta^L\right\|_{L^2(\Omega_{1g})}^2+\varepsilon\left\|\xi^{L+1}\right\|_{H^1(\Omega_{1g})}^2, \quad (7.4.33c)\\-2\left(\rho\varPhi_1\frac{\zeta^0-\bar{\zeta}^0}{\Delta t},\xi^1\right)=&-2\left(\varPhi_1\frac{\zeta^0-\bar{\zeta}^0}{\Delta t},\xi^1\right)_{\Omega_{1g}}\\\leqslant& M\left\|\zeta^0\right\|_{L^2(\Omega_{1g})}^2+\varepsilon\left\|\xi^1\right\|_{H^1(\Omega_{1g})}^2, \quad (7.4.33d)\end{aligned}$$

现在计算第三项,

$$\begin{aligned}&-2\sum_{n=1}^{L-1}\left(\rho\varPhi_1\left(\frac{\zeta^n-\bar{\zeta}^n}{\Delta t}-\frac{\zeta^{n-1}-\bar{\zeta}^{n-1}}{\Delta t}\right),\xi^n\right)\\=&-2\sum_{n=1}^{L-1}\left(\varPhi_1\left(\frac{\zeta^n-\bar{\zeta}^n}{\Delta t}-\frac{\zeta^{n-1}-\bar{\zeta}^{n-1}}{\Delta t}\right),\xi^n\right)_{\Omega_{1g}},\end{aligned}$$

由于

$$
\begin{aligned}
&\frac{\zeta^n-\bar{\zeta}^n}{\Delta t}-\frac{\zeta^{n-1}-\bar{\zeta}^{n-1}}{\Delta t}\\
=&\frac{1}{\Delta t}\{(\zeta(X,t^n)-\zeta(X-\boldsymbol{a}^{n+1}\Delta t/\Phi_1,t^n))-(\zeta(X,t^{n-1})-\zeta(X-\boldsymbol{a}^n\Delta t/\Phi_1,t^{n-1}))\}\\
=&\frac{1}{\Delta t}\{[\zeta(X,t^n)-\zeta(X,t^{n-1})]-[\zeta(X,\boldsymbol{a}^n\Delta t/\Phi_1,t^n)-\zeta(X,\boldsymbol{a}^n\Delta t/\Phi_1,t^{n-1})]\\
&-\frac{1}{\Delta t}\{\zeta(X,\boldsymbol{a}^{n+1}\Delta t/\Phi_1,t^n)-\zeta(X-\boldsymbol{a}^n\Delta t/\Phi_1,t^n)\}=E_1+E_2,
\end{aligned}\tag{7.4.34a}
$$

其中 E_1 可表示为 $E_1=\int_0^1\left[\frac{\partial\zeta}{\partial t}(X,\alpha t_n+(1-\alpha)t_{n-1})-\frac{\partial\zeta}{\partial t}(X,\boldsymbol{a}^n\Delta t/\Phi_1,\alpha t_n+(1-\alpha)t_{n-1})\right]\mathrm{d}\alpha$, 记 $X-\boldsymbol{a}^n\Delta t/\Phi_1=Y=g(X)$, 当 Δt 适当小, 应用条件 $\boldsymbol{a}(X,t)|_{\partial\Omega_{1g}}=\mathbf{0}, Y=g(X)$ 同胚映射 Ω_{1g} 为自身, $X=g^{-1}(Y)$. 并记 $t_\alpha=\alpha t_n+(1-\alpha)t_{n-1}$, 于是有

$$
\begin{aligned}
&\left\|\frac{\partial\zeta}{\partial t}(X,\alpha t_n+(1-\alpha)t_{n-1})-\frac{\partial\zeta}{\partial t}(X,\boldsymbol{a}^n\Delta t/\Phi_1,\alpha t_n+(1-\alpha)t_{n-1})\right\|_{H^{-1}(\Omega_{1g})}\\
\leqslant&\sup_{\psi\in H^1(\Omega_{1g})}\left\{\frac{1}{\|\psi\|_{1,\Omega_{1g}}}\left[\int_{\Omega_{1g}}\frac{\partial\xi}{\partial t}(X,t_\alpha)\psi(X)[1-\det(Dg)^{-1}(X)\mathrm{d}X]\right]\right\}\\
&+\sup_{\psi\in H^1(\Omega_{1g})}\left\{\frac{1}{\|\psi\|_{1,\Omega_{1g}}}\left[\int_{\Omega_{1g}}\frac{\partial\xi}{\partial t}(X,t_\alpha)[\psi(X)\right.\right.\\
&\left.\left.-\psi(g^{-1}(X))]\det(Dg)^{-1}(X)\,\mathrm{d}X\right]\right\},
\end{aligned}
$$

由于 $\left|1-\det(Dg)^{-1}(X)\right|\leqslant M\Delta t, \left|X-g^{-1}(X)\right|\leqslant M\Delta t, \left|\det(Dg)^{-1}(X)\right|\leqslant 1+M\Delta t$, 故 $\left\|\psi-\psi\left(g^{-1}\right)\right\|\leqslant M\Delta t\|\psi\|_{1,\Omega_{1g}}$, 由此推得

$$
\|E_1\|_{-1}\leqslant M\Delta t\int_0^1\left\|\frac{\partial\zeta}{\partial t}(t_\alpha)\right\|\mathrm{d}\alpha,\tag{7.4.34b}
$$

对于 $E_2=-\frac{1}{\Delta t}\{\zeta(X-\boldsymbol{a}^{n+1}\Delta t/\Phi_1,t^n)-\zeta(X-\boldsymbol{a}^n\Delta t/\Phi_1,t^n)\}$, 记 $X-\boldsymbol{a}^{n+1+(\Delta t)^{1/2}}\cdot\Delta t/\Phi_1=Z=q(X), X=q^{-1}(Z)$, 并记 $t_\alpha=\alpha t_n+(1-\alpha)t_{n-1}$,

$$
\begin{aligned}
\|E_2\|_{-1}\leqslant&\frac{1}{\Delta t}\sup_{\psi\in H^1(\Omega_{1g})}\left\{\frac{1}{\|\psi\|_{\Omega_{1g}}}\left[\int_{\Omega_{1g}}\zeta(z,t^n)\psi(q^{-1}(z))[\det(Dq)^{-1}(z)\right.\right.\\
&\left.\left.-\det(Dg)^{-1}(z)]\mathrm{d}z\right]\right\}+\frac{1}{\Delta t}\sup_{\psi\in H^1(\Omega_{1g})}\left\{\frac{1}{\|\psi\|_{\Omega_{1g}}}\left[\int_{\Omega_{1g}}\zeta(z,t^n)[\psi(q^{-1}(z))\right.\right.\\
&\left.\left.-\psi(g^{-1}(z))]\det(Dg)^{-1}(z)\mathrm{d}z\right]\right\},
\end{aligned}
$$

由于 $\left|\det(Dq)^{-1}(z)-\det(Dg)^{-1}(z)\right|\leqslant M(\Delta t)^2,\left|q^{-1}(z)-g^{-1}(z)\right|\leqslant M(\Delta t)^2$, 故 $\left\|\psi\left(q^{-1}\right)-\psi\left(g^{-1}\right)\right\|\leqslant M(\Delta t)^2\|\psi\|_{1,\Omega_{1g}}$, $\left|\det Dg^{-1}(z)\right|\leqslant 1+M\Delta t$, 由此可以推得

$$\|E_2\|_{-1}\leqslant M\|\zeta^n\|_{L^2(\Omega_{1g})}\Delta t, \tag{7.4.34c}$$

由 (7.4.33) 和 (7.4.34) 可得

$$2\sum_{n=1}^{L}\left(\rho\varPhi_1\frac{\zeta^{n+1}-\bar{\zeta}^n}{\Delta t},d_t\xi^n\right)\Delta t\leqslant M\left\{h_1^{2(k+1)}+\sum_{n=1}^{L}\|\xi^n\|_{H^1(\Omega_{1g})}^2\Delta t\right\}$$
$$+\varepsilon\{\|\xi^{L+1}\|_{H^1(\Omega_{1g})}^2+\|\xi^1\|_{H^1(\Omega_{1g})}^2\}, \tag{7.4.35}$$

对 (7.4.30) 左端其余诸项有估计式:

$$2\sum_{n=1}^{L}((\rho\varPhi_1-\bar{\rho}\bar{\varPhi}_1)(d_t\tilde{u}_h^n-d_t\tilde{u}_h^{n-1}),d_t\xi^n)\Delta t\leqslant M(\Delta t)^2+\varepsilon\sum_{n=1}^{L}\|d_t\xi^n\|_{L^2(\Omega_{1g})}^2\Delta t, \tag{7.4.36a}$$

$$\begin{aligned}&2\lambda_1\Delta t\sum_{n=1}^{L}(\bar{\rho}\bar{\varPhi}_1\nabla d_t\tilde{u}_h^n,\nabla d_t\xi^n)\Delta t\\ =&2\lambda_1\Delta t\{(\bar{\rho}\bar{\varPhi}_1\nabla d_t\tilde{u}_h^L,\nabla\xi^{L+1})-(\bar{\rho}\bar{\varPhi}_1\nabla d_t\tilde{u}_h^1,\nabla\xi^1)\}\\ &-2\lambda\sum_{n=1}^{L-1}(\bar{\rho}\bar{\varPhi}_1 d_{t^2}^2\tilde{u}_h^n,\nabla\xi^{n+1})\Delta t\\ \leqslant&M\left\{(\Delta t)^2+\sum_{n=1}^{L-1}\left\|\bar{\nabla}\xi^{n+1}\right\|_{H^1(\Omega_{1g})}^2\Delta t\right\}\\ &+\varepsilon\left\{\left\|\bar{\nabla}\xi^{L+1}\right\|_{L^2(\Omega_{1g})}^2+\left\|\bar{\nabla}\xi^{L+1}\right\|_{L^2(\Omega_{1g})}^2\right\},\end{aligned} \tag{7.4.36b}$$

此处 $d_{t^2}^2u^n=\dfrac{u^{n+1}-2u^n+u^{n-1}}{(\Delta t)^2}$.

$$\begin{aligned}&2\sum_{n=1}^{L}(\lambda_1\Delta t)^2\left(\bar{\rho}_1\bar{\varPhi}_1\frac{\partial}{\partial x\partial y}d_1\tilde{u}_h^n,\frac{\partial^2 d_t\xi^n}{\partial x\partial y}\right)\Delta t\\ \leqslant&M(\Delta t)^2+\varepsilon(\lambda_1\Delta t)^2\sum_{n=1}^{L}\left\|\frac{\partial^2}{\partial x\partial y}d_t\xi^n\right\|_{\bar{\rho}}^2\Delta t.\end{aligned} \tag{7.4.36c}$$

对于三层格式的起步要求 (7.4.28), 其可写为

$$\begin{aligned}&\|\xi^1\|_{H^1(\Omega_{1g})}+\|\pi^1\|_{H^1(\Omega_{1g})}+(\Delta t)^{1/2}\left\{\|d_t\xi^0\|_{L^2(\Omega_{1g})}+\|d_t\pi^0\|_{L^2(\Omega_{1g})}\right\}\\ \leqslant&M\{\Delta t+h_1^{k+1}+h_2^{l+1}\}.\end{aligned}$$

对误差方程 (7.4.30), 应用估计式 (7.4.31)~(7.4.36) 的估计, 经整理可得

$$
\begin{aligned}
&\sum_{n=1}^{L}\|d_t\xi^n\|_{L^2(\Omega_{1g})}^2\Delta t+\left\|\xi^{L+1}\right\|_{H^1(\Omega_{1g})}^2\\
\leqslant& M\left\{(\Delta t)^2+h_1^{2(k+1)}+h_2^{2(l+1)}+\sum_{n=1}^{L}\|\xi^n\|_{H^1(\Omega_{1g})}^2\Delta t\right\}\\
&+\sum_{n=1}^{L}\left(K_2^n\left(\frac{\partial w^{n+1}}{\partial z}-\frac{\partial w_h^{n+1}}{\partial z}\right)_{z=H},d_t\xi^n\right)_{\Omega_{1g}}\Delta t.
\end{aligned}\tag{7.4.37}
$$

其次研究函数 v 的误差方程, 由 (7.4.13) 减去 (7.4.6b)($t=t^{n+1}$) 并应用 (7.4.25b)($t=t^{n+1}$) 经整理可得

$$
\begin{aligned}
&(\rho\Phi_3d_t\pi^n,\omega_h)+(\rho\tilde{K}_3^n\nabla\pi^n,\nabla\omega_h)+\lambda_3\Delta t(\rho\Phi_3\nabla d_t\pi^n,\nabla\omega_h)\\
&+(\lambda_1\Delta t)^2\left(\bar{\rho}\bar{\Phi}_3\frac{\partial}{\partial x\partial y}d_t\pi^n,\frac{\partial^2}{\partial x\partial y}\omega_h\right)\\
&+((\bar{\rho}\bar{\Phi}_3-\rho\Phi_3)(d_t\pi^n-d_t\pi^{n-1}),\omega_h)\\
=&\lambda_3\Delta t((\rho\Phi_3-\bar{\rho}\bar{\Phi})\nabla d_t\pi^n,\nabla\omega_h)\\
&+\left(\rho\left(\Phi_3\frac{v^{n+1}-\bar{v}^n}{\Delta t}-\Phi_3\frac{\partial v^{n+1}}{\partial t}-r_3\boldsymbol{b}^{n+1}\cdot\nabla v^{n+1}\right),\omega_h\right)\\
&+\mu_3(\rho\eta^{n+1},\omega_h)+(\rho(Q_3(\bar{V}_h^n)-Q_3(v_h^n)),\omega_h)\\
&+\left(\rho\Phi_3\frac{\pi^n-\bar{\pi}^n}{\Delta t},\omega_h\right)+\left(\rho\phi_3\frac{\eta^{n+1}-\bar{\eta}^n}{\Delta t},\omega_h\right)\\
&+((\rho\Phi_3-\bar{\rho}\bar{\Phi}_3)(d_t\tilde{v}_h^n-d_t\tilde{v}_h^{n-1}),\omega_h)\\
&+\lambda_3\Delta t(\bar{\rho}\bar{\Phi}_3\nabla d_t\tilde{v}_h^n,\nabla\omega_h)+(\lambda_1\Delta t)^2\left(\bar{\rho}\bar{\Phi}_3\frac{\partial^2\tilde{v}_h^n}{\partial x\partial y},\frac{\partial^2\omega_h}{\partial x\partial y}\right)\\
&-\left(\rho K_2^n\left(\frac{\partial w^{n+1}}{\partial z}-\frac{\partial W_h^{n+1}}{\partial z}\right)\bigg|_{z=0},\omega_h\right),\quad\forall\omega_h\in N_h,
\end{aligned}\tag{7.4.38}
$$

此处 $\bar{v}=v^n(\bar{X}_{(3)}),\bar{X}_{(3)}=X-\boldsymbol{b}^{n+1}\Delta t/\Phi_3$. 对式 (7.4.38) 选取检验函数 $\omega_h=d_t\pi^n$, 再乘以 $2\Delta t$ 并对 n 求和 $1\leqslant n\leqslant L$, 注意到 $\pi^0=0$, 首先估计 (7.4.38) 的左端诸项可得

$$
\begin{aligned}
&2\sum_{n=1}^{L}\Big\{(\rho\Phi_3d_t\pi^n,d_t\pi^n)+(\rho\tilde{K}_3^n\nabla\pi^n,\nabla d_t\pi^n)+\lambda_3\Delta t(\rho\Phi_3\nabla d_t\pi^n,\nabla d_t\pi^n)\\
&+(\lambda_3\Delta t)^2\left(\bar{\rho}\bar{\Phi}_3\frac{\partial}{\partial x\partial y}d_t\pi^n,\frac{\partial}{\partial x\partial y}d_t\pi^n\right)\\
&+((\rho\Phi_3-\bar{\rho}\bar{\Phi}_3)(d_t\pi^n-d_t\pi^{n-1}),d_t\pi^n)\Big\}\Delta t
\end{aligned}
$$

$$\geqslant \left\|K_3^L\bar{\nabla}\pi^{L+1}\right\|_{L^2(\Omega_{1g})}^2-\left\|K_3^0\bar{\nabla}\pi^1\right\|_{L^2(\Omega_{1g})}^2+\Phi_*\sum_{n=1}^{L}\|d_t\pi^n\|_{L^2(\Omega_{1g})}^2\Delta t \tag{7.4.39}$$

$$-\varepsilon\left\|d_t\pi^0\right\|_{L^2(\Omega_{1g})}^2\Delta t+2(\lambda_3\Delta t)^2\Phi_*\sum_{n=1}^{L}\left\|\frac{\partial^2}{\partial x\partial y}d_t\pi^n\right\|_{\bar{p}}^2\Delta t.$$

其次对 (7.4.38) 左边诸项有下述估计:

$$\begin{aligned}
&2\sum_{n=1}^{L}\Big\{\lambda_3\Delta t((\rho\Phi_3-\bar{\rho}\bar{\Phi}_3)\nabla d_t\pi^n,\nabla d_t\pi^n)\\
&+\Big(\rho\Big(\Phi_3\frac{v^{n+1}-\bar{v}^n}{\Delta t}-\Phi_3\frac{\partial v^{n+1}}{\partial t}-r_3\boldsymbol{b}^{n+1}\cdot\nabla v^{n+1}\Big),d_t\pi^n\Big)\\
&+\mu_3(\rho\eta^{n+1},d_t\pi^n)+(\rho(Q_3(\bar{V}_h^n)-Q_3(v^{n+1}))+\Big(\rho\Phi_3\frac{\pi^n-\bar{\pi}^n}{\Delta t},d_t\pi^n\Big)\Big\}\Delta t\\
\leqslant &M\left\{\left\|\frac{\partial^2 v}{\partial\tau_2^2}\right\|_{L^2(J;L^2(\Omega_{1g})}^2(\Delta t)^2+h_1^{2(k+1)}+\sum_{n=1}^{L}\|\pi^n\|_{H^1(\Omega_{1g})}^2\Delta t\right\}\\
&+\varepsilon\sum_{n=1}^{L}\|d_t\pi^n\|_{L^2(\Omega_{1g})}^2\Delta t,
\end{aligned}\tag{7.4.40a}$$

$$\begin{aligned}
2\sum_{n=1}^{L}\Big(\rho\Phi_3\frac{\eta^{n+1}-\bar{\eta}^n}{\Delta t},d_t\pi^n\Big)\Delta t\leqslant &M\Big\{h_1^{2(k+1)}+\sum_{n=1}^{L}\|\pi^n\|_{H^1(\Omega_{1g})}^2\Delta t\Big\}\\
&+\varepsilon\Big\{\left\|\pi^{L+1}\right\|_{H^1(\Omega_{1g})}^2+\left\|\pi^1\right\|_{H^1(\Omega_{1g})}^2\Big\},
\end{aligned}\tag{7.4.40b}$$

$$\begin{aligned}
&2\sum_{n=1}^{L}\Big\{(\rho\Phi_3-\bar{\rho}\bar{\Phi}_3)(d_t\tilde{v}_h^n-d_t\tilde{v}_h^{n-1}),d_t\pi^n)+\lambda_3\Delta t(\bar{\rho}\bar{\Phi}_3\nabla d_t\tilde{v}_h^n,d_t\pi^n)\\
&+(\lambda_3\Delta t)\Big(\bar{\rho}\bar{\Phi}_3\frac{\partial^2 d_t\tilde{v}_h^n}{\partial x\partial y},\frac{\partial^2 d_t\pi^n}{\partial x\partial y}\Big)\Big\}\Delta t\\
\leqslant &M\Big\{(\Delta t)^2+\sum_{n=1}^{L}\|\pi^n\|_{H^1(\Omega_{1g})}^2\Delta t\Big\}+\varepsilon\Big\{\left\|\bar{\nabla}\pi^{L+1}\right\|_{H^1(\Omega_{1g})}^2+\left\|\bar{\nabla}\pi^1\right\|_{H^1(\Omega_{1g})}^2\Big\}\\
&+\varepsilon\left\{\sum_{n=1}^{L-1}\|d_t\pi^n\|_{L^2(\Omega_{1g})}^2\Delta t+(\lambda_3\Delta t)^2\sum_{n=1}^{L-1}\left\|\frac{\partial^2 d_t\pi^n}{\partial x\partial y}\right\|_{L^2(\Omega_{1g})}^2\Delta t\right\},
\end{aligned}\tag{7.4.40c}$$

对误差方程 (7.4.38) 应用估计式 (7.4.39)、(7.4.40) 和初始步的假定 (7.4.28), 经整理可得下述误差估计式:

$$\sum_{n=1}^{L}\|d_t\pi^n\|_{L^2(\Omega_{1g})}^2\Delta t+\left\|\pi^{L+1}\right\|_{H^1(\Omega_{1g})}^2$$

$$\leqslant M\left\{(\Delta t)^2+h_1^{2(k+1)}+h_2^{2(l+1)}+\sum_{n=1}^{L}\|\pi^n\|_{H^1(\Omega_{1g})}^2\Delta t\right\}$$

$$-\sum_{n=1}^{L}\left(K_2^n\left(\frac{\partial w^{n+1}}{\partial z}-\frac{\partial W_h^{n+1}}{\partial z}\right)\Big|_{z=0},d_t\pi^n\right)_{\Omega_{1g}}\Delta t. \tag{7.4.41}$$

最后讨论函数 w 的误差方程, 由 (7.4.15) 减去 (7.4.6c)($t=t^{n+1}$) 并利用 (7.4.25c)($t=t^{n+1}$), 选取检验函数 $\chi_h=d_t\omega^n$ 可得

$$\left(\rho\Phi_2\frac{\omega^{n+1}-\omega^n}{\Delta t},d_t\omega^n\right)+\left(\rho K_2^n\frac{\partial\omega^{n+1}}{\partial z},\frac{\partial}{\partial z}d_t\omega^n\right)$$

$$=-\left\{\left(\rho K_2^n\left(\frac{\partial w^{n+1}}{\partial z},\frac{\partial W_h^{n+1}}{\partial z}\right)\Big|_{z=H},d_t\xi^n\right)\right.$$

$$\left.-\left(\rho K_2^n\left(\frac{\partial w^{n+1}}{\partial z}-\frac{\partial W_h^{n+1}}{\partial z}\right)\Big|_{z=0},d_t\pi^n\right)\right\}+\mu_3(\rho\sigma^{n+1},d_t\omega^n), \tag{7.4.42}$$

对上式乘以 $2\Delta t$, 并对 n 求和 $1\leqslant n\leqslant L$, 注意互 $\omega^0=0$, 可得

$$\sum_{n=1}^{L}\left\|\Phi_2^{1/2}d_t\omega^n\right\|_{L^2(\Omega_{1g})}^2\Delta t+\left\|(K_2^L)^{1/2}\frac{\partial}{\partial z}\omega^{L+1}\right\|_{L^2(\Omega_{1g})}^2\leqslant M\{(\Delta t)^2+h_2^{2(k+1)}\}$$

$$-\sum_{n=1}^{L}\left\{\left(K_2^n\left(\frac{\partial w^{n+1}}{\partial z}-\frac{\partial W_h^{n+1}}{\partial z}\right)\Big|_{z=H},d_t\xi^n\right)_{\Omega_{1g}}\right.$$

$$\left.-\left(K_2^n\left(\frac{\partial w^{n+1}}{\partial z}-\frac{\partial W_h^{n+1}}{\partial z}\right)\Big|_{z=0},d_t\pi^n\right)_{\Omega_{1g}}\right\}\Delta t, \tag{7.4.43}$$

组合 (7.4.37)、(7.4.41) 和 (7.4.43) 可得

$$\sum_{n=1}^{L}\{\|d_t\xi^n\|_{L^2(\Omega_{1g})}^2+\|d_t\pi^n\|_{L^2(\Omega_{1g})}^2+\|d_t\omega^n\|_{L^2(\Omega_{1g})}^2\}\Delta t$$

$$+\|\xi^{L+1}\|_{H^1(\Omega_{1g})}^2+\|\pi^{L+1}\|_{H^2(\Omega_{1g})}^2+\left\|\frac{\partial}{\partial z}\omega^{L+1}\right\|_{L^2(\Omega_g)}^2$$

$$\leqslant M\left\{(\Delta t)^2+h_1^{2(k+1)}+h_2^{2(l+1)}+\sum_{n=1}^{L}\left[\|\xi^n\|_{H^1(\Omega_{1g})}^2+\|\pi^n\|_{H^1(\Omega_{1g})}^2\right]\Delta t\right\}, \tag{7.4.44}$$

应用 Gronwall 引理可得

$$\sum_{n=1}^{L}\{\|d_t\xi^n\|_{L^2(\Omega_{1g})}^2+\|d_t\pi^n\|_{L^2(\Omega_{1g})}^2+\|d_t\omega^n\|_{L^2(\Omega_{1g})}^2\}\Delta t$$

$$+\|\xi^{L+1}\|_{H^1(\Omega_{1g})}^2+\|\pi^{L+1}\|_{H^1(\Omega_{1g})}^2+\left\|\frac{\partial}{\partial z}\omega^{L+1}\right\|_{L^2(\Omega_g)}^2$$

$$\leqslant M\{(\Delta t)^2 + h_1^{2(k+1)} + h_c^{2(l+1)}\}, \tag{7.4.45}$$

估计式 (7.4.45) 和投影估计 (7.4.27) 相结合, 就证明了本定理.

定理 7.4.2 对问题 (7.4.1) ～ (7.4.5) 采用算子分裂特征有限元格式 (7.4.22)、(7.4.23)、(7.4.24) 逐层计算, 则和定理 7.4.1 同样的假定下, 同样可得误差估计式 (7.4.29).

证明 类似的分析可建立关于误差函数 ξ 的误差估计式:

$$\begin{aligned}
&\sum_{n=1}^{L} \|d_t\xi^n\|_{L^2(\Omega_{1g})}^2 \Delta t + \left\|\xi^{L+1}\right\|_{H(\Omega_{1g})}^2 \\
\leqslant & M\left\{(\Delta t)^2 + h_1^{2(k+1)} + h_2^{2(l+1)} + \sum_{n=1}^{L} \|\xi^n\|_{H^1(\Omega_{1g})}^2 \Delta t\right\} \\
&+ \sum_{n=1}^{L} \left(K_2^n \left(\frac{\partial w^{n+1}}{\partial z} - \frac{\partial W_h^n}{\partial z}\right)\bigg|_{z=H}, d_t\xi^n\right)_{\Omega_{ij}} \Delta t,
\end{aligned} \tag{7.4.46a}$$

同样可以建立关于 π 的误差估计式:

$$\begin{aligned}
&\sum_{n=1}^{L} \|d_t\pi^n\|_{L^2(\Omega_{1g})}^2 \Delta t + \|\pi^{L+1}\|_{H(\Omega_{1g})}^2 \\
\leqslant & M\left\{(\Delta t)^2 + h_1^{2(k+1)} + h_2^{2(l+1)} + \sum_{n=1}^{L} \|\pi^n\|_{H^2(\Omega_{1g})}^2 \Delta t\right\} \\
&- \sum_{n=1}^{L} \left(K_2^n \left(\frac{\partial w^{n+1}}{\partial z} - \frac{\partial W_h^n}{\partial z}\right)\bigg|_{z=0}, d_t\pi^n\right)_{\Omega_{1g}} \Delta t.
\end{aligned} \tag{7.4.46b}$$

对于 ω 的误差估计式是:

$$\begin{aligned}
&\sum_{n=1}^{L} \|d_t\omega^n\|_{L^2(\Omega_{1g})}^2 \Delta t + \left\|(K_2^L)^{1/2} \frac{\partial}{\partial z}\omega^{L+1}\right\|_{H(\Omega_{1g})}^2 \\
\leqslant & M\{(\Delta t)^2 + h_2^{2(l+1)}\} - \sum_{n=1}^{L} \left\{\left(K_2^n \left(\frac{\partial w^{n+1}}{\partial z} - \frac{\partial W_h^n}{\partial z}\right)\bigg|_{z=H}, d_t\xi^n\right)_{\Omega_{1g}}\right. \\
&\left. - \left(K_2^n \left(\frac{\partial w^{n+1}}{\partial z} - \frac{\partial W_h^n}{\partial z}\right)\bigg|_{z=0}, d_t\pi^n\right)_{\Omega_{1g}}\right\}\Delta t.
\end{aligned} \tag{7.4.47}$$

组合 (7.4.46)～(7.4.47), 再和投影估计 (7.4.27) 相结合, 即可证明定理 7.4.2.

附注 对于格式 I、II, 因为是三层格式, 它必须计算 $\{U_h^0, V_h^0\}, \{U_h^1, V_h^1\}$. 通常理论上可取 $U_h^0 = \tilde{u}_h(0), V_h^0 = \tilde{v}_h(0)$. 通过椭圆投影可用共轭梯度法求出逼近解 U_h^0, V_h^0, 亦可用插值计算. 这里有几个可能的方法得到 U_h^1, V_h^1. 最直接的是逼近 u^1

通过对初始值展开 $u^1 = u_0 + u_0'\Delta t + \cdots$, 应用微分方程 (7.4.1a) 去计算关于 u_0 的时间导数, 再取 u^1 的投影或插值作为 U_h^1. 对 V_h^1 讨论是类似的. 亦可利用通常的二层格式计算出 U_h^1, V_h^1.

7.4.5 拓广和应用

我们已将算子分裂特征有限元格式拓广应用到多层油资源运移聚集非线性渗流耦合系统. 问题的数学模型:

$$\begin{aligned}\varPhi_1(\xi)\frac{\partial u}{\partial t} + \boldsymbol{a}(\xi,t)\cdot\bar{\nabla}u - \bar{\nabla}\cdot(K_1(\xi,u,t)\bar{\nabla}u) + K_2(\xi,z,u,t)\frac{\partial w}{\partial \xi}\Big|_{\xi=H} = Q_1(\xi,t,u),\\ \xi=(\xi_1,\xi_2)^{\mathrm{T}}\in\varOmega_{1g},\quad t\in J=(0,T],\end{aligned}\tag{7.4.48a}$$

$$\varPhi_2(\xi,z)\frac{\partial w}{\partial t} = \frac{\partial}{\partial z}\left(K_2(\xi,z,w,t)\frac{\partial w}{\partial \xi}\right),\quad (\xi_1,\xi_2,z)^{\mathrm{T}}\in\varOmega_g, t\in J,\tag{7.4.48b}$$

$$\begin{aligned}\varPhi_3(\xi)\frac{\partial v}{\partial t} + \boldsymbol{b}(\xi,t)\cdot\bar{\nabla}_v - \bar{\nabla}\cdot(K_3(\xi,v,t)\bar{\nabla}v) - K_2(\xi,z,v,t)\frac{\partial w}{\partial \xi}\Big|_{1g} = Q_3(\xi,t,v),\\ \xi\in\varOmega_{1g}, t\in J.\end{aligned}\tag{7.4.48c}$$

我们提出算子分裂特征有限元三层格式:

$$\begin{aligned}&\left(\bar{\rho}\bar{\varPhi}_1\frac{U_h^{n+1}-U_h^n}{\Delta t},\omega_h\right) + (\bar{\rho}\tilde{K}_1(U_h^n)\nabla U_h^n,\nabla\omega_h) + \lambda_1\Delta t(\bar{\rho}\bar{\varPhi}_1\nabla d_t U_h^n,\nabla\omega_h)\\ &+(\lambda_1\Delta t)^2\left(\bar{\rho}\bar{\varPhi}_1\frac{\partial^2}{\partial x\partial y}d_t U_h^n,\frac{\partial^2}{\partial x\partial y}\omega_h\right) + \left(\rho K_2(U_h^n)\frac{\partial W_h^{n+1}}{\partial z}\Big|_{z=H},\omega_h\right)\\ =&(\rho Q_1(U_h^n),\omega_h) + ((\bar{\rho}\bar{\varPhi}_1-\rho\varPhi_1)d_1 U_h^{n-1},\omega_h) - \left(\rho\varPhi_1\frac{U_h^n-\bar{U}_h^n}{\Delta t},\omega_h\right)\omega_h\in N_h,\end{aligned}\tag{7.4.49a}$$

$$\begin{aligned}&\left(\bar{\rho}\bar{\varPhi}_3\frac{V_h^{n+1}-V_h^n}{\Delta t},\omega_h\right) + (\bar{\rho}\tilde{K}_3(V_h^n)\nabla V_h^n,\nabla\omega_h) + \lambda_3\Delta t(\bar{\rho}\bar{\varPhi}_3\nabla d_t V_h^n,\nabla\omega_h)\\ &+(\lambda_3\Delta t)^2\left(\bar{\rho}\bar{\varPhi}_3\frac{\partial}{\partial x\partial y}d_t V_h^n,\frac{\partial^2}{\partial x\partial y}\omega_h\right) - \left(\bar{\rho}K_2(V_h^n)\frac{\partial W_h^{n+1}}{\partial z}\Big|_{z=0},\omega_h\right)\\ =&(\rho Q_3(\bar{V}_h^n),\omega_h) + ((\bar{\rho}\bar{\varPhi}_3-\rho\varPhi_3)d_t V_h^{n-1},\omega_h)\\ &-\left(\rho\varPhi_3\frac{V_h^n-\bar{V}_h^n}{\partial z},\omega_h\right),\omega_h\in N_h,\end{aligned}\tag{7.4.49b}$$

$$\begin{aligned}&\left(\rho\varPhi_2\frac{W_h^{n+1}-W^n}{\Delta t},\chi_h\right) + \left(\rho K_2(W_h^n)\frac{\partial W_h^{n+1}}{\partial z},\frac{\partial\chi_h}{\partial z}\right)\\ &-\left\{\rho K_2\left(U_h^n\frac{\partial W_h^{n+1}}{\partial z}\Big|_{z=H},\chi_h|_{z=H}\right) - \left(\rho K_2(V_h^n)\frac{\partial W_h^{n+1}}{\partial z}\Big|_{z=0}\chi_h|_{z=0}\right)\right\}\\ =&0,\quad \forall\chi_h\in M_h.\end{aligned}\tag{7.4.49c}$$

修正算子分裂特征有限元格式: 当已知 t^{n-1}, t^n 时间层的有限元解 $\{U_h^{n-1}, V_h^{n-1}, W_h^{n-1}\}, \{U_h^n, V_h^n, W_h^n\} \in N_h \times N_h \times M_h$, 按格式 (7.4.49a)、(7.4.49b) 和 (7.4.49c) 计算下一时刻 t^{n+1} 的有限元解 $\{U_h^{n+1}, V_h^{n+1}, W_h^{n+1}\} \in N_h \times N_h \times M_h$, 类似地, 应用复杂和细致的估计, 可以建立类似的收敛性定理.

7.5 半导体瞬态问题的变网格交替方向特征有限元方法

空间域 Ω 上的二维问题:

$$-\Delta\psi = \alpha(p - e + N(x)), \quad x = (x_1, x_2)^{\mathrm{T}} \in \Omega, t \in J = (0, \bar{T}], \tag{7.5.1}$$

$$\frac{\partial e}{\partial t} = \nabla \cdot \{D_e(x)\nabla e - \mu_e(x) e \nabla\psi\} - R_1(e, p, T), \quad (x, t) \in \Omega \times J, \tag{7.5.2}$$

$$\frac{\partial p}{\partial t} = \nabla \cdot \{D_p(x)\nabla p + \mu_p(x) p \nabla\psi\} - R_2(e, p, T), \quad (x, t) \in \Omega \times J, \tag{7.5.3}$$

$$\rho(x)\frac{\partial T}{\partial t} - \Delta T = \{(D_p(x)\nabla p + \mu_p p \nabla\psi) - (D_e(x)\nabla e - \mu_e(x) e \nabla\psi)\} \cdot \nabla\psi,$$
$$(x, t) \in \Phi \times J, \tag{7.5.4}$$

此处未知函数是电场位势 ψ, 电子、空穴浓度 e, p 和温度函数 T.

初始条件:

$$e(X, 0) = e_0(X), p(X, 0) = p_0(X), T(X, 0) = T_0(X), \quad X \in \Omega. \tag{7.5.5}$$

边界条件:

$$\psi|_{\partial\Omega} = 0, \left.\frac{\partial e}{\partial\gamma}\right|_{\partial\Omega} = \left.\frac{\partial p}{\partial\gamma}\right|_{\partial\Omega} = \left.\frac{\partial T}{\partial\gamma}\right|_{\partial\Omega} = 0, \quad (X, t) \in \partial\Omega \times J, \tag{7.5.6}$$

此处 γ 为 Ω 的界面外法线方向.

考虑到现代半导体瞬态问题的数值模拟, 要计算的是超大规模的, 节点个数多达数万个乃至数百万个, 且在求解过程中对不同时刻空间区域需要采用不同的有限元网格. 例如在电子、空穴浓度推进前沿曲线附近的有限元网格应进行局部加密, 这样才能一方面保证数值结果具有很好的精确度, 在整体上又不太增加计算工作量, 此时需要采用交替方向和变网格相结合新技术才能完整解决问题 [40,43~46]. 我们提出热传导型半导体瞬态问题的持征修正交替方向变网格有限元格式, 应用变分形式、算子分裂、特征线法、广义 L^2 投影、能量方法、负模估计、微分方程先验估计理论和数学归纳法技巧, 解决了这一问题, 得到最佳阶离散 L^2 模的误差估计.

通常问题是正定的, 即满足:

$$0 < D_* \leqslant D_s(X) \leqslant D^*, 0 < \mu_* \leqslant \mu_s(X) \leqslant \mu^*, \quad s = e, p, \qquad 0 < \rho_* \leqslant p(X) \leqslant \rho^*, \tag{7.5.7}$$

此处 $D_*, D^*, \mu_*, \mu^*, \rho_*$ 和 ρ^* 是正常数.

假定问题 (7.5.1)~(7.5.7) 的精确解具有一定的光滑性, 即满足

$$\psi \in L^\infty(J;W^{r+1}(\Omega)),\quad e,p\in L^\infty(J;W^{k+1}(\Omega)),\quad T\in L^\infty(J;W^{l+1}(\Omega)),$$
$$\frac{\partial^2 e}{\partial\tau_e^2},\frac{\partial^2 p}{\partial\tau_p^2},\frac{\partial^2 T}{\partial t^2}\in L^\infty(J;L^\infty(\Omega)). \tag{7.5.8}$$

本节的提纲如下: 7.5.1 小节讨论某些准备工作, 7.5.2 小节提出交替方向特征修正变网格限元格式, 7.5.3 小节为收敛性分析.

7.5.1 某些预备工作

问题 (7.5.1)~(7.5.6) 的弱形式:

$$(\nabla\psi,\nabla v)_\Omega=\alpha(p-e+N,v)_\Omega,\quad \forall v\in H_0^1(\Omega),\ t\in J, \tag{7.5.9a}$$

$$\left(\frac{\partial e}{\partial t},z\right)_\Omega-(\mu_e\underline{u}\cdot\nabla e,z)_\Omega+(D_e\nabla e,\nabla z)_\Omega-(e\underline{u}\cdot\nabla\mu_e,z)_\Omega$$
$$=\alpha(\mu_e e(p-e+N),z)_\Omega-(R_1(e,p,T),z)_\Omega,\quad z\in H^1(\Omega),t\in J, \tag{7.5.9b}$$

$$\left(\frac{\partial p}{\partial t},z\right)_\Omega+(\mu_p u\cdot\nabla p,z)_\Omega+(D_p\nabla p,\nabla z)_\Omega+(p\underline{u}\cdot\nabla\mu_p,z)_\Omega$$
$$=-\alpha(\mu_p p(p-e+N),z)_\Omega-(R_2(e,p,T),z)_\Omega,\quad z\in H^1(\Omega),t\in J, \tag{7.5.9c}$$

$$\left(\rho\frac{\partial T}{\partial t},z\right)_\Omega+(\nabla T,\nabla z)_\Omega=([(D_p\nabla p+\mu_p p\nabla\psi)$$
$$-(D_e\nabla e-\mu_e e\nabla\psi)]\cdot\nabla\psi,z)_\Omega,\quad z\in H^1(\Omega),t\in J, \tag{7.5.9d}$$

此处 Ω 为给定的平面区域, 坐标为 $X=(x_1,x_2)^{\mathrm T}\in\mathbf{R}^2$. 为了简便, 以后将 $(\cdot,\cdot)_\Omega$ 的下标 Ω 略去.

设 $V_h=V_h$ 是一类 $H_0^1(\Omega)$ 的有限维子空间, 其剖分参数为 h_ψ, 其具有下述逼近性质: 对于 $v\in W^{r+1,q}(\Omega),1\leqslant q\leqslant\infty$ 有

$$\inf_{v_h\in V_h}\|v-v_h\|_{1,q}\leqslant M\|v\|_{r+1,q,\Omega}h_\psi^r. \tag{7.5.10}$$

设 $N_{h_c}(\Omega),M_{h_T}(\Omega)$ 是两类 $H^1(\Omega)$ 的有限维子空间, 其相应的剖分参数为 h_c 和 h_T. 它具有下述性质:

(1) 对于 $v\in W^{k+1,q}(\Omega),1\leqslant q\leqslant\infty$ 有 $\inf\limits_{v_h\in N_{h_c}(\Omega)}\|v-v_h\|_{1,q}\leqslant M\|v\|_{k+1,q,\Omega}h_{\mathrm c}^k$.

对于 $z\in W^{l+1,q}(\Omega_g),1\leqslant q\leqslant\infty$ 有 $\inf\limits_{z_h\in M_{h_T}(\Omega)}\|z-z_h\|_{1,q}\leqslant M\|z\|_{l+1,q,\Omega}h_T^l$.

(2) 逆性质和最大模性质成立, 对于 $v_h\in H_{h_c}(\Omega),z_h\in M_{h_T}(\Omega)$,

$$\|v_h\|_{H^1(\Omega)}\leqslant Mh_{\mathrm c}^{-1}\|v_h\|_{L^2(\Omega)},\quad \|z_h\|_{H^1(\Omega)}\leqslant Mh_T^{-1}\|z_h\|_{L^2(\Omega)},$$

$$\|v_h\|_{W_\infty^j(\Omega)} \leqslant Mh_c^{-1}\|v_h\|_{H^j(\Omega)}, \quad j=0,1,$$

$$\|z_h\|_{W_\infty^j(\Omega)} \leqslant Mh_T^{-1}\|z_h\|_{H^j(\Omega)}, \quad j=0,1.$$

假定 $N_h(\Omega), M_h(\Omega)$ 是有限维子空间, 为了应用于交替方向方法, 假定 $N_h(\Omega)$, $M_h(\Omega)\subset G$, 此处 $G=\left\{w|w,\dfrac{\partial w}{\partial x_1},\dfrac{\partial w}{\partial x_2},\dfrac{\partial^2 w}{\partial x_1\partial x_2}\in L^2(\Omega)\right\}$, 且假定

$$\inf_{\varphi\in N_h}\left\{\sum_{m=0}^{2}h_c^m\sum_{\substack{i+j=m\\ i,j=0,1}}\left\|\frac{\partial^m(u-\varphi)}{\partial x_1^i\partial x_2^j}\right\|_0\right\}\leqslant Mh_c^{k+1}\|u\|_{k+1},$$

$$\inf_{\psi\in M_h}\left\{\sum_{m=0}^{2}h_T^m\sum_{\substack{i+j=m\\ i,j=0,1}}\left\|\frac{\partial^m(v-\psi)}{\partial x_1^i\partial x_2^j}\right\|_0\right\}\leqslant Mh_T^{l+1}\|v\|_{l+1}.$$

用算子分裂特征修正变网格有限元全离散格式求解浓度方程 (7.5.2)、(7.5.3), 对 $\Omega=[a_1,b_1]\times[c_1,d_1]$ 的两个坐标方向进行剖分, 在 x_1 方向为 N_{x_1} 份, 在 x_2 方向 N_{x_2} 份. 其节点编号为 $\{x_{1,\alpha}|0\leqslant\alpha\leqslant N_{x_1}\},\{x_{1,\beta}|0\leqslant\beta\leqslant N_{x_2}\}$. 在二维网域上整体编号为 i, $i=1,2,\cdots,N; N=(N_{x_1}+1)(N_{x_2}+1)$. 节点 i 的张量积下标是 $(\alpha(i),\beta(i))$, 此处 $\alpha(i)$ 是 x_1 轴对应的节点, $\beta(i)$ 是 x_2 轴上对应的节点. 这张量积基能写为一维基函数的乘积表式:

$$N_i(x)=\varphi_{\alpha(i)}(x_1)\psi_{\beta(i)}(x_2)=\varphi_\alpha(x_1)\psi_\beta(x_2), \quad 1\leqslant i\leqslant N. \tag{7.5.11}$$

这乘积基是容易构造的[20,42]. 此即为前面需要构造的有限元子空间 $N_h(\Omega)=\varphi\otimes\psi$, 其指数为 k, 简记为 N_h. 注意到此处剖分及基函数的构造随时间 t^n 不同而变化, 记为 N_h^n.

用算子分裂变网格有限元方法求解热传导方程 (7.5.4). 类似地对 $\Omega=[a_2,b_2]\times[c_2,d_2]$ 的两个坐标方向进行剖分, 其份数分别为 M_{x_1},M_{x_2}, 在二维网域上整体编号为 $j, j=1,2,\cdots,M; M=(M_{x_1}+1)(M_{x_2}+1)$. 节点 j 的张量积下标是 $(\lambda(j),\mu(j))$, 这张量积同样能写为一维基函数的乘积形式:

$$M_j(x)=\Phi_{\lambda(j)}(x_1)\Psi_{\mu(j)}(x_2)=\Phi_\lambda(x_1)\Psi_\mu(x_2), \quad 1\leqslant j\leqslant M. \tag{7.5.12}$$

这乘积基同样容易构造的. 同样此即为我们前面需要构造的有限元子空间 $M_h(\Omega)=\Phi\otimes\Psi$, 其指数为 l, 简记为 M_h. 同样将此空间记为 M_h^n.

7.5.2 特征修正交替方向变网格有限元格式

由于电场位势关于时间 t 变化很慢, 采用大步长计算, 而对电子、空穴浓度和温度采用小步长计算. 为此引出下述记号: Δt_c 为浓度方程的时间步长, Δt_ψ 为位

势方程的时间步长, $j=\Delta t_{\psi}/\Delta t_{\rm c}, t^n=n\Delta t_{\rm c}, t_m=m\Delta t_{\psi}, \psi^n=\psi(t^n),\psi_m=\psi(t_m)$. 对于函数 $\psi(x,t)$,

$$E\psi^n=\begin{cases}\psi_0, & t^n\leqslant t_1,\\ \left(1+\dfrac{v}{j}\right)\psi_m-\dfrac{v}{j}\psi_{m-1}, & t_m<t^n\leqslant t_{m+1},\quad t^n=t_m+v\Delta t_c,\end{cases}$$

下标对应于位势时间层, 上标对应于浓度时间层, $E\psi^n$ 表示由后二个位势时间层构造的在 t^n 处函数 ψ 的线性外推.

对电场位势方程 (7.5.1) 的有限元格式

$$(\nabla\psi_{h,m},\nabla v_h)=\alpha(p_{h,m}-e_{h,m}+N_m,v_h),\quad \forall v_h\in V_h. \tag{7.5.13}$$

电场强度 $\underline{U}_{h,m}=-\nabla\psi_{h,m}$.

这流动实际上是沿着特征方向的, 用特征线法处理方程 (7.5.2) 和 (7.5.3) 的一阶双曲部分将具有很高的精确度. 为此将方程 (7.5.2) 和 (7.5.3) 写为下述形式:

$$\frac{\partial e}{\partial t}=\nabla\cdot(D_e\nabla e)+\mu_e\underline{u}\cdot\nabla e+e\underline{u}\cdot\nabla\mu_e+\alpha\mu_e(x)e(p-e+N(x))-R_1(e,p,T), \tag{7.5.14a}$$

$$\frac{\partial p}{\partial t}=\nabla\cdot(D_p\nabla p)-\mu_p\underline{u}\cdot\nabla p-p\underline{u}\cdot\nabla\mu_p-\alpha\mu_p(x)p(p-e+N(x))-R_2(e,p,T), \tag{7.5.14b}$$

此处 $\underline{u}=-\nabla\psi$. 记 $\tau_e=\tau_e(X,t)$ 是特征方向 $(-\mu_e u_1,-\mu_e u_2,1)$ 的单位向量, $\tau_p=\tau_p(X,t)$ 是特征方向 $(\mu_p u_1,\mu_p u_2,1)$ 的单位向量. $\varPhi_s=[1+\mu_s^2|\underline{u}|^2]^{1/2}, s=e,p$, 则特征方向导数由下述公式给出:

$$\varPhi_e\frac{\partial}{\partial\tau_e}=\frac{\partial}{\partial t}-\mu_e\underline{u}\cdot\nabla,\quad \varPhi_p\frac{\partial}{\partial\tau_p}=\frac{\partial}{\partial t}+\mu_p\underline{u}\cdot\nabla,$$

则方程 (7.5.14a) 和 (7.5.14b) 可写为

$$\varPhi_e\frac{\partial e}{\partial\tau_e}-\nabla\cdot(D_e\nabla e)-\alpha\mu_e(X)e(p-e+N(X))-e\underline{u}\cdot\nabla\mu_e=-R_1(e,p,T), \tag{7.5.15a}$$

$$\varPhi_p\frac{\partial e}{\partial\tau_p}-\nabla\cdot(D_p\nabla p)+\alpha\mu_p(X)p(p-e+N(X))+p\underline{u}\cdot\nabla\mu_p=-R_2(e,p,T). \tag{7.5.15b}$$

在 τ_e 方向用向后差商来逼近 $\dfrac{\partial e^{n+1}}{\partial\tau_e}=\dfrac{\partial e}{\partial\tau_e}(X,t^{n+1})$,

$$\frac{\partial e^{n+1}}{\partial\tau_e}(X)\approx\frac{e^{n+1}(X)-e^n(X+\mu_e\underline{u}^{n+1}\Delta t)}{\Delta t_c(1+\mu_e^2\left|\underline{u}\right|^2)^{1/2}}. \tag{7.5.16a}$$

在 τ_p 方向用向后差商来逼近 $\dfrac{\partial p^{n+1}}{\partial \tau_p}(X)$,

$$\frac{\partial p^{n+1}}{\partial \tau_p}(X) \approx \frac{p^{n+1}(X) - p^n(X - \mu_p \underline{u}^{n+1}\Delta t)}{\Delta t_c(1+\mu_p^2 |\underline{u}|^2)^{1/2}}. \tag{7.5.16b}$$

问题 (7.5.9b),(7.5.9c) 和 (7.5.9d) 的等价弱形式:

$$\left(\frac{\partial e}{\partial t}, z\right) - (\mu_e \underline{u}\cdot\nabla e, z) + (D_e\nabla e, \nabla z) - (e\underline{u}\cdot\nabla\mu_e, z) - \alpha(\mu_e e(p-e+N), z)$$
$$= -(R_1(e,p,T), z), \tag{7.5.17a}$$

$$\left(\frac{\partial e}{\partial t}, z\right) + (\mu_p \underline{u}\cdot\nabla p, z) + (D_p\nabla p, \nabla z) + (p\underline{u}\cdot\nabla\mu_p, z) + \alpha(\mu_p p(p-e+N), z)$$
$$= -(R_2(e,p,T), z), \tag{7.5.17b}$$

$$\left(\rho\frac{\partial T}{\partial t}, v\right) + (\nabla T, \nabla v) = -[(D_p\nabla p - \mu_p p\underline{u}) - (D_e\nabla e + \mu_e e\underline{u})]\cdot \underline{u}, v). \tag{7.5.17c}$$

电子浓度方向 (7.5.17a) 的特征线修正有限元格式为:

$$\left(\frac{e_h^{n+1}-\hat{e}_h^n}{\Delta t_c}, z_h\right) + (D_e\nabla e_h^{n+1}, \nabla z_h) - \alpha(\mu_e e_h^n(\hat{p}_h^n - \hat{e}_h^n + N), z_h)$$
$$- (\hat{e}_h^n E\underline{U}_h^{n+1}\cdot\nabla\mu_e, z_h) = -(R_1(\hat{e}_h^n, \hat{p}_h^n, T_h^n), z_h), \tag{7.5.18}$$

此处 $\underline{U}_{h,m} = -\nabla\psi_{h,m}, \hat{e}_h^n = e_h^n(\hat{X}_e^b), \hat{X}_e^n = X + \mu_e E\underline{U}_h^{n+1}\Delta t_c$.

类似地对空穴方程 (7.5.17b) 的特征修正有限元格式为:

$$\left(\frac{p_h^{n+1}-\hat{p}_h^n}{\Delta t_c}, z_h\right) + (D_p\nabla p_h^{n+1}, \nabla z_h) + \alpha(\mu_p p_h^n(\hat{p}_h^n - \hat{e}_n^n + N), z_n)$$
$$+ (\hat{p}_h^n E\underline{U}_h^{n+1}\cdot\nabla\mu_p \cdot z_h) = -(R_2(\hat{e}_n^n, p_h^n, T_n^n), z_n), \tag{7.5.19}$$

此处 $\hat{p}_h^n = p_h^n(\hat{X}_e^n), \hat{X}_p^n = X - \mu_p E\underline{U}_h^{n+1}\Delta t_c$.

问题 (7.5.1)~(7.5.6) 的双层变网格交替方向特征修正有限元格式: 当已知 $\{e_{h,m}, p_{h,m}, T_{h,m}\} \in N_{h,m}\times N_{h,m}\times M_{h,m}$, 由 (7.5.13) 求出 $\psi_{h,m}\in V_h$. 寻求 $t=t^n=t_m+v\Delta t_c, v=1,2,\cdots,j$ 的逼近解 $\{e_h^{n+1}, p_h^{n+1}, T_h^{n+1}\}\in N_h^{n+1}\times N_h^{n+1}\times M_h^{n+1}$.

首先提出广义 L^2 投影:

$$(\bar{e}_h^n - e_h^n, z_h) + \lambda_e\Delta t_c(\nabla(\bar{e}_h^n - e_h^n), \nabla z_h) + (\lambda_e\Delta t_c)^2\left(\frac{\partial^2(\bar{e}_h^n - e_h^n)}{\partial x_1\partial x_2}, \frac{\partial^2 z_h}{\partial x_1\partial x_2}\right) = 0,$$
$$\forall z_h \in N_h^{n+1}, \tag{7.5.20a}$$

$$(\bar{e}_h^0 - e_h^0, z_h) + \lambda_e \Delta t_c (\nabla(\bar{e}_h^0 - e_h^0), \nabla z_h) + (\lambda_e \Delta t_c)^2 \left(\frac{\partial^2(\bar{e}_h^0 - e_h^0)}{\partial x_1 \partial x_2}, \frac{\partial^2 z_h}{\partial x_1 \partial x_2} \right) = 0,$$
$$\forall z_h \in N_h^1, \tag{7.5.20b}$$

$$(\bar{p}_h^n - p_h^n, z_h) + \lambda_p \Delta t_c (\nabla(\bar{p}_h^n - p_h^n), \nabla z_h) + (\lambda_p \Delta t_c)^2 \left(\frac{\partial^2(\bar{p}_h^n - p_h^n)}{\partial x_1 \partial x_2}, \frac{\partial^2 z_h}{\partial x_1 \partial x_2} \right) = 0,$$
$$\forall z_h \in N_h^{n+1}, \tag{7.5.21a}$$

$$(\bar{p}_h^0 - p_h^0, z_h) + \lambda_p \Delta t_c (\nabla(\bar{p}_h^0 - p_h^0), \nabla z_h) + (\lambda_p \Delta t_c)^2 \left(\frac{\partial^2(\bar{p}_h^0 - p_h^0)}{\partial x_1 \partial x_2}, \frac{\partial^2 z_h}{\partial x_1 \partial x_2} \right) = 0,$$
$$\forall z_h \in N_h^1, \tag{7.5.21b}$$

$$\begin{aligned} &(\rho(\bar{T}_h^n - T_h^n), w_h) + \lambda_T \Delta t_c (\rho \nabla(\bar{T}_h^n - T_h^n), \nabla w_h) \\ &+(\lambda_T \Delta t_c)^2 \left(\rho \frac{\partial^2(\bar{T}_h^n - T_h^n)}{\partial x_1 \partial x_2}, \frac{\partial^2 w_h}{\partial x_1 \partial x_2} \right) = 0, \quad \forall w_h \in M_h^{n+1}, \end{aligned} \tag{7.5.22a}$$

$$\begin{aligned} &(\rho(\bar{T}_h^0 - T_h^0), w_h) + \lambda_T \Delta t_c (\rho \nabla(\bar{T}_h^0 - T_h^0), \nabla w_h) \\ &+(\lambda_T \Delta t_c)^2 \left(\rho \frac{\partial^2(\bar{T}_h^0 - T_h^0)}{\partial x_1 \partial x_2}, \frac{\partial^2 w_h}{\partial x_1 \partial x_2} \right) = 0, \quad \forall w_h \in M_h^1. \end{aligned} \tag{7.5.22b}$$

当 $N_h^{n+1} \neq N_h^n, M_h^{n+1} \neq M_h^n$ 时, 需要作此辅助广义 L^2 投影. λ_e, λ_p 和 λ_T 是选定的正常数, 满足 $\lambda_e \geqslant \frac{1}{2} D_e^*, \lambda_p \geqslant \frac{1}{2} D_p^*$ 和 $\lambda_T \geqslant \frac{1}{2} \rho_*^{-1}$.

对于电子、空穴浓度方程的计算格式为

$$\begin{aligned} &\left(\frac{e_h^{n+1} - \hat{\bar{e}}_h^n}{\Delta t_c}, z_h \right) + (D_e \nabla \bar{e}_h^n, \nabla z_h) + \lambda_e (\nabla(e_h^{n+1} - \bar{e}_h^n), \nabla z_h) \\ &+ \lambda_e^2 \Delta t_c \left(\frac{\partial^2 (e_h^{n+1} - \bar{e}_h^n)}{\partial x_1 \partial x_2}, \frac{\partial^2 z_h}{\partial x_1 \partial x_2} \right) \\ =&\alpha(\mu_e \bar{e}_h^n (\hat{\bar{p}}_h^n - \hat{\bar{e}} + N), z_h) + (\bar{e}_h^n E \underline{U}_h^{n+1} \cdot \nabla \mu_e, z_h) \\ &- (R_1(\hat{\bar{e}}_h^n, \hat{\bar{p}}_h^n, \bar{T}_h^n), z_h), \quad \forall z_h \in N_h^{n+1}, \end{aligned} \tag{7.5.23}$$

$$\begin{aligned} &\left(\frac{p_h^{n+1} - \hat{\bar{p}}_h^n}{\Delta t_c}, z_h \right) + (D_p \nabla \bar{p}_h^n, \nabla z_h) + \lambda_p (\nabla(p_h^{n+1} - \bar{p}_h^n), \nabla z_h) \\ &+ \lambda_p^2 \Delta t_c \left(\frac{\partial^2 (p_h^{n+1} - \bar{p}_h^n)}{\partial x_1 \partial x_2}, \frac{\partial^2 z_h}{\partial x_1 \partial x_2} \right) \\ =& - \alpha(\mu_p \bar{p}_h^n (\hat{\bar{p}}_h^n - \hat{\bar{e}} + N), z_h) - (\bar{p}_h^n E \underline{U}_h^{n+1} \cdot \nabla \mu_p, z_h) \\ &- (R_2(\hat{\bar{e}}_h^n, \hat{\bar{p}}_h^n, \bar{T}_h^n), z_h), \quad \forall z_h \in N_h^{n+1}, \end{aligned} \tag{7.5.24}$$

此处 $\hat{\bar{e}} = \bar{e}_h^n(\hat{X}_e^n), \hat{X}_e^n = X + \mu_e E \underline{U}_h^{n+1} \Delta t_c, \hat{\bar{p}}_h^n = \bar{p}_h^n(\hat{X}_p^n), \hat{X}_p^n = X - \mu_p E \underline{U}_h^{n+1} \Delta t_c$.

对热传导方程的计算格式为

$$\begin{aligned}&\left(\rho\frac{T_h^{n+1}-\bar{T}_h^n}{\Delta t_{\mathrm{c}}},w_h\right)+(\nabla\bar{T}_h^n,\nabla w_h)+\lambda_T(\rho\nabla(T_h^{n+1}-\bar{T}_h^n),\nabla w_h)\\&+\lambda_T^2\Delta t_{\mathrm{c}}\left(\rho\frac{\partial^2(T_h^{n+1}-\bar{T}_h^n)}{\partial x_1\partial x_2},\frac{\partial^2 w_h}{\partial x_1\partial x_2}\right)\\=&-([(D_p\nabla\bar{p}_h^n-\mu_p\bar{p}_h^nE\underline{U}_h^{n+1})-(D_e\nabla\bar{e}_h^n+\mu_p\bar{e}_h^nE\underline{U}_h^{n+1})]\\&\cdot E\underline{U}_h^{n+1},w_h),\quad\forall w_h\in M_h^{n+1}.\end{aligned}\tag{7.5.25}$$

在方程 (7.5.23) 中的解 e_h^{n+1} 可表示为

$$e_h^{n+1}=\sum_{\alpha,\beta}\xi_{\alpha\beta}^{n+1}\varphi_\alpha\psi_\beta,\quad \bar{e}_h^n=\sum_{\alpha,\beta}\bar{\xi}_{\alpha\beta}^n\varphi_\alpha\psi_\beta,$$

此处 $\varphi_\alpha\psi_\beta$ 应为 $\varphi_\alpha^{n+1}\psi_\beta^{n+1}$, 为简便将上标 $n+1$ 省略, 将其代入 (7.5.23), 取 $z_h=\varphi_\alpha\psi_\beta$, 并乘以 Δt_{c} 有

$$\begin{aligned}&\sum_{\alpha,\beta}(\xi_{\alpha\beta}^{n+1}-\bar{\xi}_{\alpha\beta}^n)(\varphi_\alpha\otimes\psi_\beta,\varphi_\alpha\otimes\psi_\beta)\\&+\lambda_e\Delta t_{\mathrm{c}}\sum_{\lambda,\beta}(\xi_{\alpha\beta}^{n+1}-\bar{\xi}_{\alpha\beta}^n)\{(\varphi_\alpha'\otimes\psi_\beta,\varphi_\alpha'\otimes\psi_\beta)+(\varphi_\alpha\otimes\psi_\beta',\varphi_\alpha\otimes\psi_\beta')\}\\&+(\lambda_e\Delta t_{\mathrm{c}})^2\sum_{\alpha,\beta}(\xi_{\alpha\beta}^{n+1}-\bar{\xi}_{\alpha\beta}^n)(\varphi_\alpha'\otimes\psi_\beta',\varphi_\alpha'\otimes\psi_\beta')=\Delta t_cF^n.\end{aligned}$$

记

$$\begin{aligned}C_{x_1}&=\left(\int_{a_1}^{b_1}\varphi_{\alpha_1}\varphi_{\alpha_2}\mathrm{d}x_1\right),\quad C_{x_2}=\left(\int_{c_1}^{d_1}\psi_{\beta_1}\psi_{\beta_2}\mathrm{d}x_2\right),\\A_{x_1}&=\left(\int_{a_1}^{b_1}\varphi_{\alpha_1}'\varphi_{\alpha_2}'\mathrm{d}x_1\right),\quad A_{x_2}=\left(\int_{c_1}^{d_1}\psi_{\beta_1}'\psi_{\beta_2}'\mathrm{d}x_2\right),\end{aligned}$$

则上述方程可写为

$$(C_{x_1}+\lambda_e\Delta t_{\mathrm{c}}A_{x_1})\otimes(C_{x_2}+\lambda_eA_{x_2})(\xi^{n+1}-\bar{\xi}^n)=\Delta t_cF^n,\tag{7.5.23$'$}$$

此处 F^n 可表达为

$$\begin{aligned}F_{\alpha\beta}^n=&\alpha(\mu_e\bar{e}_h^n(\hat{\bar{p}}_h^n-\hat{\bar{e}}_h^n+N),\psi_\alpha\otimes\psi_\beta)+(\bar{e}_h^nE\underline{U}_h^{n+1}\cdot\nabla\mu_e,\varphi_\alpha\otimes\psi_\beta)\\&-(R_1(\hat{\bar{e}}_n^n,\hat{\bar{p}}_n^n,\bar{T}_n^n),\varphi_\alpha\otimes\varphi_\beta)+\left(\frac{1}{\Delta t_{\mathrm{c}}}(\hat{\bar{e}}_h^n-\bar{e}_h^n),\varphi_\alpha\otimes\psi_\beta\right).\end{aligned}$$

(7.5.23)′ 指明方程 (7.5.23) 可按交替方向连续两次解一维方程组.

经类似的讨论, 同样得知 (7.5.24)、(7.5.25) 亦可按交替方向连续两次解一维方程组.

格式 (7.5.20)~(7.5.25) 的计算过程：首先取定初始逼近 e_h^o, p_h^o, T_h^o, 再由方程 (7.5.13) 求出 $\psi_{h,0}$. 再利用格式 (7.5.20)~(7.5.25) 计算出 $e_h^1, p_h^1, T_h^1; e_h^2, p_h^2, T_h^2; \cdots; e_h^j, p_h^j, T_h^j$; 再由方程 (7.5.13) 求出 $\psi_{h,1}$. 依此程序求出 $e_h^{j+1}, p_h^{j+1}, T_h^{j+1}; \cdots; e_h^{2j}, p_h^{2j}, T_h^{2j}, \psi_{h,2}; \cdots$.

7.5.3 收敛性分析

应用 7.1 节的方法能够证明下述定理.

定理 7.5.1 若半导体瞬态问题 (7.5.1)~(7.5.6) 的精确解有一定的正则性, $\psi \in L^\infty(J; W^{r+1}(\Omega)), e, p \in L^\infty(J; W^{k+1}(\Omega)), \dfrac{\partial^2 e}{\partial \tau_e^2}, \dfrac{\partial^2 p}{\partial \tau_p^2} \in L^\infty(J; L^\infty(\Omega)), T \in L^\infty (J; W^{l+1}(\Omega)), \dfrac{\partial^2 T}{\partial t^2} \in L^\infty(J; L^\infty(\Omega))$. 采用变网格交替方向特征有限元格式 (7.5.20)~(7.5.25) 逐层计算. 假定有限元空间指数 $r \geqslant 0, k \geqslant 1, l \geqslant 1$, 且剖分参数满足下述限制性条件:

$$\Delta t_{\mathrm{c}} = O(h_c^2) = O(h_p^2), \quad h_\psi^{r+1} = o(h_c) = o(h_T), \quad h_c^{k+1} = o(h_T), \quad h_T^{l+1} = o(h_c), \tag{7.5.26}$$

则最佳阶 L^2 模误差估计成立:

$$\begin{aligned} & \|\psi - \psi_h\|_{\bar{L}^\infty(J;L^2(\Omega))} + \|e - e_h\|_{\bar{L}^\infty(J;L^2(\Omega))} \\ & + \|p - p_h\|_{\bar{L}^\infty(J;L^2(\Omega))} + \|T - T_h\|_{\bar{L}^\infty(J;L^2(\Omega))} \\ \leqslant & M\left\{\Delta t_{\mathrm{c}} + h_\psi^{r+1} + h_{\mathrm{c}}^{k+1} + h_T^{l+1}\right\}, \end{aligned} \tag{7.5.27}$$

此处常数 M 依赖于 ψ, e, p, T 及其导函数.

参 考 文 献

[1] 袁益让. 油气资源数值模拟的变网格交替方向特征有限元格式和分析. 系统科学与数学, 2009, 7: 874–881.

[2] Yuan Y R. The characteristic finile element alternating direction method with moving meshes for nonlinear convection-dominated diffusion problems. Numer Methods Partial Differential Eq. 2005, 22: 661–679.

[3] Yuan Y R. The modified method and characteristic with finite element operator-splitting procedures for compressible multicomponent displacement problem. J of Syshems Science and Complexity, 2003, 1: 30–45.

[4] Ewing R E, Yuan Y R, Li G. Finite element method for chemical-flooding simulation. Proceedings of the 7th international conference finite element method in flow problem. 1264–1271. The University of Alabma in Huntsville, Huntsville, Alabma, UAHDRESS, 1989.

[5] Yuan Y R. Finite element method and analysis for chemical-flooding simulation. Systems Science and Mathematical Science, 2000,3:302–308.

[6] Yuan Y R. Characterishic alternating-direction method for coupled system of dynamics of flnids in porous media and its analysis. J of Systems Science and Complexity, 2005, 2: 233–253.

[7] Yuan Y R. Galerkin alternating-direction methods for nonrectangular regions for the transient behaviar of a semiconductor device. J of Systems Science and Complexity, 2001, 4: 538–554.

[8] Yuan Y R. The modified method of characteristics with mixed finite element domain decomposition procedure for the transient behavior of a semicondutor device. Numer Methods Partial Differential Eq. 2012, 28: 353–368.

[9] Douglas J Jr, Roberts J E. Numerical method for a model for compressible miscible displacement in porous media. Math. Comp, 1983, 41: 441–459.

[10] 袁益让, 王文洽, 羊丹平等. 含油气盆地发育剖面的数值模拟. 石油学报, 1991, 4: 11–20.

[11] 袁益让, 王文洽, 羊丹平等. 三维盆地发育史的数值模拟. 应用数学与力学, 1994, 5: 496–480.

(Yuan Y R, Wang W Q, Yang D D, et al. Numerical simulation for evolutionary history of three-dimensional basin. Applied Mathematics & Mechanics, 1994, 5: 435–446.)

[12] Douglas J Jr, Yuan Y R. Numerical simulation of immiscible flow in porous media based on combining the method of characteristics with mixed finite element procedure. The IMA Vol in Math and It's Appl., 1986, 11: 119–131.

[13] Russell T F. Time stepping along characteristics with incomplete iteration for a Galerkin approximation of miseible displacement in porous media. SIAM J. Numer. Anal., 1985, 22: 976–1013.

[14] Ewing R E. The Mathematics of Reservoir Simulation. Philadephia: SIAM, 1983.

[15] Ewing R E, Russell T F, Wheeler M F. Convergence analysis of an approximation of miscible displacement in porous media by mixed finite elements and a modified method of characteristics. Comp Meth Appl Mech Eng, 1984, 1-2: 73–92.

[16] Marchuk G I.Splitting and alternating direction methods. In:Ciarlet P G, Lions J L, eds. Handbook of Numerical analysis. Paris: Elsevior Science Publishers B V, 1990. 197–460.

[17] Peaceman D W. Fumdamental of Numerical Reservoir Simulation. Amsterdam: Elsevier, 1980.

[18] Douglas J Jr, Gunn J E. Two order correct difference analogues for the equation for multidimensional heat flow. Math Comp, 1963, 81: 71–80.

[19] Douglas J Jr, Gunn J E. A general formulation of alternating direction methods. Part 1. Paraholic and hyperbolic problems. Numer Math, 1964, 5: 428–453.

[20] Hayes L J. A modified back time discretization for nonlinear parabolic equations using patch approximations. SIAM J. Numer. Anal., 1981, 5: 781–793.

[21] Kirshnamachari S V, Hayes L J, Russell T F. A finite element alternating-direction method combined with a modified method of characteristics for convection-diffusion problem. SIAM J. Numer. Anal., 1989, 6: 1462–1473.

[22] Fernandes R I, Fairweather G. An alternating direction Galerkin method for a class of second-oredr hyperbolic equations in two space variables. SIAM J. Numer. Anal., 1991, 5: 1265–1281.

[23] Dendy J E, Fairweather G. Alternating direction Galerkin methods for parabolic and hyperbolic problems on rectang ular polygons. SIAM J. Numer. Anal., 1975, 2: 144–163.

[24] 袁益让. 油水二相渗流驱动问题的变网格有限元方法及理论分析. 中国科学, (A 辑), 1986, 2: 135–148.

[25] Ciarlet P G. The Finte Elamnt Method for Elliplic Problem. Amsterdam: North-Holland, 1978.

[26] Wheeler M F. A priori L_2 error estimates for Galerkin approximations to parabolic partial differential equation. SLAM Numer. Anal., 1973, 10: 723–759.

[27] 袁益让. 多孔介质中可压缩、可混溶驱动问题的特征有限元方法. 计算数学, 1992, 4: 385–406.

[28] 袁益让. 在多孔介质中完全可压缩、可混溶驱动问题的差分方法. 计算数学, 1993, 1: 16–28.

[29] Douglas J Jr. Finite difference method for two-phase incompressible flow in porous media. SLAM J. Numer. Anal., 1983, 4: 681–689.

[30] Dougles J Jr, Ewing R E, Wheeler M F. The approximation of the pressure by a mixed method in the simulation of miscible displacement. RAIRO Anal. Numer., 1983, 17: 17–33.

[31] Ewing R E, Wheeler M F. Galerkin method for miscible displacement problems with point sources and singks-unit mobility ratio case. Proc. Special year in Numerical Anal., Lecture Notes #20, Univ. Margland, College Park, 1981, 151–174.

[32] 袁益让. 强化采油数值模拟的特征差分方法和 L^2 估计. 中国科学 (A 辑), 1993, 8: 801–810.
(Yuan Y R. The characteristic finite difference methol for enhanced oil recoteery simulation and L^2 estimates. Seience in China (Series A), 1993, 11: 1296–1307.)

[33] 袁益让. 注化学溶液油藏模拟的特征混合方法. 应用数学学报, 1994, 1: 118–130.

[34] 袁益让. 强化采油驱动问题的特征混合元及最佳阶 L^2 误差估计. 科学通报, 1992, 12：1066–1070.
(Yuan Y R. The Characteristics-mixed finste element method for enhanced oil recovery simulation and optimal order L^2 error estimate. Chinese Science Bulletin, 1993, 21: 1761–1766.)
[35] Ciarlet P G. The Finite Element Method for Elliptic problems. Amsterdam: North-Holland, 1978.
[36] Ungere P, et al. Migration of Hydrocarbon in Sedimentay Basins. Doligez. Doligez, B.(eds), Paris, Editions Techniq, 1987, 415–455.
[37] Ungerer P. Fluid flow, hydrocarbon generatin and migration. AAPE. Bull., 1990,3: 309–335.
[38] Bredehoeft J D, Pinder G F. Digital analysis of areal flow in multiaquifer groundwater systems: A quasi-three-dimensional model. Water Resources Research, 1970, 3: 883–888.
[39] Don W, Emil O F. An iterative quasi-three-dimensional finite element model for heterogeneous multiaquifer systems. Water Resources Research, 1978, 145: 943–952.
[40] Douglas J Jr, Dopont T. Alternating-direction Galerkin methods on rectangles, Proc Symp Numerical Solution of Partial Differential Equations, II, B, Hubbard., Academic Press, New York, 1971, pp133–214.
[41] Douglas J Jr, Russell T F. Numerical method for convection-dominated diffusion problems based on combining the method of characteristics with finite element or finite difference procedures. SIAM J. Numer. Anal., 1982, 5: 781–895.
[42] Hayes L J. Galerkin alternating-direction methods for nonrectangular regions using patch approximation. SIAM J. Numer. Anal., 1981, 4: 627–643.
[43] 袁益让. 三维热传导型半导体问题的差分方法和分析. 中国科学 (A 辑), 1996, 11：977–983.
(Yuan Y R. Finite difference method and analysis of three-dimensional semiconductor device of heat conduction. Science in China (Series A), 1996, 11: 1140–1151.)
[44] 袁益让. 三维热传导半导体的分数步长特征差分方法. 科学通报, 1998, 15: 1608–1612.
(Yuan Y R. Characteristic finite difference fractional step methods for three-dimensional semiconductor device of hoat conduction. Chinese Science Bellein, 2000, 2: 125–131.)
[45] Douglas Jr J, Yuan Y R. Finite difference methods for transient behavior of a semicondator device. Mat Apli Comp, 1987, 1: 25–38.
[46] 袁益让. 半导体器件数值模拟的特征有限元方法和分析. 数学物理学报, 1993, 3：241–251.

索　　引

E

F

G

H

J

K

L

M

N

P

Q

R

S

T

W

X

Y

Z

其他